Armin Steinbach (Hrsg.)
NABEG/EnLAG/EnWG
De Gruyter Kommentar

NABEG/EnLAG/EnWG

Kommentar zum Recht des Energieleitungsbaus

Herausgegeben von
Regierungsrat Dr. iur. Dipl.-Volkswirt Armin Steinbach, LL.M.,
Bundeswirtschaftsministerium, Berlin

Bearbeitet von
Regierungsdirektor Ass. iur. Karsten Bourwieg, Bundesnetzagentur, Bonn; **Regierungsrätin Dr. iur. Ursula Heimann, LL.M.**, Bundesnetzagentur, Bonn; **Prof. Dr. iur. Dipl.-Kaufmann Helmut Lecheler**, Berlin; **Rechtsanwalt Dr. iur. Dipl.-Politologe Julian Asmus Nebel**, GÖRG Partnerschaft von Rechtsanwälten, Berlin; **Rechtsanwalt und Fachanwalt für Verwaltungsrecht Dr. iur. Christoph Riese**, GÖRG Partnerschaft von Rechtsanwälten, Berlin; **Ministerialrat Dr. iur. Christof Sangenstedt**, Bundesumweltministerium, Berlin; **Regierungsrat Dr. iur. Dipl.-Volkswirt Armin Steinbach, LL.M.**, Bundeswirtschaftsministerium, Berlin

DE GRUYTER

Zitiervorschlag: Steinbach/*Bearbeiter*, Teil 1 Einleitung Rn 6 oder Teil 4 NABEG § 3 Rn 7.

Hinweis: Alle Angaben in diesem Werk sind nach bestem Wissen unter Anwendung aller gebotenen Sorgfalt erstellt worden. Trotzdem kann von dem Verlag und den Autoren keine Haftung für etwaige Fehler übernommen werden.

ISBN 978-3-11-028120-0
e-ISBN 978-3-11-028126-2

Bibliografische Information der Deutschen Nationalbibliothek
Die Deutsche Nationalbibliothek verzeichnet diese Publikation in der Deutschen Nationalbibliografie; detaillierte bibliografische Daten sind im Internet über http://dnb.d-nb.de abrufbar.

Datenkonvertierung/Satz: jürgen ullrich typosatz, Nördlingen
Druck: Hubert & Co., Göttingen
∞ Gedruckt auf säurefreiem Papier
Printed in Germany

www.degruyter.com

Vorwort

Die Änderungen der gesetzlichen Rahmenbedingungen im Energieleitungsbau im vergangenen Jahr kamen für manch einen überstürzt. Nicht weniger als sieben Gesetze verabschiedete der Gesetzgeber im heißen „Energiesommer" 2011. Dabei hatten die ministeriellen Apparate nur wenige Monate Zeit, um die Gesetze auszuarbeiten. Der Anlass für die Eile lag auf der Hand: Die Katastrophe von Fukushima löste hierzulande einen Sinneswandel aus. Die Energiewende – der Umbau unserer Energieversorgung hin zu Erneuerbarer Energie – sollte noch schneller vorangebracht, der Ausstieg aus der Kernenergie noch schneller besiegelt werden. Das hatte unweigerlich Konsequenzen auch für den Netzausbau, denn die größten Herausforderungen bei der Modernisierung der Netzinfrastruktur liegen im Ausbau der Erneuerbaren. Der Wegfall von Erzeugungskapazität aus Kernenergie im Süden und der Zubau neuer Erzeugungsanlagen im Norden – das ohnehin schon bestehende Nord-Süd-Gefälle in der Stromerzeugung wurde durch das Kernkraft-Moratorium und den beschleunigten Ausstieg aus der Kernenergie noch weiter verschärft.

Der letzte Sommer wurde damit zu einer Zäsur im Genehmigungsregime für das deutsche Höchstspannungsnetz. Endlich war der politische Impetus vorhanden, an die „großen Räder" der Beschleunigung zu gehen. Zu deutlich waren den politischen Akteuren die Erfahrungen mit dem Energieleitungsausbaugesetz (EnLAG) aus dem Jahre 2009 vor Augen geführt worden. Trotz gesetzlicher Anordnung der energiewirtschaftlichen Notwendigkeit sind die Fortschritte bei der Umsetzung der im EnLAG aufgenommenen Höchstspannungsleitungen bis heute dürftig: Die Verzögerungen aufgrund von verschleppten Verfahren, uneinheitlichen Verfahrenspraktiken und fehlender Akzeptanz traten immer offenkundiger zu Tage.

Die Besonderheiten des Energiesommers 2011 und der Handlungsdruck nach Fukushima boten damit die Grundlage, sich an das „heiße Eisen" des Netzausbaus zu wagen – die Kompetenzaufteilung zwischen Bund und Ländern. Synergien sollten geschaffen, Verfahrensverzögerungen abgebaut und einheitliche Verfahrensstandards festgelegt werden. Die Vorbehalte und Widerstände der Länder waren groß. Denn – so fragten sich die Länder – wieso sollte eine Bundesbehörde im fernen Bonn, die bis dato nur Erfahrung mit der Regulierung der Netze hatte, besser und vor allem schneller sein als die erfahrenen Länderbehörden? Bis zum Schluss wurde mit Haken und Ösen zwischen Bund und Ländern um eine Lösung gerungen. Heraus kam ein salomonischer Kompromiss: Die Bundesnetzagentur sollte nur für die Bundesfachplanung von länderübergreifenden und grenzüberschreitenden Projekten zuständig sein. Alle anderen Leitungen, insbesondere das Planfeststellungsverfahren, sollten bei den Ländern verbleiben. Allein durch Rechtsverordnung sollten die Planfeststellungsverfahren auf den Bund übertragen werden können – die nahe Zukunft wird zeigen, ob das Gerangel bei der Bestimmung der Leitungen von vorne beginnt.

Die Herausgeber und Autoren des NABEG waren in der einen oder anderen Form am Gesetzgebungsprozess beteiligt. Sie sind die „Praktiker der Entstehung" der Gesetze und richten diesen Kommentar an die „Praktiker der Umsetzung" der Gesetze. Dem praxisnahen Ansatz des Kommentars folgend entstammen die Autoren den federführenden Bundesministerien, der Bundesnetzagentur, der im Bereich Energiewirtschaft tätigen Rechtsberatung und der Wissenschaft. Erfahrungen der Kommentatoren aus ihren jeweiligen Spezialgebieten sind mit eingeflossen. Dieser Kommentar soll Netzbetreibern, Anwaltskanzleien, Länder- und Bundesbehörden sowie allen anderen Verfahrensbeteiligten in den relevanten Fragen im Zusammenhang mit neuen wie alten Gesetzen praxistaugliche Antworten geben.

Nach einer Einleitung (Teil 1) wird das gegenwärtige Regelwerk des Energieleitungsausbaugesetzes (Teil 2) kommentiert. Schwerpunkt ist die anschließende Kommentierung der einzelnen Vorschriften des EnWG (Teil 3) und des NABEG (Teil 4). Die rechtswissenschaftliche Literatur und die Rechtsprechung sind, soweit nichts anderes angegeben ist, bis zum 15.10.2012 ausgewertet. Die Gesetzgebung ist ebenfalls bis zu diesem Tage berücksichtigt.

Wir danken unseren Kolleginnen und Kollegen, die uns mit wertvollen Hinweisen und Anregungen bei der Erstellung dieses Kommentars unterstützt haben. Wir hoffen, Ihnen mit diesem Werk für die tägliche Praxis einige Hilfestellungen geben zu können. Wir sind für kritische Anmerkungen, konstruktive Ideen und zielführende Diskussionen stets aufgeschlossen und dankbar. Sollten trotz Anwendung größter Sorgfalt Unzulänglichkeiten oder Irrtümer in die Kommentierung eingeflossen sein, übernimmt der Herausgeber die Verantwortung.

Sie erreichen uns unter:

Regierungsrat Dr. iur. Dipl.-Volkswirt Armin Steinbach, LL.M.
Wichertstraße 52
10439 Berlin
armin.steinbach@googlemail.com

Berlin, im November 2012 — Armin Steinbach

Geleitwort

Kaum ein energiepolitischer Bereich steht aktuell so im Mittelpunkt der öffentlichen Diskussion wie der Netzausbau – zu Recht. Der Ausbau der Netzinfrastruktur ist zentrale Voraussetzung für das Gelingen der Energiewende. Die ehrgeizigen Ziele beim Ausbau der Erneuerbaren werden nur erreichbar sein, wenn der Strom zuverlässig von den neuen Erzeugungsquellen in die Verbrauchszentren transportiert wird.

Das Energieleitungsausbaugesetz (EnLAG) aus dem Jahr 2009 hat bereits vor der Energiewende dringliche Ausbaubedarfe identifiziert. Bei der Realisierung dieser Vorhaben gibt es aus verschiedenen Gründen teilweise deutliche Verzögerungen, die von der Bundesnetzagentur regelmäßig dokumentiert werden. Bei dem für die Realisierung der Energiewende zusätzlich notwendigen Netzausbau können wir uns vergleichbare Verzögerungen allerdings nicht leisten. Deswegen hat der Gesetzgeber im letzten Jahr wichtige Voraussetzungen geschaffen, um den Netzausbau zu beschleunigen. Mit der Novellierung des Energiewirtschaftsgesetzes (EnWG) und der Schaffung eines Netzausausbaubeschleunigungsgesetzes (NABEG) hat er zentrale Hindernisse bei der Planung und Genehmigung von Stromleitungen adressiert. Die neuen Regelungen zielen dabei auf eine größtmögliche, frühzeitige und transparente Öffentlichkeitsbeteiligung von der Bedarfsplanung bis zur Errichtungsgenehmigung ab, die von der Bundesnetzagentur als zentrale Institution durchgeführt wird. Über mehr und frühere Bürgerbeteiligung zu mehr Akzeptanz und so im Ergebnis zur Beschleunigung zu kommen – das sind Kernelemente des NABEG und zentrale Anliegen der Bundesnetzagentur.

Gleichwohl betreten alle Beteiligten mit dem neuen Regelwerk Neuland – Vorhabenträger, Verfahrensbeteiligte, Betroffene und die zuständigen Behörden. Sie alle werden sich an einem neuen Genehmigungsregime mit innovativen Beteiligungsformen und straffen Planungs- und Genehmigungsschritten neu ausrichten müssen. Die Diskussion in Wissenschaft und Praxis hat bereits während des Gesetzgebungsverfahrens eingesetzt. Das ist zu begrüßen.

Das vorliegende Werk führt alle für das Energieleitungsplanungsrecht maßgeblichen Vorschriften aus EnWG, EnLAG und NABEG in einer übergreifenden Betrachtung zusammen. Darüber hinaus zeichnet es sich dadurch aus, dass sich hier überwiegend Autoren zusammengefunden haben, die sehr nah am Entstehungsprozess der Gesetze beteiligt waren und über die den neuen Vorschriften zugrunde liegenden Beweggründe und Problemanalysen bestens informiert sind. Dass es dabei eine Innensicht gibt, die sich in dem anstehenden öffentlichen Diskurs und der Verwaltungspraxis bewähren muss, macht den besonderen Reiz dieser Kommentierung aus.

Bonn, im August 2012 — Jochen Homann, Präsident der Bundesnetzagentur, Bonn

Geleitwort

Inhaltsübersicht

Inhaltsverzeichnis

Teil 3 EnWG
Gesetz über die Elektrizitäts- und Gasversorgung (Energiewirtschaftsgesetz – EnWG)
– Auszug –

...

Teil 3
Regulierung des Netzbetriebs
Abschnitt 1
Aufgaben der Netzbetreiber

...

Abschnitt 3
Planfeststellung

Literaturverzeichnis

Arndt, Hans-Wolfgang/Fetzer, Thomas/Scherer, Joachim, Telekommunikationsgesetz, Berlin 2008 (zit.: Arndt/Fetzer/Thomas/*Bearbeiter*)

Bader, Johann/Ronellenfitsch, Michael, Verwaltungsverfahrensgesetz, Kommentar, 5. Aufl., München 2009 (zit.: Bader/Ronellenfitsch/*Bearbeiter*)

Battis, Ulrich, Öffentliches Baurecht und Raumordnungsrecht, 5. Aufl., Stuttgart 2006 (zit.: *Battis*)

Battis, Ulrich/Krautzberger, Michael/Löhr, Rolf-Peter, Baugesetzbuch, Kommentar, 11. Aufl., München 2009 (zit.: Battis/Krautzberger/Löhr/*Bearbeiter*)

Baur, Jürgen/Salje, Peter/Schmidt-Preuß, Matthias, Regulierung in der Energiewirtschaft, Köln 2011 (zit.: Baur/Salje/Schmidt-Preuß/*Bearbeiter*)

Bechtold, Rainer, Kartellgesetz – Gesetz gegen Wettbewerbsbeschränkungen, 6. Aufl., München 2010 (zit.: Bechtold/*Bearbeiter*)

Bielenberg, Walter/Runkel, Peter/Spannowsky, Willy, Raumordnungs- und Landesplanungsrecht des Bundes und der Länder, Loseblatt-Kommentar, Berlin, Stand 2012 (zit.: Bielenberg/Runkel/Spannowsky/*Bearbeiter*)

Borchard, Klaus, ARL Grundriss der Raumordnung und Raumentwicklung, Hannover 2011 (zit.: *Borchard*)

Britz, Gabriele/Hellermann, Johannes/Hermes, Georg, EnWG, Kommentar, 2. Aufl., München 2010 (zit.: Britz/Hellermann/Hermes/*Bearbeiter*)

Büdenbender, Ulrich, EnWG, Kommentar, Köln 2003 (zit.: *Büdenbender*)

Büdenbender, Ulrich/Heintschel von Heinegg, Wolff/Rosin, Peter, Energierecht, Bd. 1, Recht der Energieanlagen, Berlin 1999 (zit.: *Büdenbender/von Heinegg/Rosin*)

Bunge, Thomas, Handbuch der Umweltverträglichkeitsprüfung, Stand: 2012, Berlin (zit.: *Bunge*)

Danner, Wolfgang/Theobald, Christian, Energierecht, Loseblatt-Kommentar, München, Stand 72. EGL August 2011 (zit.: Danner/Theobald/*Bearbeiter*)

Dauses, Manfred, Handbuch des EU-Wirtschaftsrechts, Loseblatt-Kommentar, 30. Aufl., München 2012 (zit.: Dauses/*Bearbeiter*)

de Witt, Siegfried/Durinke, Peter/Kause, Harriet, Die Planung der Übertragungsnetze: Bedingung der Energiewende, Berlin 2012 (zit.: *de Witt/Durinke/Kause*)

Dolzer, Rudolf/Graßhof, Karin/Kahl, Wolfgang/Waldhoff, Christian, Bonner Kommentar zum Grundgesetz, Loseblatt-Kommentar, Stand: Juni 2012, Heidelberg 2012 (zit.: BonnK-GG/*Bearbeiter*)

Dreier, Horst, Grundgesetz, Kommentar, 2. Aufl., Tübingen 2006 (zit.: Dreier/*Bearbeiter*)

Ehricke, Ulrich, Energierecht im Wandel, Baden-Baden 2010 (zit.: Ehricke/*Bearbeiter*)

Erbguth, Wilfried, Strategische Umweltprüfung (SUP), Baden-Baden 2006 (zit.: Erbguth/*Bearbeiter*)

Erbs, Georg/Kohlhaas, Max, Strafrechtliche Nebengesetze, Loseblatt-Kommentar, 189. Aufl., München 2012 (zit.: Erbs/Kohlhaas/*Bearbeiter*)

Erichsen, Hans-Uwe, Allgemeines Verwaltungsrecht, 3. Aufl., Berlin 2009 (zit.: Erichsen/*Bearbeiter*)

Ernst, Werner/Zinkahn, Willy/Bielenberg, Walter/Krautzberger, Michael, BauGB, Loseblatt-Kommentar, 104. Aufl., München 2012 (zit.: Ernst/Zinkahn/Bielenberg/Krautzberger/*Bearbeiter*)

Finkelnburg, Klaus/Ortloff, Karsten-Michael/Kment, Martin, Öffentliches Baurecht Band I, Bauplanungsrecht, 6. Aufl., München 2011 (zit.: *Finkelnburg/Ortloff/Kment*)

Frenz, Walter/Müggenborg, Hans-Jürgen, EEG, Kommentar, 2. Aufl., Berlin 2011 (zit.: Frenz/Müggenborg/*Bearbeiter*)

Führ, Martin/Bizer, Kilian/Dopfer, Jaqui/Schlagbauer, Susanne u.a., Evaluation des UVP-Gesetzes des Bundes, Darmstadt/Göttingen/Kassel 2008 (zit.: *Führ u.a.*)

Gassner, Erich, UVPG, Kommentar, Heidelberg 2006 (zit.: Gassner/*Bearbeiter*)

Giesberts, Ludger/Reinhardt, Michael, Beck'scher Online-Kommentar Umweltrecht, München 2007 (zit.: Giesberts/Reinhardt/*Bearbeiter*)

Gola, Peter/Schomerus, Rudolf, BDSG Bundesdatenschutzgesetz, Kommentar, 10. Aufl., München 2010 (zit.: *Gola/Schomerus*)

Hendler, Reinhard/Marburger, Peter/Reinhardt, Michael, Die strategische Umweltprüfung (sog. Plan-UVP) als neues Instrument des Umweltrechts, Berlin 2004 (zit.: Hendler/Marburger/Reinhardt/*Bearbeiter*)

Hermes, Georg, Staatliche Infrastrukturverantwortung, Tübingen 1998 (zit.: *Hermes*)

Hermes, Georg/Sellner, Dieter, Beck'scher AEG-Kommentar, München 2006 (Hermes/Sellner/*Bearbeiter*)

Hoffmann-Riem, Wolfgang/Schmidt-Aßmann, Eberhard, Konfliktbewältigung durch Verhandlungen: Konfliktmittlung im Verwaltungsverfahren, Baden-Baden 1990 (zit.: Hoffmann-Riem/Schmidt-Aßmann/*Bearbeiter*)
Hoppe, Werner/Beckmann, Martin, UVPG, Kommentar, 4. Aufl., Köln 2012 (zit.: Hoppe/Beckmann/*Bearbeiter*)
Hoppe, Werner/Bönker, Christian/Grotefels, Susan, Öffentliches Baurecht, 4. Aufl., München 2010 (zit.: *Hoppe/Bönker/Grotefels*)
Hoppe, Werner/Schlarmann, Hans/Buchner, Reimar, Rechtsschutz bei der Planung von Straßen und anderen Verkehrsanlagen, 3. Aufl., München 2001 (zit.: *Hoppe/Schlarmann/Buchner*)
Hoppe, Werner/Schlarmann, Hans/Buchner, Reimar/Deutsch, Markus, Rechtsschutz bei der Planung von Verkehrsanlagen und anderen Infrastruktureinrichtungen, 4. Aufl., Berlin 2011 (zit.: *Hoppe/Schlarmann/Buchner/Deutsch*)
Immenga, Ulrich/Mestmäcker, Ernst-Joachim, Wettbewerbsrecht GWB, 4. Aufl., München 2007 (zit.: Immenga/Mestmäcker/*Bearbeiter*)
Jarass, Hans D., BImSchG, Kommentar, 8. Aufl., München 2010 (zit.: *Jarass*)
Jarass, Hans/Pieroth, Bodo, Grundgesetz, 11. Aufl., München 2011 (zit.: *Jarass/Pieroth*)
Kment, Martin, Rechtsschutz im Hinblick auf Raumordnungspläne, Berlin 2002 (zit.: *Kment*)
Knack, Hans/Hennecke, Hans-Günter, Verwaltungsverfahrensgesetz, Kommentar, 9. Aufl., Köln 2009 (zit.: Knack/Hennecke/*Bearbeiter*)
Kodal, Kurt, Straßenrecht, Kommentar, 7. Aufl., München 2010 (zit.: Kodal/*Bearbeiter*)
Kopp, Ferdinand O./Schenke, Wolf-Rüdiger, VwGO, Kommentar, 17. Aufl., München 2011 (zit.: *Kopp/Schenke*)
Kopp, Ferdinand/ Ramsauer, Ulrich, VwVfG, Kommentar, 11. Aufl., München 2010 (zit.: *Kopp/Ramsauer*)
Kopp, Ferdinand/Schenke, Wolf-Rüdiger, Verwaltungsgerichtsordnung, Kommentar, 16. Aufl., München 2009 (zit.: *Kopp/Schenke*)
Landmann, Robert von/Rohmer, Gustav, Umweltrecht, Loseblatt-Kommentar, 64. Aufl., München 2012 (zit.: Landmann/Rohmer/*Bearbeiter*)
Lerche, Peter/Zacher, Hans/Badura, Peter, Festschrift für Theodor Maunz zum 80. Geburtstag, München 1981 (zit.: *Bearbeiter* in: FS Maunz)
Löwer, Wolfgang, Neuere europäische Vorgaben für den Energiebinnenmarkt, Bonner Gespräch zum Energierecht Bd. 5, Bonn 2010 (zit.: Löwer, Bd. 5/*Bearbeiter*)
Löwer, Wolfgang, Vielfalt des Energierechts, Bonner Gespräch zum Energierecht Bd. 4, Bonn 2009 (zit.: Löwer, Bd. 4/*Bearbeiter*)
Lütkes, Stefan/Ewer, Wolfgang, Bundesnaturschutzgesetz, Kommentar, München 2011 (zit.: Lütkes/Ewer/*Bearbeiter*)
Mangoldt, Hermann von/Klein, Friedrich/Starck, Christian, Grundgesetz, Kommentar, 6. Aufl., München 2010 (zit.: Mangoldt/Klein/Starck/*Bearbeiter*)
Marschall, Ernst, Bundesfernstraßengesetz, 6. Aufl., Köln 2012 (zit.: Marschall/*Bearbeiter*)
Maunz, Theodor/Dürig, Günter, Grundgesetz, Loseblatt-Kommentar, 61. Aufl., München (zit.: Maunz/Dürig/*Bearbeiter*)
Meyer, Hans, Die Föderalismusreform 2006, Berlin 2008 (zit.: *Meyer*)
Münch, Ingo von/Kunig, Philip, Grundgesetz, Kommentar, 6. Aufl., München 2012 (zit.: Münch/Kunig/*Bearbeiter*)
Peters, Carsten, Rechtsschutz Dritter im Rahmen des EnWG, Baden-Baden 2008 (zit.: *Peters*)
Peters, Heinz-Joachim/Balla, Stefan, Gesetz über die Umweltverträglichkeitsprüfung, Handkommentar, 3. Aufl., Baden-Baden 2006 (zit.: *Peters/Balla*)
Peters, Heinz-Joachim/Balla, Stefan, UVPG, Handkommentar, 3. Aufl., Baden-Baden 2006 (zit.: *Peters/Balla*)
Posser, Herbert/Wolf, Heinrich Amadeus, Verwaltungsgerichtsordnung, Kommentar, München 2008 (zit.: Posser/Wolf/*Bearbeiter*)
Redeker, Martin/von Oertzen, Hans-Joachim, Verwaltungsgerichtsordnung, Kommentar, 15. Aufl., Stuttgart 2010 (zit.: *Redeker/von Oertzen*)
Rodi, Michael, Anspruchsvoller Umweltschutz in der Fach- und Raumplanung, Berlin 2012 (zit.: Rodi/*Bearbeiter*)
Sachs, Michael, Grundgesetz, Kommentar, 6. Aufl., München 2011 (zit.: Sachs/*Bearbeiter*)
Säcker, Franz Jürgen, Berliner Kommentar zum Energierecht, 2. Aufl., München 2010 (zit.: BK-EnR/*Bearbeiter*)
Salje, Peter, Energiewirtschaftsgesetz, Kommentar, Köln 2006 (zit.: *Salje*, EnWG)
Scheuerle, Klaus-Dieter/Mayen, Thomas, Telekommunikationsgesetz, 2. Aufl., München 2008 (zit.: Scheuerle/Mayen/*Bearbeiter*)
Schlabach, Erhard, Vorschriftensammlung und Kommentar zum Verwaltungskostengesetz des Bundes sowie zum Landesgebührengesetz Baden-Württemberg, Stand: 36. Erg.-Lieferung, Stuttgart 2011 (zit.: *Schlabach*)

Schmidt-Aßmann, Eberhard, Das allgemeine Verwaltungsrecht als Ordnungsidee: Grundlagen und Aufgaben der verwaltungsrechtlichen Systembildung, 2. Aufl., Berlin 2004 (zit.: *Schmidt-Aßmann*)
Schneider, Jens-Peter, Planungs-, genehmigungs- und naturschutzrechtliche Fragen des Netzausbaus und der untertägigen Speichererrichtung zur Integration erneuerbarer Energien in die deutsche Stromversorgung, Berlin 2010 (zit.: *Schneider*)
Schoch, Friedrich/Schmidt-Aßmann, Eberhard/Pietzner, Rainer, Verwaltungsgerichtsordnung, Kommentar, 16. Aufl. 2008 (zit.: Schoch/Schmidt-Aßmann/Pietzner/*Bearbeiter*)
Schuhmacher, Jochen und Anke/Fischer-Hüftle, Peter, Bundesnaturschutzgesetz, Kommentar, 2. Aufl., Stuttgart 2010 (zit.: *Schuhmacher/Fischer-Hüftle*)
Schuppert, Gunnar Folke, Verwaltungswissenschaft: Verwaltung, Verwaltungsrecht, Verwaltungslehre, Baden-Baden 2000 (zit.: *Schuppert*)
Sodann, Helge/Ziekow, Jan, Verwaltungsgerichtsordnung, Großkommentar, 3. Aufl., Baden-Baden 2010 (zit.: Sodann/Ziekow/*Bearbeiter*)
Spannowsky, Willy/Runkel, Peter/Goppel, Konrad, Raumordnungsgesetz, Kommentar, München 2010 (zit.: Spannowsky/Runkel/Goppel/*Bearbeiter*)
Starck, Christian, Die Föderalismusreform 2006, München 2007 (zit.: *Starck*)
Steinberg, Rudolf/Berg, Thomas/Wickel, Martin, Fachplanung, 3. Aufl., Baden-Baden 2000 (zit.: *Steinberg/Berg/Wickel*)
Stelkens, Paul/Bonk, Heinz/Sachs, Michael, Verwaltungsverfahrensgesetz, Kommentar, 8. Aufl., München 2011 (zit.: Stelkens/Bonk/Sachs/*Bearbeiter*)
Storm, Peter-Christoph/Bunge, Thomas, Handbuch der Umweltverträglichkeitsprüfung, Berlin 2011 (zit.: *Storm/Bunge*)
Stüer, Bernhard, Handbuch des Bau- und Fachplanungsrechts, 4. Aufl., München 2009 (zit.: *Stüer*)
Uebbing, Christiane, Umweltprüfung bei Raumordnungsplänen, Münster 2004 (zit.: *Uebbing*)
Umbach, Dieter/Clemens, Thomas, Grundgesetz – Mitarbeiterkommentar und Handbuch, Heidelberg 2002 (zit.: *Umbach/Clemens*)
Wissmann, Martin, Telekommunikationsrecht, 2. Aufl., Frankfurt am Main 2006 (zit.: Wissmann/*Bearbeiter*)
Ziekow, Jan, Praxis des Fachplanungsrechts, Neuwied 2004 (zit.: *Ziekow*)
Ziekow, Jan, Verwaltungsverfahrensgesetz, Kommentar, 2. Aufl., Stuttgart 2010 (zit.: Ziekow/*Bearbeiter*)

Abkürzungsverzeichnis

%	Prozent
€	Euro
§	Paragraph
°C	Grad Celsius
a.A.	andere Ansicht
a.E.	am Ende
a.F.	alte Fassung
ABl. BNetzA	Amtsblatt der Bundesnetzagentur für Elektrizität, Gas, Telekommunikation, Post und Eisenbahnen
ABl. EG/EU	Amtsblatt der Europäischen Gemeinschaften
ABl.	Amtsblatt
Abs.	Absatz
ACER	Agency for the Cooperation of Energy Regulators
AEG	Allgemeines Eisenbahngesetz
AEUV	Vertrag über die Arbeitsweise der Europäischen Union
AG	Aktiengesellschaft; Amtsgericht
Alt.	Alternative
amtl. Slg.	amtliche Sammlung
ÄnderungsG	Änderungsgesetz
ARegV	Anreizregulierungsverordnung
ARL	Akademie für Raumforschung und Landesplanung
Art.	Artikel
Ast.	Außenstelle
Ausschussdrucks.	Ausschussdrucksache
AWZ	ausschließliche Wirtschaftszone
Az.	Aktenzeichen
BAPT	Bundesamt für Post und Telekommunikation
BauGB	Baugesetzbuch
BauNVO	Baunutzungsverordnung
BaurechtsGA	Baurechtsgutachten
BauROG	Bau- und Raumordnungsgesetz
BaWü	Baden-Württemberg
BayEG	Bayerisches Gesetz über die entschädigungspflichtige Enteignung
Bayer. VGH	Bayerischer Verwaltungsgerichtshof
BayObLG	Bayerisches Oberstes Landesgericht
BayRS	Bayerische Rechtssammlung
BayVBl	Bayerische Verwaltungsblätter
BayVerfGH	Bayerischer Verfassungsgerichtshof
BBergG	Bundesberggesetz
Bd.	Band
BDSG	Bundesdatenschutzgesetz
Begr.	Begründung
BEGTPG	Gesetz über die Bundesnetzagentur für Elektrizität, Gas, Telekommunikation, Post und Eisenbahnen
Beschl.	Beschluss
BEVVG	Bundeseisenbahnverkehrsverwaltungsgesetz
BfN	Bundesamt für Naturschutz
BGB	Bürgerliches Gesetzbuch
BGBl.	Bundesgesetzblatt

BGH	Bundesgerichtshof
BImSchG	Bundes-Immissionsschutzgesetz
BImSchV	Bundes-Immissionsschutzverordnung
BMPT	Bundesministerium für Post und Telekommunikation
BMU	Bundesministerium für Umwelt, Naturschutz und Reaktorsicherheit
BMVBS	Bundesministerium für Verkehr, Bau und Stadtentwicklung
BMWi	Bundesministerium für Wirtschaft und Technologie
BNatSchG	Bundesnaturschutzgesetz
BNetzA	Bundesnetzagentur
BR	Bundesrat
BR-Drucks.	Bundesrat-Drucksache
Brem.GBl.	Bremer Gesetzesblatt
BSH	Bundesamt für Seeschifffahrt und Hydrographie
BSWAG	Bundesschienenwegeausbaugesetz
BT-Drucks.	Bundestag-Drucksache
BVerfG	Bundesverfassungsgericht
BVerwG	Bundesverwaltungsgericht
BVerwGE	Bundesverwaltungsgerichtsentscheidung
BVwVfG	Verwaltungsverfahrensgesetz (Bund)
bzgl.	bezüglich
bzw.	beziehungsweise
CDU	Christlich Demokratische Union
CEF	Continuous Ecological Functionality-measures (Maßnahmen zur dauerhaften Sicherung der ökologischen Funktion)
CNG	Compressed Natural Gas (Erdgas)
CO_2	Kohlendioxid
CSU	Christlich-Soziale Union
d.h.	das heißt
dena	Deutsche Energie-Agentur GmbH
DLR	Deutsches Zentrum für Luft- und Raumfahrt e. V.
DÖV	Die Öffentliche Verwaltung (Zeitschrift)
DVBl.	Deutsches Verwaltungsblatt
EEG NW	Enteignungs- und -entschädigungsgesetz Nordrhein-Westfalen
EEG	Erneuerbare-Energien-Gesetz
EG	Europäische Gemeinschaft
EKI	Europäische kritische Infrastrukturen
endg.	endgültig
EnLAG	Energieleitungsausbaugesetz
EntGBbg	Enteignungsgesetz des Landes Brandenburg
ENTSO-E	European Network of Transmission System Operators for Electricity
EnWG	Energiewirtschaftsgesetz
EnWR-NRG	Gesetz zur Neuregelung des Energiewirtschaftsrechts
EP	Europäisches Parlament
EPSKI	Europäisches Programm für den Schutz kritischer Infrastrukturen
ER	EnergieRecht (Zeitschrift)
Erg. Lief.	Ergänzungslieferung
et	Energiewirtschaftliche Tagesfragen (Zeitschrift)
etc.	et cetera
EU	Europäische Union
EuGH	Europäischer Gerichtshof
EUV	Vertrag über die Europäische Union
EWI	Energiewirtschaftliches Institut an der Universität zu Köln

f./ff.	folgende/fortfolgende
FDP	Freie Demokratische Partei
FFH	Flora-Fauna-Habitat
Fn	Fußnote
FStrAbG	Fernstraßenausbaugesetz
FStrG	Bundesfernstraßengesetz
GA	Gutachten
GBl.	Gesetzblatt für Baden-Württemberg
gem.	gemäß
GenBeschlG	Genehmigungsverfahrensbeschleunigungsgesetz
GewArch	Gewerbearchiv (Zeitschrift)
GG	Grundgesetz
ggf.	gegebenenfalls
GIL	Gasisolierte Leiter
GMBl.	Gemeinsames Ministerialblatt
GO	Geschäftsordnung; Gemeindeordnung
grds.	grundsätzlich
GS. Schl.-H.	Sammlung des schleswig-holsteinischen Landesrechts
GV NW	Gesetz- und Verordnungsblatt für das Land Nordrhein-Westfalen
GVBl. LSA	Gesetz- und Verordnungsblatt des Landes Sachsen-Anhalt
GVBl.	Gesetz- und Verordnungsblatt
GVOBl. M-V	Gesetz- und Verordnungsblatt für Mecklenburg-Vorpommern
GW	Gigawatt
GWB	Gesetz gegen Wettbewerbsbeschränkungen
GWh	Gigawattstunde
GWS	Gesellschaft für Wirtschaftliche Strukturforschung
h.M.	herrschende Meinung
h/a	Stunden pro Jahr
Hamb. OVG	Hamburgisches Oberverwaltungsgericht
Herv.	Hervorhebung
HGÜ	Hochspannungs-Gleichstrom-Übertragung
HmbGVBl.	Hamburgisches Gesetz- und Verordnungsblatt
Hs.	Halbsatz
i.d.F.	in der Fassung
i.d.R.	in der Regel
i.E.	im Ergebnis; im Erscheinen
i.V.m.	in Verbindung mit
IFG	Informationsfreiheitsgesetz
IFNE	Ingenieurbüro für neue Energien
InfrPBG	Gesetz zur Beschleunigung von Planungsverfahren für Infrastrukturvorhaben
IR	InfrastrukturRecht (Zeitschrift)
ITO	Independent Transmission Operator
IVU	Integrierte Vermeidung und Verminderung der Umweltverschmutzung
IWES	Fraunhofer-Institut für Windenergie und Energiesystemtechnik
Jura	Juristische Ausbildung (Zeitschrift)
jurisPR-BVerwG	juris PraxisReport Bundesverwaltungsgericht (Zeitschrift)
JZ	JuristenZeitung (Zeitschrift)
km	Kilometer
KrWG	Kreislaufwirtschaftsgesetz
kV	Kilovolt
KWKG	Kraft-Wärme-Kopplungsgesetz

LAbfG NW	Abfallgesetz für das Land Nordrhein-Westfalen
LEnteigG	Landesenteignungsgesetz Rheinland-Pfalz
Lf.	Lieferung
LG	Landgericht
li. Sp.	linke Spalte
lit.	literatura
LKV	Landes- und Kommunalverwaltung (Zeitschrift)
LNG	Liquefied Natural Gas (Flüssigerdgas)
LuftVG	Luftverkehrsgesetz
LVerwAmt	Landesverwaltungsamt
m	Meter
m. Anm.	mit Anmerkungen
m.w.N.	mit weiteren Nachweisen
m.z.w.N.	mit zahlreichen weiteren Nachweisen
MBauO	Musterbauordnung
MBl. NRW	Ministerialblatt für das Land Nordrhein-Westfalen
MBPlG	Magnetschwebebahnplanungsgesetz
MKRO	Ministerkonferenz für Raumordnung
mm	Millimeter
N&R	Netzwirtschaft und Recht (Zeitschrift)
n.F.	neue Fassung
NABEG	Netzausbaubeschleunigungsgesetz Übertragungsnetz
Nds. ErdkabelG	Niedersächsisches Erdkabelgesetz
Nds. GVBl.	Niedersächsisches Gesetz- und Verordnungsblatt
NdsVBl.	Niedersächsisches Verwaltungsblatt
NE	Nichteisenmetall
NEG	Niedersächsisches Enteignungsgesetz
NEP	Netzentwicklungsplan
NOVA	Netz Optimieren vor Verstärken vor Ausbauen
Nr.	Nummer
NRW	Nordrhein-Westfalen
NuR	Natur und Recht (Zeitschrift)
NVwZ	Neue Zeitschrift für Verwaltungsrecht
o.ä.	oder ähnliches
o.g.	oben genannt
OLG	Oberlandesgericht
OLRG	Oberlandesgericht-Report (Zeitschrift)
OVG HH	Hamburgisches Oberverwaltungsgericht
OVG	Oberverwaltungsgericht
OWiG	Gesetz über Ordnungswidrigkeiten
OWP	Offshore-Windpark
PBefG	Personenbeförderungsgesetz
PlafeR	Planfeststellungsrichtlinie
PlVereinfG	Planungsvereinfachungsgesetz
PostG	Postgesetz
PrGS	Preußische Gesetzessammlung
RBG	Rechtsbereinigungsgesetz
RdE	Recht der Energiewirtschaft (Zeitschrift)
re. Sp.	rechte Spalte
RegBez.	Regierungsbezirk

RegE	Regierungsentscheidung
RGBl.	Reichsgesetzblatt
RL	Richtlinie
Rn	Randnummer
ROG	Raumordnungsgesetz
RoV	Raumordnungsverordnung
Rspr.	Rechtsprechung
RuR	Raumforschung und Raumordnung (Zeitschrift)
S.	Seite/-n
SächsEntEG	Sächsisches Enteignungs- und Entschädigungsgesetz
SächsGVBl.	Sächsisches Gesetz- und Verordnungsblatt
SAP	Spezielle Artenschutzprüfung
SEA	Strategic Enviromental Assessment
SigG	Signaturgesetz
sog.	sogenannte(r)
SPD	Sozialdemokratische Partei Deutschlands
SRU	Sachverständigenrat für Umweltfragen
std. Rspr.	ständige Rechtsprechung
StGB	Strafgesetzbuch
SUP	Strategische Umweltprüfung
SUP-RL	Strategische Umweltprüfung Richtlinie
SÜG	Sicherheitsüberprüfungsgesetz
SUPG	Gesetz zur Einführung einer Strategischen Umweltprüfung und zur Umsetzung der Richtlinie 2001/42/EG
TA Lärm	Technische Anleitung zum Schutz gegen Lärm
TEN-E-Leitlinie	Transeuropäische Energienetze-Leitlinie
Thür. OLG	Thüringisches Oberlandesgericht
ThürEG	Thüringer Enteignungsgesetz
TKG	Telekommunikationsgesetz
TYNDP	Ten-Year Network Development Plan
Tz	Textziffer
u.a.	unter anderem
u.g.	unten genannt
u.U.	unter Umständen
UA	Unterabschnitt
UBA	Umweltbundesamt
UCTE	Union for the Co-ordination of Transmission of Electricity
UIG	Umweltinformationsgesetz
UmwRG	Umwelt-Rechtsbehelfsgesetz
ÜNB	Übertragungsnetzbetreiber
UNECE	United Nations Economic Commission for Europe
UPR	Umwelt- und Planungsrecht (Zeitschrift)
Urt.	Urteil
usw.	und so weiter
UVP	Umweltverträglichkeitsprüfung
UVPG	Gesetz über die Umweltverträglichkeitsprüfung
UVP-report	Report der Gesellschaft für die Prüfung der Umweltverträglichkeit (Zeitschrift)
UVP-RL	Umweltverträglichkeitsprüfungsrichtlinie
UVPVwV	Allgemeine Verwaltungsvorschrift zur Ausführung des Gesetzes über die Umweltverträglichkeitsprüfung
v.	von
Var.	Variante

VBlBW	Verwaltungsblätter für Baden-Württemberg
VDE	Verband der Elektrotechnik, Elektronik und Informationstechnik e.V.
VDI	Verein Deutscher Ingenieure
Verf.	Verfasser
VerkPBG	Verkehrswegeplanungsbeschleunigungsgesetz
VG	Verwaltungsgericht
VGH	Verwaltungsgerichtshof
vgl.	vergleiche
VkBl	Verkehrsblatt (Zeitschrift)
VNB	Verteilernetzbetreiber
VO	Verordnung
VOL/A	Vergabe- und Vertragsordnung für Leistungen/Teil A
VR	Verwaltungsrundschau (Zeitschrift)
VRS	Verkehrsrechtssammlung (Zeitschrift)
VS	Verschlusssache
VSA	Verschlusssachenanweisung
VS-Richtlinie	Vogelschutzrichtlinie
VwGO	Verwaltungsgerichtsordnung
VwKostG	Verwaltungskostengesetz
VwVfÄndG	Gesetz zur Änderung verwaltungsverfahrensrechtlicher Vorschriften
VwVfG	Verwaltungsverfahrensgesetz
vzbv	Verbraucherzentrale Bundesverband e.V.
WaStrG	Bundeswasserstraßengesetz
WD 3	Wissenschaftlicher Dienst 3: Verfassung und Verwaltung
WHG	Wasserhaushaltsgesetz
z.B.	zum Beispiel
z.T.	zum Teil
ZFW	Zeitschrift für Wasserrecht
Ziff.	Ziffer
ZPBR	Zeitgeschichte, Politische Bildung und Recht (Zeitschrift)
ZUR	Zeitschrift für Umweltrecht
ZuständigkeitsVO	Zuständigkeitsverordnung

Bearbeiterverzeichnis

Karsten Bourwieg, Ass. iur., Jg. 1972; Studium in Freiburg im Breisgau, Referendariat in Itzehoe, Kiel und Köln. 2003 bis 2005 Rechtsanwalt und Syndikus der Trianel Stadtwerkekooperation in Aachen. Seit 2005 Referatsleiter des Referates für Rechtsfragen Energieregulierung und Erneuerbare Energien, Entflechtung, Grundsatzfragen der Energieverbraucher der Bundesnetzagentur in Bonn.

Ursula Heimann, Dr. iur., LL.M., Jg. 1978; Studium in Münster, Paris und Lüneburg. Promotion in einem interdisziplinären Graduiertenkolleg des Instituts für Umwelt- und Technikrecht der Universität Trier. Seit 2009 als Referentin in der Bundesnetzagentur tätig.

Julian Asmus Nebel, Dr. iur., Dipl.-Politologe, Jg. 1978; Studium in Berlin, Diplom der Politikwissenschaft im Jahr 2004, 2006–2009 wissenschaftlicher Mitarbeiter am Lehrstuhl von Prof. Dr. Dr. h.c. Ulrich Battis an der Humboldt Universität, Promotion Dr. iur. 2010, seit dem Jahr 2010 als Rechtsanwalt bei GÖRG Partnerschaft von Rechtsanwälten tätig.

Helmut Lecheler, Prof. Dr. iur., Dipl.-Kaufmann, Jg. 1941; Studium der Rechts- und Wirtschaftswissenschaften an den Universitäten Erlangen-Nürnberg, Bonn und Paris II (Sorbonne-Assas); ordentliche Professuren für öffentliches Recht und Europarecht an den Universitäten Marburg, Erlangen-Nürnberg und seit 1992 an der Freien Universität Berlin. In den letzten 20 Jahren schwerpunktmäßige wissenschaftliche Beschäftigung mit dem deutschen und europäischen Rechtsrahmen der Energiewirtschaft. Von April bis November 2011 Vorsitzender der Arbeitsgruppe 3 „Regulierung" der ständigen Gesprächsplattform „Zukunftsfähige Netze und Systemsicherheit" beim Bundeswirtschaftsministerium.

Christoph Riese, Dr. iur., Jg. 1964; Studium in Bonn, Promotion Dr. iur. 1992, seit dem Jahr 1992 als Rechtsanwalt tätig. Fachanwalt für Verwaltungsrecht und Partner bei GÖRG Partnerschaft von Rechtsanwälten. Mitglied in einer Vielzahl führender juristischer Organisationen für das Verwaltungs- und Energierecht, unter anderem als Vorsitzender der Arbeitsgemeinschaft Verwaltungsrecht Berlin/Brandenburg des Deutschen Anwaltsvereins.

Christof Sangenstedt, Dr. iur., Jg. 1954; Studium in Bonn und Münster. 1982 bis 1988 wissenschaftlicher Mitarbeiter am Strafrechtlichen Institut der Universität Bonn. Seit 1988 zunächst als Referent, seit 1992 als Referatsleiter in verschiedenen Abteilungen des Bundesministeriums für Umwelt, Naturschutz und Reaktorsicherheit (BMU). Seit 1999 Leiter des Grundsatz-Rechtsreferats im BMU.

Armin Steinbach, Dr. iur., LL.M., Dipl.-Volkswirt, Jg. 1978; Studium der Rechtswissenschaft und Volkswirtschaftslehre u.a. in Berlin, Brüssel und Harvard. Von 2009 bis 2012 im Bundeswirtschaftsministerium als Referent für Netzausbau zuständig. Zuvor Rechtsanwalt bei einer international tätigen Kanzlei in Brüssel und Referent bei der Welthandelsorganisation (WTO) in Genf.

Teil 1 Einleitung

Überblick

A. Treiber des Netzausbaus

Die vielzitierte **„Energiewende“** hinterlässt auch im Bereich der Netzinfrastruktur Spuren. Der forcierte Ausbau der Erneuerbaren Energien und der Umbau der Energieversorgung haben den Handlungsbedarf im Bereich der Netzinfrastruktur immer mehr in den Mittelpunkt der politischen Diskussion gerückt. Haupttreiber dieser Entwicklung sind die ehrgeizigen **klimapolitischen Ziele** der Bundesregierung. Die deutsche Bundesregierung strebt zur Erreichung der Klimaschutzziele eine Reduktion der Treibhausgasemissionen um 40% bis zum Jahr 2020 und bis 2050 sogar um 80% gegenüber dem Stand von 1990 an.[1] Dieses Ziel soll vor allem durch eine Umstellung auf eine regenerative Elektrizitätserzeugung erreicht werden, die bis zum Jahre 2030 zu 50% und bis zum Jahre 2050 zu 80% auf regenerativen Energieträgern beruhen soll. Da der Netzausbau mit dem Ausbau der Erneuerbaren nicht Schritt hält, kommt es schon heute zu einer **mangelnden Synchronisierung zwischen Erneuerbaren Energien und dem Netzausbau**. 1

Der Umbau der Energieversorgung ändert die Anforderungen an die Netzinfrastruktur: Der zügige Ausbau des Anteils erneuerbarer Energien und die Standortwahl von neuen konventionellen Energieerzeugern tragen maßgeblich zur geographischen **Entkopplung von Verbrauchs- und Erzeugungsschwerpunkten** bei. Früher wurde bei der Planung von Energieversorgungssystemen angestrebt, Erzeugungseinheiten möglichst in der Nähe von Verbrauchsschwerpunkten, etwa im industrieintensiven Süddeutschland, anzusiedeln. Heute werden erneuerbare Energien und konventionelle Kraftwerke unabhängig von Verbrauchsgesichtspunkten und netztechnischen Rahmenbedingungen ausgewählt. In der Tendenz zeigt sich, dass neue Standorte für konventionelle Kraftwerke in erheblichem Umfang an Küstenstandorten, also im Norden, geplant werden. Ebenso werden **Standortentscheidungen für die Stromerzeugung aus erneuerbarer Energie in Abhängigkeit von den Erzeugungspotenzialen** getroffen. Die Verfügbarkeit 2

1 Energiekonzept für eine umweltschonende, zuverlässige und bezahlbare Energieversorgung, 28.9.2010, S. 5.

von Biomasse, die Windverhältnisse und die Sonneneinstrahlung sind dabei ausschlaggebende Standortfaktoren.

3 Die Standortentscheidungen für die Stromproduktion erzeugen ein **Nord-Süd-Gefälle**. Zwar führen die Intensität und die Dauer der Sonneneinstrahlung zu einer Konzentration der Solarstromerzeugung im Süden. Allerdings siedelt sich die überwiegende Mehrzahl der **Windkraftanlagen (offshore und onshore) im Norden** oder der Mitte Deutschlands an. Und auch der Ausstieg aus der Kernenergie trägt zu dem Nord-Süd-Gefälle bei. Die derzeit noch insbesondere in Süddeutschland betriebenen Kernkraftwerke werden schrittweise abgeschaltet. Der **Wegfall** der in den **Kernkraftwerken** erzeugten Energie soll durch konventionelle Kraftwerke und erneuerbare Energien kompensiert werden, wobei in Süddeutschland die Nachfrage nicht durch verbrauchsnahe, sondern vorwiegend durch zu transportierende Elektrizitätsmengen gedeckt werden muss.

4 Neben das Phänomen des Nord-Süd-Gefälles in Stromerzeugung und -verbrauch treten die Charakteristika sowohl **dezentraler** als auch **zentraler Stromeinspeisung**. Dezentrale Einspeisung durch die Errichtung von Photovoltaik-Anlagen und Windanlagen machen eine Verstärkung des Netzes in der Fläche erforderlich. Zugleich entstehen neue Erzeugungszentren, etwa durch Offshore-Windparks in der Nordsee. Hinzu kommt die **zunehmende Volatilität der Einspeisung** durch die schwankende Darbietung von erneuerbarem Strom. Unzureichender Netzausbau und eine fluktierende Einspeisung von Strom aus Wind und Sonne führen zu Netzengpässen. Diese treten insbesondere in Situationen starker nationaler und internationaler Handelsaktivitäten in Kombination mit hoher Windenergieeinspeisung auf. Die Konsequenzen sind die Beschränkung des Stromtransports und des Stromhandels sowie die Abschaltung von Erzeugungsanlagen. Damit kann eine unzureichende Netzinfrastruktur auch eine negative Auswirkung auf die Investitionssicherheit beim Bau neuer Kraftwerke haben. Neben den Marktrisiken für neue Kraftwerke müssen zunehmend die Risiken bewertet werden, die sich aus nicht ausreichend verfügbaren Netzkapazitäten ergeben. Auf **Verteilernetzebene** kommt hinzu, dass der Strom nicht mehr wie bisher als Einbahnstraße von übergelagerten Spannungsebenen in untere Spannungsebenen zum Verbraucher fließt. Aufgrund dezentraler Einspeisung von Erneuerbaren Energien in unteren Spannungsebenen muss das Verteilnetz immer häufiger einen „Gegenverkehr" bewältigen, der aus Rückspeisungen in höhere Spannungsebenen resultiert.

5 Die präzise **Höhe des erforderlichen Netzausbaubedarfs** ist Gegenstand verschiedener Studien gewesen, bleibt in der öffentlichen Diskussion aber umstritten. Im Jahr 2005 wurden im Rahmen der dena-Netzstudie I prioritäre Höchstspannungsleitungen mit einer Gesamtlänge von rund 850 km bis 2015 berechnet. Die Leitungen der **dena-Netzstudie I**[2] wurden in den Bedarfsplan des EnLAG aufgenommen. In der **dena-Netzstudie II**[3] aus dem Jahr 2010 wurde ein über die dena-Netzstudie I hinausgehender Ausbaubedarf in der Höhe von bis zu 3.600 km bis 2020 ermittelt. Bei der Realisierung dieser Leitungen hinkt man hinterher: Im Mai 2012 waren von den rund 2.000 km Netzausbaumaßnahmen des EnLAG erst ca. 200 km realisiert. Die Konkretisierung der präzisen Höhe des Netzausbaubedarfs wird zukünftig in den **Netzentwicklungsplänen** der Netzbetreiber nach §§ 12a ff. EnWG ermittelt. Für die Verteilernetzebene liegen bis heute keine belastbaren Studien vor. Allerdings ist davon auszugehen, dass der Ausbaubedarf aufgrund der Einspeisung von Erneuerbaren Energien auf unteren Spannungsebenen ebenfalls hoch ist. Die Anforderungen an

2 *dena* (Hrsg.), Kurzanalyse der Kraftwerks- und Netzplanung in Deutschland bis 2020 (mit Ausblick auf 2030). Annahmen, Ergebnisse und Schlussfolgerungen, Berlin 2008, abrufbar unter www.dena.de/infos/presse/studien#c5277.

3 *dena* (Hrsg.), dena-Netzstudie II – Integration erneuerbarer Energien in die deutsche Stromversorgung im Zeitraum 2015-2020 mit Ausblick auf 2025, Berlin 2010, abrufbar unter www.dena.de/themen/thema-esd/projekte/projekt/dena-netzstudie-ii; dazu auch *Prognos/EWI/GWS*, Energieszenarien 2011, Projekt Nr. 12/10, Basel/Köln/Osnabrück 2011, abrufbar unter www.ewi.uni-koeln.de.

die Dokumentation sind bei den Verteilnetzbetreibern gleichwohl abgestuft gegenüber den Übertragungsnetzen. Verteilnetzbetreiber müssen jährlich den Netzzustand ihres Netzes in einem Bericht darzustellen und der zuständigen Regulierungsbehörde zur Prüfung vorzulegen. Ist der erwartete Netzausbaubedarf besonders hoch, kann die BNetzA die Vorlage von Netzentwicklungsplänen verlangen, die sich an den Plänen der ÜNB orientieren (§ 14 Abs. 1b EnWG).

B. Der Netzausbau als energiepolitisches Ziel

Der Netzausbau wird schon seit geraumer Zeit von den Bundesregierungen vorangetrieben. Im 6
Jahre 2006 sollten mit dem **Infrastrukturplanungsbeschleunigungsgesetz** Verzögerungen auf Ebene der Planungs- und Genehmigungsverfahren und bei der Realisierung des Leitungsbaus behoben werden. 2009 wurden mit dem **EnLAG** die 24 prioritären Höchstspannungsleitungen in einem Bedarfsplan aufgenommen und mit genehmigungsrechtlichen Privilegien ausgestattet.

Ihren vorläufigen Höhepunkt fand die energiepolitische Bedeutung des Netzausbaus im 7
Energiekonzept der Bundesregierung aus dem Jahr 2010. Darin wurde eine Reihe von kurz- und langfristigen Maßnahmen zur Beschleunigung des Netzausbaus angekündigt. Diese Maßnahmen beziehen sich auf den planungs- und genehmigungsrechtlichen, den regulatorischen und den institutionellen Bereich.

Eine weitere Zäsur für die Energieversorgung insgesamt und den Netzausbau im speziellen 8
war das **Reaktorunglück in Fukushima**. Als Konsequenz dessen wurde ein beschleunigter Ausstieg aus der Kernenergie mit einer sofortigen Abschaltung von acht Kernkraftwerken beschlossen. Der politische Wille zum Ausbau der Erneuerbaren Energien wurde dadurch noch einmal bestärkt. Für die Netze bedeutet dies einen zusätzlichen Druck, eine Synchronisierung mit den Erneuerbaren Energien hinzubekommen. Aufgrund des politischen Handlungsdrucks musste das **NABEG** binnen drei Monaten bis zum Ablauf des Kernkraft-Moratoriums nach der Katastrophe von Fukushima auf den Weg gebracht werden. Die Einleitung der Energiewende im Sommer 2011 beinhaltete nicht weniger als die Verabschiedung von sieben Gesetzen und einer Verordnung durch den Gesetzgeber.

C. Der Netzausbau im deutschen Recht

I. Einleitung

Die Vorschriften zum Netzausbau verteilen sich inzwischen auf eine Reihe von Rechtsgrund- 9
lagen. Das Nebeneinander anwendbarer Rechtsvorschriften ist der energiepolitisch bedingten Entwicklung von **Sonderregimen für bestimmte Leitungsprojekte** geschuldet. Der Grundsatz des Vorrangs des speziellen vor dem allgemeinen Gesetz kommt im Energieleitungsbau deshalb regelmäßig zur Anwendung. Spezialgesetze sind insoweit:
- das **NABEG** (für neue Vorhaben aus dem Bundesbedarfsplan) gegenüber dem EnWG;
- das **EnLAG** (mit seinem Bedarfsplan für 24 Höchstspannungsleitungen) gegenüber dem EnWG und dem NABEG;
- das **EnWG** seinerseits gegenüber dem **VwVfG**.

Aus den unterschiedlichen Regelungsmaterien ergeben sich unterschiedliche Zulassungsregime: 10
1. Für die **24 Leitungen des EnLAG** wird das Raumordnungsverfahren von den Ländern nach § 1 Nr. 14 RoV, § 15 ROG durchgeführt. Das Planfeststellungsverfahren wird nach § 43 S. 1 Nr. 1 EnWG ebenfalls von den Ländern durchgeführt.

2. Für die **Leitungen des Bundesbedarfsplans**, die als **länderübergreifende oder grenzüberschreitende Leitungen** gekennzeichnet sind, gelten für die Bundesfachplanung durch die BNetzA die Regeln des NABEG.
   a. Das **Planfeststellungsverfahren** für die länderübergreifenden oder grenzüberschreitenden Leitungen führt die **BNetzA** nach §§ 18 ff. NABEG aus, sofern der BNetzA die Planfeststellungskompetenz auf dem Verordnungswege nach § 2 Abs. 2 NABEG übertragen wurde.
   b. Die **Planfeststellungsverfahren** für die länderübergreifenden oder grenzüberschreitenden Leitungen werden von **Genehmigungsbehörden der Länder** nach §§ 18 ff. NABEG durchgeführt, sofern die Verordnung nach § 2 Abs. 2 NABEG der BNetzA die Planfeststellungskompetenz **nicht** überträgt.
3. Die **Leitungen des Bundesbedarfsplans**, die **nicht** als **länderübergreifende oder grenzüberschreitende Leitungen** gekennzeichnet sind, sowie alle anderen Hochspannungsleitungen mit einer Nennspannung von 110 kV oder mehr, die nicht im Bundesbedarfsplan aufgeführt werden, durchlaufen das Raumordnungsverfahren nach § 1 Nr. 14 RoV, § 15 ROG. Das Planfeststellungsverfahren wird nach § 43 S. 1 Nr. 1 EnWG ebenfalls von den Ländern durchgeführt.

11 **Historisch** gesehen war für die Errichtung von Elektrizitätsleitungen bis zum Jahr 2001 nicht mal eine Planfeststellung vorgeschrieben.[4] Die Durchführung eines Raumordnungsverfahrens war zwar erforderlich, jedoch ohne ein anschließendes Genehmigungsverfahren, in dem die Ergebnisse des Raumordnungsverfahrens hätten Wirkung entfalten können. Teilweise bestanden Genehmigungserfordernisse nach Landesrecht; im Grundsatz erfolgten die Genehmigungsverfahren von Elektrizitätsleitungen ohne formale Eröffnungskontrolle. Auch bestanden für Private keine formalisierten Beteiligungsrechte.[5]

12 Seit 2001 erfolgt die Zulassung von Hochspannungsfreileitungen formal-gesetzlich nach einem einheitlichen Standard: Für Hochspannungsleitungen mit einer Nennspannung von 110 kV oder mehr ist ein Raumordnungsverfahren durchzuführen (§ 1 Nr. 14 RoV, § 15 ROG). Das Planfeststellungserfordernis ergibt sich seit 2001 aus § 43 S. 1 Nr. 1 EnWG.[6] Darin ist die Planfeststellungsbedürftigkeit für Hochspannungsfreileitungen ab einer Nennspannung von 110 kV geregelt. Mit der EnWG-Novelle 2011 wurde auf der 110 kV-Ebene auch die Planfeststellungsfähigkeit von Erdkabeln auf der 110 kV-Ebene ermöglicht (§ 43 S. 7 EnWG). Formal-gesetzlich kann mithin nicht von einem **„Flickenteppich"** gesprochen werden, weil eine Einheitlichkeit der Gesetze unabhängig von der geographischen Lage der Leitung besteht.[7] Davon zu unterscheiden ist ein „Flickenteppich" in der Anwendung der einheitlichen Vorschriften in der Verwaltungspraxis, die zuletzt ausschlaggebend gewesen ist für die Hochzonung der Genehmigungskompetenz auf die Bundesebene im Rahmen des NABEG.[8]

II. Infrastrukturplanungsbeschleunigungsgesetz 2006

13 Mit dem Infrastrukturplanungsbeschleunigungsgesetz vom 9.12.2006[9] hat der Gesetzgeber mit der **Absicht der Verfahrensbeschleunigung** die §§ 43ff. EnWG weiter ausgeformt. Dabei wurden ins-

4 Vgl. *Durner*, DVBl. 2011, 854.
5 *Langer*, BayVBl 1989, 641.
6 Zur Entstehung vgl. *Krieglstein*, UPR 2003, 17 ff.
7 *Durner*, DVBl. 2011, 854.
8 Dazu unten Rn 43.
9 BGBl. I 2006 S. 2833.

besondere Fristvorgaben für behördliche Verfahrenshandlungen eingeführt (§ 43a EnWG), die Voraussetzungen für den Erlass von Veränderungssperren und vorzeitiger Besitzeinweisung geschaffen (§§ 44a und b EnWG) und die Rechtsschutzmöglichkeiten gegen Ausbauvorhaben eingeschränkt (§ 43e Abs. 1 S. 2, Abs. 3 EnWG; § 48 Abs. 1 Nr. 4 VwGO). Außerdem wurde die Verzichtsmöglichkeit für den Erörterungstermin eingeführt (§ 43a Nr. 5 S. 1 EnWG a.F.).

In der Praxis erwies sich die **Verfahrensbeschleunigung** durch das Infrastrukturplanungsbeschleunigungsgesetz als **unzureichend**. Die verkürzten Fristvorgaben waren als reine Soll-Vorschriften ungeeignet, eine Einhaltung der Fristen zu erzwingen und eine Beschleunigung der Verfahren zu erzielen. Auch die Möglichkeit des Verzichts auf den Erörterungstermin konnte die Verfahrenslänge nicht reduzieren; zudem erscheint eine Verkürzung der Beteiligungsrechte aus heutiger Sicht vor dem Hintergrund der **„Stuttgart-21"-Debatte** nicht sinnvoll. Deshalb wurde vor dem Hintergrund einer Verbesserung der **Beteiligung der Öffentlichkeit** mit der EnWG-Novellierung 2011 die Verzichtsmöglichkeit auf den Erörterungstermin wieder eingeschränkt. Nunmehr gilt der Erörterungstermin als Regelfall (§ 43a Nr. 5 EnWG). 14

III. Energieleitungsausbaugesetz 2009

Mit dem Ziel einer **verbindlichen Bedarfsplanung** und der Straffung der Planungs- und Genehmigungsverfahren für Leitungsbauvorhaben wurde 2009 das EnLAG auf den Weg gebracht. Im Fokus stand die Beschleunigung von **24 vordringlichen Leitungsbauvorhaben** auf der Ebene der Höchstspannungs-Übertragungsnetze. Zentraler Beschleunigungsansatz war die gesetzgeberische Festlegung der **energiewirtschaftlichen Notwendigkeit** der Leitungen für die 24 Leitungen des Bedarfsplans des EnLAG.[10] Grundsätzlich muss das planfeststellungsbedürftige Vorhaben nach allgemeinen Grundsätzen den Zielen des § 1 Abs. 1 EnWG entsprechen, d.h. energiewirtschaftlich notwendig sein. Im Regelfall ist diese Planrechtfertigung durch die Planfeststellungsbehörde sicherzustellen, die dabei vor allem die konkrete Erforderlichkeit der geplanten Energieleitung zu prognostizieren hat. Die Begründung der energiewirtschaftlichen Notwendigkeit wurde im EnLAG gesetzgeberisch erstmalig vorweggenommen: Gemäß § 1 Abs. 2 EnLAG ist für die in den Bedarfsplan aufgenommen Vorhaben die **Planrechtfertigung gesetzlich vorgegeben**. Damit ist das „Ob" einer Leitung gesetzlich vorgegeben und muss von den Planungs- und Genehmigungsbehörden nicht mehr geprüft werden. Es kann damit auch nicht mehr in Frage gestellt werden. Zudem wird der **Rechtsweg** bei den vordringlichen Vorhaben auf eine Instanz **verkürzt** (BVerwG als erste und letzte Instanz). 15

Zusätzlich ermöglicht das EnLAG den Einsatz von **Erdkabeln auf 380 kV-Ebene** im Rahmen von **vier Pilotprojekten** auf technisch und wirtschaftlich effizienten Teilabschnitten. Der Pilot-Ansatz ist der (umstrittenen) Tatsache geschuldet, dass Erdkabel auf der Höchstspannungsebene in der Fläche bislang nicht dem Stand der Technik im Normalbetrieb entsprechen. Die Intention des Gesetzgebers ist es, Erfahrungen mit dem Einsatz dieser Technologie zu sammeln und auf Grundlage einer positiven Evaluierung den Einsatz von Erdkabeln auf der 380 kV-Ebene in größerem Umfang zu ermöglichen. Der Gesetzgeber reagiert damit auch auf die zunehmende Akzeptanzdebatte im Leitungsbau. Häufig wird der Bau von Freileitungen von der betroffenen Bevölkerung abgelehnt. Mit dem Bau von Erdkabel-Pilotprojekten sollen Erfahrungen mit dem Einsatz von Erdkabeln in der Fläche gesammelt werden. Die ersten Genehmigungsverfahren der **Erdkabel-Pilotprojekte** im Rahmen des EnLAG zeigen jedoch, dass die Diskussion um die Erdverkabelung eher zu **zusätzlichen Verzögerungen** führt, was mit den Auseinandersetzungen um den 16

10 Ausführlich *Schirmer*, DVBl. 2010, 1349 ff.

Umfang der Teilverkabelung zusammenhängt. Außerdem zeigt sich, dass auch naturschutzfachliche Bedenken gegen den Einsatz von Erdkabeln sprechen können.

17 Neben der Bedarfsfeststellung für die prioritären Leitungen hat das Artikelgesetz zum Erlass des EnLAG eine Reihe weiterer planungsrechtlicher und regulatorischer Maßnahmen eingeführt. Für die Anbindungsleitungen von Offshore-Anlagen wurde ein Planfeststellungsverfahren eingeführt (§ 43 S. 1 Nr. 3 EnWG), das die bisherigen Einzelgenehmigungen ersetzen soll. Bei der Verkabelung auf 110 kV-Ebene im 20 km-Streifen längs der Küste wurde klargestellt (§ 43 S. 3 EnWG), dass jede 110 kV-Leitung in diesem Gebiet als Erdkabel verlegt werden kann – unabhängig davon, ob es sich um eine Offshore-Anbindungsleitung handelt.

18 Ferner konkretisiert das EnLAG die Pflichten der Netzbetreiber, indem die bisherige Handhabung der Vorschriften festgeschrieben wird: Die Pflicht zum bedarfsgerechten Netzausbau (§ 11 Abs. 1 S. 1 EnWG) umfasst die Optimierung und Verstärkung. Dies gilt auch für die Darstellung in den Netzausbauberichten (§ 12 Abs. 3a a.F. EnWG).

19 Durch Änderungen der Anreizregulierungsverordnung (ARegV) wurde der Einsatz der HGÜ-Technik (Hochspannungsgleichstromübertragung) im Übertragungsnetz ermöglicht, wo dies technisch und wirtschaftlich effizient ist. Außerdem sollte die Erdverkabelung auf 110 kV-Ebene bei neuen Leitungen auf neuer Trasse immer dann möglich sein, wenn der Kostenfaktor 1,6 im Vergleich zu einer Freileitung nicht überschritten wird. Mit dem NABEG wurde dieser Faktor auf 2,75 erweitert.

20 Die bisherigen **Erfahrungen** mit dem **EnLAG** sind **gemischt**. Unter Baufortschrittsgesichtspunkten kann nicht von einem Erfolg gesprochen werden. Im Mai 2012 waren mit 214 km **knapp 12%** der derzeit 1.834 km EnLAG-Leitungen **realisiert**. Gleichwohl wird dem Bedarfsplanansatz mit seiner gesetzlichen Feststellung des energiewirtschaftlichen Bedarfs grds. ein Beschleunigungseffekt attestiert. Die Gründe für die Verzögerungen liegen indes in der langen Dauer der Planungs- und Genehmigungsverfahren.[11]

IV. EnWG-Novellierung 2011

21 Mit der EnWG-Novellierung im Jahre 2011 ist das **System der Bedarfsplanung** grundlegend reformiert worden (§§ 12ff. EnWG). Aufgabe der Bedarfsplanung ist es, den voraussichtlichen Bedarf und Durchleitungskapazitäten zu ermitteln und Ausbauprioritäten zu definieren. Bis dato wurde die Bedarfsplanung im deutschen Übertragungsnetz allein vom Netzbetreiber ohne Einbindung der Öffentlichkeit und staatlicher Stellen betrieben – zukünftig ist die **Bedarfsplanung ein iterativer Prozess**, der unterschiedliche Mitwirkungsrechte und -pflichten von Netzbetreibern, Öffentlichkeit, BNetzA, Bundesregierung und Gesetzgeber vorsieht.

22 Die Bedarfsplanung ähnelt dem EnLAG-Ansatz insoweit, als die mit dem Netzentwicklungsplan reformierte Bedarfsplanung an die Systematik der gesetzgeberischen **Anordnung der energiewirtschaftlichen Notwendigkeit** (gesetzliche Bedarfsplanung) anschließt. Das vom Bundesgesetzgeber auf Grundlage des Netzentwicklungsplans zu beschließende Bundesbedarfsplangesetz stellt nach § 12e Abs. 4 S. 1 EnWG die energiewirtschaftliche Notwendigkeit der Vorhaben fest.

23 Allerdings unterscheidet sich das Verfahren zur Entwicklung des Bedarfsplans qualitativ vom EnLAG. Die Ermittlung des Bedarfsplans des EnLAG folgte keiner mit dem Netzentwicklungsplan vergleichbaren Systematik. Im EnLAG wurde der Bedarfsplan überwiegend auf Grundlage der im Rahmen der dena-Netzstudie I identifizierten Leitungen und weiteren von den

11 Dazu unten Rn 43ff.

Netzbetreibern als besonders wichtig erscheinende Leitungsprojekte entwickelt. Eine systematische Mitwirkung der Öffentlichkeit bestand nicht.

Anlass zur Reform der Bedarfsplanung ist die von den **EU-Richtlinien** 2009/72/EG und 2009/73/EG vorgesehene Einführung von **10-jährigen nationalen Netzentwicklungsplänen.** Auf Grundlage der europarechtlichen Vorgaben ist die Ausgestaltung der Bedarfsplanung im EnWG anhand von fünf Säulen konzipiert worden: 24

- Staatliche Infrastrukturverantwortung,
- Legitimation der Bedarfsplanung,
- frühzeitige Öffentlichkeitsbeteiligung,
- Transparenz des Netzausbaus und
- Technologieoffenheit.

1. Staatliche Infrastrukturverantwortung

Der Gesetzgeber sieht die originäre Verantwortung zur Bedarfsplanung auch zukünftig beim privaten Netzbetreiber. In seinen Händen liegen sowohl die Bedarfsermittlung als auch die Initiierung des Netzgenehmigungsprozesses. Die Zuständigkeit der ÜNB für die Ermittlung des Netzausbaubedarfs korrespondiert dabei nicht zuletzt mit ihrer **unternehmerischen Eigenverantwortung** für die Investitionsentscheidung.[12] 25

Parallel dazu wird jedoch die **staatliche Infrastrukturverantwortung** stärker ausgeformt.[13] Anlass für ein stärkeres staatliches Engagement in der Bedarfsplanung sind zum einen die eindeutigen europarechtlichen Vorgaben, die relativ detailliert den Prozess der Bedarfsermittlung unter Einbindung der **BNetzA** festlegen. Quasi innenpolitisch ist die stärkere staatliche Einbindung jedoch der **anhaltenden Kritik an der bisherigen Form der Netzbedarfsermittlung** geschuldet, wie sie aus dem öffentlichen Raum geäußert wurde. Die Erfahrungen mit den dena-Netzstudien I und II haben gezeigt, dass die fehlende Transparenz des Planungsprozesses und das vermeintliche Profitinteresse der Netzbetreiber nicht zu einer allgemeinen Akzeptanz der Bedarfsplanung beitragen. Im Gegenteil: Selbst die energiewirtschaftliche Notwendigkeit der vom Gesetzgeber im EnLAG identifizierten Leitungen, die teilweise auf die Ergebnisse der dena-Netzstudie I zurückgingen, sind in den Genehmigungsverfahren in Frage gestellt worden. Dabei steht nicht selten der Vorwurf der fehlerhaften oder überholten Bedarfsermittlung durch den Netzbetreiber im Vordergrund. Vor diesem Hintergrund scheint also unter Akzeptanzgesichtspunkten eine stärkere Involvierung staatlicher Stellen geboten. 26

Staatliche Infrastrukturverantwortung im Bereich des Energieleitungsbaus ist auch vor dem Hintergrund des gesamtgesellschaftlichen Projekts „Energiewende" zu sehen. Aufgrund des grundlegenden Umbaus unserer Energieversorgung wird deutlich, dass eine **Form staatlicher Koordinierung und Steuerung unverzichtbar** wird. Die Abhängigkeit der bundesweit gewährleisteten Versorgungssicherheit und der EU-rechtlich vorgegebenen Realisierung eines Strombinnenmarktes von Entscheidungen von regionalen Behörden und privaten Netzbetreibern hat die Erkenntnis befördert, dass die **staatliche Verantwortung zur Gewährleistung der Versorgungssicherheit** eine Änderung der bisherigen Bedarfsermittlungs- und Genehmigungspraxis erforderlich macht. Das NABEG trägt dem in zweifacher Hinsicht Rechnung: Zum einen durch die stärkere Einbindung der BNetzA bei der Netzplanung durch die Netzbetreiber. Zum zweiten durch die „Hochzonung" der Genehmigungsverfahren von den Länderbehörden auf die Bundesebene. 27

Ausdruck staatlicher Infrastrukturverantwortung ist somit die Beteiligung der BNetzA im Prozess der Bedarfsermittlung. Dabei galt es, eine ausgewogene **Balance zwischen staatlicher** 28

12 *Lecheler*, DVBl. 2007, 713, 718; *Kment*, RdE 2011, 341, 343.
13 *Hermes*, 336 ff.

Infrastrukturverantwortung und privater Investitionsverantwortung zu finden. Diese wurde dahingehend gefunden, dass den privaten Netzbetreiber stets eine „Bringschuld“ trifft, d.h., ihm obliegt die primäre Pflicht zur sachlichen Abwicklung der einzelnen Planungsschritte. Die BNetzA tritt erst sekundär, quasi als Kontrollorgan zur Umsetzung der gesetzlichen Vorgaben, in den Prozess ein und garantiert der Bedarfsermittlung mit dem staatlichen Stempel das Siegel der „objektiven“ Qualität. Die Einbindung der BNetzA bereits im Stadium der Bedarfsplanung gewährleistet die Einhaltung der gesetzmäßigen Anforderungen an ein sicheres, zuverlässiges, bedarfsgerechtes und leistungsfähiges Energieversorgungsnetz.

2. Legitimation der Bedarfsplanung

29 Ein weiteres Ziel staatlicher Infrastrukturverantwortung ist das Ziel größerer Legitimation. Das Bedürfnis nach Legitimation liegt ebenfalls in der **fehlenden Akzeptanz** breiter Teile der Öffentlichkeit gegenüber der Bedarfsermittlung durch private, gewinnmaximierende Unternehmen begründet. Eine kontinuierliche Begleitung des privaten Bedarfsermittlungsprozesses durch die staatliche BNetzA stiftet Legitimation. Zentral im Sinne von größerer Legitimation ist jedoch die Befassung des Gesetzgebers mit dem Netzausbaubedarf im Rahmen des **Bundesbedarfsplangesetzes.** Hier wird der ursprünglich im EnLAG aufgegriffene Ansatz des **parlamentarischen Plazets** für konkrete Vorhaben fortgeschrieben und perpetuiert. Zukünftig sollen keine Höchstspannungsleitungen mehr errichtet werden können, ohne dass der Gesetzgeber diese nicht konkretisiert hat. Die Hoffnung ist, die Proteste gegen den Bau neuer Leitungen zu minimieren und genehmigungsrechtliche Privilegien (Feststellung der energiewirtschaftlichen Notwendigkeit) rechtfertigen zu können. Zugleich ist durch die regelmäßige Aktualisierung des Bundesbedarfsplans nach § 12e Abs. 1 EnWG sichergestellt, dass notwendige Korrekturen in der Bedarfsfeststellung möglich sind. Damit könnte auch der Vorwurf aus dem öffentlichen Raum entkräftet werden, dass Leitungen aufgrund veränderter Bedingungen nicht mehr erforderlich seien.

30 Unterm Strich sichert die neue Bedarfsplanung nach §§ 12a ff. EnWG eine gute Ausgewogenheit zwischen privater Investitionsverantwortung und staatlicher Infrastrukturverantwortung, ohne in planwirtschaftliche Sphären abzudriften. Das **„Mehr“ an Staat** in der Netzausbauplanung ist beschränkt auf eine **„reaktive Korrektivfunktion“ der BNetzA** mit legitimationsstiftender Konsequenz. Die regelmäßige Befassung des Gesetzgebers stiftet zudem ein Höchstmaß an Legitimation und stellt zugleich sicher, dass die Konsequenzen des Umbaus der Energieversorgung auch bei den Parlamentariern ins Bewusstsein gerückt werden.

3. Frühzeitige Öffentlichkeitsbeteiligung

31 Bislang leidet die Bürgermitwirkung in Zulassungsverfahren daran, dass sie zu spät einsetzt und sich zudem auf ein fertiges Projekt bezieht.[14] Funktional betrachtet hat die Öffentlichkeitsbeteiligung ihren Zweck in der Informationsbeschaffung für die Behörde und dem vorgezogenen Rechtsschutz Betroffener.[15]

32 Die erweiterten Beteiligungsrechte im Rahmen der Bedarfsplanung müssen vor dem Hintergrund der politischen Umstände zum Zeitpunkt der Entstehung des Gesetzes gesehen werden. Die **Diskussion um „Stuttgart 21“** hat im politischen Raum die Erkenntnis befördert, dass eine umfassende **Öffentlichkeitsbeteiligung** Voraussetzung für eine **Verbesserung der Akzeptanz**

14 Vgl. zu der Diskussion *Durner*, ZUR 2011, 354; *Dippel*, NVwZ 2010, 145; *Knauff*, DÖV 2012, 1; *Grigoleit/Janssen/Weisensee*, RaumPlanung 2011, 150 ff.; *Schink*, DVBl. 2011, 1377; *Kment*, RdE 2011, 345.
15 *Schink*, DVBl. 2011, 1383.

von Infrastrukturvorhaben ist.[16] Dabei sollte insbesondere dem Aspekt der Frühzeitigkeit der Beteiligung Rechnung getragen werden. Beteiligung sollte nicht erst in einem Stadium stattfinden, in dem die konkrete Leitungsführung in der Raumordnung oder Planfeststellung ermittelt wird. Die Überlegung war, eine Beteiligung nicht nur erst im Stadium des „Wie" sondern schon des „Ob" zu ermöglichen. Ansonsten würde man wieder in das Dilemma der dena-Netzstudien hineinlaufen, die zwar von einer hohen technischen Expertise aufgestellt wurden, jedoch unter weitestgehendem Ausschluss der breiten Öffentlichkeit.

Ziel ist somit gewesen, durch eine Beteiligungsmöglichkeit bereits im Rahmen der Bedarfsplanung der **Öffentlichkeit** auch die Entscheidung über die Notwendigkeit von neuen Energieleitungen zugänglich zu machen. Die Erwartung ist, dass eine frühzeitige Mitwirkung auch die **Akzeptanz** der einmal getroffenen und als notwendig erachteten Infrastruktureinrichtung **verbessert**. 33

Die öffentliche Mitwirkung bei Entscheidung über die Notwendigkeit der Energieleitung wurde dabei noch einmal differenziert nach der **Konsultation** des **energiepolitischen Szenariorahmens** im ersten Schritt, und der Konsultation des Netzentwicklungsplans mit Anfangs- und Endpunkten für konkrete Leitungen im zweiten Schritt. Die Ermöglichung der Beteiligung bereits im Stadium der Szenarien ist entscheidend: Kaum ein energiepolitischer Bereich ist in den letzten Jahren umstrittener gewesen als die Zusammensetzung des Erzeugungsmixes, d.h. die jeweiligen Anteile von Erneuerbaren und konventionellen Erzeugungsbeiträgen im Rahmen des Kraftwerksparks. Die Konsultation des Szenariorahmens ermöglich somit eine Mitwirkung – und damit auch Mitverantwortung – der Öffentlichkeit für die Bestimmung der Erzeugungsszenarien. Die Beteiligung der Öffentlichkeit in der Szenariofestlegung ist auch deshalb wichtig, weil das Szenario erhebliche Auswirkungen auf den anschließend zu ermittelnden Netzausbaubedarf hat. Das netztechnische Modell, in welches das Szenario zur Berechnung des Netzausbaubedarfs eingegeben wird, ist in seiner Ausgestaltung aufgrund der technischen Begebenheit relativ klar vorgegeben, so dass in diesem Punkt kaum Änderungsmöglichkeiten bestehen. Umso wichtiger erscheint die Öffentlichkeitsbeteiligung im Stadium der Szenariofestlegung. Die Erfahrung mit der Konsultation des ersten Szenariorahmens aus dem Jahr 2011 für den Netzentwicklungsplan 2022 zeigt, dass die Konsultation der Szenarien vor allem von Umwelt- und Wirtschaftsverbänden, weniger jedoch von individuellen Personen, genutzt wurde. Das mag sich damit erklären, dass die Verbände in der Regel klare Positionen zu Fragen der energiepolitischen Szenarien haben und die Bedeutung dieser fundamentalen Eingangsfrage für den nachfolgenden Netzberechnungsprozess eher erkennen als individuelle Bürger. Die weniger ausgeprägte Beteiligung von Privatpersonen mag damit zusammenhängen, dass in diesem Stadium der Bedarfsplanung noch keine hinreichende individuelle Betroffenheit für den Einzelnen erkennbar ist. 34

Damit die Öffentlichkeitsbeteiligung nicht zu einer formellen Pflicht ohne inhaltliche Auswirkungen auf die Netzentwicklungsplanung verkommt, ist sicherzustellen, dass die Ergebnisse der öffentlichen Konsultation berücksichtigt werden müssen. Bei der Konsultation des Szenariorahmens durch die BNetzA ergibt sich dies aus § 12a Abs. 3 EnWG. Bei der Konsultation des darauf folgenden Netzentwicklungsplans sind die Netzbetreiber verpflichtet, die Ergebnisse der Konsultation zu prüfen und ggf. umzusetzen (**„Beachtenspflicht"**). Deshalb hat der Gesetzgeber die Netzbetreiber in § 12b Abs. 4 EnWG verpflichtet, dem Netzentwicklungsplan eine zusammenfassende Erklärung beizufügen, wie die Ergebnisse der Beteiligung in dem Netzentwicklungsplan berücksichtigt wurden und unter welchen Prämissen der Netzentwicklungsplan nach Abwägung mit den geprüften, in Betracht kommenden anderweitigen Planungsmöglichkeiten entwickelt wurde. 35

Es darf nicht ausgeblendet werden, dass auf den ersten Blick ein **Zielkonflikt** zwischen **größerer Öffentlichkeitsbeteiligung** und einer **Verfahrensbeschleunigung** besteht.[17] Jede zusätz- 36

16 Vgl. auch Innenministerium Baden-Württemberg, Bundesratsinitiative zur Stärkung der Öffentlichkeitsbeteiligung bei Großvorhaben, Pressemitteilung Nr. 80/2011 vom 1.3.2011.
17 *Durner*, DVBl. 2011, 858.

liche Konsultations- oder Beteiligungsebene bedeutet einen zusätzlichen zeitaufwendigen Verfahrensschritt. Andererseits wird vermutet, dass eben doch ein Zusammenhang zwischen der frühzeitigen Einbindung in eine Infrastrukturentscheidung und deren Akzeptanz besteht. Eine breit angelegte Bedarfsplanung mit einer abschließenden Befassung des Gesetzgebers im Rahmen des Bundesbedarfsgesetzes sollte eine akzeptanzstiftende Wirkung für nachgelagerte Verfahrensstufen entfalten.

4. Transparenz der Bedarfsplanung

37 Die Forderung nach besserer Öffentlichkeitsbeteiligung geht Hand in Hand mit dem Bedürfnis nach höherer Transparenz. Ein **Mangel an Transparenz** hat im Energieleitungsbau – ebenso wie bei anderen aktuellen Infrastrukturvorhaben – den Argwohn der Öffentlichkeit gestärkt und die Akzeptanz gemindert. Nicht selten schwingen bei der vom Energieleitungsbau betroffenen Bevölkerung auch diffuse Vorurteile gegen profitorientierte EVU und Netzbetreiber mit. In dieser Wahrnehmung hätten diese Unternehmen kein Interesse an transparenter Offenlegung ihrer Netzberechnungen. Der Mangel an Transparenz ist Hauptgrund gewesen, warum die **Netzstudien der dena** trotz ihrer technischen Expertise nicht die nötige Zustimmung in der Öffentlichkeit erfahren haben. Dies ermöglichte anderen (vermeintlichen) Experten, die Ergebnisse dieser Studien in Zweifel zu ziehen und damit letztlich auch die zügige Realisierung von EnLAG-Leitungen zu unterminieren und zu verzögern.

38 Die neue Netzentwicklungsplanung trägt dem Bedürfnis nach Transparenz in zweifacher Hinsicht Rechnung: Zum einen ist der oben geschilderte Prozess der **Öffentlichkeitsbeteiligung** geeignet, durch eine hinreichende Offenlegung der einzelnen Schritte die Netzplanung für die Öffentlichkeit nachvollziehbar zu machen. Zum anderen soll eine **Offenlegung von Lastflussdaten** durch den Netzbetreiber grds. ermöglicht werden. Dabei tat sich im Gesetzgebungsverfahren ein Zielkonflikt auf: Einerseits sollte größtmögliche Transparenz zum Zwecke der Nachvollziehbarkeit gewährleistet werden. Andererseits musste unter sicherheitspolitischen Erwägungen eine zu große Transparenz der Energieleitungen als kritischer Infrastruktureinrichtung vermieden werden. Dieser **Zielkonflikt** wurde dahingehend aufgelöst, dass die Herausgabe netzknotenpunktscharfer Einspeise- und Lastdaten an Dritte nur dann erfolgt, wenn eine entsprechende Fachkunde zur Überprüfung der Netzplanung und ein berechtigtes Interesse gegenüber der Regulierungsbehörde nachgewiesen werden kann und eine vertrauliche Behandlung der Informationen sichergestellt ist (§ 12f Abs. 2 EnWG).

5. Technologieoffenheit des Netzausbaus

39 Zuletzt ist die Frage der Übertragungstechnologie nicht selten Grund für Verfahrensverzögerungen. Das bezieht sich zum einen auf die immer häufiger auftretende Diskussion über das **Erdkabel** als die vorzugswürdige, weil die Bevölkerung vor Ort weniger beeinträchtigende Alternative. Zum anderen werden auch anderen Technologieoptionen, wie etwa der Einsatz der **Hochspannungsgleichstromübertragungstechnologie** (HGÜ) und **Hochtemperaturleiterseilen**, in den Genehmigungsverfahren von betroffenen Bürgern eingebracht nicht selten mit dem Ziel, damit die Entbehrlichkeit der Leitungen insgesamt nachzuweisen.

40 Vor dem Hintergrund bietet die EnWG-Novelle eine zusätzliche Einsatzmöglichkeit verschiedener Übertragungstechnologien. Beim Einsatz von Erdkabeln auf der 110 kV-Ebene wurde das Erdkabel zum Regelfall aufgewertet (§ 43h EnWG). Die Kostengrenze, die eine übermäßige Kostensteigerung im Vergleich zur Freileitung verhindern soll, wurde gelockert. Darüber hinaus soll der Einsatz der in Deutschland bisher nicht zum Einsatz gelangten HGÜ-Technologie im Rahmen von Pilotprojekten ermöglicht werden. Aufgrund ihrer technischen Vorteile bei Übertragungen über lange Distanzen werden der HGÜ-Technologie insbesondere vor dem Hintergrund eines europäi-

schen Stromnetzes große Potenziale vorausgesagt. Auch für den Abtransport von im Norden produziertem (Wind-)Strom in den Süden könnte diese Technologie zum Einsatz kommen. Deshalb hat der Gesetzgeber den Netzbetreiber verpflichtet, Angaben zu Einsatzmöglichkeiten dieser Technologien zu machen. Als Folge dessen haben die ÜNB in ihrem ersten Entwurf für einen Netzentwicklungsplan die Realisierung mehrer „Nord-Süd-HGÜs" vorgesehen.

Hinsichtlich des Einsatzes von Erdkabeln auf der 380 kV-Ebene bleibt es vorerst bei den vier Pilotprojekten des EnLAG. Der Gesetzgeber wollte den Einsatz von Erdkabeln auf der Höchstspannungsebene ausweislich der Gesetzesbegründung zur Änderung des EnLAG abschließend regeln. Hintergrund ist, dass mit der Technologie und ihren Betriebseigenschaften zunächst Erfahrungen gesammelt werden sollen. Allerdings hat der Gesetzgeber eingeräumt, dass ein mögliches HGÜ-Pilotprojekt ebenfalls teilverkabelt werden könnte (§ 12e Abs. 3 EnWG). 41

V. Netzausbaubeschleunigungsgesetz 2011

Das NABEG ist das jüngste und wohl weitreichendste Gesetz zur Beschleunigung des Netzausbaus.[18] Es wurde zwar innerhalb des nur dreimonatigen Zeitraums zwischen dem Reaktorunfall in Fukushima und dem Ablauf des Kernkraftwerk-Moratoriums angefertigt, konnte aber konzeptionell auf Vorarbeiten des Bundeswirtschaftsministeriums zurückgreifen. Im Grunde ist das NABEG die Konkretisierung der bereits im **Energiekonzept 2010** angekündigten **Bundesfachplanung**.[19] 42

1. Problemanalyse am Ausgangspunkt des NABEG

Die Entwicklung der letzten Jahre hatte gezeigt, dass es bei der Realisierung vieler Leitungsprojekte insbesondere auf der Höchstspannungsebene zu erheblichen **Verzögerungen** kommt. Ungeachtet einer etwaigen Ursachenforschung muss Folgendes konstatiert werden: 43

- Die **zeitliche Dauer der Genehmigungsverfahren** ist enorm. Raumordnungsverfahren dauern bis zu 27 Monate; die Vorbereitung von Planfeststellungsverfahren kann mehr als vier Jahre betragen, ohne dass das eigentliche Planfeststellungsverfahren überhaupt begonnen hat.
- Es existiert eine **unterschiedliche Handhabung der einschlägigen Gesetze** (EnWG, VwVfG etc.) durch unterschiedliche Verwaltungsvorschriften und tatsächliches Verwaltungshandeln. Richtig ist zwar, dass die gesetzlichen Vorgaben bereits vor dem NABEG einheitlich gewesen sind. Gemäß § 1 Nr. 14 RoV ist für die Errichtung von Hochspannungsfreileitungen mit einer Nennspannung von 110 kV oder mehr zunächst ein Raumordnungsverfahren nach § 15 ROG durchzuführen.[20] Auch unterliegen diese Leitungen bereits seit 2001 einem Planfeststellungsvorbehalt nach § 43 EnWG. Gemeint ist der Duktus eines „Flickenteppichs" somit nicht in Bezug auf die Existenz formalrechtlicher Vorschriften,[21] sondern in der genehmigungsrechtlichen Praxis bei der Anwendung der Vorschriften.
- Es besteht ein **Mangel an Koordinierung** und Abstimmung bei länderübergreifenden Projekten und den dazugehörigen Raumordnungsverfahren und Planfeststellungsverfahren; Verzögerungen resultieren aus fehlender Synchronisierung der Verfahren in den jeweiligen Bundesländern.

---

18 Das NABEG ist das „Kerngesetz" des Gesetzes über Maßnahmen zur Beschleunigung des Netzausbau Elektrizitätsnetze, BGBl. 2011, Nr. 43, S. 1690.
19 Bundesregierung, Energiekonzept für eine umweltschonende, zuverlässige und bezahlbare Energieversorgung, 28.9.2010, S.19.
20 Dazu etwa ARL/*Höhnberg*, S. 501ff.
21 Vgl. *Durner*, DVBl. 2011, 855.

– Die **fehlende Akzeptanz** des Leitungsbaus schlägt sich nieder in einer hohen Zahl von Einwendungen in den Verfahren, in „Gutachterschlachten“, in Technologiediskussionen in den Verfahren.

44 Neben diesen Problemen, die sich meist aus den Friktionen insbesondere bei länderübergreifenden Projekten ergeben, liegt in den **Widerständen vor Ort** eine strukturelle Ursache für die Verzögerungen im Leitungsbau. Die Genehmigungspraxis zeigt, dass sich lokale und regionale Widerstände nicht selten auch durch den politischen Raum verzögernd auf die Genehmigungsverfahren auswirken. Aufgrund der lokal- und landespolitischen Gegebenheiten ist es in der Vergangenheit häufig zu Einflussnahmen übergeordneter Landesministerien auf den formal von untergeordneten Raumordnungs- und Planfeststellungsbehörden durchgeführten Prozess gekommen. Dies kann beispielsweise in Form von Anforderungen zusätzlicher Gutachten über die energiewirtschaftliche Notwendigkeit einer Leitung oder die Anweisung erfolgen, Planfeststellungsanträge gar nicht erst zur Verfahrenseröffnung anzunehmen.

45 Aufgrund der Nähe zu den lokalen Betroffenheiten (Beeinträchtigung des Landschaftsbildes, Nachteile für den Tourismus) ist das Potenzial für eine **„Politisierung“ der Verfahren** groß. So sind in der Vergangenheit ebenfalls Verzögerungen zu beobachten gewesen, z.B. aufgrund einer zeitlichen Nähe zu Kommunal- oder Landtagswahlen oder weil neue (landes-)gesetzliche Regelungen erwartet wurden, von denen sich Betroffene eine andere Entscheidung erwartet haben. Landespolitische Interessen sind nur selten auf eine zügige Realisierung einer Stromleitung gerichtet, wenn dabei lokal Beeinträchtigungen hingenommen werden müssen.

46 Durch die Hochzonung auf Bundesebene und Zuweisung der Zuständigkeit für Raumordnungs- und Planfeststellungsverfahren an die **BNetzA** sinkt das Risiko, dass sich lokale und regionale Widerstände durch politische Einflussnahme auf das Verfahren verzögernd auswirken. Die BNetzA wird eine höhere **Unabhängigkeit von regionalpolitischen Gegebenheiten** aufweisen und sich für die überregionalen Projekte, die für die Stromversorgung der Bundesrepublik von besonderer Bedeutung sind, maßgeblich von der energiewirtschaftlichen Notwendigkeit und nicht von lokalen Meinungsströmungen leiten lassen.

2. Reformansatz der Bundesfachplanung und Planfeststellung

47 Vor dem Hintergrund obiger Problemanalyse sieht das NABEG eine einheitliche **Bundesfachplanung** und **Bundesplanfeststellung** durch die BNetzA vor. Die Bundesfachplanung erfolgt auf Grundlage des zukünftig vom Bundestag im Bundesbedarfsplangesetz festgestellten Netzausbaubedarfs. Im **Bundesbedarfsplangesetz** stellt der Bundestag den Bedarf an Vorhaben im Übertragungsnetz fest und bestimmt die **länderübergreifenden und grenzüberschreitenden Leitungen**, die im Rahmen der Bundesfachplanung genehmigt werden.

48 Die Zuständigkeit für die BNetzA ist auf länderübergreifende und grenzüberschreitende Leitungen beschränkt. Im Entwurf des NABEG, wie er dem Bundesrat zugeleitet wurde,[22] waren in § 12e EnWG für den Bundesbedarfsplan und in § 1 nicht „länderübergreifende“ Leitungen, sondern Leitungen von überregionaler und europäischer Bedeutung Gegenstand der Kennzeichnung und des Geltungsbereichs. Der erweiterte Anwendungsbereich scheiterte am **Widerstand der Länder** im Gesetzgebungsverfahren. Als Folge des politischen Kompromisses bleiben die Länder für den Großteil der Leitungsprojekte zuständig. Das gilt für jene Projekte, die eben nicht länderübergreifender oder grenzüberschreitender Natur sind. Für die Genehmigungsverfahren von Hochspannungsleitungen auf der 110 kV-Ebene, für die ebenfalls erheblicher Ausbaubedarf

22 BR-Drucks. 342/11.

erwartet wird, verbleibt die Zuständigkeit ohnehin bei den Ländern. Mithin führen die Länder weiterhin die überwiegende Anzahl der Raumordnungs- und Planfeststellungsverfahren durch.

Folgende Eckpfeiler bildeten das Konzept für den Entwurf des NABEG: 49

- Die bundeseinheitliche Bundesfachplanung und Planfeststellung gewährleistet **einheitliche Planungsmaßstäbe** für die Vorhabenträger. Eine einheitliche Rechtsanwendung bei großen Stromleitungen durch eine Bundesbehörde schafft Verfahrenserleichterungen beim Vorhabenträger durch Klarheit der Verfahrensanforderungen, reduziert den Aufwand an Bürokratie durch einheitliche Standards und die Schaffung eines **„Single-Contact-Point"** für die Vorhabenträger. Dadurch werden Zuständigkeiten gebündelt.
- Durch eine **„Behördenidentität" zwischen Raumordnungs- und Planfeststellungsbehörde** muss eine bessere Abschichtung zwischen Prüfschritten auf der Raumordnungs- und Planfeststellungsebene gewährleistet werden. Außerdem ermöglicht eine Zuweisung der Aufgaben an die BNetzA die Schaffung von Synergien mit der vorgeschalteten Netzbedarfsplanung und dort stattfindenden Öffentlichkeitsbeteiligungen.
- **Größtmögliche Mitwirkung der Länder** sowohl im Verfahren zur Festlegung der Trassenkorridore (Bundesfachplanung) als auch bei der Bundesplanfeststellung durch (i) ein Vorschlagsrecht bei der Auswahl von Trassenkorridoren (§ 7 Abs. 3 NABEG), (ii) eine Berücksichtigungspflicht der Landesentwicklungspläne durch die BNetzA (§ 7 Abs. 1 S. 2 NABEG), (iii) ein privilegiertes Einwendungsrecht der Länder (§ 14 NABEG), (iv) Einrichtung eines Beirats mit Vertretern der Länder zur Begleitung der Bundesfachplanung (§ 32 NABEG).
- Verzahnung zwischen Bedarfsplanung, Genehmigung und Regulierung im Sinne eines **kohärenten Systems.** Diese Verzahnung gewährleistet einen zügigen Expertiseaufbau bei der BNetzA, der sie auch in eine privilegierte Position gegenüber Länderbehörden versetzt. Denn die BNetzA begleitet das Verfahren kontinuierlich. Während der Konsultationsphasen zur Szenarioaufstellung und des Netzentwicklungsplans nach §§ 12a und b EnWG kann die BNetzA relevante Erkenntnisse für das sich anschließende Bundesfachplanungsverfahren gewinnen. Zu Beginn der Bundesfachplanung hat sie sich bereits eingehend mit den Vorschlägen der ÜNB sowie den Stellungnahmen von Trägern öffentlicher Belange und der Öffentlichkeit mehrfach auseinandergesetzt.[23] Zudem kann die BNetzA auch innerbehördlich eine enge Abstimmung des Planungs- und Genehmigungsprozesses hinsichtlich der regulatorischen Anforderungen an einen effizienten Netzausbau gewährleisten.
- Angemessene **Öffentlichkeitsbeteiligung** und Beteiligung der Fachöffentlichkeit in früher Phase des Genehmigungsverfahrens. Insoweit folgt das NABEG der „Beteiligungsfreundlichkeit" des Verfahrens zur Aufstellung des Netzentwicklungsplans nach EnWG im Sinne einer Verbesserung der frühzeitigen Bürgerbeteiligung. Eine Öffentlichkeitsbeteiligung ist im Raumordnungsverfahren bisher bundesrechtlich nur fakultativ vorgesehen (§ 15 Abs. 3 S. 3 ROG), einige Länder schreiben sie aber verbindlich vor. Nach NABEG soll die Beteiligung in zwei Phasen erfolgen. Vor der Vorlage der vollständigen Planunterlagen soll im Rahmen der Antragskonferenz eine Art Vorerörterung stattfinden (§ 7 Abs. 1 NABEG). Hier besteht zunächst für die breite Öffentlichkeit die Möglichkeit, an den Vorhabenträger Fragen zu richten und mögliche Alternativen aufzuzeigen. Ebenso soll hier schon eine frühzeitige Einbindung der betroffenen Länder und ein erster Abgleich mit den Erfordernissen der Raumordnung der Länder stattfinden. Erst aufgrund dieser ersten Interaktion des Vorhabenträgers mit den Ländern und der Öffentlichkeit legt die BNetzA den konkreten Untersuchungsrahmen der Bundesfachplanung fest. Auch im Planfeststellungsverfahren wird zu Beginn eine Antragskonferenz durchgeführt (§ 20 Abs. 1 S. 2 NABEG), die sich auf alle für das Feststellungsverfahren erheblichen Fragen erstreckt.

23 *Schmitz/Jornitz*, NVwZ 2012, 334.

- Möglichkeiten, in **vereinfachten Verfahren** solche Vorhaben, die keine neuen Umweltauswirkungen oder raumordnerischen Beurteilungen bedürfen, z.B. weil in Bestandstrassen geplant wird, werden ausgeschöpft (§ 11 NABEG).
- Hinsichtlich einer Ausschöpfung des Beschleunigungspotenzials müssen auch **materielle Vorschriften** angepasst werden. Die Bedeutung des Netzausbaus im Interesse des globalen Klimaschutzes muss unter Wahrung der europarechtlichen Vorgaben ein höherer Stellenwert eingeräumt werden. Hierzu bedarf es gesetzlicher Klarstellungen, um den Planungsbehörden eine rechtssichere Abwägung zu ermöglichen (§ 1 S. 3 NABEG).
- Verpflichtung der Vorhabenträger (ÜNB) zu größtmöglicher **aktiver Mitwirkung** an Planung und Realisierung, einschließlich Fristsetzungen und Zwangsmaßnahmen durch die BNetzA (§ 34 NABEG).

50 Bei der konzeptionellen Ausgestaltung von Bedarfsplanung, Bundesfachplanung und Planfeststellung hat das **Sondergutachten 2011 des Sachverständigenrats für Umweltfragen (SRU)** einen bedeutsamen Orientierungspunkt für die Gesetzesarbeiten geboten.[24] Der SRU-Ansatz beruht auf einer **zweistufigen** Fachplanung: Unter Verzicht auf ein separates Raumordnungsverfahren soll ein zentral aufgestellter Bundesfachplan „Stromübertragungsnetz" den Bedarf und die Trassenkorridore verbindlich festlegen und Grundsatzentscheidungen im Hinblick auf großräumige Alternativen sowie zwischen Freileitungen und Erdkabeln treffen. Die Prüfung kleinräumiger Alternativen soll im zweiten Schritt wie bisher in der Planfeststellung stattfinden.[25]

51 Nach Vorstellungen des Sachverständigenrats sollten in dem Bundesfachplan „Übertragungsnetz" Bedarfsfeststellung, Trassenkorridorfestlegung und Alternativendebatte integriert werden.[26] Die Bedarfsfeststellung sollte dabei an die Investitionspläne der Netzbetreiber anknüpfen. Eine Kompetenz des Bundes zur Erstellung des Bundesfachplans wurde vom SRU-Gutachten als essenziell angesehen, um die großräumigen Wechselwirkungen bei der Bedarfsfestlegung und Trassenfindung optimal zu verarbeiten.

52 Das im EnWG und NABEG entwickelte Modell greift den SRU-Ansatz dem Grunde nach auf. Allerdings wird keine integrierte Bedarfsfeststellung und Trassenkorridorfindung unternommen, so dass das Verfahren letztlich **dreistufig** ist (**Bedarfsplan, Bundesfachplanung, Planfeststellung**). Auch wird die Bedarfsplanung als separates und vorgelagertes Verfahren maßgeblich durch Netzbetreiber und BNetzA betrieben. Die Gründe zur Trennung von Bedarfsplanung und Bundesfachplanung – entgegen der Anregung des SRU-Gutachtens – waren vielfältig: Erstens hätten durch das dann deutlich zeitaufwendigere Verfahren die europarechtlichen Vorgaben für eine jährliche Aufstellung des Netzentwicklungsplans nicht umgesetzt werden können. Zweitens wäre der EnLAG-Ansatz mit der parlamentarischen Bedarfsfeststellung nicht mehr möglich gewesen. Eine Parlamentsbefassung, die zeitlich nach Ermittlung des Trassenkorridors stattfindet, erscheint hingegen unter Legitimationsgesichtspunkten zu spät, weil die Anordnung des vordringlichen Bedarfs schon für die Bundesfachplanung erforderlich ist. Drittens bestand aufgrund umweltrechtlicher Vorgaben das Erfordernis, dass sowohl der Bedarfsplan als auch die Korridorfestlegung einer SUP zu unterziehen sind. Viertens hätte mit dem SRU-Ansatz nicht praktikabel erreicht werden können, dass die Bundesfachplanung die individuellen Leitungsprojekte sukzessive nach dem Grad ihrer zeitlichen Priorität bearbeiten sollte. Bei einem integrierten Verfahren hätten für alle Leitungen des Bedarfsplans gleichzeitig die Korridorauswahl stattfinden müssen, was auch schon ressourcentechnisch unrealistisch erschien. Unterm Strich erschien ein dreistufiges Verfahren vorzugswürdig.

---

24 *Schneider*, S. 57 ff.
25 *Schneider*, S. 61.
26 *Schneider*, S. 57.

Das Konzept der **Öffentlichkeitsbeteiligung** des NABEG hat als Inspirationsquelle auch das **Schweizer Vorbild** herangezogen. Im Schweizer Planungsverfahren für Stromleitungen existieren im Planungsprozess zwei Gruppen zum Zwecke einer institutionalisierten Zusammenarbeit zwischen den vom Netzausbau betroffenen Akteuren, insbesondere von Kantonen, Netznutzern, Umwelt- und Wirtschaftsverbänden sowie Netzbetreibern. Unterschieden wird in der Schweiz zwischen einer kontinuierlich bestehenden Kerngruppe und projektbezogenen Begleitgruppen.[27] Im NABEG wurde letztlich auf die projektbezogenen Begleitgruppen verzichtet, weil die Einbindung der Akteure durch Antragskonferenz (§ 7 Abs. 1 NABEG), Behörden- und Öffentlichkeitsbeteiligung (§ 9 NABEG) und Erörterungstermin (§ 10 NABEG) anderweitig und in Anlehnung an deutsche Beteiligungsformen gewährleistet wurde. Aufgegriffen wurde hingegen eine Form der institutionalisierten Zusammenarbeit der Akteure, um eine auf Dauer angelegte Zusammenarbeit und einen intensiven Informationsaustausch insbesondere zwischen Bund und Ländern zu ermöglichen. Es wird ein ständiger Bundesfachplanungsbeirat gebildet, in dem neben Vertretern der BNetzA auch Vertreter der Länder und der Bundesregierung sitzen werden (§ 32 NABEG). 53

VI. Europarechtlicher Rahmen zum Netzausbau

Europarechtliche Vorgaben haben den Netzausbau zuletzt stark beeinflusst. Ausgangspunkt für die EnWG-Novellierung war die Umsetzung des **Dritten EU-Binnenmarktpakets**. Bestandteil der entsprechenden RL 2009/72/EG und RL 2009/73/EG waren die Vorgaben zu den nationalen 10-jährigen Netzentwicklungsplänen, die in §§ 12a ff. EnWG umgesetzt wurden. Außerdem wurde das Thema Netzausbau von der Europäischen Kommission durch ihr im Oktober 2011 im Rahmen des **Infrastrukturpakets** vorgelegten Entwurf einer EU-Verordnung zu Leitlinien für die transeuropäische Energieinfrastruktur aufgegriffen.[28] Sollte der Entwurf unmittelbar wirksame Rechtskraft erlangen, würden Deutschland daraus weitreichende Konsequenzen bevorstehen. 54

Der VO-Entwurf orientiert sich stark am **Konzept des NABEG**. Ziel ist der beschleunigte Ausbau einer transeuropäischen Energieinfrastruktur. Zu den vorrangigen Vorhaben von gemeinsamem Interesse zählt die Kommission Infrastrukturkorridore und -gebiete, die überwiegend einen grenzüberschreitenden Charakter haben und die die Realisierung des Energiebinnenmarktes voranbringen sollen. Zentrales Anliegen des Verordnungsentwurfs ist die Einführung eines **„one-stop-shop"**, also eine einzige zuständige nationale Behörde, die für die Koordinierung des gesamten Genehmigungsverfahrens zuständig sein soll. Das deutsche Genehmigungsverfahren kennt dies bereits durch die Genehmigungskonzentration im Rahmen der Planfeststellung, doch geht der europäische Ansatz wohl darüber hinaus und will auch die bisherige sukzessive Folge von Raumordnung und Planfeststellung aufheben. Hierzulande hat das NABEG die Entscheidung für eine nationale Behörde zugunsten der BNetzA geschaffen. Darüber hinaus könnte bei einem entsprechenden Inkrafttreten der VO auch erheblicher Druck auf das Zustandekommen der Verordnung über die Zuständigkeit bei den Planfeststellungsverfahren nach §§ 31 Abs. 2, 2 Abs. 2 die Folge sein. Denn ein „one-stop-shop" ist nur möglich, wenn sowohl Bundesfachplanung als auch Planfeststellungsverfahren aus einer Hand betrieben werden. 55

Der **Anwendungsbereich** des Entwurfs geht über das NABEG hinaus, da er sich auch auf Hochspannungsfreileitungen erstreckt, sofern die für eine Spannung von 220 kV ausgelegt wurden sowie für See- und Erdkabel mit einer Mindestspannung von 150 kV. Die konkreten Leitungen müssen in regionalen Gruppen noch identifiziert werden: Als Auswahlkriterien für Vorhaben von 56

27 *Schneider*, S. 41 f.

28 Europäische Kommission, Vorschlag für eine Verordnung des Europäischen Parlaments und des Rates zu Leitlinien für die transeuropäische Energieinfrastruktur und zur Aufhebung der Entscheidung Nr. 1364/2006/EG, KOM (2011) 658 v. 19.10.2011.

gemeinsamem Interesse werden im Verordnungsentwurf recht vage Marktintegration, Wettbewerb und Netzflexibilität sowie Nachhaltigkeit und Interoperabilität mit sicherem Netzbetrieb umschrieben (Art. 4 Abs. 2 VO-E). Es ist nicht ausgeschlossen, dass – wenn die Verordnung erlassen wird – die Zuständigkeit für deutlich mehr Leitungsprojekte als bisher im NABEG vorgesehen auf auf eine zentrale nationale Behörde zu übertragen ist.[29]

57 Zu den unrealistischen Elementen des Verordnungsentwurfs, die von den EU-Mitgliedstaaten opponiert werden, gehören die in der Verordnung avisierten **Fristenregelungen** für die Durchführung des Verfahrens. Nach dem Entwurf gliedert sich das Verfahren in zwei Phasen. Das Vorantragsverfahren bis zur Einreichung der Antragsunterlagen soll maximal zwei Jahre dauern. Das anschließende formale Genehmigungsverfahren soll höchstens ein Jahr dauern und mit einer umfassenden Entscheidung enden. Es ist nicht erkennbar, inwiefern diese Zeitvorgaben auf die tatsächlichen Sach- und Rechtslagen in den Mitgliedstaaten Rücksicht nimmt. Trotz der Beschleunigungsabsicht des NABEG ist jedenfalls nicht davon auszugehen, dass eine Durchführung sowohl des Bundesfachplanungs- als auch des Planfeststellungsverfahrens binnen Jahresfrist nach Verfahrenseröffnung durch die BNetzA oder die zuständige Landesbehörde durchgeführt werden kann.

VII. Verfassungsmäßigkeit des Netzausbaubeschleunigungsgesetzes

1. Gesetzgebungskompetenz des Bundes

58 Während[30] und nach Abschluss[31] des Gesetzgebungsverfahrens ist die Kompetenz des Bundes für die im NABEG geregelten Materien in Frage gestellt worden. Keines der vorgebrachten Argumente kann die Verfassungskonformität des NABEG nachhaltig in Zweifel ziehen.

59 Das NABEG ist ausschließlich Gegenstand der konkurrierenden Gesetzgebungskompetenz nach Art. 74 Abs. 1 Nr. 11 GG. Dieser Kompetenztitel scheint zumindest insoweit unumstritten zu sein, als die Regelungen zum Planfeststellungsverfahren (§§ 18ff. NABEG) betroffen sind.[32] In Bezug auf die Bundesfachplanung (§§ 4ff. NABEG) wird hingegen vorgebracht, dass der Gesetzgeber inhaltlich-materiell das **Raumordnungsverfahren** regelt und er sich deshalb auf einen Kompetenztitel zur Ausgestaltung des Raumordnungsverfahren hätte stützen müssen. Dem Gesetzgeber wird mit anderen Worten eine Art „Etikettenschwindel" vorgeworfen: Der Gesetzgeber habe in §§ 4ff. ein Abstimmungsverfahren geregelt, welches die wesentlichen Elemente des Raumordnungsverfahrens trägt, gleichwohl aber als **„Bundesfachplanung"** benannt wird.[33] Schließlich sei es dem Gesetzgeber darum gegangen, die Abweichungskompetenz der Länder nach Art. 74 Abs. Nr. 31 GG i.V.m. Art. 72 Abs. 3 S. 1 Nr. 4 GG zu umgehen.

60 In der Tat umfasst die Bundesfachplanung auch **raumordnerische Belange**, weil sie auch die Raumverträglichkeitsprüfung beinhaltet (§ 5 Abs. 1 S. 2 NABEG) und substituierende Wirkung für ein Raumordnungsverfahren hat (§ 28 NABEG). Außerdem entfalten die Ergebnisse der Bundesfachplanung ebenso wie die Raumordnungsprüfung gegenüber dem Vorhabenträger und gegenüber Einzelnen keine unmittelbare Rechtswirkung und ersetzen nicht die Entscheidung über die Zulässigkeit der Ausbaumaßnahme (§ 15 Abs. 3 S. 1).

61 Allerdings bildet die Bundesfachplanung aufgrund ihrer engen Verzahnung mit dem späteren Planfeststellungsverfahren ein **„aliud"** im Vergleich zum Raumordnungsverfahren. Die Er-

29 Dazu *Schmitz/Jornitz*, NVwZ 2012, 332ff.
30 *Durner*, DVBl. 2011, 853; *Mikesic/Strauch*, RdE 2011, 347.
31 *Erbguth*, NVwZ 2012, 329; *Moench/Rutloff*, NVwZ 2011, 1041; vgl. auch *Appel*, UPR 2011, 410; *Wagner*, DVBl. 23/2011, 1456.
32 Siehe doch zur Frage der VO-Ermächtigung unten Rn 70.
33 *Erbguth*, NVwZ 2012, 329; *Moench/Rutloff*, NVwZ 2011, 1041.

gebnisse der Bundesfachplanung sind im späteren Planfeststellungsverfahren nicht nur zu berücksichtigen, sondern vielmehr diesem zu Grunde zu legen (§ 15 Abs. 1 S. 1 NABEG). Diese Rechtsfolge wird nicht zuletzt dadurch abgesichert, dass die BNetzA möglicherweise für die Durchführung beider Verfahren zuständig ist. Die Bundesfachplanung stellt insofern die Raum- und Umweltverträglichkeit der Trassenkorridore verbindlich für das Planfeststellungsverfahren fest. Besonders deutlich wird diese **enge Verzahnung** zwischen **Bundesfachplanung** und **Planfeststellung** auch durch die Befugnis der BNetzA, dem ÜNB nach Abschluss der Bundesfachplanung eine angemessene Frist für die Antragstellung der Planfeststellung zu setzen (§ 12 Abs. 2 S. 2 NABEG).

Außerdem sind die Ergebnisse von Raumordnungsverfahren nur „Erfordernisse der Raumordnung" im Sinne des § 3 Abs. 1 S.1 ROG, die lediglich dem Berücksichtigungsgebot des § 4 Abs. 1 S. 1 ROG unterfallen und im Planfeststellungsverfahren von der Behörde bei konfligierenden Interessen „weggewogen" werden können.[34] Zudem hat die Bundesfachplanung im Vergleich zum Raumordnungsverfahren ein **erweitertes Prüfprogramm**, da die Bundesfachplanung nach § 5 Abs. 1 S. 2 NABEG eine umfassende Abwägung mit allen betroffenen privaten und öffentlichen Belangen erfolgt, wohingegen die Raumordnungsprüfung gem. § 15 Abs. 1 S. 2 ROG auf die Auswirkungen auf raumbedeutsame Belange beschränkt bleibt. Im Ergebnis kombiniert die Bundesfachplanung **Elemente der Linienführung** mit fachplanerischen Elementen und entzieht sie somit der Zuordnung zum Raumordnungsverfahren. Die Bundesfachplanung ist daher ein auf Höchstspannungsleitungen begrenztes, fachplanerisches Verfahren sui generis. 62

Vorausgesetzt, man hält entgegen der hier vertretenen Auffassung eine Raumordnungs-Kompetenz des Bundes für erforderlich, wäre bei den hier in Rede stehenden länderübergreifenden oder grenzüberschreitenden von einer ungeschriebenen („ausschließlichen") und abweichungsfesten Bundesraumordnungskompetenz kraft Natur der Sache auszugehen.[35] 63

Kaum Widerspruch hat hingegen das Vorliegen der Voraussetzungen nach Art. 72 Abs. 2, 74 Abs. 1 Nr. 11 GG hervorgerufen, wonach das Gesetzgebungsrecht nur besteht, wenn und soweit eine **bundesgesetzliche Regelung erforderlich** ist. Beim EnLAG haben in Bezug auf das EnLAG diese Vorschriften deutlich mehr Anlass zur Diskussion gegeben.[36] In Bezug auf das NABEG sind die Ausführungen der Gesetzesbegründung überzeugend. Angesichts der gesellschaftspolitischen Tragweite und bundesweiten Auswirkungen der Energiewende ist ein gesamtstaatliches Interesse an einer bundesgesetzlichen Regelung kaum von der Hand zu weisen. Insbesondere mit Blick auf regionale Entzerrung von Stromerzeugung und Verbrauch werden regionale Erzeugungs- und Vebrauchsstrukturen immer mehr aufgebrochen und müssen in einem gesamtstaatlichen Zusammenhang gesehen werden. Der engpassfreie Stromtransport innerhalb Deutschlands ist insbesondere eine Voraussetzung für die Integration des Stroms aus erneuerbaren Energiequellen. Unterschiedliche Entwicklungen der Versorgungsstrukturen aufgrund der **Uneinheitlichkeit des regionalen Netzausbaus** würden erhebliche Nachteile für die Gesamtwirtschaft mit sich bringen. Eine bundesgesetzliche Regelung ist zur Wahrung der Wirtschaftseinheit im gesamtstaatlichen Interesse erforderlich. 64

Der engpassfreie Transport innerhalb Deutschlands ist Voraussetzung für die Integration des Stroms aus erneuerbaren Energiequellen und damit der angestrebten Energiewende sowie der Erreichung der Verpflichtungen der Bundesrepublik Deutschland innerhalb der Klimaziele der EU. Mangelnder Ausbau führt zu ungewollten physikalischen Flüssen des Windstroms in die europäischen Nachbarländer und führt dort zu Gegenreaktionen. Damit wird die Integration des Energiebinnenmarktes beeinträchtigt. Daraus ergibt sich das **gesamtstaatliche Interesse an einem** 65

34 *Appel*, UPR 2011, 410; dazu auch BVerwG UPR 1995, 448.

35 So auch *Wagner*, DVBl. 2011, 1456; Sondergutachten SRU, S. 309; differenzierter *Mikesic/Strauch*, RdE 2011, 348 ff.; vgl. auch *Appel*, UPR 2011, 410.

36 Vgl. dazu Kommentierungen zu Teil 3 EnLAG, Rn 57 ff.

bundesweit einheitlichen Verfahren für die Stromtransportleitungen von überregionaler und europäischer Bedeutung.

66 Aus ähnlichen Gründen ist eine bundesgesetzliche Regelung auch zur **Wahrung der Rechtseinheit** im gesamtstaatlichen Interesse erforderlich. Das NABEG regelt die Genehmigungsverfahren für Leitungsprojekte von überregionaler Bedeutung. Für eine angemessene Ausstattung mit Energieleitungen mit überregionaler Bedeutung ist es daher erforderlich, dass unter einheitlichen rechtlichen Bedingungen geplant werden kann. Ein „Flickenteppich" gesetzlicher Vorschriften oder administrativer Praktiken wäre ein Risiko für den rechtssicheren Ausbau der überregionalen Energieversorgung.

67 Verfassungsrechtliche Fragen warf im Gesetzgebungsverfahren das ursprüngliche Vorhaben auf, das wie im EnLAG eine **Rechtswegverkürzung** der Klage gegen den Planfeststellungsbeschluss zum BVerwG eingeführt werden könnte. Aufgrund verfassungsrechtlicher Bedenken auf Grundlage des **Bestimmtheitsgebots** war das nicht möglich. Denn zum Zeitpunkt der Verabschiedung des NABEG können keine knotenscharfen Leitungen (wie im Bedarfsplan des EnLAG) bestimmt werden, sondern nur ein pauschaler Verweis auf die zukünftig im Bundesbedarfsplan vom Gesetzgeber identifizierten Leitungen. Eine Rechtswegverkürzung durch einen pauschalen Verweis auf das Bundesbedarfsplangesetz genügt indes nicht dem Grundsatz hinreichender Bestimmtheit. Da der Gesetzgeber trotzdem das Potenzial der Rechtswegverkürzung zum BVerwG ausschöpfen will, hat er in der Gesetzesbegründung bereits die Rechtswegverkürzung für das erste Bundesbedarfsplangesetz angekündigt.[37]

2. Vollzugskompetenz des Bundes

68 Die Übertragung der Vollzugskompetenz an die BNetzA durch die Erweiterung des Mandats zur Durchführung von Bundesfachplanungs- und Planfeststellungsverfahren wird auf Art. 86, 87 Abs. 3 S. 1, 1. Alt. GG (bundeseigene Verwaltung) gestützt. Danach können Aufgaben auf schon bestehende Verwaltungseinrichtungen des Bundes übertragen werden.

69 Dieser Kompetenztitel wird in der Literatur teilweise mit dem Argument bestritten, dass die Länder besser in der Lage wären, den **„kleinteilig-örtlichen Bezug"** sicherzustellen mit der Folge, dass eine Eignung zur zentralen Wahrnehmung dieser Aufgabe per se ausgeschlossen sei.[38] Richtig ist, dass es in den Planverfahren um einen räumlichen Ausgleich geht und parallel laufende Planungs- und Genehmigungsverfahren sowie konfligierende Raumnutzungsinteressen lokal und regional in Einklang gebracht werden müssen. Allerdings widerspricht das Gleichsetzen von lokaler Betroffenheit und dezentraler Genehmigungszuständigkeit dem Ansatz des BVerfG. Dieses stellt nicht auf die abstrakt-generelle Eignung einer Aufgabe zur zentralen Erledigung ab, sondern prüft vielmehr in tatsächlicher Hinsicht, ob die betroffene Aufgabe von der Bundesoberbehörde tatsächlich zentral ohne Verwaltungsunterbau wahrgenommen wird oder ob eine Umgehung des Art. 87 Abs. 3 S. 1 GG durch Schaffung eines Verwaltungsunterbaus erfolgt.[39] Darauf deutet nach gegenwärtiger Lage nichts hin. Die BNetzA kann sich der relevanten Landesbehörden zumindest im Wege der **Amtshilfe** bedienen.[40] Außerdem spricht einiges dafür, dass die BNetzA zur Bewältigung des „kleinteilig-örtlichen Bezugs" in der Lage sein wird, auch wenn dies im Gesetzgebungsverfahren von den Ländern vehement bestritten wurde. Die BNetzA wird ihre Planfeststellungsverfahren in der Fläche durchführen, ohne dass die Beteiligungsrechte der Bürger verkürzt werden. Entscheidend ist, dass die zuständige Bundesbehörde eine Präsenz in der Fläche gewährleisten kann. Dies ist im Fall der BNetzA mit **insgesamt 47 Außenstellen** und Standorten der Fall.

---

37 Gesetzesbegründung BT-Drucks. 17/6073, S. 2; vgl. Kommentierung zu § 12e EnWG.
38 *Moench/Ruttloff*, NVwZ 2011, 1041; *Steinberg*, FAZ vom 27.6.2011, S. 10; so wohl auch *Erbguth*, NVwZ 2012, 330.
39 BVerfG NVwZ 2009, 175.
40 *Appel*, UPR 2011, 412.

3. Verfassungsmäßigkeit der VO-Befugnis zur Übertragung der Planfeststellungszuständigkeit

Die Übertragung der Planfeststellungskompetenz gem. § 2 Abs. 2 NABEG auf die BNetzA – wohl der größte **Streitpunkt im Gesetzgebungsverfahren** zwischen Bund und Ländern – wird von dem institutionellen Gesetzesvorbehalt nach Art. 87 Abs. 3 S. 1 GG im Einklang mit der Rechtsprechung des BVerwG gedeckt.[41] Als problematischer erwies sich im Gesetzgebungsverfahren hingegen der Wesentlichkeitsgrundsatz: Danach ist dem Art. 87 Abs. 3 S. 1 GG ein **Delegationsverbot** zu entnehmen, wenn die demokratische Legitimation des Gesetzgebers erforderlich ist, um eine für das Gemeinwesen und insbesondere für die Grundrechtsausübung wesentliche Entscheidung im normativen Bereich zu regeln. Ein solcher Parlamentsvorbehalt wird bei Regelungen im verwaltungsorganisatorischen Bereich etwa bei erheblichen Einwirkungen auf die Verfahrensrechte der Beteiligten angenommen.[42] Deshalb mussten im Gesetzgebungsverfahren ursprüngliche Überlegungen verworfen werden, wonach die NABEG-Regeln zu Planfeststellungsverfahren nur für die im Wege der Verordnung auf die BNetzA übertragenen Planfeststellungsverfahren gelten sollten, während auf die weiter von den Ländern planfestzustellenden Leitungen allein die §§ 43ff. EnWG Anwendung finden sollten. Diese „Diskriminierung“ wäre auf unterschiedliche Planfeststellungsverfahren zwischen Bund- bzw. Länder-Planfeststellungsverfahren hinausgelaufen, was eine unterschiedliche Grundrechtsbetroffenheit bei den Beteiligten zur Folge gehabt hätte. Denn der Verordnungsgeber hätte in diesem Fall die **„wesentliche“ Entscheidung** treffen können, für welche Leitungen ein bestimmter Verfahrenstandard (entweder nach EnWG oder nach NABEG) greift und für welche Leitungen nicht. Dies wäre einer Entscheidung über das „Ob“ des Verfahrensstandards gleichgekommen. Um die verfahrensmäßigen Rechte der Beteiligten unabhängig von einer vom VO-Geber zu entscheidenden Bund- oder Länderzuständigkeit auszugestalten, gelten die § 18ff. des NABEG nun unabhängig von der Zuständigkeit. Mit der Zuweisung zu Bund oder Land ist somit keine „Ob“-Entscheidung über das Verfahren, sondern allenfalls eine Frage des „Wie“, namentlich der staatsorganisationsrechtlich relevanten Zuständigkeit, getroffen worden.[43] 70

Entscheidend war im Gesetzgebungsverfahren auch das bundesverfassungsgerichtlich ausgesprochene Verbot einer **„Inkraftsetzungsermächtigung“**.[44] Von einer solchen geht das BVerfG aus, wenn der Erlass einer Rechtsverordnung im Ermessen des Verordnungsgebers steht und durch ihr Inkrafttreten die Anwendbarkeit des parlamentarischen Gesetzes als solches erst ermöglicht wird. Damit wurde dem von den Ländern im Gesetzgebungsverfahren in letzter Minute vorgebrachten Vorschlag ein verfassungsrechtlicher Riegel vorgeschoben, wonach der gesamte Anwendungsbereich des NABEG, also sowohl die Bundesfachplanung als auch das Planfeststellungsverfahren, von der Entscheidung des VO-Gebers hätte abhängig sein sollen. Dieser Vorschlag musste angesichts des Verbots einer „Inkraftsetzungsermächtigung“ verworfen werden, weil der VO-Geber sonst über das „Ob“ der Anwendung des NABEG hätte entscheiden können. Diese „Ob“-Entscheidung darf hingegen allein vom Parlament getroffen werden. 71

4. Überblick über den stufenweisen Bedarfsplanungs- und Genehmigungsprozess

Das im EnWG geregelte Verfahren zur Aufstellung des Bundesbedarfsplans und die anschließende Bundesfachplanung sowie Planfeststellung bauen aufeinander auf und werden in folgender Abbildung illustriert. 72

41 BVerwGE 102, 119, 126. Zum Meinungsstand in der Literatur siehe *Appel/Eding*, NVwZ 2012, 344.
42 Mangoldt/Klein/Starck/*Sommermann*, Art. 20 Rn 274, 283.
43 Vgl. dazu auch *Appel/Eding*, NVwZ 2012, 345.
44 BVerfGE 78, 249, 276.

Planungsphasen für Höchstspannungsleitungen

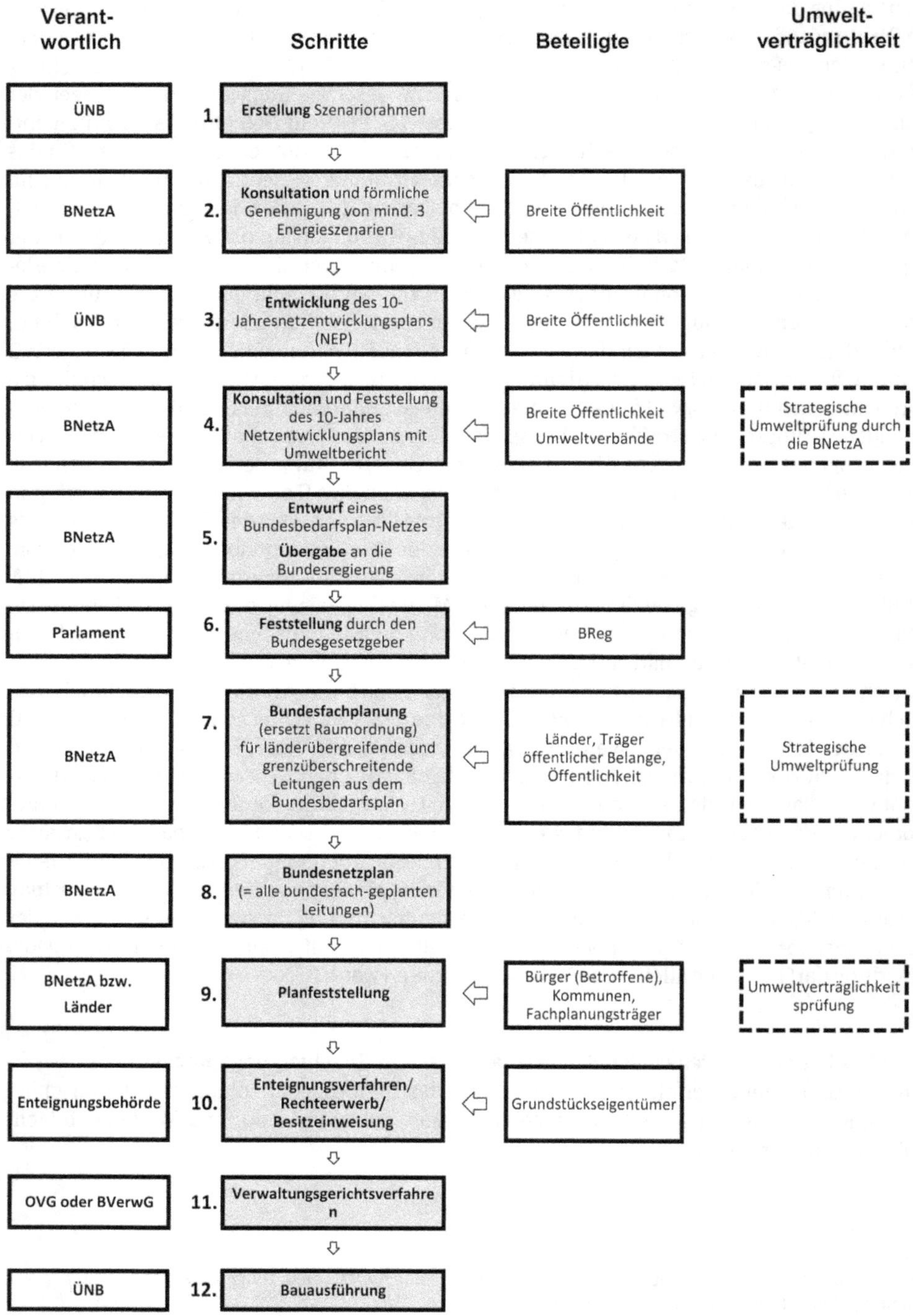

Grafik: Bundesnetzagentur

1. Die Erstellung des **Szenariorahmens** steht zu Beginn der Bedarfsplanung und fällt in den Verantwortungsbereich der ÜNB (§ 12a EnWG). Der Szenariorahmen umfasst drei Entwicklungspfade auf einen Zeithorizont von zehn Jahren; eines der Szenarien muss einen 20-jährigen Zeitraum abdecken.
2. Anschließend erfolgt eine von der BNetzA in einem internetbasierten oder schriftlichen Verfahren durchgeführte **Konsultation**; unter Berücksichtigung der Konsultationsergebnisse genehmigt die BNetzA den Szenariorahmen.
3. Auf der Grundlage des genehmigten Szenariorahmens entwickeln die ÜNB einen **Netzentwicklungsplan**, in dem konkrete Leitungen mit Anfangs- und Endpunkten berechnet werden; die Ergebnisse werden durch die ÜNB öffentlich konsultiert; dann wird der Plan der BNetzA als Entwurf für einen Netzentwicklungsplan vorgelegt.
4. Die BNetzA überprüft den Entwurfsinhalt, leitet eine SUP ein und beteiligt erneut die Öffentlichkeit und die Behörden (§ 12c EnWG). Die **BNetzA bestätigt** den Netzentwicklungsplan mit verbindlicher Wirkung für die ÜNB.
5. Die BNetzA übermittelt der Bundesregierung den Netzentwicklungsplan als einen **Entwurf** für den **Bundesbedarfsplan** (§ 12e Abs. 1 EnWG). Dabei kennzeichnet sie **länderübergreifende und grenzüberschreitende Leitungen**, welche die Grundlage für die anschließende Bundesfachplanung bilden (§ 12e Abs. 2 EnWG).
6. Die Bundesregierung legt dem **Parlament** einen Entwurf für ein **Bundesbedarfsplangesetz** vor; mit Erlass des Gesetzes stehen für die im Plan enthaltenen Vorhaben die energiewirtschaftliche Notwendigkeit und der vordringliche Bedarf fest (§ 12e Abs. 4 EnWG).
7. Für die im Bundesbedarfsplan gekennzeichneten länderübergreifenden und grenzüberschreitenden Vorhaben führt die BNetzA eine **Bundesfachplanung** durch (§§ 2 Abs. 1, 4ff. NABEG). Das Verfahren wird entweder durch Antrag des Vorhabenträgers (§ 6 Abs. 1 NABEG) oder durch den Vorhabenträger nach Aufforderung der BNetzA eingeleitet (§§ 6 S. 2, 34 NABEG).
8. Ergebnis der Bundesfachplanung ist die Entscheidung der BNetzA über den **Verlauf des raumverträglichen Trassenkorridors**. Die Entscheidung ist für den nachgelagerten Prozess der Planfeststellung bindend (§ 15 Abs. 1 NABEG); außerdem hat die Entscheidung Vorrang gegenüber raumordnerischen Landesplanungen (§ 15 Abs. 1 S.1 NABEG). Die im Rahmen der Bundesfachplanung festgelegten Trassenkorridore werden im **Bundesnetzplan** („Deutschlandkarte mit Trassenkorridoren") ausgewiesen (§ 17 NABEG).
9. Das anschließende **Planfeststellungsverfahren** wird für die **länderübergreifenden und grenzüberschreitenden Leitungen** nach den Spezialregeln des NABEG durchgeführt (§§ 18 Abs. 1, 2 Abs. 1 NABEG); die Planfeststellung obliegt gem. § 31 Abs. 2 NABEG den Landesbehörden; etwas anderes gilt, wenn durch Rechtsverordnung der Bundesregierung mit Zustimmung des Bundesrates die Zuständigkeit auf die BNetzA übertragen wurde. Für die Hoch- und Höchstspannungsleitungen, die im Bundesbedarfsplan nicht als länderübergreifende oder grenzüberschreitende festgestellt wurden, gelten die §§ 43ff. EnWG.
10. Noch vor dem Vorliegen des Planfeststellungsbeschlusses können die Instrumente der **vorzeitigen Besitzeinweisung** und der Einleitung des **Enteignungsverfahren** (§ 27 NABEG) zum Einsatz kommen; die Rechtswirkung dieser Instrumente stehen unter der aufschiebenden Bedingung, dass ihre Beschlüsse durch den Planfeststellungsbeschluss bestätigt werden. Dies ermöglicht eine Parallelisierung von Zulassungs- und Enteignungsverfahren.
11. Zuständiges Gericht für gerichtlichen Rechtsschutz gegen einen Planfeststellungsbeschluss ist gem. § 43e EnWG das zuständige OVG. Allerdings hat der Gesetzgeber bereits angekündigt, eine **erst- und letztinstanzliche Zuständigkeit zum BVerwG** einführen zu wollen,[45] was mit der Vorlage des ersten Bundesbedarfsplangesetzes möglich erscheint.

45 Entwurf eines Gesetzes über Maßnahmen zur Beschleunigung des Netzausbaus Elektrizitätsnetze, BT-Drucks. 17/6073, S. 2.

Teil 2 EnLAG
Gesetz zum Ausbau von Energieleitungen (Energieleitungsausbaugesetz – EnLAG)

in der Fassung vom 21.8.2009 (BGBl. I S. 2870), das durch Art. 5 des Gesetzes vom 7.3.2011 (BGBl. I S. 338) geändert worden ist

Überblick

A. Vorgeschichte

1 In mehrfachen Ansätzen hat der deutsche Gesetzgeber den Versuch unternommen, die Realisierung von Infrastrukturvorhaben allgemein, aber auch für die Energieleitungen (von denen hier nur Stromübertragungsnetze angesprochen werden) zu beschleunigen.[1]

2 Das Interesse an einer optimalen Verknüpfung zwischen der Öffentlichkeitsbeteiligung und den Sachzwängen liegt gerade bei Infrastrukturvorhaben auf der Hand.

3 Um nicht zu weit auszugreifen, wird beim Erlass des **Gesetzes zur Beschleunigung von Infrastrukturvorhaben** angesetzt.[2] Der Entwurf der Bundesregierung datiert vom 4.1.2005.[3] Art. 8 des Gesetzes enthält die Änderungen des EnWG. In der Begründung zu Art. 8 des Gesetzes für die Energiewirtschaft wird darauf verwiesen (auf S. 40), dass bislang eine *„auf den Schutz der Umwelt bezogene, ausdrückliche und klare Regelung über die Rechtsstellung anerkannter Naturschutzvereine und anerkannter oder sonstiger Umweltschutzvereinigungen im Anhörungsverfahren zur Planfeststellung“* fehle. Der Gesetzentwurf gleiche die *„Rechtsstellung der genannten Vereinigungen derjenigen von privaten Personen an“*.[4]

4 Kernelemente des Entwurfs sind:

- die frühzeitige und effektive Beteiligung anerkannter und sonstiger Umweltschutzvereinigungen durch Einführung formeller und materieller Präklusionsfristen;[5]
- das Gesetz versucht ferner, das Verwaltungsverfahren zum Erlass eines Planfeststellungsbeschlusses bzw. einer Plangenehmigung nach Maßgabe der einschlägigen Fachgesetze – hier des EnWG – zu beschleunigen und
- eine Straffung des Rechtsschutzes: bei der Änderung der VwGO konnten sich allerdings die Versuche, bestimmte vordringliche Leitungsprojekte der erstinstanziellen Zuständigkeit des BVerwG zu unterstellen, im Gesetzgebungsverfahren nicht durchsetzen.

5 Nr. 1 des Art. 8 bringt eine teilweise Neufassung, Änderung und Ergänzung der §§ 11a–12b EnWG.

> *„Diese Vorschriften vollziehen die Änderungen im Bereich des Eisenbahnwesen (Art. 1) für das Planungsrecht der Hochspannungsfreileitungen und Gasversorgungsleitungen für den Zweck der sicheren, preisgünstigen, verbraucherfreundlichen und umweltverträglichen leitungsgebundenen Versorgung der Allgemeinheit mit Elektrizität und Gas nach. Darüber hinaus übernehmen sie im Interesse der Vereinfachung des Baus, der Änderung und des Betriebs der Hochspannungsfreileitungen die Kernvorschriften aus dem gemeinsamen Bestand des Verkehrswegeplanungsrechts (Anfechtung, Vorarbeiten/Vorkaufsrecht, Veränderungssperre, Vorzeitige Besitzeinweisung, Enteignung).“*

6 Die Gründe, die zu einer Beschleunigung von Planfeststellungsverfahren auch für die Energiewirtschaft führen, sind auf S. 40f. näher dargelegt.

- Intensivierung des Stromhandels in einem europäischen Wirtschaftsraum (Nr. 1);
- Aufnahme des Stroms aus erneuerbaren Energieerzeugungsanlagen (Nr. 2);
- Ausgleich der Erzeugungsschwankungen bei der Windenergie (Nr. 3).

---

1 Entwurf des InfrPBG v. 10.5.2005, Kabinettsache Datenblatt Nr. 15/12108; vgl. S. 1 des Entwurfs dieses Gesetzes v. 4.11.2005 (federführend Bundesministerium für Verkehr, Bau- und Wohnungswesen; vgl. Schreiben des Bundeskabinetts v. 4.11.2005 an den Bundestagspräsidenten), BT-Drucks. 16/54.
2 Vgl. näher *Lecheler*, DVBl. 2007, 713, 716 ff.
3 BT-Drucks. 16/54.
4 BT-Drucks. 16/54, S. 1 Problemstellung und S. 24 Begründung/Allgemeiner Teil.
5 Begründung, S. 24.

Nach einer ungewöhnlich turbulenten Entstehungsgeschichte[6] hat der Bundestag das von der Bundesregierung eingebrachte Gesetz am 27.10.2006 mit diversen Änderungen aufgrund der Beschlussempfehlung des Ausschusses für Verkehr, Bau- und Stadtentwicklung[7] verabschiedet. Mit diesem Gesetz soll die Planungszeit für große Infrastrukturvorhaben in Zukunft durchschnittlich um zweieinhalb Jahre verkürzt werden. 7

Das InfrPBG ist am 9.12.2006 im Bundesgesetzblatt verkündet worden.[8] 8

Das Gesetz ändert das AEG (in Art. 1), das FStrG (in Art. 2), das WaStrG (in Art. 3), das LuftVG (in Art. 5), das MBPlG (in Art. 6) und das EnWG (in Art. 7), für das die Dringlichkeitsliste von Vorhaben im Gesetzgebungsverfahren dann aber ausgeklammert wurde.[9] 9

Der Gesetzgeber hat sich im Verlauf der Beratungen nicht dazu entschließen können, für das EnWG Art. 7 des Gesetzes (Änderungen des EnWG) wie bei den anderen hier novellierten Fachgesetzen (AEG, FStrG, WaStrG) eine Liste besonders dringlicher Vorhaben in einem Anhang zu bezeichnen, so wie das die EU selbst bei Vorhaben von Gemeinschaftsinteresse getan hat.[10] Soweit Leitungsvorhaben von der EU hier als dringlich eingestuft werden, dürfen die Behörden der Mitgliedstaaten keine Maßnahmen ergreifen, die der Einstufung eines Leitungsvorhabens in der Leitlinie entgegensteht oder ihrer Beurteilung die praktische Wirksamkeit nimmt.[11] Sie müssen die Dringlichkeit im Interesse der Versorgungssicherheit also bejahen, ohne hier einen eigenen Entscheidungsspielraum zu haben. Damit hatte der Gesetzgeber eine der zentralen Infrastrukturprobleme vorerst aufgeschoben.[12] 10

Im Energiekapitel (Kap. 7) wurden besonders behandelt: 11
- die Vorschriften beim Anschluss von Offshore-Anlagen an das Leitungsnetz (der neue Abs. 2a in § 17 EnWG),
- die bei der im Gesetzgebungsverfahren erbittert umkämpfte Alternative der Verkabelung an der Stelle eines Freileitungsbaus (der neue S. 3 in § 21a Abs. 4 sowie der ebenfalls neue Abs. 7) und

---

6 Vgl. nach dem Scheitern des Vorhabens in der letzten Legislaturperiode kann die Neuaufnahme im Gesetzesentwurf der Bundesregierung v. 10.3.2005, Kabinettsache Datenblatt Nr. 15/12108, gefolgt von einem eigenen Gesetzesentwurf von Abgeordneten der FDP zur Vereinfachung und Beschleunigung von Zulassungsverfahren von Verkehrsprojekten (unter Ausklammerung des Energiekapitels) v. 18.10.2006, BT-Drucks. 16/3008, einem Gesetzesantrag der Stadt Hamburg für ein Gesetz zur Effizienzsteigerung und Beschleunigung von Planfeststellungsverfahren und Plangenehmigungen v. 17.6.2005, BR-Drucks. 467/05 sowie der abschließende Entwurf der Bundesregierung v. 4.11.2005, BT-Drucks. 16/54.

7 BT-Drucks. 16/3158 v. 25.10.2006.

8 BGBl. 2006 I S. 2833 und nach seinem Art. 15 am darauf folgenden 10.12. in Kraft getreten, bereinigt BGBl. 2007 I S. 691; Entwurf BT-Drucks. 16/54.

9 Vgl. S. 2 des FDP-Entwurfs (siehe Fn 6).

10 Vgl. die Entscheidung Nr. 1364/2006 vom 6.9.2006 zur Festlegung von Leitlinien für die transeuropäischen Energienetze und zur Aufhebung der Entscheidung 96/391/EG und der Entscheidung 1229/2003/EG.
Art. 5 dieser Entscheidung gibt der Gemeinschaft die Ermittlung von Vorhaben von Gemeinschaftsinteresse auf, woran die Mitgliedstaaten nach Abs. 5 mitzuwirken haben; Art. 6 nennt die Kriterien (zusammen mit Anhang II) und Art. 7 mit Anhang III nennt dort unter Punkt 3 (Ausbau der Elektrizitätsbinnennetze in den Mitgliedstaaten):
3.48. Verbindungsleitung Hamburg – Region Schwerin,
3.49. Verbindungsleitung Region Halle/ Saale – Schweinfurt,
3.50. neue Verbindungen zu Offshore- und Onshore- Windkraftanlagen in Deutschland,
3.51. Ausbau des 380 kV-Netzes in Deutschland für die Anbindung von Offshore-Windanlagen.
Unter Punkt 7 Fernleitung Puchkirchen – Burghausen (7.7.), Fernleitung Andorf – Simbach (7.8.), ferner weitere internationale Anschlüsse nach Nordwesten und zum Osten.
Ebenso die Mitteilung der Kommission an den Rat und das EP „Vorrangiger Verbundplan“ v. 10.1.2007 KOM (2006)846 endg. Dort wird (S. 9 f., deutsche Vorhaben S. 10) die Auflistung von aus europäischer Sicht wichtigsten Infrastrukturvorhaben wiederholt und (S. 15) darauf verwiesen, dass dieser Ausweis die Realisierung dieser Vorhaben „signifikant“ beschleunigen soll.

11 Zur Rechtswirkung von Leitlinien vgl. EuGH, Urt. v. 13.9.2001 – Rs.C 169/99 – (Hans Schwarzkopf GmbH & Co. KG).

12 Eine – kritische – Gesamtbewertung des Gesetzes nimmt *Gramlich* vor: LKV 2008, 530, 533 f.

- die Vorschriften über die Planfeststellung (Ersetzung der §§ 43–45 durch die neuen §§ 43, 43a–e, 44 bis 44b).

12 Beim Anschluss von Offshore-Anlagen wurde dem § 17 EnWG (Netzanschluss) ein neuer Abs. 2a eingefügt, nach dessen S. 1 Betreiber von Übertragungsnetzen, in deren Regelzone die Anbindung der Offshore-Anlagen erfolgen soll, die Leitungen vom Umspannwerk der Offshore-Anlagen bis zu dem technisch und wirtschaftlich günstigsten Verknüpfungspunkt des nächsten Übertragungs- oder Verteilernetzes zu errichten und zu betreiben haben.[13] *Schneider*[14] weist zurecht darauf hin, dass diese Lösung von der üblichen energierechtlichen Verantwortungsverteilung insbesondere in § 13 Abs. 1 EEG abweicht, nach der der Anlagenbetreiber sich für den Netzanschluss und der Netzbetreiber für den davon zu trennenden Netzausbau verantwortlich zeichnet.

13 Sie ist die Ursache für die schwierigen Koordinationsprobleme, die bei der Realisierung auftreten.[15] Besonders problematisch ist dabei der Hs. 2, demzufolge die Netzanbindungen *„zu dem Zeitpunkt der Herstellung der technischen Betriebsbereitschaft der Offshore-Anlagen errichtet sein“* müssen.

14 Die daraus entstehenden Schwierigkeiten formuliert das Positionspapier der BNetzA zur Netzanbindungsverpflichtung gem. § 17 Abs. 2a EnWG vom Oktober 2009[16] wie folgt (S. 3)

- Offshore-Windparkentwickler/-betreiber benötigen zur Finanzierung ihrer Projekte eine Netzanbindungszusage durch den zuständigen ÜNB. Dieser macht die Zusage vom Finanzierungsnachweis des Projektes abhängig. Der ÜNB trägt dem gegenüber die Vorbereitung und Durchführung einer Anbindung, solange nicht wenigstens das Projekt einen realistischen Finanzierungsnachweis vorlegen kann.
- Die vom Gesetz vorgesehene rechtzeitige Bestellung wesentlicher Großkomponenten durch den ÜNB kann bei Bauverzögerungen des Windparks zu einem zeitlichen Auseinanderfallen mit entsprechenden Vorhaltekosten führen.
- Mit der Vorlage der Unterlagen für eine bedingte Netzanbindungszusage ist grds. auch die konkret begehrte Einspeiseleistung anzugeben.
- Soweit sich der OWP-Entwickler die Entscheidung noch offen hält, hält es die BNetzA für mit § 17 Abs. 2a EnWG vereinbar, wenn der ÜNB die bedingte Netzanbindungszusage auf die geringere und damit „gesicherte“ Größe beschränkt.

„Gerade aus der gesetzlichen Verpflichtung des ÜNB zur Erstellung einer rechtzeitigen Netzanbindung für den OWP ist zu folgern, dass es an dem OWP- Entwickler im Rahmen seiner Mitwirkungspflichten im Gegenzug obliegt, die von ihm abgeforderte Einspeiseleistung belastbar anzugeben“.[17]

15 Im August 2011 hat die BNetzA mit dem NABEG in dem neu eingefügten Abs. 2b in § 17 EnWG die Befugnis zur Festlegung von Kriterien erhalten. Diese neue Befugnis wurde am 19.12.2011 genutzt und ein Festlegungsverfahren zur Bestimmung der Kriterien für:

- die Errichtung von Offshore-Netzanbindungen,
- die Ermittlung der Realisierungswahrscheinlichkeit der Errichtung von Offshore-Anlagen und

---

13 Aus der Literatur vgl. Löwer, Bd. 4/*Wolfrum*, S. 9 ff.; Löwer, Bd. 5/*Schneider*, S. 59 ff.; Löwer, Bd. 5/*Jarass*, S. 81 ff.

14 Löwer, Bd. 5/*Schneider*, S. 60.

15 Zum rechtlich komplexen Verhältnis zwischen Anlagenbetreiber und Netzbetreiber vgl. auch BGH, ZNER 2006, 238 mit kritischer Anmerkung von *Dreher*.

16 Von der BNetzA im Januar 2011 mit einem Annex (vor allem zur Netzanbindungszusage) versehen.

17 Löwer, Bd. 5/*Schneider*, S. 76.

- die diskriminierungsfreie Vergabe von Anbindungskapazitäten an Offshore-Anlagen eröffnet.[18]

Von den umfassenden Änderungen der §§ 43ff. EnWG, die im EnLAG und im NABEG weitergeführt wurden, sind hier vor allem die umfassenden Ergänzungen und Änderungen der Erforderlichkeit eines Planfeststellungsverfahrens und seiner Verfahrensvoraussetzungen zu nennen. 16

Nach der Neufassung des § 43b Nr. 1 EnWG gilt für bestimmte Vorhaben, die nach dem ebenfalls neu gefassten § 43 Abs. 1 S. 1 EnWG der Planfeststellung bedürfen, ein vom Regel- Anhörungsverfahren des § 43a EnWG abweichendes Verfahren hinsichtlich der Einbeziehung der Öffentlichkeit und der dabei einzuhaltenden Fristen. 17

B. Gesetzgebungsverfahren des EnLAG (I) und des ersten ÄnderungsG (II)

I. Gesetzgebungsverfahren des EnLAG

Der Bund hat anschließend nach wiederum langen Vorarbeiten[19] ein **Gesetz zur Beschleunigung des Ausbaus der Höchstspannungsnetze (EnLAG)** erlassen.[20] Dessen **Art. 1** enthält das **„Gesetz zum Ausbau von Energieleitungen“**. Das EnLAG führt die bundesrechtlichen Regelungen auf dem Gebiet der Hoch- und Höchstspannungsleitungen über die mit dem InfrPBG vom 16.12.2006[21] erfolgte Ergänzung des § 43 Abs. 1 S. 3 EnWG hinaus fort.[22] 18

1. Bundesrat

Beteiligte Ausschüsse waren: 19

- Wirtschaftsausschuss (federführend),
- Finanzausschuss,
- Ausschuss für Innere Angelegenheiten,
- Rechtsausschuss,
- Ausschuss für Umwelt, Naturschutz und Reaktorsicherheit,
- Ausschuss für Städtebau, Wohnungswesen und Raumordnung.

Empfehlungen der Ausschüsse vom 8.9.2008 – BR-Drucks. 559/1/08 mit Anlage zur Stellungnahme des Nationalen Normenkontrollrats für die 847. Sitzung des Bundesrates am 19.9.2008: 20

Detailänderungen, u.a. zu Kostenermittlung und -umlage sowie Energiespeicheranlagen; redaktionelle Änderungen und Klarstellungen sowie Änderungsempfehlungen der Ausschüsse für Wirtschaft, Umwelt, Naturschutz und Reaktorsicherheit, und Recht.

- Bundesrat – **Plenarantrag**, Stellungnahme und Beschlussantrag Niedersachsen vom 16.9. 2008 – BR-Drucksache 559/2/08

18 Vgl. BNetzA, BK6-11-196.
19 BT-Drucks. 16/10491; BR-Drucks. 559/08.
20 BGBl. I 2009, S. 2870. Annahme des Entwurfs i.d.F. der Beschlussempfehlung und des Berichts des Ausschusses für Wirtschaft und Technologie vom 6.5.2009, BT-Drucks 16/12898 in der 220. Sitzung am 7.5.2009 (Plenarprotokoll S. 24002).
1. Durchgang: BR-Plenarprotokoll 847, S. 261A – 263B; 1. Beratung: BT-Plenarprotokoll 16/183, S. 19529A – 19534D; 2. Beratung: BT-Plenarprotokoll 16/220, S. 23989D – 24002D; 2. Durchgang: BR – Plenarprotokoll 859, S. 257C – 258C.
21 BGBl. I S. 2833.
22 Vgl. näher *Lecheler*, RdE 2010, 41 ff.

- Bundesrat – **Plenarantrag**, Stellungnahme und Beschlussantrag Nordrhein-Westfalen vom 18.9.2008 – BR-Drucksache 559/3/08
- Bundesrat – **1. Durchgang** am 19.9.2008 – BR-Plenarprotokoll 847, TOP 46, S. 261A – 263B
- Beschlussdrucksache 19.9.2008 – BR-Drucksache 559/08(B)

2. Bundesregierung

21 Am 7.10.2008 hat die Bundesregierung (federführend das BMWi) ihren Entwurf eines **Gesetzes zur Beschleunigung des Ausbaus der Höchstspannungsnetze**[23] dem Bundestag zugeleitet.

22 In ihrer amtlichen Begründung verweist die Bundesregierung (unter A – Allgemeines) darauf, dass der zügige Ausbau des Anteils erneuerbarer Energien ein *„zentraler Punkt des von der Bundesregierung im August 2007 in Meseberg beschlossenen integrierten Energie-und Klimaprogramms"* ist. Dies und der zunehmende grenzüberschreitende Stromausbau in Europa würden den raschen Bau neuer Höchstspannungsleitungen in Deutschland dringend erforderlich machen. Das gehöre auch zu den *„wesentlichen Aufgaben einer langfristigen Gewährleistung der Versorgungssicherheit in Deutschland"*.

23 Zur näheren Begründung des Bedarfs verweist die Bundesregierung (auf S. 9 ff.) auf die dena-Netzstudie I vom 24.2.2005 sowie auf den in den TEN-E-Leitlinien in der (inzwischen ersetzten, vgl. unten Rn 119 f.) Entscheidung Nr. 1364/2006/EG des Europäischen Parlaments und des Rates v. 6.9.2006 dargelegten Bedarf für die transeuropäischen Energienetze hin (S. 11 f.) Diesen Bedarf belege im Übrigen auch die Entwicklung des grenzüberschreitenden Stromhandels, bei dem Deutschland zentrales Strom-Transitland sei (S. 12 f.) sowie das offenkundige Nord-Süd-Gefälle zwischen Erzeugung und Verbrauch in Deutschland (S. 13 f.).

24 Diese Gegebenheiten verlangten eine kurzfristige Realisierung der Trassenprojekte und eine Beschleunigung der Planungs- und Genehmigungsverfahren, weil trotz der Beschleunigungselemente im Infrastrukturplanungsbeschleunigungsgesetz v. 29.12.2006 Verzögerungen *„bei der Realisierung des Leitungsbaus nicht verhindert werden"* konnten *„und auch weiterhin zu erwarten seien"* (S. 14 re. Sp.).

25 Auch der vorrangige Verbundplan der Kommission[24] hat die *„komplexen Planungs- und Genehmigungsverfahren als Hauptgrund für die meisten Verzögerungen bei den Leitungsbauvorhaben von europäischem Interesse"* moniert.

26 Als **„Kernelemente des Gesetzes"** nennt die Begründung (S. 15):
- Das EnLAG erlaube es, künftig den vordringlichen Bedarf an Übertragungsleitungen in einem gesetzlichen Bedarfsplan festzulegen. Wird ein Vorhaben in diesen Bedarfsplan aufgenommen, so ist damit *„ihr vordringlicher Bedarf, ihre energiewirtschaftliche Notwendigkeit und ihre Vereinbarkeit mit den im § 1 des EnWG genannten Zielen festgestellt. Diese Feststellung ist insbesondere für die zuständigen Behörden im Planfeststellungsverfahren verbindlich."*
- *„Der Bedarfsplan enthält Bauvorhaben von Übertragungsleitungen, für die nach dem gegenwärtigen Erkenntnisstand ein vordringlicher Bedarf besteht. Er wurde anhand der in den TEN-E-Leitlinien und in der dena-Netzstudie I genannten Vorhaben entwickelt."*
- Der Rechtsweg gegen Vorhaben, die in die Anlage I des EnLAG aufgenommen worden sind, wird auf eine Instanz (beim BVerwG) verkürzt.
- Die Einführung eines Planfeststellungsverfahrens für Anbindungsleitlinien für Offshore-Windenergie.

23 BT-Drucks. 16/10491, BR-Drucks. 559/08.
24 Mitteilung der Kommission an den Rat und das EP v. 10.1.2007, KOM (2006) 846 endg.

3. Bundestag

Erste Beratung am 16.10.2008 – BT-Plenarprotokoll 16/183, S. 19529A – 19534D. 27

Beschluss: S. 19534D – Überweisung an die Ausschüsse (16/10491)

Der federführende **Ausschuss für Wirtschaft und Technologie des Bundestages** führte 28
am 15.12.2008 eine öffentliche Anhörung zum Entwurf des Gesetzes zur Beschleunigung des Ausbaus der Höchstspannungsnetze[25] sowie zu Anträgen der Fraktion Bündnis 90/Die Grünen[26] und der Fraktion Die Linke[27] durch.[28] In der Beschlussempfehlung des Ausschusses für Wirtschaft und Technologie S. 12ff. wird unter IV die Liste der angehörten Sachverständigen sowie ihre Ausführungen resümiert, aus denen die wichtigsten Stimmen hier kurz zusammengefasst werden:

Wirksame Maßnahmen zur Reduktion bestehender und zur Vermeidung zukünftiger Verzö- 29
gerungen begrüßte die **BNetzA**[29] sehr: Eine hinreichende Sicherheit der Netze bleibe weiter nur gewährleistet, wenn die dringlich erforderlichen Netzausbauprojekte nicht weiter verzögert würden. Verzögerungen beim Netzausbau liefen jedoch auch den Zielen eines höheren Anteils erneuerbarer Energien am Energieverbrauch ebenso wie einer Verbesserung der Wettbewerbssituation bei der Stromerzeugung zuwider.

Auch Planungs- und Genehmigungsverfahren sollten hinsichtlich ihres Aufwandes auf den 30
Prüfstand gestellt werden.

Die **dena**[30] befürwortete ausdrücklich die Aufnahme dieser Trassen in das Energieleitungs- 31
ausbaugesetz. Die Trassen seien die Grundlage für die Integration erneuerbarer Energien in die Stromversorgung. Nur so würde es vermieden, dass das Übertragungsnetz zum Engpass bzw. zur begrenzenden Größe beim Ausbau der erneuerbaren Energien würde. Wichtig sei in diesem Zusammenhang, dass die einzelnen Trassenabschnitte Bausteine einer Gesamtstrategie seien, mit der mindestens 20% erneuerbarer Energien in die Stromversorgung integriert werden könnten.

Auch der **BDEW**[31] unterstützte unter Nennung konkreter Änderungsvorschläge die Initiative 32
der Bundesregierung, den dringend erforderlichen Ausbau der Übertragungsnetze durch eine Beschleunigung der Genehmigungsverfahren voranzubringen.

Es sei unabdingbar, zur Wahrung der elektrischen Systemsicherheit und Systembalance alle 33
Anstrengungen zum Ausbau der Netze zu verstärken, um so die Voraussetzungen zu schaffen, auch in Zukunft alle regenerativen Energieerzeuger und Kraft-Wärme-Kopplungsanlagen zu integrieren, einen ungehinderten Netzzugang für Anschlussbegehrende zu gewährleisten und um einen freien Wettbewerb zu fördern. Grundsätzlich seien in dem vorliegenden Kabinettsentwurf eines Energieleitungsausbaugesetzes (EnLAG) richtige Ansätze zur Beschleunigung der Genehmigungsverfahren für neue Leitungsbau-Projekte zu erkennen.

Der Ausschuss für Wirtschaft und Technologie hat den Gesetzesentwurf in seiner 92. Sitzung 34
am 6.5.2009 abschließend beraten.

Die **Beschlussempfehlung** des Ausschusses für Wirtschaft und Technologie[32] stellt auf S. 11 35
die Stellungnahmen der mitberatenden Ausschüsse dar, die mit einzelnen Modifikationen insgesamt die Annahme des Gesetzentwurfs empfehlen.

---

25 BT-Drucks. 16/10491.
26 BT-Drucks. 16/10590.
27 BT-Drucks. 16/10842.
28 In Zusammensetzung und Ablauf näher dargestellt unter IV. der Beschlussempfehlung, BT-Drucks. 16/12898, S. 12 ff.; zu den Stellungnahmen der Sachverständigen im Einzelnen vgl. Ausschussdrucks. 16(9)1302 – 1314.
29 Ausschussdrucks. 16(9)1311.
30 Ausschussdrucks. 16(9)1313.
31 Ausschussdrucks. 16(9)1308.
32 Beschlussempfehlung und Bericht, 6.5.2009 – BT-Drucks. 16/12898, S. 2.

36 Der Ausschuss empfiehlt (S. 5ff.) die Annahme des Gesetzesentwurfs mit einer ganzen Reihe von im Einzelnen aufgeführten Änderungsmaßgaben.

37 Der von der Fraktion der FDP im Ausschuss (in den Ausschussdrucksachen 16 (9) 1518) eingebrachte Änderungsantrag wird dargestellt, findet im Ausschuss aber keine Mehrheit.

38 Die Beschlussempfehlung lehnt im Übrigen unter Punkt 2 und 3 (S. 9) den Antrag der Abgeordneten Hans-Kurt Hill und weiterer Abgeordneter sowie der Fraktion Die Linke („Stromübertragungsleitungen bedarfsgerecht ausbauen – Bürgerinnen- und Bürgerbeteiligung sowie Energiewende umfassend berücksichtigen")[33] und der Fraktion Bündnis 90/Die Grünen („Stromnetze zukunftsfähig ausbauen")[34] ab.

39 Den Antrag des Ausschusses für Umwelt, Naturschutz und Reaktorsicherheit auf eine Entschließung zu dem Gesetzentwurf der Bundesregierung und zu den zuvor abgelehnten Anträgen erklärt die Beschlussempfehlung „für erledigt". Die Begründung im Einzelnen für diese Vorschläge erfolgt im Besonderen Teil (S. 19ff.).

40 Es erfolgt ein **Änderungsantrag** der Abgeordneten Gudrun Kopp u.a. und der Fraktion der **FDP** vom 6.5.2009 **zu der zweiten Beratung** des Gesetzentwurfs der Bundesregierung – BT-Drucks. 16/10491, 16/12898, 16/12901.

41 **Zweite Beratung** am 7.5.2009 in der 220. Sitzung, BT-Plenarprotokoll 16/220, S. 23989D – 24002D (23989); **zur Beratung und Beschlussfassung** werden aufgerufen:
- der Gesetzentwurf der Bundesregierung – 16/10491 – Entwurf eines Gesetzes zur Beschleunigung des Ausbaus der Höchstspannungsnetze,
- die Beschlussempfehlung und der Bericht des Ausschusses 9 für Wirtschaft und Technologie vom 6.5.2009 – 16/12898 –.

42 Unter den Tagesordnungspunkten 16a (zweite und dritte Beratung des von der Bundesregierung eingebrachten Entwurfs) und 16b (Beratung der Beschlussempfehlung und des Berichts des Ausschusses für Wirtschaft und Technologie (9. Ausschuss)) werden die beiden Vorlagen behandelt. Zu lit. b hat der parlamentarische Staatssekretär Hartmut Schauerte näher dargelegt, mit welcher Begründung die Bundesregierung im Rahmen von vier Pilotprojekten den Einsatz von Erdkabeln ermöglicht hat, vor allem die Preisrelevanz:

> *„Die Kosten sind ein wichtiger Grund, warum wir bei den Erdkabeln eine Pilotphase vorschalten. Diese haben nämlich erhebliche Relevanz für den Strompreis in Deutschland. Wir sind uns aber auch der Wirtschaftslage bewusst. Ich darf nur an die NE-Metallindustrie erinnern. Hier stehen viele Betriebe kurz vor der Schließung, wenn wir nicht bestimmte Maßnahmen einleiten. Das ist also eine hochrelevante Fragestellung. Deswegen wollen wir die Erdkabel in Pilotmodellen ausprobieren. Es gibt daneben eine große Anzahl von technischen Problemen, die noch nicht erkannt und gelöst sind. Wir wollen darüber hinaus regeln, dass neue Leitungen auf der 110-kV-Ebene unter bestimmten Voraussetzungen als Erdkabel errichtet werden können. Wir haben uns allerdings auch hier unter Kostengesichtspunkten darauf verständigt, dass das nur dann gemacht wird, wenn diese Art der Leitungsverlegung nicht mehr als das 1,6-fache, also bis zu 60 Prozent, der normalen Struktur kostet."*

43 Unter Nr. 1 Buchstabe b seiner Beschlussempfehlung auf BT-Drucks. 16/12898 empfiehlt der Ausschuss, eine Entschließung anzunehmen.

44 Der Gesetzentwurf wird sodann in **zweiter** Beratung bei Zustimmung durch CDU/CSU, SPD und FDP, Gegenstimmen der Fraktionen Bündnis 90/Die Grünen und Die Linke sowie einer Ge-

33 BT-Drucks. 16/10842.
34 BT-Drucks. 16/10590.

genstimme aus den Reihen der SPD und einer Enthaltung aus den Reihen der SPD in der Fassung des Ausschusses (16/10491, 16/12898) S. 24002B angenommen (S. 24002); Ablehnung des Änderungsantrags (16/12901) der Fraktion der FDP vom 6.5.2009 S. 24002C – und Annahme einer Entschließung (16/12898).

Dritte Beratung und Schlussabstimmung am 7.5.2009 – BT-Plenarprotokoll 16/220, S. 24002C: In der **dritten** Beratung wird der Gesetzentwurf (unter Nr. 1a) in Ausschussfassung (16/10491, 16/12898) mit dem gleichen Stimmenverhältnis wie zuvor angenommen; Beschluss: S. 24002C. Die Entschließung wird bei Zustimmung durch die Koalition angenommen. **45**

4. Bundesrat

Unterrichtung am 22.5.2009 über den Gesetzesbeschluss des Bundestags BR-Drucks. 460/09; Unterrichtung über Annahme der Entschließung unter Nummer 1b der BT-Drucks. 16/12898; zweiter Durchgang am 12.6.2009 – BR-Plenarprotokoll 859, TOP 20, S. 257C – 258C. **46**

Nach dem Gesetzentwurf (BR-Drucks. 559/08) bestand keine Zustimmungsbedürftigkeit. Der Bundesrat hat in seiner 859. Sitzung am 12.6.2009 keine Einwendungen erhoben:[35] Beschluss S. 258C: kein Antrag auf Einberufung des Vermittlungsausschusses gem. Art. 77 Abs. 2 GG (460/09); Beschlussdrucksache: 12.6.2009 – BR-Drucks. 460/09(B). **47**

5. Abschluss des Gesetzgebungsverfahrens

Das Gesetzgebungsverfahren des Bundes des Entwurfs des Gesetzes zur Beschleunigung des Ausbaus der Höchstspannungsnetze[36] **war damit abgeschlossen.**[37] Sein Art. 1 enthält das EnLAG. **48**

Das Gesetz einschließlich des EnLAG in Art. 1 tritt nach Art. 7 dieses Gesetzes am Tag nach der Verkündung in Kraft. Das Gesetz ist im BGBl. 2009 I Nr. 55 am 25.10.2009 verkündet worden und damit am 26.10.2009 in Kraft getreten. **49**

II. Erstes Änderungsgesetz

Mit Art. 5 des Gesetzes zur **Umsetzung der Dienstleistungsrichtlinie** im Eichgesetz sowie im Geräte- und Produktsicherheitsgesetz und zur Änderung des Verwaltungskostengesetzes, des Energiewirtschaftsgesetzes **und des Energieleitungsausbaugesetzes** vom 7.3.2011[38] wird Letzteres, den § 2 betreffend, geändert. **50**

Damit konnten sich die im zweiten Beratungsdurchgang im Bundestag vorgetragenen Argumente gegen einen Zwang zur Verkabelung letztendlich nur z.T. durchsetzen. **51**

Die Entwürfe der Bundesregierung vom 24.9.2010[39] bzw. 30.11.2010[40] enthielten Art. 5 und die dort geregelten Änderungen noch nicht. Sie wurden erst über die Beschlussempfehlung und den Bericht des Ausschusses für Wirtschaft und Technologie vom 28.1.2011[41] in das Gesetzge- **52**

35 BR-Drucks. 460/09 (Beschl.).
36 Der Bund hat mit Gesetz vom 22.12.2008, BGBl. I S. 2986, das Raumordnungsgesetz vom 18.8.1997, BGBl. I S. 2081 neu gefasst. BT-Drucks. 16/10491; BR-Drucks. 559/08.
37 BGBl. I 2009 S. 2870; Annahme des Entwurfs i.d.F. der Beschlussempfehlung und des Berichts des Ausschusses für Wirtschaft und Technologie vom 6.5.2009, BT-Drucks. 16/12898 in der 220. Sitzung am 7.5.2009 (Plenarprotokoll S. 24002). Der Bundesrat hat in seiner 859. Sitzung am 12.6.2009 durch den amtierenden Präsidenten Peter Harry Carstensen abschließend festgestellt, dass der Bundesrat den Vermittlungsausschuss nicht anruft.
38 BGBl. I S. 338, in Kraft getreten am 12.3.2011.
39 BR-Drucks. 586/10.
40 BT-Drucks. 17/3983.
41 BT-Drucks. 17/4559.

bungsverfahren eingebracht. Der Ausschuss für Wirtschaft und Technologie hat den Entwurf der Drucksache 17/3983 in seiner 36. Sitzung am 26.1.2011 abschließend beraten.

53 Die Koalitionsfraktionen der CDU/CSU und FDP brachten zur abschließenden Beratung einen Änderungsantrag auf der Ausschussdrucksache 17(9)366(neu1) ein.

54 Der **Ausschuss für Wirtschaft und Technologie** beschloss mit den Stimmen der Fraktionen der CDU/CSU und FDP bei Stimmenthaltung der Fraktionen SPD, Die Linke und Bündnis 90/Die Grünen die Annahme von Nr. II (Änderung des EnWG) und III (Änderung des EnLAG) des Änderungsantrags der Koalitionsfraktionen auf der Ausschussdrucksache 17(9)366(neu1).

55 Der **Bundestag** hat in seiner 87. Sitzung am 27.1.2011 den Gesetzentwurf nach der Beschlussvorlage zu Art. 5 unverändert angenommen.

56 Zur 879. Sitzung am 11.2.2011 (2. Durchgang) hat der Wirtschaftsausschuss am 2.2.2012 dem **Bundesrat** empfohlen, den Vermittlungsausschuss u.a. mit dem Antrag anzurufen, Art. 5 zu streichen,[42] weil *„wirtschaftliche, technische und ökologische sowie rechtliche Erwägungen“* dagegen sprechen.[43]

57 Dem folgte der Bundesrat nicht.[44]

C. Zur Gesetzgebungskompetenz des Bundes zum Erlass dieses Gesetzes

58 Bei der Beurteilung der Gesetzgebungskompetenz des Bundes[45] zum Erlass des EnLAG stellen sich vor allem drei Fragen:

- Wo liegt die Kompetenzgrundlage für den Bund?
- Hat der Bund von dieser Kompetenz erschöpfend Gebrauch gemacht oder hat er offene Räume gelassen, die die Landesgesetzgeber nutzen können?
- Wird der verschärften Bedürfnisregelung in Art. 72 Abs. 2 GG genügt?

I. Wo liegt die Kompetenzgrundlage für den Bund?

1. Auswirkungen der Föderalismusreform I

59 Am 1.9.2006 ist die **Föderalismusreform I** in Kraft getreten,[46] mit der u.a. die Rahmenkompetenz des Bundes nach Art. 75 GG gestrichen und eine Reihe der dortigen Materien in die konkurrierende Gesetzgebungskompetenz des Bundes nach Art. 74 GG überführt wurde.[47] Nachdem eine ausschließliche Kompetenz nach Art. 73 GG hier ausscheidet, ist der Energieleitungsbau zunächst unter Art. 74 Abs. 1 Nr. 11 einzuordnen – und zwar hinunter bis zum Hausanschluss.

60 In der Kommentarliteratur zum Grundgesetz wird einhellig betont, dass Art. 74 Nr. 11 GG eine der Kernkompetenzen des Bundes nach diesem Artikel bildet,[48] die umfassend zu interpre-

42 BR-Drucks. 32/1/11.

43 Vgl. bei § 2.

44 BR-Plenarprotokoll 879, TOP 8, S. 3 A – kein Antrag auf Einberufung des Vermittlungsausschusses; Beschlussfassung BR-Drucks. 32/11(B).

45 Vgl. Begründung des Entwurfs BT-Drucks. 16/54, S. 28.

46 BGBl. 2006 I S. 2034; vgl. dazu etwa *Häde*, JZ 2006, 930 ff.; *Starck; Meyer*.

47 Die Gesetzgebungsbefugnis des Bundes für die Raumordnung ist aus dem früheren Art. 75 GG zur (konkurrierenden) Vollkompetenz unter der neuen Nr. 31 (mit Naturschutz und Landschaftspflege unter Nr. 29) des Art. 74 GG aufgewertet, zugleich aber mit der Abweichungsbefugnis der Länder von Bundesgesetzen, die auf diesen neuen Grundlagen ergangen sind, nach dem neuen Abs. 3 des Art. 72 GG auch wieder geschwächt worden (Nr. 4 des Abs. 3 für die Raumordnung, Nr. 2 für Naturschutz und Landschaftspflege).

48 *Maunz* spricht in Maunz/Dürig, Stand 23. Erg. Lief. 1984 Rn 41 zu Art. 74 GG von fünf großen Bereichen der konkurrierenden Gesetzgebungskompetenz, von denen einer das Recht der Wirtschaft sei.

tieren ist. Das folgt schon aus ihrem Wortlaut (keine abschließende Aufzählung), aber auch aus dem umfassenden Gegenstand der „Wirtschaft“ selbst. Zum Recht der Wirtschaft *„gehören alle Normen, die das wirtschaftliche Leben und die wirtschaftliche Betätigung als solche regeln.“*[49] Das sind *„alle Normen, die sich in irgendeiner Form auf die Erzeugung, Herstellung und Verteilung von Gütern des wirtschaftlichen Bedarfs richten“*.[50]

Dementsprechend wird auch der *„Verkehr mit Energie einschließlich der Energiefernleitungen“* ausdrücklich[51] oder der Sache nach[52] der Energiekompetenz zugerechnet. 61

2. Amtliche Begründung des Gesetzentwurfes

Die amtliche Begründung des Gesetzentwurfes[53] nimmt demnach für Art. 1 und 2 des Gesetzes die konkurrierende **Gesetzgebungskompetenz des Bundes nach Art. 74 Abs. 1, Nr. 11 GG und für Art. 3 nach Art. 74 Abs. 1 Nr.1 GG** in Anspruch. 62

Zu Art. 2 (Änderungen des EnWG) stellt die Begründung fest, dass es sich dabei *„im Wesentlichen um Folgeänderungen bereits bestehender bundeseinheitlich geltender Vorschriften“* handele. Auf eine Berührung mit der durch die Föderalismusreform betroffenen **Raumordnungskompetenz**[54] geht sie nicht näher ein. 63

Die Gesetzgebungsbefugnis des Bundes für die **Raumordnung** ist mit Inkrafttreten der Föderalismusreform I aus dem früheren Art. 75 GG zur (konkurrierenden) Vollkompetenz unter der neuen Nr. 31 (mit Naturschutz und Landschaftspflege unter Nr. 29) des Art. 74 GG aufgewertet, zugleich aber mit der Abweichungsbefugnis der Länder von Bundesgesetzen, die auf diesen neuen Grundlagen ergangen sind, nach dem neuen Abs. 3 des Art. 72 GG auch wieder geschwächt worden (Nr. 4 des Abs. 3 für die Raumordnung, Nr. 2 für Naturschutz und Landschaftspflege). 64

Die Rahmen-Raumordnungskompetenz des Bundes nach dem alten Art. 75 GG betraf aber von vornherein nur die Raumordnung **in** den Ländern, für die der Bund einen **Rahmen** vorgeben konnte.[55] Die Raumordnung in ihren über die Länder hinausgreifenden Zusammenhängen, d.h. die Raumplanung für den Gesamtstaat, unterliegt jedenfalls nach der Auffassung des BVerfG schon der Vollkompetenz des Bundes kraft der „Natur der Sache“.[56] Das BVerfG sprach 1954 aus, was im Wesentlichen auch heute noch vorherrschende Meinung ist: 65

Die „Raumordnung“ im Sinne des Art. 75 Nr. 4 GG ist eine *„zusammenfassende, übergeordnete Planung und Ordnung des Raumes. Sie ist übergeordnet, weil sie überörtliche Planung ist und* 66

---

49 Maunz/Dürig/*Maunz*, Art. 74 Rn 131 (Stand 23. Erg. Lief. 1984) unter Verweis auf BVerfGE 8, 149; 26, 254; 28, 146; und 29, 409.

50 Maunz/Dürig/*Maunz*, Art. 74 Rn 133 (Stand 23. Erg. Lief. 1984); zu Art. 74 Abs. 1 Nr. 11 GG für den Leitungsbau (zum NABEG) vgl. *Mikesic/Strauch*, RdE 2011, 327 ff.: *„Das Recht der Energiewirtschaft im Sinne des GG ist begrifflich weiter zu verstehen als diejenige Begriffsbestimmung, die dem EnWG zugrunde gelegt wurde, sodass zum Kompetenztitel auf dem Gebiet des Rechts der Energiewirtschaft der Verkehr mit Energie einschließlich der Energiefernleitungen gehört“* (S. 348). Er ist auch entwicklungsoffen für künftige Innovation auf dem Energiesektor.

51 Maunz/Dürig/*Maunz*, Art. 74 Rn 144 (Stand 23. Erg. Lief. 1984); so auch BonnK-GG/*Rengeling/Szczekalla*, Art. 74 Rn 121 (Sept. 2007); *Jarass/Pieroth*, 10. Aufl., Art. 74 Rn 22.

52 *Umbach/Clemens*, Bd. II, Art. 74 Rn 52; Mangoldt/Klein/Starck/*Oeter*, Bd. 2, 5. Aufl., Art. 74 Rn 94.

53 BT-Drucks. 16/10401.

54 Vgl. dazu *Lecheler*, RdE 2010, 41 ff.

55 BVerfGE 15, S. 1/16: *„Raumordnung im Sinne des Art. 75 Nr. 4 ist nur die Planung im Bereich eines Landes; die Vollkompetenz dagegen betrifft die Raumplanung in ihren über die Länder hinausgreifenden Zusammenhängen“.* So auch Mangoldt/Klein/Starck/*Rozek*, Bd 2, Art. 75 Rn 55; Dreier/*Stettner*, Bd. II, Art. 75 Rn 30; *Umbach/Clemens*, Art. 75 Rn 3.

56 Maunz/Dürig/*Maunz*, Art. 75 Rn 136 (Stand 23. Erg. Lief. 1984) unter Berufung auf das berühmte BaurechtsGA des BVerfG, Beschl. v. 16.6.1954, Bd.3, S. 407/427 und auf BVerfGE 15, S. 16.

weil sie vielfältige Planungen zusammenfasst und aufeinander abstimmt" (S. 425).[57] *„Raumordnung kann auch nicht an den Grenzen der Länder haltmachen. Erkennt man Raumordnung als eine notwendige Aufgabe des modernen Staates an, dann ist der größte zu ordnende und zu gestaltende Raum das gesamte Staatsgebiet. Im Bundesstaat muss es also auch eine Raumplanung für den Gesamtstaat geben. Die Zuständigkeit zu ihrer gesetzlichen Regelung kommt nach der Natur der Sache dem Bund als eine ausschließliche und Vollkompetenz zu."*[58]

67 Mit der Verschiebung der Raumplanung in der Föderalismusreform I aus Art. 75 zu Art. 74 hat sich der Inhalt der Kompetenz selbst auch nicht verändert.[59] Der Sache nach gibt die Raumordnungskompetenz keine Grundlage für Fachplanungen.

68 Diese Fachplanungen können nur auf die ausschließlichen oder konkurrierenden Spezialkompetenzen gestützt werden.[60] Das ist – soweit ersichtlich – unbestritten:

> *„Als überörtliche und überfachliche Gesamtplanung hat sich die Raumordnung im Rahmen der Nr. 4* [des früheren Art. 75 GG] *auf allgemeine Zielsetzungen und Anforderungen zu beschränken; unmittelbare Festsetzungen von Bodennutzungen können nicht Gegenstand von Rahmenregelungen der Raumordnung und Landesplanung sein".*[61]

69 **Maßgeblich für die Abgrenzung der Kompetenzen** ist dabei nicht der Wille des Gesetzgebers, sondern allein der „Gehalt der Regelung",[62] die Materie des Gesetzes, nicht sein Anknüpfungspunkt.[63] Bei der Zuordnung einzelner Teilregelungen eines umfassenden Regelungskomplexes zu einem Kompetenzbereich dürfen die Teilregelungen nicht aus ihrem Regelungszusammenhang gelöst und für sich betrachtet werden. Es ist vielmehr aus ihrem Regelungszusammenhang zu erschließen, wo sie ihren Schwerpunkt haben.[64]

70 Das schließt eine „sezierende" Auslegung unter Trennung dieser Sachzusammenhänge aus, mit der Länder für sich Teilkompetenzen in Anspruch nehmen könnten. Sachverhalte, in denen deutliche Elemente gegeben sind, die der Raumordnung zuzuordnen sind (so u.U. im konkreten Einzelfall bei der Ausweisung und Sicherung von Trassenkorridoren) können unter die Raumordnungskompetenz und der Abweichungsbefugnis nach Art. 72 Abs. 3 fallen, soweit sie nicht wegen ihres überregionalen Bezugs in den abweichungsfesten Gehalt des Art. 74 Abs. 1 Nr. 31 fallen. Das kann nur bei näherer Bestimmung des Schwerpunkts bei der Ordnung der Regelungsmaterie entschieden werden. *Durner*[65] stellt die Frage (allerdings für das NABEG), wieweit das Raumordnungsgesetz des Bundes als Sondergesetz angewendet werden müsse, wieweit das Gesetz (soweit die Analogie des EnLAG zum NABEG trägt) also eine Materie des Art. 74 Abs. 1 Nr. 31 GG betreffe und ob daher den Ländern eine Abweichungsmöglichkeit zukomme (Art. 72 Abs. 3 S. 1 Nr. 4 GG). Er bejaht für das NABEG ein Sonderraumordnungsrecht des Bundes, folgert daraus aber keine Abweichungsmöglichkeit für die Länder, weil *„die vom BVerfG anerkannte ausschließliche Gesetz-*

57 Sie wurde überdies durch einen Erlass über die Reichstelle für Raumordnung vom 26.6.1935 (RGBl. I S. 793) in die deutsche Rechtsordnung eingeführt und mit der *„zusammenfassenden, übergeordneten Planung und Ordnung des deutschen Raumes für das gesamte Reichsgebiet"* betraut (BVerfG, Beschl. v. 16.6.1954, Bd.3, S. 426). Nach der Verfügung des Oberpräsidenten von Hannover v. 4.7.1946 obliegt es der Landesplanung *„einen Gesamtplan aufzustellen, der alle Fachgebiete erfasst und aufeinander abstimmt (Raumordnungsplan)"* (BVerfG, Beschl. v. 16.6.1954, Bd. 3, S. 427).

58 BVerfG, Beschl. v. 16.6.1954, Bd.3, S. 407/427 f.; kritisch dazu *Battis/Kersten*, DVBl. 2007, 152, 153 f.

59 Sachs/*Degenhart*, 5. Aufl. 2009, Art. 72 Rn 43.

60 So Mangoldt/Klein/Starck/*Rozek*, Bd. 2, Art. 75 Rn 55; ebenso Dreier/*Stettner*, 2. Aufl. 2006, Art. 75 Rn 30; *Umbach/Clemens*, Bd. II, Art. 75 Rn 38.

61 Mangoldt/Klein/Starck/*Rozek*, Bd. 2, Art. 75.

62 E 70, 251/264 v. 16.3.2006.

63 BVerfGE 4,60/67,69 f., Bezugnahme in E 68,319/327 f.

64 BVerfGE 97, 228/251 f., Bezugnahme in E 97, 332/342 und 109,190/228.

65 *Durner* bei den 3. Bayreuther Energietagen am 15./16.3.2012, Tagungsbericht von *Thiele*, RdE 6/2012, 218.

gebungskompetenz des Bundes kraft Natur der Sache für die Raumordnung des Gesamtstaates [...] auch nach Einfügung des Art. 74 Abs. 1 Nr. 31 abweichungsfest fortbestehe".[66]

In seiner Flughafen-Schönefeld-Entscheidung[67] hat das BVerwG unter dem Gliederungspunkt „Zielförmige Standortvorgaben als Mittel der Landesplanung" (Rn 63 ff.) die Grenzen zwischen Raumordnung und Fachplanung noch einmal zusammenfassend aufgezeigt: *„Der Gesetzgeber hat der Raumordnung [...] die Kompetenz zur überfachlichen und überörtlichen, zusammenfassenden (integrierenden) Gesamtplanung verliehen und dies mit einem Koordinierungs- Ordnungs- und Entwicklungsauftrag verbunden (§ 1 Abs. 1 Satz 2 ROG)"* (Rn 64). Die Landesplanung kann im Rahmen ihres Entwicklungsauftrags auch Ziele und Grundsätze der Entwicklung des Raumes nach eigener Kompetenz und eigener Abwägung aufstellen; dabei *„ist sie jedoch auf den Kompetenzbereich der überfachlichen und überörtlichen Planung beschränkt. Sie darf (ohne spezielle gesetzliche Ermächtigung) nicht an die Stelle der Fachplanung treten und deren Aufgaben übernehmen. Den Fachplanungsträgern muss zur Erfüllung der ihnen eingeräumten Planungsbefugnis ein ausreichender Planungsspielraum verbleiben."* (Rn 64). Sie ist auch auf die Ordnung des Raumes und seiner Entwicklung begrenzt (Rn 65 und 78). Nur diesbezüglich kommt ihr eine Feststellungsfunktion (der Raumverträglichkeit) und eine Abstimmungsfunktion verschiedener Ansprüche auf die Raumnutzung zu.[68] Die Förderung der Akzeptanz einer raumbedeutsamen Maßnahme durch die Bürger gehört nicht zu ihren legitimen Aufgaben oder Zielen. Sie ist vielmehr Aufgabe des Vollzugs im Planfeststellungsverfahren. 71

Das mehrstufige System (Rn 68) räumlicher Gesamtplanung[69] ist in unterschiedlicher Weise ausgestaltet: Die vertikale Arbeitsteilung von der räumlichen Gesamtplanung bis hinunter zur Gemeindeebene kann auf das Verhältnis zwischen Raumordnung/Landesplanung und Fachplanung nicht übertragen werden, weil die Fachgesetze (im Entscheidungsfall des Luftverkehrsrecht) eine dem § 1 Abs. 4 BauGB vergleichbare Unterordnung der Fachplanung unter raumordnungsrechtliche Zielvorgaben nicht kennen. 72

> *„Das Verhältnis zwischen Landesplanung und (luftverkehrsrechtlicher) Fachplanung ist nicht das einer vertikalen Planungshierarchie, sondern das einer arbeitsteiligen Aufgabenstruktur mehrerer Planungsträger, deren aufgabenspezifische Kompetenzen und Gestaltungsspielräume durch rechtliche Bindungen, Abstimmungsgebote und Beteiligungsverfahren miteinander verschränkt sind."*[70]

Was hier zum Verhältnis von Raumordnung und luftverkehrsrechtlicher Fachplanung gesagt wird, muss auf das Verhältnis von Raumordnung und energierechtlicher Leitungsbau-Fachplanung übertragen werden. 73

II. Hat der Bund von dieser Kompetenz erschöpfend Gebrauch gemacht oder hat er offene Räume gelassen, die die Landesgesetzgeber nutzen können?

1. Vor Erlass des EnLAG

Vor Erlass des EnLAG ist die Frage intensiv diskutiert worden, ob die bisherigen Vorschriften des EnWG zum Leitungsbau abschließend sind mit entsprechender Sperrwirkung für die Länder: Die 74

66 Dazu bereits *Durner*, DVBl. 2011, 853, 855; *Durner*, NuR 2009, 373, 374, jeweils m.w.N.
67 BVerwGE 125, 116.
68 Vgl. *Ziekow*, Rn 586 m.w.N.
69 Vgl. näher dazu *Battis/Kersten*, DVBl. 2007, 152 ff.
70 BVerwG, Urt. v. 16.3.2006 – 4 A 1073.04 – Rn 68.

bundesgesetzliche Norm entfaltet nur dann eine Sperrwirkung für den Landesgesetzgeber, wenn der Bund die Möglichkeit zur Verlegung von Erdkabeln *„erschöpfend und damit abschließend"* geregelt hat.[71]

75 Das Land Niedersachsen berief sich beim Erlass seines Erdkabelgesetzes darauf, dass der Bund von seiner konkurrierenden Gesetzgebungskompetenz aus Art. 74 Nr. 11 GG mit dem Erlass des EnWG nicht erschöpfend und auch nicht abschließend Gebrauch gemacht habe.[72]

76 Ein „Kurzgutachten" von *Schulte/Kloos* vom 17.8.2007[73] versuchte die Rechtsauffassung des Landes zu stützen. Demgegenüber haben Rechtsgutachten von *Erbguth*[74] und *Löwer*[75] die Sperrwirkung der damaligen Regelung im EnWG überzeugend bejaht.

77 Aus der Verordnungsermächtigung der Bundesregierung im damals neuen Abs. 7 des § 21a EnWG schloss *Erbguth* zutreffend, dass Verkabelungen nicht von einzelnen Ländern vorgeschrieben werden können, sondern bundeseinheitlich entschieden werden müssten. Damit könne sich auch die bisherige Öffnungsklausel in § 21a Abs. 4, S. 3, letzter Hs. (die in Art. 2 des EnLAG ohnedies und ausdrücklich aufgehoben wurde) nur auf anderes Bundesrecht beziehen.

78 *Löwer* legte überzeugend dar, dass in der gesamten Geschichte der gesetzlichen Entwicklung des Leitungsbaus nie Zweifel daran bestanden hätten, dass die Vorschriften über den Energietransport abschließende bundesrechtliche Regelungen seien. Es habe auch während der ganzen Geschichte des Energierechts nie einen Ansatz dazu gegeben, das Bundesrecht hier über Landesrecht zu ergänzen.[76] Auch seien Anhaltspunkte dafür, dass der Gesetzgeber auf eine abschließende Regelung verzichten wollte, nicht ersichtlich – im Gegenteil: Bei der ersten ausdrücklichen Regelung der Verkabelung durch die Einfügung eines neuen S. 3 in § 43 EnWG durch das InfrPBG[77] habe sich der Beschleunigungsgesetzgeber *„mit den spezifischen Problemen der Erdverkabelung auseinandergesetzt"*, sei aber zu dem Ergebnis gekommen, eine solche umfassende Regelung *„jedenfalls gegenwärtig nicht vornehmen und vorsehen"* zu wollen. *„Stattdessen ist lediglich die Heranführungsregel für off-shore-Energie ins Gesetz eingefügt worden"* (GA S. 41f.).

79 Auch aus § 21a Abs. 4 S. 3 Hs. 2 EnWG (und dem dortigen Verweis auf öffentlich-rechtliche Normen) lasse sich anderes nicht folgern.[78]

---

71 *Georgii* (GA 425/09 S. 8) unter Berufung auf BVerfG – E 85, 134/142.

72 Schon das Wort Erdkabel komme – abgesehen von der speziellen Neuregelung für den Anschluss von Offshore-Anlagen – nicht vor. Damit bleibe Raum für eigene Verkabelungslösungen des Landes.

73 „Gesetzgebungszuständigkeit und Regelungskonzeption beim Ausbau des Energieversorgungsnetzes unter besonderer Berücksichtigung der Erdverkabelung auf Höchstspannungsebene" v. 17. 8. 2007.

74 *Erbguth* („Zur Gesetzgebungskompetenz auf dem Gebiet der Erdkabelverlegung im Energiebereich – anhand der Entwürfe zu einem niedersächsischen Erdkabelgesetz und ergänzender Regelungen" vom November 2007) verweist auf die kontroverse und inhaltlich auch mehrfach schwankende Diskussion der Verkabelungsfrage bei der Beratung des Gesetzes und legt überzeugend dar, dass sich der Bundestag neben der abschließenden Regelung in § 43 S. 3 EnWG durch die Einordnung der Verkabelungsfrage in die Anreizregulierung des Bundesrechts (§ 21a Abs. 4 S. 3) letztlich auf eine Anreizlösung geeinigt habe (S. 18). Die getroffenen Regelungen werden von *Schneller*, DVBl. 2007, 529, 536 im Einzelnen zu Recht als nicht sonderlich geglückt kritisiert.

75 „Verfassungsmäßigkeit des geplanten niedersächsischen Gesetzes über die Planfeststellung von Höchstspannungsleitungen in der Erde – insbesondere Sperrwirkung des Energiewirtschaftsgesetzes gegenüber landesgesetzlichen Erdverkabelungsvorschriften" vom Dezember 2007.

76 Umstritten war demgegenüber, ob die Länder Landesenergierecht in Form von Fördergesetzen für umweltfreundliche Energienutzung setzen konnten; dazu näher *Büdenbender/Heintschel von Heinegg/Rosin*, S. 18, Rn 29, Fn 34–36.

77 Vom 9.12.2006 BGBl. I 2006 (Entwurf BT-Drucks. 16/54; 15/12108). Vgl. dazu etwa *Schneller*, DVBl. 2007, 529 ff.; *Lecheler*, DVBl. 2007, 713, 717 f.

78 *Löwer*, „Verfassungsmäßigkeit des geplanten niedersächsischen Gesetzes über die Planfeststellung von Höchstspannungsleitungen in der Erde – insbesondere Sperrwirkung des Energiewirtschaftsgesetzes gegenüber landesgesetzlichen Erdverkabelungsvorschriften", S. 43 f.; so auch *Erbguth*, „Zur Gesetzgebungskompetenz auf dem Gebiet der Erdkabelverlegung im Energiebereich – anhand der Entwürfe zu einem niedersächsischen Erdkabelgesetz und ergänzender Regelungen" vom November 2007, S. 18.

Der Bund hat bisher stets – und auch im EnLAG – die abschließende Regelungskompetenz für die Verkabelung auf der Hoch- und Höchstspannungsebene für sich in Anspruch genommen. 80

Die grundlegenden Entscheidungen des BVerfG zur Sperrwirkung eines auf der Grundlage der konkurrierenden Gesetzgebungskompetenz erlassenen Gesetzes werden im GA von *Löwer* übersichtlich und treffend dargestellt (GA S. 33–35). 81

Löwer weist in seinem GA (S. 37) zutreffend darauf hin, dass sich das BVerfG mit *„leicht ins subjektive abgleitenden Hinweisen"* nicht begnügt, sondern auf die Gesetzgebungsgeschichte und die Gesetzgebungsmaterialien verweist. In der Geschichte der gesetzlichen Entwicklung des Leitungsbaus hat – über die Entstehungsgeschichte der geltenden § 43ff. EnWG hinaus – nie ein Zweifel daran bestanden, dass die Vorschriften über den Energietransport abschließende bundesrechtliche Regelungen gewesen sind und auch bleiben müssen. Es hat während der ganzen Geschichte des Energierechts (die im Löwer-GA S. 18–28 umfassend dargestellt ist), nie einen Ansatz dazu gegeben, hier das Bundesrecht über Landesrecht zu ergänzen.[79] *Löwer* sieht also (GA S. 38) auch in der bloßen Tatsache, dass durch vier Jahrzehnte hindurch entsprechendes Landesrecht nicht einmal erwogen worden ist, ein Argument für die Annahme einer abschließenden Regelung. 82

Anhaltspunkte dafür, dass der Bundesgesetzgeber auf seine abschließende Regelung verzichten wollte, waren und sind in der Tat nicht ersichtlich. 83

Löwer weist in seinem GA (S. 41f.) darauf hin, dass der Beschleunigungsgesetzgeber sich *„mit den spezifischen Problemen der Erdverkabelung auseinander gesetzt"* hat, aber zu dem Ergebnis kam, eine solche Regelung *„jedenfalls gegenwärtig nicht vornehmen und vorsehen"* zu wollen. Das hat sich mit dem EnLAG allerdings geändert. 84

2. Nach Erlass des EnLAG

Mit dem Erlass des EnLAG ist **diese** Diskussion überflüssig geworden.[80] Spätestens mit dem Inkrafttreten des EnLAG sind divergierende oder modifizierende landesrechtliche Vorschriften zur Energieleitungsbaugesetzgebung des Bundes, die über bloße verfahrensrechtliche Abweichungen – wie etwa § 1 Nds. ErdkabelG[81] – hinausgehen, nach Art. 72 Abs.1, Art. 31 GG nichtig. Der Bund machte mit dem EnLAG deutlich, dass **er** die Modalitäten und den Umfang der probeweisen Verwendung der Verkabelung von Übertragungsleitungen auf der Höchstspannungsstufe regeln **und kontrollieren** will. Zu diesem Zweck hat das BMWi nach *„Ablauf von jeweils 3 Jahren"* gem. § 3 S. 3 dem Bundestag *„die Erfahrungen beim Einsatz von Erdkabeln nach § 2 darzustellen"*, also erstmals zum Oktober 2012. 85

Die amtliche Begründung führt dazu im Übrigen aus: 86

„Um die Versorgungssicherheit auf heutigem Niveau zu gewährleisten, die Stabilität des deutschen Höchstspannungsnetzes als Teil des europäischen UCTE-Elektrizitätssystems sicherzustellen und Überlastungen einzelner bestehender Trassen zu vermeiden, müssen die

---

79 Umstritten war demgegenüber, ob die Länder Landesenergierecht in Form von Fördergesetzen für umweltfreundliche Energienutzung setzen konnten; dazu näher *Büdenbender/Heintschel von Heinegg/Rosin*, S. 18, Rn 29, Fn 34–36.

80 Wenngleich die Folgerung, damit sei das Nds. ErdverkabelG obsolet – so *Rufin*, ZUR 2009, 72 li. Sp. – etwas verfrüht ist; vgl. dazu *Hermanns/Austermann*, NdsVBl. 2010, 175, 176 f., die m.w.N. von der Sperre des Landes ausgehen.

81 Neben dem EnLAG fortbestehen können aufgrund der durch die Föderalismusreform im neuen S. 2 des Abs. 1 in Art. 84 GG eingeführten Abweichungsbefugnis von Verfahrensregelungen des Bundes der § 3 (Zuständigkeit) und wohl auch die Bestimmungen zum Planfeststellungsverfahren in § 2.

neuen Verbindungen als Teil eines Bündels von Maßnahmen, d.h. als Ganzes realisiert werden".[82]

87 Der vordringliche Bedarf an Übertragungsleitungen kann auf der Basis des EnLAG künftig in einem gesetzlichen Bedarfsplan festgelegt werden.[83]

88 Art. 2 des Gesetzes zur Beschleunigung des Ausbaus der Höchstspannungsnetze (Änderung des EnWG) streicht zudem die „Öffnungsklausel" für abweichende öffentlich-rechtliche Bestimmungen in § 21a Abs. 4 S. 3 EnWG und passt in seinem Art. 4 (Änderung der Anreizregulierungsverordnung) in Nr. 2a den Wortlaut des § 11 Abs. 2 S. 1 (mit der Streichung des Hinweises auf die bisherige Kabelregelung in § 21a Abs. 4 S. 3 EnWG)[84] entsprechend an.

89 Damit ist auch die Annahme einer Öffnung für ergänzende Landesregelungen definitiv verschlossen.

90 Im Gesetzgebungsverfahren haben die wissenschaftlichen Dienste des Bundestags vier gutachtliche Beurteilungen vorgelegt.[85] Einer der Autoren geht zunächst von einem abschließenden Kompetenzgebrauch durch den Bund aus,[86] zweifelt dann aber in seinen späteren Gutachten[87] daran, ob eine „*bundeseinheitliche ins Detail gehende Regelung zu der Zulässigkeit von Teilverkabelung*" in § 2 erforderlich sei (dazu unter III. näher), während er mit eingehender Begründung dies für § 1 bejaht.

91 Seine Begründung hierfür gibt aber keinen Anlass dazu, diesen Zweifeln zu folgen, zumal ihnen auch im Gesetzgebungsverfahren in Kenntnis der Argumente niemand folgte.

92 Für 380 kV-Leitungen (für die 110 kV-Leitungen ist das mit der Neuregelung in § 43 S. 7 und § 43h EnWG gelöst) wurde die Frage gestellt,[88] ob „*die Sperrwirkung des EnLAG der Genehmigungsfähigkeit von Erdkabeln entgegensteht*". Die amtliche Begründung geht von einer abschließenden Regelung in § 2 aus (S. 18).

93 Auch der Bundesrat hat verneint, dass die Erdverkabelung bei 380 kV-Leitungen außerhalb der vier Modellprojekte des EnLAG de lege lata genehmigungsfähig seien.[89]

94 Zweck des EnLAG ist es, die Versorgungssicherheit zu gewährleisten und zugleich auch sicherzustellen, dass die verwendete Technik zuverlässig ist. „*Dieser Gesetzeszweck trägt eine Sperrwirkung dann nicht mehr, wenn Netzstabilität und Versorgungssicherheit nicht berührt sind*".[90] Restriktive Auslegungen, wie sie die beiden Autoren fordern, würden die Grundsatzentscheidung des Bundesgesetzgebers aber aufweichen.

---

82 BT-Drucks. 10/491, S. 10 li.Sp.

83 So die amtl. Begründung BT-Drucks. 10/491, S. 10 l.Sp. Die Stellungnahme des Bundesrates in Anlage 3 Art. 3a (BT-Drucks. 16/12898, S. 22) schlägt eine Änderung des UVPG durch Einführung eines Bedarfsplans für Energieleitungsbauvorhaben, der aber nicht in den abschließenden Beschlussvorschlag des Ausschusses für Wirtschaft und Technologie übernommen wurde.

84 In der BR-Drucks. 559/08 (S. 34) erfolgt der Hinweis, dass die Regelung des EnLAG abschließend getroffen wird und daher eine Streichung der bisherigen Öffnungsklausel nach § 21a Abs. 4 S. 3 Hs. 2 EnWG erfolgt.

85 WD 5 -3000-175/09, v. 21.12.2009, *Hilgers*, Das Energieleitungsausbaugesetz und die Regelungskompetenz der Länder; WD 3 – 425 /09, *Georgii*, Verhältnis zwischen Bundes- und Landesrecht zur Energieinfrastruktur. Hier Energieleitungsausbaugesetz und niedersächsisches Erdkabelgesetz; WD 3 – 451/09, *Georgii*, Gesetzgebungskompetenz für das Energieleitungsausbaugesetz und WD 3 – 064-10, v. 2.3.2010, *Georgii*, Verhältnis von Bundes- und Landesrecht zur Energieinfrastruktur-Gesetzgebungskompetenz für das Energieleitungsausbaugesetz und das niedersächsische Erdkabelgesetz.

86 *Georgii*, WD 3 – 425 /09, S. 8/9.

87 *Georgii*, WD 3 – 451/09 und WD 3 – 064-10, v. 2.3.2010.

88 *Hennig/Lühmann*, UPR 2012, 82.

89 BR-Drucks. 32/1/11, S. 4.

90 *Hennig/Lühmann*, UPR 2012, 83; das genannte Beispiel der Anbindung eines Kraftwerks an das Übertragungsnetz deckt das Ergebnis aber nicht.

III. Sind die – verschärften – Voraussetzungen des Art. 72 Abs. 2 GG erfüllt?

Die Erforderlichkeitsklausel hat mit der Grundgesetzreform von 1994[91] die früher geltende Bedürfnisklausel abgelöst. Seither steht nicht mehr die Frage nach der grds. Justiziabilität der gesetzgeberischen Erwägungen im Raum,[92] sondern nur noch diejenige nach den Maßstäben für eine gerichtliche Überprüfung der Inanspruchnahme einer Gesetzgebungskompetenz des Bundes.[93] Vor allem seit seiner Entscheidung vom 22.10.2002[94] stellt das BVerfG an das Vorliegen der Erforderlichkeit hohe Anforderungen und erlegt dem Bund die Darlegungslast hierfür auf. **95**

Die amtliche Begründung[95] betont im Rahmen dieser Erforderlichkeitsprüfung nach Art. 72 Abs. 2 GG für einen Gesetzgebungsakt aus der Kompetenzbestimmung des Art. 74 Abs. 1 Nr. 11 GG vor allem, dass es sich bei dem Gesetz um *„Grundfragen der Infrastrukturausstattung mit überregionaler Bedeutung für das Gemeinwesen"* handelt: *„Im Bereich des Energieleitungsbaus machen die Maßnahmen zur Vereinfachung, Beschleunigung und Stabilisierung der Planungen eine bundeseinheitliche Regelung zur Wahrung der Rechtseinheit im gesamtstaatlichen Interesse erforderlich"*. Das wird näher damit begründet, dass nicht nur eine Vielzahl der Planungen *„länderübergreifende Vorhaben"* sind, sondern dass Vorhaben ohne diesen unmittelbaren Bezug auch *„länderübergreifende Auswirkungen auf Betroffene oder die Umwelt einschließlich der Ausgleichs- und Ersatzmaßnahmen"* haben können. Damit seien die Voraussetzungen nach Art. 72 Abs. 2 GG gegeben: **96**

Für Art. 1 und 2 des Gesetzes (Erlass des EnLAG) nimmt die Begründung (S. 15) weiterhin in Anspruch, dass die Regelung zur Herstellung gleichwertiger Lebensverhältnisse im Bundesgebiet erforderlich ist. Es gehe um *„Grundfragen der Infrastrukturausgestaltung mit überregionaler Bedeutung für das Gemeinwesen"*. Energieleitungen *„garantieren gleichwertige Lebensverhältnisse"*.[96] **97**

Unter Verweis auf die Rechtsprechung des BVerfG nimmt die Begründung schließlich die Erforderlichkeit *„zur Wahrung der Rechts- und Wirtschafteinheit im gesamtstaatlichen Interesse"* für das Gesetz in Anspruch. Es gehe nämlich um die *„institutionellen Voraussetzungen des Bundesstaates [...] also um bestehende oder drohende Rechtszersplitterung oder um Zersplitterung des Wirtschaftsraumes; [denn] eine Vielzahl der Planungen betrifft entweder länderübergreifende Vorhaben oder zumindest Vorhaben mit länderübergreifenden Auswirkungen auf Betroffene oder die Umwelt einschließlich der Ausgleichs- und Ersatzmaßnahmen. [...] Bei solchen länderübergreifenden Sachverhalten führten unterschiedliche Regelungen zur Feststellung des Bedarfs für den Bau der Leitungen zu ernsthaften Hindernissen bei der Verwirklichung der Planungen"*. **98**

Von den Gutachtern der wissenschaftlichen Dienste des Bundestags äußert *Georgii*[97] Zweifel. Für § 1 dürfte die Erforderlichkeit gegeben sein, denn *„bei länderübergreifenden Vorhaben kann der Bedarf in den betroffenen Ländern nicht sinnvoll unterschiedlich festgestellt werden."* Entweder zur Herstellung gleichwertiger Lebensverhältnisse oder zur Wahrung der Rechts- oder Wirtschaftseinheit im gesamtstaatlichen Interesse sei einheitliche Planung notwendig. **99**

Anders könnte es sich bei den Vorschriften über die konkrete Umsetzung vor Ort und einer Berücksichtigung lokaler Besonderheiten – überirdische oder unterirdische Verkabelung – ver- **100**

---

91 Durch Gesetz v. 27.10.1994, BGBl. I S. 3146.
92 Und verneint – wie z.B. in seiner Entscheidung in BVerfGE Bd. 2, 213 (224).
93 Nachweis bei Münch/Kunig/*Kunig*, GG, Bd. 2, Art. 72, Rn 24 ff.
94 BVerfG E 106, 62 (148).
95 S. 15 li. Sp. unten und re. Sp. oben.
96 Die Begründung verweist auch auf die Gesetzesbegründung zum InfrPBG v. 4.11.2005, BT-Drucks. 16/54.
97 WD 3-451/09, S. 17 und WD 3-064-10, S. 25.

halten (§ 2). Er zweifelt an der Erforderlichkeit einer *„bundeseinheitlichen ins Detail gehenden Regelung zu der Zulässigkeit von Teilverkabelung"*, kommt aber in seinen beiden jüngeren Gutachten auch nicht zur Verneinung der Erforderlichkeit.

101 Eine Neubewertung der oben dargelegten Argumente machen seine Zweifel nicht notwendig.

102 Das BVerwG hat die Bedenken erwogen,[98] aber dahingestellt sein lassen, da auch eine Verfassungswidrigkeit des § 2 aus Gründen der fehlenden Erforderlichkeit dieser Vorschrift nicht auf § 1 und das ganze Gesetz durchschlagen würde.

103 Festzuhalten ist immerhin, dass im Gesetzgebungsverfahren sonst keine Zweifel an der Befugnis des Bundes geäußert worden sind, auch nicht von dem mitberatenden Rechtsausschuss.

104 Die amtliche Begründung des EnLAG hat also im Ergebnis die in Art. 72 Abs.2 GG gestellten Anforderungen an die Erforderlichkeit gesamtstaatlicher Gesetzgebung für den Energieleitungsbau auf der Höchstspannungsebene nachvollziehbar und im Ergebnis auch zutreffend oder jedenfalls vertretbar dargelegt.[99]

98 BVerwG B. v. 24.5.2012 (Südwestkuppelleitung, LVerwAmt Thüringen) – 7 VR 4.12 – Tz 20.
99 Eingehend dazu *Mikesic/Strauch*, RdE 2011, 348 ff.

D. Kommentierung im Einzelnen

§ 1

(1) Für Vorhaben nach § 43 Satz 1 des Energiewirtschaftsgesetzes im Bereich der Höchstspannungsnetze mit einer Nennspannung von 380 Kilovolt oder mehr, die der Anpassung, Entwicklung und dem Ausbau der Übertragungsnetze zur Einbindung von Elektrizität aus erneuerbaren Energiequellen, zur Interoperabilität der Elektrizitätsnetze innerhalb der Europäischen Union, zum Anschluss neuer Kraftwerke oder zur Vermeidung struktureller Engpässe im Übertragungsnetz dienen und für die daher ein vordringlicher Bedarf besteht, ist ein Bedarfsplan diesem Gesetz als Anlage beigefügt.
(2) Die in den Bedarfsplan aufgenommenen Vorhaben entsprechen den Zielsetzungen des § 1 des Energiewirtschaftsgesetzes. Für diese Vorhaben stehen damit die energiewirtschaftliche Notwendigkeit und der vordringliche Bedarf fest. Diese Feststellungen sind für die Planfeststellung und die Plangenehmigung nach den §§ 43 bis 43d des Energiewirtschaftsgesetzes verbindlich.
(3) Für die in den Bedarfsplan aufgenommenen Vorhaben gilt § 50 Abs. 1 Nr. 6 der Verwaltungsgerichtsordnung.
(4) Zu den Vorhaben gehören auch die für den Betrieb von Energieleitungen notwendigen Anlagen und die notwendigen Änderungen an den Netzverknüpfungspunkten.
(5) Energieleitungen beginnen und enden jeweils an den Netzverknüpfungspunkten, an denen sie mit dem bestehenden Übertragungsnetz verbunden sind.

1. Abs. 1 (Bedarfsplan)

a) Vorgeschaltete Bedarfsplanung

Mit dem EnLAG hat der Bundesgesetzgeber im Jahr 2008 *„erste Anfänge für eine vorgeschaltete Bedarfsplanung“*[100] gemacht. Anhand ausgewählter und als besonders dringlich eingestufter Vorhaben hat er *„erstmals **bedarfsplanerische Vorgaben**“*[101] für den Netzausbau gesetzt. **105**

Mit § 1 Abs. 1 werden der Anwendungsbereich und der Regelungszweck des Gesetzes beschrieben.[102] Das Gesetz betrifft einen Ausschnitt aus den Vorhaben des § 43 EnWG, für die dort bereits ein Planfeststellungsverfahren durch die nach Landesrecht zuständigen Behörden vorgeschrieben ist. Dieses Verfahren will das Gesetz beschleunigen. Die Notwendigkeit eines rascheren Ausbaus der Höchstspannungsleitungen wird seit langem betont.[103] Ob das EnLAG dieses Ziel aber wirklich erreichen kann, ist fraglich und wird sich erst im weiteren Verlauf der „EnLAG-Verfahren“ zeigen. **106**

aa) Aufstellung, Umfang und Rechtswirkungen eines Bedarfsplans

Im Mittelpunkt des § 1 stehen die **Aufstellung, der Umfang und die Rechtswirkungen eines Bedarfsplans.** Ausgangspunkt und Ziel der Regelung ist die Beeinflussung der Planfeststellung und damit eine Beschleunigung des Ausbaus. **107**

Der Bedarfsplan erfasst einen hier näher definierten Ausschnitt aus den *„Vorhaben nach § 43 S. 1 EnWG“*, der für die dort genannten Vorhaben (Errichtung und Betrieb sowie Änderung **108**

100 *Moench/Rutloff*, NVwZ 2012, 1041.
101 *Scherer*, NVwZ 2010, 1324 li. Sp.; ähnlich Ehricke/*Hermes*, S. 82 f.; BK-EnR/*Pielow*, § 43 EnWG Rn 3a.
102 *Schirmer*, DVBl. 2010, 1349.
103 Vgl. die Nachweise bei *Schneller*, DVBl. 2007, 529, 530 f.

der unter Nr. 1. bis 4. aufgezählten Leitungen) eine Planfeststellung durch die nach Landesrecht zuständigen Behörden zwingend vorschreibt.[104] Art. 2 des Gesetzes zur Beschleunigung des Ausbaus der Höchstspannungsnetze (Änderung des EnWG) hat durch die Einfügung der neuen Nr. 3 (Hochspannungsleitungen zur Netzanbindung von Offshore-Anlagen) und 4 (grenzüberschreitende Gleichstrom-Hochspannungsleitungen, die nicht unter Nr. 3 fallen) in der Nr. 6 des Gesetzes diesen Kreis mit der Zielsetzung einer besseren Integration von Windstrom ins Netz wesentlich erweitert.[105]

109 Aus den in Abs. 1 S. 1 des § 43 EnWG genannten **Vorhaben** kommen nur solche Stromleitungen (keine Gasleitungen!) in Betracht, die den nachfolgenden **Voraussetzungen** entsprechen:
- Übertragungsnetze, die *„im Bereich der Höchstspannungsnetze mit einer **Nennspannung von 380 Kilovolt oder mehr**"* errichtet oder betrieben (Ausbau) werden **und**
- die der Einbindung von Elektrizität aus **erneuerbaren Energiequellen** durch eine **Anpassung**, **Entwicklung** oder den **Ausbau** der Übertragungsnetze dienen.

110 Darunter sind nach der Definition in § 3 Abs. 1 des bei Erlass des EnLAG geltenden EEG,[106] der dem heutigen § 3 Nr. 3 EEG im Wesentlichen entspricht, **alle** Formen der Erneuerbaren zu verstehen. „Anpassung", „Entwicklung" oder „Ausbau" der Übertragungsnetze meint alle **technisch vertretbaren** und **wirtschaftlich zumutbaren** Maßnahmen, die für die Aufnahme dieser Energien notwendig sind. Die Begrenzung auf technisch vertretbare Maßnahmen normiert auch § 12 Abs. 3 S. 2 EnWG. Sie folgt aus den Sicherheitsanforderungen des § 49 EnWG.

111 Die Begrenzung auf wirtschaftlich zumutbare Maßnahmen normiert § 12 EnWG – im Gegensatz zu § 11 Abs. 1 S. 1 für die Betreiber von Versorgungsnetzen – für Betreiber von Übertragungsnetzen nicht. Sie folgt aber aus dem allgemeinen rechtsstaatlichen Gebot, das eine Belastung über das Maß des wirtschaftlich Zumutbaren hinaus verbietet. § 9 Abs. 3 EEG normiert das Gebot für alle Netzbetreiber auch ausdrücklich. Für die Bestimmung dieser Grenze wird hier auf die Kommentierungen zu den §§ 11 EnWG und 9 EEG verwiesen.[107] Sie ist letztlich eine Frage des Einzelfalles. Generell ist allerdings zu berücksichtigen, dass die Ausbau- und Erweiterungskosten, soweit sie von der BNetzA anerkannt werden, in das Netzentgelt der Stromkunden eingeht, deren übermäßige Belastung § 1 EnWG verbietet. Dieses Ziel der „peisgünstigen Versorgung" droht langsam in den Hintergrund zu treten.

112 Stromleitungen (keine Gasleitungen!) aus den in Abs.1 S. 1 des § 43 EnWG genannten Vorhaben kommen auch dann in Betracht, wenn sie zur Erfüllung der folgenden Ziele beitragen:
- zur **Interoperabilität** der Elektrizitätsnetze innerhalb der EU, die vor allem der Ausbau der Grenzkuppelstellen verlangt;
- zum **Anschluss neuer Kraftwerke,** der schon vor der Energiewende dringlich war und jetzt von gesteigerter Vordringlichkeit ist, zumal es nach wie vor nicht gelungen ist, eine Standortentwicklungsplanung für die Errichtung neuer Kraftwerke zu erstellen oder
- zur **Vermeidung struktureller Engpässe** im Übertragungsnetz. Dazu, wann und ab welcher Stundenzahl im Jahr Engpässe aufgrund der aktuellen Erzeuger- oder der Netzstruktur von internen Engpässen zu strukturellen umschlagen, gibt es keine gesicherte Grenze.

104 Zur gesetzgeberischen Vorgeschichte vgl. BK-EnR/*Pielow* § 43 EnWG, Rn 5.

105 Näher dazu *Hennig/Lühmann*, UPR 2012, 81, 83.

106 Gesetz v. 21.7.2004 BGBl. 2004 I S. 1918, zuletzt geändert durch Gesetz v.7.11.2006 BGBl. I S. 2550. Vgl. die Definition in Art. 2 Nr. 30 der Strom-RL 2009/72/EG v. 13.7.2009 ABl Nr. L 211 S. 55.

107 Die eigentlich einschlägige Dissertation von *Ringel* ist hier leider nicht weiterführend; so auch die Beurteilung von *Rauch* in seiner Besprechung dieser Arbeit in RdE 2012, 218, 220.

Über Erdverkabelung **unterhalb** der 380 kV-Ebene trifft dieses Gesetz keine Regelung, sondern nur zur Umrüstung von niedrigeren Spannungsstufen auf 380 kV Nennspannung (vgl. die Nr. 10 und 22–24 der Anlage zum EnLAG).[108] 113

bb) Alternative oder kumulative Voraussetzungen?

Ob diese unter Strich 2 und 3 genannten Voraussetzungen **alternativ** und nicht kumulativ zu 114
verstehen sind, dazu sagt die Gesetzesbegründung nichts ausdrücklich. Der Hinweis darauf, dass die Realisierung der in den Bedarfsplan aufgenommenen Vorhaben *„vor dem Hintergrund der gesamtwirtschaftlichen Entwicklung“* und der dann in einfacher Reihung aufgeführten *„Gesichtspunkte“* zu sehen ist, spricht ebenso für Alternativität statt für Exklusivität wie die Unterschiedlichkeit der genannten Ziele.

Dass de facto der Aufnahmedruck bei den gestiegenen und weiter steigenden Fördermengen 115
alternativer Energien und dem damit verbundenen Druck auf bestimmte Grenzkuppelstellen ins europäische Ausland im Vordergrund steht, spricht nicht gegen diese Interpretation.

b) Erfordernis eines vordringlichen Bedarfs

Ferner muss ein „vordringlicher Bedarf“ für die betreffenden Vorhaben bestehen. Mit dem En- 116
LAG wurden erstmalig die notwendigen Leitungsbaumaßnahmen gesetzlich festgestellt.[109]

Diese setzt nach Abs. 2 ein **Bedarfsplan** fest, der dem Gesetz als **Anlage** beigefügt ist.[110] Das 117
Gesetz legt dort eine Reihe von Vorhaben im Bereich der Höchstspannungsnetze mit einer Nennspannung von 380 kV oder mehr fest, für die die nach § 1 Abs. 2 festgelegten Rechtswirkungen gelten.

Die Auswahl der Vorhaben[111] erfolgte dabei im Wesentlichen nach der dena-Netzstudie I 118
vom 18.2.2005[112] und nach den TEN-E-Leitlinien der Kommission,[113] wird aber für die einzelnen Vorhaben in der Begründung des Regierungsentwurfs energiewirtschaftlich näher begründet. Daraus ist aber nicht abzuleiten, dass es der Planfeststellungsbehörde zustünde, die Begründung des Gesetzgebers darauf zu überprüfen, *„ob die Bedarfsfeststellung evident unsachlich“* sein könnte.[114]

Die Entscheidung Nr. 1364/2006/EG des EP und des Rates v. 6.9.2006 zur Festlegung von 119
Leitlinien für die transeuropäischen Energienetze ist bisher (und später übergangsweise für bereits begonnene Vorhaben) für die Bewertung der Vorhaben noch von zentraler Bedeutung.

Sie sollte allerdings bereits zum 1.1.2012 aufgehoben werden: Der Kommissionsvorschlag 120
v. 2.9.2011 für eine VO des EP und des Rates zu Leitlinien für die transeuropäische Energie Infrastruktur und zur Aufhebung der Entscheidung Nr. 1364/2006/EG[115] enthält gravierende Eingriffe in die nationale Umsetzung der Ziele des Art. 170 AEUV.[116] Dem Vorschlag liegt ein Arbeitspapier „Energieinfrastruktur, Investitionsbedarf und -lücken“ v. 10.7.2011 an den Rat

---

108 Sie ist aber inzwischen durch eine Ergänzung des § 43 und den neuen § 43h EnWG durch das NABEG zugelassen.
109 Zum Vergleich: Im Straßenbau gibt es die gesetzliche Bedarfsfeststellung bereits seit Jahrzehnten.
110 Zur Bedarfsplanung vgl. *Weyer*, Netzausbau in Deutschland, Arbeitspapier 05/2011, S. 7.
111 Vgl. die Auswahlbegründung im Regierungsentwurf BT-Drucks. 16/10491, S. 17 f.
112 „Energiewirtschaftliche Planung für die Netzintegration von Windenergie in Deutschland an Land und Offshore bis zum Jahr 2020“.
113 Dazu Dauses/*Lecheler*/*Recknagel*, Kap. M, Rn 278/318 ff.; *Scherer*, NVwZ 2010, 1324 re. Sp.
114 So aber *Schirmer*, DVBl. 2010, 1349, 1351 re. Sp.
115 Kom(2011)658 endg.; dazu auch *Klotz*, N&R 2012, S. 1 f.
116 Rechtsgrundlage hierfür ist Art. 172 AEUV.

„Telekommunikation, Verkehr, Energie" zugrunde.[117] Die in der Entscheidung 1364/2006/EG getroffene Vorrangregelung für europäische Netze soll revidiert werden: Priorität soll künftig zwölf strategischen transeuropäischen Energieinfrastrukturkorridoren eingeräumt werden. Nach der Neuformulierung der Vorhaben von gemeinsamem Interesse (Kap. II, Art. 3ff.) sind vor allem die seit langem im Raum stehenden Vorgaben für die nationalen Genehmigungsbehörden in Kap. III (Art. 7ff.) von besonderem Interesse: Danach hat binnen sechs Monaten nach Inkrafttreten der VO jeder Mitgliedstaat *„eine zuständige nationale Behörde"* für die Koordinierung des Genehmigungsverfahrens zu benennen (Art. 9 Nr. 1). Die Dauer und Durchführung des Genehmigungsverfahrens werden in Art. 11 reglementiert (*„maximal 3 Jahre"*); Art. 14 gibt Investitionsanreize.

121 Die Energierechtswirkungen der Aufhebung der Entscheidung 1364/2006/EG sind in Art. 19 des Entwurfs geregelt.

122 Es bleibt freilich abzuwarten, in welcher Form das Vorhaben schließlich aus dem Rechtssetzungsverfahren hervorgehen wird. Es könnte jedenfalls das nationale Genehmigungsverfahren grundlegend verändern.

2. Abs. 2 wesentliche Rechtswirkungen

a) Die Rechtswirkungen

123 S. 1 regelt die wesentlichen Rechtswirkungen für Vorhaben, die in den Bedarfsplan aufgenommen worden sind:

- Nach S. 1 ist damit für die Planfeststellungsbehörden rechtsverbindlich entschieden, dass sie **den Zielsetzungen des § 1 EnWG entsprechen**.
- Nach S. 2 ist zugleich **der vordringliche Bedarf** und damit die **energiewirtschaftliche Notwendigkeit** des Vorhabens festgestellt.

124 **Diese** Feststellungen – nicht weniger, aber auch nicht mehr – sind nach S. 3 des Abs. 2 für die Planfeststellung und für die Plangenehmigung der Landesbehörden nach §§ 43–43e EnWG sowie für die Gerichte[118] verbindlich und dementsprechend in ihre Abwägung zwischen öffentlichen und privaten Interessen[119] einzustellen.

125 Damit ist auch die **Planrechtfertigung** für die Planfeststellung gegeben.[120] Denn mit Blick auf die Auswirkungen der planerischen Effekte auf die Rechte Dritter muss nach Auffassung des BVerwG explizit geprüft und bejaht werden, dass das geplante Vorhaben vernünftigerweise geboten ist und mit den Zielen des § 1 EnWG übereinstimmt.[121] Das hat der Gesetzgeber des EnLAG hier für die in der Anlage aufgeführten Vorhaben ausdrücklich und klar entschieden.

126 Das hatte zwei Jahre vorher schon der Entwurf des InfrPBG[122] – vergeblich – versucht. Verfassungsrechtliche Einwände sind – im Gegensatz zu der Verkürzung des Instanzenwegs in

117 SEC (2011) 755.

118 So auch BVerwG Beschl. v. 24.5.2012 (Südwestkuppelleitung, LVerwAmt Thüringen) – 7 VR 4.12 –; Urt. v. 27.1.2011 – 7 A 18.10 – (Klageabweisung gegen Planfeststellungsbeschluss des RegBez. Detmold); Beschl. v. 15.5.2011 – 7 A 3.11 –. Beschl. v. 22.7.2010 – 7 VR 4.10 – (Abl. vorl. Rechtsschutzes), DVBl. 2010, 1300 ff. m. Anm. von *Neumann*, jurisPR-BVerwG 22/2010 Anm. 1, *Naujoks* DVBl. 2010, 1450 ff. und *Greinacher*, N&R 2011, 39 ff. Vgl. auch *Weyer*, N&R 2011, 64, 74.

119 Zur Abwägung als Wesensmerkmal rechtsstaatlicher Planung vgl. grds. *Erbguth*, UPR 8/2010, 281 ff.; Dimensionen der Abwägung bei *Steinberg/Berg/Wickel*, § 3, S. 218 ff., Rn 86 ff.

120 Diese Voraussetzung fordert das BVerwG in std. Rspr, vgl. dazu *Jarass*, N&R 2004, 69 ff.; *Greinacher*, ZUR 2011, 305, 307 f. m.w.N.
Anwendung für einen Fall des EnLAG: BVerwG B. v. 24.5.2012 (Südwestkuppelleitung, LVerwAmt Thüringen) 7 VR 4.12 Tz 18.

121 Auf die praktischen Probleme, die das häufig aufwirft, weist *Schirmer*, DVBl 2010, 1350 f. hin.

122 Entwurf v. 10.5. 2005, Kabinettsache Datenblatt Nr. 15/12108.

Abs. 3 – gegen **diese** Entscheidung des EnLAG nicht vorgetragen worden. Die Rechtswirkungen des Abs. 2 sind auch im Einzelnen nicht streitig. Das haben auch die bisherigen Verfahren (oben Fn 18) erwiesen. Der Planfeststellungsbehörde steht insoweit über die Richtigkeit der vom Gesetzgeber für seine Entscheidung gegebenen Begründung nicht zu.[123]

Umstritten waren und sind die weiteren, vom EnLAG unabhängigen Anforderungen des allgemeinen Planungsrechts und ihre Bewertung bei der abschließenden Abwägungsentscheidung. Hier entstehende Abwägungsfehler machen – unabhängig von den Wirkungen des Abs. 2 – den Planfeststellungsbeschluss rechtsfehlerhaft und aufhebbar. 127

Bei ansonsten fehlerfreier Abwägung mit den Wirkungen des Abs. 2 entgegenstehender anderer öffentlicher und/oder privater Belange müssten diese schon von einer überragenden Bedeutung sein, wenn sie das energiewirtschaftlich notwendige Vorhaben verhindern könnten. 128

Die Planrechtfertigung besteht dann allerdings nicht, wenn die Verwirklichung des Vorhabens bereits bei Erlass des Planfeststellungsbeschlusses objektiv ausgeschlossen ist.[124] 129

b) Nicht abschließende Liste

Die Auflistung der betreffenden Vorhaben im Anhang zum EnLAG ist von ihrem Umfang her nicht abschließend, aber für die Rechtswirkungen der aufgenommenen Vorhaben: Die Gesetzesbegründung hält ausdrücklich fest, dass eine Pflicht zur Erstellung (und damit auch zur Erweiterung) des Bedarfsplans nicht besteht.[125] 130

Vorhaben, die **nicht** in den Bedarfsplan aufgenommen worden sind, können trotzdem nach den allgemeinen planungsrechtlichen Anforderungen realisiert werden. Für **sie** muss allerdings *„die energiewirtschaftliche Notwendigkeit und insbesondere ihre Vereinbarkeit mit den Zielen des § 1 EnWG"* wie bisher von den Planfeststellungs- bzw. Plangenehmigungsbehörden eigens geprüft und bejaht werden. 131

3. Abs. 3 Rechtszug

Abs. 3 bedeutet, dass das BVerwG in Leipzig für *„sämtliche Streitigkeiten, die Planfeststellungsverfahren und Plangenehmigungsverfahren"* dieser Vorhaben betreffen, im ersten und letzten Rechtszug entscheidet. Der normale Instanzenweg ist im Interesse der Beschleunigung[126] für die aufgelisteten Vorhaben verkürzt und damit voraussichtlich auch beschleunigt worden, solange das BVerwG nicht unter einer zu großen Fülle von Verfahren zu leiden hat. 132

Die dafür notwendige Ergänzung der Nr. 6 des § 50 Abs.1 Nr. 6 VwGO hat Art. 3 Nr. 2 des Gesetzes zur Beschleunigung des Ausbaus der Höchstspannungsnetze vorgenommen. 133

Im Gesetzgebungsverfahren war diese Entscheidung umstritten. Der Bundesrat hat in seiner Stellungnahme[127] um eine Überprüfung gebeten und für die Zukunft ganz allgemein um einen *„zurückhaltenderen Gebrauch"* dieser Möglichkeit. Die Bundesregierung hat aber in ihrer Gegenäußerung[128] nach Prüfung der Stellungnahme des Bundesrates unter Hinweis auf die energiewirtschaftliche Bedeutung der in Aussicht genommen Projekte an ihrer Auffassung festgehalten. Sie hat überdies auch die Auffassung vertreten, der Charakter der Ausnahmeregelung bleibe 134

---

123 Anders *Schirmer*, allerdings nicht mit überzeugender Begründung, DVBl. 2010, 1351.
124 BVerwG Gerichtsbescheid v. 21.9.2010 – 7 A 7.10 – unter Verweis in Tz 17 auf die Ausführungen im Beschl. v. 22.7.2010 – 7 VR 4.10 –.
125 BT-Drucks. 16/10491 S. 16 re. Sp. oben.
126 Darauf verweist die Gesetzesbegründung BT-Drucks. 16/10491 auf S. 19 re. Sp. unter Bezugnahme auf den Grundsatzbeschluss des BVerfG v. 10.6.1958 (– 2 BvV 1/56 –), amtl. Slg. Bd. 8, S. 174 ff.
127 BT- Drucks.16/10491, S. 22
128 BT- Drucks.16/10491, S. 23.

trotz dieser neuerlichen Ausweitung erhalten. In der Literatur bleibt diese Entscheidung für die erstinstanzliche Zuständigkeit des BVerwG umstritten.[129]

135 Die Rechtsschutzgarantie des **Art. 19 Abs. 4 GG** wird durch diese Neuregelung jedenfalls nicht verletzt.

4. Abs. 4

136 Energie-„Anlagen" werden in § 3 Nr.15 EnWG definiert als Anlagen *„zur Fortleitung oder Abgabe von Energie"*. Sie werden in umfassendem Sinn verstanden, anders als in § 49 EnWG, der nur dasjenige erfasst, das der Sicherheit dient. Zu den notwendigen Anlagen gehören sämtliche tatsächlichen Vorrichtungen zum Transport und zur Verteilung von Energie (also z.B. Schalt-, Umspann- und Umformanlagen).[130] *„Notwendige Anlagen"* sind alle diejenigen, die für den Betrieb und den notwendigen Ausbau der Leitung technisch unverzichtbar sind, um die Aufgabe des Transports und der Verteilung der erzeugten elektrischen Energie zu erfüllen.

137 Die Interpretation dieser Begriffe kann sich an § 9 Abs. 2 EEG vom 25.10.2008[131] anlehnen, der die Reichweite der Pflicht der Netzbetreiber zur Erweiterung der Netzkapazität umschreibt und der von den späteren Änderungen des EEG[132] nicht berührt wird.

138 Darunter fallen grds. auch die notwendigen Netzverknüpfungspunkte. Sie sind in § 5 Abs. 1 EEG definiert als die Stellen, an denen Erzeugungsanlagen erneuerbarer Energien technisch und wirtschaftlich am Günstigsten an das Netz des abnahmepflichtigen ÜNB anzuschließen sind. Diese exemplarische und nach der Zielsetzung des EnLAG auch typische Verknüpfungsform kann auch ganz allgemein auf die Verbindung von Netzen ausgeweitet werden.

139 *„Notwendige Änderungen"* an den Netzverknüpfungspunkten liegen also dann vor, wenn ohne sie die Ziele des EnLAG (siehe Abs. 1) und des § 1 EnWG nicht erreicht werden können.

5. Abs. 5

140 Die Definition in Abs. 5 wird nicht näher begründet. Sie zielt möglicherweise auf den raumordnerischen Spielraum ab, der bei der Projektprüfung durch die zuständigen Behörden bleibt. Ihnen ist mit dieser Beschreibung jedenfalls keine konkrete Linienführung vorgeschrieben und auch noch nicht der *„grobe Verlauf der Trassen"*.[133] Der Gesetzgeber hat lediglich die energiewirtschaftliche Notwendigkeit und Sinnhaftigkeit der nur in den Anfangs- und Endpunkten festgelegten Leitungsvorhaben festgelegt. Die planerische und raumordnungsrechtliche Realisierung[134] hat er dem Zusammenwirken von Vorhabensträger und zuständiger Landesbehörde überlassen.

---

129 Vgl. insbesondere *Holznagel/Nagel*, DVBl. 2010, 669, 672; die Autoren halten diese Entscheidung trotz der *„insoweit deutlichen Rechtsprechung des BVerfG"* (sie beziehen sich zutreffend auf die std. Rspr. BVerfGE 8, 174, 177 bis E 104, 220, 231 = DVBl. 2002, 688) für *„einen Schritt in die falsche Richtung"*.

130 BK-EnR/*Boesche*, § 3 Rn 31. Einen Überblick über Fortleitungsanlagen gibt der Abschnitt III der Anlage 1 (zu § 6 – Abschreibung „betriebsnotwendiger Anlagegüter") zur StromNEV v. 25.7.2005, zuletzt geändert durch Art. 4.

131 BGBl. 2008 I S. 2074.

132 Zuletzt durch das Gesetz zur Neuregelung des Rechtsrahmens für die Förderung der Stromerzeugung aus erneuerbaren Energien v. 28.7.2011 BGBl. I S. 1634.

133 So aber *Schirmer*, DVBl. 2010, 1349, 1351 li. Sp.; wie hier *Weyer*, Netzausbau in Deutschland, Arbeitspapier 05/2011, S. 10.

134 Zum Planungsablauf (Trasse im RO-Verfahren, Leitungsstrasse i, Planfeststellungsverfahren) vgl. eingehend *Weyer*, Netzausbau in Deutschland, Arbeitspapier 05/2011, S. 6, 10 und 16 ff.

§ 2

(1) Um den Einsatz von Erdkabeln auf der Höchstspannungsebene im Übertragungsnetz als Pilotvorhaben zu testen, können folgende der in der Anlage zu diesem Gesetz genannten Leitungen nach Maßgabe des Absatzes 2 als Erdkabel errichtet und betrieben oder geändert werden:
1. Abschnitt Ganderkesee – St. Hülfe der Leitung Ganderkesee – Wehrendorf,
2. Leitung Diele – Niederrhein,
3. Leitung Wahle – Mecklar,
4. Abschnitt Altenfeld – Redwitz der Leitung Lauchstädt – Redwitz.

(2) Im Falle des Neubaus ist auf Verlangen der für die Zulassung des Vorhabens zuständigen Behörde bei den Vorhaben nach Absatz 1 eine Höchstspannungsleitung auf einem technisch und wirtschaftlich effizienten Teilabschnitt als Erdkabel zu errichten und zu betreiben oder zu ändern, wenn die Leitung
1. in einem Abstand von weniger als 400 Meter zu Wohngebäuden errichtet werden soll, die im Geltungsbereich eines Bebauungsplans oder im unbeplanten Innenbereich im Sinne des § 34 des Baugesetzbuchs liegen, falls diese Gebiete vorwiegend dem Wohnen dienen, oder
2. in einem Abstand von weniger als 200 Meter zu Wohngebäuden errichtet werden soll, die im Außenbereich im Sinne des § 35 des Baugesetzbuchs liegen.

Zusätzlich ist auf Verlangen der für die Zulassung des Vorhabens zuständigen Behörde im Falle des Absatzes 1 Nr. 4 im Naturpark Thüringer Wald (Verordnung über den Naturpark Thüringer Wald vom 27. Juni 2001, GVBl für den Freistaat Thüringen S. 300) bei der Querung des Rennsteigs eine Höchstspannungsleitung auf einem technisch und wirtschaftlich effizienten Teilabschnitt als Erdkabel zu errichten und zu betreiben oder zu ändern.
(3) Für die Vorhaben nach Absatz 1 kann ergänzend zu § 43 Satz 1 Nr. 1 des Energiewirtschaftsgesetzes ein Planfeststellungsverfahren auch für die Errichtung und den Betrieb sowie die Änderung eines Erdkabels nach Maßgabe des Teils 5 des Energiewirtschaftsgesetzes durchgeführt werden.
(4) Die Übertragungsnetzbetreiber ermitteln die Mehrkosten für die Errichtung, den Betrieb und die Änderung von Erdkabeln im Sinne des Absatzes 1, die in dem Übertragungsnetz des jeweiligen Übertragungsnetzbetreibers in einem Kalenderjahr anfallen. Die Mehrkosten sind pauschal auf der Grundlage von Standardkostenansätzen im Vergleich zu einer Freileitung auf derselben Trasse zu ermitteln. Die nach Satz 1 und 2 ermittelten Mehrkosten aller Übertragungsnetzbetreiber werden addiert, soweit sie einem effizienten Netzbetrieb entsprechen. Die so ermittelten Gesamtkosten für Erdkabel sind anteilig auf alle Übertragungsnetzbetreiber rechnerisch umzulegen. Der Anteil an den Gesamtkosten, der rechnerisch von dem einzelnen Übertragungsnetzbetreiber zu tragen ist, bestimmt sich entsprechend § 9 Abs. 3 des Kraft-Wärme-Kopplungsgesetzes. Soweit die tatsächlichen Mehrkosten eines Übertragungsnetzbetreibers für die Errichtung, den Betrieb und die Änderung von Erdkabeln im Sinne des Absatzes 1 seinen rechnerischen Anteil an den Gesamtkosten übersteigen, ist diese Differenz finanziell auszugleichen. Die Zahlungspflicht trifft die Übertragungsnetzbetreiber, deren tatsächliche Kosten unter dem rechnerisch auf sie entfallenden Anteil an den Gesamtkosten liegen, jedoch nur bis zu der Höhe des auf sie jeweils rechnerisch entfallenden Anteils an den Gesamtkosten. Die Übertragungsnetzbetreiber ermitteln den Saldo zum 30. November eines Kalenderjahres.

1. Umfang, Zweck und Verpflichtungsgehalt der Verkabelungsregelung

141 Zweck und Verpflichtungsgehalt der Verkabelungsregelung in § 2 sind schon nach seinem Wortlaut eindeutig: Der Einsatz von Erdkabeln auf Höchstspannungsebene im Übertragungsnetz soll als Pilotvorhaben getestet werden.

142 Auch die amtliche Begründung bestätigt das.[135] Ebenso klar wurden in der Begründung die Erwägungen dargelegt, die den Bundesgesetzgeber dazu veranlasst haben, Erdverkabelung auf Höchstspannungsebene jedenfalls derzeitig unter Ausschluss divergierender Landesgesetze ausschließlich an sich zu ziehen.[136]

143 Zu diesem Zweck „können" aus den in der Anlage zu diesem Gesetz genannten Leitungen die in § 1 aufgezählten vier Leitungsvorhaben als Erdkabel errichtet und betrieben oder geändert werden. Das EnLAG führt dabei mit seinen Ansätzen zu einer Bedarfsplanung die bundesrechtlichen Regelungen auf dem Gebiet der Hoch- und Höchstspannungsleitungen über die mit dem InfrPBG vom 16.12.2006[137] erfolgte Ergänzung des § 43 Abs. 1 S. 3 EnWG hinaus fort,[138] indem es nach § 2 den Einsatz von **Erdkabeln auf der Höchstspannungsebene** im Übertragungsnetz in den (abschließend) genannten Leitungsvorhaben gestattet, um Erfahrungen auf dieser Spannungsebene zu sammeln.

144 Nach der amtlichen Begründung sollte das Gesetz regeln, „unter welchen Voraussetzungen" die Verkabelung erfolgen darf. Trotzdem blieben die Voraussetzungen und der Umfang der Verkabelung auf der Höchstspannungsebene außerordentlich umstritten. Das hat die Diskussion in der Literatur wie auch das Verfahren beim Erlass des Gesetzes zur Änderung des § 2[139] gezeigt.

2. § 2 Abs. 1: Ausgewählte Vorhaben

a) Im Grundsatz Auswahlfreiheit des Vorhabenträgers

145 § 2 Abs. 1 wählt unter den in der Anlage aufgeführten Leitungsvorhaben die ausdrücklich genannten vier Vorhaben aus, die *„nach Maßgabe des Abs. 2 als Erdkabel errichtet und betrieben oder geändert werden können"* (**nicht müssen**), um den Einsatz von Erdkabeln auf der Höchstspannungsebene im Übertragungsnetz *„als Pilotvorhaben zu testen"* (§ 2 Abs. 1 S. 1 Hs. 1). Die Freiwilligkeit der ÜNB belegen sowohl der Wortlaut des Gesetzes als auch die klare Aussage der Gesetzesbegründung[140] eindeutig.

146 Weder dem Gesetzeswortlaut noch der amtlichen Begründung ist also ein Hinweis auf eine entsprechende **Verpflichtung** des Vorhabensträgers zu entnehmen. Eine Verpflichtung ergibt sich auch nicht aus der Optimierungs- und Verstärkungspflicht der Netzbetreiber in § 11 EnWG, da diese Regelung lediglich die Klarstellung einer bereits nach bisherigem Recht bestehenden Verpflichtung bedeutet, aber keine Ausweitung oder Verschärfung dieser Pflicht.[141]

---

135 BT-Drucks. 16/10491, S. 9 ff. Unter B (Zu den einzelnen Vorschriften, Art. 1 (EnLAG) Nr. 2) wird darauf verwiesen, dass mit der Verkabelung im Höchstspannungsübertragungsnetz bisher *„nur wenige Erfahrungen gesammelt werden"* konnten. Die Regelung soll *„den Einsatz von Erdkabeln in der Fläche ermöglichen"* (BT-Drucks. 16/10491, S. 16 re. Sp.).

136 BT-Drucks. 16/10491, B 5.

137 BGBl. 2006 I S. 2833.

138 Vgl. näher *Lecheler,* RdE 2010, 41 ff.

139 BT-Drucks. 16/10491, B 5. Bei der Zurückweisung des Antrags des Wirtschaftsausschusses des BR auf Einberufung des Vermittlungsausschusses war Berichterstatter in der Plenarsitzung am 27.1.2011 der niedersächsische Minister für Umwelt und Klimaschutz.

140 BT-Drucks. 16/10491 v. 7.10.2008, S.16.

141 Amtl. Begr. (siehe Fn 6), S. 18 bei Art. 2 zu Nr. 1; so auch *Rufin,* ZUR 2009, 66, 72.

Der Gesetzgeber des EnLAG hat sich also in der Frage der Verkabelung von Höchstspannungsleitungen für eine bloße **Anreizlösung** entschieden, wie § 21a Abs. 4 S. 3 EnWG verdeutlicht, der auch durch das Änderungsgesetz[142] nicht verändert wurde. 147

Das ist auch systemgerecht, denn die Netzbetreiber und nicht der Staat tragen die Investitionsverantwortung.[143] 148

b) Planfeststellungsverfahren

Die Durchführung eines Planfeststellungsverfahrens[144] liegt dabei (wie bei § 43 Abs.1 EnWG) in der Hand der nach Landesrecht zuständigen Behörde. Sie kann dieses Verfahren aber erst einleiten, wenn vom Träger des Vorhabens ein entsprechender Antrag gestellt ist. 149

Im Planfeststellungsverfahren ist ein raumbezogenes Vorhaben mit dem Ziel zu prüfen, den Plan (d.h. die Art, Beschaffenheit, Lage und Ausführung des Vorhabens) unter Abwägung und Ausgleichung des Anspruchs des Vorhabenträgers, des öffentlichen Interesses und der rechtlich geschützten Interessen der durch das Vorhaben betroffenen Dritten nach einem förmlichen Verwaltungsverfahren den Plan „festzustellen".[145] 150

Im Gegensatz zu Raumordnung und Landesplanung übt die Exekutive hier Aufgaben der **Fachplanung im Einzelfall** aus.[146] Die Planfeststellungsbehörde stellt auf der Grundlage des Antrags des Vorhabenträgers, des Ergebnisses des Anhörungsverfahrens (soweit dieses nicht entfallen kann) und der diversen Behördenstellungnahmen sowie des Ergebnisses der Raumordnungs- und der UVP-Prüfung die Zulässigkeit des Vorhabens fest und entscheidet ggf. über die vom Vorhabenträger zu beachtenden Bedingungen und Auflagen. 151

Diese feststellende Entscheidung ist eine Rechtmäßigkeitskontrolle und keine Fortsetzung des Planungsverfahrens mit der Planfestellungsbehörde als verantwortlichem Planungsträger.[147] Das eigentliche Planungssubjekt ist der Vorhabenträger,[148] wobei in der Praxis Absprachen zwischen Vorhabenträger und Planfeststellungsbehörde allerdings nicht selten sind. 152

c) Abwägungsspielraum der Planfeststellungsbehörde

Inwieweit der Planfeststellungsbehörde bei ihrer Entscheidung ein eigenes Planungsermessen zusteht, ist im allgemeinen Planungsrecht im Einzelnen sehr umstritten.[149] Die Antwort auf diese Frage ergibt sich hier allerdings aus dem einschlägigen Fachplanungsrecht, also dem EnWG bzw. dem das EnWG spezialisierenden EnLAG. Angemessener ist es, von einem eigenen **Abwägungsspielraum** zu sprechen bei der Aufgabe, die fachgesetzlich in § 43 Abs.1 S. 2 EnWG gebotene Abwägung von privaten und öffentlichen Interessen eigenständig, wenn auch den Antrag nachvollziehend und nicht abändernd, vornehmen zu können. 153

Inwieweit die Planfeststellungsbehörde im Rahmen ihrer Abwägungsentscheidung zu einer Einbeziehung von möglichen **Alternativen** berechtigt ist, war und ist im allgemeinen Planungsrecht im Einzelnen sehr umstritten.[150] Für naheliegende Alternativen wird das überwiegend angenommen, doch bei Verkabelungen auf der Höchstspannungsstufe kann von „naheliegenden" Alternativen sicher nicht gesprochen werden. 154

---

142 BGBl. 2011 I S. 338, dort Art. 5.
143 Näher dazu *Lecheler*, DVBl. 2007, 713, 718.
144 Zum Ablauf näher *Greinacher*, ZUR 2011, 305, 307 ff.; *Henning/Lühmann*, UPR 2012, 81, 83 ff.
145 Vgl. Erichsen/*Badura*, § 39 Rn 14; *Steinberg/Berg/Wickel*, § 3 Rn 87 f.
146 *Erichsen/Badura*, Rn 16.
147 *Steinberg/Berg/Wickel*, Rn 88.
148 So auch *Steinberg/Berg/Wickel*, Rn 87.
149 Vgl. die Nachweise bei *Steinberg/Berg/Wickel*, Rn 88.
150 Näher dazu *Steinberg/Berg/Wickel*, Rn 89 und 121 ff.

d) Öffentlichkeitsbeteiligung in der UVP-Prüfung

155 Eine spezielle Regelung für das Planfeststellungsverfahren bei EnLAG-Verfahren enthält § 43b Nr. 1b EnWG, nach dem für ein bis zum 31.12.2010 beantragtes Vorhaben (lit. a) bzw. für ein Vorhaben, das in der Anlage zum EnLAG aufgeführt ist (lit. b), die Öffentlichkeit ausschließlich entsprechend § 9 Abs. 3 des UVPG einbezogen wird mit der Maßgabe, dass die Einwendungen und Stellungnahmen innerhalb eines Monats nach der Einreichung eines vollständigen Plans zu gewähren ist.

e) Gesetzliche Grenzen

156 Der Planfeststellungsbehörde sind aber jedenfalls gesetzliche Grenzen gezogen (z.B. § 1 EnWG (Kostengünstigkeit, Grenzwerte des BImSchG und seiner Verordnungen[151]). Solange man bei der Verkabelung auf der Höchstspannungsstufe nicht davon sprechen kann, dass eine solche **„Stand der Technik"** sei,[152] kann die Planfeststellungsbehörde den Vorhabenträger auch nach dem novellierten Gesetz nicht zu einer solchen verpflichten. Die Änderung läuft in diesem und in vergleichbaren Fällen also leer.

f) Übergangsvorschriften

157 Das EnLAG selbst sieht keine Übergangsbestimmungen vor, nach denen es zum Zeitpunkt seines Inkrafttretens auf bereits begonnene Verfahren keine Anwendung fände.

158 Nach allgemeinen planungsrechtlichen Grundsätzen kommt es für die Rechtmäßigkeit eines Planfeststellungsbeschlusses auf die Sach- und Rechtslage im Zeitpunkt seines Erlasses an.[153]

159 Art. 2 (Änderung des EnWG) des Gesetzes zur Beschleunigung des Ausbaus der Höchstspannungsnetze[154] trifft aber eine Übergangsregelung unter Nr. 10, die dem damals geltenden § 118 EnWG zwei neue Abs. 5–7 anfügt, die durch das Gesetz zur Neuregelung energiewirtschaftsrechtlicher Vorschriften vom 26.7.2011[155] zwar wieder stark modifiziert wurden, in den hier bedeutsamen, neu eingefügten Abs. 5 und 6 unter der veränderten Absatz-Zählung 4 und 5 im derzeit geltenden EnWG (Juni 2012) erhalten geblieben sind. Danach werden vor dem 26.8.2009 beantragte Verfahren nach den bis dahin geltenden Vorschriften zu Ende geführt.

3. § 2 Abs. 2 (bedingter Verkabelungszwang auf Verlangen der Behörde)

a) Anwendungsbereich

160 § 1 Abs. 1 differenziert bei der Zielsetzung der Vorhaben zwischen einer „Anpassung" und dem „Ausbau" der Übertragungsnetze. Der dem Gesetz als Anhang beigefügte Bedarfsplan unterscheidet zwischen Neubau,[156] Zubeseilung und Umrüstung.

---

151 Dazu *Greinacher*, ZUR 2011, 305, 309.

152 Nach der – durchaus bedenkenswerten – Auffassung der (abgelehnten) Empfehlung des Bundesratsausschusses Wirtschaft BR-Drucks. 32/1/11 zu Punkt 8 der 879. Sitzung des BR am 11.2.2011 (S. 2), das ÄnderungsG zum EnLAG abzulehnen, schon *„weil Erdkabel im Höchstspannungsbereich nicht dem Stand der Technik entsprechen."* Vgl. auch den Abschlussbericht des Europäischen Koordinators *Adamovitsch* (Brüssel, Juli 2009) zur „Salzburgleitung": *„Ob eine Technologie als ‚Stand der Technik' angesehen wird, hängt davon ab, ob diese im Einsatz erprobt und deren Funktionsweise erwiesen ist".* (*Adamovitsch*, „Salzburgleitung", S. 14).

153 Std. Rspr. des BVerwG, vgl. Beschl. v. 24.5.2012 – 7 VR 4.12 – (Thüringer Strombrücke) Tz 19 m.w.N.

154 BGBl. 2009 I S. 2870, 2874.

155 BGBl. 2011 I S. 1554.

156 Die Bezeichnung „Ersatzneubau" anstatt „Neubau" ist bei *„gleich bleibender Zielsetzung"* des Vorhabens nach Auffassung des BVerwG (Beschl. v. 22.7.2010 – 7 VR 4.10 –) *„ohne Bedeutung"* (darauf bezieht sich auch der

Für den derzeit wohl wichtigsten Fall des **Neubaus** bestimmte **Abs. 2 des § 2** in der ursprünglichen Fassung des EnLAG vom 21.8.2009,[157] dass eine Höchstspannungsleitung nach Abs. 1 auf einem *„technisch und wirtschaftlich effizienten Teilabschnitt als Erdkabel errichtet und betrieben oder geändert werden“* **kann**, wenn (vereinfacht ausgedrückt) die Leitung im Geltungsbereich eines Bebauungsplans in einem Abstand von weniger als 400m zu Wohngebäuden (Nr. 1) bzw. weniger von 200m im Außenbereich im Sinne des § 35 BauGB (Nr. 2) verläuft bzw. den Rennsteig im Naturpark Thüringer Wald quert. 161

b) Einschränkung der Wahlfreiheit

Auch wenn sich die ÜNB nach Abs. 1 nicht für eine Verkabelung entscheiden, so sind sie bei der Ausführung ihres Leitungsvorhabens doch an die im neuen Änderungsgesetz[158] in Abs. 2 vorgesehenen Einschränkungen gebunden, **sofern** es sich um einen **Neubau** handelt und dieser Wohngebäude und besondere Schutzgebiete tangiert. Die für die Zulassung zuständige Landesbehörde kann dann unter den verschärften Voraussetzungen des Abs. 2 die Verkabelung verlangen. 162

Damit hat sich die Frage, inwieweit die Planfeststellungsbehörde das im Wege der Abwägungsentscheidung auch schon vorher unter der Geltung der ursprünglichen Fassung des Gesetzes vom 21.8.2009 gekonnt hätte,[159] z.T. erledigt. 163

Diese **Wahlfreiheit der ÜNB** wurde **für die Fälle des Abs. 2** im Laufe des Gesetzgebungsverfahrens **aufgehoben** und der zuständigen Behörde anvertraut. 164

Die Begründung der Beschlussempfehlung des Ausschusses für Wirtschaft und Technologie vom 26.1.2011[160] zum Änderungsgesetz des EnLAG hat darauf verwiesen, dass *„mit der Änderung klargestellt wird, dass es die zuständige Landesbehörde ist, die eine Teilverkabelung auf einem technisch und wirtschaftlich effizienten Teilabschnitt verlangen kann, wenn die in Satz 1 oder 2 genannten Voraussetzungen erfüllt sind. Damit sollen verfahrensverzögernde Auseinandersetzungen darüber vermieden werden, ob der Vorhabensträger oder die zuständige Behörde die teilzuverkabelnden Abschnitte auf den Pilotstrecken bestimmt“*.[161] 165

Diese Begründung lässt aus pragmatischen Gründen aber außer Acht, dass damit insoweit die Exklusivität des Bundes über die Verkabelung der Pilotprojekte buchstäblich teilweise (nämlich abschnittsweise) in die Hand der Länder zurückgegeben wird, deren Behörden für die Planfeststellung zuständig sind. 166

Auch eine **abschnittsweise** Verkabelung auf dem Gebiet nur eines Landes wirkt aber angesichts der Bedeutung gerade dieser Frage über ein einzelnes Land und seine Raumordnungskompetenz hinaus. 167

Dass die Entscheidung über die (auch abschnittsweise) Verkabelung einer Leitung über den Raum des Landes hinaus Bedeutung hat, zeigen auch ihre finanziellen Folgen. Nach § 2 Abs. 3 (dazu unten) werden die nach den dortigen Vorgaben ermittelten Kosten für die Errichtung, den Betrieb und die Änderung von Erdkabeln auf alle ÜNB umgelegt. Die Behörden eines Landes 168

Gerichtsbescheid 7 A 7.10). Ob das in der Sache zutrifft, ist allerdings fraglich. Näher liegt es wohl, auf die vorherige tatsächliche Situation (existiert schon eine Leitung und wenn ja, welche?) und auf den Charakter der Baumaßnahme selbst (näher am Neubau oder an Umrüstung?) und nicht auf die Zielsetzung abzustellen.

157 BGBl. 2009 I S. 2870.

158 Siehe oben Fn 38.

159 Die Empfehlung des Bundesratsausschusses Wirtschaft BR-Drucks. 32/1/11 zu Punkt 8 der 879. Sitzung des BR am 11.2.2011 (S. 3), meint (allerdings im Widerspruch zu seinen vorherigen Ausführungen und auch zu Unrecht), dass die Planfeststellungsbehörde diese Entscheidung auch ohne Änderung des § 2 Abs. 2 schon nach bisher geltendem Recht treffen könnte.

160 BT-Drucks. 17/4559 (zum Gesetzentwurf der Bundesregierung BT-Drucks. 17/3983).

161 BT-Drucks. 17/4559, S. 6 re. Sp.

können insoweit andere Länder an der Tragung der finanziellen Lasten einer von ihr allein gewünschten Regelung beteiligen.

c) Technisch und wirtschaftlich effizienter Teilabschnitt

169 Ein *„technisch und wirtschaftlich effizienter Teilabschnitt“*[162] kommt nach der im Gesetzgebungsverfahren zugrunde gelegten Auffassung dann infrage, **wenn** die Leitung:
- in einem Abstand von **weniger als 400m zu Wohngebäuden** im Geltungsbereich eines Bebauungsplans (§ 30 BauGB) oder im unbeplanten Innenbereich im Sinne des § 34 BauGB errichtet werden soll, **falls** diese Gebiete vorwiegend dem Wohnen dienen,[163] oder
- in einem Abstand von weniger als 200m zu Wohngebäuden errichtet werden soll, die im Außenbereich im Sinne des § 35 BauGB liegen.

170 Mit dem Begriff *„technisch und wirtschaftlich effizienter Teilabschnitt“* wird nach der Beschlussempfehlung des Ausschusses 9 (Wirtschaft und Technologie)[164] zum Ausdruck gebracht, dass bei den Möglichkeiten zur Teilverkabelung ein ständiges Abwechseln der Erdverkabelung mit der Freileitungsbauweise, das zu erheblichen Mehrkosten führen würde, vermieden werden soll. Als technisch und wirtschaftlich effizient gilt ein Teilabschnitt daher dann, wenn er mindestens eine Länge von 3 km aufweist, unabhängig von der Länge der Strecke, auf der die Bebauungsabstände auf diesem Streckenabschnitt unterschritten werden. Damit sollen Ungleichbehandlungen vermieden werden, die daraus resultieren, dass die Teilverkabelung davon abhängig gemacht wird, ob die Länge des Streckenabschnitts mit Siedlungsannäherung zufällig mindestens 3 km beträgt oder nicht.

171 *„Darüber hinaus“* sollen damit auch hier *„die bisherigen Verfahrensverzögerungen vermieden und das Risiko zukünftiger Rechtsstreitigkeiten reduziert werden, die aus der Auseinandersetzung über den Umfang der Verkabelung resultieren.“* Dieses Problem ist freilich erst durch das ÄnderungsG zum EnLAG entstanden, das den Landesbehörden (und nicht mehr dem Bund) die (überdies schwer zu prognostizierende) Entscheidung über einen Teil der Verkabelungsentscheidung der Pilotprojekte zurück überträgt.

d) S. 2 des Abs. 2: Querung des Rennsteiges im Thüringer Wald

172 S. 2 des Abs. 2 ermöglicht es der Planfeststellungsbehörde zusätzlich, eine Teilverkabelung auf einem *„technisch und wirtschaftlich effizienter Teilabschnitt“* für die in Abs. 1 Nr. 4 genannte Leitung zu verlangen.

173 Es geht dort darum, unabhängig von Abstandsvorschriften, eine Teilverkabelung für die etwaige Querung des Rennsteiges im Thüringer Wald zu ermöglichen. Diese Regelung soll es ermöglichen, eine Teilverkabelung unter den besonderen geographischen Bedingungen einer Mittelgebirgslandschaft zu testen.[165]

174 Bei den übrigen Vorhaben sind Landschaftsschutzgebiete für Freileitungen nicht besonders geschützt.

---

162 Dazu *Henning/Lühmann*, UPR 2012, 81, 85.

163 Das bestimmt sich nach den §§ 3 (Reine Wohngebiete), 4 (Allgemeine Wohngebiete, die vorwiegend dem Wohnen dienen) und § 4a (besondere Wohngebiete) der BauNVO i.d.F. v. 23.1.1990 BGBl. I S. 132; geändert durch Art. 3 Gesetz v. 22.4.1993, BGBl. I S. 466.

164 BT-Drucks. 17/4559, S. 6 re. Sp.

165 BT-Drucks. 16/10491, S. 16 vorletzter Abs.: *„Abs. 3 ermöglicht die Durchführung eines Planfeststellungsverfahrens mit Teilverkabelung“* (S.17).

4. § 2 Abs. 3: Planfeststellung auf Antrag bei Teilverkabelung von Erdkabeln

Für diese Vorhaben nach Abs. 1 **kann** *„ergänzend zu § 43 S. 1 Nr. 1 EnWG ein Planfeststellungsverfahren auch für die* ***Errichtung und Betrieb sowie die Änderung eines Erdkabels*** *nach Maßgabe des Teils V des EnWG“* (§§ 43ff.) durchgeführt werden. Sie sind damit planfeststellungsfähig. 175

Der Verweis *„nach Maßgabe des Teils 5 des EnWG“*, also dort auf die §§ 43ff., zeigt eine **konstruktive Eigenart**: Systematisch hätte es vielleicht näher gelegen, die Regelung unmittelbar dort zu treffen,[166] wo in § 43 Nr. 4 auch die bisherigen Neuerungen für eine Planfeststellung für Erdkabel (im Offshore-Bereich mit Küstenanschluss und für 110 kV-Leitungen) und die fakultative Einbeziehung für den Leitungsbetrieb notwendiger Anlagen angesiedelt sind. Für die Regelung im Pilotgesetz für die Verkabelung von 380 kV-Leitungen spricht aber die Zusammenfassung aller diesbezüglichen Regeln in einem Gesetz. 176

In der Sache ist die Einbeziehung der Verkabelung von Teilabschnitten in die durch das EnLAG-Änderungsgesetz eingeführte (mit dem Verlangen der Planfeststellungsbehörde) bedingte Planfeststellungspflicht für die Vorhaben nach Abs. 2 möglich. 177

Die **Vorteile der Planfeststellung**, vor allem ihre Konzentrationswirkung nach § 43c EnWG i.V.m. § 75 Abs. 1 VwVfG, der Ausschluss der Ansprüche auf Unterlassung des Vorhabens und die Änderung oder Entfernung der Anlagen nach Rechtskraft des Feststellungsbeschlusses (nach § 75 Abs. 1a VwVG) sowie die Einschränkung der Rechtsbehelfe gegen den Planfeststellungsbeschluss (nach § 43e EnWG), liegen auf der Hand. 178

Fraglich ist nur, ob und inwieweit nicht im konkreten Einzelfall eine raschere Lösung der konkreten Probleme auf dem Wege **individueller Gestaltungen**, die nicht ausgeschlossen sind, möglich ist. Das muss die Praxis zeigen. Das Gesetz lässt jedenfalls beide Lösungen zu. 179

5. § 2 Abs. 4: Kosten bzw. Mehrkosten

Das **Verfahren** der bundesweiten Kostenumlegung ist kompliziert geregelt und war im Gesetzgebungsverfahren im Einzelnen auch umstritten. Die Regierungsbegründung[167] rechtfertigt das Verfahren, in dem die Mehrkosten für die in Abs. 1 genannten Pilotvorhaben *„bundesweit auf alle ÜNB rechnerisch verteilt werden“*. Das sei *„sachgerecht, da die mit den Pilotverfahren gewonnenen energiewirtschaftlichen Erfahrungen von bundesweiter Bedeutung sind.“* Eine *„angemessene Zuordnung der Kosten“* sei dadurch gegeben, dass der *„Verteilungsmaßstab an die Länge des jeweiligen Übertragungsnetzes anknüpft.“* 180

Die am Ende beschlossene Fassung des Ausschusses für Wirtschaft und Technologie[168] hat die Umlage auf die Mehrkosten beschränkt (während die Regierungsbegründung noch auf „Kosten“ abstellte). Sie sind pauschal auf der Grundlage von Standardkostenansätzen im Vergleich zu einer Freileitung auf derselben Trasse zu ermitteln. 181

„Standardkostenansätze“ (die im Einzelnen sehr unterschiedlich definiert werden) bezeichnen standardisierte Plankostenansätze für bestimmte Leistungseinheiten über einen längeren Zeitraum, die zugleich Budgetvorgabe wie auch Maßstab der angestrebten Wirtschaftlichkeit sind und damit die aufwändige Ermittlung von individuellen Ansätzen der zu vergleichenden Vorhaben vermeiden. 182

Die so nach S. 1 und 2 ermittelnden Mehrkosten aller ÜNB werden addiert, **soweit sie** einem **effizienten Netzbetrieb** entsprechen. 183

Diese Einschränkung ergibt sich schon aus der allgemeinen Effizienzverpflichtung in § 1 Abs. 1 S. 1 EnWG, sodann aus der übertragungsnetzspezifischen Verpflichtung in § 12 Abs. 2 184

166 So der berechtigte Vorwurf von *Schirmer*, DVBl. 2010, 1349, 1353 f.
167 BT-Drucks. 16/10491, S. 17.
168 BT-Drucks. 16/10491, S. 5 und S. 19.

EnWG zu effizientem Betrieb des Netzes und aus den Grundsätzen der Entgeltermittlung in § 21 Abs. 2 S. 1 EnWG i.V.m. § 4 Abs. 1 StromNEV[169] und der Effizienzvorgaben der Anreizregulierung in § 21a Abs. 5 EnWG.

185 Ob diese Mehrkosten der Verkabelung einem effizienten Netzbetrieb entsprechen, stellt die BNetzA bei der Prüfung des Netzentgelts fest. Die so ermittelten **Gesamtkosten** des Erdkabels sind anteilig auf alle ÜNB rechnerisch **umzulegen.**

186 Ihr Anteil bestimmt sich nach der Schlussfassung im Ausschuss nicht – wie im Regierungsentwurf vorgesehen – nach der Leitungslänge, sondern auf Vorschlag des Ausschusses für Wirtschaft und Technologie entsprechend dem Belastungsausgleichsverfahren nach § 9 Abs. 3 KWKG.

187 Soweit die tatsächlichen Mehrkosten eines ÜNB seinen rechnerischen Anteil an den Gesamtkosten übersteigen, ist diese **Differenz finanziell auszugleichen.**

188 Die Zahlungspflicht trifft die ÜNB, deren tatsächliche Kosten unter dem rechnerisch auf sie entfallenden Anteil an den Gesamtkosten liegen, begrenzt durch die Höhe des auf sie jeweils rechnerisch entfallenden Anteils an den Gesamtkosten.

189 Die ÜNB ermitteln den **Saldo zum 30.11.** eines Kalenderjahres. Eine Begründung für die Wahl dieses Termins wird nicht gegeben. Im Blick auf die hohen umgewälzten Beträge erscheint er aber zu spät. Dies entspricht auch nicht den gesetzlichen Vorgaben für die Ermittlung der Erlösobergrenze gem. § 20 EnWG, die bis zum 15.10. eines Kalenderjahres zu veröffentlichen ist. Vor diesem Hintergrund ist es dringend notwendig, dass der im § 2 Abs. 4 S. 8 genannte Termin zur Ermittlung des Saldos vorgezogen wird. Die Ermittlung des Saldos sollte durch die ÜNB bis spätestens zum 30.8. eines Kalenderjahres erfolgen, um eine fristgerechte Veröffentlichung der Entgelte zu gewährleisten.

190 Durch die Einfügung einer neuen Nr. 14 in § 11 Abs. 2 S. 1 der ARegV durch Art. 4 des Gesetzes zur Beschleunigung des Netzausbaus der Höchstspannungsnetze ist klargestellt, dass die durch diesen bundesweiten Ausgleichsmechanismus als entstehenden Kosten bei der Kostenprüfung als **dauerhaft nicht beeinflussbare Kostenanteile** anzusehen sind.

169 I.d.F. v. 25.7.2005 (BGBl. I S. 2225), zuletzt geändert durch Art. 6 des EnLAG, freilich nicht bei den hier zu prüfenden Vorschriften, sondern vor allem durch Anfügung eines neuen Abs. 6 in § 32 der StromNEV.

§ 3

Nach Ablauf von jeweils drei Jahren prüft das Bundesministerium für Wirtschaft und Technologie im Einvernehmen mit dem Bundesministerium für Umwelt, Naturschutz und Reaktorsicherheit sowie dem Bundesministerium für Verkehr, Bau und Stadtentwicklung, ob der Bedarfsplan der Entwicklung der Elektrizitätsversorgung anzupassen ist und legt dem Deutschen Bundestag hierüber einen Bericht, erstmalig zum 1. Oktober 2012, vor. Dabei sind unter Berücksichtigung der Zielsetzungen nach § 1 des Energiewirtschaftsgesetzes auch notwendige Optimierungsmaßnahmen zu prüfen. In diesem Bericht sind auch die Erfahrungen mit dem Einsatz von Erdkabeln nach § 2 darzustellen.

Die **Überprüfung** sollte nach dem Regierungsentwurf[170] alle 5 Jahre stattfinden. In das Gesetz ist ein Zeitraum von **jeweils drei Jahren** eingegangen. Das bedeutet, dass die erste Überprüfung zum August 2012 stattfinden muss. Denn das BMWi hat dem Bundestag dann einen **Bericht** vorzulegen und zwar erstmals zum 1.10.2012. **191**

Die Überprüfung wird vom BMWi **„im Einvernehmen"** mit dem BMU sowie dem BMVBS durchgeführt. Das Einvernehmen ist als Zustimmung zu verstehen, sodass eine Einigung bei der früheren Frontstellung zwischen BMWi und BMU wohl weitgehend blockiert gewesen wäre. Inzwischen ist angesichts der unbestrittenen Dringlichkeit des Anliegens die Herstellung des Einvernehmens weniger das Problem. Im Vordergrund dürfte vielmehr die berechtigte Diskussion der Beurteilung der erreichten Fortschritte und der Entwicklung der Energieversorgung stehen. Die Voraussetzung für die Einigung darüber ist, ob der Bedarfsplan anzupassen ist. **192**

Dabei sind unter Berücksichtigung der Ziele des § 1 EnWG notwendige Optimierungsmaßnahmen zu prüfen. Auch sind die Erfahrungen mit dem Einsatz von Erdkabeln auf der Ebene der Höchstspannungsnetze darzustellen. **193**

Diese Prüfung wird künftig mit den Arbeiten bei der Vorbereitung (nach den neuen §§ 12a–12d EnWG) und dem **Erlass des Bundesbedarfsplans** durch den Bundesgesetzgeber (§ 12e Abs. 4 EnWG), die dem EnWG mit Art. 1 Abs. 3 des Gesetzes zur Neuregelung energiewirtschaftsrechtlicher Vorschriften vom 26.7.2011[171] eingefügt worden sind, teilweise ersetzt werden. Der Bedarfsplan nach § 1 des EnLAG wird in den Bundesbedarfsplan integriert werden. Die Anforderungen des § 2 Abs. 2 S. 1 Nr. 1 und 2 des weiter geltenden EnLAG gehen (als Alternative) in § 12e Abs. 3 (Verkabelung technisch und wirtschaftlich effizienter Teilabschnitte) ein. **194**

---

170 BT-Drucks. 16/10491, S. 17.
171 BGBl. 2011 I S. 1554.

E. Abgrenzung zum NABEG, gegenwärtiger Stand und Kritik

1. Abgrenzung zum NABEG

195 Das NABEG vom 28.7.2011[172] gilt nach § 1 S. 1 und § 2 Abs. 1 nur für die *„Errichtung oder Änderung von länderübergreifenden oder grenzüberschreitenden Höchstspannungsleitungen, die in einem Gesetz über den Bundesbedarfsplan nach § 12e Abs. 4 S. 1 des EnWG als solche gekennzeichnet sind.“*[173] In § 2 (Anwendungsbereich des NABEG) kommt das so auch zum Ausdruck.

196 § 2 Abs. 4 **NABEG** nimmt Höchstspannungsleitungen, die im EnLAG aufgeführt sind, vom Geltungsbereich des Gesetzes aus. Die Begründung des Gesetzentwurfs[174] führt dazu aus:

> *„Damit wird dargestellt, dass alle Ausbaumaßnahmen von Höchstspannungsleitungen, die im EnLAG aufgeführt sind, weiterhin unter den Anwendungsbereich des ENLAG fallen und –* ***unabhängig davon, welche Leitungen im Bundesbedarfsplan aufgeführt sind*** *–* (Herv. v. Verf.) *vom Anwendungsbereich des NABEG ausgeschlossen sind. Die überwiegend laufenden Raumordnungsverfahren- bzw. Planfeststellungsverfahren sind durch die nach Landesrecht zuständigen Behörden zügig zu Ende zu führen.“*

2. Der gegenwärtige Stand

197 Die **BNetzA** hat die Entwicklung aufmerksam verfolgt und dokumentiert kontinuierlich den aktuellen Stand der Genehmigungsverfahren der einzelnen Projekte. Sie bereitet damit die Berichtspflicht des BMWi nach § 3 des EnLAG vor.

198 In ihrem **Montoring-Bericht 2010** hat sie zu Recht darauf verwiesen, dass die Beschleunigungswirkung der Planungs- und Genehmigungsverfahren unter der Geltung des EnLAG *„aufgrund der kurzen Zeit seit Inkrafttreten noch nicht abschließend beurteilt werden“* kann.[175] Bei vielen der insgesamt 24 EnLAG-Projekte seien Verzögerungen der Inbetriebnahme absehbar, so dass die jeweils vorgesehene Inbetriebnahme *„teilweise um mehrere Jahre überschritten werden wird.“* Für eine Vielzahl der EnLAG-Projekte sei zudem zu beachten, *„dass die Genehmigungsphase noch nicht eröffnet oder durchlaufen ist und somit potentielle Verzögerungen gegenwärtig nicht absehbar sind.“*[176]

199 Im **Monitoring-Bericht 2011** der BNetzA, vorgelegt am 4.5.2012, hat sie die Reaktion des Gesetzgebers auf die Notwendigkeit des Ausbaus der Übertragungsnetze ausdrücklich begrüßt.[177] Vor allem *„die zunehmende Transportentfernung und die verstärkte Nutzung erneuerbarer Energien“* machten diesen Netzausbau notwendig.“[178] Es folgt die Darstellung des Genehmigungs- und Realisierungsstandes der Projekte des EnLAG:[179]

200 Seit dem 4.5.2012 kann auf der Internetseite der BNetzA auf dem neuen Portal www.netzausbau.de der aktuelle Stand beim Ausbau der Stromnetze abgerufen werden. Alle Leitungsprojekte, die der Gesetzgeber im EnLAG für vordringlich erklärt hat, sind in ihrem jeweiligen Projektzustand in Karten und Tabellen dargestellt und werden ständig aktualisiert. Denn auf der Grundlage der quartalsweisen Berichte der vier ÜNB TenneT, 50Hertz, Amprion und TransnetBW, die der BNetzA quartalsmäßig ihre Bau- und Planungsfortschritte übermitteln, und er-

172 BGBl. 2011 I S. 1690.
173 Begründung des Gesetzentwurfs der Fraktionen CDU/CSU und FDP zum Entwurf eines Gesetzes über Maßnahmen zur Beschleunigung des Netzausbaus Elektrizitätsnetze, BT-Drucks. 17/1673 v. 6.6.2011 S. 1.
174 BT-Drucks. 17/6073, S. 23.
175 BT-Drucks. 17/6073, S. 23.
176 BT-Drucks. 17/6073, S. 24.
177 BT-Drucks. 17/6073, S. 20.
178 BT-Drucks. 17/6073. Die 24 benannten Ausbauprojekte umfassen 1.807 km an neu zu realisierenden Trassen. Das Bestandsnetz auf der Höchstspannungsebene macht eine Trassenlänge von 17.610 km aus.
179 BT-Drucks. 17/6073, S. 20.

gänzender Angaben der ÜNB hat die BNetzA ein detailliertes **EnLAG-Monitoring** vorgenommen, das den Stand und den ungefähren Verlauf der einzelnen Projekte aufzeigt.

Von den 1.834 km EnLAG-Leitungen sind demnach bisher 214 km realisiert. Von diesen 214 km wurden allerdings nach den Unterlagen der BNetzA bisher weniger als 100 km auch tatsächlich in Betrieb genommen.[180] Die Leitungen sind zudem vielfach Teil von längeren Vorhaben, die über die Grenzen zwischen einzelnen Bundesländern hinweggehen und die erst die Planfeststellung in anderen Bundesländern abwarten müssen, bevor der Betrieb aufgenommen werden kann. Zu den restlichen Vorhaben hält die BNetzA fest, *„dass die Fahrpläne teilweise erneut um ein oder gar zwei Jahre nach hinten korrigiert werden mussten"*. **201**

3. Kritik

Die Beschleunigungsmaßnahmen des EnLAG wurden zwar im Grundsatz begrüßt, in ihren Wir- **202**
kungen aber auch kritisch beurteilt.

Es wird darauf verwiesen, der Bund *„beschränkte sich"* im EnLAG *„auf eine zusammenfas-* **203**
sende Dokumentation der Vorhabenplanungen der Netzbetreiber."[181] *Weyer* meint,[182] beim EnLAG handle es sich nicht um einen echte staatliche Bedarfsplanung. Das ist sicher richtig, dennoch ist es ein weiterer Schritt hin zu einer solchen wie sie das NABEG jetzt geregelt hat. Immerhin gab es erhebliche verfassungsrechtliche Bedenken gegen eine staatliche Bedarfsregelung, die sich allerdings letztlich nicht durchgesetzt haben.[183] Das NABEG hat sicher eine *„wesentlich größere Überzeugungskraft als der EnLAG-Bedarfsplan"*.[184] So *„könnte das NABEG zum Prüfstein der Energiewende werden, [...] nachdem sich das EnLAG nur bedingt in der Praxis bewährt"* habe.[185]

Auch das wird skeptisch gesehen.[186] Der Vorstellung, die Reform des Verfahrensrechts *„ber-* **204**
ge gewaltige Potentiale zur Beschleunigung des Aufbaus der Netze" stehe in *„einem auffälligen Kontrast zu der in der Praxis verbreiteten Einschätzung, dass jedenfalls seit den Beschleunigungsnovellen des letzten Jahrzehnts"* der Aufwand an Energie für die Aufarbeitung der ständig wechselnden gesetzlichen Vorgaben größer war als der für die Lösung der energiewirtschaftlichen Sachprobleme.[187] Dafür spricht manches, auch wenn man das so pauschal nicht sagen kann. Nichts spricht allerdings gegen die Mitwirkung des Staates bei der Ermittlung des Bedarfs und gegen eine zeitnahe Fortführung der Bedarfsliste des EnLAG, zumal die Bundesrepublik dazu schon gemeinschaftsrechtlich verpflichtet ist. Jede auch nur geringe Bemühung um Verfahrensbeschleunigung trägt übrigens dazu bei, ein einheitliches EU-Genehmigungsverfahren zu vermeiden, das seit längerem im Raum steht. Was das NABEG dazu beitragen kann, wird hier in den speziellen Beiträgen untersucht.

---

180 Von insgesamt 1.834 km EnLAG-Leitungen sind erst 214 km (knapp 12%) realisiert. Von den 24 Projekten sind zwei bereits in Betrieb. Bei vier weiteren Projekten wurden zumindest Teilabschnitte fertig gestellt. Für zwei der EnLAG-Projekte werden noch Machbarkeitsstudien erstellt. Für diese beiden liegen weder Planungs- noch Investitionsbudgetanträge vor. Die restlichen 16 Vorhaben befinden sich in unterschiedlichen Stufen der Genehmigungsverfahren. 15 der 24 Vorhaben haben bereits einen voraussichtlichen Zeitverzug zwischen einem und fünf Jahren. Noch keiner der möglichen Erdkabelabschnitte ist in Betrieb. Die ÜNB rechnen mit der Fertigstellung der ersten Hälfte der Leitungsvorhaben (963 von 1.834 km) bis 2016.

181 *Moench/Rutloff*, NVwZ 2011, 1040, 1045 li. Sp.

182 *Weyer*, Netzausbau in Deutschland, Arbeitspapier 05/2011, S. 8.

183 *Durner*, DVBl. 2011, 853, 855 m.w.N., v.a. auf *Stüer*, DVBl. 2009, 1145.

184 *Weyer*, Netzausbau in Deutschland, Arbeitspapier 05/2011, S. 38.

185 *Moench/Rutloff*, NVwZ 2011, 1040, 1045 li. Sp.

186 Exemplarisch *Durner*, DVBl. 2011, 853, 859.

187 *Durner*, DVBl. 2011, 853, 855.

Teil 3 EnWG
Gesetz über die Elektrizitäts- und Gasversorgung (Energiewirtschaftsgesetz – EnWG) – Auszug –

in der Fassung vom 7.7.2005 (BGBl. I S. 1970, 3621), das zuletzt durch Art. 2 des Gesetzes vom 16.1.2012 (BGBl. I S. 74) geändert worden ist

...

Teil 3
Regulierung des Netzbetriebs
Abschnitt 1
Aufgaben der Netzbetreiber

...

§ 12a Szenariorahmen für die Netzentwicklungsplanung

(1) Die Betreiber von Übertragungsnetzen erarbeiten jährlich einen gemeinsamen Szenariorahmen, der Grundlage für die Erarbeitung des Netzentwicklungsplans nach § 12b ist. Der Szenariorahmen umfasst mindestens drei Entwicklungspfade (Szenarien), die für die nächsten zehn Jahre die Bandbreite wahrscheinlicher Entwicklungen im Rahmen der mittel- und langfristigen energiepolitischen Ziele der Bundesregierung abdecken. Eines der Szenarien muss die wahrscheinliche Entwicklung für die nächsten zwanzig Jahre darstellen. Für den Szenariorahmen legen die Betreiber von Übertragungsnetzen angemessene Annahmen für die jeweiligen Szenarien zu Erzeugung, Versorgung, Verbrauch von Strom sowie dessen Austausch mit anderen Ländern zu Grunde und berücksichtigen geplante Investitionsvorhaben der europäischen Netzinfrastruktur.
(2) Die Betreiber von Übertragungsnetzen legen der Regulierungsbehörde den Entwurf des Szenariorahmens vor. Die Regulierungsbehörde macht den Entwurf des Szenariorahmens auf ihrer Internetseite öffentlich bekannt und gibt der Öffentlichkeit, einschließlich tatsächlicher und potenzieller Netznutzer, den nachgelagerten Netzbetreibern, sowie den Trägern öffentlicher Belange Gelegenheit zur Äußerung.
(3) Die Regulierungsbehörde genehmigt den Szenariorahmen unter Berücksichtigung der Ergebnisse der Öffentlichkeitsbeteiligung.

Überblick

I. Allgemeines

1. Überblick über die Norm

1 Abs. 1 legt die allgemeinen Anforderungen an die Erstellung eines Szenariorahmens fest. Abs. 2 regelt das Verfahren der Vorlage und Öffentlichkeitsbeteiligung. Abs. 3 bestimmt, dass der Szenariorahmen unter Berücksichtigung der Ergebnisse der Öffentlichkeitsbeteiligung von der BNetzA genehmigt wird.

2. Regelungszweck

2 Die Bundesbedarfsplanung dient der Herbeiführung einer gemeinsamen Netzausbauplanung der ÜNB. Diese gemeinsame Planung soll den Zielen der Investitions- und Versorgungssicherheit Rechnung tragen. Mit der Neugestaltung der rechtlichen Rahmenbedingungen im Jahr 2011 wurde als **Ausgangspunkt für die Bedarfsplanung** die Erarbeitung eines Szenariorahmens in § 12a gesetzlich angeordnet. Auf der Grundlage des Szenariorahmens beruhen alle weiteren Planungsschritte. Basierend auf den Szenarien wird der Netzentwicklungsplan erstellt. Aus dem Netzentwicklungsplan geht der Ausbaubedarf für die Stromnetze in Deutschland hervor. Er stellt den Entwurf eines Bundesbedarfsplans dar.

3 Zudem ist diese Norm Grundlage für die erste **Öffentlichkeitsbeteiligung** im gesamten Prozess in einem sehr frühen Stadium. Die Regulierungsbehörde gibt der Öffentlichkeit sowie den Trägern öffentlicher Belange Gelegenheit zur Äußerung. Damit kann jedermann frühzeitig auf den Prozess der Netzentwicklungsplanung Einfluss nehmen. Unter Berücksichtigung der Ergebnisse der Öffentlichkeitsbeteiligung wird der Szenariorahmen genehmigt.

3. Entstehungsgeschichte

4 Die Norm beruht auf **europäischen Vorgaben**, die den Mitgliedstaaten Spielraum bei der Umsetzung gelassen haben. Art. 22 der RL 2009/72/EG fordert lediglich die Erstellung eines zehnjährigen Netzentwicklungsplans, der sich auf die derzeitige Lage und Prognosen im Bereich von Angebot und Nachfrage stützt. Bei der Erarbeitung sind angemessene Annahmen über die Entwicklung der Erzeugung, der Versorgung, des Verbrauchs und des Stromaustauschs mit anderen Ländern unter Berücksichtigung der Investitionspläne für regionale und gemeinschaftsweite Netze zugrunde zu legen. Konkrete Vorgaben zum Szenariorahmen enthält das europäische Sekundärrecht nicht.

5 Im Gesetzgebungsverfahren forderte der Bundesrat eine Stärkung der Beteiligung der Landesregulierungsbehörden.[1] Diese sollten schon frühzeitig bei der Festlegung des Szenariorahmens durch Beteiligungsmöglichkeiten einbezogen werden. Dieser Vorschlag wurde im weiteren Gesetzgebungsverfahren abgelehnt.

1 BR-Drucks. 343/11, S. 3. Siehe hierzu Rn 32.

II. Zweck des Szenariorahmens und des Netzentwicklungsplans

6 Der Wandel energiepolitischer, regulatorischer und gesellschaftlicher Rahmenbedingungen und die veränderte Erzeugungsstruktur erfordern eine Anpassung der bestehenden Übertragungsnetze. Mehrere Studien belegen, dass ein Ausbaubedarf besteht.[2] In welchem Umfang dieser Netzausbau stattzufinden hat, um die energiepolitischen Ziele zu erreichen und insbesondere die Versorgungssicherheit zu gewährleisten, muss ermittelt werden. **Die §§ 12a ff. bilden die Grundlage für eine koordinierte Netzausbauplanung im Bereich des Übertragungsnetzes.** Dabei dient der Szenariorahmen als Grundlage für die Netzberechnung.[3] Von den Szenarien hängt unmittelbar ab, welche Ausbaumaßnahmen geplant werden.[4] Der Netzentwicklungsplan dient der Ausweisung der wichtigen Übertragungsnetzinfrastrukturvorhaben, die in den nächsten zehn Jahren errichtet oder ausgebaut werden müssen.

7 Der Szenariorahmen ist **Grundlage für die Erarbeitung des Netzentwicklungsplans** nach § 12b. Die Gesetzesbegründung spricht davon, dass die Erstellung des Szenariorahmens ein wesentlicher Teilschritt bei der Erstellung des Netzentwicklungsplans sei. Der Szenariorahmen sei wesentlicher Bestandteil und Grundlage des Netzentwicklungsplans.[5] Um aus dem Szenariorahmen einen Netzentwicklungsplan zu erstellen, sind weitere Schritte erforderlich: Bei der Ermittlung des aus den Szenarien resultierenden Netzausbaubedarf spielen insbesondere die Regionalisierung, Marktsimulation und Bestimmung der Netzbelastung eine wichtige Rolle.[6] Da die Entwicklung des Stromversorgungssystems einem dynamischen Wandel unterliegt, ist die Vorgabe eines einzigen Entwicklungspfades, an dem sich der Netzausbaubedarf zu orientieren hat, nicht ausreichend. Daher ist bei der Ermittlung, ob eine Leitung benötigt wird, die Berechnung aller Szenarien erforderlich. Daraus werden im Anschluss die Maßnahmen für den Netzentwicklungsplan abgeleitet.

8 Der gesamte Prozess dient der **Bedarfsplanung**. Der Netzentwicklungsplan wird als Entwurf eines Bundesbedarfsplans an die Bundesregierung übermittelt. Es wird ein Umweltbericht als Ergebnis einer SUP erstellt, um die Umweltauswirkungen der Vorhaben zu ermitteln, zu beschreiben und zu bewerten.[7] Zuvor erfolgte die Bedarfsplanung nur für die Projekte des **EnLAG**. Durch die gesetzliche Bedarfsplanung steht in nachfolgenden Planfeststellungsverfahren für die betreffenden Vorhaben die Planrechtfertigung fest und kann daher in Klageverfahren grds. nicht mehr in Frage gestellt werden. Im EnLAG wurde die verbindliche Feststellung der energiewirtschaftlichen Notwendigkeit und des vordringlichen Bedarfs für 24 Neu- und Ausbauvorhaben der Höchstspannungsnetze[8] getroffen.

---

2 Hierzu insbesondere *dena* (Hrsg.), Kurzanalyse der Kraftwerks- und Netzplanung in Deutschland bis 2020 (mit Ausblick auf 2030). Annahmen, Ergebnisse und Schlussfolgerungen, 2008, abrufbar unter www.dena.de/infos/presse/studien#c5277; sowie die sog. dena II-Studie: *dena* (Hrsg.), dena-Netzstudie II – Integration erneuerbarer Energien in die deutsche Stromversorgung im Zeitraum 2015-2020 mit Ausblick auf 2025, 2010, abrufbar unter www.dena.de/themen/thema-esd/projekte/projekt/dena-netzstudie-ii; dazu auch *Prognos/EWI/GWS*, Energieszenarien 2011, Projekt Nr. 12/10, 2011, abrufbar unter ww.ewi.uni-koeln.de; *Prognos/EWI/GWS*, Energieszenarien für ein Energiekonzept der Bundesregierung, Projekt Nr. 12/10, 2010, abrufbar unter www.bmu.de. *DLR/IWES/IFNE*, Langfristszenarien und Strategien für den Ausbau der erneuerbaren Energien in Deutschland bei Berücksichtigung der Entwicklung in Europa und global, „Leitstudie 2010“, 2010, abrufbar unter www.bmu.de.

3 BT-Drucks. 17/ 6072, S. 68.

4 *Bunge*, Lf. 1/12, Kap. 0540, S. 8.

5 BT-Drucks. 17/ 6072, S. 68.

6 Siehe hierzu § 12b Rn 7 ff.

7 Siehe hierzu § 12c Rn 10 ff.

8 Siehe hierzu § 1 EnLAG.

9 Erst für den Bundesbedarfsplan ist eine SUP erforderlich.[9] Bei dem Szenariorahmen handelt es sich nicht um einen Plan oder ein Programm im Sinne des § 2 Abs. 5 UVPG. Eine **SUP** findet in diesem Stadium nicht statt.

III. Erarbeitung des Szenariorahmens (Abs. 1 S. 1)

10 Die Betreiber von Übertragungsnetzen erarbeiten jährlich einen Szenariorahmen. Zuständig sind also die Vorhabenträger der späteren Planungsschritte.[10] Der Begriff der **ÜNB** ist im EnWG definiert. Nach § 3 Nr. 10 handelt es sich um *„natürliche oder juristische Personen oder rechtlich unselbständige Organisationseinheiten eines Energieversorgungsunternehmens, die die Aufgabe der Übertragung von Elektrizität wahrnehmen und die verantwortlich sind für den Betrieb, die Wartung sowie erforderlichenfalls den Ausbau des Übertragungsnetzes in einem bestimmten Gebiet und gegebenenfalls der Verbindungsleitungen zu anderen Netzen"*. In Deutschland werden die Übertragungsnetze von 50 Hertz Transmission GmbH, Amprion GmbH, TenneT TSO GmbH und Transnet BW GmbH betrieben. Das Übertragungsnetz ist in vier Regionen (sog. Regelzonen) aufgeteilt. Die ÜNB erarbeiten gemeinsam die Grundlage für die bundesweite Netzausbauplanung der nächsten Jahre. Zur Erstellung des Netzentwicklungsplans trifft sie gem. § 12b Abs. 1 S. 1 eine **besondere Kooperationspflicht.**[11] Dies ist ein Unterschied im Vergleich zur früheren Netzausbauplanung. Die ÜNB sind grds. zur Entwicklung ihres jeweiligen Energieversorgungsnetzes verpflichtet, § 11. Stromnetze sind natürliche Monopole. Nach den letzten Novellierungen des Energiewirtschaftsrechts steht der Wettbewerb immer weiter im Vordergrund. Das bisherige Netz ist vor allem durch historisch gewachsene Erzeugungs- und Verbrauchsstrukturen geprägt. Die Stromerzeugung erfolgte nah an den Verbrauchszentren. Nunmehr ist durch die Abschaltung der Kernkraftwerke und durch den Zubau der Erzeugung aus erneuerbaren Energien (vor allem Offshore) eine neue Netzinfrastruktur erforderlich. Große Energiemengen werden lastfern durch fluktuierende Quellen produziert. Dadurch werden die Entfernungen des Leistungstransports wesentlich größer. Zudem führt dies zu hohen Anforderungen an die Flexibilität konventioneller Kraftwerke.

11 Die Erarbeitung des Szenariorahmens ist ein **iterativer Prozess**. Der Szenariorahmen ist jeweils an die aktuellen technischen und politischen Entwicklungen und an die gesellschaftlichen Ansprüche anzupassen. Das **Jährlichkeitsprinzip** betrifft zunächst nur die Erarbeitung des Szenariorahmens und des Netzentwicklungsplans. Die jährliche Aktualisierung des Szenariorahmens und die jährliche Anpassung der Netzentwicklungsplanung dienen dazu, die Entwicklung des Stromversorgungssystems an Neuerungen anzupassen, die von den vorangegangenen Grundannahmen abweichen. Neue Erkenntnisse über zukünftige Entwicklungen können so berücksichtigt werden.[12] Der Bundesbedarfsplan ist hingegen, sofern sich keine wesentlichen Änderungen des Netzentwicklungsplans ergeben, nur alle drei Jahre zu erlassen (§ 12e Abs. 1).

12 Die Vorgabe der jährlichen Erarbeitung eines Szenariorahmens und des Netzentwicklungsplans stellt eine **überschießende Umsetzung** der Stromrichtlinie dar.[13] Art. 22 der Stromrichtlinie sieht die Verpflichtung nur für unabhängige ÜNB (ITO) vor. Im deutschen Recht wurde die Verpflichtung für die ÜNB unabhängig von der gewählten Entflechtungsoption eingeführt.[14]

9 Siehe hierzu § 12c Rn 10.
10 Siehe hierzu § 3 NABEG Rn 11 ff.
11 Zur Kooperationspflicht Britz/Hellermann/Hermes/*Bourwieg*, § 11 Rn 10.
12 BT-Drucks. 17/6072, S. 68.
13 *Grigoleit/Weisensee*, UPR 2011, 401, 404.
14 Für die unabhängigen Netzbetreiber (ISO) gilt Art. 13 der Stromrichtlinie.

Daher gibt es vor dem Hintergrund der aufwendigen Erstellung und des umfangreichen Konsultationsprozesses Stimmen, die eine zweijährige Abfolge fordern.[15]

IV. Szenarien (Abs. 1 S. 2 und 3)

Das Gesetz schreibt vor, dass der Szenariorahmen mindestens drei Entwicklungspfade (**Szenarien**) umfasst, die für die nächsten zehn Jahre die Bandbreite wahrscheinlicher Entwicklungen im Rahmen der mittel- und langfristigen energiepolitischen Ziele der Bundesregierung abdecken. Eines der Szenarien muss die wahrscheinliche Entwicklung für die nächsten zwanzig Jahre darstellen. Ein Szenario ist demnach ein **Entwicklungspfad**, an dem sich die Netzentwicklungsplanung orientiert. Es handelt sich um eine **wahrscheinliche Entwicklung der Energiewelt**. Das Szenario ist damit die **Beschreibung einer zukünftigen Situation**. Bezogen auf einen Zielzeitpunkt werden die Annahmen zu Erzeugung, Versorgung und Verbrauch von Strom im Vergleich zu einem Referenzzeitpunkt dargestellt. Diese Annahmen beinhalten einen konsistenten Systemzusammenhang von dem Ausgangszeitpunkt bis in die Zukunft. 13

Die Entwicklungspfade müssen, ausgehend vom Zeitpunkt des Entwurfs des zu erarbeitenden Netzentwicklungsplans, die energiewirtschaftliche Entwicklung in den nächsten **zehn Jahren** abdecken. Entscheidend ist also nicht die Vorlage oder Genehmigung des Szenariorahmens, sondern das Jahr, für welches ein Netz geplant wird. Da das Gesetz nur **mindestens drei Szenarien** vorsieht, könnten auch weitere Szenarien hinzukommen. Allerdings sollte sich die Zahl der Szenarien in einem geeigneten Rahmen halten, um die Belastbarkeit der Ergebnisse und die Konstanz über verschiedene Jahre hinweg zu gewährleisten. Die Szenarien müssen so gewählt werden, dass die wahrscheinlichen Entwicklungen abgebildet werden. Falls zusätzlich relevante Erkenntnisse nur mit weiteren Szenarien in den Prozess einfließen können, ist der Rahmen zu erweitern. Möglich erscheint aber auch die Einführung von **Sensivitätsbetrachtungen**. Im Rahmen der ersten Genehmigung des Szenariorahmens wurden Nebenbestimmungen aufgenommen. Danach sind die ÜNB zur Analyse von Variationen des Stromverbrauchs und der Jahreshöchstlast verpflichtet.[16] 14

Ein Szenario ist als wahrscheinlich zu erachten, wenn es mit einer **hinreichend hohen Realisierungswahrscheinlichkeit** verbunden ist und somit das zu entwickelnde Stromnetz in der Zukunft den Anforderungen dieses Szenarios mit hinreichend hoher Wahrscheinlichkeit genügt.[17] **Die Wahrscheinlichkeit ergibt sich aus den politischen Zielen** (explizit genannt sind insbesondere die mittel- und langfristigen energiepolitischen Ziele der Bundesregierung, z.B. Zubau erneuerbarer Energien sowie Umweltbelange) **und der Fortschreibung der aktuellen Entwicklungen**. Da es sich um eine Prognose handelt, kann nicht der eine richtige Entwicklungspfad vorgeben werden. Es lässt sich nicht immer genau bestimmen, mit welcher Wahrscheinlichkeit bestimmte Randbedingungen eintreten werden. Auch ist nicht einfach zu bestimmen, welche Randbedingungen einfließen müssen und welche nicht.[18] Die Vorgabe eines einzigen Entwicklungspfads könnte dazu führen, dass jede Abweichung im Folgejahr Änderungen des Netzentwicklungsplans bewirkt. Das würde zu Fehlplanungen und damit zugleich zu erheblichen vermeidbaren Kosten führen. Das hat der Gesetzgeber erkannt 15

15 So beispielsweise der vzbv – Verbraucherzentrale Bundesverband e.V. in der Stellungnahme zum Entwurf des Netzentwicklungsplans vom 9.7.2012, S. 3; abrufbar unter www.vzbv.de.

16 *BNetzA*, Genehmigung des Szenariorahmens für die Netzentwicklungsplanung nach § 12a Abs. 3 EnWG; Az. 8121-12/Szenariorahmen 2011, S. 3, abrufbar unter www.bundesnetzagentur.de.

17 *BNetzA*, Genehmigung des Szenariorahmens für die Netzentwicklungsplanung nach § 12a Abs. 3 EnWG, 2011, S. 34.

18 *Bunge*, Lf. 1/12, Kap. 0540, S. 10.

und fordert daher eine Bandbreite von mindestens drei Szenarien. Indem der Netzentwicklungsplan jährlich aufzustellen ist und die Szenarien jährlich zu ermitteln sind, wird dennoch gewährleistet, dass neue Erkenntnisse und die stetig voranschreitende Entwicklung im Energiesektor berücksichtigt werden. Bei der Ermittlung der Szenarien ist vom **aktuellen Stand der rechtlichen und regulatorischen Vorgaben** auszugehen. Zukünftige Entwicklungen, die sich aus politischen Grundentscheidungen (z.B. Förderung erneuerbarer Energien), aus der Verbreitung neuer Technologien (z.B. Speichereinsatz) oder aus der Entwicklung der Marktpreise ergeben, können Einfluss auf die notwendigen Infrastrukturprojekte haben. Diese sind aber zum Zeitpunkt der Erstellung der Szenarien bzw. des Netzentwicklungsplans nicht sicher vorhersehbar. Daher sieht das Gesetz eine **Bandbreite wahrscheinlicher Entwicklungen** vor.

16 Eines der Szenarien muss die wahrscheinliche Entwicklung für die nächsten **zwanzig Jahre** darstellen. Die Aufnahme eines **langfristigen Szenarios** soll gewährleisten, dass lang- und mittelfristig erforderliche Netzausbaumaßnahmen möglichst in Einklang gebracht werden.[19] Sobald die Bundesregierung ein Konzept für ein **Zielnetz 2050** vorlegt, sollen auch dessen Aussagen mitberücksichtigt werden.[20]

17 Die wahrscheinlichen Entwicklungen decken den Rahmen der mittel- und langfristigen energiepolitischen Ziele der Bundesregierung ab. Die von der Bundesregierung definierten Ziele decken sich weitestgehend mit den in § 1 Abs. 1 formulierten Zielen des EnWG. Zweck des Gesetzes ist eine möglichst sichere, preisgünstige, verbraucherfreundliche, effiziente und umweltverträgliche leitungsgebundene Versorgung der Allgemeinheit mit Elektrizität und Gas, die zunehmend auf erneuerbaren Energien beruht. Die zum Zeitpunkt der Erstellung des ersten und zweiten Szenariorahmens zu berücksichtigenden **mittel- und langfristigen Ziele der Bundesregierung** werden im Wesentlichen durch das Energiekonzept der Bundesregierung vom 28.9.2010[21] definiert. Ergänzt wurden diese Ziele durch das Eckpunktepapier der Bundesregierung zur Energiewende vom 6.6.2011.[22] Zudem sind die Eckpunkte für ein integriertes Energie- und Klimaprogramm vom 23.8.2007 (Meseberger Beschlüsse)[23] maßgeblich, das teilweise bereits in den Zielbestimmungen einiger Gesetze Einzug gefunden hat, z.B. § 1 KwKG, § 1 EEG. Im Wesentlichen handelt es sich um folgende energiepolitischen Ziele,[24] die im Rahmen der Szenarien zu berücksichtigen sind:
- Minderung der Treibhausgasemissionen;
- Senkung des Primärenergieverbrauchs;
- Erhöhung des Anteils der Stromerzeugung aus erneuerbaren Energien;
- Erhöhung der Offshore-Windleistung;
- Erhöhung des Anteils von Strom aus Kraft-Wärme-Kopplung;
- Minderung des Stromverbrauchs sowie
- Ausstieg aus der Nutzung der Kernenergie.

19 BT-Drucks. 17/6072, S. 68.
20 BT-Drucks. 17/6072, S. 68.
21 Bundesregierung, Energiekonzept für eine umweltschonende, zuverlässige und bezahlbare Energieversorgung, 2010; abrufbar unter www.bmwi.de; BT-Drucks. 17/6071, S. 1.
22 Bundesregierung, Der Weg zur Energie der Zukunft – sicher, bezahlbar und umweltfreundlich, 2011.
23 Das Bundeskabinett hat im August 2007 in Meseberg ein Energie- und Klimaprogramm beschlossen. Am 5.12.2007 legte das Kabinett ein umfangreiches Paket mit 14 Vorhaben vor. Das Integrierte Energie- und Klimaprogramm der Bundesregierung ist abrufbar unter www.bmu.de.
24 Siehe hierzu *BNetzA*, Genehmigung des Szenariorahmens für die Netzentwicklungsplanung nach § 12a Abs. 3 EnWG, 2011, S. 43ff.

„Szenario-Trichter"
Aus diesen Vorgaben wird der Szenariorahmen erarbeitet. Graphisch stellt sich das als Trichter dar. Als Ausgangspunkt haben alle Szenarien das Referenzjahr. Für das Zieljahr gehen die Annahmen auseinander. Die BNetzA bezeichnet dies als „Szenario-Trichter".[25] Angelehnt an die Darstellung der BNetzA ergibt sich folgendes Bild:

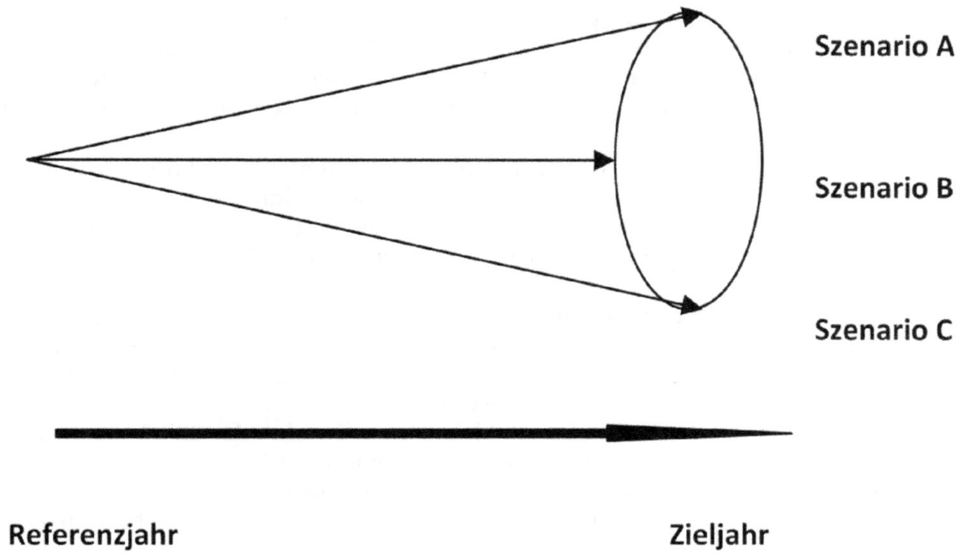

V. Annahmen für den Szenariorahmen (Abs. 1 S. 4)

Die ÜNB legen dem Szenariorahmen **angemessene Annahmen** für die jeweiligen Szenarien **zu Erzeugung, Versorgung, Verbrauch von Strom sowie dessen Austausch mit anderen Ländern zu Grunde und berücksichtigen geplante Investitionsvorhaben der europäischen Netzinfrastruktur**. Erfasst sind damit im Wesentlichen die Entwicklung des Angebots und der Nachfrage.[26] Diese Anforderungen ergeben sich bereits aus Art. 22 Abs. 3 der RL 2009/72/EG. Die ÜNB haben keinen Einfluss auf die Anzahl oder Standorte der Energieerzeugung und des Energieverbrauchs. Sie sind unabhängig von Erzeugung sowie Vertrieb und haben diskriminierungsfrei ihr Netz zur Verfügung zu stellen. Um das Netz auch in Zukunft sicher betreiben zu können, müssen sie bestimmte Annahmen zu Grunde legen. 18

Für die Annahmen zur **Erzeugung** sind Angaben zu den Kapazitäten der Stromerzeugung für das Referenzjahr und die Zielzeitpunkte erforderlich. Die installierte Erzeugungsleistung ist zu verstehen als **Bruttoleistung**. Sie beschreibt die an das Versorgungssystem abgegebene Leistung einer Erzeugungseinheit. Die Nettoleistung ergibt sich aus der Bruttoleistung nach Abzug der elektronischen Eigenverbrauchsleistung während des Betriebes.[27] Im ersten genehmigten Szenariorahmen wurde die **installierte Erzeugungsleistung** getrennt nach konventioneller Erzeugung (Kernenergie, Braunkohle, Steinkohle, Erdgas, Pumpspeicher, Öl und Sons- 19

25 *BNetzA*, Genehmigung des Szenariorahmens für die Netzentwicklungsplanung nach § 12a Abs. 3 EnWG, 2011, S. 35 f.
26 BT-Drucks. 17/ 6072, S. 68.
27 Monitoringbericht der BNetzA, 2011, S. 233.

tige) sowie Erzeugung aus erneuerbaren Energien (Wasserkraft, Wind onshore und offshore, Photovoltaik, Biomasse und andere regenerative Erzeugung) dargestellt. Zu berücksichtigen sind Bestandserzeugungsanlagen, Anlagen in Bau und u.U. geplante Anlagen.[28] Sofern nicht konkretere Angaben vorliegen, muss mit **standardisierten Werten** gearbeitet werden. Für die Kernkraftwerke gibt es gesetzliche Vorgaben zur Laufzeit.[29] Bei anderen Erzeugungsarten werden einheitliche Laufzeiten der Anlagen ermittelt. Im Einzelfall wird es immer zu Abweichungen kommen. Jüngere Anlagen haben oft eine längere Lebensdauer und höhere Einsatzwahrscheinlichkeit als ältere Anlagen. Indem ein Durchschnittswert angesetzt wird, werden die Ungenauigkeiten ausgeglichen. Neben dem Zubau sind auch Außerbetriebnahmen zu beachten.

20 Bei der Erzeugung spielen auch die **CO_2-Preise** und **Kosten für Brennstoffe** eine Rolle. Die Kosten für CO_2-Emmissionszertifikate und für Brennstoffe haben **Einfluss auf Investitionsentscheidungen** für neue Kraftwerke sowie für den Einsatz der Kraftwerke nach Merit-Order. Steigende CO_2-bedingte bzw. brennstoffbedingte Kosten führen zu Investitionen in Energieeffizienztechnologien.

21 Der Begriff der **Versorgung** ist definiert in **§ 3 Nr. 36.** Danach ist Versorgung im Sinne des EnWG *„die Erzeugung oder Gewinnung von Energie zur Belieferung von Kunden, der Vertrieb von Energie an Kunden und der Betrieb des Energieversorgungsnetzes“*. Im Sinne der zugrunde liegenden europarechtlichen Vorgaben bezeichnet der Ausdruck „Versorgung“ den Verkauf einschließlich des Weiterverkaufs von Elektrizität an Kunden (Art. 2 Nr. 19 der RL 2009/71/EG). Die Annahmen zur netzebenenübergreifenden Jahreshöchstlast in GW bilden die Versorgung ab. Die **Jahreshöchstlast** ist der maximal in einem Jahr zu einem bestimmten Zeitpunkt auftretende Transportbedarf im Stromnetz. Für diese Last muss das Netz ausgelegt sein.

22 Unter der Voraussetzung **Verbrauch** wird der Nettostrombedarf oder die Ausspeisung von Strom an Letztverbraucher abgebildet. Der **Nettostrombedarf** ergibt sich aus Bruttostromerzeugung, reduziert um den Nettoexport, den Eigenverbrauch der Kraftwerke und die Netzverluste. Die Senkung des Stromverbrauchs ist eines der energiepolitischen Ziele: Es ist eine Senkung des Primärenergieverbrauchs gegenüber dem Referenzjahr 2008 um 20% bis zum Jahr 2020 und um 50% bis zum Jahr 2050 beabsichtigt.[30] Wie hoch der Verbrauch im Zieljahr sein wird, hängt stark von der Entwicklung der Gesamtwirtschaft und einzelner Industriezweige ab. Ebenso spielen neue Technologien eine große Rolle.

Beispiel
Für den **ersten Szenariorahmen** wurden von der BNetzA vier Szenarien genehmigt: Szenario A 2022, B 2022, B 2032 und C 2022. Die Genehmigung enthält bundesweite Summenwerte (installierte Erzeugungsleistung je Erzeugungsart, den Stromverbrauch und die Jahreshöchstlast) und in den Nebenbestimmungen vier Zusatzanforderungen (Sensitivitätsanalysen).

- Das Szenario A 2022 ist durch einen moderaten Ausbau erneuerbarer Energien und einem höheren Anteil konventioneller Kraftwerke, insbesondere Kohlekraftwerke, gekennzeichnet.
- Das Szenario B besteht aus einem zehnjährigen Szenario (B 2022) und einem hierauf aufbauenden zwanzigjährigen Szenario (B 2032). Es geht von einem erhöhten Ausbau erneuerbarer Energien und einer erhöhten Leistung der Erdgaskraftwerke aus. Zudem erfolgt in diesem Szenario keine Umsetzung der in Planung befindlichen Kohlekraftwerke. Für das längerfristige Szenario B 2032 sind weitere Stilllegungen von Kohle- und Ölkraftwerken vorgesehen. Die Stromerzeugung aus erneuerbaren Energien nimmt weiterhin zu.

---

28 Zu den geplanten Anlagen vgl. *BNetzA*, Genehmigung des Szenariorahmens für die Netzentwicklungsplanung nach § 12a Abs. 3 EnWG, 2011, S. 42.

29 Dreizehntes Gesetz zur Änderung des Atomgesetzes v. 31.7.2011 (BGBl. I S. 1704).

30 Energiekonzept der Bundesregierung vom 28.9.2010, S. 5.

– Das Szenario C 2022 sieht einen verstärkten Ausbau erneuerbarer Energien vor. Die zugrunde liegenden Daten stammen von den Bundesländern und wurden von der BNetzA hinsichtlich der Entwicklung von Windenergie onshore und offshore teilweise geändert. Die Entwicklung des Kraftwerkparks entspricht dem Szenario B 2022.

Für die angemessenen Annahmen zum **Stromaustausch mit anderen Ländern,** die den Entwicklungspfaden zu Grunde zu legen sind, sind Übertragungskapazitäten mit dem Ausland zu ermitteln. Die ÜNB dürfen sich bei der Erstellung des Szenariorahmens nicht von rein nationalen Interessen leiten lassen. Diese Anforderung an den Szenariorahmen ist eine **Folge des europäischen Elektrizitätsbinnenmarktes.** Schon aus Gründen der Versorgungssicherheit und Systemstabilität kann das deutsche Übertragungsnetz nicht separat betrachtet werden. Die Vorschrift gewährleistet die Netzsicherheit in Deutschland und im Ausland. Eine Leitung in Deutschland kann u.U. allein deshalb erforderlich sein, um die Versorgung in einem Nachbarstaat zu gewährleisten. Auch hier sind die Kapazitäten entscheidend, nicht die tatsächlich geflossene Energie. 23

Die **Berücksichtigung geplanter Investitionsvorhaben der europäischen Netzinfrastruktur** hängt mit den Annahmen zum Stromaustausch mit anderen Ländern zusammen. Um zu ermitteln, welche Maßnahmen in Deutschland zur Optimierung, Verstärkung und zum Ausbau des Netzes erforderlich sind, sind immer auch die mit dem deutschen Netz verknüpften Vorhaben zu betrachten. Die Europäische Union hat gem. Art. 170 AEUV die Aufgabe, einen Beitrag zum Netzausbau in den Bereichen Verkehr, Telekommunikation und Energie zu leisten. Die zukünftigen Investitionsvorhaben werden im Rahmen des **gemeinschaftsweiten Netzentwicklungsplans (Ten-Year Network Development Plan**) abgebildet.[31] 24

Zahlreiche Investitionsvorhaben der europäischen Infrastruktur sind bereits den Anhängen zur Entscheidung Nr. 1364/2006/EG (**TEN-E-Leitlinien**)[32] zu entnehmen. Für den Elektrizitätssektor ist eine verlässliche Infrastruktur für einen reibungslos funktionierenden europäischen Binnenmarkt für Strom unverzichtbar. Um dies zu gewährleisten, erfolgt eine Förderung von Maßnahmen des Auf- und Ausbaus transeuropäischer Netze. In den TEN-E-Leitlinien wurden die Vorhaben in drei Kategorien eingeteilt: **Vorhaben von gemeinsamen Interesse, vorrangige Vorhaben und Vorhaben von europäischen Interesse.** Die Einteilung in die Kategorien und damit auch die Förderung erfolgt anhand der Bedeutung für das europäische Verbundnetz. Bestimmte prioritäre Vorhaben, die grenzüberschreitend sind oder erhebliche Auswirkungen auf die grenzüberschreitenden Transportkapazitäten haben, werden bei der Auswahl der **Finanzierung** aus TEN-E-Mitteln bevorzugt behandelt. Im Übrigen tragen die Leitlinien zu einer **besseren Koordinierung der Vorhaben** bei. 25

Zukünftig wird die als Entwurf vorliegende **Verordnung des Europäischen Parlaments und des Rates zu Leitlinien für die transeuropäische Energieinfrastruktur** und zur Aufhebung der Entscheidung Nr. 1364/2006/EG[33] für die Berücksichtigung der Investitionsvorhaben europäischer Infrastruktur eine bedeutende Rolle spielen.[34] In den Erwägungsgründen des Verordnungsentwurfs wird betont, dass unionsweit integrierte Netze von entscheidender Bedeutung sind, um einen vom Wettbewerb geprägten und gut funktionierenden integrierten Markt zur Förderung von Wachstum, Beschäftigung und nachhaltiger Entwicklung zu gewährleisten.[35] 26

31 Zum Ten-Year Network Development Plan siehe § 12c Rn 8 f.

32 Entscheidung Nr. 1364/2006/EG des Europäisches Parlaments und des Rates vom 6.9.2006 zur Festlegung von Leitlinien für die transeuropäischen Energienetze und zur Aufhebung der Entscheidung 96/391/EG und der Entscheidung 1229/2003/EG, ABl. EG Nr. L 262 vom 22.9.2006.

33 2011/0300 (COD) und 2011/0302 (COD), Vorschlag vom 19.10.2011, KOM (2011) 658 endg.

34 Hierzu Einleitung Rn 54 ff.; *Schmitz/Jornitz*, NVwZ 2012, 332; *Reichert/Vosswinkel*, IR 2012, 98.

35 Erwägungsgrund 7 des Verordnungsentwurfs.

Der Investitionsbedarf für die Stromübertragungs- und Gasfernleitungsinfrastruktur von europäischer Bedeutung bis 2020 wurde auf ca. 200 Mrd. € geschätzt.[36] Die erhebliche Steigerung des Investitionsvolumens gegenüber vergangenen Trends und die Dringlichkeit der Umsetzung der Energieinfrastrukturprioritäten erfordere einen neuen Ansatz in Bezug auf die Art und Weise, in der vor allem grenzüberschreitende Energieinfrastrukturen reguliert und finanziert werden.[37] Dringend erforderliche Investitionen würden jedoch verzögert oder nicht getätigt. Dies führt die Kommission auf langwierige und ineffiziente Genehmigungsverfahren, Widerstände in der Bevölkerung, eine fehlende Ausrichtung auf europäische Infrastrukturprioritäten, begrenzte Finanzierungskapazitäten und ungeeignete Finanzierungsinstrumente zurück.[38] Nach dem Vorschlag der Europäischen Kommission sind ***„Projekte von gemeinsamem Interesse“*** auszuwählen, die zur Erreichung der Klima- und Energieziele wichtig sind. Für sie gilt ein **erleichtertes, schnelleres und transparenteres Genehmigungsverfahren**: Jeder Mitgliedstaat soll eine einzige zuständige Behörde als Anlaufstelle für das gesamte Genehmigungsverfahren benennen **(„one-stop-shop“). Das gesamte Verfahren soll höchstens drei Jahre dauern.** Die Projekte können **EU-Mittel** in Form von Zuschüssen oder projektbezogenen Anleihen erhalten. Die Projekte von gemeinsamem Interesse müssen **wirtschaftlich, sozial und ökologisch tragfähig sein und mindestens zwei Mitgliedstaaten einbeziehen.** Sie sollen die Versorgungssicherheit stärken, die Marktintegration ermöglichen, den Wettbewerb fördern, die Flexibilität des Systems gewährleisten und die Übertragung der aus erneuerbaren Quellen erzeugten Energie zu den Zentren des Verbrauchs und den Speicherstandorten ermöglichen. Ein Projekt von gemeinsamem Interesse könnte beispielsweise die Errichtung eines Offshore-Anbindungsnetzes sein, das für den Transport des in Offshore-Windparks erzeugten Stroms zu den Verbrauchern in den großen Städten dient.

VI. Öffentlichkeitsbeteiligung zum Entwurf des Szenariorahmens (Abs. 2)

27 Im Rahmen der gesamten Netzausbauplanung findet eine umfangreiche Beteiligung der Öffentlichkeit und der Träger öffentlicher Belange statt. Die Regelung wurde vor allem aufgrund der bisherigen Erfahrungen der Netzplanung der dena-Netzstudien eingefügt, die sich dem Vorwurf mangelnder Transparenz und Nachvollziehbarkeit ausgesetzt sahen. Abs. 2 des § 12a beschreibt den ersten Schritt der **Öffentlichkeitsbeteiligung**. Der von den ÜNB erarbeitete Szenariorahmen wird als Entwurf der Regulierungsbehörde vorgelegt. Die Regulierungsbehörde macht den Entwurf des Szenariorahmens auf ihrer Internsetseite **öffentlich bekannt.**

28 Das Gesetz ermöglicht eine **internetbasierte Beteiligung**. Die Gesetzesbegründung spricht davon, dass die **Anhörung zumindest auch auf Internetbasis** erfolgt.[39] Fristen oder Einwendungsmöglichkeiten sind hingegen nicht geregelt. Gemäß § 12c Abs. 6 hat die BNetzA die Möglichkeit, die Einzelheiten der Beteiligung zum Entwurf des Szenariorahmens durch eine Festlegung näher auszugestalten.[40]

---

36 In ihrem Bericht an den Rat „Energie“ (SEK (2011) 755) vom Juni 2011 hat die Kommission den Gesamtinvestitionsbedarf für Energieinfrastruktur von europäischer Bedeutung bis 2020 auf ca. 200 Mrd. € geschätzt: ca. 140 Mrd. € für Hochspannungsstromübertragungsnetze sowohl an Land als auch im Meer, für die Speicherung und für intelligente Netzanwendungen auf der Übertragungs- und Verteilerebene; ca. 70 Mrd. € für Hochdruckgasfernleitungen (in die EU und zwischen den EU-Mitgliedstaaten), Speicherung, Terminals für Flüssigerdgas/komprimiertes Erdgas (LNG/CNG) und Infrastruktur für den Gastransport entgegen der Hauptflussrichtung; ca. 2,5 Mrd. € für die CO_2-Transportinfrastruktur.

37 Erwägungsgrund 11 des Verordnungsentwurfs.

38 Europäische Kommission, Mitteilung KOM(2010) 639 v. 10.11.2010.

39 BT-Drucks. 17/6072, S. 68.

40 Siehe hierzu § 12c Rn 50 f.

Tipp
Die Konsultation des Szenariorahmens läuft über die Internetseite www.netzausbau.de. Hier finden sich die weiteren Details zur Konsultation und zur Veröffentlichung der Stellungnahmen.

§ 12a Abs. 2 erfasst die Beteiligung der Öffentlichkeit, einschließlich tatsächlicher und potenzieller Netznutzer, nachgelagerter Netzbetreiber sowie Träger öffentlicher Belange. Diesen wird **Gelegenheit zur Äußerung** gegeben. Im Gesetzgebungsprozess forderte der Bundesrat eine stärkere Einbeziehung der Länder bei der Festlegung des Szenariorahmens. Diese sollten schon in einem frühen Stadium durch Beteiligung der Landesregulierungsbehörden in das Verfahren einbezogen werden.[41] Dieser Vorschlag wurde zu Recht abgelehnt. Für ÜNB besteht keine Landeszuständigkeit (vgl. § 54). Zudem haben die Landesregulierungsbehörden die Möglichkeit, weitergehende Informationen im Länderausschuss nach § 60a zu bekommen. Die Interessen der VNB werden über die Öffentlichkeitsbeteiligung bereits erfasst, da auch nachgelagerte Netzbetreiber explizit genannt sind.[42] Eine Beteiligung der Landesregulierungsbehörden ist demnach nicht erforderlich. 29

Die Genehmigung des Szenariorahmens dient dazu, die **faktischen Grundlagen** der anschließenden Planungen **vorab verbindlich festzustellen**. Spätere Einwendungen zu den Szenarien sollen daher ausgeschlossen sein. Bedenken werden jedoch gegen ein solches Vorgehen geäußert, sofern der Netzentwicklungsplan zum Bundesbedarfsplan werden soll. Dann ist eine SUP erforderlich. Nach den europäischen Vorgaben müsste in einem solchen Fall die Möglichkeit bestehen, in der SUP auch die zu Grunde liegenden Prognosen zu diskutieren.[43] Die Mitwirkungsmöglichkeit bei dem Szenariorahmen entspricht nicht den Anforderungen des UVPG für eine SUP. Allerdings ist auch die BNetzA an die Genehmigung gebunden. Einwendungen gegen die Annahmen des Szenariorahmens lassen sich im späteren Verfahren nur aufgreifen, wenn die Genehmigung wieder rückgängig gemacht werden kann (§§ 48, 49 VwVfG).[44] Dies ist nur unter den allgemeinen Voraussetzungen der Aufhebung nach dem Verwaltungsverfahrensrecht möglich. 30

Nach der erstmaligen Bestätigung des Netzentwicklungsplans kann sich die **Beteiligung** der Öffentlichkeit und der Träger öffentlicher Belange **auf Änderungen des Szenariorahmens** gegenüber dem Vorjahr beschränken. Diese Erleichterung des Verfahrens ergibt sich aus § 12d S. 1. Damit wird der Aufwand begrenzt. Dies trägt dem Umstand Rechnung, dass es sich bei der Planung der Übertragungsnetze um eine **langfristig angelegte Infrastrukturausbauplanung** handelt.[45] Mindestens alle drei Jahre oder in den Fällen des § 12e Abs. 1 S. 3 muss ein vollständiges Verfahren durchgeführt werden. 31

VII. Genehmigung des Szenariorahmens (Abs. 3)

1. Rechtscharakter der Genehmigung

Hinsichtlich des Rechtscharakters der Genehmigung stellt sich die Frage, ob es sich um einen **Verwaltungsakt oder** um einen **unselbstständigen Teil eines Verfahrens** zur Erarbeitung und Bestätigung des Netzentwicklungsplans handelt. Der Szenariorahmen dient letztlich der Erarbeitung des Netzentwicklungsplans.[46] Wenn er keinen darüber hinaus gehenden Regelungs- 32

41 BR-Drucks. 343/11, S. 3.
42 BT-Drucks. 17/6248, S. 21.
43 *Bunge*, Lf. 1/12, Kap. 0540, S. 11.
44 Vgl. *Bunge*, Lf. 1/12, Kap. 0540, S. 15 ff.
45 BT-Drucks. 17/6072, S. 69.
46 BR-Drucks. 343/11, S. 168.

gehalt hat, könnte er eine bloße Vorbereitungshandlung ohne abschließende Regelungswirkung darstellen. Dass es sich bei der Genehmigung des Szenariorahmens aber um einen **Verwaltungsakt nach § 35 VwVfG** handelt, ergibt sich zum einen aus dem Wortlaut, zum anderen aus der Funktion und aus dem systematischen Zusammenhang. Nach dem **Wortlaut** des § 12a Abs. 3 heißt es *„genehmigen“*. Im allgemeinen juristischen Sprachgebrauch handelt es sich bei einer Genehmigung um einen Verwaltungsakt. So sind beispielsweise Baugenehmigungen, Plangenehmigungen, Betriebsgenehmigungen oder immissionsschutzrechtliche Genehmigungen allesamt unstreitig Verwaltungsakte. Ebenso wird im EnWG und den darauf beruhenden Rechtsverordnungen der Begriff der Genehmigung durchgängig für Verwaltungsakte benutzt.[47] Die Genehmigung des Szenariorahmens entfaltet zudem eine **eigene, abschließende Regelungswirkung mit Gestattungs- und Ausschlussfunktion.** Den ÜNB wird gestattet, auf Grundlage der genehmigten Szenarien den Netzentwicklungsplan zu erarbeiten. Zugleich werden andere als die genehmigten Szenarien ausgeschlossen. Diese dürfen von den ÜNB nicht weiter verfolgt werden. Für einen selbstständigen Verwaltungsakt spricht darüber hinaus, dass der Gesetzgeber für die Genehmigung des Szenariorahmens ein **eigenständiges Konsultationsverfahren** vorsieht. Das Verfahren wird mit einer eigenständigen behördlichen Entscheidung abgeschlossen, die eigene und abschließende Regelungswirkung entfaltet. Für diese Auslegung spricht auch die Regelung des **§ 59 Abs. 1 S. 2.** Diese Vorschrift regelt, wann eine Entscheidung nach dem EnWG, für welche die BNetzA zuständig ist, ausnahmsweise nicht durch die Beschlusskammern zu treffen ist. Explizit aufgeführt wird hierin auch die Aufgabe nach § 12a, was nur erforderlich ist, wenn insoweit auf die Genehmigung als abschließende Verwaltungsentscheidung Bezug genommen wird.

2. Zuständigkeit und Verfahren

33 **Zuständig** für die Genehmigung des Szenariorahmens ist die Regulierungsbehörde. Grundsätzlich entscheidet die BNetzA durch die Beschlusskammern (§ 59 Abs. 1 S. 1). Hier liegt jedoch eine Ausnahme nach § 59 Abs. 1 S. 2 vor, wonach für die Aufgaben nach §§ 12a bis 12f die Entscheidung nicht durch die Beschlusskammer ergeht. In diesem Fall entscheidet die BNetzA vertreten durch ihren Präsidenten.

34 Hinsichtlich des **Verfahrens** ist zusätzlich zu den bereits dargestellten Voraussetzungen eine **Anhörung** der Adressaten vor Erlass der Genehmigung erforderlich (vgl. § 28 VwVfG).

3. Inhalt der Genehmigung

35 Mit der Genehmigung kann der von den ÜNB erarbeitete Szenariorahmen **bestätigt oder unter Änderungen festgelegt werden.** Die Möglichkeit des Änderungsverlangens ergibt sich bereits aus der Formulierung, wonach die Regulierungsbehörde **unter Berücksichtigung der Ergebnisse der Öffentlichkeitsbeteiligung** den Szenariorahmen genehmigt. Darüber hinaus spricht auch der Unterschied zur Bestätigung des § 12c für eine weitreichende Änderungsmöglichkeit. Bei der Bestätigung des Netzentwicklungsplans kann die Regulierungsbehörde von den ÜNB Änderungen des Plans verlangen.

36 Da es sich um einen Verwaltungsakt im Sinne des § 35 VwVfG handelt, besteht auch die Möglichkeit der Aufnahme von **Nebenbestimmungen** (§ 36 VwVfG). In Betracht kommen insbesondere Auflagen wie die Verpflichtung zur Durchführung von Sensivitätsbetrachtun-

47 Siehe hierzu nur § 4 zur Genehmigung des Netzbetriebs, § 23a zur Entgeltgenehmigung, § 29 zur Genehmigung als allgemeine Handlungsform, § 23 ARegV zur Genehmigung von Investitionsmaßnahmen, § 19 StromNEV zur Genehmigung individueller Netzentgelte.

gen.[48] Die inhaltliche Aufhebung oder Änderung der Genehmigung unterliegt den Voraussetzungen des § 29 Abs. 2 und der §§ 48, 49 VwVfG.

4. Rechtsschutz

Als Verwaltungsakt ist die Genehmigung **grds. selbstständig anfechtbar.** Würde man entgegen der hier vertretenen Auffassung lediglich eine bloße Vorbereitungshandlung ohne Regelungswirkung befürworten, wäre die Genehmigung nach § 44a VwGO nicht isoliert anfechtbar.[49] 37

a) Zulässigkeitsvoraussetzungen

Rechtsschutzmöglichkeiten gegen die Versagung oder abweichende Genehmigung ergeben sich 38
für die **ÜNB aus ihrer Adressatenstellung.** Die ÜNB haben die Möglichkeit, die Genehmigung insgesamt oder teilweise, z.B. auch nur hinsichtlich der Nebenbestimmungen, anzufechten oder eine Verpflichtungsbeschwerde zu erheben. **Die Anforderungen an die Beschwerde richten sich nach §§ 75 ff.** Die Beschwerde hat gem. § 76 Abs. 1 **keine aufschiebende Wirkung.** Daher ist zusätzlich vor dem Hintergrund der Dauer von Beschwerdeverfahren und möglichen Rechtsbeschwerdeverfahren ein **Antrag auf einstweiligen Rechtsschutz** (§ 77 Abs. 3) zu stellen.[50] Dadurch könnte zumindest eine vorläufige Gerichtsentscheidung vor Ablauf der Frist zur Vorlage des Netzentwicklungsplans[51] erreicht werden.

Anders als in § 12c Abs. 4 sind Dritte nicht von den Rechtsschutzmöglichkeiten explizit 39
ausgeschlossen.[52] Daher sind **Dritte** in Grenzen der §§ 75 ff. beschwerdebefugt. Die Beschwerdebefugnis in energiewirtschaftlichen Verfahren unterliegt weniger strengen Anforderungen als die Klagebefugnis in verwaltungsgerichtlichen Verfahren. Dritten kann über ihre Beteiligtenstellung im Verwaltungsverfahren bzw. unter den **engen Voraussetzungen der BGH-Rechtsprechung** für Beigeladene bzw. zu Unrecht nicht Beigeladene eine Beschwerdebefugnis zukommen. Danach ist beschwerdebefugt, wer gem. § 66 Abs. 2 Nr. 3 auf Antrag beigeladen wurde.[53] Erforderlich ist dafür lediglich, dass der Dritte erheblich in seinen Interessen berührt ist. Wirtschaftliche oder ökologische Interessen sind insoweit ausreichend. Beschwerdebefugt ist ferner, wer als Dritter trotz Vorliegen der Beiladungsvoraussetzungen aus verfahrensökonomischen Gründen nicht beigeladen wurde und geltend machen kann, unmittelbar und individuell betroffen zu sein.[54] Gleiches gilt, sofern unverschuldet ein Beiladungsantrag nicht rechtzeitig gestellt werden konnte[55] oder der Dritte zu Unrecht nicht beigeladen wurde und durch die Maßnahme unmittelbar betroffen ist.[56] Insgesamt ist jedoch aufgrund des hohen Abstraktionsgrads des Szenariorahmens in der Regel davon auszugehen, dass unmittelbare Rechtspositionen Dritter nicht betroffen sind. Erst bei der Erarbeitung des Netzentwicklungsplans, insbesondere im Schritt der Regionalisierung,[57] sind unmittelbare Betroffenheiten auszumachen.

---

48 Siehe hierzu *BNetzA*, Genehmigung des Szenariorahmens für die Netzentwicklungsplanung nach § 12a Abs. 3 EnWG, 2011, S. 84 ff.
49 Hierzu Rn 35.
50 Hierzu Baur/Salje/Schmidt-Preuß/*Chatzinerantzis*, Kap. 63.
51 Gemäß § 12b Abs. 1 S. 1 muss jährlich zum 3.3., erstmals aber zum 3.6.2012 ein Netzentwicklungsplan zur Bestätigung vorgelegt werden. Siehe hierzu § 12b Rn 16.
52 Hierzu § 12c Rn 49. Zum Rechtsschutz Dritter siehe insbesondere *Peters*, S. 1 ff.
53 Siehe hierzu Britz/Hellermann/Hermes/*Hanebeck*, § 66 Rn 14; *Salje*, EnWG, § 66 Rn 11 ff.
54 BGH, Beschl. v. 11.11.2008 – EnVR 1/08 –; BGH, Beschl. v. 7.11.2006 – KVR 37/05 –.
55 BGH, Beschl. v. 11.11.2008 – EnVR 1/08 –.
56 BGH, Beschl. v. 22.2.2005 – KVR 20/04 –.
57 Siehe hierzu § 12b Rn 9.

b) Gerichtszuständigkeit

40 **Zuständig** ist nach § 75 Abs. 4 das für den Sitz der BNetzA zuständige Oberlandesgericht in Düsseldorf. Dies führt zu einer **Rechtswegspaltung**. Während es sich bei der **Bundesbedarfsplanung** um Entscheidungen handelt, für die die **ordentlichen Gerichte** zuständig sind, kann gegen die **Planfeststellungsentscheidungen** nur vor der **Verwaltungsgerichtsbarkeit** vorgegangen werden. Da das Verfahren der Bundesbedarfsplanung auf den Vorschriften aus der RL 2009/72/EG beruht, ist diese Teilung des Rechtswegs folgerichtig. Die Regelung des Art. 22 der RL 2009/72/EG dient der Verhinderung der Diskriminierung durch Kapazitätsverknappung. Es geht um Fragen des Wettbewerbs insbesondere im Zusammenhang mit integrierten Netzbetreibern. Im Vordergrund stehen die Verpflichtung zum bedarfsgerechten Netzausbau und zur Erfüllung der Anschluss- und Zugangspflichten der Netzbetreiber. Dies sind klassischerweise der Regulierungsbehörde zugewiesene Aufgaben, deren Überprüfung in die Zuständigkeit des OLG Düsseldorf fällt. Folgerichtig sind auch die Entscheidungen im Rahmen der Bundesbedarfsplanung diesem Rechtsweg zugewiesen, auch wenn sie Grundlage weiterer planerischer Entscheidungen sein werden, die dann der Verwaltungsgerichtsbarkeit unterfallen.[58] Eine Zäsur findet mit dem Bundesbedarfsplangesetz statt.

VIII. Szenariorahmen für den Netzentwicklungsplan der Fernleitungsnetzbetreiber (§ 15a)

41 Im **Gasbereich** gibt es in § 15a eine spezielle Regelung für die Erstellung des Netzentwicklungsplans der Fernleitungsnetzbetreiber. Die Vorschrift verpflichtet die Fernleitungsnetzbetreiber zur Abgabe eines gemeinsamen nationalen Netzentwicklungsplans. Er erfasst ebenfalls die folgenden zehn Kalenderjahre. Grundlage für den **Gasnetzentwicklungsplan** sind Szenarien, um den Gasbereich in verschiedenen Marktsegmenten unter unterschiedlichen Annahmen zu modellieren.

42 Der Begriff **„Betreiber von Fernleitungsnetzen"** ist legaldefiniert im **§ 3 Nr. 5**. Danach handelt es sich im Wesentlichen um Betreiber von Netzen, die Grenz- oder Marktgebietsübergangspunkte aufweisen, die insbesondere die Einbindung großer europäischer Importleitungen in das deutsche Fernleitungsnetz gewährleisten, oder unter bestimmten Voraussetzungen natürliche oder juristische Personen oder rechtlich unselbstständige Organisationseinheiten eines Energieversorgungsunternehmens, die die Aufgabe der Fernleitung von Erdgas wahrnehmen und verantwortlich sind für den Betrieb, die Wartung sowie erforderlichenfalls den Ausbau eines Netzes.

43 Auch die Fernleitungsnetzbetreiber legen bei der Erarbeitung des Netzentwicklungsplans einen **Szenariorahmen** in Form von angemessenen Annahmen über die Entwicklung der Gewinnung, der Versorgung, des Verbrauchs von Gas und seinem Austausch mit anderen Ländern zu Grunde. Ferner berücksichtigen sie geplante Investitionsvorhaben in die regionale und gemeinschaftsweite Netzinfrastruktur sowie in Bezug auf Speicheranlagen und LNG-Wiederverdampfungsanlagen sowie die Auswirkung denkbarer Störungen der Versorgung (§ 15a Abs. 1 S. 4). Bei den Planungen sind also ebenfalls bestimmte Basisszenarien, u.a. über die Entwicklung von Angebot und Nachfrage, zugrunde zu legen.[59] Die Regulierungsbehörde bestätigt den Szenariorahmen unter Berücksichtigung der Ergebnisse einer durch die Fernleitungsnetzbetreiber durchgeführten Öffentlichkeitsbeteiligung (§ 15a Abs. 1 S. 7).

58 Siehe hierzu § 12e Rn 35 ff., § 43 Rn 203 ff., § 2 NABEG Rn 14.
59 BT-Drucks. 17/6072, S. 74.

§ 12b Erstellung des Netzentwicklungsplans durch die Betreiber von Übertragungsnetzen

(1) Die Betreiber von Übertragungsnetzen legen der Regulierungsbehörde jährlich zum 3. März, erstmalig aber erst zum 3. Juni 2012, auf der Grundlage des Szenariorahmens einen gemeinsamen nationalen Netzentwicklungsplan zur Bestätigung vor. Der gemeinsame nationale Netzentwicklungsplan muss alle wirksamen Maßnahmen zur bedarfsgerechten Optimierung, Verstärkung und zum Ausbau des Netzes enthalten, die in den nächsten zehn Jahren für einen sicheren und zuverlässigen Netzbetrieb erforderlich sind. Der Netzentwicklungsplan enthält darüber hinaus folgende Angaben:

1. alle Netzausbaumaßnahmen, die in den nächsten drei Jahren ab Feststellung des Netzentwicklungsplans durch die Regulierungsbehörde für einen sicheren und zuverlässigen Netzbetrieb erforderlich sind,
2. einen Zeitplan für alle Netzausbaumaßnahmen sowie
3. a) Netzausbaumaßnahmen als Pilotprojekte für eine verlustarme Übertragung hoher Leistungen über große Entfernungen sowie
   b) den Einsatz von Hochtemperaturleiterseilen als Pilotprojekt mit einer Bewertung ihrer technischen Durchführbarkeit und Wirtschaftlichkeit,
4. den Stand der Umsetzung des vorhergehenden Netzentwicklungsplans und im Falle von Verzögerungen, die dafür maßgeblichen Gründe der Verzögerungen,
5. Angaben zur zu verwendenden Übertragungstechnologie.

Die Betreiber von Übertragungsnetzen nutzen bei der Erarbeitung des Netzentwicklungsplans eine geeignete und für einen sachkundigen Dritten nachvollziehbare Modellierung des deutschen Übertragungsnetzes. Der Netzentwicklungsplan berücksichtigt den gemeinschaftsweiten Netzentwicklungsplan nach Artikel 8 Absatz 3b der Verordnung (EG) Nr. 714/2009 und vorhandene Offshore-Netzpläne.

(2) Der Netzentwicklungsplan umfasst alle Maßnahmen, die nach den Szenarien des Szenariorahmens erforderlich sind, um die Anforderungen nach Absatz 1 Satz 2 zu erfüllen. Dabei ist dem Erfordernis eines sicheren und zuverlässigen Netzbetriebs in besonderer Weise Rechnung zu tragen.

(3) Die Betreiber von Übertragungsnetzen veröffentlichen den Entwurf des Netzentwicklungsplans vor Vorlage bei der Regulierungsbehörde auf ihren Internetseiten und geben der Öffentlichkeit, einschließlich tatsächlicher oder potenzieller Netznutzer, den nachgelagerten Netzbetreibern sowie den Trägern öffentlicher Belange und den Energieaufsichtsbehörden der Länder Gelegenheit zur Äußerung. Dafür stellen sie den Entwurf des Netzentwicklungsplans und alle weiteren erforderlichen Informationen im Internet zur Verfügung. Die Betreiber von Elektrizitätsverteilernetzen sind verpflichtet, mit den Betreibern von Übertragungsnetzen in dem Umfang zusammenzuarbeiten, der erforderlich ist, um eine sachgerechte Erstellung des Netzentwicklungsplans zu gewährleisten; sie sind insbesondere verpflichtet, den Betreibern von Übertragungsnetzen für die Erstellung des Netzentwicklungsplans notwendige Informationen auf Anforderung unverzüglich zur Verfügung zu stellen.

(4) Dem Netzentwicklungsplan ist eine zusammenfassende Erklärung beizufügen über die Art und Weise, wie die Ergebnisse der Beteiligungen nach § 12a Absatz 2 Satz 2 und § 12b Absatz 3 Satz 1 in dem Netzentwicklungsplan berücksichtigt wurden und aus welchen Gründen der Netzentwicklungsplan nach Abwägung mit den geprüften, in Betracht kommenden anderweitigen Planungsmöglichkeiten gewählt wurde.

(5) Die Betreiber von Übertragungsnetzen legen den Entwurf des Netzentwicklungsplans der Regulierungsbehörde unverzüglich vor.

Überblick

I. Allgemeines

1. Überblick über die Norm

1 Abs. 1 und 2 legen den erforderlichen Inhalt des Netzentwicklungsplans fest. Bevor der Netzentwicklungsplan der BNetzA übergeben wird, ist ein Konsultationsverfahren nach Abs. 3 durchzuführen. Die VNB sind verpflichtet, mit den ÜNB zusammenzuarbeiten und Informationen herauszugeben. Dem Netzentwicklungsplan ist eine Erklärung über die Berücksichtigung der Öffentlichkeitsbeteiligung und über die Ergebnisse der Abwägung mit anderen Planungsmöglichkeiten beizufügen (Abs. 4). Der Netzentwicklungsplan ist der BNetzA unverzüglich vorzulegen (Abs. 5).

2. Regelungszweck

2 Die Norm legt den **wesentlichen Inhalt des Netzentwicklungsplans** fest. Insbesondere das Prinzip, nach dem zunächst eine Optimierung vor einer Verstärkung und vor dem Ausbau (**NOVA-Prinzip**) stattfinden muss, findet in dieser Vorschrift seine Erwähnung. Der Schritt von der Genehmigung des Szenariorahmens zur Übergabe des Entwurfs des Netzentwicklungsplans an die BNetzA wird geregelt. Darüber hinaus werden die **Pflichten** der ÜNB und der VNB konkretisiert. Die ÜNB geben der Öffentlichkeit, Träger öffentlicher Belange und Landesenergieaufsichtsbehörden Gelegenheit zur Äußerung. Damit dient die Norm der **Öffentlichkeitsbeteiligung** und steigert die **Transparenz** des Prozesses zur Erarbeitung eines Netzentwicklungsplans.

3. Entstehungsgeschichte

Die Norm dient der Umsetzung des Art. 22 der RL 2009/72/EG.[1] § 12b ist – vom Regierungsentwurf ausgehend – im Laufe des Gesetzgebungsverfahrens nur geringfügig verändert worden. Es wurden verschiedene Anträge diskutiert, die zum Großteil jedoch abgelehnt wurden. Ein Vorschlag des Bundesrates, den Begriff der Pilotprojekte zu streichen, da die Projekte in zehn Jahren ihren Pilotcharakter verloren haben, hat sich aufgrund ablehnender Haltung der Bundesregierung im weiteren Verfahren nicht durchgesetzt.[2] Auch eine Ergänzung des Bundesrates zur Netzmodellierung, mit der die Berücksichtigung innovativer Technologien festgeschrieben werden sollte,[3] wurde nicht aufgenommen. Der Bundesrat forderte zudem eine stärkere Beteiligung der Bundesländer. Die Nennung der Energieaufsichtsbehörden der Länder bei der Öffentlichkeitsbeteiligung wurde daraufhin ergänzt.[4] Nicht erfolgreich war der Änderungsantrag hinsichtlich der gleichzeitigen Vorlage des Entwurfs des Netzentwicklungsplans bei den Regulierungsbehörden des Bundes und der Länder.[5] 3

II. Erstellung des Netzentwicklungsplans durch die ÜNB

1. Bedeutung eines gemeinsamen Netzentwicklungsplans

Die Bedeutung eines gemeinsamen Netzentwicklungsplans der ÜNB ergibt sich zunächst aus der Bestimmung des Zwecks in Art. 22 Abs. 2 der RL 2009/72/EG. Danach dient der Netzentwicklungsplan insbesondere dazu, den **Marktteilnehmern** Angaben darüber zu liefern, welche wichtigen Übertragungsinfrastrukturen in den nächsten zehn Jahren errichtet oder ausgebaut werden müssen, alle bereits beschlossenen Investitionen aufzulisten und die **neuen Investitionen zu bestimmen**, die in den nächsten drei Jahren durchgeführt werden müssen. Der Netzentwicklungsplan wird bezeichnet als **Investitionsrahmenplan**, der als **energiewirtschaftliche Grundlage für die weiteren Planungs- und Genehmigungsentscheidungen zum Stromnetzausbau** dient.[6] Über diese europarechtlichen Vorgaben ist der deutsche Gesetzgeber in der Ausgestaltung der §§ 12a ff. hinausgegangen. 4

Aus dem Gesetz ergibt sich die **Aufgabenverteilung**: Es handelt sich um einen **gemeinsamen Netzentwicklungsplan der ÜNB**.[7] Die **VNB** sind gem. § 12b Abs. 3 S. 3 **verpflichtet, mit den ÜNB zusammenzuarbeiten** und für die Erstellung des Netzentwicklungsplans **notwendige Informationen zur Verfügung zu stellen**. Die Betreiber von Übertragungsnetzen legen der Regulierungsbehörde den Entwurf des Netzentwicklungsplans vor. Die Regulierungsbehörde kann Änderungen durch die ÜNB verlangen (§ 12c Abs. 1). Anders als beim Szenariorahmen gibt es keine Genehmigung, sondern nur eine Bestätigung.[8] 5

Im Ergebnis bildet der Netzentwicklungsplan ein mögliches Netz ab, das bei den vorausgesetzten Anforderungen und Prämissen den benötigten Übertragungsbedarf sicherstellt. Es handelt sich nicht um konkrete Trassenverläufe, sondern um die Dokumentation des notwendigen **Übertragungsbedarfs** zwischen Netzknoten (**Anfangs- und Endpunkte der zukünftigen Leitungsverbindungen**). Nach einem weiteren Konsultationsverfahren und der Bestätigung 6

---

1 RL 2009/72/EG v. 13.7.2009 über gemeinsame Vorschriften für den Elektrizitätsbinnenmarkt und zur Aufhebung der RL 2003/54/EG, ABl. EU Nr. L 2111, S. 55 (Stromrichtlinie).
2 BR-Drucks. 343/11, S. 3; Gegenäußerung der Bundesregierung BT-Drucks. 17/6248, S. 21 f.
3 BR-Drucks. 343/11, S. 3.
4 BR-Drucks. 343/11, S. 3.
5 BR-Drucks. 343/11, S. 3; Gegenäußerung der Bundesregierung BT-Drucks. 17/6248, S. 22.
6 So *Appel*, UPR 2011, 406, 412.
7 Zur Bedeutung der Gemeinsamkeit im Gegensatz zu der früheren Planung, vgl. § 12a Rn 10.
8 Siehe hierzu § 12c Rn 45 ff.

durch die BNetzA wird der Netzentwicklungsplan mindestens alle drei Jahre als Entwurf für einen Bundesbedarfsplan der Bundesregierung übermittelt.

2. Erarbeitung des Netzentwicklungsplans

a) Schritte zur Erstellung des Netzentwicklungsplans

7 Der Netzentwicklungsplan wird unter Zugrundelegung des genehmigten Szenariorahmens erarbeitet. Um ein Netz zu berechnen, das den Anforderungen der §§ 12b ff. gerecht wird, sind zusätzliche Informationen und Annahmen erforderlich. Dabei sind die Schritte **Regionalisierung, Modellierung der Stromeinspeisung und Marktsimulation** von entscheidender Bedeutung. Die Bestimmung der Netzbelastung erfolgt dann auf Basis der betriebsmittelscharfen Nachbildung des Übertragungsnetzes. In der Folge wird ein Netz berechnet. Diese Netzberechnungen müssen analysiert und der Netzoptimierungs-, Netzverstärkungs- und Netzausbaubedarf ermittelt werden. Schließlich erfolgt eine **Bewertung der Systemstabilität**. Dem gesamten Prozess liegen **Planungsgrundsätze** zu Grunde.[9] Diese beinhalten beispielsweise die Anwendung des NOVA-Prinzips, des (n-1)-Kriteriums, der Berücksichtigung von Belastungsgrenzen der Betriebsmittel und der Einhaltung von Spannungsbändern für einen stabilen Netzbetrieb. Die ÜNB haben gem. § 12b Abs. 1 S. 4 bei der Erarbeitung des Netzentwicklungsplans eine geeignete und für einen sachkundigen Dritten nachvollziehbare Modellierung des deutschen Übertragungsnetzes zu nutzen.

8 Die Netzplanung beginnt nicht vollständig neu. Vielmehr setzen die Planer auf dem heutigen Übertragungsnetz (sog. **Ist-Netz**) auf. Bekannte Ausbau- und Verstärkungsmaßnahmen werden bei der Netzplanung im Rahmen des sog. **Startnetzes** berücksichtigt. Dies sind Maßnahmen, die aktuell umgesetzt werden (z.B. Planfeststellungsbeschluss liegt vor). Dafür wurde von der jeweils zuständigen Planfeststellungsbehörde die energiewirtschaftliche Notwendigkeit festgestellt. Zudem sind hierbei EnLAG-Maßnahmen zu berücksichtigen. Hierfür ist der vordringliche Bedarf bereits gesetzlich festgestellt. Ob darüber hinaus gehende Maßnahmen ebenfalls im Startnetz zu betrachten sind, ist im Einzelfall zu entscheiden. Nicht ausreichen dürfte die Beantragung einer Investitionsmaßnahme nach § 23 ARegV. Ziel der Netzplanung ist die Ermittlung der **Ergebnismaßnahmen**.

9 Nach Genehmigung des Szenariorahmens nach § 12a erfolgt zunächst eine **Regionalisierung**. Die Szenarien enthalten im Wesentlichen aggregierte Daten zur Erzeugungsleistung nach Energieträgern und Verbrauch. Aussagen zur räumlichen Zuordnung der Einspeise- und Ausspeiseleistung gibt es hingegen allenfalls bei den erneuerbaren Energien. Im Rahmen der Regionalisierung werden Aussagen zu bestehender und zuzubauender Erzeugungsleistung getroffen. Es erfolgt eine Zuordnung der bundesweit aggregierten Daten auf die einzelnen Netzknoten.

10 Mit der Zuordnung der Daten auf die einzelnen Netzknoten liegen die Eingangsdaten für die **Marktmodellierung** vor. Nach den Anforderungen des § 12b Abs. 1 S. 4 haben die ÜNB eine geeignete und für den sachkundigen Dritten nachvollziehbare Modellierung des deutschen Übertragungsnetzes zu nutzen. Ebenso wie der Anspruch auf Datenherausgabe nach § 12f dient diese Anforderung der **Transparenz der Netzplanung**. Bei der Modellierung der Stromeinspeisung bzw. der Marktsimulation werden die erwartete Einspeisung aus erneuerbaren Energien, die Netzlast und der daraus resultierende Kraftwerkseinsatz simuliert. Das Ergebnis der **Marktsimulation** ist je nach Szenario ein wirtschaftlich optimierter Kraftwerkseinsatz zur Deckung der residualen Nachfrage nach elektrischer Energie. Die Marktsimulation bildet einen Stunden-

9 *50Hertz/Amprion/TenneT/Transnet BW*, Grundsätze für die Planung des deutschen Übertragungsnetzes, März 2012.

mittelwert der Einspeise- und Nachfragesituationen und erzeugt so für jede der 8.760 Stunden eines Jahres einen individuellen Netznutzungsfall. Darauf aufbauend werden die simulierten Erzeugungseinheiten pro Region und Primärenergieträger entsprechend der jeweiligen Szenarioannahmen berechnet und ausgewiesen.[10] Es werden stündliche Last- und Einspeisesituationen über ein Jahr bestimmt. Die Marktsimulation dient der Ermittlung der Einhaltung der Ziele der Bundesregierung: Die Annahmen im Szenariorahmen und die energiepolitischen Ziele beeinflussen einander. Die Einhaltung der Ziele kann erst über die Marktsimulation quantifiziert werden.[11]

Die Bestimmung der Netzbelastung erfolgt auf Basis der betriebsmittelscharfen Nachbildung des Übertragungsnetzes. Die Ergebnisse der Marktsimulation inklusive deren regionaler Verteilung dienen als Eingangsgrößen der **Netzanalysen**. Für die Netzdimensionierung sind die Daten weiter aufzubereiten. Die Marktdaten werden als Mittelwert über jede Stunde und für jeden Knoten an das Programm für die **Netzberechnung** übergeben. Vereinfacht dargestellt errechnet das Programm ein mögliches Netz. Diese Netzberechnungen müssen analysiert und der Netzoptimierungs-, Netzverstärkungs- und Netzausbaubedarf ermittelt werden. Schließlich erfolgt eine Bewertung der **Systemstabilität**.[12] 11

b) Zusammenarbeit mit den VNB (Abs. 3 S. 3)

Die Betreiber von Elektrizitätsverteilernetzen sind zur **Zusammenarbeit** und zur **Informationsherausgabe** verpflichtet. VNB sind gem. § 3 Nr. 3 „*natürliche oder juristische Personen oder rechtlich unselbständige Organisationseinheiten eines Energieversorgungsunternehmens, die die Aufgabe der Verteilung von Elektrizität wahrnehmen und verantwortlich sind für den Betrieb, die Wartung sowie erforderlichenfalls den Ausbau des Verteilernetzes in einem bestimmten Gebiet und gegebenenfalls der Verbindungsleitungen zu anderen Netzen*". Hierbei gelten die **Entflechtungsvorschriften** der §§ 6 ff.[13] Ein sicheres Netz kann nur geplant werden, wenn die maßgeblichen Informationen der vor- bzw. nachgelagerten Netze vorliegen. Das gewährleistet § 12b Abs. 3 S. 3 im Hinblick auf den Informationsfluss von den VNB zu den ÜNB. Diesem Zweck dient auch die Vorschrift des § 12 Abs. 2, wonach ÜNB notwendige Informationen bereitstellen, um den sicheren und effizienten Betrieb, den koordinierten Ausbau und den Verbund sicherzustellen. Inhalt der Zusammenarbeitspflicht kann insbesondere sein, dem vorgelagerten Netzbetreiber die notwendigen Informationen über die voraussichtliche Entwicklung von Angebot und Nachfrage im Verteilernetz mitzuteilen.[14] Dies ist insbesondere erforderlich, weil die ÜNB keinen Einfluss auf Erzeugung und Verbrauch haben, ihr Netz aber darauf ausrichten müssen. Auf Anforderung sind diese Informationen unverzüglich zur Verfügung zu stellen. Ebenso wie der Anspruch nach § 12f auf Datenherausgabe ist dieser Anspruch auf die erforderlichen Informationen begrenzt.[15] Die Erforderlichkeit ist Ausdruck des Verhältnismäßigkeitsprinzips. 12

Gleichzeitig haben die VNB an verschiedenen Stellen im Planungsprozess (§§ 12a, 12b Abs. 3 und 12c) die **Gelegenheit zur Stellungnahme**. Damit können sie auf eine koordinierte Planung hinwirken. 13

Eine gesonderte Verpflichtung der VNB ergibt sich aus § 14 Abs. 1a. Stromnetzbetreiber mit 10.000 Kunden oder mehr haben auf Verlangen der Regulierungsbehörde innerhalb von zwei Monaten einen **Bericht über den Netzzustand und die Netzausbauplanung** vorzulegen. Eine 14

10 Netzentwicklungsplan Strom 2012, überarbeiteter Entwurf der ÜNB, Stand 15.8.2012, S. 21.
11 Netzentwicklungsplan Strom 2012, überarbeiteter Entwurf der ÜNB, Stand 15.8.2012, S. 81.
12 Netzentwicklungsplan Strom 2012, überarbeiteter Entwurf der ÜNB, Stand 15.8.2012, S. 21.
13 Hierzu § 2 NABEG Rn 23 f.
14 BT-Drucks. 17/6072, S. 69.
15 Zur Auslegung des Merkmals der Erforderlichkeit siehe § 12f Rn 10.

weitergehende Verpflichtung trifft **Betreiber von 110 kV-Netzen.** Diese haben gem. § 14 Abs. 1b **jährlich** den Zustand ihres Netzes und die Auswirkungen des zu erwartenden Ausbaus von Einspeiseanlagen insbesondere zur Erzeugung von Strom aus erneuerbaren Energien auf ihr Netz in einem **Bericht** darzustellen und der Regulierungsbehörde vorzulegen. Ergibt die Prüfung der Regulierungsbehörde, dass in dem Netz ein wesentlicher Bedarf zum Ausbau des Netzes in den nächsten zehn Jahren zu erwarten ist, haben die Netzbetreiber Netzentwicklungspläne zu erstellen. Dafür gelten die Anforderungen nach §§ 12a bis 12d und 12f.

15 Bedeutung erlangen die Informationspflichten des EnWG insbesondere auch bei dem Zusammenführen von **gemeinsamen Maßnahmen** (z.B. 110 und 380 kV auf einem Mehrfachgestänge) gem. § 2 NABEG.[16]

3. Zeitpunkt der Vorlage

16 Das Gesetz sieht vor, dass die ÜNB **jährlich zum 3.3.** einen Netzentwicklungsplan vorlegen. Das Datum korrespondiert mit den Vorgaben aus der RL 2009/72/EG. Nach Art. 49 der Stromrichtlinie waren die europäischen Vorgaben bis zum 3.3.2011 umzusetzen. Da die erstmalige Erstellung des Netzentwicklungsplans besonders aufwendig ist und der Zeitpunkt des Inkrafttreten des novellierten EnWG erst nach der Umsetzungsfrist erfolgte, ist der Zeitpunkt für die erstmalige Vorlage des Netzentwicklungsplans auf den 3.6.2012 verlegt worden.

17 § 12b Abs. 5 bestimmt, dass die Vorlage des Netzentwicklungsplanentwurfs **unverzüglich** zu erfolgen habe. Nach den allgemeinen Maßstäben bedeutet „unverzüglich" ohne schuldhaftes Zögern (§ 121 BGB). Gemäß § 65 Abs. 2a handeln die ÜNB **ordnungswidrig**, wenn sie vorsätzlich oder fahrlässig entgegen § 12b Abs. 5 einen Netzentwicklungsplan nicht oder nicht rechtzeitig vorlegen.

III. Inhalt des Netzentwicklungsplans (Abs. 1 und 2)

18 Die Anforderungen an den Inhalt werden in Abs. 1 und 2 näher ausgeführt. Der gemeinsame nationale Netzentwicklungsplan muss alle wirksamen Maßnahmen zur **bedarfsgerechten Optimierung, Verstärkung und zum Ausbau des Netzes für einen sicheren und zuverlässigen Netzbetrieb** in den nächsten zehn Jahren enthalten. Er beinhaltet alle Ergebnismaßnahmen, die nach den Szenarien des Szenariorahmens erforderlich sind. Darüber hinaus werden einzelne Angaben vorgegeben, die der Netzentwicklungsplan zu enthalten hat.

1. NOVA-Prinzip

19 Die Netzplanung erfolgt nach dem **NOVA-Prinzip: Netzoptimierung vor Netzverstärkung vor Netzausbau.** Im Einklang mit § 5 Abs. 4, § 9 Abs. 1 EEG sowie § 11 sind dazu zunächst die Potenziale der Netzoptimierung und Netzverstärkung auszuschöpfen, um einen kostenoptimalen und ökologischen Ausbau sicherzustellen. Gesetzlich ist hierfür das genannte Stufenkonzept mit jeweils höherem Kostenaufwand vorgesehen.[17] Erst bei Ausschöpfen dieser Möglichkeiten soll ein Netzausbau erfolgen.

20 **Optimierungsmaßnahmen** sind beispielsweise die Regelung des Lastflusses mittels Querreglern oder die Nutzung der Netzreserven durch Einsatz eines Leitungsmonitorings.[18] Insbesondere die Nutzung von Potenzialen der witterungsabhängigen Belastbarkeit dient als Opti-

16 Siehe hierzu § 2 NABEG Rn 18 ff.
17 *SRU*, Wege zu 100% erneuerbaren Stromerzeugung, S. 296.
18 Britz/Hellermann/Hermes/*Bourwieg*, § 11 Rn 31; *SRU*, Wege zu 100% erneuerbaren Stromerzeugung, S. 296.

mierungsmaßnahme. Die Nutzung eines Leiterseils wird unter Normwitterungsbedingungen (z.B. 35 °C) definiert. Bei zusätzlichen Kühlungseffekten – beispielsweise durch Wind – können die Leiterseile eine höhere Belastbarkeit aufweisen, die zur Netzoptimierung genutzt werden kann. Es handelt sich in der Regel um Maßnahmen, die durch eine veränderte Betriebsführung ohne Veränderung des Netzes erfolgen können. Wenn eine Optimierung der Netze nicht ausreicht, sind insbesondere **Verstärkungsmaßnahmen** in Erwägung zu ziehen. Hier sind neben dem Austausch (z.B. durch Hochtemperaturleiterseile) oder der Zubeseilung auf vorhandenem Gestänge auch die Erneuerung von Schaltanlagen oder der Austausch von Geräten denkbar.[19] Diese Maßnahmen dienen der Erhöhung der Übertragungskapazität von Stromkreisen. Bestehende Trassen werden genutzt. Falls diese ersten zwei kostengünstigeren Optionen nicht ausreichen, ist ein Neubau von Leitungen durchzuführen. Unter die **Ausbaumaßnahmen** fallen insbesondere der Zubau von 380 kV-Leitungen, die Errichtung von neuen Schaltanlagen oder eines Overlay-Netzes (HGÜ).

2. Sicherer und zuverlässiger Netzbetrieb

Darüber hinaus ist ein **sicherer und zuverlässiger Netzbetrieb** zu gewährleisten. Diese Anfor- 21
derung folgt dem **(n-1)-Kriterium**, wonach das Netz so auszulegen ist, dass zu jeder Zeit ein Betriebsmittel (z.B. Transformator, Kraftwerk, Leitung) ausfallen kann, ohne dass es zu einer Überlastung eines anderen Betriebsmittels oder zu einer Unterbrechung der Energieversorgung kommt.[20] Bei den Netzberechnungen ist das Netz also so zu planen, dass bei den prognostizierten Übertragungs- und Versorgungsaufgaben sowohl bei Ausfall als auch bei betrieblicher Ausschaltung eines Betriebsmittels die Netzsicherheit gewährleistet bleibt. Ist ein Netz (n-1)-sicher geplant, treten keine Versorgungs- oder Einspeiseunterbrechungen auf.

3. Erforderlichkeit nach den Szenarien des Szenariorahmens

§ 12b Abs. 2 S. 1 legt fest, dass der Netzentwicklungsplan alle Maßnahmen umfasst, die nach 22
den Szenarien des Szenariorahmens erforderlich sind, um die Anforderungen des NOVA-Prinzips und des sicheren und zuverlässigen Netzbetriebs zu erfüllen. Unklar ist insoweit, ob der Plan die Maßnahmen getrennt nach jedem Szenario darstellen muss, eine Zusammenfassung der Szenarien ermöglicht oder nur ein bestimmtes Szenario zugrunde legt.[21] Nach der Gesetzesbegründung ist der konkrete Ausbaubedarf aus den Szenarien zu entwickeln.[22] Allerdings bedeutet dies nicht, dass die ÜNB (mindestens) drei vollständige Netzentwicklungspläne erarbeiten müssen. Die BNetzA kann den Netzentwicklungsplan nur bestätigen. Er wird mindestens alle drei Jahre als Entwurf eines Bundesbedarfsplans der Bundesregierung übermittelt. Der Netzentwicklungsplan entfaltet in diesem Moment Bindungswirkung. Spätestens dann ist eine Entscheidung für Vorhaben erforderlich, deren energiewirtschaftlicher Notwendigkeit und vordringlicher Bedarf festgestellt wird. Da grundsätzlich keine weitergehende Auswahl der Maßnahmen durch die BNetzA erfolgt, muss schon vor Bestätigung des Netzentwicklungsplans eine Konkretisierung erfolgen. Ähnlich verhält es sich bei der Bundesverkehrswegeplanung. Für den Bundesverkehrswegeplan 2003 wurden ebenfalls drei Szenarien erarbeitet. Der im **Bundesverkehrswegeplan** festgelegte Bedarf basiert jedoch nur auf einem Szenario.[23] Die Bindungswirkung des Bundesbedarfsplans kann sich nur auf eindeutige Vorhaben beziehen,

---

19 Zu Verstärkungsmaßnahmen siehe Britz/Hellermann/Hermes/*Bourwieg*, § 11 Rn 31.
20 BT-Drucks. 16/10491, S. 9.
21 Hierzu *Bunge*, Lf. 1/12, Kap. 0540, S. 9.
22 BT-Drucks. 17/6072, S. 68.
23 *Bunge*, Lf. 1/12, Kap. 0540, S. 9.

nicht auf alternative Möglichkeiten.[24] Dies ergibt sich auch aus der Formulierung des Abs. 1 S. 1, wonach auf der Grundlage des Szenariorahmens ein Plan vorgelegt wird. Daher ist im Ergebnis auch bei dem zur Bestätigung vorgelegten Netzentwicklungsplan erforderlich, dass es sich um eindeutige Vorhaben handelt, für die der Bedarf festgelegt wird. Mit Aufnahme in den Bundesbedarfsplan ist für gerade diese Vorhaben auch die Planrechtfertigung gegeben. Die hiermit verbundene Beschleunigung des Zulassungsverfahrens würde nicht erreicht, wenn im Rahmen der Zulassungsverfahren erneut der Bedarf wegen bestehender Alternativen geprüft würde.

4. Zeitplan, Ausbaubedarf der nächsten drei Jahre und Verzögerungen

23 Abs. 1 S. 3 definiert die weiteren Anforderungen für Angaben, die der Netzentwicklungsplan enthalten soll. Unter Nr. 1 sind alle **Netzausbaumaßnahmen aufzunehmen, die in den nächsten drei Jahren** ab Feststellung des Netzentwicklungsplans durch die Regulierungsbehörde für einen sicheren und zuverlässigen Netzbetrieb erforderlich sind. Nach Nr. 2 ist ein **Zeitplan für alle Netzausbaumaßnahmen** erforderlich. Dies ist in Verbindung mit Nr. 4 zu betrachten, nach der jeweils der **Stand der Umsetzung** des vorhergehenden Netzentwicklungsplans und bei **Verzögerungen** die dafür maßgeblichen Gründe zu erläutern sind. **Diese Angaben ermöglichen eine kontinuierliche Überwachung des Umsetzungsstands der Investitionen**. Falls erforderlich kann die BNetzA **Maßnahmen zur Durchsetzung** des Netzentwicklungsplans ergreifen. Hat der Netzbetreiber die Verzögerung zu vertreten, kann die Regulierungsbehörde entweder den Netzbetreiber zur Durchführung der Investition auffordern oder ein Ausschreibungsverfahren einleiten, an dessen Ende dann Dritte die Investition durchführen.

24 Anders als in den übrigen §§ 12a ff. sind bei den Zeitplänen nur Ausbaumaßnahmen genannt. Für die Optimierungs- und Verstärkungsmaßnahmen gilt die Anforderung nach dem Wortlaut der Norm demnach nicht. Die Vorgabe ist jedoch im Lichte des Art. 22 der RL 2009/72/EG europarechtskonform auszulegen. Die Richtlinie erwähnt allgemein Investitionen bzw. einen Zeitplan für Investitionsprojekte. Ebenso spricht § 65 Abs. 2a allgemein von Investitionen, die nach dem Netzentwicklungsplan durchzuführen sind.[25] Eine Differenzierung nach den Optimierungs-, Verstärkungs- und Ausbaumaßnahmen erfolgt nicht. Dies spricht dafür, dass auch in § 12b Abs. 1 S. 3 umfassend alle Investitionen erfasst sein sollen. Ein Zweck des Netzentwicklungsplans liegt nach Art. 22 Abs. 1 lit. c der RL 2009/72/EG darin, den Marktteilnehmern Angaben darüber zu liefern, welche wichtigen Übertragungsinfrastrukturen in den nächsten zehn Jahren errichtet oder ausgebaut werden müssen. Das weist ebenfalls auf eine umfassende Auslegung hin. Ebenso ergibt sich bei der Auslegung nach dem Sinn und Zweck, dass ein Zeitplan auch für Optimierungs- und Verstärkungsmaßnahmen erforderlich ist, da nur insgesamt ein sicheres Netz gewährleistet werden kann.

25 Das Gesetz verwendet in Nr. 1 die Formulierung *„Feststellung des Netzentwicklungsplans durch die Regulierungsbehörde“*. Eine Feststellung gibt es allerdings nicht. Gemeint ist an dieser Stelle die Bestätigung des Netzentwicklungsplans nach § 12c. Erst zu diesem Zeitpunkt liegt eine Verbindlichkeit vor. Allenfalls kann man an dieser Stelle differenzieren zwischen der Behördenentscheidung und dem Zeitpunkt des Eintritts der formellen Rechtskraft der Entscheidung. Da eine Beschwerde keine aufschiebende Wirkung hat (§ 76), ist an dieser Stelle auf den Zeitpunkt der Bekanntgabe der Bestätigung des Netzentwicklungsplans gegenüber den ÜNB abzustellen.

24 Zum Inhalt und zur Bindungswirkung des Bundesbedarfsplans siehe § 12e Rn 1 ff.
25 Hierzu § 12c Rn 46.

5. Übertragungstechnologie und Pilotprojekte

Zudem soll der Netzentwicklungsplan Angaben zu der zu verwendenden **Übertragungstechnologie** enthalten (Nr. 5). Bei den Übertragungstechnologien kann beispielsweise differenziert werden zwischen konventionellen 380 kV-Drehstromfreileitungen, Drehstromfreileitungen mit höheren Spannungen, erdverlegten 380 kV-Drehstromkabeln, Hochspannungsgleichstromübertragung (HGÜ) auf Basis von Freileitungen, erdverlegten HGÜ-Kabeln und Gasisolierten Leitern (GIL). Allerdings ist insbesondere die Festlegung, ob ein Vorhaben als Freileitung oder als Erdkabel realisiert wird, grds. auf die nachfolgenden Planungsstufen zu verschieben. 26

Eine Besonderheit spielt dabei Nr. 3. Diese befasst sich mit den im Netzentwicklungsplan aufzunehmenden **Pilotprojekten**. Die ÜNB sind bei der Aufstellung des Netzentwicklungsplanes verpflichtet, für Pilotprojekte die wirtschaftlichen und technischen Möglichkeiten zum Einsatz neuer Technologien zur Übertragung großer Strommengen wie der Hochspannungsgleichstromübertragung und Hochtemperaturleiterseilen zu bewerten und ggf. in ihre Netzausbauplanung einzubeziehen.[26] Das Gesetz differenziert dabei: Während für die verlustarme Übertragung hoher Leistungen über große Entfernungen mehrere Pilotprojekte auszuweisen sind, wurde bei dem Einsatz von Hochtemperaturleiterseilen der Singular „Pilotprojekt" verwendet. Zwar steht der Zusatz der Bewertung der technischen Durchführbarkeit und Wirtschaftlichkeit nur hinter dem Pilotprojekt der Hochtemperaturleiterseile, er bezieht sich jedoch auf alle Pilotprojekte. Dies ergibt zum einen aus der Formulierung *„mit einer Bewertung ihrer technischen Durchführbarkeit und Wirtschaftlichkeit"*. Wollte man den Zusatz nur auf das Pilotprojekt für Hochtemperaturleiterseile beziehen, hätte „seiner" statt „ihrer" gewählt werden müssen. Zudem unterscheidet die Gesetzesbegründung nicht, so dass auch der Wille des Gesetzgebers für diese Auslegung spricht. Schließlich entspricht es auch dem Sinn und Zweck eines Pilotprojektes, eine Bewertung durchzuführen. 27

Pilotprojekte haben den **Zweck**, die Auswirkungen der jeweiligen Technik auf die Systemsicherheit, die Umwelt und die langfristige Wirtschaftlichkeit der Stromversorgung zu prüfen. Es sollen Erfahrungen gesammelt werden, um eine bessere Grundlage für die Technikbewertung zu erhalten. Pilotprojekte sind sinnvoll, um in Bezug auf die Praxistauglichkeit im Rahmen von Einzelprojekten erste Erfahrungen zu sammeln und Hypothesen zu verifizieren.[27] Belastbare Aussagen lassen sich erst nach mehrjähriger Betriebserfahrung treffen. Bis dahin haben diese Techniken eher einen Testcharakter. Sie können nicht automatisch als Standard festgelegt werden, sondern lediglich parallel zum sicheren Netzbetrieb eingesetzt werden. Sinn eines Pilotprojektes ist der **Nachweis der Eignung** des Piloten insbesondere auch im Hinblick auf dessen Nachhaltigkeit. Dementsprechend kann ein Pilotprojekt nicht für die Lösung einer zwingend erforderlichen Übertragungsaufgabe genutzt werden. Im Zeitraum bis zum Nachweis der technischen, wirtschaftlichen und ökologischen Eignung und deren Nachhaltigkeit muss eine bewährte Lösung nach dem Stand der Technik im Sinne von § 49 für die Sicherung der Übertragungsaufgaben genutzt werden. Die Netzsicherheit darf durch den Pilotversuch nicht gefährdet werden.[28] 28

6. Berücksichtigung des gemeinschaftsweiten Netzentwicklungsplans (Abs. 1 S. 5)

Das Instrument des Netzentwicklungsplans wurde auch auf europäischer Ebene eingeführt. Hierbei handelt es sich um einen Plan, der gemeinsam von den Netzbetreibern der EU- 29

26 BT-Drucks. 17/ 6072, S. 68.
27 BNetzA in der der Stellungnahme zum EnLAG in der Ausschussdrucksache v. 12.12.2008, BT-Drucks. 16/(9)1311.
28 So auch der BDEW in der Stellungnahme zum EnLAG in der Ausschussdrucksache v. 11.12.2008, BT-Drucks. 16/(9)1308.

Mitgliedstaaten und weiterer Staaten (ENTSO-E-Mitglieder) erarbeitetet wird. Nach Art. 8 Abs. 3b der Verordnung (EG) Nr. 714/2009[29] verabschiedet ENTSO-E alle zwei Jahre einen nicht bindenden gemeinschaftsweiten zehnjährigen Netzentwicklungsplan. Der gemeinschaftsweite Netzentwicklungsplan (TYNDP) beinhaltet eine Modellierung des integrierten Netzes, die Entwicklung der Szenarien, eine europäische Prognose der Angemessenheit der Stromerzeugung und eine Bewertung der Belastbarkeit des Systems. Die europäische Prognose erstreckt sich auf die Gesamtangemessenheit des Stromsystems zur Deckung des bestehenden und des für den nächsten Fünfjahreszeitraum sowie für den Zeitraum zwischen 5 und 15 Jahren nach dem Berichtsdatum zu erwartenden Bedarfs. Die europäische Prognose beruht auf Prognosen für die Angemessenheit der jeweiligen nationalen Stromerzeugung.[30] **ENTSO-E veröffentlicht alle zwei Jahre den nicht bindenden Netzentwicklungsplan.**[31] Der nationale Netzentwicklungsplan berücksichtigt nach § 12b Abs. 1 S. 5 den gemeinschaftsweiten Netzentwicklungsplan. Bestehen Zweifel, ob der nationale Netzentwicklungsplan mit dem gemeinschaftsweiten Netzentwicklungsplan in Einklang steht, konsultiert die Regulierungsbehörde vor der Bestätigung ACER (§ 12c Abs. 1 S. 4).[32] Da die Gesetzesformulierung lediglich ein Berücksichtigen vorsieht, kann der nationale Netzentwicklungsplan auch abweichen. Das ist insbesondere geboten, wenn sich seit dem letzten TYNDP grundlegende Annahmen wesentlich geändert haben. Beispielsweise kann die Energiewende in Deutschland mit einer in wesentlichen Teilen geänderten Erzeugungsstruktur ein Abweichen vom TYNDP erforderlich machen. Es kann nur das berücksichtigt werden, was auch unter den aktuellen Gegebenheiten weiterhin zum bedarfsgerechten Ausbau des Übertragungsnetzes erforderlich ist. Dass nicht eine vollständige Deckungsgleichheit des nationalen Netzentwicklungsplans mit dem TYNDP gegeben sein muss, ergibt sich zudem aus den abweichenden Erstellungszeitpunkten. Jeder Plan beruht für sich auf den jeweils aktuellen Grundlagen.

Tipp
Der aktuelle Stand des jeweiligen Ten-Year Network Development Plans ist abzurufen auf der Internetseite www.entsoe.eu.

---

7. Berücksichtigung der Offshore-Netzpläne (Abs. 1 S. 5)

30 Sobald ein Offshore-Netzplan vorliegt, müssen die ÜNB diesen bei der Erarbeitung des Netzentwicklungsplans berücksichtigen. Das Instrument des **Offshore-Netzplans** wurde mit den Änderungen im Rahmen des Gesetzes über Maßnahmen zur Beschleunigung des Netzausbaus Elektrizitätsnetze vom 28.7.2011[33] in das EnWG neu eingefügt. Der Offshore-Netzplan entfaltet keine Außenwirkungen und ist nicht selbstständig durch Dritte anfechtbar (§ 17 Abs. 2b S.1). Derzeit gibt es im Zusammenhang mit der Diskussion um Offshore-Haftungsregelungen Bestrebungen des Wirtschafts- und Umweltministeriums, die Vorschriften zum Offshore-Netzplan zu ergänzen. Dabei soll ein weiteres Instrument, der **Offshore-Netz*entwicklungs*plan**, neu geschaffen werden.[34]

29 ABl. EU Nr. L 211, S. 15.
30 Art. 8 Abs. 4 der VO 714/2009.
31 Art. 8 Abs. 10 der VO 714/2009.
32 Hierzu § 12c Rn 8f.
33 Gesetz v. 28.7.2011 (BGBl. I S. 1690).
34 Gemeinsame Presseerklärung des BMWi und BMU vom 2.7.2012, abrufbar unter www.bmwi.de oder www.bmu.de. Vgl. Entwurf eines Dritten Gesetzes zur Neuregelung energiewirtschaftlicher Vorschriften, BR-Drucks. 520/12.

31 Nach § 17 Abs. 2a S. 4 erstellt das Bundesamt für Seeschifffahrt und Hydrografie (BSH) im Einvernehmen mit der BNetzA und in Abstimmung mit dem Bundesamt für Naturschutz (BfN) und den Küstenländern jährlich einen **Offshore-Netzplan** für die ausschließliche Wirtschaftszone der Bundesrepublik Deutschland. **Zweck** des Offshore-Netzplans ist es, die **Planung in der ausschließlichen Wirtschaftszone zu koordinieren**. Es werden die Offshore-Anlagen einschließlich Festlegung der Cluster und ggf. Sub-Cluster identifiziert, die für eine Sammelanbindung geeignet sind (vgl. § 17 Abs. 2a S. 3). Darüber hinaus enthält der Offshore-Netzplan die Festlegung der notwendigen Trassen für die Anbindungsleitungen, Standorte für die Konverterplattformen und grenzüberschreitende Stromleitungen sowie Darstellungen zu möglichen Verbindungen untereinander, die zur Gewährleistung der Systemsicherheit beitragen können und mit einem effizienten Netzausbau vereinbar sind (§ 17 Abs. 2a S. 4). Dies dient dazu, mögliche Nutzungskonkurrenzen (Schifffahrtswege, militärische Übungsgebiete, Pipelines, Kabel) besser zu koordinieren und der Trassenknappheit bei der Anbindung an Land durch eine vorausschauende Planung und effiziente Nutzung der verfügbaren Trassen Rechnung zu tragen.[35]

Tipp

Der aktuelle Stand des Offshore-Netzplans ist abzurufen auf der Internetseite www.bsh.de oder direkt zu erfragen beim zuständigen Bundesamt für Seeschifffahrt und Hydrographie, Bernhard-Nocht-Str. 78, 20359 Hamburg.

32 Durch Einführung eines verbindlichen **Offshore-Netzentwicklungsplans** soll die Errichtung von Netzanbindungen und Offshore-Windparks besser miteinander koordiniert werden. Dies dient der Planungssicherheit und soll den effizienten Ausbau der Offshore-Anbindungen sicherstellen. Inhaltlich soll der Offshore-Netzentwicklungsplan Realisierungszeitpunkt sowie Ort und Größe zukünftiger Netzanschlüsse verbindlich festlegen, um eine bessere Abstimmung mit dem Onshore-Netzausbau zu erreichen. Dieser energiewirtschaftliche Plan soll die AWZ und das Küstenmeer bis einschließlich der Netzverknüpfungspunkte an Land erfassen. Der Offshore-Netzentwicklungsplan soll mit einer Haftungsregelung für Verzögerungen bei der Errichtung und Störungen beim Betrieb von Offshore-Netzanbindungsleitungen verknüpft werden.[36]

IV. Veröffentlichung und Öffentlichkeitsbeteiligung (Abs. 3)

33 Die ÜNB sind verpflichtet, den Entwurf des Netzentwicklungsplans auf ihren **Internetseiten** zu **veröffentlichen**. Die Regelung wurde vor allem aufgrund der bisherigen Erfahrungen der Netzplanung der dena-Netzstudien eingefügt, die sich dem Vorwurf mangelnder Transparenz und Nachvollziehbarkeit ausgesetzt sahen. Zur Erleichterung der **Konsultation** haben sie einen gemeinsamen Internetauftritt auf der Seite www.netzentwicklungsplan.de geschaffen. Neben dem Entwurf des Netzentwicklungsplans sind hier auch alle weiteren erforderlichen Informationen zu veröffentlichen. Die ÜNB geben Gelegenheit zur Äußerung. Dies ist **Bestandteil der ausgeprägten Öffentlichkeitsbeteiligung** bei der Entwicklung des Netzentwicklungsplans und dient der **Transparenz** der Entscheidungsfindung. Anders als beispielsweise bei der Bedarfsplanung von Schienenwegen oder Bundesfernstraßen liegt die Bedarfsplanung in diesem Stadium in den Händen der privaten Betreiber der Energienetze. Die Ermittlung des Netzausbaubedarfs korrespondiert mit der unternehmerischen Eigenverantwortung für die Infrastrukturinvestitionsent-

35 BR-Drucks. 342/11, S. 55.
36 Gemeinsame Presseerklärung des BMWi und BMU vom 2.7.2012, abrufbar unter www.bmwi.de oder www.bmu.de. Vgl. Entwurf eines Dritten Gesetzes zur Neuregelung energiewirtschaftlicher Vorschriften, BR-Drucks. 520/12.

scheidung.[37] Die Beteiligung durch die privaten ÜNB unterliegt keinen weiteren gesetzlichen Anforderungen, insbesondere keiner Frist. Die BNetzA kann jedoch durch Festlegung nähere Bestimmungen zur Ausgestaltung des Verfahrens treffen (§ 12c Abs. 6).[38] Die Ergebnisse der Beteiligung sind von den ÜNB zu berücksichtigen (vgl. § 12b Abs. 4).

Tipp
Die Konsultation durch die ÜNB läuft über die Internetseite www.netzentwicklungsplan.de. Auf dieser Internetseite werden neben dem Entwurf des Netzentwicklungsplans auch die eingegangenen Stellungnahmen veröffentlicht.

V. Inhalt der Vorlage zur Bestätigung

34 Die ÜNB legen den Entwurf des Netzentwicklungsplans der BNetzA zur Bestätigung vor (§§ 12b Abs. 1 S. 1, 12c). Beizufügen ist eine **zusammenfassende Erklärung** zur Berücksichtigung der Ergebnisse der verschiedenen Beteiligungen (Abs. 4). Die ÜNB müssen also nicht auf jede einzelne Stellungnahme eingehen, sondern lediglich eine Erklärung über die Art und Weise, wie die Ergebnisse der Beteiligungen berücksichtigt wurden, beifügen. Zusätzlich ist anzugeben, warum der Netzentwicklungsplan nach Abwägung mit den geprüften, in Betracht kommenden anderweitigen Planungsmöglichkeiten gewählt wurde.

VI. Aufsichtsmaßnahmen und Bußgeldvorschriften

35 Kommen die ÜNB ihren Verpflichtungen nach § 12b nicht nach, kann die BNetzA Aufsichtsmaßnahmen nach § 65[39] ergreifen. Diese umfassen insbesondere die Anordnung der Maßnahmen zur Einhaltung der Verpflichtungen (§ 65 Abs. 2). Ordnungswidrig handelt, wer vorsätzlich oder fahrlässig entgegen § 12b Abs. 5 einen Netzentwicklungsplan nicht oder nicht rechtzeitig vorlegt. Die Ordnungswidrigkeit kann mit einer Geldbuße bis zu 100.000 € geahndet werden (§ 95 Abs. 2 S. 1).

VII. Netzentwicklungsplan der Fernleitungsnetzbetreiber (§ 15a)

36 Inhalt und Anforderungen an die Erarbeitung des Netzentwicklungsplans der Fernleitungsbetreiber sind in § 15a geregelt. Jährlich, erstmals zum 1.4.2012, ist ein gemeinsamer nationaler Netzentwicklungsplan zu erstellen und der Regulierungsbehörde vorzulegen. Ebenso wie der Netzentwicklungsplan im Strombereich beinhaltet der Netzentwicklungsplan alle wirksamen Maßnahmen zur bedarfsgerechten Optimierung, Verstärkung und zum bedarfsgerechten Ausbau des Netzes und zur Gewährleistung der Versorgungssicherheit, die in den nächsten zehn Jahren netztechnisch für einen sicheren und zuverlässigen Netzbetrieb erforderlich sind. Auch sind die Projekte der nächsten drei Jahre zu kennzeichnen und ein Zeitplan beizufügen. Ein gemeinschaftsweiter Netzentwicklungsplan ist zu berücksichtigen. Ebenso ist vor Vorlage des Entwurfs des Netzentwicklungsplans bei der BNetzA der Öffentlichkeit und nachgelagerten Netzbetreibern Gelegenheit zur Stellungnahme zu geben. Die BNetzA führt eine weitere Öffentlichkeitsbeteiligung durch. Das Verfahren hinsichtlich des Änderungsverlangens unterscheidet

37 *Kment*, RdE 2011, 341, 343.
38 Siehe hierzu § 12c Rn 50 f.
39 Hierzu Baur/Salje/Schmidt-Preuß/*Schütte*, Kap. 93 Rn 3 ff.

sich dann jedoch. Die BNetzA muss innerhalb einer bestimmten Frist Änderungen verlangen. Andernfalls ist der Netzentwicklungsplan für die Fernleitungsnetzbetreiber verbindlich. Eine weitere Ausgestaltung ähnlich eines Bundesbedarfsplans gibt es nicht.

Tipp
Der aktuelle Stand des Netzentwicklungsplans der Fernleitungsnetzbetreiber kann unter www.bundesnetzagentur.de und www.netzentwicklungsplan-gas.de abgerufen werden. Hier finden sich auch die Angaben zu Beteiligungsmöglichkeiten.

VIII. Monitoring und Berichterstattung

Die Vorschriften zum Monitoring (§ 51) und zur Berichterstattung (§ 63 Abs. 1) verweisen auf 37
§ 12b. Bei der Durchführung des Monitorings der Versorgungssicherheit im Bereich der leitungsgebundenen Versorgung mit Elektrizität und bei dem jährlichen Bericht über den Netzausbau stehen dem Bundesministerium für Wirtschaft und Technologie u.a. die Befugnisse nach § 12b zur Verfügung.

§ 12c Bestätigung des Netzentwicklungsplans durch die Regulierungsbehörde

(1) Die Regulierungsbehörde prüft die Übereinstimmung des Netzentwicklungsplans mit den Anforderungen gemäß § 12b Absatz 1, 2 und 4. Sie kann Änderungen des Entwurfs des Netzentwicklungsplans durch die Übertragungsnetzbetreiber verlangen. Die Betreiber von Übertragungsnetzen stellen der Regulierungsbehörde auf Verlangen die für ihre Prüfungen erforderlichen Informationen zur Verfügung. Bestehen Zweifel, ob der Netzentwicklungsplan mit dem gemeinschaftsweit geltenden Netzentwicklungsplan in Einklang steht, konsultiert die Regulierungsbehörde die Agentur für die Zusammenarbeit der Energieregulierungsbehörden.

(2) Zur Vorbereitung eines Bedarfsplans nach § 12e erstellt die Regulierungsbehörde frühzeitig während des Verfahrens zur Erstellung des Netzentwicklungsplans einen Umweltbericht, der den Anforderungen des § 14g des Gesetzes über die Umweltverträglichkeitsprüfung entsprechen muss. Die Betreiber von Übertragungsnetzen stellen der Regulierungsbehörde die hierzu erforderlichen Informationen zur Verfügung.

(3) Nach Abschluss der Prüfung nach Absatz 1 beteiligt die Regulierungsbehörde unverzüglich die Behörden, deren Aufgabenbereich berührt wird, und die Öffentlichkeit. Maßgeblich sind die Bestimmungen des Gesetzes über die Umweltverträglichkeitsprüfung, soweit sich aus den nachfolgenden Vorschriften nicht etwas anderes ergibt. Gegenstand der Beteiligung ist der Entwurf des Netzentwicklungsplans und in den Fällen des § 12e zugleich der Umweltbericht. Die Unterlagen für die Strategische Umweltprüfung sowie der Entwurf des Netzentwicklungsplans sind für eine Frist von sechs Wochen am Sitz der Regulierungsbehörde auszulegen und darüber hinaus auf ihrer Internetseite öffentlich bekannt zu machen. Die betroffene Öffentlichkeit kann sich zum Entwurf des Netzentwicklungsplans und zum Umweltbericht bis zwei Wochen nach Ende der Auslegung äußern.

(4) Die Regulierungsbehörde bestätigt den jährlichen Netzentwicklungsplan unter Berücksichtigung des Ergebnisses der Behörden- und Öffentlichkeitsbeteiligung mit Wirkung für die Betreiber von Übertragungsnetzen. Die Bestätigung ist nicht selbstständig durch Dritte anfechtbar. Die Regulierungsbehörde kann bestimmen, welcher Betreiber von Übertragungsnetzen für die Durchführung einer im Netzentwicklungsplan enthaltenen Maßnahme verantwortlich ist.

(5) Die Betreiber von Übertragungsnetzen sind verpflichtet, den entsprechend Absatz 1 Satz 2 geänderten Netzentwicklungsplan der Regulierungsbehörde unverzüglich vorzulegen.

(6) Die Regulierungsbehörde kann durch Festlegung nähere Bestimmungen zu Inhalt und Verfahren der Erstellung des Netzentwicklungsplans sowie zur Ausgestaltung des nach Absatz 3, § 12a Absatz 2 und § 12b Absatz 3 durchzuführenden Verfahrens zur Beteiligung der Öffentlichkeit treffen.

Überblick

I. Allgemeines

1. Überblick über die Norm

Abs. 1 bestimmt die Anforderungen an die Prüfung des Netzentwicklungsplanentwurfs durch die Regulierungsbehörde. Die Regulierungsbehörde kann Änderungen von den ÜNB verlangen. Bei Änderungsverlangen ist der geänderte Netzentwicklungsplan unverzüglich vorzulegen (Abs. 5). Nach Abs. 2 ist frühzeitig zur Vorbereitung des Bundesbedarfsplans ein Umweltbericht zu erstellen. Abs. 3 enthält die Anforderungen für die Behörden- und Öffentlichkeitsbeteiligung. Unter Berücksichtigung der Ergebnisse dieser Beteiligung bestätigt die Regulierungsbehörde den Netzentwicklungsplan (Abs. 4). Abs. 6 beinhaltet eine Festlegungskompetenz der Regulierungsbehörde. 1

2. Regelungszweck

Die Norm dient der Bestimmung der Aufgabenverteilung zwischen Regulierungsbehörde und ÜNB. Verantwortlich für den Netzentwicklungsplan sind die ÜNB. Für den Entwurf des Bundesbedarfsplans und die Umweltprüfung, die für dessen Vorbereitung stattfindet, ist die BNetzA verantwortlich. Der von den ÜNB erstellte Netzentwicklungsplan ist der Regulierungsbehörde zur Bestätigung vorzulegen. § 12c bestimmt den **Prüfrahmen** vor der Bestätigung. Die Regulierungsbehörde kann Änderungen von den Netzbetreibern verlangen. Zudem dient die Norm der frühzeitigen Ermittlung und Bewertung der Umweltauswirkungen der Vorhaben des Bundesbedarfsplans im Rahmen einer **SUP**. Indem eine weitere Öffentlichkeits- und Behördenbeteiligung geregelt wird, dient auch diese Vorschrift der Schaffung von Transparenz und der Einbindung der Betroffenen. 2

3. Entstehungsgeschichte

§ 12c wurde im Jahr 2011 gemeinsam mit den §§ 12a bis 12g neu in das EnWG eingefügt. Die Vorschrift setzt Art. 22 der RL 2009/72/EG um. Im Laufe des Gesetzgebungsverfahrens hat der Bundesrat gefordert, die Abstimmung mit den Ländern zu erweitern und diesen verstärkte Rechte zuzugestehen. Zudem sollte der Netzentwicklungsplan vor Bestätigung durch die Regulierungsbehörde ihrem Beirat zur Beschlussfassung zugeleitet werden. Für die Kosten der im Netzentwicklungsplan festgestellten Maßnahmen solle eine finanzielle Verrechnung unter den ÜNB 3 erfolgen.[1] Der Kostenausgleich solle einer regionalen Spreizung der Netzentgelte entgegenwirken und der Akzeptanzsteigerung dienen.[2] Die Vorschläge wurden von der Bundesregierung abgelehnt. Ein Abstimmungserfordernis mit den Landesbehörden sei nicht sachgerecht, da es in diesem Schritt um die Ermittlung des energiewirtschaftlichen Bedarfs gehe, nicht um konkrete räumliche Festlegungen wie im Planfeststellungsverfahren. Auch die Beteiligung des Beirats sei nicht erforderlich, da dieser lediglich beratende Funktion habe. Eine demokratische Legitimierung des Bundesbedarfplans sei bereits durch die Verabschiedung als Gesetz gegeben.[3] Im Ergebnis ist der Vorschlag des Gesetzesentwurfs[4] unverändert zum Gesetzestext geworden.

II. Prüfung des Netzentwicklungsplans (Abs. 1)

1. Prüfprogramm der Regulierungsbehörde (Abs. 1 S. 1)

4 Die Regulierungsbehörde prüft die Übereinstimmung des Netzentwicklungsplans mit den Anforderungen gem. § 12b Abs. 1, 2 und 4. Erfasst ist danach die Überprüfung der Anwendung des NOVA-Prinzips und der erforderlichen Inhalte des Netzentwicklungsplans. Zudem ist zu untersuchen, ob der Netzentwicklungsplan alle Maßnahmen beinhaltet, die nach den Szenarien des Szenariorahmens erforderlich sind, um einen sicheren und zuverlässigen Netzbetrieb zu ermöglichen. Zum **Prüfprogramm der Regulierungsbehörde** gehört auch, ob die Anforderungen an die Berücksichtigung der Öffentlichkeitsbeteiligung durch die ÜNB eingehalten wurden.[5]

2. Informationen der ÜNB (Abs. 1 S. 3)

5 Damit die Regulierungsbehörde ihrem Prüfauftrag nachkommen kann, benötigt sie Informationen von den ÜNB. Die ÜNB sind daher verpflichtet, der BNetzA auf Verlangen die für ihre Prüfungen **erforderlichen Informationen** zur Verfügung zu stellen (Abs. 1 S. 3). Dies können nach der Gesetzesbegründung u.a. Informationen zu Einspeise- und Lastdaten sowie zu Impedanzen und Kapazitäten von Stromkreisen, Schaltanlagen, Transformatoren und sonstigen Netzbetriebsmitteln sein.[6] Das entspricht den zur digitalen Netzberechnung erforderlichen Daten, die im Rahmen des Anspruchs nach § 12f herausgegeben werden können.[7] Die Begrenzung auf die **erforderlichen Daten** bezieht sich auf all das, was für die Prüfung der Anforderungen nach § 12b Abs. 1, 2 und 4 benötigt wird. Nicht von dieser Verpflichtung erfasst sind Daten, die beispielsweise für die SUP erforderlich sind. Dafür gibt es eine Sonderregelung in Abs. 2 S. 2. Weitergehende Informationen kann die Regulierungsbehörde im Rahmen der allgemeinen Ermittlungstätigkeit nach § 68 oder des allgemeinen Auskunftsverlangens nach § 69 erlangen. Auch diese Vorschriften sind vom Erforderlichkeitsgrundsatz geprägt. Die Tätigkeiten werden durch den Untersuchungszweck und damit letztlich durch die Ermächtigungsgrundlage einschließlich der Verfahrensvorschriften begrenzt. Irrelevante Tatsachen dürfen deshalb nicht ermittelt werden.[8]

1 BR-Drucks. 343/11 S. 4.
2 BR-Drucks. 343/11 S. 6.
3 BT-Drucks. 17/6248, S. 22.
4 BT-Drucks. 17/6072, S. 22.
5 Siehe § 12b Rn 18 ff.
6 BT-Drucks. 17/6072, S. 69.
7 Siehe § 12f Rn 8 ff.
8 *Salje*, EnWG, § 68 Rn 5; Baur/Salje/Schmidt-Preuß/*Heimann*, Kap. 49 Rn 9.

3. Änderungsverlangen (Abs. 1 S. 2, Abs. 5)

Die Regulierungsbehörde kann **Änderungen verlangen**. Anders als bei der Genehmigung des Szenariorahmens[9] gibt es hinsichtlich des Netzentwicklungsplans eine Bestätigung. Die ÜNB erstellen den Entwurf des Netzentwicklungsplans und ändern diesen auch. So eine Aufgabenverteilung ist sachgerecht, weil die für eine Änderung des Netzentwicklungsplans erforderlichen Daten den Netzbetreibern vorliegen. Eine Änderung eines Vorhabens im vermaschten Netz hat häufig auch Auswirkungen auf andere Vorhaben. Bei Änderungen des Netzentwicklungsplans sind sachgerecht die Interessen der ÜNB zu berücksichtigen. 6

Die ÜNB sind verpflichtet, den geänderten Netzentwicklungsplan **unverzüglich** vorzulegen (Abs. 5). Unverzüglich bedeutet nach der Legaldefinition des § 121 Abs. 1 S. 1 BGB ohne schuldhaftes Zögern. Diese Legaldefinition gilt für das gesamte Privatrecht und das öffentliche Recht.[10] Die Rechtsprechung hat in verschiedenen Bereichen eine Obergrenze von zwei Wochen festgelegt.[11] Diese Obergrenze ist auch auf die Vorschrift des § 12c Abs. 5 übertragbar. Da jedoch der Abschluss der Änderungen ein interner Vorgang bei den ÜNB ist, liegt ein Fristbeginn im eigentlichen Sinne nicht vor. Die Netzbetreiber sind aber angehalten, den geänderten Netzentwicklungsplan ohne schuldhaftes Zögern vorzulegen. Geschieht dies nicht, liegt unter den Voraussetzungen des § 95 Abs. 1 Nr. 1b eine **Ordnungswidrigkeit** vor. 7

4. Kohärenz mit dem gemeinschaftsweiten Netzentwicklungsplan (Abs. 1 S. 4)

Bestandteil des Prüfprogramms der Regulierungsbehörde ist auch die Berücksichtigung des **gemeinschaftsweiten Netzentwicklungsplans** (Ten-Year Network Development Plan, TYNDP).[12] Dies ergibt sich bereits aus dem Verweis in § 12c Abs. 1 S. 1 auf § 12b Abs. 1. Darüber hinaus wird in § 12c Abs. 1 S. 4 geregelt, dass neben dem Änderungsverlangen gegenüber den ÜNB auch die Einbindung von ACER erforderlich sein kann. Bestehen Zweifel, ob der nationale Netzentwicklungsplan mit dem gemeinschaftsweit geltenden Netzentwicklungsplan in Einklang steht, konsultiert die Regulierungsbehörde ACER. Das Verhältnis zum gemeinschaftsweiten Netzentwicklungsplan ist in Art. 22 Abs. 5 der RL 2009/72/EG angelegt. ENTSO-E verabschiedet alle zwei Jahre einen nicht bindenden gemeinschaftsweiten zehnjährigen Netzentwicklungsplan einschließlich einer europäischen Prognose zur Angemessenheit der Stromversorgung (Art. 8 Abs. 3 lit. b der VO 714/2009). Dieser Plan soll realisierbare Elektrizitätsübertragungsnetze und die für den Handel sowie die Versorgungssicherheit notwendigen regionalen Verbindungen beinhalten.[13] 8

ACER hat die Aufgabe, die nationalen Regulierungsbehörden zu unterstützen, die in den Mitgliedstaaten vorgenommenen Regulierungsaufgaben auf Gemeinschaftsebene zu erfüllen und, soweit erforderlich, die Maßnahmen dieser Behörden zu koordinieren.[14] Auftrag von ACER ist auch die Beobachtung der Umsetzung der gemeinschaftsweiten Netzentwicklungspläne.[15] Bei Unvereinbarkeiten des nationalen Netzentwicklungsplans mit dem gemeinschaftsweiten Netzentwicklungsplan spricht ACER die **Empfehlung zur Änderung** des nationalen zehnjäh- 9

9 Siehe § 12a Rn 32ff.
10 Palandt/*Heinrichs*, § 121 Rn 3.
11 OLG Hamm, Urt. v. 9.1.1990 – 26 U 21/89 –; OLG Jena, Urt. v. 22.9.1999 – 7 U 229/99 –.
12 Hierzu bereits § 12b Rn 29.
13 Erwägungsgrund 9 der VO (EG) Nr. 714/2009 des Europäischen Parlaments und des Rates vom 13.7.2009 über die Netzzugangsbedingungen für den grenzüberschreitenden Stromhandel und zur Aufhebung der Verordnung (EG) Nr. 1228/2003, ABl. EU Nr. L 211 S. 15.
14 Art. 1 Abs. 2 VO (EG) Nr. 713/2009 des Europäischen Parlaments und des Rates vom 13.7.2009 zur Gründung einer Agentur für die Zusammenarbeit der Energieregulierungsbehörden, ABl. EU Nr. L 211, S. 1.
15 Art. 6 Abs. 8 VO (EG) Nr. 713/2009 des Europäischen Parlaments und des Rates vom 13.7.2009 zur Gründung einer Agentur für die Zusammenarbeit der Energieregulierungsbehörden, ABl. EU Nr. L 211, S. 1.

rigen Netzentwicklungsplans oder ggf. des gemeinschaftsweiten Netzentwicklungsplans aus (Art. 8 Abs. 11 der VO 714/2009).

III. Strategische Umweltprüfung (Abs. 2)

10 Die Regulierungsbehörde erstellt frühzeitig während des Verfahrens zur Aufstellung des Netzentwicklungsplans einen Umweltbericht im Rahmen der SUP. Die Durchführung der SUP richtet sich nach den Vorschriften des UVPG. Der Umweltbericht dient der Vorbereitung des Bundesbedarfsplans nach § 12e. Er ist also nur erforderlich, wenn der Netzentwicklungsplan als Entwurf für einen Bundesbedarfsplan an die Bundesregierung geleitet wird. Das ist mindestens alle drei Jahre oder bei wesentlichen Änderungen des Netzentwicklungsplans der Fall. Sofern der jährliche Netzentwicklungsplan nicht in ein Bundesbedarfsplangesetz mündet, ist auch die SUP bzw. der Umweltbericht nach § 14g UVPG nicht erforderlich. Wird der Bundesbedarfsplan geändert, richtet sich die SUP-Pflicht nach § 12e Abs. 5 i.V.m. § 14d S. 1 UVPG. Danach ist bei einer geringfügigen Änderung des Plans eine SUP nur dann durchzuführen, wenn eine Vorprüfung des Einzelfalls ergibt, dass der Plan oder das Programm voraussichtlich erhebliche Umweltauswirkungen hat. Insofern ist also eine Vorprüfung erforderlich. Sofern keine Pflicht zur Durchführung der SUP besteht, findet § 12c Abs. 2 keine Anwendung.

11 Die SUP ist ein **unselbstständiger Teil behördlicher Verfahren** zur Aufstellung oder Änderung von Plänen und Programmen, die von einer Behörde, einer Regierung oder im Wege eines Gesetzgebungsverfahrens angenommen werden (§ 2 Abs. 4 S. 1 UVPG). Die SUP ist in ein sog. Trägerverfahren integriert.[16] Das vorliegende **Trägerverfahren** ist der Bundesbedarfsplan nach § 12e. Zusätzlich gibt es eine SUP im Rahmen der Bundesfachplanung nach §§ 4ff. NABEG sowie eine UVP, bei der das Planfeststellungsverfahren als Trägerverfahren dient.[17]

1. Zeitpunkt der Erstellung des Umweltberichts

12 Aus § 12c Abs. 2 und § 14g Abs. 1 S. 1 UVPG ergibt sich die **Pflicht zur frühzeitigen Erstellung des Umweltberichts**. Dies hat während des Verfahrens zur Aufstellung des Netzentwicklungsplans zu erfolgen. Bezugspunkt des Umweltberichts ist der Bundesbedarfsplan. Dieser ergeht aber erst durch den Gesetzgeber. Der Gesetzgeber ist an den Entwurf des Bundesbedarfsplans nicht gebunden. Zudem ist bei einer frühzeitigen Erstellung des Umweltberichts zu berücksichtigen, dass der Entwurf des Netzentwicklungsplans sich im Laufe des Verfahrens ändern kann und ggf. ACER Empfehlungen ausspricht. Die frühzeitige Erstellung dient jedoch der frühzeitigen Berücksichtigung der Umweltauswirkungen bei der Aufstellung des Plans. Daher ist es sinnvoll, sie nicht nachzuschalten, sondern schon bei der Erstellung des Netzentwicklungsplans durchzuführen. Grundsätzlich bietet es sich in jeder SUP an, Umweltbericht und Plan aufeinander abgestimmt zu entwickeln, um eine möglichst frühzeitige Berücksichtigung der Erkenntnisse des Umweltberichts in der Erarbeitungsphase des Plans gewährleisten zu können.[18] Frühzeitig bedeutet zumindest, dass der Umweltbericht bei der Konsultation des Netzentwicklungsplans vorliegen muss. Dies ist gewährleistet durch die zeitgleiche Konsultation des Entwurfs des Netzentwicklungsplans und des Umweltberichts. Nur so kann das Ziel, der Öffentlichkeit und den eingebundenen Behörden eine wirksame Beteiligung an der SUP zu ermöglichen, erreicht wer-

16 Siehe hierzu insbesondere UBA/BMU, Leitfaden zur SUP, 2010.
17 Zur SUP in der Bundesfachplanung siehe § 5 NABEG Rn 62ff.; zur UVP in der Planfeststellung siehe § 20 NABEG Rn 8ff.
18 Hoppe/Beckmann/*Kment*, § 14g Rn 5; *Peters/Balla*, § 14g Rn 4.

den. Endgültige Aussagen über Umweltauswirkungen lassen sich erst nach Abschluss des Beteiligungsverfahrens treffen.[19]

13 Die Umweltprüfung dient auch dazu, die Entscheidung der BNetzA über die Bestätigung des Netzentwicklungsplans vorzubereiten, wenn dieser abschließend den Entwurf des Bundesbedarfsplans bildet.[20] Die SUP findet nicht erst auf ministerieller Ebene statt, sondern schon im vorgeschalteten Verfahren. Dies gewährleistet die Effektivität der Umweltprüfung. Würde erst der bei der Bundesregierung vorgelegte Plan einer Umweltprüfung unterzogen werden, würde es sich um eine nachträgliche Kontrolle der Bestätigung der BNetzA handeln. Die BNetzA hingegen kann und muss die Prüfung sehr viel früher durchführen, so dass die Ergebnisse bei der Bestätigung des Netzentwicklungsplans einfließen können.[21]

2. Grundsätze der SUP zum Bundesbedarfsplan

14 Die Pflicht zur Durchführung der SUP ergibt sich aus der RL 2001/42/EG.[22] Die Umsetzung dieser Richtlinie erfolgt im UVPG, insbesondere in den §§ 14a ff. UVPG. Der Bundesbedarfsplan ist ein Plan mit einer **obligatorischen Pflicht zur SUP**. Er ist explizit genannt in § 14b Abs. 1 Nr. 1 UVPG i.V.m. der Anlage 3 Nr. 1.10. Die SUP mündet in einen Umweltbericht.

15 **Zweck** der SUP ist die frühzeitige Berücksichtigung von Umweltbelangen, um ein hohes Umweltschutzniveau auch für die planerischen Entscheidungen sicherzustellen. Die SUP beinhaltet die **frühzeitige, systematische und transparente Ermittlung, Beschreibung und Bewertung der Umweltauswirkungen** eines Planes oder Programms einschließlich der planerischen Alternativen sowie die Beteiligung der Öffentlichkeit und der für Umwelt- und Gesundheitsbelange zuständigen Behörden. Die Ergebnisse der SUP sind bei der Ausarbeitung, Annahme oder Änderung von Plänen oder Programmen zu berücksichtigen.[23]

16 Die Regulierungsbehörde ist verpflichtet, die voraussichtlichen erheblichen Umweltauswirkungen der Durchführung des Bundesbedarfsplans sowie vernünftige Alternativen zu ermitteln, zu beschreiben und zu bewerten. Die Dokumentation dieser Arbeitsschritte leistet der Umweltbericht. Neben der Dokumentationsfunktion hat der Umweltbericht eine **Funktion** bei der Entscheidungsfindung hinsichtlich des Bundesbedarfsplans. Er dient zudem der Information, der Schaffung von Transparenz und ermöglicht die Beteiligung.[24]

17 Bei der Planung handelt es sich um einen zukunftsbezogenen Prozess mit entsprechenden Prognoseentscheidungen. Die SUP ist ein **planungsbezogenes Instrument des integrativen Umweltschutzes.** Sie soll sicherstellen, dass bei bestimmten Plänen und Programmen zur wirksamen Umweltvorsorge nach einheitlichen Grundsätzen die Auswirkungen auf die Umwelt im Rahmen von Umweltprüfungen frühzeitig geprüft werden. Ziele der Umweltprüfungen sind es, Umweltschäden im Voraus zu vermeiden, Umweltauswirkungen frühzeitig und schutzgutübergreifend zu erfassen, Umweltbelange mit gleichem Stellenwert wie andere Belange (wirtschaftlicher und sozialer Art) in Entscheidungen einzubringen, für eine Entscheidung unter umfassender Berücksichtigung der Umweltauswirkungen zu sorgen sowie Verfahren durch Beteiligung transparenter zu machen.[25]

18 Die SUP beginnt mit der **Festlegung des Untersuchungsrahmens.** Diesem Schritt kommt bereits eine entscheidende Bedeutung für den anschließenden Prüfaufwand zu. Um **Mehrfach-**

19 *Peters/Balla*, § 14g Rn 4.
20 *Bunge*, Lf. 1/12, Kap. 0540, S. 19.
21 *Bunge*, Lf. 1/12, Kap. 0540, S. 18.
22 RL 2001/42/EG des Europäischen Parlaments und des Rates vom 27.6.2001 über die Prüfung der Umweltauswirkungen bestimmter Pläne und Programme (SUP-RL), ABl. EG Nr. L 197, S. 30.
23 UBA/BMU, Leitfaden zur SUP, S. 1.
24 Zur Bedeutung des Umweltberichts Hoppe/Beckmann/*Kment*, § 14g Rn 5.
25 *Scholles/Wende/Hartlink*, UVP-report 2011, 76, 77.

prüfungen zu vermeiden, soll bei der Festlegung des Untersuchungsrahmens bestimmt werden, auf welcher der Stufen dieses Prozesses bestimmte Umweltauswirkungen schwerpunktmäßig geprüft werden sollen (§ 14f Abs. 3 UVPG). Die Umweltprüfungen der nachfolgenden Prozesse sollen sich lediglich mit den zusätzlichen und anderen erheblichen Umweltauswirkungen sowie mit erforderlichen Aktualisierungen und Vertiefungen befassen (**Abschichtungsgedanke**).[26] Dies führt zugleich zu einer Reduzierung der Komplexität räumlicher Planungen und zur Entlastung der Planungsträger auf den nachfolgenden Planungsstufen. Die Steuerungsfunktion der jeweiligen Planungsstufe (Bundesbedarfsplan, Bundesfachplanung und Planfeststellung) prägt Umfang und Detaillierungsgrad der Umweltprüfung. Je konkreter die Festlegungen sind, umso detaillierter erfolgt die Betrachtung der Umweltschutzbelange.

19 In der Grobstruktur gibt es bei der SUP in der Bundesbedarfsplanung folgende Schritte:
- Festlegung des Untersuchungsrahmens (Scoping) einschließlich Umfang und Detaillierungsgrad des Umweltberichts (§ 14f UVPG), mindestens mit Behördenbeteiligung;
- Erstellung des Umweltberichts (§ 12c, § 14g UVPG);
- Behörden- und Öffentlichkeitsbeteiligung zum Umweltbericht gleichzeitig mit der Beteiligung zum Entwurf des Netzentwicklungsplans (§§ 14h bis 14j UVPG, § 12c Abs. 3);
- Überprüfung des Umweltberichts: Berücksichtigung der Ergebnisse der Öffentlichkeits- und Behördenbeteiligung (§ 14k UVPG);
- Bestätigung des Netzentwicklungsplans unter Berücksichtigung der Öffentlichkeits- und Behördenbeteiligung (§ 12c Abs. 4).

20 Das BNatSchG sieht für Projekte und bestimmte Pläne eine **Prüfung der Verträglichkeit mit Natura 2000-Schutzgebieten** (FFH- und Vogelschutzgebiete) vor. Diese Verträglichkeitsprüfung tritt eigenständig neben die für den Plan einschlägige SUP. Gemäß § 36 Nr. 2 BNatSchG sind Pläne, die bei behördlichen Entscheidungen zu beachten oder zu berücksichtigen sind, entsprechend den nach § 34 Abs. 1 bis 5 BNatSchG für konkrete Projekte geltenden Anforderungen auf ihre Verträglichkeit mit den Erhaltungszielen eines Natura 2000-Gebiets zu überprüfen. Die Unverträglichkeit eines Plans führt zu dessen Unzulässigkeit, er kann dann nur in bestimmten Ausnahmefällen und unter Ausgleichsmaßnahmen weiterverfolgt werden. Der Bundesbedarfsplan unterfällt unmittelbar § 36 Nr. 2 BNatSchG, da er gem. § 4 S. 1 NABEG maßgeblich für die Planung von Trassenkorridoren ist. Im Rahmen der Bedarfsplanung kann lediglich eine kursorische Prüfung erfolgen, da noch keine konkreten Trassenverläufe, sondern Anfangs- und Endpunkte bekannt sind. Bei Neubauprojekten kann allein die Möglichkeit einer erheblichen Beeinträchtigung von Natura 2000-Gebieten untersucht werden.[27]

3. Informationen der ÜNB (Abs. 2 S. 2) und der zu beteiligenden Behörden

21 Die ÜNB stellen der Regulierungsbehörde die für die SUP erforderlichen **Informationen** zur Verfügung. Diese Pflicht tritt neben die Verpflichtung aus Abs. 1 S. 3, wonach auf Verlangen die für die Prüfung der Übereinstimmung des Netzentwicklungsplans mit den gesetzlichen Anforderungen benötigten Informationen zur Verfügung zu stellen sind. Die Regelung erlangt besondere Bedeutung vor dem Hintergrund der Aufgabenteilung zwischen der BNetzA und den ÜNB. Anders als bei anderen Plänen und Programmen, für die nach dem UVPG eine SUP erforderlich ist, baut der Bedarfsplan auf den Vorhaben der privaten ÜNB auf. Die BNetzA wird in diesem Schritt nicht planerisch tätig. Sie besitzt jedoch erheblichen rechtlichen Einfluss auf den Inhalt des Netzentwicklungsplans. Die Möglichkeit des Änderungsverlangens ist entscheidend für die

---

26 Zur Abschichtung im Rahmen der Festlegung des Untersuchungsrahmens in der Bundesfachplanung § 7 NABEG Rn 75 ff.
27 *Bunge*, Lf. 1/12, Kap. 0540, S. 26.

Effektivität der Umweltprüfung.[28] Um sinnvoll auf Änderungen hinzuwirken, sind die Informationen der ÜNB erforderlich.

Weitere Informationen kann die Regulierungsbehörde von den bei der Festlegung des Untersuchungsrahmens zu **beteiligenden Behörden** erlangen. Diese Behörden haben eine **Mitwirkungspflicht**. Verfügen sie über Informationen, die für den Umweltbericht zweckdienlich sind, übermitteln sie diese der zuständigen Behörde (§ 14f Abs. 4 S. 4 UVPG). Zur Aufwandsreduzierung soll eine Mehrfachnutzung vorhandener Daten erfolgen. 22

4. Inhalt der SUP zum Bundesbedarfsplan

Die SUP zum Bundesbedarfsplan dient der Untersuchung von Raumempfindlichkeiten mit Hilfe eines großräumigen Betrachtungsniveaus. Es werden zunächst die vernünftigen Alternativen geprüft, bevor in einem zweiten Schritt die Umweltauswirkungen der ausgewählten vernünftigen Alternativen zu ermitteln, zu beschreiben und zu bewerten sind. Die Tiefe der SUP richtet sich nach dem konkreten Projekt.[29] Eine spezielle Überprüfung der konkreten Trassen ist in diesem Schritt grds. noch nicht möglich, da der Bundesbedarfsplan keine konkreten Trassenverläufe, sondern Anfangs- und Endpunkte enthält. 23

a) Vernünftige Alternativen

Ziel der Alternativenprüfung ist es, frühzeitig im Planungsprozess über sinnvolle Alternativen nachzudenken, um ein ausgewogenes Planungsergebnis zu erzielen.[30] Bereits aus den europarechtlichen Vorgaben ergibt sich, dass die Ziele des Plans bei der Auswahl der Alternativen berücksichtigt werden müssen (Art. 5 Abs. 1 der RL 2001/42/EG). Somit kommt es entscheidend auf die Zielsetzung des Plans an. Vernünftig im Sinne des Art. 5 Abs. 1 der RL 2001/42/EG können nur solche Alternativen sein, die in vergleichbarer Weise geeignet sind, die mit dem Plan oder dem Programm verfolgten Ziele zu erreichen. Die ausgewählten Alternativen dürfen nicht offensichtlich fernliegend sein. Es obliegt der prüfenden Behörde, den Maßstab festzulegen, welche Alternativen vernünftig sind. Sie muss gem. § 14g Abs. 2 Nr. 8 UVPG im Umweltbericht darlegen und begründen, nach welchen Maßstäben die Auswahl der vernünftigen Alternativen erfolgt ist. Sofern es keine vernünftigen Alternativen zu einem Vorhaben geben sollte, ist dies im Rahmen des Umweltberichts ebenfalls darzulegen und zu begründen. 24

Vernünftige Alternativen sind nur solche, die sich im Rahmen der Verhältnismäßigkeit halten. Die „Vernünftigkeit" der Alternative ist im Sinne einer Zumutbarkeitsgrenze auszulegen.[31] Vernünftige Alternativen sind mehr als sich ernsthaft anbietende oder aufdrängende,[32] ernsthaft in Betracht kommende[33] oder von der Sache her nahe liegende Alternativen.[34] Erfasst sind nach den europarechtlichen Vorgaben alle nicht offensichtlich – ohne vernünftige Zweifel – fern liegenden Alternativen.[35] Es muss sich um realistische bzw. realisierbare Alternativen handeln, die mit einem zumutbaren Mehraufwand ermittelt oder umgesetzt werden können. 25

---

28 *Bunge*, Lf. 1/12, Kap. 0540, S. 18.
29 Vgl. UBA/BMU, Leitfaden zur SUP, S. 12.
30 *Peters/Balla*, § 14g Rn 6.
31 Hoppe/Beckmann/*Kment*, § 14g Rn 21.
32 Hierzu BVerwG, Urt. v. 30.5.1984 – 4 C 58/81 –.
33 BVerwG, Urt. v. 9.2.2005 – 9 A 90/03 –; a.A. *Peters/Balla*, § 14g Rn 6, die davon ausgehen, dass nur solche Alternativen in den Blick zu nehmen sind, die ernsthaft in Betracht kommen, d.h. sich der Sache nach anbieten. Gemäß § 5 Abs. 1 S. 4 NABEG sind in der Bundesfachplanung *„ernsthaft in Betracht kommende Alternativen"* zu prüfen, vgl. hierzu § 5 NABEG Rn 10 und § 7 NABEG Rn 21ff.
34 BVerwG, Urt. v. 22.3.1985 – 4 C 15/83 –.
35 Hoppe/Beckmann/*Kment*, § 14g Rn 23.

Alternativen, die zwangsläufig nachfolgende Projekte auf der Zulassungsebene mit exorbitanten Kosten belasten und damit ihre Verwirklichung ausschließen, sind nicht vernünftig.[36] Bereits im Zusammenhang mit der Festlegung des Untersuchungsrahmens (§ 14f UVPG) bestimmt das Gesetz, dass der Umweltbericht nur solche Angaben aufweisen soll, die mit zumutbaren Aufwand ermittelt werden können. Dabei zu berücksichtigen sind der gegenwärtige Wissensstand und der Behörde bekannte Äußerungen der Öffentlichkeit, allgemein anerkannte Prüfmethoden, Inhalt und Detaillierungsgrad des Plans sowie dessen Stellung im Entscheidungsprozess.[37]

26 Ausgangspunkt für die Auswahl vernünftiger Alternativen ist die vom Gesetzgeber mit dem Bundesbedarfsplan als Trägerverfahren verfolgte Zielsetzung (**Planzielkonformität**).[38] Gemäß § 12e Abs. 2 S. 3 entsprechen die Vorhaben, die im Bundesbedarfsplan aufgeführt sind, den Zielsetzungen des § 1. Danach dienen diese Vorhaben insbesondere einer sicheren, preisgünstigen, effizienten und umweltverträglichen Energieversorgung. Mit Erlass des Bundesbedarfsplans wird für diese Vorhaben die energiewirtschaftliche Notwendigkeit und der vordringliche Bedarf festgestellt (§ 12e Abs. 4). Damit wird zugleich für diese Vorhaben eine verbindliche objektive Planrechtfertigung festgestellt. Daraus folgt für die Auswahl vernünftiger Alternativen, dass nur solche Alternativen in Betracht kommen, die ebenfalls den Zielsetzungen des § 1 entsprechen und der Feststellung einer objektiven Planrechtfertigung zugänglich sind. Es geht nicht um Alternativen des gesamten Plans. Die Nullalternative bzw. Nullvariante entspricht nicht dem mit dem Plan verfolgten Ziel und stellt daher keine vernünftige Alternative dar. Als Vergleich ist im Umweltbericht jedoch die Darstellung der Merkmale der Umwelt, des derzeitigen Umweltzustands sowie dessen voraussichtliche Entwicklung bei Nichtdurchführung des Plans aufzunehmen (§ 14g Abs. 2 Nr. 3 UVPG).

27 Die energiepolitischen Ziele der Bundesregierung[39] beinhalten konkrete **Bewertungsmaßstäbe.** Dabei handelt es sich um allgemeine Vorgaben oder politische Grundsatzbestimmungen wie die Nachhaltigkeitsstrategie oder die Biodiversitätsstrategie. Insbesondere die Ziele zur Begrenzung des Flächenverbrauchs spielen eine Rolle. Darüber hinaus lassen sich Maßstäbe aus zahlreichen weiteren Regelungen entnehmen, wie beispielsweise aus den Zielbestimmungen des BNatSchG. Dies sind generelle Vorgaben, die anzuwenden sind, wenn die Verwaltung einen planerischen Ermessensspielraum besitzt.[40]

28 Gebietsbezogene Standortalternativen kommen als vernünftige Alternativen in Betracht. **Räumliche Alternativen** bilden ein Kernelement im Rahmen des § 14g UVPG, da durch die zur Prüfung gestellten Pläne und Programme häufig standortrelevante Entwicklungsentscheidungen getroffen werden, die Umweltauswirkungen nach sich ziehen.[41] Allerdings wird der geographische Verlauf einer Leitung im Regelfall erst auf einer späteren Planungsebene als vernünftige Alternative zu prüfen sein.[42]

29 Vernünftige Alternativen können grds. auch **Technikalternativen** sein. Hierbei hat der Gesetzgeber allerdings eine Vorentscheidung getroffen, was als vernünftige Alternative in Betracht kommt. Die in § 12b als Pilotprojekte gekennzeichneten Vorhaben können nicht allgemein als vernünftige Alternative zur herkömmlichen Übertragungstechnik in Betracht kommen, sondern sind auf Einzelfälle beschränkt. Deren Eignung, den Zielsetzungen des § 1 zu genügen, soll zunächst erprobt werden. Auch die technische Ausführung eines Vorhabens als Freileitung oder

36 Hoppe/Beckmann/*Kment*, § 14g Rn 24.
37 Vgl. *Peters/Balla*, § 14g Rn 4.
38 Vgl. *Peters/Balla*, § 14g Rn 7.
39 Siehe hierzu auch § 12a Rn 17.
40 *Bunge*, Lf. 1/12, Kap. 0540, S. 25.
41 Hoppe/Beckmann/*Kment*, § 14g Rn 29.
42 *Bunge*, Lf. 1/12, Kap. 0540, S. 22.

Erdkabel betrifft im Allgemeinen erst die Ebene der Bundesfachplanung oder Planfeststellung.[43] Die Betrachtung des Einsatzes verschiedener möglicher Energieerzeugungstechniken (z.B. Windkraft, Photovoltaik) ist nicht Bestandteil der Alternativenprüfung. Ein potenzieller Wandel der Energieversorgung wird bereits bei der Genehmigung des Szenariorahmens (§ 12a) berücksichtigt.

Insgesamt bestimmen sich die **Prüftiefe** und der **Ermittlungsaufwand** der Alternativenprüfung nach den Umständen des Einzelfalls. Der Ermittlungsaufwand orientiert sich an der Prüftiefe, die sich nach Maßgabe der Abwägungserheblichkeit und dem Gewicht der zu erwartenden Umweltauswirkungen bestimmt. Die Bedeutung der Alternativenprüfung und mit ihr die Anforderungen an die Prüftiefe steigen, wenn der Maßstab der Planung zunimmt.[44] Im Übrigen ist auf die Möglichkeit der Abschichtung zu verweisen.[45] Es geht um den Bedarf, also um die Frage, ob ein Vorhaben durchgeführt werden soll. Wie die Durchführung aussieht, also der konkrete Trassenverlauf und insbesondere die technische Ausführung, sind mit Ausnahme der Pilotprojekte grds. nicht Bestandteil der Bundesbedarfsplanung.[46] 30

b) Prüfung der Umweltauswirkungen

Im zweiten Schritt sind die vernünftigen Alternativen im Detail zu prüfen. Dazu ermittelt, beschreibt und bewertet die Regulierungsbehörde die voraussichtlichen erheblichen Umweltauswirkungen der Durchführung des Plans oder Programms (§ 14g Abs. 1 S. 2 UVPG). Die im Schritt der Alternativenprüfung ermittelten vernünftigen Alternativen sind miteinander zu vergleichen. Zunächst werden die einzelnen Vorhaben und dann der Gesamtplan betrachtet. Im Umweltbericht werden zusätzlich die verschiedenen Möglichkeiten der Übertragung der Elektrizität sowie deren potenzielle Wirkungen als Grundlage der konkreten Umweltprüfung dargestellt. Es können abstrakte Ausführungen zu den Umweltauswirkungen von unterschiedlichen Komponenten von Übertragungstechnologie auf Höchstspannungsebene (z.B. 380 kV- und 220 kV-Drehstrom-Freileitungen, HGÜ-Leitungen, Hochtemperaturleiterseile, Erdkabel usw.) und deren Komponenten (z.B. Umspannwerke, Konverterstationen usw.) aufgenommen werden. 31

Wegen der **Abstraktheit** des Plans können die voraussichtlichen Umweltfolgen nur grob skizziert werden. In der Regel enthält der Entwurf des Netzentwicklungsplans Anfangs- und Endpunkte. Anhand dieser groben Einordnung ist es möglich, zumindest die wichtigsten Beeinträchtigungen der Umwelt in quantitativer Weise zu prüfen. Der Umweltbericht kann beispielsweise Konfliktbereiche bzw. Bereiche mit rechtlichen Restriktionen beschreiben. Sofern Projekte im Entwurf des Netzentwicklungsplans enthalten sind, die bereits den konkreten geographischen Verlauf eines Vorhabens vorgeben, erscheint es denkbar, dass die SUP tiefergehend erfolgen kann. Das ist beispielsweise der Fall bei einer geplanten Änderung einer bestehenden Leitung (z.B. 220 kV-Leitung wird durch 380 kV-Leitung ersetzt).[47] 32

c) Zumutbarkeit

Der Umweltbericht enthält alle Angaben, die mit zumutbaren Aufwand und entsprechend dem gegenwärtigen Wissensstand ermittelt werden können (§ 14f Abs. 2 UVPG). Als **zumutbar** gilt, was verhältnismäßig ist.[48] Zwar ist es theoretisch möglich, für die Gesamtaufgabe eines sicheren 33

43 *Bunge*, Lf. 1/12, Kap. 0540, S. 22.
44 Vgl. BVerwG, Urt. v. 14.11.2002 – 4 A 15/02 –; Hoppe/Beckmann/*Kment*, § 14g Rn 31 f.
45 Hierzu Rn 18.
46 *Bunge*, Lf. 1/12, Kap. 0540, S. 23.
47 *Bunge*, Lf. 1/12, Kap. 0540, S. 23.
48 Vgl. UBA/BMU, Leitfaden zur SUP, S. 15.

und zuverlässigen Netzbetriebes zwei oder mehrere Netzentwicklungspläne zu entwickeln und dann hinsichtlich ihrer erheblichen Umweltauswirkungen miteinander zu vergleichen. Allerdings sind bereits der Aufwand für die Erstellung und auch der Vergleich hinsichtlich der Umweltauswirkungen unzumutbar. Ebenso kann die Prüfung von Alternativen unzumutbar sein, wenn die Betrachtung eines einzelnen alternativen Punktepaares zu einer Neuberechnung des gesamten Netzentwicklungsplans führt. Davon ist im Regelfall auszugehen. Jedes einzelne Vorhaben ist in das Gesamtnetz integriert. Ändert sich ein Vorhaben im vermaschten Netz, hat dies regelmäßig weitreichende Auswirkungen auf weitere Vorhaben. Die vor- und nachgelagerten Lastflüsse verschieben sich. Die Frage der Zumutbarkeit spielt daher bei der Berücksichtigung vernünftiger Alternativen auf der Stufe der Bundesbedarfsplanung eine entscheidende Rolle.

d) Schwierigkeiten bei der Zusammenstellung der Angaben

34 Nach § 14g Abs. 2 Nr. 7 UVPG sind Schwierigkeiten, die bei der Zusammenstellung der Angaben aufgetreten sind, darzustellen. Dabei kann es sich beispielsweise um technische Lücken oder fehlende Kenntnisse handeln. Damit sollen diejenigen Aspekte, die nicht abschließend aufgeklärt werden können, offen gelegt werden.[49] Um auf derartige Unsicherheiten bei Prognoseentscheidungen reagieren zu können, wird in anderen Umweltprüfungen auf das Instrument der Überwachung nach § 14m UVPG zurückgegriffen.[50] Ob dies auch in der Bundesbedarfsplanung eine Rolle spielen kann, ist kritisch zu sehen. Wegen des hohen Abstraktionsniveaus des Bundesbedarfsplans und der Umweltprüfung können Überwachungsmaßnahmen nur schwer identifiziert werden. Projektbezogene Daten fehlen weitgehend. Es können jedoch Empfehlungen aufgenommen werden, welche Aussagen des Umweltberichts auf den nachfolgenden Ebenen (Bundesfachplanung und Planfeststellung) überprüft oder welche weiteren oder detaillierteren Angaben dort erhoben werden sollen.[51]

5. Inhalt des Umweltberichts

35 Inhaltlich besteht der Umweltbericht aus einem deskriptiven (§ 14g Abs. 2 UVPG) und einem bewertenden Teil (§ 14g Abs. 3 UVPG). Zum deskriptiven Teil gehört insbesondere die Beschreibung der voraussichtlichen erheblichen Auswirkungen auf die Umwelt nach § 2 Abs. 4 S. 2 i.V.m. § 2 Abs. 1 S. 2 UVPG, also die unmittelbaren und mittelbaren Auswirkungen auf die Schutzgüter und die Wechselwirkungen zwischen den Schutzgütern. Im bewertenden Teil sind neben den Maßstäben der Regelungen zum Zweck der Umweltprüfung sowie die Auswirkungen auf die Schutzgüter auch die Bewertungsmaßstäbe des Fachrechts relevant. Der Bericht muss so gefasst sein, dass er für Dritte die Beurteilung ermöglicht.

36 Im Einzelnen ist nach § 14g Abs. 2 UVPG folgender Mindestinhalt erforderlich:

- Inhalt und Ziele des Plans sowie Beziehung zu anderen Plänen und Programmen,
- Darstellung der für den Plan geltenden Ziele des Umweltschutzes sowie der Art, wie diese Ziele und sonstige Umwelterwägungen bei der Ausarbeitung des Plans oder des Programms berücksichtigt wurden,
- Darstellung der Merkmale der Umwelt, des derzeitigen Umweltzustands sowie dessen voraussichtliche Entwicklung bei Nichtdurchführung des Plans,
- Angabe der derzeitigen für den Plan bedeutsamen Umweltprobleme,
- Beschreibung der voraussichtlichen erheblichen Auswirkungen auf die Umwelt,

---

49 UBA/BMU, Leitfaden zur SUP, S. 32. Hoppe/Beckmann/*Kment*, § 14g Rn 61 f.
50 Hoppe/Beckmann/*Kment*, § 14g Rn 62.
51 UBA/BMU, Leitfaden zur SUP, S. 33.

- Darstellung der Maßnahmen, die geplant sind, um erheblich nachteilige Umweltauswirkungen zu verhindern, zu verringern und soweit wie möglich auszugleichen,
- Hinweise auf Schwierigkeiten bei der Zusammenstellung der Angaben,
- Kurzdarstellung der Gründe für die Wahl der geprüften Alternativen sowie eine Beschreibung, wie die Umweltprüfung durchgeführt wurde,
- Darstellung der geplanten Überwachungsmaßnahmen sowie
- allgemein verständliche, nichttechnische Zusammenfassung.

6. Rechtsschutz

Gegen die SUP im Rahmen der Bundesfachplanung ist kein selbstständiger Rechtsschutz möglich. Gemäß § 2 Abs. 4 UVPG ist die SUP ein unselbstständiger Teil behördlicher Verfahren. Nur im Zusammenhang mit dem Trägerverfahren – also dem Bundesbedarfsplan – ist in sehr engen Grenzen ein Rechtsschutz möglich.[52] 37

IV. Öffentlichkeits- und Behördenbeteiligung (Abs. 3)

Abs. 3 regelt die Beteiligung der Öffentlichkeit und der Behörden sowohl für den Entwurf des Netzentwicklungsplans als auch für die SUP. Die Beteiligung hat unverzüglich[53] zu erfolgen. Die Unterlagen für die SUP und der Entwurf des Netzentwicklungsplans sind am Sitz der BNetzA für sechs Wochen auszulegen und auf der Internetseite der Regulierungsbehörde bekanntzumachen. Daran anschließend kann die betroffene Öffentlichkeit sich weitere zwei Wochen lang äußern. Die Beteiligung spielt eine besondere Rolle, weil mit der gesetzlichen Bedarfsplanung nach § 12e die Planrechtfertigung für das spätere Planfeststellungsverfahren vorliegt. Im Planfeststellungsverfahren wird über den Bedarf nicht mehr entschieden. Einwendungen dagegen haben dann keinen Erfolg. 38

1. Beteiligte und Gegenstand der Beteiligung

Zu beteiligen sind die Behörden, deren Aufgabenbereich berührt wird, und die Öffentlichkeit. Die Beteiligung richtet sich nach den Vorschriften des UVPG, sofern das EnWG nichts Abweichendes regelt. Nach dem UVPG wird die SUP unter Beteiligung der Öffentlichkeit durchgeführt (§ 2 Abs. 4 i.V.m. Abs. 1 S. 3 UVPG). Spezielle Regelungen zur **Behörden- und Öffentlichkeitsbeteiligung** enthalten §§ 14h, 14i und 14j UVPG. Gemäß § 14h UVPG übermittelt die Regulierungsbehörde den **Behörden**, deren umwelt- und gesundheitsbezogener Aufgabenbereich durch den Plan berührt wird, den Entwurf des Plans sowie den Umweltbericht und holt die Stellungnahmen dieser Behörden ein. Die zu beteiligenden Behörden haben die Pflicht, die verfahrensleitende Behörde bei der Planaufstellung durch fachliche Stellungnahmen zu informieren und zu unterstützen.[54] Die Beteiligung der **Öffentlichkeit** erfolgt nach § 14i UVPG, der wiederum auf die Vorschriften der Öffentlichkeitsbeteiligung im Zusammenhang mit der UVP verweist. Zu beteiligen ist danach die betroffene Öffentlichkeit. Die **„betroffene Öffentlichkeit"** umfasst nach der Legaldefinition des § 2 Abs. 6 UVPG alle Personen, deren Belange durch den Plan berührt werden; hierzu gehören auch Vereinigungen, deren satzungsmäßiger Aufgabenbereich durch den Plan berührt wird, darunter auch Vereinigungen zur Förderung des Umweltschutzes. Die Rechtsprechung sieht in den anerkannten Naturschutzvereinigungen Verwaltungshelfer für 39

52 Hierzu § 12e Rn 35 ff.
53 Zur Auslegung des Merkmals unverzüglich siehe Rn 7.
54 Hoppe/Beckmann/*Wagner*, § 14h Rn 13.

den Naturschutz,[55] die in Bezug auf einen betroffenen Naturschutzbelang der betroffenen Behörde in besonderen Einzelfällen gleichgestellt sind. Der Unterschied zur normalen Öffentlichkeitsbeteiligung besteht darin, dass Behörden die Unterlagen zuzuleiten sind, während die Öffentlichkeit auf die Auslegung der Unterlagen verwiesen wird.[56] Hinsichtlich der **grenzüberschreitenden Behörden- und Öffentlichkeitsbeteiligung** finden sich Sonderregelungen in § 14j UVPG. Diese sind einschlägig, wenn ein Plan erhebliche Umweltauswirkungen in einem anderen Staat haben kann. Es soll sichergestellt werden, dass bei erheblichen Auswirkungen des Bundesbedarfsplans auf die Umwelt in anderen Staaten, dieser auch von den Behörden und Bürgern der betroffenen Staaten beeinflusst werden kann. Sofern eine grenzüberschreitende Beteiligung erforderlich ist, sind auch die Anforderungen des SUP-Protokolls zur **Espoo-Konvention** zu beachten. Je nachdem, um welchen Nachbarstaat es sich handelt, sind ggf. auch bilaterale Verträge zu beachten.

40 **Gegenstand der Beteiligung** sind der Entwurf des Netzentwicklungsplans und in den Fällen des § 12e zugleich der Umweltbericht. Ergeben sich im Verfahren **Änderungen des Planentwurfs** ist eine erneute Öffentlichkeitsbeteiligung nur durchzuführen, wenn zusätzliche oder andere erhebliche Umweltauswirkungen zu besorgen sind (§ 14i i.V.m. § 9 Abs. 1 S. 4 UVPG analog). Bei **Änderungen des Bedarfsplans** ist eine SUP nur unter den Voraussetzungen des UVPG erneut durchzuführen (§ 12e Abs. 5 i.V.m. § 14d UVPG).

2. Dauer der Beteiligung (Abs. 3 S. 1)

41 Die Öffentlichkeitsbeteiligung nach § 14i UVPG wird durch die Regelung des Fachrechts ergänzt. Die Mindestfrist von einem Monat wurde im Zusammenhang mit dem Bundesbedarfsplan konkretisiert: Nach § 12c Abs. 3 sind die Unterlagen für eine Frist von sechs Wochen auszulegen. Die betroffene Öffentlichkeit kann sich zum Entwurf des Netzentwicklungsplans und zum Umweltbericht bis zwei Wochen nach Ende der Auslegung äußern. Diese Erweiterung bezieht sich nur auf die Beteiligung der Öffentlichkeit. Nach § 14h UVPG beträgt die Frist für behördliche Einwendungen mindestens einen Monat. Im EnWG ist eine besondere Frist für behördliche Stellungnahmen nicht vorgesehen. Später eingehende behördliche Stellungnahmen können u.U. noch dann Berücksichtigung finden, wenn dies den weiteren Abstimmungsprozess des Plans nicht hemmt. Zudem gilt der allgemeine Grundsatz, dass verspätet vorgebrachte Belange, die der Behörde bekannt waren oder ihr hätten bekannt sein müssen oder für die Rechtmäßigkeit der Entscheidung von Bedeutung sind, zu berücksichtigen sind.[57]

3. Form (Abs. 3 S. 4)

42 Nach den Regelungen des EnWG sind die Unterlagen für die SUP sowie der Entwurf des Netzentwicklungsplans am Sitz der Regulierungsbehörde **auszulegen** und darüber hinaus auf ihrer **Internetseite öffentlich bekanntzumachen**. Ergänzend sind weitere Unterlagen auszulegen, wenn die BNetzA dies für zweckmäßig erachtet (§ 14i Abs. 2 S. 1 UVPG).

Tipp

Der Sitz der BNetzA ist in Bonn (Tulpenfeld 4, 53113 Bonn). Die allgemeine Internetseite der BNetzA ist unter www.bundesnetzagentur.de zu finden. Die Konsultation erfolgt über die Internetseite www.netzausbau.de.

---

55 BVerwG, Urt. v. 12.12.1996 – 4 C 19/95 –; BVerwG, Urt. v. 6.11.1997 – 4 A 16/97 –.
56 Hierzu Hoppe/Beckmann/*Wagner*, § 14h Rn 18.
57 Hoppe/Beckmann/*Wagner*, § 14h Rn 28.

Das UVPG sieht hinsichtlich der Öffentlichkeitsbeteiligung vor, dass die **Auslegungsorte** unter Berücksichtigung von Art und Inhalt des Plans von der zuständigen Behörde so festzulegen sind, dass eine wirksame Beteiligung der betroffenen Öffentlichkeit gewährleistet ist (§ 14i Abs. 2 UVPG). Allein die Auslegung am Sitz der BNetzA wird vereinzelt als nicht ausreichend betrachtet.[58] Indem gleichermaßen eine Auslegung am Sitz der BNetzA und eine Bekanntmachung im Internet[59] erfolgt, ist jedoch die Möglichkeit einer wirksamen Beteiligung gewährleistet. Aufgrund der Abstraktheit des Bundesbedarfsplans bedarf es im Gegensatz zur Beteiligung bei der Bundesfachplanung keiner Auslegung an weiteren Orten. 43

V. Entscheidung der Regulierungsbehörde (Abs. 4)

1. Überprüfung des Umweltberichts (§ 14k UVPG)

Nach Abschluss der Behörden- und Öffentlichkeitsbeteiligung überprüft die BNetzA die Darstellungen und Bewertungen des Umweltberichts unter Berücksichtigung der Stellungnahmen. Das Ergebnis der **Überprüfung** ist im Verfahren zur Aufstellung oder Änderung des Plans oder Programms zu berücksichtigen. Hierbei handelt es sich um einen entscheidenden Schritt, weil die BNetzA das abschließende Ergebnis formuliert und festlegt, welches Gewicht die zu erwartenden Umweltfolgen bei der Bedarfsermittlung haben.[60] Die Umweltprüfung dient auch dazu, die Entscheidung der BNetzA über die Bestätigung des Netzentwicklungsplans vorzubereiten, wenn dieser abschließend den Entwurf des Bundesbedarfsplans bilden soll.[61] Da der Umweltbericht jedoch für den Bundesbedarfsplan (nicht den Netzentwicklungsplan) erstellt wird, entfaltet er auch erst dort seine Wirkung. Grundsätzlich ändert der Umweltbericht nicht den Netzentwicklungsplan, sondern beeinflusst die Entscheidung über den Bundesbedarfsplan. 44

2. Bestätigung des Netzentwicklungsplans (Abs. 4 S. 1)

Den Abschluss der Prüfung des Netzentwicklungsplans bildet die **Bestätigung**. Die BNetzA bestätigt den ggf. durch die ÜNB geänderten Netzentwicklungsplan unter Berücksichtigung der Ergebnisse der Behörden- und Öffentlichkeitsbeteiligung. Nach der Gesetzesbegründung ist die Bestätigung des Netzentwicklungsplans nur für die ÜNB im Hinblick auf deren **Investitionsentscheidung** verbindlich.[62] Dies hat Einfluss auf die Beantragung einer **Investitionsmaßnahme nach § 23 ARegV** und die Anerkennung der Kosten in der Erlösobergrenze des jeweiligen ÜNB nach §§ 4 und 11 ARegV. Die BNetzA genehmigt Investitionsmaßnahmen für Erweiterungs- und Umstrukturierungsinvestitionen in Übertragungsnetze, soweit diese Investition zur Stabilität des Gesamtsystems, für die Einbindung in das nationale oder internationale Verbundnetz oder für einen bedarfsgerechten Ausbau des Energienetzes nach § 11 notwendig sind. Der Antrag muss nach § 23 Abs. 3 S. 2 ARegV eine Analyse des ermittelten Investitionsbedarfs enthalten. Dazu kann der Netzentwicklungsplan als Grundlage dienen. 45

Besondere Bedeutung erlangt die Verbindlichkeit der Investitionsentscheidung durch **§ 65 Abs. 2a**. Bereits nach § 12c Abs. 4 S. 3 kann die Regulierungsbehörde bestimmen, welcher ÜNB für die Durchführung einer im Netzentwicklungsplan enthaltenen Maßnahme verantwortlich ist. Damit wird zugleich festgelegt, wer Vorhabenträger im Sinne des § 3 Abs. 3 NABEG ist.[63] § 65 46

58 Vgl. *Bunge*, Lf. 1/12, Kap. 0540, S. 26.
59 www.bundesnetzagentur.de und www.netzausbau.de.
60 *Bunge*, Lf. 1/12, Kap. 0540, S. 27 f.
61 *Bunge*, Lf. 1/12, Kap. 0540, S. 19.
62 BT-Drucks. 17/6072, S. 69.
63 Hierzu § 3 NABEG Rn 11 ff.

Abs. 2a ermöglicht die Sicherstellung der in den nächsten drei Jahren erforderlichen Investitionen. Die Norm setzt Art. 22 Abs. 7 der RL 2009/72/EG um.[64] Die Regulierungsbehörde hat die **Möglichkeit zur Aufforderung bzw. zur Ausschreibung der Investitionsdurchführung**. Erforderlich ist dafür, dass ein ÜNB aus anderen als zwingenden, von ihn nicht zu beeinflussenden Gründen eine Investition, die nach dem Netzentwicklungsplan nach § 12c Abs. 4 S. 1 und 3 in den folgenden drei Jahren nach Eintritt der Verbindlichkeit nach § 12c Abs. 4 S. 1 durchgeführt werden musste, nicht durchgeführt hat. Zudem muss die Investition unter Zugrundelegung des jüngsten Netzentwicklungsplans noch relevant sein. Die Regulierungsbehörde kann nach Ablauf einer von ihr gesetzten Frist ein Ausschreibungsverfahren durchführen. Nähere Bestimmungen zum Ausschreibungsverfahren kann die Regulierungsbehörde durch Festlegung nach § 29 Abs. 1 treffen. Insofern erlangt der Netzentwicklungsplan gegenüber den ÜNB **unmittelbare Rechtswirkung**.

47 Ob eine weitergehende **Verbindlichkeit** vorliegt, ergibt sich aus dem Wortlaut der Norm und aus der Gesetzesbegründung zunächst nicht. Erst mit Erlass des Bundesbedarfsplans werden die energiewirtschaftliche Notwendigkeit und der vordringliche Bedarf der Vorhaben festgestellt. Allerdings umfasst die Bestätigung des Netzentwicklungsplans bereits die Feststellung, dass die Anforderungen des § 12b Abs. 1, 2 und 4 erfüllt sind. Dazu gehören insbesondere die Einhaltung des NOVA-Prinzips[65] und das Erfordernis eines sicheren und zuverlässigen Netzbetriebs.

48 Bei der Bestätigung sind die **Ergebnisse der Behörden- und Öffentlichkeitsbeteiligung** zu berücksichtigen. Erfasst ist zum einen die Beteiligung nach Abs. 3. Zum anderen werden die Ergebnisse der vorangegangenen Beteiligungen[66] über § 12b Abs. 4 erfasst. Dies gewährleistet eine Berücksichtigung aller vorgetragenen relevanten Belange auf allen Stufen.

3. Rechtsschutz (Abs. 4 S. 1 und 2)

49 Die Bestätigung des Netzentwicklungsplans ist ein Verwaltungsakt im Sinne des § 35 VwVfG, der über die Anfechtungs- oder Verpflichtungsbeschwerde durch die ÜNB anfechtbar ist. Drittrechtsschutz ist ausdrücklich gem. § 12c Abs. 4 S. 2 nicht möglich. Diese Differenzierung zwischen Drittbetroffenen und ÜNB ist dadurch gerechtfertigt, dass der Netzentwicklungsplan eine interne und sehr grobe Planung darstellt, bei der konkrete Betroffenheiten Dritter noch nicht erkennbar sind. Für die Netzbetreiber muss der Rechtsschutz jedoch möglich sein, da der Netzentwicklungsplan ihnen gegenüber unmittelbar Rechtswirkung entfaltet. Die im Plan aufgenommenen Vorhaben müssen binnen eines bestimmten Zeitraums realisiert werden.[67] Erstinstanzlich zuständig für die Beschwerden der Transportnetzbetreiber ist gem. § 75 das OLG Düsseldorf.

VI. Festlegungsbefugnis (Abs. 6)

1. Zweck und Umfang

50 Nach Abs. 6 hat die BNetzA eine Festlegungsbefugnis zu Inhalt und Verfahren des Netzentwicklungsplans. **Zweck** der Festlegungsbefugnis ist zum einen, dass die Verfahrensabläufe zügig an die gemachten Erfahrungen angepasst werden können bzw. gänzlich neue Entwicklungen be-

64 Hierzu BT-Drucks. 17/6072, S. 92 f.
65 Siehe § 12b Rn 19 ff.
66 Erfasst sind die Beteiligungen bei der Konsultation des Szenariorahmens und bei der Netzentwicklungsplankonsultation der ÜNB (§ 12a Abs. 2 S. 2 und § 12b Abs. 3 S. 1).
67 *Appel*, UPR 2011, 406, 412.

rücksichtigen können. Zugleich soll gewährleistet werden, dass durch Standardisierung der Verfahrensabläufe bei der Erstellung des Netzentwicklungsplans und der Form des Netzentwicklungsplans das Verfahren effizient und effektiv ausgestaltet werden kann. Die Festlegung soll eine erforderliche Flexibilität ermöglichen, da es sich bei dem Konzept des gemeinsamen, nationalen Netzentwicklungsplans um ein neues Instrument handelt und die Rahmenbedingungen daher lernfähig und flexibel sein müssen.[68]

Als **Inhalt** kann die BNetzA allgemeine Anforderungen an Inhalt und Verfahren der Erstellung des Netzentwicklungsplans festlegen. Dies können beispielsweise Vorgaben zur Darstellung oder zu den Zwischenschritten bei der Erarbeitung des Netzentwicklungsplans sein. Daneben kann auch die Ausgestaltung der Öffentlichkeitsbeteiligung im Rahmen der Festlegung geregelt werden. Dies betrifft alle bis zur Bestätigung des Netzentwicklungsplans durchzuführenden Öffentlichkeitsbeteiligungen (Konsultation des Szenariorahmens nach § 12a, Konsultation des Entwurfs des Netzentwicklungsplans durch die ÜNB nach § 12b und Konsultation des Entwurfs des Netzentwicklungsplans und des Umweltberichts nach § 12c Abs. 3). Dabei sind die Vorschriften des UVPG jedenfalls einzuhalten. Nach § 14e UVPG finden die Vorschriften des Abschnitts über die SUP Anwendung, soweit Rechtsvorschriften des Bundes und der Länder die SUP nicht näher bestimmen oder in ihren Anforderungen diesem Gesetz nicht entsprechen. Weitergehende Anforderungen sind möglich; ein Zurückbleiben hinter den UVPG-Regelungen hingegen nicht. Insbesondere die durch die ÜNB durchzuführende Konsultation kann über eine Festlegung konkretisiert werden. Beispielsweise können Mindestfristen oder Anforderungen an die Form der Beteiligung festgelegt werden. 51

Bisher existiert eine solche ergänzende Regelung nicht. 52

2. Rechtsschutz

Die BNetzA trifft die Entscheidung in Form einer Festlegung[69] gem. § 29. Als Rechtsbehelf gegen die Festlegung steht den ÜNB die Beschwerde gem. § 75[70] zur Verfügung. Ausschließlich zuständig ist gem. § 75 Abs. 4 das OLG Düsseldorf. Die Beschwerde hat keine aufschiebende Wirkung.[71] Ggf. ist ein Drittrechtsschutz möglich. Dies richtet sich im Einzelfall nach dem Inhalt der Festlegung. 53

VII. Ordnungswidrigkeiten § 95

Gemäß § 95 Abs. 1 Nr. 1b handelt ordnungswidrig, wer vorsätzlich oder fahrlässig entgegen § 12c Abs. 5 einen geänderten Netzentwicklungsplan nicht oder nicht rechtzeitig vorlegt. Die Ordnungswidrigkeit kann mit einer Geldbuße bis zu 100.000 € geahndet werden (§ 95 Abs. 2 S. 1). 54

68 BT-Drucks. 17/6072, S. 69.
69 Siehe zur Entscheidung in Form der Festlegung § 12g Rn 9.
70 Hierzu Baur/Salje/Schmidt-Preuß/*Hilzinger*, Kap. 55 Rn 1 ff.
71 Hierzu BK-EnR/*Stockmann*, § 76 Rn 3 ff.; Baur/Salje/Schmidt-Preuß/*Pielow*, Kap. 42 Rn 13 ff.

§ 12d Öffentlichkeitsbeteiligung bei Fortschreibung des Netzentwicklungsplans

Nach der erstmaligen Bestätigung des Netzentwicklungsplans kann sich die Beteiligung der Öffentlichkeit, einschließlich tatsächlicher und potenzieller Netznutzer, der nachgelagerten Netzbetreiber sowie der Träger öffentlicher Belange nach § 12a Absatz 2, § 12b Absatz 3 und § 12c Absatz 3 auf Änderungen des Szenariorahmens oder des Netzentwicklungsplans gegenüber dem Vorjahr beschränken. Ein vollständiges Verfahren nach §§ 12a bis 12c muss mindestens alle drei Jahre sowie in den Fällen des § 12e Absatz 1 Satz 3 durchgeführt werden.

Überblick

I. Allgemeines

1. Überblick über die Norm

1 S. 1 bestimmt, welche Vorschriften aus den §§ 12a bis 12c bei Fortschreibung des Netzentwicklungsplans nicht anwendbar sind. S. 2 legt fest, wann ein vollständiges Verfahren durchzuführen ist.

2. Regelungszweck

2 Die Vorschrift dient der **Erleichterung des Verfahrens** bei der Fortschreibung des Netzentwicklungsplans. Jährlich ist das Verfahren von der Erstellung des Szenariorahmens bis zur Bestätigung des Netzentwicklungsplans durchzuführen. Lediglich die Beteiligung der Öffentlichkeit und der Träger öffentlicher Belange kann auf Änderungen des Szenariorahmens bzw. des Netzentwicklungsplans gegenüber dem Vorjahr beschränkt werden. Mindestens alle drei Jahre oder bei wesentlicher Änderung des Netzentwicklungsplans ist jedoch ein vollständiges Verfahren durchzuführen. Die Vorschrift dient der **Begrenzung des Aufwands**, der mit der Erstellung des Netzentwicklungsplans verbunden ist. Gleichzeitig trägt sie dem Umstand Rechnung, dass es sich bei den Übertragungsnetzen um eine **langfristig angelegte Infrastrukturausbauplanung** handelt.[1]

3. Entstehungsgeschichte

3 § 12d wurde mit dem Gesetz zur Neuregelung energiewirtschaftlicher Vorschriften[2] neu eingefügt. Im Laufe des Gesetzgebungsverfahrens ist der Entwurf des § 12d nicht mehr geändert worden.

1 BT-Drucks. 17/6072, S. 69.
2 EnWR-NRG v. 26.7.2011 (BGBl. I S. 1554).

II. Beschränkung der Behörden- und Öffentlichkeitsbeteiligung

1. Möglichkeit der Beschränkung

Nach der erstmaligen Bestätigung des Netzentwicklungsplans kommt eine Beschränkung der Behörden- und Öffentlichkeitsbeteiligung in Betracht. Das vollständige Beteiligungsverfahren ist also bei erstmaliger Erstellung des Szenariorahmens und des Netzentwicklungsplans sowie später mindestens alle drei Jahre erforderlich. Die **Dreijahresfrist** korrespondiert mit der Übermittlung des Netzentwicklungsplans von der Regulierungsbehörde an die Bundesregierung als Entwurf für einen Bundesbedarfsplan (§ 12e Abs. 1 S. 1) sowie der Vorlage an den Bundesgesetzgeber (§ 12e Abs. 1 S. 2). 4

Während das Gesetz vorsieht, dass sich die Beteiligung auf Änderungen des Szenariorahmens oder des Netzentwicklungsplans beschränken **kann**, spricht die Begründung davon, dass die Konsultationen auf Änderungen begrenzt **sind**. Nach der Begründung ist die Entscheidung eher gebunden. Nach dem Gesetzeswortlaut haben die Regulierungsbehörde und die ÜNB jedoch in den jeweils zugewiesenen Konsultationsverfahren die Möglichkeit, über die Konsultationsdurchführung zu entscheiden. Allerdings ist davon auszugehen, dass die Beteiligten eine erneute vollständige Konsultation der gesamten Dokumente nicht durchführen werden. Die Feststellung der energiewirtschaftlichen Notwendigkeit und des vordringlichen Bedarfs erfolgt erst mit Erlass des Bundesbedarfsplans. Sofern dieser erlassen wird, ist auch eine vollständige Beteiligung durchzuführen. Solange es sich aber noch um die Vorstufen handelt, entsteht noch keine Bindungswirkung für die Behörden und die Öffentlichkeit. Es kann sich im Einzelfall auch die Konstellation ergeben, wonach die Regulierungsbehörde zunächst ein umfangreiches Beteiligungsverfahren im Rahmen der Konsultation des Szenariorahmens durchführt, danach die anderen Beteiligungen jedoch nicht mehr in dem selben Maße erforderlich sind. Diese können dann auf Änderungen beschränkt werden. Insgesamt kann die Behörden- und Öffentlichkeitsbeteiligung demnach beschränkt werden. Sie ist aber **jedes Jahr erforderlich,** es sei denn, dass sich keinerlei Änderung gegenüber dem Vorjahr ergibt. 5

Eine Beschränkung hinsichtlich der Änderungen gegenüber dem Vorjahr ist zumindest bei der Konsultation des Szenariorahmens schwierig. Jede Änderung einer Eingangsgröße kann auch auf die weiteren Parameter Auswirkungen haben. Gegenstand der Konsultation ist gem. § 12a Abs. 2 der von den ÜNB vorgelegte Entwurf des Szenariorahmens. Änderungen gibt es bereits durch das jeweils neue Zieljahr und das Fortschreiben des alten Szenariorahmens. Allerdings ist im Einzelfall abzuwägen, ob eine umfangreiche Beteiligung durchzuführen ist. Für eine Beschränkung spricht im Einzelfall, dass zumindest alle drei Jahre eine vollständige Beteiligung zu erfolgen hat. Zudem ergibt sich aus der Gesetzesbegründung die Intention des Gesetzgebers, den Aufwand zu beschränken und dem Umstand Rechnung zu tragen, dass es sich um eine langfristige Ausbauplanung handelt. 6

2. Umfang der Beschränkung

Die Beschränkung bezieht sich explizit auf die §§ 12a Abs. 2, 12b Abs. 3 und 12c Abs. 3. Erfasst sind die internetbasierte Beteiligung durch die Regulierungsbehörde im Rahmen der Konsultation des Szenariorahmens, die internetbasierte Beteiligung durch die ÜNB im Rahmen der Konsultation des Entwurfs des Netzentwicklungsplans vor Vorlage bei der Regulierungsbehörde sowie die Konsultation durch die Regulierungsbehörde zum Entwurf des Netzentwicklungsplans. Zwar erfasst die Beteiligung nach § 12c Abs. 3 neben dem Entwurf des Netzentwicklungsplans auch den Umweltbericht. Beide Dokumente sind gleichzeitig zu konsultieren. Der Umweltbericht ist allerdings nur in den Fällen des § 12e, also wenn ein Bundesbedarfsplan erlassen wird, zu erstellen. In diesen Fällen ist die Beschränkung der Öffentlichkeitsbeteiligung ohnehin gem. § 12d S. 2 i.V.m. § 12e Abs. 1 nicht anwendbar. 7

8 Der Begriff der „**Änderungen**" wird nicht weiter eingeschränkt. § 12e Abs. 1 S. 3 spricht hingegen von *„wesentlichen Änderungen"*. Daher ist davon auszugehen, dass in § 12d jede Änderung zu einer Beteiligung führt, nicht nur wesentliche Änderungen. Im Hinblick auf den Zweck der Vorschrift – Begrenzung des Aufwands – könnte es aber zumindest bei geringfügigen Änderungen, die sich beispielsweise nicht auf die späteren Schritte auswirken werden, dazu kommen, dass auf eine Beteiligung insgesamt verzichtet werden kann. Sofern jedoch Änderungen auf den Netzentwicklungsplan durchschlagen können, ist hinsichtlich der Änderungen gegenüber dem Vorjahr eine Konsultation erforderlich.

9 Zugleich regelt die Vorschrift, gegenüber wem eine solche Beschränkung erfolgen kann. Genannt sind die Öffentlichkeit, einschließlich tatsächlicher und potenzieller Netznutzer, nachgelagerte Netzbetreiber sowie Träger öffentlicher Belange. Nicht erfasst ist die **Beschränkung der Beteiligung der Energieaufsichtsbehörden** nach 12b Abs. 3. Ob dies tatsächlich Intention des Gesetzgebers war, ist zu Recht zu bezweifeln. Die Erweiterung auf Energieaufsichtsbehörden in § 12b Abs. 3 wurde erst im Laufe des Gesetzgebungsverfahrens auf Antrag des Bundesrates aufgenommen.[3] Laut Begründung des Bundesrates sollten die Energieaufsichtsbehörden frühzeitig in den Entscheidungsprozess einbezogen werden. Die Einbindung könne moderierend wirken. Wenn sich jedoch keine Änderungen zu dem Netzentwicklungsplan aus dem Vorjahr ergeben, ist auch die Einbindung der Energieaufsichtsbehörden nicht mehr erforderlich. Es ist auch nicht ersichtlich, warum gegenüber den Energieaufsichtsbehörden eine Konsultation mit allen Aspekten erfolgen soll, während die stärker betroffene Öffentlichkeit nicht erneut zu allen Punkten die Gelegenheit zur Äußerung erhält. An dieser Stelle ist von einem redaktionellen Versehen auszugehen. Im Ergebnis unterliegt demnach die Beteiligung der Energieaufsichtsbehörden, sofern sie nicht ohnehin zu den Trägern öffentlicher Belange gehören, der Beschränkung des § 12d.

III. Erforderlichkeit eines vollständigen Verfahrens

10 **Mindestens alle drei Jahre** oder bei **wesentlichen Änderungen des jährlichen Netzentwicklungsplans** ist eine vollständige Beteiligung vorgesehen. Dies ergibt sich auch aus der Überlegung, dass in diesen Fällen der Netzentwicklungsplan als Entwurf für einen Bundesbedarfsplan an die Bundesregierung übermittelt wird. In der Folge kann der Gesetzgeber einen neuen Bundesbedarfsplan erlassen, der für die darin enthaltenen Vorhaben die energiewirtschaftliche Notwendigkeit und den vordringlichen Bedarf festlegt. Damit ist zugleich die Planrechtfertigung für die späteren Verfahren gegeben.[4] Eine frühzeitige und umfassende Öffentlichkeitsbeteiligung soll der Verbesserung der Akzeptanz und Transparenz dienen.[5] Daher ist es gerade in den Fällen, in denen ein neuer Bundesbedarfsplan erlassen wird, erforderlich, dass eine Mitwirkungsmöglichkeit gegeben ist. Dies stellt § 12d S. 2 klar.

---

3 BR-Drucks. 343/11, S. 3.
4 Zur Planrechtfertigung § 12e Rn 23 ff.; § 18 NABEG Rn 42 ff.
5 Einleitung Rn 31 ff.

§ 12e Bundesbedarfsplan

(1) Die Regulierungsbehörde übermittelt den Netzentwicklungsplan mindestens alle drei Jahre der Bundesregierung als Entwurf für einen Bundesbedarfsplan. Die Bundesregierung legt den Entwurf des Bundesbedarfsplans mindestens alle drei Jahre dem Bundesgesetzgeber vor. Die Regulierungsbehörde hat auch bei wesentlichen Änderungen des jährlichen Netzentwicklungsplans gemäß Satz 1 zu verfahren.
(2) Die Regulierungsbehörde kennzeichnet in ihrem Entwurf für einen Bundesbedarfsplan die länderübergreifenden und grenzüberschreitenden Höchstspannungsleitungen sowie die Anbindungsleitungen von den Offshore-Windpark-Umspannwerken zu den Netzverknüpfungspunkten an Land. Dem Entwurf ist eine Begründung beizufügen. Die Vorhaben des Bundesbedarfsplans entsprechen den Zielsetzungen des § 1 dieses Gesetzes.
(3) Im Bundesbedarfsplan kann vorgesehen werden, dass ein einzelnes Pilotprojekt nach § 12b Absatz 1 Satz 3 Nummer 3a auf einem technisch und wirtschaftlich effizienten Teilabschnitt als Erdkabel errichtet und betrieben werden kann, wenn die Anforderungen nach § 2 Absatz 2 Satz 1 Nummer 1 oder 2 des Energieleitungsausbaugesetzes erfüllt sind. Auf Verlangen der für die Zulassung des Vorhabens zuständigen Behörde ist die Leitung auf einem technisch und wirtschaftlich effizienten Teilabschnitt als Erdkabel zu errichten und zu betreiben oder zu ändern, wenn die Anforderungen nach § 2 Absatz 2 Satz 1 Nummer 1 oder 2 des Energieleitungsausbaugesetzes erfüllt sind.
(4) Mit Erlass des Bundesbedarfsplans durch den Bundesgesetzgeber wird für die darin enthaltenen Vorhaben die energiewirtschaftliche Notwendigkeit und der vordringliche Bedarf festgestellt. Die Feststellungen sind für die Betreiber von Übertragungsnetzen sowie für die Planfeststellung und die Plangenehmigung nach den §§ 43 bis 43d und §§ 18 bis 24 des Netzausbaubeschleunigungsgesetzes Übertragungsnetz verbindlich.
(5) Für die Änderung von Bundesbedarfsplänen gilt § 14d Satz 1 des Gesetzes über die Umweltverträglichkeitsprüfung. Soweit danach keine Pflicht zur Durchführung einer Strategischen Umweltprüfung besteht, findet § 12c Absatz 2 keine Anwendung.

Überblick

I. Allgemeines

1. Überblick über die Norm

1 Abs. 1 bestimmt das Verfahren bis zur Annahme des Bundesbedarfsplans als förmliches Gesetz. Abs. 2 regelt den Umfang der Kennzeichnung bestimmter Leitungen durch die Regulierungsbehörde sowie das Beifügen einer Begründung. Abs. 3 beschäftigt sich mit der Aufnahme eines Pilotprojektes. Abs. 4 bestimmt die Rechtswirkungen des Bundesbedarfsplans. Abs. 5 stellt klar, wann eine SUP im Falle von Änderungen des Bundesbedarfsplans erforderlich ist.

2. Regelungszweck

2 Der Bundesbedarfsplan stellt die entscheidende **Schnittstelle zum NABEG** dar. Der Entwurf wird von der BNetzA an die Bundesregierung übermittelt, um in der Folge als Bundesbedarfsplangesetz vom Gesetzgeber erlassen zu werden. Der Bundesbedarfsplan stellt die energiewirtschaftliche Notwendigkeit und den vordringlichen Bedarf fest. Der energiewirtschaftliche Bedarf für diese Vorhaben kann im Planfeststellungsverfahren nicht mehr in Frage gestellt werden und ist auch für gerichtliche Verfahren verbindlich. Der Bundesbedarfsplan ergeht als Gesetz, weil eine **grundlegende Entscheidung über die Weichenstellung für die künftige Infrastrukturentwicklung** getroffen wird. Damit wird eine **Beschleunigung** des Verfahrens herbeigeführt. In dem Entwurf sind u.a. die länder- und grenzüberschreitenden Leitungen zu kennzeichnen. Für diese ist in der Folge die Bundesfachplanung nach dem NABEG durchzuführen. Zudem regelt die Vorschrift die Möglichkeit der Aufnahme eines Pilotprojektes, mit dem neue Techniken erprobt werden können.

3. Entstehungsgeschichte

3 Ein großer Diskussionspunkt im Gesetzgebungsprozess war die Rolle der Bundesländer bei Erlass des Bundesbedarfsplangesetzes. Der Bundesrat forderte, eine **Zustimmungsbedürftigkeit** des Gesetzes aufzunehmen.[1] Dies wurde in der Gegenäußerung der Bundesregierung mit dem Hinweis abgelehnt, dass der Bundesbedarfsplan ausschließlich Projekte von überregionaler und europäischer Bedeutung beinhalte. Der Bundesrat sei ausreichend beteiligt, eine Zustimmungspflicht nicht erforderlich.[2]

4 Zugleich forderte der Bundesrat, eine geänderte Formulierung des Gesetzesentwurfs zu den zu kennzeichnenden Leitungen. Im Gesetzesentwurf war *„von überregionaler oder europäischer Bedeutung, insbesondere bundesländer- und grenzüberschreitender Leitungen“*[3] die Rede. Dies wurde auf Antrag des Bundesrates ersetzt durch die *„länderübergreifenden und grenzüberschreitenden“* Höchstspannungsleitungen.[4] Diese Änderung konkretisiert die Vorgaben, da eine Maßnahme am Übertragungsnetz in ihrer konkreten Ausführung sehr lokalen Charakter haben, die elektrotechnische Wirkung jedoch von überregionaler Bedeutung sein kann.

5 Weiteren Anlass zur Diskussion gab die Formulierung des möglichen HGÜ-Erdkabel-Pilotprojekts. Die Bundesländer forderten eine **Erweiterung der Projekte** im Bundesbedarfsplan. Zum einen sollte es sich nicht mehr um ein Pilotprojekt handeln, sondern allgemein um Projekte. Zudem sollten neben den HGÜ-Erdkabeln auch Hochtemperaturleiterseile im Bundesbedarfsplan als Projekte aufgenommen werden. Im Bundesbedarfsplan sei vorzusehen, dass diese Projekte auf einem technisch und wirtschaftlich effizienten Teilabschnitt als Erdkabel

---

1 BR-Drucks. 343/11, S. 4.
2 Gegenäußerung der Bundesregierung, BT-Drucks. 17/6248, S. 22.
3 BT-Drucks. 17/6072, S. 22.
4 Beschlussempfehlung des Ausschusses für Wirtschaft und Technologie vom 29.6.2011, BT-Drucks. 17/6365, S. 7.

bzw. Hochtemperaturleitung errichtet und betrieben werden, wenn die Anforderungen aus dem EnLAG erfüllt sind.[5] Dieser Vorschlag wurde abgelehnt, da das Gesetz technologieoffen sein soll. Der Bundesrat-Vorschlag entspreche nicht der Technologieoffenheit und einer effizienten Netzplanung, wenn geregelt werde, dass bestimmte Projekte bei Vorliegen der Voraussetzungen des EnLAG stets als Erdkabel oder Hochtemperaturleitung zu errichten sind.[6]

II. Inhalt des Bundesbedarfsplans und Verfahren

1. Ablauf des Verfahrens und Aufgabenverteilung

Die ÜNB erstellen den Entwurf des Netzentwicklungsplans (§ 12b). Die BNetzA bestätigt den Netzentwicklungsplan unter den Voraussetzungen des § 12c. Dann kennzeichnet die BNetzA bestimmte Leitungen (§ 12e Abs. 3 S. 1) und erstellt eine Begründung. Der Bundesbedarfsplanentwurf enthält die Ergebnismaßnahmen des Netzentwicklungsplans. Die Maßnahmen des Startnetzes sind nicht Bestandteil des Entwurfs. Dementsprechend sind EnLAG-Projekte und Maßnahmen, für die bereits ein Planfeststellungsbeschluss vorliegt, nicht im Bundesbedarfsplanentwurf aufzunehmen.[7] Im nächsten Schritt übermittelt die Regulierungsbehörde der Bundesregierung den Netzentwicklungsplan mindestens alle drei Jahre als Entwurf für einen Bundesbedarfsplan. Die Bundesregierung legt den Entwurf des Bundesbedarfsplans dem Bundesgesetzgeber vor. Dies erfolgt ebenfalls alle drei Jahre. Sollten sich wesentliche Änderungen des jährlichen Netzentwicklungsplans ergeben, übermittelt die Regulierungsbehörde den Entwurf für einen Bundesbedarfsplan auch schon vor Ablauf der drei Jahre. Dafür prüft die BNetzA den jährlichen Netzentwicklungsplan hinsichtlich der Notwendigkeit, eine Änderung des Bundesbedarfsplans vorzunehmen.[8] Damit ist sichergestellt, dass der Gesetzgeber angemessen auf Änderungen reagieren kann. Der Gesetzgeber erlässt den Bundesbedarfsplan als förmliches Gesetz. 6

2. Erlass durch den Bundesgesetzgeber (Abs. 1 S. 2)

Der Bundesbedarfsplan wird als **Bundesgesetz** erlassen. Da es sich um einen rein energiewirtschaftlichen Plan handelt, ist die Kompetenzgrundlage des **Art. 74 Abs. 1 Nr. 11 GG** (Recht der Wirtschaft) einschlägig. Das Gesetz ergeht als Einspruchsgesetz. Es bedarf nicht der Zustimmung durch den Bundesrat. 7

Die Bundesregierung hat das Recht, Änderungen an dem ihr vorgelegten Dokument zu machen. Das entspricht ihrer auch sonst bestehenden verfassungsrechtlichen Kompetenz bei der Ausarbeitung von Gesetzesentwürfen.[9] Allerdings wird eine **Änderung durch die Bundesministerien** als problematisch angesehen. Eine Abweichung vom bestätigten Netzentwicklungsplan könnte die Überzeugungskraft des Netzentwicklungsplans erheblich einschränken. Dies ist insbesondere vor dem Hintergrund des § 65 Abs. 2a kritisch zu sehen, da nach dieser Vorschrift Sanktionsmaßnahmen an den bestätigten Netzentwicklungsplan anknüpfen.[10] Der Gesetzgeber geht in seiner Gesetzesbegründung davon aus, dass der Netzentwicklungsplan *„Grundlage für die Erarbeitung des Entwurfs“*[11] eines Bundesbedarfsplans sei. Der Netzent- 8

5 BR-Drucks. 343/11, S. 4.
6 Gegenäußerung der Bundesregierung, BT-Drucks. 17/6248, S. 22.
7 Hierzu § 12b Rn 8.
8 BT-Drucks. 17/6072, S. 69.
9 *Bunge*, Lf. 1/12, Kap. 0540, S. 19.
10 So *Weyer*, S. 40.
11 BT-Drucks. 17/6072, S. 69.

wicklungsplan enthält beispielsweise Angaben, die über die Inhalte des Bundesbedarfsplans hinausgehen. Dies sind insbesondere die Angaben nach § 12b Abs. 1 S. 3 Nr. 3 bis 5. Auf diese Angaben wird im Bundesbedarfsplan zu verzichten sein. Inwieweit ansonsten der vom Bundesgesetzgeber erlassene Bundesbedarfsplan vom bestätigten Netzentwicklungsplan abweichen kann, ist offen. Der **Gesetzgeber** ist bei seiner Entscheidung über den Erlass des Bundesbedarfsplans **nicht** an den von der Bundesregierung vorgelegten Entwurf **gebunden.**[12]

3. Leitungen und Vorhaben (Abs. 2 und 4)

9 Das Gesetz spricht zunächst von den zu kennzeichnenden **„Höchstspannungsleitungen"** (Abs. 2 S. 1). Später wird der Begriff der **„Vorhaben"** verwendet (Abs. 2 S. 3 und Abs. 4). Für die Vorhaben werden die energiewirtschaftliche Notwendigkeit und der vordringliche Bedarf festgestellt. An anderer Stelle steht im Zusammenhang mit dem Netzentwicklungsplan der Begriff der **„Maßnahme"** bzw. der **„(Pilot-)Projekte"** (§ 12b). Das NABEG erfasst die „länderübergreifenden oder grenzüberschreitenden **Höchstspannungsleitungen**" (§§ 1, 2 Abs. 1, 4 NABEG).

10 Als **Vorhaben** können diejenigen Maßnahmen zur bedarfsgerechten Optimierung, Verstärkung und zum Ausbau des Übertragungsnetzes zusammengefasst werden, die einen **gemeinsamen, selbstständigen energiewirtschaftlichen Zweck** haben. Damit wird gewährleistet, dass für alle Maßnahmen, die einem gemeinsamen energiewirtschaftlichen Zweck verfolgen, einheitliche Maßstäbe gelten. Dies dient in den Stufen der Bundesfachplanung bzw. der Raumordnung und der Planfeststellung der **Planungssicherheit** der Vorhabenträger ebenso wie der **Beschleunigung.** Ein einheitliches Verfahren stellt sicher, dass das Gesamtprojekt, für das der energiewirtschaftliche Bedarf ermittelt wird, später in der Hand einer Planungsbehörde liegen wird. Dies wird dem Zweck des NABEG, nämlich der Beschleunigung durch ein **Genehmigungsverfahren aus einer Hand,**[13] gerecht. Die Abhängigkeit der Verfahrensschritte bei Ländergrenzen überschreitenden Projekten trägt andernfalls zu Verzögerungen bei.[14] Langwierige Doppelprüfungen können vermieden werden. Dieser Auslegung steht nicht entgegen, dass möglicherweise mehrere Vorhabenträger nunmehr ein einheitliches Vorhaben vorantreiben müssen. Vielmehr kann durch die Abschnittsbildung in der Bundesfachplanung eine Trennung erfolgen. Diese erfolgt unter der Voraussetzung, dass für das gesamte Vorhaben ein Trassenkorridor möglich sein muss (sog. Grobkorridorfindung).

11 Die Vorhaben des Bundesbedarfsplans entsprechen den **Zielsetzungen des § 1.** Sie sollen u.a. den langfristig angelegten leistungsfähigen und zuverlässigen Betrieb von Energieversorgungsnetzen sichern.

4. Kennzeichnungen im Entwurf für einen Bundesbedarfsplan (Abs. 2)

a) Länder- und grenzüberschreitende Höchstspannungsleitungen

12 Die Regulierungsbehörde kennzeichnet in ihrem Entwurf für einen Bundesbedarfsplan bestimmte Leitungen. Dies sind nach Abs. 2 S. 1 zunächst die länderübergreifenden und grenzüberschreitenden Höchstspannungsleitungen. Hintergrund der Kennzeichnung ist die Eröffnung des Anwendungsbereichs des NABEG. Dieser ist beschränkt auf **länderübergreifende und grenzüberschreitende Höchstspannungsleitungen**, die im Bundesbedarfsplan nach § 12e Abs. 2 als

12 *Appel*, NVwZ 2011, 408; *Moench/Ruttloff*, NVwZ 2011, 1040, 1042; *Sellner/Fellenberg*, NVwZ 2011, 1025, 1031. Kritisch äußert sich *Durner*, NuR 2012, 369, 371: Der regulierungsrechtlich entwickelte Netzentwicklungsplan werde dem Bundestag vorgelegt, der auf dieser Grundlage – und letztlich ohne nennenswerte verbleibende Gestaltungsspielräume – den Bundesbedarfsplan erlässt.

13 BR-Drucks. 342/11 S. 27 ff.; siehe hierzu Einleitung Rn 49.

14 BR-Drucks. 342/11 S. 29.

solche gekennzeichnet sind. Länderübergreifende Leitungen sind solche, die in zwei Bundesländern verlaufen. Grenzüberschreitend bezieht sich auf die Außengrenzen der Bundesrepublik Deutschland. Bei der Kennzeichnung ist nicht allein auf die einzelne Maßnahme abzustellen, sondern auf den Vorhabenbegriff.[15]

b) Offshore-Anbindungsleitungen

Grenzüberschreitend sind nach dieser Definition auch die **Anbindungsleitungen von den Offshore-Windpark-Umspannwerken** zu den Netzverknüpfungspunkten an Land, sofern sie zumindest bis in die Ausschließliche Wirtschaftszone (AWZ)[16] reichen. Die übrigen Anbindungsleitungen innerhalb des Küstenmeeres sind ebenfalls zu kennzeichnen. Es ist nicht eindeutig geregelt, ob die Bundesfachplanung auch für die Anbindungsleitungen, die in die AWZ reichen, anwendbar ist. Dagegen spricht zunächst, dass für die AWZ besondere Raumordnungspläne[17] des Bundes bestehen.[18] Die Trassenführung lässt sich anhand dieser Raumordnungspläne bestimmen. Dabei handelt es sich um Zielaussagen, die bei der anschließenden Planfeststellung zu beachten sind.[19] Die Kennzeichnungen korrespondieren mit der Vorschrift des § 17. Nach dieser Regelung besteht eine Verpflichtung der ÜNB, die Leitungen von dem Umspannwerk der Offshore-Anlagen bis zu dem technisch und wirtschaftlich günstigsten Verknüpfungspunkt des nächsten Übertragungs- oder Verteilernetzes zu errichten und zu betreiben. Gemäß § 17 Abs. 2a erstellt das Bundesamt für Seeschifffahrt und Hydrografie im Einvernehmen mit der BNetzA und in Abstimmung mit dem Bundesamt für Naturschutz und den Küstenländern jährlich einen **Offshore-Netzplan** für die AWZ. Der Offshore-Netzplan enthält auch die Festlegung der notwendigen Trassen für die Anbindungsleitungen. Die abweichende Zuständigkeit für den Offshore-Netzplan legt nahe, dass **Leitungen von der Anwendbarkeit der Bundesfachplanung ausgenommen** sein sollen.[20] Ausdrücklich hat der Gesetzgeber darauf hingewiesen, dass keine Entscheidung getroffen wird, ob die Netzanbindung Offshore (n-1)-sicher sein muss.[21] Sofern es sich aber nicht um eine (n-1)-sichere Leitung handelt, kann den Anforderungen an § 12e nicht Rechnung getragen werden. Nach § 12e Abs. S. 3 entsprechen die Vorhaben des Bundesbedarfsplans den Zielsetzungen des § 1, also auch denen an eine sichere Versorgung. Im Rahmen der Erarbeitung des Offshore-Netzplans soll entschieden werden, ob im Einzelfall eine (n-1)-sichere Netzanbindung erforderlich sein wird.[22] Sobald der erste Offshore-Netzplan erstellt wurde, lassen sich nähere Aussagen treffen.[23] Solange dieser aber noch nicht vorliegt, sind die Anbindungsleitungen lediglich zu kennzeichnen. Dafür spricht auch die systematische Auslegung: § 12b sieht vor, dass **bestehende Offshore-Netzpläne** bei der Erarbeitung des Netzentwicklungsplans zu **berücksichtigen** sind. Die Anbindungsleitungen sind für die technischen Berechnungen des Netzentwicklungsplans erforderlich. Aufgrund 13

15 Siehe hierzu Rn 10.
16 Jeder Staat hat das Recht, die Breite seines Küstenmeeres bis zu einer Grenze von 12 Seemeilen von der Basislinie festzulegen. Die Basislinie ist die Niedrigwasserlinie entlang der Küste eines Staates. Die AWZ beginnt am seewärtigen Ende des Küstenmeeres und erstreckt sich auf maximal 200 Seemeilen von der Basislinie. Das Küstenmeer gehört noch zum Hoheitsgebiet des jeweiligen Küstenstaates, während die AWZ nicht mehr dazu zählt.
17 Die Raumnutzung in der AWZ wird durch Raumordnungspläne des Bundes gem. § 17 Abs. 3 ROG geregelt.
18 So auch *Weyer*, S. 27; *Bunge*, Lf. 1/12, Kap. 0540, S. 34.
19 *Bunge*, Lf. 1/12, Kap. 0540, S. 34.
20 *Weyer*, S. 27.
21 BT-Drucks. 17/6073, S. 33.
22 BT-Drucks. 17/6073, S. 33.
23 Zum Offshore-Netzplan siehe § 12b Rn 30 ff. Der aktuelle Stand des jährlich zu erstellenden Offshore-Netzplans ist abrufbar unter www.bsh.de.

der Abgrenzung zum Offshore-Netzplan sind sie nicht Bestandteil der Ergebnismaßnahmen des Netzentwicklungsplans.

14 Die gemeinsame Presseerklärung des BMWi und BMU zur Gesetzesnovellierung zur Beschleunigung des Offshore-Netzausbaus[24] unterstreicht diese Ansicht. Danach ist die verbindliche **Einführung eines Offshore-Netz*entwicklungs*plans** beabsichtigt. Davon erfasst sind u.a. die Anbindungsleitungen. Die Novelle wird im Zusammenhang mit dem Entwurf eines Dritten Gesetzes zur Neuregelung energiewirtschaftlicher Vorschriften diskutiert.[25]

15 Bei der Erstellung der **Raumordnungspläne für die AWZ** ist ebenfalls eine obligatorische **SUP** vorgesehen. Nach Anlage 3 zum UVPG sind unter Nr. 1.6 Raumordnungsplanungen des Bundes nach § 17 Abs. 2 und 3 des ROG erfasst. Am Verfahren können sich ebenso wie bei der SUP zum Bundesbedarfsplan die Öffentlichkeit und Behörden beteiligen. Aufgrund dieser besonderen Regelungen wird vertreten, dass die Trassenkorridore für die Offshore-Anbindungsleitungen nicht über die Bundesfachplanung nach dem NABEG erfasst sind.[26]

5. Begründung (Abs. 2 S. 2)

16 Laut Gesetzesbegründung benennt und **begründet** die Regulierungsbehörde die **Projekte überregionaler Bedeutung.**[27] Dafür ist eine Begründung zu erstellen.[28] Die offene Formulierung *„Dem Entwurf ist eine Begründung beizufügen"* deutet darauf hin, dass die BNetzA auch eine weitergehende Begründung beifügt. Die Regulierungsbehörde begründet ihre Entscheidung, nämlich die Kennzeichnung der Vorhaben. Bei Erstellung der **Gesetzesbegründung** kann die Regulierungsbehörde jedoch beraten. Insbesondere werden die Bestätigung des Netzentwicklungsplans und ergänzende Informationen der Regulierungsbehörde bei der Erstellung der Gesetzesbegründung zu nutzen sein.

6. HGÜ-Erdkabel als Pilotprojekt (Abs. 3)

17 Nach Abs. 3 S. 1 kann im Bundesbedarfsplan vorgesehen werden, dass **ein einzelnes Pilotprojekt zur verlustarmen Übertragung hoher Leistungen über große Entfernungen** (§ 12b Abs. 1 S. 3 Nr. 3a) auf einem technisch und wirtschaftlich effizienten Teilabschnitt **als Erdkabel**[29] errichtet und betrieben werden kann, wenn die Anforderungen nach § 2 Abs. 2 S. 1 Nr. 1 oder 2 EnLAG[30] erfüllt sind. Die teilweise Erdverkabelung unter den Voraussetzungen des EnLAG erfolgt, – vereinfacht ausgedrückt – wenn die Leitung im Geltungsbereich eines Bebauungsplans in einem Abstand von weniger als 400 m zu Wohngebäuden oder weniger von 200 m im Außenbereich im Sinne des § 35 BauGB verläuft.[31] Da der Bundesbedarfsplan noch nicht flächenscharf ist, sondern nur Anfangs- und Endpunkte enthält, kann er keine Entscheidung über eine Erdverkabelung treffen, die unter der Voraussetzung der Nähe zur Wohnbebauung (so das EnLAG) steht. Die vorliegende Norm kann daher nur so verstanden werden, dass im Bundesbedarfsplan eine einzelne Punkt-zu-Punkt-Verbindung ausgewählt wird, an deren konkreter Verbindungsstrecke im späteren Planfeststellungsverfahren eine Teilverkabelung erfolgen kann.

---

24 Gemeinsame Presseerklärung des BMWi und BMU vom 2.7.2012, abrufbar unter www.bmwi.de oder www.bmu.de.
25 BR-Drucks. 520/12.
26 So bereits *Bunge*, Lf. 1/12, Kap. 0540, S. 34.
27 BT-Drucks. 17/6072, S. 69. Die Formulierung entspricht dem ursprünglichen Vorschlag der Bundesregierung vor Änderung zu *„länderübergreifenden und grenzüberschreitenden Höchstspannungsleitungen"*.
28 BT-Drucks. 17/6072, S. 70.
29 Zur Erdverkabelung siehe insbesondere § 2 EnLAG, §§ 43 und 43h.
30 Siehe hierzu EnLAG Rn 159 ff.
31 Hierzu *Lecheler*, RdE 2010, 41.

Der Gesetzgeber wählt das Pilotprojekt also lediglich dem Grunde nach aus. Die **genaue Festlegung** kann erst in der **Planfeststellung** erfolgen. Ansonsten würde die Bedarfsfeststellung bereits der Bundesfachplanung bzw. der Planfeststellung vorgreifen. Das wäre systemwidrig. Auch das EnLAG hat für Wechselstromleitungen lediglich die Voraussetzungen geregelt, unter denen eine Verkabelung erfolgen darf, ohne der Entscheidung der zuständigen Behörden zum Trassenverlauf vorgreifen zu wollen.[32] Der Bundesbedarfsplan ist ein energiewirtschaftlicher Plan. Auch die SUP im Rahmen der Bundesbedarfsplanung ist nicht darauf ausgelegt, bereits eine so kleinteilige räumliche Prüfung durchzuführen, wie sie bei einer konkreten Trassenkorridor- oder Trassenfestlegung durchzuführen ist. Im Ergebnis bedeutet dies, dass der Gesetzgeber ein Vorhaben als Pilotprojekt auswählen kann und die Anforderung des EnLAG für dieses Projekt mit in das Bundesbedarfsplangesetz schreibt.

§ 12e Abs. 3 S. 1 sieht vor, dass ein einzelnes Pilotprojekt[33] im Bundesbedarfsplan aufge- 18
nommen werden kann. Der **Gesetzgeber** selber ist an diese Vorgabe **nicht gebunden**. Er kann ebenso mehrere Projekte aufnehmen. Nach der für die ÜNB maßgeblichen Vorschrift des § 12b enthält der **Netzentwicklungsplan Netzausbaumaßnahmen als Pilotprojekte für eine verlustarme Übertragung hoher Leistungen über große Entfernungen.** Sofern die ÜNB mehr als eine dieser Leitungen als teilweise erdverkabelt planen, ist zu prüfen, ob die weiteren nicht im Bundesbedarfsplan genannten Projekte den Anforderungen des § 49 (Erfordernis der **allgemein anerkannten Regeln der Technik** bei dem Betrieb von Energieanlagen) genügen. Allerdings spricht bereits die Einstufung als Pilotprojekt und damit Wortlaut des Gesetzes dafür, dass der **Einsatz zunächst zu testen** ist. Pilotprojekte dienen der Fortentwicklung der Netzausbautechnologie. Bereits die Gesetzesbegründung zum EnLAG spricht von einer eher restriktiven Anwendung der Regelungen zur Erdverkabelung. Darin heißt es, dass die Verlegung von Erdkabeln mit einer Nennspannung von 380 kV nunmehr abschließend in § 2 EnLAG geregelt werde.[34] Dies spricht für eine **Sperrwirkung.** Diese **bezieht sich aber nur auf die Genehmigungsbehörden**. Der Gesetzgeber selber ist nicht an die Sperrwirkung gebunden. Da der Zusatz ein **einzelnes** Pilotprojekt in § 12e Abs. 3 steht, ist die Ausweitung auf mehrere Projekte durch den Gesetzgeber zwar möglich,[35] bedarf aber einer eingehenden Begründung. Ebenso kann der Gesetzgeber auch kein Pilotprojekt auswählen. Er hat die Freiheit, bestimmte weitere Voraussetzungen festzuschreiben, unter denen eine Teilverkablung einer HGÜ-Leitung durchgeführt werden kann.

Nach Abs. 3 S. 2 ist **auf Verlangen** der für die Zulassung des Vorhabens zuständigen Behör- 19
de die Leitung auf einem technisch und wirtschaftlich effizienten Teilabschnitt als Erdkabel zu errichten und zu betreiben oder zu ändern, wenn die Anforderungen nach § 2 Abs. 2 S. 1 Nr. 1 oder 2 EnLAG erfüllt sind. Diese Regelung greift **erst im Planfeststellungsverfahren**. In diesem Fall muss die Abstandsregelung tatbestandlich greifen, damit die Planfeststellungsbehörde die Teilverkabelung verlangen kann.

Die Verkabelung soll sich auf einen ***„technisch und wirtschaftlich effizienten Teilab-*** 20
schnitt" beziehen. Diese Formulierung **entspricht § 2 Abs. 2 EnLAG**. Nach der Gesetzesbegründung zum EnLAG wird mit dem Begriff „technisch und wirtschaftlich effizienter Teilabschnitt" zum Ausdruck gebracht, dass ein ständiges Abwechseln der Erdverkabelung mit der Freileitungsbauweise, das zu erheblichen Mehrkosten führt, vermieden werden soll. Als technisch und wirtschaftlich effizient gelte ein Teilabschnitt daher dann, wenn er **mindestens eine Länge von**

32 Hierzu *Lecheler*, RdE 2010, 41, 42; *Schirmer*, DVBl. 2010, 1349, 1353; *Weyer*, ZNER 2009, 210, 213.
33 Zum Charakter und Zweck eines Pilotprojektes siehe § 12b Rn 27 f.
34 BT-Drucks. 16/10491, S. 18.
35 Der Gesetzgeber ist auch nicht an den Entwurf der Bundesregierung gebunden. Siehe hierzu *Appel*, UPR 2011, 406, 408; *Moench/Ruttloff* NVwZ 2011, 1040, 1042; *Sellner/Fellenberg* NVwZ 2011, 1025, 1031.

3 km aufweist.[36] Eine grds. Abwägung zwischen Erdkabeln und Freileitung auch unter dem Gesichtspunkt der wirtschaftlichen Effizienz soll bei dem ausgewählten Pilotvorhaben gerade nicht stattfinden, weil die Berücksichtigung des Aufwands regelmäßig einer Errichtung als Erdkabel entgegenstünde. Das Ergebnis ist mit dem Ziel, nämlich der Erprobung der Technik, nicht vereinbar. Allein bei der Frage der konkreten baulichen Gestaltung und dem Wechsel zwischen Freileitung und Erdkabel können derartige Erwägungen eine Rolle spielen.[37]

21 Das Gesetz enthält keine Aussagen zur Verwendung von **Erdkabel-Wechselstromleitungen**. Es ist offen, welche Rückschlüsse daraus gezogen werden können. Dies kann entweder dafür sprechen, dass der Gesetzgeber weiterhin Erdkabel im Bereich der Höchstspannungsübertragung nicht als Stand der Technik ansieht.[38] Diese Ansicht wird gestützt durch § 2 Abs. 1 EnLAG. Dort ist die Erdverkabelung als Technologie erwähnt, ohne zwischen Gleichstrom und Wechselstrom zu differenzieren. Da die Erprobung noch läuft, sind keine neuen technischen Erkenntnisse vorhanden, die eine andere Einstufung rechtfertigen würden. Anderseits kann man aber auch vertreten, dass der Gesetzgeber im NABEG keine Aussagen zur Verwendung von Wechselstrom-Erdkabeln macht und damit auch diese planfeststellungsfähig seien. Hätte der Gesetzgeber eine Erdverkabelung beschränken wollen, hätte er entsprechende Vorgaben für den Bundesbedarfsplan machen können, wie dies für HGÜ-Erdkabel der Fall ist. Das **NABEG** ist allerdings ausdrücklich **technologieoffen.**[39] Die Möglichkeit der (Teil-)Verkabelung einer Wechselstromverbindung ist erst auf Ebene der Bundesfachplanung bzw. der Planfeststellung im Einzelfall zu klären.

22 Im Netzentwicklungsplan sind von den ÜNB zusätzlich Angaben zum **Einsatz von Hochtemperaturleiterseilen** als Pilotprojekt enthalten. Diese Angaben sind für den Bundesbedarfsplan nicht weiter erforderlich.

III. Rechtswirkungen des Bundesbedarfsplans (Abs. 4)

1. Feststellung der energiewirtschaftlichen Notwendigkeit und des vordringlichen Bedarfs

23 Die Feststellungen des Bundesbedarfsplans sind für die ÜNB sowie für die Planfeststellung und die Plangenehmigung nach den §§ 43 bis 43d und nach den §§ 18 bis 24 NABEG verbindlich. In der Praxis tritt das Problem auf, dass die Planrechtfertigung von Gegnern eines Vorhabens häufig verneint wird, da Reserven im Netz bestehen würden.[40] Indem der Gesetzgeber eine Bedarfsplanung vorgibt, steht die Planrechtfertigung grds. fest.[41] Der **Bedarf steht nicht mehr zur Disposition**, d.h., es kann nicht mehr vorgetragen werden, das im Bundesbedarfsplan enthaltene Vorhaben sei nicht notwendig. Im Ergebnis wird der **Vorhabenträger** hierdurch **von der Darlegung der Planrechtfertigung im Planfeststellungsverfahren entlastet.** Diese Verbindlichkeit gilt sowohl für die Planfeststellungsbehörde als auch für ein nachfolgendes gerichtliches Verfahren.[42]

---

36 BT-Drucks. 16/10491, S. 16 f.
37 *Schirmer*, DVBl. 2010, 1349, 1353.
38 So ausdrücklich der Wirtschaftsausschuss des Bundesrats im Gesetzgebungsverfahren zum EnLAG, BR-Drucks. 32/1/11, S. 2.f.
39 Gegenäußerung der Bundesregierung BT-Drucks. 17/6248, S. 22.
40 *Schneller*, DVBl. 2007, 529, 536 f.; *Schirmer*, DVBl. 2010, 1349, 1351.
41 *Schirmer*, DVBl. 2010, 1349, 1351.
42 Vgl. BVerwG, Urt. v. 19.5.1998 – 4 C 11/96 –; BVerwG, Urt. v. 17.1.2007 – 9 A 20/05 –; BVerwG, Urt. v. 30.1.2008 – 9 A 27/06 –; *Hoppe/Schlarmann/Buchner/Deutsch*, Rn 47; Erbguth/Kluth/*Beckmann*, S. 146. Zur Verkehrswegeplanung siehe insbesondere Rodi/*Sauthoff*, S. 121, 147. Siehe auch § 43 Rn 74 ff. sowie § 18 NABEG Rn 39 ff.

24 Die Regelungen entsprechen denjenigen, die bereits aus dem EnLAG und aus anderem Sachzusammenhang bekannt sind, so etwa **§ 1 EnLAG, § 1 FStrAbG und § 1 BSWAG**. Dementsprechend ist die dazu ergangene Rechtsprechung bei der Auslegung heranzuziehen.

25 Die **Planrechtfertigung ist ungeschriebene Voraussetzung für jede Fachplanung.**[43] Nach Auslegung des BVerwG ist das Erfordernis der Planrechtfertigung erfüllt, wenn für das beabsichtigte Vorhaben, gemessen an den Zielsetzungen des jeweiligen Fachrechts ein Bedarf besteht.[44] Bezogen auf das Recht zum Energieleitungsausbau ist das der Fall, wenn das Vorhaben energierechtlich notwendig ist.[45] Die Planrechtfertigung dient der Einhaltung des **Verhältnismäßigkeitsgrundsatzes**, dem jedes staatliche Handeln unterworfen ist, das mit Eingriffen in Rechte Dritter verbunden ist.[46]

26 Ob für ein bestimmtes Vorhaben ein Bedarf besteht, kann entweder administrativ im Rahmen des Planfeststellungsverfahrens oder unmittelbar durch den Gesetzgeber entschieden werden.[47] Die **gesetzliche Bedarfsfeststellung** entspricht einer sachgerechten staatlichen Funktionsteilung, bei der für bestimmte öffentliche, überörtliche Aufgaben die Bedarfsfeststellung eine eminent politische Entscheidung darstellt, die dem Gesetzgeber zukommt.[48] Der Gesetzgeber kann auch die Art und Weise, wie ein von ihm festgestellter Bedarf zu befriedigen ist, und die Dimensionierung eines Vorhabens festlegen.[49] Hierbei steht ihm ein **weiter Gestaltungs- und Prognosefreiraum** zu.[50]

27 Es bestehen **keine Bedenken hinsichtlich der Gewaltenteilung**, da Planung verfassungsrechtlich nicht eindeutig der Exekutive zugewiesen ist. Vielmehr kann sie bei hinreichend zwingenden Gründen sogar vollständig von der Legislative wahrgenommen werden (Legalplanung).[51] Bei der gesetzlichen Bedarfsplanung nach dem EnWG handelt es sich allerdings nicht um eine Legalplanung. Der **Bundesbedarfsplan entscheidet noch nicht endgültig über die Durchführung eines Vorhabens**, sondern legt lediglich die Bedarfsfrage verbindlich fest.[52] Es bleibt in den nachfolgenden Verwaltungsentscheidungen Raum für eine Abwägungsentscheidung der Exekutive, die alle betroffenen öffentlichen und privaten Belange erfasst und lediglich die Bedarfsfrage nicht abweichend vom Gesetzgeber entscheiden darf.[53] Die Festlegung eines derartigen Bedarfs eignet sich bereits ihrer Natur nach für eine gesetzliche Regelung.[54]

28 Anhaltspunkte, dass der Gesetzgeber bei der Bedarfsfeststellung die Grenzen des **gesetzgeberischen Ermessens überschritten** hat, verneinte das BVerwG regelmäßig.[55] Allenfalls sei davon auszugehen, wenn die **Feststellung des Bedarfs evident unsachlich** sei.[56] Nach der Rechtsprechung des BVerwG soll die Bedarfsfeststellung lediglich dann keine Geltung mehr beanspruchen, wenn sich die **Verhältnisse** seit der letzten Bedarfsfeststellung in der Zwischenzeit so **grundlegend gewandelt** haben, dass sich die ursprüngliche Bedarfsfeststellung nicht mehr

---

43 Erbguth/Kluth/*Berkemann*, S. 16 sowie Erbguth/Kluth/*Beckmann*, S. 145.
44 BVerwG, Urt. v. 13.12.2007 – 4 C 9/06 –.
45 *Schirmer*, DVBl. 2010, 1349, 1351.
46 BVerwG, Beschl. v. 1.4.2005 – 9 VR 7/05 –; Erbguth/Kluth/*Beckmann*, S. 145; *Greinacher*, ZUR 2011, 305, 307.
47 Erbguth/Kluth/*Beckmann*, S. 145 f.
48 Erbguth/Kluth/*Beckmann*, S. 146.
49 BVerwG, Beschl. v. 17.2.1997 – 4 VR 17/96 –; Erbguth/Kluth/*Beckmann*, S. 146.
50 Erbguth/Kluth/*Beckmann*, S. 146.
51 BVerfG, Beschl. v. 17.7.1996 – 2 BvF 2/93 – Südumfahrung Stendal; *Appel*, UPR 2011, 406, 413.
52 *Appel*, UPR 2011, 406, 413; vgl. zur Bundesverkehrswegeplanung *Hoppe/Schlarmann/Buchner/Deutsch*, Rn 50.
53 Vgl. BVerfG, Beschl. v. 19.7.1995 – 2 BvR 2397/94 –; BVerwG, Urt. v. 10.4.1997 – 4 C 5/96 –.
54 Vgl. BVerfG, Beschl. v. 8.6.1998 – 1 BvR 650/97 –, – 1 BvR 830/98 – zum Schienenwegerecht; *Appel*, UPR 2011, 406, 413.
55 BVerwG, Urt. v. 9.6.2010 – 9 A 20/08 –; BVerwG, Urt. v. 12.3.2008 – 9 A 3/06 –; BVerwG, Urt. v. 22.1.2004 – 4 A 32/02 –; BVerwG, Urt. v. 19.5.1998 – 4 C 11/96 –.
56 BVerfG, Beschl. v. 8.6.1998 – 1 BvR 650/97 –; BVerwG, Urt. v. 26.10.2005 – 9 A 33/04 –.

rechtfertigen lässt. Das ist dann der Fall, wenn das angestrebte Planungsziel unter keinen Umständen auch nur annähernd noch erreicht werden kann.[57] Indem der Bundesbedarfsplan mindestens alle drei Jahre neu erlassen wird, kann auf einen grundlegenden Wandel zeitnah durch den Gesetzgeber reagiert werden.

29 Der **vordingliche Bedarf** ist **planungsrechtlich** zu verstehen. Die Vorhaben, für die ein vordringlicher Bedarf gesetzlich festgeschrieben ist, genießen eine Art Privilegierung. Diese ist nicht notwendig zeitlich zu verstehen. Es handelt sich nicht um einen dringlichen Bedarf, denn dieser wird bereits über die energiewirtschaftliche Notwendigkeit abgebildet. Alle Vorhaben sind für das Netz in zehn Jahren energiewirtschaftlich notwendig. Der vordringliche Bedarf kann sich auch aus sachlichen Erwägungen ergeben. So kann beispielsweise ein Vorhaben als vordringlich zu betrachten sein, wenn es die Voraussetzung für Folgeprojekte darstellt. Denkbar ist auch die Vordringlichkeit aufgrund des notwendigen Anschlusses von EEG-Anlagen oder aufgrund der Einstufung als Pilotprojekt. Der vordringliche Bedarf ist Voraussetzung für den Erlass einer Veränderungssperre nach § 16 NABEG.[58] Für eine planungsrelevante Auslegung spricht auch § 1 S. 3 NABEG, der die Realisierung der NABEG-Vorhaben aus Gründen des überragenden öffentlichen Interesses als erforderlich ansieht. Zugleich kann der vordringliche Bedarf als Anknüpfungspunkt für eine Rechtswegverkürzung gesehen werden.[59]

30 Ein **nicht im Bundesbedarfsplan oder im EnLAG enthaltenes Vorhaben** kann auch weiterhin realisiert werden. Dem Vorhaben kommen lediglich die planerischen Privilegien nicht zugute. Hierfür muss die energiewirtschaftliche Notwendigkeit und die Vereinbarkeit mit den Zielen des § 1 im Einzelnen geprüft werden.[60] Damit ist gewährleistet, dass auch außerhalb des Netzentwicklungsplans bzw. Bundesbedarfsplans Leitungen gebaut werden können. So sind beispielsweise kurzfristig zu realisierende Projekte wie neue Leitungen für die Anbindung weiterer EEG-Anlagen oder bei der Erneuerung alter Leitungen nach Naturereignissen wie dem Orkan Kyrill nach dem alten Zulassungsregime weiterhin möglich.

2. Verbindlichkeit für die ÜNB

31 Eine vom EnLAG abweichende Verbindlichkeit ergibt sich durch die ausdrückliche **Verbindlichkeit der im Bundesbedarfsplan enthaltenen Vorgaben für die ÜNB**. Für die im EnLAG aufgeführten Vorhaben steht gem. § 1 Abs. 2 EnLAG ebenfalls die energiewirtschaftliche Notwendigkeit und der vordringliche Bedarf fest. Es gibt aber keine Konkretisierung, dass die Feststellung für die ÜNB verbindlich ist. Die Konkretisierung im § 12e hat Bedeutung für die **Sanktionsmöglichkeit** nach § 65 Abs. 2a. Darüber hinaus ist sie entscheidende Voraussetzung für die **Fristsetzung zur Antragstellung** nach § 6 S. 2 NABEG.[61] Die Verpflichtung zum bedarfsgerechten Ausbau des Übertragungsnetzes ergibt sich bereits aus § 11.

3. Verbindlichkeit für die Planfeststellung

32 Die Verbindlichkeit der Feststellungen im Bundesbedarfsplan gilt gleichermaßen für die Planfeststellung nach dem EnWG wie für die Planfeststellung nach dem NABEG.[62]

---

57 BVerwG, Urt. v. 22.1.2004 – 4 A 32/02 –; BVerwG, Beschl. v. 14.7.2005 – 9 VR 20/04 –; *Hoppe/Schlarmann/Buchner/Deutsch*, Rn 47; Erbguth/Kluth/*Beckmann*, S. 146 f.

58 Hierzu § 16 NABEG Rn 31 ff.

59 Hierzu Rn 38 ff.

60 Vgl. *Weyer* in: FS Kühne, S. 423, 434; sowie zum EnLAG *Schirmer*, DVBl. 2010, 1349, 1352.

61 Hierzu § 6 NABEG Rn 31 ff.

62 Siehe zum grds. anwendbaren Zulassungsverfahren Einleitung Rn 10; zur Planfeststellung nach dem EnWG §§ 43 ff.; zur Planfeststellung für alle bundesfachgeplanten Vorhaben §§ 18 ff. NABEG.

IV. Änderung des Bundesbedarfsplans (Abs. 1 und 5)

1. Verfahren bei Änderungen (Abs. 1 S. 3)

In der Regel ist das Verfahren zum Erlass eines Bundesbedarfsplangesetzes **alle drei Jahre** durchzuführen. Der Gesetzgeber kann das einmal erlassene **Gesetz ändern**, wenn dafür sachliche Anhaltspunkte bestehen. So kann für ein Vorhaben, für das die energiewirtschaftliche Notwendigkeit und der vordringliche Bedarf festgestellt wurden, diese Feststellung mit einem späteren Bundesbedarfsplan entfallen. Bei **wesentlichen Änderungen des Netzentwicklungsplans** hat die Regulierungsbehörde den Entwurf für einen Bundesbedarfsplan auch schon in einem kürzeren Turnus der Bundesregierung zu übermitteln. Eine *„wesentliche Änderung"* ist ein unbestimmter Rechtsbegriff, der der Regulierungsbehörde einen gewissen Spielraum lässt. Im Einzelfall wird zu klären sein, ob eine wesentliche Änderung vorliegt. Bei **geringfügigen Änderungen** ist der Bundesbedarfsplan dennoch alle drei Jahre der Bundesregierung und dem Bundesgesetzgeber vorzulegen. Hierbei ergeben sich jedoch Erleichterungen im Hinblick auf die SUP. 33

2. Auswirkungen auf die SUP (Abs. 5)

Grundsätzlich ist für den Bundesbedarfsplan eine SUP durchzuführen.[63] Diese Anforderung ergibt sich bereits aus § 12c Abs. 2 i.V.m. den Regelungen des UVPG. Für die Änderung des Bundesbedarfsplans verweist § 12e Abs. 5 auf die Anforderungen des § 14d S. 1 UVPG. Danach ist eine SUP bei einer nur geringfügigen Änderung des Plans oder bei Festlegung der Nutzung kleiner Gebiete auf lokaler Ebene nur dann durchzuführen, wenn eine Vorprüfung des Einzelfalls im Sinne von § 14b Abs. 4 UVPG ergibt, dass der Plan voraussichtlich erhebliche Umweltauswirkungen hat. Es ist also in einer **SUP-Vorprüfung** zu entscheiden, ob die vollständige Prüfung erfolgen muss. In einer **überschlägigen Prüfung** hat die zuständige Behörde einzuschätzen, ob der Plan **voraussichtlich erhebliche Umweltauswirkungen** hat. Besteht keine Verpflichtung zur Durchführung der SUP nach den UVPG-Regelungen, so ist auch § 12c Abs. 2 nicht anzuwenden. Dies dient der **Verfahrenserleichterung** und der **Begrenzung des Aufwands**. 34

V. Rechtsschutzmöglichkeiten

Der Bundesbedarfsplan ergeht als förmliches Parlamentsgesetz. Gegen förmliche Gesetze ist ein bloß eingeschränkter Rechtsschutz möglich. Entweder kann ein direkter Rechtsschutz im Wege einer **Individualverfassungsbeschwerde** gegen das Gesetz (Art. 93 Abs. 1 Nr. 4a GG) oder inzident im Wege der **konkreten Normenkontrolle** (Art. 100 Abs. 1 GG) erfolgen.[64] Für beide Verfahren sind die Erfolgsaussichten gering.[65] Für die Verfassungsbeschwerde fehlt die Beschwerdebefugnis, da es angesichts der weiteren notwendigen Vollziehungsakte an der unmittelbaren Betroffenheit fehlt. Der Gesetzgeber hat im Rahmen der gesetzlichen Bedarfsplanung einen weiten Gestaltungs- und Prognosespielraum.[66] Die gerichtliche Prüfung hat sich auf die Frage zu beschränken, ob der Gesetzgeber mit der Bedarfsfeststellung die Grenzen seines gesetzgeberischen Ermessens überschritten hat. Das ist erst der Fall, wenn eine Bedarfsfeststellung evident 35

63 Siehe hierzu § 12c Rn 10 ff.
64 Siehe hierzu Rodi/*Heimann*, S. 85, 106 f.; *Appel*, UPR 2011, 406, 413.
65 Dazu Rodi/*Schmidt*, S. 5, 13 f.; *Appel*, UPR 2011, 406, 413.
66 BVerfG, Beschl. v. 17.7.1996 – 2 BvF 2/93 – Südumfahrung Stendal; BVerfG, Beschl. v. 8.6.1998 – 1 BvR 650/97 –.

unsachlich ist und an gravierenden Fehlern leidet.[67] Ein Rechtsschutz ist damit nur unter sehr engen Voraussetzungen erfolgreich.

36 Teilweise wird die Frage aufgeworfen, ob die Möglichkeit einer gerichtlichen Überprüfung einer solchen vorgelagerten Planungsentscheidung erweitert werden müsste oder sollte.[68] Dagegen kann jedoch vorgebracht werden, dass dies nur erforderlich ist, wenn ein effektiver Rechtsschutz nicht gewährt werden kann. Es besteht jedoch kein Verstoß gegen **Art. 19 Abs. 4 GG**, da dieser dem Einzelnen nur einen Anspruch auf effektiven Rechtsschutz gewährt, wenn ihm das einschlägige Recht eine Rechtsposition einräumt. Im Ergebnis ist nicht zu beanstanden, dass sich die Infrastrukturplanung in einer Planungskaskade vollzieht und der Rechtsschutz dabei abgestuft erfolgt.[69] Die Rechtsweggarantie ist nicht verletzt.

37 Gegen die SUP kann nicht separat gerichtlich vorgegangen werden. Es kann aber den Fall geben, dass die SUP den europäischen Vorgaben nicht genügt. In diesem Fall der **europarechtlich fehlerhaften SUP** besteht ein weitergehender Rechtsschutz. Folge einer fehlerhaften SUP ist nicht die Ungültigkeit des Gesetzes. Es kann aber möglicherweise eine Nichtanwendbarkeit des Bundesbedarfsplans aus einem Verstoß gegen die SUP-RL resultieren. Ob ein Verstoß vorliegt, ist im Rahmen der Klage gegen den Planfeststellungsbeschluss zu klären. Wenn sich unmittelbar aus der SUP-RL etwas ergibt, was bei der Durchführung der SUP nicht beachtet wurde, müsste das nationale Gericht der Frage der Konformität mit dem EU-Recht nachgehen. Das kann im Wege eines Vorabentscheidungsverfahrens nach Art. 267 AEUV durch den EuGH erfolgen. Als weitere Möglichkeit gibt es die Beschwerde bei der Europäischen Kommission. Die Europäische Kommission muss den möglichen Verstoß prüfen. Sie kann, wenn ein Verstoß festgestellt wird, ein Vertragsverletzungsverfahren nach Art. 258 AEUV einleiten.

VI. Zuständigkeit des BVerwG für Vorhaben des Bundesbedarfsplanes?

38 Bislang gibt es **keine spezielle Rechtswegzuweisung** wie beispielsweise für die Festlegungen nach § 29, für die das OLG Düsseldorf zuständig ist.[70] Demnach ist für Entscheidungen im Zusammenhang mit den Vorhaben des Bundesbedarfsplans der **Verwaltungsrechtsweg** nach § 40 Abs. 1 S. 1 VwGO einschlägig. Eine Besonderheit besteht darin, dass der Bundesgesetzgeber eine erstinstanzliche Zuständigkeit des BVerwG schaffen kann.[71] Nach der Gesetzesbegründung kann mit dem Bundesbedarfsplangesetz die **Grundlage für eine erst- und letztinstanzliche Rechtswegzuweisung** für konkrete Höchstspannungsleitungen an das BVerwG geschaffen werden, weil durch dieses Gesetz Art und Umfang der Vorhaben konkretisiert werden, wie dies in der Anlage zum EnLAG geschehen ist.[72] Das **BVerwG ist primär Revisionsgericht**. Für bestimmte Fälle besteht jedoch auch eine erstinstanzliche Zuständigkeit.[73] Neben den in § 50 VwGO erwähnten Fällen ist auch eine spezialgesetzliche begründete erstinstanzliche Zuständigkeit möglich.[74] Nach der Rechtsprechung des BVerwG darf, auch wenn das BVerwG grds. als Rechtsmittelgericht letzter Instanz eingerichtet worden ist, ihm eine erstinstanzliche Zuständigkeit eingeräumt werden, sofern sich hierfür **sachliche Gründe** anführen lassen.[75] So wurde bei-

67 BVerfG, Beschl. v. 17.07.1996 – 2 BvF 2/93 – Südumfahrung Stendal; BVerwG, Urt. v. 5.1.1996 – 4 C 5/95 –.
68 So Rodi/*Schmidt*, S. 5, 14 ff.
69 Zur Bedarfsfeststellung im Fernstraßenrecht BVerfG, Beschl. v. 9.2.1996 – 1 BvR 1752/95 –; zur Bedarfsfeststellung im Eisenbahnbereich BVerfG, Beschl. v. 8.6.1998 – 1 BvR 650/97 –; *Appel*, UPR 2011, 406, 413.
70 Siehe hierzu insbesondere § 12c Rn 53 und § 12g Rn 16.
71 Hierzu Rodi/*Heimann*, S. 85, 106 f.
72 BT-Drucks. 17/6072, S. 69 f. und BT-Drucks. 17/6073, S. 2.
73 Hierzu *Kopp/Schenke*, § 50 Rn 1 ff.; *Scheidler*, DVBl. 2011, 466.
74 Sodann/Ziekow/*Ziekow*, § 50 Rn 2; *Redeker/von Oertzen*, § 50 Rn 1.
75 BVerwG, Urt. v. 22.1.2004 – 4 A 32/02 –; BVerwG, Urt. v. 9.7.2008 – 9 A 14.07 –.

spielsweise in § 50 Abs. 1 Nr. 6 VwGO durch das Gesetz zur Beschleunigung von Planungsverfahren für Infrastrukturvorhaben vom 9.6.2006[76] eine erstinstanzliche Zuständigkeit für Infrastrukturvorhaben mit überragender verkehrlicher Bedeutung geschaffen, um auf diese Weise auch im prozessrechtlichen Bereich einen Beitrag zur Beschleunigung von Planungsverfahren für Verkehrsinfrastrukturvorhaben zu leisten. Mit Gesetz vom 21.8.2009[77] wurde diese Zuständigkeit auch auf Streitigkeiten nach dem EnLAG ausgedehnt.[78] Damit hat der Gesetzgeber den Vorhaben im Energieleitungsbereich ebenfalls eine derart überragende Bedeutung zugeschrieben wie der Infrastrukturbeschleunigung der Verkehrswegeprojekte.[79]

Im Zusammenhang mit der Rechtswegzuweisung in § 1 Abs. 3 EnLAG wurden Einwände 39 wegen einer Gefährdung des **Charakters des BVerwG als Rechtsmittelgericht und einer Durchbrechung der föderalen Gerichtsstruktur** geltend gemacht.[80] Diese Bedenken sind nicht durchgreifend, wenn es um bestimmte Rechtsstreitigkeiten geht, bei denen ein **gesamtstaatliches Interesse** an einer raschen rechtskräftigen Entscheidung besteht, der **Ausnahmecharakter** der erstinstanzlichen Zuständigkeit des BVerwG **gewahrt bleibt** und die Gerichte der Länder weiterhin eine substanzielle Zuständigkeit für Entscheidungen zu raumbedeutsamen Planungen haben.[81] Der Gesetzgeber hat einen weiten **Entscheidungsspielraum**. Die Rechtswegzuweisung ist nur zu beanstanden, wenn sie ganz offensichtlich falsch oder unsachlich ist.[82] Bedenken werden auch erhoben, wenn eine Beschleunigung dadurch erkauft werde, dass dem BVerwG eine sehr zeit- und arbeitsaufwändige Kompetenz zugewiesen wird, die mit der ihm sonst obliegenden Tätigkeit als Revisionsgericht nur schwer in Einklang zu bringen sei.[83]

Auch für die Vorhaben nach dem Bundesbedarfsplan ist für eine erstinstanzliche Zuweisung 40 zum BVerwG zu plädieren. Art. 19 Abs. 4 GG fordert keinen mehrstufigen Rechtsweg. Mit wachsender **Komplexität der Planungsverfahren** nimmt das Risiko zurückverweisender Revisionsentscheidungen zu. Der Zweck einer solchen Regelung ist es, durch die Verkürzung des Verwaltungsgerichtsverfahrens auf eine Instanz die Verwirklichung der Vorhaben des Ausbaus des Höchstspannungsnetzes zu beschleunigen. Zugleich können durch die Konzentration der Streitigkeiten beim BVerwG divergierende Entscheidungen vermieden werden.[84] Im Hinblick auf den beim Erlass der neuen Regelungen im EnWG und im NABEG verfolgten **Beschleunigungsgedanken** ist daher auch für die Maßnahmen nach dem Bundesbedarfsplangesetz eine erstinstanzliche Zuständigkeit des BVerwG sinnvoll. Es besteht ein gesamtstaatliches Interesse an zügigen rechtskräftigen Gerichtsentscheidungen wegen der **gesamtstaatlichen Bedeutung eines raschen Stromnetzausbaus.**[85] BVerfG und BVerwG sprechen von einer **überragenden Bedeutung einer sicheren Energieversorgung.**[86] Sachliche Gründe für die Zuständigkeitsbestimmung können insbesondere in der Umsetzung der Energiewende, der Abschaltung der Kernkraftwerke bis 2022 sowie der zunehmenden Erzeugung durch erneuerbare Energien gese-

76 BGBl. I 2006 S. 2833.
77 Gesetz zur Beschleunigung des Ausbaus der Höchstspannungsnetze, BGBl. I 2009 S. 2879.
78 *Scheidler*, DVBl. 2011, 466, 467; *Scheidler*, RdE 2011, 165.
79 *Schirmer*, DVBl. 2012, 1349, 1357.
80 *Holznagel/Nagel*, DVBl. 2010, 669, 672; kritisch auch *Schirmer*, DVBl. 2012, 1349, 1357.
81 BVerwG, Urt. v. 9.7.2008 – 9 A 14/07 –; *Scheidler*, UPR 2011, 379; *Appel*, UPR 2011, 406, 414.
82 BVerwG, Urt. v. 9.7.2008 – 9 A 14/07 –; *Appel*, UPR 2011, 406, 414.
83 Vgl. *Schirmer*, DVBl. 2012, 1349, 1357; *Holznagel/Nagel*, DVBl. 2010, 669, 672; *Paetow*, NVwZ 2007, 36.
84 Vgl. BVerwG, Beschl. v. 12.06.2007 – 7 VR 1/07 –.
85 *Appel*, UPR 2011, 406, 414; Rodi/*Heimann*, S. 85, 106 f. Kritisch äußert sich hingegen *Schirmer*, DVBl. 2012, 1349, 1357 im Zusammenhang mit dem EnLAG, der die Erweiterung der erstinstanzlichen Zuständigkeit des BVerwG als problematisch und im Hinblick auf ihre Verfahrensbeschleunigung von zweifelhafter Wirksamkeit ansieht.
86 Siehe nur BVerfG, Beschl. v. 20.3.1984 – 1 BvL 28/82 – Enteignung zugunsten Energieversorgung; BVerwG, Urt. v. 11.7.2002 – 4 C 9/00 –.

hen werden, die eine Notwendigkeit des beschleunigten Ausbaus der Übertragungsnetze bedingen.[87]

41 Ob diese Zuständigkeitszuweisung für alle Vorhaben des Bundesbedarfsplans erfolgen wird, ist offen. Nach der Gesetzesbegründung ist geplant, im Bundesbedarfsplangesetz **nicht pauschal** für sämtliche hiervon erfassten Vorhaben dem BVerwG die Zuständigkeit zuzuweisen, sondern **nur für ganz konkrete und damit in der Anzahl wohl überschaubare Leitungen.**[88] Wie diese **Kataloglösung** aussieht, wird im Zusammenhang mit dem ersten Bundesbedarfsplangesetz zu klären sein. In der Literatur wird vorgeschlagen, nur für diejenigen Planfeststellungsverfahren eine Zuweisung zum BVerwG aufzunehmen, für die die Zuständigkeit für die Planfeststellung gem. der nach § 2 Abs. 2 NABEG zu erlassenden Rechtsverordnung bei der BNetzA liegt.[89] Da jedoch zurzeit weder ein bestätigter Netzentwicklungsplan noch ein Bundesbedarfsplangesetz und auch keine Rechtsverordnung nach § 2 Abs. 2 NABEG vorliegt, kann dieser Vorschlag nicht abschließend bewertet werden. Kritisch ist jedoch zu sehen, dass damit Vorhaben ohne Länder- oder Grenzüberschreitung nicht von der Beschleunigung profitieren können. Zwar greift dafür die Beschleunigung durch das NABEG auch nicht. Diese ist aber insbesondere vor den Hintergrund, dass beispielsweise Abstimmungsprobleme und Doppelprüfungen bei der Zuständigkeit verschiedener Landesbehörden vermieden werden sollten, für die nichtländerübergreifenden Vorhaben nicht erforderlich. Es kann auch anderen Vorhaben, für die im Bundesbedarfsplan die energiewirtschaftliche Notwendigkeit und der vordringliche Bedarf festgestellt wurden, ein gesamtstaatliches Interesse an zügigen rechtskräftigen Gerichtsentscheidungen wegen der gesamtstaatlichen Bedeutung eines raschen Stromnetzausbaus zukommen. Insofern ist die Begrenzung auf Vorhaben, für welche die BNetzA die Zuständigkeit zur Planfeststellung erhalten kann, nicht ausreichend für die Entscheidung über eine erstinstanzliche Zuständigkeit des BVerwG.

87 Siehe hierzu bereits Einleitung Rn 1 ff.
88 BT-Drucks. 17/6073, S. 2.
89 *Appel*, UPR 2011, 406, 414.

§ 12f Herausgabe von Daten

(1) Die Regulierungsbehörde stellt dem Bundesministerium für Wirtschaft und Technologie, dem Bundesministerium für Umwelt, Naturschutz und Reaktorsicherheit sowie dem Umweltbundesamt Daten, die für digitale Netzberechnungen erforderlich sind, insbesondere Einspeise- und Lastdaten sowie Impedanzen und Kapazitäten von Leitungen und Transformatoren, einschließlich unternehmensbezogener Daten und Betriebs- und Geschäftsgeheimnisse zu Verfügung, soweit dies zur Erfüllung ihrer jeweiligen Aufgaben erforderlich ist.
(2) Die Regulierungsbehörde gibt auf Antrag insbesondere netzknotenpunktscharfe Einspeise- und Lastdaten sowie Informationen zu Impedanzen und Kapazitäten von Leitungen und Transformatoren an Dritte heraus, die die Fachkunde zur Überprüfung der Netzplanung und ein berechtigtes Interesse gegenüber der Regulierungsbehörde nachweisen sowie die vertrauliche Behandlung der Informationen zusichern oder die Berechtigung zum Umgang mit Verschlusssachen mit einem Geheimhaltungsgrad nach § 12g Absatz 4 in Verbindung mit § 4 des Sicherheitsüberprüfungsgesetzes haben. Die Daten sind in einem standardisierten, elektronisch verarbeitbaren Format zur Verfügung zu stellen. Daten, die Betriebs- und Geschäftsgeheimnisse darstellen, dürfen von der Regulierungsbehörde nicht herausgegeben werden. In diesem Fall hat die Regulierungsbehörde typisierte und anonymisierte Datensätze an den Antragsteller herauszugeben.

Überblick

I. Allgemeines

1. Überblick über die Norm

Abs. 1 der Norm regelt die Herausgabe der Daten an das BMWi, das BMU sowie das UBA. Abs. 2 legt die Anforderungen fest, unter denen ein Herausgabeanspruch Dritter besteht. **1**

2. Regelungszweck

2 § 12f dient der **Transparenz** der Netzplanung. Die Regelung wurde vor allem aufgrund der bisherigen Erfahrungen der Netzplanung der dena-Netzstudien eingefügt, die sich dem Vorwurf mangelnder Transparenz und Nachvollziehbarkeit ausgesetzt sahen. Die Vorschrift regelt, unter welchen Voraussetzungen die BNetzA vorhandene Daten an bestimmte andere Behörden oder an Dritte weiterzugeben hat. Es handelt sich um solche Daten, die benötigt werden, um die Netzberechnungen nachzuvollziehen. Dabei ist ein Ausgleich zwischen dem Interesse der Öffentlichkeit an diesen Daten und an einer transparenten Netzplanung auf der einen Seite und an dem Schutz kritischer Infrastrukturen sowie von Betriebs- und Geschäftsgeheimnissen auf der anderen Seite zu schaffen. Um diesen Ausgleich zu gewährleisten, stellt § 12f besondere Voraussetzungen auf.

3 Während die Datenherausgabe an das BMWi, das BMU und das UBA, soweit dies zur Erfüllung ihrer jeweiligen Aufgaben erforderlich ist, relativ geringen Anforderungen unterliegt, ist die Datenherausgabe an Dritte speziellen Voraussetzungen unterworfen. Dritte haben einen Antrag zu stellen und bestimmte Nachweise zu erbringen. Auch unterscheidet sich die Herausgabe bei den Betriebs- und Geschäftsgeheimnissen. Während gegenüber den Ministerien und dem UBA auch unternehmensbezogene Daten mit Betriebs- und Geschäftsgeheimnissen herausgegeben werden, werden Dritten typisierte und anonymisierte Datensätze zur Verfügung gestellt. Diese Daten sind in einem standardisierten, elektronisch verarbeitbaren Format herauszugeben.

3. Entstehungsgeschichte

4 § 12f wurde mit dem Gesetz zur Neuregelung energiewirtschaftlicher Vorschriften[1] neu eingefügt. Im Laufe des Gesetzgebungsverfahrens ist der Entwurf zu § 12f nicht mehr geändert worden.

II. Zurverfügungstellung von Daten an das BMWi, BMU und UBA (Abs. 1)

5 § 12f Abs. 1 regelt speziell, in welchem Umfang Daten an Privilegierte herauszugeben sind. Es handelt sich um solche Berechtigte, denen hoheitliche Aufgaben im Rahmen der Netzplanung oder der strategischen Entwicklung der Energieversorgung übertragen wurden. **Berechtigte** nach § 12f Abs. 1 sind **das BMWi, das BMU und das UBA**. Die Regulierungsbehörde, also die BNetzA, ist zur Herausgabe der Daten verpflichtet. Es besteht im Gegensatz zu der Herausgabe der Daten an Dritte **keine Antragspflicht**.

6 Der Anspruch auf den Zugang zu Daten soll nach der Gesetzesbegründung insbesondere dazu dienen, **wissenschaftliche Analysen**, Lösungen und Strategien zur sicheren, wirtschaftlichen und klimaverträglichen Energieversorgung und der Systemintegration erneuerbarer Energien zu erarbeiten.[2]

7 Der Anspruch nach § 12f Abs. 1 umfasst die Weitergabe der Daten, die für digitale Netzberechnungen erforderlich sind, insbesondere Einspeise- und Lastdaten sowie Impedanzen und Kapazitäten von Leitungen und Transformatoren, einschließlich unternehmensbezogener Daten sowie Betriebs- und Geschäftsgeheimnisse.

1. Daten für die digitale Netzberechnung

8 Das Gesetz nennt als Daten für die digitale Netzberechnung die Einspeise- und Lastdaten sowie Impedanzen und Kapazitäten von Leitungen und Transformatoren. Die **Einspeise- und Last-**

1 EnWR-NRG v. 26.7.2011 (BGBl. I S. 1554).
2 BT-Drucks. 17/6072, S. 70.

daten umfassen die Angaben zur eingespeisten und zur in Anspruch genommenen Leistung. Unter **Impedanzen** versteht man den Quotienten aus der Wechselspannung und der Wechselstromstärke. Gemeint ist das Verhältnis von elektrischer Spannung an einen Verbraucher zu aufgenommenem Strom. Angaben zu **Kapazitäten** von Leitungen und Transformatoren ergänzen die genannten Daten. Diese Aufzählung ist jedoch nicht abschließend, wie sich aus dem „insbesondere" ergibt. Notwendig zur Erfüllung des Gesetzeszwecks sind all die Daten, die dazu dienen, aus dem Szenariorahmen einen Netzentwicklungsplan nachrechnen bzw. nachbilden zu können. All diejenigen Schritte, die von den ÜNB unternommen werden, um den Netzentwicklungsplan nach § 12b zu erarbeiten, müssen nachvollzogen werden können.

2. Erforderlichkeit für digitale Netzberechnungen

Es sind nicht alle Daten an die anderen Behörden weiterzugeben, sondern nur diejenigen, die 9
für digitale Netzberechnungen erforderlich sind. Liegen der BNetzA weitergehende Daten vor, sind diese nicht über § 12f weiterzugeben. In Betracht kommen beispielsweise Daten, die im Zusammenhang mit der SUP erhoben wurden. Diese sind nicht weiterzugeben.

3. Erforderlichkeit zur Aufgabenerfüllung

Der Anspruch des BMWi, des BMU und des UBA umfasst nur die Weitergabe von Daten, sofern 10
sie **zur Erfüllung der jeweiligen Aufgaben erforderlich** sind. Es muss also bei jeder Datenherausgabe geprüft werden, ob die jeweiligen Daten für die Aufgabenerfüllung der anderen Behörde erforderlich sind. Eine ähnliche Regelung beinhaltet § 58 Abs. 4 für den Informationsaustausch zwischen den Regulierungsbehörden und dem Bundeskartellamt. Auch dort ist die Datenweitergabe auf die Erforderlichkeit für die Aufgabenerfüllung begrenzt. Dabei muss es sich nicht notwendig um konkrete Aufgaben im Sinne aktuell eingeleiteter oder einzuleitender Verfahren handeln. Ausreichend ist vielmehr, wenn die Information geeignet ist, die empfangende Behörde bei der zukünftigen Aufgabenerfüllung (abstrakt) zu unterstützen.[3] Diese Maßstäbe sind auf die vorliegende Vorschrift zu übertragen. Nicht erforderlich sind solche Daten, die allgemein bekannt sind oder die nur Bedeutung außerhalb der speziellen Aufgabe haben. Wenn es sich aber um Daten handelt, die abstrakt der zukünftigen Aufgabenerfüllung der Behörden dienen, ist eine Erforderlichkeit anzunehmen.

4. Betriebs- und Geschäftsgeheimnisse

Die BNetzA gibt die unternehmensbezogenen Daten einschließlich der Betriebs- und Geschäfts- 11
geheimnisse an die gem. § 12f Abs. 1 Berechtigen heraus. Unter **Betriebs- und Geschäftsgeheimnissen** sind alle Tatsachen zu verstehen, die im Zusammenhang mit dem Geschäftsbetrieb stehen, nur einem eng begrenzten Personenkreis bekannt – also nicht offenkundig sind – und nach dem Willen des Betriebsinhabers geheim gehalten werden müssen, wobei an der Geheimhaltung ein begründetes Interesse bestehen muss.[4]

Die umfassende Weitergabe dieser Daten ist schon deshalb gerechtfertigt, weil die Minis- 12
terien und das UBA ihrerseits zur Geheimhaltung verpflichtet sind (vgl. § 29 Abs. 2 sowie § 30 VwVfG; § 203 Abs. 2 und 3 sowie § 204 StGB). Die Ministerien und das UBA sind an dasselbe Maß an Vertraulichkeit gebunden wie die BNetzA. Dies dient dem Schutz der Betroffenen und soll Umgehungen des Vertraulichkeitsschutzes verhindern.

---

3 *Salje*, EnWG, § 58 Rn 28.

4 Std. Rspr., vgl. BGH, Urt. v. 1.7.1960 – I ZR 72/59 – Wurftaubenpresse; Baur/Salje/Schmidt-Preuß/*Ruthig*, Kap. 58 Rn 13 ff.; *Salje*, EnWG, § 71 Rn 2.

III. Datenherausgabeanspruch Dritter (Abs. 2)

13 Bei dem Anspruch nach § 12f Abs. 2 handelt es sich um einen **konditionierten Herausgabeanspruch.**[5] Das bedeutet, dass der Anspruch an besondere Voraussetzungen anknüpft. Zur Herausgabe verpflicht ist die Regulierungsbehörde (**Anspruchsverpflichteter**).

1. Anspruchsberechtigter (Abs. 2 S. 1)

14 Ein **Dritter** kann den Anspruch nach § 12f Abs. 2 dann geltend machen, wenn er die Fachkunde zur Überprüfung der Netzplanung und ein berechtigtes Interesse nachweist sowie die Vertraulichkeit der Behandlung der Informationen gewährleistet ist. Dritter kann beispielsweise ein einzelner Bürger oder ein als juristische Person organisiertes Forschungsinstitut sein.[6] Besonderheiten können bei dem Datenaustausch mit den Regulierungsbehörden von EU-Mitgliedstaaten auftreten.

a) Nachweis der Fachkunde

15 Voraussetzung für den Anspruch nach § 12f Abs. 2 ist der Nachweis der Fachkunde. Das EnWG spezifiziert das **Kriterium der Fachkunde** nicht. Für die Definition kann jedoch auf andere Rechtsgebiete zurückgegriffen werden: Nach den Kommentierungen zum GWB und zum TKG ist das Merkmal der Fachkunde dann erfüllt, wenn der Antragsteller die Gewähr dafür leistet, dass er für die Ausübung der aufgrund dieser Normen erteilten Rechte erforderlichen Kenntnisse, Erfahrungen und Fertigkeiten verfügt.[7] Übertragen auf den § 12f ist fachkundig, wer die erforderlichen Kenntnisse, Erfahrungen und Fertigkeiten in Bezug auf die Netzplanung nachweisen kann. Das **Eignungskriterium** muss sich auf die Fähigkeit zur Überprüfung der Netzplanung beziehen. Nur wer die Fähigkeit zum Umgang mit Netzdaten besitzt und in der Lage ist, aus den Netzdaten ein Netz zu berechnen, kann als fachkundig in Betracht kommen. Erforderlich sind zumindest elektrotechnische Fachkenntnisse, die beispielsweise in einem spezifischen Hochschulstudium erworben wurden. Darüber hinaus sind Spezialkenntnisse der Netzplanung erforderlich.

16 Der Antragsteller hat die Fachkunde in schlüssiger und nachvollziehbarer Weise darzulegen. Das Gesetz bestimmt den **Eignungsnachweis** nicht näher. Es wird kein Mittel bezeichnet, mit dessen Hilfe eine bestimmte Anforderung zu belegen ist. Im Telekommunikationsrecht reicht als Nachweis die Vorlage von Lebensläufen mit Zeugnissen und Abschlusszertifikaten oder Nachweise über bisherige Tätigkeiten (Referenzen) im Zusammenhang mit dem entsprechenden Sachgebiet.[8] Auch im Energiewirtschaftsrecht werden Zeugnisse und Referenzen maßgeblich für den Nachweis der Fachkunde sein. Für die Voraussetzung der Fachkunde reicht in den anderen Rechtsgebieten die Zurechnung der Fachkunde Dritter aus. Anders als beispielsweise die Zuverlässigkeit und Leistungsfähigkeit muss die Fachkunde nicht in der Person des Antragstellers vorliegen. Für den Fall der Zurechnung der Fachkunde muss der Antragsteller tragfähige Angaben über die Verschaffung der externen Fachkunde machen, also z.B. durch entsprechende Verträge.[9]

---

5 BT-Drucks. 17/6072, S. 70.

6 Vgl. BT-Drucks. 17/6072, S. 70.

7 Wissmann/*Kreitlow*, Kap. 7, Rn 89 f.; Scheuerle/Mayen/*Hahn*/*Härtel*, § 55 Rn 36; Arndt/Fetzer/Scherer/*Marwinski*, § 55 Rn 17 f.; Bechtold/*Otting*, § 97 Rn 31; Immenga/Mestmäcker/*Dreher*, § 97 Rn 170.

8 Wissmann/*Kreitlow*, Kap. 7, Rn 89 f.

9 Scheuerle/Mayen/*Hahn*/*Härtel*, § 55 Rn 36.

Ob bei **erneutem Antrag** auf den Nachweis der Fachkunde verzichtet werden kann, wenn der Antragsteller bereits erfolgreich im Vorjahr oder bei einem vorhergehenden Verfahren den Nachweis erbracht hat, hängt vom Einzelfall ab. Hierfür wird sich eine Verwaltungspraxis erst in den nächsten Jahren herausbilden. Zumindest sollte aber ein Nachweis erbracht werden, dass die Fähigkeiten dem aktuellen Stand der Wissenschaft entsprechen. 17

b) Nachweis des berechtigten Interesses

Nach der Gesetzesbegründung liegt das für die Herausgabe vorausgesetzte **berechtigte Interesse** des Antragstellers insbesondere dann vor, wenn das BMWi, das BMU sowie das UBA oder Dritte in deren Auftrag Daten für Netzberechnungen beantragen sowie wenn eine Beauftragung durch eine Bürgerinitiative, eines Umweltverbandes oder eines anderen betroffenen Interessenträgers nachgewiesen wird.[10] Damit ist der Nachweis des berechtigten Interesses sehr weit gefasst. Da im Netzentwicklungsplan aufgrund der fehlenden Trassenkorridore noch keine konkreten Betroffenheiten ausgemacht werden können, kann auch keine Bürgerinitiative einen konkreten Verlauf eines Projektes angreifen. Genannt sind nur Anfangs- und Endpunkte. Im Ergebnis bedeutet dies, dass ein abstraktes Interesse ausreicht. Nicht erforderlich ist eine konkrete Betroffenheit durch ein im Netzentwicklungsplan ausgewiesenes Projekt. 18

c) Zusage der vertraulichen Behandlung oder Berechtigung für den Umgang mit Verschlusssachen

Hohe Anforderungen an den Datenherausgabeanspruch stellt jedoch die Einschränkung der Zusage der vertraulichen Behandlung bzw. Berechtigung für den Umgang mit Verschlusssachen, insbesondere wegen des Verweises auf § 12g. Nach der Gesetzesbegründung gewährleistet der Anspruch einen Ausgleich zwischen dem Interesse der Öffentlichkeit an einer transparenten Netzplanung und zwingenden Geheimhaltungsbedürfnissen des Staates und der Öffentlichkeit, die sich aus dem Interesse des Schutzes kritischer Infrastrukturen sowie des Versorgungssicherheitsgedankens ergeben. Dafür werden **je nach Sensibilität der betreffenden Daten bestimmte Voraussetzungen** festgelegt. Bei Daten, die von der BNetzA nicht als Verschlusssache angesehen werden, ist es ausreichend, wenn der Dritte die vertrauliche Behandlung gegenüber der herausgebenden Behörde zusichert. Diese Zusicherung kann ggf. mit einer Vertragsstrafe bewehrt sein oder eine ähnliche Maßnahme für den Fall des Zuwiderhandelns getroffen werden. Soweit es sich um Verschlusssachen handelt, sind die speziellen diesbezüglichen Verfahren zu durchlaufen. Dies kann bei Daten mit einem hohen Geheimhaltungsgrad bedeuten, dass eine Herausgabe im Einzelfall nicht möglich ist. Die Herausgabe der Daten richtet sich dann aber nach den jeweils einschlägigen Verfahren für die Weitergabe von Verschlusssachen an privatrechtlich organisierte Einheiten bzw. für die Weitergabe von Verschlusssachen im öffentlichen Bereich. Der damit verbundene Aufwand ist durch das öffentliche Interesse an einer sicheren und zuverlässigen Stromversorgung gerechtfertigt.[11] 19

d) Zusammenarbeit mit den Regulierungsbehörden anderer EU-Mitgliedstaaten

Eine Besonderheit hinsichtlich der Anspruchsvoraussetzungen besteht, wenn als Dritter eine Regulierungsbehörde aus einem anderen EU-Mitgliedstaat einen Anspruch geltend macht. 20

---

10 BT-Drucks. 17/6072, S. 70.
11 BT-Drucks. 17/6072, S. 70.

Nach Art. 23 Abs. 12 der RL 2003/54/EG tragen die nationalen Regulierungsbehörden zur Entwicklung des Binnenmarktes und zur Schaffung gleicher Wettbewerbsbedingungen durch transparente Zusammenarbeit untereinander und mit der Kommission bei. Eine Sonderregelung hierzu enthält § 57. Dieser regelt die Zusammenarbeit der BNetzA mit den **Regulierungsbehörden anderer EU-Mitgliedstaaten.** In diesem Zusammenhang können nichtöffentliche Informationen, welche die BNetzA im Rahmen ihrer Ermittlungen erhalten hat, übermittelt werden. Allerdings wird sich auch hier die Frage der **Erforderlichkeit der Informationsweitergabe** stellen. Die beteiligten Behörden dürfen die übermittelten Daten und Informationen nur für amtliche Zwecke nutzen und ohne Zustimmung der BNetzA nicht an (unbefugte) Dritte weitergeben.[12] Die **Wahrung der Vertraulichkeit** durch die empfangende Behörde ist sicherzustellen.

2. Antragserfordernis (Abs. 2 Satz 1)

21 Die Herausgabe der Daten an Dritte im Sinne des § 12f Abs. 2 erfolgt auf **Antrag.** Ein Antrag ist grds. formlos möglich. Er muss die erforderlichen Nachweise der Fachkunde zur Überprüfung der Netzplanung und des berechtigten Interesse enthalten. Darüber hinaus sind die Zusicherung der vertraulichen Behandlung der Informationen oder die Berechtigung zum Umgang mit Verschlusssachen darzulegen.

Tipp
Der Antrag ist mit den vollständigen Nachweisen zu richten an die Bundesnetzagentur, Referat 613P, Postfach 8001, 53105 Bonn.

---

3. Umfang der Datenherausgabe

22 Bei Vorliegen der Voraussetzungen des § 12f Abs. 2 sind diejenigen **Daten herauszugeben, die für eine Netzberechnung erforderlich sind.** Das Gesetz benennt im Wesentlichen die Daten, die auch nach Abs. 1 herauszugeben sind. Allerdings sieht Abs. 2 im Gegensatz zu Abs. 1 vor, dass netzknotenscharfe Einspeise- und Lastdaten herauszugeben sind. Die netzknotenscharfe Zuordnung erleichtert dem Antragsteller den Umgang mit den Daten. Dies sollte auch bei der Herausgabe von Daten an das BMWi, das BMU und das UBA erfolgen. Zudem sind nach Abs. 2 nur Informationen zu Impedanzen und Kapazitäten von Leitungen und Transformatoren herauszugeben. Insofern scheint die Formulierung des Abs. 1 weitergehend, da nicht nur Informationen, sondern die konkreten Daten herausgegeben werden. Aus der Gesetzesbegründung ergibt sich nicht, warum die Formulierung von Abs. 1 abweicht. Da jedoch in beiden Absätzen keine abschließende Aufzählung erfolgt, ist im Einzelfall zu prüfen, welche Informationen weiterzugeben sind. Die Gesetzesbegründung erweitert die Aufzählung um Impedanzen und Kapazitäten von Stromkreisen, Schaltanlagen, Transformatoren und sonstige Netzbetriebsmittel.[13] Möglich erscheint die Einschränkung auf Informationen in Abs. 2 deshalb, weil es sich um Daten mit Betriebs- und Geschäftsgeheimnissen handeln kann, die in anonymisierter und typisierter Form herauszugeben sind. Wesentlich ist, dass der Zweck des Herausgabeanspruchs erfüllt werden kann.

---

12 *Salje*, EnWG, § 57 Rn 1.
13 BT-Drucks. 17/6072, S. 70.

4. Datenformat (Abs. 2 S. 2)

Die Daten sind in **einem standardisierten, elektronisch verarbeitbaren Format** zur Verfügung zu stellen. Beispiele für ein solches Datenformat sind das auf europäischer Ebene verwendete sog. uct-def-file oder das Datenformat, in dem die Daten nach der Kraftwerksnetzanschlussverordnung zur Verfügung gestellt werden.[14] 23

5. Betriebs- und Geschäftsgeheimnisse, Herausgabe typisierter und anonymisierter Datensätze (Abs. 2 S. 3 und 4)

Die Einschränkungen des § 12f Abs. 2 S. 3 und 4 dienen dem effektiven Schutz der **Betriebs- und Geschäftsgeheimnisse.**[15] Hinsichtlich der Betriebs- und Geschäftsgeheimnisse gelten die Maßstäbe des § 71. Diese Vorschrift regelt den Umgang mit Betriebs- und Geschäftsgeheimnissen bei allgemeinen energiewirtschaftlichen Verfahren und Informationsbegehren. Solche Geheimnisse müssen im Zuge von Auskunftsverlangen und Prüfungsanordnungen der Regulierungsbehörde offenbart werden.[16] Gemäß § 71 haben die nach dem EnWG zur Vorlage von Informationen Verpflichteten unverzüglich nach der Vorlage diejenigen Teile zu kennzeichnen, die Betriebs- oder Geschäftsgeheimnisse enthalten. Dafür ist zusätzlich eine Fassung vorzulegen, die aus ihrer Sicht ohne Preisgabe von Betriebs- oder Geschäftsgeheimnissen eingesehen werden kann. Wird eine solche Fassung nicht eingereicht, wird das Einverständnis des Betroffenen in eine Einsichtnahme widerleglich vermutet. Für den Fall, dass die Regulierungsbehörde die Kennzeichnung der Unterlagen als Betriebs- oder Geschäftsgeheimnisse für unberechtigt hält, bestimmt § 71, dass vor der Entscheidung über die Gewährung von Einsichtnahme an Dritte die vorlegenden Personen angehört werden müssen. 24

§ 12f Abs. 2 S. 3 geht darüber hinaus: Daten, die Betriebs- und Geschäftsgeheimnisse darstellen, dürfen von der Regulierungsbehörde nicht herausgegeben werden. Würde man die Herausgabe der Daten mit Betriebs- und Geschäftsgeheimnissen ersatzlos verweigern, wäre ein Herausgabeanspruch Dritter nie geeignet, um plausible digitale Netzberechnungen durchführen zu können. Beispielsweise können Lastdaten immer auch Betriebs- und Geschäftsgeheimnisse beinhalten. Mit einem Datensatz mit teilweisen Schwärzungen kann die Netzplanung nicht sinnvoll simuliert werden. Die spezielle Regelung des § 12f Abs. 2 S. 4 ermöglicht daher einen **Ausgleich zwischen dem Interesse am Schutz der Betriebs- und Geschäftsgeheimnisse und dem Interesse an der Herausgabe der Daten**. Bei Vorliegen von Betriebs- und Geschäftsgeheimnissen hat die Regulierungsbehörde typisierte und anonymisierte Datensätze an den Antragsteller herauszugeben. 25

6. Anspruch auf Herausgabe trotz formaler Einstufung als Verschlusssache

Der Antragsteller muss zwar nachweisen, dass er die Berechtigung für den Umgang mit Verschlusssachen hat. Fraglich ist jedoch, wie weitgehend die Herausgabe der Daten erfolgen darf, wenn es sich um Verschlusssachen handelt. Zugunsten der Netzbetreiber hat der Gesetzgeber einen Schutz der Betriebs- und Geschäftsgeheimnisse aufgenommen. Der **Schutz der Allgemeinheit** ist nicht speziell geregelt. Bedeutung erlangt dies jedoch im Zusammenhang mit der **Festlegung europäisch kritischer Anlagen** nach § 12g. Die zugrunde liegenden Informationen sind nach § 12g Abs. 4 als Verschlusssache mit dem geeigneten Geheimhaltungsgrad im Sinne von § 4 des Sicherheitsüberprüfungsgesetzes einzustufen. Wenn mit den für die Netzberechnung erforderlichen Daten zugleich Rückschlüsse auf die europäisch kritischen Infrastrukturen mög- 26

14 BT-Drucks. 17/6072, S. 70.
15 Hierzu bereits Rn 11 f.
16 *Salje*, EnWG, § 71 Rn 1.

lich sind, könnte aus Gründen der Sicherheit eine Datenherausgabe an Dritte unmöglich werden. Damit wäre jedoch jeder Antrag auf Datenherausgabe nach § 12f Abs. 2 mit dem Hinweis auf die besondere Vertraulichkeit der Daten abzulehnen. Dass ein Anspruch auf Informationszugang trotz formaler Einstufung als Verschlusssache möglich sein muss, belegt jedoch bereits die Anforderung des § 12f Abs. 2 S. 1, wonach eine Zusage der vertraulichen Behandlung oder Berechtigung für den Umgang mit Verschlusssachen nachzuweisen ist. Im Zweifel müsste bei Verweigerung der Datenherausgabe durch die BNetzA in einem gerichtlichen Verfahren geklärt werden, ob die Einstufung einer Information als Verschlusssache den einschlägigen materiellen Bestimmungen der Verschlusssachenanweisung entspricht. Dafür wird regelmäßig erforderlich sein, dass das Gericht den entsprechenden Vorgang beizieht. Wird dessen Vorlage wegen seiner Geheimhaltungsbedürftigkeit verweigert, mündet das Verfahren in einen **Zwischenstreit** (In-camera-Verfahren) und wird der Sache nach dort entschieden.[17]

7. Verhältnis zu anderen Informationsansprüchen

27 Neben diesem speziellen Anspruch auf Datenherausgabe stehen die Auskunftsansprüche aus dem Verwaltungsverfahrensgesetz, dem Informationsfreiheitsgesetz und dem Umweltinformationsgesetz. Diese Ansprüche sind nur auf die **Herausgabe von bestimmten Informationen** bzw. auf eine **Akteneinsicht** gerichtet. Eine umfassende Datenherausgabe, die der nach § 12f entspricht, findet nicht statt. Allerdings ist es denkbar, über diese Ansprüche diejenigen Daten zu erlangen, die für die Netzberechnung erforderlich sind. Die Vorschriften sind im Lichte des § 12f auszulegen. Es kann nicht zu einer Akteneinsicht in als Verschlusssache eingestufte Dokumente kommen. Eine Umgehung des Anspruchs nach § 12f Abs. 2 im Hinblick auf die Betriebs- und Geschäftsgeheimnisse ist ebenfalls nicht zu befürchten, weil die genannten Gesetze ebenfalls den Geheimnisschutz gewährleisten. In der Regel sind bei Betriebs- und Geschäftsgeheimnissen nur geschwärzte Fassungen der Dokumente herauszugeben.

28 Im energierechtlichen Verwaltungsverfahren ist **§ 29 VwVfG** unmittelbar anwendbar. Aus dessen Abs. 1 ergibt sich ein Akteneinsichtsrecht der Beteiligten. Abs. 2 begrenzt das Informationsrecht durch den Geheimhaltungsanspruch. Die Erteilung der Akteneinsicht steht im pflichtgemäßen Interesse der Behörde. Sie hat das Offenlegungsinteresse des Einsichtsberechtigten gegen das Geheimhaltungsinteresse abzuwägen.[18]

29 **§ 1 IFG** gewährt Zugang zu amtlichen, also bei der Behörde vorhandenen Informationen. Der Antragsteller muss kein berechtigtes Interesse am Informationszugang geltend machen. Allerdings ist der Zugang zu Betriebs- und Geschäftsgeheimnissen grds. nur zu gewähren, wenn der Betroffene eingewilligt hat (§ 6 S. 2 IFG).

30 Der Begriff der Umweltinformation ist sehr weitreichend. Daher kommen auch Informationsansprüche nach dem **UIG** in Betracht. Dieser Anspruch steht neben den übrigen Informationsansprüchen (vgl. § 3 Abs. 1 S. 1 UIG). Der Schutz von Betriebs- und Geschäftsgeheimnissen kann durch überwiegende Offenbarungsinteressen überwunden werden. Grundsätzlich unterliegen aber auch im UIG die Betriebs- und Geschäftsgeheimnisse einem besonderen Schutz.

8. Rechtsschutz

31 Gegen die Entscheidung der BNetzA ist die Beschwerde nach § 75 zulässig. Sie kommt entweder als **Anfechtungs- oder Verpflichtungsbeschwerde** in Betracht, sofern es sich bei der Entscheidung um einen Verwaltungsakt handelt, dessen Anfechtung oder Erlass begehrt wird.

17 So BVerwG, Urt. v. 29.10.2009 – 7 C 21/08 – zur Auslegung des § 3 Nr. 4 IFG.
18 BVerwG, Urt. v. 2.7.2003 – 3 C 46/02 –; Baur/Salje/Schmidt-Preuß/*Ruthig*, Kap. 58 Rn 40.

Wenn der Beschwerdeführer von der Regulierungsbehörde ein sonstiges Verhalten fordert, ist die **allgemeine Leistungsbeschwerde** möglich. Diese ist zwar nicht explizit in § 75 geregelt, aber nach Art. 19 Abs. 4 GG möglich. Zuständig für die Beschwerde ist das für den Sitz der Regulierungsbehörde zuständige Oberlandesgericht (§ 75 Abs. 4). Funktionell zuständig ist der Kartellsenat (§ 108). Für Entscheidungen der BNetzA ist das **OLG Düsseldorf** zuständig.

IV. Datenherausgabe bei anderen Netzentwicklungsplänen

§ 12f gilt entsprechend, falls Netzentwicklungspläne auf der 110 kV-Ebene erstellt werden (§ 14 **32**
Abs. 1b). Betreiber von Hochspannungsnetzen haben jährlich einen Bericht über den Netzzustand und die Netzausbauplanung zu erstellen und der Regulierungsbehörde zur Prüfung vorzulegen. Kommt die Regulierungsbehörde zu dem Ergebnis, dass in dem Netz ein wesentlicher Bedarf zum Ausbau des Netzes in den nächsten zehn Jahren zu erwarten ist, haben die Netzbetreiber Netzentwicklungspläne zu erstellen. Für diese Netzentwicklungspläne gelten die Datenherausgabeansprüche gemäß den Vorgaben des § 12f. Bei der Erstellung des Netzentwicklungsplans der Fernleitungsnetzbetreiber (§ 15a) fehlt eine vergleichbare Regelung.

§ 12g Schutz europäisch kritischer Anlagen, Verordnungsermächtigung

(1) Zum Schutz des Übertragungsnetzes bestimmt die Regulierungsbehörde alle zwei Jahre diejenigen Anlagen oder Teile von Anlagen des Übertragungsnetzes, deren Störung oder Zerstörung erhebliche Auswirkungen in mindestens zwei Mitgliedstaaten der Europäischen Union haben kann (europäisch kritische Anlage). Die Bestimmung erfolgt durch Festlegung nach dem Verfahren des § 29. Zur Vorbereitung der Festlegung haben die Betreiber von Übertragungsnetzen der Regulierungsbehörde einen Bericht vorzulegen, in dem Anlagen ihres Netzes, deren Störung oder Zerstörung erhebliche Auswirkungen in mindestens zwei Mitgliedstaaten haben kann, vorgeschlagen werden und dies begründet wird. Der Bericht kann auch von allen Betreibern gemeinsam erstellt und vorgelegt werden.
(2) Betreiber von Übertragungsnetzen haben zum Schutz ihrer gemäß Absatz 1 Satz 1 bestimmten Anlagen Sicherheitspläne zu erstellen sowie Sicherheitsbeauftragte zu bestimmen und der Regulierungsbehörde nachzuweisen.
(3) Die Bundesregierung wird ermächtigt, durch Rechtsverordnung ohne Zustimmung des Bundesrates Einzelheiten zu dem Verfahren der Festlegung und zum Bericht gemäß Absatz 1 sowie zu den Sicherheitsplänen und Sicherheitsbeauftragten nach Absatz 2 zu regeln.
(4) Die für die Festlegung gemäß Absatz 1 Satz 2 erforderlichen Informationen, der Bericht der Betreiber nach Absatz 1 Satz 3 sowie die Sicherheitspläne nach Absatz 2 sind als Verschlusssache mit dem geeigneten Geheimhaltungsgrad im Sinne von § 4 des Sicherheitsüberprüfungsgesetzes einzustufen.

...

Überblick

I. Allgemeines

1. Überblick über die Norm

1 § 12g ermächtigt und verpflichtet die BNetzA dazu, alle zwei Jahre die europäisch kritischen Anlagen im Wege einer Festlegung zu bestimmen. Grundlage der Festlegung ist ein Bericht der ÜNB (Abs. 1). Die ÜNB haben für diese Anlagen Sicherheitspläne zu erstellen und Sicherheitsbeauftragte zu ernennen (Abs. 2). In Abs. 3 enthält die Norm eine Verordnungsermächtigung zur Konkretisierung der Anforderungen. Zum Schutz vertraulicher Informationen bestimmt Abs. 4, dass bestimmte Informationen als Verschlusssachen zu behandeln sind.

2. Regelungszweck

Die Regelung dient dem **Schutz des Übertragungsnetzes** als kritische Infrastruktur. Wenn kritische Infrastrukturen ausfallen, kann dies zu erheblichen Belastungen für den Staat, die Wirtschaft und große Teile der Bevölkerung führen. Deshalb ist die Gewährleitung des Schutzes solcher Anlagen Kernaufgabe der Sicherheitsvorsorge. Dazu werden ein Verfahren zur Ermittlung und Ausweisung kritischer europäischer Anlagen sowie bestimmte Schutzmaßnahmen bestimmt. Die Vorschrift dient der **Sicherheitsvorsorge und Gefahrenabwehr**. Indem besondere Schutzvorschriften gelten, werden zugleich Schwachstellen des Übertragungsnetzes reduziert. Die besondere Bedeutung der zu schützenden Anlagen liegt in dem grenzüberschreitenden Bezug. Die Vorschrift dient nicht nur dem Schutz in Deutschland, sondern ebenso dem Schutz des Elektrizitätsnetzes der anderen Mitgliedstaaten der EU. 2

Dies hat auch **Auswirkungen auf den Ausbau des Übertragungsnetzes**. Bereits die Vorschrift zum Netzentwicklungsplan (§ 12b) betont den sicheren und zuverlässigen Netzbetrieb. Netzbetreiber sind nach §§ 11 und 12 zum Betrieb und zum Ausbau eines sicheren und zuverlässigen Netzes verpflichtet. Die Vorschrift des § 12g tritt neben die allgemeinen Regelungen zur Sicherheit und Zuverlässigkeit der Energieversorgung nach §§ 49 f.[1] Indem der Schutz bestimmter Anlagen verbessert wird, steigt die Sicherheit und Zuverlässigkeit des Netzes. Dadurch kann möglicherweise ein Netzausbau beschränkt werden. 3

3. Entstehungsgeschichte

Diese Vorschrift dient der **Umsetzung der RL 2008/114/EG** des Rates vom 8.12.2008 über die Ermittlung und Ausweisung europäischer kritischer Infrastrukturen und die Bewertung der Notwendigkeit, ihren Schutz zu verbessern.[2] Die Richtlinie enthält u.a. die Verpflichtung der Mitgliedstaaten, Anlagen oder Systeme, deren Ausfall oder Zerstörung erhebliche Auswirkungen in mindestens zwei Mitgliedstaaten hätte, als europäisch kritische Infrastruktur zu ermitteln und erforderlichenfalls durch Sicherheitspläne und Sicherheitsbeauftragte schützen zu lassen. Durch diese Richtlinie wird ein Verfahren zur Ermittlung und Ausweisung europäischer kritischer Infrastrukturen („EKI") sowie ein gemeinsamer Ansatz für die Bewertung der Notwendigkeit ihres Schutzes eingeführt. § 12g wurde mit dem Gesetz zur Neuregelung energiewirtschaftlicher Vorschriften[3] neu in das EnWG eingefügt. 4

II. Europäisch kritische Anlagen (Abs. 1)

1. Definition der europäisch kritischen Anlage (Abs. 1 S. 1)

Der Begriff der **„europäisch kritischen Anlage"** wird in Abs. 1 S. 1 legaldefiniert. Danach handelt es sich um Anlagen oder Anlagenteile des Übertragungsnetzes, deren Störung oder Zerstörung erhebliche Auswirkungen in mindestens zwei Mitgliedstaaten haben kann. Nach dem Anhang I zur RL 2008/114/EG fallen u.a. Infrastrukturen und Anlagen zur Stromübertragung unter die Sektoren mit europäisch kritischen Anlagen. Kriterien zur Einstufung als kritische Anlagen sind in der Richtlinie genannt. Es handelt sich beispielsweise um die mögliche Anzahl der Opfer, wirtschaftliche Folgen und Auswirkungen auf die Öffentlichkeit.[4] 5

Eine **wesentliche Auswirkung** liegt zumindest vor, wenn nachhaltig wirkende Versorgungsengpässe, erhebliche Störungen der öffentlichen Sicherheit oder andere dramatische Fol- 6

1 Hierzu Baur/Salje/Schmidt-Preuß/*Ruthig*, Kap. 90 Rn 41ff.
2 ABl. EG 2008 Nr. L 345 S. 75.
3 EnWR-NRG v. 26.7.2011 (BGBl. I S. 1554).
4 Art. 3 Abs. 2 der RL 2008/114/EG.

gen zu befürchten sind.[5] Durch die enge Vermaschung des Elektrizitätsnetzes können Ausfälle einzelner Anlagen oder Anlagenbestandteile weitreichende Folgen haben. Aufgrund miteinander verbundener und voneinander abhängiger Infrastrukturen ist das Elektrizitätsübertragungsnetz beispielhaft für eine kritische Infrastruktur. Werden Anlagen oder Teile von Anlagen zerstört, wird die Aufrechterhaltung wichtiger gesellschaftlicher Funktionen, der Sicherheit und des wirtschaftlichen oder sozialen Wohlergehens eingeschränkt. Durch die Bedingung, dass mindestens zwei Mitgliedstaaten betroffen sind, ist klargestellt, dass nur **Anlagen mit einer europäischen Dimension** relevant sind.[6]

7 **Probleme** können im Hinblick auf die **Bündelungsoptionen im Bundesfachplanungsverfahren** auftreten. Insbesondere wenn die Bundesfachplanung im vereinfachten Verfahren nach § 11 NABEG durchgeführt werden soll, kann eine europäisch kritische Anlage als Hinderungsgrund im Wege stehen. Das ist beispielsweise der Fall, wenn eigentlich eine Ausbaumaßnahme unmittelbar neben der Trasse einer bestehenden Hoch- oder Höchstspannungsleitung errichtet werden soll (§ 11 Abs. 1 S. 1 Nr. 2 NABEG).[7] Da die Informationen über europäisch kritische Anlagen einem besonderen Geheimhaltungserfordernis unterliegen, können sich praktische Hindernisse ergeben. Diese betreffen auch die Antragskonferenz nach § 7 NABEG. Länder, auf deren Gebiet ein Trassenkorridor voraussichtlich verlaufen wird, können Vorschläge für diesen Trassenkorridor machen. Die BNetzA ist allerdings an die Vorschläge der Länder nicht gebunden (§ 7 Abs. 3 NABEG). Sie muss aber später das Ergebnis der Prüfung von alternativen Trassenkorridoren in die Entscheidung zur Bundesfachplanung aufnehmen (§ 12 Abs. 2 S. 1 Nr. 3 NABEG). Hier können ebenfalls Konflikte mit dem Geheimhaltungserfordernis auftreten.

2. Bestimmung der europäisch kritischen Anlagen durch Festlegung (Abs. 1 S. 2 bis 4)

8 Die Bestimmung der europäisch kritischen Anlagen erfolgt durch die BNetzA mittels förmlicher Festlegung. Grundlage für die Festlegung sind die nach § 1 Abs. 2 der Verordnung zum Schutz von Übertragungsnetzen erstellten Gefährdungsszenarien und ein Bericht der ÜNB.

a) Festlegung durch die BNetzA

9 Der Gesetzgeber hat sich für die Bestimmung einer Infrastruktur als europäisch kritische Anlage im Wege der **Festlegung gem. § 29** entschieden. Damit soll ermöglicht werden, dass weitergehende belastende Entscheidungen, etwa zu den Anforderungen an Sicherheitspläne und Sicherheitsbeauftragte, aufgenommen werden können. So können bestimmte standardisierende Anforderungen vorab festgelegt werden.[8]

10 Eine Festlegung ist eine **Entscheidung** der Regulierungsbehörde. Der Begriff der „Festlegung“ findet sich ebenso in anderen Bereichen des Regulierungsrechts, z.B. §§ 10, 13, 2 TKG; § 14f AEG und § 13 PostG. Es handelt sich um ein Instrument, mit dem die Regulierungsbehörde gegenüber einem Netzbetreiber oder einer Gruppe von Netzbetreibern Entscheidungen treffen kann.[9] Die **Zuständigkeit** für den Erlass von Festlegungen bestimmt sich nach §§ 54 ff. Die Entscheidung nach § 12g wird gem. § 59 von der Beschlusskammer getroffen. Anders als die Entscheidungen nach §§ 12a bis 12f ist die vorliegende Norm nicht vom Katalog der Ausnahmefälle

---

5 BT-Drucks. 17/6072 vom 6.6.2011, S. 70.
6 BT-Drucks. 17/6072 vom 6.6.2011, S. 70.
7 Zu den Bündelungsoptionen und dem vereinfachten Verfahren in der Bundesfachplanung siehe § 11 NABEG Rn 1 ff.
8 BT-Drucks. 17/6072, S. 70.
9 Hierzu BK-EnR/*Schmidt-Preuß*, § 29 Rn 24 ff.

umfasst. Die Festlegung erfolgt von Amts wegen (§ 66 Abs. 1).[10] Ein Antrag ist nicht erforderlich. Vor der Festlegung ist grds. allen Beteiligten Gelegenheit zur Stellungnahme zu geben (§ 66 Abs. 2). Wegen der besonderen Anforderungen an die Geheimhaltung nach § 12g Abs. 4 ist eine umfassende Konsultation in diesem Fall jedoch nicht möglich.

b) Europäische Vorgaben für die Ermittlung

Für die Bestimmung der europäisch kritischen Anlagen sind die europäischen Vorgaben maßgeblich. Die Europäische Kommission hat 2006 die Grundsätze und Instrumente dargelegt, die zur Umsetzung des Europäischen Programms für den Schutz kritischer europäischer und nationaler Infrastrukturen (**EPSKI**) erforderlich sind.[11] Der Prozess der Ermittlung und Ausweisung von europäisch kritischen Infrastrukturen ist eines der wesentlichen Elemente des EPSKI. Jeder Mitgliedstaat soll in einem gemeinsamen Prozess potenzielle europäische kritische Infrastrukturen ausweisen, die sich in seinem Hoheitsgebiet befinden. Dafür ist eine Abstimmung mit den anderen Mitgliedstaaten erforderlich. Einzelheiten zur Ermittlung und Bestimmung der europäisch kritischen Infrastrukturen regelt die RL 2008/114/EG. 11

Die BNetzA hat bei der Festlegung das Verfahren nach Anhang III der RL 2008/114/EG zu beachten. Soll eine Anlage erstmals als europäisch kritische Anlage bestimmt werden, ist vorher eine **Konsultation durch das BMWi** nach Art. 4 Abs. 1 bis 3 der RL 2008/114/EG durchzuführen. Die BNetzA berücksichtigt das Ergebnis der Konsultation bei ihrer Entscheidung. Die Festlegung erfolgt innerhalb von zwei Monaten nach Abschluss der Konsultation (§ 2 Abs. 2 der Verordnung zum Schutz von Übertragungsnetzen). 12

c) Bericht der ÜNB (Abs. 1 S. 3 und 4)

Zur Vorbereitung der Festlegung haben die ÜNB der Regulierungsbehörde einen **Bericht** vorzulegen, in dem europäisch kritische Anlagen ihres Netzes vorgeschlagen werden und dies begründet wird. Die ÜNB sind also bereits zu einer **Vorprüfung** verpflichtet. Sie statten die BNetzA mit den erforderlichen Informationen aus. Der jeweilige Vorschlag ist im Bericht zu begründen. Laut dem gesetzlichen Auftrag des § 11 Abs. 1 i.V.m. § 12 Abs. 1 liegt dies im Verantwortungsbereich der ÜNB.[12] 13

Einzelheiten zum Bericht können gem. § 12g Abs. 3 in einer Rechtsverordnung bestimmt werden. Dies ist in § 1 der Verordnung zum Schutz von Übertragungsnetzen[13] erfolgt. Nach dieser Vorschrift müssen die ÜNB bis zum 15.1.2012 erstmalig und dann alle zwei Jahre den Bericht vorlegen. Hierin sind neben den gem. § 12g Abs. 1 S. 3 erforderlichen Angaben auch die Mitgliedstaaten der EU zu benennen, die von einer Störung oder Zerstörung der Anlagen erheblich betroffen sein können. Dem Bericht sind die **jeweils aktuellen Gefährdungsszenarien** zugrunde zu legen, die in einem Verfahren nach § 1 Abs. 2 der Verordnung zum Schutz von Übertragungsnetzen erstellt werden. 14

d) Anpassung bzw. Neuerlass der Festlegung

Die Festlegung erfolgt alle zwei Jahre. Dadurch wird eine Anpassung an aktuelle Gegebenheiten gewährleistet. Sollte die BNetzA vor Ablauf der zwei Jahre die Festlegung ändern wollen, ist dies 15

10 Hierzu Schneider/Theobald/*Franke*, § 19 Rn 52.
11 Mitteilung der Kommission vom 12.12.2006 über ein Europäisches Programm für den Schutz kritischer Infrastrukturen (EPSKI), KOM (2006) 786, ABl. C 126 v. 7.6.2007.
12 BT-Drucks. 17/6072, S. 71.
13 Verordnung zum Schutz von Übertragungsnetzen v. 6.1.2012 (BGBl. I S. 69).

unter den Voraussetzungen der §§ 48, 49 VwVfG möglich. Dementsprechend haben die ÜNB auch mindestens alle zwei Jahre einen neuen Bericht vorzulegen. Dies wird in der Verordnung zum Schutz von Übertragungsnetzen nochmals konkretisiert.

e) Rechtsschutz gegen die Festlegung

16 Als Rechtsbehelf gegen die Festlegung stehen den ÜNB Anfechtungs- und Verpflichtungsbeschwerde gem. § 75[14] zur Verfügung. Ausschließlich zuständig ist gem. § 75 Abs. 4 das OLG Düsseldorf. Die Beschwerde hat keine aufschiebende Wirkung.[15] Weitergehend ist die Rechtsbeschwerde beim BGH möglich (§ 86). Gegebenenfalls steht ein vorläufiger Rechtsschutz nach § 77 zur Verfügung.

III. Sicherheitspläne und Sicherheitsbeauftragte (Abs. 2)

17 Der Betreiber einer europäisch kritischen Anlage hat zum Schutz des Übertragungsnetzes einen **Sicherheitsplan** vorzulegen. Zweck der Erstellung von Sicherheitsplänen ist es, die kritischen Anlagen sowie die zu deren Schutz vorhandenen Sicherheitslösungen zu ermitteln. Die inhaltlichen Mindestanforderungen sind in § 4 Abs. 1 der Verordnung zum Schutz des Übertragungsnetzes genannt. Die Sicherheitspläne werden von der BNetzA überprüft und – sofern sie die Anforderungen erfüllen – bestätigt. Die Sicherheitspläne sind regelmäßig zu überprüfen. Der **Sicherheitsbeauftragte** dient als Kontaktstelle der Behörden in Sicherheitsfragen und soll über den Bericht nach § 12g Abs. 1 und die Sicherheitspläne Auskunft geben können (§ 3 der Verordnung zum Schutz von Übertragungsnetzen).

IV. Verordnungsermächtigung (Abs. 3)

18 § 12g Abs. 3 enthält eine **Verordnungsermächtigung**. Danach kann die Bundesregierung ohne Zustimmung des Bundesrates Einzelheiten zu dem Festlegungsverfahren, zum Bericht der ÜNB und zu den Sicherheitsplänen und Sicherheitsbeauftragen regeln. Aufgrund dieser Ermächtigung hat die Bundesregierung die **Verordnung zum Schutz von Übertragungsnetzen**[16] erlassen.

V. Geheimhaltungserfordernis: Einstufung als Verschlusssache (Abs. 4)

19 Der Eigenschaft als Information über eine kritische Infrastruktur ist immanent, dass diese Informationen nicht öffentlich werden sollen. Informationen über den Schutz kritischer Infrastrukturen werden auf der Basis von Vertrauen und Vertraulichkeit ausgetauscht. Daher sind die für die Festlegung erforderlichen Informationen, der Bericht der Betreiber sowie die Sicherheitspläne als **Verschlusssache mit einem Geheimhaltungsgrad nach § 4 des Sicherheitsüberprüfungsgesetzes (SÜG)** einzustufen. Erfasst sind alle Informationen über kritische Infrastrukturen, die im Fall ihrer Offenlegung zur Planung und Durchführung von Handlungen missbraucht

14 Hierzu Baur/Salje/Schmidt-Preuß/*Hilzinger*, Kap. 55 Rn 1 ff.
15 Hierzu BK-EnR/*Stockmann*, § 76 Rn 3 ff.; Baur/Salje/Schmidt-Preuß/*Pielow*, Kap. 42 Rn 13 ff.
16 Verordnung zum Schutz von Übertragungsnetzen v. 6.1.2012 (BGBl. I S. 69).

werden könnten, welche eine Störung oder Zerstörung kritischer Infrastrukturanlagen zur Folge hätten.[17]

Nach § 4 SÜG sind Verschlusssachen im öffentlichen Interesse geheimhaltungsbedürftige Tatsachen, Gegenstände oder Erkenntnisse, unabhängig von ihrer Darstellungsform. Die Einstufung als Verschlusssache erfolgt in die Stufen „streng geheim", „geheim", „VS-vertraulich", „VS – nur für den Dienstgebrauch". Die Voraussetzungen sind mindestens dann erfüllt, wenn die Kenntnisnahme durch Unbefugte für die Interessen der Bundesrepublik Deutschland oder eines ihrer Länder nachteilig sein kann (§ 4 Abs. 2 Nr. 4 SÜG). Nach § 35 Abs. 1 SÜG erlässt der Bundesinnenminister die Allgemeinen Verwaltungsvorschriften zur Ausführung des SÜG. Hiervon wurde u.a. durch die **Allgemeine Verwaltungsvorschrift** zum materiellen und organisatorischen Schutz von Verschlusssachen (**Verschlusssachenanweisung** – VSA) Gebrauch gemacht. 20

§ 12f Abs. 2 verweist auf die Norm des § 12g.[18] Macht ein Dritter einen Anspruch auf Herausgabe der Daten zur Netzberechnung geltend, muss er die vertrauliche Behandlung der Informationen zusichern oder die Berechtigung zum Umgang mit Verschlusssachen mit einem Geheimhaltungsgrad nach § 12g Abs. 4 i.V.m. § 4 des SÜG haben. 21

Die Vertraulichkeit ist auch gegenüber anderen Behörden zu wahren. Der Austausch von Informationen über europäisch kritische Anlagen hat in einem Klima des Vertrauens und der Sicherheit zu erfolgen. Die betreffenden Unternehmen und Organisationen müssen darauf vertrauen können, dass die von ihnen mitgeteilten sensiblen und vertraulichen Daten ausreichend geschützt werden. Im Zusammenhang mit dem **Informationsaustausch auf europäischer Ebene** gibt es eine Regelung in Art. 4 Abs. 4 der RL 2008/114/EG. Der Mitgliedstaat, in dessen Hoheitsgebiet sich eine ausgewiesene europäisch kritische Infrastruktur befindet, unterrichtet die Kommission jährlich über die Anzahl der ausgewiesenen europäisch kritischen Infrastrukturen in den verschiedenen Sektoren und über die Anzahl der Mitgliedstaaten, die von der jeweiligen ausgewiesenen europäisch kritischen Infrastruktur abhängen. Nur die Mitgliedstaaten, die von einer europäisch kritischen Infrastruktur erheblich betroffen sein könnten, erfahren von deren Identität. 22

VI. Aufsichtsmaßnahmen und Bußgeldvorschriften

Kommen die ÜNB ihren Verpflichtungen nach § 12g nicht nach, kann die BNetzA Aufsichtsmaßnahmen nach § 65[19] ergreifen. Diese umfassen insbesondere die Anordnung der Maßnahmen zur Einhaltung der Verpflichtungen (§ 65 Abs. 2). 23

Ordnungswidrig handelt, wer den Bericht der ÜNB nach § 12g Abs. 1 S. 2 i.V.m. § 1 der Verordnung zum Schutz von Übertragungsnetzen nicht, nicht richtig, nicht vollständig oder nicht rechtzeitig vorlegt (§ 95 Abs. 1 Nr. 3c). Eine Ordnungswidrigkeit liegt auch vor, wenn die Sicherheitspläne nicht, nicht richtig, nicht vollständig oder nicht rechtzeitig erstellt werden oder ein Sicherheitsbeauftragter nicht rechtzeitig bestimmt wird (§ 95 Abs. 1 Nr. 3d). Die Ordnungswidrigkeit kann mit einer Geldbuße bis zu 100.000 € geahndet werden (§ 95 Abs. 2 S. 1). 24

---

17 Art. 2 lit. d der RL 2008/114/EG.
18 Siehe hierzu § 12f Rn 26.
19 Hierzu Baur/Salje/Schmidt-Preuß/*Schütte*, Kap. 93 Rn 3 ff.

...

Teil 5 Planfeststellung, Wegenutzung

§ 43 Erfordernis der Planfeststellung

Die Errichtung und der Betrieb sowie die Änderung von

1. **Hochspannungsfreileitungen, ausgenommen Bahnstromfernleitungen, mit einer Nennspannung von 110 Kilovolt oder mehr,**
2. **Gasversorgungsleitungen mit einem Durchmesser von mehr als 300 Millimeter,**
3. **Hochspannungsleitungen, die zur Netzanbindung von Offshore-Anlagen im Sinne des § 3 Nr. 9 des Erneuerbare-Energien-Gesetzes vom 25. Oktober 2008 (BGBl. I S. 2074) in der jeweils geltenden Fassung im Küstenmeer als Seekabel und landeinwärts als Freileitung oder Erdkabel bis zu dem technisch und wirtschaftlich günstigsten Verknüpfungspunkt des nächsten Übertragungs- oder Verteilernetzes verlegt werden sollen und**
4. **grenzüberschreitende Gleichstrom-Hochspannungsleitungen, die nicht unter Nummer 3 fallen und die im Küstenmeer als Seekabel verlegt werden sollen, sowie deren Fortführung landeinwärts als Freileitung oder Erdkabel bis zu dem technisch und wirtschaftlich günstigsten Verknüpfungspunkt des nächsten Übertragungs- oder Verteilernetzes,**

bedürfen der Planfeststellung durch die nach Landesrecht zuständige Behörde. Auf Antrag des Trägers des Vorhabens können die für den Betrieb von Energieleitungen notwendigen Anlagen, insbesondere die Umspannanlagen und Netzverknüpfungspunkte, in das Planfeststellungsverfahren integriert und durch Planfeststellung zugelassen werden. Bei der Planfeststellung sind die von dem Vorhaben berührten öffentlichen und privaten Belange im Rahmen der Abwägung zu berücksichtigen. Für Hochspannungsleitungen mit einer Nennspannung von 110 Kilovolt im Küstenbereich von Nord- und Ostsee, die in einem 20 Kilometer breiten Korridor, der längs der Küstenlinie landeinwärts verläuft, verlegt werden sollen, kann ergänzend zu Satz 1 Nr. 1 auch für die Errichtung und den Betrieb sowie die Änderung eines Erdkabels ein Planfeststellungsverfahren durchgeführt werden. Küstenlinie ist die in der Seegrenzkarte Nr. 2920 „Deutsche Nordseeküste und angrenzende Gewässer", Ausgabe 1994, XII., und in der Seegrenzkarte Nr. 2921 „Deutsche Ostseeküste und angrenzende Gewässer", Ausgabe 1994, XII., des Bundesamtes für Seeschifffahrt und Hydrographie jeweils im Maßstab 1 : 375 000 dargestellte Küstenlinie. Für das Planfeststellungsverfahren gelten die §§ 72 bis 78 des Verwaltungsverfahrensgesetzes nach Maßgabe dieses Gesetzes. Auf Antrag des Trägers des Vorhabens können auch die Errichtung und der Betrieb sowie die Änderung eines Erdkabels mit einer Nennspannung von 110 Kilovolt, ausgenommen Bahnstromfernleitungen, planfestgestellt werden; dies gilt auch bei Abschnittsbildung, wenn die Erdverkabelung in unmittelbarem Zusammenhang mit dem beantragten Abschnitt einer Freileitung steht. Die Maßgaben gelten entsprechend, soweit das Verfahren landesrechtlich durch ein Verwaltungsverfahrensgesetz geregelt ist.

Überblick

I. Allgemeines

1. Überblick über die Norm

S. 1 enthält eine enumerative Aufzählung derjenigen Energieleitungen, für deren Errichtung, Betrieb und Änderung die Durchführung eines Planfeststellungsvorhabens verpflichtend ist und statuiert für diese Vorhaben einen **Planfeststellungsvorbehalt.**[1] 1

---

1 Die Autoren Riese und Nebel sind Herrn Tom Pleiner zu Dank verpflichtet, der sie bei der Vorbereitung und Ausführung der Kommentierung mit Rat und Tat insbesondere durch Auswertung von Gesetzgebung, Rechtsprechung und Literatur und der aktuellen wissenschaftlichen Diskussion zum NABEG unterstützt hat. Dank gebührt auch Frau Dr. Nina Dieckmann für die zahlreichen fruchtbaren Diskussionen über die dogmatischen Grundlagen des NABEG und Frau Lavinia Kindermann, die die Entwürfe stets in die erforderliche Form gegossen hat.

2 **S. 2** ermöglicht auf Antrag des Vorhabenträgers, die für den Betrieb von Energieleitungen notwendigen Anlagen, insbesondere Umspannanlagen und Netzverknüpfungspunkte, in das Planfeststellungsverfahren zu integrieren und diese **Nebenanlagen** durch Planfeststellung zuzulassen.

3 **S. 3** schreibt die Anwendung des allgemeinen planungsrechtlichen **Abwägungsgebots verbindlich vor.**

4 **S. 4** ermöglicht dem Vorhabenträger die **Planfeststellung von Hochspannungsleitungen** mit einer Nennspannung von 110 kV in dem nach **S. 5** näher definierten **Küstenbereich** zu beantragen. S. 4 gehört also systematisch zu S. 2, in dem Tatbestände aufgezählt sind, die fakultativ dem Planfeststellungsverfahren unterworfen sind.

5 **S. 6** ordnet die ergänzende **Anwendung der allgemeinen Regelungen des Planfeststellungsrechts** nach den §§ 72ff. VwVfG an.

6 **S. 7 Hs. 1** ermöglicht dem Vorhabenträger fakultativ die Planfeststellung von **Erdkabel** mit einer Nennspannung von 110 kV, ausgenommen Bahnstromfernleitungen, zu beantragen. **Hs. 2** stellt klar, dass dies auch bei Abschnittsbildung gilt, wenn die Erdverkabelung in unmittelbarem Zusammenhang mit dem beantragten **Abschnitt** einer Freileitung steht.

7 **S. 8** ordnet an, dass die Maßgaben des Gesetzes entsprechend gelten, soweit das Verfahren **landesrechtlich** durch ein **Verwaltungsverfahrensgesetz** geregelt ist.

2. Regelungszweck

8 § 43 regelt das Erfordernis der Planfeststellung und ist die zentrale Vorschrift im energierechtlichen Planfeststellungsrecht. Sie stellt die Errichtung, den Betrieb sowie die Änderung von Hochspannungsfreileitungen, Gasversorgungsleitungen, Hochspannungsleitungen zur Netzanbindung von Offshore-Anlagen sowie grenzüberschreitende Gleichstrom-Hochspannungsleitungen unter einen **Planfeststellungsvorbehalt.** Ergänzend kann für Erdkabel und Nebenanlangen **fakultativ** ein Planfeststellungsverfahren durchgeführt werden. Die Bestimmung erhöht zudem die Flexibilität des Vorhabenträgers und der Behörde, indem sie einen Spielraum bei der Verfahrensgestaltung und dem Verfahrensgegenstand bietet. Der Vorhabenträger eines Gesamtvorhabens kann entscheiden, ob er bestimmte **Nebenanlagen** in dem dafür vorgesehenen Verfahren separat genehmigen lässt oder sie in das Planfeststellungsverfahren integriert. Dies dient auch der **Beschleunigung des Verfahrens.**

9 Die Planfeststellung für die aufgezählten Energieleitungen und -anlagen dient dem Zweck, **die Stromnetze bedarfsgerecht zu optimieren, zu verstärken und auszubauen** (§§ 11ff.). Ziel ist eine **möglichst sichere, preisgünstige, verbraucherfreundliche, effiziente und umweltfreundliche Versorgung mit Elektrizität** (§ 1 Abs. 1). Die Bündelung der Entscheidung in einem Verfahren und die Zuständigkeit bei einer Planfeststellungsbehörde ermöglicht ein koordiniertes und stringentes Verfahren.

10 Etwas versteckt und systematisch nicht konsistent befindet sich der allgemeine **Abwägungsgrundsatz** in S. 3. Gleichwohl ist die Vorschrift materiell-rechtlich von zentraler Bedeutung und Kernstück des gesamten Planfeststellungsverfahrens.

3. Verhältnis zum Netzausbaubeschleunigungsgesetz

11 Die allgemeinen Regelungen der energierechtlichen Planfeststellung nach den §§ 43ff. sind gegenüber den allgemeinen Regelungen des Planfeststellungsrechts in den §§ 72ff. VwVfG **lex specialis,** hingegen gegenüber den besonderen Regelungen der energierechtlichen Planfeststellung für die Höchstspannungsnetze nach den §§ 18ff. NABEG **lex generalis.**

12 Der Gesetzgeber unterstreicht mit den Sonderregelungen für die Errichtung, den Betrieb und die Änderung von länderübergreifenden oder grenzüberschreitenden Höchstspannungsleitun-

gen (§ 2 Abs. 1 NABEG) sowie den besonderen Regelungen für die Planfeststellungsverfahren die besondere energiewirtschaftliche Bedeutung dieser Energieleitungen. Hieraus folgt aber nicht, dass die Errichtung und der Betrieb der „normalen" Hochspannungsleitungen an Bedeutung verlieren. Es bleibt bei der energiewirtschaftlich und energierechtlich festgestellten besonderen Bedeutung des Ausbaus der Energienetze wie in § 1 formuliert. Die länderübergreifenden und grenzüberschreitenden Hochspannungsleitungen, die unter das NABEG fallen, genießen eine über den Normalfall hinausgehende Bedeutung für die Versorgungssicherheit und die Integration der europäischen Versorgungsnetze. Für den Abwägungsprozess und die Frage der Planrechtfertigung kann dies nicht ohne Bedeutung bleiben.

4. Beschleunigungsgesetzgebung

§ 43 steht in Zusammenhang mit einer Reihe von Gesetzen zur Beschleunigung von Planfest- 13
stellungs- und Genehmigungsverfahren. Das **Dritte Rechtsbereinigungsgesetz** vom 26.6.1990 reduzierte zur Rechtsvereinheitlichung die Zahl der Spezialvorschriften in einzelnen Fachplanungsgesetzen.[2] Das **Verkehrswegeplanungsbeschleunigungsgesetz** vom 16.12.1991 – am 31.12.2006 außer Kraft getreten[3] – war auf die neuen Bundesländer und auf Verkehrswege und Verkehrsanlagen begrenzt.[4] Zu den Änderungen des Verfahrens- und Prozessrechts gehörten insbesondere Fristregelungen im Anhörungsverfahren, die Einführung der Plangenehmigung sowie die erstinstanzliche Zuständigkeit des BVerwG für die „Verkehrsvorhaben deutsche Einheit". Das **Planungsvereinfachungsgesetz** vom 17.12.1993 übertrug die Grundsätze des Verkehrswegeplanungsbeschleunigungsgesetzes auf alle Verkehrsanlagen.[5] Es beinhaltete insbesondere Präklusionsvorschriften für Einwendungen sowie die Instrumente der Planergänzung und des ergänzenden Verfahrens. Durch das **Genehmigungsverfahrensbeschleunigungsgesetz** vom 12.9.1996 wurden die Regelungen der Fachgesetze in das VwVfG übernommen.[6] Im **Investitionsmaßnahmengesetz** trat in den neuen Bundesländern die Planung per Gesetz bei bestimmten Großprojekten an die Stelle des Planfeststellungsverfahrens.[7] Durch das **Gesetz zur Beschleunigung von Planungsverfahren für Infrastrukturvorhaben** vom 9.12.2006 wurden neben der Eingrenzung des obligatorischen Erörterungstermins Natur- und Umweltschutzvereinigungen Informations- und Beteiligungsrechte eingeräumt. Die erstinstanzlichen Zuständigkeiten der OVG wurden ausgeweitet (§ 48 VwGO), für enumerativ aufgezählte Vorhaben wurde die erstinstanzliche Zuständigkeit des BVerwG begründet (§ 50 Abs. 1 Nr. 6 VwGO).[8] Die Beteiligung der Natur- und Umweltschutzvereinigungen wurde durch das **Öffentlichkeitsbeteiligungsgesetz** vom 9.12.2006[9] und das **Umwelt-Rechtsbehelfsgesetz**[10] vom 7.12.2006 ausgestaltet. Durch das **Gesetz zur Beschleunigung des Ausbaus der Höchstspannungsnetze** vom 26.9.2009 erfolgte erstmals in der energierechtlichen Planfeststellung eine gesetzliche Bedarfsfestlegung, ermöglicht wurde zudem die Planfeststellung von Erdkabel-Pilotprojekten.[11]

2 RBG, BGBl. I 1990 S. 1221.
3 InfrPBG, BGBl. I 2006 S. 2833.
4 VerkPBG, BGBl. I 1991 S. 2174.
5 PlVereinfG, BGBl. I 1993 S. 2123.
6 GenBeschlG, BGBl. I 1996 S. 1354.
7 Vgl. das Gesetz über den Bau der Südumfahrung Stendal der Eisenbahnstrecke Berlin-Öbisfelde vom 29.10.1993, BGBl. I S. 1906 sowie das Gesetz über den Bau des Abschnitts Wismar/West-Wismar/Ost der Bundesautobahnen A 20 Lübeck-Bundesgrenze (A 11) vom 2.3.1994, BGBl. I S. 734. Vgl. auch BVerwG, Beschl. v. 17.7.1996 – 2 BvF 2/93 –.
8 InfrPBG, BGBl. I 2006 S. 2833.
9 BGBl. I 2006 S. 2819.
10 UmwRG, BGBl. I 2006 S. 2816.
11 EnLAG, BGBl. I 2009 S. 2870. Vgl. dazu die Vorgeschichte zum EnLAG.

5. Entstehungsgeschichte

14 Der in § 43 enthaltene energierechtliche Fachplanungsvorbehalt wurde erstmals als § 11a durch Art. 20 Nr. 1 des **Gesetzes zur Umsetzung der UVP-Änderungsrichtlinie, der IVU-Richtlinie und weiterer EG-Richtlinien zum Umweltschutz**[12] vom 27.7.2001 Bestandteil des EnWG.[13]

15 Der Planfeststellungsvorbehalt galt zunächst für die Errichtung, den Betrieb sowie die Änderung von Hochspannungsfreileitungen (ausgenommen Bahnstromfernleitungen) mit einer Nennspannung von 110 kV oder mehr sowie für Gasversorgungsleitungen mit einem Durchmesser von mehr als 300 mm.

16 Die in § 11a enthaltenen Regelungen wurden im Wesentlichen unverändert in § 43 durch Art. 1 des **Zweiten Gesetzes zur Neuregelung des Energiewirtschaftsrechts**[14] vom 7.7.2005 überführt.

17 Ein neuer Abs. 1 S. 6 bestimmte die Geltung der §§ 72–78 VwVfG, wodurch sich der Streit über das anzuwendende Verfahrensrecht erledigte.[15]

18 Die Vorschrift wurde durch Art. 7 Nr. 6 des **Gesetzes zur Beschleunigung von Planungsverfahren für Infrastrukturvorhaben** (InfrPBG)[16] vom 9.12.2006 als § 43 mit Wirkung zum 17.12.2006 neu gefasst.

19 Die Änderungen führten zu einer grundlegenden Umgestaltung der §§ 43ff. Die Durchführung einer UVP war nun nicht mehr Voraussetzung für die Durchführung eines Planfeststellungsverfahrens. Der Katalog der planfeststellungsfähigen Vorhaben wurde erweitert. Ein neuer S. 6 stellte klar, dass §§ 43a-e lex specialis zu landesrechtlichen Regelungen des Verwaltungsverfahrensrechts sind.

20 S. 1 Nr. 1, 2 wurden geändert, Nr. 3, 4 wurden eingefügt, S. 3 wurde geändert durch Art. 2 Nr. 6 des **Gesetzes zur Beschleunigung des Ausbaus der Höchstspannungsnetze**[17] vom 21.8.2009 mit Wirkung zum 25.8.2009.

21 Die Änderungen führten zu einer nochmaligen Erweiterung des Katalogs der planfeststellungsfähigen Vorhaben um Hochspannungsleitungen, die zur Netzanbindung von Offshore-Anlagen dienen, sowie grenzüberschreitenden Gleichstrom-Hochspannungsleitungen.

22 S. 2 wurde eingefügt, S. 2–5 wurden S. 3–6, S. 7 wurde eingefügt, S. 6 wurde S. 8 durch Art. 2 Nr. 4 des **Gesetzes über Maßnahmen zur Beschleunigung des Netzausbaus Elektrizitätsnetze**[18] vom 28.7.2011 mit Wirkung zum 5.8.2011.

23 Die Änderungen ermöglichen die Einbeziehung von Nebenanlagen, wie Umspannanlagen oder Netzverknüpfungspunkte, in das Planfeststellungsverfahren. Solche Anlagen mussten vorher gesondert und nach anderen Vorschriften genehmigt werden. Des Weiteren wurde der Katalog planfeststellungsfähiger Vorhaben nochmals um Erdkabel mit einer Nennspannung von 110 kV erweitert.

II. Antrag auf Planfeststellung

24 § 43 enthält für den Regelfall der Planfeststellungsverfahren keinen ausdrücklichen Hinweis auf eine notwendige Antragstellung. § 43 S. 2 verweist lediglich auf den Antrag insoweit, als dass der Vorhabenträger notwendige Nebenanlagen und Nebeneinrichtungen in das Planfeststellungs-

12 BGBl. I 2001 S. 1950.
13 Zur Rechtslage vor Einführung des § 11a vgl. *Büdenbender*, § 11a Rn 5 f.
14 BGBl. I 2005 S. 1970.
15 Die Gesetzesbegründung BT-Drucks. 13/7274, S. 19, ging von der Geltung des BVwVfG aus.
16 BGBl. I 2006 S. 2833.
17 BGBl. I 2009 S. 2870.
18 BGBl. I 2011 S. 1690.

verfahren integrieren will. Nichtsdestoweniger ist es unstreitig, dass der Beginn eines Planfeststellungsverfahrens abhängt von einem Antrag des Vorhabenträgers. Die Regeln für den Antrag ergeben sich aus dem VwVfG.

Der Antrag löst verschiedene Rechtsfolgen aus. Dazu gehören u.a.: 25

- Durchführung einer Vollständigkeitsprüfung, sofern vom Vorhabenträger beantragt,
- Beginn der Öffentlichkeitsbeteiligung sowie der Beteiligung Träger öffentlicher Belange und
- Veränderungssperre im Sinne des § 44a ab Auslegung der Planunterlagen.

Ein Tätigwerden der Behörde ohne Antrag eines Vorhabenträgers ist nicht zulässig; jedenfalls 26
dann nicht, wenn es um die Errichtung und den Betrieb oder die Änderung einer Hochspannungsleitung geht. Anderes gilt selbstverständlich, wenn von dem Vorhaben eine Gefahr ausgeht, die ein ordnungsbehördliches Vorgehen der zuständigen Behörde erforderlich macht. Entsprechendes gilt für den Fall, dass ein Vorhaben rechtswidrig errichtet oder geändert worden ist.

III. Erfordernis der Planfeststellung

Bei den in § 43 aufgezählten Vorhaben ist zwischen denjenigen zu unterscheiden, für die eine 27
Planfeststellung **obligatorisch** ist, die also planfeststellungspflichtig sind (*„bedürfen der Planfeststellung“*) und denen, bei denen eine Planfeststellung **fakultativ** zulässig ist, die also planfeststellungsfähig sind. (*„ergänzend zu § 43 S. 1 Nr. 1 kann ein Planfeststellungsverfahren durchgeführt werden“*). S. 1 statuiert für die **Errichtung**, den **Betrieb** und die **wesentliche Änderung** von bestimmten Vorhaben einen **Planfeststellungsvorbehalt.**[19] Vorhaben nach S. 1 stehen unter einem **präventiven Verbot mit Erlaubnisvorbehalt.**[20]

S. 2, 4 und 7 eröffnen dem Vorhabenträger die Möglichkeit, ergänzend für **Erdkabel** und 28
Nebenanlangen ein Planfeststellungsverfahren durchzuführen. Bei Vorhaben, bei denen eine Planfeststellung lediglich fakultativ zulässig ist, besteht das Erfordernis der Planfeststellung nur, wenn eine Planfeststellung vom Vorhabenträger beantragt worden ist. Wenn der Vorhabenträger in diesem fakultativen Bereich keinen Antrag auf Durchführung eines Planfeststellungsverfahrens stellt, so richtet sich die Genehmigungsfähigkeit nach den ansonsten einschlägigen Gesetzen und Verordnungen. Die jeweils zuständige Behörde ergibt sich aus dem einschlägigen (Landes-) Fachrecht.

1. Planfeststellungspflichtige Vorhaben

a) Hochspannungsfreileitungen (S. 1 Nr. 1)

Nach S. 1 Nr. 1 bedürfen Hochspannungsfreileitungen mit einer Nennspannung von 110 kV oder 29
mehr der Planfeststellung; die Planfeststellung ist für diese Vorhaben obligatorisch. Der Gesetzgeber unterwirft damit alle Freileitungen im Hoch- und Höchstspannungsbereich dem Erfordernis einer Planfeststellung. Die Regelung ist aufgrund des eindeutigen Wortlauts nicht auf Erdkabel zu übertragen.

Bahnstromfreileitungen sind von der Regelung ausgenommen. Es gelten die eisenbahn- 30
rechtlichen Sonderregeln, die die energiewirtschaftlichen Vorschriften des EnWG über das Planfeststellungsrecht verdrängen. Fernleitungen sind gem. § 2 Abs. 3 AEG Bestandteil der Eisenbahninfrastruktur. Ihr Bau und ihre Änderungen bedürfen gem. § 18 AEG der eisenbahn-

---

19 Zum Begriff der wesentlichen Änderung vgl. Rn 73ff.
20 Vgl. § 43c Rn 13.

rechtlichen Planfeststellung oder Plangenehmigung. Insofern sind nach § 3a Planfeststellungsverfahren die §§ 43ff. für Bahnstromfernleitungen gesperrt.

b) Gasversorgungsleitungen (S. 1 Nr. 2)

31 Nach S. 1 Nr. 2 bedürfen Gasversorgungsleitungen mit einem Durchmesser von mehr als 300 mm der Planfeststellung. Das Planfeststellungsverfahren ist nicht abhängig von einem bestimmten Druck, mit dem das Gas durch die Leitung gepumpt werden soll. Auch spielt die Länge der Leitung für die Pflicht zur Durchführung eines Planfeststellungsverfahrens keine Rolle.

32 Das obligatorische Verfahren nur bei Leitungen mit einem Durchmesser von mehr als 300 mm ist nicht unbedingt von Vorteil für den Vorhabenträger. Der Umstand, dass Gasversorgungsleitungen oftmals über lange Strecken errichtet werden, lässt es wünschenswert erscheinen, auch Leitungen mit kleinerem Durchmesser dem Erfordernis oder zumindest der Möglichkeit eines Planfeststellungsverfahrens zu unterwerfen. Der Gesetzgeber hat diesen Weg allerdings nicht gewählt.

33 Das Erfordernis der Planfeststellung stellt ausschließlich auf den Durchmesser einer Leitung ab. Eine Bündelung mehrerer Leitungen ist energiewirtschaftlich ebenso wenig geregelt wie eine Leitung mit geringem Querschnitt. Zwei oder mehr Leitungen mit einem Durchmesser von jeweils 300 mm oder weniger führen daher nicht zu einer Planfeststellungspflichtigkeit. Selbst dann nicht, wenn in dem Leitungsbündel insgesamt mehr Gas transportiert werden kann, als in einer Leitung mit einem Durchmesser von mehr als 300 mm. Auch hier ist es wünschenswert, die Bündelung mehrerer Leitungen mit geringem Durchmesser einer Planfeststellung zumindest fakultativ zu unterwerfen. Der Wortlaut des Gesetzes gibt indes keinen Auslegungsspielraum; er müsste entsprechend geändert werden.

c) Netzanbindung von Offshore-Anlagen (S. 1 Nr. 3)

34 Nach S. 1 Nr. 3 bedürfen Hochspannungsleitungen, die zur Netzanbindung von Offshore-Anlagen im Sinne des § 3 Nr. 9 EEG im Küstenmeer als Seekabel und landeinwärts als Freileitung oder Erdkabel bis zu dem technisch und wirtschaftlich günstigsten Verknüpfungspunkt des nächsten Übertragungs- oder Verteilernetzes verlegt werden, der Planfeststellung.

35 Die Vorschrift korrespondiert mit der Verpflichtung des jeweiligen ÜNB, solche Offshore-Anlagen an das Netz anzuschließen. Vorhabenträger sind nach deutschem Recht die TenneT TSO GmbH für den Bereich der Nordsee sowie die 50Hertz Transmission GmbH für den Bereich der Ostsee. Die mit der Anbindung von Offshore-Windanlagen verbundenen Schwierigkeiten gerade bei der Durchquerung des Wattenmeers in der Nordsee machen derartige Planungsverfahren zu einer besonderen Herausforderung.

36 Die Verpflichtung zur Durchführung eines Planfeststellungsverfahrens gilt räumlich nur innerhalb des Küstenmeeres. Das Küstenmeer wird regelmäßig beschrieben durch die Zwölf-Seemeilen-Zone, bei deren Verlassen das Hoheitsgebiet der Bundesrepublik Deutschland endet.[21] Eine Planfeststellung ist jenseits dieses Bereichs auf Grundlage der §§ 43ff. nicht möglich; außerhalb des Küstenmeeres greifen die Regeln der Seeanlagenverordnung, soweit das Gebiet, in dem die Leitung verlegt werden soll, zur AWZ der Bundesrepublik Deutschland gehört.[22]

---

21 Die Zwölf-Seemeilen-Zone berechnet sich nach der Basis-Linie. Die Basis-Linie wird vom jeweiligen Staat festgelegt und definiert die Grenze eines Staates an der Seeseite. Die Basislinie ist die in amtlich anerkannten Seekarten eingetragene Niedrigwasserlinie entlang der Küste; vgl. dazu auch Art. 2ff. Seerechtsabkommen der Vereinten Nationen.

22 Als AWZ wird nach Art. 55 des Seerechtsübereinkommens der Vereinten Nationen und das Gebiet jenseits des Küstenmeeres bis zu einer Erstreckung von 200 Seemeilen ab der Basislinie bezeichnet. In der AWZ darf der jeweils angrenzende Küstenstaat im begrenzten Umfang souveräne Rechte und Hoheitsbefugnisse wahrnehmen.

d) Grenzüberschreitende Gleichstrom-Hochspannungsleitungen (S. 1 Nr. 4)

aa) Allgemein

Nach S. 1 Nr. 4 bedürfen grenzüberschreitende Gleichstrom-Hochspannungsleitungen (HGÜ-Leitungen), die nicht unter Nr. 3 fallen und die im Küstenmeer als Seekabel verlegt werden sollen, sowie deren Fortführung landeinwärts als Freileitung oder Erdkabel bis zu dem technisch und wirtschaftlich günstigsten Verknüpfungspunkt des nächsten Übertragungs- oder Verteilernetzes der Planfeststellung. Im Gegensatz zu Wechselstrom-Leitungen können HGÜ-Leitungen Strom über sehr lange Distanzen transportieren, ohne dass die Übertragungsverluste zur Unwirtschaftlichkeit des Vorhabens führen. 37

Die Vorschrift umfasst Seekabel, die nach Seerechtsübereinkommen im offenen Meer, nach der Seeanlagenverordnung in der AWZ der Bundesrepublik Deutschland und im Küstenmeer auf Grundlage dieses § 43 S. 1 Nr. 4 verlegt werden. Die Vorschrift schließt damit die Kette der verschiedenen Genehmigungsverfahren bei Errichtung und Betrieb von Seekabeln. 38

Das Planfeststellungserfordernis gilt unabhängig von der Spannungsebene. Allerdings gilt das Erfordernis der Planfeststellung ausschließlich für HGÜ-Leitungen mit einer Nennspannung von 110 kV oder mehr.[23] 39

bb) Grenzüberschreitung

Die Gleichstrom-Hochspannungsleitung muss grenzüberschreitend sein. Grenzüberschreitend bedeutet nicht die Überschreitung einer Grenze zwischen zwei Bundesländern, sondern die Überschreitung der Grenze zwischen mehreren Staaten. Im Falle der Bundesrepublik Deutschland kommen nicht nur innereuropäische Grenzen in Betracht. Die Vorschrift findet auch dann Anwendung, wenn ein Seekabel durch ein Gebiet geführt wird, bei dem nicht zwei Staatsgrenzen unmittelbar aufeinander stoßen. Dies ist etwa der Fall, wenn ein Seekabel aus dem Hoheitsgebiet eines Staates heraus über die AWZ und/oder durch das offene Meer in den Hoheitsbereich eines anderen Staates geführt wird. Derzeit gibt es mit dem „Baltic Cable" zwischen Deutschland und Schweden bereits einen solchen Interkonnektor, der NorGrid zwischen Norwegen und Deutschland ist in Planung. 40

cc) Verknüpfungspunkt

Die Planfeststellungspflicht reicht bis zum technisch und wirtschaftlich günstigsten Verknüpfungspunkt des nächsten Übertragungs- oder Verteilnetzes. Diese Vorschrift ist komplex und schwer handhabbar. 41

Es ist unerheblich, ob die Fortführung landeinwärts als Freileitung oder Erdkabel erfolgt. Beide Varianten werden von der Planfeststellung erfasst. Technisch und wirtschaftlich ist der günstigste Verknüpfungspunkt anzusteuern. 42

Technisch günstig bedeutet, dass der Verknüpfungspunkt geeignet ist, die Energie aufzunehmen und zu verteilen. Der Eignung steht nicht entgegen, wenn Umbau- oder Ausbaumaßnahmen erforderlich werden, um die technischen Voraussetzungen für die Verknüpfung herzustellen. Maßstab für die technische Eignung eines Verknüpfungspunktes ist auch die Gesamteinbindung in das Netz. Insoweit sind die bestehende Netzstruktur oder ein etwaiger Ausbau des Netzes mit zu betrachten. 43

Wirtschaftlich günstig bedeutet, dass die mit der Anknüpfung verbundenen Kosten so gering wie möglich sind. Maßgeblich sind die Kosten für die Anbindungsleitung selbst als auch etwaige Umbau- und Ausbaukosten am Verknüpfungspunkt. Es geht gerade um eine Gesamt- 44

---

23 Vgl. *Spieler*, NVwZ 2012, 1139, 1140.

kostenabschätzung; dies gilt auch für den Fall, dass verschiedene Verknüpfungspunkte miteinander verglichen werden müssen.

45 Maßgeblich ist ein objektiver Maßstab. D.h., weder das Interesse des Vorhabenträgers allein noch das Interesse des Übertragungs- oder Verteilnetzbetreibers ist maßgeblich für die Bewertung als technisch und wirtschaftlich günstigste Lösung. Vorhabenträger und Betreiber des Verknüpfungspunktes müssen anhand objektiver Maßstäbe den technisch und wirtschaftlich besten Weg herausfinden.

46 Die Entscheidung ist vollständig gerichtlich überprüfbar. Das ist ein Problem und bedeutet ein Risiko für den Vorhabenträger. Denn mit dem Planfeststellungsbeschluss sind weitgehende Eingriffsbefugnisse, nicht zuletzt Enteignungsmaßnahmen, zulässig. Entscheidet sich der Vorhabenträger für einen objektiv falschen Anknüpfungspunkt, wird das Planfeststellungsverfahren rechtswidrig. Der Vorhabenträger muss gemeinsam mit dem ÜNB entscheiden, welcher tatsächlich der richtige Anknüpfungspunkt ist. Sämtliche bislang durchgeführte Maßnahmen müssen möglicherweise rückgängig gemacht werden; Schäden müssen ausgeglichen werden. Das finanzielle Risiko und der zeitliche Aufwand sind beachtlich.

2. Planfeststellungsfähige Vorhaben

47 § 43 enthält über die obligatorischen Planfeststellungsverfahren hinaus die Möglichkeit, fakultativ ein Planfeststellungsverfahren durchzuführen. Erfasst werden insbesondere Erdkabel sowie bestimmte Nebenanlagen.

a) Erdkabel (S. 4 und S. 7)

48 Für Erdkabel ist die Planfeststellung fakultativ. Sie erfolgt auf Antrag des Vorhabenträgers.

aa) Erdkabel mit einer Nennspannung von 110 Kilovolt (S. 7)

49 Nach S. 7 können auf Antrag des Vorhabenträgers auch die Errichtung und der Betrieb sowie die Änderung eines Erdkabels mit einer Nennspannung von 110 kV planfestgestellt werden; dies gilt auch bei Abschnittsbildung, wenn die Erdverkabelung in unmittelbarem Zusammenhang mit dem beantragten Abschnitt einer Freileitung steht. Der Hinweis auf die Abschnittsbildung stellt klar, dass bei einer Leitung, die wechselweise als Freileitung und als Erdkabel errichtet wird, auch der jeweilige Erdkabelabschnitt planfestgestellt werden kann.

50 Die Möglichkeit zur Durchführung eines Planfeststellungsverfahrens ist auf ein 110 kV-Erdkabel beschränkt. Ein Kabel mit einer niedrigeren Nennspannung oder Höchstspannungsleitungen bis zu 380 kV sind von dem Anwendungsbereich ausgeschlossen. Die Konsequenzen hat der Gesetzgeber nicht wirklich durchdacht. Es gibt keinen sachlichen Grund, das Planfeststellungsverfahren auf Erdkabel mit einer Nennspannung von 110 kV zu beschränken. Die Verlegung von Leitungen mit höherer oder niedriger Nennspannung wird erheblich beschwert. Gerade die Verlegung von 380 kV-Erdkabeln muss ohne das Planfeststellungsverfahren durch eine Vielzahl von Einzelgenehmigungen zugelassen werden. Es fehlt eine koordinierende Behörde sowie die enteignungsrechtliche Vorwirkung. Gerade im Höchstspannungsbereich ist eine verfahrensmäßige Vereinfachung hilfreich. Ggf. muss der Gesetzgeber klarstellen, dass mit der Möglichkeit, auch Höchstspannungsleitungen als Erdkabel planfeststellen zu lassen, nicht auch eine Priorisierung beabsichtigt ist. Allein die Möglichkeit, ein Erdkabel zu verlegen, bedeutet nicht die Verpflichtung, dieses Verfahren zu wählen. Auch muss damit nicht eine Vermutung zugunsten des Erdkabels vorliegen. Eine entsprechende Regelung wie in § 43h ist im Höchstspannungsbereich nicht wünschenswert.

Auch unterhalb der 110 kV-Spannungsebene sind Planfeststellungsverfahren bisweilen sachgerecht. Das Gesetz enthält indes diesbezüglich keine Regelungen. 51

Schließlich fehlt eine Regelung, wie zu verfahren ist, wenn mehrere Leitungen verschiedener Spannungsebenen auf einer Freileitung oder in einer Erdkabeltrasse gebündelt werden sollen. Der Gesetzgeber hat zu dieser Konstellation keine Regelung getroffen; eine derartige Regelung ist erforderlich und wünschenswert. 52

Bahnstromfernleitungen sind von der Regelung jedenfalls ausgenommen. 53

bb) Erdkabel im Küstenbereich (S. 4)

Nach S. 4 kann für Hochspannungsleitungen mit einer Nennspannung von 110 kV im Küstenbereich von Nord- und Ostsee, die in einem 20 km breiten Korridor, der längs der Küstenlinie landeinwärts verläuft, verlegt werden sollen, ergänzend zu S. 1 Nr. 1 auch für die Errichtung und den Betrieb sowie die Änderung eines Erdkabels ein Planfeststellungsverfahren durchgeführt werden. Küstenlinie ist nach S. 5 die in der Seegrenzkarte Nr. 2920 „Deutsche Nordseeküste und angrenzende Gewässer“, Ausgabe 1994, XII., und in der Seegrenzkarte Nr. 2921 „Deutsche Ostseeküste und angrenzende Gewässer“, Ausgabe 1994, XII., des Bundesamtes für Seeschifffahrt und Hydrographie jeweils im Maßstab 1:375.000 dargestellte Küstenlinie. 54

Die Vorschrift von S. 4 dient dazu, die Anbindung von Offshore-Anlagen zu erleichtern. Die Anbindung dieser Offshore-Anlagen in der Küstennähe sollte mittels eines Erdkabels und dem Planfeststellungsverfahren ermöglicht werden. Mit der Einführung des Planfeststellungsverfahrens auch jenseits der Küstenlinie ist S. 4 im Grunde überflüssig geworden. 55

Auch das Planfeststellungsverfahren nach S. 4 ist ein Antragsverfahren. Soweit enthält die Regelung keinen ausdrücklichen Hinweis auf einen Antrag des Vorhabenträgers. Die Wortwahl *„kann durchgeführt werden“* macht deutlich, dass der Gesetzgeber die Durchführung des Planfeststellungsverfahrens in das Ermessen des Vorhabenträgers gestellt hat. Ein Verfahren von Amts wegen – ohne Antrag des Vorhabenträgers – ist nicht zulässig. 56

cc) Erdkabel Pilotprojekte

Für die Vorhaben nach § 2 Abs. 1 EnLAG kann ergänzend zu § 43 S. 1 Nr. 1 ein Planfeststellungsverfahren auch für die Errichtung und den Betrieb sowie die Änderung eines Erdkabels nach Maßgabe des Teils 5 des Energiewirtschaftsgesetzes durchgeführt werden. Die Planfeststellungsfähigkeit von Erdkabeln auf Höchstspannungsebene wird durch § 2 Abs. 1, 3 EnLAG abschließend geregelt. Andere Projekte können als Erdkabel nicht planfestgestellt werden. 57

Bei den Vorhaben nach § 2 Abs. 1 EnLAG handelt es sich um vier enumerativ aufgezählte Projekte, bei denen die Erdverkabelung einer Höchstspannungsleitung als „Pilotprojekt“ getestet werden soll. Nach § 2 Abs. 2 EnLAG ist die für die Zulassung des Vorhabens zuständige Behörde berechtigt, die Erdverkabelung eines der aufgeführten Projekte für den Vorhabenträger verbindlich fordern zu dürfen. Dessen ungeachtet obliegt es dem Vorhabenträger, ob er ein Planfeststellungsverfahren durchführen will oder die Zulassung der Leitung im einfachen Verwaltungsverfahren begehrt. 58

b) Nebenanlagen (S. 2)

Nach S. 2 können auf Antrag des Vorhabenträgers die für den Betrieb von Energieleitungen notwendigen Anlagen, insbesondere die Umspannanlagen und Netzverknüpfungspunkte, in das Planfeststellungsverfahren integriert und durch Planfeststellung zugelassen werden. 59

Die Regelung findet ihr Pendant im wortgleichen § 18 Abs. 2 NABEG und ist wie dieser durch das Gesetz über Maßnahmen zur Beschleunigung des Netzausbaus Elektrizitätsnetze in das 60

EnWG aufgenommen worden. Zuvor mussten die notwendigen Nebenanlagen zumeist nach dem BImSchG gesondert zugelassen werden, soweit sie nicht bereits als Folgemaßnahmen in das Planfeststellungsverfahren integriert werden konnten. Die Regelung dient der **Beschleunigung des Verfahrens.**[24] Aus dem Wortlaut („*insbesondere*") und der Intention des Gesetzgebers folgt, dass die Aufzählung nicht abschließend ist; neben den benannten Umspannanlagen und Netzverknüpfungspunkten ist die Vorschrift einschlägig bei Schaltanlagen, Muffenbauwerken, Konverterstationen, Betriebsgebäuden, Zufahrten sowie sonstigen Anlagen und Nebeneinrichtungen. Hierunter fallen auch die Konverterstationen für HGÜ-Leitungen.[25]

61 Die Integration von Nebenanlagen in das Planfeststellungsverfahren erfolgt auf Antrag des Vorhabenträgers. Es steht ihm frei, einen solchen Antrag zu stellen oder die Nebenanlage in einem eigenen Verfahren genehmigen zu lassen. Für die Einzelmaßnahme ist das dann geltende Fachrecht einschlägig. Bisweilen kann eine Baugenehmigung nach der einschlägigen Landesbauordnung zulässig sein; oder ein immissionsschutzrechtliches Verfahren ist durchzuführen oder die Maßnahme ist möglicherweise genehmigungsfrei. Aus dem abweichenden Verfahren wird in der Regel eine andere Zuständigkeit resultieren.

62 Eine Integration in ein Planfeststellungsverfahren ist nicht möglich, wenn der Vorhabenträger der Nebenanlage nicht identisch ist mit dem Vorhabenträger des Leitungsbauvorhabens, etwa wenn eine Umspannanlage von einem anderen Unternehmen betrieben wird, als die Leitung, die an diese Anlage angeschlossen werden soll. In derartigen Konstellationen ist zu überlegen, ob über eine vertragliche Vereinbarung die Eigenschaft als Vorhabenträger in einer Person benötigt wird und nach Erteilung des entsprechenden Planfeststellungsbeschlusses eine vertragliche Regelung (Konsortialvertrag) über den Betrieb, die Betreiberstellung oder die Inhaberschaftgenehmigung getroffen wird.

3. Errichtung von Leitungen

63 Der **Planfeststellungsvorbehalt** nach S. 1 sowie die **Planfeststellungsfähigkeit** nach S. 2, 4 und 7 umfassen den Errichtungsvorgang der Vorhaben. Der Gesetzgeber hat den Begriff der Errichtung weder im EnWG, im NABEG oder in sonstigen Regelungen des Planungs- und Umweltrechts definiert; auch die Gesetzesbegründungen des EnWG und des NABEG enthalten keine Hinweise.[26]

64 Für Beginn und Abschluss der Errichtung von Energieleitungsvorhaben kann auf die auskonturierte Begrifflichkeit der Errichtung nach § 4 Abs. 1 S. 1 BImSchG zurückgegriffen werden.[27] Grundsätzlich umfasst der Begriff der Errichtung den gesamten Vorgang des Aufbaus und der Einrichtung der Anlage.[28]

65 Abzugrenzen ist die Errichtungsphase von den in § 44 geregelten **Vorarbeiten**. Vermessungen, Boden- und Grundwasseruntersuchungen einschließlich der vorübergehenden Anbringung von Markierungszeichen bedürfen nicht der Zulassung durch die Planfeststellung, sondern sind unter den Voraussetzungen des § 44 zulässig.

66 Die **Errichtungsphase** beginnt mit dem Aufstellen und Errichten von Geräten zur Durchführung der erforderlichen Baumaßnahmen, spätestens mit dem Beginn der Baumaßnahmen an diesem Ort, etwa mit der Aufbereitung des Grundstücks.[29] Zu ihr gehört auch die Überprüfung

24 BT-Drucks. 17/6073, S. 43.
25 *Spieler*, NVwZ 2012, 1139, 1141 f.
26 Anders jedoch das BImSchG, vgl. Landmann/Rohmer/*Dietlein*, BImSchG, § 4 Rn 69.
27 Danner/Theobald/*Missling*, EnWG, § 43 Rn 18.
28 Danner/Theobald/*Missling*, EnWG, § 43 Rn 19; BayObLG, Beschl. v. 30.12.1985 – 3 Ob OWi 150/85 –; *Jarass*, § 4 Rn 54.
29 Vgl. Danner/Theobald/*Missling*, EnWG, § 43 Rn 19.

der Funktionsfähigkeit. Diese erfasst alle Maßnahmen, die erforderlich sind, um die grds. ordnungsgemäße Herstellung zu überprüfen und den Probebetrieb vorzubereiten, auch die zeitweise Durchleitung von Strom.

Der **Probebetrieb** eines Energieleitungsvorhabens selbst fällt nicht unter die Errichtungs- 67
phase.[30] Dieser dient der Prüfung der dauerhaften Systemsicherheit und Funktionsfähigkeit des Energieleitungsvorhabens und beginnt nach Abschluss der Errichtungsphase.

Errichter ist, wer die Errichtung der Anlage in eigener wirtschaftlicher Verantwortung ver- 68
anlasst.[31] Das ist nicht das Leitungsbauunternehmen, sondern der Netzbetreiber.

4. Betrieb von Leitungen

Der Betrieb einer Anlage beginnt spätestens mit der Verwendung der Energieleitung zur Versor- 69
gung der Allgemeinheit mit Elektrizität, erfasst auch die Wartung sowie Unterhaltung und endet mit der endgültigen Stilllegung.[32] Sie umfasst auch den Probebetrieb, der nach der Überprüfung der Funktionstüchtigkeit aufgenommen wird.

Der Beginn des Betriebs ist vor allem von Bedeutung, wenn existierende Anlagen nach 70
einer bestimmten Zeit der Nichtnutzung wieder in Betrieb genommen werden sollen („Wiederertüchtigung"). Solche Wiederaufnahmen eines unterbrochenen Betriebes stellen keine erneute Inbetriebnahme im Rechtssinne dar. Eine erneute Inbetriebnahme oder Aufnahme des Betriebes im Rechtssinne ist nur dann anzunehmen, wenn es zuvor keinen Betrieb gab, und zwar entweder weil die Leitung nicht existierte oder weil der Betrieb der ursprünglichen Leitung aufgegeben worden war. Der Probebetrieb dient der Prüfung der dauerhaften Funktionsfähigkeit des Energieleitungsvorhabens, nicht aber dem regulären Betrieb. Der Probebetrieb von wiederertüchtigten Anlagen bedarf daher nicht der Zulassung durch Planfeststellungsbeschluss.

Der Abbruch der Anlage gehört nicht zum Betrieb der Anlage.[33] Er ist daher selbst nicht 71
planfeststellungs- oder plangenehmigungspflichtig. Ggf. können landesrechtliche Vorschriften eine Genehmigung erforderlich machen; auch kann ein Abbruch einen naturschutzrechtlich relevanten Eingriff darstellen, der ggf. genehmigt werden muss.

Der Abbruch einer Anlage, der unmittelbar verknüpft ist mit der Errichtung einer neuen An- 72
lage, kann Gegenstand des Planfeststellungsverfahrens für die Neuerrichtung sein, wenn es sich um das gleiche Vorhaben handelt.

5. Änderung von Leitungen

Nur die **wesentliche Änderung** von Energieleitungsvorhaben unterfällt der Planfeststellung. 73
Unwesentliche Änderungen von Energieleitungsvorhaben können im Anzeigeverfahren nach § 43f zugelassen werden.

Zunächst ist durch Auslegung des der Energieleitung zu Grunde liegenden Planfeststel- 74
lungsbeschlusses unter Berücksichtigung aller Nebenbestimmungen, der Antragsunterlagen und des Verfahrens zu ermitteln, ob die Änderung von dem erteilten Planfeststellungsbeschluss gedeckt ist.[34] Ist das nicht der Fall, ist zu entscheiden, ob die vorzunehmenden Änderungen als unwesentlich einzustufen sind. Änderungen sind unwesentlich, wenn die Änderung eine UVP

30 Strittig, vgl. Danner/Theobald/*Missling*, EnWG, § 43 Rn 20; *Jarass*, § 4 Rn 5; differenziert Landmann/Rohmer/*Dietlein*, BImSchG, § 4 Rn 77.
31 OVG Koblenz, Urt. v. 20.7.1987 – 7 A II 3/82.
32 Danner/Theobald/*Missling*, EnWG, § 43 Rn 19.
33 *Jarass*, § 4 Rn 57.
34 Danner/Theobald/*Missling*, EnWG, § 43 Rn 21.

nicht erforderlich macht, öffentliche Belange nicht berührt werden und Rechte anderer nicht beeinträchtigt oder vertraglich geregelt sind.[35]

75 Der Abbruch einer Anlage dürfte regelmäßig keine wesentliche Änderung sein. Es würde den Wortsinn einer Änderung überspannen, wollte man den Abbruch einer Leitung oder einer sonstigen, dem § 43 unterfallenden Anlage als Änderung ansehen. Nichtsdestoweniger wäre die Erlaubnispflicht des Abbruchs einer Anlage sachgerecht. Denn mit dem Abbruch oder Rückbau können erhebliche Beeinträchtigungen insbesondere der Umwelt verbunden sein. Das Planfeststellungsverfahren dient dazu, diese Auswirkungen entsprechend zu bewerten. Anders ist es im Fall eines Abbruches, der sachlich im Zusammenhang mit der Errichtung oder Änderung einer Anlage steht. Derartige Abbruchmaßnahmen können Gegenstand des Planungsfeststellungsverfahrens sein.

IV. Materiell-rechtliche Anforderungen

1. Planrechtfertigung

a) Grundsätze

76 Die Eingriffswirkung der begehrten Verwaltungsentscheidung macht es erforderlich, dass das geplante Vorhaben gerechtfertigt ist.[36] Hoheitliche Planung trägt ihre Rechtfertigung nicht schon in sich selbst.[37] Die Verwirklichung einer Hochspannungsleitung in Übereinstimmung mit den Zielen des § 1 Abs. 1 muss einer möglichst sicheren, preisgünstigen, verbraucherfreundlichen, effizienten und umweltverträglichen leitungsgebundenen Versorgung der Allgemeinheit mit Elektrizität dienen und **objektiv erforderlich**, d.h. **vernünftigerweise geboten** sein.[38] Anforderung der Planrechtfertigung hat ihren Ursprung im Tatbestandsmerkmal der Erforderlichkeit in § 1 Abs. 3 BauGB und ist dann unter dem Begriff der Planrechtfertigung in das Planfeststellungsrecht übernommen worden. Im Rahmen der Planrechtfertigung ist nur die generelle Vollzugsfähigkeit der Planung zu prüfen, es handelt sich um eine erste Planungsschranke; die Erforderlichkeit stellt in diesem Zusammenhang nur ein grobes Raster dar.[39] Die Einzelheiten einer konkreten planerischen Lösung sind nach den Maßstäben des Abwägungsgebots zu bewerten.[40] Zwar darf die Planrechtfertigung nicht mit den Anforderungen an eine ordnungsgemäße Abwägung und einer etwaigen Alternativen- oder Variantenprüfung verwechselt werden. Einzelheiten des Trassenverlaufs und der Ausgestaltung der Trasse sind Gegenstand der planfeststellungsrechtlichen Entscheidung, können aber nicht die Planrechtfertigung als Ganzes in Frage stellen. Der praktische Nutzen der dogmatischen Abgrenzung zwischen Anforderung der Planrechtfertigung und der Abwägungskontrolle sollte nicht überwertet werden. Gerade in der Praxis der energierechtlichen Planfeststellung spielt die Planrechtfertigung eine nur untergeordnete Rolle.[41] Dies hängt damit zusammen, dass der Bau einer Leitung in der Regel auf objektiv vorliegende Rahmenbedingungen zurückzuführen ist, etwa den Ausbau einer bestimmten Leitung oder den Anschluss eines Kraftwerkes. Die vernünftigen Gründe resultieren beinahe zwangsläufig aus diesen Rahmenbedingungen.

77 Die Planrechtfertigung hat in erheblichem Maße ein **prognostizierendes Element.**[42] Denn zum Zeitpunkt der Beantragung und auch zum Zeitpunkt des Erlasses des Planfeststellungsbe-

---

35 Vgl. § 43f Rn 21 ff.

36 Vgl. dazu BVerwG, Urt. v. 16.3.2006 – 4 A 1075/04 –; vgl. *Ramsauer/Bieback*, NVwZ 2002, 277, 280.

37 VGH Kassel, Beschl. v. 19.4.1984 – 2 TH 91/83 –.

38 BVerwG, Urt. v. 22.3.1985 – 4 C 15/83 –; BVerwG, Beschl. v. 9.9.1988 – 4 B 37/88 –; BVerwG, Beschl. v. 22.7.2010 – 7 VR 4/10 –.

39 Vgl. OVG Koblenz, Urt. v. 16.9.2011 – 1 C 11114/09 –.

40 BVerwG, Beschl. v. 16.3.2006 – 4 BN 38/05 –; BVerwG, Urt. v. 18.3.2004 – 4 CN 4/03 –; BVerwG, Urt. v. 17.12.2002 – 4 C 15/01 –; BVerwG, Urt. v. 21.3.2002 – 4 CN 14/00 –.

41 Vgl. *Schiller*, UPR 2009, 245 ff.

42 BVerwG, Urt. v. 19.3.2003 – 9 A 33/02 –.

schlusses ist nicht absehbar, ob die Leitung tatsächlich errichtet wird. Der Gesetzgeber hat vor diesem Hintergrund in § 43c Nr. 1 ausdrücklich eine zehnjährige Wirksamkeit des Planfeststellungsbeschlusses mit Verlängerungsmöglichkeit angeordnet. Aus dem langen Zeitraum wird deutlich, dass der Gesetzgeber selbst davon ausgeht, dass die Notwendigkeit einer gesicherten Planung ein Planfeststellungsverfahren erforderlich macht, ohne dass mit Sicherheit von einer Realisierung des Vorhabens ausgegangen werden muss.

Die Planrechtfertigung muss der Vorhabenträger in seinem Antrag auf Planfeststellung oder Plangenehmigung belegen. Hierzu werden im Regelfall Netzstudien beizubringen sein, aus denen hervor geht, dass weitere Leitungskapazitäten notwendig sind oder beispielsweise Dienste für die Netzstabilität geleistet werden. 78

b) Planrechtfertigung bei gesetzlicher Bedarfsplanung

Die Feststellung der energiewirtschaftlichen Notwendigkeit kann auch in einem vorgelagerten Verfahren erfolgen. Dieser Aufgabe hat sich der Gesetzgeber im Rahmen einer gesetzlichen Bedarfsplanung angenommen. Ein gesetzlicher Bedarfsplan ist die Anlage des ENLAG sowie der Bundesbedarfsplan.[43] Für die Sicherstellung der Energieversorgung als eine Aufgabe der Daseinsversorgung größter Bedeutung[44] müssen bei leitungsgebundenen Vorhaben nach EnWG und/oder NABEG umfassend energiepolitische und energiewirtschaftliche Ziele, Prognosen und Zweckvorstellungen geprüft werden.[45] Die vorgelagerte Bedarfsprüfung bietet ein gewisses Beschleunigungspotenzial – vor allem aber Planungs- und Investitionssicherheit. 79

Im Falle der legislativen Bedarfsfeststellung ersetzt diese die exekutive Prüfung der Planrechtfertigung im Planfeststellungsverfahren.[46] ENLAG (§ 1 Abs. 1 S. 1 und S. 2) und Bundesbedarfsplan statuieren, dass die enthaltenen Vorhaben den Zielsetzungen des § 1 entsprechen und dass für sie die energiewirtschaftliche Notwendigkeit und der vordringliche Bedarf feststehen. Die Feststellung ist für die Planfeststellung und die Plangenehmigung verbindlich.[47] Eine Prüfung der Planrechtfertigung im Rahmen des Planfeststellungs- oder Plangenehmigungsverfahrens und der gerichtlichen Kontrolle ist weder erforderlich noch zulässig.[48] 80

Die fachgerechte Prüfung beschränkt sich in diesen Fällen auf die Frage, ob der Gesetzgeber mit der Bedarfsfeststellung die Grenzen seines gesetzgeberischen Ermessens überschritten hat.[49] Davon kann nur ausgegangen werden, wenn die Feststellung des Bedarfs offensichtlich unsachlich ist und wenn es für das Vorhaben offenkundig keinerlei Bedarf gibt, der die Annahmen des Gesetzgebers rechtfertigen könnte.[50] Bei Zweifeln an der Verfassungsmäßigkeit des Bedarfsplangesetzes muss ein gerichtliches Verfahren ausgesetzt und das Gesetz dem BVerfG nach Art. 100 Abs. 1 GG vorgelegt werden. 81

2. Beachtung zwingenden materiellen Rechts

Das Planfeststellungsverfahren ist inhaltlich umfassend. Der Planfeststellungsbeschluss muss im Ergebnis alle relevanten Gesichtspunkte, die für und gegen die Errichtung der Leitung gerade 82

---

43 Vgl. dazu § 12e.
44 OVG NRW, Urt. v. 21.12.2007 – 11 A 1194/02 –.
45 A.A. *Schneller*, DVBl. 2007, 529, 536.
46 Vgl. BVerwG, Urt. v. 12.12.1996 – 4 C 29/94 –, vgl. BVerwG, Urt. v. 27.10.2000 – 4 A 18/99 –; vgl. BVerwG, Beschl. v. 16.1.2007 – 9 B 14/06 –; BVerwG, Urt. v. 14.7.2011 – 9 A 14.10; BVerwG, Beschl. v. 24.5.2012 – 7 VR 4/12 –; vgl. OVG Koblenz, Urt. v. 20.1.2010 – 8 C 10350/09 –.
47 § 18 NABEG, Fn 40, siehe auch *Schirmer*, DVBl. 2010, 1349, 1351.
48 Britz/Hellermann/Hermes/*Hermes*, § 43 Rn 17a.
49 Vgl. BVerwG, Urt. v. 26.10.2005 – 9 A 33/04 –; Urt. v. 27.10.2000 – 4 A 18/99 –.
50 Vgl. BVerwG, Urt. v. 21.05.2008 – 9 A 68/07 –; Beschl. v. 16.1.2007 – 9 B 14/06 –.

in der vom Vorhabenträger vorgeschlagenen Trasse sprechen, berücksichtigen. Die Konzentrationswirkung des Planfeststellungsbeschlusses umfasst die materiell-rechtlichen Anforderungen aller einschlägigen Gesetzte.

a) Raumordnungsrecht

aa) Allgemeines

83 Nach den gesetzlichen Regelungen des ROG, der RoV und den einschlägigen landesrechtlichen Bestimmungen ist unter bestimmten Voraussetzungen ein Raumordnungsverfahren durchzuführen. Grds. ist ein Raumordnungsverfahren durchzuführen, wenn:
- die diesbezüglichen tatbestandlichen Voraussetzungen des § 1 RoV erfüllt sind oder
- landesrechtliche Vorschriften ein derartiges Raumordnungsverfahren vorschreiben.

84 Bei der Verpflichtung zur Durchführung von Raumordnungsverfahren ist zwischen Freileitungen und Erdverkabelungen zu unterscheiden. Nach § 15 Abs. 1 S. 1 ROG i.V.m. § 1 Abs. 1 S. 1 und S. 3 Nr. 14 RoV soll für die Errichtung von Hochspannungsfreileitungen mit einer Nennspannung von 110 kV oder mehr ein Raumordnungsverfahren durchgeführt werden, wenn diese im Einzelfall raumbedeutsam sind und überörtliche Bedeutung haben.

85 Für Erdkabel muss – nach der gegenwärtigen Rechtslage – unabhängig von der Netzspannung kein Raumordnungsverfahren durchgeführt werden. Landes- und bundesrechtlich kann sich eine Verpflichtung zur Durchführung eines Raumordnungsverfahrens ergeben, wenn das Vorhaben eine raumordnerische Bedeutung hat. Dies gilt auch dann, wenn das Vorhaben nicht in der Liste des § 1 RoV aufgeführt ist. Aus Sicht des Vorhabenträgers kann die Durchführung eines Raumordnungsverfahrens durchaus auch Vorteile bringen und ist nicht notwendigerweise eine Belastung für den Vorhabenträger. Es kann vielmehr Planungssicherheit herbeiführen und ist mit einem überschaubaren – auch finanziellen – Aufwand zu absolvieren. Durch die Beteiligung der Behörden und der Öffentlichkeit verschafft es dem Vorhabenträger und auch der späteren Planfeststellungsbehörde einen guten Überblick über zu erwartende Konfliktbereiche.

bb) Verfahren

86 Das Raumordnungsverfahren dient der Feststellung, ob die Planung mit den Erfordernissen der Raumordnung übereinstimmt und wie raumbedeutsam Planungen und Maßnahmen unter den Gesichtspunkten der Raumordnung aufeinander abgestimmt und durchgeführt werden können (Raumverträglichkeitsprüfung). Im Raumordnungsverfahren ist die raumbedeutsame Auswirkung der Planung und der Maßnahme auf die in den Grundsätzen der Raumordnung gem. § 2 Abs. 2 ROG genannten Belange unter überörtlichen Gesichtspunkten zu prüfen (§ 15 Abs. 1 S. 2 ROG). Die Raumverträglichkeitsprüfung dient dazu, einer Zulassungsentscheidung (Planfeststellung) eine verwaltungsinterne Klärung der raumordnerischen Verträglichkeit vorzuschalten.

cc) Rechtswirkung

87 Das Ergebnis des Raumordnungsverfahrens ist eine gutachterliche Äußerung, welche für die nachfolgende Planfeststellung nicht bindend ist.[51] Das Ergebnis des Raumordnungsverfahrens ist als sonstiges Erfordernis der Raumordnung im Sinne von § 3 Abs. 1 Nr. 4 ROG in die Abwägung einzustellen und gem. § 4 Abs. 1 S. 1 ROG zu berücksichtigen.

51 BVerwG, Beschl. v. 4.6.2008 – 4 BN 12/08 –; Thüringer OVG, Beschl. v. 25.2.2008 – 1 N 508/07 –.

dd) Verhältnis zur Bundesfachplanung

Das Raumordnungsverfahren ist mit der Bundesfachplanung im Sinne der §§ 5ff. NABEG nicht gleichzusetzen. Die Bundesfachplanung der §§ 5ff. NABEG stellen eine spezialgesetzliche Regelung für die besonderen Hochspannungsleitungen mit einem öffentlichen Interesse dar. Der Gesetzgeber hat insoweit dort – also bei den §§ 5ff. NABEG – eine Sonderregelung geschaffen. Diese verdrängt einen Teil des Raumordnungsrechts. Die Bundesfachplanung entfaltet Bindungswirkung für die nachfolgenden Planfeststellungsverfahren (§ 15 Abs. 1 S. 1 NABEG).[52] Jenseits des NABEG bleibt es bei den raumordnerischen Anforderungen. 88

b) Umweltverträglichkeitsprüfung

aa) Allgemeines

Die UVP ist ein **unselbstständiger Teil verwaltungsbehördlicher Verfahren**, die der Entscheidung über die Zulässigkeit von Vorhaben dienen (§ 2 Abs. 1 S. 1 UVPG). Die UVP wird unter **Beteiligung der Öffentlichkeit** durchgeführt (§ 2 Abs. 1 S. 3 UVPG). 89

Tatsächlich ist die UVP mittlerweile der zentrale Bestandteil eines Planfeststellungsverfahrens. Denn die Umweltverträglichkeit steht im Mittelpunkt der rechtlichen Erwägungen und Abwägungen ebenso wie im Mittelpunkt der öffentlichen Erörterung. 90

Der Zweck der UVP eines Hochspannungsleitungsvorhabens ist es, sicherzustellen, dass zur wirksamen Umweltvorsorge nach einheitlichen Grundsätzen, die Auswirkungen auf die Umwelt frühzeitig und umfassend ermittelt, beschrieben und bewertet und die Ergebnisse der durchgeführten Umweltprüfungen so früh wie möglich berücksichtigt werden (§ 1 UVPG). 91

Die UVP umfasst die Ermittlung, Beschreibung und Bewertung der unmittelbaren und mittelbaren Auswirkungen eines Vorhabens auf Menschen, einschließlich der menschlichen Gesundheit, Tiere, Pflanzen und die biologische Vielfalt (§ 2 Abs. 1 S. 2 Nr. 1 UVPG), Boden, Wasser, Luft, Klima und Landschaft (§ 2 Abs. 1 S. 2 Nr. 2 UVPG), Kulturgüter und sonstige Sachgüter (§ 2 Abs. 1 S. 2 Nr. 3 UVPG) sowie die Wechselwirkung zwischen den vorgenannten Schutzgütern (§ 2 Abs. 1 S. 2 Nr. 4 UVPG). 92

Grundsätzlich ist, um Verwirrungen bei den Begrifflichkeiten zu vermeiden, klarzustellen, dass grds. zwischen einer Umweltverträglichkeitsuntersuchung und der UVP zu unterscheiden ist. Die Umweltverträglichkeitsuntersuchung ist Bestandteil der Antragsunterlagen und wird vom Antragsteller (Vorhabenträger) und den Gutachtern, die der Vorhabenträger beauftragt hat, erarbeitet. Die insoweit vom Vorhabenträger anzufertigende Umweltverträglichkeitsuntersuchung ist Bestandteil der Antragsunterlagen. Die UVP selbst obliegt der Behörde. Die Behörde muss die eingereichten Unterlagen einschließlich der jeweiligen Gutachten und Fachbeiträge daraufhin untersuchen, ob die Umweltverträglichkeit des Vorhabens gegeben ist. 93

In Teilen wird anstelle der Umweltverträglichkeitsuntersuchung der Begriff der Umweltstudie verwendet, ohne das damit ein inhaltlicher Unterschied verbunden wäre. 94

bb) UVP-Pflicht

Nach § 3b i.V.m. Anlage 1 Nr. 19.1.1 des UVPG besteht eine **unbedingte Verpflichtung zur Durchführung** einer UVP für die Errichtung und den Betrieb einer Hochspannungsfreileitung im Sinne des EnWG mit einer **Länge von mehr als 15 km und mit einer Nennspannung von 220 kV oder mehr**. 95

52 Vgl. § 15 NABEG Rn 11 ff.

96 Nach § 3c S. 1 i.V.m. Anlage 1 Nr. 19.1.2 und Nr. 19.1.3 des UVPG ist eine **allgemeine Vorprüfung des Einzelfalls** für die Errichtung und den Betrieb einer Hochspannungsfreileitung im Sinne des EnWG mit einer **Länge von mehr als 15 km und mit einer Nennspannung von 110 kV bis zu 220 kV** und mit einer **Länge von 5 km bis zu 15 km und mit einer Nennspannung von 110 kV oder mehr** durchzuführen. Eine UVP-Pflicht im Einzelfall besteht dann, wenn das Vorhaben nach überschlägiger Prüfung durch die Planfeststellungsbehörde erhebliche nachteilige Umweltauswirkungen haben kann, die bei der Bewertung der Umweltauswirkungen (§ 12 UVPG) zu berücksichtigen wären. Kriterien für die Erheblichkeit nachteiliger Umweltauswirkungen ergeben sich aus der Anlage 2 UVPG.

97 Nach § 3c S. 2 i.V.m. Anlage 1 Nr. 19.1.4 des UVPG ist eine **standortbezogene Vorprüfung des Einzelfalls** für die Errichtung und den Betrieb einer Hochspannungsfreileitung im Sinne des EnWG mit einer **Länge von weniger als 5 km und einer Nennspannung von 110 kV oder mehr** durchzuführen.

98 Wenn eine UVP bereits im Rahmen des Raumordnungsverfahrens durchgeführt worden ist, kann sie im Planfeststellungsverfahren auf zusätzliche oder andere erhebliche Umweltauswirkungen des Vorhabens beschränkt werden (§ 16 Abs. 2 UVPG). Es ist jedoch darauf zu achten, dass die Untersuchungstiefe der UVP auf den jeweiligen Planungsstand abgestimmt wird und keine einseitige Verlagerung der UVP in die eine oder andere Planungsstufe erfolgt. Auch ist es wichtig, dass Unterlagen, auf die sich der Vorhabenträger oder die Planfeststellungsbehörde berufen, nicht veraltet sind. Eine Aussage darüber, ab welchem Zeitraum Unterlagen überarbeitet werden müssen, kann nicht getroffen werden. Dies hängt von dem jeweiligen fachlichen Gegenstand ab.

cc) Verfahren

99 Die UVP beginnt damit, dass die zuständige Planfeststellungsbehörde auf Antrag des Vorhabenträgers eines Vorhabens oder auf dessen Ersuchen um Unterrichtung über den Untersuchungsumfang nach § 5 UVPG oder von Amts wegen nach Beginn des Verfahrens feststellt, ob nach den §§ 3b bis 3f UVPG für das Energieleitungsvorhabens eine Verpflichtung zur Durchführung einer UVP besteht (§ 3a Abs. 1 S.1 UVPG).

100 Ist dies der Fall, ist eine entsprechende UVP mit vorgeschalteter Umweltverträglichkeitsuntersuchung durchzuführen.

dd) Variantenprüfung

101 Die Vorschrift zur Umweltverträglichkeitsuntersuchung verlangt vom Vorhabenträger u.a. die Prüfung etwaiger technischer Varianten. Dabei geht es um Varianten innerhalb des gleichen Vorhabens. Nicht erforderlich ist eine Prüfung eines vollständig neuen Vorhabens als Alternative zu dem angestrebten Vorhaben. Im Rahmen der Umweltverträglichkeitsuntersuchung geht es also nicht darum, die Planrechtfertigung erneut zu hinterfragen. Auch ist eine sog. Null-Variante – also der Verzicht auf das Vorhaben insgesamt – nicht Gegenstand einer Variantenprüfung.

c) Naturschutzrecht

102 Innerhalb der Umweltverträglichkeitsuntersuchung ist die naturschutzfachliche Bewertung des Vorhabens von zentraler Bedeutung. Das Naturschutzrecht basiert auf einer Vielzahl von Rechtsgrundlagen. Oftmals geregelt auf europarechtlicher Grundlage finden sich bundesrechtliche und landesrechtliche Vorschriften. Insbesondere gilt es, folgende Schutzbereiche oder Schutzgebiete im Rahmen eines Planfeststellungsverfahrens zu betrachten:

- FFH-Gebiete,
- Vogelschutzgebiete (SAP),
- Naturschutzgebiete,
- Landschaftsschutzgebiete,
- Biotope.

aa) Europäischer Gebietsschutz – FFH-Gebiete

Die **rechtlichen Grundlagen des europäischen Gebietsschutzes** beruhen auf der RL 92/43/ EWG des Rates vom 21.5.1992 zur Erhaltung der natürlichen Lebensräume sowie der wildlebenden Tiere und Pflanzen (**FFH-Richtlinie**) sowie der RL 79/409/EWG des Rates vom 2.4.1979 über die Erhaltung der wildlebenden Vogelarten (**VS-Richtlinie**). In diesen Richtlinien hat die Europäische Union ein gestuftes Schutzregime für zahlreiche Tier- und Pflanzenarten vorgeschrieben. 103

Zentrale Normen des **europäischen Gebietsschutzes** sind **Art. 6 Abs. 3 und Abs. 4 FFH-Richtlinie.** Sie stecken den Rechtsrahmen für die Vereinbarkeit der Zulassung von Vorhaben und Projekten mit den Zielvorgaben des europäischen Gebietsschutzes ab. Die Vorgaben des Art. 6 Abs. 3, 4 der FFH-Richtlinie werden auf nationaler Ebene in der Vorschrift des **§ 34 BNatSchG** umgesetzt. Darüber hinaus finden sich in den Naturschutzgesetzen der Länder Bestimmungen, die im Wesentlichen inhaltlich der Vorschrift des § 34 BNatSchG entsprechen, auch wenn sie vom Wortlaut des § 34 BNatSchG teilweise leicht abweichen.[53] Alle nationalen Normen sind im Lichte des Art. 6 Abs. 3 und 4 FFH-Richtlinie auszulegen. 104

(1) Schutzsystematik des europäischen Gebietsschutzes

Gemäß **§ 34 Abs. 1 S. 1 und 2 BNatSchG** sind **Hoch- und Höchstspannungsleitungen vor Erlass des Planfeststellungsbeschlusses** auf ihre **Verträglichkeit** mit den **Erhaltungszielen** oder dem **Schutzzweck eines Natura 2000-Gebiets** zu überprüfen, wenn sie einzeln oder im Zusammenwirken mit anderen Projekten oder Plänen geeignet sind, das Gebiet erheblich zu beeinträchtigen. Die Trassen der planfestzustellenden **Hoch- und Höchstspannungsleitungen** sind **möglichst frühzeitig** auf ihre FFH-Verträglichkeit gem. § 34 Abs. 1 bis Abs. 5 BNatSchG zu untersuchen. 105

§ 34 BNatSchG erfordert eine **mehrstufige Prüfungsfolge.** In einem ersten Schritt findet eine **Vorprüfung** – das sog. **Screening** – statt. Dies dient der Feststellung, ob eine erhebliche Beeinträchtigung von Erhaltungszielen eines geschützten Natura 2000-Gebietes möglich und damit eine FFH-Verträglichkeitsprüfung notwendig ist (§ 34 Abs. 1 S. 1 BNatSchG).[54] Ergibt die Vorprüfung, dass es anhand objektiver Umstände offensichtlich ausgeschlossen ist, dass das Vorhaben ein FFH-Gebiet erheblich beeinträchtigt, bedarf es keiner weiteren Prüfungsschritte mehr. Anderenfalls ist die zweite Prüfungsstufe, die **FFH-Verträglichkeitsprüfung,** einzuleiten. Zeigt die Verträglichkeitsprüfung, dass die Errichtung, der Betrieb oder die Änderung der **Hoch- und Höchstspannungsleitungen** nicht geeignet ist, **ein Natura 2000-Gebiet** im Hinblick auf dessen Erhaltungsziele **erheblich zu beeinträchtigen,** ist das Vorhaben FFH-rechtlich zulässig. Kommt die FFH-Verträglichkeit zu dem Ergebnis, dass erhebliche Beeinträchtigungen nicht auszuschließen sind, ist das Vorhaben **vorbehaltlich einer Abweichungsprüfung unzulässig** (§ 34 Abs. 2 BNatSchG). 106

---

53 Vgl. z.B. § 48d Landschaftsgesetz NRW.
54 Vgl. etwa Sächsisches OVG, Urt. v. 15.12.2011 – 5 A 195/09 –.

107 Die **Abweichungsprüfung** gestattet unter engen Voraussetzungen – auf der letzten Prüfstufe – die ausnahmsweise Zulassung der Errichtung, des Betriebs oder der Änderung der **Hoch- und Höchstspannungsleitungen** trotz der Möglichkeit einer erheblichen Beeinträchtigung eines Natura 2000-Gebietes (§ 34 Abs. 3 bis 5 BNatSchG).

(2) Vorprüfung

108 Nach § 34 Abs. 1 S. 1 BNatSchG müssen Vorhabenträger von Plänen und Projekten in einer Vorprüfung zunächst untersuchen, ob erhebliche Beeinträchtigungen eines Natura 2000-Gebietes überhaupt in Betracht kommen.

109 Ergibt die Vorprüfung, dass die erhebliche Beeinträchtigung eines Schutzgebiets offensichtlich ausgeschlossen ist, ist die FFH-Verträglichkeit des Planes oder Projektes nachgewiesen. Kommt die Vorprüfung dagegen zu dem Ergebnis, dass eine erhebliche Beeinträchtigung **nicht offensichtlich ausgeschlossen ist** und kann das beantragte Vorhaben ggf. gemeinsam mit anderen Plänen und Projekten die Erhaltungsziele des Natura 2000-Gebietes beeinträchtigen, ist die FFH-Verträglichkeitsprüfung durchzuführen.[55]

110 Soweit aufgrund der Vorprüfung **nachteilige Auswirkungen** auf ein Natura 2000-Gebiet wegen der Errichtung, der Änderung oder des Betriebs einer Hoch- und Höchstspannungsleitungen **zu befürchten sind**, sind diese Befürchtungen durch eine schlüssige naturschutzfachliche Argumentation auszuräumen.[56] Das **Fehlen erheblicher Beeinträchtigungen muss positiv festgestellt** werden. Dabei ist unbeachtlich, ob es sich bei den untersuchten Wirkfaktoren um direkte oder indirekte, kurzfristige oder längerfristige Einwirkungen handelt.

111 Bei Hoch- und Höchstspannungsleitungen zeigt sich in der Praxis, dass sich die FFH-Unverträglichkeit oftmals aus folgenden Umständen ergibt:

- Die Leitung greift unmittelbar in FFH-Gebiete ein und verursacht Flächenverluste und damit erhebliche Beeinträchtigungen von Lebensraumtypen und geschützten Arten.
- Die Hochspannungsfreileitung liegt in unmittelbarer Nähe eines FFH-Gebiets und wirkt sich mittelbar auf prägende Lebensraumtypen und Arten des FFH-Gebiets aus. So besteht etwa die Gefahr, dass Vögel, die innerhalb eines FFH-Gebiets ihren Lebensraum oder ihre Brutplätze haben, durch die Hochspannungsfreileitung gefährdet werden.

112 Die Auswirkungen auf ein Natura 2000-Gebiet sind folglich auch dann zu berücksichtigen, wenn die Hochspannungsfreileitung nicht direkt durch ein Natura 2000-Gebiet verläuft.

(3) FFH-Verträglichkeitsprüfung

113 Schutzgebiete im Sinne des § 34 Abs. 1 S. 1 BNatSchG sind sowohl FFH-Gebiete als auch Vogelschutzgebiete. Beide Gebietstypen sind Bestandteil des Gebietsnetzes Natura 2000. Während **FFH-Gebiete** solche Gebiete sind, die in der **Liste der Gebiete von gemeinschaftlicher Bedeutung** geführt werden (Art. 4 Abs. 2 UA 3, Abs. 5 FFH-Richtlinie), sind **Vogelschutzgebiete** solche Gebiete, die durch **die EU-Mitgliedsstaaten als Schutzgebiete gemeldet und ausgewiesen werden** (Art. 4 Abs.1, Abs. 2 VS-Richtlinie).[57]

114 Im Rahmen der FFH-Verträglichkeitsprüfung wird untersucht, ob das Vorhaben die Erhaltungsziele eines Natura 2000-Gebietes beeinträchtigt. Die Darlegungs- und Beweislast obliegt dem Vorhabenträger bzw. der Planfeststellungsbehörde.[58] Es ist darzulegen, dass aus wissen-

---

55 BVerwG, Urt. v. 17.1.2007 – 9 A 20/05 –.
56 BVerwG, Urt. v. 17.1.2007 – 9 A 20/05 –.
57 Landmann/Rohmer/*Gellermann*, BNatSchG, § 32 Rn 1 f.
58 BVerwG, Urt. v. 17.1.2007 – 9 A 20/05 –.

schaftlicher Sicht keine vernünftigen Zweifel bestehen und es zu keinen erheblichen Beschränkungen kommt.[59]

115 Untersucht wird nicht, ob das betroffene Natura 2000-Gebiet an sich beeinträchtigt wird, sondern ob es zu einer erheblichen Beeinträchtigung der spezifischen Erhaltungsziele des Natura 2000-Gebietes kommt.[60] Als Erhaltungsziele gelten diejenigen Ziele, die im Hinblick auf die Erhaltung oder Wiederherstellung eines günstigen Erhaltungszustands eines in Anhang I der FFH-Richtlinie aufgeführten natürlichen Lebensraumtyps oder einer in Anhang II der FFH-Richtlinie aufgeführten Art für ein Natura 2000-Gebiet festgelegt sind. Der Erhaltungszustand eines natürlichen Lebensraumes wird in Art. 1 Buchstabe e FFH-Richtlinie, der Erhaltungszustand einer Art in Art. 1 Buchstabe i FFH-Richtlinie legal definiert. Ein günstiger Erhaltungszustand muss trotz Durchführung des Vorhabens stabil bleiben.[61]

116 Das Vorhaben ist unzulässig, wenn nicht nachgewiesen werden kann, dass eine **erhebliche** Beeinträchtigung ausgeschlossen ist. Grundsätzlich kann jede Beeinträchtigung, die ein Erhaltungsziel nachteilig berührt, erheblich sein.[62] Dabei ist das Vorhaben nicht allein, sondern in Zusammenschau mit anderen Projekten und Plänen zu betrachten (sog. **Summationsbetrachtung**). Da die Erhaltungsziele der Schutzgebiete im Mittelpunkt der Prüfung stehen, müssen neben den vorhabenbedingten Einwirkungen auch Einwirkungen in den Blick genommen werden, denen der geschützte Lebensraum oder die geschützte Art von anderer Seite ausgesetzt sind.[63] Eine Summationsbetrachtung ist allerdings nur insoweit möglich, als die Auswirkungen der anderen Pläne oder Projekte und damit das Ausmaß der Summationswirkung **verlässlich absehbar** sind. Das ist grds. erst dann der Fall, wenn die hierfür erforderliche Zulassung erteilt ist.[64] An der gebotenen Gewissheit fehlt es, wenn bei Erlass des Planfeststellungsbeschlusses noch nicht absehbar ist, ob und wann das weitere Projekt realisiert werden wird.[65]

117 Allerdings ist eine erhebliche Beeinträchtigung eines Natura 2000-Gebietes dann nicht zu unterstellen, wenn **Schadensminderungs- und Schadensvermeidungsmaßnahmen** den Eintritt einer Beeinträchtigung eines Natura 2000-Gebietes von Anfang an verhindern oder ihre negativen Auswirkungen jedenfalls so begrenzen, dass sie in Ansehung des Erhaltungsziels bzw. des Schutzzwecks als unerheblich zu bewerten sind.[66]

118 Weiterhin ist eine erhebliche Beeinträchtigung eines Natura 2000-Gebietes nach der Rechtsprechung des BVerwG auszuschließen, wenn der Beeinträchtigung lediglich ein Bagatellcharakter zukommt.[67] Die Anerkennung der **Bagatellschwelle** findet ihre Rechtfertigung in dem Bagatellvorbehalt, der auf den gemeinschaftsrechtlichen Verhältnismäßigkeitsgrundsatz des Art. 5 Abs. 1 S. 2 EUV zurückzuführen ist und unter dem jede Unverträglichkeit mit den Erhaltungszielen eines FFH-Gebiestes steht.[68] Sind die vorhabenbedingten Zusatzbelastungen danach aufgrund ihrer Geringfügigkeit nicht geeignet, eine **erhebliche** Beeinträchtigung auszulösen, ist das Vorhaben zuzulassen.[69] Höchstrichterlich noch nicht endgültig geklärt ist bislang, ob auch

---

59 EuGH, Urt. v. 7.9.2004 – C-127/02 –; BVerwG, Urt. v. 17.1.2007 – 9 A 20/05 –; BVerwG, Urt. v. 12.3.2008 – 9 A 3/06 –.
60 BVerwG, Urt. v. 17.1.2007 – 9 A 20/05 –.
61 Vgl. BVerwG, Urt. v. 12.3.2008 – 9 A 3/06 –; BVerwG, Urt. v. 14.4.2010 – 9 A 5/08 –; OVG Münster, Urt. v. 1.12.2011 – 8 D 58/08 –.
62 BVerwG, Urt. v. 17.1.2007 – 9 A 20/05 –; BVerwG, Urt. v. 14.4.2010 – 9 A 5/08 –.
63 BVerwG, Urt. v. 14.4.2010 – 9 A 5/08 –.
64 BVerwG, Urt. v. 9.12.2011 – 9 B 44/11 –.
65 BVerwG, Urt. v. 9.12.2011 – 9 B 44/11 –.
66 Siehe BVerwG, Urt. v. 14.4.2010 – 9 A 5/08 –; Erbs/Kohlhaas/*Stöckel/Müller*, BNatSchG, § 34 Rn 13; Landmann/Rohmer/*Gellermann*, BNatSchG, § 34 Rn 26.
67 BVerwG, Urt. v. 12.3.2008 – 9 A 3/06 – Rn 124; BVerwG, Urt. v. 14.4.2010 – 9 A 5/08 –.
68 BVerwG, Urt. v. 14.4.2010 – 9 A 5/08 –.
69 BVerwG, Urt. v. 12.3.2008 – 9 A 3/06 –; BVerwG, Urt. v. 14.4.2010 – 9 A 5/08 –.

im Rahmen der Prüfung von Bagatellschwellen das Vorhaben gemeinsam mit anderen Projekten und Plänen[70] oder für sich allein[71] zu betrachten ist.

119 Für Hoch- und Höchstspannungsleitungen ist somit zu beachten, dass mit ihnen einhergehende Flächenverluste, die lediglich einen Bagatellcharakter aufweisen, nicht als erhebliche Beeinträchtigung eines FFH-Gebietes zu werten sind.[72] Eine Überbauung eines FFH-Gebietes ist also nicht vollkommen ausgeschlossen.

(4) Abweichungsverfahren

120 Kann eine erhebliche Beeinträchtigung eines FFH-Gebietes nicht ausgeschlossen werden, auch nicht durch vorhabenintegrierte Maßnahmen zur Schadenvermeidung oder Schadensminderung, muss – wenn ein positiver Planfeststellungsbeschluss ergehen soll – ein Abweichungsverfahren durchgeführt werden.

121 Auf der Grundlage eines **Abweichungsverfahrens** darf ein Planfeststellungsbeschluss für eine Hoch- und Höchstspannungsleitung nur erlassen werden, soweit das Projekt oder Vorhaben aus zwingenden Gründen des überwiegenden öffentlichen Interesses, einschließlich solcher sozialer oder wirtschaftlicher Art, notwendig ist (§ 34 Abs. 3 Nr. 1 BNatSchG) und zumutbare Alternativen, den mit dem Projekt oder Vorhaben verfolgten Zweck an anderer Stelle ohne oder mit geringeren Beeinträchtigungen zu erreichen, nicht gegeben sind (§ 34 Abs. 3 Nr. 2 BNatSchG).

122 Verschärfte Zulassungsvoraussetzungen gelten, wenn das betroffene Natura 2000-Gebiet **prioritäre natürliche Lebensraumtypen oder prioritäre Arten** einschließt (§ 34 Abs. 4 BNatSchG).[73] Als zwingende Gründe des überwiegenden öffentlichen Interesses können dann nur solche im Zusammenhang mit der Gesundheit des Menschen, der öffentlichen Sicherheit, einschließlich der Verteidigung und des Schutzes der Zivilbevölkerung, oder den maßgeblich günstigen Auswirkungen des Projekts auf die Umwelt geltend gemacht werden. Sonstige zwingende Gründe des überwiegenden öffentlichen Interesses können dagegen erst nach Einholung einer Stellungnahme der EU-Kommission berücksichtigt werden. Weiterhin kann ein Planfeststellungsbeschluss für eine Hoch- und Höchstspannungsleitung auf der Grundlage eines Abweichungsverfahrens nur erlassen werden, wenn die zur Sicherung des Zusammenhangs des Netzes Natura 2000 notwendigen Kohärenzmaßnahmen vorgenommen werden (§ 34 Abs. 5 BNatSchG).

123 Die Abweichungsprüfung umfasst damit insgesamt drei Schritte:

- die abwägende Beurteilung von Abweichungsgründen,
- die Prüfung weniger beeinträchtigender Alternativen und
- die Ermittlung notwendiger Kohärenzmaßnahmen.[74]

bb) Zwingende Gründe des überwiegenden öffentlichen Interesses

124 Für die Durchführung eines erfolgreichen Abweichungsverfahrens müssen zwingende Gründe des überwiegenden öffentlichen Interesses sprechen.

125 Neben den ausdrücklich in § 34 Abs. 3 Nr. 2, Abs. 4 BNatSchG benannten öffentlichen Interessen können auch sonstige, im Gesetz nicht benannte öffentliche Interessen zur Rechtfertigung der Planung von Hoch- und Höchstspannungsleitungen herangezogen werden.

70 OVG Münster, Urt. v. 1.12.2011 – 8 D 58/08 –.
71 So BVerwG, Urt. v. 14.4.2010 – 9 A 5/08 –; OVG Bautzen, Urt. v. 15.12.2011 – 5 A 195/09 –; VGH Kassel, Urt. v. 19.3.2012 – 9 B 1916/11 –.
72 BVerwG, Urt. v. 12.3.2008 – 9 A 3/06 –.
73 OVG Bautzen, Urt. v. 15.12.2011 – 5 A 195/09 –.
74 BVerwG, Urt. v. 12.3.2008 – 9 A 3/06 –.

Als zwingende Gründe des überwiegenden öffentlichen Interesses werden nach der Rechtsprechung des BVerwG solche Gründe anerkannt, die in ihrer Gewichtigkeit mit den in § 34 Abs. 4 BNatSchG genannten Gemeinwohlgütern vergleichbar sind.[75] Rein private Interessen vermögen, wenn ihre Realisierung nicht zugleich auch öffentlichen Interessen dient, eine positive Abweichungsentscheidung nicht zu stützen.[76] In Literatur und Rechtsprechung werden u.a. die wirtschaftliche Entwicklung einer Region und die Schaffung von Arbeitsplätzen als wirtschaftlicher Grund im Sinne des § 34 Abs. 3 BNatSchG anerkannt.[77] Erforderlich ist insoweit, dass das wirtschaftliche Interesse einen konkreten Bezug zum Vorhaben haben muss.[78] Auch hat die Rechtsprechung bestätigt, dass für **Energieerzeugungsanlagen** zwingende Gründe des öffentlichen Interesses sprechen können. Die Gewährleistung der Energieversorgung ist ein Gemeinschaftsinteresse hohen Ranges und darf vorrangig gefördert werden. Die Sicherung der Strom- und Fernwärmeversorgung ist ein öffentlicher Belang von erheblichem Gewicht, der die zu erwartenden Beeinträchtigungen eines FFH-Gebiets überwiegt, wenn plausibel dargelegt wird, dass das Vorhaben die Strom- und Fernwärmeversorgung sicherstelle, weil es angesichts des gesetzlich vorgesehenen Ausstiegs aus der Kernenergie und der Überalterung einiger fossiler Kraftwerke zu erheblichen Ausfällen an Kraftwerksleistung kommen werde.[79] 126

Bei der Planung von Hoch- und Höchstspannungsleitungen gilt es folglich zu bedenken, dass die öffentlichen Interessen an der Errichtung der Leitungen schwerer als das Integritätsinteresse des habitatrechtlichen Gebietsschutzes wiegen müssen. Voraussetzung für eine **fehlerfreie Abwägung** der gegenläufigen Interessen ist, dass das zwingende öffentliche Interesse umso gewichtiger sein muss, je schwerer die Beeinträchtigung der betroffenen Naturschutzbelange ist.[80] Die Gewichtung des öffentlichen Interesses muss den Ausnahmecharakter einer Abweichungsentscheidung berücksichtigen.[81] 127

Gemäß **§ 1 S. 3 NABEG** ist die **Realisierung der Stromleitungen, die in den Geltungsbereich des NABEG fallen, aus Gründen eines überragenden öffentlichen Interesses erforderlich.** Eine entsprechende Regelung kennt das EnWG nicht. Die Planfeststellungsbehörde muss daher im **Einzelfall** feststellen, ob die Errichtung, der Betrieb oder die Änderung der Hoch- und Höchstspannungsleitungen aus zwingenden Gründen des überwiegenden öffentlichen Interesses, einschließlich solcher sozialer oder wirtschaftlicher Art, notwendig ist. 128

Doch auch wenn eine dem § 1 S. 3 NABEG entsprechende Regelung im EnWG nicht enthalten ist, so verdeutlicht § 1 dennoch, dass die Herstellung einer sicheren und umweltfreundlichen Energieversorgung im öffentlichen Interesse steht, sowohl im Hinblick auf die wirtschaftliche Entwicklung der Bundesrepublik Deutschland als auch im Hinblick auf ein künftiges europäisches Stromnetz. 129

cc) Alternativenprüfung

Für ein erfolgreiches Abweichungsverfahren ist es erforderlich, dass der Vorhabenträger bzw. die Planfeststellungsbehörde nachweisen, dass zumutbare Alternativen zu dem gewählten Vorhaben oder Projekt nicht bestehen.[82] 130

---

75 BVerwG, Urt. v. 17.1.2007 – 9 A 20/05 –.
76 *Schumacher/Fischer-Hüftle*, § 34 Rn 84; Landmann/Rohmer/*Gellermann*, BNatSchG, § 34 Rn 31; *Jarass*, NUR 2007, 371, 376.
77 BVerwG, Urt. v. 9.7.2009 – 4 C 12/07 –; *Schuhmacher/Fischer-Hüftle*, § 34 Rn 845.
78 BVerwG, Urt. v. 9.7.2009 – 4 C 12/07 –.
79 VGH Mannheim, Urt. v. 20.7.2011 – 10 S 2102/09 –; OVG Berlin-Brandenburg, Beschl. v. 5.7.2007 – OVG 2 S 25/07 –.
80 BVerwG, Urt. v. 12.3.2008 – 9 A 3/06 –; *Schuhmacher/Fischer-Hüftle*, § 34 Rn 85.
81 Sächsisches OVG, Urt. v. 15.12.2011 – 5 A 195/09 –.
82 Vgl. *Winter*, NuR 2010, 601 ff.; BVerwG, Urt. v. 17.5.2002 – 4 A 28/01 –.

131 Anders als die fachplanerische Alternativenprüfung ist die FFH-rechtliche Alternativenprüfung nicht Teil einer planerischen Abwägung.[83] Die behördliche Alternativenprüfung steht nicht im Ermessen, sie unterliegt uneingeschränkt der gerichtlichen Kontrolle.[84]

132 Das Bestehen einer Alternative setzt voraus, dass sich die zulässigerweise verfolgten Planungsziele trotz ggf. hinnehmbarer Abstriche mit ihr erreichen lassen.[85] Die Alternative orientiert sich stets an dem tatsächlich beabsichtigen Vorhaben. Der Vorhabenträger muss **sowohl Standort- als auch Ausführungsalternativen** prüfen. Die sog. Null-Variante scheidet als Alternative aus: Denn sprechen für das Vorhaben zwingende Gründe des überwiegenden öffentlichen Interesses, dann stellt sich nicht mehr die Frage, ob auf das Vorhaben insgesamt verzichtet werden kann.[86] Die Realisierung eines anderen Vorhabens stellt ebenfalls keine Alternative zum geplanten Vorhaben dar. Von einer Alternative kann nicht mehr gesprochen werden, wenn sie auf ein anderes Projekt hinausläuft.[87] Eine planerische Variante, die nicht verwirklicht werden kann, ohne dass selbstständige Teilziele, die mit dem Vorhaben verfolgt werden, aufgegeben werden müssen, braucht nicht berücksichtigt zu werden.[88]

133 Die Alternativen zu dem geplanten Vorhaben müssen **zumutbar** sein.[89] Das ist gem. § 34 Abs. 3 Nr. 2 BNatSchG n.F. dann der Fall, wenn der mit dem Vorhaben verfolgte Zweck an anderer Stelle ohne oder mit geringeren Beeinträchtigungen eines Gebietes von gemeinschaftlicher Bedeutung oder eines Europäischen Vogelschutzgebietes erreicht werden kann und der Grundsatz der Verhältnismäßigkeit beachtet ist. Der europarechtliche Grundsatz der Verhältnismäßigkeit kann es rechtfertigen, dass naturschutzfachlich vorzugswürdige Alternativen aus gewichtigen naturschutzexternen Gründen ausscheiden: Das dem Vorhabenträger zugemutete Maß an Vermeidungsanstrengungen darf nicht außerhalb jedes vernünftigen Verhältnisses zu dem damit erzielbaren Gewinn für die betroffenen gemeinschaftsrechtlichen Schutzgüter stehen. In diesem Zusammenhang können auch finanzielle Erwägungen den Ausschlag geben.

134 Weil den Vorhaben ein Raumordnungsverfahren vorangegangen ist, stellt sich die Frage, ob eine Alternativenprüfung überhaupt noch erforderlich ist. Denn im Grunde sollte das Ergebnis des vorangegangenen Raumordnungsverfahrens deutlich machen, dass es zumutbare Alternativen zu dem Vorhaben nicht gibt. Indes muss unterstellt werden, dass die Alternativenprüfung in einem Raumordnungsverfahren nur eingeschränkt erfolgen kann.

135 Sofern die Anhörungs- und Planfeststellungsbehörde insoweit Vermerke und Handlungsempfehlungen veröffentlich hat, sind diese gem. Art. 3 GG i.V.m. der Verwaltungspraxis zu beachten.

dd) Kohärenzmaßnahmen

136 Führt die Errichtung, die Änderung oder der Betrieb einer Hoch- und Höchstspannungsleitung zu einer erheblichen Beeinträchtigung FFH-geschützter Gebietsbestandteile mit der Folge, dass das Schutzgebiet diese Funktion nicht mehr voll wahrnehmen kann, so kann dies nicht ohne einen Ausgleich in Kauf genommen werden.[90] Der Vorhabenträger muss die Durchführung von Kohärenzsicherungsmaßnahmen anbieten.

137 Die Ausgestaltung der Kohärenzsicherungsmaßnahmen muss sich **funktionsbezogen** an der jeweiligen verursachten erheblichen Beeinträchtigung ausrichten, derentwegen sie ergriffen

83 BVerwG, Urt. v. 12.3.2008 – 9 A 3/06 –.
84 BVerwG, Urt. v. 12.3.2008 – 9 A 3/06 –.
85 BVerwG, Urt. v. 17.1.2007 – 9 A 20/05 –.
86 BVerwG, Urt. v. 17.1.2007 – 9 A 20/05 –.
87 BVerwG, Urt. v. 17.1.2007 – 9 A 20/05 –.
88 BVerwG, Urt. v. 17.1.2007 – 9 A 20/05 –.
89 BVerwG, Urt. v. 17.5.2002 – 4 A 28/01 –.
90 BVerwG, Urt. v. 12.3.2008 – 9 A 3/06 –.

wird.[91] Die notwendigen Kohärenzsicherungsmaßnahmen können folglich nur in Abhängigkeit von der Beeinträchtigung des jeweiligen Schutzgebiets identifiziert werden.[92] Als Ausgleichsmaßnahmen anerkannt sind beispielsweise die Wiederherstellung oder Verbesserung bestehender Schutzgebiete oder die Neuanlage von Lebensräumen.[93]

Die Eignung einer Kohärenzsicherungsmaßnahme ist ausschließlich nach naturschutzfachlichen Maßstäben zu beurteilen.[94] Nach der Rechtsprechung des BVerwG sind Kohärenzsicherungsmaßnahmen dann geeignete Maßnahmen, wenn nach aktuellem wissenschaftlichen Erkenntnisstand eine hohe Wahrscheinlichkeit ihrer Wirksamkeit besteht.[95] **138**

ee) Vermeidungsmaßnahmen, CEF-Maßnahmen

(1) Vogelschutz

Hochspannungsfreileitungen haben eine besondere Sensibilität im Hinblick auf den Vogelschutz. Der Schutzstatus ergibt sich aus der Ausweisung als Vogelschutzgebiet. Vogelschutzgebiete können faktische oder ausgewiesene Vogelschutzgebiete sein. **139**

Bei faktischen Vogelschutzgebieten gilt eine unbedingte Veränderungssperre. Die Realisierung eines Vorhabens dürfte in diesem Fall grds. schwierig sein. **140**

Bei einem ausgewiesenen Vogelschutzgebiet kommt es auf die Festsetzungen im Einzelnen an. **141**

Unabhängig davon ist dem Vogelschutz besondere Bedeutung und Beachtung zuzumessen. **142**

(2) Artenschutz

Im Bereich des Artenschutzes ist zu prüfen, ob durch das Vorhaben im Hinblick auf die europäisch geschützten Arten (Arten nach Anhang IV FFH-Richtlinie und die Vogelarten gem. Art. 1 der VS-Richtlinie) Verbotstatbestände des § 44 Abs. 1 BNatSchG n.F. (§ 42 Abs. 1 BNatSchG a.F.) unter Berücksichtigung der Maßgabe nach § 44 Abs. 5 und 6 BNatSchG n.F. (§ 42 Abs. 5 BNatSchG a.F.) verwirklicht werden. Dazu ist ein artenschutzrechtlicher Fachbeitrag mit den Planunterlagen einzureichen. Sind Verbotstatbestände erfüllt, ist eine Überwindung der Verbote durch eine Ausnahme nach § 45 Abs. 7 BNatSchG n.F. (§ 43 Abs. 8 BNatSchG a.F.) erforderlich. Die Voraussetzungen für die Ausnahme sind in dem artenschutzrechtlichen Fachbeitrag darzulegen. Andere besonders geschützte Arten unterliegen im Rahmen der Planfeststellung nicht den Zugriffs-, Besitz- und Vermarktungsverboten des § 44 BNatSchG n.F. (§ 42 BNatSchG a.F.); diese werden ausschließlich im Rahmen der Eingriffsregelung nach § 13 ff. BNatSchG n.F. (§§ 18 ff. BNatSchG a.F.) behandelt. **143**

Nach § 41 BNatSchG sind zum Schutz von Vogelarten neu zu errichtende Masten und technische Bauteile von Mittelspannungsleitungen konstruktiv so auszuführen, dass Vögel gegen Stromschlag geschützt sind. An bestehenden Masten und technischen Bauteilen von Mittelspannungsleitungen mit hoher Gefährdung von Vögeln sind bis zum 31.12.2012 die notwendigen Maßnahmen zur Sicherung gegen Stromschlag durchzuführen.[96] **144**

---

91 BVerwG, Urt. v. 12.3.2008 – 9 A 3/06 –.
92 BVerwG, Urt. v. 17.1.2007 – 9 A 20/05 –.
93 EU-Auslegungsleitfaden zu Art. 6 Abs. 4 der Habitat-Richtlinie 92/43/EWG, Stand: Januar 2007, S. 16 mit weiterführenden Anmerkungen zur Realisierung von Kohärenzsicherungsmaßnahmen.
94 BVerwG, Urt. v. 12.3.2008 – 9 A 3/06 –.
95 BVerwG, Urt. v. 12.3.2008 – 9 A 3/06 –.
96 BVerwG, Urt. v. 9.7.2008 – 9 A 14/07 –.

ff) Naturschutzrechtliche Eingriffsregelungen

(1) Allgemein

145 Unabhängig von der Festsetzung der Ausweisung etwaiger Schutzgebiete gilt das naturschutzrechtliche Vermeidungsgebot.

146 Erhebliche Beeinträchtigungen von Natur und Landschaft sind vom Verursacher zu vermeiden. Nicht vermeidbare erhebliche Beeinträchtigungen sind durch Ausgleichs- oder Ersatzmaßnahmen oder, soweit dies nicht möglich ist, durch einen Ersatz in Geld zu kompensieren (§ 13 BNatSchG).

147 Eingriffe in Natur und Landschaft im Sinne des BNatSchG sind Veränderungen der Gestalt oder Nutzung von Grundflächen oder Veränderungen des mit der belebten Bodenschicht in Verbindung stehenden Grundwasserspiegels, die die Leistungs- und Funktionsfähigkeit des Naturhaushalts oder das Landschaftsbild erheblich beeinträchtigen können (§ 14 BNatSchG).

148 Die Errichtung, Änderung oder der Betrieb der Hochspannungsleitung, ob Erdkabel oder Freileitung, sind grds. Eingriffe im Sinne des § 14 BNatSchG.

149 Der Verursacher eines Eingriffs ist verpflichtet, vermeidbare Beeinträchtigungen von Natur und Landschaft zu unterlassen. Beeinträchtigungen sind vermeidbar, wenn zumutbare Alternativen, den mit dem Eingriff verfolgten Zweck am gleichen Ort ohne oder mit geringeren Beeinträchtigungen von Natur und Landschaft zu erreichen, gegeben sind. Soweit Beeinträchtigungen nicht vermieden werden können, ist dies zu begründen (§ 15 Abs. 1 BNatSchG).

150 Der Vorhabenträger ist verpflichtet, solche Beeinträchtigungen zu unterlassen, die durch eine schonendere Ausführungsvariante am gleichen Standort vermieden werden können.

151 Unvermeidbare Beeinträchtigungen sind durch Maßnahmen des Naturschutzes und der Landschaftspflege auszugleichen (Ausgleichsmaßnahmen) oder zu ersetzen (Ersatzmaßnahmen). Ausgeglichen ist eine Beeinträchtigung, wenn und sobald die beeinträchtigten Funktionen des Naturhaushalts in gleichartiger Weise wiederhergestellt sind und das Landschaftsbild landschaftsgerecht wiederhergestellt oder neu gestaltet ist. Ersetzt ist eine Beeinträchtigung, wenn und sobald die beeinträchtigten Funktionen des Naturhaushalts in dem betroffenen Naturraum in gleichwertiger Weise hergestellt sind und das Landschaftsbild landschaftsgerecht neu gestaltet ist (§ 15 Abs. 2 BNatSchG).

152 Werden die mit der Errichtung von Leitungstrassen verbundenen Eingriffe im Einzelfall nicht vollständig ausgeglichen oder kompensiert, sind sie nur zulässig, wenn die Abwägung aller Anforderungen an Natur und Landschaft gem. § 15 Abs. 5 BNatSchG ergibt, dass andere Belange im Range vorgehen. Wenn diese Belange vorgehen, sind Ersatzzahlungen gem. § 15 Abs. 6 BNatSchG zu leisten.

(2) Ersatzgeld

153 Die Zahlung von Ersatzgeld wird nach § 15 Abs. 6 BNatSchG zulässig, wenn ein Eingriff zulässigerweise durchgeführt wird, obwohl die Beeinträchtigung nicht zu vermeiden, nicht in angemessener Frist auszugleichen oder zu ersetzen ist. Die Höhe der Ersatzzahlung richtet sich nach der Schwere und der Dauer des Eingriffs.

154 Sie ist nach Möglichkeit vor dem eigentlichen Eingriff zu leisten. Sie umfasst die Kosten der nicht durchgeführten Ausgleich- und Ersatzmaßnahmen einschließlich der Kosten für deren Planung und Erhaltung sowie die Flächenbereitstellung unter Einbeziehung des Personals und der Verwaltungskosten. Zusammengefasst handelt es sich hier um eine vollständige Kompensation zur Durchführung der Ausgleichs- oder Ersatzmaßnahme durch die Behörde, die eigentlich durch den Vorhabenträger hätte erfolgen sollen.

d) Immissionsschutzrecht

Die Planfeststellungsbehörde hat zu prüfen, ob das Vorhaben den immissionsschutzrechtlichen Vorgaben entspricht. Immissionsschutzrechtlich sind vor allem die 26. BImSchV-Verordnung über elektromagnetische Felder sowie die Regeln der TA Lärm von Bedeutung. 155

aa) Elektromagnetische Felder

Die von den Hochspannungsleitungen ausgehenden elektromagnetischen Felder sind gem. § 3 Abs. 2 BImSchG Immissionen. Konkrete Vorgaben zum Schutz vor elektromagnetischen Feldern ergeben sich aus § 22 Abs. 1 BImSchG i.V.m. der 26. BImSchV.[97] Dort werden Grenzwerte hinsichtlich der elektrischen Feldstärke und der magnetischen Flussdichte von Niederfrequenzanlagen festgelegt, die im Einwirkungsbereich der Anlage in den Gebäuden oder auf Grundstücken, die nicht nur zum vorübergehenden Aufenthalt von Menschen bestimmt sind, einzuhalten sind. Die Rechtsprechung erachtet diese Grenzwerte als ausreichend und dem Stand der Wissenschaft entsprechend.[98] Die Einhaltung der magnetischen und elektrischen Feldstärkewerte gem. der 26. BImSchV muss durch den Vorhabenträger nachgewiesen werden. 156

bb) Koronaeffekte

Von zunehmend größerer Bedeutung ist angesichts verdichteter Räume – Wohn- und Gewerbenutzung – der Schallschutz. Von Hochspannungsfreileitungen gehen Koronaeffekte aus, die knistern oder brummen. Koronaeffekte entstehen durch Entladungen an Hochspannungsleitungen; dieser Effekt tritt auf, wenn ein elektrisches Potenzialgefälle eine Ionisierung bewirkt, die für eine Funkentladung nicht ausreicht, aber stark genug ist, Geräusche zu verursachen. 157

Maßstab für die Bewertung der Zulässigkeit des Vorhabens ist im Hinblick auf die Schallemissionen und die Schallimmissionen die TA Lärm. Sie schreibt an den relevanten Immissionsorten (Nr. 2.3 TA-Lärm) die höchstzulässigen Immissionsrichtwerte tags und nachts vor (Nr. 6 TA-Lärm). 158

Der Vorhabenträger hat systematisch wie folgt vorzugehen: In einem ersten Schritt werden die Gebiete identifiziert, die einer bestimmten Art der Nutzung im Sinne der Baunutzungsverordnung zuzuordnen sind. In der Regel unproblematisch ist dies bei entsprechenden Festsetzungen in Bebauungsplänen. Fehlt eine entsprechende Festsetzung, muss anhand der tatsächlichen Gegebenheiten eine Einordnung vorgenommen werden. Im Einzelfall kann das jeweilige Schutzniveau an die tatsächlichen Umstände angepasst werden, wenn die tatsächliche oder im Bebauungsplan festgesetzte Nutzung die tatsächlichen Gegebenheiten nicht ausreichend berücksichtigt. Eine derartige Anpassung des Schutzniveaus – abweichend von den in den Bebauungsplan festgesetzten Nutzungsarten – muss die Ausnahme bleiben und daher sorgfältig erfolgen. Maßgeblich ist, ob das Schutzniveau insgesamt tatsächlich heruntergestuft und die zulässige Schallemission hochgesetzt werden kann. Lassen die tatsächlichen Nutzungen ein derartiges Vorgehen zu, ohne dass die Interessen der Betroffenen angemessen beeinträchtigt werden, so ist dieses methodische Vorgehen grds. zulässig. 159

Zu unterscheiden ist diese Korrektur von der Gemengelage, also wenn gewerblich, industriell oder hinsichtlich ihrer Geräuschauswirkungen vergleichbar genutzte und zum Wohnen dienende Gebiete aneinandergrenzen (Nr. 6.7 TA-Lärm). Dieses Aufeinandertreffen hat zur Folge, dass sich das regelhaft vorgegebene Zumutbarkeitsmaß in dem einen Gebiet erhöht und 160

---

97 Vgl. allgemein zur 26. BImSchV *Kutscheidt*, NJW 1997, 2481. Laut 10-Punkte-Plans des BMU zur Energiewende vom 10.8.2012 soll die 26. BImSchV alsbald überarbeitet werden.

98 Vgl. BVerwG, Beschl. v. 9.2.1996 – 11 VR 46/95 –; VGH Kassel, Urt. v. 22.3.1993 – 2 A 3300 –, – 2 A 3316/89 –.

in dem anderen vermindert.[99] Ein unmittelbares räumliches Aneinandergrenzen der unterschiedlichen Gebiete ist für die Annahme einer Gemengelage nicht erforderlich.[100]

161 Es müssen zur Bestimmung der Zumutbarkeit des Zwischenwertes die Ortsüblichkeit und die Umstände des Einzelfalls berücksichtigt werden, wobei insbesondere auch die Priorität der entgegenstehenden Nutzungen von Bedeutung ist. Die Obergrenze für Gemengelagen darf die Immissionsrichtwerte für Kern-, Dorf- und Mischgebiete nicht überschreiten (Nr. 6.7 Abs. 1, S. 2 TA Lärm). Der Stand der Lärmminderungstechnik ist einzuhalten (Nr. 6.7 Abs. 1, S. 3 TA Lärm).

3. Abschnittsbildung

162 Vorhaben können in selbstständigen Abschnitten untergliedert verwirklicht werden.[101] Die planungsrechtliche Abschnittsbildung ist als richterrechtliche Ausprägung des Abwägungsgebotes[102] nicht voraussetzungslos zulässig,[103] weil sie ein gewisses Erschwerungspotenzial für den Rechtsschutz Betroffener bietet. Während die Abschnittsbildung im EnWG gesetzlich nicht geregelt ist, wird sie im NABEG in § 19 S. 2 als Instrument der Verfahrensbeschleunigung erwähnt.

163 Die Streckenbildung entscheidet über den Umfang des planfestzustellenden Verfahrensgegenstandes. Als solche wird ihre Rechtmäßigkeit als Bestandteil des Planfeststellungsbeschlusses kontrolliert. Zulässig ist die Abschnittsbildung, wenn sachliche Gründe für die Aufteilung des Gesamtvorhabens sprechen, sodass sie vernünftigerweise geboten ist. Es ist nicht erforderlich, dass zwingende Gründe eine Abschnittsbildung erfordern. Die Grenze für eine zulässige Abschnittsbildung liegt vielmehr darin, dass die Abschnittsbildung nicht dazu dienen darf, bestehenden oder befürchteten Konflikten ohne sachlichen Grund aus dem Weg zu gehen und einer Lösung zu entziehen. Die Bildung von Abschnitten bietet sich besonders bei umfangreichen Vorhaben an sowie in den Fällen, in denen die Verwirklichung bestimmter Abschnitte besonders dringlich oder besonders konfliktbelastet ist.

a) Rechtfertigung der Bildung von Trassenabschnitten

164 Die Bildung von Trassenabschnitten muss gerechtfertigt und insbesondere mit den Anforderungen des Abwägungsgebotes und dem Gebot der Problembewältigung vereinbar sein.[104] Dies gilt sowohl, wenn die Abschnittsbildung auf Antrag des Vorhabenträgers oder von Amts wegen vorgenommen wird. Da die Abschnittsbildung der Rechtfertigung bedarf, ist auf die Notwendigkeit der Abschnittsbildung gesondert in den Antragsunterlagen einzugehen.

165 Zur Rechtfertigung muss vorgetragen werden, dass sich in den unterschiedlichen Abschnitten verschiedene Konflikte erwarten lassen, deren Bewältigung gerade durch die Abschnittsbildung erleichtert wird.[105] Dabei geht es nicht darum, Abschnitte zu bilden, um Konflikten zu entgehen, sondern um die Konfliktbewältigung zu optimieren. Die Komplexität des Konfliktpensums kann sich in der Gruppe der Betroffenen oder den besonderen fachrechtlichen Anforderungen abzeichnen.

---

99 BVerwG, Beschl. v. 12.9.2007 – 7 B 24/07 –; BVerwG, Beschl. v. 6.2.2003 – 4 BN 5/03 –; VGH München, Beschl. v. 5.6.2009 – 10 CS 09/1313 –.
100 OVG Lüneburg, Urt. v. 14.2.2007 – 12 LC 37/07 –; VGH Mannheim, Beschl. v. 26.2.2004 – 10 S 951/03 –.
101 BVerwG, Beschl. v. 1.9.1965 – IV C 180.65 –; BVerwG, Beschl. v. 22.3.1973 – IV B 158.72 –; BVerwG, Urt. v. 26.6.1981 – 4 C 5.78 –; BVerwG, Beschl. v. 5.6.1992 – 4 NB 21/91 –; BVerwG, Beschl. v. 26.6.1992 – 4 B 1 11/92 –.
102 Zum EnLAG BVerwG, Beschl. v. 22.6. 2010 – 7 VR 4.10 –; vgl. auch BVerwG, Beschl. v. 5.6.1992 – 4 NB 21/91 –; BVerwG, Beschl. v. 23.3.1973 – IV B 158.72 –.
103 *Kopp/Ramsauer*, § 74 Rn 29.
104 *Kopp/Schenke*, § 72 Rn 30.
105 Vgl. BVerwG, Beschl. v. 22.7.2010 – 7 VR 4/10 –; BVerwG, Beschl. v. 24.5.2012 – 7 VR 4/12 –.

Der dem Fachplanungsrecht innewohnende Grundsatz der umfassenden Problembewältigung erfordert, dass Abschnitte nur in Vorschau auf nachfolgende Teile genehmigt und umgesetzt werden dürfen. Die Abschnittbildung muss demnach auf einer bereits fortgeschrittenen Gesamtplanung basieren und sich durch diese begründen lassen.[106] Im Hinblick auf diese muss die Bildung von Abschnitten aus sich selbst heraus inhaltlich gerechtfertigt erscheinen.[107] Das ist der Fall, wenn anzunehmen ist, dass sie die Verwirklichung des Vorhabens praktikabler und das Verwaltungsverfahren insgesamt durch die Reduktion von Komplexität in den Abschnitten effizienter macht. 166

b) Vorläufige positive Gesamtprognose

Die Zulassung des Vorhabens in einzelnen, selbstständigen Abschnitten ist nur zulässig, wenn hinsichtlich des Gesamtvorhabens eine positive Prognose abgegeben werden kann. Das ist der Fall, wenn der Realisierung des Gesamtvorhabens keine unüberwindlichen Hindernisse entgegenstehen. Es ist zu vermeiden, dass einzelne Abschnitte genehmigt oder gar realisiert werden, ohne dass die Gesamtkonzeption genehmigungsfähig oder realisierbar ist. 167

Abschnitte des Gesamtvorhabens sind in der Regel konzeptionell in eine Gesamtplanung eingebunden,[108] sodass sie bei isolierter Betrachtung[109] Schwächen aufweisen, die durch das Gesamtvorhaben gerechtfertigt werden.[110] Die Verbundenheit der Teilabschnitte muss sich in einem *„planerischen und insbesondere konzeptionellen Zusammenhang“* zeigen.[111] 168

Hintergrund der Betrachtung der Gesamtkonzeption ist die Gewährleistung der effektiven Problembewältigung in dem in Abschnitten untergliederten Verfahren wie in einem einheitlichen Verfahren. Der Untersuchungsrahmen, beispielsweise für Alternativen, darf durch die Aufteilung des Vorhabens in Abschnitte nicht durch zwischenzeitliche Schaffung vollendeter Tatsachen derart eingeengt werden, dass sich durch das Gesamtvorhaben stellende Probleme unbewältigt bleiben.[112] 169

Für die Betrachtung der Gesamtkonzeption erforderlich und ausreichend ist eine Gesamtschau,[113] die mit einem *„vorläufig positiven Gesamturteil“* abgeschlossen wird und in das Verfahren des jeweiligen Abschnitts Eingang findet.[114] Die Gesamtschau ist mit einer gröberen Prüfungsintensität vorzunehmen; die Vorteile der Abschnittsbildung sollen dadurch freilich nicht aufgehoben werden. Diese Einschätzung wird besonders schwer fallen, wenn bereits feststeht, dass künftig Abschnitte durch besondere Schutzgebiete führen werden. Doch ist auch die Einschränkung ausgewiesener Schutzgebiete grds. nicht undenkbar. So ist es möglich, dass auch bereits im Rahmen der Gesamtschau Abweichungsverfahren oder Ausgleichsmaßnahmen vorausschauend in Betracht gezogen werden, um nicht zur Unüberwindbarkeit eines Hindernisses zu gelangen.[115] 170

Im Verfahren für einen selbstständigen Abschnitt müssen daher auch die nachfolgenden Abschnitte betrachtet werden.[116] Mit Blick auf die nachfolgenden Abschnitte darf die Verwirk- 171

106 Vgl. BVerwG, Beschl. v. 26.6.1992 – 4 B 1 11/92 –; BVerwG, Beschl. v. 21.12.1995 – 11 VR 6/95 –.
107 Vgl. BVerwG, Beschl. v. 5.12.2008 – 9 B 28/08 –.
108 Vgl. BVerwG, Beschl. v. 5.6.1992 – 4 NB 21/92 –.
109 Vgl. BVerwG, Urt. v. 28.2.1996 – 4 A 27/95 –.
110 BVerwG, Beschl. v. 5.6.1992 – 4 NB 21/92 –.
111 BVerwG, Urt. v. 21.1.1998 – 4 VR 3.97 –.
112 BVerwG, Beschl. v. 2.11.1992 – 4 B 205/92 –.
113 BVerwG, Beschl. v. 23.11.2007 – 9 B 38/07 –; BVerwG, Urt. v. 12.8.2009 – 9 A 64/07 –; VGH München, Urt. v. 24.11.2010 – 8 A 10.40007 –.
114 VGH München, Urt. v. 24.11.2010 – 8 A 10.40007 –.
115 BVerwG, Urt. v. 12.3.2008 – 9 A 3/06 –; BVerwG, Urt. v. 12.8.2009 – 9 A 64/07 –.
116 Vgl. BVerwG, Urt. v. 23.2.2005 – 4 A 4/04 –.

lichung der nachfolgenden Abschnitte nicht von vornherein unüberwindbaren Hindernissen ausgesetzt sein.[117] Nachfolgende Abschnitte müssen jedoch noch nicht Gegenstand eines konkreten Planungsverfahrens sein.[118]

c) Antrag

172 Der Vorhabenträger ist durch die Abschnittsbildung berechtigt, die Anträge und Antragsunterlagen für das Planfeststellungsverfahren sukzessive einzureichen. Ob es darüber hinaus zulässig ist, einen Planfeststellungsbeschluss über einen Abschnitt zu erlassen, bevor ein weiterer Abschnitt überhaupt beantragt ist, ist höchstrichterlich noch nicht geklärt. Man wird dies auf der einen Seite nicht strikt verlangen können. Auf der anderen Seite ist eine positive Prognose des Gesamtvorhabens nur dann möglich, wenn eine gewisse Verfestigung der Planung auf die übrigen Abschnitte eingetreten ist. Diese Verfestigung dürfte regelmäßig dann erreicht sein, wenn die Antragsunterlagen für die weiteren Abschnitte fertiggestellt sind. Eine formelle Beantragung bedarf es nicht; die Behörde muss aber diese weiteren Planungen kennen, um die von ihr vorzunehmende Abwägung und Prognose durchführen zu können.

173 Die Abschnittsbildung ist auf Antrag des Vorhabenträgers zu prüfen. Die Antragstellung hat im Grundsatz zwei Rechtswirkungen: Sie ist Rechtmäßigkeitsvoraussetzung für die Einleitung des Verwaltungsverfahrens und gleichzeitig auch materiell-rechtlich die Voraussetzung für die Feststellung des Plans; im Antrag wird die Reichweite des Abschnitts bestimmt. Die Behörde hat dabei ihre Ermessenspflicht auszuüben. Maßstab für die Ermessensausübung ist die Sachdienlichkeit der Abschnittsbildung unter Beachtung des notwendigen positiven Gesamturteils für das Vorhaben insgesamt.

174 Eine Abschnittsbildung ohne entsprechenden Antrag des Vorhabenträgers ist nicht zulässig. Dies wird im NABEG besonders deutlich, wo nach § 5 Abs. 3 S. 2 NABEG die Bundesfachplanung auch ohne entsprechenden Antrag des Vorhabenträgers in einzelnen Abschnitten erfolgen darf, und eine entsprechende Regelung für die Planfeststellung nicht vorhanden ist.

d) Planrechtfertigung

175 Für das Gesamtvorhaben muss eine Planrechtfertigung nachgewiesen sein.[119] Bislang ungeklärt ist, welche Anforderungen an die Planrechtfertigung der Abschnitte zu stellen sind. Auf der einen Seite soll die Abschnittsbildung zulässig sein, um bestimmte Konfliktfelder optimiert zu lösen, das Verfahren zu beschleunigen und dem Vorhabenträger sukzessive Planungssicherheit zu verschaffen. Auf der anderen Seite muss verhindert werden, dass die Abschnittsbildung zu einem Torso führt oder bestehende Konflikte integriert werden.

176 Besonders bei langstreckigen, planfeststellungsfähigen Energieleitungen werden Abschnitte in der Regel nicht selbstständig über eine ausreichende Planrechtfertigung verfügen, sondern auf die des Gesamtvorhabens zurückgreifen. Im Fernstraßenrecht ordnet die Rechtsprechung dies als nicht hinreichende materiell-rechtliche Voraussetzung ein und fordert für jeden Abschnitt eine selbstständige Verkehrsfunktion.[120] Danach muss also aus ex ante-Sicht gewährleistet sein, dass bereits die Verwirklichung eines Abschnitts in der Weise sinnvoll ist, dass der Abschnitt eine eigene Funktion wahrnehmen kann. Das Kriterium gilt nicht generell als Grundsatz des Fach-

---

117 BVerwG, Urt. v. 23.2.2005 – 4 A 4/04 –.
118 BVerwG, Urt. v. 26.2.1999 – 4 A 47/96 –.
119 Vgl. oben Rn 76 ff.
120 BVerwG, Beschl. v. 2.11.1992 – 4 B 205/92 –; BVerwG, Urt. v. 8.6.1995 – 4 C 4/94 –.

planungsrechts und wurde im Eisenbahnrecht nicht implementiert.[121] Offengeblieben ist, ob die Rechtsprechung diese Anforderungen auch an energiewirtschaftliche Vorhaben stellt.[122]

Abschnitte planfeststellungsfähiger Energieleitungen erfordern keine jeweils selbstständige Verkehrsfunktion. Das ergibt sich bereits aus praktischen Überlegungen. Ein Straßenabschnitt kann – sofern er in sich fertiggestellt ist – benutzt werden. Solche Abschnitte werden genutzt, wie die sukzessive Realisierung von Bundesautobahnen oder Bundesstraßen zeigt. Eine nicht fertiggestellte Hochspannungsleitung – sei es als Erdkabel oder als Freileitung – ist indes nicht nutzbar. Eine Energieleitung benötigt am Anfang und am Ende einen Anschluss an das Netz, einen Abschnitt oder einen Erzeuger. Nur wenn ein Stück Leitung zu einem Anschlusspunkt oder einem Erzeuger oder einem Abnehmer führt, ist eine Nutzung überhaupt denkbar. Dies bestätigt die Zieldefinition des EnWG: Während in § 1 Abs. 1 S. 1 FStrG auf die Bildung eines *„zusammenhängenden Verkehrsnetzes“* abgestellt wird, ist eine entsprechende Formulierung in § 1 Abs. 1 nicht enthalten. 177

Der Konflikt zwischen Verfahrensbeschleunigung und Vermeidung halbfertiger Projekte kann im Zweifelsfall dadurch abgemildert werden, dass die Erteilung eines Planfeststellungsbeschlusses für einen Abschnitt mit der Bedingung versehen wird, dass mit dem Bau erst begonnen werden kann, wenn die gesamte Leitung genehmigt ist. Dieses auf den ersten Blick verlockende Vorgehen stößt allerdings dann auf Bedenken, wenn die Verfahrensbeschleunigung auch dadurch erreicht werden soll, dass der Vorhabenträger gerade abschnittsweise mit dem Bau beginnen kann, und zwar auch dann, wenn ein weiterer Abschnitt noch nicht planfestgestellt ist. Im Ergebnis wird man wohl abwägen müssen, ab wann ein positives Gesamturteil für die Realisierung des Gesamtvorhabens gefällt werden kann. Besteht eine ausreichende Sicherheit, bedarf es einer wie zuvor beschriebenen Bedingung nicht. 178

e) Rechtsschutz

Die Planfeststellung von Abschnitten eines gesamten Vorhabens und die Vorbehaltsentscheidung haben Konsequenzen für den Rechtschutz: 179

- Jeder Planfeststellungsbeschluss und jede Plangenehmigung – auch sofern diese nur einzelne Abschnitte umfassen – ist rechtsmittelfähig.
- Jede Abschnittsbildung ist am eigenen Verfahren mit eigener Öffentlichkeitsbeteiligung – soweit gesetzlich gefordert – durchzuführen.
- Private und Umweltverbände haben in jedem einzelnen Verfahren ggf. Einwendungen zu erheben.
- Sind verschiedene Plangenehmigungen oder Planfeststellungsbeschlüsse über Abschnitte über Bedingungen oder Auflagen miteinander verbunden, kann sowohl der eigentliche Beschluss bzw. die Genehmigung rechtsmittelfähig sein und darüber hinaus der – spätere – Eintritt der Bedingung oder das Wirksamwerden einer etwaigen Auflage.
- Vorbehaltsentscheidungen sind in der Regel zweistufig. Beide Stufen – Erlass der Vorbehaltsentscheidung und Aufhebung des Vorbehalts – sind rechtsmittelfähig.

4. Abwägungsentscheidung (S. 3)

a) Allgemeines

Bei der Planfeststellung sind gem. S. 3 die vom Vorhaben berührten öffentlichen und privaten Belange abzuwägen. Dieses Gebot umfasst den **Abwägungsvorgang** und das **Abwägungsergebnis**.[123] 180

---

121 BVerwG, Beschl. v. 21.12.1995 – 11 VR 6/95 –; im Anschluss daran: BVerwG, Beschl. v. 30.12.1996 – 11 VR 25/95 –.
122 BVerwG, Beschl. v. 22.7.2010 – 7 VR 4.10 –.
123 BVerwG, Urt. v. 5.7.1974 – IV C 50/72 –. Vgl. auch *Hoppe/Schlarmann/Buchner/Deutsch*, S. 300 ff.; *Hoppe/Bönker/Grotefels*, S. 166 ff.

181 Das rechtsstaatliche Gebot gerechter Abwägung ist verletzt, wenn eine Abwägung nicht stattgefunden hat, wenn in die Abwägung an Belangen nicht eingestellt wurde, was nach Lage der Dinge einzustellen war, wenn die Bedeutung der betroffenen öffentlichen und privaten Belange verkannt oder wenn der Ausgleich zwischen den von der Planung berührten öffentlichen und privaten Belangen in einer Weise vorgenommen wurde, der zum objektiven Gewicht einzelner Belange außer Verhältnis steht.[124]

182 Planung ist der komplexe Prozess der Gewinnung, Auswahl und Verarbeitung von Informationen, der Zielsetzung und der Auswahl einzusetzender Mittel.[125] Hieraus folgt auch der planerische **Grundsatz der Konfliktbewältigung**, wonach durch eine Planung keine neuen Problemlagen geschaffen werden dürfen und bei der Planaufstellung bereits alle möglichen Konflikte vorausschauend betrachtet werden müssen.[126]

183 Ein optimales Abwägungsergebnis zu erreichen, ist eine Aufgabe, die den Vorhabenträger und auch die Behörde vor erhebliche Herausforderungen stellt. Diese Herausforderung bedingt, dass Planungsnormen der Verwaltung zwangsläufig **große Freiräume und Gestaltungsmöglichkeiten** einräumen, Planung ohne Gestaltungsfreiheit wäre ein Widerspruch in sich.[127] Die Gestaltungsfreiheit der Planungsbehörden folgt bereits daraus, dass die Normen des Planungsrechts **final programmiert** sind und eine **ziel- und zweckgerichtete Festlegung von verbindlichen Handlungs- und Entscheidungsrahmen** enthalten.[128] Die zur Überprüfung der Planfeststellungen aufgerufenen Gerichte räumen den Behörden eine gewisse **planerische Gestaltungsfreiheit** ein, die letztlich einer gerichtlichen Überprüfung entzogen ist, wenn das Abwicklungsmaterial vollständig erfasst und in sich richtig gewichtet ist.[129] Dies ist maßgeblich für die notwendige Planung und Rechtssicherheit, die erreicht werden muss. Denn im Grunde ist jedes Abwägungsergebnis diskutierbar.

b) Alternativenprüfung

184 Nach den zum Abwägungsgebot entwickelten Grundsätzen müssen grds. alle ernsthaft in Betracht kommenden **Planungsalternativen** ermittelt, bewertet und untereinander abgewogen werden.[130] In praktischer Hinsicht werden Alternativen und Varianten vornehmlich betrachtet und bewertet, um nachzuweisen, dass die festgestellte Trasse die vorzugswürdigste ist.

185 Planungsalternativen von Energieleitungen können sich sowohl auf die **Führung der Trassen** als auch auf die **Ausführung des Vorhabens** beziehen.

186 Der Begriff der **Alternative** ist von einem anderen **Vorhaben** zu unterscheiden. Die Alternativenprüfung verlangt nicht, dass der Vorhabenträger oder die beteiligte Behörde ein völlig anderes Vorhaben prüfen muss, um deren Realisierung mit dem beantragten Vorhaben zu vergleichen.[131] Dies hätte zur Konsequenz, dass eine unbegrenzte Zahl von Alternativen betrachtet werden müsste. Eine solche Alternativenprüfung ist unrealistisch; sie wird von den überkom-

---

124 Vgl. nur BVerwG, Urt. v 12.12.1969 – IV C 105/66 –; BVerwG, Urt. v. 14.2.1975 – IV C 21/74 –; BVerwG, Beschl. v. 20.12.1988 – 4 B 211/88 –; BVerwG, Beschl. v. 24.11.2010 – 4 BN 40/10 –. *Hoppe/Schlarmann/Buchner/Deutsch*, S. 336 ff.

125 BVerfG, Beschl. v. 17.7.1996 – 2 BvF 2/93 –.

126 Vgl. nur BVerwG, Urt. v. 1.11.1974 – IV C 38/71 –; BVerwG, Urt. v. 9.3.1979 – 4 C 41/75 –; BVerwG, Beschl. v. 25.8.1997 – 4 BN 4/97 –; BVerwG, Urt. v. 16.3.2006 – 4 A 1075/04 –.

127 BVerwG, Urt. v. 14.2.1975 – IV C 21/74 –.

128 BVerwG, Urt. v. 12.12.1969 – IV C 105/66 –; *Hoppe/Bönker/Grotefels*, S. 175 ff.

129 BVerwG, Urt. v. 7.7.1978 – 4 C 79/76 –; BVerwG, Urt. v 29.1.1991 – 4 C 51/89 –.

130 Vgl. nur BVerwG, Beschl. v. 24.4.2009 – 9 B 10/09 –; BVerwG, Beschl. v. 11.8.2006 – 9 VR 5/06 –; BVerwG, Beschl. v. 9.4.2003 – 9 A 37/02 –; BVerwG, Urt. v. 14.11.2002 – 4 A 15/02 – jeweils m.w.N.

131 Vgl. *Schink*, DÖV 2011, 905, 914.

menen Grundsätzen der Alternativenprüfung nicht gefordert. Geht man von dieser Differenzierung zwischen Alternative und anderen Vorhaben aus, so stellt sich die Frage, welches das Vorhaben ist, innerhalb dessen die Alternativen geprüft werden müssen. Im Ergebnis ist festzuhalten, dass ein Vorhaben definiert wird durch den **Ausgangspunkt A** und den **Endpunkt B**. Verschiedene Trassenverläufe innerhalb des Bereichs zwischen Endpunkt und Anfangspunkt können als Alternativen angesehen werden. Einwendungen, ob die Trassenführung vom Ausgangspunkt A zum Endpunkt B überhaupt zulässig ist, ist hingegen eine Frage der Planrechtfertigung, nicht der Alternativenprüfung.

Gegenstand des Verfahrens ist die **vom Vorhabenträger beantragte Trasse**. Das Planfest- 187 stellungsverfahren wird als Antragsverfahren auf Grundlage des vom Vorhabenträger eingereichten Plans durchgeführt. Die Planfeststellungsbehörde kann von sich nur eine Planalternative feststellen, die den eingereichten Plan lediglich modifiziert. Es ist ihr nicht erlaubt, über eine Modifikation hinaus vom Antrag abzuweichen. Drängt sich ihr eine Planungsalternative auf, die mehr als eine Modifizierung des eingereichten Plans ist, muss sie bei dem Vorhabenträger auf eine Planänderung hinwirken, oder, wenn dieser sich darauf nicht einlässt, die Planfeststellung in der beantragten Form ablehnen, wenn die Feststellung des eingereichten Plans aufgrund der vorziehenden Planungsalternative rechtswidrig wäre. Ebenso ist es ist grds. Teil der planerischen Gestaltungsfreiheit des Vorhabenträgers, die Vergleichsmaßstäbe für die Bewertung einer Alternativtrasse zu bestimmen.[132]

Innerhalb dieses Rahmens erfolgt die **Zusammenstellung des Abwägungsmaterials.** Die- 188 se ist als offener Vorgang der Informationsgewinnung und -verarbeitung angelegt, der ziel- und ergebnisorientiert und so konkret sein muss, dass eine sachgerechte Entscheidung möglich ist. Die Planfeststellungsbehörde hat bei der vergleichenden Betrachtung von Trassenalternativen den Sachverhalt soweit aufzuklären, wie dies nach ihren Zielvorstellungen für eine sachgerechte Entscheidung und eine zweckmäßige Gestaltung des Planungsverfahrens erforderlich ist.[133] Zwar ist der Abwägungsvorgang fehlerhaft, wenn die Planfeststellungsbehörde bestimmte Planungsvarianten bei der Zusammenstellung des Abwägungsmaterials nicht beachtet. Dies setzt jedoch voraus, dass eine bestimmte Alternativlösung nach Lage der Dinge **ernsthaft in Betracht kommt**, sie sich **anbietet** oder gar **aufdrängt,** zumindest aber **naheliegt.**[134] Ob dies der Fall ist, kann sich ggf. erst aufgrund einer gerichtlichen Beweisaufnahme klären lassen.[135] Die Planung eines Vorhabens, das einen wertvollen und schutzwürdigen Naturraum durchschneidet, kann etwa an einem Abwägungsfehler leiden, wenn Alternativen, die in diesen Raum nicht eingreifen, nicht ausreichend untersucht worden sind.[136]

Zu den einzubeziehenden und zu untersuchenden Alternativen gehören neben denen vom 189 Vorhabenträger eingebrachten und denen von Amts wegen ermittelten auch solche, die von dritter Seite im Laufe des Planfeststellungsverfahrens vorgeschlagen werden.[137] Andererseits ist im gerichtlichen Verfahren eine Behauptung, eine bestimmte Trassenalternative wäre ernsthaft in Betracht gekommen und hätte sich aufdrängen müssen, nicht schlüssig, wenn diese Trasse trotz einer ausgedehnten Variantendiskussion im Planfeststellungsverfahren von niemandem, auch nicht von dem mit entsprechendem Sachverstand ausgestatteten anerkannten Naturschutzverein, ins Gespräch gebracht worden ist.[138]

---

132 BVerwG, Urt. v. 9.6.2004 – 9 A 11/03 –.
133 BVerwG, Urt. v. 16.3.2006 – 4 A 1075/04 –.
134 BVerwG, Urt. v. 30.5.1984 – IV C 58/81 –; BVerwG, Urt. v. 9.7.2008 – 9 A 14/07 –; BVerwG, Urt. v. 9.6.2004 – 9 A 11/03 –; BVerwG, Beschl. v. 20.12.1988 – 4 B 211/88 –; BVerwG, Urt. v. 30.5.1984 – 4 C 58/81 –.
135 BVerwG, Beschl. v. 20.12.1988 – 4 B 211/88 –.
136 BVerwG, Urt. v. 14.11.2002 – 4 A 15/02 –.
137 BVerwG, Beschl. v. 24.4.2009 – 9 B 10/09 –.
138 BVerwG, Urt. v. 9.6.2004 – 9 A 11/03 –.

190 Die Planfeststellungsbehörde ist aber nicht verpflichtet, die Prüfung von Standortalternativen bis zuletzt offen zu halten. Sie braucht den Sachverhalt nur soweit aufzuklären, wie dies für eine sachgerechte Wahl der Trasse und eine zweckmäßige Gestaltung des Verfahrens erforderlich ist. Die Behörde ist nicht verpflichtet, Varianten in jeder Beziehung gleich intensiv zu prüfen, sondern darf eine Variante, die aufgrund einer Grobanalyse weniger geeignet erscheint, in einem früheren Verfahrensstadium ausscheiden.[139] Wird in dieser Weise verfahren, ist die Planung nicht abwägungsfehlerhaft, wenn sich später herausstellt, dass eine von ihr verworfene Alternative ebenfalls mit guten Gründen vertretbar gewesen wäre, sondern erst dann, wenn sich die ausgeschiedene Lösung als die vorzugswürdigere hätte aufdrängen müssen.[140]

191 Im Rahmen der **Abwägung** ist zu prüfen, ob die mit der Planung verfolgten Ziele an einem anderen Standort unter geringeren Opfern an entgegenstehenden öffentlichen und privaten Belangen verwirklicht werden können.[141] Stehen mehrere (vom Vorhabenträger eingebrachte) Trassenalternativen in engerer Auswahl, können eine unterschiedliche Eingriffsintensität und ein unterschiedlicher Grad der Kompensation bei gleicher Zielsetzung bei einer sachgerechten Auswahl grds. nicht außer Betracht bleiben.[142] Die Bestätigung einer bestimmten Lösung darf nicht auf einer Bewertung beruhen, die zur objektiven Gewichtigkeit der von den möglichen Alternativen betroffenen Belange außer Verhältnis steht.[143] Dabei steht es der Planfeststellungsbehörde im Rahmen ihrer allgemein bestehenden rechtlichen und fachgesetzlichen Bindungen grds. frei, die Bewertungskriterien festzulegen.[144]

192 In der **gerichtlichen Kontrolle** ist zu prüfen, ob es überhaupt objektiv eine sachgerechte Alternative zu der angegriffenen Planung gab, die im Planfeststellungsbeschluss nicht erörtert wurde. Kommt das Gericht hierbei zu dem Ergebnis, dass eine Planungsalternative gegeben sei, so hat es zu prüfen, ob diese Alternative auch im Abwägungsvorgang hätte ermittelt und gewertet werden müssen.[145] Eine bestimmte Trassenwahl ist nicht schon dann abwägungsfehlerhaft, wenn sich später herausstellt, dass eine zurückgestellte Alternative ebenfalls mit guten Gründen vertretbar gewesen wäre.[146] Es ist nicht Aufgabe der Judikative, durch eigene Ermittlungen und Wertungen ersatzweise zu planen und sich dabei von den Erwägungen einer „besseren" Planung leiten zu lassen. Die Grenze der planerischen Gestaltungsfreiheit bei der Auswahl zwischen verschiedenen Trassenvarianten ist erst dann überschritten, wenn sich eine alternative Trassenführung unter Berücksichtigung aller abwägungserheblichen Belange eindeutig als die bessere, weil öffentliche und private Belange insgesamt schonendere, darstellen würde, wenn sich diese Lösung hätte aufdrängen müssen oder wenn der Planfeststellungsbehörde in Folge einer fehlerhaften Ermittlung, Bewertung oder Gewichtung einzelner Belange ein rechtserheblicher Fehler unterlaufen ist.[147] Die Bewertung der privaten und öffentlichen Belange und ihre Gewichtung im Verhältnis untereinander macht das Wesen der Planung als einer im Kern politischen Entscheidung aus, die gerichtlich nur auf die Einhaltung rechtlicher Schranken hin überprüfbar ist.[148]

---

139 BVerwG, Beschl. v. 24.4.2009 – 9 B 10/09 –; BVerwG, Urt. v. 9.7.2008 – 9 A 14/07 –; BVerwG, Urt. v. 9.6.2004 – 9 A 11/03 –; BVerwG, Urt. v. 24.9.1997 – 4 VR 21/96 –; OVG Koblenz, Urt. v. 20.1.2010 – 8 C 10350/09 –.
140 BVerwG, Urt. v. 25.1.1996 – 4 C 5/95 –.
141 BVerwG, Urt. v. 22.3.1985 – 4 C 15/83 –.
142 BVerwG, Urt. v. 14.11.2002 – 4 A 15/02 –; BVerwG, Beschl. v. 20.12.1988 – 4 B 211/88 –.
143 BVerwG, Beschl. v. 9.4.2003 – 9 A 37/02 –.
144 BVerwG, Beschl. v. 15.5.1996 – 11 VR 3/96 –.
145 BVerwG, Beschl. v. 20.12.1988 – 4 B 211/88 –.
146 Bayer. VGH, Urt. v. 19.6.2012 – 22 A11.4018 –.
147 BVerwG, Urt. v. 13.5.2009 – 9 A 72/07 –; BVerwG, Urt. v. 9.7.2008 – 9 A 14/07 –; BVerwG, Urt. v. 21.5.2008 – 9 A 68/07 –; BVerwG, Urt. v. 9.6.2004 – 9 A 11/03 –; BVerwG, Beschl. v. 20.12.1988 – 4 B 211/88 –; OVG Koblenz, Urt. v. 20.1.2010 – 8 C 10350/09 –.
148 BVerwG, Urt. v. 16.3.2006 – 4 A 1075/04 –; BVerwG, Urt. v. 14.11.2002 – 4 A 15/02 –.

c) Alternativenprüfung nach FFH und Artenschutz

Die Alternativenprüfung im Rahmen der Abwägungsentscheidung innerhalb eines Planfeststellungsverfahrens ist abzugrenzen von der naturschutzfachlichen Alternativenprüfung, die sich aus folgenden Gesichtspunkten ergeben kann: 193

- Prüfung zumutbarer Alternativen im Rahmen eines Abweichungsverfahrens nach FFH-Recht,
- Überprüfung zumutbarer Alternativen nach Artenschutz und
- mittelbare Alternativenprüfung aufgrund des naturschutzrechtlich allgemein geltenden Grundsatzes des Vermeidungsgebotes.[149]

Im Falle der erheblichen Beeinträchtigung eines FFH-Gebietes ist – will der Vorhabenträger eine positive Entscheidung über seinen Antrag erhalten – ein Abweichungsverfahren erforderlich. Dieses richtet sich nach Art. 6 Abs. 4 der FFH-Richtlinie, § 34 BNatSchG und den einschlägigen Landschaftsschutzgesetzen der Bundesländer. Eine Voraussetzung für die Durchführung eines Abweichungsverfahrens ist die Prüfung, ob zumutbare Alternativen bestehen. Eine zumutbare Alternative ist in diesem Fall weiter zu verstehen, als die Alternativenprüfung bei der Abwägungsentscheidung im Planfeststellungsverfahren. Eine Alternative kann auch eine völlig neue Trassenführung sein, auch unter Abänderung von Anfangspunkt und Endpunkt. Diese Alternative muss indes zumutbar sein. Die Zumutbarkeit orientiert sich an einer Gesamtbelastung, die mit einer anderen Trasse oder einer anderen Trassenführung verbunden wäre. Dabei kann nicht allein darauf abgestellt werden, ob für den Vorhabenträger selbst die Alternative zumutbar ist oder nicht. Vielmehr umfasst die Zumutbarkeitsprüfung auch das Interesse an der Herstellung eines konsistenten Umleitungsnetzes, das der sicheren Energieversorgung dienen soll. Dieses öffentliche Interesse wird im Einzelfall für den Vorhabenträger und die Planfeststellungsbehörde sprechen und Einfluss auf die Bewertung der Zumutbarkeit haben. 194

Die artenschutzrechtliche Abweichungsprüfung sieht ebenfalls für den Fall einer erheblichen Beeinträchtigung geschützter Arten eine Alternativenprüfung vor. Diese orientiert sich grds. an den gleichen Maßstäben wie im FFH-Recht. Auch hier gilt der Verhältnismäßigkeitsgrundsatz, der sich vor allem an der Frage kristallisiert, welche Maßnahme noch eine Alternative ist und welche Alternative zumutbar ist. 195

Mittelbar kann es zu einer Alternativenprüfung kommen im Hinblick auf das naturschutzfachlich generell geltende Vermeidungsgebot. Die Frage, ob ein Eingriff vermieden werden kann oder nicht, führt unmittelbar zu der Frage, welche Maßnahmen getroffen und umgesetzt werden können, um den beantragten Eingriff zu vermeiden. Dies führt letztlich mittelbar zu einer Alternativenprüfung. Der allgemeine Vermeidungsgrundsatz und die damit verbundene Alternativenprüfung müssen sich allerdings in dem Rahmen bewegen, der das vom Vorhabenträger gekennzeichnete Vorhaben betrifft. Im Naturschutzrecht bleibt es daher bei dem beantragten Vorhaben. Der Vorhabenträger muss im Rahmen des Vermeidungsgebotes nicht neue oder andere Vorhaben betrachten. Maßgeblich sind allein etwaige Alternativen innerhalb der antragsgegenständlichen Trasse. 196

Die engere Auswahl mehrerer Trassenvarianten erfordern nicht stets die Entwicklung ausgearbeiteter Konzepte für naturschutzrechtliche Ausgleichs- und Ersatzmaßnahmen und deren ausschließender Vergleich.[150] 197

Die Pflicht zur UVP bezieht sich nur auf das konkrete, vom Vorhabenträger zur Prüfung gestellte Projekt, nicht jedoch auf die von der Planfeststellungsbehörde behandelten Trassenva- 198

149 *Winter*, NuR 2010, 601, 602.
150 BVerwG, Urt. v. 12.12.1996 – 4 C 29/94 –.

rianten. Die Planfeststellungsbehörde darf Planungsalternativen, die nach einer Art Grobanalyse in einem frühen Planungsstadium nicht in Betracht kommen, für die weitere Detailprüfung und damit auch (im Detail) für die förmliche UVP ausscheiden.[151] Ob und inwieweit eine Alternativenprüfung zu erfolgen hat, ist eine materiell-rechtliche Frage, deren Beantwortung sich nach dem planungsrechtlichen Abwägungsgebot richtet; dem UVP-Recht selbst lässt sich hierzu keine Aussage entnehmen.[152]

V. Zuständigkeit und Verfahren

199 Die Zuständigkeit der Planfeststellungsbehörde ergibt sich aus dem Landesrecht, wenn nicht in den besonderen Fällen des NABEG die BNetzA zuständig ist. Unabhängig von der örtlichen und sachlichen Zuständigkeit gilt in jedem Fall der Konzentrationsgrundsatz im Sinne des § 75 Abs. 1 S. 1 VwVfG.

200 Das Verfahren richtet sich nach den Regelungen der §§ 43ff. i.V.m. den §§ 72ff. VwVfG. Eine besondere Aufmerksamkeit sind aus Sicht des Vorhabenträgers und aus Sicht der Planfeststellungsbehörden die Beteiligungsrechte anerkannter Umweltverbände. Auf die IVU-Richtlinie sowie die UVP-RL wird verwiesen; das deutsche Umweltrechtsbehelfsgesetz ist durch die sog. Trianel-Entscheidung des Europäischen Gerichtshofs modifiziert worden.[153]

VI. Rechtswirkungen

201 Die Rechtswirkungen des Planfeststellungsbeschluss sind in § 75 VwVfG normiert.

202 Der Planfeststellungsbeschluss entfaltet gem. § 75 Abs. 1 S. 1 Hs. 1 VwVfG **Genehmigungswirkung,** indem festgestellt wird, dass das geplante Vorhaben einschließlich der notwendigen Folgemaßnahmen an anderen Anlagen im Hinblick auf alle von ihnen berührten öffentlichen Belange zulässig ist.[154] Die Feststellung der Zulässigkeit des Vorhabens berechtigt den Vorhabenträger zur Errichtung und zum Betrieb der jeweiligen Hochspannungsleitung.

203 Gemäß § 75 Abs. 1 S. 1 Hs. 2 VwVfG sind neben der Planfeststellung andere behördliche Entscheidungen, insbesondere öffentlich-rechtliche Genehmigungen, Verleihungen, Erlaubnisse, Bewilligungen, Zustimmungen und Planfeststellungen nicht erforderlich **(Konzentrationswirkung).**[155]

204 Der Planfeststellungsbeschluss regelt gem. § 75 Abs. 1 S. 2 VwVfG alle **öffentlich-rechtlichen Beziehungen zwischen dem Träger des Vorhabens und den durch den Plan Betroffenen rechtsgestaltend.**[156]

205 In § 45 ist die sog. **enteignungsrechtliche Vorwirkung** des Planfeststellungsbeschlusses angeordnet.[157]

---

151 BVerwG, Urt. v. 12.12.1996 – 4 C 29/94 –; BVerwG, Urt. v. 16.8.1995 – 4 B 92/95 –.
152 BVerwG, Beschl. v. 11.8.2006 – 9 VR 5/06 –.
153 EuGH, Urt. v. 12.5.2011 – C-115/09 –.
154 Vgl. § 43c Rn 12 ff.
155 Vgl. § 43c Rn 15 ff.
156 Vgl. § 43c Rn 20 ff.
157 Vgl. § 45 Rn 15 f.

VII. Rechtsschutz

1. Rechtsschutz des Vorhabenträgers

Der Vorhabenträger hat keinen Anspruch auf Erlass eines Planfeststellungsbeschlusses in dem Sinne, dass bei Erfüllung bestimmter tatbestandlicher Voraussetzungen dem Antrag zwingend stattgegeben werden muss.[158] Dies folgt aus der besonderen Struktur des planungsrechtlichen Abwägungsgebots.[159] 206

Allerdings steht dem Vorhabenträger ein Anspruch auf fehlerfreie Ausübung der planerischen Gestaltungsfreiheit zu. Stehen einem Vorhaben unter dem Blickwinkel der planerischen Abwägung keine rechtlichen Hindernisse entgegen, steht der Planfeststellungsbehörde kein eigenständiges Versagungsermessen zu.[160] 207

2. Rechtsschutz Dritter

Zulässiger Rechtsbehelf gegen Planfeststellungsbeschluss und Plangenehmigung im Hauptsacheverfahren ist die Anfechtungsklage nach § 42 Abs. 1 Var. 1 VwGO statthaft. § 43e sieht eine Begründungsfrist von sechs Wochen vor.[161] **Umweltverbände** müssen keine **Verletzung von subjektiven Rechten** geltend machen. 208

Nach § 43 S. 6 i.V.m. § 74 Abs. 1 S. 2 i.V.m. § 70 Abs. 1 VwVfG bedarf es vor der Erhebung einer Klage, die einen Planfeststellungsbeschluss zum Gegenstand hat, keiner Nachprüfung in einem Nachprüfungsverfahren.[162] 209

§ 43e Abs. 1 S. 1 schließt die aus § 80 Abs. 1 S. 1 VwGO folgende aufschiebende Wirkung von Widerspruch und Anfechtungsklage gegen Planfeststellungsbeschlüsse und Plangenehmigungen nach §§ 43ff. aus. Der Betroffene hat die Möglichkeit, einen Antrag nach § 80 Abs. 5 S. 1 VwGO auf Anordnung der aufschiebenden Wirkung zu stellen.[163] 210

---

158 VGH München, Urt. v. 30.3.2006 – 22 A 1/40059 –.
159 Vgl. Rn 180 ff.
160 BVerwG, Urt. v. 24.11.1994 – 7 C 25/93 –.
161 Vgl. § 43e Rn 19 f. Vgl. dazu auch *Hoppe/Schlarmann/Buchner/Deutsch*, S. 173 ff.
162 Vgl. § 43e Rn 12.
163 Vgl. § 43e Rn 24 ff.

§ 43a Anhörungsverfahren

Für das Anhörungsverfahren gilt § 73 des Verwaltungsverfahrensgesetzes mit folgenden Maßgaben:

1. Die Auslegung nach § 73 Abs. 2 des Verwaltungsverfahrensgesetzes erfolgt in den Gemeinden, in denen sich das Vorhaben voraussichtlich auswirkt, innerhalb von zwei Wochen nach Zugang des Plans.
2. Die Anhörungsbehörde benachrichtigt innerhalb der Frist des § 73 Abs. 2 des Verwaltungsverfahrensgesetzes auch die vom Bund oder Land anerkannten Naturschutzvereinigungen sowie sonstige Vereinigungen, soweit diese sich für den Umweltschutz einsetzen und nach in anderen gesetzlichen Vorschriften zur Einlegung von Rechtsbehelfen in Umweltangelegenheiten vorgesehenen Verfahren anerkannt sind, (Vereinigungen) von der Auslegung des Plans und gibt ihnen Gelegenheit zur Stellungnahme. Die Benachrichtigung erfolgt durch die ortsübliche Bekanntmachung der Auslegung nach § 73 Abs. 5 Satz 1 des Verwaltungsverfahrensgesetzes in den Gemeinden nach Nummer 1. Unbeschadet davon bleibt die Beteiligung anderer Vereinigungen nach den allgemeinen Vorschriften.
3. Für Vereinigungen gilt § 73 Abs. 4 des Verwaltungsverfahrensgesetzes entsprechend. § 73 Abs. 6 des Verwaltungsverfahrensgesetzes gilt für Vereinigungen entsprechend, wenn sie fristgerecht Stellung genommen haben. Sie sind von dem Erörterungstermin zu benachrichtigen.
4. Nicht ortsansässige Betroffene, deren Person und Aufenthalt bekannt sind, sollen auf Veranlassung der Anhörungsbehörde von der Auslegung in der Gemeinde mit dem Hinweis nach § 73 Abs. 5 Satz 2 des Verwaltungsverfahrensgesetzes benachrichtigt werden.
5. Die Anhörungsbehörde hat die rechtzeitig erhobenen Einwendungen mit den Vorhabenträgern und denjenigen, die Einwendungen erhoben haben, mündlich zu erörtern. Ein Erörterungstermin findet nicht statt, wenn
   1. Einwendungen gegen das Vorhaben nicht oder nicht rechtzeitig erhoben worden sind,
   2. die rechtzeitig erhobenen Einwendungen zurückgenommen worden sind,
   3. ausschließlich Einwendungen erhoben worden sind, die auf privatrechtlichen Titeln beruhen, oder
   4. alle Einwender auf einen Erörterungstermin verzichten.

   Die Anhörungsbehörde hat die Erörterung innerhalb von drei Monaten nach Ablauf der Einwendungsfrist abzuschließen. Die Anhörungsbehörde gibt ihre Stellungnahme innerhalb eines Monats nach Abschluss der Erörterung ab und leitet sie innerhalb dieser Frist mit dem Plan, den Stellungnahmen der Behörden, den Stellungnahmen der Vereinigungen und den nicht erledigten Einwendungen der Planfeststellungsbehörde zu. Findet keine Erörterung statt, so hat die Anhörungsbehörde ihre Stellungnahme innerhalb von sechs Wochen nach Ablauf der Einwendungsfrist abzugeben und zusammen mit den sonstigen in Satz 2 aufgeführten Unterlagen der Planfeststellungsbehörde zuzuleiten.
6. Soll ein ausgelegter Plan geändert werden, so sind auch Vereinigungen entsprechend § 73 Abs. 8 Satz 1 des Verwaltungsverfahrensgesetzes zu beteiligen. Für Vereinigungen, die sich nicht in der sich aus Nummer 3 in Verbindung mit § 73 Abs. 4 Satz 1 des Verwaltungsverfahrensgesetzes ergebenden Frist geäußert haben, und im Falle des § 73 Abs. 8 Satz 2 des Verwaltungsverfahrensgesetzes erfolgt die Benachrichtigung von der Planänderung und der Frist zur Stellungnahme in entsprechender Anwendung der Nummer 2 Satz 2. Im Regelfall kann von der Erörterung im Sinne des § 73 Abs. 6 des Verwaltungsverfahrensgesetzes und des § 9 Abs. 1 Satz 3 des Gesetzes über die Umweltverträglichkeitsprüfung abgesehen werden.
7. Einwendungen gegen den Plan oder – im Falle des § 73 Abs. 8 des Verwaltungsverfahrensgesetzes – dessen Änderung sind nach Ablauf der Einwendungsfrist ausgeschlossen.

Einwendungen und Stellungnahmen der Vereinigungen sind nach Ablauf der Äußerungsfrist nach den Nummern 3 und 6 ausgeschlossen. Auf die Rechtsfolgen der Sätze 1 und 2 ist in der Bekanntmachung der Auslegung oder bei der Bekanntgabe der Einwendungs- oder Stellungnahmefrist sowie in der Benachrichtigung der Vereinigungen hinzuweisen. Abweichend von § 73 Abs. 3a Satz 2 des Verwaltungsverfahrensgesetzes können Stellungnahmen der Behörden, die nach Ablauf der Frist des § 73 Abs. 3a Satz 1 des Verwaltungsverfahrensgesetzes eingehen, auch noch nach Fristablauf berücksichtigt werden; sie sind stets zu berücksichtigen, wenn später von einer Behörde vorgebrachte öffentliche Belange der Planfeststellungsbehörde auch ohne ihr Vorbringen bekannt sind oder hätten bekannt sein müssen oder für die Rechtmäßigkeit der Entscheidung von Bedeutung sind.

Überblick

I. Allgemeines

1. Überblick über die Norm

§ 43a modifiziert als lex specialis die gleich betitelte Vorschrift über das Anhörungsverfahren aus § 73 VwVfG, welche die im EnWG anwendbaren allgemeinen Bestimmungen enthält. **Nr. 1 bis 5 betreffen das Anhörungsverfahren** in seinem Ablauf und Umfang. 1

Nach **Nr. 1** muss die Auslegung des vollständig eingereichten Plans innerhalb von zwei Wochen nach Zugang in den Gemeinden erfolgen, in denen sich das Vorhaben voraussichtlich auswirkt, vgl. auch § 73 Abs. 2 VwVfG. 2

Nr. 2 regelt die **Benachrichtigung von anerkannten** Naturschutzvereinigungen sowie sonstige Vereinigungen, soweit diese sich für den Umweltschutz einsetzen und nach in anderen gesetzlichen Vorschriften zur Einlegung von Rechtsbehelfen in Umweltangelegenheiten vorgesehenen Verfahren anerkannt sind (**Vereinigungen)** von der Auslegung durch ortsübliche Bekanntmachung und deren Gelegenheit zur Stellungnahme. 3

Nach **Nr. 3** können auch **Vereinigungen Einwendungen** gem. § 73 Abs. 4 VwVfG bis zwei Wochen nach Ablauf der Auslegungsfrist erheben. Fristgerechte Stellungnahmen sind zu erörtern, es gilt § 73 Abs. 6 VwVfG entsprechend. 4

5 Nach **Nr. 4** sind bekannte **nicht ortsansässige Betroffene** von der Auslegung zu **benachrichtigen**. Der Inhalt der Benachrichtigung bestimmt sich nach der Aufzählung in § 73 Abs. 5 S. 2 VwVfG.

6 **Nr. 5** regelt die **Details der Erörterung** sowie vier alternative Fälle, in denen ein **Erörterungstermin entfällt**.

7 **Nr. 6** betrifft Fälle der **Planänderung** bereits ausgelegter Pläne und die dabei stattfindende Öffentlichkeitsbeteiligung. Im Regelfall kann dabei von der Erörterung im Sinne von § 73 Abs. 6 VwVfG und § 9 Abs. 1 S. 3 UVPG abgesehen werden.

8 **Nr. 7** enthält eine **Präklusionsregel**, nach der mit Ablauf der Einwendungsfrist weitere Einwendungen und Stellungnahmen von der Berücksichtigung ausgeschlossen sind. Auf diese ist bereits in der Bekanntmachung der Auslegung hinzuweisen.

9 Eine Parallelvorschrift zur Regelung des Anhörungsverfahrens im Anwendungsbereich des NABEG besteht in § 22 NABEG.

2. Regelungszweck

10 Die Vorschrift enthält energierechtliche Modifikationen für das Anhörungsverfahren als maßgeblichen Bestandteil der **Öffentlichkeitsbeteiligung** im Planfeststellungsverfahren. Das Anhörungsverfahren soll Betroffenen, Vereinigungen und Behörden die Beteiligung im Verfahren ermöglichen und die Planfeststellungsbehörde bei der Ermittlung der zu erwartenden oder möglichen Auswirkungen des Vorhabens unterstützen.[1]

11 Wesentliche Folgen der Modifikationen sind eine Verschlankung und Verkürzung des Verfahrens zum Zwecke der **Beschleunigung**. Neben **kürzeren Fristen** wird für bestimmte Fälle der **Wegfall der Erörterung** vorgesehen, sodass eine **zügigere Genehmigung** ermöglicht wird. Ein zweites zentrales Anliegen der Vorschrift ist die Regelung der Beteiligung von Vereinigungen. Dies dient zum einen der nunmehr allgemein gebotenen **Einbeziehung von Vereinigungen** in die Verfahren. Zum anderen wird der in den Vereinigungen häufig konzentrierte **Sachverstand** in das Verfahren einbezogen, sodass die Zulassungsentscheidung letztlich auf ein breiteres Tatsachenfundament gestellt werden kann.

3. Entstehungsgeschichte

12 Die Vorschrift war bei Einführung der energierechtlichen Planfeststellung[2] nicht deren Bestandteil, sondern wurde **später** durch Art. 7 Nr. 6 des Gesetzes zur Beschleunigung von Planungsverfahren für Infrastrukturvorhaben[3] vom 9.12.2006 mit Wirkung zum 17.12.2006 als § 43a **eingefügt**.

13 § 43a Nr. 2 S. 1 wurde bei Gelegenheit der **Einführung des neuen Bundesnaturschutzgesetzes** durch Art. 10 des Gesetzes zur Neuregelung des Rechts des Naturschutzes und der Landschaftspflege[4] vom 29.7.2009 mit Wirkung zum 1.3.2010 geändert. Dabei wurde die Formulierung *„die nach § 59 des Bundesnaturschutzgesetzes oder nach landesrechtlichen Vorschriften im Rahmen des § 60 des Bundesnaturschutzgesetzes anerkannten Vereine“* durch die heute fortbestehende Formulierung *„die vom Bund oder Land anerkannten Naturschutzvereinigungen“* ersetzt.

1 *Kopp/Ramsauer*, § 73 Rn 5.
2 Durch Art. 20 Nr. 1 des Gesetzes zur Umsetzung der UVP-Änderungsrichtlinie, der IVU-Richtlinie und weiterer EG-Richtlinien zum Umweltschutz v. 27.7.2001, BGBl. I S. 1950.
3 Gesetz v. 9.12.2006, BGBl. I S. 2833.
4 BGBl. I 2009 S. 2542.

§ 43a Nr. 5 S. 1, 2 wurden durch Art. 2 Nr. 5 des Gesetzes über Maßnahmen zur **Beschleunigung des Netzausbaus Elektrizitätsnetze**[5] vom 28.7.2011 mit Wirkung zum 5.8.2011 geändert. Die Frist von drei Monaten nach Nr. 5 S. 2, innerhalb derer die Erörterung abgeschlossen werden muss, blieb unverändert. Jedoch wurde die Möglichkeit der Behörde, auf eine Erörterung zu verzichten, durch vier alternative Tatbestände ersetzt, sodass es sich nicht mehr um eine Ermessensentscheidung der Behörde handelt. 14

4. Unionsrechtliche Bezüge

Das Anhörungsverfahren erfüllt die Anforderungen an eine Öffentlichkeitsbeteiligung im Sinne des §§ 8, 9 UVPG. Die grenzüberschreitende Öffentlichkeitsbeteiligung richtet sich nach § 9a UVPG. Die Vorschriften finden ihre Grundlage in Art. 6 und 9 der Richtlinie über die UVP.[6] 15

Die Präklusionsregelung des § 43a Nr. 7 steht grds. in Einklang mit Art. 10a Abs. 1 UVP-RL sowie dem unionsrechtlichen Effektivitätsgebot.[7] Durch die in Art. 10a Abs. 1 UVP-RL enthaltene Einschränkung des gebotenen Rechtsschutzes *„im Rahmen ihrer innerstaatlichen Rechtsvorschriften"* wird klargestellt, dass die Ausgestaltung des Verfahrens Sache der innerstaatlichen Rechtsordnung der einzelnen Mitgliedstaaten ist, und die Festsetzung angemessener Ausschlussfristen für die Geltendmachung von Rechtsbehelfen dem unionsrechtlichen Effektivitätsgrundsatz grds. genügt, weil sie ein Anwendungsfall des grundlegenden Prinzips der Rechtssicherheit ist.[8] 16

II. Ablauf des Anhörungsverfahrens (Nr. 1–5)

1. Allgemeines

§ 73 VwVfG als verwaltungsverfahrensrechtliche Regelung des Anhörungsverfahrens kommt bereits über den **allgemeinen Verweis in § 43 S. 5** zur Anwendung. § 43a enthält in gebündelter Form Modifikationen für das Anhörungsverfahren bei der energierechtlichen Planfeststellung. 17

Das Anhörungsverfahren erfüllt wichtige Funktionen in mehrfacher Hinsicht: Allgemeiner Zweck des Anhörungsverfahrens ist die Gewährleistung eines **vorverlagerten Rechtsschutzes** für Betroffene. Sie können Einwendungen erheben, die später zum **Gegenstand der Erörterung** des Vorhabens gemacht werden müssen. Die Erhebung von Einwendungen schließt ein Entfallen des Erörterungstermins aus. Gleichzeitig dient die Anhörung durch die Einbeziehung von Betroffenen, Vereinigungen und Behörden auch dazu, die zuständige Behörde umfangreich über den zu **entscheidenden Sachverhalt in Kenntnis zu setzen**. 18

Im **Plangenehmigungsverfahren** ist § 43a als Vorschrift über das Planfeststellungsverfahren **nicht anwendbar**. Das ergibt sich bereits aus § 43b i.V.m. § 74 Abs. 6 S. 2 Hs. 2 VwVfG.[9] 19

2. Einleitung des Anhörungsverfahrens

Das Anhörungsverfahren wird gem. § 73 Abs. 1 S. 1 VwVfG infolge der Planeinreichung durch den Vorhabenträger bei der zuständigen Behörde eingeleitet. Es **schließt** im Anwendungsbereich des EnWG **unmittelbar an die Planeinreichung** an. Eine Antragskonferenz wie im NABEG nach §§ 20, 21 NABEG ist nicht vorgesehen. 20

---

5 BGBl. I 2011 S. 1690.
6 RL 85/337/EWG, Richtlinie des Rates v. 27.6.1985 über die UVP bei bestimmten öffentlichen und privaten Projekten.
7 BVerwG, Beschl. v. 17.6.2011 – 7 B 79/10 –.
8 BVerwG, Beschl. v. 17.6.2011 – 7 B 79/10 –.
9 Vgl. VGH München, Urt. v. 24.5.2011 – 22 A 10.40049 –.

21 Nach § 73 Abs. 1 S. 2 VwVfG besteht der Plan aus den **Zeichnungen und Erläuterungen**, die das Vorhaben, seinen Anlass und die von dem Vorhaben betroffenen Grundstücke und Anlagen erkennen lassen. Die Anforderungen an den Inhalt der einzureichenden Unterlagen werden durch weitere Vorschriften wie §§ 5, 6 UVPG erweitert.

22 Nach § 73 Abs. 2 VwVfG **fordert** die zuständige Behörde innerhalb eines Monats nach Zugang des vollständigen Plans die Behörden, deren Aufgabenbereich durch das Vorhaben berührt wird, **zur Stellungnahme auf** und veranlasst eine **Auslegung des Plans in den Gemeinden,** in denen sich das Vorhaben auswirkt, **für einen Monat**. Dadurch werden Betroffene und Vereinigungen in die Lage versetzt, Einwendungen und Stellungnahmen zu erheben, die später Gegenstand der Erörterung werden. Nach § 73 Abs. 4 S. 1 VwVfG endet die Frist zur Einreichung von Stellungnahmen und Einwendungen zwei Wochen nach Ende der Auslegungsfrist.

3. Auslegungsfrist (Nr.1)

23 Nach § 73 Abs. 3 VwVfG haben die Gemeinden den ihnen von der zuständigen Behörde zugeleiteten Plan (§ 73 Abs. 1 VwVfG) innerhalb von drei Wochen nach Zugang für die Dauer eines Monats zur Einsicht auszulegen. **Nr. 1 verkürzt** diese **Fristenregelung für die energierechtliche Planfeststellung** von drei auf **zwei Wochen.**

24 Laut Nr. 1 erfolgt die Auslegung nach § 73 Abs. 2 VwVfG in den Gemeinden, in denen sich das Vorhaben **voraussichtlich auswirkt.** Durch die von § 73 Abs. 2 VwVfG abweichende Formulierung mit dem Zusatz *„voraussichtlich"* wird der Behörde im energiewirtschaftlichen Planfeststellungsverfahren eine **Prognoselast** auferlegt.[10] Sie muss abschätzen, in welchen Gemeinden mit Auswirkungen des Vorhabens zu rechnen sind. Durch den Wortlaut wird die bisherige Verwaltungspraxis gesetzlich fixiert: Bereits nach dem Wortlaut von § 73 Abs. 2 VwVfG *„auswirkt"* muss eine Prognose getroffen werden, was zu Unsicherheiten geführt hat.[11] In die Prognose sind alle tatsächlichen, mittelbaren und unmittelbaren gebietsbezogenen Auswirkungen einzubeziehen.[12] Hierbei ist der Zustand nach Einreichung der Unterlagen bei der zuständigen Behörde als **ex ante-Zustand** maßgeblich.[13] Für die Entscheidung, wo die Auslegung des Planes erfolgt, hat die Behörde infolge der Verkürzung der Frist aus Nr. 1 zwei Wochen Zeit.

25 Ergeben sich später **aufgrund neuer Erkenntnisse Auswirkungen** des Vorhabens **in weiteren Gemeinden,** so ist der Plan nachträglich auch dort auszulegen. Dies gebietet bereits der Zweck des Anhörungsverfahrens als Teil der Öffentlichkeitsbeteiligung. Die dadurch in Kauf zu nehmende **Verzögerung des Anhörungsverfahrens** ist durch die erreichte Rechtssicherheit gerechtfertigt. Da bei der Auslegung nach Nr. 1 grds. auf den ex ante-Zustand abzustellen ist, wird die ursprüngliche Entscheidung der Behörde über die Auslegung durch die später gebotene Einbeziehung weiterer Gemeinden nicht rechtswidrig. Für die Auslegung des Plans in weiteren Gemeinden liegt die analoge Anwendung von § 73 Abs. 8 S. 2 VwVfG nahe.[14]

4. Vereinigungen (Nr. 2, 3)

26 Die Regelung geht auf das Infrastrukturplanungsbeschleunigungsgesetz zurück und war dort als **Kernbestandteil** bezeichnet.[15] Nr. 2 verfolgt den Zweck, **Transparenz und Berechenbarkeit des Entscheidungsprozesses** zu einem Zeitpunkt herzustellen, an dem noch alle **Optionen**

10 Vgl. *Schröder*, NuR 2007, 380, 381.
11 *Wickel*, UPR 2007, 201, 202; *Kopp/Ramsauer*, § 73 Rn 41.
12 Stelkens/Bonk/Sachs/*Bonk/Neumann*, § 73 Rn 30.
13 Vgl. Stelkens/Bonk/Sachs/*Bonk/Neumann*, § 73 Rn 30.
14 Danner/Theobald/*Missling*, EnWG, § 43a Rn 7.
15 BT-Drucks. 16/54, S. 24.

offen stehen. Nr. 2 S. 1 wurde im Rahmen der 2010 erfolgten Änderung des BNatSchG geändert.[16]

27 Nr. 2 S. 1 bietet eine **Legaldefinition** des Begriffs der **Vereinigungen.** Dabei handelt es sich um die vom Bund oder Land anerkannten Naturschutzvereinigungen sowie sonstige Vereinigungen, soweit diese sich für den Umweltschutz einsetzen und nach in anderen gesetzlichen Vorschriften zur Einlegung von Rechtsbehelfen in Umweltangelegenheiten vorgesehenen Verfahren anerkannt sind. Die von dieser Definition erfassten Vereinigungen sind von der Auslegung des Plans zu benachrichtigen und ihnen ist **Gelegenheit zur Stellungnahme** zu geben. Die **Benachrichtigung** erfolgt durch ortsübliche Bekanntmachung gem. § 73 Abs. 5 S. 1 VwVfG. Die Vereinigungen sollen ihren Sachverstand wie die Naturschutzbehörden in das Verfahren einbringen und Belange geltend machen.[17]

28 Nach Nr. 3 S. 1 haben Vereinigungen auch das Recht gem. § 73 Abs. 4 VwVfG **Einwendungen** zu erheben. Ihre Einwendungen erden ebenso berücksichtigt wie die Einwendungen Privater. Die von Vereinigungen erhoben Einwendungen unterliegen den allgemeinen Frist- und Formanforderungen und sind damit, anders als nach der alten Rechtslage, nicht mehr privilegiert.[18]

29 Nach Nr. 3 S. 2 sind die Einwendungen gem. § 73 Abs. 6 VwVfG auch zum **Gegenstand der Erörterung** zu machen, soweit sie nicht nach Nr. 7 präkludiert sind. Von dem Erörterungstermin sind die Vereinigungen nach Nr. 3 S. 3 auch zu benachrichtigen.

5. Andere Benachrichtigungsberechtigte (Nr. 4)

30 **Nicht ortsansässige Betroffene**, deren Person und Aufenthalt bekannt sind, sollen gem. Nr. 4 auf Veranlassung der Anhörungsbehörde von der Auslegung in der Gemeinde **benachrichtigt** werden.[19] Die Benachrichtigung muss den **Inhalt nach § 73 Abs. 5 S. 2 VwVfG** enthalten. Die Regelung modifiziert §73 Abs. 5 S. 3 VwVfG, nach dem auch solche nicht ortsansässige Betroffene zu benachrichtigen sind, deren Person und Aufenthalt sich innerhalb angemessener Frist **ermitteln lassen.** Eine Ermittlung in angemessener Frist kann in der Regel durch Prüfung des Grundbuchs und der Grundsteuerlisten geschehen.[20] Da es sich dabei um einen Datenbestand der öffentlichen Hand handelt, ist anzunehmen, dass solche Daten als bereits bekannt im Sinne von Nr. 4 gelten.[21]

31 Nr. 4 ist in seinem wesentlichen Regelungsgehalt somit **identisch mit § 73 Abs. 5 S. 3 VwVfG.**[22] Die Vorschrift schafft jedoch **Rechtssicherheit** zugunsten der zuständigen Behörde, weil sie nicht außerhalb des Datenbestandes der öffentlichen Hand Ermittlungen zu Person und Aufenthalt der Betroffenen anstellen muss.

6. Inhaltliche Anforderungen an die Einwendungen (§ 73 Abs. 4 VwVfG)

32 Gemäß § 73 Abs. 4 S. 1 VwVfG können Einwendungen bis **zwei Wochen nach Ende der Auslegungsfrist schriftlich oder zur Niederschrift** erhoben werden. Die Wahrung der Schriftform erfordert, dass die Einwendung von dem Einwender oder einem Vertretungsberechtigten unterschrieben ist.[23] Eine **elektronische Nachricht** kann nur an diese Stelle treten, wenn die zustän-

16 Art. 10 des Gesetzes zur Neuregelung des Rechts des Naturschutzes und der Landschaftspflege v. 29.7.2009 mit Wirkung zum 1.3.2010.
17 OVG Münster, Beschl. v. 19.3.2008 – 11 B 289/08 –.
18 Vgl. Rn 32 ff.; *Teßmer*, ZVR 2006, 469, 473.
19 Kritisch *Teßmer*, ZUR 2006, 469, 473; OVG Greifswald, Urt. v. 22.3.2012 – 5 K 6/10 –.
20 *Schütz*, VBlBW 2007, 441, 444.
21 So auch Danner/Theobald/*Missling*, EnWG, § 43a Rn 13.
22 Kritisch Britz/Hellermann/Hermes/*Hermes*, § 43a Rn 9.
23 OVG Münster, Beschl. v. 19.8.2010 – 11 D 26/08 –.

dige Behörde dies gem. § 3a VwVfG eröffnet hat und die entsprechenden elektronischen Signaturen verwendet werden.[24] Eine Email ohne qualifizierte elektronische Signatur im Sinne von § 2 Nr. 3 SigG erfüllt die elektronische Form nicht, sodass mit ihr die Einwendungsfrist nicht gewahrt werden kann.[25]

33 Die Einwendung bzw. Stellungnahme muss als **„sachliches Gegenvorbringen“**[26] **inhaltlich so konkret** sein, dass die Planfeststellungsbehörde erkennen kann, in welcher Weise bestimmte Belange einer näheren Betrachtung unterzogen werden sollen.[27] Dies erfordert etwa bei Stellungnahmen mit Bezug zum Artenschutzrecht, dass das Vorbringen einzelartenscharf konkretisiert wird.[28]

34 Um den inhaltlichen Anforderungen zu genügen, müssen sämtliche Dokumente, auf die Bezug genommen wird, **gleichzeitig eingereicht oder innerhalb der Einwendungsfrist nachgereicht** werden.[29] Wird in einem Einwendungsschreiben **auf eine Stellungnahme**, die in einem früheren Planfeststellungsverfahren abgegeben wurde, **verwiesen**, wird das darin enthaltene Vorbringen nicht sozusagen „automatisch“ Bestandteil der Einwendung.[30] Der gesetzgeberischen Beschleunigungsabsicht ist eine **Formenstrenge** zu entnehmen, die es verbietet, dass zur Feststellung des Inhalts einer Einwendung erst weitere Akten hinzugezogen werden müssen.[31]

7. Erörterungstermin (Nr. 5)

35 Nr. 5 trifft Sonderregeln für den Erörterungstermin im Anhörungsverfahren.

a) Allgemeines, Entstehungsgeschichte

36 Nach Nr. 5 S. 1 findet im Regelfall ein **Erörterungstermin** statt, bei dem die rechtzeitig erhobenen Einwendungen mit dem Vorhabenträger und denjenigen, die Einwendungen erhoben haben, **mündlich erörtert** werden.[32]

37 Nr. 5 wurde durch das Gesetz über Maßnahmen zur **Beschleunigung des Netzausbaus Elektrizitätsnetze** mit Wirkung zum 5.8.2011 geändert. Zum Zwecke der Verfahrensbeschleunigung war zuvor ein Verzicht auf den Erörterungstermin in das freie Ermessen der zuständigen Behörde gestellt. Die entsprechende Fassung der Vorschrift ging zurück auf die Beschlussempfehlung des Ausschusses für Verkehr, Bau und Stadtentwicklung des Bundestages.[33] Ermessenslenkende Regeln oder Tatbestandsvoraussetzungen waren nicht Gegenstand der Vorschrift. Die Möglichkeit der freien Ermessensausübung sollte das Verfahren noch mehr beschleunigen.[34] Jedoch sollte es bereits zu dieser Rechtslage der Regelfall sein, dass es bei der Durchführung der Erörterung verbleibt.[35] Nach der Entfernung der ehemals in der Entwurfsfassung enthaltenen Tatbestandsvoraussetzungen wurden diese nun wieder in die Vorschrift eingeführt. Ein **Ermessen** ist für den Entfall der Erörterung **nicht mehr vorgesehen.**

---

24 OVG Münster, Beschl. v. 19.8.2010 – 11 D 26/08 –.
25 OVG Münster, Beschl. v. 19.8.2010 – 11 D 26/08 –; vgl. auch BVerwG, Beschl. v. 14.9.2010 – 7 B 15/10 –, hiergegen ist eine Verfassungsbeschwerde beim BVerfG anhängig: – 1 BvR 2782/10 –; BVerwG, Beschl. v. 17.6.2011 – 7 B 79/10 –.
26 OVG Bautzen, Beschl. v. 23.7.2010 – 4 B 444/09 –.
27 OVG Bautzen, Beschl. v. 14.7.2010 – 4 B 460/09 –.
28 OVG Münster, Beschl. v. 19.3.2008 – 11 B 289/08 –.
29 VGH München, Urt. v. 11.6.2010 – 22 A 09.40014 –.
30 VGH München, Urt. v. 11.6.2010 – 22 A 09.40014 –.
31 BVerwG, Urt. v. 27.8.1997 – 11 A 18/96 = UPR 1998, 112.
32 Vgl. die Kritik am Erörterungstermin von *Riese/Dieckmann*, DVBl. 2010, 1343 ff.
33 BT-Drucks. 16/3158, S. 17 f.
34 Vgl. Gesetzentwurf des BR in BR-Drucks. 16/1338, S. 5, 23.
35 Britz/Hellermann/Hermes/*Hermes*, § 43a Rn 11.

b) Erörterungstermin

Die **Erörterung entfällt** in den in Nr. 5 S. 2 vorgesehenen **vier Fällen.** 38

Ein Entfall der Erörterung birgt stets das **Risiko**, dass nicht alle abwägungsrelevanten Belange ermittelt werden können. Da die **Erörterung** nun in den vorgesehenen Fällen **ex lege ausscheidet**, unterliegt die zuständige Behörde allerdings nicht der Gefahr, eine ermessensfehlerhafte Entscheidung zu treffen. 39

Eine **Erörterung mit einer bestimmten Auswahl an Personen** anstelle des Fortfalls der Erörterung war hinsichtlich der früheren Gesetzesfassung strittig,[36] ist nun ausweislich des Wortlauts der Norm aber **nicht mehr zulässig.** 40

Findet **keine Erörterung** statt, so hat die Anhörungsbehörde nach Nr. 5 S. 5 ihre **Stellungnahme innerhalb von sechs Wochen** nach Ablauf der Einwendungsfrist abzugeben und zusammen mit den sonstigen in Nr. 5 S. 2 aufgeführten Unterlagen der Planfeststellungsbehörde zuzuleiten. Bei dem Verweis auf Nr. 5 S. 2 handelte es sich schon in der vor dem 5.8.2011 geltenden Fassung um ein **Redaktionsversehen.**[37] Gemeint sind die Unterlagen nach Nr. 5 S. 4, also der Plan, die Stellungnahmen der Behörden, die Stellungnahmen der Vereinigungen und die nicht erledigten Einwendungen. Eine Sanktion ist für ein Überschreiten der Frist nicht vorgesehen. Vorhabenträger können in Fällen schuldhafter Verzögerung bei Vorliegen der weiteren Tatbestandsvoraussetzungen **Amtshaftungsansprüche** geltend machen. 41

c) Durchführung der Erörterung

Findet eine Erörterung statt, so ist diese gem. Nr. 5 S. 3 **innerhalb von drei Monaten** nach Ablauf der Einwendungsfrist **abzuschließen.** Die Vorschrift war in dieser Form als § 11a Abs. 2 bereits Bestandteil des EnWG 2001. In § 73 Abs. 6 S. 7 VwVfG ist die Parallelvorschrift **weniger verbindlich** gestaltet. Nach ihr **soll** die Erörterung innerhalb von drei Monaten nach Ablauf der Einwendungsfrist **abgeschlossen** werden. Eine entsprechende Regelung war bereits zur Einführung der energierechtlichen Planfeststellung Bestandteil von § 11a Abs. 2 EnWG 2001 bzw. später bis zum 16.12.2006 von § 43 Abs. 2 EnWG 2005. 42

Die Einwendungsfrist gilt ohne Rücksicht auf die Komplexität des Vorhabens. Eine Berufung auf eine besondere Komplexität und einen besonderen Aufwand wird dadurch ausgeschlossen. Sie kann demnach bei kleineren Vorhaben entweder zu lang oder bei größeren Vorhaben – was wohl der Regelfall sein wird – zu kurz bemessen sein.[38] 43

Eine **Sanktion** ist für ein **Überschreiten der Frist nicht vorgesehen.** Vorhabenträger können in Fällen schuldhafter Verzögerung bei Vorliegen der weiteren Tatbestandsvoraussetzungen **Amtshaftungsansprüche** geltend machen.[39] 44

Nach Nr. 5 S. 4 gibt die Anhörungsbehörde ihre Stellungnahme **innerhalb eines Monats nach Abschluss der Erörterung** ab und leitet sie innerhalb dieser Frist mit dem Plan, den Stellungnahmen der Behörden, den Stellungnahmen der Vereinigungen und den nicht erledigten Einwendungen der Planfeststellungsbehörde zu. Eine entsprechende Regelung findet sich in § 73 Abs. 9 VwVfG. Danach ist die Zuleitung jedoch nur **„möglichst"** innerhalb eines Monats weiterzuleiten. Eine **Sanktion** für ein **Überschreiten der Frist** ist **nicht vorgesehen.** Vorhabenträger können in Fällen schuldhafter Verzögerung jedoch ggf. **Amtshaftungsansprüche** geltend machen. 45

---

36 Gegen die Zulässigkeit Danner/Theobald/*Missling*, EnWG, § 43a Rn 1; dafür *Otto*, NVwZ 2007, 379, 380.
37 Danner/Theobald/*Missling*, EnWG, § 43a Rn 19.
38 Vgl. *Kopp/Ramsauer*, § 73 Rn 100 m.w.N.
39 *Schröder*, NuR 2007, 380, 381; Ziekow/*Durner*, Rn 2522.

III. Planänderungen (Nr. 6)

1. Allgemeines

46 Nr. 6 hat im Wesentlichen zwei Regelungsgegenstände: Bei Planänderungen sind auch **Vereinigungen** im Sinne von § 43a Nr. 2 **zu beteiligen** und es kann auf eine **Erörterung im Regelfall verzichtet** werden.

47 Die Planänderung nach Nr. 6 ist von einer solchen nach § 43d und § 76 VwVfG zu unterscheiden: Nr. 6 hat eine **Änderung des Planes nach der Auslegung** aber vor seiner Feststellung durch die zuständige Behörde zum Gegenstand. § 43d und § 76 VwVfG hingegen behandeln eine Änderung des Planes nach seiner Feststellung.

48 Die Vorschrift modifiziert § 73 Abs. 8 S. 2 VwVfG. Die Fassung der Vorschrift geht zurück auf die Beschlussempfehlung des Ausschusses für Verkehr, Bau und Stadtentwicklung des Bundestages.[40]

2. Regelungsgehalt

49 Auch Änderungen des Plans nach Auslegung und vor Feststellung unterfallen dem **Planfeststellungsvorbehalt**, sodass sie Teil des Planfeststellungsbeschlusses werden müssen. Hierzu muss für die Änderungen nachträglich eine Öffentlichkeitsbeteiligung durchgeführt werden. Aufgrund der bereits durchgeführten oder gerade stattfindenden Öffentlichkeitsbeteiligung für den ursprünglichen Plan gelten hierbei veränderte Maßstäbe.

a) Beteiligung von Vereinigungen (Nr. 6 S. 1)

50 Nr. 6 S. 1 stellt den Grundsatz auf, dass über § 73 Abs. 8 S. 1 VwVfG hinaus **Vereinigungen** wie Behörden und Betroffene **bei Planänderungen zu beteiligen** sind. Vereinigungen sind zu benachrichtigen und ihnen ist Gelegenheit zu Stellungnahmen und Einwendungen für eine Dauer von zwei Wochen zu geben. Eine solche Regel zur Beteiligung von Vereinigungen fehlte vor Erlass der Vorschrift.

51 In **entsprechender Anwendung von § 73 Abs. 8 S. 1 VwVfG** müssen für das Beteiligungsrecht die **Belange** der Vereinigungen **erstmals oder stärker als bisher berührt** sein. Dies wird nicht erst bei weitergehenden Eingriffen in Natur und Landschaft, sondern bereits dann angenommen, wenn sich durch die Planänderung zusätzliche naturschutzrechtliche Fragen stellen, die von den zur ursprünglichen Planung angestellten naturschutzrechtlichen Erwägungen nicht erfasst wurden.[41] Dadurch wird sichergestellt, dass bei Gelegenheit der Planänderung nicht die Präklusionsregel aus Nr. 7 durchbrochen wird.

b) Benachrichtigung von Vereinigungen (Nr. 6 S. 2)

52 Flankiert wird diese Beteiligungsregel von einer Bekanntmachungspflicht für die zuständige Behörde gegenüber Vereinigungen in Nr. 6 S. 2, die sich zum ursprünglichen Plan nicht binnen zwei Wochen nach Ende der Auslegungsfrist, also innerhalb der Frist der Nr. 3 bzw. des § 73 Abs. 4 S. 1 VwVfG geäußert haben. Diesen ist eine **Planänderungsabsicht mitzuteilen**, wenn die von einer Vereinigung geltend gemachten Belange durch die Änderung erstmals oder stärker berührt werden. Gleiches gilt für den Fall, dass sich die Änderung des Planes **auf dem Gebiet einer anderen Gemeinde** im Sinne von § 73 Abs. 8 S. 2 VwVfG **auswirkt**.

---

40 BT-Drucks. 16/3158, S. 18.

41 BVerwG, Urt. v. 19.3.2003 – 9 A 33/02 –.

Die **Benachrichtigung** erfolgt entsprechend Nr. 2 S. 2 – also **durch ortsübliche Bekanntmachung**. Eine individuelle Benachrichtigung ist nicht vorgesehen. 53

c) Wegfall der Erörterung (Nr. 6 S. 3)

Nach Nr. 6 S. 3 kann im Anschluss an die Abgabe von Stellungnahmen und Einwendungen **im Regelfall von einer Erörterung abgesehen werden**. Dadurch soll eine Beschleunigung der Planänderung nach Auslegung erreicht werden. Die Vorschrift ist nicht ohne Kritik geblieben: Insbesondere der pauschale Verzicht auf den Erörterungstermin schreibt Planänderungen nach Auslegung **ohne Rücksicht auf die Auswirkungen im Einzelfall** eine geringe Bedeutung zu.[42] Als Kompensation wird vorgeschlagen, die Erörterung vom materiell-rechtlichen Abwägungsgebot zu erfassen. Immer dann, wenn durch die Änderung eine neue Abwägung wahrscheinlich ist, liegt kein Regelfall vor, sodass auch eine Erörterung durchzuführen ist.[43] 54

Die durch das Infrastrukturplanungsbeschleunigungsgesetz eingeführten Fristen, die durch die Behörden zu beachten sind, sollen der **Verfahrensbeschleunigung** dienen.[44] 55

IV. Präklusion (Nr. 7)

1. Allgemeines (Nr. 7 S. 1)

Nr. 7 besteht seit Einfügung der Vorschrift **unverändert**. Die Vorschrift **bündelt die allgemeinen Präklusionsregeln** aus § 73 Abs. 3a, 4 VwVfG, **modifiziert** sie und **schafft** eine **neue** für Vereinigungen im Sinne von § 43a Nr. 2. 56

Auch wenn im **Plangenehmigungsverfahren** Nr. 7 als Vorschrift über das Planfeststellungsverfahren nach § 43b i.V.m. § 74 Abs. 6 S. 2 Hs. 2 VwVfG **nicht anwendbar ist,**[45] kann ein **verspätetes Vorbringen** nach § 43e Abs. 3 i.V.m. **§ 87b Abs. 3 VwGO** zurückgewiesen werden, wenn die Berücksichtigung dieses Vorbringens nach der freien Überzeugung des Gerichts die Erledigung des Rechtsstreits verzögert. Diese Vorschriften gelten auch für Plangenehmigungen.[46] 57

2. Wirkung (Nr. 7 S. 2, 3)

Die Präklusionsregel **schließt in materiell-rechtlicher Hinsicht** solche Einwendungen von Betroffenen und die Stellungnahmen von Vereinigungen von der Berücksichtigung im Verwaltungsverfahren **aus**, wenn diese **nach Ablauf der Frist für Äußerungen oder Einwendungen** eingehen. 58

Die **materiell-rechtliche Wirkung** nach § 43a Nr. 7 S. 2 bedeutet, dass Einwendungen und Äußerungen nicht nur von der **weiteren Berücksichtigung im Verwaltungsverfahren** ausgeschossen sind, sondern **auch** von der **Verwendung als Rechtsbehelf** in einem gerichtlichen Verfahren.[47] Es gibt also keine Möglichkeit mehr, verspätete Äußerungen gegen das Vorhaben vorzubringen; es handelt sich um eine materielle Verwirkungspräklusion.[48] Dass die Wirkung 59

42 Britz/Hellermann/Hermes/*Hermes*, § 43a Rn 14.
43 Britz/Hellermann/Hermes/*Hermes*, § 43a Rn 14.
44 BT-Drucks. 16/54, S. 24.
45 Bayer. VGH, Urt. v. 24.5.2011 – 22 A 10.40049 –.
46 OVG Bautzen, Beschl. v. 23.7.2010 – 4 B 444/09 –.
47 OVG Münster, Beschl. v. 19.8.2010 – 11 D 26/08 –; OVG Greifswald, Urt. v. 22.3.2012 – 5 K 6/10 –.
48 OVG Münster, Beschl. v. 19.8.2010 – 11 D 26/08 –.

eine materiell-rechtliche ist, ergibt sich bereits aus einem Vergleich mit § 73 Abs. 4 S. 3 VwVfG. Indes geht Nr. 7 als speziellere Regelung vor.

60 Der materiell-rechtliche Ausschluss von Vorbringen ist auch **mit Art. 19 Abs. 4 GG vereinbar**. Folge einer solchen Regel ist eine erhöhte **Mitwirkungslast** für Betroffene und Vereinigungen. Vereinigungen nach Nr. 2 müssen alle Elemente der fachlichen Kritik bereits innerhalb der vorgegebenen Frist vortragen.

61 **Voraussetzung für den Eintritt der Ausschlusswirkung** ist nach Nr. 7 S. 3 ein **Hinweis** bei der Bekanntgabe der Einwendungs- und Stellungnahmefrist bzw. bei der Benachrichtigung von Vereinigungen auf die **drohende Präklusionswirkung** und der darauf folgende Ablauf der Einwendungsfrist für Betroffene bzw. der Äußerungsfrist für Vereinigungen. Die Äußerungsfrist entspricht begrifflich der Einwendungsfrist im Sinne von § 73 Abs. 4 S. 1 VwVfG. Nr. 7 S. 3 passt die Hinweispflicht der Behörde bezüglich der drohenden Präklusion bei der Bekanntmachung der Auslegung oder bei der Bekanntgabe der Einwendungsfrist an das energiewirtschaftliche Planfeststellungsverfahren an.

62 Die Wirkung der Ausschlussfrist wird durch Nr. 7 im Vergleich zu § 73 Abs. 4 S. 3 VwVfG verschärft: Auch **Einwendungen, die auf besonderen privatrechtlichen Titeln** beruhen, sind von der weiteren Berücksichtigung ausgeschlossen. Ferner sind nach Nr. 7 S. 2 auch Stellungnahmen von Vereinigungen ausgeschlossen, wenn sie nach Ablauf der Äußerungsfrist eingehen.

63 Für die Präklusionswirkung unschädlich ist es, wenn sich die Behörde in der Sache mit einer verspäteten Einwendung oder Stellungnahme befasst, indem sie diese etwa als unbegründet statt als präkludiert zurückweist. Die materiell-rechtliche Ausschlusswirkung der Frist steht **nicht zur Disposition der Behörde**.[49]

3. Präklusion behördlicher Stellungnahmen (Nr. 7 S. 4)

64 Nr. 7 S. 4 enthält eine **zwingende Ausnahme von der Präklusionswirkung für Stellungnahmen von Behörden**. In diesem Rahmen erfährt die Präklusionsvorschrift eine **grundlegende Umgestaltung** für Stellungnahmen von Behörden, sodass von einem **Sonderpräklusionsrecht** für Behörden gesprochen werden kann.

65 Hintergrund dieses **„Behördenprivilegs“** ist, dass die von den Behörden ins Spiel gebrachten öffentlichen Interessen Beachtung finden sollen und eine Nichtberücksichtigung wegen Fristablaufs nicht angemessen ist. Zudem soll es nicht zu Lasten von betroffenen Grundstückseigentümern gehen, wenn ein Träger öffentlicher Belange eine Stellungsnahmefrist im Planfeststellungsverfahren versäumt.[50]

66 Das Behördenprivileg ist realistischerweise kaum weiter einzuschränken. Die Annahme, die unter Säumnis aller Fristen von einer Behörde eingeht, ist zu beachten, wenn der Inhalt von rechtlicher Relevanz für die Entscheidung selbst ist. Der Rechtsstaat gebietet, dass rechtlich relevante Aspekte von den Behörden zu beachten sind. Diese **Beachtenspflicht** entfällt nicht allein deshalb, weil ein Träger öffentlicher Belange seine Frist zur Stellungnahme versäumt. Im Übrigen ist es bei dem Vorbringen von Einwendungen durch Private oder anerkannte Umweltverbände nicht anders. Sollten diese rechtlich relevante Aspekte vorbringen, kann die Behörde durchaus verpflichtet sein, diese im weiteren Verfahren zu beachten; bei einer Fristversäumnis ist der anerkannte Umweltverband bzw. der Private lediglich daran gehindert, die von ihm vorgetragene Einwendung später auch in einem Gerichtsverfahren geltend zu machen. Der **besondere Grundsatz der Rechtmäßigkeit** findet sich im Übrigen in § 43a Nr. 7 letzter Hs. ausdrücklich im Gesetz.

49 OVG Münster, Beschl. v. 19.8.2010 – 11 D 26/08 –.
50 OVG Bautzen, Beschl. v. 14.7.2010 – 4 B 460/09 –.

Bereits § 73 Abs. 3a S. 2 VwVfG enthält eine **Durchbrechung der Präklusion** bei behördlichen Stellungnahmen für die Fälle, dass der Planfeststellungsbehörde die vorgebrachten Belange bekannt waren, hätten bekannt sein müssen oder von Einfluss auf die Rechtmäßigkeit der Entscheidung sind. 67

Diese drei Ausnahmen werden im letzten Halbsatz von Nr. 7 wiederholt. In der energiewirtschaftlichen Planfeststellung muss – wie im allgemeinen Verwaltungsrecht – in diesen Fällen eine Berücksichtigung der eigentlich präkludierten Äußerungen stattfinden. Nr. 7 S. 4 Hs. 1 fügt dem jedoch eine Erweiterung hinzu. Im letzten Halbsatz nicht genannte Äußerungen **können** nach Fristablauf **berücksichtigt werden.**[51] Die Berücksichtigung wird in das Ermessen der Behörde gestellt. **Ermessenslenkende Elemente enthält die Vorschrift nicht.** Das hat zur Folge, dass die Präklusion für behördliche Stellungnahmen weniger konsequent ist. 68

Ein weiterer Unterschied zu den allgemeinen Präklusionsregeln besteht in einem **anderen zeitlichen Anknüpfungspunkt.** Es wird nicht an den Erörterungstermin wie nach § 73 Abs. 4 S. 1 VwVfG angeknüpft, sondern an eine von der zuständigen Behörde zu setzende Frist. Diese darf drei Monate nicht übersteigen und kann auch vor dem Erörterungstermin enden. Dies ist in § 73 Abs. 4 S. 2 VwVfG und in Nr. 7 S. 4 gleich geregelt. Die Wiederholung der Ausnahmefälle im letzten Halbsatz von Nr. 7 kann mit einem anderen Anknüpfungspunkt für die Entscheidung der zuständigen Behörde über die Berücksichtigung der verspäteten Stellungnahme, ggf. vor dem Erörterungstermin, begründet werden.[52] Zu diesem Zeitpunkt ist der Informationsstand der Behörde nicht mit dem nach dem Erörterungstermin vergleichbar. 69

51 Wenig relevant nach Britz/Hellermann/Hermes/*Hermes*, § 43a Rn 17.

52 A.A. Britz/Hellermann/Hermes/*Hermes*, § 43a Rn 17; so aber aufgrund eines anderen Zeitpunktes: Danner/Theobald/*Missling*, EnWG, § 43a Rn 24; vgl. auch *Wickel*, UPR 2007, 201, 204.

§ 43b Planfeststellungsbeschluss, Plangenehmigung

Für Planfeststellungsbeschluss und Plangenehmigung gilt § 74 des Verwaltungsverfahrensgesetzes mit folgenden Maßgaben:

1. Bei Planfeststellungen für Vorhaben im Sinne des § 43 Satz 1 wird

a) für ein bis zum 31. Dezember 2010 beantragtes Vorhaben für die Errichtung und den Betrieb sowie die Änderung von Hochspannungsfreileitungen oder Gasversorgungsleitungen, das der im Hinblick auf die Gewährleistung der Versorgungssicherheit dringlichen Verhinderung oder Beseitigung längerfristiger Übertragungs-, Transport- oder Verteilungsengpässe dient,

b) für ein Vorhaben, das in der Anlage zum Energieleitungsausbaugesetz vom 21. August 2009 (BGBl. I S. 2870) in der jeweils geltenden Fassung aufgeführt ist,

die Öffentlichkeit einschließlich der Vereinigungen im Sinne von § 43a Nr. 2 ausschließlich entsprechend § 9 Abs. 3 des Gesetzes über die Umweltverträglichkeitsprüfung mit der Maßgabe einbezogen, dass die Gelegenheit zur Äußerung einschließlich Einwendungen und Stellungnahmen innerhalb eines Monats nach der Einreichung des vollständigen Plans für eine Frist von sechs Wochen zu gewähren ist. Nach dieser Frist eingehende Äußerungen, Einwendungen und Stellungnahmen sind ausgeschlossen. Hierauf ist in der Bekanntmachung des Vorhabens hinzuweisen. § 43a Nr. 4 und 5 Satz 2 gilt entsprechend. Für die Stellungnahmen der Behörden gilt § 43a Nr. 7 Satz 4.

2. Abweichend von Nummer 1 und § 43 Satz 1 und 3 ist für ein Vorhaben, für das nach dem Gesetz über die Umweltverträglichkeitsprüfung eine Umweltverträglichkeitsprüfung nicht durchzuführen ist, auf Antrag des Trägers des Vorhabens, an Stelle des Planfeststellungsbeschlusses eine Plangenehmigung zu erteilen. Ergänzend zu § 74 Abs. 6 Satz 1 Nr. 1 des Verwaltungsverfahrensgesetzes kann eine Plangenehmigung auch dann erteilt werden, wenn Rechte anderer nur unwesentlich beeinträchtigt werden.

3. Die Plangenehmigung hat die Rechtswirkungen der Planfeststellung.

4. Verfahren zur Planfeststellung oder Plangenehmigung bei Vorhaben, deren Auswirkungen über das Gebiet eines Landes hinausgehen, sind zwischen den zuständigen Behörden der beteiligten Länder abzustimmen.

5. Planfeststellungsbeschluss und Plangenehmigung sind dem Träger des Vorhabens, den Vereinigungen, über deren Einwendungen und Stellungnahmen entschieden worden ist, und denjenigen, über deren Einwendungen entschieden worden ist, mit Rechtsbehelfsbelehrung zuzustellen.

Überblick

I. Allgemeines

1. Überblick über die Norm

§ 43b modifiziert § 74 VwVfG für Planfeststellungsbeschluss und Plangenehmigung: 1

Nr. 1 regelt für besonders **dringliche Vorhaben** Verfahrensbeschleunigungen. Hierbei wird 2
unter lit. b) auf die Vorhaben aus dem EnLAG Bezug genommen.

Nr. 2 und 3 enthalten **besondere Regelungen** für die Plangenehmigung im Bereich der 3
energierechtlichen Planfeststellung und modifizieren die allgemeinen Regelungen des § 74 Abs. 6 VwVfG.

Nr. 4 ordnet an, dass Verfahren bei Vorhaben, deren Auswirkungen über das Gebiet eines 4
Landes hinausgehen, zwischen den **zuständigen Behörden der beteiligten Länder abzustimmen** sind.

Nach **Nr. 5** sind Planfeststellungsbeschluss und Plangenehmigung den Verfahrensbeteilig- 5
ten **zuzustellen.**

2. Regelungszweck

Die Vorschrift sorgt als Bestandteil des Gesetzes zur Beschleunigung von Planungsverfahren 6
für Infrastrukturvorhaben für eine **Flexibilisierung** und **Beschleunigung des Zulassungsverfahrens** für energiewirtschaftliche Vorhaben. Die Auswirkungen betreffen verschiedene Verfahrensstadien, sodass eine Systematisierung der Norm nur schwer möglich ist. Die Norm enthält zentrale Regelungsgehalte für das Plangenehmigungsverfahren. Die Norm erweitert den **Anwendungsbereich** des Plangenehmigungsverfahrens und die **Rechtswirkungen der Plangenehmigung.**

3. Entstehungsgeschichte

Die Vorschrift wurde durch Art. 7 Nr. 6 des **Gesetzes zur Beschleunigung von Planungsver-** 7
fahren für Infrastrukturvorhaben[1] vom 9.12.2006 mit Wirkung zum 17.12.2006 als § 43b eingefügt.

Im Gesetzgebungsverfahren wurde dem Gesetzesentwurf der Bundesregierung[2] in Abs. 2 S. 2 8
hinzugefügt, dass eine Plangenehmigung ergänzend zu § 74 Abs. 6 S. 1 Nr. 1 des VwVfG auch dann erteilt werden kann, wenn **Rechte anderer nur unwesentlich beeinträchtigt** werden. Darüber hinaus erfuhr die Vorschrift weitere kleinere Änderungen.

§ 43b Nr. 1 S. 1 wurde mit Wirkung zum 26.8.2009 durch Art. 2 Nr. 7 des Gesetzes zur Be- 9
schleunigung des Ausbaus der Hochspannungsnetze[3] vom 21.8.2009 neu gefasst. Dabei wurde die bereits bestehende Formulierung in Nr. 1 S. 1 lit. a) überführt und eine weitere Alternative, die die nach jeweils aktuellem Gesetzesstand in die Anlage des **EnLAG** aufgenommenen Vorhaben umfasst, als Nr. 1 S. 1 lit. b) hinzugefügt. Der Verweis auf § 9 UVPG wurde nur mit redaktio-

1 BGBl. I 2006 S. 2833.
2 BR-Drucks. 363/05, S. 29.
3 BGBl. I 2009 S. 2870.

neller Wirkung korrigiert, da § 9 UVPG bereits vor Einfügung des § 43b – mit Wirkung zum 15.12.2006 – nur noch einen Satz enthält.

4. Unionsrechtliche Bezüge

10 Der Anwendungsbereich der Plangenehmigung wird durch die **Reichweite** der **europarechtlich determinierten Pflicht** zur **UVP** bestimmt. Wie auch in anderen Fachplanungsgesetzen kann die Plangenehmigung statt der Planfeststellung nur erteilt werden, wenn es sich nicht um ein Vorhaben handelt, für das nach dem UVPG eine UVP durchzuführen ist. Das UVPG stellt in seiner seit dem 3.8.2001 geltenden Fassung für die Frage der UVP-Pflichtigkeit nicht mehr – wie die vorhergehende Fassung – auf die Planfeststellungspflichtigkeit eines Vorhabens, sondern auf materielle Kriterien ab. Dies **erschwert** die **Feststellung der Anwendbarkeit** des **Plangenehmigungsverfahrens.**[4]

II. Anwendung von § 74 VwVfG

11 Bereits in § 43 S. 6 ist ein **Anwendungsbefehl** für die allgemeinen verwaltungsverfahrensrechtlichen Vorschriften der **§§ 72–78 VwVfG** enthalten, wonach diese für das energierechtliche Planfeststellungsverfahren nach Maßgabe des EnWG gelten. Gleich zu Beginn von § 43b wird § 74 VwVfG für grds. anwendbar erklärt, aber zugleich zahlreichen Modifikationen unterworfen.

12 **§ 74 VwVfG** beinhaltet die **zentralen Bestimmungen** für die eigentliche **Planfeststellung** durch die Planfeststellungsbehörde. Abs. 1 bis 3 enthalten Bestimmungen über Inhalt und Anfechtbarkeit des Planfeststellungsbeschlusses. Nach § 74 Abs. 2 S. 2 VwVfG können dem Vorhabenträger im Planfeststellungsbeschluss Schutzvorkehrungen auferlegt werden, die *„zum Wohl der Allgemeinheit oder zur Vermeidung nachteiliger Wirkungen auf Rechte anderer erforderlich sind."* Sind solche Schutzvorkehrungen untunlich, hat der Betroffene nach § 74 Abs. 2 S. 3 VwVfG Anspruch auf eine angemessene Geldentschädigung. Hierzu trifft § 45a Modifikationen, indem er die Bestimmung der Höhe der Entschädigung aus dem Planungsverfahren in ein nachgelagertes Entschädigungsverfahren auslagert. § 74 Abs. 4 und 5 VwVfG regeln die Zustellung und Bekanntgabe des Planfeststellungsbeschlusses. § 74 Abs. 6 VwVfG sieht die Möglichkeit des Ersatzes der Planfeststellung durch die Plangenehmigung vor. § 74 Abs. 7 VwVfG ist durch die spezielle Regelung des Anzeigeverfahrens in Fällen unwesentlicher Bedeutung nach § 43f in seiner Anwendung gesperrt.

III. Sonderregeln für dringliche Vorhaben (Nr. 1)

13 § 43b Nr. 1 gilt zunächst für alle in § 43 S. 1 aufgeführten **Vorhaben.** Davon umfasst sind nach S. 1 Nr. 1 Hochspannungsfreileitungen, ausgenommen Bahnstromfernleitungen, mit einer Nennspannung von 110 kV oder mehr, nach S. 1 Nr. 2 Gasversorgungsleitungen mit einem Durchmesser von mehr als 300 mm, nach S. 1 Nr. 3 Hochspannungsleitungen, die zur Netzanbindung von Offshore-Anlagen im Sinne des § 3 Nr. 9 EEG im Küstenmeer als Seekabel und landeinwärts als Freileitung oder Erdkabel bis zu dem technisch und wirtschaftlich günstigsten Verknüpfungspunkt des nächsten Übertragungs- oder Verteilernetzes verlegt werden sollen und nach S. 1 Nr. 4 grenzüberschreitende Gleichstrom-Hochspannungsleitungen, die nicht unter Nr. 3 fallen und

4 *Wickel/Müller,* NVwZ 2001, 1133 f.

die im Küstenmeer als Seekabel verlegt werden sollen, sowie deren Fortführung landeinwärts als Freileitung oder Erdkabel bis zu dem technisch und wirtschaftlich günstigsten Verknüpfungspunkt des nächsten Übertragungs- oder Verteilernetzes. **Erdkabel sind** aus dem Anwendungsbereich von Nr. 1 demnach **ausgenommen**.

1. Vorhaben nach § 43b Nr. 1 lit. a

Die **verfahrensrechtlichen Sonderregelungen** gelten für die bis zum 31.12.2010 beantragten Vorhaben für die Errichtung und den Betrieb sowie die Änderung von Hochspannungsfreileitungen oder Gasversorgungsleitungen, die der im Hinblick auf die Gewährleistung der Versorgungssicherheit dringlichen Verhinderung oder Beseitigung längerfristiger Übertragungstransporte oder Verteilengpässen dienen. 14

Während der **Zeitpunkt der Antragstellung** mit dem Eingang des Antrags auf Planfeststellung bei der zuständigen Behörde exakt feststellbar ist, ist dies bei der besonderen Dringlichkeit eines Vorhabens weitaus schwieriger. Das Gesetz enthält dazu keine klare Maßgabe. Im Rahmen der Modalitätenäquivalenz zu lit. b), welche zahlreiche Vorhaben aus der dena Netzstudie I enthält, kann grds. angenommen werden, dass Vorhaben der dena Netzstudien besonders dringlich sind. 15

Da im Grundsatz bei den Planfeststellungen nach § 43 keine **Eröffnungskontrolle** erfolgt, sind die Netzbetreiber selbst investitionsverantwortlich, sodass es von ihrer Netzentwicklungsverantwortung umfasst ist, die Dringlichkeit einzuschätzen. Der Netzbetreiber muss also selbst darlegen, ob sein Vorhaben besonders dringlich im Sinne von § 43b Nr. 1 lit. b) ist. 16

Streit besteht darüber, inwieweit die zuständige Behörde an diese Einschätzung gebunden ist. Teilweise wird einer **Bindungswirkung** der Ausführung des Vorhabenträgers gegenüber der Behörde ausgegangen.[5] Dagegen wird vorgebracht, dass wegen der Folge des Verzichts auf den Erörterungstermin diese Voraussetzung sehr restriktiv auszulegen ist und die Behörde demnach einen strengen Prüfungsmaßstab anzulegen hat.[6] 17

2. Vorhaben nach § 43b Nr. 1 lit. b

Die verfahrensrechtlichen Sonderregelungen gelten für Vorhaben, die in der Anlage zum **EnLAG** aufgeführt sind. Bezug genommen wird auf das EnLAG in der jeweils geltenden Fassung, sodass sich Änderungen in der Anlage des EnLAG auf den Anwendungsbereich auswirken. 18

3. Sonderregelungen für die Verfahren

Anders als der Beginn von § 43b nahelegt, modifiziert Nr. 1 nicht § 74 VwVfG sondern **§ 73 VwVfG.** 19

Für die vom Gesetzgeber in Nr. 1 aufgeführten beiden Arten dringlicher Vorhaben ist eine besondere Verfahrensbeschleunigung im Hinblick auf die Beteiligung der Öffentlichkeit eingeführt worden. Die Vorschrift wird als **umständlich formuliert** kritisiert.[7] 20

Demnach wird die Öffentlichkeit einschließlich der Vereinigungen im Sinne von § 43a Nr. 2 ausschließlich entsprechend § 9 Abs. 3 UVPG mit der Maßgabe einbezogen, dass die **Gelegenheit zur Äußerung** einschließlich des Vortrags von Einwendungen und der Abgabe von Stellungnahmen innerhalb eines Monats nach Einreichung des vollständigen Plans für eine Frist von sechs Wochen zu gewähren ist. 21

5 Danner/Theobald/*Missling*, EnWG, § 43b Rn 7; *Lecheler*, DVBl. 2007, 713, 718.
6 Britz/Hellermann/Hermes/*Hermes*, § 43b Rn 6.
7 *Schütte*, RdE 2007, 300, 302.

22 **Nach dieser Frist** eingehende Äußerungen, Einwendungen und Stellungnahmen sind **ausgeschlossen.** Hierauf ist in der Bekanntmachung hinzuweisen. § 43a Nr. 4 und 5 S. 2 gilt entsprechend. Für die Stellungnahmen der Behörden gilt § 43a Nr. 7 S. 4.

IV. Plangenehmigung (Nr. 2)

1. Allgemeines

23 Gemäß Nr. 2 i.V.m. § 74 Abs. 6 VwVfG ist unter bestimmten Voraussetzungen anstelle eines Planfeststellungsbeschlusses eine **Plangenehmigung** zu erteilen.

24 Eine Plangenehmigung ist eine **planerische Entscheidung**, in der die Planfeststellungsbehörde befugt ist, private und öffentliche Belange in einem Akt planender Gestaltung durch Abwägung zum Ausgleich zu bringen und erforderlichenfalls zu überwinden.[8] Der **sachliche Prüfungsinhalt** der Plangenehmigung unterscheidet sich daher nicht von dem des Planfeststellungsbeschlusses. Ohne Einschränkung gelten für die Plangenehmigung auch die übrigen materiellen Anforderungen, die auf das Planfeststellungsverfahren und den Planfeststellungsbeschluss anwendbar sind.[9]

25 Auf das Verfahren der Erteilung der Plangenehmigung finden die Vorschriften über das Planfeststellungsverfahren keine Anwendung, § 74 Abs. 6 S. 2 Hs. 2 VwVfG. Stattdessen finden die allgemeinen Vorschriften der §§ 9 ff. VwVfG einschließlich der §§ 71a ff. VwVfG Anwendung. Der wesentliche Verfahrensunterschied zwischen Planfeststellung und Plangenehmigung besteht darin, dass bei der Plangenehmigung **keine Öffentlichkeitsbeteiligung** stattfindet, vielmehr richtet sich die Beteiligung Dritter nach § 13 VwVfG und die Anhörung Betroffener nach § 28 VwVfG.[10] Eine Anhörung Betroffener, die sich mit der Inanspruchnahme ihres Rechts einverstanden erklären oder nach Belehrung auf eine gesonderte Anhörung vor Erteilung der Plangenehmigung verzichten,[11] ist nicht erforderlich.

26 Im energierechtlichen Planfeststellungsverfahren ist anstelle eines Planfeststellungsbeschlusses eine Plangenehmigung nur zu erteilen, wenn für das Leitungsvorhaben **keine UVP** durchzuführen ist.[12] Eine weitere Besonderheit besteht darin, dass – anders als in allgemeinen Planfeststellungsverfahren nach § 74 Abs. 6 S. 2 VwVfG – die Plangenehmigung nach Nr. 3 die **Rechtswirkungen der Planfeststellung inklusive der enteignungsrechtlichen Vorwirkung** hat.[13] Zudem hat der Vorhabenträger in der energierechtlichen Planfeststellung – anders als in allgemeinen Planfeststellungsverfahren nach § 74 Abs. 6 S. 1 VwVfG – **einen Anspruch auf Durchführung eines Plangenehmigungsverfahrens**, wenn die entsprechenden Voraussetzungen dafür vorliegen.[14]

27 Das Institut der Plangenehmigung dient der **Verfahrensvereinfachung** und damit gleichzeitig auch der **Beschleunigung des Planfeststellungsverfahrens**, weil sie den erheblichen Zeit- und Kostenaufwand, der mit einem Planfeststellungsverfahren regelmäßig verbunden ist, vermeidet.[15]

---

8 BVerfG, Beschl. v. 10.9.2008 – 1 BvR 1914/02 –; BVerwG, Urt. v. 22.3.1995 – 11 A 1/95 –; BVerwG, Urt. v. 25.9.1996 – 11 A 20/96 –.
9 *Kopp/Ramsauer*, § 74 Rn 156.
10 Vgl. dazu Rn 56.
11 Vgl. dazu Rn 38 ff.
12 Vgl. dazu Rn 33 ff.
13 Vgl. dazu Rn 57 ff.
14 Vgl. dazu Rn 61.
15 BT-Drucks. 13/3995, S. 10.

2. Entscheidung über die Durchführung eines Plangenehmigungsverfahrens

Wenn die Voraussetzungen zur Erteilung einer Plangenehmigung nach § 43b Nr. 2 i.V.m. § 74 Abs. 6 VwVfG vorliegen, hat der Vorhabenträger – ausweislich des Wortlauts *„ist [...] zu erteilen"* – **einen Anspruch auf Durchführung eines Plangenehmigungsverfahrens.**[16] Ein **Anspruch auf Erteilung einer Plangenehmigung besteht** trotz des Wortlauts **nicht**. Dies ergibt sich aus der Formulierung *„anstelle des Planfeststellungsbeschlusses"*; auf diesen besteht ebenfalls kein Anspruch.[17] Nr. 2 S. 2, wonach eine Plangenehmigung erteilt werden *„kann"*, stellt zusätzlich klar, dass die Erteilung der Plangenehmigung keine gebundene Entscheidung ist. 28

Überraschenderweise hat der Gesetzgeber der Planfeststellungsbehörde **keine Frist** bei der Entscheidung über die **Verfahrenswahl** gesetzt. 29

Stellt sich im Verlauf eines eingeleiteten Plangenehmigungsverfahrens heraus, dass die gesetzlichen Voraussetzungen nicht bestehen und auch nicht hergestellt werden können, kann die Behörde grds. in ein **Planfeststellungsverfahren überwechseln.**[18] 30

3. Voraussetzungen der Erteilung der Plangenehmigung

a) Antrag des Vorhabenträgers

Eine Plangenehmigung ist ausweislich des Wortlauts in Nr. 2 S. 1 nur auf **Antrag** des Vorhabenträgers zu erteilen. 31

Dem Antrag sind in der Regel folgende **Unterlagen** beizufügen: 32

- Erläuterungsbericht, in dem die Notwendigkeit und Zweckmäßigkeit der Maßnahme begründet ist,
- Übersichtskarte,
- Übersichtsplan,
- Ausbauquerschnitt,
- Lageplan, aus dem notwendige Veränderungen zu ersehen sind,
- Bauwerksverzeichnis,
- Grunderwerbsplan und Verzeichnis,
- Landschaftspflegerischer Begleitplan,
- Darstellung der Rechtsbeeinträchtigung Dritter und Vorlage von Erklärungen der in ihren Rechten betroffenen Dritten bei Einverständnis zur Beeinträchtigung ihrer Rechte,
- Darstellung der Rechtsbeeinträchtigung Dritter, mit denen keine Vereinbarungen abgeschlossen werden konnten,
- Nachweis für die Beteiligung der Träger öffentlicher Belange sowie Unterlagen für die noch zu treffenden öffentlich-rechtlichen Entscheidungen einschließlich der bei der Herstellung des Benehmens abgegebenen Stellungnahmen beteiligter Behörden und Gebietskörperschaften, Leitungsplan und Stellungnahmen der betroffenen Versorgungsunternehmen.

b) Keine Pflicht zur Durchführung einer Umweltverträglichkeitsprüfung (Nr. 2 S. 1)

Aufgrund der **Vorgaben der RL 85/337/EWG** vom 27.6.1985 über die UVP muss bei bestimmten öffentlichen und privaten Projekten (UVP-RL) bei bestimmten Leitungsvorhaben eine UVP durchgeführt werden.[19] Eine UVP muss gem. Art. 6 UVP-RL unter Beteiligung der Öffentlichkeit durchgeführt werden. Die UVP-RL wird durch das § 2 Abs. 1 S. 3, Abs. 6 und § 9 UVPG in nationales Recht umgesetzt. Da für die Erteilung einer Plangenehmigung keine Öffentlichkeitsbeteili- 33

16 Vgl. dazu Rn 61.
17 *Stüer*, Rn 4370; Britz/Hellermann/Hermes/*Hermes*, § 43 Rn 31; Danner/Theobald/*Missling*, EnWG, § 43 Rn 72.
18 Knack/Henneke/*Dürr*, § 74 Rn 162.
19 Vgl. zur UVP im energierechtlichen Planfeststellungsverfahren § 43 Rn 87 ff.

gung vorgesehen ist, ist das **Plangenehmigungsverfahren kein geeignetes Trägerverfahren** zur Umsetzung der Vorgaben der RL 85/337/EWG.

34 Nach § 3b i.V.m. Anlage 1 Nr. 19.1.1 des UVPG besteht eine **unbedingte Verpflichtung zur Durchführung** einer UVP für die Errichtung und Betrieb einer Hochspannungsfreileitung im Sinne des EnWG mit einer **Länge von mehr als 15 km und mit einer Nennspannung von 220 kV oder mehr.**

35 Nach § 3c S. 1 i.V.m. Anlage 1 Nr. 19.1.2 und Nr. 19.1.3 des UVPG ist eine **allgemeine Vorprüfung des Einzelfalls (Screening)** für die Errichtung und den Betrieb einer Hochspannungsfreileitung im Sinne des EnWG mit einer **Länge von mehr als 15 km und mit einer Nennspannung von 110 kV bis zu 220 kV** und mit einer **Länge von 5 km bis zu 15 km und mit einer Nennspannung von 110 kV oder mehr** durchzuführen. Eine UVP-Pflicht im Einzelfall besteht dann, wenn das Vorhaben nach überschlägiger Prüfung durch die Planfeststellungsbehörde erhebliche nachteilige Umweltauswirkungen haben kann, die bei der Bewertung der Umweltauswirkungen (§ 12 UVPG) zu berücksichtigen wären. Kriterien für die Erheblichkeit nachteiliger Umweltauswirkungen ergeben sich aus der Anlage 2 UVPG.

36 Nach § 3c S. 2 i.V.m. Anlage 1 Nr. 19.1.4 des UVPG ist eine **standortbezogene Vorprüfung des Einzelfalls** für die Errichtung und den Betrieb einer Hochspannungsfreileitung im Sinne des EnWG mit einer **Länge von weniger als 5 km und einer Nennspannung von 110 kV oder mehr** durchzuführen.

37 Das **Recht eines anerkannten Naturschutzvereins** auf **Beteiligung in Planfeststellungsverfahren** wird **verletzt**, wenn die Behörde die Änderung oder Erweiterung eines Vorhabens nicht im Wege der Planfeststellung, sondern in Form der – nicht beteiligungspflichtigen – Plangenehmigung zulässt, weil sie die rechtlichen und naturschutzfachlichen Voraussetzungen, unter denen nach einer Vorprüfung des Einzelfalls von einer UVP und damit von einem Planfeststellungsverfahren abgesehen werden darf, verkannt hat. Gegen eine derartige Plangenehmigung kann der übergangene Naturschutzverein im Wege der Anfechtungsklage vorgehen. Die gerichtliche Kontrolle beschränkt sich auf die verfahrensmäßigen und inhaltlichen Anforderungen an die Vorprüfung der UVP-Pflicht im Einzelfall.[20]

c) Unwesentliche Beeinträchtigung der Rechte anderer

38 Eine Plangenehmigung kann gem. Nr. 2 S. 2 erteilt werden, wenn **Rechte anderer nicht oder nur unwesentlich beeinträchtigt** werden oder wenn sich die Betroffenen mit der Inanspruchnahme ihres Eigentums oder eines anderen Rechts schriftlich einverstanden erklärt haben.

39 Der **Kreis der** in ihren Rechten **Betroffenen** muss der Behörde vollständig **bekannt** und klar **abgrenzbar** sein.

40 Der **Begriff der Rechte** im Sinne von § 43b Nr. 2 S. 2 ist enger als der Begriff der abwägungserheblichen Belange im Sinne von § 73 Abs. 4. Der Begriff der Rechte im Sinne von § 43b Nr. 2 S. 2 stimmt mit dem Begriff der Rechte in § 74 Abs. 2 S. 2 und § 75 Abs. 2 überein.[21] Mit einer Rechtsbeeinträchtigung ist nur der **direkte Zugriff** auf fremde Rechte gemeint, **nicht** aber die bei jeder Planung gebotene wertende **Einbeziehung der Belange Dritter in die Abwägungsentscheidung.**[22] Der Begriff der Rechte umfasst nicht nur die Eigentumsrechte von Dritten einschließlich ihrer betrieblichen Existenz oder die Betroffenheit eines Grundstücks, sondern auch alle ande-

---

20 BVerwG, Urt. v. 31.10.1990 – 4 C 7/88 –; BVerwG, Urt. v. 7.12.2006 – 4 C 16/04 –; Hamb. OVG, Beschl. v. 24.2.2010 – 5 Bs 24/10 –.

21 *Kopp/Ramsauer*, § 74 Rn 163 m.w.N.

22 BVerwG, Urt. v. 24.2.1998 – 4 VR 13/97 –; BVerwG, Urt. v. 27.11.1996 – 11 A 100/95 – zur Plangenehmigung im AEG; BVerwG, Beschl. v. 29.12.1994 – 7 VR 12/94 –; VGH München, Urt. v. 11.3.2005 – 22 A 4/40063 –; OVG Lüneburg, Beschl. v. 24.9.2002 – 7 MS 180/02 –.

ren subjektiven öffentlichen Rechte. Hierzu zählen die Schutzgüter des Art. 2 Abs. 2 GG,[23] das Recht auf Vermeidung von Lärmbeeinträchtigungen und andere rechtlich erhebliche Nachteile, sofern sie wesentlich sind, d.h. über das jedermann nach Lage der Dinge zumutbare Maß hinausgehen.[24] Dies gilt auch wenn ein Grundstück nicht unmittelbar in Anspruch genommen wird, jedoch die gegebene Grundstückssituation nachhaltig verändert oder die Maßnahme, auf die zur Verwirklichung des geplanten Vorhabens zugegriffen werden muss, das durch das Leitungsprojekt betroffene Grundstück schwer und unerträglich betrifft.[25]

Zu den Rechten anderer zählt **nicht das Mitwirkungsrecht der Naturschutzverbände** nach § 63 Abs. 1 Nr. 3 und Nr. 2 und Abs. 2 Nr. 6 BNatSchG.[26] Die Voraussetzung, dass das Recht anderer nicht beeinträchtigt werden darf, ist keine die anerkannten Naturschutzverbände schützende Norm.[27] Im Falle der Verletzung des Beteiligungsrechts eines anerkannten Naturschutzverbandes wegen der Nichtdurchführung eines an sich gebotenen Planfeststellungsverfahrens ist der Naturschutzverband allerdings klagebefugt.[28] 41

§ 43b Nr. 2 enthält eine sog. **Bagatellgrenze**, nach der nur erhebliche Beeinträchtigungen Rechte Dritter einer Plangenehmigung entgegenstehen. Damit entspricht § 43b Nr. 2 dem § 17b Abs. 1 Nr. 2 FStrG und dem § 28 Abs. 1a Nr. 3 PBefG.[29] 42

Eine **unwesentliche Beeinträchtigung** liegt etwa vor, wenn nach Größe und Wert unbedeutende Einzelparzellen in Anspruch genommen werden. Auch ist bei der Beurteilung auf die Auswirkung der Inanspruchnahme auf die zulässige Grundstücksnutzung abzustellen. Unwesentlichkeit liegt im Regelfall auch bei der nur geringfügigen Überspannung von Grundstücken vor, wenn auf diesen keine Maststandorte errichtet werden und ohne Beeinträchtigung der zulässigen Grundstücksnutzung im Übrigen. 43

Ob durch die Plangenehmigung Rechte Dritter beeinträchtigt werden, setzt eine **Prognose** darüber voraus, ob von dem Vorhaben Rechte Dritter nicht beeinträchtigt werden. Da das Planfeststellungsverfahren gerade der Feststellung dient, ob und inwieweit Rechte Dritter beeinträchtigt sein könnten, kommt eine Plangenehmigung nur dann in Betracht, wenn eine hinreichend sichere Beurteilung der Frage möglich ist, ob Rechte Dritter beeinträchtigt werden können.[30] 44

Konkrete Vereinbarungen mit den Betroffenen über die Hinnahme bzw. die Duldung der Auswirkung eines Vorhabens haben zur Folge, dass von dem Vorhaben ausgehende Rechtsbeeinträchtigungen bei der Beurteilung der Voraussetzungen des § 43b Nr. 2 S. 2 außer Betracht bleiben. Gelingt es dem Vorhabenträger oder der Planfeststellungsbehörde mit allen Personen, die durch das Vorhaben in ihren Rechten beeinträchtigt sein könnten, eine entsprechende **schriftliche Vereinbarung** zu treffen, in der sich die Betroffenen mit der Inanspruchnahme ihres Eigentums oder eines anderen Rechts **einverstanden** erklären, so ist eine Plangenehmigungen zu erteilen, sofern auch die anderen Voraussetzungen für die Erteilung der Plangenehmigung vorliegen. 45

Notwendig für die Erklärung der Duldung ist grds. die eigenhändige Unterschrift des Betroffenen bzw. der vertretungsberechtigten Personen. Eine Erklärung zur Niederschrift der Behörde reicht aber aus, wenn der Betroffene eine von der Behörde aufgenommene Erklärung eigenhändig unterzeichnet. Verpflichtet sich ein Betroffener zu Rechtsübertragungen im Sinne des §§ 311b, 929 BGB, ist notarielle Beurkundung notwendig und ausreichend.[31] 46

---

23 Vgl. Begründung der Bundesregierung zum Planvereinfachungsgesetz, BT-Drucks. 12/4328, S. 19.
24 VGH Mannheim, Beschl. v. 7.5.1998 – 5 S 1060/98 –.
25 Knack/Henneke/*Dürr*, § 75 Rn 44.
26 BVerwG, Urt. v. 22.3.1995 – 11 A 1/95 –.
27 BVerwG, Urt. v. 14.5.1997 – 11 A 43/96 –.
28 BVerwG, Urt. v. 7.12.2006 – 4 C 16/04 –; BVerwG, Urt. v. 14.5.1997 – 11 A 43/96 –.
29 Kritisch zur Beschleunigungswirkung Danner/Theobald/*Missling*, EnWG, § 43b Rn 26.
30 *Kopp/Ramsauer*, § 74 Rn 164 m.w.N.
31 Stelkens/Bonk/Sachs/*Bonk/Neumann*, § 74 Rn 240.

47 Vereinbarungen sind etwa Verträge mit Eigentümern über die Inanspruchnahme ihrer Grundstücke, über Bauhöhenbeschränkungen, über die Änderung von Zufahrten, sowie grundbuchlich gesicherte persönlich beschränkte Dienstbarkeiten oder Einwilligungen des Eigentümers zur Eintragung persönlich beschränkter Dienstbarkeiten.

48 Schriftliche Vereinbarungen und Einverständniserklärungen der Betroffenen, mit denen sie sich mit der Inanspruchnahme ihres Eigentums oder eines anderen Rechts schriftlich einverstanden erklärt haben, wirken auch gegen den **Rechtsnachfolger** und sind für diesen **verbindlich.**

d) Herstellen des Benehmens mit den Trägern öffentlicher Belange

49 Nach § 43b i.V.m. § 74 Abs. 6 Nr. 2 ist mit den Trägern öffentlicher Belange, deren Aufgabenbereich von dem Vorhaben berührt wird, das Benehmen herzustellen.

50 Das Benehmen mit den betroffenen Trägern öffentlicher Belange ist erforderlich, da auch die Plangenehmigung die für das Vorhaben erforderlichen Genehmigungen und Erlaubnisse anderer Sachverständigkeiten ersetzt und damit eine Konzentrationswirkung entfaltet.[32] Das Benehmen muss nicht mit anerkannten Naturschutzvereinen und Umweltschutzvereinigungen hergestellt werden, da diese keine Träger öffentlicher Belange sind.[33]

51 Das Benehmen erfordert im Gegensatz zum Einvernehmen keine Willensübereinstimmung.[34] Es bedeutet nicht mehr als die (gutachterliche) Anhörung der anderen Behörde, die auf diese Weise Gelegenheit erhält, ihre Vorstellungen in das Verfahren einzubringen.[35] Das Benehmen wird hergestellt, indem die Planfeststellungsbehörde anderen, in ihrem Aufgabenbereich betroffenen Behörden im Verfahren Gelegenheit zur Stellungnahme gibt. Eine Bindung an die Stellungnahmen tritt – anders als beim Einvernehmen – nicht ein. Negative Stellungnahmen der beteiligten Behörden stehen der Erteilung einer Plangenehmigung nicht im Wege.[36]

52 Die Regelung in Nr. 2 hat einen allein verfahrensrechtlichen Charakter und stellt nicht auf Ausmaß und Gewicht etwa betroffener öffentlicher Interessen ab, die lediglich bei der Ermessensentscheidung zu berücksichtigen sind.

4. Sonderregelung für die Verfahren

53 Auf das Verfahren der Erteilung der Plangenehmigung finden gem. § 74 Abs. 6 S. 2 Hs. 2 die Vorschriften über das Planfeststellungsverfahren keine Anwendung. Stattdessen kommen die allgemeinen Vorschriften der §§ 9 ff. VwVfG einschließlich der §§ 71a ff. VwVfG zur Anwendung.

54 Der wesentliche Verfahrensunterschied zwischen Planfeststellung und Plangenehmigung besteht darin, dass bei der Plangenehmigung **keine Öffentlichkeitsbeteiligung** im Sinne von § 74 Abs. 2 bis Abs. 5 VwVfG i.V.m. § 43a stattfindet.[37]

55 Weil Betroffene im Plangenehmigungsverfahren keine Einwendungen abgeben können, können die Beteiligten im Plangenehmigungsverfahren auch nicht präkludiert werden.[38]

56 Da die Plangenehmigung ein Verwaltungsakt ist, müssten sämtliche formellen und materiellen Voraussetzungen für den Erlass eines Verwaltungsaktes erfüllt sein. Dies bedeutet: Für

32 *Kopp/Ramsauer*, § 74 Rn 166.
33 BVerwG, Urt. v. 14.05.1997 – 11 A 43/96 –; BVerwG, Beschl. v. 7.7.1995 – 11 VR 11/ 95 –; BVerwG, Urt. v. 22.3.1995 – 11 A 1/95 –.
34 BVerwG, Beschl. v. 31.10.2000 – 11 VR 12/00 –; BVerwG, Beschl. v. 29.12.1994 – 7 VR 12/94 –; OVG Lüneburg, Beschl. v. 24.9.2002 – 7 MS 180/02 –.
35 BVerwG, Urt. v. 29.4.1993 – 7 A 2/92 –.
36 *Kopp/Ramsauer*, § 74 Rn 166.
37 BVerwG, Urt. v. 25.9.1996 – 11 A 20/96 –.
38 *Stüer*, Rn 3774; VGH München, Urt. v. 24.5.2011 – 22 A 10.40049 –.

die Notwendigkeit der Beteiligung Dritter gilt § 13 VwVfG, für die Anhörung Betroffener § 28 VwVfG und für die Akteneinsicht § 29 VwVfG. Für die Mitwirkung von Naturschutzvereinen gilt § 63 BNatSchG bzw. die entsprechende landesrechtliche Vorschrift. Der Verwaltungsakt ist gem. § 39 VwVfG zu begründen und, soweit nicht nach § 43b Nr. 5 eine Zustellung vorgeschrieben ist, gem. § 41 VwVfG bekanntzugeben. Gemäß § 43b Nr. 5 ist die Plangenehmigung dem Vorhabenträger, den Vereinigungen, über deren Einwendungen und Stellungnahmen entschieden worden ist, und denjenigen, über deren Einwendungen entschieden worden ist, unter Beifügung einer ordnungsgemäßen Rechtsbehelfsbelehrung zuzustellen.

5. Rechtswirkungen (Nr. 3)

Die Plangenehmigung nach Nr. 3 hat die **Rechtswirkung der Planfeststellung.**[39] Anders als die Plangenehmigung im allgemeinen Planfeststellungsverfahren nach § 74 Abs. 6 S. 2 VwVfG kommt der Plangenehmigung nach Nr. 3 auch eine **enteignungsrechtliche Vorwirkung** zu.[40] 57

Insbesondere kommt der Plangenehmigung die gleiche **Zulassungsfunktion** wie dem Planfeststellungsbeschluss zu. Sie verleiht der Planfeststellungsbehörde die Befugnis, für ein Vorhaben private und öffentliche Belange in einem Akt planender Gestaltung durch Abwägung zum Ausgleich zu bringen und erforderlichenfalls zu überwinden.[41] 58

Plangenehmigungsverfahren gehören zu den Verfahren mit der Rechtswirkung der Planfeststellung, so dass auch auf Plangenehmigungen § 38 BauGB Anwendung findet.[42] 59

Die Regelungen über Schutzmaßnahmen nach § 74 Abs. 2 S. 2 VwVfG gelten nicht für die Plangenehmigung.[43] Wer von einer Plangenehmigung in seinen Rechten beeinträchtigt ist, kann diejenigen Schutzvorkehrungen verlangen, auf die ein gesetzlicher Anspruch besteht oder ohne die seine rechtlich geschützten Interessen nicht im Wege der Abwägung überwunden werden könnten.[44] 60

6. Rechtsschutz

Vorschriften über das Verwaltungsverfahren sind nicht um ihrer selbst Willen drittschützend, sondern nur im Hinblick auf eine dem Verfahrensrecht zugrundeliegende materiell-rechtliche Rechtsposition des Betroffenen. Der Betroffene hat insofern grds. keinen Anspruch darauf, die Wahrung seiner Rechte in einem bestimmten Verfahren zu verfolgen.[45] Anders liegt der Fall aufgrund des eindeutigen Wortlauts (*„ist [...] zu erteilen“*) in der energierechtlichen Plangenehmigung. Daher hat der Vorhabenträger bei Vorliegen der Voraussetzungen von § 43b Nr. 2 **einen Anspruch auf Durchführung eines Plangenehmigungsverfahrens.**[46] Dieser Anspruch ist gerichtlich durchsetzbar.[47] 61

Einen **Anspruch auf Erteilung der Plangenehmigung** hat der Vorhabenträger wegen des abwägungsdirigierten Charakters der Planungsentscheidung nicht.[48] 62

39 Zu den Rechtswirkungen der Plangenehmigung vgl. § 43c Rn 24.
40 Verfassungsrechtliche Bedenken bei Britz/Hellermann/Hermes/*Hermes*, § 43b Rn 14 f.
41 BVerwG, Urt. v. 22.3.1995 – 11 A 1/95 –.
42 BVerwG, Beschl. v. 5.3.1999 – 4 A 7–98 –, – 4 AR 3–98 –.
43 BVerwG, Urt. v. 25.9.1996 – 11 A 20/96 –.
44 BVerwG, Urt. v. 14.11.2001 – 11 A 31/00 –.
45 BVerwG, Beschl. v. 6.5.2008 – 9 B 64/07 –; BVerwG, Urt. v. 28.3.2007 – 9 A 17/06 –; BVerwG, Urt. v. 10.12.2003 – 9 A 73/02 –; BVerwG, Urt. v. 26.9.2001 – 9 A 3/01 –; BVerwG, Urt. v. 15.1.1982 – 4 C 26/78 –; BVerwG, Urt. v. 22.2.1980 – 4 C 24/77 –; VGH München, Beschl. v. 20.10.2003 – 8 AE 03/40047 –.
46 So wohl auch Britz/Hellermann/Hermes/*Hermes*, § 43b Rn 10.
47 Danner/Theobald/*Missling*, EnWG, § 43b Rn 23.
48 Danner/Theobald/*Missling*, EnWG, § 43b Rn 23; Knack/Henneke/*Dürr*, § 74 Rn 167.

V. Entfallen von Planfeststellungsbeschluss und Plangenehmigung (§ 74 Abs. 7 VwVfG)

63 Gemäß § 74 Abs. 7 VwVfG entfallen Planfeststellung und Plangenehmigung in Fällen unwesentlicher Bedeutung. Im Bereich der **energierechtlichen Planfeststellung** nach den §§ 43ff. ist § 74 Abs. 7 VwVfG allerdings von der spezialgesetzlichen Regelung des § 43f gesperrt.[49]

VI. Abstimmungspflicht der Länder (Nr. 4)

64 Nach Nr. 4 ist das Verfahren zur Planfeststellung oder Plangenehmigung bei Vorhaben, deren Auswirkungen über das Gebiet eines Landes hinausgehen, zwischen den zuständigen Behörden der Länder abzustimmen. Was unter dieser **Abstimmung** zu verstehen ist, ist nicht näher normiert.

65 Losgelöst vom Abstimmungsgebot muss die Frage anhand der **Zuständigkeit der Behörden** im Sinne des § 3 VwVfG beantwortet werden. § 3 VwVfG gilt über den Verweis in § 43 S. 6 auf § 72 Abs. 1 VwVfG. **Örtlich zuständig** ist nach § 3 Abs. 1 Nr. 2 VwVfG die Behörde, in deren Bezirk das Vorhaben liegt. Liegt das Vorhaben in mehreren Ländern, handelt es sich also um **länderübergreifende Vorhaben.** So treffen gem. § 3 Abs. 2 S. 4 VwVfG die fachlich zuständigen Aufsichtsbehörden die Entscheidung über die Planfeststellung bzw. Plangenehmigung gemeinsam.

66 Nr. 4 hat Vorhaben im Blick, die nicht zwingend in mehreren Ländern liegen, sondern **Auswirkungen über die Landesgrenze hinweg** entfalten. In einem solchen Fall werden die Behörden des Nachbarlandes jedoch bereits als Träger öffentlicher Belange beteiligt.

67 Nr. 4 ist daher als ein informelles Abstimmungsgebot zu qualifizieren. Über gemeinsame **Terminabsprachen** und **Besprechungen** hinaus soll die Genehmigung des Vorhabens insgesamt vorangebracht werden.

VII. Zustellung (Nr. 5)

68 Gemäß § 74 Abs. 6 S. 2 Hs. 2 VwVfG finden auf die Erteilung der Plangenehmigung die Vorschriften über das Planfeststellungsverfahren keine Anwendung. Davon abweichend **bezieht Nr. 5 die Plangenehmigung in einige Regelungen der Planfeststellung ein.** Darüber hinaus bleibt es jedoch dabei, dass für die Zustellung des Planfeststellungsbeschlusses **Sonderregeln** gelten.

69 Nach Nr. 5 sind Planfeststellungsbeschluss und Plangenehmigung dem Vorhabenträger, den Vereinigungen, über deren Einwendungen und Stellungnahmen entschieden worden ist, und denjenigen, über deren Einwendungen entschieden worden ist, mit Rechtsbehelfsbelehrung **individuell zuzustellen.** Für die Zustellung maßgeblich sind die Verwaltungszustellungsgesetze der Länder.

70 Damit **begrenzt** Nr. 5 den **Kreis der Zustellungsberechtigten gegenüber § 74 Abs. 4 S. 1 VwVfG:** Neben dem Vorhabenträger und denjenigen, über deren Einwendungen entschieden worden ist, ist eine Zustellung nach Nr. 5 nur an die Vereinigungen, über deren Einwendungen und Stellungnahmen entschieden worden ist, und nicht wie nach § 74 Abs. 4 S. 1 VwVfG gegenüber allen bekannten Betroffenen erforderlich.

71 Personen und Vereinigungen, die Einwendungen erhoben haben, sind Zustellungsberechtigte, wenn über deren **Einwendung „entschieden"** worden ist. Dies setzt voraus, dass die Einwendung bei der Planentscheidung zu berücksichtigen war. Das ist dann nicht der Fall, wenn

49 Vgl. dazu § 43f Rn 14ff.

die Einwendung zurückgezogen wurde oder sich anderweitig erledigt hat.[50] Entsprechendes gilt für abgegebene Stellungnahmen. Hier ist nicht an dem Begriff der Entscheidung über die Stellungnahme zu haften, vielmehr ist es ausreichend, dass die Stellungnahme im Verfahren zu berücksichtigen war.

In **sachlicher Hinsicht erweitert** die Norm **§ 74 Abs. 4 VwVfG**: Neben dem Planfeststellungsbeschluss ist auch eine Plangenehmigung individuell zuzustellen. Die Erweiterung korrespondiert mit der Erweiterung in Nr. 2, wonach auch bei unwesentlicher Beeinträchtigung Rechte Dritter eine Plangenehmigung ergehen kann. 72

Über die Zustellung werden die **Rechtsbehelfsfristen** in Gang gesetzt. Durch die individuelle Zustellung der Plangenehmigung wird nun auch in diesem Bereich Klarheit über die Bekanntgabe der Entscheidung gegenüber Dritten geschaffen. 73

Nr. 5 lässt die Regelung der **öffentlichen Bekanntmachung** des Planfeststellungsbeschlusses als Ersetzung der individuellen Zustellung nach § 74 Abs. 5 S. 1 VwVfG unberührt. Sind nach Nr. 5 mehr als **50 Zustellungen** vorzunehmen, können diese durch eine öffentliche Bekanntmachung ersetzt werden. 74

Daneben wird infolge der **zweiwöchigen Auslegung** einer Ausfertigung des Planfeststellungsbeschlusses nach § 74 Abs. 4 S. 2, 3 VwVfG eine **Fiktion der Zustellung** gegenüber den übrigen Betroffenen bewirkt. 75

50 Britz/Hellermann/Hermes/*Hermes*, § 43b Rn 20.

§ 43c Rechtswirkungen der Planfeststellung und Plangenehmigung

Für die Rechtswirkungen der Planfeststellung und Plangenehmigung gilt § 75 des Verwaltungsverfahrensgesetzes mit folgenden Maßgaben:

1. **Wird mit der Durchführung des Plans nicht innerhalb von zehn Jahren nach Eintritt der Unanfechtbarkeit begonnen, so tritt er außer Kraft, es sei denn, er wird vorher auf Antrag des Trägers des Vorhabens von der Planfeststellungsbehörde um höchstens fünf Jahre verlängert.**
2. **Vor der Entscheidung nach Nummer 1 ist eine auf den Antrag begrenzte Anhörung nach den für die Planfeststellung oder für die Plangenehmigung vorgeschriebenen Verfahren durchzuführen.**
3. **Für die Zustellung und Auslegung sowie die Anfechtung der Entscheidung über die Verlängerung sind die Bestimmungen über den Planfeststellungsbeschluss entsprechend anzuwenden.**
4. **Als Beginn der Durchführung des Plans gilt jede erstmals nach außen erkennbare Tätigkeit von mehr als nur geringfügiger Bedeutung zur plangemäßen Verwirklichung des Vorhabens; eine spätere Unterbrechung der Verwirklichung des Vorhabens berührt den Beginn der Durchführung nicht.**

Überblick

I. Allgemeines

1. Überblick über die Norm

1 Die Norm erklärt **§ 75 VwVfG,** welcher die **Rechtswirkungen von Planfeststellung und Plangenehmigung** im allgemeinen Planfeststellungsrecht regelt, **für anwendbar** und **modifiziert** ihn für das energierechtliche Planfeststellungsverfahren.

2 **Nr. 1** modifiziert § 75 Abs. 4 VwVfG, so dass die **Dauer der Rechtswirkung** eines festgestellten Plans insgesamt **zehn Jahre** beträgt. Die Frist kann um 5 Jahre verlängert werden.

3 **Nr. 2–3** dienen der näheren Ausgestaltung der Fristverlängerung. Nach **Nr. 2** ist vor der Entscheidung über die Verlängerung eine Anhörung durchzuführen. Nach **Nr. 3** gelten für die Zustellung und Auslegung sowie die Anfechtung der Entscheidung über die Verlängerung die Bestimmungen über den Planfeststellungsbeschluss.

4 **Nr. 4** definiert den **Beginn des Vorhabens.**

2. Regelungszweck

5 Die Norm erklärt § 75 VwVfG für das energierechtliche Planfeststellungsverfahren für anwendbar. Diesen **Anwendungsbefehl** hätte es aufgrund von § 43 S. 5, der das gesamte allgemeine Planfeststellungsrecht der §§ 72ff. VwVfG für anwendbar erklärt, nicht eigens bedurft.

Die Norm enthält **Sonderregelungen zu § 75 VwVfG, modifiziert** aber die dort **normierten Rechtswirkungen** des Planfeststellungsbeschluss **nicht**. 6

Die Verlängerung der Gültigkeit der Planentscheidung scheint der **Beschleunigung** der Verwirklichung von Vorhaben nicht unmittelbar zuträglich. Allerdings wird so die Notwendigkeit einer erneuten Genehmigung bei längerer Verzögerung vermieden, wodurch die Norm letztlich doch beschleunigend wirkt. 7

Durch die Legaldefinition des Beginns der Durchführung in Nr. 4 wird **Rechtssicherheit** über die Geltung der Planentscheidung geschaffen. 8

3. Entstehungsgeschichte

Die Vorschrift wurde durch Art. 7 Nr. 6 des **Gesetzes zur Beschleunigung von Planungsverfahren für Infrastrukturvorhaben**[1] vom 9.12.2006 mit Wirkung zum 17.12.2006 als § 43c eingefügt. 9

Im ersten **Entwurf** des Bundesrates des Gesetzes zur Beschleunigung von Planungsverfahren für Infrastrukturvorhaben[2] war die Vorschrift als § 11d enthalten. Der erste Entwurf enthielt in Nr. 5 eine Regelung, nach der der Plan – in Ergänzung zu Nr. 1 – außer Kraft tritt, wenn die **Durchführung des Plans fünfzehn Jahre nach ihrem Beginn nicht abgeschlossen** ist. Die Regelung wurde nicht näher begründet. In den Empfehlungen der Ausschüsse des Bundesrates[3] wurde kritisiert, dass durch die Regelung für bereits begonnene Vorhaben die Genehmigung nachträglich entfällt und dadurch ein neues Planungsverfahren angestrengt werden müsste. Dies wirke nicht verfahrensbeschleunigend und nehme zudem zusätzliche Planungsmittel der Länder in Anspruch. Sofern ein neues Genehmigungsverfahren scheitert, würde ein Planungstorso entstehen, der letztlich zurückgebaut werden müsste. Das erfordere die Aufwendung zusätzlicher finanzieller Mittel. Daher hat der Bundesrat in seiner Stellungnahme[4] nach Art. 72 Abs. 2 GG die Streichung von Nr. 5 vorgesehen. Dieser Entscheidung schloss sich der Bundestag an. Nr. 5 wurde nicht Teil des Gesetzes. 10

II. Rechtswirkung der Planfeststellung

Die grundlegenden Rechtswirkungen des Planfeststellungsbeschlusses sind in § 75 VwVfG normiert. § 43b modifiziert diese Rechtswirkungen nicht, enthält aber eine Sonderregelung über die Verlängerung der Geltung des Planfeststellungsbeschlusses. Die Erwähnung der Plangenehmigung ist deklaratorisch, da der Plangenehmigung bereits in § 43b Nr. 3 die Rechtswirkungen der Planfeststellung zugeschrieben werden. 11

1. Genehmigungswirkung

Der Planfeststellungsbeschluss entfaltet gem. § 75 Abs. 1 S. 1 Hs. 1 VwVfG Genehmigungswirkung. Das geplante Vorhaben, einschließlich der notwendigen Folgemaßnahmen an einbezogenen Anlagen, ist im Hinblick auf alle von ihm berührten öffentlichen Belange zulässig. § 43b modifiziert diese Rechtswirkung nicht. 12

Die Errichtung, der Betrieb sowie die Änderung der in § 43 S. 1 genannten **planfeststellungspflichtigen Vorhaben** stehen unter einem **präventiven Verbot mit Erlaubnisvorbehalt**. 13

---

1 BGBl. I 2006 S. 2833.
2 BR-Drucks. 363/05.
3 BR-Drucks. 363/1/05, S. 3.
4 BR-Drucks. 363/05, S. 2.

Dies gilt nicht für die in § 43 S. 2, 4 und 7 genannten **Erdkabel und Nebenanlangen**, die (nur) **planfeststellungsfähig** sind.[5] Planfeststellungsfähig bedeutet, dass die genannten Vorhaben auf Antrag einem Planfeststellungsverfahren unterzogen werden können. Eine Verpflichtung dazu besteht nicht; wird kein Planfeststellungsverfahren durchgeführt, müssen alle notwendigen Einzelgenehmigungen eingeholt werden. Die Wirkung des präventiven Verbots mit Erlaubnisvorbehalt für die Errichtung, den Betrieb sowie die **wesentliche Änderung** der in § 43 S. 1 genannten Vorhaben, besteht darin, dass der Vorhabenträger mit der Erwirkung eines Planfeststellungsbeschlusses die den in § 43 S. 1 genannten Vorhaben präventiv entgegenstehende Sperre im konkreten Fall durch eine öffentlich-rechtliche Zulassung beseitigt.[6]

14 Auch **unwesentliche Änderungen** im Sinne vom § 43f unterliegen dem **präventiven Verbot mit Erlaubnisvorbehalt.** In diesen Fällen wird das Verbot nicht durch Zulassung, sondern durch die Entscheidung über die förmliche Freistellung von der Durchführung eines Planfeststellungsverfahrens aufgehoben.[7]

2. Konzentrationswirkung

15 Gemäß § 75 Abs. 1 S. 1 Hs. 2 VwVfG sind neben der Planfeststellung andere behördliche Entscheidungen, insbesondere öffentlich-rechtliche Genehmigungen, Verleihungen, Erlaubnisse, Bewilligungen, Zustimmungen und Planfeststellungen nicht erforderlich. Dem Planfeststellungsbeschluss kommt eine **Konzentrationswirkung** zu. Diese geht über die immissionsschutzrechtliche Konzentrationswirkung des § 13 BImSchG hinaus. Der Planfeststellungsbeschluss nach § 75 Abs. 1 VwVfG umfasst auch alle wasserrechtlichen Erlaubnisse.

16 In **formeller** Hinsicht bedeutet dies, dass sich die Zuständigkeiten und Entscheidungsbefugnisse der jeweiligen Fachbehörden bei der Planfeststellungsbehörde als einziger, zentraler Behörde konzentrieren.[8] Die Fachbehörden verlieren ihre Zuständigkeiten, sind aber gem. § 73 Abs. 2 VwVfG zu beteiligen.[9] Ferner ersetzt das Planfeststellungsverfahren mit seinen besonderen Vorschriften alle Fachplanungsverfahren als solche und damit insbesondere die fachgesetzlich vorgesehenen Verfahrensvorschriften.[10]

17 In materieller Hinsicht sind alle Anforderungen, die die jeweiligen Fachplanungsgesetze an das Vorhaben stellen, zu beachten. Eine **materielle Konzentrationswirkung**, nach der zwingende Vorgaben des Fachrechts durch die Abwägungsentscheidung im Planfeststellungsverfahren ersetzt werden, geht vom Planfeststellungsbeschluss nicht aus.[11]

18 Die Konzentrationswirkung bedeutet indes nicht, dass notwendigerweise alle **mit einem Vorhaben zusammenhängenden Maßnahmen** über den Planfeststellungsbeschluss genehmigt werden können. Es geht vielmehr darum, das Vorhaben zu definieren und abzugrenzen und die materiell-rechtliche Reichweite eines Planfeststellungsbeschlusses festzusetzen. Das Tatbestandsmerkmal des „Vorhabens" ist weder rein „tatsächlich" noch „funktional", sondern in Übereinstimmung mit § 1 Abs. 1 VwVfG „ermächtigungsgrundlagenbezogen" auszulegen.[12] Die Rechtsprechung prüft im Einzelfall, wie weit die Kompetenz der Planfeststellungsbehörde geht, planfeststellend tätig zu werden.[13]

5 Vgl. zur Unterscheidung von planfeststellungspflichtigen und planfeststellungsfähigen Vorhaben § 43 Rn 47 ff.
6 BVerwG, Urt. v. 22.2.1980 – IV C 24.77 –; BVerwG, Urt. v. 15.1.1982 – 4 C 26/78 –.
7 Vgl. § 43 Rn 71 ff. und § 43f Rn 21 ff.
8 BVerwG, Urt. v. 30.7.1998 – 4 A 1/98 –.
9 *Kopp/Ramsauer*, § 75 Rn 7c).
10 BVerwG, Beschl. v. 26.6.1992 – 4 B 1 – 11/92 –.
11 BVerwG, Urt. v. 16.3.2006 – 4 A 1001/04 –; Urt. v. 18.5.1990 – 7 C 3/90 –.
12 VG Köln, Urt. v. 11.8.2009 – 14 K 4720/06 –.
13 OVG Münster, Beschl. v. 29.7.2010 – 20 B 1320/09 –.

Es gibt etwa die Rechtsprechung zur Errichtung von Häfen nach § 68 WHG mittels eines Planfeststellungsbeschlusses. Es stellt sich die Frage, wo die Planfeststellung eines Hafens aufhört. Wo fangen Einrichtungen an, die nicht mehr typischerweise zu einem Hafen gehören? In gleicher Weise ist bei Energieleitungen zu prüfen, **wie weit die Regelung eines Planfeststellungsbeschlusses gehen kann und muss**. In Anlehnung an den neuen **§ 43 S. 2** wird man ohne Weiteres annehmen können, dass die Hochspannungsleitung selbst, alle dafür notwendigen Gebäude, soweit sie für den Betrieb erforderlich sind Umspannanlagen und Netzverknüpfungspunkte, als **Nebenanlagen** in das Planfeststellungsverfahren integriert werden. Problematisch wird es bei Infrastrukturmaßnahmen, etwa zu einer Umspannanlage führende Straßen, bei Betriebsgebäuden, die nicht oder nicht ausschließlich der Netzleitung dienen, auch wenn sie auf dem Gelände einer Umspannanlage errichtet werden.[14] 19

3. Gestaltungswirkung

Der Planfeststellungsbeschluss regelt gem. § 75 Abs. 1 S. 2 VwVfG alle öffentlich-rechtlichen Beziehungen zwischen dem Vorhabenträger und den durch den Plan Betroffenen. Der Planfeststellungsbeschluss gestaltet die Rechtslage im Verhältnis zwischen den Formträgern und Betroffenen, indem er subjektiv öffentliche Rechte begründet, ändert oder beseitigt. Die öffentlich-rechtlichen Rechtsbeziehungen werden durch den Planfeststellungbeschluss, im Gegensatz zur Duldungswirkung gem. § 75 Abs. 1 S. 2 VwVfG, bereits mit der Zustellung an den Vorhabenträger nach § 74 Abs. 4 VwVfG abschließend gestaltet. 20

Der Vorhabenträger ist im Rahmen der Befolgungspflichten an den Inhalt des festgestellten Plans gebunden. Das Bauwerkverzeichnis nimmt als Teil des Planfeststellungsbeschlusses an dessen rechtsgestaltender Wirkung nach § 75 Abs. 1 S. 2 VwVfG teil.[15] Der Vorhabenträger ist insoweit zur Planverfolgung verpflichtet, als das Vorhaben nur mit den auferlegten Vorgaben zu verwirklichen ist; er ist insbesondere an die ihm aufgegebenen Schutzauflagen gebunden.[16] Der Vorhabenträger ist zur Durchführung des Vorhabens berechtigt. Das Bauwerkverzeichnis setzt fest, welche baulichen Anlagen der Vorhabenträger errichten, betreiben oder ändern darf.[17] Der Planfeststellungsbeschluss verpflichtet den Vorhabenträger aber nicht zur Durchführung des beantragten Vorhabens. Er ist verpflichtet, sämtliche Maßnahmen umsetzen, wenn er mit der Realisierung des planfestgestellten Vorhabens beginnt. Eine nur teilweise Realisierung – etwa Errichtung der Masten ohne Schutzstreifen, keine Durchführung von Ausgleichs- und Ersatzmaßnahmen – ist in der Regel unzulässig. 21

4. Ausschluss- und Duldungswirkungen

Außerdem wird durch § 75 Abs. 2 S. 1 VwVfG gewährleistet, dass mit der Unanfechtbarkeit des Planfeststellungsbeschlusses Ansprüche auf Unterlassung des Vorhabens, auf Beseitigung oder Änderung der Anlagen oder auf Unterlassung der Nutzung ausgeschlossen sind.[18] Die Duldungswirkung des Abs. 2 S. 1 umfasst öffentlich-rechtliche Ansprüche sowohl der Betroffenen als auch der Behörden.[19] Sie umfasst außerdem privatrechtliche Unterlassungs- und Beseitigungsansprüche nach den §§ 861ff., 903ff., 1004 BGB. Der Planfeststellungsbeschluss hat inso- 22

14 OVG Münster, Beschl. v. 29.7.2010 – 20 B 1320/09 –.
15 BVerwG, Urt. v. 5.3.1997 – 11 A 5/96 –.
16 BVerwG, Urt. v. 19.12.2007 – 9 a 22/06 –.
17 BVerwG, Urt. v. 5.3.1997 – 11 A 5/96 –.
18 BVerwG, Urt. v. 19.12.2007 – 9 a 22/06 –; BVerwG, Urt. v. 14.9.1992 – 4 C 34-38/89 –.
19 Stelkens/Bonk/Sachs/*Bonk*/*Neumann*, § 75 Rn 61.

weit privatrechtsgestaltende Wirkung.[20] Die Betroffenen können infolge des – bestandskräftigen – Planfeststellungsbeschlusses ausschließlich Ansprüche nach § 75 Abs. 2 S. 2ff. VwVfG auf Schutzmaßnahmen oder Entschädigung geltend machen.

5. Enteignungsrechtliche Vorwirkung

23 § 45 ordnet die sog. enteignungsrechtliche Vorwirkung des Planfeststellungsbeschlusses an.[21] Die Zulässigkeit der Enteignung steht mit dem Erlass des Planbeschlusses bzw. der Plangenehmigung fest und die Enteignungsbehörde ist an den festgestellten Plan gebunden. In dem Enteignungsverfahren ist dann nur noch zu prüfen, ob die Enteignung hinsichtlich der konkret in Anspruch zu nehmenden Rechte zur Verwirklichung des Vorhabens erforderlich ist, in welcher Höhe eine Enteignungsschädigung zu zahlen ist und ob die verfahrensrechtlichen Voraussetzungen für eine Enteignung vorliegen.

III. Rechtswirkung der Plangenehmigung

24 Gemäß § 43b Nr. 3 hat die Plangenehmigung in der energierechtlichen Planfeststellung die Rechtswirkungen der Planfeststellung. Plangenehmigung und Planfeststellung werden in den Rechtswirkungen gleichgestellt. Daher hat im energierechtlichen Planfeststellungsverfahren, anders als im allgemeinen Planfeststellungsrecht nach § 74 Abs. 6 VwVfG, auch die Plangenehmigung die Rechtswirkungen der enteignungsrechtlichen Vorwirkung.[22]

IV. Außerkrafttreten des Planfeststellungsbeschlusses

25 Wird die **Durchführung des Plans** nicht innerhalb von zehn Jahren nach Eintritt der Unanfechtbarkeit des Planfeststellungsbeschlusses begonnen, so tritt er außer Kraft, es sei denn, er wird vorher **auf Antrag des Vorhabenträgers von der Planfeststellungsbehörde um höchstens fünf Jahre verlängert.**[23] Der Gesetzgeber räumt damit den Planungsgebern und Vorhabenträgern eine erhebliche Rechts- und Planungssicherheit ein. Eine gesetzlich vorgeschriebene Wirkung eines bestandskräftigen Bescheides von zehn Jahren ist ungewöhnlich lang.[24]

26 Gesetzlich vorgegebene Befristungen sind etwa bekannt bei:
- Planfeststellungsbeschlüssen nach § 75 Abs. 4 VwVfG (fünf Jahre),
- dem immissionsschutzrechtlichen Vorbescheid nach § 9 Abs. 2 BImSchG (zwei Jahre),
- der immissionsschutzrechtlichen Genehmigung nach § 18 Abs. 1 Nr. 2 BImSchG (drei Jahre) und
- Baugenehmigungen nach § 73 Abs. 1 MBauO[25] (drei Jahre).

27 Der Vorhabenträger wird durch die lange Laufzeit in die Lage versetzt, sich Vorhaben weit vor seiner Realisierung genehmigen zu lassen. Es ist davon auszugehen, dass der Vorhabenträger – vom Gesetzgeber gebilligt – eine gewisse **Vorratsplanung** durchführen kann. Denn angesichts

20 BGH, Urt. v. 10.12.2004 – V ZR 72/04 –.
21 Vgl. dazu § 45 Rn 16 f.
22 A.A. Britz/Hellermann/Hermes/*Hermes*, § 45 Rn 24.
23 Vgl. *Wickel*, UPR 2007, 201, 205.
24 Ähnlich Regelung in § 9 Abs. 5 LuftVG; § 14c Nr. 1 WaStrG; § 17c Nr. 1 FStrG; kritisch *Teßmer*, ZUR 2006, 469, 474.
25 Vgl. die Bestimmungen der jeweiligen Landesbauordnung.

sich ständig wechselnder Rahmenbedingungen wird der Vorhabenträger ebenso wenig wie die Genehmigungsbehörde wissen, ob nach Ablauf einer Frist von zehn Jahren es tatsächlich zu einer Realisierung kommen wird. Dieser Gesichtspunkt der **Reserveplanung** oder **Vorsorgeplanung** hat Einfluss auf die Frage der **Planrechtfertigung.** Diese verlangt vom Vorhabenträger den Nachweis und von der Genehmigungsbehörde die Bestätigung, dass die Realisierung des Vorhabens vernünftigerweise geboten ist. Maßstab dafür kann ausschließlich die Planungssituation während des Planfeststellungsverfahrens sein, die mit einem erheblichen Prognoseanteil einhergeht, nämlich gerechnet auf eine Zeit von mindestens zehn Jahren ab Unanfechtbarkeit der Entscheidung.

1. Dauer der Wirksamkeit (Nr. 1)

§ 43c Nr. 1 stellt zunächst den Grundsatz auf, dass **zehn Jahre nach Eintritt der Unanfechtbarkeit mit der Durchführung des Plans** begonnen werden muss. 28

Unanfechtbarkeit bedeutet, dass das Vorhaben nicht mehr durch nationale Verwaltungsgerichte aufgehoben werden kann. Die **Unanfechtbarkeit** tritt auch ein, wenn – aus welchen Gründen auch immer – ein Betroffener das BVerfG anruft. Auch die Anrufung des Europäischen Gerichtshofs für Menschenrechte führt nicht dazu, dass der Eintritt der Unanfechtbarkeit verhindert wird. Ein in ein verwaltungsgerichtliches Verfahren eingebundenes Vorlageverfahren zum Europäischen Gerichtshof indes hindert den Eintritt der Unanfechtbarkeit. 29

Als Beginn der Durchführung des Plans gilt jede erstmals **nach außen erkennbare Tätigkeit von mehr als nur geringfügiger Bedeutung** zur planangemessenen Verwirklichung des Vorhabens. Eine spätere Unterbrechung der Verwirklichung des Vorhabens berührt den Beginn der Durchführung nicht (Nr. 4). Der Gesetzgeber unterstreicht mit dieser Regelung die großzügige Zuweisung einer rechtssicheren Position. 30

Zunächst wird der Beginn der Durchführung eines Plans definiert. Dies ist wünschenswert, da vielfach diskutiert wurde, wie umfangreich die Maßnahmen sein müssen, damit der Verfall eines Planfeststellungsbeschlusses umgangen werden kann. Der Gesetzgeber verlangt nunmehr eine Tätigkeit, die drei Voraussetzungen erfüllen muss: 31

- Die Tätigkeiten müssen nach außen erkennbar sein. Eine rein planerische, organisatorische oder buchhalterische Maßnahme reicht nicht aus.
- Die Tätigkeit muss mehr als von geringfügiger Bedeutung sein. Hier stellt sich die Frage, was eine mehr als nur geringfügige Bedeutung sein soll. Die Beantwortung dieser Frage hängt vom Umfang des eigentlichen Vorhabens ab.
- Die Maßnahme muss zur planmäßigen Verwirklichung des Vorhabens beitragen. Der Gesetzgeber verbietet willkürliche Maßnahmen. Die Tätigkeit muss in die planmäßige Realisierung des Vorhabens insgesamt eingebunden sein.

Eine restriktive Auslegung dieser Sondervorschrift ist angesichts der weitreichenden Restriktionen, die mit einem planfestgestellten Vorhaben verbunden sind, geboten. 32

Der Planfeststellungsbeschluss kann auf einen Dritten übertragen werden. Die Maßnahme muss dadurch nicht durch denjenigen Vorhabenträger durchgeführt oder neu begonnen werden, der den Planfeststellungsbeschluss beantragt hat. 33

Selbstredend muss der Vorhabenträger – sei es als ursprünglicher Empfänger des Planfeststellungsbeschlusses oder als späterer Rechtsnachfolger des Planfeststellungsbeschlusses – die Maßnahmen nicht selbst durchführen, sondern kann Dritte damit beauftragen. 34

2. Anhörung vor Verlängerung (Nr. 2)

Vor der Entscheidung über die fünfjährige Verlängerung der Wirksamkeit des unanfechtbaren Planes ist eine auf den Antrag begrenzte Anhörung nach dem für die Planfeststellung oder Plan- 35 genehmigung vorgeschriebenen Verfahren durchzuführen. Die Anordnung hat zur Folge, dass, wenn ein Verlängerungsantrag für einen Planfeststellungbeschluss gestellt wird, grds. ein Erörterungstermin im Sinne von § 73 VwVfG i.V.m. § 43b durchzuführen ist.

3. Verfahren bei Verlängerung (Nr. 3)

36 Für die Zustellung und Auslegung sowie die Anfechtung der Entscheidung über die Verlängerung sind die Bestimmungen über den Planfeststellungsbeschluss entsprechend anzuwenden. Dies bedeutet, dass vor allem § 74 entsprechend der im EnWG vorgenommenen Modifikationen Anwendung findet (§ 43b). Die Entscheidung über eine Verlängerung ist ein Verwaltungsakt. Es steht allen ein Rechtsmittel zu, die auch üblicherweise Rechtsmittel geltend machen können.

§ 43d Planänderung vor Fertigstellung des Vorhabens

Für die Planergänzung und das ergänzende Verfahren im Sinne des § 75 Abs. 1a Satz 2 des Verwaltungsverfahrensgesetzes und für die Planänderung vor Fertigstellung des Vorhabens gilt § 76 des Verwaltungsverfahrensgesetzes mit der Maßgabe, dass im Falle des § 76 Abs. 1 des Verwaltungsverfahrensgesetzes von einer Erörterung im Sinne des § 73 Abs. 6 des Verwaltungsverfahrensgesetzes und des § 9 Abs. 1 Satz 3 des Gesetzes über die Umweltverträglichkeitsprüfung abgesehen werden kann. Im Übrigen gelten für das neue Verfahren die Vorschriften dieses Gesetzes.

Überblick

I. Allgemeines

1. Überblick über die Norm

S. 1 legt als Anwendungsbereich des § 43d die Planergänzung, das ergänzende Verfahren und die Planänderung vor Fertigstellung des Vorhabens fest. Für diese Verfahren gilt **§ 76 VwVfG**. § 76 Abs. 1 VwVfG wird dahingehend modifiziert, dass von einer Erörterung im Sinne des VwVfG und des UVPG abgesehen werden kann. 1

Nach **S. 2** gelten für diese Verfahren ansonsten die Vorschriften des EnWG. 2

2. Regelungszweck

Die Vorschrift dient der gesetzlichen Klarstellung und sichert die gängige Verwaltungspraxis rechtlich ab.[1] Bei Änderungen des Plans vor Fertigstellung des Vorhabens wird die Anwendbarkeit des § 76 VwVfG lediglich deskriptiv klargestellt. Die Anwendbarkeit dieser Vorschrift ergibt sich bereits aus der grundlegenden Verweisung auf die §§ 72–78 VwVfG in § 43 S. 6. Hingegen ergibt sich die Anwendbarkeit des § 76 VwVfG für die Fälle des ergänzenden Verfahrens und der Planergänzung nur aufgrund der besonderen Anordnung in § 43d, welcher für die energierechtliche Planfeststellung konstitutiv ist. 3

Die Vorschrift verfolgt mit der Herstellung von Rechtssicherheit das übergeordnete Ziel der **Verfahrensbeschleunigung**. Die Verschlankung der durchzuführenden Planfeststellungsver- 4

1 Vgl. zu § 17d AEG BT-Drucks. 16/54, S. 34.

fahren ist durch die im Vorfeld bereits getroffene Planentscheidung gerechtfertigt und vermeidet Doppelprüfungen.

5 § 43d legt fest, welche **Verfahrensvorschriften** in der energierechtlichen Planfeststellung in den Fällen der **Planergänzung, ergänzendes Verfahren** und **Planänderung** vor Fertigstellung zur Anwendung kommen.

6 § 43d enthält **zwei Sonderregelungen** zu den allgemeinen Regelungen der Planfeststellung in §§ 75 Abs. 1a und 76 VwVfG. Zum einen wird § 76 VwVfG für die Planergänzung sowie das ergänzende Verfahren nach § 75 Abs. 1a VwVfG für anwendbar erklärt. Zum anderen modifiziert die Vorschrift den in seinem Anwendungsbereich erweiterten § 76 Abs. 1 VwVfG insofern, als dass von einer Erörterung abgesehen werden kann.

7 Die Verfahren der Planergänzung und des ergänzenden Verfahrens dienen der Fehlerkorrektur. Eine andere Funktion kommt der Planänderung vor Fertigstellung zu. Häufig erweisen sich Änderungen des Vorhabens erst während der Bauarbeiten als notwendig und zweckdienlich. Da diese Änderungen nicht durch die Planentscheidung zugelassen sind, bedürfen diese einer entsprechenden Anpassung. Hierzu und nicht der Korrektur einer rechtwidrigen Entscheidung dient die Planänderung vor Fertigstellung. Durch § 43d werden **Planergänzung, ergänzendes Verfahren und Planänderung einheitlich der Geltung von § 76 VwVfG unterstellt.**

3. Entstehungsgeschichte

8 Die Vorschrift wurde durch Art. 7 Nr. 6 des **Gesetzes zur Beschleunigung von Planungsverfahren für Infrastrukturvorhaben**[2] vom 9.12.2006 mit Wirkung zum 17.12.2006 als § 43d eingefügt.

9 In der Fassung des ersten Entwurfs der Bundesregierung[3] erfuhr die Vorschrift eine Änderung dahingehend, dass S. 3 gestrichen wurde, wonach den Einwendern und den Vereinigungen, die Stellung genommen haben, vor dem Abschluss des Verfahrens Gelegenheit zur Äußerung zu geben ist.[4] Die Änderung betraf zugleich alle vergleichbaren Vorschriften in anderen Fachplanungsgesetzen.[5] Die Streichung wurde damit begründet, dass eine Anhörung der Einwender und Vereinigungen bereits nach geltender Rechtslage in einem erneuten Planfeststellungsverfahren durchzuführen ist. Bei Planergänzungen und ergänzenden Verfahren nach § 75 Abs. 1a S. 2 VwVfG sind die Vorschriften über die Planänderung nach § 76 VwVfG anzuwenden. Für den Fall einer wesentlichen Planänderung bedeutet dies, dass ein erneutes Planfeststellungsverfahren mit Auslegung der Planunterlagen durchzuführen ist. Die Betroffenen sind ausreichend beteiligt über die Auslegung der Planunterlagen und die Möglichkeit der Abgabe von Einwendungen und Stellungnahmen. Die Streichung sollte dahingehend beschleunigend wirken, als dass die Gefahr überflüssiger weil doppelter Beteiligungen minimiert wird.[6]

4. Unionsrechtliche Bezüge

10 Die Norm gibt der Behörde die Möglichkeit, auf eine Erörterung im Sinne von § 9 Abs. 1 S. 3 UVPG zu verzichten. Das Absehen von der Erörterung ist auch unionrechtskonform. Nach Art. 4 Abs. 2 der EU-UVP-RL 2011/92/EU können die Mitgliedstaaten bei Projekten des Anhangs II selbst entscheiden, ob die Vorhaben einer Prüfung im Sinne der Art. 5–10 unterfallen sollen.

---

2 Gesetz v. 9.12.2006, BGBl. I S. 2833.
3 BR-Drucks. 363/05, S. 30.
4 Für das AEG BT-Drucks. 16/3158, S. 40.
5 Vgl. BT-Drucks. 16/3158, S. 45.
6 BT-Drucks. 16/3158, S. 40.

Nach Anhang II Nr. 13 lit. a) fällt darunter die Änderung oder Erweiterung von bereits genehmigten, durchgeführten oder in der Durchführungsphase befindlichen Projekten des Anhangs I oder II, die selbst erhebliche nachteilige Auswirkungen auf die Umwelt haben können. § 43d stellt eine solche Entscheidung des Gesetzgebers dar.

II. Modifizierte Geltung von § 76 Abs. 1 VwVfG (S. 1)

1. Allgemeines

a) Anwendungsbereich

Trotz der missverständlichen, weil mit § 76 VwVfG identischen Überschrift der Vorschrift „Planänderung vor Fertigstellung des Vorhabens" ist der **Anwendungsbereich** für drei Fälle eröffnet: für die **Planergänzung**, das **ergänzende Verfahren** sowie die **Planänderung** vor Fertigstellung des Vorhabens. 11

Die Anwendungsfälle **unterscheiden sich strukturell**: Planergänzung und ergänzendes Verfahren dienen der **Heilung erheblicher Mängel** im Planfeststellungsverfahren zur Vorbeugung der Aufhebung von rechtswidrigen Planfeststellungsbeschlüssen oder -genehmigungen, § 75 Abs. 1a S. 2 VwVfG. Das Verfahren der Planänderung hingegen beruht auf zwischenzeitlich **geänderten tatsächlichen** Umständen. 12

aa) Planänderung

Eine Planänderung liegt nur vor, wenn die Identität des Vorhabens gewahrt bleibt.[7] Trotz der Änderungen am feststellenden Teil der Planentscheidung muss das Konzept, das dem Vorhaben zugrunde liegt, erhalten bleiben.[8] 13

Änderungen an der Begründung bleiben ohne Einfluss auf die Rechtswirkungen der Planentscheidung und stellen daher keine Planänderung dar. 14

bb) Planergänzung

Die Planergänzung dient gem. § 75 Abs. 1a S. 2 VwVfG der Erhaltung mangelhafter Planungsentscheidungen und statuiert damit den **Vorrang der Planerhaltung** vor dem Anspruch auf Planaufhebung.[9] Der vorher festgestellte Plan behält seine Rechtswirkungen und bleibt bzw. wird bestandskräftig. 15

Nach § 75 Abs. 1a S. 1 VwVfG sind Abwägungsmängel nur erheblich, wenn sie offensichtlich und auf das Abwägungsergebnis von Einfluss gewesen sind. Liegen solche erheblichen Abwägungsmängel vor, führen diese nach § 75 Abs. 1a S. 2 VwVfG nur dann zur Aufhebung der Planungsentscheidung, wenn sie nicht durch Planergänzung oder ein ergänzendes Verfahren behoben werden können. 16

cc) Ergänzendes Verfahren

Wie die Planergänzung dient das **ergänzende Verfahren** der Behebung von Fehlern im vorangegangenen Verfahren. Hierbei sind **materiell-rechtliche Fehler** wie fehlerhafte Berücksichtigung oder Ermittlung von Belangen von Bedeutung. 17

---

7 BVerwG, Urt. v. 27.3.1992 – 7 C 18/91 –; BVerwG, Beschl. v. 2.2.1996 – 4 A 42/95 –; Stelkens/Bonk/Sachs/*Bonk/Neumann*, § 76 Rn 8.

8 *Kopp/Ramsauer*, § 76 Rn 2.

9 Danner/Theobald/*Missling*, EnWG, § 43d Rn 8.

18 Ergebnis eines solchen Verfahrens ist ein **Ergänzungsbeschluss** gem. § 75 Abs.1a VwVfG. Dieser ist Grundlage für die Bestandkraft des vorangegangenen Planfeststellungsbeschlusses.

b) Verhältnis zu § 43f (Unwesentliche Änderungen)

19 Der Anwendungsbereich von § 43d zeigt keinen Überschneidungsbereich mit dem des § 43f. Die Regelung unterscheidet sich von § 43f hinsichtlich der Funktion der anzuwendenden Verfahren. Die Planergänzung und das ergänzende Verfahren im Sinne von § 75 Abs. 1a S. 2 VwVfG erfolgen **zur Korrektur eines Planfeststellungsbeschlusses**. Die Planergänzung und das ergänzende Verfahren dienen der Erhaltung des Plans und räumen dieser Priorität gegenüber der Aufhebung ein. Auch die Planänderung vor Fertigstellung des Vorhabens dient der **Anpassung des Planfeststellungsbeschlusses an tatsächliche Bedürfnisse**; etwa wenn die Genehmigungswirkung der ergangenen Entscheidung zur Verwirklichung des Vorhabens nicht mehr ausreicht.

20 § 43f hingegen betrifft den vereinfachten Umgang mit unwesentlichen Änderungen und Erweiterungen einer planfestgestellten Hochspannungsleitung zur Vermeidung der Durchführung eines förmlichen Verfahrens.

2. Neues Planfeststellungsverfahren (§ 76 Abs. 1 VwVfG)

21 Aus § 76 Abs. 1 VwVfG ergibt sich der Grundsatz, dass für den Fall einer Änderung des festgestellten Plans vor Fertigstellung des Vorhabens – also nach Erlass des Planes – ein **neues Planfeststellungsverfahren** durchzuführen ist. Für dieses gelten nach § 76 Abs. 2, 3 VwVfG jedoch einige Vereinfachungen, wenn es sich um unwesentliche Änderungen handelt. Die Planänderung vor der Planfeststellung regelt § 73 Abs. 8 VwVfG.

22 Gegenstand des neuen Planfeststellungsverfahrens ist die Änderung des bereits zugelassenen Vorhabens.[10] Ergebnis dieses Verfahrens ist ein **Änderungsplanfeststellungsbeschluss**, der dem alten Plan seine neue, maßgebliche Gestalt verleiht.[11]

3. Modifikation durch S. 1, Absehen von der Erörterung

23 § 76 Abs. 1 VwVfG wird durch S. 1 in zweifacher Hinsicht modifiziert: Zum einen wird § 76 Abs. 1 VwVfG in seinem Anwendungsbereich auf ergänzendes Verfahren und Planergänzung erweitert. Zum anderen kann auch in den Fällen des § 76 Abs. 1 VwVfG bei der Durchführung eines neuen Planfeststellungsverfahrens von einer **Erörterung** im jedenfalls durchzuführenden Anhörungsverfahren **abgesehen werden**.

24 Liegen die Voraussetzungen von S. 1 vor, kann von einer Erörterung im durchzuführenden Anhörungsverfahren gem. § 73 Abs. 6 VwVfG bzw. § 9 Abs. 1 S. 3 UVPG abgesehen werden. Die Erörterung ist nur ein Teil der im Übrigen vorzunehmenden Öffentlichkeitsbeteiligung.[12]

25 Das Absehen von der Erörterung im Sinne von § 73 Abs. 6 VwVfG ist in das **Ermessen** der zuständigen Behörde gestellt. Das Ermessen der Behörde ist nicht indiziert oder auf andere Weise vorausbestimmt.[13] Ermessenslenkende Elemente enthält die Vorschrift nicht.[14] Die Ausübung des (Verfahrens-)Ermessens, wird im Falle der Planergänzung und des ergänzenden Verfahrens, welches der Abwägungsfehlerbehebung dient, zu berücksichtigen haben,

---

10 Stelkens/Bonk/Sachs/*Bonk*/*Neumann*, § 76 Rn 10.

11 Vgl. *Kopp*/*Ramsauer*, § 76 Rn 11a.

12 So auch Danner/Theobald/*Missling*, EnWG, § 43d Rn 17; von einer Freistellung von der gesamten Öffentlichkeitsbeteiligung spricht Britz/Hellermann/Hermes/*Hermes*, § 43d Rn 4.

13 Anders noch im Entwurf BT-Drucks. 16/54, S. 19.

14 Danner/Theobald/*Missling*, EnWG, § 43d Rn 18.

dass dem Erörterungstermin eine wesentliche Funktion für die Einhaltung des Abwägungsgebotes zukommt. Ein ergänzendes Verfahren kommt nur dann in Frage, wenn erhebliche Abwägungsfehler vorliegen, also solche, die im Sinne von § 75 Abs. 1a S. 1 VwVfG offensichtlich und auf das Abwägungsergebnis von Einfluss gewesen sind. Zudem betrifft **§ 43d den Fall** einer **wesentlichen Planänderung**: Da sich durch eine wesentliche Planänderung aber regelmäßig auch die Abwägungsproblematik neu stellt, wird in solchen Fällen der Verzicht auf einen Erörterungstermin im Regelfall eine **rechtswidrige Ausübung des Ermessens** darstellen.

Die Behörde muss sich im Wesentlichen von der Bedeutung der Änderung leiten lassen. Je bedeutsamer die Änderung ist, desto mehr Einfluss auf den Abwägungsvorgang ist ihr zuzuschreiben, sodass auf eine Erörterung nicht verzichtet werden kann. 26

Die Betroffenen müssen jedoch trotzdem angehört und die Behörden sowie anerkannte Naturschutzvereine beteiligt werden.[15] 27

III. Geltung von § 76 Abs. 2, 3 VwVfG

Ohne Modifikation wirken in der energierechtlichen Planfeststellung die in § 76 Abs. 2 und 3 VwVfG normierten Regelungen über unwesentliche Änderungen. Die Modifikation durch § 43d erstreckt sich nur auf wesentliche Änderungen. 28

1. Absehen von einem neuen Verfahren (§ 76 Abs. 2 VwVfG)

a) Allgemeines

Unwesentliche Fälle, in denen Rechte Dritter nicht berührt werden oder die Betroffenen zugestimmt haben, können durch die Planfeststellungsbehörde von einem neuen Planfeststellungsverfahren freigestellt werden. Für den Fall, dass es dennoch durchgeführt wird, bedarf es nach § 76 Abs. 3 VwVfG keines Anhörungsverfahrens und keiner öffentlichen Bekanntgabe. 29

Die Planänderung, die Planergänzung oder das ergänzende Verfahren ist in Anlehnung an § 43f S. 2 Nr. 1–3 in der Bedeutung unwesentlich, wenn es sich um eine Änderung oder Erweiterung handelt, die andere öffentliche Belange nicht berührt oder die erforderlichen behördlichen Entscheidungen vorliegen und sie dem Plan nicht entgegenstehen (Nr. 2) und Rechte anderer nicht beeinträchtigt werden oder mit den vom Plan Betroffenen entsprechende Vereinbarungen getroffen werden (Nr. 3). Zudem darf für die Änderung die Durchführung einer UVP nicht erforderlich sein (Nr. 1). Wenn die Planänderung oder Planergänzung sowie das ergänzende Verfahren als solche selbst UVP-pflichtig ist, kann eine Freistellung von der Öffentlichkeitsbeteiligung nicht erfolgen. In diesen Fällen darf also jedenfalls von der Öffentlichkeitsbeteiligung nach § 9 Abs. 1 S. 3 UVPG nicht abgesehen werden.[16] 30

b) Modifikation durch § 43d

Für unwesentliche Änderungen im Sinne von § 76 Abs. 2 VwVfG, in denen sich die zuständige Behörde trotzdem entscheidet, ein neues Planfeststellungsverfahren durchzuführen, trifft § 43d keine Änderungen an § 76 Abs. 3 VwVfG. § 43d gilt jedoch auch für Fälle unwesentlicher Änderungen, wenn sich die Behörde im Rahmen ihres Ermessens entscheidet, doch ein Planfeststellungsverfahren durchzuführen. 31

15 Stelkens/Bonk/Sachs/*Bonk*/*Neumann*, § 76 Rn 28.
16 Britz/Hellermann/Hermes/*Hermes*, § 43d Rn 4.

2. Vereinfachtes neues Verfahren (§ 76 Abs. 3 VwVfG)

32 Nach § 76 Abs. 3 VwVfG ist ein Anhörungsverfahren und eine öffentliche Bekanntgabe der Planentscheidung entbehrlich, wenn bei unwesentlichen Änderungen das Ermessen dahingehend ausgeübt wird, dass nicht von einem neuen Planfeststellungsverfahren abgesehen wird.

33 Trotzdem müssen die Betroffenen angehört sowie Behörden und anerkannte Naturschutzvereine beteiligt werden.[17]

IV. Sonstige Verfahrensvorschriften (S. 2)

34 Im Übrigen gelten für das neue Verfahren die Vorschriften dieses Gesetzes. Damit ordnet **S. 2** an, dass für das „neue" Verfahren – dies ist das nach § 76 Abs. 1 VwVfG durchzuführende Planfeststellungsverfahren und das Ergänzungsverfahren – ebenfalls die Sondervorschriften der Paragraphen der energierechtlichen Planfeststellung nach §§ 43ff. gelten. Dadurch kommen beispielsweise die Modifikationen des § 43a bzgl. des Anhörungsverfahrens nach § 73 VwVfG zur Anwendung.

17 Stelkens/Bonk/Sachs/*Bonk*/*Neumann*, § 76 Rn 28.

§ 43e Rechtsbehelfe

(1) Die Anfechtungsklage gegen einen Planfeststellungsbeschluss nach § 43, auch in Verbindung mit § 43b Nr. 1, oder eine Plangenehmigung nach § 43b Nr. 2 hat keine aufschiebende Wirkung. Der Antrag auf Anordnung der aufschiebenden Wirkung der Anfechtungsklage gegen einen Planfeststellungsbeschluss oder eine Plangenehmigung nach § 80 Abs. 5 Satz 1 der Verwaltungsgerichtsordnung kann nur innerhalb eines Monats nach der Zustellung des Planfeststellungsbeschlusses oder der Plangenehmigung gestellt und begründet werden. Darauf ist in der Rechtsbehelfsbelehrung hinzuweisen. § 58 der Verwaltungsgerichtsordnung gilt entsprechend.

(2) Treten später Tatsachen ein, die die Anordnung der aufschiebenden Wirkung rechtfertigen, so kann der durch den Planfeststellungsbeschluss oder die Plangenehmigung Beschwerte einen hierauf gestützten Antrag nach § 80 Abs. 5 Satz 1 der Verwaltungsgerichtsordnung innerhalb einer Frist von einem Monat stellen und begründen. Die Frist beginnt mit dem Zeitpunkt, in dem der Beschwerte von den Tatsachen Kenntnis erlangt.

(3) Der Kläger hat innerhalb einer Frist von sechs Wochen die zur Begründung seiner Klage dienenden Tatsachen und Beweismittel anzugeben. § 87b Abs. 3 der Verwaltungsgerichtsordnung gilt entsprechend.

(4) Mängel bei der Abwägung der von dem Vorhaben berührten öffentlichen und privaten Belange sind nur erheblich, wenn sie offensichtlich und auf das Abwägungsergebnis von Einfluss gewesen sind. Erhebliche Mängel bei der Abwägung oder eine Verletzung von Verfahrens- oder Formvorschriften führen nur dann zur Aufhebung des Planfeststellungsbeschlusses oder der Plangenehmigung, wenn sie nicht durch Planergänzung oder durch ein ergänzendes Verfahren behoben werden können; die §§ 45 und 46 des Verwaltungsverfahrensgesetzes und die entsprechenden landesrechtlichen Bestimmungen bleiben unberührt.

Überblick

I. Allgemeines

1. Überblick über die Norm

1 **Abs. 1 S. 1** schließt die aus § 80 Abs. 1 S. 1 VwGO folgende **aufschiebende Wirkung** von Widerspruch und Anfechtungsklage gegen Planfeststellungsbeschlüsse und Plangenehmigungen nach §§ 43ff. aus. **Abs. 1 S. 2** definiert eine **Einlegungs- und Begründungsfrist** von einen Mo-

nat ab Zustellung des Planfeststellungsbeschlusses bzw. der Plangenehmigung für Anträge auf Wiederherstellung der aufschiebenden Wirkung nach § 80 Abs. 5 S. 1 VwGO. Auf diese Frist ist in der Rechtsbehelfsbelehrung nach **Abs. 1 S. 3** hinzuweisen. Die Hinweispflicht wird durch § 58 VwGO näher ausgestaltet, der nach **Abs. 1 S. 4** entsprechend anzuwenden ist.

2 **Abs. 2 S. 1** normiert eine Ausnahme von der strengen Frist nach Abs. 1 S. 2. Diese beginnt erneut zu laufen, wenn später, d.h. nach Beginn der Monatsfrist ab Zustellung aus Abs. 1 S. 2 Tatsachen eintreten, aus denen sich eine besondere (neue) Beschwer ergibt. Die Frist von einem Monat beginnt nach **Abs. 2 S. 2** mit Kenntniserlangung durch den potenziell Betroffenen.

3 **Abs. 3 S. 1** regelt eine sechswöchige **Frist**, in der die **zur Begründung der Anfechtungsklage** dienenden Tatsachen und Beweismittel anzugeben sind. **Abs. 3 S. 2** knüpft daran an, indem er § 87b Abs. 3 VwGO, wonach verspätet vorgebrachte Erklärungen und Beweismittel durch das Gericht zurückgewiesen werden können, für anwendbar erklärt.

4 **Abs. 4 S. 1** und **2 Hs. 1** bestimmen eine Erheblichkeitsschwelle für **Abwägungsfehler** und entsprechen § 75 Abs. 1a VwVfG. **Abs. 4 S. 2 Hs. 2** verweist auf §§ 45, 46 VwVfG und die entsprechenden landesrechtlichen Bestimmungen.

2. Regelungszweck

5 Die Vorschrift enthält Sonderregelungen für den verwaltungsgerichtlichen Rechtsschutz, die dem Ziel der **Verfahrensbeschleunigung** dienen. Soweit gerichtliche Verfahren gegen Planentscheidungen nicht durch besondere Fristen oder Planerhaltungsvorschriften ausgeschlossen werden, sollen diese zu einem schnellen Abschluss kommen.[1] Soweit keine Modifikationen getroffen werden, gelten die **allgemeinen Grundsätze**.

3. Entstehungsgeschichte

6 Die Vorschrift wurde durch Art. 7 Nr. 6 des **Gesetzes zur Beschleunigung von Planungsverfahren für Infrastrukturvorhaben**[2] vom 9.12.2006 mit Wirkung zum 17.12.2006 als § 43e eingefügt.

7 Der Paragraph umfasste in der Fassung des Entwurfs der Bundesregierung[3] lediglich drei Absätze. Abs. 1 S. 5 und 6 wurden im Laufe des Gesetzgebungsverfahrens zu einem eigenen Abs. 2. Inhaltliche Änderungen erfuhr der Paragraph jedoch nicht.

8 Bereits mit Einfügung des energierechtlichen Planfeststellungsvorbehalts war in § 11a Abs. 3 EnWG 2001, später in § 43 Abs. 3 EnWG 2005 bis zum 16.12.2006 der Entfall der aufschiebenden Wirkung von Anfechtungsklagen gegen einen Planfeststellungsbeschluss oder eine Plangenehmigung normiert.

4. Unionrechtliche Bezüge

9 Die Regelung der Rechtsbehelfe steht im **Benehmen der Mitgliedsstaaten**. Dies verdeutlicht auch Art. 37 Abs. 15 RL 2009/72/EG, wonach Beschwerden an die Regulierungsbehörde die nationalen Rechtsbehelfe unberührt lassen.

10 Wichtige unionsrechtliche Bezüge ergeben sich im Hinblick auf den **Rechtsschutz von Umweltverbänden**. Anerkannte Umweltverbände sind bei Vorhaben, für die eine Pflicht zur Durchführung einer UVP bestehen kann, infolge der **Trianel Entscheidung des EuGH**[4] nicht nur wie in § 2 Abs. 1 Nr. 1 UmwRG vorgesehen zur Geltendmachung der Verletzung von Vor-

1 Vgl. *Schröder*, NuR 2007, 380, 382; *Schneller*, DVBl. 2007, 529, 533; *Gramlich*, LKV 2008, 530, 534.
2 Gesetz v. 9.12.2006, BGBl. I S. 2833.
3 BR-Drucks. 363/05, S. 30 f.
4 EuGH, Urt. v. 12.5.2011 – C-115/09 –.

schriften, die Rechte Dritter begründen, befugt.[5] Vielmehr können Umweltverbände im Sinne des UmwRG aus einer Verletzung des gesamten durch nationales Recht umzusetzenden europäischen Umweltrechts eine Klagebefugnis herleiten.[6] Die Reichweite der Klagebefugnis von Umweltverbänden ist bis zur Umsetzung der neuen Vorgaben des EuGH durch den deutschen Gesetzgeber durch eine **unmittelbare Anwendung des europäischen Rechts**[7] zu bestimmen.

II. Rechtsschutz betroffener Eigentümer, Nachbarn, Gemeinden

Planfeststellungsbeschluss und Plangenehmigung gestatten dem Vorhabenträger die Verwirklichung des Vorhabens. Die für den Vorhabenträger begünstigende Wirkung steht der enteignungsrechtlichen Vorwirkung und den Duldungspflichten gegenüber. Bei den Planentscheidungen handelt es sich somit regelmäßig um **Verwaltungsakte mit Doppelwirkung**. 11

1. Hauptsacheverfahren

a) Allgemeines

Zulässiger Rechtsbehelf gegen Planfeststellungsbeschluss und Plangenehmigung im Hauptsacheverfahren ist die Anfechtungsklage nach § 42 Abs. 1 Var. 1 VwGO statthaft. Nach § 43 S. 6 i.V.m. § 74 Abs. 1 S. 2 i.V.m. § 70 Abs. 1 VwVfG bedarf es vor der Erhebung einer Klage, die einen Planfeststellungsbeschluss zum Gegenstand hat, keiner Nachprüfung in einem Vorverfahren. Wird trotz Entfalls des Widerspruchsverfahrens ein **Widerspruch** eingelegt, ist dieser als **unzulässig** zurückzuweisen und **hemmt** den Lauf der **Klagefrist nicht**. 12

Nach § 42 Abs. 2 VwGO ist eine **Klagebefugnis** erforderlich. Die Voraussetzung ist enger als die Beteiligung im Verfahren der Öffentlichkeitsbeteiligung, wo anstelle einer Verletzung in subjektiven Rechen eine Betroffenheit in Belangen ausreicht. Umfangreiche Präklusionsregeln aus § 43b Nr. 1 und § 43a Nr. 7 führen dazu, dass eine Klagebefugnis schon nicht dargelegt werden kann, sodass eine Klage als unzulässig abzuweisen ist.[8] 13

Gemeinden können gegen Entscheidungen nach § 43 vorgehen, indem sie geltend machen, dass sie in ihrem Recht auf **kommunale Selbstverwaltung aus Art. 28 Abs. 2 S. 1 GG** verletzt sind. 14

b) Zuständigkeit

Nach § 48 Abs. 1 S. 1 Nr. 4, S. 2 VwGO ist das **OVG erstinstanzlich zuständig** für Planfeststellungsverfahren für die Errichtung, den Betrieb, die Änderung sowie jeweils die Änderung der Linienführung von Hochspannungsfreileitungen mit einer Nennspannung von 110 kV oder mehr, Erd- und Seekabeln jeweils mit einer Nennspannung von 110 kV oder Gasversorgungsleitungen mit einem Durchmesser von mehr als 300 mm. 15

Vorhaben, die in der Anlage des **EnLAG** aufgeführt sind, werden von § 48 Abs. 1 S. 1 Nr. 4, S. 2 VwGO **nicht erfasst**, sondern unterliegen der **spezielleren Erstzuständigkeit des BVerwG** nach § 50 Abs. 1 Nr. 6 VwGO.[9] 16

---

5 EuGH, Urt. v. 12.5.2011 – C-115/09 –.
6 EuGH, Urt. v. 12.5.2011 – C-115/09 –.
7 Vgl. Art. 3 Nr. 7, Art. 4 Nr. 4 RL 2003/35/EG des Europäischen Parlaments und des Rates vom 26.5.2003 über die Beteiligung der Öffentlichkeit bei der Ausarbeitung bestimmter umweltbezogener Pläne und Programme und zur Änderung der RL 85/337/EWG und RL 96/61/EG des Rates in Bezug auf die Öffentlichkeitsbeteiligung und den Zugang zu Gerichten.
8 Vgl. *Hoppe/Schlarmann/Buchner/Deutsch*, S. 183 ff. sowie die Kommentierung zu § 43a und § 43b.
9 Vgl. *Wickel*, UPR 2007, 201, 205 f.

c) Aufschiebende Wirkung (Abs. 1 S. 1)

17 Nach Abs. 1 S. 1 hat die Anfechtungsklage gegen einen Planfeststellungsbeschluss nach § 43, auch i.V.m. § 43b Nr. 1, oder eine Plangenehmigung nach § 43b Nr. 2 keine aufschiebende Wirkung. Abs. 1 S. 1 stellt eine **generelle Entscheidung des Gesetzgebers für eine grundsätzliche sofortige Vollziehbarkeit** von energierechtlichen Planfeststellungsbeschlüssen dar.[10] Diese Grundentscheidung kann etwa als Anhaltspunkt dienen, wenn im einstweiligen Verfahren der Ausgang des Hauptsacheverfahrens offen ist.[11]

18 Der ex lege-Entfall der aufschiebenden Wirkung eines Rechtsbehelfs ist kein **Verstoß gegen Art. 19 Abs. 4 GG** weil effektiver Rechtsschutz nicht unmöglich gemacht wird. Vielmehr besteht die Möglichkeit, einen Antrag nach § 80 Abs. 5 S. 1 VwGO auf Anordnung der aufschiebenden Wirkung zu stellen.[12]

d) Begründungsfrist (Abs. 3 S. 1)

19 Der Kläger hat gem. Abs. 3 S. 1 innerhalb einer Frist von sechs Wochen nach Klageerhebung die zur Begründung seiner Klage dienenden Tatsachen und Beweismittel anzugeben. Dies stellt eine **Verschärfung der Mitwirkungslast** des Klägers dar.

20 **Pauschale Bezugnahmen** auf in der Öffentlichkeitsbeteiligung vorgebrachte Einwendungen und Stellungnahmen **reichen zur Begründung der Klage nicht aus.**[13]

21 Die Begründungsfrist hängt mittelbar von der Klagefrist aus § 74 Abs. 1 S. 2 VwGO ab, die einen Monat ab Zustellung beträgt. Die Klagefrist kann jedoch nach § 58 Abs. 2 VwGO **verlängert** werden.

e) Zurückweisung durch das Gericht (Abs. 3 S. 2)

22 In Abs. 3 S. 2 verweist auf **§ 87b Abs. 3 VwGO.** Das Gericht hat die Möglichkeit der **Zurückweisung,** wenn die Voraussetzungen des § 87b Abs. 3 VwGO kumulativ vorliegen. Die Zulassung des Vorbringens kann danach zurückgewiesen werden, wenn sie die Erledigung des Rechtsstreits nach der freien Überzeugung des Gerichts verzögern kann (§ 87b Abs. 3 Nr. 1 VwGO) und der Beteiligte die Verspätung nicht genügend entschuldigt (§ 87b Abs. 3 Nr. 2 VwGO) und der Beteiligte über die Folgen einer Fristversäumung belehrt worden ist (§ 87b Abs. 3 Nr. 3 VwGO).

23 Eine **Verzögerung der Erledigung** des Rechtsstreits wird **selten gegeben** sein, denn bei komplexen Vorhaben, wie es bei Leitungsvorhaben nach dem EnWG und NABEG meistens der Fall ist, ist in der Regel ohnehin mehr als ein Termin für die Verhandlung anzuberaumen. Wenn eine der drei Voraussetzungen nach § 87b Abs. 3 VwGO nicht vorliegt, **ist** das verspätete Vorbringen durch das Gericht **zu berücksichtigen.**

2. Einstweiliger Rechtsschutz

24 Nach § 48 Abs. 1 Nr. 4 VwGO ist das OVG erstinstanzlich zuständig, was sich nach § 80 Abs. 5 S. 1 VwGO als „Gericht der Hauptsache" auf die **Zuständigkeit** im einstweiligen Verfahren auswirkt. Nach § 80 Abs. 5 S. 2 VwGO kann der Antrag schon vor Erhebung der Anfechtungsklage gestellt werden. Ein **vorheriger Antrag** bei der zuständigen Behörde ist **nicht Voraussetzung** für die gerichtliche Entscheidung. **Maßgebender Zeitpunkt** für die Beurteilung der Sach- und Rechts-

---

10 OVG Münster, Beschl. v. 19.3.2008 – 11 B 289/08 –.

11 OVG Bautzen, Beschl. v. 30.11.2010 – 4 B 500/09 –.

12 BT-Drucks. 14/4599, S. 161 f.

13 Danner/Theobald/*Missling*, EnWG, § 43e Rn 10; OVG Greifswald, Urt. v. 22.8.2012 – 5 K 6/10 –.

lage ist der Zeitpunkt des Erlasses der Plangenehmigung.[14] Die **Dauer der aufschiebenden Wirkung** bestimmt sich nach § 80b Abs. 1 S. 1 VwGO – danach dauert diese bis zur Abweisung der Anfechtungsklage.

a) Antrags- und Begründungsfrist (Abs. 1. S. 2)

Abs. 1 S. 2 enthält eine Frist für den Antrag nach § 80 Abs. 5 S. 1 VwGO. Danach beträgt die **Frist zur Stellung und Begründung** des Antrags auf Anordnung der aufschiebenden Wirkung einen Monat ab Zustellung des Bescheids. Der Antrag nach § 80 Abs. 5 S. 1 VwGO ist nach den allgemeinen Regeln nicht fristgebunden, setzt jedoch einen noch nicht bestandskräftigen Verwaltungsakt voraus, so dass zur Stellung des Antrags letztlich auch die Klagefrist von einem Monat nach § 74 Abs. 1 S. 2 VwGO zu beachten ist. 25

Allerdings kommt gem. Abs. 1 S. 3 durch die Anwendung von § 58 VwGO bei fehlerhaften oder fehlenden Rechtsbehelfsbelehrungen auch eine längere Frist in Betracht. Eine behördliche oder gerichtliche Fristverlängerung (etwa zur Begründung eines Antrags) kann im Anwendungsbereich der energierechtlichen Planfeststellung nicht erfolgen. Die damit einhergehende **Erhöhung der Mitwirkungslast** für Betroffene erfolgt zur **Beschleunigung** des gerichtlichen Verfahrens. Voraussetzung dafür ist freilich, dass eine Zustellung der Entscheidung erfolgte und darin in der **Rechtsbehelfsbelehrung** auf die besondere Frist **hingewiesen** wurde. Eine einfache Bekanntgabe nach § 41 VwVfG reicht nicht aus. Mit entsprechender Belehrung müssen individuelle Zustellungen nach § 43b Nr. 5, § 74 Abs. 4 S. 2, Abs. 5 S. 2 VwVfG und öffentliche Bekanntmachungen versehen werden.[15] 26

b) Sofortige Vollziehbarkeit

Auch bei Verwaltungsakten mit Doppelwirkung haben Rechtsbehelfe grds. aufschiebende Wirkung nach § 80 Abs. 1 S. 2 VwGO. Durch § 43e Abs. 1 S. 1 wird jedoch davon abweichend angeordnet, dass die Anfechtungsklage gegen einen Planfeststellungsbeschluss oder eine Plangenehmigung keine aufschiebende Wirkung hat, sodass die Entscheidungen **kraft Gesetzes sofort vollziehbar** sind. Es kann ein Antrag auf Anordnung der aufschiebenden Wirkung nach §§ 80 Abs. 5, 80a Abs. 3 VwGO gestellt werden. Zu dessen Begründung muss vorgetragen werden, dass das **Aussetzungsinteresse** des Antragstellers auf Beibehaltung des bisherigen Zustands bis zur rechtskräftigen Entscheidung in der Hauptsache das **Vollzugsinteresse** an der sofortigen Vollziehung des Planfeststellungsbeschlusses **überwiegt**.[16] Im vorläufigen Rechtsschutz wird durch das Gericht dabei eine summarische Prüfung der Sach- und Rechtslage vorgenommen, wobei der gegenwärtige Erkenntnisstand als Grundlage dient. 27

3. Anwendung von § 58 VwGO (Abs. 1 S. 4)

Nach Abs. 1 S. 4 gilt § 58 VwGO entsprechend. Dieser regelt Beginn und Dauer der Fristen von Rechtsbehelfen. Nach **§ 58 Abs. 1 VwGO** beginnt die **Monatsfrist** nach § 43e Abs. 1 S. 3 nur zu laufen, wenn der Beteiligte über den Rechtsbehelf, die Verwaltungsbehörde oder das Gericht, bei denen der Rechtsbehelf anzubringen ist, den Sitz und die einzuhaltende Frist schriftlich oder elektronisch belehrt worden ist. 28

14 VGH München, Urt. v. 24.5.2011 – 22 A 10/40049 –; *Kuhla*, NVwZ 2002, 542, 544.
15 Danner/Theobald/*Missling*, EnWG, § 43e Rn 11.
16 OVG Bautzen, Beschl. v. 14.7.2010 – 4 B 460/09 –.

29 Findet die Belehrung nicht oder nicht in der vorgeschriebenen Form durch die Planfeststellungsbehörde statt, gilt abweichend von § 58 Abs. 1 VwGO nach **§ 58 Abs. 2 VwGO** eine **Jahresfrist ab Zustellung**.

30 Wird nicht die erforderliche Zustellung vorgenommen, so besteht wegen § 58 Abs. 2 VwGO keine Fristbindung für den Antrag nach § 80 Abs. 5 S. 1 VwGO.[17] Lediglich über das Institut der **Verwirkung** kann eine zeitliche Begrenzung der Angreifbarkeit der Verwaltungsentscheidung herbeigeführt werden. Dazu muss ein Zeitraum vergangen sein, von dem anzunehmen ist, dass er die bei Zustellung ohne Belehrung vorgesehene Jahresfrist übersteigt (Zeitmoment) und ein Untätigbleiben des Rechtsschutzsuchenden (Umstandsmoment) vorliegen.

III. Rechtsschutz von Umweltverbänden

31 Die Anfechtungsklage gegen einen Planfeststellungsbeschluss oder eine Plangenehmigung ist nach den allgemeinen Regeln gem. **§ 113 Abs. 1 S. 1 VwGO** begründet, wenn die Entscheidung **rechtswidrig** ist und der **Kläger dadurch in seinen Rechten verletzt** wird. Dieser Maßstab gilt jedoch nur, soweit gesetzlich nichts anderes bestimmt ist.

32 **Bei Klagen von Umweltverbänden** ist neben der Rechtswidrigkeit der Entscheidung eine **Verletzung in subjektiven Rechten nicht zu fordern**.[18] Nach der abweichenden Bestimmung in § 2 Abs. 1 Nr. 1 UmwRG ist die erforderliche Klagebefugnis im Sinne von § 42 Abs. 2 VwGO für anerkannte Verbände gegeben, wenn geltend gemacht wird, dass eine **Entscheidung nach § 1 Abs. 1 S. 1 UmwRG** oder deren Unterlassen Rechtsvorschriften widerspricht, die dem Umweltschutz dienen, Rechte Einzelner begründen und für die Entscheidung von Bedeutung sein können.

33 Umweltverbände machen keine originär eigenen Belange geltend, wie etwa Drittbetroffene oder von der enteignungsrechtlichen Vorwirkung Betroffene, sondern Belange, deren Trägerschaft erst besonders angeordnet sein muss. Das ist in **§ 2 Abs. 1 Nr. 1 UmwRG nicht europarechtskonform** geschehen. Infolge der **Trianel Entscheidung des EuGH**[19] sind anerkannte Umweltverbände bei Vorhaben, für die eine Pflicht zur Durchführung einer UVP bestehen kann, nicht nur wie in § 2 Abs. 1 Nr. 1 UmwRG vorgesehen zur Geltendmachung der Verletzung von Vorschriften, die Rechte Dritter begründen, befugt.[20] Vielmehr können Umweltverbände im Sinne des UmwRG aus einer Verletzung des gesamten durch nationales Recht umzusetzenden europäischen Umweltrechts eine Klagebefugnis herleiten.[21]

34 Bei der **Genehmigung von Leitungen im Planfeststellungsverfahren** kann immer eine Pflicht zur Durchführung einer UVP nach dem UVPG bestehen, sodass es sich dabei **stets** um **Vorhaben nach § 1 Abs. 1 Nr. 1 UmwRG** handelt, für die die Vorschriften des Gesetzes auch Anwendung finden. Für Vorhaben, die nach § 43b Nr. 2 im Wege des **Plangenehmigungsverfahrens** zugelassen werden, und für die eine UVP nach dem UVPG nicht durchzuführen ist, (§ 43b Nr. 2 S. 1) finden die Vorschriften des **UmwRG keine Anwendung**.

35 Allerdings stellt die in § 2 Abs. 1 Nr. 1 UmwRG geregelte Beschränkung auf die Geltendmachung solcher Vorschriften, die u.a. Rechte Einzelner begründen, jedenfalls in Bezug auf unionsrechtliche Umweltvorschriften, keine ausreichende Umsetzung der Vorgaben des Art. 10a UVP-RL dar.[22] Art. 10a Abs. 3 S. 3 UVP-RL ist in dem Sinne zu verstehen, dass zu den *„Rechten,*

17 Posser/Wolff/*Kimmel*, § 58 Rn 24.
18 *Kopp/Ramsauer*, § 75 Rn 46c.
19 EuGH, Urt. v. 12.5.2011 – C-115/09 –.
20 EuGH, Urt. v. 12.5.2011 – C-115/09 –.
21 EuGH, Urt. v. 12.5.2011 – C-115/09 –.
22 EuGH, Urt. v. 12.5.2011 – C-115/09 –.

die verletzt werden können" und als deren Träger die Umweltverbände gelten, zwingend die nationalen Rechtsvorschriften gehören müssen, die die Rechtsvorschriften der Union im Bereich der Umwelt umsetzen, sowie die unmittelbar anwendbaren Vorschriften des Umweltrechts der Union. Kann das nationale Verfahrensrecht – wie hier § 2 Abs. 1 Nr. 1 UmwRG – nicht im Einklang mit den Erfordernissen des Unionsrechts ausgelegt werden, ist die Richtlinie unmittelbar anzuwenden.[23]

Verbände können sich daher darauf berufen, dass das Leitungsvorhaben gegen die **Anforderungen der FFH-Richtlinie**[24] verstößt, obwohl sich aus den Bestimmungen keine unmittelbaren Rechte Dritter ergeben. Ob die Verbände über drittschützende Vorschriften und unionsrechtliche Umweltvorschriften hinaus auch befugt sind, etwaige Verletzungen solcher umweltbezogener Vorschriften geltend zumachen, die **allein im nationalen Recht begründet** sind, insbesondere ob dies bereits nach gegenwärtiger Rechtslage aus einer unmittelbaren Anwendbarkeit von Art. 9 Abs. 2 der Aarhus-Konvention folgt, war bislang **offen.**[25] In seiner Entscheidung zu Datteln IV führte das OVG Münster aus, dass das sich aus dem Umweltrechtsbehelfsgesetz und der insoweit unmittelbar anwendbaren sog. Aarhus-Konvention ergebende Verbandsklagerecht für Umweltverbände die Möglichkeit eröffne, die Verletzung von nationalen Umweltvorschriften vor Gericht rügen zu können.[26] 36

IV. Spätere Änderung der Tatsachen (Abs. 2)

Abs. 2 begegnet **besonderen Härten**, die aus der besonderen Frist des Abs. 1 S. 2 entstehen. Treten nach Beginn der Monatsfrist ab Zustellung neue Tatsachen ein, die die Anordnung der aufschiebenden Wirkung rechtfertigen, so kann der Antrag trotzdem gestellt werden. Die Ausnahme ist wegen der **Rechtsschutzgarantie** in Art. 19 Abs. 4 GG verfassungsrechtlich geboten. 37

Jeweils die Kenntnis neuer Tatsachen durch den Beschwerten[27] setzen wieder die Monatsfrist in Gang. Kritisiert wird, dass der jeweils neue Beginn der Monatsfrist bei Kenntnis neuer Tatsachen dem **Beschleunigungsgedanken widerspricht.** 38

V. Entscheidungsmaßstab des Gerichts (Abs. 4)

Es handelt sich bei Abs. 4 um Planerhaltungsvorschriften, die mit dem Ziel aufgenommen wurden, die Aufhebung der Planentscheidung auf Fälle zu begrenzen, in denen unverbesserliche Fehler vorliegen. Dadurch wird sowohl die Bestandskraft der Entscheidung gestützt als auch das Planfeststellungsverfahren von der Verbesserung von Fehlern entlastet, die weder offensichtlich noch auf das Abwägungsergebnis von Einfluss sind.[28] 39

1. Erheblichkeit eines Mangels (Abs. 4 S. 1)

Abs. 4 S. 1, 2 Hs. 1 entsprechen **§ 75 Abs. 1a VwVfG**, der über den Verweis in § 43 S. 5 bereits anwendbar wäre. 40

---

23 EuGH, Urt. v. 12.5.2011 – C-115/09 –.
24 RL 92/43/EWG des Rates vom 21.5.1992 zur Erhaltung der natürlichen Lebensräume sowie der wildlebenden Tiere und Pflanzen.
25 OVG Münster, Urt. v. 1.12.2011 – 8 D 58/08 –.
26 OVG Münster, Urt. v. 12.6.2012 – 8 D 38/08 –.
27 Danner/Theobald/*Missling*, EnWG, § 43e Rn 13; einschränkend OVG Münster, Beschl. v. 16.8.2010 – 11 B 638/10.
28 Vgl. *Kopp*/*Ramsauer*, § 75 Rn 14.

41 Mängel bei Abwägung oder die Verletzung von Verfahrens- oder Formvorschriften sind nur dann erheblich, wenn sie **offensichtlich und auf das Abwägungsergebnis von Einfluss gewesen** sind.

42 **Offensichtlich** ist ein Fehler oder Mangel, wenn er die Erkenntnis und Einstellung aller wesentlichen Belange in die Abwägung und damit deren „äußeren" Seite betrifft und sich aus der Begründung des Planfeststellungsbeschlusses ergibt.[29]

43 **„Von Einfluss"** auf das Abwägungsergebnis ist ein „offensichtlicher" Abwägungsmangel, wenn nach den Umständen des jeweiligen Falles die konkrete Möglichkeit besteht, dass ohne den Mangel die Planung anders ausgefallen wäre.[30] Eine solche konkrete Möglichkeit besteht immer dann, wenn sich anhand der Planungsunterlagen oder sonst erkennbarer oder naheliegender Umstände bei realistischer Betrachtungsweise ergibt, dass sich ohne den Mangel im maßgeblichen Zeitpunkt des Erlasses des Planfeststellungsbeschlusses ein anderes Abwägungsergebnis abgezeichnet hätte.[31] Eine nur abstrakte Möglichkeit eines anderen Ergebnisses reicht nicht aus.[32] Eine hinreichende oder überwiegende Wahrscheinlichkeit eines anderen Ergebnisses wird hingegen nicht verlangt.[33]

2. Fehlerfolgen (Abs. 4 S. 2 Hs. 1)

44 Nach Abs. 4 S. 2 führen erhebliche Mängel bei der Abwägung oder eine Verletzung von Verfahrens- oder Formvorschriften nur dann zur gerichtlichen Aufhebung eines Planfeststellungsbeschlusses, **wenn sie nicht durch Planergänzung oder ein ergänzendes Verfahren behoben werden können.**

45 Im ergänzenden Verfahren **heilbar** sind alle Fehler bei der Abwägung, bei denen die Möglichkeit besteht, dass die Planfeststellungsbehörde nach erneuter Abwägung an der getroffenen Entscheidung festhält und hierzu im Rahmen ihres planerischen Ermessens auch berechtigt ist, bei denen sie also nicht von vornherein darauf verwiesen ist, den Planfeststellungsbeschluss auszuheben oder zu ändern.[34] Ist der Mangel heilbar, so spricht das Gericht lediglich die Rechtswidrigkeit des Planfeststellungsbeschlusses aus, was dessen Vollziehbarkeit bis zur Heilung ausschließt.[35]

3. Heilung und Unbeachtlichkeit nach VwVfG (Abs. 4 S. 2 Hs. 2)

46 Nach Abs. 4 S. 2 Hs. 2 bleiben die §§ 45 und 46 VwVfG sowie die entsprechenden landesrechtlichen Bestimmungen unberührt. Deren Bedeutung ist bei Abwägungsentscheidungen wie Planfeststellungsbeschlüssen jedoch eher gering. § 45 Abs. 1 VwVfG nennt nachholbare Verfahrenshandlungen abschließend: § 45 Abs. 1 VwVfG Nr. 1–4 sind ihrer Natur nach schon nur teilweise anwendbar:
- Ein Fehlen des Antrags im Sinne von § 45 Abs. 1 Nr. 1 VwVfG ist praktisch nicht vorstellbar;
- eine fehlende Begründung im Sinne von § 45 Abs. 1 Nr. 2 VwVfG wird selten gegeben sein;

---

29 BVerwG, Beschl. v. 26.8.1998 – 11 VR 4/98 –; vgl. *Hoppe/Schlarmann/Buchner/Deutsch*, S. 219 f. m.w.N.
30 BVerwG, Urt. v. 19.3.2003 – 9 A 33/02 –; Beschl. v. 26.8.1998 – 11 VR 4/98 –; OVG Greifswald, Urt. v. 22.8.2012 – 5 K 6/10 –. Vgl. *Hoppe/Schlarmann/Buchner/Deutsch*, S. 220 f. m.z.w.N.
31 BVerwG, Beschl. v. 26.8.1998 – 11 VR 4/98 –.
32 BVerwG, Urt. v. 11.6.2010 – 22 A 09.40014 –.
33 Stelkens/Bonk/Sachs/*Bonk/Neumann*, § 75 Rn 41.
34 BVerwG, Urt. v. 11.6.2010 – 22 A 09.40014 –; OVG Bautzen, Beschl. v. 30.11.2010 – 4 B 500/09 –.
35 OVG Greifswald, Urt. v. 22.8.2012 – 5 K 6/10 –; VGH München, Urt. v. 24.5.2011 – 22 A.10.40049 –; Urt. v. 11.6.2010 – 22 A 09.40014 –.

- ein Unterbleiben der Anhörung eines Beteiligten im Sinne von § 45 Abs. 1 Nr. 3 VwVfG beurteilt sich nach den Modifikationen des EnWG für die Anhörung;
- der Beschluss eines Ausschusses, dessen Mitwirkung erforderlich ist, im Sinne von § 45 Abs. 1 Nr. 4 VwVfG.

Lediglich § 45 Abs. 1 Nr. 5 VwVfG, die **Nachholung der Mitwirkung einer anderen Behörde,** 47
könnte in Betracht kommen.

Nach § 46 VwVfG muss für eine Aufhebung ein **kausaler Zusammenhang zwischen Ver-** 48
fahrensverstoß und materieller Rechtswidrigkeit der Entscheidung bestehen – das dürfte bei Abwägungsentscheidungen wie der Planfeststellung in der Regel schwer feststellbar sein.

§ 43f Unwesentliche Änderungen

Unwesentliche Änderungen oder Erweiterungen können anstelle des Planfeststellungsverfahrens durch ein Anzeigeverfahren zugelassen werden. Eine Änderung oder Erweiterung ist nur dann unwesentlich, wenn
1. **es sich nicht um eine Änderung oder Erweiterung handelt, für die nach dem Gesetz über die Umweltverträglichkeitsprüfung eine Umweltverträglichkeitsprüfung durchzuführen ist,**
2. **andere öffentliche Belange nicht berührt sind oder die erforderlichen behördlichen Entscheidungen vorliegen und sie dem Plan nicht entgegenstehen und**
3. **Rechte anderer nicht beeinträchtigt werden oder mit den vom Plan Betroffenen entsprechende Vereinbarungen getroffen werden.**

Der Vorhabenträger zeigt gegenüber der nach Landesrecht zuständigen Behörde die von ihm geplante Maßnahme an. Der Anzeige sind in ausreichender Weise Erläuterungen beizufügen, aus denen sich ergibt, dass die geplante Änderung unwesentlich ist. Insbesondere bedarf es einer Darstellung zu den zu erwartenden Umweltauswirkungen. Die nach Landesrecht zuständige Behörde entscheidet innerhalb eines Monats, ob anstelle der Anzeige ein Plangenehmigungs- oder Planfeststellungsverfahren durchzuführen ist oder die Maßnahme von einem förmlichen Verfahren freigestellt ist. Die Entscheidung ist dem Vorhabenträger bekannt zu machen.

Überblick

I. Allgemeines

1. Überblick über die Norm

1 **S. 1–2** regeln die **Voraussetzungen des Anzeigeverfahrens.** Nach **S. 1** können **unwesentliche Änderungen** oder **Erweiterungen** eines Vorhabens von der Planfeststellungspflicht befreit und durch ein **Anzeigeverfahren** zugelassen werden.

2 Nach der **Legaldefinition** in **S. 2** ist eine Änderung oder Erweiterung gegeben, wenn die Voraussetzungen der Nr. 1–3 kumulativ vorliegen. Nach **S. 2 Nr. 1** darf keine **UVP** durchzuführen sein; nach **S. 2 Nr. 2** dürfen andere **öffentliche Belange nicht berührt** sein oder die erforder-

lichen behördlichen Entscheidungen liegen vor und stehen dem Plan nicht entgegen und nach **S. 2 Nr. 3** dürfen **Rechte anderer nicht beeinträchtigt** werden oder mit den vom Plan Betroffenen werden entsprechende Vereinbarungen getroffen.

Die **S. 3–7** regeln die **Durchführung des Anzeigeverfahrens**. Der Vorhabenträger muss die 3 von ihm geplante Maßnahme gem. **S. 3** gegenüber der Planfeststellungsbehörde **anzeigen**. Der Anzeige sind nach **S. 4** in ausreichender Weise **Erläuterungen** beizufügen, aus denen sich die Unwesentlichkeit der geplanten Änderung ergibt. Insbesondere sind nach **S. 5** die zu erwartenden **Umweltauswirkungen** darzustellen.

Nach **S. 6 entscheidet** die Planfeststellungsbehörde **innerhalb eines Monats**, ob anstelle 4 der Anzeige ein Plangenehmigungs- oder Planfeststellungsverfahren durchzuführen ist oder die Maßnahme von einem förmlichen Verfahren freigestellt ist.

Die Entscheidung über das durchzuführende Verfahren ist dem **Vorhabenträger** gem. **S. 7** 5 **bekanntzumachen**.

2. Regelungszweck

Das Anzeigeverfahren ist ein Antragsverfahren, d.h., es wird nicht von Amts wegen eingeleitet. 6 Mit ihm verfolgt der Gesetzgeber zwei Intentionen: Zum einen soll eine **Verfahrensvereinfachung** eine **Verfahrensbeschleunigung** bewirken. In Fällen von unwesentlicher Bedeutung, in denen öffentliche Belange nicht berührt und Rechte anderer nicht beeinträchtigt werden, soll der Verwaltungs-, Zeit- und Kostenaufwand eines Plangenehmigungs- oder Planfeststellungsverfahrens vermieden werden. Eine unwesentliche Änderung oder Erweiterung ist – nach einer entsprechenden Entscheidung der Behörde – von einem förmlichen Verfahren freigestellt, weil in diesen Fällen die Durchführung eines aufwendigen und komplexen Verwaltungsverfahrens nicht gerechtfertigt ist.

Zum anderen soll aber vor allem das Anzeigeverfahren die **Verfahrenshoheit der Planfeststellungsbehörde absichern**.[1] Allein aus den Gründen der Verfahrensbeschleunigung wäre es 7 nicht notwendig gewesen, eine neue Regelung zur Zulassung von unwesentlichen Änderungen durch ein Anzeigeverfahren in die energierechtlichen Planfeststellungsvorschriften aufzunehmen.[2] Bereits vor Einfügung des Anzeigeverfahrens durch das Gesetz über Maßnahmen zur Beschleunigung des Netzausbaus Elektrizitätsnetze[3] konnten in Fällen unwesentlicher Bedeutung die Durchführung einer Planfeststellung und Plangenehmigung nach § 74 Abs. 7 VwVfG entfallen.[4]

Infolge der neuen Regelung nach § 43f hat nun nicht mehr, wie in § 74 Abs. 7 VwVfG vorge- 8 sehen, der Vorhabenträger rechtlich zu bewerten, ob er von dem Erfordernis einer Planfeststellung oder einer Plangenehmigung freigestellt ist.[5] Die Planfeststellungsbehörde ist verpflichtet, zu entscheiden, ob eine Änderung einer Plangenehmigung oder einer Planfeststellung bedarf. Durch das Anzeigeverfahren soll – im Interesse des Vorhabenträgers wie der Planfeststellungsbehörde – vor Baubeginn und vor Einleitung eines Zulassungsverfahrens durch eine behördliche Entscheidung **rechtssicher** geklärt werden, ob ein förmliches Verfahren notwendig und ggf. welche Verfahrensart einschlägig ist. Der Vorhabenträger wird dadurch davor geschützt, dass die Planfeststellungsbehörde nach der Änderung oder Erweiterung erklärt, dass die spezifische Änderung oder Erweiterung eines Planfeststellungsbeschlusses oder einer Plangenehmigung

1 BT-Drucks. 17/6073, S. 30.
2 Zur Parallelnorm § 25 NABEG vgl. Rn 10.
3 Vgl. zur Entstehungsgeschichte Rn 11 f.
4 Zur Abgrenzung von § 74 Abs. 7 VwVfG und § 25 NABEG vgl. Rn 14 ff.
5 BT-Drucks. 17/6073, S. 30.

bedurft hätte. Der Vorhabenträger wie die Planfeststellungsbehörde erhalten hierdurch zu einem frühen Zeitpunkt auch Klarheit darüber, welche Unterlagen einzureichen sind.

9 § 95 nimmt § 43f nicht in Bezug. Die Vornahme einer unwesentlichen Änderung oder Erweiterung ohne Erfüllung der Anzeigepflicht ist insofern in der energierechtlichen Planfeststellung, anders als im Anwendungsbereich des NABEG gem. § 33 Abs. 1 Nr. 4, **nicht bußgeldbewehrt**.

10 Die Vorschrift findet ihr **Pendant** in **§ 11** über das **vereinfachte Verfahren** in der Bundesfachplanung. Eine inhalts- und weitgehend wortgleiche **Parallelvorschrift** für das Planfeststellungsverfahren im Anwendungsbereich des NABEG ist mit **§ 25 NABEG** eingefügt worden. Im Immissionsschutzrecht können unwesentliche Änderungen ebenfalls nach § 15 BImSchG im Anzeigeverfahren zugelassen werden.

3. Entstehungsgeschichte

11 Die Vorschrift wurde durch Art. 1 des **Gesetzes über Maßnahmen zur Beschleunigung des Netzausbaus Elektrizitätsnetze**[6] vom 28.7.2011 mit Wirkung zum 5.8.2011 als § 43f erlassen.

12 Der ursprüngliche Entwurf der Norm wurde im Gesetzgebungsverfahren in Zusammenhang mit der Änderung der Zuständigkeiten für die Planfeststellung geändert. Die Beschlussempfehlung des Ausschusses für Wirtschaft und Technologie[7] **ersetzte** in S. 3 und 6 **„Bundesnetzagentur" durch *„Planfeststellungsbehörde"***. Die Streichung der Bestimmung der Zuständigkeit der BNetzA in S. 3 und 6 ist dem im Gesetzgebungsverfahren zwischen Bund und Ländern gefundenen Kompromiss geschuldet, die Zuständigkeit der BNetzA nicht bereits im NABEG, sondern später gemeinsam mit dem Bundesrat mittels Rechtsverordnung auf Grundlage von § 2 Abs. 2 festzulegen. Sachlich-inhaltliche Änderungen an dem ursprünglichen Entwurf des Paragraphen wurden im Gesetzgebungsverfahren nicht vorgenommen.

4. Unionsrechtliche Bezüge

13 Aufgrund der **Vorgaben der RL 85/337/EWG** vom 27.6.1985 über die UVP bei bestimmten öffentlichen und privaten Projekten (UVP-RL) können unwesentliche Änderungen oder Erweiterungen von Leitungsvorhaben nur dann durch ein Anzeigeverfahren zugelassen werden, wenn für diese keine UVP durchzuführen ist.[8]

5. Anwendungsausschluss von § 74 Abs. 7 VwVfG

14 Zwar sind über die **Verweiskaskade** in § 43 S. 6 die allgemeinen Regelungen des Planfeststellungsrechts in den §§ 72ff. VwVfG auch in der energierechtlichen Planfeststellung anwendbar.[9] Allerdings wird mit der Einführung des Anzeigeverfahrens nach § 43f als Sonderregelungen für die energierechtliche Planfeststellung die **Anwendung von § 74 Abs. 7 VwVfG im Bereich der energierechtlichen Planfeststellung ausgeschlossen.** Im Anwendungsbereich des NABEG sperrt die im Verhältnis zu § 43f speziellere Regelung des § 25 die allgemeine Regelung in § 74 Abs. 7 VwVfG.[10]

15 Abweichend von § 74 Abs. 7 VwVfG wird die Durchführung eines Anzeigeverfahrens bei unwesentlichen Änderungen angeordnet. Die Freistellung von einem förmlichen Verfahren er-

6 BGBl. I 2011 S. 1690.
7 BT-Drucks. 17/6366, S. 6 f.
8 Vgl. dazu Rn 26 ff.
9 Vgl. § 43 Rn 1, 11, 17, 197.
10 Vgl. dazu § 25 NABEG Rn 14 ff.

folgt im energierechtlichen Planfeststellungsrecht daher ausschließlich über das Anzeigeverfahren.

Der Gesetzgeber wollte mit der Einführung des Anzeigeverfahrens erreichen, dass der Vorhabenträger nicht unter Berufung auf § 74 Abs. 7 VwVfG mit den Bauarbeiten beginnt, bevor eine entsprechende Entscheidung der Planfeststellungsbehörde darüber getroffen worden ist, ob die entsprechenden Voraussetzungen vorliegen. Planfeststellung und Plangenehmigung entfallen gerade nicht ausschließlich kraft gesetzlicher Anordnung. 16

Zwar ist der Wortlaut der Freistellungstatbestände von § 74 Abs. 7 VwVfG nicht vollkommen identisch mit dem Wortlaut der Freistellungstatbestände in § 43f. Auch die Anwendungsbereiche sind nicht völlig kongruent, die Unterschiede sind jedoch zu vernachlässigen. 17

Der Wortlaut von § 43f Nr. 2 und von § 74 Abs. 7 Nr. 1 VwVfG ist identisch. Demnach dürfen öffentliche Belange von dem Vorhaben nicht berührt sein oder die erforderlichen behördlichen Entscheidungen müssen vorliegen und dürfen dem Plan nicht entgegenstehen. Nach § 43f S. 2 Nr. 3 dürfen Rechte anderer nicht **beeinträchtigt** werden oder mit den vom Plan Betroffenen müssen entsprechende Vereinbarungen getroffen werden. Nach § 74 Abs. 7 Nr. 1 VwVfG dürfen Rechte anderer nicht **beeinflusst** werden oder mit den vom Plan Betroffenen müssen entsprechende Vereinbarungen getroffen worden sein. Während also nach **§ 43f S. 2 Nr. 3 Rechte anderer nicht beeinträchtigt** werden dürfen, dürfen nach **§ 74 Abs. 7 Nr. 2 VwVfG Rechte anderer nicht beeinflusst** werden. Rechte anderer werden beeinflusst, wenn sie in einer mehr als nur geringfügigen Weise negativ berührt werden. Eine Beeinträchtigung von Rechten Dritter meint den direkten Zugriff auf fremde Rechte (insbesondere Eigentumsrechte), eine „Beeinflussung" von Rechten anderer erfordert hingegen nur die vernünftigerweise in Betracht kommende Möglichkeit einer indirekt relevanten nachteiligen Auswirkung auf ein abwägungsbeachtliches Recht eines anderen.[11] Eine Beeinflussung nach § 74 Abs. 7 Nr. 2 VwVfG ist insofern eine geringere Einwirkung als eine Beeinträchtigung im Sinne von § 43f S. 2 Nr. 3. Allerdings würde die gesetzgeberische Intention des Anzeigeverfahrens – nämlich die Verfahrenshoheit der Behörden zu sichern und zu verhindern, dass der Vorhabenträger die Entscheidung darüber trifft, ob ein Vorhaben einer Planfeststellung oder einer Plangenehmigung bedarf oder ob es von einem förmlichen Verfahren freigestellt ist – unterlaufen, wenn sich der Vorhabenträger unter Berufung darauf, dass Rechte anderer im Sinne von § 74 Abs. 7 Nr. 2 VwVfG nicht beeinflusst würden, ohne behördliche Entscheidung mit dem Bau beginnen würde. Ob im Einzelfall Rechte nur berührt oder schon beeinflusst werden, ist eine schwierige Rechtsfrage. Würde § 74 Abs. 7 VwVfG neben § 43f zur Anwendung kommen, könnte auch diese rechtliche Bewertung erst nach Baubeginn von der Behörde getroffen werden. Die Verfahrenshoheit der Planfeststellungsbehörde wäre damit ausgehebelt. 18

§ 74 Abs. 7 VwVfG umfasst zwar auch die Errichtung einer Höchstspannungsleitung des Übertragungsnetzes, § 43f lediglich die Änderung oder Erweiterung einer solchen Leitung. Die Anwendungsbereiche von § 74 Abs. 7 VwVfG und § 43f sind insofern nicht völlig kongruent. Tatsächlich besteht jedoch kein eigenständiger Anwendungsbereich für § 74 Abs. 7 VwVfG bei der Errichtung einer Höchstspannungsleitung des Übertragungsnetzes, da in einem solchen Fall immer ein Planfeststellungs- oder eine Plangenehmigungsverfahren erforderlich ist. 19

Insofern besteht im Anwendungsbereich der energierechtlichen Planfeststellung ein dreistufiges Verfahrenssystem, um die Errichtung, den Betrieb sowie Änderung von Energieleitungsvorhaben zuzulassen: 20

11 Vgl. VGH Mannheim, Urt. v. 13.4.2000 – 5 S 1136/98 –; VGH München, Beschl. v. 20.10.2003 – 8 AE 03/40047 –.

- Unwesentliche Änderungen oder Erweiterungen können durch ein Anzeigeverfahren nach § 43f zugelassen werden.
- Die Errichtung, Änderung oder Erweiterung einer Höchstspannungsleitung können nach § 74 Abs. 6 VwVfG i.V.m. § 43b durch die Erteilung einer Plangenehmigung zugelassen werden, wenn eine UVP nicht durchzuführen ist, Rechte anderer nur unwesentlich beeinträchtigt werden oder die Betroffenen sich schriftlich einverstanden erklärt haben und mit den Trägern öffentlicher Belange das Benehmen hergestellt worden ist.
- In allen anderen Fällen erfolgt die Zulassung der Errichtung, unwesentliche Änderung oder Erweiterung einer Höchstspannungsleitung im förmlichen Planfeststellungsverfahren nach den §§ 43ff. i.V.m. §§ 72ff. VwVfG.

II. Unwesentliche Änderung oder Erweiterung (S. 2)

21 Das Anzeigeverfahren gilt nur für eine unwesentliche Änderung oder Erweiterung, **nicht** aber **für die erstmalige Errichtung von Höchstspannungsleitungen**.

22 S. 2 liefert (erstmalig) eine **Legaldefinition** der **unwesentlichen Änderung** oder **Erweiterung** und **regelt abschließend**, wann eine Änderung oder Erweiterung unwesentlich ist; die Regelung ist nicht analogiefähig. Die in den Nr. 1–3 enthaltenen Voraussetzungen müssen ausweislich des Wortlauts („*und*") kumulativ vorliegen.

23 Eine Änderung im Sinne der Regelungen sind Änderungen der Lage, der Beschaffenheit oder des Betriebs einer Höchstspannungsleitung. Insofern umfasst der Begriff der Änderung auch eine Erweiterung der Anlange. Die Abgrenzung beider Begriffe hat wenig praktische Relevanz.

24 Beispiele für unwesentlichen Änderung oder Erweiterung sind etwa:
- ergänzende Leiterseile auf der gleichen Spannungsebene durch einen zusätzlichen Querträger bei gleichzeitiger Erhöhung des Mastes,
- Masterhöhungen aus sonstigen Gründen,
- Änderungen des Mastbildes,
- Verkleinerungen und Rückbauten,
- Verschiebungen der Maststandorte,
- Änderungen der Beseilung und
- Zubeseilung.

25 Die Voraussetzungen des S. 2 unterliegen **voller verwaltungsgerichtlicher Kontrolle**. Maßgebend ist nicht die ex ante-Betrachtung der zuständigen Planfeststellungsbehörde, sondern die objektive ex post-Würdigung der tatsächlichen Verhältnisse.[12]

1. Keine Pflicht zur Durchführung einer Umweltverträglichkeitsprüfung (S. 2 Nr. 1)

26 Unwesentliche Änderungen oder Erweiterungen können nach S. 2 Nr. 1 nur durch ein Anzeigeverfahren zugelassen werden, wenn für das Leitungsvorhaben keine UVP durchzuführen ist.

27 Aufgrund der **Vorgaben der RL 85/337/EWG** vom 27.6.1985 über die UVP bei bestimmten öffentlichen und privaten Projekten (UVP-RL) ist bei bestimmten Leitungsvorhaben eine UVP durchzuführen. Eine UVP muss gem. Art. 6 UVP-RL unter Beteiligung der Öffentlichkeit durchgeführt werden. Die UVP-RL wird durch § 2 Abs. 1 S. 3, Abs. 6 und § 9 UVPG in nationales Recht

12 So Stelkens/Bonk/Sachs/*Bonk*/*Neumann*, § 74 Rn 261 zur Prüfung des Entfallens von Planfeststellungs- und Plangenehmigungsverfahren.

umgesetzt. Da bei unwesentlichen Änderungen kein förmliches Zulassungsverfahren – und folglich auch keine Öffentlichkeitsbeteiligung – durchgeführt wird, ist das Anzeigeverfahren kein geeignetes Trägerverfahren zur Umsetzung der Vorgaben der RL 85/337/EWG.[13]

Nach § 3b i.V.m. Anlage 1 Nr. 19.1.1 des UVPG besteht eine **unbedingte Verpflichtung zur** 28
Durchführung einer UVP für die Errichtung und den Betrieb einer Hochspannungsfreileitung im Sinne des EnWG mit einer **Länge von mehr als 15 km und mit einer Nennspannung von 220 kV oder mehr**.

Nach § 3c S. 1 i.V.m. Anlage 1 Nr. 19.1.2 und Nr. 19.1.3 des UVPG ist eine **allgemeine Vorprü-** 29
fung des Einzelfalls (Screening) für die Errichtung und den Betrieb einer Hochspannungsfreileitung im Sinne des EnWG mit einer **Länge von mehr als 15 km und mit einer Nennspannung von 110 kV bis zu 220 kV** und mit einer **Länge von 5 km bis zu 15 km und mit einer Nennspannung von 110 kV oder mehr** durchzuführen. Eine UVP-Pflicht im Einzelfall besteht dann, wenn das Vorhaben nach überschlägiger Prüfung durch die Planfeststellungsbehörde erhebliche nachteilige Umweltauswirkungen haben kann, die bei der Bewertung der Umweltauswirkungen (§ 12 UVPG) zu berücksichtigen wären. Kriterien für die Erheblichkeit nachteiliger Umweltauswirkungen ergeben sich aus der Anlage 2 UVPG.

Nach § 3c S. 2 i.V.m. Anlage 1 Nr. 19.1.4 des UVPG ist eine **standortbezogene Vorprüfung** 30
des Einzelfalls für die Errichtung und Betrieb einer Hochspannungsfreileitung im Sinne des EnWG mit einer **Länge von weniger als 5 km und einer Nennspannung von 110 kV oder mehr** durchzuführen.

2. Keine Berührung öffentlicher Belange (S. 2 Nr. 2)

Neben der Entbehrlichkeit einer UVP dürfen auch andere öffentliche Belange durch die Ände- 31
rungen oder Erweiterungen nicht (negativ) berührt werden.

Energieleitungsvorhaben dienen einer möglichst sicheren, preisgünstigen, verbraucher- 32
freundlichen, effizienten und umweltverträglichen leitungsgebundenen Versorgung der Allgemeinheit mit Elektrizität (§ 1 Abs. 1). Mit dem Erlass des Bundesbedarfsplans wird für die darin enthaltenen Vorhaben die energiewirtschaftliche Notwendigkeit und der vordringliche Bedarf festgestellt (§ 12e Abs. 4 S. 1). Diese öffentlichen Belange werden durch Änderungen oder Erweiterungen von Leitungsvorhaben zweifellos (positiv) berührt. Die Berührung dieser öffentlichen Belange führt aber nicht dazu, dass der Freistellungstatbestand des S. 2 Nr. 2 nicht erfüllt wäre.

S. 2 Nr. 2 ist vielmehr so zu verstehen, dass den Änderungen oder Erweiterungen von Lei- 33
tungsvorhaben keine öffentlichen Belange entgegenstehen dürfen. Öffentliche Belange stehen dem Vorhaben bereits dann entgegen, wenn sie von dem Vorhaben (negativ) berührt werden. Unter dem Begriff der Berührung ist jegliche negative Einwirkung auf einen öffentlichen Belang zu verstehen.[14]

Als mögliche öffentliche Belange kommen neben dem Recht auf körperliche Unversehrtheit 34
insbesondere die Ziele, Zwecke und Schutzgüter der Wasserwirtschaft, des Emissionsrechts, des Schutzes von Natur und Landschaft, des Bodenschutzes, des Denkmalschutzes und der Denkmalpflege in Betracht.

Sofern von dem Leitungsvorhaben öffentliche Belange berührt werden, ist nach Abs. 1 Nr. 2 35
2. Alt. die Zulassung durch ein Anzeigeverfahren gleichwohl zulässig, wenn eine positive Entscheidung der zuständigen Fachbehörde vorliegt. Die Zulassung des Leitungsvorhabens durch ein Anzeigeverfahren ist in solchen Fällen gerechtfertigt, weil die zuständige Fachbehörde das

13 Vgl. zur UVP im energierechtlichen Planfeststellungsverfahren § 43 Rn 87 ff.
14 Vgl. auch Knack/Henneke/*Dürr*, § 74 Rn 81 und *Kopp/Ramsauer*, § 74 Rn 177.

Vorhaben geprüft und nicht beanstandet hat und etwa eine Baugenehmigung oder eine Befreiung von einer Landschaftsschutzverordnung, die den Vorhaben entgegensteht, erteilt hat.[15]

3. Keine Beeinträchtigung der Rechte anderer (S. 2 Nr. 3)

36 Unwesentliche Änderungen oder Erweiterungen können nach S. 2 Nr. 3 durch ein Anzeigeverfahren nur zugelassen werden, wenn Rechte anderer nicht beeinträchtigt werden oder mit den vom Plan Betroffenen entsprechende Vereinbarungen getroffen werden.

37 Die Voraussetzung nach S. 2 Nr. 3 1. Alt., wonach Rechte anderer nicht beeinträchtigt werden, entspricht wörtlich der Voraussetzung zur Erteilung einer Plangenehmigung im allgemeinen Planfeststellungsverfahren nach § 74 Abs. 6 1. Alt VwVfG. Die Voraussetzung nach S. 2 Nr. 3 2. Alt., wonach alternativ eine Zulassung auch dann durch ein Anzeigeverfahren erfolgen kann, wenn mit vom Plan Betroffenen entsprechende Vereinbarungen getroffen werden, entspricht zwar nicht dem Wortlaut, aber dem Sinn und Zweck von § 74 Abs. 6 2. Alt VwVfG.

38 Der **Kreis der** in ihren Rechten **Betroffenen** muss der Behörde **bekannt** und klar **abgrenzbar** sein.

39 Der Begriff der Rechte im Sinne von S. 2 Nr. 3 ist enger als der Begriff der abwägungserheblichen Belange im Sinne von § 73 Abs. 4 VwVfG. Der Begriff der Rechte im Sinne von S. 2 Nr. 3 stimmt mit dem Begriff der Rechte in § 74 Abs. 2 S. 2 VwVfG und § 75 Abs. 2 VwVfG überein.[16] Mit einer Rechtsbeeinträchtigung ist nur der **direkte Zugriff** auf fremde Rechte gemeint, **nicht** aber die bei jeder Planung gebotene wertende **Einbeziehung der Belange Dritter in die Abwägungsentscheidung**.[17] Der Begriff der Rechte umfasst alle subjektiven öffentlichen Rechte. Dies sind etwa die Eigentumsrechte von Dritten einschließlich ihrer betrieblichen Existenz oder die Betroffenheit eines Grundstücks, auf das zur Verwirklichung des geplanten Vorhabens zugegriffen wird, auch wenn dieses nicht unmittelbar in Anspruch genommen, jedoch die gegebene Grundstückssituation nachhaltig verändert wird oder die Maßnahme das Grundstück schwer und unerträglich betrifft. Zu den subjektiven öffentlichen Rechten zählen auch die Schutzgüter des Art. 2 Abs. 2 GG,[18] das Recht auf Vermeidung von Lärmbeeinträchtigungen und anderen rechtlich erheblichen Nachteilen, sofern sie wesentlich sind, d.h., über das für jedermann nach Lage der Dinge zumutbare Maß hinausgehen.[19]

40 Zu den Rechten anderer zählt **nicht das Mitwirkungsrecht der Naturschutzverbände** nach § 63 Abs. 1 Nr. 2 und 3 sowie Abs. 2 Nr. 6 BNatSchG.[20] Die Voraussetzung, dass das Recht anderer nicht beeinträchtigt werden darf, ist auch keine die anerkannten Naturschutzverbände schützende Norm.[21] Durch die Verletzung des Beteiligungsrechts eines anerkannten Naturschutzverbandes wegen der Nichtdurchführung eines an sich gebotenen Planfeststellungsverfahrens ist der Naturschutzverband allerdings klagebefugt.[22]

41 Auf Gewicht und Bedeutung der voraussichtlichen Rechtsbeeinträchtigungen kommt es nicht an. Eine Bagatellgrenze, nach der geringfügige Rechtsbeeinträchtigungen der Teilung einer Freistellung im Anzeigeverfahren nicht entgegenstehen, bestehen grds. nicht.

---

15 Knack/Henneke/*Dürr*, § 74 Rn 181.
16 *Kopp/Ramsauer*, § 74 Rn 163 m.w.N.
17 BVerwG, Urt. v. 28.3.2007 – 9 A 17/06 –; BVerwG, Urt. v. 10.12.2003 – 9 A 73/02 –; BVerwG, Urt. v. 24.2.1998 – 4 VR 13/97 –; BVerwG, Urt. v. 27.11.1996 – 11 A 100/95 – zur Plangenehmigung im AEG; BVerwG, Beschl. v. 29.12.1994 – 7 VR 12/94 –; VGH München, Urt. v. 11.3.2005 – 22 A 4/40063 –; OVG Lüneburg, Beschl. v. 24.9.2002 – 7 MS 180/02 –.
18 Vgl. Begründung der Bundesregierung zum Planvereinfachungsgesetz, BT-Drucks. 12/4328, S. 19.
19 VGH Mannheim, Beschl. v. 7.5.1998 – 5 S 1060/98 –.
20 BVerwG, Urt. v. 22.3.1995 – 11 A 1/95 –.
21 BVerwG, Urt. v. 14.5.1997 – 11 A 43/96 –.
22 BVerwG, Urt. v. 7.12.2006 – 4 C 16/04 –; BVerwG, Urt. v. 14.5.1997 – 11 A 43/96 –.

Ob durch die Realisierung der Höchstspannungsleitung bei einer Freistellung von einem förmlichen Verfahren durch das Anzeigeverfahren Rechte Dritter beeinträchtigt werden, setzt eine **Prognose** voraus. Da das Planfeststellungsverfahren gerade der Prüfung dient, ob und inwieweit Rechte Dritter beeinträchtigt sein können, kommt ein Anzeigeverfahren nur in Betracht, wenn eine hinreichend sichere Beurteilung der Frage möglich ist, ob Rechte Dritter beeinträchtigt werden können.[23] 42

Konkrete Vereinbarungen mit den Betroffenen über die Hinnahme bzw. die Duldung der Auswirkung eines Vorhabens haben zur Folge, dass von dem Vorhaben ausgehende Rechtsbeeinträchtigungen bei der Beurteilung der Voraussetzung nach S. 2 Nr. 3 außer Betracht bleiben. Gelingt es mit allen Personen, die durch das Vorhaben in ihren Rechten beeinflusst werden können, eine entsprechende **schriftliche Vereinbarung** zu treffen, in der sich die Betroffenen mit der Inanspruchnahme ihres Eigentums oder eines anderen Rechts **einverstanden** erklären, so kann eine Freistellung von einem förmlichen Verfahren erfolgen, sofern auch die anderen Voraussetzungen vorliegen. 43

Notwendig ist grds. die eigenhändige Unterschrift des Betroffenen oder der vertretungsberechtigten Personen. Eine Erklärung zur Niederschrift der Behörde reicht aber aus, wenn der Betroffene eine von der Behörde aufgenommene Erklärung eigenhändig unterzeichnet. Verpflichtet sich ein Betroffener zu Rechtsübertragungen im Sinne des §§ 311 b, 925 BGB, ist notarielle Beurkundung notwendig und ausreichend.[24] 44

Vereinbarungen im Sinne des § 43f sind etwa Verträge mit Eigentümern über die Inanspruchnahme ihrer Grundstücke für das Vorhaben, über Bauhöhenbeschränkungen, über die Änderung von Zufahrten sowie vorliegende grundbuchlich gesicherte beschränkte persönliche Dienstbarkeiten oder Einwilligungen des Eigentümers zur Eintragung solcher Dienstbarkeiten zum Bau und Betrieb der Leitung. 45

Schriftliche Vereinbarungen und Einverständniserklärungen der Betroffenen, mit denen sie sich mit der Inanspruchnahme ihres Eigentums oder eines anderen Rechts schriftlich einverstanden erklärt haben, wirken auch gegen den **Rechtsnachfolger** und sind für diesen **verbindlich.** 46

III. Durchführung des Anzeigeverfahrens

Die S. 3–5 regeln die Durchführung des Anzeigeverfahrens. 47

1. Anzeige durch den Vorhabenträger (S. 3)

Gemäß S. 3 zeigt der Vorhabenträger gegenüber der nach Landesrecht zuständigen Behörde die von ihm geplanten Maßnahmen an. Die Anzeige hat schriftlich zu erfolgen und muss vom Vertretungsberechtigten des Vorhabenträgers unterzeichnet sein. 48

Zwar liegt es ausweislich der Gesetzbegründung im Ermessen der zuständigen Behörde, ob anstelle eines Planfeststellungsverfahrens oder eines Plangenehmigungsverfahrens eine unwesentliche Änderung oder Erweiterung durch ein Anzeigeverfahren zugelassen wird. Es liegt aber in der Hand des Vorhabenträgers, dieses Entscheidungsverfahren durch eine entsprechende Anzeige einzuleiten. Hält der Vorhabenträger es für sinnvoller, ein Planfeststellungsverfahren durchzuführen, kann er einen entsprechenden Antrag bei der zuständigen Behörde stellen. 49

23 *Kopp/Ramsauer*, § 74 Rn 164 m.w.N.
24 Stelkens/Bonk/Sachs/*Bonk/Neumann*, § 74 Rn 240.

2. Notwendige Unterlagen (S. 4 und 5)

50 Der Anzeige muss sich entnehmen lassen, auf welche Hochspannungsleitung bzw. auf welchen Abschnitt einer Hochspannungsleitung sich die Anzeige bezieht. Nach S. 4 sind der Anzeige in ausreichender Weise Erläuterungen beizufügen, aus denen sich ergibt, welche konkreten Änderungen geplant und diese Änderungen unwesentlich sind. Ohne diese Unterlagen ist es der Planfeststellungsbehörde nicht möglich, über eine Freistellung zu entscheiden.

3. Entscheidung über die Zulassung eines Vorhabens im Anzeigeverfahren (S. 6)

51 Nach S. 6 entscheidet die für die Planfeststellung zuständige Behörde, ob ein Plangenehmigungs- oder Planfeststellungsverfahren durchzuführen ist. Andernfalls erfolgt die Freistellung des Vorhabens von einem förmlichen Verfahren und kann durch Anzeige zugelassen werden.

52 Die Entscheidung muss innerhalb eines Monats erfolgen. Der Beginn dieser Frist ist nicht näher bestimmt. Anzunehmen ist, dass die Frist als Entscheidungsfrist zu laufen beginnt, wenn der Behörde alle erforderlichen Unterlagen vollständig vorliegen. Die Frist dient der Verfahrensbeschleunigung.[25]

53 Beim Vorliegen aller Voraussetzungen ist es in das **Ermessen der zuständigen Planfeststellungsbehörde** gestellt, ob anstelle eine Planfeststellungsverfahrens oder eines Plangenehmigungsverfahrens die Änderung oder Erweiterung einer Hochspannungsleitung durch ein Anzeigeverfahren zugelassen wird. Die Abweichung von den allgemeinen Regelungen des Planfeststellungsrechts entspricht vergleichbaren Normen des Fachplanungsrechts, etwa § 8 Abs. 3 S. 1 LuftVG.

54 Bei der Entscheidung handelt es sich um einen dem Planfeststellungsbeschluss entsprechenden, mit Außenwirkung versehenen und von betroffenen Dritten anfechtbaren Verwaltungsakt im Sinne des § 35 VwVfG und des § 42 VwGO.[26]

55 Anders als in § 16 Abs. 2 S. 2 BImSchG kennt das energierechtliche Anzeigeverfahren **keine Genehmigungsfiktion**. Der Vorhabenträger darf die Änderungen oder Erweiterungen eines Vorhabens daher nicht etwa dann vornehmen, wenn sich die Planfeststellungsbehörde nicht innerhalb der in S. 6 bestimmten Monatsfrist geäußert hat. Andernfalls hätte der Gesetzgeber eine dem § 16 Abs. 2 S. 2 BImSchG entsprechende Formulierung aufnehmen müssen. Eine Genehmigungsfiktion würde zudem die vom Gesetzgeber intendierte Verfahrenshoheit der Planfeststellungsbehörde konterkarieren. Der Gesetzgeber wollte mit der Einführung des Anzeigeverfahrens gerade erreichen, dass der Vorhabenträger nicht mit den Bauarbeiten beginnt, bevor eine entsprechende Entscheidung der Planfeststellungsbehörde getroffen wurde.

4. Bekanntgabe (S. 7)

56 Nach S. 7 muss die Entscheidung, ob eine Freistellung erfolgt oder doch ein förmliches Verfahren durchgeführt wird, dem Vorhabenträger bekannt gemacht werden. Dass die Bekanntgabe nur gegenüber dem Vorhabenträger erfolgen muss, ist sachgerecht, weil anzunehmen ist, dass sich das Informationsinteresse Dritter in engen Grenzen hält. Rechte Dritter dürfen schließlich nicht beeinträchtigt werden oder mit den vom Plan Betroffenen müssen entsprechende Vereinbarungen getroffen worden sein.

57 Weitere Vorgaben für die Art der Bekanntgabe enthält S. 7 nicht, sodass auf § 41 VwVfG zurückzugreifen ist. Die Regelung enthält keine Erweiterung des geltenden Rechts, sondern entspricht den Regelungen des VwVfG.

---

25 BT-Drucks. 17/6073, S. 34.

26 Vgl. dazu BVerwG, Urt. v. 15.1.1982 – 4 C 26/78 –.

IV. Rechtswirkungen

Die Entscheidung der zuständigen Behörde ist als Verwaltungsakt im Sinne von § 35 S. 1 VwVfG 58
und hat sowohl Regelungs- als auch Außenwirkung.[27] Die Außenwirkung besteht schon in der Maßgeblichkeit der Entscheidung für den außerhalb der Behörde stehenden Vorhabenträger. Das verdeutlicht S. 7, wonach die Entscheidung dem Vorhabenträger bekanntzugeben ist.

Die Regelungswirkung ergibt sich zunächst aus der zulassenden Wirkung der Entscheidung. 59
Die Entscheidung, dass kein förmliches Verfahren durchgeführt werden muss, hat zugleich zur Folge, dass die Änderung oder Erweiterung öffentlich-rechtlich zugelassen ist.[28]

Mangels Planfeststellung oder Plangenehmigung tritt die Konzentrationswirkung des § 75 60
Abs. 1 S. 1 Hs. 2 VwVfG nicht ein. Soweit für das Vorhaben andere behördliche Entscheidungen erforderlich sind, müssen sie eingeholt werden.

Ebenso wenig kann mangels durchgeführter Öffentlichkeitsbeteiligung eine Präklusions- 61
wirkung eintreten.

V. Rechtsschutz

1. Rechtsschutz des Vorhabenträgers

Der Verzicht auf die Durchführung eines förmlichen Verfahrens steht nach S. 1 („*können*") aus- 62
drücklich im **Ermessen der Behörde**. Das Ermessen der Behörde hat sich nach dem allgemeinen Beschleunigungsgrundsatz zu richten.

Der Vorhabenträger kann bei ablehnender Entscheidung über die Gestattung eines Vor- 63
habens über das Anzeigeverfahren auf **ermessensfehlerfreie Bescheidung** klagen.[29] Sowohl Widerspruch wie Anfechtungsklage haben grds. aufschiebende Wirkung. Einen Anspruch auf Erteilung der Freistellung im Anzeigeverfahren hat der Vorhabenträger aufgrund des Ermessensspielraums der Behörde indes nicht.[30]

Ebensowenig kann der Vorhabenträger gegen die Entscheidung, unwesentliche Änderun- 64
gen oder Erweiterungen ohne Planfeststellungs- oder Plangenehmigungsverfahren durch ein Anzeigeverfahren zuzulassen, Klage erheben. Der Vorhabenträger wird durch eine solche Entscheidung nicht in seinen Rechten verletzt, weil er durch einen bestandskräftigen Planfeststellungsbeschluss oder durch eine bestandskräftige Plangenehmigung eine gesicherte Rechtsstellung erlangt, die ihn vor immissionsschutzrechtlichen Abwehransprüchen der Nachbarn schützen.[31]

2. Rechtsschutz des Dritten

Ein Dritter kann keinen Rechtsschutz dagegen geltend machen, dass die Behörde die Änderung 65
oder Erweiterung eines Vorhabens zulässt, ohne dass die Freistellungstatbestände erfüllt sind. Unterbleibt eine an sich notwendige Planfeststellung, hat ein betroffener **Dritter** grds. **keinen Anspruch auf Durchführung eines bestimmten Verfahrens**, sondern nur Abwehr-, Unterlas-

27 Vgl. dazu BVerwG, Urt. v. 15.1.1982 – 4 C 26/78 –.
28 Vgl. dazu OVG Münster, Urt. v. 29.9.2011 – 11 D 93/09 –.
29 Knack/Henneke/*Dürr*, § 74 Rn 167; a.A. Stelkens/Bonk/Sachs/*Bonk*/*Neumann*, § 74 Rn 254, *Kopp*/*Ramsauer*, § 74 Rn 174.
30 Vgl. dazu Danner/Theobald/*Missling*, EnWG, § 43b Rn 23; wohl auch Britz/Hellermann/Hermes/*Hermes*, § 43b Rn 10.
31 Knack/Henneke/*Dürr*, § 74 Rn 185.

sungs- oder Beseitigungsansprüche.[32] Der **Dritte kann** aber **beanspruchen**, dass ihm daraus, dass ein Planfeststellungs- oder Plangenehmigungsverfahren rechtswidrig unterblieben ist, **keine Beeinträchtigung seiner materiellen Rechtsposition erwächst**. Eine derartige Beeinträchtigung liegt vor, wenn einem Drittbetroffenen die planerische Abwägung seiner dem Vorhaben entgegenstehenden Belange wegen der fehlerhaften Wahl der Verfahrensart versagt geblieben ist.[33]

66 Hingegen wird das **Recht eines anerkannten Naturschutzvereins** auf **Beteiligung in Planfeststellungsverfahren verletzt**, wenn die Behörde die Änderung oder Erweiterung eines Vorhabens nicht im Wege der Planfeststellung, sondern in Form des – nicht beteiligungspflichtigen – Anzeigeverfahrens zulässt, weil sie die rechtlichen und naturschutzfachlichen Voraussetzungen, unter denen nach einer Vorprüfung des Einzelfalls von einer UVP und damit von einem Planfeststellungsverfahren abgesehen werden darf, verkannt hat. Gegen eine solche Entscheidung ist dem übergangenen Naturschutzverein die Anfechtungsklage eröffnet. Die gerichtliche Kontrolle beschränkt sich auf die verfahrensmäßigen und inhaltlichen Anforderungen an die Vorprüfung der UVP-Pflicht im Einzelfall.[34]

32 BVerwG, Urt. v. 28.3.2007 – 9 A 17/06 –; BVerwG, Urt. v. 10.12.2003 – 9 A 73/02 –; BVerwG, Urt. v. 26.9.2001 – 9 A 3/01 –; BVerwG, Urt. v. 15.1.1982 – 4 C 26/78 –; BVerwG, Urt. v. 22.2.1980 – 4 C 24/77 –; VGH München, Beschl. v. 20.10.2003 – 8 AE 03/40047 –.

33 Vgl. dazu BVerwG, Urt. v. 26.9.2001 – 9 A 3/01 –; BVerwG, Beschl. v. 26.6.2000 – 11 VR 8/00 –; BVerwG, Urt. v. 14.12.1973 – 4 C 50.71 –; OVG Berlin-Brandenburg, Beschl. v. 29.1.2007 – 10 S 1/07 –.

34 Vgl. dazu BVerwG, Urt. v. 31.10.1990 – 4 C 7/88 –; BVerwG, Urt. v. 7.12.2006 – 4 C 16/04 –; Hamb. OVG HH, Beschl. v. 24.2.2010 – 5 Bs 24/10 –.

§ 43g Projektmanager

Die nach Landesrecht zuständige Behörde kann einen Dritten mit der Vorbereitung und Durchführung von Verfahrensschritten wie
1. **der Erstellung von Verfahrensleitplänen unter Bestimmung von Verfahrensabschnitten und Zwischenterminen,**
2. **der Fristenkontrolle,**
3. **der Koordinierung von erforderlichen Sachverständigengutachten,**
4. **dem Entwurf eines Anhörungsberichtes,**
5. **der ersten Auswertung der eingereichten Stellungnahmen,**
6. **der organisatorischen Vorbereitung eines Erörterungstermins und**
7. **der Leitung des Erörterungstermins**

auf Vorschlag oder mit Zustimmung des Trägers des Vorhabens und auf dessen Kosten beauftragen. Die Entscheidung über den Planfeststellungsantrag liegt allein bei der zuständigen Behörde.

Überblick

I. Allgemeines

1. Überblick über die Norm

S. 1 regelt den **zeitlichen und inhaltlichen Anwendungsbereich** der Vorschrift, bestimmt das Verfahren über die Beauftragung und den Einsatz eines Projektmanagers[1] und führt in einer nicht abschließenden Aufzählung die Tätigkeiten auf, die von einem Projektmanager übernommen werden können. **S. 2** stellt klar, dass die Tätigkeiten des Dritten nicht den **Kern des Abwägungsvorgangs** betreffen dürfen. 1

2. Regelungszweck

Die Vorschrift dient der Verfahrensbeschleunigung und leitet eine partielle Verfahrensprivatisierung[2] im **Planfeststellungsverfahren** ein. Bei der Gutachtenbeauftragung und -erstellung vermutete der Gesetzgeber noch nicht ausgeschöpfte Verschlankungspotenziale.[3] Die Konflikt- 2

1 Zum synonymen Gebrauch des „Projektmanagers" und des „privaten Dritten" vgl. Rn 13.
2 Vgl. zur Einschaltung eines Dritten in der Bauleitplanung Battis/Krautzberger/Löhr/*Battis*, § 4b Rn 1; Ernst/Zinkahn/Bielenberg/Krautzberger/*Krautzberger*, § 4b Rn 1ff. jeweils m.w.N.
3 BT-Drucks. 17/6073, S. 31.

mittlung im Anhörungsverfahren soll Hemmnisse in der Verfahrensdurchführung und Einigung beseitigen.[4]

3 Die in § 43g normierten Aufgaben des Projektmanagers sind gegenständlich und verfahrenstechnisch **spezieller als** die seit jeher **übliche Beauftragung Dritter**, insbesondere von **Planungsbüros** zur technischen Erarbeitung des Planwerks.[5]

4 Nach S. 1 kann zur Vorbereitung und Durchführung bestimmter Verfahrensschritte (Nr. 1–7) im Rahmen der Planfeststellung ein privater Dritter auf Vorschlag oder mit Zustimmung des Vorhabenträgers eingesetzt werden. Der Vorhabenträger trägt die Kosten dieses Einsatzes. Die **Einschaltung eines privaten Dritten soll die Genehmigungsbehörde** von den in den Nr. 1–7 genannten Tätigkeiten **entlasten.** Insbesondere sollen zeitintensive Abstimmungen zwischen Vorhabenträger und Genehmigungsbehörde durch den Projektmanager wahrgenommen werden.

5 Der Einsatz von Projektmanagern soll das Anliegen des Gesetzgebers befördern, die Planfeststellungsverfahren zu effektivieren, zu beschleunigen und zu vereinheitlichen.[6] Als Beleg für die Beschleunigungswirkung führt die Gesetzesbegründung die Verwaltungsverfahren für genehmigungsbedürftige Anlagen nach dem Immissionsschutzrecht an.[7] Die Einschaltung privater Dritter habe hier zu einer Straffung und Bündelung der Abläufe im Planungsverfahren geführt.[8]

6 Ob diese Hoffnung sich erfüllt, bleibt abzuwarten. Es dürfte nach den bisherigen Erfahrungen zu befürchten sein, dass – quasi als gegenteiliger Effekt – die Abstimmung erschwert und verzögert wird, da nunmehr drei Beteiligte maßgeblich am Verfahren beteiligt sind, nämlich Genehmigungsbehörde, Projektmanager und Vorhabenträger. Ob es einer Vorschrift wie § 43g wirklich bedurft hätte, ist daher unklar.[9]

7 Dessen ungeachtet entfaltet die Norm als hinreichende gesetzliche Grundlage ihre Beschleunigungswirkung im Rahmen einer **Anreizfunktion.** Sie weist die am Verfahren beteiligten Personen und Institutionen explizit auf den gesetzgeberischen Willen zum Einsatz von Projektmanagern hin. Ebenso wie § 4b BauGB soll die gesetzliche Erwähnung in § 43g den Einsatz des Rechtsinstituts in der Praxis fördern.[10] Die ausdrückliche gesetzliche Normierung soll Rechtssicherheit erzeugen und die Behörden dadurch *„stärkeren Gebrauch dieses verfahrensbeschleunigenden Instruments“* führen.[11]

3. Entstehungsgeschichte

8 Die Vorschrift wurde durch Art. 2 des **Gesetzes über Maßnahmen zur Beschleunigung des Netzausbaus Elektrizitätsnetze**[12] vom 28.7.2011 mit Wirkung zum 5.8.2011 als § 43g eingefügt.

9 Eine **parallele und weitgehend wortgleiche Regelung** findet sich in **§ 29 NABEG.** Grundlage dafür ist Art. 1 des Gesetzes über Maßnahmen zur Beschleunigung des Netzausbaus Elektri-

4 *Hadlich/Rennhack*, LKV 1999, 9.
5 Vgl. zu § 4b BauGB Battis/Krautzberger/Löhr/*Battis*, § 4b Rn 1.
6 BT-Drucks. 17/6073, S. 31.
7 BT-Drucks. 17/6073, S. 31.
8 BT-Drucks. 17/6073, S. 31.
9 Vgl. auch Hoffmann-Riem/Schmidt-Aßmann/*Schulze-Fielitz*, S. 55, 64; *Kunig/Rublack*, Jura 1990, 1.
10 Vgl. dazu auch Battis/Krautzberger/Löhr/*Battis*, § 4b Rn 1.
11 Vgl. zur Einschaltung eines Dritten in der Bauleitplanung BR-Drucks 635/96, S. 47.
12 BGBl. I S. 1690.

zitätsnetze für die allgemeine energierechtliche Planfeststellung.[13] Die Einschaltung eines privaten Dritten im energiewirtschaftlichen Zulassungsverfahren war zuvor nicht normiert.[14]

Die Gesetzesbegründung nimmt Bezug auf bestehende Regelungen über den Einsatz von Dritten in anderen Planungs- und Genehmigungsverfahren und modifiziert diese im Sinne der energierechtlichen Planfeststellung. So können gem. § 4b BauGB Vorbereitung und Durchführung von Verfahrensschritten in der Bauleitplanung auf Dritte übertragen werden.[15] Die grundlegenden Überlegungen zur Stärkung der Kooperation von Privaten im Städtebaurecht gelten daher auch für § 43g.[16] 10

Nach § 2 Abs. 2 S. 3 Nr. 5 9. BImSchV soll vor der eigentlichen Antragstellung zwischen Behörde und Vorhabenträger erörtert werden, ob eine Verfahrensbeschleunigung dadurch erreicht werden kann, dass der behördliche Verfahrensbevollmächtigte, der die Gestaltung des zeitlichen Verfahrensablaufs sowie die organisatorische und fachliche Bestimmung überwacht, sich auf Vorschlag oder mit Zustimmung und auf Kosten des Antragstellers eines Projektmanagers bedient. Ursprünglich verwendete § 2 Abs. 2 S. 3 Nr. 5 9. BImSchV den Begriff des Dritten; in der Sache war damit das gleiche gemeint wie mit einem Projektmanager.[17] Das Austauschen des Begriffes „Dritter" durch „Projektmanager" in § 2 Abs. 2 S. 3 Nr. 5 9. BImSchV hat keine Änderung in der Sache zur Folge gehabt.[18] 11

Die Vorschrift erfuhr im Gesetzgebungsverfahren keine Änderungen und ist wortgleich mit dem ursprünglichen Entwurf. Der **Nationale Normenkontrollrat** begrüßt die Einführung eines privaten Projektmanagers ausdrücklich. Dies trage zum **Bürokratieabbau** und zur **Entlastung der Genehmigungsbehörde** bei.[19] Ob dieser Effekt tatsächlich in dem gewünschten Umfang eintritt, wird die Praxis zeigen müssen. 12

II. Anforderungen an und Kompetenzen des Dritten (S. 1 Nr. 1–7)

1. Projektmanager

Der **Dritte** und der **Projektmanager** unterscheiden sich nicht. Aus dem Umstand, dass in der Überschrift des § 43g von Projektmanager, im Normtext selbst hingegen von Dritten gesprochen wird, folgt, dass beide Begriffe **synonym** verwendet werden; inhaltliche Konsequenzen folgen hieraus nicht. 13

Projektmanager im Sinne von § 43g kann jede rechtlich selbstständige natürliche oder juristische Person außerhalb der Planfeststellungsbehörde und des konkreten Verwaltungsverfahrens sein. Das Gesetz stellt **keine Anforderungen an die Qualifikation** oder etwa die **Neutralität des Dritten**. Dritter im Sinne von § 43g ist jeder am konkreten Verwaltungsverfahren Unbeteiligte.[20] Dessen ungeachtet sollte die Planfeststellungsbehörde die Tätigkeiten des Projektmanagers einer kritischen und eingehenden Prüfung unterziehen, soweit der Dritte Ei- 14

13 Eingefügt durch Art. 2 des Gesetzes über Maßnahmen zur Beschleunigung des Netzausbaus Elektrizitätsnetze vom 28.7.2011 mit Wirkung zum 5.8.2011, BGBl. I S. 1690.

14 Vgl. BT-Drucks. 17/6073, S. 31.

15 Eingefügt mit dem Bau- und Raumordnungsgesetz 1998 (BauROG) vom 18.8.1997 mit Wirkung zum 1.1.1998, BGBl. I S. 2081.

16 Vgl. die zahlreichen Literaturnachweise bei Battis/Krautzberger/Löhr/*Battis*, § 4b Rn 1 ff.

17 Der Begriff des Projektmanagers in § 2 Abs. 2 S. 3 Nr. 5 9. BImSchV wurde durch Art. 3 des Gesetzes zur Beschleunigung und Vereinfachung immissionsschutzrechtlicher Genehmigungsverfahren vom 9.10.1996, BGBl. I S. 1498 eingeführt. Die Regelung selbst wurde zuvor durch Art. 1 Nr. 2 der Verordnung zur Änderung der Verordnung über das Genehmigungsverfahren vom 20.4.1993, BGBl. I. S. 1498 eingefügt.

18 Landmann/Rohmer/*Kutscheidt*/*Dietlein*, 9. BImSchV, § 2 Rn 17.

19 BT-Drucks. 17/6366, S. 4 f.

20 Vgl. dazu auch Rn 15 ff.

geninteressen an der Planung hat. Nach der vereinzelt gebliebenen und wenig überzeugenden Rechtsprechung ist bereits die Möglichkeit einer Befangenheit eines Planungsbüros nicht von der Hand zu weisen, wenn das Büro aufgrund seiner Beauftragung erhebliche wirtschaftliche Interessen an dem Fortgang des Projektes hat.[21]

2. Aufgabenübertragung

15 Der Dritte wird im Auftrag der zuständigen Behörde tätig. Das vertragliche **Innenverhältnis** besteht demnach **zwischen Behörde und Projektmanager**. Die Beauftragung des Dritten erfolgt in der Regel auf Grundlage eines Werkvertrags (§§ 631 ff. BGB). Wegen der Vertraulichkeit und der Wahrung des Datenschutzes muss im Innenverhältnis zwischen Behörde und Projektmanager sichergestellt werden, dass dieser wie die Behörde die einschlägigen rechtlichen Bestimmungen zum Umgang mit Daten einhält.[22]

16 Die Übertragung von Aufgaben auf private Dritte darf ausschließlich im Rahmen einer gesetzlichen Ermächtigung geschehen. Die in § 43g normierte **Aufgabenübertragung** ist eine Ausnahme des in § 24 VwVfG geregelten **Untersuchungsgrundsatzes**, wonach die Behörde von Amts wegen tätig wird und den Sachverhalt ausreichend ermittelt.

17 S. 1 enthält sieben Aufgaben, die von dem privaten Dritten übernommen werden können. Die **Aufzählung** ist ausweislich des Wortlauts **(„*wie*") nicht abschließend**. Der Gesetzgeber hat insofern eine Öffnungsklausel für die dem Projektmanager übertragbaren Aufgaben eingeführt.[23] Die Öffnungsklausel gilt aber nur für die Durchführung von Verfahrensvorschriften. Alle darüber hinausgehenden materiell-rechtlichen Bewertungen oder **Einfluss auf** den Abwägungsinhalt und **das Abwägungsergebnis sind nicht zulässig**. Soll der private Dritte Aufgaben übernehmen und ausführen, die nicht Teil der Nr. 1–7 sind, ist im Einzelfall zu prüfen, ob die Aufgabenübertragung von § 29 gedeckt ist. Aufgrund des **Ausnahmecharakters** des § 43g ist bei der Frage, welche durch den privaten Dritten ausgeführten Tätigkeiten über die Aufzählung in S. 1 hinaus von dem Projektmanager durchgeführt werden dürfen, restriktiv zu behandeln. Die Tätigkeiten des Projektmanagers dürfen **keine hoheitlichen Aufgaben** sein bzw. *„nicht unmittelbar in den **Kern des Abwägungsvorgangs** vorstoßen"*.[24] Diese Schlussfolgerungen des Bundestages in der Gesetzesbegründung finden sich zwar nicht ausdrücklich im Gesetzeswortlaut (*„Die Entscheidung über den Planfeststellungsantrag liegt allein bei der zuständigen Behörde"*), sind aber in der Sache richtig und wohl unstreitig. Denn die Beschränkung auf Verfahrensaufgaben bedeutet im Umkehrschluss, dass hoheitliche Maßnahmen vom Projektmanager nicht wahrgenommen werden dürfen. Die **Letztverantwortung der Planfeststellungsbehörde** muss gewahrt bleiben.

III. Entscheidung über den Einsatz

18 Die Beauftragung eines Projektmanagers erfordert ein Zusammenwirken zwischen Genehmigungsbehörde und Vorhabenträger. Der **Vorhabenträger** kann den Einsatz eines Projektmanagers vorschlagen. Schlägt der **Vorhabenträger** keinen privaten Dritten als Projektmanager vor, ist seine **Zustimmung für den Einsatz des Projektmanagers** erforderlich. Ohne die Zustimmung des Vorhabenträgers kann ihm der Einsatz des privaten Dritten nicht in Kosten gestellt werden. Gleichwohl liegt die letztendliche Entscheidung über die Beauftragung eines Projekt-

21 OVG Münster, Urt. v. 3.9.2009 – 10 D 121/07 –.
22 BT-Drucks. 17/6073, S. 31. Vgl. dazu auch § 117b Rn 12.
23 BT-Drucks. 17/6073, S. 31.
24 BT-Drucks. 17/6073, S. 31.

managers im Ermessen der Behörde. Sie muss dem Vorschlag des Vorhabenträgers nicht folgen. Die Entscheidung über den Einsatz erfolgt auf Grundlage der Grundsätze über die Ausübung pflichtgemäßen Ermessens. Die Behörde wird sich bei dieser Entscheidung nicht leicht tun. Jedenfalls dann nicht, wenn sie sich auf fehlende Sach- und Personalmittel beruft, die durch den Einsatz des Projektmanagers gedeckt werden sollen. Denn grds. hat eine Behörde die Sach- und Personalmittel vorzuhalten, die für die Erfüllung ihrer Aufgaben notwendig sind. Der Einsatz des Projektmanagers wird daher erheblich davon abhängen, ob die Behörde typischerweise Planfeststellungsverfahren über Energieleitungen begleitet oder nicht. So dürfte sich beispielsweise die BNetzA, sollte ihr die Kompetenz für eine Leitung übertragen werden, schwertun, fehlende Kapazitäten als Grund dafür anzuführen, einen Projektmanager einzuschalten.

Das Zustimmungserfordernis ist keine verwaltungsrechtliche Rechtmäßigkeitsvoraussetzung des Einsatzes des Dritten, sondern **Voraussetzung für die Abrechnung der Kosten** des Projektmanagers gegenüber dem Vorhabenträger. Hat dieser dem Einsatz des Projektmanagers nicht zugestimmt, können gegenüber dem Vorhabenträger keine Kosten geltend gemacht werden. 19

Der Einsatz eines Projektmanagers ohne Zustimmung des Vorhabenträgers ändert nichts an der **Wirksamkeit der Beauftragung des Managers.** Die Verfahrensschritte, die vom Projektmanager vorbereitet oder durchgeführt werden, bleiben wirksam. Die fehlende Zustimmung des Vorhabenträgers ist in der Regel nach § 46 VwVfG unbeachtlich und hat somit keine rechtlich nachteiligen Auswirkungen auf die Planfeststellungsentscheidung. 20

Aus der Norm ergibt sich nicht, ob die Zustimmung des Vorhabenträgers jeweils zur Übertragung jeder der einzelnen Aufgaben aus der Aufzählung in Nr. 1–7 oder nur einmalig generell erforderlich ist. Nach dem Sinn und Zweck des Gesetzes ist zur Ausschöpfung der Beschleunigungspotenziale ein effektives Zusammenwirken von Vorhabenträger und Projektmanager angestrebt. Demnach ist die Abstimmung zwischen beiden dergestalt geboten, dass **einvernehmlich** über die **Übernahme von konkreten Aufgaben entschieden** wird. Denn unabhängig von der Anwendung des § 46 VwVfG wird die Behörde nicht sehenden Auges rechtswidrig – also ohne Zustimmung des Vorhabenträgers – einen Projektmanager beauftragen. 21

IV. Zeitlicher Anwendungsbereich

Dem Einsatz des Dritten muss ein **Vorschlag oder die Zustimmung des Vorhabenträgers** vorausgehen. Andernfalls können ihm gegenüber keine Kosten geltend gemacht werden.[25] Der Einsatz eines Projektmanagers ist in jedem Punkt des Verfahrens zulässig. Ebenso ist es zulässig, dem Projektmanager im Laufe des Verfahrens weitere Tätigkeiten zu übertragen. Ihm müssen nicht bestimmte Tätigkeiten oder Tätigkeiten in bestimmtem Umfang bereits von Beginn an übertragen werden. 22

Die Aufzählung der übertragbaren Tätigkeiten endet in Nr. 7 mit der **Leitung des Erörterungstermins.** Dies könnte auch als zeitliche Grenze für die Beauftragung des Projektmanagers angesehen werden. Allerdings sind die in S. 1 Nr. 1, Nr. 2 und Nr. 3 der genannten Tätigkeiten nicht notwendigerweise dem Erörterungstermin vor- oder gleichgelagert. Alle genannten Aufgaben können theoretisch auch nach Durchführung eines Erörterungstermins anfallen. Dies gilt insbesondere dann, wenn aufgrund des Erörterungstermins verschiedene Nacharbeiten erforderlich werden. Ein Tätigwerden nach dem Planfeststellungsbeschluss bei der Planverwirklichung ist jedenfalls nicht vorgesehen. Es steht dem Vorhabenträger offen, den mit dem Vorhaben vertrauten Projektmanager in eigener Verantwortung weiter im Rahmen der Verwirklichung 23

25 Vgl. dazu Rn 27ff.

des Vorhabens zu beteiligen. Dieser Einsatz fällt aber nicht unter den Anwendungsbereich von § 43g.

24 Die Zustimmung bzw. der Vorschlag des Vorhabenträgers zum Einsatz des Projektmanagers **verliert seine Rechtswirkung mit Erlass des Planfeststellungsbeschlusses.** Im Verfahren der Planänderung muss der Vorhabenträger erneut zustimmen bzw. einen Vorschlag unterbreiten.

V. Wirkung auf die Entscheidung über den Planfeststellungsantrag

25 Der private Dritte ist von einem **unmittelbaren Mitwirken** bei der Entscheidung über den Planfeststellungsbeschluss **ausgeschlossen** (S. 2).[26]

26 Eine unmittelbare Wirkung auf den Planfeststellungsbeschluss ist nach S. 2 ausdrücklich unzulässig. **Planung ist eine genuin hoheitliche Aufgabe**, sodass bereits der Vorbehalt des Gesetzes ein Wirken des privaten Dritten in den Verwaltungsverfahren untersagt. Konkret bedeutet dies, dass die Verantwortung für die Vollständigkeit des Abwägungsmaterials, seine Gewichtung sowie die Abwägung selbst den Befugnissen des Projektmanagers entzogen ist. Gleiches gilt für die inhaltliche Bewertung von Gutachten und Fachbeiträgen.

VI. Finanzierung

1. Kostentragung

27 Die Finanzierung des Einsatzes des privaten Dritten erfolgt auf **Kosten des Vorhabenträgers.** Da der Vorhabenträger die Kosten zu tragen hat, wird die Einsetzung eines Projektmanagers nur dann in seinem Interesse liegen, wenn sie voraussichtlich zu einer erheblichen Beschleunigung des Genehmigungsverfahrens führen wird.[27]

28 Soweit die von dem Dritten übernommenen Aufgaben vorher von der Planfeststellungsbehörde wahrgenommen wurden, ergeben sich für die Vorhabenträger zusätzliche **Kostenbelastungen.** Eine Ermäßigung der Genehmigungsgebühren ist bislang als Ausgleich nicht vorgesehen, wäre allerdings nach dem Äquivalenzprinzip angemessen.

2. Auftragsvergabe

29 Sobald für den Einsatz des Projektmanagers ein **eigenes Vergabeverfahren** erforderlich ist, dürfte der Beschleunigungseffekt ausbleiben.[28] Die Erforderlichkeit eines Vergabeverfahrens und dessen Umfang hängen vom Umfang der Beauftragung des Dritten ab. Nach § 3 Abs. 6 VOL/A ist grds. oberhalb von 500 € ein Vergabeverfahren durchzuführen und eine freihändige Vergabe ausgeschlossen. Nach § 3 Abs. 5 lit. i) VOL/A können Ausführungsbestimmungen von Bund und Ländern erlassen werden, in denen höhere **Wertgrenzen** bestimmt werden. Dies ist in den Ländern geschehen, in Nordrhein-Westfalen sind beispielsweise bis Ende 2012 freihändige Vergaben bis 100.000 € zulässig.[29] In anderen Ländern wie beispielsweise Berlin beträgt die Wertgrenze dafür nur 7.500 €.[30] Zu beachten gilt es außerdem die EU-Schwellenwerte. Die Leis-

---

26 Vgl. dazu Rn 16 f.

27 So Landmann/Rohmer/*Kutscheidt*/*Dietlein*, 9. BImSchV, § 2 Rn 17 zum Projektmanager im immissionsschutzrechtlichen Verfahren.

28 Vgl. BT-Drucks. 17/6073, S. 31.

29 Runderlass Vereinfachungen im Vergaberecht für Gemeinden (GV) des Ministeriums für Inneres und Kommunales vom 13.12.2011 – 34-48.07.01/99-1/11 = MBl. NRW. 2011 S. 622.

30 Gemeinsames Rundschreiben II F Nr. 07/2011, S. 2.

tungen des Projektmanagers sind als Anhang I Teil B Leistungen (Nr. 27) zu qualifizieren, sodass eine europaweite Ausschreibung in der Regel entbehrlich ist.

Zwar hat die Europäische Kommission mit Beschluss vom 24.4.2012 öffentliche Aufträge zur Erzeugung und des Großhandels von Strom aus konventionellen Quellen von der Anwendung der RL 2004/17/EG des Europäischen Parlaments und des Rates zur Koordinierung der Zuschlagserteilung durch Auftraggeber im Bereich der Wasser-, Energie- und Verkehrsversorgung sowie der Postdienste (Sektorenrichtlinie) ausgenommen, so dass solche Aufträge auch von der Anwendung der deutschen Sektorenverordnung befreit sind.[31] Die Planfeststellungsbehörden der Länder sind aber keine Sektorenauftraggeber und daher von dem Freistellungsbeschluss nicht erfasst. 30

Auch wenn die in den Nr. 1–7 aufgezählten Einsatzmöglichkeiten nicht abschließend sind, ist der Umfang der Tätigkeiten doch begrenzt: Die Durchführung eines eigenen Vergabeverfahrens unter Beachtung der Formenstrenge des Vergaberechts würde das Wirken **der Beschleunigungsgesetzgebung wesentlich gefährden**. 31

3. Vertragsbeendigung

Auch nach Zustimmung des Vorhabenträgers bzw. dessen Vorschlag zur Einsetzung des Dritten **behält die Behörde sämtliche Verwaltungskompetenzen**. Sie kann das Verfahren jederzeit an sich ziehen und (wieder) sämtliche Schritte in Eigenregie vorbereiten und durchführen. Das ergibt sich aus dem Wortlaut, wonach die Behörde einen Dritten „beauftragen" kann. Auch kann die Behörde jederzeit den privaten Dritten aus seiner Tätigkeit **entlassen**. Unter den gegebenen Umständen kann sich diese Pflicht zur Ermessensausübung zu einer Verpflichtung verdichten, den Projektmanager abzuberufen oder ihm bestimmte Aufgaben zu entziehen. 32

Ob der Vorhabenträger seine Zustimmung bzw. seinen Vorschlag zum Einsatz des Dritten später zurückziehen kann, ist ebenfalls nicht geregelt. Die auf ihm lastende Finanzierungsverantwortlichkeit spricht dafür, dass er die **Absetzung des Projektmanagers** in seiner Verantwortung hat. Zudem obliegt es dem Vorhabenträger, mit dem Projektmanager zusammenzuarbeiten und ihn in das Verfahren und seine Vorbereitung einzubeziehen. Der Vorhabenträger kann seine Zustimmung daher jederzeit zurückziehen, sofern dafür ein sachlicher Grund gegeben ist. Ein grundloser Entzug der Zustimmung ist nicht möglich, da das Verwaltungsverfahren dadurch unnötig verzögert würde. Es empfiehlt sich, entsprechende Regelungen in den Vertrag zur Beauftragung des Projektmanagers aufzunehmen. 33

Im Verhältnis zwischen Behörde und Dritten kann der Werkvertrag nach § 649 S. 1 BGB durch die Behörde **bis zur Vollendung des Werkes jederzeit** – auch ohne Angabe von Gründen – **gekündigt** werden. Die Kündigung nach § 649 S. 1 BGB ist an keinerlei Voraussetzungen gebunden. 34

Kündigt die Behörde den Werkvertrag, so ist der Projektmanager nach § 649 S. 2 BGB berechtigt, die **vereinbarte Vergütung zu verlangen**; er muss sich jedoch dasjenige anrechnen lassen, was er infolge der Aufhebung des Vertrags an Aufwendungen erspart oder durch anderweitige Verwendung seiner Arbeitskraft erwirbt oder zu erwerben böswillig unterlässt. Für die Vertragsgestaltung empfiehlt sich zur Erleichterung der Berechnung der Vergütung in einem solchen Fall die Aufnahme einer entsprechenden Klausel. Andernfalls wird nach § 649 S. 3 BGB **vermutet**, dass danach dem Unternehmer **5 %** der auf den noch nicht erbrachten Teil der Werkleistung entfallenden vereinbarten Vergütung zustehen. 35

---

31 Durchführungsbeschluss 2012/218/EU der Kommission vom 24.4.2012.

§ 43h Ausbau des Hochspannungsnetzes

Hochspannungsleitungen auf neuen Trassen mit einer Nennspannung von 110 Kilovolt oder weniger sind als Erdkabel auszuführen, soweit die Gesamtkosten für Errichtung und Betrieb des Erdkabels die Gesamtkosten der technisch vergleichbaren Freileitung den Faktor 2,75 nicht überschreiten und naturschutzfachliche Belange nicht entgegenstehen; die für die Zulassung des Vorhabens zuständige Behörde kann auf Antrag des Vorhabenträgers die Errichtung als Freileitung zulassen, wenn öffentliche Interessen nicht entgegenstehen.

Überblick

I. Allgemeines

1. Überblick über die Norm

1 **Hs. 1** verpflichtet den **Vorhabenträger,** Hochspannungsleitungen mit einer Nennspannung von 110 kV oder weniger auf neuen Trassen grds. als **Erdkabel aufzuführen.** Voraussetzung ist, dass ein **Kostenfaktor von 2,75** nicht überschritten wird und **naturschutzfachliche Belange** der Erdverkabelung nicht entgegenstehen.

2 **Hs. 2** ermöglicht dem Vorhabenträger, abweichend von Hs. 1, die Ausführung des Vorhabens **als Freileitung zu beantragen.** Die zuständige Behörde kann die Errichtung als Freileitung zulassen, wenn **öffentliche Interessen nicht entgegenstehen.**

2. Regelungszweck

3 § 43h Hs. 1 setzte eine **Pflicht zur Erdverkabelung** für die Nennspannung von 110 kV oder weniger beim Vorliegen bestimmter Voraussetzungen fest. **Das Erdkabel** soll auf der **Spannungsebene von 110 kV zum Regelfall** werden.[1] Der Vorrang greift nur, sofern die Mehrkosten für die Erdverkabelung den Faktor 2,75 nicht überschreiten und naturschutzfachliche Belange der Ausführung als Erdkabel nicht entgegenstehen. Mit der Einfügung des § 43h wurde geregelt, dass die Erdverkabelung unter diesen Voraussetzungen die Vorzugsvariante ist; dieses **Regel-Ausnahme-Verhältnis** bzw. das Verständnis des § 43h als **Vorrangregelung für die Erdverkabelung** ist aber nicht unumstritten.[2] Für den Vorhabenträger läuft § 43h darauf hinaus, dass er, wenn er nicht auf die Planfeststellung des Erdkabels verzichtet oder von sich aus eine Erdverkabelung plant, er aufgrund des vergleichenden Kostenfaktors und der Ermittlung des öffent-

1 BT-Drucks. 17/6073, S. 35.
2 Vgl. dazu Rn 12 sowie BR-Drucks. 374/12, S. 2.

lichen Interesses – letztendlich aber auch zur Ermittlung der naturschutzfachlichen Belange – eine **komplette Doppelplanung** des Vorhabens vorzunehmen hat.

Grundsätzlich soll die Ausführung als Erdkabel die Akzeptanz in der Bevölkerung für die Errichtung neuer Hochspannungsleitungen erhöhen und den notwendigen Netzausbau beschleunigen – empirisch belegt ist die Haltung nicht. Der Gesetzgeber hat sich von der Pflicht zur Erdverkabelung eine beträchtliche Entlastung des Landschaftsbildes versprochen. Er muss sich allerdings entgegenhalten lassen, dass er vor diesem Hintergrund auch bei einer Nennspannung von 380 kV zur Erdverkabelung bei Durchführung eines Planfeststellungsverfahrens hätte verpflichten können. Dies hätte indes den Netzausbau stark verteuert, was der Gesetzgeber vermeiden wollte. Aus dem gleichen Grund ist die Pflicht zur Erdverkabelung an die Voraussetzung gebunden, dass die Mehrkosten für die Erdverkabelung den Faktor 2,75 nicht überschreiten. 4

In den Fällen, in denen der Vorhabenträger zur Verlegung eines Erdkabels verpflichtet ist, eröffnet Hs. 2 die Möglichkeit, die Ausführung des Vorhabens als **Freileitung zu beantragen**. Die zuständige Behörde kann die Errichtung als Freileitung ausnahmsweise zulassen, wenn öffentliche Interessen nicht entgegenstehen. 5

Die Pflicht zur Erdverkabelung war – abgesehen von den Pilotvorhaben im EnLAG – bisher im deutschen Recht nicht vorgesehen. Es existieren keine Vorbilder oder Parallelvorschriften, die Orientierung für die Anwendung der Vorschrift bieten können. 6

Der unbestimmte Rechtsbegriff des öffentlichen Interesses wird in vielen unterschiedlichen Konstellationen verwendet, ist aber in keinem Zusammenhang – auch nicht in § 43h – legal definiert. Die Gesetzesbegründung enthält keine Konkretisierung.[3] 7

Nicht zuletzt deshalb ist die konkrete Anwendung von § 43h mit erheblichen Unsicherheiten belastet. Auch bei der Berechnung des Kostenfaktors von 2,75 besteht Rechtsunsicherheit. Die Grundlagen der Berechnung ergeben sich weder aus dem Gesetzestext noch aus der Begründung. 8

In der **Praxis ist die Regelung weniger leicht handhabbar** als es auf den ersten Blick scheint. Die Probleme bei der Auslegung und Anwendung des § 43h bestehen vor allem in der nicht besonders gelungenen Struktur der Vorschrift. Es bleibt abzuwarten, ob und inwiefern der Gesetzgeber auf die Schwierigkeiten der praktischen Anwendbarkeit der Regelung reagiert. 9

3. Entstehungsgeschichte

Die Vorschrift wurde durch Art. 2 Nr. 6 des **Gesetzes über Maßnahmen zur Beschleunigung des Netzausbaus Elektrizitätsnetze**[4] vom 28.7.2011 mit Wirkung zum 5.8.2011 als § 43h eingefügt. 10

Der Entwurf der Regierungsfraktionen und der Bundesregierung[5] wurde im Gesetzgebungsverfahren um die Berücksichtigung naturschutzfachlicher Belange – neben dem Kostenfaktor – erweitert. Diese Änderung geht auf die Beschlussempfehlung und den Bericht des Ausschusses für Wirtschaft und Technologie[6] zurück. Danach soll die Durchführung einer Erdverkabelung als Regelfall nicht obligatorisch sein, wenn der Kostenfaktor nicht überschritten ist, sondern erst, wenn zusätzlich naturschutzfachliche Belange nicht entgegenstehen. Dies berücksichtigt die besonderen Eingriffswirkungen der Erdverkabelung. 11

Das Land Brandenburg hat am 27.6.2012 einen Gesetzesantrag zur Änderung von § 43h in den Bundesrat eingebracht.[7] Bei der Anwendung der Regelung habe sich gezeigt, dass diese den Netzausbau nicht beschleunige, sondern verzögere. § 43h lasse zu großen „Interpretationsspiel- 12

3 Vgl. dazu Rn 12.
4 BGBl. I 2011 S. 1690.
5 BT-Drucks. 17/6073, 17/6249.
6 BT-Drucks. 17/6366, S. 19.
7 BR-Drucks. 374/12.

raum“ zu und bedürfe der Konkretisierung. Nach dem Gesetzesantrag sollen in Hs. 1 nach dem Wort *„naturschutzfachliche“* die Worte „und öffentliche“ eingefügt werden. Der Hs. 2 soll hingegen gestrichen werden.[8]

II. Anwendungsbereich

13 Zunächst ist zu berücksichtigen, dass nach § 43 S. 7 auf Antrag des Vorhabenträgers auch die Errichtung und der Betrieb sowie die Änderung eines Erdkabels mit einer Nennspannung von 110 kV planfestgestellt werden kann. Bei Vorhaben, bei denen eine Planfeststellung lediglich fakultativ zulässig ist, besteht das Erfordernis der Planfeststellung nur, wenn eine Planfeststellung vom Vorhabenträger beantragt worden ist. Wenn der Vorhabenträger in diesem fakultativen Bereich keinen Antrag auf Durchführung eines Planfeststellungsverfahrens stellt, so richtet sich die Genehmigungsfähigkeit nach den ansonsten einschlägigen Gesetzen und Verordnungen.[9] Soweit der Vorhabenträger keinen Antrag auf Planfeststellung stellt, ist er an die Vorgaben der §§ 43 ff. nicht gebunden und auch nicht an die Vorgaben des § 43h.

14 Soweit durch den Antrag des Vorhabenträgers der Anwendungsbereich von § 43h eröffnet ist, ist dieser auf Hochspannungsleitungen bis zu 110 kV oder weniger beschränkt. 220 kV- oder 380 kV-Leitungen sind durch die Regelung nicht erfasst.

15 Es ist fraglich, ob die Differenzierung zwischen 110 kV-Leitungen, 220 kV-Leitungen und 380 kV-Leitungen bei der Frage, ob die Verlegung als Erdkabel oder als Freileitung erfolgen soll, sinnvoll ist. Zweifel bestehen, weil der Vorhabenträger bei einer Erdverkabelung mit einer 380 kV-Leitung nicht die Vorteile eines Planfeststellungsbeschlusses in Anspruch nehmen kann, sondern auf die Einholung von Einzelgenehmigungen bei üblicherweise unterschiedlichen Behörden angewiesen ist. Der Gesetzgeber hat nichtsdestoweniger insoweit eine eindeutige Regelung getroffen.

16 Für Vorhaben, deren Planfeststellung vor dem Inkrafttreten der Vorschrift am 5.8.2011 beantragt worden ist, ist die Pflicht zur Erdverkabelung nach § 118 Abs. 11 S. 1 grds. nicht anwendbar. Nach § 118 Abs. 11 S. 2 steht es dem Vorhabenträger allerdings frei, die Anwendbarkeit zu beantragen.

III. Ausführung als Erdkabel (Hs. 1)

17 Gemäß § 43h Hs. 1 sind Hochspannungsleitungen auf neuen Trassen als Erdkabel auszuführen, soweit sie die Gesamtkosten für die Errichtung und den Betrieb des Erdkabels den Faktor von 2,75 nicht überschreiten. Unter den Voraussetzungen, dass ein **Kostenfaktor von 2,75** nicht überschritten wird und **naturschutzfachliche Belange** nicht entgegenstehen, besteht aufgrund der gesetzlichen Anordnung eine **Pflicht zur Erdverkabelung** für Hochspannungsleitungen mit einer Nennspannung von 110 kV.

18 Der Grundsatz zur Verpflichtung einer Verlegung als Erdkabel hat damit vier tatbestandliche Voraussetzungen:
- eine Nennspannung von 110 kV oder weniger,
- neue Trasse,
- Unterschreiten des Kostenfaktors von 2,75,
- keine entgegenstehenden naturschutzfachlichen Belange.

8 BR-Drucks. 374/12, S. 1.
9 Vgl. § 43 Rn 49 ff.

1. Nennspannung von 110 kV oder weniger

Der Gesetzgeber hat die Anwendung des § 43h auf Leitungen mit einer Nennspannung von 110 kV oder weniger beschränkt. Energieleitungen, die eine darüber hinausgehende Nennspannung aufweisen, werden von § 43h nicht erfasst. Dies gilt sowohl für Wechselstromleitungen als auch für Gleichstromleitungen oder sonstige Leitungen mit höherer Nennspannung. 19

2. Errichtung auf einer neuen Trasse

Die Verpflichtung zur Verlegung eines Erdkabels setzt zunächst voraus, dass die Verkabelung in einer neuen Trasse erfolgen soll. 20

Der **Begriff der Trasse** ist weder im EnWG noch im NABEG definiert, auch wenn der Begriff in beiden Gesetzen zur Anwendung kommt.[10] Die Legaldefinition in § 3 Abs. 15 KWKG, wonach eine Trasse die Gesamtheit aller Komponenten ist, die zur Übertragung von Wärme vom Standort der einspeisenden KWK-Anlagen bis zum Verbraucherabgang notwendig sind, hilft für die Verwendung des Begriffes in der energierechtlichen Planfeststellung nicht weiter; es handelt sich um eine spezifische Begriffsdefinition des KWKG. 21

Der Gesetzgeber hat den Begriff der Trassenkorridore in § 2 Abs. 3 NABEG definiert: Demnach sind Trassenkorridore die als Entscheidung der Bundesfachplanung auszuweisenden Gebietsstreifen, innerhalb derer die Trasse einer Stromleitung verläuft und für die die Raumverträglichkeit festgestellt werden soll oder festgestellt ist. Die Unterschiede von Trasse und Trassenkorridor werden insbesondere in § 11 NABEG deutlich, der beide Begrifflichkeiten in unmittelbarem Zusammenhang verwendet. § 11 Abs. 1 Nr. 1 und 2 NABEG sprechen von Trasse in Zusammenhang mit dem Ersatz oder Ausbau einer bestehenden (und planfestgesellten) Hochspannungsleitung. § 11 Abs. 1 Nr. 3 NABEG spricht von Trassenkorridor in Zusammenhang mit der Ausweisung einer Fläche in Raumordnungsplänen. Will man Trasse und Trassenkorridor voneinander abgrenzen, so bleibt bei einer Gesamtschau folgende Grenzziehung: Der Trassenkorridor ist ein Raum, innerhalb dessen die Trasse errichtet wird. Die Trasse selbst ist konkret; sie gibt – mit Ausnahme etwaiger unwesentlicher Abweichungen – den genauen Verlauf der Streckenplanung wieder. 22

Unter einer Trasse im Sinne der energierechtlichen Planfeststellung ist daher der **konkrete, parzellenscharfe Verlauf** der Stromleitung einschließlich der Maststandorte und der sonstigen Nebeneinrichtungen gemeint, der von der zuständigen **Behörde im Planfeststellungs- oder Plangenehmigungsverfahren festgelegt** wird.[11] 23

Eine Hochspannungsleitung wird in einer neuen Trassen errichtet, wenn keine bestehende Hoch- und Höchstspannungsleitung ersetzt oder ausgebaut, sondern eine neue Hochspannungsleitung außerhalb einer Fläche errichtet werden soll, welche in einem Planfeststellungsbeschluss oder einer Plangenehmigung unter Berücksichtigung der Antragsunterlagen für die Inanspruchnahme durch das Vorhaben bestimmt ist. Eine neue Trasse liegt auch dann vor, wenn eine neue Hochspannungsleitung direkt neben einer bestehenden Trasse, also außerhalb eines planfestgestellten Trassenraums errichtet werden soll. 24

Die Errichtung einer provisorischen Leitung im Zuge der Umbaumaßnahmen – etwa, wenn ein zeitlich begrenztes Provisorium errichtet wird, um auf diesem die alte Leitung für den Zeitraum aufzuhängen, in dem die neue, ggf. größere Leitung in der alten Trasse errichtet wird – ist keine Errichtung einer neuen Leitung im Sinne der Vorschrift. 25

Verläuft eine neue Leitung teilweise innerhalb der alten Trasse und teilweise außerhalb der alten Trasse, so ist eine differenzierte Betrachtung notwendig. Jeder Abschnitt muss separat be- 26

---

10 Vgl. § 11 Abs. 1 Nr. 1 und 2 NABEG; 17 Abs. 2a S. 4. Vgl. aber auch § 23 Abs. 1 Nr. 6 ARegV.
11 Vgl. § 3 NABEG Rn 1 ff.

trachtet werden. Der Abschnitt, der nicht innerhalb der alten Trasse verläuft, unterliegt den Anforderungen des § 43h. Eine Ausnahme davon kann allenfalls dann in Betracht kommen, wenn eine neue Leitung in einzelnen unbedeutenden Abschnitten unwesentlich aus der alten Trasse herausschwenkt. Dies ist etwa der Fall, wenn neue Masten nicht exakt an der gleichen Stelle errichtet werden, auf der auch die alten Masten standen, um eine Optimierung der Leitung vorzunehmen. Eine Ausnahme ist in dem Fall gerechtfertigt, wenn bei einer Gesamtschau weiterhin von der gleichen Trasse gesprochen werden kann. Nicht nur unwesentliche Abweichungen werden nicht erfasst. Hier ist eine Lösung über die Ausnahmen im Hs. 2 des § 43h zu suchen.

3. Kostenfaktor

27 Auch dann, wenn eine Leitung in einer neuen Trasse errichtet werden kann, entfällt die Verpflichtung zur Verlegung als Erdkabel, wenn die Kosten im Vergleich zur Freileitung den Faktor von 2,75 überschreiten. Aus dem Faktor von 2,75 wird zum einen deutlich, dass der Gesetzgeber bei einer Erdkabelausführung mit höheren Kosten als bei einer Freileitungsausführung rechnet. Dies ist nicht zwangsläufig so, dürfte in der Regel aber der Fall sein. Zum anderen lässt sich hieraus ableiten, dass höhere Kosten bei der Erdverkabelung als bei der Freileitungsausführung im Interesse eines zügigen Netzausbaus und einer geringeren Belastung der vom Netzausbau Betroffenen in Kauf genommen werden.[12]

28 Der vergleichende Kostenfaktor bedingt eine komplette Doppelplanung des Vorhabens, d.h. sowohl eine Freileitungs- als auch eine Erdkabelvariante.

a) Kosten für Errichtung und Betrieb

29 Weder aus dem Gesetzestext noch aus der Gesetzbegründung ergibt sich, auf welche Weise der Kostenfaktor von 2,75 in § 43h Hs. 1 zu berechnen ist. Insbesondere bleibt unklar, ob auf das **Gesamtprojekt** oder den **Teilabschnitt**, auf dem die Erdverkabelung vorgenommen werden soll, **abzustellen ist.**

30 Nach einer ersten vorläufigen und im Kontext von § 23 Anreizregulierung ergangenen **Einschätzung der Beschlusskammer 4 der BNetzA** ist weder das Gesamtprojekt noch der Teilabschnitt die richtige Bezugsgröße für den Kostenvergleich. In den Kostenvergleich sollten alle Anlagen einbezogen werden, die sich in der Kabel- und der Freileitungsvariante unterscheiden. Eine alleinige Betrachtung der Leitungstrasse sei nicht zielführend.[13]

31 Maßstab für den Kostenvergleich sind die Gesamtkosten für die Errichtung und den Betrieb des Erdkabels im Vergleich zu einer technisch vergleichbaren Freileitung.

32 Die **Errichtungskosten** sind grds. leicht zu berechnen, wenn das Erdkabel verlegt ist. Bei der Prüfung einer eventuellen Anwendbarkeit des § 43h muss indes eine **Kostenschätzung** vorgenommen werden. Diese Kostenschätzung ist mit einem hohen Maß an Unsicherheit verbunden. Die voraussichtlich anfallenden Kosten hängen von der technischen Durchführung ab, von den verwendeten Materialien und dem exakten Verlauf des Erdkabels. Die schon dadurch verursachten Schwierigkeiten bei der Kostenrechnung werden damit erhöht, dass bei einer eventuellen gerichtlichen Überprüfung jede Kostenschätzung leicht anfechtbar ist, indem etwaige Gegengutachten vorgelegt werden, aus denen sich geringere Kosten ergeben, als der Vorhabenträger geschätzt hat. Hier droht im Zweifel ein umfangreicher Gutachterstreit und die Schätzung der Kosten ist daher mit großer Vorsicht und Sorgfalt vorzunehmen.

12 BR-Drucks. 374/12, S. 2.
13 Vgl. Stellungnahme der Beschlusskammer 4 der BNetzA vom 14.12.2011.

Ein weiteres Problem ergibt sich daraus, dass der Vorhabenträger festlegen muss, welche **Trassenführung** er für die Kostenschätzung bei der Errichtung eines Erdkabels wählt. Denn der Trassenverlauf eines Erdkabels ist nicht identisch mit dem Verlauf einer Hochspannungsfreileitung, jedenfalls nicht notwendigerweise. Eine Kostenschätzung setzt daher voraus, dass der Vorhabenträger alternativ sowohl eine Freileitungsvariante als auch eine Erdkabelvariante plant, um einen Kostenvergleich anstellen zu können. Beide Varianten müssen vom Grundsatz her – basierend auf einer Prognose über die Genehmigungsfähigkeit – realisierbar sein. Dieses Vorgehen verursacht einen erheblichen Aufwand, dürfte aber für einen belastbaren Kostenvergleich unumgänglich sein. 33

In die Kostenschätzung fließen auch die Kosten für den **Betrieb** ein. Zu den Betriebskosten gehören Unterhaltungskosten, geschätzte Reparaturkosten und dergleichen. Gleiches dürfte für diejenigen Aufwendungen gelten, die mit einem höheren Stromverlust verbunden sind. Zu den Kosten zählt des Weiteren im Vergleich zur Freileitung die kürzere Lebensdauer eines Erdkabels im Vergleich zur Lebensdauer einer Freileitung. Hier wird sich eine gewisse Unsicherheit nichtsdestoweniger dadurch ergeben, dass die Lebensdauer der beiden Leitungstypen nicht genau voraus gesagt werden kann. Für weiteren Diskussionsstoff ist gesorgt. 34

In einem nächsten Schritt ist ein **Vergleich** anzufertigen, bei dem die Kosten für Errichtung und Betrieb eines Erdkabels mit den Gesamtkosten einer vergleichbaren Freileitung gegenüber gestellt werden. Der Gesetzgeber hat nicht geregelt, ob auf Plan- oder die Projektkosten abzustellen ist. Unklar ist auch, ob die sekundären Kosten – etwa für die Umstellung des Erdungssystems – anzusetzen sind. Dessen ungeachtet muss der Vorhabenträger für die Freileitung in gleicher Weise eine Kostenschätzung vornehmen. Bei einer abschnittsweisen Errichtung als Erdkabel und Freileitung ist bei dem Kostenvergleich auf den jeweiligen Teilabschnitt abzustellen.[14] 35

b) Abschnittsweise Betrachtung

Bei dem **Kostenvergleich ist ausschließlich** auf den **Teilabschnitt abzustellen**, auf dem die Erdverkabelung vorgenommen werden soll. 36

Nach dem **Wortlaut** sind Hochspannungsleitungen auf neuen Trassen (nur) dann als Erdkabel auszuführen, **soweit** die Gesamtkosten für die Errichtung und den Betrieb des Erdkabels den Faktor von 2,75 nicht überschreiten. Insbesondere die einschränkende Konjunktion „*soweit*" spricht dafür, auf den konkreten Teilabschnitt abzustellen, auf dem die Erdverkabelung vorgenommen werden soll. 37

Nach der **Gesetzesbegründung** ist zudem bei der Erdverkabelung ein Mehrkostenfaktor im Verhältnis zur technisch gleichwertigen und im konkreten Fall einsetzbaren Freileitung einzuhalten. Der Mehrkostenfaktor soll also nicht abstrakt für das gesamte Leitungsvorhaben angesetzt werden, sondern nur für die im konkreten Fall zu errichtende Erdverkabelung. 38

Auch **systematische Gründe** sprechen dafür, bei der Berechnung der Mehrkosten nur auf den Teilabschnitt abzustellen. Gemäß § 43 S. 4 Hs. 2 soll bei der Erdverkabelung eine Abschnittsbildung vorgenommen werden. § 43 S. 4 Hs. 2 und § 43h korrespondieren miteinander. Es ist davon auszugehen, dass eine identische Anwendung der Paragraphen vom Gesetzgeber intendiert ist. Auch im NABEG wird an einer Vielzahl von Stellen die Möglichkeit einer Abschnittsbildung eröffnet.[15] Da über die Abschnittsbildung im Gesetz über Maßnahmen zur Beschleunigung des Netzausbaus eine wesentliche Beschleunigung der Verfahren erzielt werden soll, widerspräche es dem gesetzgeberischen Willen bei § 43h, der im gleichen Gesetzespaket erlassen worden ist, eine Abschnittsbildung abzulehnen. § 43h Hs. 1 differenziert nicht zwischen langen Lei- 39

14 Vgl. dazu auch Rn 36 ff.
15 § 5 Abs. 3 NABEG; § 11 NABEG; § 19 NABEG.

tungsvorhaben und kurzen Leitungsvorhaben. Wenn sich der Faktor von 2,75 auf das gesamte Leitungsprojekt beziehen würde, würde der Kostenfaktor stets erreicht werden, wenn die Voraussetzungen einer Erdverkabelungspflicht von Teilabschnitten bei langen Leitungsabschnitten geprüft würde. Andererseits würde eine Erdverkabelung bei kurzen Abschnitten oftmals ausscheiden, da in diesen Fällen häufig der Faktor von 2,75 überschritten würde. Eine solche Betrachtung würde dazu führen, dass die Vorhabenträger lediglich kurze Abschnitte beantragen würden, um eine Erdverkabelung zu vermeiden.

40 Zudem ist im Zweifel bei hoheitlichen Regelungen, die das in Art. 14 GG gewährleistete Eigentum einschränken, die Auslegung vorzugswürdig, die für den Adressaten einen geringeren Eingriff bedeutet.

4. Naturschutzfachliche Belange

41 Die Verpflichtung zur Verlegung einer 110 kV-Leitung als Erdkabel hat zur Voraussetzungen, dass naturschutzfachliche Belange nicht entgegenstehen. Der Gesetzgeber nimmt damit die naturschutzfachliche Bewertung des Vorhabens in den Vergleich ein. Das ist richtig und zielführend. Denn entgegen einer landläufigen Meinung ist ein Erdkabel nicht in jedem Fall die naturschutzfachlich bessere Lösung als die einer Freileitung. Dies gilt offenkundig dann, wenn beispielsweise ein Feuchtbiotop gequert werden muss oder besonders schutzwürdige Bodenfunktionen durch ein Erdkabel beeinträchtigt werden können. Es ist also erforderlich, die naturschutzfachliche Auswirkung eines Erdkabels zu prüfen. Über die dabei anzuwendenden Kriterien sollte vor dem Antrag eine Abstimmung zwischen Behörde und Vorhabenträger erfolgen. Ergibt sich in der Prüfung, dass naturschutzfachliche Belange entgegenstehen, kommt eine Verlegung als Erdkabel nicht in Betracht.

42 Schwierig wird die Bewertung dann, wenn naturschutzfachliche Belange in Teilabschnitten einem Erdkabel entgegenstehen und anderen Teilabschnitten nicht. Ein ständiger Wechsel von Freileitung auf Erdkabel und zurück auf eine Freileitung ist weder technisch noch betriebswirtschaftlich sinnvoll. § 43h Abs. 1 bietet für einen derartigen Konflikt keine Lösung an. Ist der Konflikt nicht anders zu bewältigen, muss ggf. ein Wechsel von Freileitung auf Erdkabel und wieder zurück in Kauf genommen werden. Etwas anderes kommt nur dann in Betracht, wenn die Ausnahmevorschrift zu § 43h Hs. 2 eingreift.

IV. Ausführung als Freileitung (Hs. 2)

43 In den Fällen, in denen der Vorhabenträger nach Hs. 1 zur Ausführung als Erdkabel verpflichtet ist, eröffnet Hs. 2 die Möglichkeit, die Ausführung des Vorhabens als Freileitung zu beantragen. Die zuständige Behörde kann die Errichtung als Freileitung zulassen, wenn öffentliche Interessen nicht entgegenstehen. Umstritten ist, ob Pflicht zur Erdverkabelung in Hs. 1 Vorrang gegenüber der Möglichkeit zur Freistellung gegenüber Hs. 2 beanspruchen kann bzw. ob aufgrund der Möglichkeit zur Freistellung überhaupt davon gesprochen werden kann, dass das Erdkabel der Regelfall sein soll. Tatsächlich steht dem Vorhabenträger ein **Wahlrecht** zu, ob eine Leitung als Erdkabel oder als Freileitung ausführen will. Dies ändert jedoch nichts daran, dass der Gesetzgeber § 43h als **Vorrangregelung für die Erdverkabelung** ausgestaltet hat.

1. Kein Entgegenstehen öffentlicher Interessen

44 Bei dem Begriff der öffentlichen Interessen handelt es sich um einen unbestimmten Rechtsbegriff, der der vollständigen gerichtlichen Kontrolle unterliegt. Der Behörde kommt **kein Beurteilungsspielraum** bei der Ausfüllung des Begriffes der öffentlichen Interessen zu.

Wenn man davon ausgeht, dass die Errichtung einer Freileitung zulässig ist, wenn dies der Vereinfachung der Genehmigungsverfahren und damit der Beschleunigung des Netzausbaus nicht entgegensteht,[16] muss die Behörde eine **Prognoseentscheidung** darüber treffen, welches Verfahren die größere Akzeptanz bei der Bevölkerung findet. Diese Entscheidung könnte die Behörde eigentlich erst begründet treffen, wenn die Öffentlichkeitsbeteiligung erfolgt ist. Allerdings ist es für den Vorhabenträger unzumutbar, bis zur Beendigung der Öffentlichkeitsbeteiligung das Vorhaben sowohl in der Variante als Erdkabel als auch in der Variante als Freileitung zu entwickeln. 45

Der Begriff des öffentlichen Interesses steht stellvertretend für eine Vielzahl sinnverwandter Variationen wie etwa die Definition der Begriffe des „öffentlichen Belangs“, dem „Gemeinwohl“ oder dem „Wohl der Allgemeinheit“. 46

Der Begriff des öffentlichen Interesses ist in **keinem Verwendungszusammenhang** – auch nicht für den Bereich der energierechtlichen Planfeststellung – **legal definiert.** Auch die Gesetzesbegründung trägt nicht zur Konkretisierung des Begriffes bei. Der Inhalt des öffentlichen Interesses in Hs. 2 lässt sich nur aus einer Gesamtschau der Erwägungen in der Gesetzesbegründung, der Systematik und dem Sinn und Zweck der jeweiligen gesetzlichen Regelung konkretisieren. 47

Nach der Gesetzesbegründung wird die Erdverkabelung durch § 43h zum Regelfall. Aus dem Regel-Ausnahme-Verhältnis, wonach Erdverkabelungen die Regel und Freileitungen die Ausnahme sein sollen, könnte man ableiten, dass besondere öffentliche Interessen erfüllt sein müssen, um anstelle eines Erdkabels eine Freileitung errichten zu dürfen. Um eine Ausführung als Freileitung zuzulassen, muss indes keine Konstellation vorliegen, die die Erdverkabelung gegenüber der Freileitung als vorzugswürdig erscheinen lässt. Einem solchen Verständnis steht der eindeutige Wortlaut des § 43h Hs. 2 entgegen. Hs. 2 lässt eine Befreiung von der Pflicht zur Erdverkabelung nicht in den Fällen zu, in denen ein öffentliches Interesse an der Realisierung der Stromleitungen besteht, sondern dann, wenn öffentliche Interessen einer Ausführung als Freileitung nicht entgegenstehen. **Es müssen also keine besonderen öffentlichen Interessen erfüllt sein, um anstelle eines Erdkabels eine Freileitung errichten zu dürfen**, sondern öffentliche Interessen dürfen der Errichtung nicht entgegenstehen. Weder im Gesetzestext noch in der Gesetzesbegründung finden sich Anhaltspunkte dafür, dass für einen Antrag auf Errichtung einer Freileitung besondere materielle Voraussetzungen erfüllt sein müssen. Aus der systematischen Auslegung ergibt sich, dass höhere Kosten der Ausführung als Freileitung – die letztendlich der Endverbraucher über die Netznutzungskosten zu tragen hat – keine öffentlichen Interessen sind, die der Errichtung einer Freileitung entgegengehalten werden können. Diese Problematik wird mit der Vorgabe des Kostenfaktors 2,75 im Hs. 1 bereits abgehandelt. Ebenso können naturschutzfachliche Belange der Errichtung einer Freileitung nicht als öffentliche Interessen entgegengehalten werden, da auch diese im Hs. 1 abgehandelt werden. Eine Verringerung der naturschutzrechtlichen Eingriffsintensität, eine Verringerung der Umweltauswirkungen etc. muss nicht vorliegen, um eine Ausführung als Freileitung zuzulassen. 48

Einer Ausführung als Freileitung stehen **öffentliche Interessen** dann **entgegen**, wenn eine Ausführung als Freileitung zu **Verfahrensverzögerungen** führt oder gar der **Realisierung des Vorhabens entgegensteht. Proteste** gegen die Errichtung einer Freileitung **dürfen nicht mit den öffentlichen Interessen gleichgesetzt werden**. Solche Proteste sind zunächst als **Individualinteressen** zu werten. Wenn Proteste aber zu einer Verzögerung des Netzausbaus führen, könnten sie ggf. zu einem „negativen“ öffentlichen Interesse erstarken. 49

Private Interessen bleiben daher grds. unberücksichtigt. Bei der Prüfung ist lediglich zu prüfen, ob einer Freileitung öffentliche Interessen entgegenstehen, keine „Abwägung“ der Betrof- 50

16 Vgl. dazu Rn 49.

fenheit der öffentlichen und privaten Interessen bei einer Ausführung als Erdkabel oder als Freileitung vorzunehmen.

2. Antrag des Vorhabenträgers

51 Voraussetzung für die Zulassung einer Ausführung als Freileitung ist ein entsprechender **Antrag** des Vorhabenträgers. Die Behörde hat **nicht von Amts wegen** zu prüfen, ob sich durch eine Zulassung als Freileitung **Beschleunigungseffekte** erzielen lassen, weil öffentliche Belange nicht entgegenstehen.

52 Der Antrag nach Hs. 2 ist gleichzeitig mit dem Antrag auf Planfeststellung zu stellen, denn erst innerhalb des Verfahrens lässt sich klären, ob öffentliche Interessen der Freileitung entgegenstehen.

53 Dem Antrag sind alle Unterlagen beizufügen, aus denen sich die Rechtfertigung ergibt, dass die Tatbestandsvoraussetzungen des § 43h Abs. 1 nicht oder eine ausnahmsweise Zulassung nach § 43h Abs. 2 Hs. 2 zulässig ist.

3. Entscheidung der Behörde

54 Nach Hs. 2 entscheidet die für die Planfeststellung zuständige Behörde, ob bei Vorliegen der Voraussetzungen des Hs. 1 das Vorhaben dennoch als Freileitung ausgeführt werden kann. Die Regelung enthält **keine Entscheidungsfrist**.

55 Auch wenn öffentliche Interessen einer Ausführung eines Vorhabens als Freileitung nicht entgegenstehen, ist es in das **Ermessen der Planfeststellungsbehörde** gestellt, ob sie die Errichtung als Freileitung zulässt. Nach § 40 VwVfG hat sie ihr Ermessen entsprechend dem Zweck der Ermächtigung auszuüben und die gesetzlichen Grenzen des Ermessens einzuhalten.

56 Dem Vorhabenträger obliegt gegenüber der Behörde nicht die Darlegungslast, dass der Errichtung als Freileitung keine öffentlichen Interessen entgegenstehen. Es kann von ihm nicht verlangt werden, dass er das Nichtvorliegen entgegenstehender öffentlicher Interessen darlegt. Hier gilt vielmehr der **Amtsermittlungsgrundsatz**.

V. Rechtsschutz

57 Die Entscheidung über die Verlegung als Erdkabel oder die ausnahmsweise Zulassung als Freileitung ergeht mit dem Planfeststellungsbeschluss. Eine separate Antragsbehandlung und Bescheidung eines etwaigen Antrages ist nicht zulässig. Für den Rechtsschutz gelten daher die üblichen Regeln für Rechtsmittel gegen Planfeststellungsbeschlüsse.

§ 44 Vorarbeiten

(1) Eigentümer und sonstige Nutzungsberechtigte haben zur Vorbereitung der Planung und der Baudurchführung eines Vorhabens oder von Unterhaltungsmaßnahmen notwendige Vermessungen, Boden- und Grundwasseruntersuchungen einschließlich der vorübergehenden Anbringung von Markierungszeichen sowie sonstige Vorarbeiten durch den Träger des Vorhabens oder von ihm Beauftragte zu dulden. Weigert sich der Verpflichtete, Maßnahmen nach Satz 1 zu dulden, so kann die nach Landesrecht zuständige Behörde auf Antrag des Trägers des Vorhabens gegenüber dem Eigentümer und sonstigen Nutzungsberechtigten die Duldung dieser Maßnahmen anordnen.
(2) Die Absicht, solche Arbeiten auszuführen, ist dem Eigentümer oder sonstigen Nutzungsberechtigten mindestens zwei Wochen vor dem vorgesehenen Zeitpunkt unmittelbar oder durch ortsübliche Bekanntmachung in den Gemeinden, in denen die Vorarbeiten durchzuführen sind, durch den Träger des Vorhabens bekannt zu geben.
(3) Entstehen durch eine Maßnahme nach Absatz 1 einem Eigentümer oder sonstigen Nutzungsberechtigten unmittelbare Vermögensnachteile, so hat der Träger des Vorhabens eine angemessene Entschädigung in Geld zu leisten. Kommt eine Einigung über die Geldentschädigung nicht zustande, so setzt die nach Landesrecht zuständige Behörde auf Antrag des Trägers des Vorhabens oder des Berechtigten die Entschädigung fest. Vor der Entscheidung sind die Beteiligten zu hören.

Überblick

I. Allgemeines

1. Überblick über die Norm

1 **Abs. 1 S. 1** ordnet als Hauptregelungsgehalt der Vorschrift die **Duldung der notwendigen Vorarbeiten** zum Zwecke der Vorbereitung von Planung, Baudurchführung und Unterhaltungs-

maßnahmen an. Nach **Abs. 1 S. 2** kann die Duldungspflicht, die zunächst sowohl Private berechtigt als auch verpflichtet, mittels einer behördlichen Duldungsverfügung durchgesetzt werden. Diese kann als Verwaltungsakt letztlich als Grundlage für die Anwendung von Verwaltungszwang dienen.

2 **Abs. 2** verpflichtet den Vorhabenträger dazu, die Absicht zur Durchführung von Vorarbeiten mindestens zwei Wochen vorher bekanntzumachen.

3 Nach **Abs. 3 S. 1** ist für unmittelbare Vermögensnachteile Entschädigung zu leisten. Nach **Abs. 3 S. 2** wird die Höhe der Entschädigung auf Antrag eines der Beteiligten durch die nach Landesrecht zuständige Behörde nach Anhörung der Beteiligten (**Abs. 3 S. 3**) festgesetzt.

2. Regelungszweck

4 Die Duldungspflicht besteht, soweit es um ein Vorhaben geht, für das ein Planfeststellungs- oder Plangenehmigungsverfahren durchgeführt werden soll (bzw. worden ist). Die Vorschrift sichert das Verfahren der Planfeststellung bis zur Entscheidung ab, indem dem Vorhabenträger ermöglicht wird, die für seine Planung relevanten Informationen zu sammeln. Für die Erarbeitung der Planunterlagen ist es häufig erforderlich, dass fremde Grundstücke zur Vermessung und sonstigen (Vor-) Untersuchung betreten werden. Durch die Gewährung des **Zugangs zur Feststellung der relevanten Eigenschaften des späteren Planungsbereichs** wird nicht zuletzt für die Behörde die Schaffung einer umfassenden Tatsachengrundlage ermöglicht.

5 Durch die **Erweiterung** der zu duldenden Maßnahmen um **die Vorbereitung der Baudurchführung** im Rahmen der letzten Neufassung wird der Wirkbereich der Vorschrift über die Planentscheidung hinaus erweitert. Dritter Anwendungsbereich der Vorschrift ist die Vorbereitung von Unterhaltungsmaßnahmen. Diese erfolgen losgelöst von einer Planentscheidung und knüpfen an bestehende Anlagen an.

6 Entschädigungsfähig sind nur unmittelbare Vermögensschäden, wodurch mittelbare Einbußen, wie etwa **entgangener Gewinn, nicht ersatzfähig** sind.

7 Eine vergleichbare Regelung enthält § 209 BauGB, die für die nach dem BauGB vorzunehmenden Maßnahmen die Durchführung von Arbeiten gestattet.

3. Entstehungsgeschichte

8 Die Vorschrift wurde durch Art. 7 Nr. 6 das **Gesetz zur Beschleunigung von Planungsverfahren für Infrastrukturvorhaben** (InfrPBG)[1] vom 9.12.2006 mit Wirkung zum 17.12.2006 neu gefasst.

9 Die Norm kann als **Kernbestandteil des Verkehrswegeplanungsrechts** gesehen werden. Daher ist die Vorschrift so auch in zahlreichen anderen Fachgesetzen enthalten, u.a. in § 7 LuftVG, § 16a FStrG, § 3 MBPlG und § 17 AEG. Das EnWG kennt die Regelung zu Vorarbeiten bereits seit Einfügung des § 11b durch das Gesetz zur Umsetzung der UVP-Änderungsrichtlinie[2] vom 27.7.2001 mit Wirkung zum 3.8.2001. Die Norm besteht seitdem mit zwei Erweiterungen weitgehend wortgleich fort: Die **Durchsetzung der Duldung mittels Anordnung** nach Abs. 1 S. 2 wurde aufgrund der Beschlussempfehlung des Ausschusses für Wirtschaft und Arbeit[3] durch das Zweite Gesetz zur Neuregelung des Energiewirtschaftsrechts[4] vom 7.7.2005 mit Wirkung zum 13.7.2005 eingefügt. Dies wurde mit der Ermöglichung der *„besseren Durchsetzung der Verpflich-*

1 BGBl. I 2006 S. 2833 ff.
2 BGBl. I 2001 S. 1950.
3 Vgl. Beschlussempfehlung und Bericht des Ausschusses für Wirtschaft und Arbeit, BT-Drucks. 15/5268, S. 53.
4 BGBl. I 2005 S. 1970.

tung nach Abs. 1 Satz 1" begründet.[5] Im Rahmen der letzten Neufassung vom 9.12.2006 wurde in den Anwendungsbereich nach Abs. 1 S. 1 auch die **Vorbereitung der Baudurchführung** aufgenommen.

II. Pflicht zur Duldung von Vorarbeiten (Abs. 1. S. 1)

10 Durch § 44 wird der Vorhabenträger ausweislich des Wortlauts („*haben zu dulden*") von Abs. 1 S. 1 **ipso iure berechtigt**, ohne dass noch eine behördliche Entscheidung erforderlich wäre. Das schließt nicht aus, dass zur späteren Konkretisierung und Ausgestaltung der Verpflichtung zur Duldung von Vorarbeiten noch Verwaltungsakte ergehen können.[6]

1. Berechtigte

11 Als Berechtigte nennt Abs. 1 S. 1 den „*Träger des Vorhabens oder von ihm Beauftragte*". Die Entscheidungsbefugnis zur Durchführung von Arbeiten liegt grds. beim Vorhabenträger. Wie auch bei der späteren Umsetzung des Vorhabens muss **nicht der Vorhabenträger in persona die Vorarbeiten ausführen**, sondern kann die Duldungspflicht durch Beauftragung auch für Dritte beanspruchen.

12 Mit dem Vorhabenträger ist der (spätere) Antragsteller auf Planfeststellung gemeint, also der, für den das Zulassungsverfahren durchgeführt werden soll. Für **nicht planfeststellungs- oder plangenehmigungsfähige Vorhaben** kann die Duldungspflicht nach § 44 aufgrund der systematischen Stellung im Teil 5 des EnWG „Planfeststellung, Wegenutzung" nicht bestehen.

13 Von § 44 werden jedoch nur solche Personen erfasst, die vom Vorhabenträger beauftragt sind; also nicht etwa Unternehmen, die zur Erstellung eines eigenen Angebots für den Vorhabenträger auf einem Grundstück tätig werden wollen.

2. Verpflichtete

14 Als Verpflichtete nennt Abs. 1 S. 1 „*Eigentümer und sonstige Nutzungsberechtigte*". Die Verpflichtung zur Duldung von Arbeiten knüpft an die **Beziehung zu dem entsprechenden Grundstück** an. Neben dem dinglich berechtigten Grundstückseigentümer sind auch alle sonstigen Nutzungsberechtigten, egal ob dinglicher oder schuldrechtlicher Natur, verpflichtet.[7]

15 Eine Besonderheit ist, dass von § 44 nicht nur eine Belastung für Eigentümer und Nutzungsberechtigte an Grundstücken ausgeht, die später tatsächlich durch das Vorhaben in Anspruch genommen werden.[8] Ausgangspunkt der Verpflichtung ist nicht die Inanspruchnahme durch das Vorhaben, sondern die Erforderlichkeit der Vorarbeiten. Aus dem Sinn und Zweck der Vorschrift ergibt sich, dass in der Phase der Planerstellung **großflächig die zu befürchtenden Auswirkungen** des Vorhabens untersucht werden müssen.[9] Außerdem ist die Untersuchung und Darstellung von **Planungsalternativen** erforderlich.[10] Freilich wird die Erforderlichkeit von Vorarbeiten bei Grundstücken, die nicht durch das Vorhaben in Anspruch genommen werden sollten, geringer ausgeprägt sein. So sind etwa Bodenuntersuchungen bei

5 BT-Drucks. 15/5268, S. 122.
6 Britz/Hellermann/Hermes/*Hermes*, § 44 Rn 4.
7 Britz/Hellermann/Hermes/*Hermes*, § 44 Rn 4 m.w.N.
8 Ziekow/*Kirchberg*, Rn 61.
9 Vgl. BVerwG, Beschl. v. 7.8.2002 – 4 VR 9/02 –.
10 Britz/Hellermann/Hermes/*Hermes*, § 44 Rn 7 m.w.N.

Freileitungen im Regelfall nur erforderlich, wenn eine Stelle auch als Maststandort in Frage kommt.[11]

3. Gegenstand und Grenzen der Duldungspflicht

16 Aufgrund der **belastenden Wirkung ohne ergangene Verwaltungsentscheidung** und der Möglichkeit, dass das betroffene Grundstück einer Zulassung des Vorhabens gar nicht zugänglich ist oder aus anderen Gründen nicht in Anspruch genommen wird, ist aus Gründen der Verhältnismäßigkeit eine zeitliche und sachliche Beschränkung der Duldungspflicht bereits verfassungsrechtlich geboten.

a) Anwendungsbereich

17 Vom sachlichen Anwendungsbereich der Vorschrift umfasst sind Vorarbeiten zum Zwecke der Vorbereitung:

- der Planung,
- der Baudurchführung eines Vorhabens oder
- von Unterhaltungsmaßnahmen.

18 Die **Aufzählung** ist ausweislich des Wortlautes der Vorschrift **abschließend**, sodass eine Erweiterung des Anwendungsbereichs der Regelung dem Gesetzgeber vorbehalten bleibt.

aa) Vorbereitung der Planung

19 Wichtigster Anwendungsbereich der Regelung sind diejenigen Erkundungsmaßnahmen, die erforderlich sind, um die für die Planungsarbeiten des Vorhabenträgers benötigten Erkenntnisse zu gewinnen. Die Erforderlichkeit eines ***„funktionalen Zusammenhangs“***[12] der Vorarbeiten mit dem Zulassungsverfahren ist auch Ausdruck des Grundsatzes der Verhältnismäßigkeit.[13]

bb) Vorbereitung der Baudurchführung

20 Zulässig sind auch Vorarbeiten zur Vorbereitung der Baudurchführung. Sobald der Planfeststellungsbeschluss erlassen ist, kann er zwar als Grundlage für die Duldung von Vermessungen und Untersuchungen dienen, sodass es eines Rückgriffs auf § 44 eigentlich nicht mehr bedarf.[14] Sofern Dritte Rechtsschutz gegen die Planentscheidung ersuchen, kann es jedoch dazu kommen, dass diese nicht mehr vollziehbar ist. Die **Entkoppelung der Vorbereitung der Baudurchführung von der Vollziehbarkeit des Planfeststellungsbeschlusses** verspricht in dieser Hinsicht **Beschleunigungspotenzial.**

21 Die Vorbereitung der Baudurchführung schließt bereits begrifflich solche Maßnahmen aus, die bereits einen Teil der Ausführung des Vorhabens selbst darstellen.[15]

---

11 BK-EnR/*Pielow*, EnWG, § 44 Rn 8.
12 BK-EnR/*Pielow*, EnWG, § 44 Rn 6 f.
13 BK-EnR/*Pielow*, EnWG, § 44 Rn 7.
14 Vgl. BVerwG, Beschl. v. 7.8.2002 – 4 VR 9/02 –.
15 Vgl. Nr. 11 I 4 der Planfeststellungsrichtlinien – PlafeR 99 = VkBl 1999, 511; Marschall/*Ronellenfitsch*, § 16a Rn 5; *Hoppe/Schlarmann/Buchner*, Rn 319.

cc) Vorbereitung von Unterhaltungsmaßnahmen

Nach Abs. 1 S. 1 sind Betroffene auch zur Duldung der Vorbereitung von Unterhaltungsmaßnahmen verpflichtet. Der Begriff der Unterhaltungsmaßnahmen wird auch in anderen Fachgesetzen verwendet, sodass sich daran orientiert werden kann.[16] Mit Unterhaltungsmaßnahmen sind Maßnahmen gemeint, die der Bewahrung oder Wiederherstellung eines planungsrechtlich genehmigten Zustandes dienen, um die Funktionsfähigkeit der Anlage zu erhalten, wiederherzustellen und/oder sie an neue technische Standards anzupassen.[17] 22

Die Planfeststellungs- oder Plangenehmigungspflicht der Unterhaltungsmaßnahmen ist für die Duldungsverpflichtung ohne Belang.[18] Allerdings muss sich die Unterhaltungsmaßnahme auf ein **Vorhaben** beziehen, welches selbst **durch Planfeststellung oder Plangenehmigung zugelassen** wurde. 23

b) Zeitliche Begrenzung der Duldung

Ab wann sich der Vorhabenträger auf die Duldungspflicht berufen kann, ist nicht gesetzlich geregelt. Konkretisierungen ergeben sich dazu aus einer Zusammenschau mit dem sachlichen Anwendungsbereich: **Die geplanten Vorarbeiten müssen erforderlich sein.** Dies ist nur der Fall, wenn der Vorhabenträger über ein hinreichend bestimmtes Konzept verfügt, aus dem sich die Grundlagen des geplanten Projektes ergeben. Indes dürfen daran während der Phase der Vorbereitung der Planung keine zu hohen Anforderungen gestellt werden. 24

Zunächst erfasst § 44 die Phase bis zur Einreichung des Plans durch den Vorhabenträger bei der Behörde. Da auch nach der Planeinreichung immer wieder das Bedürfnis auftreten kann, neue Alternativen zu untersuchen oder Gutachten nachzureichen, ist anerkannt, dass die Vorbereitung der Planung im Sinne von § 44 Abs. 1 S. 1 bis zum Abschluss der Planfeststellung reicht.[19] 25

Die zeitliche Beschränkung der Vorbereitung der Planung wird von der sich anschließenden bzw. fortdauernden **Vorbereitung der Baudurchführung** abgelöst. Abs. 1 S. 1 stellt nun eine eigene Grundlage für die Vorbereitung der Baudurchführung dar, sodass diesbezüglich der Rückgriff auf die Planentscheidung nicht mehr erforderlich ist. 26

c) Sachliche Begrenzung der Duldung

Die sachliche Reichweite der Duldungsverpflichtung wird bereits durch die Zweckdienlichkeit der Maßnahme in Bezug auf den Anwendungsbereich der Norm begrenzt. Abs. 1 S. 1 zählt **beispielhaft** auf: notwendige Vermessungen, Boden- und Grundwasseruntersuchungen einschließlich der vorübergehenden Anbringung von Markierungszeichen sowie sonstige Vorarbeiten.[20] Bei den in Abs. 1 S. 1 genannten Beispielen handelt es sich nicht um eine abschließende Aufzählung. In Betracht kommen ferner etwa Aufschürfungen, Entnahmen von Bodenproben, Bohrungen, Grabungen oder längerfristige Messungen durch den Aufbau von Messstationen.[21] 27

Die Duldungsverpflichtung aus Abs. 1 S. 1 lässt **andere erforderliche Erlaubnisse und Genehmigungen unberührt.** Soweit beispielsweise bei Bohrungen das Grundwasser so betroffen wird oder aus anderen Gründen eine wasserrechtliche Erlaubnis erforderlich ist, muss der Vorhabenträger diese einholen.[22] 28

---

16 § 42 WHG; § 3 MBPlG; § 6 FStrG; § 17 AEG.
17 Britz/Hellermann/Hermes/*Hermes*, § 44 Rn 34.
18 Vgl. zum Eisenbahnrecht Hermes/Sellner/*Vallendar*, § 18 Rn 59.
19 Britz/Hellermann/Hermes/*Hermes*, § 44 Rn 10; Ziekow/*Kirchberg*, Rn 60; für die Zeit nach Auslegung BVerwG, Beschl. v. 3.3.1994 – 7 VR 4, 5 – und – 6/94 –.
20 Vgl. auch BVerwG, Beschl. v. 7.8.2002 – 4 VR 9/02 –.
21 Vgl. Britz/Hellermann/Hermes/*Hermes*, § 44 Rn 8.
22 Hermes/Sellner/*Schütz*, § 17 Rn 15.

29 Der allgemeine rechtsstaatliche Grundsatz der **Verhältnismäßigkeit** erfordert Beschränkungen der Reichweite der Duldungspflicht. Flurschäden sind auf das Unvermeidbare zu begrenzen.[23] Die Umstände, die die Verhältnismäßigkeit der Inanspruchnahme rechtfertigen, müssen dabei durch den Vorhabenträger bewiesen werden.[24]

4. Durchsetzung durch Anordnung mittels Duldungsverfügung (Abs. 1 S. 2)

30 Falls sich der Eigentümer oder Nutzungsberechtigte weigert, die ihm durch Gesetz aufgegebene und durch den Vorhabenträger angekündigte Duldungspflicht zu beachten und zu duldende Vorarbeiten nicht zulässt oder unzulässig erschwert, ist die Durchsetzung mittels **Duldungsverfügung** nach Abs. 1 S. 2 möglich.

31 Die Anordnung der Duldung durch eine Behörde stellt einen **Verwaltungsakt** nach § 35 S. 1 VwVfG dar, vor dessen Erlass der Adressat nach § 28 VwVfG anzuhören ist. Im Regelfall wird die Behörde auch die sofortige Vollziehung der Duldungsverfügung nach § 80 Abs. 2 S. 1 Nr. 4 VwGO anordnen, sodass eine gegen die Duldungsverfügung erhobene Anfechtungsklage keine aufschiebende Wirkung hat. Die sofortige Vollziehbarkeit muss die Behörde nach § 80 Abs. 3 VwGO besonders begründen. Eine eigene Anhörung für die sofortige Vollziehung ist nicht erforderlich.[25]

32 Die Duldungsverfügung kann als **vollstreckungsfähiger Verwaltungsakt** als Grundlage für die Anwendung von Verwaltungszwang dienen. Die letztendliche Vollstreckung der Duldungsverfügung richtet sich nach dem jeweiligen Landesvollstreckungsrecht.

III. Informationspflicht des Berechtigten (Abs. 2)

33 Die Absicht, solche Arbeiten auszuführen, ist dem Eigentümer oder sonstigen Nutzungsberechtigten mindestens zwei Wochen vor dem vorgesehenen Zeitpunkt unmittelbar oder durch ortsübliche **Bekanntmachung** in den Gemeinden, in denen die Vorarbeiten durchzuführen sind, durch den Vorhabenträger bekanntzugeben. Die **Bekanntmachung ist Voraussetzung für das Entstehen der Duldungspflicht**.[26]

1. Rechtscharakter

34 Die Bekanntgabe nach Abs. 2 ist ein **Realakt** und kein Verwaltungsakt im Sinne von § 35 S. 1 VwVfG. Das folgt bereits daraus, dass die Duldungsverpflichtung ipso iure entsteht und kein Handeln einer Behörde erforderlich ist, sondern lediglich eine Information durch den Vorhabenträger.

2. Adressat der Norm (Vorhabenträger)

35 Der Vorhabenträger kann als Berechtigter nur von der Duldungspflicht Gebrauch machen, wenn er seine Verpflichtung zur Information richtig ausführt. Aus dem Vergleich mit Abs. 1 *„durch den Vorhabenträger oder von ihm Beauftragte“* ergibt sich, dass der **Vorhabenträger** die Verpflichtung nach Abs. 2 **selbst** ausführen muss.[27] Eine Delegation an Beauftragte ist ausweislich des Wortlauts nicht zulässig.

23 BVerwG, Beschl. v. 1.4.1999 – 4 VR 4.99 –.
24 *Salje*, EnWG, § 44 Rn 15.
25 Vgl. nur Schoch/Schmidt-Aßmann/Pietzner/*Schoch*, § 80 Rn 258 ff. m.w.N.
26 BK-EnR/*Pielow*, EnWG, § 44 Rn 22.
27 BK-EnR/*Pielow*, EnWG, § 44 Rn 18.

3. Informationsempfänger

Als Informationsempfänger werden der **Eigentümer oder sonstige Nutzungsberechtigte** in Abs. 2 genannt. Der Vorhabenträger hat nicht die freie Wahl, sondern muss sich bei der Person des Informationsempfängers an den Auswirkungen der geplanten Arbeiten orientieren. Eine Information des Eigentümers ist jedenfalls dann unumgänglich, wenn die Arbeiten geplant sind, die der sonstige Berechtigte nicht im Rahmen des ihm zustehenden Nutzungsrechts ausführen darf.[28] 36

4. Einzelheiten – Anforderung an Form, Bestimmtheit und Frist

Die Bekanntgabe kann sowohl in **individueller Form** gegenüber dem Eigentümer oder Nutzungsberechtigten (vgl. § 41 Abs. 1 VwVfG) als auch durch **ortsübliche Bekanntmachung** in den Gemeinden, in denen die Vorarbeiten durchzuführen sind (vgl. § 41 Abs. 3, 4 VwVfG), erfolgen. Aus dem Wortlaut der Vorschrift lässt sich eine Rangfolge zwischen individueller und öffentlicher Bekanntmachung nicht ableiten.[29] 37

Da die Bekanntmachung kein Verwaltungsakt ist, finden die entsprechenden Bestimmungen des VwVfG nicht unmittelbar Anwendung (§ 37 VwVfG). Der Vorhabenträger ist dennoch aus Billigkeitsgründen und aus Gründen der Verhältnismäßigkeit dazu verpflichtet, eine gewisse **Bestimmtheit seiner Bekanntmachung** einzuhalten. Dies erfordert die verständliche Darlegung von voraussichtlichem Beginn und Ende der Arbeiten, Art und Umfang der Arbeiten und die genaue Bezeichnung der Grundstücke bzw. Teile von größeren Grundstücken. 38

Die Bekanntgabe muss mindestens **zwei Wochen vor Ausführung der Arbeiten** geschehen. Die Zwei-Wochen-Frist erfordert keine Reaktion des Betroffenen. Sie dient dem Betroffenen zur Vorbereitung der Maßnahmen, etwa indem der Ist-Zustand aus Beweisgründen protokolliert wird.[30] Während der Frist kann der Betroffene dem Vorhabenträger anzeigen, dass er nicht zur Duldung der Arbeiten bereit ist. Der Betroffene ist jedoch nicht an diese Frist gebunden. Sie entfaltet keine Präklusionswirkung zulasten des Betroffenen. 39

IV. Rechtsschutz

Da die **Bekanntgabe** kein Verwaltungsakt ist, kann dagegen durch Betroffene auch **kein Rechtsschutz** ersucht werden. Ihnen steht es frei, frühzeitig zu erwidern, dass sie der ihnen obliegenden Duldungsverpflichtung nicht nachkommen werden. 40

Weigert sich der Berechtigte des Grundstücks entweder vorab durch Mitteilung oder unmittelbar vor oder während der Ausführung der Arbeiten, muss der Vorhabenträger eine Duldungsverfügung nach Abs. 1 S. 2 bei der zuständigen Behörde erlangen. 41

Die **Duldungsverfügung** nach Abs. 1 S. 2 ist ein Verwaltungsakt im Sinne von § 35 S. 1 VwVfG. 42
Gegen sie steht dem Betroffenen der gegen Verwaltungsakte einschlägige Rechtsschutz durch **Anfechtungsklage** gem. § 42 Abs. 1 VwGO offen. Sofern eine oberste Landesbehörde, beispielsweise die jeweiligen Umweltministerien als Planfeststellungsfeststellungsbehörden für die Anordnung der Duldungsverfügung zuständig sind, findet ein Vorverfahren gem. § 68 Abs. 1 S. 2 Nr. 1 VwGO statt. Ein trotzdem eingelegter Widerspruch ist bereits unzulässig. Diesem kann demnach auch keine aufschiebende Wirkung nach § 80 Abs. 1 VwGO zukommen, sodass die Duldungsanordnung sofort vollziehbar ist. Andernfalls ist mit der Anordnung der sofortigen Vollziehbarkeit gem. § 80 Abs. 2 S. 1 Nr. 4 VwGO zu rechnen, wenn die Vorarbeiten im öffentlichen Interesse oder im überwiegenden Interesse des Vorhabenträgers liegen. Hierfür reicht bereits aus, wenn das

28 Vgl. mit Bsp. Hermes/Sellner/*Schütz*, § 17 Rn 40.
29 A.A. Marschall/*Ronellenfitsch*, § 16a Rn 11, Vorrang der individuellen Bekanntgabe.
30 Hermes/Sellner/*Schütz*, § 17 Rn 56.

Vorhaben in einem Bedarfsplan als vordringlicher Bedarf eingestuft ist.[31] Dies trifft auf alle Vorhaben des EnLAG und des Bundesbedarfsplans im Sinne von § 12e Abs. 4 S. 1 zu.

43 Im Falle der sofortigen Vollziehbarkeit der Duldungsverfügung steht dem Betroffenen lediglich der **Antrag auf Widerherstellung der aufschiebenden Wirkung** nach § 80 Abs. 5 S. 1 VwGO offen. Der Betroffene kann eine Überprüfung nur bezüglich der materiellen Voraussetzungen der Duldungspflicht anstrengen, d.h., ob neben den sachlichen Anforderungen eine ordnungsgemäße Bekanntgabe stattgefunden hat.[32] Einwendungen gegen das Vorhaben selbst können in diesem Verfahren nicht vorgebracht werden.[33]

V. Entschädigung (Abs. 3)

44 Entstehen durch die Vorarbeiten einem Betroffenen unmittelbare Vermögensnachteile, so hat der Vorhabenträger eine angemessene Entschädigung in Geld zu leisten. Kommt eine Einigung über die Geldentschädigung nicht zustande, so setzt die nach Landesrecht zuständige Behörde auf Antrag des Trägers des Vorhabens oder des Berechtigten die Entschädigung fest.

1. Entschädigungsanspruch (Abs. 3 S. 1)

45 Abs. 3 S. 1 sieht einen Entschädigungsanspruch in Geld vor. Dieser ist jedoch der **Vermeidung von Beeinträchtigungen** und der **Wiederherstellung von unvermeidbaren Beeinträchtigungen** nachrangig.[34] Das ist so beispielsweise in § 34 Abs. 2 KrWG ausdrücklich geregelt. Ersatzfähig sind nur unmittelbare Vermögensnachteile, sodass durch die Beeinträchtigung entgangener Gewinn nicht ersatzfähig ist.[35]

46 Die Ausführung der durch § 44 gedeckten Vorarbeiten muss ursächlich für den entstandenen Schaden sein. Auf ein **Verschulden** des Vorhabenträgers **kommt** es für die Entschädigung nach Abs. 3 **nicht an.**[36]

47 Entschädigungsberechtigt sind auch Eigentümer oder sonstige Nutzungsberechtigte, die **nicht unmittelbar von Vorhaben betroffen** waren (*„einem Eigentümer oder sonstige Nutzungsberechtigten“*), auf deren Grundstück sich aber Folgen von Vorarbeiten ergeben haben.

2. Weitergehende Haftung

48 Durch den in Abs. 3 S. 1 gewährten Entschädigungsanspruch wird eine **weitergehende Haftung des Vorhabenträgers wegen schuldhaften Verhaltens nicht ausgeschlossen.** Für zivilrechtliche Schadensersatzansprüche muss aber eine rechtswidrige Beeinträchtigung vorliegen, die nicht gegeben ist, soweit eine Rechtfertigung durch Abs. 1 S. 1 vorliegt.

31 BVerwG, Beschl. v. 1.4.1999 – 4 VR 4.99 –.
32 Britz/Hellermann/Hermes/*Hermes*, § 44 Rn 30.
33 Britz/Hellermann/Hermes/*Hermes*, § 44 Rn 30.
34 Britz/Hellermann/Hermes/*Hermes*, § 44 Rn 31.
35 *Büdenbender*, § 11b Rn 20.
36 BK-EnR/*Pielow*, EnWG, § 44 Rn 24.

3. Festsetzung durch Behörde (Abs. 3 S. 2)

Das Verfahren zur Festlegung der Höhe der Entschädigung ist mit dem Enteignungsverfahren vergleichbar. Der **Umfang der erlittenen Schäden ist maßgeblich für die Höhe der durch den Vorhabenträger zu leistenden Entschädigung.**[37] 49

a) Verhandlungen

Die Verhandlung zwischen den Beteiligten geht der Entscheidung durch die Behörde nach Abs. 3 S. 2 vor. Die Struktur der Festlegung der Entschädigungshöhe, vorrangig durch Verhandlung zwischen den Beteiligten, entspricht weitgehend dem Entschädigungsverfahren nach § 45a. 50

b) Antrag eines Beteiligten

Scheitern die Verhandlungen, kommt infolge eines Antrags von einem der Beteiligten eine Festlegung durch die Behörde in Betracht. Die zuständige Behörde ist die **zuständige Planfeststellungs- bzw. Plangenehmigungsbehörde**. Die Zuständigkeit bestimmt sich im Regelfall nach Landesrecht; im Anwendungsbereich des NABEG, wo § 44 über den Verweis in § 18 Abs. 3 S. 2 NABEG ebenfalls zur Anwendung kommt, nach § 31 Abs. 2 NABEG. 51

4. Anhörung

Nach Abs. 3 S. 3 sind die Beteiligten vor der Entscheidung der Behörde zur Festsetzung der Entschädigungshöhe anzuhören. 52

5. Rechtsschutz

Auch gegen den Umfang der Entschädigung steht der Rechtsweg offen. In jedem Fall muss die Behörde zur Entscheidung über die Entschädigungshöhe vorher angerufen sein. Sonst wird sich ein Rechtsschutzbedürfnis für eine Klage nicht begründen lassen.[38] **Gegenstand einer gerichtlichen Entscheidung ist demnach die Entscheidung der Behörde.** 53

Trotz der Berechtigung und Verpflichtung Privater durch § 44 Abs. 3 S. 1 steht gem. § 40 Abs. 2 S. 1 Hs. 2 VwGO der Rechtsweg zu den Verwaltungsgerichten offen, da es sich der Sache nach um einen Ausgleichsanspruch nach Art. 14 Abs. 1 S. 2 GG handelt. 54

---

37 BK-EnR/*Pielow*, EnWG, § 44 Rn 26.
38 BK-EnR/*Pielow*, EnWG, § 44 Rn 30.

§ 44a Veränderungssperre, Vorkaufsrecht

(1) Vom Beginn der Auslegung der Pläne im Planfeststellungsverfahren oder von dem Zeitpunkt an, zu dem den Betroffenen Gelegenheit gegeben wird, den Plan einzusehen, dürfen auf den vom Plan betroffenen Flächen bis zu ihrer Inanspruchnahme wesentlich wertsteigernde oder die geplante Baumaßnahmen erheblich erschwerende Veränderungen nicht vorgenommen werden (Veränderungssperre). Veränderungen, die in rechtlich zulässiger Weise vorher begonnen worden sind, Unterhaltungsarbeiten und die Fortführung einer bisher ausgeübten Nutzung werden davon nicht berührt. Unzulässige Veränderungen bleiben bei Anordnungen nach § 74 Abs. 2 Satz 2 des Verwaltungsverfahrensgesetzes und im Entschädigungsverfahren unberücksichtigt.
(2) Dauert die Veränderungssperre über vier Jahre, im Falle von Hochspannungsfreileitungen über fünf Jahre, können die Eigentümer für die dadurch entstandenen Vermögensnachteile Entschädigung verlangen. Sie können ferner die Vereinbarung einer beschränkt persönlichen Dienstbarkeit für die vom Plan betroffenen Flächen verlangen, wenn es ihnen mit Rücksicht auf die Veränderungssperre wirtschaftlich nicht zuzumuten ist, die Grundstücke in der bisherigen oder einer anderen zulässigen Art zu benutzen. Kommt keine Vereinbarung nach Satz 2 zustande, so können die Eigentümer die entsprechende Beschränkung des Eigentums an den Flächen verlangen. Im Übrigen gilt § 45.
(3) In den Fällen des Absatzes 1 Satz 1 steht dem Träger des Vorhabens an den betroffenen Flächen ein Vorkaufsrecht zu.

Überblick

I. Allgemeines

1. Überblick über die Norm

1 **Abs. 1 S. 1** regelt die mit Planauslegung oder infolge individueller Bekanntgabe **ipso iure** eintretende **Veränderungssperre** samt der Rechtswirkungen im Rahmen einer Legaldefinition.

2 **Abs. 1 S. 2** nimmt als **Härtefallregelung** in rechtlich zulässiger Weise vorher begonnene Arbeiten sowie Unterhaltungsarbeiten und die Fortführung einer bisher ausgeübten Nutzung von der Sperrwirkung aus.

Nach **Abs. 1 S. 3** bleiben unzulässige Veränderungen, die nicht nach Abs. 1 S. 2 ausnahmeweise zulässig sind, bei der Festlegung der Höhe einer **Entschädigung** nach Abs. 2 bzw. nach § 74 Abs. 2 S. 2 VwVfG unberücksichtigt. 3

Abs. 2 S. 1 beschränkt die Entschädigung für eine über längere Zeit hinaus auferlegte Veränderungssperre dahingehend, dass erst **nach vier** bzw. **fünf Jahren Entschädigung** zu gewähren ist. 4

Nach **Abs. 2 S. 2** kann der Eigentümer ferner die Vereinbarung einer **beschränkt persönlichen Dienstbarkeit** oder nach **Abs. 2 S. 3** eine **Enteignung** verlangen. **Abs. 2 S. 4** verweist hierzu auf die energierechtliche Regelung der Enteignung in § 45. 5

Aus **Abs. 3** ergibt sich ein die Veränderungssperre flankierendes **Vorkaufsrecht** für den Vorhabenträger. 6

2. Regelungszweck

Der **allgemeine Beschleunigungsgedanke** in der energierechtlichen Planfeststellung **stößt an seine Grenzen**, wenn durch die Veränderung oder den Verkauf vom geplanten Vorhaben betroffener Grundstücke in tatsächlicher Hinsicht neue Schwierigkeiten geschaffen werden. 7

Zur Bewahrung des Ist-Zustandes des Planungsbereichs treten nach § 44a Abs. 1 **ipso iure** vom Beginn der Auslegung der Pläne oder von dem Moment der individuellen Bekanntgabe an auf den vom Plan betroffenen Flächen Veränderungssperren ein. Dieses Sicherungsinstrument ist als **Kernbestandteil des Verkehrswegeplanungsrechts** in das Gesetz übernommen worden[1] und den entsprechenden Regelungen in den Fachplanungsgesetzen, u.a. § 9a FStrG, § 15 WaStrG, § 8a LuftVG, § 19 AEG und § 4 MBPlG, ähnlich. 8

Eine Parallelvorschrift für die energierechtliche Planfeststellung besteht zudem in § 16 NABEG. **Anders als § 16 NABEG:** 9

- tritt die Veränderungssperre nach § 44a Abs. 1 bereits **ipso iure**, und nicht erst bei einer entsprechenden (Ermessens-)Entscheidung der BNetzA in Kraft,
- wird die Veränderungssperre nach § 44a Abs. 1 **nicht in der Handlungsform einer Allgemeinverfügung** nach § 35 S. 2 VwVfG erlassen,[2]
- setzt die Veränderungssperre nach § 44a auf das **Öffentlichkeitsbeteiligungsverfahren** (Auslegung des Plans bzw. individuelle Bekanntgabe nach § 73 Abs. 3 S. 2 VwVfG) auf, und nicht auf die getroffene Entscheidung über die Bundesfachplanung,
- enthält § 44a Abs. 2 **Entschädigungsregelungen** und
- enthält § 44a Abs. 3 ein **Vorkaufsrecht** für den Träger des Vorhabens.

Aus Gründen der **Verhältnismäßigkeit** werden mit der Ausweisung der Leitungsvorhaben im Bedarfsplangesetz nach § 12e Abs. 4 S. 1 **höhere Anforderungen**[3] an die **Voraussetzungen der Veränderungssperre nach der parallelen Regelung in § 16 NABEG** gestellt als in § 44a und nach den Regelungen über Veränderungssperren in den sonstigen Fachplanungsgesetzen. Die **Eingriffsintensität der Veränderungssperren** ist identisch. Hingegen ist der räumliche Geltungsbereich der Veränderungssperre nach § 16 NABEG ggf. geringer, da die Veränderungssperre auf einzelne Abschnitte von Trassenkorridoren zu beschränken ist.[4] 10

Die Veränderungssperre dient dem öffentlichen Zweck, die **Räume für die späteren Planfeststellungsverfahren zu sichern.** Im Vordergrund steht dabei nicht das private oder unter- 11

---

1 Begründung zum Entwurf eines Gesetzes zur Beschleunigung von Planungsverfahren für Infrastrukturvorhaben, BT-Drucks. 16/54, S. 40.
2 Vgl. § 16 NABEG Rn 18 ff.
3 Vgl. § 16 NABEG Rn 22 ff.
4 Vgl. § 16 NABEG Rn 34 ff.

nehmerische Interesse an einem möglichst profitablen Projekt. Eine Veränderungssperre nach § 44a Abs. 1 begründet für das gesamte, sich aus den ausgelegten Unterlagen ergebende Gebiet eine **Sperrwirkung**, um die **Gebiete** für die spätere Planfeststellung der Energieleitungen nach dem §§ 43ff. zu sichern.

12 Der **beschleunigte Netzausbau** u.a. der **Höchstspannungs-Übertragungsnetze** kann dadurch behindert oder ggf. sogar vereitelt werden, dass nach Auslegung der Planunterlagen auf den Flächen der voraussichtlich betroffenen Gebiete **Veränderungen** vorgenommen werden. **Wesentlich wertsteigernde Veränderungen** können die Entschädigungsverpflichtung für den Vorhabenträger erhöhen oder **die geplante Baumaßnahme erheblich erschwerende Veränderungen** die Verwirklichung des Vorhabens verzögern bzw. verteuern. Um dies zu verhindern, tritt per Gesetz die Sperrwirkung ein. In diesem Fall dürfen Vorhaben oder bauliche Anlagen nicht realisiert werden, die einer Verwirklichung der jeweiligen Stromleitung entgegenstehen. Sonstige erhebliche oder wesentlich wertsteigernde Veränderungen am Grundstück oder an baulichen Anlagen auf dem Grundstück sind untersagt.

3. Entstehungsgeschichte

13 Die Vorschrift wurde durch Art. 7 Nr. 6 des **Gesetzes zur Beschleunigung von Planungsverfahren für Infrastrukturvorhaben** (InfrPBG)[5] vom 9.12.2006 als § 44a mit Wirkung zum 17.12.2006 in das Gesetz eingefügt.

14 Die parallelen Normen in § 9a FStrG, § 15 WaStrG, § 8a LuftVG und § 19 AEG bestehen überwiegend bereits seit 1999/2000, was auch dazu führt, dass diese Normen mittlerweile von der Rechtsprechung auskonturiert worden sind.[6] Das EnWG kannte vor Einführung des § 44a eine vergleichbare Norm nicht.

II. Veränderungssperre (Abs. 1)

15 Abs. 1 S. 1 normiert den **Inhalt** der Veränderungssperre und deren **Rechtswirkungen**. Sämtliche vom Plan betroffenen Flächen sind als Inhalt der Veränderungssperre von deren Sperrwirkung erfasst.

16 Die Rechtsfolgen der Veränderungssperre treten mit dem maßgeblichen Zeitpunkt der Planauslegung oder individuellen Bekanntgabe gem. § 73 Abs. 3 S. 2 VwVfG nach Abs. 1 S. 1 ein. Als Wirkung der Veränderungssperre dürfen wesentlich wertsteigernde oder die geplante Baumaßnahme erheblich erschwerende Veränderungen nicht vorgenommen werden.

1. Unzulässige Maßnahmen (Abs. 1 S. 1)

17 Nach Abs. 1 S. 1 dürfen vom Beginn der Veränderungssperre auf den vom Plan betroffenen Flächen wesentlich wertsteigernde oder die geplante Baumaßnahme erheblich erschwerende Veränderungen nicht vorgenommen werden.

18 **Wesentlich wertsteigernde Veränderungen** sind alle tatsächlichen Maßnahmen, die den Grundstückswert des von der Veränderungssperre erfassten Grundstücks nicht nur unwesentlich erhöhen. Dies kann z.B. bei der Anlegung von Stellplätzen[7] oder etwa bei einer Intensivierung der land- oder forstwirtschaftlichen Nutzung der Fall sein.[8] Rechtliche Veränderungen,

5 BGBl. I 2006 S. 2833ff.
6 Vgl. dazu auch die Kommentierung zu § 16 NABEG.
7 BVerwG, Urt. v. 11.11.1998 – 11 A 13/97 –.
8 Vgl. Britz/Hellermann/Hermes/*Hermes*, § 44a Rn 5.

etwa die Verlängerung eines Pachtvertrages, sind hingegen nicht von der Sperrwirkung der Veränderungssperre erfasst.[9]

Des Weiteren dürfen keine **die geplante Baumaßnahme erheblich erschwerende Veränderungen** vorgenommen werden. Dies können sonstige erhebliche Veränderungen am Grundstück oder an einer baulichen Anlage, wie etwa Ablagerungen, Aufschüttungen oder Abgrabungen, sein, die zur Errichtung der planfestgestellten Leitungsanlage wieder beseitigt werden müssen. In Betracht kommt auch die Verlegung von Leitungen.[10] 19

Unter Missachtung der Veränderungssperre vorgenommene Veränderungen sind rechtswidrig. Dies hat zur Folge, dass der Eigentümer daraus später keine Rechte auf Entschädigung gegenüber dem Vorhabenträger geltend machen kann. 20

Die zuständigen Behörden können während des Bestands der Veränderungssperre gegen die Veränderungen mit den **Mitteln der Eingriffsverwaltung vorgehen.** § 44a Abs. 1 kann dafür mangels Bestimmtheit nicht als Ermächtigungsgrundlage dienen, vielmehr kommt das Bauordnungsrecht des jeweiligen Landes in Betracht. Von Bedeutung sind die Untersagung von wertsteigernden Veränderungen und die Beseitigung von Veränderungen, die die geplante Baumaßnahme erheblich erschweren. Die entsprechenden Normen sind im Regelfall Ermessensvorschriften,[11] jedoch hat der Vorhabenträger auf das Eingreifen wegen des Schutznormcharakters von § 44a Abs. 1 einen Anspruch.[12] 21

a) Beginn und Ende (ipso iure)

Die Wirkung der Veränderungssperre tritt nach Abs. 1 S. 1 ein: 22
- mit **Beginn der Auslegung** der Pläne im Planfeststellungsverfahren **(Var. 1)** oder
- von dem **Zeitpunkt** an, zu dem den **Betroffenen** Gelegenheit gegeben wird, den **Plan einzusehen (Var. 2).**

Nach § 73 Abs. 3 S. 1 VwVfG i.V.m. § 43 a Nr. 1 haben die Gemeinden einen ihnen nach § 73 Abs. 2 VwVfG zugeleiteten Plan innerhalb von zwei Wochen nach Zugang für die Dauer eines Monats zur Einsicht auszulegen. **Die Veränderungssperre beginnt nach Var. 1 grds. am ersten Tag der Auslegung des Plans.**[13] 23

Davon abweichend beginnt die Veränderungssperre bei individueller Planeinsicht mit dem Moment der Möglichkeit der Einsichtnahme: Nach §73 Abs. 3 S. 2 VwVfG kann auf eine Auslegung verzichtet werden, wenn der Kreis der Betroffenen bekannt ist und ihnen innerhalb angemessener Frist Gelegenheit gegeben wird, den Plan einzusehen. §73 Abs. 3 S. 2 VwVfG ist nicht anwendbar, wenn ein Vorhaben UVP-pflichtig ist, weil in diesen Fällen nach §9 Abs. 1 S. 1 und 3 UVPG neben der betroffenen Öffentlichkeit auch die allgemeine Öffentlichkeit zu beteiligen ist.[14] 24

Da jedoch – anders als in entsprechenden Regelungen des Fachplanungsrechts[15] – in Abs. 1 S. 1 ein Hinweis auf § 73 Abs. 3 VwVfG fehlt, erstreckt sich der Anwendungsbereich der Vorschrift sowohl auf die Fälle des § 73 Abs. 3 S. 2 VwVfG als auch auf **sonstige Fälle,** in denen es nicht zu einer Auslegung des Plans kommt, aber die Voraussetzungen des § 44a Abs. 1 S. 1 Alt. 2 erfüllt sind. Insbesondere greift die Veränderungssperre auch in den **Verfahren, an deren Ende die Plangenehmigung oder der Planverzicht** steht.[16] 25

---

9 OLG Sachsen-Anhalt, Urt. v. 26.8.2010 – 2 U 14/10 –.
10 Britz/Hellermann/Hermes/*Hermes*, § 44a Rn 6.
11 Vgl. §§ 79, 80 MBauO.
12 Britz/Hellermann/Hermes/*Hermes*, § 44a Rn 10 m.w.N.
13 Danner/Theobald/*Missling*, EnWG, § 44a Rn 6.
14 Stelkens/Bonk/Sachs/*Bonk/Neumann*, § 73 Rn 65.
15 Vgl. § 19 Abs. 1 S. 1 AEG.
16 Danner/Theobald/*Missling*, EnWG, § 44a Rn 6.

26 **Die Veränderungssperre endet** nach Abs. 1 S. 1 **mit der Inanspruchnahme der Flächen** durch den Träger des Vorhabens. Unter dem Begriff der „Inanspruchnahme" ist die Begründung einer Rechtsposition zu verstehen, die es dem Vorhabenträger gestattet, die bisher aufgrund der Veränderungssperre verbotenen Maßnahmen kraft eigenen Rechts auszuschließen.[17] Dazu zählen:
- der Erwerb des Eigentums,
- Erlangung des Besitzes oder
- die Bestellung einer Dienstbarkeit.[18]

b) Räumlicher Geltungsbereich

27 Die Veränderungssperre betrifft nach Abs. 1 S. 1 **die vom Plan betroffenen Flächen.** Grundstücke, die an die vom Plan betroffenen Flächen angrenzen, sind nicht erfasst.[19] Somit ist der ausgelegte oder zur Einsicht in sonstiger Weise zur Verfügung gestellte Plan inklusive des Grunderwerbsverzeichnisses und des Grunderwerbsplans die Grundlage zur Bestimmung des räumlichen Anwendungsbereichs der Veränderungssperre.[20] Voraussetzung der Entstehung der Veränderungssperre ist, dass der Plan parzellenscharf darstellt, welche Grundstücke oder Grundstücksteile im Sinne von Abs. 1 S. 1 betroffen sind.[21]

28 Es kommt nicht darauf an, ob die Flächen für das **Vorhaben** selbst, für **Folgemaßnahmen** an Anlagen Dritter (§ 75 Abs. 1 S. 1 VwVfG) oder für Maßnahmen der **landschaftspflegerischen Begleitplanung** (§ 20 IV BNatSchG) benötigt werden.[22]

c) Wirkungen

29 Sowohl die Veränderungssperre als auch das gesetzliche Vorkaufsrecht stellen **Inhalts- und Schrankenbestimmungen des Eigentums im Sinne von Art. 14 Abs. 1 S. 2, Abs. 2 GG** dar. Diese sind auch zulässig, da die Realisierung von Energieleitungen im Regelfall dem Allgemeinwohl dient, jedenfalls im Rahmen der **Planrechtfertigung** aber mit den Zielen von § 1 Abs. 1 übereinstimmen muss. Dies wird auch in der enteignungsrechtliche Vorwirkung von Planfeststellungsbeschluss und Plangenehmigung nach § 45 Abs. 1 deutlich. Die Beschränkung der Veränderungssperre auf wesentliche und erhebliche Veränderungen sowie die Regelungen des § 44 Abs. 1 S. 2, Abs. 2 dienen der **Wahrung des Verhältnismäßigkeitsgrundsatzes.**

30 Eine Regelung wie bei § 9a Abs. 5 FStrG, wonach die oberste Landesstraßenbaubehörde **Ausnahmen von der Veränderungssperre** zulassen kann, wenn überwiegende öffentliche Belange nicht entgegenstehen, **besteht** ausweislich des Wortlauts von § 44a **nicht.**

31 Die Sperrwirkung von Abs. 1 S. 1 wirkt auch gegenüber den kommunalen Planungsträgern. Ein **Bebauungsplan**, der **der Veränderungssperre widersprechende** Vorhaben bauplanungsrechtlich legalisiert, ist nicht erforderlich im Sinne von § 1 Abs. 3 BauGB und daher **nichtig.**[23]

---

17 Danner/Theobald/*Missling*, EnWG, § 44a Rn 8.
18 Danner/Theobald/*Missling*, EnWG, § 44a, Rn 8; Britz/Hellermann/Hermes/*Hermes*, § 44a Rn 13 jeweils m.w.N.
19 OVG Lüneburg, Urt. v. 21.6.2006 – 7 KS 63/03 –, – 7 KS 63/04 –.
20 Danner/Theobald/*Missling*, EnWG, § 44a Rn 9.
21 Danner/Theobald/*Missling*, EnWG, § 44a Rn 9.
22 Britz/Hellermann/Hermes/*Hermes*, § 44a Rn 13.
23 BVerwG, Beschl. v. 21.1.1993 – 4 B 206/92 –; BVerwG, Urt. v. 12.8.1999 – 4 CN 4/98 –; VGH Mannheim, Urt. v. 14.11.1996 – 5 S 5/95 –.

Die Veränderungssperre hat auch Auswirkungen auf das Gewicht, mit dem die **Belange Betroffener** in die **Abwägung in der Planungsentscheidung** einzustellen sind.[24] Rechtswidrige, entgegen der Veränderungssperre vorgenommene Änderungen bleiben in der Abwägung unberücksichtigt. 32

2. Bestandsschutz (Abs. 1 S. 2)

Nach Abs. 1 S. 2 werden Veränderungen, die in rechtlich zulässiger Weise vorher begonnen worden sind, Unterhaltungsarbeiten und die Fortführung einer bisher ausgeübten Nutzung von der Veränderungssperre nicht berührt. Hierfür ist der **tatsächliche Beginn der Veränderungen maßgeblich**. Der Zeitpunkt, zu dem eine Veränderung öffentlich-rechtlich gestattet oder zugelassen ist, ist ohne Bedeutung. Die Ausnahme nach Abs. 1 S. 2 zielt auf den tatsächlichen Gebrauch einer Genehmigung.[25] 33

Die Veränderungssperre muss sich jederzeit durch das Vorhaben „rechtfertigen", dessen Verwirklichung sie dient. Ist das nicht (mehr) der Fall, steht also etwa eine beabsichtigte Geländeinanspruchnahme in keinerlei Zusammenhang mit dem betreffenden Ausbauvorhaben oder erweist sich schlichtweg als willkürlich, oder entfällt nachträglich der Sicherungszweck, weil das Vorhaben nicht mehr ernsthaft betrieben wird, aufgegeben wurde oder endgültig unmöglich geworden ist, kann die **Berufung auf die Veränderungssperre rechtsmissbräuchlich** sein.[26] 34

3. Unzulässige Veränderungen (Abs. 1 S. 3)

Unzulässige Veränderungen sind solche, die durch die Veränderungssperre untersagt, also rechtswidrig sind. Bei Anordnungen nach § 74 Abs. 2 S. 2 VwVfG und im Entschädigungsverfahren gem. Abs. 1 S. 3 bleiben unzulässige Veränderungen unberücksichtigt. 35

4. Entschädigung (Abs. 2)

a) Allgemeines

Die Veränderungssperre ist nach Abs. 1 S. 1 durch die Eigentümer der betroffenen Grundstücke zunächst **grds. ohne Anspruch auf Entschädigung zu dulden**. Nach der entschädigungslosen Zeitdauer von vier bzw. fünf Jahren haben die betroffenen Eigentümer jedoch einen Anspruch auf Entschädigung für die durch die Veränderungssperre nach Ablauf der entschädigungslosen Zeit entstandenen Vermögensnachteile. Unter den Voraussetzungen von Abs. 2 S. 2, 3 kann auch die Vereinbarung einer beschränkt persönlichen Dienstbarkeit verlangt werden. Abs. 2 S. 4 verweist hinsichtlich des anzuwendenden Verfahrensrechts auf § 45. 36

b) Entschädigungsverpflichteter und -berechtigter

Ausweislich des Wortlauts kommt als **Entschädigungsberechtigter** nur der **Eigentümer** in Betracht. In verfassungskonformer Auslegung wird der Kreis der Berechtigten jedoch auf **sonstige dingliche Berechtigte erweitert**.[27] 37

Entschädigungsverpflichtet ist der **Vorhabenträger** als durch die Veränderungssperre Begünstigter. 38

---

24 Zur Parallelvorschrift § 19 AEG Hermes/Sellner/*Schütz*, § 19 Rn 9.
25 BGH, Urt. v. 3.3.2005 – III ZR 186/04 –.
26 OVG Saarlouis, Urt. v. 25.9.1987 – 2 R 150/84 –.
27 Für das FStrG Marschall/*Schlosser*, § 9a Rn 8, für das AEG Hermes/Sellner/*Schütz*, § 19 Rn 35.

c) Voraussetzungen und Umfang der Entschädigung (Abs. 2 S. 1)

39 Für die **Zeitdauer von vier** bzw. im Falle von Hochspannungsfreileitungen **fünf Jahren** muss der Eigentümer die Wirkung der Veränderungssperre **ohne Anspruch auf Entschädigung dulden**.

40 Dauert die Veränderungssperre länger als vier Jahre, im Falle von Hochspannungsfreileitungen länger als fünf Jahre, können nach Abs. 2 S. 1 die Eigentümer für die dadurch entstandenen Vermögensnachteile **Entschädigung** verlangen.

41 Die um ein Jahr **verlängerte entschädigungsfreie Zeit für Hochspannungsfreileitungen** besteht aufgrund der besonderen Komplexität der Vorhaben. Hochspannungsfreileitungen sind solche, die in Freileitungsbauweise mit 110 kV-Nennspannung oder mehr betrieben werden.

42 Die **Frist beginnt mit der Wirksamkeit der Veränderungssperre**, also ab der Planauslegung bzw. der individuellen Bekanntgabe der Planunterlagen gem. § 73 Abs. 3 S. 2 VwVfG.

43 **Entschädigung** kann **nur** für Substanzverluste als **unmittelbare Vermögensschäden** gewährt werden.[28] Entgangener Gewinn ist in diesem Rahmen nicht ersatzfähig. Die Entschädigung wird nicht (rückwirkend) für den Zeitraum gewährt, in dem die Veränderungssperre entschädigungslos zu dulden war.[29]

44 Die Höhe der Entschädigung wird wie bei der Veränderungssperre nach BauGB **durch die infolge der Nutzungsbeschränkung eingetretene Minderung des Bodenwertes** bestimmt.[30] In Fällen erschwerter Nutzung orientiert sich die Höhe der Entschädigung an der sog. **„Bodenrente“**. Dies ist der Betrag, den ein entsprechender Nutzungswilliger für ein Nutzungsrecht der faktisch nicht mehr möglichen Nutzung am Grundstück hätte zahlen müssen.[31] Die vereitelte Nutzung muss zulässig und der Entschädigungsberechtigte auch in der Lage und gewillt gewesen sein, die Nutzung zu verfolgen.

d) Vereinbarung einer beschränkt persönlichen Dienstbarkeit (Abs. 2 S. 2)

45 Nach Abs. 2 S. 2 können die Eigentümer ferner die **Vereinbarung einer beschränkt persönlichen Dienstbarkeit** für die vom Plan betroffenen Flächen verlangen, wenn es ihnen mit Rücksicht auf die Veränderungssperre wirtschaftlich nicht zuzumuten ist, die Grundstücke in der bisherigen oder einer anderen zulässigen Art zu benutzen.

46 Die Eigentümer können die Vereinbarung einer beschränkt persönlichen Dienstbarkeit neben der Entschädigung verlangen. Für den Entschädigungsverpflichteten besteht ein **Kontrahierungszwang**.

e) Enteignung (Abs. 2 S. 3 und 4)

47 Kommt eine Vereinbarung nach Abs. 2 S. 2 nicht zustande, können die Eigentümer die entsprechende Beschränkung des Eigentums an den Flächen verlangen, wobei nach Abs. 2 S. 4 im Übrigen § 45 gilt.

f) Verfahren und Rechtsschutz

48 Über die Entschädigung eines Grundstückseigentümers für Vermögensnachteile aufgrund einer Veränderungssperre entscheidet die **Enteignungsbehörde**. Die Durchführung des Verfahrens vor der Enteignungsbehörde stellt für die gerichtliche Geltendmachung beider Ansprüche eine

---

28 Britz/Hellermann/Hermes/*Hermes*, § 44a Rn 17.
29 BK-EnR/*Pielow*, EnWG, § 44a Rn 8.
30 BGH, Urt. v. 25.6.1959 – III ZR 220/57 –.
31 BGH, Urt. v. 11.6.1992 – III ZR 210/90 –.

Sachurteilsvoraussetzung dar. Damit soll – auch im Interesse einer weitgehenden Entlastung der Gerichte – die besondere Sachkunde der Verwaltungsbehörde nutzbar gemacht und eine gleichmäßige Behandlung aller Beteiligten gewährleistet werden.[32] Ohne vorausgegangenes **Vorschaltverfahren** besteht für die Anrufung des Gerichts nicht das erforderliche **Rechtsschutzbedürfnis**.

Das Erfordernis eines Vorschaltverfahrens hängt nicht davon ab, ob die Behörde im bisherigen Verfahren ihren Förderungspflichten hinreichend nachgekommen ist.[33] 49

III. Vorkaufsrecht (Abs. 3)

Nach Abs. 3 steht dem Träger des Vorhabens in den Fällen des Abs. 1 S. 1 an den betroffenen 50
Flächen kraft Gesetzes ein Vorkaufsrecht zu.

a) Allgemeines

Das Vorkaufsrecht dient der effektiven Umsetzung des geplanten Vorhabens durch den Vorha- 51
benträger. Im Falle des Verkaufs durch den ursprünglichen Grundstückseigentümer kann **durch die Ausübung des Vorkaufsrechts** ein **komplexes Enteignungsverfahren vermieden** werden.

Ursprünglich war die Regelung des Vorkaufsrechts auch zur Vereitelung des **Erwerbs von** 52
Sperrgrundstücken durch Verbände angedacht. Diese Befürchtung dürfte durch die Ausweitung der **Verbandsklagerechte** relativiert sein; auch wenn in diesen Fällen auch eine Vollüberprüfung der Planentscheidung nicht möglich ist.[34]

b) Anwendungsbereich

Das gesetzliche Vorkaufsrecht betrifft in räumlicher und zeitlicher Hinsicht genau die Grundstü- 53
cke, die auch von der Veränderungssperre nach Abs. 1 S. 1 erfasst sind. Die **Wirkbereiche der Vorschriften sind kongruent**.

Die Vorschrift ist aufgrund der **Grundrechtsrelevanz** im Hinblick auf Art. 14 GG eng auszu- 54
legen. Dadurch ist ein Vorkaufsrecht ausgeschlossen, wenn Grundstücke nur vorrübergehend in Anspruch genommen werden sollen, etwa während der Phase der Baudurchführung. Ein Eigentumsübergang wäre in solchen Fällen nicht aus dem Plan heraus gerechtfertigt.[35] Außerdem ist das Vorkaufsrecht ausgeschlossen, wenn statt eines vollständigen oder teilweisen Erwerbs nur ein dingliches Nutzungsrecht eingetragen werden soll.

c) Ausübung und Rechtswirkung

Auf das Vorkaufsrecht nach Abs. 3 finden die **zivilrechtlichen Regeln der §§ 463–473 BGB** 55
entsprechende Anwendung.[36] Nach den schuldrechtlichen Regeln setzt die Ausübung zunächst einen wirksamen Kaufvertrag zwischen dem Vorkaufsverpflichteten und einem Dritten voraus. Das Vorkaufsrecht kann durch einseitige empfangsbedürftige Willenserklärung des Vorhabenträgers gegenüber dem Vorkaufsverpflichteten ausgeübt werden. Durch die Ausübung

32 BGH, Beschl. v. 24.10.1991 – III ZR 96/90 –.
33 BGH, Beschl. v. 24.10.1991 – III ZR 96/90 –.
34 Danner/Theobald/*Missling*, EnWG, § 44a Rn 35: *„nach wie vor sinnvoll"*.
35 BK-EnR/*Pielow*, EnWG, § 44a Rn 11.
36 Vgl. BVerwG, Beschl. v. 30.12.1996 – 11 VR 21/95 –.

kommt ein neuer Kaufvertrag zwischen dem Vorhabenträger und dem Vorkaufsverpflichteten mit den Bedingungen, wie sie mit dem Dritten vereinbart sind, zustande. Die Ausübung durch den Vorhabenträger ist kein Verwaltungsakt, sondern eine zivilrechtliche Handlung, sodass der Rechtsschutz dagegen vor den Zivilgerichten zu suchen ist.

56 Die **Ausübung des** gesetzlichen **Vorkaufsrechts** im Sinne von §§ 1094ff. BGB hat keine dingliche, sondern **nur schuldrechtliche Wirkung**, was von Einfluss auf die Bedeutung des Vorkaufsrechts für den Vorhabenträger und die Rechtsschutzmöglichkeiten des Dritten ist.

57 Übt ein Vorhabenträger das Vorkaufsrecht in Bezug auf ein Grundstück aus, das ein Antragsteller/Kläger im Laufe des Planfeststellungsverfahrens vom Vorkaufsverpflichteten zu Eigentum erworben hat, kann dieser trotzdem gegen den Planfeststellungsbeschluss klagen. Aufgrund der fehlenden dinglichen Wirkung des Vorkaufsrechts wird die Antrags- und **Klagebefugnis** nicht in Frage gestellt, wenn sich der vorherige Käufer später gegen den Planfeststellungsbeschluss wehrt.

> *„Die Eigentümerstellung des Antragstellers, aus der sich seine Klage- und Antragsbefugnis herleitet, wird durch die Ausübung des gesetzlichen Vorkaufsrechts nämlich nicht berührt. Auf dieses sind die §§ 504ff. BGB entsprechend anzuwenden. Durch seine Ausübung kommt ein neuer selbständiger Kaufvertrag zwischen dem Berechtigten und dem Verpflichteten unter den Bestimmungen zustande, welche der Verpflichtete mit dem Dritten vereinbart hat, § 505 Abs. 2 BGB. Eine dingliche Wirkung hat die Ausübung des gesetzlichen Vorkaufsrechts dagegen nicht. Sie wirkt deswegen nicht gegenüber dem Antragsteller, der das Grundstückseigentum im Jahre 1994 von den Vorkaufsverpflichteten erworben hat."*[37]

58 Erfüllt der Vorkaufsverpflichtete den Kaufvertrag mit dem Dritten, wird dieser durch §§ 873, 925, 893 Abs. 1 BGB Eigentümer des Grundstücks. In einem solchen Fall bleibt der Vorkaufsberechtigte auf Schadensersatzansprüche beschränkt. Lediglich die Eintragung einer **Vormerkung** könnte das Vorkaufsrecht dinglich absichern.[38] Das gesetzliche Vorkaufsrecht wird daher auch als „stumpfes Schwert" gesehen.[39]

---

37 BVerwG, Urt. v. 30.12.1996 – 11 VR 21/95 –.
38 BK-EnR/*Pielow*, EnWG, § 44a Rn 12.
39 Hermes/Sellner/*Schütz*, § 19 Rn 67.

§ 44b Vorzeitige Besitzeinweisung

(1) Ist der sofortige Beginn von Bauarbeiten geboten und weigert sich der Eigentümer oder Besitzer, den Besitz eines für den Bau, die Änderung oder Betriebsänderung von Hochspannungsfreileitungen, Erdkabeln oder Gasversorgungsleitungen im Sinne des § 43 benötigten Grundstücks durch Vereinbarung unter Vorbehalt aller Entschädigungsansprüche zu überlassen, so hat die Enteignungsbehörde den Träger des Vorhabens auf Antrag nach Feststellung des Plans oder Erteilung der Plangenehmigung in den Besitz einzuweisen. Der Planfeststellungsbeschluss oder die Plangenehmigung müssen vollziehbar sein. Weiterer Voraussetzungen bedarf es nicht.

(1a) Der Träger des Vorhabens kann verlangen, dass nach Abschluss des Anhörungsverfahrens gemäß § 43a eine vorzeitige Besitzeinweisung durchgeführt wird. In diesem Fall ist der nach dem Verfahrensstand zu erwartende Planfeststellungsbeschluss dem vorzeitigen Besitzeinweisungsverfahren zugrunde zu legen. Der Besitzeinweisungsbeschluss ist mit der aufschiebenden Bedingung zu erlassen, dass sein Ergebnis durch den Planfeststellungsbeschluss bestätigt wird. Anderenfalls ist das vorzeitige Besitzeinweisungsverfahren auf der Grundlage des ergangenen Planfeststellungsbeschlusses zu ergänzen.

(2) Die Enteignungsbehörde hat spätestens sechs Wochen nach Eingang des Antrags auf Besitzeinweisung mit den Beteiligten mündlich zu verhandeln. Hierzu sind der Antragsteller und die Betroffenen zu laden. Dabei ist den Betroffenen der Antrag auf Besitzeinweisung mitzuteilen. Die Ladungsfrist beträgt drei Wochen. Mit der Ladung sind die Betroffenen aufzufordern, etwaige Einwendungen gegen den Antrag vor der mündlichen Verhandlung bei der Enteignungsbehörde einzureichen. Die Betroffenen sind außerdem darauf hinzuweisen, dass auch bei Nichterscheinen über den Antrag auf Besitzeinweisung und andere im Verfahren zu erledigende Anträge entschieden werden kann.

(3) Soweit der Zustand des Grundstücks von Bedeutung ist, hat die Enteignungsbehörde diesen bis zum Beginn der mündlichen Verhandlung in einer Niederschrift festzustellen oder durch einen Sachverständigen ermitteln zu lassen. Den Beteiligten ist eine Abschrift der Niederschrift oder des Ermittlungsergebnisses zu übersenden.

(4) Der Beschluss über die Besitzeinweisung ist dem Antragsteller und den Betroffenen spätestens zwei Wochen nach der mündlichen Verhandlung zuzustellen. Die Besitzeinweisung wird in dem von der Enteignungsbehörde bezeichneten Zeitpunkt wirksam. Dieser Zeitpunkt soll auf höchstens zwei Wochen nach Zustellung der Anordnung über die vorzeitige Besitzeinweisung an den unmittelbaren Besitzer festgesetzt werden. Durch die Besitzeinweisung wird dem Besitzer der Besitz entzogen und der Träger des Vorhabens Besitzer. Der Träger des Vorhabens darf auf dem Grundstück das im Antrag auf Besitzeinweisung bezeichnete Bauvorhaben durchführen und die dafür erforderlichen Maßnahmen treffen.

(5) Der Träger des Vorhabens hat für die durch die vorzeitige Besitzeinweisung entstehenden Vermögensnachteile Entschädigung zu leisten, soweit die Nachteile nicht durch die Verzinsung der Geldentschädigung für die Entziehung oder Beschränkung des Eigentums oder eines anderen Rechts ausgeglichen werden. Art und Höhe der Entschädigung sind von der Enteignungsbehörde in einem Beschluss festzusetzen.

(6) Wird der festgestellte Plan oder die Plangenehmigung aufgehoben, so sind auch die vorzeitige Besitzeinweisung aufzuheben und der vorherige Besitzer wieder in den Besitz einzuweisen. Der Träger des Vorhabens hat für alle durch die Besitzeinweisung entstandenen besonderen Nachteile Entschädigung zu leisten.

(7) Ein Rechtsbehelf gegen eine vorzeitige Besitzeinweisung hat keine aufschiebende Wirkung. Der Antrag auf Anordnung der aufschiebenden Wirkung nach § 80 Abs. 5 Satz 1 der Verwaltungsgerichtsordnung kann nur innerhalb eines Monats nach der Zustellung des Besitzeinweisungsbeschlusses gestellt und begründet werden.

Übersicht

I. Allgemeines

1. Überblick über die Norm

1 **Abs. 1** regelt die **Voraussetzungen der vorzeitigen Besitzeinweisung** und normiert einen Anspruch des Vorhabenträgers auf vorzeitige Besitzeinweisung nach Feststellung des Plans.

2 Nach **Abs. 1a** kann bereits in einem früheren Stadium, **nach Abschluss des Anhörungsverfahrens**, ein vorzeitiges Besitzeinweisungsverfahren durchgeführt werden. Nach **Abs. 1a S. 3** muss der Besitzeinweisungsbeschluss in diesem Fall unter der **aufschiebenden Bedingung** erlassen werden, dass sein Ergebnis durch den Planfeststellungsbeschluss bestätigt wird.

3 **Abs. 2 und 3** treffen Regelungen über das **anzuwendende Verwaltungsverfahren**. So ist nach **Abs. 2 S. 1** eine **mündliche Verhandlung** der Enteignungsbehörde mit den Beteiligten obligatorisch.

4 **Abs. 4** betrifft die **Rechtswirkungen** und die **Bekanntgabe** des vorzeitigen Besitzeinweisungsbeschlusses nach Abs. 1 oder Abs. 1a.

5 **Abs. 5** normiert eine **Entschädigungspflicht** des Vorhabenträgers. Die Vorschrift hat einen anderen sachlichen Anwendungsbereich als § 45a, da es nicht um Nebenanordnungen einer Entscheidung des Fachplanungsrechts geht. Nach **Abs. 5 S. 2** wird die **Höhe der Entschädigung** grds. nicht durch Verhandlung, sondern durch Behördenentscheidung bestimmt.

Abs. 6 normiert die Abhängigkeit des vorzeitigen Besitzeinweisungsbeschlusses vom Bestand des festgestellten oder genehmigten Plans. Zwar ist die Rechtmäßigkeit der Besitzeinweisung akzessorisch, allerdings bedarf es im Falle der Rechtswidrigkeit der Aufhebung der Besitzeinweisung. 6

Abs. 7 trifft Regelungen zum **Rechtsschutz des Betroffenen**, die als lex specialis § 80 Abs. 1, Abs. 5 S. 1 VwGO vorgehen. 7

2. Regelungszweck

Im Planfeststellungsverfahren bleiben die Rechte privater Dritter grds. unberührt. Die Verwirklichung der planfestgestellten oder -genehmigten Vorhaben macht jedoch in der Regel den Zugriff auf fremden Grund und Boden unvermeidbar. Der Zugriff auf die erforderlichen Grundstücke wird durch das sich **dem Zulassungsverfahren nach § 45 anschließende** bzw. nach **§ 45b parallel verlaufende Enteignungsverfahren** ermöglicht. 8

Will der Vorhabenträger bereits **vor Abschluss des Enteignungsverfahrens mit der Verwirklichung des Vorhabens beginnen**, muss er sich mit dem Eigentümer **gütlich einigen**. Kommt eine solche Einigung nicht zustande, kann er sich in den **Besitz einweisen lassen.** 9

Die vorzeitige Besitzeinweisung soll bereits **vor Abschluss des Enteignungsverfahrens** dem Vorhabenträger Klarheit über den zügigen Beginn der Arbeiten auf konfliktträchtigen Grundstücken geben, sodass dessen Planungssicherheit verbessert wird. Damit trägt die Norm praktisch unumgänglichen Erfordernissen Rechnung: Die Umsetzung planfeststellungsfähiger Vorhaben ist häufig komplex und bedarf der Vernetzung verschiedener Gewerke, was schon vor der Enteignung Abstimmungsbedarf und damit ein besonderes Bedürfnis nach Planungssicherheit auslöst. 10

Der mit § 27 Abs. 1 NABEG identische, neu eingefügte Abs. 1a sorgt für **zusätzliche Beschleunigung**, indem danach das **vorzeitige Besitzeinweisungsverfahren** bereits **parallel zum Zulassungsverfahren** ablaufen kann, sodass die vorzeitige Besitzeinweisung unmittelbar mit dem Planerlass bzw. der Plangenehmigung wirksam wird. 11

3. Entstehungsgeschichte

Die Vorschrift wurde durch Art. 7 Nr. 6 des **Gesetzes zur Beschleunigung von Planungsverfahren für Infrastrukturvorhaben** (InfrPBG)[1] vom 9.12.2006 als § 44b mit Wirkung zum 17.12.2006 in das Gesetz eingefügt. 12

Die Vorschrift ist § 21 AEG, § 20 WaStrG, § 27g LuftVG, § 6 MBPlG, § 29a PBefG, § 18f FStrG sowie Regelungen in zahlreichen Landesstraßen und -abfallgesetzen ähnlich gestaltet. Diese Normen bestehen mehrheitlich bereits seit 1999/2000, was auch dazu führt, dass diese Normen mittlerweile von der Rechtsprechung auskonturiert worden sind. Das EnWG kannte eine solche Regelung bislang nicht.[2] 13

Die letzte Änderung erfolgte mit der Einfügung von Abs. 1a durch Art. 2 Nr. 7 des **Gesetzes über Maßnahmen zur Beschleunigung des Ausbaus Elektrizitätsnetze**[3] vom 28.7.2011 mit Wirkung zum 5.8.2011. Die Einfügung von Abs. 1a sorgt für den Gleichlauf der Vorschriften des EnWG mit den Regelungen des NABEG. 14

Der Bundesrat hat die Einfügung von §§ 44b Abs. 1a, 45b in seiner Stellungnahme[4] mit folgender Begründung **abgelehnt:** 15

1 BGBl. I 2006 S. 2833 ff.
2 Zur Rechtslage vor Erlass des § 44b vgl. *Riedel*, RdE 2008, 81 ff.
3 BGBl. I 2011 S. 1690 ff.
4 BT-Drucks. 17/6249, S. 15.

„Eine aufschiebend bedingte Besitzeinweisung vor dem förmlichen Abschluss des tragenden Genehmigungsverfahrens brächte allenfalls Zeitgewinne von wenigen Wochen [...] Auch die Einräumung eines Rechtsanspruchs auf ein paralleles Besitzeinweisungsverfahren des mit Verfahrensrecht und örtlichen Verhältnissen weniger vertrauten Vorhabenträgers ist verfehlt. Wenn es überhaupt ein Parallelverfahren geben kann, muss das im Ermessen der fachkundigen Behörde liegen, die das Verfahren auch gegenüber Betroffenen und Öffentlichkeit zu verantworten hat."

16 Die Bundesregierung hat den Vorschlag des Bundesrates abgelehnt und misst der Möglichkeit der parallelen Durchführung von vorzeitiger Besitzeinweisung und Zulassungsverfahren unter Vorbehalt ein Beschleunigungspotenzial bei. Die Durchführung eines Besitzeinweisungsverfahrens noch vor dem Planerlass – wie sie auch Gegenstand von § 27 Abs. 1 NABEG ist – ist **erstmals Gegenstand eines Fachplanungsgesetzes** und geht über die bisher bestehenden Möglichkeiten hinaus.

II. Vorzeitige Besitzeinweisung (Abs. 1 S. 1)

1. Voraussetzungen (Abs. 1 S. 1, 2, 3)

17 Das vorzeitige Besitzeinweisungsverfahren findet nur **auf Antrag des Vorhabenträgers** statt. Die vorzeitige Besitzeinweisung nach Abs. 1 kann erst **nach Feststellung des Plans oder Erteilung der Plangenehmigung** erfolgen. In diesem muss er sein Verlangen nach Besitzeinweisung und das Vorliegen der dafür erforderlichen Voraussetzungen darlegen.

18 Der Eigentümer oder Besitzer muss sich **weigern, den Besitz** eines für den Bau, die Änderung oder Betriebsänderung von Hochspannungsfreileitungen, Erdkabeln oder Gasversorgungsleitungen im Sinne des § 43 benötigten Grundstücks **durch Vereinbarung unter Vorbehalt aller Entschädigungsansprüche** dem Vorhabenträger **zu überlassen** (Abs. 1 S. 1). Die Voraussetzung verdeutlicht den Vorrang der gütlichen Einigung zwischen Vorhabenträger und Eigentümer. Die Weigerung des Eigentümers kann der Vorhabenträger als Voraussetzung seines Anspruchs auf Besitzeinweisung nur hinreichend darlegen, wenn er **Gespräche mit dem Eigentümer** geführt hat und diese nicht zu einer Vereinbarung geführt haben. Ein **Kaufangebot** muss dem Eigentümer zu diesem Zeitpunkt jedoch nicht unterbreitet worden sein.[5]

19 Der **sofortige Beginn von Bauarbeiten** muss **geboten** sein (Abs. 1 S. 1). Dies ist der Fall, wenn das Verwirklichungsinteresse des Vorhabenträgers das Ruheinteresse des Eigentümers überwiegt.[6] Die Dringlichkeit der Bauarbeiten ist durch den Vorhabenträger **plausibel darzulegen.**[7]

20 Der Planfeststellungsbeschluss oder die Plangenehmigung müssen **vollziehbar sein**, Abs. 1 S. 2. **Rechtsbehelfe** gegen den Planfeststellungsbeschluss bzw. die Plangenehmigung **haben** nach § 43e Abs. 1 S. 1 **keine aufschiebende Wirkung**, sodass die Vollziehbarkeit in der Regel mit der Wirksamkeit nach § 43 VwVfG zusammenfällt.[8] Die Vollziehbarkeit kann jedoch infolge eines Antrags auf Anordnung der aufschiebenden Wirkung nach § 80 Abs. 5 S. 1 VwGO gehemmt sein.[9]

---

5 Hermes/Sellner/*Schütz*, § 21 Rn 21.
6 Vgl. Britz/Hellermann/Hermes/*Hermes*, § 44b Rn 7; zur Zulässigkeit von Vorarbeiten vgl. die Kommentierung zu § 44 Rn 19 ff.
7 VGH München, Beschl. v. 23.4.2002 – 8 AS 02.40027 –.
8 Vgl. § 43e Rn 17 f.
9 Vgl. § 43e Rn 24 ff.

Weiterer Voraussetzungen bedarf es nach Abs. 1 S. 3 **nicht**. Dies verdeutlicht den abschließenden Charakter der Regelung.[10] 21

2. Anspruchsinhalt

Wenn die Voraussetzungen nach Abs. 1 S. 1 und 2 vorliegen, hat der Vorhabenträger einen **Anspruch auf Erlass des Besitzeinweisungsbeschlusses**. Durch diesen wird der Vorhabenträger neuer Besitzer des Grundstücks. Der ursprüngliche Besitzer verliert seinen Besitz. 22

III. Besitzeinweisung vor Planerlass – Vorvorzeitige Einweisung (Abs. 1a)

1. Parallelvorschrift in § 27 Abs. 1 NABEG

Abs. 1a ist inhaltsgleich mit **§ 27 Abs. 1 NABEG**. Indem § 27 Abs. 1 S. 2 NABEG hinsichtlich der materiell-rechtlichen Voraussetzungen auf § 44b verweist, wird **dieselbe Regelungswirkung** erreicht, wie es **§ 44b** vorsieht. Die Vorschrift des § 44b ist maßgeblich für § 27 NABEG, während Rückwirkungen des NABEG auf das EnWG nicht bestehen. 23

Vorzeitig ist eigentlich nicht die Besitzeinweisung selbst. Diese ist mit einer **aufschiebenden Bedingung** zu erlassen, so dass sie erst bei Bestätigung durch den Planfeststellungsbeschluss die ihr zugedachte rechtliche Wirkung entfalten kann. Trotzdem handelt es sich um einen wirksamen Verwaltungsakt. 24

2. Allgemeines

Nach Abs. 1a S. 1 kann der Vorhabenträger bereits vor Erlass des Planfeststellungsbeschlusses **verlangen**, dass eine **vorzeitige Besitzeinweisung** durchgeführt wird. Auf den Erlass des vorzeitigen Besitzeinweisungsbeschlusses besteht ein **Anspruch**. Voraussetzung ist ein **Antrag** des Vorhabenträgers und ein **zu erwartender Planfeststellungsbeschluss**, der als spätere tragfähige Grundlage für die Einweisung dient. Sie darf daher nur ergehen, wenn mit hoher Wahrscheinlichkeit zu erwarten ist, dass einem späteren Enteignungsantrag entsprochen wird.[11] In dem Antrag sind das **Vorhaben** und die vom Besitzeinweisungsbeschluss in Anspruch zu nehmenden **Grundstücke** genau zu **bezeichnen**. 25

Dabei lässt sich von der **„Vorvorzeitigkeit"** der Besitzeinweisung sprechen, da die vorzeitige Besitzeinweisung – wie in Abs. 1 bereits vorgesehen gewesen – erst nach Planerlass, aber vor Abschluss des Enteignungsverfahrens stattfinden soll. Die Besitzeinweisung nach Abs. 1a bzw. § 27 Abs. 1 NABEG findet hingegen zeitlich vor der bereits bekannten vorzeitigen Einweisung auf Basis einer Prognose statt, also wenn ein **Planfeststellungsbeschluss noch nicht ergangen** ist. 26

Zuständig für den Erlass des Beschlusses ist nach Abs. 1 S. 1 die Enteignungsbehörde. Bei ihr muss der Vorhabenträger den Antrag einreichen. Eine Übertragung von Aufgaben auf die BNetzA per Rechtsverordnung wie nach § 2 Abs. 2 NABEG ist im EnWG nicht vorgesehen. 27

3. Antrag und Anhörung

Der Vorhabenträger kann den **Antrag** nach Abs. 1a erstmals **nach Abschluss** des **Anhörungsverfahrens** nach § 43a stellen. Das Anhörungsverfahren wird mit Ende des Erörterungstermins abgeschlossen, sodass zu diesem Zeitpunkt der Antrag frühestens gestellt werden kann. 28

---

10 Vgl. *Scheidler*, GewArch 2010, 97, 101.
11 OLG Jena, Urt. v. 3.3.2010 – Bl U 687/08 –.

29 Im **Plangenehmigungsverfahren** und bei **Freistellung von Planfeststellung und -genehmigung** nach § 43f findet **keine Öffentlichkeitsbeteiligung** nach § 43a statt, sodass diese nicht als Anknüpfungspunkt für die Antragstellung dienen kann. Eine **Besitzeinweisung** ist jedoch auch im **Plangenehmigungsverfahren** möglich. Der Antrag kann in solchen Fällen **zusammen mit den eingereichten Unterlagen** für die Erteilung der Plangenehmigung **gestellt** werden. Dies folgt aus § 43b Nr. 3, der die Vorschrift des § 74 Abs. 6 S. 2 VwVfG als spezielle Norm verdrängt. Dadurch hat die Plangenehmigung sämtliche Rechtswirkungen des energiewirtschaftlichen Planfeststellungsbeschlusses, **einschließlich der enteignungsrechtlichen Vorwirkung**. Wenn der Plangenehmigung in Abweichung zu den allgemeinen Regelungen des Planfeststellungsrechts in § 74 Abs. 6 S. 2 VwVfG im Bereich der Energiewirtschaft ausdrücklich eine enteignungsrechtliche Vorwirkung zukommt, müssen auch besondere enteignungsrechtliche Institute, wie die vorzeitige Besitzeinweisung im Plangenehmigungsverfahren, anwendbar sein.

30 Auch im Anzeigeverfahren nach § 43f findet keine Öffentlichkeitsbeteiligung statt. Bei **unwesentlichen Änderungen** im Sinne von **§ 43f** kann auf ein Planfeststellungs- und Plangenehmigungsverfahren verzichtet werden und stattdessen das Vorhaben in einem Anzeigeverfahren zugelassen werden. Der Entscheidung im Anzeigeverfahren werden keine enteignungsrechtlichen Wirkungen zugedacht, sodass auf ihrer Grundlage keine Enteignung vorgenommen werden kann. Eine Besitzeinweisung ist daher auf Grundlage von Abs. 1a nicht möglich. Nicht zuletzt ist **im Regelfall im Anzeigeverfahren die Anwendung enteignungsrechtlicher Institute** entbehrlich. Voraussetzung von § 43f S. 3 Nr. 3 ist, dass Rechte anderer nicht beeinträchtigt oder mit den vom Plan Betroffenen entsprechende Vereinbarungen getroffen werden.

4. Voraussetzungen der vorzeitigen Besitzeinweisung

31 Anders als der Normtext – in Abweichung zu § 45b – nahelegt, ist **nicht die Besitzeinweisung** selbst **vorzeitig**. Diese ist so mit einer aufschiebenden Bedingung zu erlassen, dass sie erst bei Bestätigung durch den Planfeststellungsbeschluss die ihr zugedachte rechtliche Wirkung entfalten kann. **Vorzeitig ist** vielmehr – für die Enteignung ist das auch so benannt – das **Besitzeinweisungsverfahren**.

32 Für die vorzeitige Besitzeinweisung nach Abs. 1a gelten die **Voraussetzungen nach Abs. 1**, die für eine vorzeitige Besitzeinweisung vorliegen müssen. Danach muss der **sofortige Beginn von Bauarbeiten geboten** sein und sich der Eigentümer oder **Besitzer weigern**, den **Besitz** eines für den Bau, die Änderung oder Betriebsänderung von Hochspannungsfreileitungen, Erdkabeln oder Gasversorgungsleitungen im Sinne des § 43 benötigten Grundstücks durch Vereinbarung unter Vorbehalt aller Entschädigungsansprüche **zu überlassen**.

33 Ferner müssen der Planfeststellungsbeschluss oder die Plangenehmigung vollziehbar sein. Dies wird dadurch modifiziert, dass nach Abs. 1a S. 2 der **nach dem Verfahrensstand zu erwartende Planfeststellungsbeschluss** anstelle einer vollziehbaren Entscheidung der Besitzeinweisung zugrunde zu legen ist.

5. Grundlage der vorzeitigen Besitzeinweisung (Prognoseentscheidung, Abs. 1a S. 2)

34 Nach Abs. 1 kann ein vorzeitiger Besitzeinweisungsbeschluss ergehen. Voraussetzung ist die Vollziehbarkeit von Planfeststellungsbeschluss bzw. Plangenehmigung. Abs. 1a S. 2 modifiziert die Regelung, indem bei einem vorzeitigen Verfahren **der nach dem Verfahrensstand zu erwartende Planfeststellungsbeschluss dem vorzeitigen Besitzeinweisungsverfahren zu Grunde zu legen** ist. Auch ohne dass die Norm die tatbestandliche Voraussetzung ausdrücklich formuliert, ist es notwendig, dass die zuständige Behörde eine Prognose über den zu erwartenden Planfeststellungsbeschluss trifft.

Die **Prognoseentscheidung** ist auf Grundlage des abgeschlossenen Anhörungsverfahrens zu treffen. In diesem Zeitpunkt sind der Behörde die wesentlichen Einwendungen Betroffener und alle übrigen Aspekte des Vorhabens bekannt. Der Gesetzgeber geht davon aus, dass die Behörde zu diesem Zeitpunkt über ausreichende Kenntnisse über das Vorhaben verfügt, um eine derartige Prognoseentscheidung abgeben zu können. Vor diesem Hintergrund wird der Plangenehmigung z.T. die enteignungsrechtliche Vorwirkung abgesprochen.[12] Dem steht der eindeutige Wortlaut von § 43b Nr. 3 entgegen. 35

In der Prognose muss keine Abwägung der Belange in der Weise durchgeführt werden, wie sie für den eigentlichen Planfeststellungsbeschluss erforderlich ist. Vielmehr kann die Behörde im Rahmen einer Abschätzung prognostizieren, ob mit dem Erlass eines Planfeststellungsbeschlusses zu rechnen ist; und in welcher Weise dieser zu erwarten ist. Besonderes Gewicht hat die Behörde dabei auf die **Interessen der betroffenen Grundstückseigentümernutzer** zu legen. An einer grds. Prognoseentscheidung ändert dies indes nichts. 36

6. Aufschiebende Bedingung (Abs. 1a S. 3)

Der vorzeitige Besitzeinweisungsbeschluss ist gem. Abs. 1a S. 3 mit einer aufschiebenden Bedingung zu erlassen. Abs. 1a S. 3 ist **Ermächtigungsgrundlage** für den Erlass einer **Nebenbestimmung** gem. § 36 Abs. 2 Nr. 2 Var. 1 VwVfG in Form einer aufschiebenden Bedingung. Aus diesem Grund ist die Vorschrift auch nicht verfassungswidrig.[13] 37

Bei einer aufschiebenden Bedingung treten die **Rechtswirkungen mit Eintritt** des – ungewissen – **Ereignisses** ein. Bei der Bestätigung des vorzeitigen Besitzeinweisungsbeschlusses durch den Plan handelt es sich um ein ungewisses Ereignis. 38

Der Verwaltungsakt wird bei Erlass mit Bekanntgabe gem. § 43 Abs. 1 VwVfG wirksam.[14] Der **Wirksamkeit** steht nicht entgegen, dass der Besitzeinweisungsbeschluss mit einer aufschiebenden Bedingung verknüpft ist. Dies ist insbesondere für den jeweils Betroffenen wichtig, sofern er Rechtsmittel gegen den Besitzeinweisungsbeschluss einlegt. Weitergehende Rechtswirkungen entfaltet der Verwaltungsakt mit Eintritt der aufschiebenden Bedingung.[15] Das führt dazu, dass sich Rücknahme und Widerruf bereits vor Erlass des Planfeststellungsbeschlusses nach §§ 48, 49 VwVfG richten.[16] 39

7. Bestätigung durch Planfeststellungsbeschluss

Die Voraussetzung, wonach die Besitzeinweisung vom Vorliegen des Planfeststellungsbeschlusses abhängig zu machen ist, ist von zentraler Bedeutung. Abs. 1a S. 3 spricht von der Bestätigung durch den Planfeststellungsbeschluss. Weitere Konkretisierungen fehlen. 40

Die Einzelheiten ergeben sich aus einem Vergleich mit Abs. 1. Dort muss der Planfeststellungsbeschluss vollziehbar sein, Abs. 1 S. 1. Die Einlegung von Rechtsmitteln gegen den Planfeststellungsbeschluss führt nicht zum Fortfall der Vollziehbarkeit, da die Rechtsmittel keine aufschiebende Wirkung haben, § 43e Abs. 1 S. 1. Der Rechtsmittelführer muss beim zuständigen Gericht beantragen, dass die sofortige Vollziehbarkeit aufgehoben wird, wenn er die Wirksamkeit des Besitzeinweisungsbeschlusses beseitigen will. 41

12 Britz/Hellermann/Hermes/*Hermes*, § 45 Rn 24.
13 A.A. *Moench/Ruttloff*, NVwZ 2011, 1040, 1044 f. So auch *Kment*, NVwZ 2012, 1134, 1136.
14 Stelkens/Bonk/Sachs/*Stelkens*, § 36 Rn 75.
15 Stelkens/Bonk/Sachs/*Stelkens*, § 36 Rn 75.
16 Knack/Henneke/*Meyer*, § 43 Rn 14.

8. Ergänzung des Verfahrens (Abs. 1a S. 4)

42 Der **Planfeststellungsbeschluss bestätigt den vorzeitigen Besitzeinweisungsbeschluss**, wenn er mit dem ursprünglich beantragten Vorhaben vollständig identisch ist. Der Planfeststellungsbeschluss bestätigt hingegen den vorzeitigen Besitzeinweisungsbeschluss nicht, wenn dessen Inhalt erheblich vom Besitzeinweisungsbeschluss abweicht. Interessant wird vor diesem Hintergrund die Frage, wie mit unwesentlichen **Abweichungen** zwischen Besitzeinweisungsbeschluss und Planfeststellungsbeschluss umzugehen ist. Im **Zweifel** ist der Besitzeinweisungsbeschluss zu ergänzen.

43 Wird der im Besitzeinweisungsverfahren zugrunde gelegte Planungsstand nicht durch die Planungsentscheidung bestätigt, ist die Besitzeinweisung auf der Grundlage des ergangenen Planfeststellungsbeschlusses zu ergänzen. Die Formulierung im Gesetzestext ist widersprüchlich, da nicht das Besitzeinweisungsverfahren, sondern der Besitzeinweisungsbeschluss zu ergänzen ist.[16a] Auf der Grundlage des – nunmehr ergangenen – Planfeststellungsbeschlusses ist ein neuer Besitzeinweisungsbeschluss zu erlassen.

9. Rechtscharakter, Rechtsmittel

44 Die vorzeitige Besitzeinweisung ist ein **Verwaltungsakt mit Doppelwirkung**. Sie begünstigt den Vorhabenträger und belastet den betroffenen Grundstückseigentümer.

45 Der vorzeitige Besitzeinweisungsbeschluss ist aufschiebend bedingt zu erlassen. Nichtsdestoweniger handelt es sich dabei um **einen wirksamen Verwaltungsakt**.

IV. Benötigte Grundstücke

46 Den sachlichen Anwendungsbereich der Norm beschreibt Abs. 1 S. 1 mit den für den Bau, die Änderung oder Betriebsänderung von Hochspannungsfreileitungen, Erdkabeln oder Gasversorgungsleitungen im Sinne des § 43 benötigten Grundstücken. Welche Grundstücke genau benötigt werden, muss sich aus dem Planfeststellungsbeschluss bzw. der Plangenehmigung ergeben. In der Regel wird dies aus dem **Grunderwerbsplan** bzw. dem **Grunderwerbsverzeichnis** ersichtlich sein.

47 Ebenfalls erfasst sind Flächen für naturschutzrechtliche Kompensationsmaßnahmen im Sinne des § 15 BNatSchG.[17] Gleiches gilt für Flächen für notwendige Folgemaßnahmen an Anlagen Dritter.[18] Nicht erfasst sind Grundstücke, beispielsweise für den Netzanschluss immissionsschutzrechtlich genehmigungspflichtiger Anlagen.[19]

V. Verfahren (Abs. 2, 3)

1. Antrag

48 Beim vorzeitigen Besitzeinweisungsverfahren nach Abs. 1, Abs. 1a handelt es sich um ein **Antragsverfahren** im Sinne von § 22 S. 2 Nr. 2 VwVfG. Es wird nur auf Antrag des Vorhabenträgers eingeleitet. **Beteiligte** des Verfahrens sind nach § 13 Abs. 1 Nr. 1 VwVfG Vorhabenträger (Antragsteller) und Grundstückseigentümer (Antragsgegner) sowie sonstige dinglich oder schuldrechtlich Berechtigte. Zuständig für den Erlass des Beschlusses ist die Enteignungsbehörde.

16a So auch *Kment*, NVwZ 2012, 1134, 1137.
17 Vgl. Britz/Hellermann/Hermes/*Hermes*, § 44b Rn 6.
18 Britz/Hellermann/Hermes/*Hermes*, § 44b Rn 6.
19 OLG Jena, OLGR Jena 2008, 120.

Nach Abs. 2 S. 1 hat die Enteignungsbehörde spätestens sechs Wochen nach Eingang des Antrags auf Besitzeinweisung mit den Beteiligten mündlich zu verhandeln. Abs. 2 S. 1 ist eine spezielle Regelung der Anhörung nach § 28 VwVfG. Die Verhandlung dient auch dazu, die Beteiligten zu einer gütlichen Einigung zu bewegen. Zur **mündlichen Verhandlung** sind der Antragsteller und die Betroffenen zu laden (Abs. 2 S. 2). Dabei ist den Betroffenen der Antrag auf Besitzeinweisung mitzuteilen (Abs. 2 S. 3). Die Ladungsfrist beträgt drei Wochen (Abs. 2 S. 4). Mit der Ladung sind die Betroffenen aufzufordern, etwaige Einwendungen gegen den Antrag vor der mündlichen Verhandlung bei der Enteignungsbehörde einzureichen (Abs. 2 S. 5). Die Betroffenen sind außerdem darauf hinzuweisen, dass auch bei Nichterscheinen über den Antrag auf Besitzeinweisung und andere im Verfahren zu erledigende Anträge entschieden werden kann (Abs. 2 S. 6). 49

2. Ausgangszustand des Grundstücks (Abs. 3)

Zur **Beweissicherung** hat die Enteignungsbehörde, soweit der Zustand des Grundstücks von Bedeutung ist, diesen bis zum Beginn der mündlichen Verhandlung in einer Niederschrift festzustellen oder durch einen Sachverständigen ermitteln zu lassen. Den Beteiligten ist eine Abschrift der Niederschrift oder des Ermittlungsergebnisses zu übersenden. Eine Beweissicherung kommt vor allem in Betracht, wenn der Grundstückszustand zwischen den Beteiligten strittig ist oder bereits absehbar ist, dass infolge der geplanten Arbeiten eine Feststellung des für die Entschädigung maßgeblichen ursprünglichen Zustands nicht mehr möglich ist. 50

VI. Besitzeinweisungsbeschluss (Abs. 4)

Das vorzeitige Besitzeinweisungsverfahren nach Abs. 1, Abs. 1a wird mit einem vorzeitigen Besitzeinweisungsbeschluss abgeschlossen, wenn die entsprechenden Voraussetzungen vorliegen. Der vorzeitige Besitzeinweisungsbeschluss ist ein Verwaltungsakt im Sinne von § 35 S. 1 VwVfG. 51

1. Individuelle Bekanntgabe (Abs. 4 S. 1)

Der Beschluss über die Besitzeinweisung ist dem Antragsteller und den Betroffenen spätestens zwei Wochen nach der mündlichen Verhandlung **zuzustellen**. Die Verwaltungszustellungsgesetze finden Anwendung. 52

2. Wirksamkeit (Abs. 4 S. 2, 3)

Die Besitzeinweisung wird in dem **von der Enteignungsbehörde bezeichneten Zeitpunkt** wirksam. Dieser Zeitpunkt soll auf höchstens zwei Wochen nach Zustellung der Anordnung über die vorzeitige Besitzeinweisung an den unmittelbaren Besitzer festgesetzt werden. Welche Frist angemessen ist, wird sich nach den Umständen des Einzelfalls beurteilen. 53

Eine **abweichende Beurteilung** ist in Fällen des vorzeitigen Besitzeinweisungsverfahrens nach **Abs. 1a** geboten: Hier wird das Verfahren parallel zum Zulassungsverfahren betrieben, sodass dem Eigentümer mehr Zeit bleibt, sich auf den Besitzverlust einzustellen. Der vorzeitige Besitzeinweisungsbeschluss kann in der Regel **unmittelbar mit Bestätigung durch den Planfeststellungsbeschluss wirksam werden**. 54

3. Rechtswirkung

a) Grundstücksinhaber (Abs. 4 S. 4)

55 Durch die Besitzeinweisung wird dem Besitzer der **Besitz entzogen** und der Vorhabenträger Besitzer. Da der Besitz die tatsächliche Sachherrschaft meint, kann die tatsächliche Durchsetzung der bis dahin bestehenden gesetzlichen Fiktion geboten sein.[20] Der vorzeitige Besitzeinweisungsbeschluss kann mit den Mitteln des **Verwaltungszwangs** durchgesetzt werden.

b) Vorhabenträger (Abs. 4 S. 5)

56 Der Vorhabenträger wird infolge der Besitzeinweisung **neuer Besitzer**, sodass er auf dem Grundstück das im Antrag auf Besitzeinweisung bezeichnete Bauvorhaben durchführen und die dafür erforderlichen Maßnahmen treffen darf.

VII. Entschädigung für Vermögensnachteile (Abs. 5)

1. Berechtigter (Abs. 5 S. 1)

57 Der von der vorzeitigen Besitzeinweisung Betroffene hat **Anspruch auf Ersatz der durch die vorzeitige Besitzeinweisung entstehenden Vermögensnachteile**, soweit die Nachteile nicht durch die Verzinsung der Geldentschädigung für die Entziehung oder Beschränkung des Eigentums oder eines anderen Rechts ausgeglichen werden.

2. Verpflichteter (Abs. 5 S. 1)

58 Zur Leistung der Entschädigung ist der Vorhabenträger als durch die vorzeitige Besitzeinweisung Begünstigter verpflichtet.

3. Höhe (Abs. 5 S. 2)

59 Anders als etwa im Entschädigungsverfahren nach § 45a wird die **Art und Höhe der Entschädigung** nicht vorrangig durch Verhandlung zwischen Vorhabenträger und Eigentümer, sondern **durch die Enteignungsbehörde** in einem Beschluss **festgelegt**. Die Entschädigung kann bereits im Besitzeinweisungsbeschluss enthalten sein.

60 **Entschädigung** kann wie bei der Veränderungssperre[21] **nur** für Substanzverluste als **unmittelbare Vermögensschäden** gewährt werden.[22] Entgangener Gewinn ist in diesem Rahmen nicht ersatzfähig. Die Höhe der Entschädigung wird, wie bei der Veränderungssperre nach BauGB, **durch die infolge der Nutzungsbeschränkung eingetretene Minderung des Bodenwertes** bestimmt.[23] Die Höhe der Entschädigung wird sich im Regelfall an der örtlich üblichen Miete oder Pacht orientieren.[24]

---

20 Britz/Hellermann/Hermes/*Hermes*, § 44a Rn 13.
21 Vgl. die Kommentierung zu § 44a Rn 43 f.
22 Britz/Hellermann/Hermes/*Hermes*, § 44a Rn 17.
23 BGH, Urt. v. 25.6.1959 – III ZR 220/57 –.
24 Britz/Hellermann/Hermes/*Hermes*, § 44a Rn 15.

VIII. Aufhebung des Planfeststellungsbeschlusses/der Plangenehmigung (Abs. 6)

1. Akzessorietät (Abs. 6 S. 1)

Die nachträgliche Aufhebung von Planfeststellungsbeschluss bzw. Plangenehmigung hat Folgen auf die vorzeitige Besitzeinweisung. Wird die Zulassungsentscheidung aufgehoben, so ist der **ursprüngliche Besitzer unter Aufhebung des vorzeitigen Besitzeinweisungsbeschlusses wieder in den Besitz einzuweisen**. Der Vorhabenträger muss das Grundstück unter Beseitigung der vorgenommenen Veränderungen zurückgeben.[25] 61

Eine Aufhebung der Planentscheidung kommt in Betracht, wenn diese trotz der Planerhaltungsvorschriften in § 43e Abs. 4 rechtswidrig ist.[26] Zusätzlich dazu ist ein Planfeststellungsbeschluss gem. § 77 S. 1 VwVfG von Amts wegen aufzuheben, wenn das Vorhaben endgültig aufgegeben worden ist. 62

Abs. 6 ist **entsprechend anzuwenden**, wenn ein **Plan gem. § 43c Nr. 1 außer Kraft tritt**, weil nicht innerhalb der maßgeblichen Frist mit seiner Umsetzung begonnen worden ist. 63

2. Entschädigung für besondere Nachteile (Abs. 6 S. 2)

Für den Fall der Aufhebung der vorzeitigen Besitzeinweisung sieht Abs. 6 S. 2 einen **besonderen Entschädigungsanspruch des ursprünglichen Grundstücksbesitzers** vor. Der Vorhabenträger hat für alle durch die Besitzeinweisung entstandenen besonderen Nachteile Entschädigung zu leisten. Maßgeblich ist die **Differenzhypothese**. Aufwendungen für die Wiederherstellung des ursprünglichen Grundstückszustands sowie ein Ausgleich wegen nicht behebbarer Nachteile, wie bleibende Verschlechterungen eines Ackerbodens, sind ebenfalls ersatzfähig.[27] 64

Anders als etwa im Entschädigungsverfahren nach § 45a wird die **Höhe der Entschädigung** nicht vorrangig durch Verhandlung zwischen Vorhabenträger und Eigentümer, sondern **durch die Enteignungsbehörde festgelegt**. 65

IX. Rechtsschutz (Abs. 7)

1. Aufschiebende Wirkung (Abs. 7 S. 1)

Rechtsbehelfe gegen die vorzeitige Besitzeinweisung, womit die Entscheidung nach Abs. 1 und Abs. 1a gemeint ist, **haben keine aufschiebende Wirkung**. Widerspruch und Anfechtungsklage **hemmen** also die **Vollziehbarkeit der Besitzeinweisung nicht**. Damit ist Abs. 7 S. 1 ein Bundesgesetz im Sinne des § 80 Abs. 2 Nr. 3 Alt. 1 VwGO. 66

Das ist beim **vorvorzeitigen Besitzeinweisungsbeschluss** solange ohne Belang, wie nach Abs. 1a S. 3 die aufschiebende Bedingung, d.h. die Bestätigung des vorzeitigen Besitzeinweisungsbeschlusses durch den Planerlass noch nicht eingetreten ist. 67

2. Antrag nach § 80 Abs. 5 S. 1 VwGO (Abs. 7 S. 2)

Abs. 7 S. 2 bringt eine Sonderregelung für das Verfahren auf Anordnung der aufschiebenden Wirkung nach § 80 Abs. 5 S. 1 VwGO. Der Antrag auf Anordnung der aufschiebenden Wirkung kann nur **binnen eines Monats nach Zustellung des Besitzeinweisungsbeschlusses gestellt und begründet** werden. 68

---

25 Hermes/Sellner/*Schütz*, § 21 Rn 44.
26 Vgl. die Kommentierung zu § 43e Rn 44 f.
27 Hermes/Sellner/*Schütz*, § 21 Rn 45.

69 Der Antrag nach § 80 Abs. 5 VwGO ist grds. nicht fristgebunden. Abs. 7 S. 2 führt jedoch eine Frist von einem Monat ein. Dies soll zur **Verfahrensbeschleunigung** beitragen. Nach § 58 Abs. 1 VwGO muss der Beteiligte über die besondere Frist schriftlich oder elektronisch belehrt werden. Ist die Belehrung unvollständig oder fehlerhaft, gilt nach § 58 Abs. 2 VwGO eine Jahresfrist.

70 Der Antrag auf Anordnung der aufschiebenden Wirkung ist bei dem **Gericht der Hauptsache** nach § 81 Abs. 1 VwGO analog schriftlich oder zur Niederschrift der Geschäftsstelle zu stellen. Die Begründung darf getrennt vom Antrag später erfolgen, muss aber innerhalb der einmonatigen Frist bei Gericht eingehen.

71 Da die vorzeitige Besitzeinweisung ein belastender Verwaltungsakt mit Doppelwirkung ist, stehen Betroffenen die üblichen Rechtsmittel zur Verfügung: Widerspruch und Anfechtungsklage. Der jeweils andere Betroffene dürfte regelmäßig zu einem Verwaltungsverfahren und einem Verwaltungsprozess nach § 65 Abs. 2 VwGO notwendigerweise beigeladen werden.

§ 45 Enteignung

(1) Die Entziehung oder die Beschränkung von Grundeigentum oder von Rechten am Grundeigentum im Wege der Enteignung ist zulässig, soweit sie zur Durchführung
1. eines Vorhabens nach § 43 oder § 43b Nr. 1 oder 2, für das der Plan festgestellt oder genehmigt ist, oder
2. eines sonstigen Vorhabens zum Zwecke der Energieversorgung
erforderlich ist.

(2) Einer weiteren Feststellung der Zulässigkeit der Enteignung bedarf es in den Fällen des Absatzes 1 Nummer 1 nicht; der festgestellte oder genehmigte Plan ist dem Enteignungsverfahren zugrunde zu legen und für die Enteignungsbehörde bindend. Hat sich ein Beteiligter mit der Übertragung oder Beschränkung des Eigentums oder eines anderen Rechtes schriftlich einverstanden erklärt, kann das Entschädigungsverfahren unmittelbar durchgeführt werden. Die Zulässigkeit der Enteignung in den Fällen des Absatzes 1 Nr. 2 stellt die nach Landesrecht zuständige Behörde fest.
(3) Das Enteignungsverfahren wird durch Landesrecht geregelt.

Überblick

I. Allgemeines

1. Überblick über die Norm

Abs. 1 regelt die grds. Zulässigkeit der **Entziehung oder Beschränkung von Grundeigentum oder Rechten am selben.** Nach Abs. 1 Nr. 1 ist die Enteignung zulässig, soweit sie für Vorhaben notwendig ist, für die ein Plan festgestellt oder genehmigt ist. Abs. 1 Nr. 2 bezieht sich auf sonstige zum Zwecke der Energieversorgung erforderliche Vorhaben. 1

An diese Unterscheidung knüpft Abs. 2 an, indem nach S. 1 auf die bindende **enteignungsrechtliche Vorwirkung** von Planfeststellung und Plangenehmigung abgestellt wird und nach S. 3 für Vorhaben nach Abs. 1 Nr. 2 eine zusätzliche Entscheidung der nach Landesrecht zuständigen Behörde erforderlich ist. Abs. 2 S. 2 regelt den direkten Übergang in das Entschädigungsverfahren, soweit ein Beteiligter schriftlich sein Einverständnis gegeben hat. 2

Abs. 3 verweist schließlich auf die landesrechtliche Ausgestaltung des Enteignungsverfahrens. Die Länder haben hierzu Enteignungsgesetze erlassen.[1] 3

1 Vgl. die Aufzählung bei § 45a Rn 22.

2. Regelungszweck

4 Bereits seit 1935 finden sich im EnWG Regelungen zur Enteignung *„für Zwecke der öffentlichen Energieversorgung“*. Eine umfassende Versorgung mit Elektrizität und Gas kann ohne eine Inanspruchnahme fremden Eigentums nicht gewährleistet werden. Besonders deutlich tritt diese **Notwendigkeit beim Ausbau von Leitungen** zu Tage. Dies erklärt die hohe Anzahl von gerichtlichen Verfahren zu Enteignungen in Zusammenhang mit Energieleitungen.[2] Ohne die Möglichkeit einer Enteignung würde nicht nur der Ausbau von Vorhaben zum Zwecke der Energieversorgung erheblich verlangsamt, auch die entstehenden Kosten würden erheblich ansteigen. Ausführliche Darstellungen zum Zweck der Regelung finden sich auch im Entwurf des Gesetzes zur Neuregelung des Energiewirtschaftsrechts von 1997.[3]

5 Bei aller Notwendigkeit, den Ausbau der Energieversorgung zu gewährleisten, dürfen die nach **Art. 14 GG geschützten Rechte der Eigentümer** nicht außer Acht gelassen werden. Ziel des § 45 ist es daher, gemeinsam mit den landeseigenen Enteignungsgesetzen, einen **angemessenen Interessenausgleich** zwischen den Belangen der Energieversorgung und den grundgesetzlich geschützten Rechtspositionen der Eigentümer zu erreichen.

3. Entstehungsgeschichte

6 § 11 EnWG 1935[4] enthielt die erste Regelung der Enteignung *„für Zwecke der öffentlichen Energieversorgung“*. Zu diesem Zeitpunkt war der Reichswirtschaftsminister für die Feststellung der Zulässigkeit einer Enteignung verantwortlich. 1997 wurde die Regelung im Rahmen des Gesetzes zur Neuregelung des Energiewirtschaftsrechts[5] angepasst und in § 12 verschoben. In diesem Zusammenhang wurde erstmalig zwischen Vorhaben, für die der Plan festgestellt oder genehmigt ist und sonstigen Vorhaben zum Zwecke der Energieversorgung unterschieden. Im EnWG 2005 wurde die Vorschrift dann nahezu wortgleich in § 45 übernommen.

7 Die heutige Fassung des § 45 wurde maßgeblich durch Art. 7 Nr. 6 **des Gesetzes zur Beschleunigung von Planungsverfahren für Infrastrukturvorhaben**[6] vom 9.12.2006 mit Wirkung zum 17.12.2006 erreicht. Die letzte – lediglich redaktionelle – Änderung erfuhr § 45 Abs. 2 S. 1 Hs. 1 durch Art. 1 Nr. 38a des Gesetzes zur Neuregelung energiewirtschaftsrechtlicher Vorschriften[7] vom 26.7.2011 mit Wirkung zum 4.8.2011.

4. Art. 14 GG

8 Nach § 45 ist eine Enteignung und damit der **schwerste mögliche Eingriff in Art. 14 GG** gestattet. § 45 ist daher immer auch im Lichte des Art. 14 GG anzuwenden. Die Eingriffsermächtigung wird den verfassungsrechtlichen Anforderungen gerecht.

9 Nach Art. 14 Abs. 3 S. 1 GG ist eine Enteignung nur zum Wohle der Allgemeinheit zulässig. Zudem darf die Enteignung gem. Art. 14 Abs. 3 S. 2 GG nur aufgrund eines Gesetzes erfolgen, dass **Art und Ausmaß der Entschädigung** regelt (sog. **Junktimklausel**).

10 § 45 dient dem Wohl der Allgemeinheit. Dies wird schon aus dem Zweck des EnWG, wie er in § 1 Abs. 1 festgelegt ist, deutlich. Das Gesetz an sich und § 45 im Speziellen, zielen auf die **Sicherstellung der Versorgung der Allgemeinheit mit Gas und Elektrizität** ab.

---

2 Vgl. *Wichert*, NVwZ 2009, 876 m.z.w.N.
3 BT-Drucks. 13/7247, S. 20 (Im Entwurf war die Enteignungsregelung noch als § 7 geplant, im Gesetzgebungsverfahren wurde diese auf § 12 verschoben).
4 Gesetz zur Förderung der Energiewirtschaft vom 13.12.1935 mit Wirkung zum 16.12.1935, RGBl. I S. 1451.
5 BGBl. I 2008 S. 730.
6 BGBl. I 2006 S. 2833 ff.
7 BGBl. I 2011 S. 1554 ff.

Dies bedeutet im Umkehrschluss, dass § 45 nur auf solche Vorhaben anwendbar ist, die tatsächlich – zumindest teilweise – auch die allgemeine Stromversorgung fördern. Eine Enteignung zugunsten **rein privatnütziger Vorhaben** kommt nicht in Betracht.[8] 11

§ 45 legt die Voraussetzungen für die Zulässigkeit einer Enteignung zum Zwecke der Energieversorgung gesetzlich fest. Eine Regelung des Enteignungsverfahrens und insbesondere der Art und des Ausmaßes der Entschädigung findet sich in § 45 nicht. Der Verweis des § 45 Abs. 3 auf die **landeseigenen Enteignungsgesetze** genügt aber den Anforderungen der Junktimklausel. 12

Ein Enteignungsgesetz, das keine Entschädigungsregelung enthält, ist zwar grds. nichtig.[9] Zulässig ist es aber, für die Durchführung des Enteignungsverfahrens und die Regelung der Enteignungsentschädigung auf ein allgemeines **Enteignungsgesetz** zu verweisen.[10] 13

5. Unionsrechtliche Bezüge

Die Vorschrift ist in ihrem Regelungsgehalt nicht unionsrechtlich determiniert. Nach Art. 345 AEUV lassen die **Verträge die Eigentumsordnungen der Mitgliedsstaaten unberührt**. In einem Vorabentscheidungsverfahren in der Rechtssache Fearon/Irish Land Commission[11] hat der EuGH bereits 1984 entschieden, dass die Norm die Einrichtung eines Systems der staatlichen Enteignung nicht in Frage stellt. Der EuGH betonte aber auch, dass der Eigentumsordnung im Hinblick auf die Niederlassungsfreiheit der **Grundsatz der Nichtdiskriminierung** zugrunde liegen muss.[12] Aus unionsrechtlicher Sicht bedeutet dies, dass sich im Rahmen des Enteignungssystems eine Schlechterstellung von sonstigen Unionsbürgern gegenüber deutschen Staatsbürgern verbietet. Sowohl die Berechtigung des Vorhabenträgers als auch die Verpflichtung der Eigentümer erfolgt vollkommen unabhängig von der Staatszugehörigkeit. 14

II. Zulässigkeit der Enteignung

1. Materielle Zulässigkeit

Die Zulässigkeit der Enteignung ist in § 45 Abs. 1 geregelt. Entscheidend ist, dass die Enteignung für ein Vorhaben in Sinne des § 45 Abs. 1 Nr. 1 oder Nr. 2 erforderlich ist. Ein Vorhaben ist dann energiewirtschaftlich erforderlich, wenn es eine vorhandene gegenwärtige oder jedenfalls in absehbarer Zeit entstehende Versorgungslücke schließen soll oder wenn es der Versorgungssicherheit dient.[13] 15

a) Vorhaben im Sinne des § 45 Abs. 1 Nr. 1

§ 45 Abs. 1 Nr. 1 erfasst Vorhaben nach § 43 oder § 43b Nr. 1 oder 2, für das der Plan festgestellt oder genehmigt ist. Es kommen also ausschließlich die in § 43 aufgezählten speziellen Leitungsvorhaben in Betracht, wobei auch § 43b Nr. 1 oder 2 einbezogen wird. Durch die Bezugnahme auf § 43b Nr. 1, 2 ergibt sich, dass auch der **Plangenehmigung** die **enteignungsrechtliche Vorwirkung** zukommt.[14] Dies ergibt sich zusätzlich ausdrücklich aus § 43b Nr. 3, wonach die Plange- 16

---

8 Dazu sogleich unter Rn 26 f.
9 BVerfG, Beschl. v. 15.7.1981 – 1 BvL 77/78 –.
10 BVerfG, Urt. v. 10.3.1981 – 1 BvR 92/71 –.
11 EuGH, Urt. v. 6.11.1984 – Rs 182/83 –.
12 EuGH, Urt. v. 6.11.1984 – Rs 182/83 –.
13 Thür. OLG, Urt. 3.3.2010 – Bl U 687/08 –.
14 A.A. Britz/Hellermann/Hermes/*Hermes*, § 45 Rn 24.

nehmigung die Rechtswirkungen der Planfeststellung hat, der als lex specialis die allgemeine Vorschrift des § 74 Abs. 6 S. 2 VwVfG verdrängt, wonach der Plangenehmigung die enteignungsrechtliche Vorwirkung gerade nicht zukommt.

17 Eine Enteignung ist für diese Vorhaben nach § 45 **erst zulässig**, wenn der **Plan festgestellt oder genehmigt** wurde. Eine Enteignung kommt daher grds. erst dann in Betracht, wenn ein Planfeststellungsverfahren bzw. Plangenehmigungsverfahren abgeschlossen wurde. Nach § 45b und § 27 Abs. 2 NABEG können Planfeststellungs- und Enteignungsverfahren nunmehr aber auch parallel durchgeführt werden (**vorzeitiges Enteignungsverfahren**).

b) Vorhaben im Sinne des § 45 Abs. 1 Nr. 2

18 Für Vorhaben, die sich nicht unter § 43 oder § 43b Nr. 1 oder 2 subsumieren lassen, kommt eine Enteignung nach § 45 Abs. 1 Nr. 2 in Betracht. § 45 Abs. 1 Nr. 2 erfasst alle sonstigen Vorhaben zum Zwecke der Energieversorgung. Mit einem Blick auf § 3 Nr. 18, der Energieversorgungsunternehmen definiert, ist unter **Energieversorgung** grds. das Beliefern Dritter mit Energie bzw. das Betreiben eines Versorgungsnetzes zu verstehen. Die Sicherstellung der **Energieversorgung ist eine öffentliche Aufgabe von großer Bedeutung**, die zum Bereich der Daseinsvorsorge gehört.[15] Daher ist § 45 Abs. 1 Nr. 2 nicht eng auszulegen. Die Norm kann etwa zur Enteignung von Grundstücken, die für einen Windpark benötigt werden, herangezogen werden.[16] Aufgrund der besonderen Standortanforderungen und der herausgehobenen Bedeutung für die Integration erneuerbarer Energien kommt eine Enteignung auch für die Errichtung von Pumpspeicherkraftwerken in Betracht. Neben den Energieversorgungsanlagen selbst werden auch mit diesen unmittelbar verbundene Hilfseinheiten, wie z.B. Kohletransportbahnen, erfasst. Entscheidend ist, dass das Vorhaben der Elektrizitäts- bzw. Gaswirtschaft dient und zumindest mittelbar allgemeinnützig ist.

c) Erforderlichkeit

19 Eine Enteignung ist nur dann zulässig, wenn diese für die Durchführung eines der vorgenannten Vorhaben erforderlich ist. Wie bereits dargestellt, ist die Enteignung nach **§ 45 immer an Art. 14 GG** zu **messen**. Das Tatbestandsmerkmal der **Erforderlichkeit** ist Ausdruck der **Notwendigkeit der Verhältnismäßigkeit des Eingriffes in das Grundrecht auf Eigentum**. Die Enteignung muss geeignet sein, das Vorhaben zu fördern. Es darf kein milderes Mittel bestehen, das die Verwirklichung des Vorhabens ebenso ermöglicht. Zudem muss die Enteignung im Einzelfall verhältnismäßig im engeren Sinne sein.

20 Im Rahmen der verfassungsrechtlichen Verhältnismäßigkeitsprüfung ist insbesondere der auf Art. 14 Abs. 1 GG beruhende **Grundsatz des geringstmöglichen Eingriffs** in das Eigentum zu beachten. Dieser Grundsatz besagt, dass die Enteignung nur als letztes Mittel zur Erreichung des beabsichtigten Zweckes in Betracht kommt. Sie ist daher unzulässig, wenn der Zweck, dem sie dienen soll, auch auf eine andere, weniger schwer in die Rechte des Betroffenen eingreifende Weise erreicht werden kann.[17]

21 Dieser Grundsatz der Enteignung als **ultima ratio** ist in dreierlei Hinsicht zu berücksichtigen. Zunächst kommt eine Enteignung nicht in Betracht, wenn das Vorhaben ohne diese verwirklicht werden kann, eine **Inanspruchnahme des betreffenden Grundstücks** also **nicht notwendig** ist. Bei Vorhaben nach § 45 Abs. 1 Nr. 1 ist dies bereits im Rahmen des Planfeststellungsbeschlusses zu beachten, bei Vorhaben nach § 45 Abs. 1 Nr. 2 hat die nach § 45 Abs. 2 S. 3 zuständige Behörde dies zu berücksichtigen.

---

15 BVerfG, Beschl. v. 20.3.1984 – 1 BvL 28/82 –; BVerwG, Urt. v. 11.7.2002 – 4 C 9/00 –.
16 Thür. OLG, Urt. 3.3.2010 – Bl U 687/08 –; bzgl. Pumpspeicherkraftwerken *Salje*, EnWG, § 45 Rn 15.
17 BVerwG, Urt. v. 3.6.1954 – I C 73.53 –.

Ist eine Inanspruchnahme des Grundstückes notwendig, so hat **ein freihändiger Erwerb stets Vorrang** vor einer Enteignung.[18] Der Vorhabenträger muss daher zunächst versucht haben, auf privatrechtlichem Wege eine Einigung mit dem Eigentümer zu erzielen, bevor ein Enteignungsverfahren Erfolg haben kann. Dieser Vorrang des freihändigen Erwerbs hat auch in die Enteignungsgesetze der Länder Eingang gefunden.[19] 22

Ist eine Inanspruchnahme des Grundstücks notwendig und der Versuch eines freihändigen Erwerbs gescheitert, so kommt eine vollumfängliche Enteignung nur dann in Frage, wenn für die Erreichung des Vorhabenzwecks nicht die **Einräumung einer Grunddienstbarkeit bzw. Pacht ausreichend** ist. 23

2. Feststellung der Zulässigkeit

Bei der Frage nach der Zuständigkeit für die Feststellung der Zulässigkeit der Enteignung ist zwischen Vorhaben nach Abs. 1 Nr. 1 und Vorhaben nach Abs. 1 Nr. 2 zu unterscheiden. Bei Vorhaben nach Abs. 1 Nr. 1 stellt die Planfeststellungsbehörde bereits abschließend im Rahmen des Planfeststellungsbeschlusses bzw. der Plangenehmigung die Zulässigkeit fest. Nach Abs. 2 S. 1 ist die zuständige **Enteignungsbehörde an diese Entscheidung gebunden.**[20] 24

§ 45 Abs. 2 S. 3 weist für die **Feststellung der Zulässigkeit** einer Enteignung in Rahmen von Vorhaben nach § 45 Abs. 1 Nr. 2 hingegen den nach Landesrecht zuständigen Behörden die Entscheidungsbefugnis zu. In diesen Fällen obliegt es daher den Enteignungsbehörden selbst, die Zulässigkeit der Enteignung vollumfänglich zu prüfen. 25

3. Enteignungsbegünstigte

Begünstigter der Enteignung ist das **Energieversorgungsunternehmen** als Vorhabenträger. Bei der Enteignung zum Zwecke der Realisierung von Energieversorgungsvorhaben handelt es sich um eine **Enteignung zugunsten privater Unternehmen.**[21] Die Enteignung zu Gunsten eines privatrechtlich organisierten Unternehmens ist jedenfalls dann zulässig, wenn einem solchen Unternehmen durch Gesetz oder aufgrund eines Gesetzes die Erfüllung einer dem Gemeinwohl dienenden Aufgabe zugewiesen wird und zudem sichergestellt ist, dass es zum Nutzen der Allgemeinheit geführt werde. Die Enteignung für Zwecke der öffentlichen Energieversorgung zu Gunsten privatrechtlich organisierter Energieversorgungsunternehmen ist mit Art. 14 GG vereinbar.[22] 26

Der Person des Begünstigten kommt keine ausschlaggebende Bedeutung bei der Beurteilung der Verfassungsmäßigkeit einer Enteignung zu. Entscheidend ist, dass das Vorhaben tatsächlich den Anforderungen des § 45 gerecht wird.[23] Dies gilt insbesondere vor dem Hintergrund, dass von einer allgemeinen Gemeinwohlbindung nach der Energierechtsreform des Jahres 1998 nicht mehr gesprochen werden kann.[24] Dessen ungeachtet ist die Sicherstellung der Energieversorgung eine öffentliche Aufgabe von größter Bedeutung. Die Energieversorgung gehört zum Bereich der Daseinsvorsorge und ist eine Leistung, deren der Bürger zur Sicherung einer menschenwürdigen Existenz unumgänglich bedarf.[25] Dient das Vorhaben der allgemeinen 27

18 Vgl. BVerwG, Urt. v. 18.8.1964 – I C 48.63 –.
19 Vgl. § 5 Nr. 1 NEG; § 4 Abs. 2 EEG NW.
20 Vgl. § 19 NEG; § 18 EEG NW.
21 Britz/Hellermann/Hermes/*Hermes*, § 45 Rn 14 m.w.z.N.
22 BVerfG, Beschl. v. 20.3.1984 – 1 BvL 28/82 –; BVerwG, Urt. v. 17.1.1986 – 4 C 6/84 –; BVerwG, Urt. v. 11.7.2002 – 4 C 9/00 –; BVerfG, Beschl. v. 10.9.2008 – 1 BvR 1914/02 –.
23 BVerfG; Beschl. v. 10.9.2008 – 1 BvR 1914/02 –.
24 Britz/Hellermann/Hermes/*Hermes*, § 45 Rn 18.
25 OLG Celle, Beschl. v. 28.5.2008 – 4 U 11/08 –.

Energieversorgung, wird dieser Zweck erreicht sowie dauerhaft gesichert, so ist eine Enteignung zulässig.[26] Zur Verwirklichung rein privatnütziger Vorhaben ist eine Enteignung daher unzulässig. Ausreichend ist allerdings, dass sich der **Nutzen für das allgemeine Wohl**, im Rahmen des § 45 die Versorgung der Allgemeinheit mit Elektrizität, wenigstens als mittelbare Folge der Unternehmenstätigkeit ergibt.[27] Eine vordergründige **Gewinnerzielungsabsicht** des Vorhabenträgers steht der Einordnung eines Vorhabens als der allgemeinen Energieversorgung dienend daher nicht entgegen.

III. Enteignungsverfahren

28 Gemäß § 45 Abs. 3 richtet sich das **Enteignungsverfahren nach dem jeweiligen Landesenteignungsgesetz.**

29 Das Enteignungsverfahren wird auf Antrag des Energieversorgungsunternehmens durch die Enteignungsbehörde eingeleitet.[28] Die primäre Aufgabe der Enteignungsbehörde ist es, auf eine Einigung zwischen dem Eigentümer und dem Antragsteller hinzuwirken.[29] Auch dies ist Ausdruck des Grundsatzes des geringstmöglichen Eingriffs in das Eigentum.

30 Vermag sowohl im Vorfeld als auch in der mündlichen Verhandlung keine Einigung erzielt werden, entscheidet die Enteignungsbehörde durch Beschluss.[30]

IV. Rechtsfolgen

31 Im Enteignungsbeschluss wird sowohl die Enteignung, als auch die dafür zu leistende Entschädigung ausgesprochen. Eine Enteignung kann entweder in Form einer **vollständigen Eigentumsentziehung** oder einer Eigentumsbeschränkung im Wege der **zwangsweisen Einräumung einer Grunddienstbarkeit oder Pacht** ergehen. Für Leitungszwecke kommt allerdings in aller Regel keine Vollenteignung in Frage, sondern lediglich eine Eigentumsbeschränkung.[31]

32 Sobald der Enteignungsbeschluss unanfechtbar geworden ist, kann die Enteignungsbehörde auf Antrag die **Ausführungsanordnung** treffen.[32] Ist die Ausführungsanordnung nicht mehr anfechtbar, so sendet die Enteignungsbehörde den Enteignungsbeschluss und die Ausführungsanordnung an das Grundbuchamt und ersucht es, die neue Rechtslage in das Grundbuch einzutragen.[33] Eine Zustimmung des vormaligen Eigentümers gegenüber dem Grundbuchamt ist nicht notwendig.

V. Rechtsschutz

33 Sowohl Planfeststellungsbeschluss als auch Enteignungsbeschluss und Ausführungsanordnung sind Verwaltungsakte. Der betroffene Eigentümer kann diese mit der **Anfechtungsklage** nach

26 BVerwG, Urt. v. 11.7.2002 – 4 C 9/00 –.
27 *Salje*, EnWG, § 45 Rn 14.
28 Vgl. § 20 und 29 NEG; § 18 und § 25 EEG NW.
29 Vgl. § 30 Abs. 1 NEG; § 27 Abs. 1 EEG NW.
30 Vgl. § 32 Abs. 1 NEG; § 30 Abs. 1 EEG NW.
31 Danner/Theobald/*Theobald*, EnWG, § 45 Rn 20.
32 Vgl. § 36 NEG; § 33 EEG NW.
33 Vgl. § 36 Abs. 5 NEG; § 33 Abs. 7 EEG NW.

§ 42 Abs. 1 Alt. 1 VwGO angreifen, der Vorhabenträger den Erlass mittels einer **Verpflichtungsklage** nach § 42 Abs. 1 Alt. 2 VwGO einfordern.

Der Kläger kann dabei immer nur den **Regelungsinhalt des angegriffenen/versagten Verwaltungsaktes anfechten/einfordern.** Wurde die Zulässigkeit der Enteignung für ein Vorhaben nach § 45 Abs. 1 Nr. 1 bereits im Rahmen des Planfeststellungsbeschlusses festgestellt und ist dieser Planfeststellungsbeschluss rechtskräftig geworden, so kann der Enteignungsbeschluss nicht mehr mit dem Argument angegriffen werden, eine Enteignung sei nicht zulässig. Die Anfechtungsklage kann sich dann nur auf die im Rahmen des Enteignungsbeschlusses selbst getroffenen Entscheidungen, wie die Höhe der Entschädigung, beziehen. 34

§ 45a Entschädigungsverfahren

Soweit der Vorhabenträger auf Grund eines Planfeststellungsbeschlusses oder einer Plangenehmigung verpflichtet ist, eine Entschädigung in Geld zu leisten, und über die Höhe der Entschädigung keine Einigung zwischen dem Betroffenen und dem Träger des Vorhabens zustande kommt, entscheidet auf Antrag eines der Beteiligten die nach Landesrecht zuständige Behörde; für das Verfahren und den Rechtsweg gelten die Enteignungsgesetze der Länder entsprechend.

Überblick

I. Allgemeines

1. Überblick über die Norm

1 Nach **Hs. 1** wird die Entscheidung über die Höhe einer durch den Vorhabenträger aufgrund eines Planfeststellungsbeschlusses oder einer Plangenehmigung zu leistenden Entschädigung aus dem Planfeststellungs- bzw. Plangenehmigungsverfahren in ein gesondertes Verfahren ausgelagert. Die Entschädigungshöhe kann entweder über eine Einigung zwischen den Beteiligten oder andernfalls auf Antrag durch die nach Landesrecht zuständige Behörde bestimmt werden.

2 **Hs. 2** bestimmt die Anwendbarkeit der jeweiligen Landesenteignungsgesetze für das Verfahren und den Rechtsweg des Entschädigungsverfahrens.

2. Regelungszweck

3 § 45a setzt einen Anspruch auf Entschädigung voraus, dessen Höhe es in der eigentlichen **Planentscheidung zeitlich nachfolgend** festzulegen gilt. Der Anspruch auf Entschädigung selbst ergibt sich aus § 74 Abs. 2 S. 3 VwVfG. Dieser kommt in Betracht, wenn dem Vorhabenträger durch die Planfeststellungsbehörde nach § 74 Abs. 2 S. 2 VwVfG Vorkehrungen oder die Errichtung und Unterhaltung von Anlagen auferlegt werden können, die zum Wohle der Allgemeinheit oder zur Vermeidung nachteiliger Wirkungen auf Rechte anderer erforderlich sind, dies aber aus tatsächlichen oder rechtlichen Gründen nicht statthaft oder nach der Art des Vorhabens nicht sinnvoll ist.[1]

4 Obwohl die systematische Stellung von § 45a – unmittelbar im Anschluss an § 45 – darauf schließen lässt, handelt es sich **nicht um eine enteignungsrechtliche Regelung**. Der Entschädigungsanspruch setzt vielmehr unterhalb der Schwelle zur Enteignung ein.[2] Nicht erfasst von § 45a sind Enteignungsfragen. § 45a regelt Fälle, in denen der Eingriff in Rechtspositionen gerade keine Enteignung darstellt.

---

1 Vgl. Danner/Theobald/*Missling*, EnWG, § 45a Rn 2.
2 Bader/Ronellenfitsch/*Kämper*, § 74 Rn 111.

Der Anspruch auf Entschädigung ist **dem Grunde nach Teil der Planentscheidung**. Über § 45a kann lediglich die Höhe festgelegt werden. 5

Die **Entschädigungshöhe** musste vor Einfügung des § 45a im Planfeststellungsverfahren bzw. bei Erteilung der Plangenehmigung geregelt werden. Mit der Neuregelung wird dies in ein nach Landesrecht geregeltes Verfahren ausgelagert, sodass im Planfeststellungs- bzw. Plangenehmigungsverfahren keine Festsetzung der Höhe einer zu leistenden Entschädigung stattfindet.[3] Der Gesetzgeber verspricht sich **Beschleunigungspotenziale** für das Planfeststellungsverfahren. 6

Die Norm erfasst nach dem eindeutigen Wortlaut ausschließlich Fälle, in denen eine **Entschädigung in Geld** vorgesehen ist. Sie regelt die Festlegung durch behördliche Entscheidung auf Antrag eines der Beteiligten für den Fall, dass über die Höhe einer zu leistenden Entschädigung keine Einigung durch eine vorrangige Verhandlung gefunden wird. Im Übrigen verweist die Norm auf ein durch Landesrecht ausgestaltetes Verfahren im Landesenteignungsgesetz. 7

3. Entstehungsgeschichte

Die Vorschrift wurde mit Art. 7 Nr. 6 des **Gesetzes zur Beschleunigung von Planungsverfahren für Infrastrukturvorhaben**[4] vom 9.12.2006 mit Wirkung zum 17.12.2006 als § 45a eingefügt. 8

Die Norm erfuhr im **Gesetzgebungsverfahren** ausgehend vom ersten Entwurf der Bundesregierung[5] vom 4.11.2005 **keine Änderungen** und ist mit dem heutigen Gesetzeswortlaut identisch. Die Regelung des Entschädigungsverfahrens war nicht Bestandteil der kontroversen Diskussion des Gesetzes zur Beschleunigung von Planungsverfahren für Infrastrukturvorhaben.[6] 9

Die Norm ist entsprechend den Vorschriften der § 28a LuftVG, § 22a AEG und § 7a MBPlG formuliert und mit diesen gleichzeitig in einem Artikelgesetz beschlossen worden. Als **Vorbild** könnte **§ 19a FStrG** gedient haben, der bereits mit Art. 26 Nr. 5 des Dritten Rechtsbereinigungsgesetzes[7] vom 28.6.1990 mit Wirkung zum 1.7.1990 in das FStrG eingefügt wurde.[8] 10

II. Verpflichtung zur Entschädigung in Geld

§ 45a setzt einen Anspruch auf Entschädigung voraus, dessen Höhe es in der eigentlichen **Planentscheidung zeitlich nachfolgend** festzulegen gilt. Der Anspruch auf Entschädigung ergibt sich aus § 74 Abs. 2 S. 3 VwVfG. Dieser kommt in Betracht, wenn dem Vorhabenträger durch die Planfeststellungsbehörde nach § 74 Abs. 2 S. 2 VwVfG Vorkehrungen oder die Errichtung und Unterhaltung von Anlagen auferlegt werden können, die zum Wohle der Allgemeinheit oder zur Vermeidung nachteiliger Wirkungen auf Rechte anderer erforderlich sind, dies aber aus tatsächlichen oder rechtlichen Gründen nicht statthaft oder nach der Art des Vorhabens nicht sinnvoll ist.[9] Die zuständige Behörde kann in diesem Fall im Rahmen der Planentscheidung einen Anspruch auf Entschädigung für Dritte festschreiben. Eine Angabe der für die **Berechnung maßgeblichen Faktoren** durch die **Behörde** widerspricht dem Sinn und Zweck der Regelung und ist daher gerade nicht erforderlich.[10] 11

---

3 Vgl. BT-Drucks. 16/54, S. 39.
4 BGBl. I 2006 S. 2833.
5 BT-Drucks. 15/54.
6 Vgl. Beschlussempfehlung des Ausschusses für Verkehr, Bau und Stadtentwicklung, BT-Drucks. 16/3158.
7 BGBl. I 1990 S. 1221.
8 So BT-Drucks. 16/54, S. 39 (Begr. zu § 22a AEG – BT-Drucks. enthält keine Begr. zu § 12a EnWG).
9 Vgl. Danner/Theobald/*Missling*, EnWG, § 45a Rn 2.
10 Vgl. BVerwG, Urt. v. 22.3.1985 – 4 C 15/83 –; a.A. Britz/Hellermann/Hermes/*Hermes*, § 45a Rn 2; Hermes/Sellner/*Vallendar*, § 18 Rn 221.

12 Entschädigung in Geld nach § 74 Abs. 2 S. 2 VwVfG kommt auch **neben** einer **Enteignungsentschädigung** in Betracht, etwa für solche Einbußen, die durch die Enteignung nicht ausgeglichen werden können, beispielsweise Kosten für Mehrwege durch Ersatzlandbeschaffung.[11] Eine Entschädigung ist ferner möglich bei einer Einschränkung privater Vermögenswerte. Dazu gehören beispielsweise anerkannte Jagdrechte.[12]

III. Verfahren

1. Allgemeines

13 § 45a enthält eigene Regelungen zum Verfahren und verweist im Übrigen im Hs. 2 auf das **Verfahren der Enteignungsgesetze in den Ländern**. Aus sich heraus sind daher die Regeln des § 45a nicht ausreichend, um das gesamte Thema etwaiger Entschädigungszahlungen abzudecken.

14 Hs. 1 lagert die Entscheidung über die Höhe des Anspruchs von der Planentscheidung aus und stellt somit eine **Abschichtungsregel** dar.[13] In getrennten Verfahren wird jeweils über Bestand und Höhe der Entschädigung entschieden. Wurde in der Planentscheidung kein Anspruch auf Entschädigung festgelegt, müssen Betroffene gegen die Planentscheidung vorgehen und im Rahmen dieses Verfahrens vortragen, dass es einen Mangel hinsichtlich der Entschädigungsregelung gibt. Geschieht dies nicht und die Planentscheidung erwächst in Bestandskraft, besteht keine Möglichkeit mehr, über ein Vorgehen nach § 45a Entschädigung zu erhalten.[14]

15 Die **Abschichtung** durch § 45a **erleichtert** die **Planentscheidung**. Der erzielte **Beschleunigungseffekt** kommt dem Vorhabenträger zugute. Für Betroffene kann sich eine belastende Wirkung ergeben, da sie zwei unterschiedliche Wege zur Erlangung des Rechtsschutzes einschlagen müssen: Sie müssen zum einen sicherstellen, dass ihnen ein Anspruch auf Entschädigung zugesprochen wird. Zum anderen müssen sie sich – in einem gesonderten Verfahren – um die Höhe der Entschädigung bemühen.

16 Entgegen dem ersten Anschein erweitert die Abschichtung die Möglichkeiten der Interessenswahrnehmung durch Betroffene: Durch die Auslagerung der Festsetzung der Entschädigungshöhe bleibt wegen des Entscheidungsdrucks für die **zuständige Behörde mehr Raum**, die Erforderlichkeit einer Entschädigung zu **ermitteln**. Die Höhe kann im Anschluss ohne Zeitdruck konsensual zwischen dem Vorhabenträger und dem Betroffenen durch Verhandlung festgelegt werden.

2. Vereinbarung

17 Nach Hs. 1 ist eine Festlegung der Entschädigungshöhe durch „Einigung" zwischen dem Vorhabenträger und dem Betroffenen vorrangig. Dies verdeutlicht zunächst, dass die Höhe der Entschädigung im Wege der **konsensualen Entscheidungsfindung durch Verhandlung** bestimmt werden soll. Das Gesetz beabsichtigt jeweils eine individuelle Verhandlung zwischen einem – „dem" – Betroffenen und dem Vorhabenträger. Der Vorrang der Verhandlung entlastet zudem die Behörde.

18 Für jeden Verhandlungsbeteiligten ist ein „Ausstieg" aus den Verhandlungen durch **Antrag** auf **behördliche Festsetzung** an die nach Landesrecht zuständige Behörde möglich, wenn bei den Verhandlungen keine Einigung erzielt werden kann. Pauschale Festsetzungen sind etwa in

11 Vgl. BGH, Urt. v. 21.10.2010 – III ZR 237/09 –.
12 LG Meiningen, Urt. v. 14.6.2006 – BLK O 2/05 –.
13 Vgl. auch *Bauer*, NVwZ 1993, 441 ff.
14 VGH Mannheim, Urt. v. 13.2.1995 – 5 S 1701/94 –.

Form eines Angebotes durch den Vorhabenträger an alle Betroffenen zulässig. Er kann darin die Annahme des Angebotes oder den Einstieg in weitere Verhandlungen in Aussicht stellen. Zu erwarten ist, dass jeweils die Initiative zur Findung einer einvernehmlichen Lösung vom Vorhabenträger selbst ausgeht.[15]

3. Festsetzung durch die Behörde

Die für das Entschädigungsverfahren zuständige Behörde wird durch die Länder bestimmt. Sofern eine solche Bestimmung nicht eigener Bestandteil des entsprechenden **Landesrechtes** ist, gilt nach Hs. 2 der Verweis auf das jeweilige Landesenteignungsgesetz. Danach ist die Landesenteignungsbehörde zuständig. 19

Voraussetzung für die Entscheidung der Behörde ist der Antrag eines der Beteiligten. Sind die Verhandlungen über die Höhe der Entschädigung gescheitert, besteht für den Vorhabenträger oder den Betroffenen die Möglichkeit, den Antrag nach Hs. 1 zu stellen.[16] Zwar impliziert die Stellung des Antrags nach Hs. 1 das Scheitern der Verhandlungen, jedoch ist das Scheitern der Verhandlungen im Antrag schlüssig darzulegen. Dies trägt auch der durch den Gesetzgeber angestrebten Entlastung der Behörde Rechnung. Das Gesetz erhebt die Verhandlung als moderne Form des Verwaltungsverfahrens zu einer Art „Wunschvorstellung". 20

4. Höhe der Entschädigung

Der Betroffene mit Anspruch auf Entschädigung in Geld ist so zu stellen, wie er ohne die im Planfeststellungsbeschluss bzw. der Plangenehmigung rechtmäßiger Weise mögliche Beeinträchtigung stünde. Dabei sind grds. nur **substanzbezogene Beeinträchtigungen** ersatzfähig, nicht also entgangener Gewinn.[17] Zur Höhe der Entschädigung ist im energiewirtschaftlichen Entschädigungsverfahren bislang keine Rechtsprechung ergangen. 21

IV. Rechtsweg (Hs. 2)

Rechtsschutz kann im Regelfall zivilrechtlich bei den Landgerichten, Kammer für Baulandsachen, ersucht werden.[18] Der Rechtsschutz richtet sich gem. Hs. 2 nach den Enteignungsgesetzen der Länder. Folgende **Landesenteignungsgesetze** sind für Verfahren und Rechtsschutz maßgeblich: 22

- Bayerisches Gesetz über die entschädigungspflichtige Enteignung (BayEG) v. 25.7.1978, BayRS III S. 601;
- Landesenteignungsgesetz Baden-Württemberg v. 6.4.1982, GBl. 1982 S. 97;
- Berliner Enteignungsgesetz v. 14.7.1964, GVBl. S. 737;
- Enteignungsgesetz des Landes Brandenburg (EntGBbg) v. 19.10.1992, GVBl. I S. 430;
- Enteignungsgesetz für die Freie Hansestadt Bremen v. 5.10.1965, Brem.GBl. S. 129;
- Hamburgisches Enteignungsgesetz v. 11.11.1980, HmbGVBl. 1980 S. 305;
- Hessisches Enteignungsgesetz (HEG) v. 4.4.1973, GVBl. I S. 107;
- Enteignungsgesetz für das Land Mecklenburg-Vorpommern v. 2.3.1993, GVOBl. M-V 1993 S. 178;

15 Vgl. Britz/Hellermann/Hermes/*Hellermann*, § 45a Rn 4.
16 Danner/Theobald/*Missling*, EnWG, § 45a Rn 7.
17 Giesberts/Reinhardt/*Tünnesen-Harmes*, § 96 Rn 5.
18 Vgl. § 41 Landesenteignungsgesetz BaWü; § 50 Abs. 1 S. 2 EEG NW; § 43 Abs. 1 S. 2 NEG.

- Niedersächsisches Enteignungsgesetz (NEG) v. 12.11.1973, Nds. GVBl. S. 441, i.d.F. v. 6.4.1981, Nds. GVBl. S. 83;
- Gesetz über die Enteignung und Entschädigung für das Land Nordrhein-Westfalen (Landesenteignungs- und -entschädigungsgesetz – EEG NW) v. 20.6.1989, GV NW S. 365;
- Landesenteignungsgesetz Rheinland-Pfalz (LEnteigG) v. 22.4.1966, GVBl. S. 103;
- Gesetz über die Enteignung von Grundeigentum für das Saarland (Enteignungsgesetz) v. 26.7.1922, PrGS 22 S. 211;
- Sächsisches Enteignungs- und Entschädigungsgesetz (SächsEntEG) v. 18.7.2001, SächsGVBl. S. 453;
- Enteignungsgesetz des Landes Sachsen-Anhalt v. 13.4.1994, GVBl. LSA S. 508;
- Gesetz über die Enteignung von Grundeigentum Schleswig-Holstein v. 11.6.1874, GS. Schl.-H. S. 221, i.d.F. der Sammlung des schleswig-holsteinischen Landesrechts, GS Schl.-H. II Gl.Nr. 214–1;
- Thüringer Enteignungsgesetz (ThürEG) v. 23.3.1994, GVBl. S. 329.

§ 45b Parallelführung von Planfeststellungs- und Enteignungsverfahren

Der Träger des Vorhabens kann verlangen, dass nach Abschluss der Anhörung ein vorzeitiges Enteignungsverfahren durchgeführt wird. Dabei ist der nach dem Verfahrensstand zu erwartende Planfeststellungsbeschluss dem Enteignungsverfahren zugrunde zu legen. Der Enteignungsbeschluss ist mit der aufschiebenden Bedingung zu erlassen, dass sein Ergebnis durch den Planfeststellungsbeschluss bestätigt wird. Anderenfalls ist das Enteignungsverfahren auf der Grundlage des ergangenen Planfeststellungsbeschlusses zu ergänzen.

...

Überblick

I. Allgemeines

1. Überblick über die Norm

1 Die Norm ist dem Wortlaut von § 27 Abs. 2 NABEG entsprechend formuliert. Nach **S. 1** hat der Vorhabenträger nach der Anhörung **Anspruch** auf die Durchführung eines vorzeitigen Enteignungsverfahrens, sobald das Anhörungsverfahren abgeschlossen ist und er ein entsprechendes Verlangen gegenüber der Behörde ausspricht. Das Verfahren kann als vorzeitig bezeichnet werden, weil es vor Eintritt der Bestandskraft des Planfeststellungsbeschlusses durchgeführt wird. Es ist aber gleichzeitig vorläufig, weil die Entscheidung nach **S. 3** unter eine **aufschiebende Bedingung** gestellt werden muss und von der Bestätigung durch den Planfeststellungsbeschluss abhängt.

2 Nach **S. 2** ist der nach dem Verfahrensstand zu erwartende Planfeststellungsbeschluss zugrunde zu legen. Um zu bestimmen, was als zu erwartender Planfeststellungsbeschluss Grundlage des vorzeitigen Verfahrens ist, muss die Behörde eine Prognose treffen.

3 Nach **S. 3** ist der Erlass einer **aufschiebenden Bedingung** als Nebenbestimmung obligatorisch, wonach der vorzeitige Enteignungsbeschluss erst dann seine spezifischen Rechtswirkungen entfaltet, wenn der Planfeststellungsbeschluss tatsächlich in dem zugrunde gelegten Umfang ergeht.

4 Nach **S. 4** ist in dem Fall, dass die Prognose über den zu erwartenden Planfeststellungsbeschluss der zuständigen Behörde nicht (so) eintritt, der vorzeitige Enteignungsbeschluss zu ergänzen. In diesem Fall kann die Ergänzung bzw. der Neuerlass unmittelbare Rechtswirkungen entfalten, da eine aufschiebende Bedingung zur Herstellung einer rechtmäßigen Entscheidung nicht mehr erforderlich ist.

2. Regelungszweck

5 Das Planfeststellungsverfahren, mit dessen Abschluss die Verwirklichung eines Vorhabens für zulässig erklärt wird, belässt die Rechte privater Dritter grds. unberührt. Die Verwirklichung der planfestgestellten Vorhaben macht nichtsdestoweniger in der Regel den **Zugriff auf fremden Grund und Boden** erforderlich. Kommt eine gütliche Einigung mit den dinglich Berechtigten nicht zustande, ist ein Enteignungsverfahren durchzuführen. Zur **Beschleunigung** der Realisierung des Vorhabens ermöglicht § 45b den Erlass eines vorzeitigen Enteignungsbeschlusses, der nach Erlass des Planfeststellungsbeschlusses Zugriff auf Grundstücke bereits vor Abschluss des Verfahrens ermöglicht. Unter Beachtung der Grundrechte der Betroffenen kann durch den Vorhabenträger erst mit Erlass des Planfeststellungsbeschlusses von der Enteignung Gebrauch gemacht werden.

6 Bei dem vorzeitigen Enteignungsbeschluss handelt es sich um ein spezielles enteignungsrechtliches Institut, das als Teil der **Beschleunigungsgesetzgebung** der besonderen Dringlichkeit der Vorhaben Rechnung tragen kann.[1] Es erfüllt eine vergleichbare Funktion wie die sofortige Vollziehung nach § 80 Abs. 2 Nr. 4 VwGO.[2]

7 Die Regelung **vorverlagert das eigentliche Enteignungsverfahren.** Die Wirksamkeit und Umsetzung der Maßnahme hängt indes vom Vorliegen eines Planfeststellungsbeschlusses ab. Es wird angenommen, dass die Zahl der **Anwendungsfälle überschaubar** sein wird, da die Vorhabenträger das Verfahren auf eigenes Kostenrisiko betreiben müssen.[3] Stellenweise wird die Norm als verfassungswidrig kritisiert, weil sie nicht erforderlich und unverhältnismäßig sei.[4]

3. Entstehungsgeschichte

8 Die Vorschrift wurde durch Art. 2 Nr. 8 des **Gesetzes über Maßnahmen zur Beschleunigung des Netzausbaus Elektrizitätsnetze**[5] vom 28.7.2011 mit Wirkung zum 5.8.2011 als § 45b eingefügt. Vor Einfügung bestand im EnWG 2007 keine vergleichbare Regelung.

9 Die Norm erfuhr im Gesetzgebungsverfahren keine Änderungen und ist wortgleich mit dem ursprünglichen Entwurf.[6] **Der Bundesrat hat die** Einfügung von §§ 44b Abs. 1a, 45b in seiner Stellungnahme mit folgender Begründung **abgelehnt:**[7]

> *„Eine aufschiebend bedingte Besitzeinweisung vor dem förmlichen Abschluss des tragenden Genehmigungsverfahrens brächte allenfalls Zeitgewinne von wenigen Wochen [...] Auch die Einräumung eines Rechtsanspruchs auf ein paralleles Besitzeinweisungsverfahren des mit Verfahrensrecht und örtlichen Verhältnissen weniger vertrauten Vorhabenträgers ist verfehlt. Wenn es überhaupt ein Parallelverfahren geben kann, muss das im Ermessen der fachkundigen Behörde liegen, die das Verfahren auch gegenüber Betroffenen und Öffentlichkeit zu verantworten hat.“*

10 Die Bundesregierung hat den Vorschlag abgelehnt und misst der Möglichkeit der vorzeitigen Enteignung unter Vorbehalt ein Beschleunigungspotenzial bei. Die Durchführung eines Enteignungsverfahrens noch vor dem Planerlass, wie sie auch Gegenstand von § 27 Abs. 2 NABEG

1 Vgl. Battis/Krautzberger/Löhr/*Battis*, § 116 Rn 1.
2 Zur ähnlich gelagerten vorzeitigen Besitzeinweisung nach BauGB Battis/Krautzberger/Löhr/*Battis*, § 116 Rn 1.
3 BT-Drucks. 17/6249, S. 18.
4 *Moench/Ruttloff*, NVwZ 2011, 1040, 1044 f.
5 BGBl. I 2007 S. 1690.
6 BT-Drucks. 17/6073.
7 BT-Drucks. 17/6249, S. 15.

ist, ist **erstmals Gegenstand eines Fachplanungsgesetzes.** Die Neuregelung in § 45b und § 27 Abs. 2 NABEG geht somit über die bisher bestehenden Möglichkeiten hinaus.

II. Parallelvorschrift in § 27 Abs. 2 NABEG

§ 45b ist inhaltsgleich mit § 27 Abs. 2 NABEG. § 45b unterliegt aufgrund seiner systematischen Stellung nach § 45 der gleichen Systematik wie § 27 Abs. 2 NABEG, der hinsichtlich der materiellrechtlichen Voraussetzungen auf § 45 verweist. 11

Vorzeitig ist eigentlich nicht die Enteignung selbst, sondern – wie es § 45b auch benennt – das Enteignungsverfahren. Die Enteignungsentscheidung ist mit einer aufschiebenden Bedingung zu erlassen, so dass sie erst bei Bestätigung durch den Planfeststellungsbeschluss die ihr zugedachte rechtliche Wirkung entfalten kann. 12

III. Parallelvorschrift in § 44b Abs. 1a, § 27 Abs. 1 NABEG (vorzeitige Besitzeinweisung)

Unter ähnlichen Bedingungen wie in § 45b bzw. § 27 Abs. 2 NABEG kann auch ein weniger weitreichendes vorzeitiges Besitzeinweisungsverfahren nach § 44b Abs. 1a, § 27 Abs. 1 NABEG durchgeführt werden. 13

IV. Enteignungsbeschluss vor Planerlass – Vorzeitige Enteignung (S. 1)

1. Allgemeines

Gemäß S. 1 kann der Vorhabenträger vor Erlass des Planfeststellungsbeschlusses **verlangen**, dass ein **vorzeitiger Enteignungsbeschluss** erlassen wird. Auf den Erlass besteht ein **Anspruch** des Vorhabenträgers. Voraussetzung ist ein Antrag des Vorhabenträgers und ein **zu erwartender Planfeststellungsbeschluss**, der als spätere tragfähige Grundlage für die Enteignung dient. In dem Antrag sind das **Vorhaben** und die vom Enteignungsbeschluss in Anspruch zu nehmenden **Grundstücke** genau zu **bezeichnen**. 14

Von der **„Vorzeitigkeit"** der Enteignung kann gesprochen werden, da die energierechtliche Enteignung nach § 45 im Regelfall auf der enteignungsrechtlichen Vorwirkung eines festgestellten Plans aufbaut, nach § 45b jedoch davon abweichend auf Basis einer Prognose stattfindet, also **wenn ein Planfeststellungsbeschluss noch nicht ergangen** ist. 15

Zuständig für den Erlass des Beschlusses ist die nach Landesrecht für das Planfeststellungsverfahren zuständige Behörde. Bei ihr muss der Vorhabenträger den Antrag einreichen. Eine Übertragung von Aufgaben an die BNetzA ist im Anwendungsbereich des EnWG im Gegensatz zum NABEG nicht vorgesehen. 16

2. Antrag und Anhörung

Der Vorhabenträger kann den **Antrag** nach S. 1 erstmals **nach Abschluss des Anhörungsverfahrens** nach § 43a stellen. Das Anhörungsverfahren wird nach Ende des Erörterungstermins abgeschlossen, sodass mit Abschluss des Anhörungsverfahrens der Antrag gestellt werden kann. 17

Der Abschluss der Anhörung kann nicht in jedem Fall als Anknüpfungspunkt für die Antragstellung dienen. Im **Plangenehmigungsverfahren** und bei **Verzicht auf Planfeststellung und -genehmigung** nach § 43f findet jedoch **keine Öffentlichkeitsbeteiligung** nach § 43a statt. Eine vorzeitige **Enteignung** ist auch im **Plangenehmigungsverfahren** möglich. Der Antrag 18 kann in solchen Fällen **zusammen mit den eingereichten Unterlagen** für die Erteilung der Plangenehmigung **gestellt** werden. Dies folgt aus § 43b Nr. 3, der der Plangenehmigung die Rechtswirkungen der Planfeststellung zuschreibt und damit die Vorschrift des § 74 Abs. 6 S. 2 VwVfG, wonach der Plangenehmigung die enteignungsrechtliche Vorwirkung fehlt, als spezielle Norm verdrängt. Dadurch hat die Plangenehmigung sämtliche Rechtswirkungen des energiewirtschaftlichen Planfeststellungsbeschlusses, **einschließlich der enteignungsrechtlichen Vorwirkung**. Wenn der Plangenehmigung in Abweichung zu den allgemeinen Regelungen des Planfeststellungsrechts in § 74 Abs. 6 S. 2 VwVfG im Bereich der Energiewirtschaft ausdrücklich eine enteignungsrechtliche Vorwirkung zugeschrieben wird, müssen auch besondere enteignungsrechtliche Institute wie die vorzeitige Enteignung im Plangenehmigungsverfahren anwendbar sein.

19 Auch im Anzeigeverfahren nach § 43f findet keine Öffentlichkeitsbeteiligung statt. Bei **unwesentlichen Änderungen** im Sinne von **§ 43f** kann auf ein Planfeststellungs- und Plangenehmigungsverfahren verzichtet werden und stattdessen das Vorhaben in einem Anzeigeverfahren zugelassen werden. Der Entscheidung im Anzeigeverfahren werden keine enteignungsrechtlichen Wirkungen zugedacht, sodass auf ihrer Grundlage keine Enteignung vorgenommen werden kann. Eine vorzeitige Enteignung ist daher auf Grundlage von § 43f nicht möglich. Nicht zuletzt ist **im Regelfall die Anwendung enteignungsrechtlicher Institute** im Anzeigeverfahren entbehrlich. Voraussetzung ist nach § 43f S. 2 Nr. 3, dass Rechte anderer nicht beeinträchtigt werden oder mit den vom Plan Betroffenen entsprechende Vereinbarungen getroffen werden.

3. Rechtscharakter

20 Die vorzeitige Enteignung ist ein **Verwaltungsakt mit Doppelwirkung**. Sie begünstigt den Vorhabenträger und belastet den betroffenen Grundstückseigentümer.

21 Der vorzeitige Enteignungsbeschluss ist aufschiebend bedingt zu erlassen. Nichtsdestoweniger handelt es sich dabei um einen **wirksamen Verwaltungsakt**. Der Verwaltungsakt wird bei Erlass mit einer aufschiebenden Bedingung bereits mit Bekanntgabe gem. § 43 Abs. 1 VwVfG wirksam.[8] Der **Wirksamkeit** steht es indes nicht entgegen, dass der Enteignungsbeschluss mit einer aufschiebenden Bedingung verknüpft ist.

22 § 45 stellt die Voraussetzungen auf, die für eine Enteignung vorliegen müssen. Die enteignungsrechtliche Vorwirkung des Planfeststellungsbeschlusses und der Plangenehmigung ergibt sich aus § 45 Abs. 1 Nr. 1 (Planfeststellung) und daran anknüpfend aus § 43b Nr. 3 (Plangenehmigung); diese trägt nach Bestätigung des Enteignungsbeschlusses durch den Planfeststellungsbeschluss die wirksam gewordene Enteignung.

23 Der weitere Regelungsgehalt ergibt sich aus § 45 Abs. 3. Danach finden für das Enteignungsverfahren die Regelungen der **Landesenteignungsgesetze** Anwendung.[9] Entsprechendes gilt für die Rechtsmittel.

4. Grundlage der vorzeitigen Enteignung (Prognoseentscheidung, S. 2)

24 S. 2 enthält keine materiellen Voraussetzungen für den Erlass eines vorzeitigen Enteignungsbeschlusses. Diese ergeben sich aus dem voranstehenden § 45, nach dem ein Enteignungsbeschluss ergehen kann. Diese Norm wird durch S. 2 dahingehend modifiziert, als dass eine **Prognose über den zu erwartenden Planfeststellungsbeschluss** zu treffen ist. Diese Prognoseentscheidung ist Grundlage für den vorzeitigen Enteignungsbeschluss.

---

8 Stelkens/Bonk/Sachs/*Stelkens*, § 36 Rn 75.
9 Vgl. jeweils die Kommentierung dazu bei § 45.

Die Prognoseentscheidung ist **auf Grundlage des abgeschlossenen Anhörungsverfahrens** zu treffen. In diesem Zeitpunkt sind der Behörde die wesentlichen Einwendungen Betroffener und alle übrigen Aspekte des Vorhabens bekannt. Der Gesetzgeber geht davon aus, dass die Behörde zu diesem Zeitpunkt über ausreichende Kenntnisse über das Vorhaben verfügt, um eine derartige Prognoseentscheidung abgeben zu können. Vor diesem Hintergrund wird der Plangenehmigung z.T. die enteignungsrechtliche Vorwirkung abgesprochen. Dem steht der eindeutige Wortlaut von § 43b Nr. 3 entgegen. 25

In der Prognose muss keine Abwägung der Belange in dem Umfang durchgeführt werden, wie sie für den eigentlichen Planfeststellungsbeschluss erforderlich ist. Hinsichtlich der **Beurteilungsgrundlage ist zwischen Tatbestand und Rechtsfolge zu unterscheiden.** Der Tatbestand muss vollständig aufgeklärt sein. Anderenfalls ist eine Enteignung nicht zulässig. Die Entscheidungsgrundlage darf daher keine wesentlichen Lücken oder streitigen Themen enthalten. Zulässig ist eine Prognose hinsichtlich der letztendlich von der Planfeststellungsbehörde zu treffenden Entscheidung. Ist diese Prognose positiv in dem Sinne, dass mit einer Entscheidung zu rechnen ist, ist auch ein entsprechender Beschluss über die Zulässigkeit des Enteignungsverfahrens möglich. 26

Die Behörde kann im Rahmen einer **Abschätzung** prognostizieren, ob mit dem Erlass eines Planfeststellungsbeschlusses zu rechnen ist; und **in welcher Weise dieser zu erwarten ist.** Besonderes Gewicht hat die Behörde dabei auf die Interessen der betroffenen Grundstückseigentümernutzer zu legen. An einer grundsätzlichen Prognoseentscheidung ändert dies indes nichts. 27

5. Aufschiebende Bedingung (S. 3)

Der vorzeitige Enteignungsbeschluss ist gem. S. 3 mit einer aufschiebenden Bedingung zu erlassen. S. 3 ist **Ermächtigungsgrundlage** für den Erlass einer **Nebenbestimmung** gem. § 36 Abs. 2 Nr. 2 Var. 1 VwVfG in Form einer aufschiebenden Bedingung. Aus diesem Grund ist die Vorschrift auch nicht verfassungswidrig.[10] 28

Bei einer aufschiebenden Bedingung treten die **Rechtswirkungen mit Eintritt** des – ungewissen – **Ereignisses** ein. Bei der Bestätigung des vorzeitigen Besitzeinweisungsbeschlusses durch den Plan handelt es sich um ein solches ungewisses Ereignis. 29

Der Verwaltungsakt wird bei Erlass mit einer aufschiebenden Bedingung mit Bekanntgabe gem. § 43 Abs. 1 VwVfG wirksam.[11] Der Wirksamkeit steht es indes nicht entgegen, dass der Enteignungsbeschluss mit einer aufschiebenden Bedingung verknüpft ist. Dies ist insbesondere auch für den jeweils Betroffenen wichtig, sofern er Rechtsmittel gegen den Enteignungsbeschluss einlegt. Rechtswirkungen entfaltet der Verwaltungsakt mit Eintritt der aufschiebenden Bedingung.[12] Das führt dazu, dass sich Rücknahme und Widerruf bereits vor Erlass des Planfeststellungsbeschlusses nach §§ 48, 49 VwVfG richten.[13] 30

6. Bestätigung durch Planfeststellungsbeschluss

Die Anforderungen des Gesetzgebers, die Enteignung vom **Vorliegen des Planfeststellungsbeschlusses** abhängig zu machen, sind von zentraler Bedeutung. S. 3 spricht von der Bestätigung durch den Planfeststellungsbeschluss; weitere Konkretisierungen fehlen. 31

Die Einzelheiten ergeben sich aus einem Vergleich mit § 45. Dort muss der Plan festgestellt sein. Die Einlegung von Rechtsmitteln gegen den Planfeststellungsbeschluss führt nicht zum 32

10 A.A. *Moench/Ruttloff*, NVwZ 2011, 1040, 1044 f.
11 Stelkens/Bonk/Sachs/*Stelkens*, § 36 Rn 75.
12 Stelkens/Bonk/Sachs/*Stelkens*, § 36 Rn 75.
13 Knack/Henneke/*Meyer*, § 43 Rn 14.

Fortfall der Vollziehbarkeit, da die Rechtsmittel keine aufschiebende Wirkung haben, § 43e Abs. 1 S. 1. Der Rechtsmittelführer muss daher gerichtlich beantragen, dass die sofortige Vollziehbarkeit aufgehoben wird, wenn er auch die Wirksamkeit des Enteignungsbeschlusses beseitigen will.

7. Ergänzung des Verfahrens (S. 4)

33 Der Planfeststellungsbeschluss bestätigt den vorzeitigen Enteignungsbeschluss, wenn er mit dem ursprünglich beantragten Vorhaben vollständig identisch ist. Der Planfeststellungsbeschluss bestätigt hingegen den vorzeitigen Enteignungsbeschluss nicht, wenn dessen Inhalt erheblich vom Enteignungsbeschluss abweicht. Interessant wird vor diesem Hintergrund die Frage, wie mit unwesentlichen Abweichungen zwischen Enteignungsbeschluss und Planfeststellungsbeschluss umzugehen ist. Im Zweifelsfall ist der vorzeitige Enteignungsbeschluss zu ergänzen.

34 Wird der im Enteignungsverfahren zugrunde gelegte Planungsstand nicht durch die Planungsentscheidung bestätigt, ist die Enteignung auf der Grundlage des ergangenen Planfeststellungsbeschlusses zu ergänzen. Die Formulierung im Gesetzestext ist widersprüchlich, da nicht das Enteignungsverfahren sondern der Enteignungsbeschluss zu ergänzen ist. Auf der Grundlage des – nunmehr ergangenen – Planfeststellungsbeschlusses ist ein neuer Enteignungsbeschluss zu erlassen.

V. Rechtsschutz

35 Der vorzeitige Enteignungsbeschluss ist aufschiebend bedingt zu erlassen. Der **äußeren Wirksamkeit** steht es indes nicht entgegen, dass der Enteignungsbeschluss mit einer aufschiebenden Bedingung verknüpft ist. Der Verwaltungsakt wird bei Erlass mit einer aufschiebenden Bedingung bereits mit Bekanntgabe gem. § 43 Abs. 1 VwVfG wirksam.[14] Das führt dazu, dass sich Rücknahme und Widerruf bereits vor Eintritt der Bedingung mit Erlass des Planfeststellungsbeschlusses nach §§ 48, 49 VwVfG richten.[15] Der Vorhabenträger kann dadurch auf den Bestand des Enteignungsbeschlusses vertrauen.

36 Für den jeweils Betroffenen ist wichtig, sofern er gedenkt, Rechtsmittel gegen den Enteignungsbeschluss einzulegen, dass dieser seine **innere Wirksamkeit** erst mit Eintritt der aufschiebenden Bedingung entfaltet.[16] Ob die Rechtswirkungen des aufschiebend bedingten Enteignungsbeschlusses ausreichend sind, um eine Klagebefugnis gem. § 42 Abs. 2 VwGO zu begründen, ist zweifelhaft. Vor allem aufgrund der in einem Trassenkorridor möglichen Verschiebung von Maststandorten und der planerischen Gestaltungsfreiheit ist anzunehmen, dass eine gerichtliche Klärung der Enteignung erst nach Vorliegen des letztendlich das Vorhaben zulassenden Planfeststellungsbeschlusses sinnvoll ist.

37 Nach Erlass des Planfeststellungsbeschlusses führt die Einlegung von Rechtsmitteln nicht zum Fortfall der Vollziehbarkeit, da die Rechtsmittel keine aufschiebende Wirkung haben, § 43e Abs. 1 S. 1. Der Rechtsmittelführer muss daher gerichtlich beantragen, dass die **sofortige Vollziehbarkeit** aufgehoben wird, wenn er auch die Wirksamkeit des Enteignungsbeschlusses beseitigen will.

---

14 Stelkens/Bonk/Sachs/*Stelkens*, § 36 Rn 75.
15 Knack/Henneke/*Meyer*, § 43 Rn 14.
16 Stelkens/Bonk/Sachs/*Stelkens*, § 36 Rn 75.

…

Teil 10
Evaluierung, Schlussvorschriften

…

§ 117b Verwaltungsvorschriften

Die Bundesregierung erlässt mit Zustimmung des Bundesrates allgemeine Verwaltungsvorschriften über die Durchführung der Verfahren nach den §§ 43 bis 43d sowie 43f und 43g, insbesondere über
1. die Vorbereitung des Verfahrens,
2. den behördlichen Dialog mit dem Vorhabenträger und der Öffentlichkeit,
3. die Festlegung des Prüfungsrahmens,
4. den Inhalt und die Form der Planunterlagen,
5. die Einfachheit, Zweckmäßigkeit und Zügigkeit der Verfahrensabläufe und der vorzunehmenden Prüfungen,
6. die Durchführung des Anhörungsverfahrens,
7. die Einbeziehung der Umweltverträglichkeitsprüfung in das Verfahren,
8. die Beteiligung anderer Behörden und
9. die Bekanntgabe der Entscheidung.

…

Überblick

I. Allgemeines

1. Überblick über die Norm

1 Die Norm ermächtigt die Bundesregierung mit Zustimmung des Bundesrates zum Erlass **allgemeiner Verwaltungsvorschriften** über die Durchführung des energiewirtschaftlichen Planfeststellungsverfahrens nach dem EnWG. Als inhaltliche Orientierung sind neue einzelne Verfahrensabschnitte benannt, die von der Ermächtigung erfasst werden. Die Aufzählung ist nicht abschließend.

2. Regelungszweck

2 Die Vorschrift dient der Klarstellung, dass die Bundesregierung gem. **Art. 84 Abs. 2 GG** allgemeine Verwaltungsvorschriften für den Vollzug der energierechtlichen Planfeststellung nach den §§ 43 bis 43d, 43f bis 43g erlassen kann.[1]

1 BT-Drucks. 17/6073, S. 35.

3 Die Verwaltungsvorschriften dienen der **Vereinheitlichung** der von den Ländern durchzuführenden energierechtlichen Planfeststellungsverfahren und sollen eine bundesweit einheitliche Rechtsanwendung sicherstellen. Die Vereinheitlichung der Verwaltungspraxis der Planfeststellungsbehörden der Länder soll dazu beitragen, die **Durchführung von Planfeststellungsverfahren zu beschleunigen.** Die Vorhabenträger können sich auf eine **bundesweit konsistente Genehmigungspraxis** einstellen, was insbesondere bei länderübergreifenden Vorhaben zu Zeit- und Kostenersparnissen führen sollte.

3. Entstehungsgeschichte

4 Die Vorschrift wurde durch Art. 2 Nr. 9 des **Gesetzes über Maßnahmen zur Beschleunigung des Netzausbaus Elektrizitätsnetze**[2] vom 28.7.2011 mit Wirkung zum 5.8.2011 als § 117b eingefügt.

5 Die Regelung erfuhr im Gesetzgebungsverfahren keine Änderungen.[3]

6 Derzeit werden von einer **Bund-Länder-Arbeitsgruppe** unter Moderation des Bundesministeriums für Wirtschaft und Technologie (rechtlich unverbindliche) **Muster-Planungsleitlinien** und Musterbescheide für die energierechtliche Planfeststellung erarbeitet.[4] Die Entwicklung von Muster-Planungsleitlinien zur Beschleunigung des Netzausbaus war als Maßnahmenpaket in dem Energiekonzept der Bundesregierung angekündigt worden.[5]

7 Auf der Grundlage der Muster-Planungsleitlinien sollen später die die Planfeststellungsbehörden der Länder bindenden Verwaltungsvorschriften im Sinne von § 117b erlassen werden.

II. Anwendungsbereich, Verfahren und Inhalt

8 Bisher hat die Bundesregierung noch keine Verwaltungsvorschriften auf der Grundlage von § 117b für den Vollzug der energierechtlichen Planfeststellung erlassen.

9 Die auf Grundlage von § 117b zu erlassenden Verwaltungsvorschriften finden ausschließlich auf Planfeststellungsverfahren auf der Grundlage der § 43 ff. Anwendung. Für Leitungen, für die die **Planfeststellungsverfahren** nach den **§§ 18 ff. NABEG** nicht von der BNetzA auf Grundlage einer Rechtsverordnung nach § 2 Abs. 2 NABEG, sondern von den nach Landesrecht zuständigen Behörden durchgeführt werden, **gelten diese Verwaltungsvorschriften** hingegen **nicht.** Für den Fall, dass eine bundeseinheitliche Planfeststellung durch die BNetzA nicht durch Erlass einer Rechtsverordnung nach § 2 Abs. 2 NABEG begründet wird, bietet es sich an, eine Verfahrensvereinheitlichung zumindest durch den Erlass von Verwaltungsvorschriften des Bundes herbeizuführen. Damit ließe sich eine einheitliche Genehmigungspraxis der Planfeststellungsverfahren im Anwendungsbereich des NABEG erreichen, auch wenn diese entgegen der ursprünglichen Intention von **Landesbehörden** durchgeführt werden.

10 Soweit den von der Bundesregierung auf Grundlage von § 117b erlassenen Verwaltungsvorschriften unmittelbare Außenwirkung zukommt, sind diese zu **veröffentlichen.** Fehlt bei einer Verwaltungsvorschrift mit Außenwirkung die rechtsstaatlich bzw. um des effektiven Rechtsschutzes willen gebotene Bekanntgabe, ist die Verwaltungsvorschrift **unwirksam** und **nicht anzuwenden.**[6] Die Publikation erfordert eine ordnungsgemäße Verkündung in den Amtsblättern der Länder oder dem Bundesgesetzblatt.

2 BGBl. I 2011 S. 1690.
3 BT-Drucks. 17/6073.
4 BT-Drucks. 17/3049, S. 11.
5 Energiekonzept der Bundesregierung vom September 2010, S. 19.
6 BVerwG, Urt. v. 25.11.2004 – 5 CN 1/03 –.

§ 117b zählt **beispielhaft** und **nicht abschließend mögliche Inhalte** für Verwaltungsvorschriften auf (Nr. 1–9). Aus der Aufzählung wird deutlich, für welche Regelungsmaterien der Gesetzgeber Vereinheitlichungsbedarf in der Praxis der Planfeststellungsverfahren der Länder gesehen hat. Bei der Ausübung der Ermächtigung ist vor allem die Zielrichtung des § 117b zu beachten. Die Verwaltungsvorschrift darf ausschließlich der Durchführung der Verfahren und einzelner Verfahrensschritte dienen. Materiell-rechtliche Regelungsgegenstände sind nicht zulässig. Zulässig ist indes eine verfahrenssteuernde Verwaltungsvorschrift, die – mittelbar – auch materiell-rechtliche Auswirkungen haben kann. Dies ist bei fast allen Verfahrensregelungen der Fall und steht dem Erlass einer Verwaltungsvorschrift nicht entgegen. 11

Kommt es jedoch auf Grundlage von § 43g zum Einsatz eines **Projektmanagers**,[7] ist auch dieser an die Verwaltungsvorschriften gebunden. 12

7 Vgl. § 43g Rn 13 ff.

Teil 4 NABEG
Netzausbaubeschleunigungsgesetz Übertragungsnetz (NABEG)

in der Fassung vom 28.7.2011 (BGBl. I S. 1690)

Abschnitt 1
Allgemeine Vorschriften

§ 1 Grundsatz

Die Beschleunigung des Ausbaus der länderübergreifenden und grenzüberschreitenden Höchstspannungsleitungen im Sinne des § 12e Absatz 2 Satz 1 des Energiewirtschaftsgesetzes vom 7. Juli 2005 (BGBl. I S. 1970), der durch Artikel 1 des Gesetzes vom 26. Juli 2011 (BGBl. I S. 1554) eingefügt worden ist, erfolgt nach Maßgabe dieses Gesetzes. Dieses Gesetz schafft die Grundlage für einen rechtssicheren, transparenten, effizienten und umweltverträglichen Ausbau des Übertragungsnetzes sowie dessen Ertüchtigung. Die Realisierung der Stromleitungen, die in den Geltungsbereich dieses Gesetzes fallen, ist aus Gründen eines überragenden öffentlichen Interesses erforderlich.

Überblick

I. Allgemeines

1. Überblick

Anders als andere Gesetze beginnt das NABEG nicht mit einer Vorschrift zum „Zweck" des Gesetzes. Diese folgt in § 4 für den „Zweck der Bundesfachplanung". Das ist folgerichtig, denn die Bundesfachplanung stellt die einzige wirkliche Neuerung des NABEG dar. Eine **Bundesfachplanung**, zumal für die Stromübertragungsnetze, hat es bislang nicht gegeben. Seit Inkrafttreten der RoV 1990[1] bedurfte die Errichtung von Hochspannungsfreileitungen mit einer Nennspannung von mindestens 110 kV in der Regel eines Raumordnungsverfahrens. Ein Raumordnungsverfahren führte das Land durch, in dem der Trassenkorridor belegen war. Dieses Verfahren und seine Zuständigkeit wird nach § 28 nun ersetzt durch ein Fachplanungsverfahren, in dem die raumordnerischen Belange nur noch einen (wichtigen) Gesichtspunkt in der Abwägung darstellen und welches nach Bundesrecht und durch eine Bundesbehörde durchgeführt wird. 1

Die Vorschriften ab § 18 zur Planfeststellung stellen im Grunde nur erneute **Sonderregelungen zum Planfeststellungsrecht** für das Übertragungsnetz gegenüber dem EnLAG, den §§ 43 ff. EnWG und §§ 72 ff. VwVfG auf. Hier bedurfte es keiner erneuten Zweckdefinition. 2

1 RoV vom 13.12.1990, BGBl. I S. 2766.

3 In S. 1 wird die Beschleunigung des Netzausbaus für länderübergreifende und grenzüberschreitende Übertragungsleitungen als Ziel postuliert. Damit ist der Zweck des NABEG hier dennoch beschrieben – die Regelungen dienen dem Ausgleich von **Beschleunigungs- und Beteiligungsinteressen**, der **Rechtssicherheit**, der **Umweltverträglichkeit** und der **Effizienz** bei der Anlagengenehmigung von länderübergreifenden und grenzüberschreitenden Höchstspannungsleitungen (S. 2). Der S. 3 stellt normativ das **überragende öffentliche Interesse** an den Stromleitungen im Geltungsbereich des NABEG fest. Diese Feststellung entfaltet seine Wirkung in Abwägungsentscheidungen im Planungsverfahren (dazu unter Rn 10). Alle folgenden Regelungen beziehen sich ausschließlich auf Höchstspannungsleitungen.

2. Regelungszusammenhang

4 Die Regelungen im NABEG und im EnWG 2011 in §§ 12a bis 12e sind **konzeptionell zusammenhängend** zu betrachten. Hier hat der Gesetzgeber einen Prozess von den **Annahmen** für die Bedarfsermittlung (Szenariorahmen in § 12a EnWG) über die schrittweise Entwicklung des **energiewirtschaftlichen Bedarfsplans** bis hin zu einer **Anlagenerrichtungsgenehmigung** gestaltet. Aus systematischen Gründen stehen die Vorschriften zur **energiewirtschaftlichen Bedarfsermittlung** im EnWG, während das NABEG die speziellen, fachplanungsrechtlichen Vorschriften für die Errichtung eines kleinen Teils des Energieversorgungsnetzes – die länderübergreifenden und grenzüberschreitenden Stromleitungen der Höchstspannung – auskoppelt. Im Energiewirtschaftsgesetz in den weiterhin subsidiär auch für NABEG-Leitungen geltenden §§ 43a bis 43h finden sich allgemein die besonderen verfahrensrechtlichen Vorschriften der Planfeststellung für Energieleitungen mit einer Nennspannung von 110kV und mehr.

5 § 1 beschreibt den Anknüpfungspunkt des NABEG an die neuen Regelungen zum Bundesbedarfsplan in § 12e Abs. 2 EnWG.

II. Geltungsbereich

6 Der Geltungsbereich des NABEG ist beschränkt auf länderübergreifende und grenzüberschreitende Höchstspannungsleitungen, die im **Bundesbedarfsplan** nach § 12e Abs. 2 EnWG als solche gekennzeichnet sind. Mithin ist der Geltungsbereich zweifelsfrei bestimmbar, denn er ergibt sich **eindeutig** durch Entscheidung des Parlaments im Bundesbedarfsplangesetz.[2]

7 Im Entwurf des NABEG, wie er dem Bundesrat zugeleitet wurde,[3] waren in § 12e EnWG für den Bundesbedarfsplan und in § 1 nicht „länderübergreifend gekennzeichnete" Leitungen, sondern Leitungen von *„überregionaler und europäischer Bedeutung"* Gegenstand der Kennzeichnung im Bundesbedarfsplan und des Geltungsbereich des NABEG. Diese Formulierung findet sich auch weiterhin in der Begründung. Mit dieser Änderung sollte eine **Konkretisierung** einhergehen. Eine Maßnahme am Übertragungsnetz kann in ihrer konkreten Ausführung sehr lokalen Charakter haben und die elektrotechnische Wirkung von überregionaler Bedeutung sein. **Netzberechnungen sind komplexe Vorgänge**, bei der jede Maßnahme an einer Stelle im Übertragungsnetz Wirkungen an zahlreichen anderen Stellen im System auslösen kann.[4] Auch in der gegenwärtigen Formulierung der Gesetze wird die Entscheidung einer länderübergreifenden Maßnahme möglicherweise nicht „digital" sein, d.h. eindeutig mit „ja" oder „nein" beantwortet werden können. Es müssen **Annahmen** getroffen und begründet werden. Die Konkretisierung

2 §12e EnWG Rn 12.
3 BR-Drucks. 342/11.
4 Zum Maßnahmenbegriff siehe § 12b EnWG Rn 20.

des Geltungsbereiches des Gesetzes auf „länderübergreifende" Höchstspannungsleitungen ist bei der Auslegung der Vorschriften jedoch zu berücksichtigen.

8 **Länderübergreifende** Höchstspannungsleitungen sind jedenfalls solche, die als konkrete Maßnahmen an einer bestehenden Trasse oder zur Errichtung einer neuen Trasse über das **geographische Gebiet** eines Bundeslandes hinausreichen. Schwieriger wird es werden, wenn Ertüchtigungsmaßnahmen (S. 2) anderer Art im Netzentwicklungsplan vorgeschlagen werden, die zu punktuellen Maßnahmen im Übertragungsnetz führen. Der Netzentwicklungsplan als energiewirtschaftlicher Bedarfsplan ist dem Grunde nach **nicht** angelegt, **konkrete Leitungsprojekte** auszuweisen. Vielmehr geht es um die Darstellung von Transportbedarf zwischen Netzregionen oder konkreten Netzverknüpfungspunkten, die energietechnisch über verschiedenste Maßnahmen erreicht werden können. Vorstellbar sind hier z.B. Kombinationen von Maßnahmen wie Hochtemperaturleiterseilen und Verstärkung von Stationen und einzelnen Trassenabschnitten, die als Gesamtmaßnahme zu einer Erhöhung der Transportkapazität führen. Diese Entscheidung wird im Entwurf des Bundesbedarfsplans und dort in der Definition des Maßnahmen- bzw. Vorhabenbegriffs zu treffen sein.

9 **Grenzüberschreitende** Höchstspannungsleitung erfasst jedenfalls die **Verbindungsleitungen** zwischen Deutschland und den Nachbarstaaten. Dies ist für Landverbindungen unproblematisch, da diese immer in das Übertragungsnetz und die Bewirtschaftung der Regelzonen eingebunden sind. Anders ist die Situation bei **Seekabelverbindungen** zwischen Mitgliedsstaaten, die z.T. als alleinstehende Übertragungsleitungen (sog. „merchant lines") betrieben werden.

Beispiel
Das sog. Baltic Cable ist eine Hochspannungs-Gleichstrom-Übertragungsleitung zur Kopplung des deutschen mit dem schwedischen Stromnetz durch die Ostsee. Es wird aktuell durch eine selbstständige Betreibergesellschaft, die Baltic Cable AB, betrieben. Es verbindet auf einer Strecke von 250 km und mit einer Betriebsspannung von 450 kV eine Station bei Lübeck mit einer Station bei Trelleborg in Schweden.

10 Auch wenn die energiewirtschaftsrechtliche Einordnung solcher Verbindungsleitungen europarechtlich nicht systematisch konsistent geregelt ist, so ist davon auszugehen, dass es sich bei Verbindungsleitungen um einen **Teil des Transportnetzes** handelt; und bei einem eigenständigen Betreiber mithin auch um einen ÜNB. Andernfalls wäre es nicht erforderlich gewesen, in Art. 17 der Stromhandelsverordnung[5] Ausnahmemöglichkeiten von der Regulierung vorzusehen, mithin von Regelungen, die nur für Transportnetzbetreiber gelten.

11 Der Unterschied für den Betreiber eines Übertragungsnetzes besteht hinsichtlich solcher Betriebsmittel darin, dass die **Verpflichtung zum bedarfsgerechten Netzausbau** aus dem EnWG sich nicht auf Seekabelverbindungen erstreckt, die das Staatsgebiet überschreiten. Sind diese jedoch errichtet oder geplant, erstrecken sich europäische Regelungen, z.B. zur **Erlösverwendung**, und nationale Regelungen eben auch auf diese.

12 Es ist daher davon auszugehen, dass solche Höchstspannungsleitungen ggf. als grenzüberschreitende Leitungen im Bedarfsplan ausgewiesen werden. Der Anwendungsbereich des NABEG erstreckt sich territorial auf das deutsche Staatsgebiet. Daraus folgt, dass solche Seekabel auch unterschiedlichen deutschen Rechtsregimen unterliegen – in der **ausschließlichen Wirtschaftszone (AWZ)** gelten die Genehmigungserfordernisse nach dem BBergG, im Bereich der zwölf-Seemeilen-Zone löst die Zuständigkeit der BNetzA für die Bundesfachplanung und die Regelungen des NABEG die bislang erforderliche Raumordnung der Länder ab.[6]

5 VO 714/2009 vom 13.7.2009 ABl EG Nr. L 211 S. 24.
6 So auch: *Wemdzio/Roßegger/Ramin*, NuR 2012, 239, 242.

13 Nach dem Wortlaut sind auch die **Anbindungsleitungen zu Offshore-Windparks** in der AWZ erfasst. Die AWZ ist kein Staatsgebiet; Leitungen in die AWZ überschreiten mithin die deutsche Staatsgrenze. Das NABEG enthält keine Sonderregelungen zum Verhältnis zum Offshore-Netzplan nach §17 Abs. 2a EnWG. Diese Frage wird also im Rahmen des §12e Abs. 2 EnWG gelöst. Dort wird der gesetzgeberische Wille der Abgrenzung der Offshore-Anbindungsleitungen von den grenzüberschreitenden Leitungen immerhin in der separaten Aufzählung deutlich.[7] Die Offshore-Anbindungsleitungen sind kraft gesetzlicher Fiktion in § 17 Abs. 2a EnWG zwar **Teil des Übertragungsnetzes**, sie haben tatsächlich aber den **Charakter von Kraftwerksanschlussleitungen** und unterliegen auch nicht den gleichen **Anforderungen** der **Systemsicherheit** wie das allgemeine Übertragungsnetz.[8] Es ist daher davon auszugehen, dass ein Anbindungskabel eines Offshore-Windparks gegenwärtig auch in der zwölf-Seemeilen-Zone und bis zum netztechnisch geeigneten Verknüpfungspunkt nicht dem NABEG unterfällt, wenn nicht das zusätzliche Kriterium des länderübergreifenden Vorhabens hinzukommt.

III. Verfahrenselemente

14 Ziel des Gesetzes ist es, in den anlagengenehmigungsrechtlichen Verfahren für die Stromübertragungsnetze von überragender, weil nationaler Bedeutung Rechtssicherheit zu stärken, Transparenz herzustellen sowie Effizienz und Umweltverträglichkeit zu gewährleisten.

15 Maßnahmen zu **mehr Rechtssicherheit** finden sich z.B. in § 12 Abs. 2, mit dem der zügige Fortgang des Verfahrens gesichert werden kann; in § 15, in dem die Bindungswirkung der Bundesfachplanung festgeschrieben wird; in § 21 Abs. 5, nach dem die Planfeststellungsbehörde die Vollständigkeit der Unterlagen bestätigen muss.

16 Die **Transparenz des Verfahrens** wird wesentlich durch die Einführung der Antragskonferenzen in § 7 und 20, durch den verpflichtenden Erörterungstermin in § 10 und 22 Abs. 7 oder die formelle Regelung des in der Genehmigungspraxis heute schon informell existierenden vereinfachten Verfahrens in § 11 und § 26 Abs. 7 gestärkt.

17 Die bisher **bestehenden Beteiligungsrechte** der Öffentlichkeit und der Verbände bleiben erhalten, sie werden an keiner Stelle eingeschränkt. Das NABEG schafft keine neuen Präklusionsvorschriften. Die Regelung in § 2 Abs. 3 zum Zusammentreffen verschiedener Ausbauvorhaben ist Ausdruck des Effizienzgedankens, der auch zu bestmöglicher Umweltverträglichkeit beiträgt, weil Vorhaben nach Möglichkeit gemeinsam betrachtet und gebündelt werden sollen. Diese Planungsprinzipien sind nicht neu, sondern finden sich in den bestehenden Vorschriften des VwVfG und des EnWG (z.B. das Bündelungsgebot).

IV. Verhältnis zum Naturschutzrecht

18 Die Energieversorgung im Allgemeinen und die Sicherstellung einer auch ökologisch nachhaltigen Energieversorgung, die sog. Energiewende, dienen einem grundlegenden Gemeinwohlzweck. In S. 3 wird für die Netzertüchtigungsbedarfe aus dem Bundesbedarfsplangesetz **ein überragender öffentlicher Zweck** festgestellt. Nach S. 3 besteht an der Verwirklichung der Vorhaben, die in den Anwendungsbereich des NABEG fallen, ein überragendes öffentliches Interesse. Sie gehen daher mit dem entsprechenden Gewicht insbesondere in die nach den §§ 34 Abs. 3 und 45 Abs. 7 S. 1 Nr. 5 des BNatSchG erforderliche Abwägung ein, sofern im Einzelfall

---

7 Vgl. § 12e EnWG Rn 13.

8 So ausdrücklich in der Begründung zum Offshore Netzplan in Art. 2 Nr. 3 des NABEG Artikelgesetzes, BT-Drucks. 17/6073 S. 33 re. Sp.

eine entsprechende gebiets- oder artenschutzrechtliche Ausnahmeentscheidung notwendig werden sollte.[9]

19 §§ 34 Abs. 3 und 45 Abs. 7 S. 1 Nr. 5 des BNatschG beinhalten Ausnahmeregelungen im Fall einer umweltrechtlichen Unverträglichkeit des Vorhabens gem. § 34 Abs. 2 BNatSchG oder eines umweltrechtlichen Verbots gem. § 44 BNatSchG. Eine derartige Ausnahme greift bei Erfüllung strenger Voraussetzungen im jeweiligen Einzelfall. Beide Ausnahmetatbestände kommen bei Vorliegen folgender Voraussetzungen zum Tragen:

- **zumutbare Alternativen** dürfen nicht ersichtlich sein,
- **zwingende öffentliche Belange** sprechen für eine Projektrealisierung;
- diese zwingenden öffentlichen Belange **überwiegen in einer Abwägung** die Belange des Naturschutzes.

20 Eine gesetzgeberische Grundsatzentscheidung zum Vorliegen eines solchen zwingenden öffentlichen Zwecks – wie es die Realisierung der Höchstspannungsleitungen darstellt, die für die Energiewende zwingend erforderlich sind – kann die **Abwägung der Genehmigungsbehörde im Einzelfall** nicht vorwegnehmen.[10] Die Abwägungskriterien müssen im Einzelfall ermittelt und für ein Gericht nachvollziehbar abgewogen werden. Eine gesetzliche Vorwegnahme der Abwägungsentscheidung würde insbesondere die naturschutzrechtliche Ausnahmevorschrift des § 34 Abs. 3 BNatSchG berühren. § 34 Abs. 3 BNatschG ist eine Umsetzungsvorschrift des Art. 6 Abs. 4 FFH-RL in das nationale Recht. Unionsrechtlich ist das Abwägungsgebot nicht durch Gesetz beschränkbar. Art. 6 Abs. 4 FFH-RL setzt eine Abwägungsentscheidung voraus, bei der die Gewichtung des öffentlichen Interesses den Ausnahmecharakter einer Abweichungsentscheidung gem. Art. 6 Abs. 4 FFH-RL berücksichtigen muss. Die Prüfung zwingender Gründe des überwiegenden öffentlichen Interesses ist daher eng auszulegen, so dass beispielsweise nicht jedes Vorhaben, welches das Erfordernis einer Planrechtfertigung erfüllt, auch ein besonderes Gewicht zukommt, das bereits für sich alleine eine Ausnahme rechtfertigt.[11]

21 Der S. 3 hält sich daher in den Grenzen des Umweltrechts, wenn über den energiewirtschaftlichen Bedarf als Planrechtfertigung (durch den Bundesbedarfsplan gem. § 12e Abs. 4 EnWG festgestellt) hier das abstrakte überragende öffentliche Interesse an den für die Energiewende erforderlichen Energieleitungen festgestellt wird. Die Transparenz und **Richtigkeit der Feststellung** des Bedarfs ist in §§ 12a–e EnWG verfahrensmäßig in bisher **nie da gewesenem Maße** gesichert, so dass zu erwarten ist, dass sich Behörden und Gerichte von dieser gesellschaftlichen Grundentscheidung auch leiten lassen. Die Rechtsprechung erkennt aber das besondere Gewicht solcher legislativer Grundentscheidungen an.[12]

---

9 BT-Drucks 17/6037, S. 23.

10 BVerwG, Urt. v. 9.7.2009 – 4 C 12/07 = NVwZ 2010, 123 Rn 15; *Landmann/Rohmer*, § 34 BNatSchG Rn 32.

11 Vgl. hierzu EuGH, Urt. v. 20.9.2007 – Rs. C-304/05 – Rn 83 sowie Anmerkung zu BVerwG, Urt. v. 9.7.2009 – 4 C 12/07 = jurisPR-BVerwG 24/2009.

12 BVerwG, Urt. v. 4.9.2009 – 4 C 12.07 – (Flughafen Münster-Osnabrück) Rn 16 = BVerwGE 134, 166, 187.

§ 2 Anwendungsbereich, Verordnungsermächtigung

(1) Dieses Gesetz gilt nur für die Errichtung oder Änderung von länderübergreifenden oder grenzüberschreitenden Höchstspannungsleitungen, die in einem Gesetz über den Bundesbedarfsplan nach § 12e Absatz 4 Satz 1 des Energiewirtschaftsgesetzes als solche gekennzeichnet sind.
(2) Die Bundesregierung wird ermächtigt, in einer Rechtsverordnung mit Zustimmung des Bundesrates für Leitungen nach Absatz 1 festzulegen, dass die Planfeststellungsverfahren nach Abschnitt 3 von der Bundesnetzagentur durchgeführt werden.
(3) Die Vorschriften dieses Gesetzes gelten außerdem für den Neubau von Hochspannungsleitungen mit einer Nennspannung von mindestens 110 Kilovolt sowie für Bahnstromfernleitungen, sofern diese Leitungen zusammen mit einer Höchstspannungsleitung nach Absatz 1 auf einem Mehrfachgestänge geführt werden können und die Planungen so rechtzeitig beantragt werden, dass die Einbeziehung ohne wesentliche Verfahrensverzögerung für die Bundesfachplanung oder Planfeststellung möglich ist.
(4) Dieses Gesetz gilt nicht für Vorhaben, die im Energieleitungsausbaugesetz aufgeführt sind.

Überblick

I. Allgemeines

1. Überblick

1 § 2 enthält zentrale Vorschriften über den Anwendungsbereich des Gesetzes – in Abs. 1 wird der Anwendungsbereich aus § 1 wiederholt, in Abs. 3 und 4 werden allerdings wesentliche Regelungen zu Planungsverfahren für andere Vorhaben getroffen, die in der Genehmigungspraxis zusammentreffen können. Abs. 2 enthält die **Kompromissformel**, die im Bundesrat die Zustimmung zum NABEG erst möglich gemacht hat.

2. Zweck der Regelung und Entstehungsgeschichte

2 Der zentrale Streitpunkt bei der Entstehung des NABEG war die Frage, ob die Planungsverfahren für das Übertragungsnetz besser und schneller gehen, wenn die Zuständigkeit auch für die Planfeststellung auf eine Bundesbehörde übertragen wird.[1] Aus Sicht der Bundesregierung liegt darin der eigentliche **Schlüssel der Beschleunigung**,[2] da in den Verfahrensregelungen selbst kein Beschleunigungspotenzial mehr zu generieren ist.[3] Bei **gleichzeitiger** Schaffung von **mehr Transparenz und Beteiligung** liegt das eigentliche Beschleunigungspotenzial in dem Planungsverfahren aus Fachplanung und Planfeststellung aus einer Hand, dass nicht an geographische Zuständigkeitsgrenzen gebunden ist. Die Haltung der Länder dazu war nicht einheitlich; wichtige Länder konnten nur dadurch gewonnen werden, dass die Entscheidung über die Behörden- und damit Bundeszuständigkeit für die Planfeststellung auf einen späteren Termin

1 Siehe beispielhaft BT-Drucks. 17/5816, Antwort auf Fragen 10, 11 und 27.
2 Gegenäußerung der Bundesregierung BT-Drucks. 17/6249 S. 17, li. Sp.
3 BT-Drucks. 17/5580, S. 2 Antwort auf Frage 2.

vertagt wurde. Aufgrund der Aufnahme dieser Formulierung verzichtete der Bundesrat beim NABEG, als nicht zustimmungspflichtigem Gesetz,[4] auf die Anrufung des Vermittlungsausschuss im Beteiligungsverfahren nach Art. 77 Abs. 3 GG.[5]

Ebenfalls zentral für die neuen Regelungen zur Netzausbauplanung war von Beginn an das Verhältnis zum EnLAG und seine in Anlage 1 genannten Projekte. Zum Zeitpunkt des Gesetzgebungsverfahrens waren noch wenige Teilabschnitte von sog. EnLAG-Projekten planfestgestellt. Allerdings waren einzelne Raumordnungsverfahren abgeschlossen und auch in Teilabschnitten Planfeststellungsverfahren begonnen. 3

Praxistipp
Unter www.netzausbau.de findet sich unter dem Oberbegriff „Netzausbau“ auch ein regelmäßiges „EnLAG – Monitoring“ zum Stand dieser wichtigen Ausbauvorhaben.

Viele Verzögerungen waren auch durch Gesetzesänderungen veranlasst worden, die, wie z.B. das Niedersächsische Erdkabelgesetz,[6] wiederholt zur Anpassung der Antragsunterlagen und Pläne geführt hatten. Daher entschied sich der Bundesgesetzgeber dafür, jede weitere Unsicherheit in den Planungsverfahren vermeiden zu wollen. Um die dort laufenden Verfahren nicht durch Rechtsänderungen erneut zu verzögern, ist die Anwendbarkeit des NABEG auf Projekte außerhalb des EnLAG beschränkt. Dafür wurde aber ein regelmäßiges Berichtswesen zu diesen Projekten in § 31 Abs. 3 und § 32 Abs. 2 S. 3 geschaffen. 4

Hinsichtlich des allgemeinen Anwendungsbereichs wird auf die Ausführungen zu § 1 Rn 5ff. verwiesen. Der Anwendungsbereich ergibt sich im Grunde mechanisch aus der Darstellung im Bundesbedarfsplangesetz nach § 12e Abs. 2 EnWG. 5

II. Zuständigkeitsverordnung

Gegen die grundsätzliche Zuordnung der Verwaltungskompetenz an den Bund sowohl für die Bundesfachplanung als auch für die Planfeststellung bestehen keine durchgreifenden **verfassungsrechtlichen Bedenken.**[7] Die Verfahrensrechte der Länder sind durch das Zustimmungserfordernis der Länder zu der Zuständigkeitsverordnung gewahrt; die grundsätzliche Verwaltungskompetenz des Bundes nach Art. 86, 87 Abs. 3 S. 1 Alt. 1 GG ist bei entsprechender Ausgestaltung des Verwaltungsvollzugs durch die BNetzA gegeben. 6

Die Behördenzuständigkeit für das Planfeststellungsverfahren nach Abschnitt 3 ist noch nicht abschließend geregelt, vielmehr muss die Bundesregierung hier noch einmal tätig werden und eine Zuständigkeitsverordnung schaffen. Abs. 2 findet seine korrespondierende Regelung in § 31 Abs. 1 und 2. Eine entsprechende Verordnung soll nach dem Willen der Bundesregierung Ende 2012 auf den Weg gebracht werden;[8] sie bedarf der Zustimmung des Bundesrates. 7

Die **Verfassungsmäßigkeit dieser Verordnungsermächtigung** wird in Veröffentlichungen nach in Kraft treten des Gesetzes lebhaft diskutiert.[9] Fragen an die Verfassungsmäßigkeit 8

4 Vgl. *Mikesic/Strauch*, RdE 2011, 347, 352.
5 BR- Drucks. 394/11.
6 Niedersächsisches Gesetz über die Planfeststellung für Hochspannungsleitungen in der Erde (Niedersächsisches Erdkabelgesetz) v. 13.12.2007, Nds. GVBl. 2009, 709.
7 Zur verfassungsrechtlichen Diskussion der Verwaltungskompetenz: *Appel*, UPR 2011, 406, 411.
8 Energiepolitische Informationen des BMWi 01/2012, S. 11.
9 Umfassend *Appel/Eding*, NVwZ 2012, 343ff., kritisch exemplarisch: *Grigoleit/Weisensee*, UPR 2011, 401, 403.

der Regelung sind nachvollziehbar, da es sich bei Betrachtung des Gesetzgebungsverfahrens mit dieser Verordnungsermächtigung sicherlich um einen Kunstgriff handelt, der insbesondere die Verabschiedung des Gesetzes ermöglichen sollte. Eine positive Bewertung im Lichte der Verfassung ist jedoch möglich. Es ist bei der Auslegung und Anwendung der Vorschrift (siehe dazu § 31) darauf zu achten, dass den Anforderungen des Gesetzesvorbehalts aus Art. 87 Abs. 3 S. 1 GG sowie dem Bestimmtheitsgrundsatz aus Art. 80 Abs. 1 S. 2 GG Rechnung getragen wird.

9 Art. 87 Abs. 3 S. 1 GG verlangt grds., dass die Übertragung von Verwaltungskompetenzen auf den Bund „durch Bundesgesetz" erfolgen muss. Dieser Gesetzesvorbehalt stellt einen **institutionellen Gesetzesvorbehalt** dar,[10] dessen Schutzrichtung vor allem das föderale Kompetenzgefüge zwischen Bund und Ländern ist. Diesem wird die Verordnungsermächtigung in Abs. 2 durch die Grundsatzentscheidung, hier eine Verordnungsregelung zu treffen und durch seinen Zustimmungsvorbehalt der Bundesländer gerecht.[11]

10 Darüber hinaus darf die **Wirksamkeit** eines Gesetzes nicht erst vom Gebrauchmachen einer Verordnungsermächtigung abhängig gemacht werden. Dies ist für das NABEG nicht der Fall, denn die zu erlassende Verordnung kann ausschließlich nur eine **Regelung zur Reichweite der Zuständigkeit** über die Planfeststellung als Teilbereich des NABEG treffen. Der **Anwendungsbereich** des Gesetzes bleibt von der Verordnung unberührt und ist durch höherrangiges Recht – eben das NABEG selbst – verbindlich geregelt. Das NABEG genügt daher dem Gesetzesvorbehalt aus Art. 87 Abs. 3 S. 1 GG, indem es in jedem Fall das anzuwendende Recht und den gesamten Prozess der Bundesfachplanung konkret und bestimmt geregelt hat. Auch die Zuständigkeit des Bundes für die Planfeststellung ist geregelt; man kann dem Gesetz entnehmen, dass dem Verordnungsgeber eine **Pflicht zum Tätigwerden** obliegt.[12] Wird durch die Verordnung nach § 31 ggf. nur über das Ausmaß die Zuständigkeitsübertragung für die Planfeststellung entschieden, liegt keinesfalls eine unzulässige „Inkraftsetzungsermächtigung"[13] vor.

11 Das Planfeststellungsrecht mit seinen enteignungsrechtlichen Vorwirkungen ist **in höchstem Maße grundrechtsrelevant.** Eine formell-gesetzliche Regelung ist im Bereich der Verwaltungsorganisation jedenfalls insoweit erforderlich, als es um Grundfragen des Verwaltungsaufbaus und um Regelungen geht, die für den Grundrechtsschutz und die Grundrechtsausübung entscheidend sind, insbesondere die Festlegung der dafür relevanten Zuständigkeiten der Behörden, der Verfahrensstruktur und der Verfahrensrechte der Beteiligten.[14] Im Lichte der vom BVerfG entwickelten Wesentlichkeitstheorie[15] und des Bestimmtheitsgrundsatzes ist die Offenheit der Zuständigkeitsentscheidung nur deshalb vertretbar, weil der Anwendungsbereich sowie die Verfahrensrechte und die Rechtsschutzmöglichkeit **für die Betroffenen identisch** sind. Das wird in der Regelung des § 31 Abs. 2 sehr deutlich: Die Verordnung trifft ausschließlich die Entscheidung darüber, ob die Regelungen des Abschnitt 3 durch die BNetzA oder durch die Bundesländer in der herkömmlichen Zuständigkeit angewandt werden.

12 Ebenso eindeutig ist – unabhängig von der Verfahrenszuständigkeit – die Frage des **gerichtlichen Rechtsschutzes** gegen Entscheidungen nach dem NABEG geregelt. Derzeit führt der Rechtsschutz gegen einen Planfeststellungsbeschluss nach dem NABEG mangels spezieller Regelung gem. § 43e EnWG zum zuständigen OVG. Will der Gesetzgeber für Entscheidungen

---

10 Dreier/*Schulze-Fielitz*, GG, Art. 20 Rn 124 f.
11 *Appel/Eding*, NVwZ 2012, 342, 344, kritisch dazu *Grigoleit/Weißensee*, UPR 2011, 401 ff., dem folgend *Erbguth*, NVwZ 2012, 326 ff.
12 *Appel*, NVwz 2012, 343, 346.
13 BVerfG, Beschl. v. 8.6.1988 – 2 BvL 9/85 = NJW 1988, 2529.
14 Mangoldt/Klein/Starck/*Sommermann*, Art. 20 Abs. 3 Rn 283 m.w.N.
15 BVerfGE 49, S. 89, 126 m.w.N.

gegen Planfstellungsbeschlüsse nach dem NABEG einen Gleichlauf mit Streitigkeiten über Planfeststellungsverfahren nach dem EnLAG oder nach dem AEG in § 50 Abs. 1 Nr. 6 VwGO erreichen, so bedarf es dazu einer Gesetzesänderung. Diese könnte mit dem Bundesbedarfsplangesetz ergehen, wenn die Liste der Maßnahmen feststeht. Dann könnte es eine erstinstanzliche **Zuständigkeit zum BVerwG** geben. Diese wäre unabhängig von der planfeststellenden Behörde zu schaffen.

Schwieriger, aber im Ergebnis positiv, ist die Frage zu beantworten, ob die **Verordnungsermächtigung** selbst nach **Inhalt, Zweck und Ausmaß** hinreichend bestimmt ist. Zweifel daran können aus der Entstehungsgeschichte und dem Wortlaut des § 31 entstehen. Wie erwähnt, stellt die Verordnungsermächtigung eine Kompromissformel zwischen Bund und Ländern dar. So führt die Begründung aus, Abs. 2 stelle klar „*... dass die Zuordnung der Zuständigkeit für die Planfeststellung auf die Bundesnetzagentur erst durch Rechtsverordnung vorgenommen wird.*“[16] Diese Formulierung lässt die Frage zu, ob die Zuständigkeitsentscheidung durch das NABEG getroffen ist[17] oder erst noch getroffen werden muss. In der Gegenäußerung der Bundesregierung zur Ablehnung der Länder hinsichtlich der Zuständigkeit der BNetzA für die Planfeststellung äußert die Bundesregierung, sie sei „*... mit einer Regelung einverstanden, wonach die Trassen, die Gegenstand des Planfeststellungsverfahrens durch die Bundesnetzagentur sein sollen, durch eine Verordnung festgelegt werden, die der Zustimmung des Bundesrates bedarf.*“[18] 13

Aufgrund dieser Formulierung und des Wortlauts des § 31 können Zweifel entstehen, ob die Verordnung eine **„Alles oder Nichts“**-Entscheidung treffen muss oder ob aus der Zahl der Vorhaben aus der Bundesfachplanung wieder eine Auswahl der Planfeststellung durch den Bund übergeben werden kann. In jedem Fall soll aber erkennbar eine Zuständigkeitszuordnung an den Bund erfolgen. Auch die Begründung des Änderungsantrages des Bundestags-Wirtschaftsausschuss deutet darauf hin, dass hier eine Einzelauswahl getroffen werden soll.[19] Es wird in Anwendung der Verordnungsermächtigung darauf ankommen, klare und objektive energiewirtschaftliche oder andere Kriterien für die Auswahl der Projekte in Planfeststellungszuständigkeit des Bundes zu finden. 14

Das Kriterium „länderübergreifend“ und die Kriterien „vordringlichen Bedarfs“ oder „überragendes öffentliches Interesse“ scheiden aus, da diese für alle NABEG-Projekte gleichermaßen gelten. Finden sich keine weiteren Abgrenzungskriterien – und die Verordnungsermächtigung legt keine Nahe – so ist die Ermächtigung nur dann in Inhalt und Umfang bestimmt, wenn *alle* Vorhaben aus dem Bundesbedarfsplan auch der Planfeststellung des Bundes zugeordnet werden. 15

III. Zusammentreffen mehrerer Vorhaben

Die materiellen Vorschriften dieses Gesetzes sollen auch dann gelten, wenn eine NABEG-Maßnahme mit: 16
- dem Neubau von Hochspannungsleitungen mit einer Nennspannung von mindestens 110 kV oder einer Bahnstromfernleitung (in der Regel ebenfalls 110 kV) zusammenfällt und
- diese anderen Leitungen zusammen mit einer NABEG-Maßnahme auf einem Mehrfachgestänge geführt werden können und
- die Planungen so rechtzeitig beantragt werden, dass die Einbeziehung ohne wesentliche Verfahrensverzögerung für die Bundesfachplanung oder Planfeststellung möglich ist.

16 Vgl. BT-Drucks. 17/6366, S. 18 ff.
17 So z.B. *Appel/Eding*, NVwZ 2012, 343, 345.
18 BT-Drucks. 17/6249, S. 17.
19 BT-Drucks. 17/6366, S. 19 – Änderungsanträge des Wirtschaftsausschuss des Bundestages.

17 Die Regelung adressiert einen technisch **existierenden Lebenssachverhalt**. Es ist technisch möglich und vereinzelt auch Praxis, Stromleitungen der Höchstspannung (220 oder 380 kV) und des 110 kV-Netzes auf einem gemeinsamen Gestänge zu führen. Auch kommt es vor, dass Leitungen anderer Spannungsebenen im Zuge der Neuerrichtung einer Trasse überflüssig oder im Zuge von Kompensationsmaßnahmen auf einem gemeinsamen Gestänge geführt werden.

18 Das gemeinsame Führen auf einem Mehrfachgestänge macht deutlich, dass diese Form von Infrastrukturbündelung **nur für Freileitungen** möglich ist.

19 Es entspricht der öffentlichen Erwartung, dass bei der Errichtung neuer Freileitungen Bündelungspotenziale ausgeschöpft werden und die Gesamtbelastung minimiert wird.

20 Einer flächendeckenden gemeinsamen Planung von Leitungen verschiedener Spannungsebenen **stehen zwei Mechanismen entgegen**:
1. die **Eigentumsstruktur** der deutschen Netzbetreiberlandschaft (dazu Rn 22)
2. und die damit einhergehenden Fragen der **Kostentragung** bei einer Infrastrukturbündelung (dazu ab Rn 23).

21 Die eigentumsmäßige Unterteilung der Netzbetreiberlandschaft in **VNB und ÜNB** mit jeweils unterschiedlichen **Entflechtungsregimen** minimiert die Wahrscheinlichkeit, dass Planungsvorgänge regelmäßig so synchron verlaufen, dass eine gemeinsame Planung ohne Zeitverlust möglich ist. Das ist allerdings Tatbestandsvoraussetzung (dazu siehe vertieft § 26 Rn 5 und Rn 18).

22 Die Netzebenen des Übertragungsnetzes und des Verteilernetzes sind in § 3 Nr. 32 (Übertragung) und Nr. 37 (Verteilung) EnWG beschrieben. Die Ebene des 110 kV-Netzes wird in Deutschland fast ausschließlich der Verteilernetzebene zugeordnet. Keiner der vier deutschen ÜNB verfügt über nennenswerte Anteile an 110 kV-Leitungssystemen.[20] Für Betreiber eines Transportnetzes gelten in den §§ 8 bis 10e EnWG besonders scharfe Entflechtungsvorschriften. Der Betrieb von gemeinsamen Transport- und Verteilernetzbetreibern ist gem. § 6d EnWG nur nach den strengen Regeln für den Transportnetzbetreiber möglich. Von dieser Möglichkeit macht allerdings kein Unternehmen realistisch Gebrauch. Somit treffen im Anwendungsbereich des § 2 Abs. 3 schon aus Gründen der Entflechtung nach dem EnWG **zwangsläufig getrennte Unternehmen** aufeinander. Diese sind allerdings zur Kooperation verpflichtet. Nach § 12 Abs. 2 EnWG sind Betreiber von Übertragungsnetzen *„gegenüber Betreibern eines anderen Netzes, mit dem die eigenen Übertragungsnetze technisch verbunden sind, die notwendigen Informationen bereitzustellen, um (...) den koordinierten Ausbau (...) sicherzustellen*“. Es kann nur vermutet werden, dass Netze, die so parallel geführt werden, dass sie in Betracht kommen, auf ein Mehrfachgestänge geführt zu werden, auch technisch verknüpft sind. In diesem Fall würde sich die **Kooperationsverpflichtung** auch auf den Sachverhalt der Infrastrukturplanung und -bündelung erstrecken können.

23 Die **Kostenschlüsselung und -teilung** bei solchen Gemeinschaftsprojekten ist ein weiteres Thema, das zunächst vertraglich und dann auch regulatorisch gelöst werden muss, bevor es zur Infrastrukturbündelung über Unternehmensgrenzen hinweg kommen kann. Ein Netzbetreiber aktiviert seine technischen Anlagen über ihre technisch-wirtschaftliche Nutzungsdauer sowohl bilanziell wie auch kalkulatorisch in den Netzkosten. Die **betriebsgewöhnlichen kalkulatorischen Nutzungsdauern** sind in Anlage 1 zur StromNEV festgeschrieben. Wird jetzt eine Leitung vor Erreichen ihrer Nutzungsdauer abgebaut, um mit einer neuen Transportleitung auf einem Gestänge geführt zu werden, so werden hier Kosten ausgetauscht. Die damit verbundenen wirtschaftlichen Vorgänge adressiert das NABEG nicht. Dafür sind regulatorische Lösungen im

20 Monitoringbericht der BNetzA 2011, S. 87.

Rahmen der Verwaltungspraxis und der ARegV bzw. in der StromNEV zu finden, für die es bislang keine Anwendungsfälle gab.

Beispiel
Ein VNB unterhält eine 110 kV-Leitung als Freileitung. Diese ist 10 Jahre alt. Bei betriebsgewöhnlichen Nutzungsdauern nach der StromNEV für 110 kV-Kabel von 40–50 Jahren hat dieser Netzbetreiber noch Restwerte von mindestens 30 Jahren (minimale Nutzungsdauer von 40 Jahren – 10 Jahre) in den Büchern. Die Restwerte sind ebenfalls die Basis der regulatorischen Verzinsung des Eigenkapitals. Wird diesem VNB jetzt angetragen, seine 110 kV-Leitungen zugunsten der Mitführung seines Kabels auf einer neuen 380 kV-Trasse abzubauen, will dieser nicht schlechter stehen als vorher und stellt sich folgende Fragen: Wird ihm die Bestandsleitung aus der Verzinsungsbasis herausgestrichen, wenn sie abgebaut wird? Was erhält er dafür – Teileigentum an dem Mehrfachgestänge? Mit welcher Nutzungsdauer? Wer erstattet ihm den betrieblichen Aufwand bei der Baumaßnahme? Warum soll er, der doch erst vor 10 Jahren für seine Leitung eine nennenswerte Investition getätigt hat, sich selbst an einem hohen Investment beteiligen?

NABEG-Projekte können in der Bundesfachplanung nach Abschnitt 2 mit Netzausbauvorhaben eines Energieversorgungsnetzbetreibers einschließlich des Energieversorgungsnetzbetreibers der Deutschen Bahn AG (derzeit DB Energie GmbH) zusammenfallen, die nach § 1 Nr. 14 RoV **raumordnungsbedürftig** sind. In diesem Fall verdrängen die Regelungen des Abschnitts 2 auch das Raumordnungsrecht für die weiteren Vorhaben. In diesem Verfahren wird die Raumverträglichkeit der Trasse umfassend untersucht und hergestellt. Die Höchstspannungstrasse berührt erwartungsgemäß nach ihrer Raumbedeutsamkeit den größeren Kreis der Belange. Für ein paralleles Raumordnungsverfahren für die Leitungen niederer Spannungsstufen ist kein Bedarf mehr. Ein Raumordnungsverfahren findet nach § 28 Abs. 1 S. 1 nicht statt, auch nicht für die nicht unmittelbar von § 28 erfassten Hochspannungsleitungen. Hinsichtlich der Zuständigkeit gelten ebenfalls die Vorschriften des NABEG. Die BNetzA kann die verbundenen Vorhaben im Rahmen der Bundesfachplanung mit planen. 24

Für die **Behördenzuständigkeit im Planfeststellungrecht** gelten die Spezialregelungen des § 26. 25

In der Planfeststellung nach Abschnitt 3 kann eine Zuständigkeit: 26
- der BNetzA nach § 31 Abs. 1 i.V.m. der zu erlassenden ZuständigkeitsVO und des Eisenbahnbundesamts nach § 3 Abs. 1 S. 1 Ziff. 1 und Abs. 2 des BEVVG i.V.m. § 18 AEG für eine Bahnstromfernleitungstrasse,
- der BNetzA nach § 31 Abs. 1 i.V.m. der zu erlassenden ZuständigkeitsVO sowie einer zuständigen Landesbehörde für eine 110 kV-Stromleitungstrasse nach § 43 S. 1 EnWG,
- der zuständigen Landesbehörde nach § 31 Abs. 2 und des Eisenbahnbundesamts nach § 3 Abs. 1 S. 1 Ziff. 1 und Abs. 2 des BEVVG i.V.m. § 18 AEG für eine Bahnstromfernleitungstrasse oder
- einer zuständigen Landesbehörde einmal nach § 31 Abs. 2 für eine NABEG- Maßnahme und einmal nach § 43 S. 1 EnWG für eine 110 kV-Stromleitungstrasse

zusammentreffen. Das geltende Verfahrensrecht ist im NABEG eindeutig geregelt.

IV. Verhältnis zum EnLAG

Abs. 4 erklärt das NABEG für Vorhaben nach Anlage 1 des **EnLAG** für nicht anwendbar. Das bedeutet, das Erfordernis eines Raumordnungsverfahrens ergibt sich aus § 1 Nr. 14 RoV. 27

28 Das EnLAG enthält in der Anlage 1 eine Liste von 24 konkreten Vorhaben mit ihren Anfangs- und Endpunkten.[21] Für diese gilt der energiewirtschaftliche Bedarf z.T. bis ins Jahr 2022 als gesetzlich festgestellt. Es ist im Rahmen der Regelungen zum Netzentwicklungsplan und zum Bundesbedarfsplan zu beurteilen, wie mit Änderungen der Szenarien und den daraus resultierenden Veränderungen des Ausbaubedarfs, auch hinsichtlich von EnLAG-Projekten, umzugehen ist.[22]

---

21 Siehe dazu Teil 2 EnLAG Rn 139.
22 Siehe dazu § 12b EnWG Rn 8.

§ 3 Begriffsbestimmungen

(1) Trassenkorridore im Sinne dieses Gesetzes sind die als Entscheidung der Bundesfachplanung auszuweisenden Gebietsstreifen, innerhalb derer die Trasse einer Stromleitung verläuft und für die die Raumverträglichkeit festgestellt werden soll oder festgestellt ist.
(2) Vereinigungen im Sinne dieses Gesetzes sind nach § 3 des Umwelt-Rechtsbehelfsgesetzes vom 7. Dezember 2006 (BGBl. I S. 2816), das zuletzt durch Artikel 11a des Gesetzes vom 11. August 2010 (BGBl. I S. 1163) geändert worden ist, anerkannte Umweltvereinigungen, die in ihrem satzungsgemäßen Aufgabenbereich berührt sind.
(3) Vorhabenträger ist der nach § 12c Absatz 4 Satz 3 des Energiewirtschaftsgesetzes verantwortliche Betreiber von Übertragungsnetzen.

Überblick

I. Trassenkorridor

Abs. 1 definiert den Begriff der Trassenkorridore im Sinne dieses Gesetzes. Dies ist erforderlich, 1
da der Begriff „Trasse" bzw. „Trassenkorridor" in der Rechtsordnung nicht eindeutig belegt ist.

Die Findung eines Trassenkorridors ist Ziel der Bundesfachplanung. Ein Trassenkorridor 2
übernimmt bei linienförmigen Maßnahmen die **Anfangs- und Endpunkte** aus dem Bundesbedarfsplan[1] und beschreibt einen Gebietsstreifen für einen möglichen Trassenverlauf. Die Bundesfachplanung ist dabei nicht so genau, wie die spätere Planfeststellung für das konkrete Trassenbauwerk, ermöglicht aber die Identifikation und Bewertung von **Nutzungskonflikten** und **Umweltauswirkungen**. Der Flächenkorridor muss den Planungsbehörden und ÜNB bei der Feintrassierung in der Planfeststellung einen gewissen **Spielraum** einräumen, gleichzeitig muss der zentralen Anforderung der Bundesfachplanung gerecht werden, eine frühzeitige Prüfung von **ernsthaften Alternativen** zu gewährleisten. Die Darstellung muss also so gewählt sein, dass die Entscheidung zwischen alternativen Trassenkorridoren abwägungsfehlerfrei zu treffen ist. Dies wird Auswirkungen auf den Maßstab der Darstellung von Trassenkorridoren haben. Der Maßstab wird sich voraussichtlich irgendwo im Bereich der heutigen Raumordnung (in der Regel 1:50.000) oder der Linienbestimmung nach FStrG (1:25.000)[2] bewegen.

Der Gesetzgeber beschreibt die Trassenkorridore als Flächenkorridor mit einer Breite von 3
500 m bis höchstens 1000 m.[3] Bei bestehenden Konfliktlagen muss die planerische Varationsbreite sicher angepasst werden. Anknüpfungspunkte für das Begriffsverständnis finden sich im:

1. Energierecht

Das Energierecht kennt den Begriff der Trasse in § 17 Abs. 2a S. 4 EnWG (Trasse der Anbindungs- 4
leitung im Offshore-Netzplan), § 43h S. 1 EnWG (Erdkabelpflicht für 110 kV-Leitungen auf neuen

1 § 12c EnWG Rn 23.
2 Vgl. Rn 3.
3 BR-Drucks. 342/11, S. 37.

Trassen), in § 23 Abs. 1 Nr. 6 ARegV (Erdkabel auf neuen Trassen) sowie im KWKG (§ 3 Abs. 15 KWKG als Legaldefinition für Anlagen zum Wärmetransport). In allen Fällen ist jeweils der konkrete, parzellenscharfe Verlauf des Leitungsbauwerks gemeint. Die gleiche Abgrenzung zwischen Trassenkorridor und Trasse als konkretem Bauwerk liegt dem NABEG zu Grunde.

2. Bundesfernstraßenrecht

5 § 16 Abs. 1 FStrG kennt den Begriff der Linienführung und die Linienbestimmung durch das Bundesministerium für Verkehr-, Bau- und Stadtentwicklung. Diese wird auch als „Trassenentscheidung" bezeichnet.[4] Die Linienbestimmung ist eine Entscheidung der Fachplanung und muss die Ergebnisse vorliegender Raumordnungsverfahren berücksichtigen.[5] Sie ist nicht parzellenscharf und wird in der Regel im Maßstab 1:25.000 dargestellt.[6] Die bestimmte Linie entfaltet Bindungswirkung nur im Innenverhältnis gegenüber der Planfeststellungsbehörde. Diese materiellen Ausgestaltungen und Wirkungen legen einen Vergleich des Linienbestimmungsrechts nach FStrG und den Trassenkorridoren der Bundesfachplanung nach NABEG durchaus nahe. Ein zentraler Unterschied liegt in der Stellung der Linienbestimmung im Verfahren der Verkehrswegeplanung. Die Linienbestimmung ist systematisch **Teil der Bedarfsfeststellung** auf Ebene der Einzelpläne als Anhang der sektorspezifischen Ausbaugesetze (z.B. Fernstraßenausbaugesetz). Die Bedarfsfeststellung im Energierecht findet auf Ebene des Bundesbedarfsplans im EnWG statt – die Bundesfachplanung konkretisiert die notwendigen Trassenkorridore räumlich.

3. Raumordnungsrecht

6 Das Raumordnungsrecht verwendet in § 8 Abs. 5 Nr. 3 ROG (Landesweite Raumordnungspläne, Regionalpläne und regionale Flächennutzungspläne) den Begriff der „Trasse für Infrastruktur" in dem Sinne, der der raumordnerischen Grobstrukturierungen von raumbedeutsamen Planungen entspricht. Die Trasse im ROG entspricht daher vom Begriffsverständnis dem Trassenkorridor im Sinne des NABEG.

II. Vereinigungen

7 Abs. 2 definiert den Begriff der Vereinigungen im Sinne des Gesetzes. Dieser wird im Beteiligungsverfahren in §§ 7 Abs. 2, 9 Abs. 6, 20 Abs. 1 und 2, 22 Abs. 1 Nr. 2 und Abs. 6 relevant.

8 Durch den Verweis auf die Vorschrift des § 3 des Umwelt-Rechtsbehelfgesetzes ist gewährleistet, dass eine Beteiligung von den Vereinigungen in der Bundesfachplanung und der Planfeststellung nach dem NABEG stattfindet, die in ihren satzungsgemäßen Zwecken berührt sind.[7]

9 § 3 des Umwelt-Rechtsbehelfsgesetzes verlangt für die Einlegung von Rechtsbehelfen nach § 2 Abs. 1 des Umwelt-Rechtsbehelfsgesetzes eine Anerkennung bzw. nach § 2 Abs. 2 des Umwelt-Rechtsbehelfsgesetzes zumindest eine beantragte Anerkennung in- und ausländischer Vereinigungen. Dies ist auf die Begriffsbestimmung im NABEG zu übertragen: die zuständigen Behörden müssen nur solche Vereinigungen berücksichtigen, die anerkannt sind oder die Anerkennung beantragt haben.

---

4 Vgl. *Steinberg*, NVwZ 1983, 209.
5 Marschall/*Ronellenfitsch*, § 16 Rn 55.
6 Marschall/*Ronellenfitsch*, § 16 Rn 57; Hinweise des BMV zu § 16 FStrG im Allgemeinen Rundschreiben 13/1996 vom 15.4.1996 in: VkBl 1996, 222.
7 BR-Drucks. 342/11, S. 37.

Seit dem 1.3.2010 gelten dabei geänderte Zuständigkeiten für die Anerkennung von Umwelt- und Naturschutzvereinigungen: Das Umweltbundesamt ist zuständig für die Anerkennung inländischer Vereinigungen mit einem Tätigkeitsbereich, der über das Gebiet eines Landes hinausgeht, sowie für die Anerkennung ausländischer Vereinigungen. Die Landesbehörden sind zuständig für die Anerkennung inländischer Vereinigungen, deren Tätigkeitsbereich nicht über das Gebiet eines Landes hinausgeht. 10

Praxistipp
Eine Liste der vom Bund anerkannten Umwelt- und Naturschutzvereinigungen ist auf der Internetseite des Umweltbundesamtes (www.umweltbundesamt.de) zu finden. Länderlisten müssen jeweils aktuell bei den für den Umweltschutz zuständigen Landesministerien erfragt werden. Kontakte finden sich am Ende der Liste des Umweltbundesamtes.
Für Fragen und weitere Informationen, z.B. zu den satzungsmäßigen Zwecken der vom Bund anerkannten Umweltvereinigungen steht die „Anerkennungsstelle Umwelt-Rechtsbehelfsgesetz" im UBA unter anerkennungsstelle@uba.de oder unter der Telefonnummer 0340/2103 2123 zur Verfügung.
Postanschrift:
Umweltbundesamt
I 1.3 Anerkennungsstelle Umwelt-Rechtsbehelfsgesetz
Postfach 1406
06813 Dessau-Roßlau

III. Vorhabenträger

Abs. 3 definiert den Vorhabenträger im Sinne dieses Gesetzes. Das Bundesfachplanungsverfahren wie auch das Planfeststellungsverfahren sind **Antragsverfahren**. Antragsbefugt und nach § 11 EnWG sowie nach § 6 Abs. 1 S. 1 bzw. § 12 Abs. 2 S. 3 auch **antragsverpflichtet** ist der Betreiber von Übertragungsnetzen. 11

In Deutschland gibt es derzeit vier eigenständige **Übertragungsnetzbetreibergesellschaften.** Die ÜNB sind grds. zur Entwicklung *ihres* jeweiligen Energieversorgungsnetzes verpflichtet (§ 11 EnWG). Zur Erstellung des nationalen Netzentwicklungsplans trifft sie gem. §12b Abs. 1 S. 1 EnWG eine **besondere Kooperationspflicht**. Die jeweiligen Netze sind mithin für einen nationalen bzw. europäischen Transportbedarf auszubauen, der sich aus der Umsetzung des Szenariorahmens nach § 12a EnWG und dem 10-Jahres-Netzentwicklungsplan (TYNDP) der ENTSO-E ergibt. In der Regel ergibt sich der ausbauverpflichtete Netzbetreiber unmittelbar aus dem Netzentwicklungsplan. Sollte angesichts eines gemeinsamen Plans hier eine Unklarheit entstehen, wird eine Ausbaumaßnahme inzwischen durch Bestimmung der BNetzA gem. § 12c Abs. 4 EnWG dem einzelnen Netzbetreiberunternehmen zugeordnet. Dieser ist dann auch der Vorhabenträger im Sinne von § 3 Abs. 3.[8] 12

Ein unwahrscheinlicher, aber möglicher Sonderfall stellt die Durchführung einer Ausbaumaßnahme durch einen Dritten im Rahmen der Durchsetzungsnorm des § 65 Abs. 2a EnWG[9] dar. § 65 Abs. 2a EnWG stellt eine Form der behördlichen Ersatzvornahme dar. Er sanktioniert die Situation, dass ein verpflichteter ÜNB nicht Willens ist, seinen Ausbauverpflichtungen nachzukommen. Zur Durchsetzung des notwendigen Netzausbaus kann die Regulierungsbehörde dann im Wege eines Ausschreibungsverfahrens einen Dritten (**Projektentwickler**) finden, der die Investition durchführt. Weitere Einzelheiten des Verfahrens sind unklar. Da die Weigerung des Netzausbaus durch den verantwortlichen Netzbetreiber primär wirtschaftliche Gründe haben 13

8 BR-Drucks. 342/11, S. 37.
9 Die Regelung beruht auf Art. 22 Abs. 7 der RL 2009/72/EG.

wird, sind mit dem Dritten insbesondere die wirtschaftlichen Rahmenbedingungen der Investition zu vereinbaren.

14 Hinsichtlich der Antragstellung in der Bundesfachplanung und Planfeststellung sind zwei Optionen vorstellbar: Nach Klärung der wirtschaftlichen Rahmenbedingungen mit dem Dritten ist Teil der öffentlichen Ersatzvornahme nach § 65 Abs. 2a EnWG, dass der zuständige ÜNB verpflichtet wird, die Leitung zu errichten und zu betreiben. Dann bliebe der verantwortliche ÜNB auch der Vorhabenträger. Er würde dann eine Maßnahme planen und betreiben, die er zuvor rechtswidrig abgelehnt hat. Möglich sein muss daher auch die Option, dass der Projektentwickler selbst die notwendige Leitung errichtet.

15 Da der Gesetzgeber diese neue und heute eher hypothetisch erscheinende Möglichkeit eines Vorhabenträgers übersehen haben dürfte, erscheint eine **Analogie** möglich. Beide Optionen werfen viele Folgefragen auf, die hier nicht vertieft werden sollen.

Abschnitt 2
Bundesfachplanung

§ 4 Zweck der Bundesfachplanung

Für die in einem Gesetz über den Bundesbedarfsplan nach § 12e Absatz 4 Satz 1 des Energiewirtschaftsgesetzes als länderübergreifend oder grenzüberschreitend gekennzeichneten Höchstspannungsleitungen werden durch die Bundesfachplanung Trassenkorridore bestimmt. Diese sind die Grundlage für die nachfolgenden Planfeststellungsverfahren.

Überblick

I. Allgemeines

§ 4 ist der erste Paragraph im 2. Abschnitt des NABEG und leitet die Vorschriften über die Bundesfachplanung ein. Er stellt klar, dass die Bestimmung der Trassenkorridore für Höchstspannungsleitungen über die Grenzen des Bundesgebietes und über Ländergrenzen hinaus künftig im Wege der Bundesfachplanung zu treffen ist. Die betroffenen Vorhaben werden **durch Gesetz eindeutig bestimmt**. Dieses Gesetz ist die Entscheidung des Bundesgesetzgebers über den **Bundesbedarfsplan nach § 12e** Abs. 4 S. 1 EnWG.[1] 1

Für diese Trassenkorridore ist nach S. 1 **ein Bundesfachplanungsverfahren damit auch verpflichtend**.[2] Dagegen wird in § 28 klargestellt, dass ein Raumordnungsverfahren für solche Trassen nicht mehr erforderlich ist. 2

Die Bundesfachplanung ist nach S. 2 Grundlage, nach § 12 „verbindlich" für die nachfolgenden Planfeststellungsverfahren. 3

Es gibt als Verfahrensarten der Bundesfachplanung das Regelverfahren und das sog. vereinfachte Verfahren nach § 11. 4

II. Entstehungsgeschichte

Gesetzesbegründung aus BT-Drucks. 17/6073 S. 24: 5

„Die Vorschrift beschreibt den Zweck der Bundesfachplanung. Dieser besteht in der Bestimmung von Trassenkorridoren für die nach einem Bundesbedarfsplangesetz gemäß § 12e Absatz 4 Satz 1 des Energiewirtschaftsgesetzes als europäisch oder überregional bedeutsam ausgewiesenen Höchstspannungsleitungen (Satz 1). Mit der Bundesfachplanung wird der energiewirtschaftliche Bedarf in einen räumlich-konkretisierten Ausbaubedarf überführt. Die Bundesfachplanung mündet in den Bundesnetzplan (§ 17). Die bestimmten Trassenkorridore stellen die Grundlage für die nachfolgenden Planfeststellungsverfahren dar (Satz 2)."

1 Siehe dazu § 12e EnWG Rn 12.
2 Siehe dazu auch § 35 Rn 18.

§ 5 Inhalt der Bundesfachplanung

(1) Die Bundesnetzagentur bestimmt in der Bundesfachplanung zur Erfüllung der in § 1 Absatz 1 des Energiewirtschaftsgesetzes genannten Zwecke Trassenkorridore von im Bundesbedarfsplan aufgeführten Höchstspannungsleitungen. Die Bundesnetzagentur prüft, ob der Verwirklichung des Vorhabens in einem Trassenkorridor überwiegende öffentliche oder private Belange entgegenstehen. Sie prüft insbesondere die Übereinstimmung mit den Erfordernissen der Raumordnung im Sinne von § 3 Absatz 1 Nummer 1 des Raumordnungsgesetzes vom 22. Dezember 2008 (BGBl. I S. 2986), das zuletzt durch Artikel 9 des Gesetzes vom 31. Juli 2009 (BGBl. I S. 2585) geändert worden ist, und die Abstimmung mit anderen raumbedeutsamen Planungen und Maßnahmen im Sinne von § 3 Absatz 1 Nummer 6 des Raumordnungsgesetzes. Gegenstand der Prüfung sind auch etwaige ernsthaft in Betracht kommende Alternativen von Trassenkorridoren.
(2) Für die Bundesfachplanung ist nach den Bestimmungen des Gesetzes über die Umweltverträglichkeitsprüfung in der Fassung der Bekanntmachung vom 24. Februar 2010 (BGBl. I S. 94), das zuletzt durch Artikel 6 des Gesetzes vom 28. Juli 2011 (BGBl. I S. 1690) geändert worden ist, eine Strategische Umweltprüfung durchzuführen.
(3) Die Bundesnetzagentur darf die Bundesfachplanung in einzelnen Abschnitten der Trassenkorridore durchführen. Dies gilt auch, wenn der Vorhabenträger keinen entsprechenden Antrag gestellt hat.

Überblick

I. Allgemeines

1. Überblick über die Norm

Nach **Abs. 1 S. 1 bestimmt die BNetzA** in der Bundesfachplanung die **Trassenkorridore**. Dazu prüft sie gem. **Abs. 1 S. 2** und **S. 3**, ob der **Realisierung einer Höchstspannungsleitung** in dem vorgesehenen Trassenkorridor **überwiegende öffentliche oder private Belange entgegenstehen**, insbesondere, ob eine Übereinstimmung mit den Erfordernissen der Raumordnung besteht. Gegenstand der Prüfung sind nach **Abs. 1 S. 4** auch etwaige, ernsthaft in Betracht kommende **Alternativen von Trassenkorridoren.** 1

Nach **Abs. 2** ist für die Bundesfachplanung eine **SUP** notwendig. 2

Nach **Abs. 3 S. 1** darf die BNetzA die Bundesfachplanung in **einzelnen Abschnitten** durchführen. Diese Befugnis steht der BNetzA nach **Abs. 3 S. 2 von Amts wegen** zu, also auch, wenn der Vorhabenträger keinen entsprechenden Antrag gestellt hat. 3

Die Norm steht in enger Wechselwirkung mit den Regelungen über die Entscheidung über die Bundesfachplanung (§ 12) und über die Bindungswirkung der Bundesfachplanung (§ 15). 4

2. Zweck und Wesen der Bundesfachplanung

a) Funktion

Die Regelung über den Inhalt der Bundesfachplanung ist eine der zentralen Normen des NABEG. Mit der Bundesfachplanung hat der Gesetzgeber ein neues **fachplanerisches Verfahren**[1] geschaffen und hierzu auf **Elemente des Raumordnungsverfahrens, der Raumplanung und der Fachplanung** zurückgegriffen. Die Bundesfachplanung wirft nicht nur viele Fragen auf, weil sich dieses neuartige Verfahren nicht ohne weiteres in das überkommene System raumbedeutsamer Planungen einordnen lässt.[2] Das Verfahren und die Entscheidung über die Bundesfachplanung sind an einigen Stellen nicht immer unmissverständlich formuliert, so lässt sich etwa der Prüfungsgegenstand der Bundesfachplanung vom Gesetzeswortlaut kaum erschließen;[3] es wird nicht im ausreichenden Maße deutlich, dass die BNetzA bei der Entscheidung über die Bundesfachplanung eine Abwägungsentscheidung vorzunehmen hat.[4] Hinsichtlich mancher Details ist die Bundesfachplanung nicht vollständig normiert. Die meistens Lücken werden im Wege der richterlichen Rechtsfortbildung zu schließen sein. Bei manchen Fragen wird der Gesetzgeber erneut tätig werden müssen. Für den Umgang mit und die Folgen von Fehlern der Bundesfachplanung ist dies bereits erfolgt.[5] 5

Über die der Bundesfachplanung vom Gesetzgeber zugedachte Funktion bestehen hingegen keine Zweifel. Über sie lassen sich nicht nur die Grundlagen der Bundesfachplanung erschließen, ihre Kenntnis ist für die praktische Handhabung des komplexen und bisher noch unerprobten Verfahrens der Bundesfachplanung unerlässlich. Die Bundesfachplanung ist wesentlicher Bestandteil einer aus mehreren Stufen bestehenden Ausbauplanung für Höchstspannungsleitungen von der Bedarfsermittlung bis zur Planfeststellung. Mit der Bundesfachplanung wird der energiewirtschaftliche Bedarf an länderübergreifenden und grenzüberschreitenden Höchstspannungsleitungen in einen **räumlich-konkretisierten Ausbaubedarf** überführt.[6] Der Staat greift über die Gesamtplanung wie auch über die Bundesfachplanung im speziellen erstmals 6

1 BT-Drucks. 17/6073, S. 19.
2 Zur Begriffsgeschichte vgl. Rn 45.
3 Vgl. Rn 45.
4 Vgl. Rn 67 ff.
5 Vgl. BR-Drucks. 520/12.
6 BT-Drucks. 17/6073, S. 24; vgl. dazu die graphische Übersicht des Verfahrensverlaufs im Leitfaden zur Bundesfachplanung, BNetzA, Stand: 7.8.2012.

aktiv – also über die Funktion als Planfeststellungsbehörde oder Genehmigungsbehörde hinaus – in die Planung und Umsetzung von Energieleitungsvorhaben ein. Er vollzieht damit für die Energieinfrastruktur nach, was in den sonstigen Bereichen wie dem Fernstraßen-, Eisenbahn- oder Wasserstraßenbau bereits seit langem praktiziert wird.

7 Das primäre Ziel der Bundesfachplanung ist **die frühzeitige Sicherung** der für die Realisierung der Höchstspannungsleitungen in den späteren **Planfeststellungsverfahren benötigten Flächen.** Hierzu werden für die im Bundesbedarfsplan (§ 12e Abs. 4 S. 1 EnWG) als länderübergreifend oder grenzüberschreitend gekennzeichneten Höchstspannungsleitungen **Trassenkorridore bestimmt** (§ 4). Damit erhöht die Bundesfachplanung die **Planungs- und Rechtssicherheit der Vorhabenträger**; die **Investitionsbedingungen** für die Vorhabenträger werden erheblich verbessert.

8 Die Bundesfachplanung hat als der Planfeststellung zwingend vorgelagertes Verfahren **vorbereitenden Charakter.** Sie eröffnet die Möglichkeit zur Abschichtung und bewirkt damit eine **Entlastung des Planfeststellungsverfahrens.** Die Bundesfachplanung ersetzt nach § 28 das ansonsten gem. § 15 Abs. 1 ROG i.V.m. § 1 S. 2 Nr. 14 RoV für die Planfeststellung regelmäßig erforderliche Raumordnungsverfahren. Sie tritt aber nicht lediglich an die Stelle des Raumordnungsverfahrens. Ihre Funktion geht weit über die Prüfung der Raumverträglichkeit der Höchstspannungsleitungen hinaus. Nach § 15 Abs. 1 S. 1 ist die Entscheidung über die Bundesfachplanung für die Planfeststellungsverfahren nach §§ 18ff. verbindlich. Damit befreit sie diese von sämtlichen raumordnerischen Prüfungen. Zudem kann nach § 21 die Prüfung der Umweltverträglichkeit in den Planfeststellungsverfahren aufgrund der in der Bundesfachplanung bereits durchgeführten SUP auf zusätzliche oder andere erhebliche Umweltauswirkungen der beantragten Stromleitung beschränkt werden.

9 Den für den Ausbau weiterhin verantwortlichen **ÜNB** werden **stärkere Mitwirkungslasten** auferlegt. Der Bundesgesetzgeber hat zugleich der **BNetzA mehr Kompetenzen und mehr Verantwortung übertragen**, als dies üblicherweise bei den Planfeststellungsbehörden der Fall ist.

b) Prüfungsgegenstand

10 In der Bundesfachplanung erfolgt eine verbindliche Grobtrassenplanung für die nachfolgenden Planfeststellungsverfahren (§ 15 Abs. 1 S. 1). Die BNetzA **bestimmt** dazu **in der Bundesfachplanung die Trassenkorridore** der im Bundesbedarfsplan als länderübergreifend oder grenzüberschreitend gekennzeichneten Höchstspannungsleitungen (§ 4 S. 1 und Abs. 1 S. 1). Sie prüft in der Entscheidung über die Bundesfachplanung, ob der **Verwirklichung einer Höchstspannungsleitung** in einem Trassenkorridor **überwiegende öffentliche oder private Belange** entgegenstehen (Abs. 1 S. 2). Sie prüft insbesondere die Raumverträglichkeit des Trassenkorridors (Abs. 1 S. 3). Gegenstand der in der Bundesfachplanung vorzunehmenden Prüfung sind auch ernsthaft in Betracht kommende **Alternativen von Trassenkorridoren** (Abs. 1 S. 4).

11 Der Schwerpunkt der Bundesfachplanung liegt in der Prüfung, ob der Trassenkorridor **mit den Erfordernissen der Raumordnung übereinstimmt und in der Abstimmung** des Trassenkorridors **mit anderen raumbedeutsamen Planungen und Maßnahmen.**[7] Die Feststellung bzw. Herstellung der **Raumverträglichkeit** eines Trassenkorridors ist erforderlich, um die Trassensicherung für die späteren Planfeststellungsverfahren zu ermöglichen.[8]

12 Über die raumordnerische Prüfung hinaus sind in der Entscheidung über die Bundesfachplanung (auch) alle sonstigen öffentlichen oder privaten Belange einzubeziehen, die – soweit auf der Ebene der Bundesfachplanung erkennbar und von Bedeutung – der Realisierung einer

---

7 Vgl. Rn 57ff.
8 BT-Drucks. 17/6073, S. 24.

Höchstspannungsleitung innerhalb der für den Trassenkorridor ausgewählten Fläche entgegenstehen können. Auf der Ebene der Bundesfachplanung können die von der detailscharfen Festlegung der Trasse im Planfeststellungsverfahren berührten Belange nicht in einer identischen Prüfungsdichte und -tiefe ermittelt und bewertet werden, wie im anschließenden Planfeststellungsverfahren. In der Entscheidung über die Bundesfachplanung ist allein sicherzustellen, dass innerhalb des Trassenkorridors die spätere Feststellung einer Trasse möglich ist.[9]

Für die Bundesfachplanung ist eine **SUP** nach Maßgabe des UVPG durchzuführen. Dementsprechend sind nach § 12 Abs. 2 S. 1 Nr. 2 i.V.m. § 14k und § 14l UVPG im Rahmen der SUP die Umweltauswirkungen des ausgewiesenen Trassenkorridors zu bewerten und die Entscheidungsfindung unter Berücksichtigung der Ergebnisse der Behörden- und Öffentlichkeitsbeteiligung zu erläutern.[10] 13

c) Abschließende Entscheidung

Die Bundesfachplanung schließt mit der Entscheidung über die Bundesfachplanung ab (§ 12 Abs. 1 S. 1). In der Entscheidung über die Bundesfachplanung sind der **Verlauf des raumverträglichen Trassenkorridors** sowie die an Landesgrenzen gelegenen Länderübergangspunkte (§ 12 Abs. 2 S. 1 Nr. 1) festzulegen. Die Entscheidung über die Bundesfachplanung bestimmt denjenigen Trassenkorridor, der im Hinblick auf die Raum- und Umweltverträglichkeit das geringste Konfliktpotenzial aufwirft; dieser Trassenkorridor findet anschließend **Aufnahme in den Bundesnetzplan.**[11] 14

Der Verlauf des Trassenkorridors und die Länderübergangspunkte sind in der Entscheidung in geeigneter Weise kartographisch auszuweisen (§ 12 Abs. 2 S. 1 Nr. 1). Der Entscheidung ist eine Begründung beizufügen, in der die Raumverträglichkeit im Einzelnen darzustellen ist (§ 12 Abs. 2 S. 2). Des Weiteren enthält die Entscheidung eine Bewertung sowie eine zusammenfassende Erklärung der Umweltauswirkungen der Trassenkorridore (§ 12 Abs. 2 S. 1 Nr. 2) sowie das Ergebnis der Prüfung von alternativen Trassenkorridoren (§ 12 Abs. 2 S. 1 Nr. 3). 15

Die Entscheidung über die Bundesfachplanung erfolgt in einem **zweistufigen Prozess:** In der **ersten Stufe** prüft die BNetzA, ob der beabsichtigte Trassenkorridor mit den Erfordernissen der Raumordnung übereinstimmt und ihm auch keine sonstigen öffentlichen und privaten Belange entgegenstehen. Auf dieser Entscheidungsstufe entspricht die vorzunehmende Prüfung der Raumverträglichkeitsprüfung in einem Raumordnungsverfahren. Die Entscheidung über die Bundesfachplanung schließt – anders als das Raumordnungsverfahren – mit einer verbindlichen Entscheidung ab. Wenn der Verwirklichung einer Höchstspannungsleitung innerhalb einer bestimmten Fläche keine auf der Ebene der Bundesfachplanung erkennbaren öffentlichen oder privaten Belange entgegenstehen, kann die BNetzA diese Fläche als Trassenkorridor bestimmen. 16

Stehen der Verwirklichung einer Höchstspannungsleitung innerhalb einer für den späteren Trassenkorridor ausgewählten Fläche hingegen bereits auf der Ebene der Bundesfachplanung zu beachtende öffentliche oder private Belange entgegen, kann die BNetzA die entgegenstehenden Belange in der **zweiten Stufe der Entscheidung** durch eine **Abwägungsentscheidung** überwinden.[12] Die BNetzA hat in diesen Fällen das **überragende öffentliche Interesse an der Realisierung der Höchstspannungsleitungen** (§ 1 S. 3) und an der sicheren, preisgünstigen, verbraucherfreundlichen, effizienten und umweltverträglichen leitungsgebundenen Versorgung der Allgemeinheit mit Elektrizität (§ 1 Abs. 1 EnWG) gegen die entgegenstehenden Belange abzuwägen. Überwiegt bei der zu treffenden Abwägung das öffentliche Interesse an der Realisie- 17

---

9 Vgl. Rn 52 ff.
10 Vgl. dazu § 7 Rn 67 ff.
11 BT-Drucks. 17/6073, S. 27.
12 Vgl. Rn 68 ff.

rung der Höchstspannungsleitungen, so kann ein Trassenkorridor trotz entgegenstehender Belange von der BNetzA bestimmt werden.

18 Bei der zu treffenden Entscheidung handelt es sich nicht um eine fachplanerische Abwägung, sondern um eine den spezifischen Regeln der Bundesfachplanung folgende **„gewichtete Abwägung"**.[13] Anders als in der planungsrechtlichen Abwägung hat der Gesetzgeber der Realisierung der Höchstspannungsleitungen gegenüber entgegenstehenden Belangen grds. eine vorgeprägte Gewichtung eingeräumt.

19 Der BNetzA kommt im Rahmen der vorzunehmenden Abwägung eine für Abwägungsprozesse anerkannte **planerische Gestaltungsfreiheit** zu. Die Wertung, ob das überragende öffentliche Interesse an der Realisierung der Höchstspannungsleitungen die entgegenstehenden Belange überwiegt, ist als solches der verwaltungsgerichtlichen Kontrolle entzogen. Der BNetzA steht hingegen kein Beurteilungsspielraum über die Inhalte der einer Verwirklichung einer Höchstspannungsleitung innerhalb einer bestimmten Fläche entgegenstehenden öffentlichen oder privaten Belange zu.[14]

d) Bindungs- und Außenwirkung

20 Ein zentrales Charakteristikum der Bundesfachplanung ist ihre Bindungswirkung. **Die Entscheidung über die Bundesfachplanung** ist für die Planfeststellungsverfahren nach §§ 18 ff. **verbindlich** (§ 15 Abs. 1 S. 1).[15] Die Bundesfachplanung bindet den **Vorhabenträger** und die **Planfeststellungsbehörde**. Da Bundesfachplanungen grds. Vorrang vor Landesplanungen haben (§ 15 Abs. 1 S. 1), bindet die Bundesfachplanung darüber hinaus auch die **Planungsträger der Länder und Gemeinden**.

21 Verbindlichkeit im Sinne von § 15 Abs. 1 S. 1 bedeutet, dass die Festlegung des Trassenkorridors verbindlich ist. Die Leitung kann nur innerhalb des in der Bundesfachplanung festgelegten Trassenkorridors genehmigt und verwirklicht werden. Innerhalb dieses Korridors verbleibt ein **eigener planerischer Gestaltungsfreiraum der Planfeststellungsbehörde**, um den konkreten Trassenverlauf auf Grundlage des Abwägungsmaterials der Bundesfachplanung und des Planfeststellungsverfahrens parzellenscharf festzulegen. Dieser Planungsspielraum ist notwendig, weil auf der Ebene der Bundesfachplanung ein Trassenkorridor von einer Größe von bis zu 1.000 m zu prüfen ist. Es ist auf dieser groben Planungsebne nicht möglich, tatsächlich alle öffentlichen und privaten Belange, die einer Realisierung einer Höchstspannungsleitung entgegenstehen könnten, zu ermitteln und zu bewerten, zumindest dann nicht, wenn die Bundesfachplanung zu einer Beschleunigung des Aufbaus der Höchstspannungsnetze führen soll.

22 Stellt sich im Rahmen des Planfeststellungsverfahrens heraus, dass an einer Stelle eine Trassenführung ausschließlich außerhalb des festgestellten Trassenkorridors möglich ist, ist die vorangegangene Entscheidung über die Bundesfachplanung zwangsläufig (materiell) fehlerhaft und muss korrigiert werden.[16] Dies gilt auch dann, wenn die Trasse in nur einem Teilabschnitt außerhalb des Trassenkorridors verlaufen muss.

23 Die Entscheidung über die Bundesfachplanung soll das **spätere Planfeststellungsverfahren** dadurch **entlasten**, dass die Raum- und Umweltverträglichkeit verbindlich festgestellt wird.[17] Die verbindliche Festlegung eines Trassenkorridors dient damit der **Rechts- und Investitionssicherheit des Vorhabenträgers.** Die Verbindlichkeit der Bundesfachplanung sichert zudem die **alleinige Zuständigkeit der BNetzA für die Trassenbestimmung ab** und gewähr-

---

13 Vgl. Rn 37, 74.
14 Vgl. dazu Rn 74.
15 Vgl. § 15 Rn 11 ff.
16 Vgl. dazu Rn 88 ff.
17 BT-Drucks. 17/6073, S. 27.

leistet eine einheitliche Prüfung des gesamten Trassenkorridors durch eine Behörde (§ 31 Abs. 1). Daher kann nur die BNetzA die Entscheidung über die Bundesfachplanung korrigieren. Eine Bestimmung der Trassenkorridore durch die Länder widerspräche dem Grundgedanken des NABEG, wonach für länderübergreifende und grenzüberschreitende Leitungen eine (bundes-) einheitliche Entscheidung getroffen werden soll. Vor allem aber fehlt den Ländern dafür die vom Gesetzgeber eingeräumte Kompetenz. Die Planfeststellungsbehörde hat daher eine von ihr als fehlerhaft bewertete Bundesfachplanung der BNetzA zur Korrektur vorzulegen.

Ungeachtet ihrer Bindungswirkung gegenüber den Landesbehörden hat die Entscheidung über die Bundesfachplanung – wie auch in Raumordnungsplänen festgelegte Ziele der Raumordnung – **keine unmittelbare Außenwirkung** und ersetzt nicht die Entscheidung über die Zulässigkeit der Ausbaumaßnahme (§ 15 Abs. 3 S. 1).[18] Die Gesetzesbegründung spricht vom verwaltungsinternen Charakter der Bundesfachplanung.[19] Einen solchen hat die Bundesfachplanung allerdings nur, wenn die BNetzA für die Bundesfachplanung und die Planfeststellungsverfahren zuständig ist. Vorhabenträger wie auch Dritte können **gegenüber der Entscheidung über die Bundesfachplanung keinen Rechtsschutz** geltend machen (§ 15 Abs. 3 S. 2).[20] **Der Vorhabenträger** kann jedoch die ihm von der BNetzA nach § 6 S. 2 auferlegte **Verpflichtung**, einen **Antrag auf Einleitung der Bundesfachplanung** zu stellen, **anfechten.**[21] Betroffene **Dritte** können die von der BNetzA gem. § 16 Abs. 1 mit dem Abschluss der Bundesfachplanung oder nachträglich festgesetzten **Veränderungssperren anfechten.**[22] 24

e) Einordnung in das gestufte Planungssystem

Der Gesetzgeber bezeichnet die Bundesfachplanung als ein **fachplanerisches Verfahren sui generis.**[23] Er hat **Elemente des Raumordnungsverfahrens,**[24] **der Raumplanung und der Fachplanung** in die Bundesfachplanung integriert. 25

Hinsichtlich ihres Prüfungsgegenstandes, des durchzuführenden Verfahrens und der die Bundesfachplanung abschließenden Entscheidung, vor allem aber hinsichtlich ihrer Rechtswirkungen unterscheidet sich die Bundesfachplanung von anderen Fachplanungsverfahren. Die Bundesfachplanung lässt sich nicht ohne weiteres in das vertikale und horizontale Geflecht raumbezogener Planungen einordnen; sie oszilliert zwischen räumlicher und sektoraler Planung. Ihre Einordnung wird nicht zuletzt dadurch erschwert, dass die Abgrenzung der Aufgaben und Befugnisse von Fach- und Raumplanung bei der zielförmigen Festlegung von Standort- und Trassenausweisungen für raumbedeutsame Infrastrukturvorhaben noch nicht abschließend geklärt ist.[25] 26

Der Gesetzgeber hat bei Erlass der Regelungen der Bundesfachplanung auf **Elemente des Raumordnungsverfahrens sowie der Raum- und Fachplanung** zurückgegriffen. 27

Die Bundesfachplanung weist hinsichtlich ihres Prüfungsgegenstandes deutliche Bezüge zum **Raumordnungsverfahren** auf. Ebenso wie das Raumordnungsverfahren ist die Bundes- 28

18 Vgl. *Kment*, RdE 2011, 341, 344.
19 BT-Drucks. 17/6073, S. 27.
20 Vgl. § 15 Rn 33 ff.; *Kment*, RdE 2011, 341, 344; *Beckmann*, VR 2011, 365.
21 Vgl. dazu Rn 86 und § 6 Rn 52 ff.
22 Vgl. dazu Rn 86 und § 16 Rn 71 f.
23 BT-Drucks. 17/6073, S. 19; so auch *Sellner/Fellenberg*, NVwZ 2010, 1055; *Appel* UPR 2011, 406, 413; *Grigoleit/Janßen/Weisensee*, RaumPlanung 2011, 145, 148; kritisch *Durner*, DVBl. 2011, 853, 855 f.
24 BR-Drucks. 342/1/11, S. 14.
25 Vgl. zur Abgrenzung etwa BVerwG, Urt. v. 16.3.2006 – 4 A 1075/04 –; BVerwG, Urt. v. 20.4.2005 – 4 C 18/03 –; BVerwG, Urt. v. 30.1.2003 – 4 CN 14/01 –; BayVerfGH, Entscheidung v. 15.7.2002 – Vf. 10-VII-00 –, – Vf. 12-VII-00 –; Spannowsky/Runkel/Goppel/*Runkel*, ROG, § 1 Rn 72; Battis/Krautzberger/Löhr/*Löhr*, § 38 Rn 1, *Lieber*, NVwZ 2011, 910; Kment, NuR 2010, 392; *Langguth*, ZfBR 2011, 436 jeweils m.w.N.

fachplanung ein **Vorverfahren vor dem eigentlichen fachlichen Zulassungsverfahren**. Der enge Bezug wird bereits aus dem Wortlaut der einschlägigen Normen deutlich. In der Bundesfachplanung ist die Übereinstimmung eines Trassenkorridors mit den Erfordernissen der Raumordnung zu prüfen und der Trassenkorridor mit anderen raumbedeutsamen Planungen und Maßnahmen abzustimmen (Abs. 1 S. 3). Im Raumordnungsverfahren sind die raumbedeutsamen Auswirkungen der Planung oder Maßnahme unter überörtlichen Gesichtspunkten zu prüfen; insbesondere werden die Übereinstimmung mit den Erfordernissen der Raumordnung und die Abstimmung mit anderen raumbedeutsamen Planungen und Maßnahmen geprüft (§ 15 S. 2 ROG). Dementsprechend spricht der Gesetzgeber an vielen Stellen von der Raumverträglichkeit der Trassenkorridore.[26]

29 Die Bundesfachplanung ist – ansonsten hätte es der Schaffung der Bundefachplanung auch nicht bedurft – trotzdem nicht identisch mit einem Raumordnungsverfahren. Das Raumordnungsverfahren hat die Aufgabe zu untersuchen, ob ein Vorhaben mit den Erfordernissen der Raumordnung übereinstimmt, wie es unter den Gesichtspunkten der Raumordnung durchgeführt und auf andere Vorhaben abgestimmt werden kann, welche Auswirkungen das Vorhaben hat und wie diese zu bewerten sind.[27] Das Ergebnis des Raumordnungsverfahrens bindet die Planfeststellungsbehörden aber nicht. Die Rechtsprechung bezeichnet das Ergebnis als rein „gutachtliche Äußerung".[28] Hingegen ist es die primäre Funktion der Bundesfachplanung, die für die Realisierung der Höchstspannungsleitungen benötigten Flächen zu sichern. Die Bundesfachplanung erschöpft sich nicht darin, die Raumverträglichkeit eines Trassenkorridors festzustellen; es ist vielmehr ihre Aufgabe, diese herzustellen. Dementsprechend endet das Verfahren der Bundesfachplanung mit einer **Abwägungsentscheidung**, mit der entgegenstehende Belange überwunden werden können. Ergänzend sei darauf hingewiesen, dass die Bundesfachplanung andere Verfahrensschritte beinhaltet als das Raumordnungsverfahren.

30 Die Entscheidung über die Bundesfachplanung ähnelt hinsichtlich ihrer Rechtswirkungen der Festlegung von Zielen der Raumordnung. Es ist anerkannt, dass zielförmige Festlegungen von Standort- und Trassenausweisungen in Raumordnungsplänen für raumbedeutsame Infrastrukturvorhaben getroffen werden können.[29]

31 Bei der Festlegung von Zielen der Raumordnung sind die öffentlichen und privaten Belange, soweit sie auf der jeweiligen Planungsebene erkennbar und von Bedeutung sind, gegeneinander und untereinander abschließend abzuwägen nach § 7 Abs. 2 S. 1 ROG. Ziele der Raumordnung entfalten grds. keine allgemeine Rechtverbindlichkeit, sie verpflichten ausschließlich die jeweils betroffenen Adressaten.[30] Adressaten der Festlegungen in Raumordnungsplänen sind grds. die nachfolgenden Planungsebenen; für die Gemeinden folgt dies insbesondere aus § 1 Abs. 4 BauGB. Private sind nur Adressaten von Zielen der Raumordnung bei Entscheidungen öffentlicher Stellen über die Zulässigkeit raumbedeutsamer Planungen und Maßnahmen, die der Planfeststellung oder Plangenehmigung bedürfen (§ 4 Abs. 1 S. 1 Nr. 3 ROG), oder wenn sie raumbedeutsame Planungen und Maßnahmen in Wahrnehmung öffentlicher Aufgaben durchführen oder öffentliche Stellen an ihnen mehrheitlich beteiligt sind oder die Planungen und Maßnahmen überwiegend mit öffentlichen Mitteln finanziert werden (§ 4 Abs. 1 S. 2 ROG). Um eine Bindungswirkung gegenüber Privaten zu entfalten, müssen Ziele der Raumordnung daher grds. durch nachfolgende Planungsebenen umgesetzt werden.[31] Unmittelbare Bindungswirkung ge-

26 Vgl. etwa § 3 Abs. 1, § 12 Abs. 2 S. 1 Nr. 1, S. 2.
27 *Finkelnburg/Ortloff/Kment*, S. 323.
28 BVerwG, Beschl. v. 4.6.2008 – 4 BN 12/08 –; BVerwG, Beschl. v. 30.8.1995 – 4 B 86/95 –; Thüringer OVG, Beschl. v. 25.2.2008 – 1 N 508/07 –.
29 BVerwG, Urt. v. 16.3.2006 – 4 A 1075/04 –; BVerwG, Urt. v. 15.5.2003 – 4 CN 9/01 –.
30 Spannowski/Runkel/Goppel/*Runkel*, § 3 Rn 30.
31 Bielenberg/Runkel/Spannowsky/*Runkel*, § 4 Rn 84.

genüber Privatpersonen können Ziele der Raumordnung darüber hinaus über § 35 Abs. 3 S. 2 und S. 3 BauGB entfalten.[32]

Auch die Entscheidung über die Bundesfachplanung ist für nachfolgende Planungsverfahren verbindlich (§ 15 S. 1). Sie hat grds. Vorrang vor Landesplanungen (§ 15 S. 2), aber keine unmittelbare Außenwirkung (§ 15 Abs. 3 S. 1) und kann nur im Rahmen des Rechtsbehelfsverfahrens gegen die Zulassungsentscheidung für die jeweilige Ausbaumaßnahme überprüft werden (§ 15 Abs. 3 S. 2). Auch die Entscheidung über die Bundesfachplanung endet mit einer Abwägungsentscheidung. 32

Die Rechtswirkungen der Entscheidung über die Bundesfachplanung entsprechen aber denjenigen von Zielen der Raumordnung.[33] Die Bundesfachplanung ist keine Raumordnungsplanung.[34] Dies hat der Gesetzgeber mit der Bezeichnung „Bundesfachplanung" zum Ausdruck gebracht; er spricht zudem von einem fachplanerischen Verfahren.[35] Der BNetzA fehlt für die Festlegung von Zielen der Raumordnung zudem die Kompetenz. Vor allem aber haben Raumordnungs- und Bundesfachplanung eine unterschiedliche Funktion. Die Raumordnungsplanung ist Teil eines mehrstufigen Planungssystems mit einer fortlaufenden Konkretisierung von oben nach unten.[36] Raumordnung ist die zusammenfassende, übergeordnete Planung des Raumes. Sie ist überörtlich, fasst vielfältige Fachplanungen zusammen und stimmt diese aufeinander ab.[37] Die Raumplanung ist umfassend angelegt und hat daher alle einschlägigen Belange der unterschiedlichen Fachplanungen zu berücksichtigen. Ziele der Raumordnung werden nach § 7 Abs. 1 S. 1 ROG für den gesamten Planungsraum und einen regelmäßig mittelfristigen Zeitraum zur Entwicklung, Ordnung und Sicherung des Raums festgelegt (§ 1 Abs. 1 ROG). 33

Die Bundesfachplanung hat eine kleinteiligere Perspektive. Sie betrachtet nicht einen bestimmten Planungsraum in seiner Gänze. Sie dient auch nicht dazu, ein Planungsgebiet durch eine zusammenfassende und fachübergreifende Planung zu entwickeln und zu ordnen. Die Bundesfachplanung ist **ein auf die Bestimmung und Sicherung der Trassenkorridore für Höchstspannungsleitungen begrenztes Verfahren**, also ausschließlich auf die Ziele eines sektoralen Projektes ausgerichtet. Mit der **Bestimmung von Trassenkorridoren** werden **keine Ziele der Raumordnung** im Sinne der § 3 Abs. 1 Nr. 2 ROG **festgelegt**; der Bundesnetzplan nach § 17 ist kein **Raumordnungsplan** im Sinne des § 7 ROG. 34

Weil in der Entscheidung über die Bundesfachplanung nicht Ziele der Raumordnung ausgewiesen werden, müssen die Gemeinden ihre Bauleitpläne nicht nach § 1 Abs. 4 BauGB an die in der Entscheidung über die Bundesfachplanung bestimmten Trassenkorridore anpassen. Inwieweit aber die Gemeinden sowie insbesondere die Raumplanungsträger die Entscheidung über die Bundesfachplanung zu berücksichtigen haben, ist noch ungeklärt. Es sprechen allerdings Gründe dafür, eine Anpassungspflicht dann anzunehmen, wenn durch die Bundesfachplanung bauplanungsrechtlich relevante Konflikte entstehen, die auf der Ebene des Bebauungsplans gelöst werden müssen. 35

Zwar hat der Gesetzgeber die Bundesfachplanung als ein fachplanerisches Verfahren konzipiert, das mit einer Abwägungsentscheidung abschließt. Allerdings hat die Entscheidung über die Bundesfachplanung keine Außenwirkung und ersetzt nicht die Entscheidung über die Zulässigkeit der Ausbaumaßnahme (§ 15 Abs. 3 S. 1). Der Gesetzgeber hat die Bundesfachpla- 36

32 Vgl. dazu insgesamt *Kment* sowie BVerwG, Urt. v. 26.4.2007 – 4 CN 3/06 –; OVG Koblenz, Urt. v. 20.7.2006 – 1 C 10052/06 –; OVG Lüneburg, Urt. v. 27.7.2011 – 1 KN 224/07 –; *Hoppe*, DVBl. 2003, 1345 ff.; *Loibl*, UPR 2004, 419; *Jeromin*, NVwZ 2006, 1374.
33 So *Durner*, DVBl. 2011, 853, 859.
34 A.A. *Erbguth*, NVwZ 2012, 326, 328, wonach im fachplanerischem Gewand Raumordnung betrieben werde.
35 BT-Drucks. 17/6073, S. 19.
36 BVerfG, Beschl. v. 20.2.2008 – 1 BvR 2722/06 –; BVerwG, Beschl. v. 20.8.1992 – 4 NB 20/91 –; OVG Bautzen, Urt. v. 17.7.2007 – 1 D 10/06 –; *Hendler*, UPR 2003, 256; *Rojahn*, NVwZ 2011, 654.
37 So schon BVerfG, Gutachten v. 16.6.1954 – 1 PBvV 2/52 –.

nung nicht als **Planfeststellungsverfahren** im Sinne des §§ 72ff. VwVfG ausgestaltet. Auf der Ebene der Bundesfachplanung erfolgen keine Prüfung örtlicher Einzelheiten sowie spezifisch fachgesetzlicher Anforderungen und keine detailscharfe Festlegung der Trasse. Mit der Entscheidung über die Bundesfachplanung werden zudem nicht die charakteristischen Rechtsfolgen der Planfeststellung erzielt, die Entscheidung über die Bundesfachplanung regelt nicht alle öffentlich-rechtlichen Beziehungen zwischen dem Träger des Vorhabens und den durch den Plan Betroffenen rechtsgestaltend im Sinne von § 75 Abs. 1 S. 2 VwVfG und entfaltet auch keine Genehmigungswirkung im Sinne von § 75 Abs. 1 S. 1 Hs. 1 VwVfG und keine Konzentrationswirkung im Sinne von § 75 Abs. 1 S. 1 Hs. 2 VwVfG.

37 Bei einer Einordnung in das überkommene Planungsrecht sind auch die **eigenständigen Elemente** der Bundesfachplanung zu berücksichtigen. Bei der Entscheidung über die Bundesfachplanung handelt es sich nicht um eine fachplanerische Abwägung, sondern um eine den spezifischen Regeln der Bundesfachplanung folgende **„gewichtete Abwägung“**.[38] Die Erarbeitung der für die Durchführung der Bundesfachplanung notwendigen Unterlagen erfolgt in einem **dreistufigen iterativen Prozess** zwischen Vorhabenträger und BNetzA. Zunächst stellt der Vorhagenträger den Antrag auf Einleitung der Bundesfachplanung mit „schlanken“ Unterlagen. Hiernach folgt als zweite Stufe und Kern des Abstimmungsprozesses zwischen Vorhabenträger und BNetzA die öffentliche **Antragskonferenz** nach § 8.

38 Den erforderlichen Inhalt der letztendlich vorzulegenden Unterlagen bestimmt die BNetzA nach § 9 aufgrund der Ergebnisse der Antragskonferenz. Die BNetzA kann den Vorhabenträger zudem nach § 6 S. 2 **zur Antragstellung** verpflichten. Nach § 5 Abs. 3 S. 1 darf die BNetzA die **Bundesfachplanung in einzelnen Abschnitten** der Trassenkorridore durchführen. Dies ist nach § 5 Abs. 3 S. 2 auch **abweichend vom Antrag** des Vorhabenträgers möglich. Die Entscheidung über die Bundesfachplanung enthält nach Abs. 2 S. 1 Nr. 3 das Ergebnis der Prüfung von alternativen Trassenkorridoren. Diese alternativen Trassenkorridore müssen nicht vom Vorhabenträger eingebracht werden. Sie können auch von der BNetzA oder Dritten im Rahmen der Antragskonferenz in das Verfahren eingeführt werden.

f) Rechtsnatur

39 Der Gesetzgeber hat das Ziel, das Verfahren und den Inhalt der Bundesfachplanung festgelegt. Er hat die Rechtsnatur der Bundesfachplanung indes nicht normiert und sich auch in der Gesetzesbegründung nicht zur Rechtsnatur der Bundesfachplanung geäußert. Dies ist nicht ungewöhnlich. Auch die Rechtsnatur des Ergebnisses des Raumordnungsverfahrens ist nicht gesetzlich festgelegt. Die Bestimmung der Handlungsform des Flächennutzungsplanes nach §§ 5ff. BauGB bereitet seit jeher Schwierigkeiten, auch er wird grds. als hoheitliche Maßnahme sui generis verstanden, der keine Rechtsnormqualität zukommt.[39] Werden in dem Flächennutzungsplan jedoch Festsetzungen nach § 35 Abs. 3 S. 3 BauGB getroffen, erhält er den Charakter einer Rechtsvorschrift im Sinne von § 47 Abs. 1 VwGO.[40] Auch den zuvor bestehenden Streit über die Rechtsnatur des Bebauungsplans hat der Gesetzgeber erst mit der Bestimmung in § 10 BauGB, wonach Bebauungspläne als Satzungen erlassen werden, entschieden.[41]

40 Die Rechtsnatur der Bundesfachplanung lässt sich zum gegenwärtigen Zeitpunkt nicht abschließend fassen. Da die Bundesfachplanung weder einen Verwaltungsakt, eine Rechtsnorm,

38 Vgl. dazu Rn 74.
39 Vgl. BVerwG. Urt. v. 20.7.1990 – 4 N 3/88 –; Battis/Krautzberger/Löhr/*Löhr*, § 5 Rn 46 m.w.N.
40 Vgl. BVerwG. Urt. v. 26.4.2007 – 4 CN 3/06 –; OVG Koblenz, Urt. v. 20.7.2006 – 1 C 10052/06 –. Zur akademischen Diskussion vgl. *Battis*, S. 73f.; *Hoppe*, DVBl. 2003, 1345ff.; *Kment*, NVwZ 2003, 1047; *Kment*, NVwZ 2004, 314; *Loibl*, UPR 2004, 419; *Jeromin*, NVwZ 2006, 1374; *Schenke*, NVwZ 2007, 134.
41 Vgl. Ernst/Zinkahn/Bielenberg/Krautzberger/*Stock*, § 10 Rn 3ff., 28 m.w.N.

einen öffentlichen Vertrag noch einen Realakt darstellt, ist sie alliud einzustufen.[42] Für die Bestimmung der Rechtsnatur bedürfen zunächst die zentralen Grundlagen der Bundesfachplanung weiterer Ausdifferenzierung und dogmatischer Verarbeitung, insbesondere die Reichweite und die Adressaten der Verbindlichkeit der Bundesfachplanung,[43] die Auswirkung von materiellen und formellen Fehlern in der Bundesfachplanung[44] oder der Rechtsschutz gegenüber der Entscheidung über die Bundesfachplanung.[45] Hierzu bedarf es zunächst der praktischen Anwendung der Bundesfachplanung sowie der weiteren konstruktiven Diskussion und Reflexion in der Literatur und vor allem entsprechender gerichtlicher Entscheidungen.[46]

3. Entstehungsgeschichte

Die Vorschrift wurde durch Art. 1 des **Gesetzes über Maßnahmen zur Beschleunigung des Netzausbaus Elektrizitätsnetze**[47] vom 28.7.2011 mit Wirkung zum 5.8.2011 als § 5 erlassen. 41

Die Regelung erfuhr **umfangreiche Änderungen im Gesetzgebungsverfahren**. Abs. 1 wurde infolge der Beschlussempfehlung des Ausschusses für Wirtschaft und Technologie[48] neu gefasst. Die Prüfung der Zielkonformität zu § 1 Abs. 1 EnWG wurde in den ursprünglichen Entwurf der Koalitionsfraktionen[49] aufgenommen. Zur **Zielkonformität** eines Vorhabens ist die Übereinstimmung mit den Zielen des Fachplanungsgesetzes als wesentlichem materiellrechtlichen Gehalt der **Planrechtfertigung** erforderlich. Eine Besonderheit hierbei ist, dass Vorhaben mit Zielen außerhalb des NABEG – nämlich denen des EnWG – übereinstimmen müssen. Hierdurch wird eine enge Verzahnung von NABEG und EnWG erreicht. 42

Ferner erfuhr der Bezug der Bundesfachplanung zur Raumordnung eine Änderung. Die Prüfung der Übereinstimmung mit den **Grundsätzen der Raumordnung** aus § 2 Abs. 2 ROG wurde durch die Prüfung der Übereinstimmung mit den Erfordernissen der Raumordnung nach § 3 Abs. 1 Nr. 1 ROG ersetzt. Die **Erfordernisse der Raumordnung** umfassen die Grundsätze, Ziele und sonstigen Erfordernisse der Raumordnung. Der Wirkbereich der Raumordnung wurde dadurch ausgeweitet. Bei dem Gesetzesverweis handelt es sich aufgrund des aufgenommen Gesetzesstands um einen statischen Verweis auf die Fassung des ROG[50] vom 22.12.2008, das zuletzt durch Art. 9 des Gesetzes[51] vom 31.7.2009 geändert wurde. Für den Prüfungsumfang von S. 2 bis 5 hat sich insgesamt im Gesetzgebungsverfahren keine Änderung ergeben. 43

In Abs. 2 und 3 erfolgten mit der Ersetzung von „Prüfung nach Absatz 1" mit „Bundesfachplanung" lediglich **redaktionelle Änderungen**, die ebenfalls auf die Beschlussempfehlung des Ausschusses für Wirtschaft und Technologie zurückgehen.[52] 44

Der **Terminus der Bundesfachplanung** ist irritierend und hat Kritik erfahren.[53] In ihrem Koalitionsvertrag vom 26.10.2009 hatten CDU, CSU und FDP eine Beschleunigung des Planungs- 45

42 *Beckmann*, VRS 2011, 365.
43 Vgl. dazu Rn 75 ff.
44 Vgl. dazu Rn 88 ff.
45 Vgl. dazu Rn 86.
46 In der Literatur wird neben inhaltlicher Kritik vor allem bemängelt, dass dem Schrifttum vor Verabschiedung der Bundesfachplanung keine Gelegenheit zur rechtspolitischen Diskussion gegeben wurde, vgl. etwa *Durner*, DVBl. 2011, 853, *Durner*, NuR 2012, 369; *Ziehm*, ZUR 2011, 281.
47 BGBl. I 2011 S. 1690.
48 BT-Drucks. 17/6366, S. 6 f.
49 BT-Drucks. 17/6073 und wortgleich BT-Drucks. 17/6249.
50 BGBl. I 2008 S. 2986.
51 BGBl. I 2009 S. 2585.
52 BT-Drucks. 17/6366, S. 7.
53 *Erbguth*, NVwZ 2012, 326; *Durner*, DVBl. 2011, 853; *Grigoleit/Weisensee*, UPR 2011, 405; *Grigoleit/Janßen/Weisensee*, RaumPlanung 2011, 145, 149.

rechts vereinbart. Das Verfahrensrecht sollte gestrafft, Doppelprüfungen vermieden und raumordnerische Belange in das Fachplanungsrecht einbezogen werden.[54] Die Durchführung einer Bundesfachfachplanung zur Beschleunigung des Netzausbaus wurde in die wissenschaftliche Diskussion durch *Schneider* in seinem Rechtsgutachten für den Sachverständigenrat für Umweltfragen eingeführt.[55] Im Energiekonzept der Bundesregierung vom 28.9.2010 tauchte der Begriff zum ersten Mal in der politischen Diskussion auf. Die Bundesfachplanung soll von der BNetzA auf der Grundlage des zwischen den Netzbetreibern abgestimmten zehnjährigen Netzausbauplans für das Übertragungsnetz vorlegt werden.[56] Die Begrifflichkeit der Bundesfachplanung sollte trotzt ihres primären Ursprungs nicht überbewertet werden.[57] Es handelt sich bei der konkreten Verwendung im NABEG letztendlich um einen in politischen Verhandlungen und Kompromissen gefundenen Terminus, der ohne tiefere Auseinandersetzung mit der Dogmatik des Planungsrechts gewählt wurde. Der Begriff selbst lässt daher auf Inhalt, Ziel und Rechtscharakter keine Schlüsse zu; diese ergeben sich vorwiegend aus der Systematik, sowie dem Sinn und Zweck des Gesetzes und aus der Begründung des Gesetzgebers.

46 In dem Entwurf der Bundesregierung für ein Drittes Gesetz zur Neuregelung energiewirtschaftsrechtlicher Vorschriften ist eine Erweiterung der Bundesfachplanung für Anbindungsleitungen von den Offshore-Windpark-Umspannwerken in § 5 Abs. 1 angedacht. Ein neuer S. 2 soll lauten: „*Bei der Durchführung der Bundesfachplanung für Anbindungsleitungen von den Offshore-Windpark-Umspannwerken zu den Netzverknüpfungspunkten an Land ist der Bundesfachplan Offshore gemäß § 17 des Energiewirtschaftsgesetzes in der jeweils geltenden Fassung von der Bundesnetzagentur zu berücksichtigen.*“ Durch die Neuregelung soll die für das Raumordnungsrecht bestehende Pflicht zur Berücksichtigung des Bundesfachplans Offshore durch die BNetzA auf die Bundesfachplanung übertragen werden.

II. Anwendungsbereich (Abs. 1 S. 1)

47 Gemäß Abs. 1 S. 1 bestimmt die BNetzA in der Bundesfachplanung zur Erfüllung der in § 1 Abs. 1 EnWG genannten Zwecke Trassenkorridore von im Bundesbedarfsplan aufgeführten Höchstspannungsleitungen.

48 Die Bundesfachplanung wird demnach nur für diejenigen Höchstspannungsleitungen durchgeführt, die in dem **Bundesbedarfsplangesetz** nach § 12e Abs. 4 S. 1 EnWG aufgeführt sind **und** dort als **Höchstspannungsleitungen von überregionaler oder europäischer Bedeutung gekennzeichnet** sind (§ 2 Abs. 1).

49 Als Ausnahme können auch Hochspannungsleitungen mit einer Nennspannung von mindestens 110 kV sowie Bahnstromfernleitungen in der Bundesfachplanung „mitverarbeitet“ werden, sofern diese zusammen mit Höchstspannungsleitungen im Anwendungsbereich des NABEG auf einem Mehrfachgestänge geführt werden und die Planungen so rechtzeitig beantragt werden, dass ihre Einbeziehung ohne wesentliche Verfahrensverzögerung für die Bundesfachplanung möglich ist (§ 2 Abs. 3). Da sich die Prüfung der Raumverträglichkeit des Trassenkorridors auf der Ebene der Raumordnung bewegt, die raumbedeutsamen Auswirkungen des Trassenkorridors primär unter überörtlichen Gesichtspunkten zu prüfen sind, wird es in der Regel für die Bestimmung der Trassenkorridore keinen Unterschied machen, ob auf den Höchstspannungslei-

54 Koalitionsvertrag zwischen CDU, CSU und FDP v. 26.10.2009, 17. Legislaturperiode, S. 36.
55 Vgl. *Schneider*, S. 300.
56 Energiekonzept der Bundesregierung vom 28.9.2010, S. 19.
57 Etwa *Grigoleit/Weisensee*, UPR 2011, 405, wonach der Gesetzgeber damit nicht im sachlichen Überschneidungsbereich von Raumordnung und Fachplanung im Hinblick auf die unterschiedliche Kompetenzverteilung und der unterschiedlichen Ergebnisverbindlichkeit für Klarheit sorgen wollte.

tungen im Anwendungsbereich des NABEG noch weitere, untergeordnete Leitungen mitgeführt werden.

Die Bundesfachplanung wird nicht für diejenigen Vorhaben durchgeführt, die im EnLAG aufgeführt sind (§ 2 Abs. 4). 50

Die Bundesfachplanung wird ferner nicht für diejenigen Vorhaben durchgeführt, die zwar 51 in dem Bundesbedarfsplan nach § 12e Abs. 4 S. 1 EnWG aufgeführt sind, dort aber nicht als von länderübergreifender oder grenzüberschreitender Bedeutung gekennzeichnet sind. Der **Anwendungsbereich der Bundesfachplanung ist nicht mit dem Bundesbedarfsplangesetz** nach § 12e Abs. 4 S. 1 EnWG **kongruent.**

III. Bestimmung des Trassenkorridors (Abs. 1 S. 1 und 4)

In der Bundesfachplanung erfolgt eine verbindliche Grobtrassenplanung für die nachfolgenden 52 Planfeststellungsverfahren. Die BNetzA bestimmt in der Bundesfachplanung die Trassenkorridore der im Bundesbedarfsplan als länderübergreifend oder grenzüberschreitend gekennzeichneten Höchstspannungsleitungen (§ 4 S. 1 und Abs. 1 S. 1). Hierzu prüft sie, ob der **Verwirklichung einer Höchstspannungsleitung** in einem Trassenkorridor **überwiegende öffentliche oder private Belange** entgegenstehen (Abs. 1 S. 3). In der abschließenden Entscheidung über die Bundesfachplanung sind der **Verlauf des raumverträglichen Trassenkorridors** sowie die an Landesgrenzen gelegenen **Länderübergangspunkte** festzulegen (§ 12 Abs. 2 S. 1 Nr. 1).

1. Prüfung entgegenstehender öffentlicher oder privater Belange

Die Entscheidung über die Übereinstimmung des zur Prüfung stehenden Trassenkorridors mit 53 den Erfordernissen der Raumordnung bildet den zentralen Prüfungsgegenstand der Bundesfachplanung. Diese erschöpft sich aber nicht hierin. In der in der Bundesfachplanung vorzunehmenden **Abwägungsentscheidung** sind (auch) alle sonstigen **öffentlichen oder privaten Belange** einzubeziehen, wenn diese bereits **auf der Ebene der Bundesfachplanung erkennbar** der Realisierung einer Höchstspannungsleitung innerhalb der für den Trassenkorridor ausgewählten Fläche entgegenstehen können.

In der Entscheidung über die Bundesfachplanung ist sicherzustellen, dass innerhalb des 54 Trassenkorridors die Festlegung einer konkreten Trasse nicht ausgeschlossen ist. Mögliche Konflikte sind bereits auf der Ebene der Bundesfachplanung zu vermeiden, zumindest zu minimieren. Der Trassenkorridor muss so gewählt werden, dass alle auf der Ebene der Bundesfachplanung zu berücksichtigenden Interessen angemessen abgewogen sind.

Die abschließende Entscheidung über die Bundesfachplanung sichert auf diese Weise die 55 Flächen des Trassenkorridors für die späteren Planfeststellungsverfahren. Weil die Bestimmung der Trassenkorridore für die Planfeststellungsverfahren verbindlich ist, muss die Prüfung der einem Trassenkorridor entgegenstehenden öffentlichen oder privaten Belange in der Bundesfachplanung daher nach den gleichen Prüfungs- und Entscheidungsinhalten erfolgen wie im späteren Planfeststellungsverfahren. Anders lässt sich die Sicherung eines Trassenkorridors für das spätere Planfeststellungsverfahren nicht erreichen. Auf der Ebene der Bundesfachplanung wird aber nicht die konkrete Trassenführung festgelegt; dies erfolgt erst im Planfeststellungsverfahren. Daher sind auf der Ebene der Bundesfachplanung die von der späteren Trassenführung berührten öffentlichen und privaten Belange nicht in einer identischen Prüfungsdichte und -tiefe zu ermitteln und zu bewerten, wie im anschließenden Planfeststellungsverfahren. Die **Prüfung örtlicher Einzelheiten und die Erfüllung der spezifisch fachgesetzlichen Anforderungen** der energierechtlichen Planfeststellung erfolgen nicht in der Bundesfachplanung, sondern bleiben der **Entscheidung über die Zulässigkeit des Vorhabens in der Planfeststellung**

vorbehalten. Dies entspricht insoweit der überkommenen Abgrenzung zwischen Raum- und Fachplanung, wonach den Fachplanungsträgern ein ausreichender Planungsspielraum verbleiben muss, damit sie die ihnen eingeräumten Planungsbefugnisse erfüllen können.[58]

56 Die für die konkrete Trassenführung notwendige Ermittlung und Bewertung aller berührten öffentlichen und privaten Belange ist angesichts der Breite des Trassenkorridors von bis zu 1.000 m auf der Ebene der Bundesfachplanung zudem nicht zu leisten und ginge mit einem enormen Zeitverlust einher, was dem angestrebten Beschleunigungseffekt widersprechen würde. Angesichts der mit der Bundesfachplanung verbundenen Rechtsfolgen – etwa die Möglichkeit einer Veränderungssperre – müssen Vorhabenträger und BNetzA das richtige Maß einer Abwägung und Konkretisierung finden, die letztlich die mit der Bundesfachplanung verbundenen Rechtsfolgen rechtfertigt.

2. Übereinstimmung mit den Erfordernissen der Raumordnung

57 In der Entscheidung über die Bundesfachplanung ist der Trassenkorridor insbesondere mit den Erfordernissen der Raumordnung und anderen raumbedeutsamen Planungen und Maßnahmen abzustimmen bzw. ist eine entsprechende Übereinstimmung im Wege der Abwägung herzustellen.

58 Die Entscheidung über den Verlauf des Trassenkorridors verläuft auf der Ebene der Raumordnung. Die Festlegung der konkreten Trassenführung erfolgt im Planfeststellungsverfahren. Die Prüfung örtlicher Einzelheiten und die Erfüllung der spezifisch energierechtlichen Anforderungen bleiben der Entscheidung über die der Planfeststellung vorbehalten. Die Auswirkungen des Trassenkorridors sind auf der Ebene der Bundesfachplanung in erster Linie unter überörtlichen Gesichtspunkten zu prüfen. Ziel der Untersuchung ist die Bereitstellung aller Informationen, die zur Ermittlung und Beurteilung der Auswirkungen des Trassenkorridors auf raumstrukturelle Aspekte und für die bei fehlender Übereinstimmung vorzunehmende Abwägungsentscheidung notwendig sind.

59 Der Bundesbedarfsplan ist nicht insgesamt auf konkrete **raumbezogene Aussagen** ausgelegt. Räumlich konkretisiert sind aber die Anfangs- und Endpunkte der neu zu errichtenden Höchstspannungsleitungen, an denen diese mit dem bestehenden Netz verbunden werden.

60 Um die für den Trassenkorridor notwendigen Flächen zu ermitteln, sind in der Bundesfachplanung einerseits **großräumige Raumwiderstände** und anderseits **relativ konfliktarme Bereiche zu identifizieren.** Räume sind konfliktbelastet, wenn ihnen in raumordnerischen Ausweisungen der Länder eine mit einem Trassenkorridor nicht zu vereinbarende Nutzung zugewiesen ist, diese Flächen besonders schutzbedürftig sind oder in private Rechte in unverhältnismäßiger Weise durch die späteren Trassenführung eingegriffen würde.

61 Der Trassenkorridor ist nicht grundstücksscharf zu bestimmen. Dies ist auch nicht erforderlich, da die grundstücksscharfe Festlegung der Trasse erst auf der Ebene des Planfeststellungsverfahrens erfolgt. Eine grundstücksscharfe Festlegung des bis zu 1.000 m breiten Trassenkorridors auf der Ebene der Planfeststellung würde das Verfahren der Bundesfachplanung zudem überfordern und stände ebenfalls konträr zum Beschleunigungsgedanken.

62 Gegenstand der in der Bundesfachplanung zur Bestimmung der Trassenkorridore vorzunehmenden Prüfung sind auch etwaige ernsthaft in Betracht kommende **Alternativen von Trassenkorridoren** (Abs. 1 S. 4). Dies bedeutet allerdings nicht, dass in der Bundesfachplanung die Festlegung im Bundesbedarfsplan nochmals in Frage gestellt wird. Alternative bedeutet in diesem Sinne Alternativenführungen von Trassenkorridoren, ohne das Vorhaben insgesamt in Frage zu stellen. Die Entscheidung über die Bundesfachplanung enthält denjenigen Trassenkor-

58 BVerwG, Urt. v. 16.3.2006 – 4 A 1075/04 –; BVerwG, Urt. v. 30.1.2003 – 4 CN 14/01 –.

ridor, der die wenigsten Konflikte in Hinblick auf die Raum- und Umweltverträglichkeit aufwirft; dieser Trassenkorridor findet anschließend Aufnahme in den Bundesnetzplan.[59]

3. Strategische Umweltprüfung (Abs. 2)

Für die Bundesfachplanung ist eine SUP nach Maßgabe des UVPG durchzuführen. Dementsprechend sind nach § 12 Abs. 2 S. 1 Nr. 2 i.V.m. § 14k und § 14l UVPG im Rahmen der SUP die Umweltauswirkungen des ausgewiesenen Trassenkorridors zu bewerten und die Entscheidungsfindung unter Berücksichtigung der Ergebnisse der Behörden- und Öffentlichkeitsbeteiligung zu erläutern. 63

Ziel der SUP ist die Bereitstellung aller Informationen, die zur Ermittlung und Beurteilung der Umweltauswirkungen des Trassenkorridors notwendig sind. Die Prüfung der SUP kann aber nicht weitergehen als der Konkretisierungsgrad der Bundefachplanung. Dementsprechend müssen weiterführende Untersuchungen im nachfolgenden Planfeststellungsverfahren durchgeführt werden. 64

Die SUP kann im weiteren Planfeststellungsverfahren verwendet werden, sofern die dort enthaltenen Bestandsaufnahmen und Bewertungen nicht durch neuere Entwicklungen überholt sind. 65

4. FFH-Verträglichkeit

Der Trassenkorridor soll so bestimmt werden, dass erhebliche **Beeinträchtigungen von Natura 2000-Gebieten** ausgeschlossen werden können. Falls erhebliche Beeinträchtigungen nicht auszuschließen sind, muss sich bereits auf der Ebene der Bundesfachplanung mit der FFH-Verträglichkeit der Ausbauvorhaben auseinandergesetzt werden. 66

IV. Entscheidung über die Bundesfachplanung

1. Abwägungsentscheidung

Die Entscheidung über die Bundesfachplanung erfolgt in einem **zweistufigen Prozess**. In der **ersten Stufe** prüft die BNetzA, ob dem beabsichtigten Trassenkorridor bereits auf der Ebene der Bundesfachplanung zu berücksichtigende öffentliche und privaten Belange entgegenstehen, insbesondere ob er mit den Erfordernissen der Raumordnung übereinstimmt. Stehen der Verwirklichung einer Höchstspannungsleitung innerhalb einer bestimmten Fläche keine öffentliche oder private Belange entgegen, kann die BNetzA – ohne dass es einer Abwägungsentscheidung bedarf – diese Fläche als Trassenkorridor bestimmen. Auf dieser Stufe entspricht die Entscheidung über die Bundesfachplanung der Prüfung der Raumverträglichkeit eines Trassenkorridors in einem Raumordnungsverfahren. 67

Stehen der Verwirklichung einer Höchstspannungsleitung innerhalb einer für den späteren Trassenkorridor ausgewählten Fläche hingegen öffentliche oder private Belange entgegen, hat die BNetzA die entgegenstehenden Belange in der **zweiten Stufe** mit den Belangen zu Errichtung der Höchstspannungsfreileitungen abzuwägen. Die Festlegung des Trassenkorridors ist zulässig, wenn die Abwägungsentscheidung zu dem Ergebnis führt, dass die entgegenstehenden Belange zurücktreten müssen.[60] Im Rahmen dieser **Abwägungsentscheidung** sind die für das Vorhaben streitenden Gemeinwohlbelange auf der Grundlage der Gegebenheiten des Einzelfalls 68

59 BT-Drucks. 17/6073, S. 27.
60 So auch *Moench/Ruttloff*, NVwZ 2011, 1040, 1043, a.A. wohl *Sellner/Fellenberg*, NVwZ 2011, 1025, 1031.

mit den entgegenstehenden Belangen abzuwägen. Auf dieser Stufe gleicht die Entscheidung einer raumordnerischen Abwägung über die Ziele der Raumordnung. Die Raumverträglichkeit eines Trassenkorridors wird also nicht lediglich „festgestellt", sondern sie wird über die Abwägungsentscheidung „hergestellt." Die BNetzA hat daher insoweit mit der Abwägungsentscheidung auch eine gestalterische Kompetenz.

69 Aus dem Wortlaut der in der Bundesfachplanung zu treffenden Entscheidung erschließt sich nicht direkt, dass die BNetzA bei der Entscheidung über die Bundesfachplanung eine Abwägungsentscheidung vorzunehmen hat. Nach dem Wortlaut prüft die BNetzA, ob der Verwirklichung des Vorhabens in einem Trassenkorridor überwiegende öffentliche oder private Belange entgegenstehen. Dem Wortlaut lässt sich lediglich entnehmen, dass es sich bei der zu treffenden Entscheidung nicht um eine fachplanerische Abwägung handelt. Für die im Anwendungsbereich des NABEG vorzunehmende fachplanerische Abwägungsentscheidung in der Planfeststellung hat der Gesetzgeber den üblichen Terminus gewählt, wonach bei der Planfeststellung die von dem Vorhaben berührten öffentlichen und privaten Belange zu berücksichtigen sind (§ 18 Abs. 3 S. 1).

70 Auch lässt die Bestimmung, wonach die BNetzA das öffentliche Interesse an der Realisierung der Stromleitung anderen von dem Vorhaben berührten öffentlichen oder privaten Belangen gegenüberzustellen hat, nicht ohne weiteres den Umfang des Abwägungsprozesses erkennen. Ausgehend von dem Wortlaut (*„überwiegende öffentliche oder private Belange entgegenstehen"*) muss es sich in der Sache um eine Abwägungsentscheidung handeln. Denn die Festlegung eines Gebietsstreifens als Trassenkorridor kann nicht erfolgen, wenn die entgegenstehenden öffentlichen oder privaten Belange das öffentliche Interesse an der Realisierung der Höchstspannungsleitungen überwiegen. Damit sich die Realisierung der Höchstspannungsleitung gegenüber den entgegenstehenden Belangen durchsetzen kann, muss sich das der Realisierung der Höchstspannungsleitungen vom Gesetzgeber zugrunde gelegte öffentliche Interesse gegenüber entgegenstehenden Interessen durchsetzen. Zum einen ist das **überragende öffentliche Interesse an der Realisierung der Höchstspannungsleitungen** in § 1 S. 3 normiert. Zum anderen ist in § 5 Abs. 1 S. 1 festgeschrieben, dass die Bestimmung der Trassenkorridore dem in § 1 Abs. 1 EnWG normierten Zweck dient, nämlich der möglichst sicheren, preisgünstigen, verbraucherfreundlichen, effizienten und umweltverträglichen leitungsgebundenen Versorgung der Allgemeinheit mit Elektrizität. Das öffentliche Interesse muss diejenigen öffentlichen oder privaten Belange überwiegen, die – soweit auf der Ebene der Bundesfachplanung zu berücksichtigen – dem Vorhaben innerhalb der Fläche, die als Trassenkorridor ausgewiesen werden soll, entgegenstehen. Überwiegt bei der zu treffenden Abwägung das öffentliche Interesse an der Realisierung der Höchstspannungsleitungen, so kann ein Trassenkorridor trotz entgegenstehender Belange von der BNetzA bestimmt und innerhalb des Trassenkorridors – nach entsprechendem Planfeststellungsbeschluss – das Vorhaben realisiert werden.

71 Bei der Entscheidung über die Bundesfachplanung handelt es sich nicht um eine fachplanerische Abwägung, sondern um eine den spezifischen Regeln der Bundesfachplanung folgende **„gewichtete Abwägung"**. Mit der Entscheidung über die Bundesfachplanung soll ein Ausgleich zwischen der Wechselwirkung zwischen der Planungshoheit der Länder (und Gemeinden), die ihren Ausdruck in raumordnerischen Plänen (und Bauleitplänen) finden und dem Anliegen des Ausbaus des Übertragungsnetzes geschaffen werden.[61] Mit der **„gewichteten Abwägungsentscheidung"** hat der Gesetzgeber für die Bundesfachplanung eine Abwägungsentscheidung eigener Art geschaffen. Anders als in der planungsrechtlichen Abwägung hat der Gesetzgeber der Realisierung der Höchstspannungsleitungen gegenüber entgegenstehenden Belangen grds. eine vorgeprägte Gewichtung eingeräumt. Das überragende öffentliche Interesse an der Realisierung

61 BT-Drucks 17/6249, S. 9 i.V.m. BT-Drucks 17/6073, S. 27.

der Höchstspannungsleitungen räumt der Bestimmung der Trassenkorridore in der in der Bundesfachplanung zu treffenden „gewichteten Abwägung" von vornherein Vorrang gegenüber entgegenstehenden öffentlichen wie privaten Belangen ein. Eine von der überkommenen dogmatischen Grundlagen der fachplanerischen Abwägungsentscheidung abweichende, sog. bipolare, den spezifischen Regeln des FFH-Rechts folgende Abwägung ist in der Rechtsprechung etwa für die einzelfallbezogene Abweichungsprüfung nach § 34 Abs. 3 BNatSchG anerkannt.[62]

Bei einer Abwägung zwischen dem öffentlichen Interesse an der Realisierung der Höchstspannungsleitungen und entgegenstehenden Erfordernissen der Raumordnung ist – entsprechend der gesetzlichen Wertung in den §§ 3 und 4 ROG – die unterschiedliche Intensität von Zielen, Grundsätzen und sonstigen Erfordernissen der Raumordnung zu berücksichtigen und diese mit den ihnen jeweils eigenem Gewicht in die nach § 5 Abs. 1 S. 2 durchzuführende Abwägung einzustellen. In Raumordnungsplänen festgelegten Zielen der Raumordnung kommt zwar auch in der Bundesfachplanung eine starke Bindungswirkung zu. **Ziele der Raumordnung** sind jedoch bei der in der Bundesfachplanung vorzunehmenden Abwägung nur **zu berücksichtigen, nicht** jedoch im Sinne von § 4 Abs. 1 S. 1 ROG **zu beachten.**[63] Die BNetzA kann daher in begründeten Ausnahmefällen die in Landesplanungen ausgewiesenen Ziele der Raumordnung überwinden, soweit dies im Hinblick auf andere, höher gewichtete Belange geboten ist. Dabei hat die BNetzA mit der gebotenen Zurückhaltung vorzugehen. 72

Bei der Bundesfachplanung handelt es sich um eine raumbedeutsame Planung von Personen des Privatrechts. Nicht die BNetzA sondern die verpflichteten ÜNB planen die Trassenkorridore. In der Bundesfachplanung trifft die BNetzA eine Entscheidung über die Zulässigkeit raumbedeutsamer Planungen der ÜNB. Bei der Entscheidung über die Bundesfachplanung handelt es sich daher um eine „sonstige Entscheidung" im Sinne des § 4 Abs. 2 ROG. Die Erfordernisse der Raumordnung sind daher gem. § 4 Abs. 2 ROG nach den für diese Entscheidungen geltenden Vorschriften zu berücksichtigen. Nach § 15 Abs. 1 S. 2 hat die Bundesfachplanung grds. Vorrang vor Planungen der Länder und Gemeinden. Dieser Vorrang gilt nicht nur für zukünftige Planungen der Länder und Gemeinden, sondern auch für bereits abgeschlossene Planungen. Grundsätzlicher Vorrang bedeutet, dass der Vorrang zumindest dann gilt, wenn die bestehenden Planungen der Länder und Gemeinden das öffentliche Interesse an der Realisierung der Höchstspannungsleitungen nicht überwiegen. Die Festlegung des grundsätzlichen Vorrangs der Bundesfachplanung vor Planungen der Länder und Gemeinden korrespondiert mit der in § 5 S. 2 vorgeschriebenen gewichteten Abwägungsentscheidung, wonach die BNetzA prüft, ob der Verwirklichung des Vorhabens in einem Trassenkorridor überwiegende öffentliche oder private Belange entgegenstehen. 73

Der BNetzA kommt im Rahmen der vorzunehmenden Abwägung die für Abwägungsprozesse anerkannte **planerische Gestaltungsfreiheit** zu.[64] Diese ergibt sich – auch ohne solche ausdrückliche Erwähnung – aus der Übertragung einer Planungsbefugnis auf die entsprechende Behörde in Verbindung mit der Erkenntnis, dass die Befugnis zur Planung einen mehr oder weniger ausgedehnten Spielraum an Gestaltungsfreiheit einschließt und einschließen muss, weil Planung ohne Gestaltungsfreiheit ein Widerspruch in sich wäre.[65] Insofern ist die im Einzelfall vorzunehmende Wertung, ob das überragende öffentliche Interesse an der Realisierung der Höchstspannungsleitungen die entgegenstehenden Belange überwiegt, ein wesentliches Element der planerischen Gestaltungsfreiheit und als solches der verwaltungsgerichtlichen Kon- 74

---

62 Vgl. etwa BVerwG, Urt. v. 9.7.2009 – 4 C 12/07 –; BVerwG, Urt. v. 12.3.2008 – 9 A 3.06 –; BVerwG, Urt. v. 17.1.2007 – 9 C 1/06 –; BVerwG, Urt. v. 27.10.2000 – 4 A 18/99 –; BVerwG, Urt. v. 27.1.2000 – 4 C 2/99 – m.w.N.
63 A.A. *Sellner/Fellenberg*, NVwZ 2011, 1025, 1031, wonach Ziele der Raumordnung durch die in der Bundesfachplanung vorzunehmende Abwägung nicht überwunden werden könnten.
64 Vgl. zur naturschutzfachlichen Abwägung BVerwG, Urt. v. 17.1.2007 – 9 C 1/06 –.
65 Vgl. BVerwG, Urt. v 12.12.1969 – IV C 105/66 –; BVerwG, Urt. v 5.7.1974 – IV C 50/72 –; BVerwG, Urt. v. 14.2.1975 – IV C 21.74 –; BVerwG, Urt. v. 9.11.1979 – 4 N 1/78 –.

trolle entzogen. Die Maßstäbe der gerichtlichen Überprüfung der **„gewichteten Abwägung"** entsprechen in ihrer Grundstruktur denen, die für die Kontrolle der fachplanerischen Abwägung gelten. Insofern beschränkt sich die gerichtliche Überprüfung der „gewichteten Abwägung" auf die Frage, ob die BNetzA die für und wider die Realisierung der Höchstspannungsleitungen streitenden öffentlichen oder privaten Belange rechtlich und tatsächlich zutreffend bestimmt hat und ob sie – auf der Grundlage des derart zutreffend ermittelten Abwägungsmaterials – die aufgezeigten Grenzen der ihr obliegenden Abwägung eingehalten hat. Das Gebot der gerechten Abwägung ist verletzt, wenn eine (sachgerechte) Abwägung überhaupt nicht stattfindet. Es ist verletzt, wenn in die Abwägung an Belangen nicht eingestellt wird, was nach Lage der Dinge in sie eingestellt werden muss. Es ist ferner verletzt, wenn die Bedeutung der betroffenen privaten Belange verkannt oder wenn der Ausgleich zwischen den von der Planung berührten öffentlichen Belangen in einer Weise vorgenommen wird, der zur objektiven Gewichtigkeit einzelner Belange außer Verhältnis steht.[66] Der BNetzA steht hingegen **kein Beurteilungsspielraum über die Inhalte** der einer Verwirklichung einer Höchstspannungsleitung innerhalb einer bestimmten Fläche **entgegenstehenden öffentlichen oder privaten Belange** zu.

2. Außen- und Bindungswirkung

75 Die Außen- und Bindungswirkung der Bundesfachplanung ist von großer Bedeutung und zugleich von nicht nur unerheblicher Schwierigkeit. Denn die Bundesfachplanung ist eine Rechtsfigur sui generis, deren genaue Konturen noch nicht bis ins Einzelne festgelegt sind. Ein besonderer Blick auf die Außen- und Bindungswirkung ist daher notwendig.

a) Grundsatz

76 Die Entscheidung über die Bundesfachplanung ist für die **Planfeststellungsverfahren** nach §§ 18ff. **verbindlich** (§ 15 Abs. 1 S. 1).[67] Der Gesetzgeber formuliert damit eine Bindungswirkung, die – so zumindest auf den ersten Blick – den **Vorhabenträger** und die **Planfeststellungsbehörde** trifft. Da Bundesfachplanungen grds. Vorrang vor Landesplanungen haben (§ 15 Abs. 1 S. 1), bindet die Bundesfachplanungen zudem auch die **Planungsträger der Länder und Gemeinden.**

77 Verbindlichkeit im Sinne von § 15 Abs. 1 S. 1 bedeutet die Verbindlichkeit der Festlegung des Trassenkorridors.[68] Die Leitung kann nur innerhalb des in der Bundesfachplanung festgelegten Trassenkorridors genehmigt und verwirklicht werden. Die Planfeststellungsbehörde darf mit der Trasse nicht aus dem Trassenkorridor herausschwenken. Dies gilt auch für den Fall, dass nur der Sicherheitsabstand den Trassenkorridor verlässt, ohne dass dies bei der Leitung selbst der Fall ist. Die komplette Trasse einschließlich des Sicherheitsabstandes muss innerhalb des Trassenkorridors liegen. Dürfte im Rahmen des Planfeststellungsverfahrens von dem Trassenkorridor abgewichen werden können, würde die Zielstellung des Gesetzes und der Bundesfachplanung unterlaufen. Das bedeutet in der Konsequenz auch, dass Trassenverläufe, die den Trassenkorridor verlassen, keine relevante Variante oder Alternative im Abwägungsprozess des Planfeststellungsverfahrens darstellen können.

66 BVerwG, Urt. v. 12.12.1969 – IV C 105/66 –. Vgl. auch die zahlreichen Nachweise bei *Hoppe*, DVBl. 2003, 1345ff.
67 Vgl. § 15 Rn 11ff.
68 A.A. *Grigoleit/Weisensee*, UPR 2011, 405. Bei bestehenden Konfliktlagen könne der festgelegte Korridor über die vorgesehene Breite hinaus verlängert werden, mit Bezug auf die missverständliche Formulierung in BT-Drucks. 17/6073, S. 23. Die Gesetzesbegründung gilt aber ausschließlich auf die Auswahl der Trassenbreite vor der Entscheidung über die Bundesfachplanung. So wie hier auch *Sellner/Fellenberg*, NVwZ 2011, 1025, 1032; *Appel*, UPR 2011, 406, 409; *Moench/Ruttloff*, NVwZ 2011, 1040, 1043.

Die Bindung an den Trassenkorridor bezieht sich nicht auf Bauarbeiten für die Errichtung einer Trasse. Machen es die Bauarbeiten erforderlich, kann der festgesetzte Trassenkorridor verlassen werden. Voraussetzung ist allerdings, dass für die Inanspruchnahme der Flächen, die für die Durchführung der Bauarbeiten benötigt werden, entsprechende Rechte gesichert sind. 78

Innerhalb dieses Korridors verbleibt der Planfeststellungsbehörde ein eigener planerischer Gestaltungsfreiraum, um den Trassenverlauf auf Grundlage des Abwägungsmaterials der Bundesfachplanung in der Planfeststellung parzellenscharf festzulegen. 79

Es ist dennoch nicht ausgeschlossen, dass im Rahmen des Planfeststellungsverfahrens erkannt wird, dass an einer Stelle ausschließlich eine Trassenführung außerhalb des festgestellten Trassenkorridors möglich ist. In diesen Fällen ist die vorangegangene Entscheidung über die Bundesfachplanung zwangsläufig (materiell) fehlerhaft und muss korrigiert werden. Zuständig für eine solche Korrektur ist allein die BNetzA.[69] 80

b) Unwesentliche Abweichungen

Es stellt sich die Frage, wie mit solchen Konstellationen umzugehen ist, bei denen der Trassenkorridor nur in einem kleinen, unwesentlichen Bereich verlassen werden muss. In der Gesetzesbegründung heißt es, dass bei bestehenden Konfliktlagen der Trassenkorridor verändert werden kann.[70] Dies ist missverständlich formuliert. Der Gesetzgeber wollte damit zum Ausdruck bringen, dass die Breite des Trassenkorridors variieren kann und dass sie nicht zuletzt von den jeweiligen Konfliktlagen abhängt, nicht jedoch, dass bei Konfliktlagen von einem durch die Entscheidung über die Bundesfachplanung festgestellten Trassenkorridor abgewichen werden kann. Wenn eine fehlerhafte Bundesfachplanung korrigiert werden muss, führt dies – soweit erneut ein **förmliches Bundesfachplanungsverfahren** durchgeführt werden müsste – zu einer **erheblichen Verfahrensverzögerung** und konterkariert damit Zweck und Intention des NABEG. Um den Netzausbau zu beschleunigen, ist es von entscheidender Bedeutung, ob in den Fällen, in denen die BNetzA zur Korrektur einer fehlerhaften Entscheidung über die Bundesfachplanung gezwungen ist, der Trassenkorridor nur in einem kleinen, unwesentlichen Bereich verlassen wird, erneut ein förmliches Bundesfachplanungsverfahren durchzuführen und insbesondere ob eine **erneute Durchführung eines Behörden- und Öffentlichkeitsverfahrens nach § 9 erforderlich ist.** An einer gesetzlichen Regelung zu Fehlerfolgen und zur Korrektur von Fehlern fehlt es. Daher er ist angesichts der aktuellen Rechtslage nicht möglich, dass eine unwesentliche Abweichung von der Planfeststellungsbehörde zugelassen wird. 81

Diesbezüglich ist der Gesetzgeber zu einer ergänzenden Regelung aufgerufen (BR-Drucks. 520/12 schweigt zu dieser Frage und löst nicht nur daher die Frage von Fehlern und Abweichungen in der Bundesfachplanung unbefriedigend). Die für die Bundesfachplanung notwendigen Rechtsfiguren zur Planerhaltung, Planergänzung oder Heilung von Form- und Verfahrensfehlern werden sich erst im Zuge der weiteren dogmatischen Verarbeitung der Bundesfachplanung im Detail herausarbeiten lassen. Denn sowohl ihre Notwendigkeit wie auch ihre Ausgestaltung hängen auch von der Klärung der Außen- und Bindungswirkung der Bundesfachplanung, vom Verhältnis von Bundesfachplanung und Planfeststellungsverfahren und der Reichweite der inzidenten richterlichen Kontrolle im Rahmen des Rechtsbehelfsverfahrens gegen das Planfeststellungsverfahren ab. 82

69 Vgl. dazu Rn 103.
70 BT-Drucks. 16/6073, S. 19, 23.

c) Sinn und Zweck der Verbindlichkeit

83 Diese Bindungswirkung entspricht der Systematik im Zusammenspiel von Bundesfachplanung und Planfeststellung. Die Bundesfachplanung ist als komplexes Verfahren mit Öffentlichkeitsbeteiligung ausgestaltet, gerade um ein Ergebnis zu erzielen, das Verbindlichkeit beanspruchen kann. Die **verbindliche Festlegung eines Trassenkorridors** dient damit der **Rechts- und Investitionssicherheit des Vorhabenträgers.** Diese Funktion korrespondiert mit der **materiellen Verbindlichkeit** der Bundesfachplanung.

84 Die **Verbindlichkeit der Bundesfachplanung sichert aber auch die Zuständigkeit der BNetzA für die Trassenbestimmung ab.** Allein die BNetzA ist für die Durchführung der Bundesfachplanung zuständig (§ 31 Abs. 1). Die Planfeststellungsbehörde hat nicht das Recht, von der Planfeststellung abzuweichen.[71] Das von der BNetzA festgelegte Ergebnis soll nicht später von den Landesbehörden wieder in Frage gestellt werden können. Eine Bestimmung der Trassenkorridore durch die Länder widerspräche dem Grundgedanken des NABEG, wonach für länderübergreifende und grenzüberschreitende Leitungen eine (bundes-) einheitliche Entscheidung getroffen werden soll. Die Planfeststellungsbehörde hat daher eine von ihr als fehlerhaft bewertete Bundesfachplanung der BNetzA zur Korrektur vorzulegen. Insofern lässt sich von einer **formellen Verbindlichkeit** der Bundesfachplanung sprechen.

d) Fehlende Außenwirkungen

85 Ungeachtet ihrer Bindungswirkung gegenüber den Landesbehörden hat die Entscheidung über die Bundesfachplanung nach § 12 **keine unmittelbare Außenwirkung** und ersetzt nicht die Entscheidung über die Zulässigkeit der Ausbaumaßnahme (§ 15 Abs. 3 S. 1). Diese Festlegung hat erhebliche Auswirkungen auf die Rechtsnatur der Bundesfachplanung,[72] die Auswirkungen von Fehlern in der Bundesfachplanung[73] und den Rechtsschutz gegenüber Entscheidungen in der Bundesfachplanung.[74]

e) Rechtsschutz

86 Vorhabenträger wie auch Dritte können **gegenüber der Entscheidung über die Bundesfachplanung keinen Rechtsschutz** geltend machen (§ 15 Abs. 3 S. 2). **Der Vorhabenträger** kann allerdings die ihm von der BNetzA nach § 6 S. 2 auferlegte **Verpflichtung**, einen **Antrag auf Einleitung der Bundesfachplanung** zu stellen, **anfechten.**[75] Betroffene **Dritte** sind berechtigt, in diesem Stadium des Verfahrens die von der BNetzA gem. § 16 Abs. 1 festgesetzten **Veränderungssperren anzufechten.**[76]

f) Bewertung

87 Dass die Entscheidung über die Bundesfachplanung **keine unmittelbare Außenwirkung** hat (§ 15 Abs. 3 S. 1) und nur im Rahmen des Rechtsbehelfsverfahrens gegen die Zulassungsentscheidung für die jeweilige Ausbaumaßnahme überprüft werden kann (§ 15 Abs. 3 S. 2), anderseits aber für das nachfolgende **Verfahren der Planfeststellung** nach §§ 18 ff. **verbindlich ist, erscheint auf den ersten Blick widersprüchlich.** Diese Bindungswirkung entspricht der Sys-

---

71 So aber *Wagner*, DVBl. 2011, 1453; *Sellner/Fellenberg*, NVwZ 2011, 1025, 1031.
72 Vgl. dazu Rn 87.
73 Vgl. dazu Rn 88 ff.
74 Vgl. dazu Rn 86.
75 Vgl. dazu Rn 109 und § 6 Rn 39 ff.
76 Vgl. dazu Rn 24 und § 16 Rn 71 f.

tematik im Zusammenspiel von Bundesfachplanung und Planfeststellung. Die Bundesfachplanung ist als komplexes Verfahren mit Öffentlichkeitsbeteiligung ausgestaltet, um ein Ergebnis zu erzielen, das Verbindlichkeit beanspruchen kann. Die verbindliche Festlegung eines Trassenkorridors dient der **Rechts- und Investitionssicherheit des Vorhabenträgers.** Die Verbindlichkeit der Bundesfachplanung sichert die **alleinige Zuständigkeit der BNetzA für die Trassenbestimmung ab**. Allein die BNetzA ist für die Durchführung der Bundesfachplanung zuständig (§ 31 Abs. 1.). Das von der BNetzA festgelegte Ergebnis soll nicht später von den Landesbehörden wieder in Frage gestellt werden können. Eine Bestimmung der Trassenkorridore durch die Länder widerspräche dem Grundgedanken des NABEG, wonach für länderübergreifende und grenzüberschreitende Leitungen eine (bundes-) einheitliche Entscheidung getroffen werden soll. Die Planfeststellungsbehörde hat daher eine von ihr als fehlerhaft bewertete Bundesfachplanung der BNetzA zur Korrektur vorzulegen.

3. Fehlerfolgen und Fehlerkorrektur in der Bundesfachplanung

a) Allgemeines

Sowohl das Verfahren der Bundesfachplanung als auch dessen abschließende Entscheidung können fehlerhaft sein, nicht zuletzt deshalb, weil die rechtsverbindliche Festsetzung hoheitlicher Raumplanungen zu den aufwendigsten, schwierigsten und fehleranfälligsten Verwaltungsentscheidungen überhaupt zählt.[77] **88**

Denkbar sind Verletzungen der detailliert geregelten **Verfahrensvorschriften** über die Entscheidung der Bundesfachplanung wie auch **materiell-rechtliche Fehler** bei der Abwägungsentscheidung. Das Risiko derartiger Fehler ist nicht unbeachtlich. Die Bundesfachplanung ist ein Verfahren sui generis und praktische Erfahrungen fehlen. Neuerungen sind stets fehleranfällig. Inhaltlich betrifft das Verfahren verschiedene Rechtsbereiche, die bislang separat gesetzlich geregelt sind, so etwa das Raumordnungsverfahren je Fachplanung. Nicht zuletzt können Fehler bei der Durchführung der SUP oder bei den naturschutzfachlichen Prüfungen auftreten. In den **Vorschriften über die Bundesfachplanung finden sich keine Regelungen zur Planerhaltung, Planergänzung oder Heilung von Form- und Verfahrensfehlern**. Der Gesetzgeber mag zunächst davon ausgegangen sein, dass solche Regelungen entbehrlich seien, weil die Entscheidung über die Bundesfachplanung gem. § 15 Abs. 3 **keine Außenwirkung** hat. Es handelt sich vielmehr um eine **verwaltungsinterne Entscheidung**, deren Rechtsnatur noch unklar ist und noch weiterer dogmatischer Verarbeitung bedarf.[78] Von der Rechtsnatur der Entscheidung über die Bundesfachplanung hängen jedoch die notwendigen Fehlerfolgenregelungen ab. Eine Rolle hat in diesem Zusammenhang sicherlich gespielt, dass der Gesetzgeber bei der ursprünglichen Konzeption der Bundesfachplanung davon ausgegangen ist, dass sowohl die Bundesfachplanung wie auch die nachfolgenden Planfeststellungsverfahren einheitlich von der BNetzA durchgeführt werden. Die Zuständigkeit der Länder für die Planfeststellungsverfahren wurde erst in der späten Gesetzgebungsphase aufgenommen, grundlegende Anpassungen waren zu diesem Zeitpunkt nicht mehr möglich. Die **Entscheidung über die Bundesfachplanung** ist für das nachfolgende **Planfeststellungsverfahren verbindlich** (§ 15 Abs. 1 S. 1), solange eine gerichtliche Entscheidung diese Verbindlichkeit nicht aufgehoben hat. Dies gilt auch, wenn die Bundesfachplanung fehlerhaft und rechtswidrig ist.[79] Denn weder die Entscheidung über die Bundesfachplanung noch der Bundesnetzplan sind mangels Außenwirkung eine Rechts- **89**

---

77 *Durner*, DVBl. 2011, 853, 859.
78 Vgl. aber die beabsichtigte Einfügung von § 15 Abs. 3 S. 3, BR-Drucks. 520/12, S. 15; vgl. dazu die Ausführungen unter Rn 25 ff.
79 Vgl. dazu § 15 Rn 40 ff.

norm (Rechtsvorschriften im materiellen Sinne) im Sinne von § 47 Abs. 1 Nr. 2 VwGO.[80] **Das** sog. **Nichtigkeitsdogma**, wonach Rechtsnormen, die höherrangiges Recht verstoßen, ipso iure unwirksam und nichtig sind,[81] **gilt** daher **für die Bundesfachplanung nicht.** Insofern sind keine Planerhaltungsvorschriften notwendig.[82] Auch eine rechtwidrige Entscheidung über die Bundesfachplanung ist anzuwenden.

90 Fehlerhafte Bestimmungen von Trassenkorridoren dürfen nicht die Grundlage für die konkrete Trassenfestlegung im anschließenden Planfeststellungsverfahren bilden. Würde die Planfeststellungsbehörde eine rechtwidrige Entscheidung über die Bundesfachplanung ihrer Entscheidung zu Grunde legen, wäre auch der Planfeststellungsbeschluss oder die Plangenehmigung insoweit fehlerhaft und rechtswidrig. Materielle Fehler bei der Bestimmung von Trassenkorridoren „infizieren" insofern die späteren Planfeststellungsbeschlüsse.[83]

b) Öffentlichkeitsbeteiligung

91 Wenn eine fehlerhafte Bundesfachplanung korrigiert werden muss, führt dies – soweit erneut ein **förmliches Bundesfachplanungsverfahren** durchgeführt werden müsste – zu einer **erheblichen Verfahrensverzögerung** und konterkariert damit Zweck und Intention des NABEG. Es ist von entscheidender Bedeutung, ob in den Fällen, in denen die BNetzA zur Korrektur einer fehlerhaften Entscheidung über die Bundesfachplanung gezwungen ist, erneut ein förmliches Bundesfachplanungsverfahren durchzuführen ist, insbesondere, ob ein **erneutes Behörden- und Öffentlichkeitsverfahren nach § 9 erforderlich ist.**

c) Inzidente Überprüfung

92 Die Entscheidung über die Bundesfachplanung kann ausschließlich im Rahmen des Rechtsbehelfsverfahrens gegen das Planfeststellungsverfahren überprüft werden (§ 15 Abs. 3 S. 2). Die Bestimmung der Trassenkorridore wird inzident in der gerichtlichen Kontrolle des Planfeststellungsbeschlusses geprüft. Eine Überprüfung der konkreten Trassenfestlegung beinhaltet auch eine Überprüfung, ob der Trassenkorridor fehlerfrei bestimmt wurde. Eine rechtswidrige Bundesfachplanung kann daher nicht durch ein Gericht aufgehoben werden. Insofern sind keine Planerhaltungsvorschriften notwendig. Da Rechtsschutz gegen das materielle Ergebnis der Bundesfachplanung – die Bestimmung der Trassenkorridore – erst im Rahmen der gerichtlichen Kontrolle des Planfeststellungsbeschlusses möglich ist, können die **Verfahrens- und Formvorschriften** über die Entscheidung der Bundesfachplanung gem. § 44a S. 1 VwGO erst zu diesem Verfahrenszeitpunkt überprüft werden.

d) Fehlende gesetzliche Regelungen

93 In der Bundesfachplanung wird derzeit noch **nicht auf die Vorschriften zur Planerhaltung** im Planfeststellungsverfahren nach § 43d EnWG i.V.m. § 75 Abs. 1a VwVfG **verwiesen** (vgl. aber die Änderungen durch BR-Drucks. 520/12). Auf diese Vorschriften wird in § 18 S. 3 allein für die im Anwendungsbereich des NABEG durchzuführenden Planfeststellungsverfahren verwiesen. Diese Regelungen über die **Erheblichkeit von Abwägungsmängeln** und über **die Planergänzung und das ergänzende Verfahren** sind auf den Planfeststellungsbeschluss als Verwaltungsakt ausgerichtet. Die Entscheidung über die Bundesfachplanung ist indes kein Verwaltungsakt im

---

80 *Sellner/Fellenberg*, NVwZ 2011, 1025, 1031.
81 Vgl. dazu Schoch/Schmidt-Aßmann/Pietzner/*Gerhardt*/*Bier*, § 47 Rn 24 m.w.N.
82 Fraglich ist daher der Nutzen des neuen § 15 Abs. 3 S. 3 durch BR-Drucks. 520/12.
83 So auch *Durner*, NuR 2012, 69; *Beckmann*, VRS 2011, 366.

Sinne von § 35 S. 1 VwVfG, weil sie nach dem Gesetzeswortlaut in § 15 Abs. 3 S. 1 keine unmittelbare Außenwirkung hat.

Die Bundesfachplanung ordnet auch keine entsprechende Anwendung der **Regelungen zur Planerhaltung** von Raumordnungspläne nach § 12 ROG oder von Bauleitplänen nach den §§ 214f. BauGB an. Diese Regelungen zur Planerhaltung sind auf Rechtsnormen (Rechtsvorschriften im materiellen Sinne) im Sinne von § 47 Abs. 1 Nr. 2 VwGO ausgerichtet. Maßgeblich für die Einordnung als Rechtsnormen ist nach herkömmlichem Verständnis, ob eine abstrakt-generelle Regelung mit Verbindlichkeit nach außen vorliegt.[84] Da sie nach § 15 Abs. 3 S. 1 keine unmittelbare Außenwirkung haben, ist weder die Entscheidung über die Bundesfachplanung noch der Bundesnetzplan eine Rechtsnorm in diesem Sinne. 94

Auch die **Regelungen über die** Unbeachtlichkeit von Verfahrens- und Formfehlern nach § 46 VwVfG und die **Heilung von Verfahrens- und Formfehlern** nach § 45 VwVfG sind **nicht unmittelbar anwendbar**. Auch diese gelten unmittelbar nur für Verwaltungsakte im Sinne von § 35 S. 1 VwVfG. 95

§ 45 VwVfG ist einer entsprechenden Anwendung auf andere Verfahrenserfordernisse und -handlungen zugänglich. Diese können bis zum Abschluss der ersten Instanz des verwaltungsgerichtlichen Verfahrens nachgeholt werden, wenn und soweit der mit dem Verfahrenserfordernis verfolgte Zweck auch noch im verwaltungsgerichtlichen Verfahren, d.h. ohne (gerichtliche) Aufhebung oder jedenfalls Feststellung der Nichtvollziehbarkeit der Verwaltungsentscheidung, erreicht werden kann.[85] Für eine entsprechende Anwendung von §§ 45, 46 VwVfG streiten nicht zuletzt Sinn und Zweck der Regelung über Fehlerfolgen: Verfahrens- und Formvorschriften sollen *„das Verfahren nur im Interesse einer richtigen Sachentscheidung in bestimmte Bahnen und Formen zwingen, haben mithin gegenüber dem materiellen Recht nur eine dienende Funktion“.*[86] 96

Die für die Bundesfachplanung notwendigen Rechtsfiguren zur Planerhaltung, Planergänzung oder Heilung von Form- und Verfahrensfehlern werden sich erst im Zuge der weiteren dogmatischen Verarbeitung der Bundesfachplanung im Detail herausarbeiten lassen. Denn sowohl ihre Notwendigkeit wie auch ihre Ausgestaltung hängen u.a. von der Klärung der Außen- und Bindungswirkung der Bundesfachplanung, vom Verhältnis von Bundesfachplanung und Planfeststellungsverfahren sowie der Reichweite der inzidenten richterlichen Kontrolle im Rahmen des Rechtsbehelfsverfahrens gegen das Planfeststellungsverfahren ab. Ob die Einfügung des § 15 Abs. 3 S. 3 zum gewünschten Erfolg beitragen wird, bleibt abzuwarten. 97

e) Auswirkungen von Fehlern und Fehlerkorrektur

aa) Vor Abschluss der Bundesfachplanung

Gestützt auf die **Grundsätze der Verfahrensbeschleunigung** und der **Verfahrensökonomie** sollte, wenn ein ausgelegter Plan geändert werden soll, in entsprechender Anwendung von § 43a Nr. 6 EnWG im Regelfall von der Erörterung im Sinne des § 73 Abs. 6 VwVfG und des § 9 Abs. 1 S. 3 UVPG abgesehen werden. 98

84 Vgl. BVerwG, Entscheidung v. 6.11.1986 – 3 C 72/84 –; BVerwG, Beschl. v. 25.11.1993 – 5 N 1/92 –; BVerwG, Urt. v. 20.11.2003 – 4 CN 6/03 –; BVerwG, Urt. v. 25.11.2004 – 5 CN 1/03 –; BVerwG, Urt. v. 20.7.2006 – 1 C 10052/06 – unter Bezugnahme auf OVG Koblenz, Urt. v. 8.12.2005 – 1 C 10065/05 –.

85 BVerwG, Urt. v. 20.8.2008 – 4 C 11.07 (Nachholung einer UVP) –, OVG NRW, Urt. v. 1.12.2011 – 8 D 58/08 (Nachholung einer FFH-Verträglichkeitsprüfung) –.

86 BT-Drucks. 6/1173, S. 52.

bb) Nach Abschluss der Bundesfachplanung

99 Werden materielle oder formelle Fehler der Bundesfachplanung **nach Abschluss der Bundesfachplanung, aber vor Beginn des Planfeststellungsverfahrens** erkannt, so hat die BNetzA diese Fehler durch **Wiederaufgreifen des Bundesfachplanungsverfahrens** zu korrigieren. Einer spezialgesetzlichen Ermächtigungsgrundlage bedarf es zur Fehlerkorrektur nicht. Eine Behörde kann im Fachplanungsrecht jederzeit einen von ihr erkannten oder als möglich unterstellten Mangel beseitigen, indem sie das Verfahren wieder an dem Punkt aufnimmt, an dem der Fehler geschehen ist, und erneut zu Ende führt.[87] Die der Planerhaltung dienende Befugnis der Behörde, das Verfahren selbst nach Klageerhebung jederzeit zur Behebung eines Mangels wieder aufzunehmen und erneut zu Ende zu führen, ergibt sich aus einem für das Fachplanungsrecht allgemein geltenden Grundsatz. Nach diesem Grundsatz umfasst die Ermächtigung zum Erlass der Planungsentscheidung auch die Befugnis zur Fehlerbehebung.[88]

100 Um den Netzausbau zu beschleunigen, ist es von entscheidender Bedeutung, ob in den Fällen, in denen die BNetzA die Entscheidung über die Bundesfachplanung für fehlerhaft hält und sie daher das Verfahren wieder aufnimmt, erneut ein förmliches Bundesfachplanungsverfahren durchzuführen ist, insbesondere, ob eine **erneute Durchführung eines Behörden- und Öffentlichkeitsverfahren erforderlich ist.**

101 Die Grundsätze der Verfahrensbeschleunigung und der Verfahrensökonomie sprechen dafür, ein vereinfachtes Verfahren durchzuführen. Dies gilt insbesondere dann, wenn die Abweichung vom festgesetzten Trassenkorridor nur unerheblich ist. Das Problem liegt darin, dass es an einer gesetzlichen Regelung fehlt. Der Wille des Gesetzgebers ist insoweit Grundlage weiterer juristischer Erwägungen. Es fehlt an einem offensichtlichen Fehler, an einem offensichtlichen Redaktionsversehen oder an einer offensichtlichen Lücke. Daher kann ausschließlich auf das vereinfachte Verfahren in § 11 zumindest in entsprechender Anwendung zurückgegriffen werden. Nach § 11 Abs. 1 S. 1 Nr. 3 kann ein vereinfachtes Verfahren durchgeführt werden, wenn ein entsprechender Trassenkorridor bereits im Bundesnetzplan ausgewiesen ist. Dies wäre bei einer unwesentliche Änderungen am Verlauf des Trassenkorridors im Rahmen einer Fehlerkorrektur der Fall, auch wenn es in diesen Fällen – anders als in § 11 Abs. 1 S. 1 Nr. 3 vorgesehen – an einer rechtmäßigen und rückgriffsfähigen Planung fehlt.

cc) Nach Beginn der Planfeststellung

102 Werden materielle oder formelle Fehler der Bundesfachplanung erst **nach Beginn des Planfeststellungsverfahrens** erkannt, kann das Verfahren wieder aufgegriffen und zu Ende geführt werden. Es bestehen keine Unterschiede zwischen dem Verfahrensstand vor und nach Beginn der Planfeststellung.

103 Nach Beginn der Planfeststellung ist zwischen den Fällen zu unterscheiden, in denen die BNetzA sowohl für die Durchführung der Bundesfachplanung wie auch für die Planfeststellung zuständig ist und den Fällen, in denen die BNetzA nur für die Durchführung der Bundesfachplanung zuständig ist, die Landesbehörden dagegen die Planfeststellungsverfahren durchführen. **Die Landesbehörden können mangels Kompetenz Fehler der Bundesfachplanung nicht durch Wiederaufgreifen des Bundesfachplanungsverfahrens korrigieren; dies obliegt allein der BNetzA.** Gemäß § 31 Abs. 1 ist die BNetzA für die Durchführung der Bundesfachplanung zuständig. Eine Bestimmung der Trassenkorridore durch die Länder widerspräche dem Grundgedanken des NABEG, wonach für länderübergreifende und grenzüberschreitende Leitungen gerade eine (bundes-) einheitliche Entscheidung getroffen werden soll. Die Planfeststel-

---

87 OVG Münster, Urt. v. 10.12.2004 – 20 D 134/00 –.
88 Vgl. BVerwG, Urt. v. 18.8.2005 – 4 B 18/05 –.

lungsbehörde hat daher eine von ihr als fehlerhaft bewertete Bundesfachplanung der BNetzA zur Korrektur vorzulegen.

dd) Nach Abschluss der Planfeststellung

Werden materielle oder formelle Fehler der Bundesfachplanung **nach Abschluss des Planfeststellungsverfahrens** erkannt, finden die Regelungen über die **Erheblichkeit von Abwägungsmängeln** nach § 43e Abs. 4 EnWG und über **die Planergänzung und das ergänzende Verfahren** nach § 43d EnWG i.V.m. § 75 Abs. 1a VwVfG **direkte Anwendung.** Die verweisende Norm ist § 18 S. 3. **Die Entscheidung über die Bundesfachplanung wird** als raumordnerische Beurteilung der Trassenführung **in den Planfeststellungsbeschluss übernommen. Die materielle Entscheidung über die Bundefachplanung geht in dem Planfeststellungsbeschluss auf.** Überprüft wird in diesen Fällen nicht die (isolierte) Entscheidung der Bundesfachplanung, sondern der Planfeststellungsbeschluss selbst. 104

Fraglich ist, wie mit **formellen Fehlern der Bundesfachplanung** umzugehen ist. Anders als die materielle Entscheidung über die Bundesfachplanung gehen diese in dem Planfeststellungsbeschluss auf. Sie unterfallen nicht zwangsläufig der inzidenten Kontrolle bei der gerichtlichen Prüfung des Planfeststellungsbeschlusses. Allerdings muss vor dem Hintergrund von Art. 19 Abs. 4 GG auch gegen Verfahrensschritte der Bundesfachplanung Rechtsschutz möglich sein. Konsequenterweise ist diesen Fällen dann aber auch **§ 46 VwVfG über die Unbeachtlichkeit von Verfahrens- und Formfehlern** und **§ 45 VwVfG über die Heilung von Verfahrens- und Formfehlern** entsprechend anzuwenden. 105

V. Zuständigkeit und Verfahren

1. Zuständigkeit

Die Bundesfachplanung wird gem. § 31 Abs. 1 von der BNetzA durchgeführt.[89] Diese Aufgabenzuweisung gilt unabhängig davon, ob der BNetzA oder den zuständigen Landesbehörden die Durchführung des Planfeststellungsverfahrens obliegt. 106

Die **BNetzA** ist gem. § 31 Abs. 3 **verpflichtet,** dem BMWi sowie dem BMU regelmäßig in nicht personenbezogener Form über den **Verfahrensstand zur Bundesfachplanung zu berichten.** 107

2. Verfahren

Das Verfahren der Bundesfachplanung ist gesetzlich deutlich stärker systematisiert, als dies aus anderen Verfahren vergleichbarer rechtlicher Qualität bekannt ist. Fristen für die einzelnen Verfahrensschritte sollen ein stringentes Verfahren sicherstellen. Die Mitwirkungsrechte der Vorhabenträger sind verstärkt worden. 108

Die Bundesfachplanung beginnt mit dem **Antrag des Vorhabenträgers** (§ 6 S. 1). Grundsätzlich beginnen alle Zulassungsentscheidungen mit der Antragstellung, gesetzlich geregelt war dies zuvor allerdings nicht.[90] Die BNetzA kann den verpflichteten Vorhabenträger durch Bescheid auffordern, innerhalb einer zu bestimmenden angemessenen Frist den erforderlichen Antrag zu stellen (§ 6 S. 2).[91] 109

89 Zur Vereinbarkeit mit den Art. 83 ff. GG *Erbguth*, NvWZ 2012, 326, 328.
90 Für die Planfeststellungsverfahren im Anwendungsbereich des NABEG ist die Antragstellung in § 19 geregelt. Vgl. 19 Rn 10 ff.
91 Vgl. § 6 Rn 39 ff.

110 Der Inhalt der für die Durchführung der Bundesfachplanung notwendigen **Unterlagen** wird in einem gesetzlich festgelegten, **iterativen Prozess** zwischen Vorhabenträger und Behörde **erarbeitet**. Für diesen Prozess hat der Gesetzgeber **drei Verfahrensschritte** festgelegt und diese mit Fristen versehen. Der Gesetzgeber verfolgt mit der Festlegung des Verfahrens zur Bestimmung der für die Durchführung der Bundesfachplanung notwendigen Unterlagen zwei Ziele. Zum einen erhält die Antragskonferenz eine dezidiert verfahrensrechtliche Stellung, indem der Gesetzgeber vorschreibt, dass aus der Antragskonferenz heraus die verbindliche Umfang- und Untersuchungstiefe der Antragsunterlagen definiert wird. Zum anderen wird der Vorhabenträger verbindlich verpflichtet, sich an die Ergebnisse der Antragskonferenz zu halten. Die BNetzA wird verpflichtet, die Antragskonferenz so sorgfältig durchzuführen und mit einem entsprechenden Ergebnis zu versehen, dass der Vorhabenträger in Kenntnis gesetzt wird, welche Gutachten er anzufertigen und welche Unterlagen er einzureichen hat.[92] Diese Verpflichtung der Behörde ist eine Amtspflicht im Sinne des § 839 BGB i.V.m. Art. 34 GG.

111 Der Vorhabenträger kann die **Einleitung der Bundesfachplanung** als ersten Schritt mit „schlanken" Unterlagen beantragen. Der Antrag muss bestimmte Mindestinhalte enthalten (§ 6 S. 6), und das Vorhaben so allgemeinverständlich darstellen, dass die Festlegung des Untersuchungsrahmens ermöglicht wird (§ 6 S. 5).[93]

112 Als zweiten Schritt **führt die BNetzA** unverzüglich nach Einreichung des Antrags eine Antragskonferenz durch (§ 7 Abs. 1 S. 1). In der **Antragskonferenz** werden Gegenstand und Umfang der für die Trassenkorridore vorzunehmenden Bundesfachplanung erörtert (§ 7 Abs. 1 S. 2). Die Antragskonferenz ist öffentlich (§ 7 Abs. 2 S. 3), um zu Verfahrenstransparenz, Akzeptanz und Befriedung beizutragen.[94] Die BNetzA legt aufgrund der Ergebnisse der Antragskonferenz einen Untersuchungsrahmen für die Bundesfachplanung fest und bestimmt den erforderlichen Inhalt der einzureichenden Unterlagen (§ 7 Abs. 4). Die BNetzA wird damit **zur konkreten Beschreibung des Untersuchungsrahmens und des Untersuchungsauftrages** im Wege einer **Amtspflicht** verpflichtet. Anders als der im Rahmen der UVP durchzuführende Scoping-Termin nach § 5 UVPG ist die Antragskonferenz in der Bundesfachplanung nicht nur auf Gegenstand, Umfang und Methoden der UVP beschränkt; sie bezieht sich vielmehr auf den **kompletten materiellen Prüfungsgegenstand der Bundesfachplanung**.

113 Im dritten Schritt **legt der Vorhabenträger** der BNetzA auf Grundlage der Ergebnisse der Antragskonferenz in einer angemessenen Frist die für die raumordnerische Beurteilung und die SUP der Trassenkorridore **erforderlichen Unterlagen** vor (§ 8).

114 Spätestens zwei Wochen nach Vorlage der vollständigen Unterlagen führt die BNetzA ein auf die spezifischen Bedürfnisse der Bundesfachplanung zugeschnittenes **Behörden- und Öffentlichkeitsbeteiligungsverfahren** durch (§ 9). Soweit die Bundesfachplanung nicht im vereinfachten Verfahren durchgeführt wird, gehört hierzu auch die Durchführung eines **Erörterungstermins** (§ 10).[95]

115 Die Bundesfachplanung ist binnen sechs Monaten nach Vorliegen der vollständigen Unterlagen mit der **Entscheidung** über den **Verlauf eines raumverträglichen Trassenkorridors** sowie den an Landesgrenzen gelegenen Länderübergangspunkten und der Bewertung der Umweltauswirkungen des Trassenkorridors abzuschließen (§ 12). Die Entscheidung ist den **Beteiligten bekanntzugeben** sowie an den Auslegungsorten zur Einsicht **auszulegen** und auf der **Internetseite der BNetzA zu veröffentlichen** (§ 13). Die durch die Bundesfachplanung bestimmten Trassenkorridore werden nachrichtlich in den **Bundesnetzplan** aufgenommen (§ 17).

---

92 Vgl. § 7 Rn 142 ff.
93 Vgl. dazu § 6 Rn 12 ff.
94 BT-Drucks. 17/6073, S. 25.
95 Vgl. § 9 Rn 71, § 10 Rn 7 ff. und § 11 Rn 12 ff.

§ 6 Antrag auf Bundesfachplanung

Die Bundesfachplanung beginnt mit dem Antrag des Vorhabenträgers. Die Bundesnetzagentur kann nach Aufnahme eines Vorhabens in den Bundesbedarfsplan die nach den §§ 11 und 12 des Energiewirtschaftsgesetzes verpflichteten Vorhabenträger durch Bescheid auffordern, innerhalb einer zu bestimmenden angemessenen Frist den erforderlichen Antrag zu stellen. Die für die Raumordnung zuständigen Behörden der Länder, auf deren Gebiet ein Trassenkorridor verläuft, sind über die Frist zu benachrichtigen. Der Antrag kann zunächst auf einzelne angemessene Abschnitte von Trassenkorridoren beschränkt werden. Der Antrag soll Angaben enthalten, die die Festlegung des Untersuchungsrahmens nach § 7 ermöglichen, und hat daher in allgemein verständlicher Form das geplante Vorhaben darzustellen. Der Antrag muss enthalten

1. **einen Vorschlag für den beabsichtigten Verlauf des für die Ausbaumaßnahme erforderlichen Trassenkorridors sowie eine Darlegung der in Frage kommenden Alternativen,**
2. **Erläuterungen zur Auswahl zwischen den in Frage kommenden Alternativen unter Berücksichtigung der erkennbaren Umweltauswirkungen und der zu bewältigenden raumordnerischen Konflikte und,**
3. **soweit ein vereinfachtes Verfahren der Bundesfachplanung nach § 11 für die gesamte Ausbaumaßnahme oder für einzelne Streckenabschnitte durchgeführt werden soll, die Darlegung der dafür erforderlichen Voraussetzungen.**

Überblick

I. Allgemeines

1. Überblick über die Norm

S. 1 zufolge beginnt die Bundesfachplanung mit dem **Antrag des Vorhabenträgers.** 1

Gemäß **S. 2** handelt es sich bei der Bundesfachplanung um ein **Antragsverfahren**. Die 2

BNetzA kann nach Aufnahme eines Vorhabens in den Bundesbedarfsplan den verpflichteten Vorhabenträger **durch Bescheid verpflichten**, innerhalb einer zu bestimmenden angemessenen Frist den erforderlichen Antrag zu stellen. Darüber sind die in den Ländern für die Raumordnung zuständigen Behörden gem. **S. 3** zu informieren.

3 Nach **S. 4** kann der Antrag auf Bundesfachplanung auf einzelne angemessene **Abschnitte** beschränkt werden.

4 Der Inhalt des Antrags bestimmt sich nach **S. 5**. Der Antrag muss das Vorhaben so **allgemeinverständlich darstellen**, dass die Festlegung des Untersuchungsrahmens nach § 7 ermöglicht wird.

5 Der Antrag muss nach **S. 6 Nr. 1** einen Vorschlag für den **Verlauf** des **Trassenkorridors** sowie eine Darlegung der in Frage kommenden **Alternativen** enthalten. Ferner enthält der Antrag nach **S. 6 Nr. 2 Erläuterungen zur Auswahl** zwischen den in Frage kommenden **Alternativen** unter Berücksichtigung der erkennbaren **Umweltauswirkungen** und der zu bewältigenden **raumordnerischen Konflikte**. Soweit ein **vereinfachtes Verfahren** der Bundesfachplanung nach § 11 für die gesamte Ausbaumaßnahme oder für einzelne Streckenabschnitte durchgeführt werden soll, ist die Darlegung der dafür erforderlichen Voraussetzungen notwendig, S. 6 Nr. 3.

6 Durch die Regelung wird verhindert, dass der Netzausbau durch unvollständige Anträge des ÜNB verzögert werden kann. Insofern richtet sich die Verpflichtung der BNetzA, einen Antrag zu stellen, immer auch darauf, die **Mindestinhalte** nach S. 6 einzuhalten. Prinzipiell sind die in S. 6 genannten **Inhalte notwendig**, um den **Untersuchungsrahmen** nach § 7 im Rahmen der Antragskonferenz festlegen zu können.

2. Regelungszweck

7 § 6 soll die **reibungslose und zügige Einleitung der Bundesfachplanung** absichern. Die Vorschrift soll den zügigen Beginn der Planung der im Bundesbedarfsplan aufgenommenen Leitungsvorhaben und damit den Ausbau des Übertragungsnetzes gewährleisten und dient dem übergeordneten Ziel der Verfahrensbeschleunigung.

8 Der Gesetzgeber hat die **Unvollständigkeit von Planunterlagen** als eine der Ursachen für die Verzögerung des **Netzausbaus** identifiziert. Die Vorschrift konkretisiert die Pflichten des Vorhabenträgers in Zusammenhang mit den für den Antrag auf Durchführung der Bundesfachplanung einzureichenden Unterlagen.

9 Neben der Normierung von Mindestinhalten des zu stellenden Antrags kann ein Netzbetreiber auf Grundlage von § 6 **zur Stellung eines Antrags auf Bundesfachplanung verpflichtet** werden. Da eine solche Verpflichtung zur Antragstellung auch im nachfolgenden Planfeststellungsverfahren nach § 12 Abs. 2 S. 3 möglich ist, ist § 6 die **erste Stufe der zwangsweisen Verwirklichung** besonders dringlicher **Vorhaben**.

3. Entstehungsgeschichte

10 Die Vorschrift wurde durch Art. 1 des **Gesetzes über Maßnahmen zur Beschleunigung des Netzausbaus Elektrizitätsnetze**[1] vom 28.7.2011 mit Wirkung zum 5.8.2011 als § 6 erlassen.

11 Die Norm erfuhr im Gesetzgebungsverfahren keine Änderungen und ist wortgleich mit dem ursprünglichen Entwurf.[2]

1 BGBl. I 2011 S. 1690.
2 BT-Drucks. 17/6073.

II. Inhalt des Antrages (S. 5 und 6)

1. Allgemeines

Der Inhalt der für die Durchführung der Bundesfachplanung notwendigen Unterlagen wird in einem **dreistufigen iterativen Prozess** zwischen Vorhabenträger und BNetzA erarbeitet: 12

Der Vorhabenträger hat nach § 8 der BNetzA die für die raumordnerische Beurteilung und die SUP der Trassenkorridore erforderlichen Unterlagen vorzulegen (Stufe 3). Den erforderlichen Inhalt der nach § 8 vorzulegenden Unterlagen bestimmt die BNetzA aufgrund der Ergebnisse der Antragskonferenz nach § 9 (Stufe 2). Die vor Durchführung der Antragskonferenz einzureichenden Antragsunterlagen hat der Gesetzgeber in S. 6 festgelegt (Stufe 1). Die Festlegung der Mindestinhalte des Antrages nach S. 6 soll bereits auf der ersten Stufe des Prozesses zwischen Vorhabenträger und BNetzA **Klarheit und Rechtssicherheit über Art, Inhalt und Umfang** der durch den Vorhabenträger in der Bundesfachplanung **einzureichenden Unterlagen schaffen.** Ziel ist die **Flexibilisierung und Effektivierung des Antragsverfahrens,** um die **Entscheidung über die Bundesfachplanung zu beschleunigen.** 13

Mit einem Bußgeld gem. § 34 wird die unvollständige Antragstellung jedoch in § 34 nicht belegt. Ein **Bußgeldtatbestand** knüpft bei der Bundesfachplanung erst an die Vollständigkeit der auf Grundlage der Ergebnisse der Antragskonferenz nach § 8 vorzulegenden Unterlagen an. 14

Die BNetzA kann den Vorhabenträger nach § 6 S. 2 **zur Antragstellung** verpflichten. Dies steht ihr auch für den Fall offen, dass der Vorhabenträger einen unvollständigen Antrag nach § 6 eingereicht hat. Der Verpflichtung zur Antragstellung kommt der Vorhabenträger nur dann nach, wenn er den Antrag im gesetzlich geforderten Umfang stellt. Dies kann die BNetzA mittels Zwangsgeld gem. § 34 S. 1 durchsetzen. 15

2. Notwendige Unterlagen für die Bundesfachplanung

Maßstab für den Umfang der einzureichenden Unterlagen ist der Sinn und Zweck des Antragsverfahrens. Der Vorhabenträger soll die Beteiligten der Antragskonferenz in die Lage versetzen, ihre Hinweise und Anforderungen an die Antragsunterlagen zu formulieren. Dazu ist es erforderlich, dass der Vorhabenträger alle Informationen mitteilt, die für diese Festlegung erforderlich sind. Der Vorhabenträger muss keine Lösung für etwaige Konfliktfälle bieten, wohl aber auf etwaige Konfliktpotenziale hinweisen. 16

Die Darstellung des Vorhabens im Antrag soll in allgemein verständlicher Form erfolgen. Anders ist nicht zu gewährleisten, dass auch die Öffentlichkeit ihre entsprechenden Hinweise und Anforderungen formuliert. § 6 enthält Hinweise auf den Inhalt des Antrages, ohne diese im Einzelnen zu konkretisieren. Die Auflistung in § 6 scheint zu kurz. Grundsätzlich – ohne dass die nachfolgend genannten Aspekte abschließend vollständig genannt sind – dürfte dem Antrag auf Durchführung der Bundesfachplanung der Vorhabenträger in der Regel folgende Unterlagen beifügen: 17

- allgemeine Beschreibung des Vorhabens,
- allgemeine Beschreibung und Begründung des Vorhabens,
- allgemeine technische Beschreibung der Maßnahmen,
- allgemeine typisierende Beschreibung der baulichen Maßnahmen,
- Eckpunkte der künftigen Umweltverträglichkeitsstudie,
- Eckpunkte der Raumverträglichkeitsstudie,
- Darstellung der für den Verlauf des Trassenkorridors in Frage kommenden Alternativen,
- Erläuterungen über die Grundsätze der Auswahl der in Frage kommenden Alternativen unter Berücksichtigung der erkennbaren Umweltauswirkungen und der zu bewältigenden raumordnerischen Konflikte,
- Übersichtsplan im Maßstab,

- Lagepläne (eingenordet oder mit Nordpfeil) im Maßstab,
- Unterlagen über die Grundlagen der SUP und
- Unterlagen über die Grundlagen der FFH-Verträglichkeitsprüfung, soweit erforderlich.

3. Gesetzliche Mindestinhalte der Unterlagen für die Bundesfachplanung (S. 6)

18 Der Umstand, dass der Gesetzgeber in S. 6 Mindestinhalte der Antragsunterlagen festgelegt hat, sowie der Umstand, dass die BNetzA den erforderlichen Inhalt der nach § 8 vorzulegenden Unterlagen aufgrund der Ergebnisse der Antragskonferenz nach § 9 bestimmt, darf nicht dahingehend verstanden werden, dass der Vorhabenträger dem Antrag nach § 6 nur eine Auswahl der notwendigen Antragsunterlagen beizufügen bräuchte. Vielmehr hat der Vorhabenträger bereits bei Stellung des Antrags nach § 6 alle zu diesem Zeitpunkt notwendigen Unterlagen einzureichen, um die Beteiligten der Antragskonferenz in die Lage zu versetzen, Hinweise in der Anforderung zu formulieren.

a) Trassenkorridor und Alternativen (S. 6 Nr. 1)

19 Gemäß S. 6 Nr. 1 muss der Antrag einen Vorschlag für den beabsichtigten Verlauf des für die Aufbaumaßnahme erforderlichen Trassenkorridors sowie eine Darlegung der in Frage kommenden Alternativen enthalten. Aufgrund dieser Unterlagen wird die BNetzA in die Lage versetzt, die Antragskonferenz vorzubereiten und die von den Ausbauvorhaben berührten Träger öffentlicher Belange zu identifizieren.

b) Erläuterung der Alternativen (S. 6 Nr. 2)

20 Nach S. 6 Nr. 2 muss der Antrag Erläuterungen zur Auswahl zwischen den in Frage kommenden Alternativen unter Berücksichtigung der erkennbaren Umweltauswirkung und der zu bewältigenden raumordnerischen Konflikte enthalten.

c) Sonstige Unterlagen

21 Zur Vorbereitung des Scoping-Termins hat der Vorhabenträger alle sonstigen Unterlagen einzureichen, die erforderlich sind, um die Beteiligten der Antragskonferenz in die Lage zu versetzen, Hinweise und Anforderungen zu formulieren. Im Vordergrund steht in jedem Fall Sinn und Zweck der Antragskonferenz. Es muss sichergestellt sein, dass die Antragskonferenz abschließend formuliert, welche Inhalte die Antragsunterlagen haben. Natürlich kann es aufgrund neuer Erkenntnisse dazu kommen, dass die Festlegung der Antragskonferenz modifiziert und aktualisiert wird. Dies darf indes nicht deshalb geschehen, weil die eingereichten Unterlagen nicht ausreichend aussagekräftig waren und das Ergebnis der Antragskonferenz unzureichend war.

22 Der besondere Mechanismus der Bundesfachplanung erhält nur dann seinen Sinn, wenn sowohl Vorhabenträger als auch die Beteiligten der Antragskonferenz ihren jeweiligen Verpflichtungen zur ordnungsgemäßen Teilhabe am Verfahren gerecht werden.

4. Unterlagen im vereinfachten Verfahren (S. 6 Nr. 3)

23 S. 6 Nr. 3 bestimmt den Inhalt und Umfang der einzureichenden Unterlagen, soweit ein vereinfachtes Verfahren in der Bundesfachplanung nach § 11 für die gesamte Ausbaumaßnahme oder vereinzelte Streckenabschnitte durchgeführt werden soll. Nach S. 6 Nr. 3 muss der Antrag in diesem Fall die Darlegung der für die Durchführung des vereinfachten Verfahrens erforderlichen Voraussetzungen enthalten.

Zur Darlegung der Möglichkeit eines vereinfachten Verfahrens müssen gem. § 11 folgende Bedingungen erfüllt sein: 24
- eine SUP nach § 14d S. 1 UVPG ist nicht erforderlich,
- die Ausbaumaßnahme gem. § 11 Abs. 1 S. 1 Nr. 1 erfolgt in der Trasse einer bestehenden Hoch- oder Höchstspannungsleitung,
- die Bestandsleitung soll ersetzt oder ausgebaut werden oder gem. § 11 Abs. 1 S. 1 Nr. 2 unmittelbar neben der Trasse einer bestehenden Hoch- oder Höchstspannungsleitung errichtet werden oder gem. § 11 Abs. 1 S. 1 Nr. 3 innerhalb eines Trassenkorridors verlaufen, der in einem Raumordnungsplan im Sinne von § 3 Abs. 1 Nr. 7 ROG oder im Bundesnetzplan ausgewiesen ist.

Die Regelung ist wegen des Verweises auf § 11 und des dortigen Verweises auf § 14d S. 1 des UVPG irreführend. § 14d UVPG stellt darauf ab, dass Pläne oder Programme nur geringfügig geändert werden oder Maßnahmen auf lokaler Ebene festlegen. Diese Fallkonstellationen finden als Tatbestandsvoraussetzungen im Rahmen der Bundesfachplanung regelmäßig keine Anwendung. Dies würde bei wörtlichem Verständnis des Verweises dazu führen, dass das vereinfachte Verfahren regelmäßig keine Anwendung findet. Nun könnte man daraus schlussfolgern, dass in § 11 ausschließlich die dort formulierten besonderen Voraussetzungen für die Durchführung eines vereinfachten Verfahrens vorliegen müssen. Diese Auffassung scheitert daran, dass eine Umweltverträglichkeitsuntersuchung in jedem Fall durchzuführen ist, und zwar auf Grundlage der IVU-Richtlinie. § 6 i.V.m. § 11 kann daher nur dahingehend verstanden werden, dass ein vereinfachtes Verfahren in jedem Fall nur dann zulässig ist, dass eine Umweltverträglichkeitsuntersuchung nicht durchzuführen ist, sei es als strategische Umweltuntersuchung oder als vollständige Umweltverträglichkeitsuntersuchung. 25

III. Einleitung der Bundesfachplanung durch Antrag des Vorhabenträgers (S. 1)

Im Normalfall wird der Vorhabenträger einen Antrag auf Durchführung der Bundesfachplanung stellen. Damit wird das im Sinne von § 22 S. 2 Nr. 2 VwVfG als mitwirkungsbedürftig ausgestaltete Verwaltungsverfahren der Bundesfachplanung eingeleitet. 26

Da nach S. 4 die Beschränkung des Antrags auf einzelne angemessene Abschnitte möglich ist, obliegt es dem Vorhabenträger zu entscheiden, für welchen Umfang der im Bundesbedarfsplan ausgewiesenen Leitung er seinen Antrag stellt. Die Abschnittsbildung entbindet den Vorhabenträger jedoch nicht von seiner Verantwortung, das gesamte, in seinen Verantwortungsbereich fallende Vorhaben letztendlich zu verwirklichen. Sollte der Vorhabenträger den Antrag nicht stellen, steht der BNetzA eine entsprechende Befugnis zur Anordnung eines derartigen Antrages gem. § 6 S. 2 zur Verfügung. 27

Die Verpflichtung zu Ausbau und Unterhaltung des Netzes folgt allgemein aus § 11 Abs. 1 S. 1 EnWG. 28

IV. Antrag auf Einleitung der Bundesfachplanung

1. Notwendiger Antrag des Vorhabenträgers

Die Bundesfachplanung ist ein **mitwirkungsbedürftiges Verwaltungsverfahren** im Sinne des § 22 S. 2 Nr. 1 2. Alt. und Nr. 2 VwVfG. Dies bedeutet, dass die **BNetzA auf Antrag des Vorhabenträgers** nach § 6 **die Bundesfachplanung einleiten muss, ohne einen Antrag hingegen nicht einleiten darf**. Zwar ist die Realisierung der Stromleitungen, die in den Geltungsbereich des NABEG fallen, aus Gründen eines überragenden öffentlichen Interesses er- 29 forderlich (§ 1 S. 3). Hieraus folgt nicht, dass die BNetzA die Bundesfachplanung von Amts wegen einleiten bzw. durchführen darf. Denn nach § 6 S. 1 beginnt die Bundesfachplanung mit dem Antrag des Vorhabenträgers. Diese Regelung macht die Einleitung der Bundesfachplanung von dem Antrag des nach § 12c Abs. 4 S. 3 EnWG verantwortlichen ÜNB abhängig.[3] Zudem kann die BNetzA nach § 6 S. 2 den zuständigen Vorhabenträger durch Bescheid auffordern, den erforderlichen Antrag aufzustellen. Die Verpflichtung zur Antragstellung – nach § 34 von der BNetzA mit einem Zwangsgeld von bis zu 250.000 € durchsetzbar – wäre überflüssig, wenn die BNetzA die Einleitung der Bundesfachplanung von Amts wegen durchführen könnte.

30 Die Bundesfachplanung ist unabhängig davon mitwirkungsbedürftig, ob sie **im förmlichen oder im vereinfachten Verfahren** nach § 11 beantragt und durchgeführt wird.

2. Verpflichtung zur Antragstellung (S. 2)

a) Allgemeines

31 Hat der nach § 12c Abs. 4 S. 3 EnWG verantwortliche ÜNB keinen oder einen unvollständigen Antrag gestellt, kann ihn die BNetzA nach S. 2 in einer angemessenen Frist verpflichten, einen Antrag auf Einleitung der Bundesfachplanung zu stellen.

b) Fehlende oder unvollständige Antragstellung

32 Das Fehlen eines Antrages ist tatbestandlich unproblematisch zu erfassen. Er fehlt, wenn der Vorhabenträger keinen Antrag bei der BNetzA eingereicht hat.

33 Ein Antrag ist unvollständig, wenn er nicht die Antragsunterlagen enthält, die für eine sachgerechte Durchführung einer Antragskonferenz erforderlich sind. Der Antrag muss in diesem Sinne vollständig sein. Die Unvollständigkeit steht fest, wenn die Behörde ihrerseits zu der Auffassung kommt, dass sie trotz Hinweisen an den Vorhabenträger nicht die ausreichenden Unterlagen für die Durchführung einer Antragskonferenz erhalten hat.

34 Sollte sich das Vorhaben und damit die Antragsunterlagen nach Einreichung der Unterlagen ändern, ist wie folgt zu unterscheiden:

- Bei einer unwesentlichen Änderung wird der ursprüngliche Antrag unvollständig; entsprechende Unterlagen sind nachzureichen.
- Bei einer wesentlichen Änderung kann von einem fehlenden Antrag ausgegangen werden.[4]

c) Verantwortlicher Übertragungsnetzbetreiber

35 Zur Antragstellung verpflichtet werden kann nur der Netzbetreiber, der für den Aus- und Neubau einer Leitung auch verantwortlich ist. Die Verantwortlichkeit der verschiedenen Netzbetreiber ist regional begrenzt. Die ÜNB sind für sog. Regelzonen verantwortlich.

36 Vorhabenträger ist derjenige, der zum Zeitpunkt des Antrags nach § 6 für die Durchführung des Planfeststellungsverfahrens nach den §§ 18 ff. oder nach den §§ 43 ff. EnWG verantwortlich ist. Gemäß § 12c Abs. 4 S. 3 EnWG kann die BNetzA bestimmen, welcher ÜNB für die Durchführung einer im Netzentwicklungsplan enthaltenen Maßnahme verantwortlich ist.[5]

3 BT-Drucks. 17/6073, S. 24.

4 Die Einreichung neuer, wesentlich geänderter Antragsunterlagen ist im Gegensatz zur Ergänzung bereits vorgelegter Unterlagen ein Neuantrag (ggf. verbunden mit der Rücknahme des früheren Antrags), VGH Kassel, Beschl. v. 28.8.1986 – 5 TH 3071/84 –; VGH Mannheim, Urt. v. 6.4.1988 – 3 S 2088/87 –.

5 Vgl. dazu § 12c EnWG.

Auch ohne diese Bestimmung durch die BNetzA ist immer derjenige ÜNB für eine Ausbaumaßnahme verantwortlich, in dessen Regelzone der Ausbau stattfinden soll. Abgrenzungsprobleme können lediglich bezüglich von Netzverknüpfungspunkten auftreten. Die Pflicht der Vorhabenträger zur Antragstellung stellt die zügige Verwirklichung der im Bundesbedarfsplan aufgenommenen Leitungsvorhaben und damit den Ausbau des Übertragungsnetzes sicher.[6]

Die fristgerechte Antragstellung gehört im Übrigen zu den erforderlichen Maßnahmen der verantwortlichen ÜNB aus ihrer Verpflichtung zum bedarfsgerechten Netzausbau und den Pflichten aus den Netzentwicklungsplänen, die nach § 65 Abs. 2a EnWG durchgesetzt werden können.[7] 37

Die BNetzA darf nach Aufnahme eines Vorhabens in den Bundesbedarfsplan und dessen besonderer Kennzeichnung als länderübergreifend oder grenzüberschreitend zur Antragstellung verpflichten. Da S. 2 in seinem Anwendungsbereich über den Anwendungsbereich des NABEG hinausgeht, kann die Bundesfachplanung für jede Leitung, für die eine Bundesfachplanung durchgeführt werden kann, zur Antragstellung verpflichten. Die materiellen Voraussetzungen von S. 2 liegen mithin immer vor. 38

d) Verpflichtung durch Bescheid

Nach S. 2 kann ein Netzbetreiber zur Antragstellung verpflichtet werden. Zuständig für den Erlass des Bescheids ist die BNetzA. Ihr obliegt ein Entschließungsermessen, ob und wann sie einen Netzbetreiber zur Antragstellung verpflichtet. 39

Der BNetzA obliegt ferner ein Ermessen, welche Leitung des Bundesbedarfsplanes und in welchem Umfang sie diese zur Durchführung der Bundesfachplanung auswählt. Dieses Thema wird vor allem dann relevant, wenn der Vorhabenträger keinen Antrag einreicht. Die BNetzA ist in diesem Fall gehalten, dem Vorhabenträger die Einreichung von Antragsunterlagen aufzuerlegen. Die diesbezügliche Anordnung muss ausreichend konkret sein, um dem Bestimmtheitsgrundsatz eines Verwaltungsaktes zu entsprechen; nicht zuletzt im Hinblick auf die weitergehenden Sanktionsmöglichkeiten der BNetzA. Andererseits ist es nicht Aufgabe der BNetzA, dem Vorhabenträger die Vorzugsvariante eines Trassenkorridors vorzugeben; dies ist gerade Aufgabe des Vorhabenträgers. 40

Materielle Voraussetzung zum Erlass einer Aufforderung zur Antragsstellung ist lediglich, dass ein Vorhaben Bestandteil des Bundesbedarfsplanes ist. Diese Anforderung ist weiter als der eigentliche Anwendungsbereich des NABEG, sodass die Voraussetzung über § 2 Abs. 1 eine weitere Eingrenzung erfährt. Die Bundesfachplanung kann gem. § 2 Abs. 1 überhaupt nur für solche Höchstspannungsleitungen des Bundesbedarfsplanes durchgeführt werden, die darin als länderübergreifend oder grenzüberschreitend besonders gekennzeichnet sind. 41

Anzunehmen ist, dass für den Bescheid die Anordnung der sofortigen Vollziehung gem. § 80 Abs. 1 Nr. 4 VwGO erlassen wird. Zuständig dafür ist die BNetzA als Erlassbehörde des Verwaltungsakts. Dies ist auch zulässig, denn der zügige Netzausbau steht im besonderen öffentlichen Interesse. Das Interesse an der sofortigen Vollziehbarkeit geht auch über das Interesse am Erlass des Verwaltungsaktes hinaus.[8] Schließlich drohen bei einem verzögerten Netzausbau erhebliche Nachteile für Bevölkerung und Wirtschaft durch die Gefährdung bzw. Störung der Versorgungssicherheit.[9] Die sichere und flächendeckende Versorgung mit Energie ist eine Aufgabe von höchster Bedeutung. 42

---

6 BT-Drucks. 17/6073, S. 24.
7 BT-Drucks. 17/6073, S. 24.
8 Vgl. Schoch/Schmidt-Aßmann/Pietzner/*Schoch*, § 80 Rn 205.
9 Vgl. dazu auch OVG Schleswig, Beschl. v. 19.6.1991 – 4 M 43/91 –.

e) Angemessene Frist zur Antragstellung

43 Nach S. 2 ist bei der Verpflichtung zur Antragstellung durch die BNetzA eine angemessene Frist zu bestimmen.

44 Der Gesetzgeber hat zu Recht darauf verzichtet zu definieren, wann eine Frist angemessen ist. Daher obliegt es der Einschätzung der BNetzA zu bestimmen, was eine angemessene Frist ist. Die Frist ist abhängig von dem Umfang der Schwierigkeit und der Komplexität des Aufbauvorhabens, denn der Vorhabenträger muss zunächst die Antragsunterlagen in den Grobzügen erstellen. Vergleichbare Fristenregelungen für ähnliche Interessenlagen finden sich bei den städtebaulichen Geboten in §§ 176 Abs. 1, 178 BauGB.

45 Hintergrund der Regelung ist, dass dem Vorhabenträger ausreichend Zeit bleiben muss, um den Anforderungen an den Antrag gerecht zu werden.[10] Die BNetzA muss die Dauer der Frist so sachlich rechtfertigen können, dass sie als angemessen erscheint. Hierbei obliegt der Behörde ein Entscheidungsspielraum.

3. Benachrichtigung der zuständigen Behörde (S. 3)

46 Nach S. 3 sind die für die Raumordnung zuständigen Behörden der Länder, auf deren Gebiet ein Trassenkorridor verläuft, zu benachrichtigen. Da nur solche Leitungen in den Anwendungsbereich des NABEG fallen, die länderübergreifend oder grenzüberschreitend sind, wird dies in der Regel mehrere Länder betreffen.

47 Bei grenzüberschreitenden Leitungen, also solchen, an deren Verwirklichung ein europäisches Interesse besteht, reicht eine Planungskompetenz der BNetzA ohnehin nur bis zur deutschen Staatsgrenze. Eine Verpflichtung zur Information anderer Staaten ergibt sich aus dem NABEG nicht.

V. Abschnittsbildung (S. 4)

48 Die Möglichkeit der Bildung von Abschnitten in der Bundesfachplanung nach S. 4 wirkt zusammen mit der Möglichkeit der Verpflichtung des Vorhabenträgers zur Antragstellung nach S. 2. Die BNetzA kann die Verpflichtung des Vorhabenträgers zur Antragstellung auf einzelne Abschnitte beschränken. Ebenso ist es denkbar, dass der Vorhabenträger nur für einzelne Abschnitte einen Antrag auf Durchführung der Bundesfachplanung stellt, die BNetzA ihn aber dann verpflichtet, für weitere Abschnitte des Vorhabens einen Antrag auf Durchführung der Bundesfachplanung zu stellen.

49 Die Abschnittsbildung ermöglicht es, die Bundesfachplanung für Trassenkorridore auf verschiedene Verfahren aufzuteilen, sofern dies sachlich gerechtfertigt ist.[11] Dies bietet sich bei besonders umfangreichen Vorhaben, sowie in den Fällen an, in denen die Verwirklichung bestimmter Abschnitte besonders dringlich oder konfliktbelastet ist.[12] Die Abschnittsbildung dient primär der Beschleunigung des Netzausbaus. Größere Ausbauvorhaben sollen nicht daran scheitern, dass es an einzelnen Punkten des Vorhabens Konflikte gibt. Die Abschnittsbildung ermöglicht es zudem, den späteren Bundesnetzplan Schritt für Schritt entsprechend dem jeweils vordringlichen Bedarf zu erarbeiten.

50 Die Bildung von Abschnitten als solche bedarf aufgrund der gesetzlichen Erwähnung in S. 4 keiner eigenen sachlichen Rechtfertigung. Nichtsdestoweniger müssen gebildete Abschnitte

10 BT-Drucks. 17/6073, S. 24.
11 BT-Drucks. 17/6073, S. 24.
12 BT-Drucks. 17/6073, S. 24.

angemessen sein. Die Einteilung muss demnach im Hinblick auf das abzuarbeitende Problempensum sachlich gerechtfertigt sein.

Für zulässig erklärt sind zudem nach S. 4 nur einzelne Abschnitte. Die Gesetzesbegründung ist hinsichtlich dieser Formulierung nicht ergiebig. 51

VI. Rechtsschutz

1. Verpflichtung zur Antragstellung

Stellt der für die jeweilige Ausbaumaßnahme verantwortliche ÜNB nicht von sich aus den Antrag auf Durchführung der Bundesfachplanung unter Einreichung der dafür erforderlichen Pläne, kann ihn die BNetzA gem. S. 2 mit einer angemessenen Frist per Bescheid dazu verpflichten, den erforderlichen Antrag zu stellen. Ein Widerspruchsverfahren ist durchzuführen (§§ 68 ff. VwGO). 52

Ohne die spezialgesetzliche Ermächtigung in S. 4 kann die BNetzA den Vorhabenträger nicht zur Stellung des Antrags auf Durchführung der Bundesfachplanung verpflichten. Die allgemeine rechtliche Verpflichtung, das Vorhaben nicht auszuführen, ohne dass die Planfeststellung dafür durchgeführt und im positiven abgeschlossen wurde, genügt als Voraussetzung für eine Erzwingung der Antragstellung nicht. 53

Der Bescheid zur Verpflichtung ist ein für den Vorhabenträger belastender Verwaltungsakt. Vor Erlass des Bescheids ist dieser gem. § 28 Abs. 1 VwVfG anzuhören. 54

Will sich der Verpflichtete gegen den Bescheid zur Wehr setzen, muss er zunächst Widerspruch einlegen. Bei negativem Widerspruchsbescheid ist Klage zulässig. § 48 Abs. 1 Nr. 4 VwGO greift im vorliegenden Fall nicht, da die Anordnung nicht in Zusammenhang mit einer Planfeststellung steht. Ist die sofortige Vollziehung der Verpflichtung zur Antragstellung gem. § 80 Abs. 1 Nr. 4 VwGO angeordnet, hat der Widerspruch ausnahmsweise keine aufschiebende Wirkung. In diesem Fall muss der Vorhabenträger im Verfahren des einstweiligen Rechtsschutzes nach § 80 Abs. 5 S. 1 Hs. 2 VwGO einen Antrag auf Anordnung der aufschiebenden Wirkung stellen. Es wird deutlich, dass dieser Mechanismus zu einer Verzögerung führen kann, die letztlich dem Beschleunigungsziel vollständig zuwiderläuft, wenn der Vorhabenträger seine Rechtsmittelmöglichkeiten ausschöpft. 55

2. Anspruch auf Durchführung des Bundesfachplanung

Ein Anspruch auf Entscheidung der Bundesfachplanung ist im Fachplanungsrecht grds. nicht gegeben. Dem steht der planerische Gestaltungsspielraum der BNetzA entgegen. Der Antragsteller hat lediglich einen Anspruch auf ermessensfehlerfreie Entscheidung. 56

§ 7 Festlegung des Untersuchungsrahmens

(1) Die Bundesnetzagentur führt unverzüglich nach Einreichung des Antrags eine Antragskonferenz durch. In der Antragskonferenz sollen Gegenstand und Umfang der für die Trassenkorridore vorzunehmenden Bundesfachplanung erörtert werden. Insbesondere soll erörtert werden, inwieweit Übereinstimmung der beantragten Trassenkorridore mit den Erfordernissen der Raumordnung der betroffenen Länder besteht oder hergestellt werden kann und in welchem Umfang und Detaillierungsgrad Angaben in den Umweltbericht nach § 14g des Gesetzes über die Umweltverträglichkeitsprüfung aufzunehmen sind. Die Antragskonferenz ist zugleich die Besprechung im Sinne des § 14f Absatz 4 Satz 2 des Gesetzes über die Umweltverträglichkeitsprüfung.
(2) Der Vorhabenträger und die betroffenen Träger öffentlicher Belange, deren Aufgabenbereich berührt ist, insbesondere die für die Landesplanung zuständigen Landesbehörden, sowie die Vereinigungen werden von der Bundesnetzagentur zur Antragskonferenz geladen, die Vereinigungen und die Träger öffentlicher Belange mittels Zusendung des Antrags nach § 6. Ladung und Übersendung des Antrags können elektronisch erfolgen. Die Antragskonferenz ist öffentlich; die Unterrichtung der Öffentlichkeit erfolgt auf der Internetseite der Bundesnetzagentur und über örtliche Tageszeitungen, die in dem Gebiet verbreitet sind, auf das sich der beantragte Trassenkorridor voraussichtlich auswirken wird.
(3) Länder, auf deren Gebiet ein Trassenkorridor voraussichtlich verlaufen wird, können Vorschläge im Sinne von § 6 Satz 6 Nummer 1 machen. Die Bundesnetzagentur ist an den Antrag des Vorhabenträgers und die Vorschläge der Länder nicht gebunden.
(4) Die Bundesnetzagentur legt auf Grund der Ergebnisse der Antragskonferenz einen Untersuchungsrahmen für die Bundesfachplanung nach pflichtgemäßem Ermessen fest und bestimmt den erforderlichen Inhalt der nach § 8 einzureichenden Unterlagen.
(5) Die Festlegungen sollen innerhalb einer Frist von zwei Monaten nach Antragstellung abgeschlossen sein.
(6) Die Rechtsvorschriften über Geheimhaltung und Datenschutz bleiben unberührt.
(7) Eine Antragskonferenz kann unterbleiben, wenn die Voraussetzungen für ein vereinfachtes Verfahren nach § 11 vorliegen.

Überblick

I. Allgemeines

1. Überblick über die Norm

Die Vorschrift regelt die **Festlegung des Untersuchungsrahmens der Bundesfachplanung** durch die BNetzA sowie die diesem Verfahrensschritt **vorgeschaltete Antragskonferenz.** 1

In **Abs. 1 S. 2 und 3** werden zunächst das **Themenfeld allgemein sowie einige spezielle Prüfmaterien** bestimmt, für die der fachplanerische Untersuchungsrahmen abzustecken ist. Die damit zusammenhängenden Fragen sollen schon in der Antragskonferenz erörtert werden. Allgemein geht es bei der Festlegung des Untersuchungsrahmens und in der Antragskonferenz nach Abs. 1 S. 2 um **Gegenstand und Umfang der Bundesfachplanung** sowie – darauf aufbauend – nach Abs. 4 auch um den **Inhalt der Unterlagen**, die der Vorhabenträger anschließend nach § 8 vorzulegen hat. Behandelt werden sollen nach Abs. 1 S. 3 insbesondere die Prüfung der Übereinstimmung mit den **Erfordernissen der Raumordnung** sowie **Umfang und Detaillierungsgrad der Angaben für den Umweltbericht zur SUP**. 2

Die Festlegung des Untersuchungsrahmens wird nach **Abs. 1 S. 1 und Abs. 2** durch eine **öffentliche Antragskonferenz** vorbereitet, die unverzüglich nach Antragstellung (§ 6) durchzuführen ist. Zu dieser Konferenz lädt die BNetzA nach Abs. 2 S. 1 und 2 den Vorhabenträger, die betroffenen Träger öffentlicher Belange sowie die anerkannten Umweltvereinigungen, die in ihrem satzungsgemäßen Aufgabenbereich berührt sind (§ 3 Abs. 2), ein. Die Unterrichtung der Öffentlichkeit erfolgt nach Abs. 2 S. 3 qua Internet sowie über örtliche Tageszeitungen im voraussichtlichen Auswirkungsbereich des Korridors. Für den Teiluntersuchungsrahmen der SUP übernimmt die Antragskonferenz zugleich die Funktion eines Scoping-Termins im Sinne des 3

§ 14f Abs. 4 S. 2 UVPG. Unterbleiben kann eine Antragskonferenz nach Abs. 7 nur unter den Voraussetzungen des vereinfachten Verfahrens nach § 11.

4 Nach **Abs. 3** ist **Bezugsgegenstand des Untersuchungsrahmens und der Antragskonferenz** nicht allein der Korridorverlauf, den der Vorhabenträger in seinem Antrag nach § 6 S. 6 Nr. 1 vorschlägt. Auch die betroffenen Länder können nach S. 1 eigene Vorschläge in das Verfahren einbringen. Jedoch ist die BNetzA nach S. 2 weder an den Antrag des Vorhabenträgers noch an die Vorschläge der Länder gebunden.

5 Nach **Abs. 4** legt die BNetzA aufgrund der Ergebnisse der Antragskonferenz nach pflichtgemäßem Ermessen einen **Untersuchungsrahmen** für die Bundesfachplanung fest und bestimmt den **Inhalt der Unterlagen**, die der Vorhabenträger im nachfolgenden Verfahrensschritt nach § 8 einzureichen hat. **Abs. 5** sieht vor, dass diese verfahrensleitenden Entscheidungen der BNetzA **innerhalb von zwei Monaten nach Antragstellung** abgeschlossen werden.

6 **Abs. 6** enthält den klarstellenden Hinweis, dass die Rechtsvorschriften über **Geheimhaltung und Datenschutz** im Verfahren zur Bestimmung des Untersuchungsrahmens einzuhalten sind.

2. Regelungszweck

7 Die Festlegung des Untersuchungsrahmens durch die BNetzA bildet den **wichtigsten Verfahrensschritt zur effektiven Vorbereitung und Steuerung der Bundesfachplanung**. Ziel ist es, bereits in einem sehr frühen Verfahrensstadium zu fixieren, welche konkreten Prüfmaterien und Sachfragen für die fachplanerische Entscheidung über den Verlauf des Trassenkorridors einer Stromleitung zu klären und mit welcher Prüftiefe und Methodik diese Gesichtspunkte im Rahmen der Bundesfachplanung abzuarbeiten sind. Auf dieser Grundlage ist zu bestimmen, welche konkreten Unterlagen mit welchem Inhalt und Detaillierungsgrad der Vorhabenträger nach § 8 vorzulegen hat und welche Mitwirkungsbeiträge von anderen Beteiligten (z.B. Trägern öffentlicher Belange) zu erwarten sind.

8 Durch die verfahrensleitenden Entscheidungen, die die BNetzA mit der Festlegung des Untersuchungsrahmens nach Abs. 4 zu treffen hat und die durch eine öffentliche Antragskonferenz vorbereitet werden, wird der weitere **Ablauf der Bundesfachplanung maßgeblich vorstrukturiert**. Damit bietet das Instrumentarium des § 7 zugleich ein beträchtliches **Beschleunigungspotenzial**. Das Prüfprogramm und die Mitwirkung der Beteiligten können zielführend auf die entscheidungserheblichen Gesichtspunkte fokussiert, Umfang, Prüf- und Darstellungstiefe beizubringender Nachweise sowie methodische Fragen frühzeitig geklärt, mögliche Missverständnisse und Fehlvorstellungen ausgeräumt werden. Insgesamt können die Steuerungsmöglichkeiten, die die Vorschrift bietet, wesentlich dazu beitragen, dass der Fachplanungsprozess reibungslos, zügig und konzentriert verläuft und Verzögerungen bei den nachfolgenden Verfahrensschritten vermieden werden.[1]

3. Entstehungsgeschichte

9 Die Vorschrift entspricht – bis auf eine unbedeutende redaktionelle Korrektur[2] – der Fassung des Regierungsentwurfs. Der Bundesrat hatte in seiner Stellungnahme vom 17.6.2011[3] hierzu keine konkreten Änderungsvorschläge beschlossen. Allerdings hatte er in allgemeiner Form darum

1 Begr. RegE, BT-Drucks. 17/6249, S. 9 i.V.m. BT-Drucks. 17/6073, S. 25; ähnlich zur Festlegung des Untersuchungsrahmens bei der UVP *Führ u.a.*, S. 63 ff.; Hoppe/Beckmann/*Kment*, § 5 Rn 3.
2 Ersetzung des Wortes „Bundesländer" durch „Länder" in Abs. 1 S. 3; siehe dazu Beschlussempfehlung und Bericht des Ausschusses für Wirtschaft und Technologie (9. Ausschuss), BT-Drucks. 17/6366, S. 7.
3 BR-Drucks. 342/11 (Beschl.).

gebeten, im weiteren Gesetzgebungsverfahren die Beteiligung der Kommunen bei der Erarbeitung der Bundesfachplanung und im Planfeststellungsverfahren zu stärken.[4] Ausweislich der Begründung bezog sich die genannte Forderung wohl auch auf die Mitwirkung der Kommunen an der Festlegung des Untersuchungsrahmens nach § 7. Mit diesem Anliegen konnte sich der Bundesrat jedoch nicht durchsetzen. In ihrer Gegenäußerung vom 22.6.2011 lehnte die Bundesregierung den Vorschlag mit dem Hinweis ab, dass die Rechte der Kommunen im Verfahren durch die Regelungen des NABEG gegenüber den bestehenden raumordnerischen und Planfeststellungsverfahren nicht beschränkt würden; vielmehr würden die Kommunen weiter im bisherigen Maße als Träger öffentlicher Belange beteiligt.[5]

4. Der innovative Charakter der Regelung

a) Fehlende Antragsbindung

Die Durchführung eines frühen Termins vor oder zu Beginn eines Antragsverfahrens, in dem die zuständige Behörde – ggf. unter Hinzuziehung weiterer Akteure – den Vorhabenträger berät, ihn über Gegenstand und Umfang notwendiger Prüfungen unterrichtet, Anforderungen an Unterlagen und Nachweise erläutert sowie sonstige verfahrensrelevante Fragen erörtert, ist dem deutschen Planungs- und Zulassungsrecht nicht fremd. Zu nennen sind etwa die allgemeine Beratungs- und Auskunftspflicht nach § 25 Abs. 2 VwVfG,[6] die Antragsberatung im immissionsschutzrechtlichen Genehmigungsverfahren (§ 2 Abs. 2 der 9. BImSchV) sowie das Scoping im Rahmen der UVP und SUP (§§ 5 und 14f UVPG). Insbesondere von den Scoping-Regelungen des UVPG hat der Gesetzgeber bei der Ausgestaltung des § 7 erkennbar Kredit genommen.[7] 10

Jedoch geht die Vorschrift weit über diese herkömmlichen frühen Beratungs- und Steuerungsinstrumente hinaus. Neue Wege werden vor allem dadurch beschritten, dass die BNetzA bei der Fixierung des Untersuchungsrahmens **nicht an den Antrag des Vorhabenträgers**, durch den das Fachplanungsverfahren nach § 6 S. 1 eröffnet wird, **gebunden** ist (Abs. 3 S. 2). Damit ist die **Bundesfachplanung grds. offener angelegt als andere Antragsverfahren.**[8] Der Prüf- und Entscheidungsgegenstand richtet sich bei ihr nicht notwendigerweise danach, welchen Korridorverlauf der Vorhabenträger vorschlägt und welche Alternativen er darlegt (§ 6 S. 6 Nr. 1). Vielmehr ist es **Aufgabe der BNetzA, mit dem Untersuchungsrahmen zugleich zu bestimmen, welche „ernsthaft in Betracht kommenden" Korridore (§ 5 Abs. 1 S. 4) im weiteren Verfahren zu prüfen sind.** Hierbei kommt dem Konzept des Antragstellers zwar faktisch ein hoher Stellenwert zu. Jedoch hat die BNetzA abweichende Vorschläge der Länder (Abs. 3 S. 1) und Vorstellungen anderer Beteiligter gleichfalls einzubeziehen.[9] 11

b) Einführung einer öffentlichen Antragskonferenz

Verfahrensrechtliches Neuland stellt des Weiteren die Einführung einer öffentlichen Antragskonferenz dar, die der Festlegung des Untersuchungsrahmens vorgeschaltet ist. In der Antrags- 12

---

4 BR-Drucks. 342/11 (Beschl.), S. 3 f.

5 BT-Drucks. 17/6249, S. 17.

6 Das Verwaltungsverfahrensgesetz des Bundes enthielt früher ebenfalls eine spezielle Vorschrift über die Antragskonferenz (§ 71e VwVfG a.F.). Diese Regelung ist durch das 4. VwVfÄndG vom 11.12.2008 (BGBl. I S. 2418) mit der zweifelhaften Begründung gestrichen worden, die Bestimmung sei nicht mehr erforderlich, da Antragskonferenzen auch ohne ausdrückliche Regelung praktiziert würden (Begr. RegE, BT-Drucks. 16/10493, S. 17).

7 Vgl. Begr. RegE, BT-Drucks. 17/6249, S. 9 i.V.m. BT-Drucks. 17/6073, S. 25.

8 Zur Bindung der Planfeststellungsbehörde an die Entwicklungsvorstellungen des Vorhabenträgers Hoppe/Schlarmann/Buchner/*Deutsch*, Rn 782 ff.

9 Vgl. Begr. RegE, BT-Drucks. 17/6249, S. 9 i.V.m. BT-Drucks. 17/6073, S. 25.

konferenz werden Gegenstand und Umfang der für die Trassenkorridore vorzunehmenden Bundesfachplanung mit dem Vorhabenträger, anderen betroffenen Behörden, sonstigen Trägern öffentlicher Belange, anerkannten Umweltvereinigungen sowie der allgemeinen Öffentlichkeit erörtert (Abs. 1 S. 2, Abs. 2). Mit diesem neuen Beteiligungsinstrument werden die **traditionellen Partizipationsmöglichkeiten**, die bei der Planung und Zulassung von Großvorhaben bestehen, für Ausbauprojekte im Anwendungsbereich des NABEG **beträchtlich fortentwickelt und erweitert.** Die Verknüpfung einer behördlichen Antragsberatung oder des UVP-rechtlichen Scoping-Termins mit der Durchführung einer frühen Öffentlichkeitsbeteiligung ist im deutschen Recht bislang einmalig. Die Beteiligung beschränkt sich hier traditionell meist auf eine Mitwirkung anderer Behörden, deren Aufgabenbereich berührt ist,[10] während Sachverständige, Umweltvereinigungen und sonstige Dritte allenfalls im Einzelfall und nach Ermessen der zuständigen Behörde hinzugezogen werden können.[11] Von diesem restriktiven Ansatz hat sich der Gesetzgeber in § 7 gelöst. Dabei hat er sich von der Erwartung leiten lassen, dass eine frühe Öffentlichkeitsbeteiligung eine **akzeptanzfördernde, befriedende und beschleunigende Wirkung** beim Ausbau der Übertragungsnetze haben wird.[12]

c) Das Zusammenspiel zwischen mangelnder Antragsbindung und früher Öffentlichkeitsbeteiligung

13 Eine besondere Qualität gewinnt die öffentliche Antragskonferenz vor allem in Kombination mit der fehlenden Antragsbindung. In den Debatten um „Stuttgart 21" ist verschiedentlich darauf hingewiesen worden, dass die herkömmliche Öffentlichkeitsbeteiligung in Zulassungsverfahren für Großvorhaben „zu spät" einsetze, nämlich zu einem Zeitpunkt, in dem die Projektplanung und -gestaltung bereits im Wesentlichen abgeschlossen ist. Sie bezieht sich auf ein „fertiges" Konzept des Vorhabenträgers, das im Rahmen des Zulassungsverfahrens nur noch für Modifikationen offen ist.[13] Eine Möglichkeit zur Einbringung abweichender Konzeptvorstellungen ist in diesem Planungs- und Verfahrensstadium grds. nicht mehr vorgesehen. Damit ist die Öffentlichkeit in ihren Mitwirkungsmöglichkeiten auf solche Änderungen beschränkt, die den eingereichten Plan oder das Konzept des Vorhabenträgers nicht mehr in Frage stellen (z.B. technische Vorkehrungen zur Vermeidung nachteiliger Effekte für einzelne Schutzgüter).[14]

14 Nach dem Beteiligungsmodell, das der Gesetzgeber im NABEG für die Bundesfachplanung vorsieht, ist dies anders. Die öffentliche Antragskonferenz findet nach § 7 in einer Frühphase des Verfahrens statt, in der noch unentschieden ist, ob der vom Vorhabenträger vorgeschlagene Trassenkorridor einschließlich der von ihm dargelegten Alternativen oder andere Korridorverläufe Grundlage der weiteren Prüfungen sein sollen. Eine Bindung an den Antrag des Vorhabenträgers besteht nicht. Damit haben die **Länder und** die **beteiligte Öffentlichkeit Gelegenheit, an einem noch offenen Klärungsprozess zur Bestimmung des Prüf- und Entscheidungsgegenstandes der Bundesfachplanung mitzuwirken und dabei eigene, von den Überlegungen des Vorhabenträgers abweichende Planungsvorstellungen einzubringen**[15] – beschränkt allerdings durch die Vorgabe, dass nur „ernsthaft in Betracht kommende" Korridor-

---

10 So § 2 Abs. 2 S. 2 der 9. BImSchV; ähnlich § 71e VwVfG a.F. („*Besprechung mit allen beteiligten Stellen*").

11 So § 5 S. 4 und § 14f Abs. 4 S. 3 UVPG; kritisch zum engen Zuschnitt der Öffentlichkeitsbeteiligung beim UVP-rechtlichen Scoping *Führ u.a.*, S. 64.

12 Begr. RegE, BT-Drucks. 17/6249, S. 9 i.V.m. BT-Drucks. 17/6073, S. 25.

13 *Becker*, in: Forum für Zukunftsenergien, Akzeptanz von Großprojekten und Infrastruktureinrichtungen – Wie kann sie verbessert werden?, Schriftenreihe des Kuratoriums, Band 4, 2011, S. 11, 13; *Gärditz*, GewArch 2011, 273, 276; *Schink*, DVBl. 2011, 1377, 1383.

14 Zu den Grenzen der Befugnis der Planfeststellungsbehörde, Änderungen an dem eingereichten Plan vorzunehmen, Hoppe/Schlarmann/Buchner/*Deutsch*, Rn 785 ff., 794 ff.

15 *Grigoleit/Weisensee*, UPR 2011, 401, 403; *Kment*, RdE 2011, 341, 345.

lösungen Berücksichtigung finden können (§ 5 Abs. 1 S. 4).[16] Die Möglichkeiten einer Einflussnahme Dritter auf die Planung gehen hier also wesentlich weiter als in Beteiligungsverfahren sonst üblich.

II. Der Begriff des Untersuchungsrahmens

1. Der Untersuchungsrahmen in der Umweltprüfung

Der „Untersuchungsrahmen" ist ein Begriff, der ursprünglich aus dem Bereich der Umweltprüfung stammt. Bei der UVP bezeichnet die Festlegung des Untersuchungsrahmens – in der Praxis überwiegend „Scoping" genannt – einen Verfahrensschritt, der der Vorbereitung und inhaltlichen Eingrenzung der UVP für ein UVP-pflichtiges Vorhaben dient. Dabei bestimmt die zuständige Behörde einzelfallbezogen[17] (d.h. mit Blick auf Art, Merkmale und Besonderheiten des betrachteten Vorhabens), welche entscheidungserheblichen Sachfragen in welchem Umfang, mit welcher Untersuchungstiefe und mit welcher Methodik in der UVP zu behandeln sind, welche Unterlagen der Vorhabenträger hierzu vorzulegen hat und welche Anforderungen an diese Unterlagen zu stellen sind. Darüber hinaus können weitere für die Durchführung der UVP relevante Sach- und Verfahrensfragen geklärt werden (vgl. § 5 UVPG).[18] Ähnliches gilt für die Festlegung des Untersuchungsrahmens der SUP für Pläne und Programme. Ziel des Scopings bei der SUP ist die Konkretisierung der entscheidungserheblichen Angaben, die nach § 14g UVPG in den Umweltbericht aufzunehmen sind. Auch dazu hat die zuständige Behörde einzelfallbezogen[19] (d.h. unter Berücksichtigung von Art, Inhalt und Zuschnitt des fraglichen Plans oder Programms und seiner Stellung im Entscheidungsprozess) zu bestimmen, welche Umweltgesichtspunkte bei der SUP in welcher Breite und Tiefe, mit welchem Untersuchungsaufwand und mit welcher Untersuchungsmethodik zu prüfen sind (vgl. § 14f UVPG). 15

2. Der Untersuchungsrahmen in der Bundesfachplanung

§ 7 orientiert sich zwar inhaltlich und strukturell an den genannten Vorschriften des UVPG; jedoch ist der Untersuchungsrahmen bei der Bundesfachplanung wesentlich weiter gefasst. Während das Scoping bei der Umweltprüfung auf das Prüfspektrum der UVP oder SUP beschränkt ist, ist der Fokus nach Abs. 1 S. 2 auf *„Gegenstand und Umfang der für die Trassenkorridore vorzunehmenden Bundesfachplanung"* gerichtet. Konkret bedeutet dies, dass sich der **Untersuchungsrahmen der Bundesfachplanung auf das gesamte Prüfprogramm bezieht, das zur Vorbereitung der Entscheidung nach § 12 zu absolvieren** ist. Die Prüfgesichtspunkte und Prüfanforderungen einer nach § 5 Abs. 2 notwendigen SUP sind lediglich **ein** Element des Gesamt-Untersuchungsrahmens der Bundesfachplanung. Dieser umfasst neben der Umweltverträglichkeit weitere Prüfmaterien, so u.a. die Bestimmung der zu betrachtenden Trassenkor- 16

16 Näher dazu unter Rn 21ff.

17 Vgl. Hoppe/Beckmann/*Kment*, § 5 Rn 2: Reichweite der für ein individuelles Vorhaben voraussichtlich erforderlichen Untersuchungen.

18 Anders als im UVPG 1990 (BGBl. I S. 205) hat der Gesetzgeber den Begriff des „voraussichtlichen Untersuchungsrahmens" in späteren Fassungen des § 5 UVPG nicht mehr ausdrücklich erwähnt; stattdessen wurden Inhalt und Umfang der vom Vorhabenträger beizubringenden Unterlagen in den Vordergrund gerückt (Hoppe/Beckmann/*Kment*, § 5 Rn 5). Ein sachlicher Unterschied ist damit jedoch nicht verbunden. Denn zur Bestimmung der für die UVP benötigten Unterlagen ist es sachlogisch unerlässlich, als Vorfrage zunächst den Untersuchungsrahmen der UVP zu klären (allgemeine Auffassung, vgl. z.B. Hoppe/Beckmann/*Kment*, § 5 Rn 3; Landmann/Rohmer/*Beckmann*, § 5 UVPG Rn 14).

19 Hoppe/Beckmann/*Kment*, § 14f Rn 1; ebenso *Balla*, NuR 2006, 485: *„Definition der individuellen inhaltlichen Anforderungen des jeweiligen Verfahrens"*.

ridore, deren raumordnerische Beurteilung sowie die Bewertung sonstiger öffentlicher oder privater Belange, die nach § 5 Abs. 1 S. 2 einer positiven fachplanerischen Entscheidung entgegenstehen können.[20]

17 Trotz der unterschiedlichen Reichweite der jeweiligen Untersuchungsrahmen gibt es deutliche Berührungspunkte und Übereinstimmungen zwischen dem Vorgehen bei der Umweltprüfung und im Verfahren der Bundesfachplanung. In Zweifelsfällen kann es daher sinnvoll sein, **zur Auslegung und Ausfüllung des § 7 ergänzend auf die korrespondierenden Scoping-Vorschriften des UVPG zurückzugreifen**. Bedeutung kommt dabei insbesondere § 14f UVPG zu. Diese SUP-rechtliche Regelung ist im Einzelnen wesentlich detaillierter und inhaltsreicher ausgefallen als ihr Gegenstück im NABEG. In der Bundesfachplanung findet § 14f UVPG unmittelbar Anwendung, soweit es um die Bestimmung des Teiluntersuchungsrahmens der integrierten SUP geht.[21] In der Sache enthält die Bestimmung jedoch weitgehend keine SUP-spezifischen, sondern **übergreifende Verfahrensprinzipien, die für den Untersuchungsrahmen der Bundesfachplanung insgesamt Geltung beanspruchen können**. Diese Prinzipien können deshalb auch außerhalb der Umweltprüfung zur Untersetzung des § 7 entsprechend herangezogen werden. Damit wird sichergestellt, dass bei der Festlegung des Untersuchungsrahmens der Bundesfachplanung einheitliche Maßstäbe zum Tragen kommen, wodurch der Prozess für alle Beteiligten transparenter und unkomplizierter wird. Wichtigstes Beispiel hierfür sind die Abschichtungsgrundsätze für mehrstufige Planungs- und Zulassungsverfahren (§ 14f Abs. 2 und 3 UVPG),[22] die auch außerhalb der SUP als Orientierungshilfe für den ebenengerechten Zuschnitt des fachplanerischen Prüfprogramms dienen können.[23]

III. Gegenstände und Inhalte des Untersuchungsrahmens (Abs. 1 S. 1 und 2)

1. Bestimmung der zu betrachtenden Trassenkorridore

a) Die Trassenkorridore als Bezugsgegenstände des Untersuchungsrahmens

18 Wie bei der Umweltprüfung[24] hat die Festlegung des Untersuchungsrahmens nicht abstrakt, sondern konkret-einzelfallbezogen zu erfolgen, d.h. mit Blick auf die räumlichen Gegebenheiten, die Umweltsituation und sonstige entscheidungsrelevante Verhältnisse jener Gebiete, durch die die betrachteten Trassenkorridore verlaufen sollen. Die spezifischen Sachfragen, die in der Bundesfachplanung abzuarbeiten sind, die Anforderungen an die Prüfung sowie Inhalt und Umfang der nach § 8 einzureichenden Unterlagen hängen daher maßgeblich davon ab, welche möglichen Trassenkorridore den Prüf- und Entscheidungsgegenstand des Verfahrens bilden.

19 Nach § 5 Abs. 1 S. 4 wird im Verfahren der Bundesfachplanung nicht nur **ein** bestimmter Korridorverlauf, sondern es werden daneben auch Alternativen von Trassenkorridoren geprüft. Das Ergebnis der Prüfung dieser alternativen Trassenkorridore ist nach § 12 Abs. 2 S. 1 Nr. 3 Bestandteil der Entscheidung über die Bundesfachplanung. Deshalb umfasst die Festlegung des Untersuchungsrahmens nach § 7 notwendigerweise als ersten Schritt die Klärung der im weiteren Verfahren zu betrachtenden Trassenkorridore.[25] Nur wenn der Untersuchungsrahmen in dieser Weise gegenständlich eingegrenzt ist, kann bestimmt werden, welche konkreten Prüf-

20 Näher dazu Abschnitt III.
21 Nach § 5 Abs. 2 ist die SUP in der Bundesfachplanung nach den Bestimmungen des UVPG durchzuführen. Für die Festlegung des Untersuchungsrahmens der SUP finden somit hier die Vorgaben des § 14f UVPG unmittelbare Anwendung.
22 Hierzu näher unter Rn 73 ff.
23 Vgl. dazu die Anwendungsfälle bei Rn 47 f., 60, 93, 99 und 102.
24 Siehe oben Rn 15.
25 Siehe dazu bereits oben Rn 11 und 14.

gesichtspunkte und Prüfanforderungen für die Beurteilung der ausgewählten Korridoroptionen von Bedeutung sind.

Erschwerend kommt hinzu, dass der **Gegenstand des Verfahrens bei der Bundesfachplanung** – anders als in anderen Antragsverfahren – **nicht zwingend durch den Antrag des Vorhabenträgers bestimmt** wird. Zwar wird dem Korridorverlauf, den der Vorhabenträger zusammen mit der Darlegung in Frage kommender Alternativen nach § 6 S. 6 Nr. 1 in seinem Antrag vorschlägt, in tatsächlicher Hinsicht regelmäßig beträchtliches Gewicht zukommen. Denn aufgrund des Antragserfordernisses ist es auch in der Bundesfachplanung der Vorhabenträger, der im Verfahren den „ersten Aufschlag" macht und es hierdurch selbst in der Hand hat, mit einem überzeugenden Vorschlag für die Aufnahme seiner Planungsvorstellungen in das Prüfprogramm zu sorgen. Nach Abs. 3 S. 2 ist die BNetzA jedoch rechtlich nicht an diesen Antrag gebunden. Sie kann vom Vorschlag des Vorhabenträgers abweichen und vorgeben, dass im Verfahren (auch) andere Korridorverläufe in den Blick zu nehmen sind. Zentrale Bedeutung kommt daher der Frage zu, nach welchen Kriterien die Auswahl der in der Bundesfachplanung zu prüfenden Korridorlösungen zu treffen ist. 20

b) Kriterien zur Bestimmung der verfahrensrelevanten Trassenkorridore

Das gesetzliche Kriterium, das für die Auswahl der in der Bundesfachplanung zu betrachtenden Trassenkorridore maßgebend ist, findet sich in **§ 5 Abs. 1 S. 4**. Gegenstand der Prüfung sind danach nur **ernsthaft in Betracht kommende Korridore**. Dabei handelt es sich eine bekannte Formulierung aus dem Bereich der Planfeststellung. Zu den Anforderungen, die aus dem planungsrechtlichen Abwägungsgebot abzuleiten sind, gehört im Planfeststellungsverfahren nach ständiger Rechtsprechung, dass der Vorhabenträger sich bei der Ermittlung und Bewertung des Abwägungsmaterials und bei der anschließenden Abwägung der von der Planung betroffenen öffentlichen und privaten Belange nicht auf eine von ihm favorisierte Lösung beschränken darf. Vielmehr bedarf es einer vergleichenden Prüfung unter Einbeziehung aller ernsthaft zu erwägenden Alternativlösungen.[26] Dieser Alternativenvergleich ist kein Selbstzweck, sondern dient dazu, die unter den tatsächlichen Gegebenheiten bestmögliche Lösung zu finden.[27] 21

Bei der Einschätzung, welche Planungsalternativen im konkreten Fall „ernsthaft in Betracht" kommen, legen die Verwaltungsgerichte einen engen Maßstab zugrunde. Zu betrachten sind danach lediglich Lösungen, die von der Sache her naheliegen,[28] sich nach Lage der Dinge anbieten[29] oder gar aufdrängen.[30] 22

Dieses einschränkende Verständnis der Rechtsprechung, das nach dem Wortlaut der Wendung „ernsthaft in Betracht kommen" keineswegs zwingend ist, kann indessen nicht unbesehen auf die Bundesfachplanung übertragen werden. Vielmehr sprechen gute Gründe dafür, dass hier ein großzügigerer Maßstab angebracht ist, der **als „ernsthaft zu erwägende" Alternativen auch Korridorverläufe** anerkennt, die sich u.U. zwar nicht direkt aufdrängen, aber **eine realistische, mit angemessenem Aufwand umsetzbare Lösungsmöglichkeit darstellen**. 23

---

26 BVerwG, Urt. v. 30.5.1984 – 4 C 58/81 – (Flughafen München II); BVerwG, Urt. v. 26.2.1999 – 4 A 47/96 –; BVerwG, Urt. v. 16.3.2006 – 4 A 1075/04 – (Flughafen Berlin-Schönefeld); BVerwG, Urt. v. 3.3.2011 – 9 A 8.10 – Rn 65; Hoppe/Schlarmann/Buchner/*Deutsch*, Rn 915 ff.

27 Hoppe/Schlarmann/Buchner/*Deutsch*, Rn 918 unter Berufung auf BVerwG, Beschl. v. 28.8.1987 – 4 N 1/86 –.

28 BVerwG, Urt. v. 22.3.1985 – 4 C 15/83 –.

29 BVerwG, Urt. v. 30.5.1984 – 4 C 58/81 – (Flughafen München II); VGH Mannheim, Urt. v. 21.10.1988 – 5 S 1088/88 –.

30 BVerwG, Urt. v. 30.5.1984 – 4 C 58/81 – (Flughafen München II); BVerwG, Urt. v. 26.2.1999 – 4 A 47/96 –; BVerwG, Urt. v. 16.3.2006 – 4 A 1075/04 – (Flughafen Berlin-Schönefeld); BVerwG, Urt. v. 3.3.2011 – 9 A 8.10 – Rn 66.

24 Für einen solchen weiter gefassten Ansatz spricht, dass die Bundesfachplanung nach dem Willen des Gesetzgebers unter **rechtlichen Randbedingungen** stattfindet, die **mit der Situation bei der Planfeststellung nicht identisch** sind. Mit ihrer Zurückhaltung bei der Bestimmung der in die Prüfung einzubeziehenden Projektalternativen geht es den Gerichten vor allem darum, der planerischen Gestaltungsfreiheit des Vorhabenträgers Rechnung zu tragen.[31] Die Planung obliegt dem Vorhabenträger, nicht der Planfeststellungsbehörde. Die Rolle der Planfeststellungsbehörde beschränkt sich auf eine Rechtmäßigkeitskontrolle. Dabei ist sie grds. an die Entwicklungsvorstellungen des Vorhabenträgers gebunden. Die Planfeststellungsbehörde hat die Planung des Vorhabenträgers abwägend nachzuvollziehen und dabei insbesondere sicherzustellen, dass die Anforderungen des Abwägungsgebots eingehalten werden. Dagegen ist es nicht ihre Aufgabe, eigene Planungsvorstellungen zu entwickeln und im Verfahren durchzusetzen.[32] Im Lichte dieser Rollenverteilung ist die restriktive Herangehensweise der Rechtsprechung als Ausdruck ihres Bemühens zu verstehen, bei der gerichtlichen Überprüfung des Planfeststellungsbeschlusses nicht in Bereiche vorzustoßen, die der Dispositionsbefugnis des Vorhabenträgers vorbehalten sind. Bei der Alternativenprüfung sind die Grenzen der planerischen Gestaltungsfreiheit des Vorhabenträgers aus verwaltungsrichterlicher Perspektive erst dann überschritten, wenn die Nichtberücksichtigung einer bestimmten Alternative eindeutig sachwidrig wäre und damit einen offensichtlichen Verstoß gegen das Abwägungsgebot bedeuten würde.[33]

25 Diese Überlegungen lassen sich auf die Bundesfachplanung nicht ohne Abstriche übertragen. Zwar ist es auch hier der Vorhabenträger (also ein bestimmter ÜNB), dem die Planung des in Frage stehenden Trassenkorridors obliegt, und nicht die für das Fachplanungsverfahren zuständige BNetzA. Jedoch ist die **planerische Gestaltungsfreiheit des Vorhabenträgers mit Blick auf die Auswahl der Korridore, die Prüfgegenstand der Bundesfachplanung werden, weniger stark ausgeprägt als in der Planfeststellung.**[34] Das zeigt sich zum einen daran, dass neben dem Vorhabenträger in Abs. 3 S. 1 auch den Ländern ausdrücklich die Befugnis eingeräumt ist, eigene Vorschläge zum Verlauf des Trassenkorridors im Sinne des § 6 S. 6 Nr. 1 in das Verfahren einzubringen. Nach der Begründung des Regierungsentwurfs soll die BNetzA darüber hinaus auch Korridorvorschläge anderer Beteiligter der Antragskonferenz berücksichtigen.[35] Schließlich ist die Fachplanungsbehörde nach Abs. 3 S. 2 weder an den Antrag des Vorhabenträgers noch an Vorschläge der Länder gebunden. Insgesamt lassen diese Regelungen erkennen, dass der Gesetzgeber der BNetzA bei der Bestimmung der in der Bundesfachplanung zu untersuchenden Trassenkorridore einen größeren Spielraum eröffnen wollte, als dies traditionell bei der Alternativenprüfung im Planfeststellungsverfahren der Fall ist. Eine Einengung auf sich unmittelbar aufdrängende Korridore wäre mit dieser Intention nicht vereinbar.

26 Für eine größere Offenheit bei der Auswahl der „ernsthaft in Betracht kommenden Alternativen von Trassenkorridoren" (§ 5 Abs. 1 S. 4) sprechen überdies **SUP-rechtliche Gründe.** Die Alternativenprüfung ist nicht nur ein planungsrechtliches Erfordernis. Sie ist zugleich ein wesentliches Element der SUP, die nach § 5 Abs. 2 in das Verfahren der Bundesfachplanung in-

31 Vgl. BVerwG, Urt. v. 22.3.1985 – 4 C 15/83 –; BVerwG, Urt. v. 3.3.2011 – 9 A 8.10 – Rn 66; VGH Mannheim, Urt. v. 21.10.1988 – 5 S 1088/88 –.

32 Hoppe/Schlarmann/Buchner/*Deutsch*, Rn 784.

33 Vgl. VGH Mannheim, Urt. v. 21.10.1988 – 5 S 1088/88 –: *„unvertretbare Fehlgewichtung"*; BVerwG, Urt. v. 16.3.2006 – 4 A 1075/04 – (Flughafen Berlin-Schönefeld): *„außer Acht lassen eindeutig vorzugswürdiger Lösungen"*; ähnlich BVerwG, Urt. v. 3.3.2011 – 9 A 8.10 – Rn 66.

34 Auch an anderen Stellen sieht das NABEG Einschränkungen der Dispositionsbefugnis des Vorhabenträgers vor. So kann die Behörde den Vorhabenträger nach 6 Abs. 1 S. 2 und § 12 Abs. 2 S. 3 durch Bescheid auffordern, einen Antrag auf Bundesfachplanung oder Planfeststellung zu stellen, und diese Verfügungen nach § 34 per Zwangsgeld durchsetzen. Kritisch hierzu *Kment*, RdE 2011, 344 f.: Verlust der Befugnis zur autarken Investitionsentscheidung.

35 BT-Drucks. 17/6249, S. 9 i.V.m. BT-Drucks. 17/6073, S. 25.

tegriert ist. Deshalb ist es zur Vermeidung von Inkonsistenzen und Wertungswidersprüchen unerlässlich, dass zur Bestimmung der Korridoroptionen, die in der Bundesfachplanung zu betrachten sind, sowohl planungsrechtlich als auch SUP-rechtlich gleichartige Grundsätze und Maßstäbe zur Anwendung kommen.

Nach § 14g Abs. 1 S. 2 UVPG werden in dem für die SUP zu erstellenden Umweltbericht die voraussichtlichen erheblichen Umweltauswirkungen des Plans sowie **vernünftiger Alternativen** behandelt. Der Begriff der „vernünftigen Alternativen" ist europarechtlich determiniert; der Gesetzgeber hat diese für das deutsche Recht ungewöhnliche Formulierung wörtlich aus Art. 5 Abs. 1 der SUP-RL[36] übernommen. Um bei der Auswahl der zu prüfenden Optionen in der Sache zu einem Gleichklang zwischen dem planungsrechtlichen Kriterium („ernsthaft in Betracht kommende Alternativen") und dem SUP-rechtlichen Ansatz („vernünftige Alternativen") zu gelangen, ist in der Literatur z.T. vorgeschlagen worden, in Anlehnung an die Rechtsprechung zum planungsrechtlichen Abwägungsgebot in der Planfeststellung[37] auch bei der SUP nur solche Alternativen als „vernünftig" zu beurteilen, die „nahe liegen" oder sich „aufdrängen".[38] Diese Auffassung ist jedoch weder mit dem Wortlaut des Begriffs „vernünftige Alternativen" noch mit den Zielen der SUP vereinbar. Nicht alle Lösungen, die sich nicht sogleich aufdrängen, müssen deswegen schon „unvernünftig" sein. Vielmehr ist es gerade Zweck der Umweltprüfung, Planungsalternativen, die nicht offensichtlich fern liegen, einer vertieften und systematischen Untersuchung zu unterziehen. Hierdurch soll vermieden werden, dass Optionen, die sich bei näherem Hinsehen als sinnvoll erweisen können, vorschnell aus dem weiteren Prüf- und Entscheidungsprozess ausgeschieden werden.[39] Eine Auslegung, die nur Planungsvorstellungen als „vernünftig" gelten lassen würde, die sich bereits bei vordergründiger Betrachtung gleichsam „von selbst anbieten",[40] wäre mit dieser Intention nicht vereinbar. Aus SUP-rechtlicher Sicht sind **Planungsalternativen** deshalb schon dann in den Untersuchungsrahmen **einzubeziehen, wenn sie realistisch und – im Vergleich mit der Vorzugslösung des Vorhabenträgers – in der Ausführung verhältnismäßig erscheinen.**[41] Erfüllen Korridorvorschläge diese Voraussetzungen, sind sie auch planungsrechtlich als „ernsthaft in Betracht kommende" Alternativen zu betrachten und in das Prüfprogramm der Bundesfachplanung aufzunehmen. 27

Für eine Orientierung am „Vernünftigkeitskriterium" der SUP spricht nicht zuletzt **der Sinn der frühen Öffentlichkeitsbeteiligung**. Die Festlegung des Untersuchungsrahmens wird in § 7 an die Durchführung einer öffentlichen Antragskonferenz gekoppelt. Nach Abs. 1 S. 2 soll sich die Antragskonferenz u.a. mit dem Gegenstand der Bundesfachplanung befassen. Gegenstand der Bundesfachplanung sind die in diesem Verfahren zu betrachtenden Trassenkorridore. Die Frage, welche Korridorlösungen in der Bundesfachplanung zu prüfen sind, ist damit eines der zentralen Themen der Antragskonferenz. Von der Erörterung mit der Öffentlichkeit verspricht sich der Gesetzgeber eine akzeptanzfördernde, befriedende und beschleunigende Wirkung beim 28

---

36 RL 2001/42/EG des Europäischen Parlaments und des Rates über die Prüfung der Umweltauswirkungen bestimmter Pläne und Programme v. 27.6.2001, ABl. EG Nr. L 197/30.

37 Siehe oben Rn 21f.

38 So beispielsweise *Gassner*, § 14g Rn 22; Hoppe/Beckmann/*Appold*, § 2 Rn 101; wohl auch *Balla*, NuR 2006, 485, 490; *Peters/Balla*, § 14g Rn 6.

39 Überzeugend *Wulfhorst*, NVwZ 2011, 1099, 1101f.; vgl. auch Hoppe/Beckmann/*Kment*, § 14g Rn 23.

40 Vgl. VGH Mannheim, Urt. v. 21.10.1988 – 5 S 1088/88 –.

41 So inzwischen die h.M., z.B. *Ginzky*, UPR 2002, 47, 50; *Schink*, in: Dokumentation zur 28. wissenschaftlichen Fachtagung der Gesellschaft für Umweltrecht e.V. Leipzig 2004, 2005, S. 93, 146 f.; *Ginzky*, NuR 2005, 143, 146; *Spannowsky*, UPR 2005, 401, 405; Storm/Bunge/*Bunge/Neesemann*, Kennzahl 0507, S. 39 f.; *Uebbing*, S. 173 ff.; im Ergebnis ähnlich (Einbeziehung aller „nicht offensichtlich fern liegenden Alternativen" Hoppe/Beckmann/*Kment*, § 14g Rn 22 ff.; Landmann/Rohmer/*Wulfhorst*, § 14g UVPG, Rn 34; *Wulfhorst*, NVwZ 2011, 1099, 1101; aus europarechtlicher Sicht auch EU-Kommission, Generaldirektion Umwelt, Arbeitshilfe zur Umsetzung der RL 2001/42/EG des Europäischen Parlaments und des Rates über die Prüfung der Umweltauswirkungen bestimmter Pläne und Programme, Luxemburg 2003, Nr. 5.14; Erbguth/*Calliess*, S. 21, 39.

Ausbau der Übertragungsnetze.[42] Dieser Anspruch dürfte jedoch kaum einzulösen sein, wenn bei der Auswahl der Alternativen ein restriktiver Maßstab anzulegen wäre. Mit Zustimmung oder Akzeptanz ist nur zu rechnen, wenn Planungsoptionen, die nach Lage der Dinge sinnvoll und realisierbar – d.h. „vernünftig" im Sinne der SUP – erscheinen, nicht schon deshalb vom weiteren Prüfprozess ausgeschlossen werden, weil sie sich vielleicht nicht unmittelbar „aufdrängen".

29 Der „Vernünftigkeitsmaßstab" schließt die Möglichkeit ein, dass sich ein bestimmter Korridorverlauf im konkreten Fall als „alternativlos" erweist. Dies ist dann der Fall, wenn alle anderen denkbaren Optionen erkennbar nicht oder nur mit unvertretbar hohem Aufwand realisierbar wären. Eine Alternativenprüfung braucht dann naturgemäß nicht stattzufinden. Denn dieses Instrument ist keine lediglich pro forma durchzuführende Übung,[43] sondern ein sachlich begründetes Prüf- und Planungserfordernis (Identifikation der unter den tatsächlichen Gegebenheiten bestmöglichen Lösung).[44] Wenn Alternativen offensichtlich fernliegen, besteht für eine Alternativenprüfung keine Rechtfertigung. Im Zweifel sollte dem Konzept des Vorhabenträgers allerdings nicht vorschnell Alternativlosigkeit bescheinigt, sondern eine Alternativenprüfung durchgeführt werden.

c) Konsequenzen für die Verfahrensstruktur und die Rollenverteilung der Beteiligten

30 Nach dem Ergebnis der vorstehenden Überlegungen weist die Bundesfachplanung Besonderheiten gegenüber anderen planerischen Antragsverfahren, insbesondere der Planfeststellung, auf. Zum einen ist die Behörde mit Blick auf den Prüf- und Entscheidungsgegenstand des Verfahrens nicht an den Antrag des Vorhabenträgers gebunden. Die in der Bundesfachplanung zu prüfenden Korridorverläufe sind vielmehr als Bezugsgegenstand des Untersuchungsrahmens nach Abs. 4 von der BNetzA festzulegen. Zum anderen gilt für die Auswahl der in den Blick zu nehmenden Korridoroptionen ein anderer Maßstab als in der Planfeststellung. Entscheidend für die Annahme einer „ernsthaft in Betracht kommenden Alternative" (§ 5 Abs. 1 S. 4) ist nicht, ob sich ein bestimmter Korridorverlauf in besonderem Maße „anbietet" oder „aufdrängt", sondern ob es sich um eine im Sinne von § 14g Abs. 1 S. 2 UVPG „vernünftige", d.h. realistische und mit angemessenem Aufwand durchführbare Lösungsmöglichkeit handelt.

31 Die genannten **Unterschiede zum herkömmlichen planungsrechtlichen Vorgehen** sind **bedeutsam, aber weder mit dramatischen Änderungen der traditionellen Verfahrensstruktur noch mit grundlegenden Verschiebungen bei der Rollenverteilung der Beteiligten verbunden.**

32 Durch die größere Offenheit der Bundesfachplanung bei der Alternativenprüfung gewinnt die **Festlegung des Untersuchungsrahmens nicht den Charakter eines konturenlosen Korridorsuchverfahrens.** Insbesondere ist es nicht Aufgabe der Antragskonferenz, quasi „ins Blaue hinein" allen potenziell denkbaren Korridoralternativen nachzuspüren. Grundlage der Entscheidung der BNetzA über die Auswahl der Korridorverläufe, die im weiteren Verfahren in den Blick zu nehmen sind, sind vielmehr **konkrete Vorschläge der Verfahrensbeteiligten.** Hierzu gehören sowohl der Vorschlag aus dem Antrag des Vorhabenträgers (§ 6 S. 6 Nr. 1) als auch Vorschläge eines Landes, auf dessen Gebiet ein Trassenkorridor voraussichtlich verlaufen wird (Abs. 3). Einzubeziehen sind ferner Vorschläge anderer Verfahrensbeteiligter, z.B. solche von Gemeinden oder Umweltvereinigungen, die nach Abs. 2 an der Antragskonferenz mitwirken.[45]

42 Begr. RegE, BT-Drucks. 17/6249, S. 9 i.V.m. BT-Drucks. 17/6073, S. 25.
43 *Ginzky*, UPR 2002, 47, 50; ähnlich *Schink*, in: Dokumentation zur 28. wissenschaftlichen Fachtagung der Gesellschaft für Umweltrecht e.V. Leipzig 2004, 2005, S. 93, 147 f.
44 Siehe oben Rn 21.
45 Begr. RegE, BT-Drucks. 17/6249, S. 9 i.V.m. BT-Drucks. 17/6073, S. 25.

Um Berücksichtigung finden zu können, müssen die **Vorschläge prüffähig sein**. Dafür bedürfen sie der Begründung. Für den Vorschlag des Antragstellers ergibt sich eine entsprechende Erläuterungspflicht aus § 6 S. 6 Nr. 2. Aber auch für Vorschläge anderer Beteiligter reicht es nicht aus, dass lediglich in allgemeiner Form gefordert wird, neben dem Korridorvorschlag des Antragstellers weitere Optionen zu prüfen. Vielmehr ist begründet darzulegen, weshalb eine bestimmte Korridoralternative, die der Vorhabenträger in seinem Antrag unberücksichtigt gelassen hat, ernsthaft in Betracht zu ziehen und in das Prüfprogramm aufzunehmen ist. Dabei dürfen allerdings die Anforderungen an die Substantiierungslast nicht überspannt werden. Die Erläuterung des Vorschlags muss den Darstellungsmöglichkeiten des Vorschlagenden Rechnung tragen. Diese Möglichkeiten sind naturgemäß unterschiedlich, je nachdem, ob es sich um einen kompetenten ÜNB handelt, der in solchen Planungsverfahren professionell, fachkundig und auf breiter Informations-, Wissens- und Erfahrungsbasis agiert, oder um Mitglieder der Öffentlichkeit, die auf diesem Terrain eher als Laien in Erscheinung treten. 33

Die Formulierung des Abs. 3 S. 2, wonach die Behörde weder an den Antrag des Vorhabenträgers noch an die Vorschläge der Länder – und damit erst recht nicht an Vorschläge anderer Verfahrensbeteiligter – gebunden ist, könnte darauf hindeuten, dass die **BNetzA** ggf. auch **eigene Korridoralternativen** in das Verfahren einbringen und weiterverfolgen kann. Einem solchen Verständnis der Vorschrift ist jedoch mit **Skepsis** zu begegnen. Zu bedenken ist, dass die Bundesfachplanung nach § 12 Abs. 2 mit einer verbindlichen Entscheidung der Behörde über den Verlauf eines raumverträglichen Trassenkorridors abgeschlossen werden soll. Eine Doppelrolle der BNetzA in diesem Verfahren – nämlich zum einen als Protagonist einer eigenen Alternativplanung, zum anderen als objektive Prüf- und Entscheidungsinstanz bei der vergleichenden Beurteilung der ausgewählten Korridorvorschläge – könnte zu Konflikten führen, die die Legitimation der fachplanerischen Entscheidung in Frage stellen. Tragfähigkeit und Akzeptanz der Bundesfachplanung werden maßgeblich davon abhängen, ob die Behörde eine Position der inneren Distanz und Neutralität gegenüber dem Prüf- und Entscheidungsgegenstand einnimmt. Ihre Fähigkeit, am Ende ein unvoreingenommenes und abgewogenes Urteil zu treffen, sollte auch dem äußeren Anschein nach nicht in Zweifel gezogen werden.[46] Dies spricht dafür, dass sich die **BNetzA in der Bundesfachplanung mit eigenen Vorschlägen zurückhalten und grds. auf eine Überprüfung der ernsthaft in Betracht kommenden Korridorverläufe beschränken sollte, die der Vorhabenträger und andere Vorschlagsberechtigte in das Verfahren eingebracht haben**. 34

Dagegen ist es auch mit Blick auf das behördliche Neutralitätsgebot unschädlich, dass die BNetzA mit der Festlegung des Untersuchungsrahmes nach § 7 zugleich bestimmt, welche der vorgeschlagenen Trassenkorridore Gegenstand des weiteren Verfahrens sein sollen. Durch die Auswahl der maßgeblichen Korridoralternativen übernimmt die BNetzA keine eigene planerisch-gestaltende Funktion. Ihre Aufgabe beschränkt sich beim Scoping darauf, die Korridorvorschläge des Vorhabenträgers, der betroffenen Länder und anderer Verfahrensbeteiligter darauf zu überprüfen, ob sie dem gesetzlich vorgegebenen Maßstab („ernsthaft in Betracht kommende Alternativen", § 5 Abs. 1 S. 4) gerecht werden. 35

Entscheidet die BNetzA, dass ein bestimmter Korridorverlauf, den der Vorhabenträger in seinem Antrag nach § 6 S. 6 Nr. 1 unberücksichtigt gelassen hat, in die Bundesfachplanung einbezogen werden soll, hat dies zur Folge, dass der **Vorhabenträger seine Planung entsprechend anzupassen** hat. **Die nach § 8 vorzulegenden Unterlagen** sind dann **um diese Alternative zu ergänzen**. Damit wird die **planerische Gestaltungsfreiheit des Vorhabenträgers eingeschränkt. Anderen Verfahrensbeteiligten – insbesondere den Ländern – werden dagegen Möglichkeiten der Einflussnahme auf eine „fremde" Planung eröffnet**, wie sie das 36

46 BVerwG, Urt. v. 3.3.2011 – 9 A 8.10 – Rn 24; vgl. auch *Hien*, UPR 2012, 128, 130 f.

deutsche Planungsrecht bislang nicht kannte. Diese Konsequenzen sind indessen rechtspolitisch „gewollt“; der Gesetzgeber verspricht sich von ihnen ein höheres Maß an Akzeptanz und Beschleunigung beim Ausbau der Stromübertragungsnetze.[47]

37 Bei der Beurteilung der Tragweite dieser Regelung darf im Übrigen nicht verkannt werden, dass der Eingriff in die Planungsautonomie des Vorhabenträgers Grenzen hat. So **kann die BNetzA dem Vorhabenträger nicht aufgeben, eine bestimmte Korridoralternative in seiner Planung als Vorzugslösung auszuweisen**. Die Frage, welcher von mehreren Optionen der Vorzug zu geben ist, ist das Ergebnis einer Abwägungsentscheidung, die zunächst der Antragsteller, der auch in der Bundesfachplanung nicht nur Vorhaben-, sondern auch Planungsträger ist, selbst zu treffen hat. Dabei sind alle ernsthaft in Betracht kommenden Alternativen einzubeziehen und vergleichend untereinander abzuwägen.[48] Bestimmt die BNetzA bei der Festlegung des Untersuchungsrahmens, dass Korridorverläufe, die der Vorhabenträger bei seiner Planung nicht im Blick hatte, in das Prüfprogramm aufzunehmen sind, so ist die Planung zu überarbeiten. Insbesondere der Alternativenvergleich muss dann um diese neue Variante erweitert werden. Dabei kann sich herausstellen, dass frühere Planungsergebnisse revidiert werden müssen, weil sich eine zuvor nicht bedachte Korridorlösung als überlegen erweist. Es kann aber ebenso gut sein, dass die bisherige Vorzugsplanung des Vorhabenträgers trotz der veränderten Randbedingungen bestätigt wird. Das Resultat dieses komplexen Prüf- und Abwägungsprozesses kann die BNetzA bei ihrer frühen Scoping-Entscheidung nach § 7 nicht vorwegnehmen. Erst wenn der Vorhabenträger seinen Antrag im Lichte der Ergebnisse der Antragskonferenz überarbeitet und dazu die nach § 8 erforderlichen Unterlagen vorlegt, ist die Behörde in der Lage, die Planungsüberlegungen des Vorhabenträgers und die Gründe, die bei der vergleichenden Abwägung mit den einbezogenen Planungsalternativen den Ausschlag für den bevorzugten Trassenkorridor gegeben haben, einer nachvollziehenden Kontrolle[49] zu unterwerfen.

d) Untersuchungs- und Darstellungstiefe bei der Planung von Korridoralternativen

38 Die Bestimmung des Untersuchungsrahmens umfasst mit Blick auf die Alternativenprüfung nicht nur die Auswahl der ernsthaft in Betracht kommenden Korridorverläufe, die in die Bundesfachplanung einzubeziehen sind. Wesentlich für die weitere Vorbereitung und Strukturierung des nachfolgenden Verfahrens ist ferner, mit welcher Untersuchungs- und Darstellungstiefe Korridorvarianten in den vom Vorhabenträger vorzulegenden Unterlagen (§ 8 S. 1) aufbereitet werden müssen. Deshalb kann es sinnvoll sein, bei der Festlegung des Untersuchungsrahmens und in der Antragskonferenz auch auf diese Thematik einzugehen. Dabei kann an planungsrechtliche Grundsätze angeknüpft werden, die die Rechtsprechung insbesondere für die Planfeststellung entwickelt hat, wo sich dieselben Fragen stellen. Diese Prinzipien lassen sich allerdings nicht uneingeschränkt auf die Bundesfachplanung übertragen. Soweit es um den Umweltbericht zur SUP geht, gelten für die Alternativenprüfung nach den Vorschriften des UVPG besondere Anforderungen.

39 Im Bereich der Planfeststellung ist es üblich und nach ständiger Rechtsprechung auch zulässig, **Planungsalternativen** bereits **in einem frühen Verfahrensstadium auszuscheiden, wenn sie aufgrund einer Grobanalyse weniger geeignet erscheinen**. Nach diesem Ansatz sind Alternativen nur soweit vorwegnehmend zu planen, dass im Sinne einer Vorprüfung eine erste vorauswählende Entscheidung auf der Grundlage grober Bewertungskriterien erfolgen kann. Lässt eine Grobanalyse des Abwägungsmaterials nicht erkennen, dass eine bestimmte Planung von vornherein vorzugswürdig ist, müssen die verbleibenden noch ernsthaft in Be-

47 Vgl. Begr. RegE, BT-Drucks. 17/6249, S. 9 i.V.m. BT-Drucks. 17/6073, S. 25.
48 Hoppe/Schlarmann/Buchner/*Deutsch*, Rn 778 ff., 915 ff.
49 Zu diesem Begriff Hoppe/Schlarmann/Buchner/*Deutsch*, Rn 784.

tracht kommenden Alternativen einer vergleichenden detailtieferen Untersuchung unterzogen werden. Auf diese Weise kann eine schrittweise Reduzierung der Anzahl der Alternativen unter gleichzeitiger Intensivierung der Prüfung erfolgen.[50]

Für die Bundesfachplanung bedeutet die Übernahme dieses Ansatzes, dass der Vorhabenträger in seinen Unterlagen nicht alle ausgewählten Korridoroptionen mit demselben Tiefgang und Detaillierungsgrad zu behandeln hat. Wenn die Erstbewertung (Grobanalyse) ergibt, dass ein Teil der in den Blick genommenen Korridorverläufe anderen Alternativen gegenüber deutlich unterlegen ist, kann sich die Darstellung der nicht weiter zu verfolgenden Lösungsmöglichkeiten auf die Gesichtspunkte konzentrieren, die für den Ausschluss vom weiteren Verfahren wesentlich sind. Dies kann auch in tabellarischer Form geschehen, solange die Aussagen hierdurch nicht so verkürzt werden, dass sie nicht mehr nachvollziehbar sind. Mit Korridoroptionen, für die sich in der vergleichenden Grobbewertung noch kein klares Bild ergibt, muss dagegen eine weitergehende – detailtiefere – Auseinandersetzung erfolgen. **40**

Nach verbreiteter Auffassung sollen die vorstehenden Grundsätze auch bei der **Alternativenprüfung** anzuwenden seien, die **im Rahmen der SUP** durchzuführen ist.[51] Für die SUP in der Bundesfachplanung (§ 5 Abs. 2) könnte dies zur Folge haben, dass Korridorverläufe, die bei der Festlegung des Untersuchungsrahmens als „vernünftige" Alternativen identifiziert worden sind, anschließend wieder ausgeblendet werden dürfen, wenn sie bereits bei einer Grobanalyse „durchfallen". Im Umweltbericht müssten dann lediglich Gründe dafür angegeben werden, weshalb diese Optionen nicht weiterverfolgt werden sollen.[52] **41**

Ein solches Vorgehen dürfte indessen mit den Vorgaben des § 14g Abs. 1 S. 2 UVPG und den Anforderungen, die Art. 5 Abs. 1 der RL 2001/42/EG (SUP-RL) für die Alternativenprüfung in der SUP aufstellt, schwer in Einklang zu bringen und daher nur in sehr engen Grenzen zulässig sein.[53] Für die Bundesfachplanung ist jedenfalls davon abzuraten, diesen Weg forciert zu beschreiten – mit „Grobanalysen" sollte hier innerhalb des Umweltberichts im Zweifel nicht oder lediglich sehr zurückhaltend operiert werden. **42**

§ 14g Abs. 1 S. 2 UVPG sieht vor, dass die voraussichtlichen erheblichen Umweltauswirkungen der Durchführung des vorgesehenen Plans sowie vernünftiger Alternativen im Umweltbericht dargestellt werden. Bei dieser Formulierung hat sich der Gesetzgeber von der Vorstellung leiten lassen, dass die Untersuchung der Umweltauswirkungen sowohl für den Plan selbst als auch für die zuvor ausgewählten Alternativen „vergleichbar" zu erfolgen hat.[54] Dies entspricht dem Verständnis des europäischen Richtliniengebers. In der Arbeitshilfe der Europäischen Kommission zur Umsetzung der SUP-RL heißt es dazu fast wortidentisch, dass die Umweltauswirkungen des Planentwurfs und der Alternativen „in vergleichbarer Weise" zu ermitteln, beschreiben und bewerten sind und dass hierfür keine unterschiedlichen Prüfungsanforderungen gelten.[55] Das Ausscheiden einzelner Korridoroptionen mit dem Mittel der Grobbewertung würde **43**

---

50 BVerwG, Beschl. v. 26.6.1992 – 4 B 1 11/92 –; BVerwG, Urt. v. 26.2.1999 – 4 A 47/96 –; BVerwG, Urt. v. 3.3.2011 – 9 A 8.10 – Rn 65; Hoppe/Schlarmann/Buchner/*Deutsch*, Rn 919.

51 *Balla*, NuR 2006, 485, 490; *Gassner*, UVPG, § 14g Rn 24; Hoppe/Beckmann/*Appold*, § 2 Rn 101; *Peters*/*Balla*, § 14g Rn 6 ff.; UBA/BMU, Leitfaden zur SUP (Langfassung), März 2010, S. 35; wohl auch Hoppe/Beckmann/*Kment*, § 14g Rn 32; *Uebbing*, S. 176 f.

52 UBA/BMU, Leitfaden zur SUP (Langfassung), März 2010, S. 35.

53 Gänzlich ablehnend Landmann/Rohmer/*Wulfhorst*, § 14g UVPG, Rn 37; *Wulfhorst*, NVwZ 2011, 1099, 1100 f.; wohl auch *Schink*, in: Dokumentation zur 28. wissenschaftlichen Fachtagung der Gesellschaft für Umweltrecht e.V. Leipzig 2004, 2005, S. 93, 147 f.; *Schink*, NuR 2005, 143, 146.

54 Begr. RegE Gesetz zur Einführung einer Strategischen Umweltprüfung und zur Umsetzung der RL 2001/42/EG (SUPG), BR-Drucks. 588/04 v. 13.8.2004, S. 78; ähnlich *Peters*/*Balla*, § 14g Rn 8: *„für jede Alternative in vergleichbarem Maß"*.

55 EU-Kommission, Generaldirektion Umwelt, Arbeitshilfe zur Umsetzung der RL 2001/42/EG des Europäischen Parlaments und des Rates über die Prüfung der Umweltauswirkungen bestimmter Pläne und Programme, Luxemburg 2003, Nr. 5.12.

demgegenüber bedeuten, dass die Beurteilung der Alternativen in der SUP uneinheitlich – nämlich mit unterschiedlicher Prüf- und Detailtiefe – erfolgen kann.

44 Auch die Struktur und der Zweck der SUP sprechen eher gegen diese Herangehensweise. Die Alternativenprüfung ist in der SUP grds. zweistufig angelegt. Auf der 1. Stufe erfolgt die Auswahl der Alternativen anhand des „Vernünftigkeitsmaßstabs", auf der 2. Stufe soll sich sodann bei den zuvor ausgewählten Optionen eine vertiefte Untersuchung der Umweltauswirkungen anschließen. Anders als bei der Alternativenbetrachtung in der UVP (§ 6 Abs. 3 S. 1 Nr. 5) genügt es für den Umweltbericht zur SUP nicht, dass der Planungsträger lediglich eine Übersicht der von ihm ausgewählten anderen Lösungsmöglichkeiten präsentiert und die wesentlichen Gründe dafür nennt, weshalb er diese Varianten nicht weiterverfolgt.[56] Verlangt wird vielmehr die Durchführung eines **qualifizierten Alternativenvergleichs, der im Umweltbericht im Einzelnen dokumentiert und transparent gemacht werden soll.** Gerade bei sensiblen Materien wie dem Stromleitungsausbau dürfte es der Öffentlichkeit nur schwer zu vermitteln sein, weshalb eine bloße Grobanalyse genügen sollte, um bei Korridorverläufen, denen zuvor ein „ernsthaftes in-Betracht-Kommen" bescheinigt worden ist, auf eine vertiefte Umweltuntersuchung zu verzichten. Von dieser Möglichkeit sollte nur dort Gebrauch gemacht werden, wo das Ergebnis der Grobprüfung in hohem Maße evident ist, so dass weitergehende Untersuchungen offensichtlich verfehlt wären.

e) Alternative Erdkabel

45 Die im politischen und gesellschaftlichen Raum laufende Auseinandersetzung über mögliche Erdkabellösungen wird voraussichtlich auch Eingang in die Verfahren der Bundesfachplanung finden und zu entsprechenden Diskussionen in der Antragskonferenz führen. Im Zentrum dürfte dabei die Frage stehen, ob bereits mit der Bestimmung des Korridorverlaufs nach § 12 Abs. 2 Nr. 1 verbindliche Aussagen über die technische Ausführung der dort vorgesehenen Stromleitung (Freileitung oder Erdkabel) zu treffen sind oder getroffen werden können. Für solche Festlegungen ist die Bundesfachplanung jedoch grds. nicht das geeignete Instrument. Die **Entscheidung über eine Erdverkabelung** kann **regelmäßig erst im nachfolgenden Planfeststellungsverfahren** erfolgen.

46 Festzustellen ist zunächst, dass der Gesetzgeber **im Anwendungsbereich des NABEG nur minimale Möglichkeiten der Erdverkabelung** eröffnet hat. Nach § 2 Abs. 4 gelten die Vorschriften des NABEG nicht für die in § 2 Abs. 1 EnLAG genannten vier Höchstspannungsleitungen, bei denen der Einsatz von Erdkabeln als Pilotvorhaben getestet werden kann. Diese Vorhaben unterliegen daher nicht der Bundesfachplanung. Tatsächlich gibt es im Anwendungsbereich des NABEG derzeit nur für **ein einziges potenzielles Projekt** die rechtssichere Möglichkeit, eine Höchstspannungsleitung auf einem technisch und wirtschaftlich effizienten Teilabschnitt als Erdkabel zu errichten und zu betreiben (**HGÜ-Erdkabel als Pilotvorhaben nach § 12b Abs. 1 S. 3 Nr. 3a EnWG**). Voraussetzung hierfür ist, dass dieses Projekt nach § 12e Abs. 3 S. 1 EnWG in den Bundesbedarfsplan aufgenommen wird. Ausgewiesen werden dabei weder der Trassenkorridor noch die Trasse selbst, sondern nur die Ausgangs- und Endpunkte der Leitung.[57] Ob bei der Höchstspannungsübertragung neben den in § 2 Abs. 1 EnLAG und § 12b Abs. 1 S. 3 Nr. 3a EnWG genannten Erdkabelprojekten auch Erdkabel-Wechselstromleitungen verwendet werden können, ist rechtlich unklar, dürfte aber wohl eher zu verneinen sein.[58]

56 Eine Kurzdarstellung der Gründe für die Wahl der geprüften Alternativen sieht § 14g Abs. 2 S. 1 Nr. 8 UVPG lediglich für die 1. Stufe der Alternativenprüfung (Auswahl anhand des „Vernünftigkeitsmaßstabs") vor; so zutreffend Landmann/Rohmer/*Wulfhorst*, § 14g UVPG Rn 35 u. 59.
57 § 12e EnWG Rn 17.
58 Näher dazu § 12e EnWG Rn 21.

Nach § 12b Abs. 1 S. 3 Nr. 3a EnWG setzt die Zulassung eines in den Bundesbedarfsplan aufgenommenen HGÜ-Erdkabel-Pilotvorhabens voraus, dass die Anforderungen nach § 2 Abs. 2 S. 1 Nr. 1 und 2 EnLAG erfüllt sind. Danach muss die Leitung eine bestimmte räumliche Nähe zur Wohnbebauung (im Anwendungsbereich eines Bebauungsplans oder im unbeplanten Innenbereich weniger als 400 m, im Außenbereich weniger als 200 m) aufweisen. Diese Frage kann abschließend im Allgemeinen nur in einem Planungs- oder Zulassungsverfahren geprüft werden, das – anders als die Bundesfachplanung – auf eine parzellenscharfe Betrachtung angelegt ist. Die Bundesfachplanung findet dagegen in einem Planungsstadium statt, in dem der genaue Trassenverlauf der Stromleitung noch gar nicht feststeht. Kleinräumige Prüfaspekte, die die Feintrassierung betreffen, können deshalb in diesem Verfahren nicht sinnvoll abgearbeitet werden.[59] Daher ist die Zulässigkeit von Erdkabellösungen ein typisches Prüfthema der Planfeststellung. 47

Auf fachplanerischer Ebene können – mit der dort angemessenen „mittleren" Detailtiefe[60] – **lediglich perspektivische Betrachtungen** dazu angestellt werden, ob innerhalb des Trassenkorridors bereits bestimmte **(Teil-) Räume ausgemacht** werden können, **die sich für eine Erdverkabelung in besonderem Maße eignen oder bei denen diese technische Alternative von vornherein ausscheidet.** Führt der zu prüfende Trassenkorridor beispielsweise in seiner gesamten Breite oder auf Teilflächen durch dichtbesiedeltes Gebiet, so wird bereits in der Bundesfachplanung festgestellt werden können, dass das Abstandskriterium für eine Erdverkabelung bei diesem Korridor generell oder teilweise eingehalten wird. Durch solche Aussagen kann der Prüfprozess im nachfolgenden Planfeststellungsverfahren vorstrukturiert und entlastet werden. 48

2. Belange der Raumordnung

a) Bedeutung der Raumverträglichkeit

Nach § 12 Abs. 2 S. 1 Nr. 1 beinhaltet die Entscheidung der BNetzA über die Bundesfachplanung den Verlauf eines raumverträglichen Trassenkorridors. In der Begründung der Entscheidung ist die Raumverträglichkeit nach § 12 Abs. 2 S. 2 im Einzelnen darzustellen. Auch die gesetzliche Definition des Begriffs „Trassenkorridor" (§ 3 Abs. 1) unterstreicht, dass es um Gebietsstreifen geht, deren Raumverträglichkeit festgestellt werden soll. Diese und andere Regelungen des NABEG machen deutlich, dass „Raumverträglichkeit" einen gewichtigen öffentlichen Belang darstellt, dem in der Bundesfachplanung angemessen Rechnung zu tragen ist. Die raumordnerische Beurteilung der vorgeschlagenen Korridore bildet eine der zentralen Prüfmaterien des Verfahrens.[61] Deshalb bedarf dieser Aspekt auch bei der Festlegung des Untersuchungsrahmens und bei der vorlaufenden Erörterung des Prüfprogramms in der Antragskonferenz vertiefter Betrachtung (Abs. 1 S. 3). Zu klären ist u.a., unter welchen Gesichtspunkten und nach welchen Maßstäben die Raumverträglichkeit eines ins Auge gefassten Trassenkorridors zu beurteilen ist, welche Anforderungen an die Unterlagen, die der Vorhabenträger nach § 8 S. 1 für die raumordnerische 49

---

59 Näher dazu unter Rn 79.
60 Näher dazu unter Rn 78 f.
61 Zum starken raumordnerischen Einschlag der Bundesfachplanung eingehend *Erbguth*, NVwZ 2011, 326, 328 ff. und DVBl. 2011, 325 f. Verfehlt ist allerdings die Behauptung, die Bundesfachplanung habe der Sache nach und instrumentell den Charakter eines Raumordnungsverfahrens. Die Bundesfachplanung erschöpft sich nicht in einer bloßen raumordnerischen Beurteilung. Sie wird vielmehr nach umfassender Abwägung aller berührten öffentlichen und privaten Belange (vgl. § 5 Abs. 1 S. 2) mit einer verbindlichen Entscheidung abgeschlossen, nämlich der Ausweisung eines bestimmten Korridors. Anders als im Raumordnungsverfahren steht mit dieser Entscheidung fest, dass die im anschließenden Planfeststellungsverfahren festzulegende Trasse der Stromleitung nur innerhalb dieses Korridors verlaufen darf (§ 15 Abs. 1 S. 1). Zutreffend zum Charakter der Bundesfachplanung *Schmitz/Jornitz*, NVwZ 2012, 332, 334.

Beurteilung vorzulegen hat, im konkreten Fall zu stellen sind und welche Informations- und Erkenntnisquellen hierfür genutzt werden können.

50 Für die Raumverträglichkeit eines Trassenkorridors sind, wie der Gesetzgeber in § 5 Abs. 1 S. 3 hervorgehoben hat, insbesondere die Übereinstimmung mit den Zielen, Grundsätzen und sonstigen Erfordernissen der Raumordnung sowie die Abstimmung mit anderen raumbedeutsamen Planungen und Maßnahmen zu prüfen. Heranzuziehen sind dabei u.a. Inhalte von Raumordnungs- und Regionalplänen der Länder, die Ergebnisse durchgeführter Raumordnungsverfahren sowie landesplanerische Stellungnahmen. Die durch solche raumbezogenen Aussagen konkretisierten **Belange der Raumordnung können** allerdings **nicht per se einen Vorrang vor anderen Belangen beanspruchen**, mit denen sich die Bundesfachplanung ebenfalls auseinanderzusetzen hat. Vielmehr gehen sie mit dem ihnen jeweils eigenen Gewicht in die nach § 5 Abs. 1 S. 2 durchzuführende **Abwägung** ein.[62] Dort treten sie mit andern öffentlichen und privaten Belangen in Konkurrenz, u.a. mit dem Anliegen eines beschleunigten Stromnetzausbaus, dem der Gesetzgeber in § 1 S. 3 das Gewicht eines „überragenden öffentlichen Interesses" attestiert hat. Ziel der Bundesfachplanung ist es, die unterschiedlichen Belange, die von dem Vorhaben berührt werden, soweit wie möglich miteinander in Einklang zu bringen. Nach der Begründung des Regierungsentwurfs geht es darum, einen Ausgleich zwischen der Planungshoheit der Länder, die ihren Ausdruck in raumordnerischen Plänen findet, und dem Anliegen des Ausbaus des Übertragungsnetzes zu schaffen.[63]

b) Übereinstimmung mit den Erfordernissen der Raumordnung (Abs. 1 S. 3)

51 Einen raumordnerischen Prüfgesichtpunkt, dem bei der Festlegung des Untersuchungsrahmens besondere Aufmerksamkeit zu schenken ist, hat der Gesetzgeber in Abs. 1 S. 3 ausdrücklich genannt. Danach soll in der Antragskonferenz erörtert werden, inwieweit Übereinstimmung der beantragten Trassenkorridore mit den Erfordernissen der Raumordnung der betroffenen Länder besteht oder hergestellt werden kann. Erfordernisse der Raumordnung sind nach der Legaldefinition des § 3 Abs. 1 Nr. 1 Ziele, Grundsätze und sonstige Erfordernisse der Raumordnung.

52 **Ziele der Raumordnung** sind textliche oder zeichnerische Festlegungen in Raumordnungsplänen zur Entwicklung, Ordnung und Sicherung des Raums, die von den Trägern der Raumordnung abschließend abgewogen sind (§ 3 Abs. 1 Nr. 2 ROG). Zu den Raumordnungsplänen gehören vor allem landesweite Raumordnungspläne und Regionalpläne; in den Stadtstaaten Berlin, Bremen und Hamburg können auch Flächennutzungspläne die Funktion eines Raumordnungsplans für das Landesgebiet übernehmen (§ 8 Abs. 1 ROG).

53 Nach der Begriffsbestimmung des § 3 Abs. 1 Nr. 2 ROG haben die Ziele der Raumordnung den Charakter verbindlicher Vorgaben. Damit kommt ihnen auch in der Bundesfachplanung eine **starke Bindungswirkung** zu. Strikt zu beachten sind sie hier allerdings nicht. Bei der Entscheidung über die Bundesfachplanung (§ 12) handelt es sich um eine „sonstige Entscheidung"

62 Unzutreffend *Grigoleit/Weisensee*, UPR 2011, 401, 403: § 5 verzichte auf eine Abwägung und lasse es mit einer bloßen Prüfung der Raumverträglichkeit bewenden. Damit wird der Inhalt der Vorschrift deutlich missverstanden. Zwar hat die BNetzA nach § 5 Abs. 1 S. 3 die Übereinstimmung mit den Erfordernissen der Raumordnung „zu prüfen". Wenn sich bei dieser Prüfung ergibt, dass keine Übereinstimmung mit den Erfordernissen der Raumordnung besteht, hat das jedoch nicht zwingend zur Folge, dass der vorgeschlagene Trassenkorridor ausscheidet und der Antrag auf Bundesfachplanung zurückzuweisen ist. Vielmehr hat die BNetzA dann nach § 5 Abs. 1 S. 2 zu prüfen, ob die raumordnerischen Belange, mit denen der betrachtete Korridor kollidiert, bei einer Abwägung mit anderen relevanten Belangen „überwiegen".

63 BT-Drucks. 17/6249, S. 9 i.V.m. BT-Drucks. 17/6073, S. 27.

im Sinne des § 4 Abs. 2 ROG,[64] die eine öffentliche Stelle (die BNetzA) über die Zulässigkeit raumbedeutsamer Planungen von Personen des Privatrechts (Korridorplanung der ÜNB) trifft. Inwieweit bei solchen „sonstigen Entscheidungen" die Erfordernisse der Raumordnung zu berücksichtigen sind, bestimmt sich nach § 4 Abs. 2 ROG nach den für die jeweilige Entscheidung geltenden (fachrechtlichen) Vorschriften.[65] Bei der Bundesfachplanung gehen nach § 5 Abs. 1 S. 2 die Ziele der Raumordnung als gewichtige öffentliche Belange in die Abwägung ein; ihnen kommt dabei aber keine absolute Verbindlichkeit zu.[66] Einer solchen Annahme würde nicht zuletzt der – anders ausgerichtete – § 15 Abs. 1 S. 2 entgegenstehen, der einen grundsätzlichen Vorrang der Bundesfachplanung vor Landesplanungen reklamiert. Diese Regelung eröffnet die Möglichkeit, in begründeten Ausnahmefällen auch Raumordnungsziele fachplanerisch zu überwinden, soweit dies im Hinblick auf andere, höher gewichtete Belange geboten ist.[67]

Raumplanerisch gesteuert wird die regionale Entwicklung vor allem durch die Ausweisung 54
von Vorranggebieten, Vorbehaltsgebieten und Eignungsgebieten (§ 8 Abs. 7 ROG). Für die Planung der Trassenkorridore ist dabei insbesondere von Interesse, ob Raumordnungspläne – optional oder verpflichtend – bereits bestimmte Areale für die Nutzung als Stromleitungstrassen ausweisen oder ob Flächen, die der Vorhabenträger als Korridore in Anspruch nehmen möchte, für eine abweichende Raumnutzung reserviert sind.[68] Die Übereinstimmung mit den Zielen der Raumordnung und die Raumempfindlichkeit des betrachteten Gebiets werden in Planungs- und Genehmigungsverfahren üblicherweise durch Raumverträglichkeitsstudien nachgewiesen. Es empfiehlt sich, dieses Instrument auch im Verfahren der Bundesfachplanung zu verwenden. Entsprechende Raumverträglichkeitsstudien können hier dann zugleich als Unterlage für die raumordnerische Beurteilung nach § 8 S. 1 dienen. Zu untersuchen sind darin alle Raumordnungs- und Regionalpläne der Länder, die Relevanz für einen vorgeschlagenen Korridorverlauf haben können. Die Zielvorgaben dieser Pläne sind einer sachlichen und räumlichen Betroffenheitsprüfung zu unterziehen, textliche wie graphische Festlegungen sind auf mögliche Empfindlichkeiten und Konflikte abzuklopfen.

Zur Vorbereitung entsprechender Raumverträglichkeitsstudien ist die Antragskonferenz das 55
ideale Forum. Eine Schlüsselrolle kommt dabei den Raumordnungsbehörden der Länder zu. Diese haben aufgrund ihrer Zuständigkeit, Sachkompetenz und Erfahrung den breitesten Überblick über das raumplanerische Geschehen und mögliche Konflikte, die sich bei der Korridorfindung aus den Festlegungen einschlägiger Raumordnungs- und Regionalpläne ergeben können. Deshalb sind sie hier mehr als jeder andere Verfahrensbeteiligte in der Lage, die raumordnerische Komponente der Bundesfachplanung – und hier insbesondere die Auseinandersetzung mit den Zielen der Raumordnung – durch die Bereitstellung von Informationen sowie durch Auskünfte, Hinweise und Fachbeiträge zu fördern.

Ähnliches gilt für den Umgang mit den **Grundsätzen der Raumordnung**. Bei dieser Kate- 56
gorie handelt es sich um Aussagen zur Entwicklung, Ordnung und Sicherung des Raums, die durch Gesetz oder in einem Raumordnungsplan aufgestellt werden und als Vorgaben für spätere Abwägungs- und Ermessensentscheidungen dienen (§ 3 Abs. 1 Nr. 3 ROG). Im Rahmen der Bundesfachplanung gehen die Grundsätze der Raumordnung als öffentliche Belange in die nach § 5 Abs. 1 S. 2 vorzunehmende Abwägung ein. Da sie keinen Verbindlichkeitsanspruch erheben, kommt ihnen in der Abwägung geringeres Gewicht zu als Raumordnungszielen.[69]

64 § 4 Abs. 1 S. 1 Nr. 3 ROG ist für die Bundesfachplanung nicht einschlägig, da diese Vorschrift lediglich Entscheidungen öffentlicher Stellen über die Zulässigkeit raumbedeutsamer Planungen von Personen des Privatrechts betrifft, die der Planfeststellung bedürfen (vgl. *Spannowsky/Runkel/Goppel*, § 4 Rn 49).
65 Dazu näher *Spannowsky/Runkel/Goppel*, § 4 Rn 71 ff.
66 Siehe oben Rn 50.
67 Dazu näher § 15 Rn 26 ff.
68 Näher dazu *Kment*, NuR 2010, 392, 393 f.; *Spannowsky*, UPR 2000, 418, 425 f., 429 f.
69 Vgl. oben Rn 53.

57 Der Gesetzgeber hat in § 2 Abs. 2 ROG – gegliedert nach Themenbereichen – allgemeine Grundsätze der Raumordnung fixiert, die, soweit erforderlich, in Raumordnungsplänen konkretisiert werden sollen. Viele der in dieser nicht abschließenden Aufzählung genannten Grundsätze stehen in einem gegenseitigen Spannungsverhältnis. Bei ihrer Anwendung können deshalb räumliche Konflikte zutage treten, die planerisch bewältigt werden müssen. Solche Unverträglichkeiten sind auch bei der Festlegung der Trassenkorridore im Verfahren der Bundesfachplanung zu erwarten. Hier ist einerseits den räumlichen Erfordernissen der Energieversorgung einschließlich des Ausbaus der Energienetze Rechnung zu tragen (§ 2 Abs. 2 Nr. 4 ROG), andererseits soll Rücksicht auf die räumlichen Bedürfnisse beispielsweise des Bergbaus, der Landwirtschaft (§ 2 Abs. 2 Nr. 4 ROG) und der Verteidigung (§ 2 Abs. 2 Nr. 7 ROG) genommen, Kulturlandschaften sollen erhalten und entwickelt (§ 2 Abs. 2 Nr. 5 ROG) sowie wichtige ökologische Funktionen des Raums gesichert werden (§ 2 Abs. 2 Nr. 6 ROG). Vor diesem Hintergrund müssen die Unterlagen, die der Vorhabenträger nach § 8 S. 1 für die raumordnerische Beurteilung vorzulegen hat, eine textlich-argumentative Auseinandersetzung mit den relevanten Grundsätzen der Raumordnung enthalten. Dabei ist im Einzelnen darzustellen, welche Grundsätze durch den vorgeschlagenen Korridorverlauf und die betrachteten Alternativen berührt werden und wie planerisch dafür gesorgt werden soll, dass konfligierende Belange miteinander in Einklang gebracht werden. Die Fragen, die dabei abzuarbeiten sind, betreffen den Untersuchungsrahmen der Bundesfachplanung und können daher auch Gegenstand der Erörterung in der Antragskonferenz sein. Insbesondere die Raumordnungsbehörden können aufgrund ihrer Vertrautheit mit der Materie hierzu wichtigen Input leisten, ebenso die Vertreter von Fachbehörden, die für Themenbereiche zuständig sind, auf die sich die Grundsätze der Raumordnung beziehen.

58 Neben den Zielen und Grundsätzen sollen in der Antragskonferenz nach § 7 Abs. 1 S. 3 ferner **sonstige Erfordernisse der Raumordnung** behandelt werden. Nach der Legaldefinition des § 3 Abs. 1 Nr. 4 gehören hierzu in Aufstellung befindliche Ziele der Raumordnung, Ergebnisse förmlicher landesplanerischer Verfahren, namentlich des Raumordnungsverfahrens, und landesplanerische Stellungnahmen. Bei der Korridorplanung hat der Vorhabenträger nur solche Raumordnungserfordernisse einzubeziehen, die für die Entscheidung über den Verlauf des Trassenkorridors Bedeutung haben können. Dies kann etwa der Fall sein, wenn für lineare Infrastrukturen (z.B. Bahnstrecken, Fernstraßen) förmliche landesplanerische Verfahren durchgeführt worden sind. So können die Ergebnisse entsprechender Raumordnungsverfahren Aufschluss über etwaige Bündelungsoptionen geben, die es ermöglichen würden, den Korridor einer Bahntrasse zugleich für eine Stromleitung in Anspruch zu nehmen. Restriktionen für die Standortwahl können sich aus in Aufstellung befindlichen Raumordnungszielen und landesplanerischen Stellungnahmen ergeben, die in anderen Verfahren abgegeben worden sind. Ohne einen vertieften Austausch mit den zuständigen Landesbehörden dürfte allerdings weder für den Vorhabenträger noch für die BNetzA ohne weiteres erkennbar sein, ob im konkreten Fall raumordnerische Erfordernisse bestehen, die Einfluss auf die Wahl des Korridors haben können. Daher ist es sinnvoll, diese Fragen in der Antragskonferenz abzuklären.

c) Abstimmung mit anderen raumbedeutsamen Planungen und Maßnahmen (§ 5 Abs. 1 S. 3 Hs. 2)

59 Nach § 5 Abs. 1 S. 3 ist in der Bundesfachplanung mit Blick auf die Raumverträglichkeit nicht allein die Übereinstimmung eines vorgeschlagenen Trassenkorridors mit den Erfordernissen der Raumordnung zu prüfen; gefordert wird außerdem die Abstimmung mit anderen raumbedeutsamen Planungen und Maßnahmen. „Raumbedeutsamen Planungen und Maßnahmen" sind

nach § 3 Abs. 1 Nr. 6 ROG Planungen,[70] Vorhaben und Maßnahmen,[71] durch die Raum in Anspruch genommen oder die räumliche Entwicklung oder Funktion eines Gebiets beeinflusst wird. Ziel der Abstimmung ist es, kritische Berührungspunkte bei der gemeinsamen Nutzung des Raums frühzeitig zu identifizieren und planerisch zu bewältigen.

Für die Korridorplanung hat dies zur Konsequenz, dass der Vorhabenträger seinen Unterlagen für die raumordnerische Beurteilung eine **Übersicht über den Kreis der raumbedeutsamen Planungen, Vorhaben und Maßnahmen** beizufügen hat, bei denen mit Unverträglichkeiten zu rechnen ist, und dazu jeweils anzugeben hat, wie das Konfliktpotenzial zu bewerten und mit ihm umzugehen ist. Dabei ist auch darauf einzugehen, inwieweit diese Aspekte bereits auf der Fachplanungsebene oder erst im Rahmen der nachfolgenden Planfeststellung abzuarbeiten sind (**ebenengerechte Abschichtung**). Für die sachgerechte Zuordnung der Materie kann an die Abschichtungsgrundsätze angeknüpft werden, die in der Umweltprüfung gelten.[72] Vielfach werden Unverträglichkeiten und Konflikte mit raumbedeutsamen Planungen und Maßnahmen nicht den gesamten Korridorraum, sondern lediglich Teilbereiche betreffen, die erst bei der Feintrassierung der Stromleitung im Planfeststellungsverfahren näher zu betrachten sind. Eine vertiefte Behandlung solcher kleinräumigen Prüfgesichtspunkte in der Bundesfachplanung ist im Allgemeinen nicht sinnvoll. Denn in dieser Planungsphase steht noch gar nicht fest, wo genau die Leitungstrasse innerhalb des Korridors verlaufen und ob das Konfliktpotenzial damit überhaupt zum Tragen kommen wird. Deshalb wird sich die Auseinandersetzung mit raumbedeutsamen Planungen und Maßnahmen auf dieser Planungsebene in der Regel auf die perspektivische Aussage beschränken können, dass der Errichtung und dem Betrieb der Stromleitung voraussichtlich keine unüberwindlichen Hindernisse entgegenstehen werden. Diese Annahme ist beispielsweise dann gerechtfertigt, wenn eine überschlägige Prüfung ergibt, dass innerhalb des geprüften Korridors nutzbare Teilflächen bestehen, bei denen Unverträglichkeiten nicht zu erwarten sind oder durch geeignete planerische oder technische Maßnahmen überwunden werden können. 60

Eine ausreichende Behandlung dieses Problemkreises in der Bundesfachplanung setzt Kenntnis der relevanten raumbedeutsamen Planungen und Maßnahmen voraus. Wichtigster Ansprechpartner hierfür sind Behörden und andere Träger öffentlicher Belange, die solche Planungen und Maßnahmen durchführen oder administrativ begleiten. Ihre Mitwirkung in der Antragskonferenz ist daher unentbehrlich – zum einen, um der BNetzA den zur Durchführung ihrer Prüfungen notwendigen Hintergrund zu vermitteln, zum anderen, um den Vorhabenträger kompetent zu beraten und ihn bei der Informationsbeschaffung zur Untersetzung seines Antrags zu unterstützen. 61

3. Umweltbelange

a) Bedeutung der Umweltverträglichkeit

Eine zweite Prüfmaterie, die der Gesetzgeber in den Vorschriften über die Bundesfachplanung besonders herausgestellt hat, ist die Umweltverträglichkeit des Korridorverlaufs. Die Bedeutung der Umwelt für die Korridorplanung zeigt sich vor allem daran, dass in das Verfahren der Bundesfachplanung eine SUP integriert ist, die nach den Bestimmungen des UVPG durchzuführen ist (§ 5 Abs. 2). Auf die SUP-Vorschriften des UVPG wird auch an verschiedenen anderen Stellen 62

70 Hierunter fallen Planungen jeglicher Art, die raumbedeutsam sind, also sowohl fachübergreifende (querschnittsbezogene) Pläne (z.B. Flächennutzungs- und Bebauungspläne) als auch aufgabenbezogene Fachplanungen (*Spannowsky/Runkel/Goppel*, § 3 Rn 118 ff.).

71 Hierunter fällt eine Vielzahl raumbedeutsamer Akte wie die Errichtung oder Änderung größerer baulicher Anlagen, Infrastrukturprojekte, Aufschüttungen, Abgrabungen und Ablagerungen größeren Umfangs usw.; näher dazu *Spannowsky/Runkel/Goppel*, § 3 Rn 121 ff.

72 Näher dazu unter Rn 73 ff.

des NABEG verwiesen. So muss die Entscheidung der BNetzA über die Bundesfachplanung eine abschließende Bewertung der in der SUP ermittelten Umweltauswirkungen enthalten (§ 12 Abs. 2 S. 1 Nr. 2 i.V.m. § 14k Abs. 1 UVPG). Außerdem ist ihr eine zusammenfassende Erklärung beizufügen, wie Umwelterwägungen bei der Festlegung des Trassenkorridors einbezogen und wie dabei die Ergebnisse der SUP berücksichtigt wurden sowie aus welchen Gründen der festgelegte Korridor nach Abwägung mit den geprüften Alternativen gewählt wurde (§ 12 Abs. 2 S. 1 Nr. 2 i.V.m. § 14l UVPG).

63 Diese Regelungen zeigen, dass den in der SUP ermittelten und bewerteten Umweltbelangen, ähnlich wie den Belangen der Raumordnung,[73] zwar **angemessen Rechnung zu tragen** ist, dass ihnen aber bei der Bestimmung der Trassenkorridore **nicht grds. Vorrang vor anderen Anliegen** zukommt, die in der Bundesfachplanung gleichfalls zu berücksichtigen sind. Vielmehr gehen sie in die nach § 5 Abs. 1 S. 2 durchzuführende Abwägung ein und treten dort in Konkurrenz mit sonstigen öffentlichen und privaten Interessen. Bei der Abwägung braucht sich nicht notwendigerweise die „umweltfreundlichste" Lösung durchsetzen. Gewichtigere andere Belange können vielmehr im konkreten Fall dazu führen, dass beim Schutz der Umwelt gewisse Abstriche hinzunehmen sind und nicht der ambitionierteste Weg beschritten werden muss.

64 Bei der Festlegung des Untersuchungsrahmens der Bundesfachplanung bildet der Teiluntersuchungsrahmen der SUP ein wesentliches Element.[74] Unterstrichen wird der Stellenwert, der der SUP hier zukommt, durch § 7 Abs. 2 S. 3. Danach soll in der Antragskonferenz insbesondere erörtert werden, in welchem Umfang und Detaillierungsgrad Angaben in den Umweltbericht nach § 14g UVPG aufzunehmen sind.

65 Aus der Fokussierung des Gesetzes auf die SUP kann indessen nicht geschlossen werden, dass die Konkretisierung des umweltbezogenen Prüfprogramms der Bundesfachplanung auf die Umweltprüfung beschränkt ist. Einzugehen ist vielmehr auch auf den **Untersuchungsrahmen anderer Umweltinstrumente**. Von erheblicher praktischer Bedeutung für die Trassenplanung sind vor allem die **Prüfung der Verträglichkeit mit Natura 2000-Gebieten**[75] sowie **spezieller artenschutzrechtlicher Erfordernisse**. Bei diesen Materien handelt es sich um besonders gewichtige öffentliche Umweltbelange, die – anders als die meisten Umweltauswirkungen, die Prüfgegenstand der SUP sind – in der Abwägung nach § 5 Abs. 1 S. 2 anderen Belangen grds. vorgehen. Korridorverläufe, die mit erheblichen Beeinträchtigungen eines Natura 2000-Gebiets verbunden sein können oder mit artenschutzrechtlichen Verboten nach §§ 44 ff. BNatSchG kollidieren, sind regelmäßig keine geeigneten Planungsoptionen und daher zwingend von der Betrachtung auszuschließen, sofern nicht im Einzelfall Ausnahmetatbestände zum Tragen kommen. Die Behandlung dieser speziellen natur- und artenschutzrechtlichen Fragen bedarf, ebenso wie die Durchführung der SUP, frühzeitiger Vorbereitung und Abstimmung, wenn die Bundesfachplanung reibungslos verlaufen und Verzögerungen im weiteren Verfahren ausgeschlossen werden sollen. Insgesamt kann deshalb davon ausgegangen werden, dass die umweltrechtlichen Aspekte in der Antragskonferenz und bei der Festlegung des Untersuchungsrahmens nach § 7 regelmäßig breiten Raum einnehmen werden.

b) Der Untersuchungsrahmen der Strategischen Umweltprüfung

66 Herzstück der SUP ist der **Umweltbericht.** Nach § 14g Abs. 1 S. 2 UVPG werden die voraussichtlichen erheblichen Umweltauswirkungen, die die Durchführung einer Planung zur Folge haben

---

73 Siehe oben Rn 50.

74 Siehe oben Rn 16.

75 Verkannt von *Durner*, NuR 2012, 369, 372, der § 5 Abs. 2 entnehmen möchte, dass in der Bundesfachplanung – anders als bei Raumordnungsplänen nach § 7 Abs. 6 ROG – keine FFH-Verträglichkeitsprüfung, sondern nur eine SUP durchzuführen sei.

kann, im Umweltbericht beschrieben und bewertet. Zu ermitteln sind allein solche Umweltauswirkungen, die nach § 14g Abs. 2 UVPG in den Umweltbericht aufzunehmen sind. Auch im Übrigen sind für dieses Prüfverfahren lediglich Umweltfaktoren von Belang, zu denen der Umweltbericht nach § 14g Abs. 2 Angaben enthalten muss. Damit umreißt der Katalog der Angaben für den Umweltbericht zugleich die Konturen des Prüfprogramms der SUP.

Die Anforderungen an den Umweltbericht sind in § 14g Abs. 2 UVPG allerdings nur in relativ allgemeiner, abstrakter und unspezifischer Form verzeichnet. Abgebildet wird hier kein starr vorgegebenes, detailliertes Prüfprogramm, sondern eine konkretisierungsbedürftige Themenliste, die dem Verantwortlichen zunächst lediglich eine grobe Orientierungshilfe bietet. **Konkretisiert werden die im Umweltbericht abzuarbeitenden Fragen erst durch die Festlegung des Untersuchungsrahmens der SUP.** Erst in diesem Verfahrensschritt werden nach § 14f Abs. 1 UVPG Umfang und Detaillierungsgrad der in den Umweltbericht aufzunehmenden Angaben näher bestimmt.[76] Für die Bundesfachplanung hat der Gesetzgeber diese Formulierung in § 7 Abs. 1 S. 3 aufgegriffen und damit deutlich gemacht, dass sich die konkreten Inhalte sowie die Untersuchungs- und Darstellungstiefe des Umweltberichts auch bei der Korridorplanung jeweils nach den Grundsätzen des § 14f UVPG bestimmen. 67

Nicht eindeutig zu entnehmen ist dem Gesetz hingegen, **wer** im Verfahren der Bundesfachplanung **für die Erarbeitung des Umweltberichts zuständig ist** – der Vorhabenträger oder die BNetzA? § 8 S. 1 beschränkt sich hierzu auf die Aussage, dass der Vorhabenträger die für die SUP der Trassenkorridore erforderlichen Unterlagen vorzulegen habe. Dabei bleibt indessen offen, ob mit dem Begriff „Unterlagen" der komplette Umweltbericht oder lediglich Ergebnisse von Umweltuntersuchungen sowie sonstige Daten und Informationen gemeint sind, deren Beibringung dem Vorhabenträger bei der Festlegung des Untersuchungsrahmens aufgegeben worden ist. Im letztgenannten Fall hätte der Vorhabenträger nur bestimmte Materialien zu übermitteln, auf deren Grundlage der Umweltbericht dann von der BNetzA zu erstellen wäre. 68

Für ein solches Verständnis des § 8 S. 1 (originäre Verantwortlichkeit der BNetzA für den Umweltbericht, Vorhabenträger als bloßer Zulieferer von Informationen) könnte auf den ersten Blick sprechen, dass der Umweltbericht nach der Grundsatzregelung des § 14g Abs. 1 S. 1 UVPG von der „zuständigen Behörde" zu erarbeiten ist. Der Verweis auf den Wortlaut dieser Vorschrift erweist sich jedoch bei vertiefter Betrachtung als nicht tragfähig. Bei der Konzeption der Regelung über den Umweltbericht hatte der Gesetzgeber offenbar die Regelfälle der SUP im Blick, in denen die zuständige Behörde selbst Planungsträgerin ist.[77] Träger der Korridorplanung ist dagegen nicht die für die Bundesfachplanung zuständige Behörde, sondern der für das Vorhaben verantwortliche ÜNB. Die BNetzA nimmt hier grds. keine eigene Planung vor, sondern beschränkt sich auf die nachvollziehende Kontrolle eines vom Vorhabenträger geplanten Korridorverlaufs.[78] In der Sache erscheint es daher konsequent, dass der **Umweltbericht nicht von der BNetzA, sondern** – wie auch sonst bei der SUP – **vom zuständigen Planungsträger, also dem jeweils verantwortlichen ÜNB, entworfen wird.** 69

Eine Zuordnung dieser Aufgabe zum jeweiligen Planungsträger wird auch der **Funktion des Umweltberichts** besser gerecht als eine Übertragung auf die BNetzA. Der Umweltbericht ist kein Selbstzweck; zwischen ihm und dem Plan, auf den er sich bezieht, besteht ein Verhältnis wechselseitiger Beeinflussung.[79] Ziel des Umweltberichts ist es, Erkenntnisse über mögliche nachteilige Umweltfolgen eines Plans oder Programms in systematisch aufbereiteter Form so frühzeitig 70

76 Zum engen Bezug zwischen Untersuchungsrahmen und Umweltbericht bei der SUP *Balla*, NuR 2006, 485; Hoppe/Beckmann/*Kment*, § 14f Rn 12, 22; Erbguth/*Sangenstedt*, S. 77, 94.

77 Vgl. UBA/BMU, Leitfaden zur SUP (Langfassung), März 2010, S. 18: „*Verantwortlich für die Erstellung des Umweltberichts ist der Planungsträger.*"

78 Hierzu bereits oben Rn 34, 37.

79 Landmann/Rohmer/*Wulfhorst*, § 14g UVPG, Rn 23.

in den laufenden Planungsprozess einzubringen, dass sie dort noch effektiv einfließen, d.h. ggf. zu Anpassungen oder inhaltliche Veränderungen des Plans führen können.[80] Andererseits hat die konkrete Planung ihrerseits wiederum Einfluss auf den Zuschnitt des Umweltberichts. Gefragt sind im Umweltbericht nach § 14f Abs. 2 und 3 UVPG keine allgemeinen oder abstrakten Umweltbetrachtungen, sondern spezifische Angaben, die einen engen Planbezug aufweisen und sich auf die jeweils planerheblichen Aspekte konzentrieren sollen.[81] Deshalb ist es sinnvoll, dass der Plan und der korrespondierende Umweltbericht parallel und eng aufeinander abgestimmt entwickelt werden.[82]

71 Dieser wechselseitige Austausch- und Abstimmungsprozess lässt sich besonders einfach und effektiv durchführen, wenn **Planung und Umweltbericht in einer Hand liegen**. Eine Aufteilung der Zuständigkeiten zwischen dem Vorhabenträger (Durchführung der Planung und Beschaffung von Informationen für den Umweltbericht) und der BNetzA (Erarbeitung des Umweltberichts) wäre demgegenüber eine vergleichsweise umständliche Prozedur. Sie wäre mit zusätzlichem Abstimmungsaufwand und Reibungsverlusten verbunden, die die Verfahren in der Praxis eher erschweren und verlängern als erleichtern und beschleunigen dürften. Angesichts der Zeitzwänge, denen die Bundesfachplanung unterliegt, besteht bei einem solchen Vorgehen in besonderem Maße die Gefahr, dass Planung und Umweltbericht getrennt und ohne die notwendige innere Verbindung vorangetrieben werden.[83] Aus SUP-rechtlichen und verfahrensökonomischen Erwägungen sollte daher regelmäßig dem Vorhabenträger selbst der Entwurf des Umweltberichts aufgegeben werden. Diese verfahrensleitende Entscheidung hat die BNetzA nach Abs. 4 bei der Festlegung des Untersuchungsrahmens zu treffen. Allerdings sollte ein vom Vorhabenträger abgefasster Umweltbericht nicht ohne vorherige Prüfung und Autorisierung durch die BNetzA in der Behörden- und Öffentlichkeitsbeteiligung Verwendung finden.[84]

72 Neben der Klärung der Zuständigkeit für die Erarbeitung des Umweltberichtsentwurfs hat die BNetzA auch die **inhaltlichen und sonstigen Anforderungen an den Umweltbericht näher zu bestimmen**. Umfang und Detailtiefe der Angaben für den Umweltbericht (Abs. 1 S. 3) sind jeweils **planbezogen** festzulegen. Hierfür hat der Gesetzgeber wichtige **Orientierungspunkte in § 14f Abs. 2 und 3 UVPG** fixiert.

73 Ein ganz wesentlicher Faktor ist, ob der **Plan Bestandteil eines mehrstufigen Planungs- und Zulassungsprozesses** ist. Für solche Pläne gilt nach § 14f Abs. 3 UVPG der **Grundsatz**, dass die **Ausgestaltung des Umweltberichts ebenengerecht** zu erfolgen hat. Nach diesem Grundsatz ist im Rahmen des Scopings zu entscheiden, auf welcher Verfahrensstufe zur Vermeidung von Mehrfachprüfungen und zur Optimierung des Prüfverfahrens welche Umweltaspekte schwerpunktmäßig geprüft werden sollen. Die ebenenspezifische Abschichtung ermöglicht eine

80 Zur Bedeutung der „Frühzeitigkeit" des Umweltberichts näher Landmann/Rohmer/*Sangenstedt*, § 1 UVPG, Rn 47, 49.

81 Hoppe/Beckmann/*Kment*, § 14g Rn 77; Landmann/Rohmer/*Wulfhorst*, § 14g UVPG, Rn 26, 30; näher dazu Rn 73, 75, 79.

82 EU-Kommission, Generaldirektion Umwelt, Arbeitshilfe zur Umsetzung der RL 2001/42/EG des Europäischen Parlaments und des Rates über die Prüfung der Umweltauswirkungen bestimmter Pläne und Programme, Luxemburg 2003, Nr. 5.7; Hoppe/Beckmann/*Kment*, § 14g Rn 10; *Peters/Balla*, § 14g Rn 4.

83 Die Beschleunigung des Ausbaus der länderübergreifenden und grenzüberschreitenden Höchstspannungsleitungen ist nach § 1 zentrales Ziel des NABEG. Dieses Ziel erfordert ein straffes Zeitmanagement im Verfahren. So hat die BNetzA nach § 9 Abs. 1 und 3 andere Behörden sowie die Öffentlichkeit spätestens zwei Wochen nach Beibringung der vollständigen Unterlagen durch den Vorhabenträger zu beteiligen. Um unter diesen Randbedingungen selbst noch zeitgerecht einen Umweltbericht fertigstellen zu können, müsste die BNetzA dem Vorhabenträger aufgeben, ihr die Unterlagen für den Umweltbericht wesentlich früher zu übermitteln als die übrigen Unterlagen, die zu diesem Zeitpunkt wahrscheinlich noch in Arbeit und noch nicht übergabereif sein werden. Bereits dieser Umstand zeigt, dass es bei dieser Konstellation organisatorisch und verfahrenstechnisch schwierig sein dürfte, den inneren Zusammenhang zwischen Planung und Umweltbericht zu wahren.

84 Näher dazu unten Rn 89.

Schwerpunktsetzung und Konzentration auf die jeweils planerheblichen Aspekte.[85] Zu berücksichtigen sind dabei zum einen die einschlägigen planungsrechtlichen Vorschriften (§ 14f Abs. 2 S. 1 UVPG), zum anderen Inhalt, Entscheidungsgegenstand und Detaillierungsgrad des zu prüfenden Plans, seine Stellung im Entscheidungsprozess, Art und Umfang der Umweltauswirkungen sowie fachliche Gesichtspunkte (§ 14f Abs. 2 S. 2, Abs. 3 S. 2 UVPG).

In der Bundesfachplanung ist die ebenengerechte Ausgestaltung des Umweltberichts ein zentrales Thema bei der Bestimmung des Teiluntersuchungsrahmens der SUP und in der Antragskonferenz. Die Bundesfachplanung bewegt sich auf der **mittleren Ebene einer dreistufigen Planungshierarchie.** Ihr vorgelagert ist die Bundesbedarfsplanung, die an die Netzentwicklungsplanung der ÜNB anknüpft (§ 12e Abs. 1 EnWG).[86] Der Bundesbedarfsplan stellt für die in ihm enthaltenen Vorhaben die energiewirtschaftliche Notwendigkeit und den vordringlichen Bedarf fest (§ 12e Abs. 4 EnWG). Die Verbindung zur nachfolgenden Planungsebene der Bundesfachplanung wird dadurch vermittelt, dass im Bundesbedarfsplan die länderübergreifenden und grenzüberschreitenden Höchstspannungsleitungen gekennzeichnet werden (§ 12e Abs. 2 EnWG), für die anschließend nach § 4 durch die Bundesfachplanung Trassenkorridore bestimmt werden (Grobtrassierung[87]). Der Korridorfindung nachgelagert ist die Ebene der Planfeststellung, bei der es um die abschließende Zulassung der im Bundesbedarfsplan gekennzeichneten Höchstspannungsleitungen geht. Dabei wird im Einzelnen festgelegt, wo genau innerhalb des zuvor bestimmten 500 bis 1.000 m breiten Trassenkorridors die Leitungstrasse[88] verlaufen soll (Feintrassierung). Auf allen Stufen dieses Drei-Stufen-Systems sind Umweltprüfungen (SUP oder UVP) durchzuführen. 74

Dafür bedarf es einer ebenenspezifischen Abschichtung der Prüfmaterie. Es müssen **Prüfschwerpunkte** gebildet werden, **die den verschiedenen Planungsstufen zuzuordnen sind.** Für die Bundesfachplanung müssen mit Hilfe der o.g. Kriterien (planungsrechtliche Vorgaben, Inhalt, Entscheidungsgegenstand und Detaillierungsgrad des Plans sowie Stellung innerhalb des mehrstufigen Planungsprozesses) die Prüfaspekte bestimmt werden, die für diesen Planungstyp bedeutsam sind und auf dieser Planungsebene am sinnvollsten behandelt werden können. Ziel der Abschichtung ist es, einerseits **unnötige Überschneidungen und Mehrfachprüfungen** mit dem Umweltprüfprogramm anderer Planungsstufen zu **vermeiden** (vgl. § 14f Abs. 3 S. 3 UVPG) und andererseits **sicherzustellen, dass wesentliche Prüfgesichtspunkte** bei der Aufteilung **nicht „verloren gehen".** 75

Diese Beurteilung muss jeweils im Einzelfall getroffen und in der Antragskonferenz mit den Beteiligten erörtert werden. Ein „Patentrezept" oder eine trennscharfe Abgrenzung zwischen den Umweltprüfprogrammen der verschiedenen Ebenen gibt es nicht. Die einschlägigen Regelungen des § 14f UVPG sind vielmehr so gestrickt, dass sie der BNetzA **Spielräume und Flexibilität bei der Abschichtung** ermöglichen. Jedoch lassen sich dazu einige **allgemeine Hinweise** geben **und Leitlinien** aufzeigen, wie die Abgrenzung zwischen den verschiedenen Umweltprüfungen im dreistufigen Planungssystem des Stromnetzausbaus sachgerecht und verfahrensökonomisch vernünftig durchgeführt werden kann. 76

Zwischen der Bundesbedarfsplanung und der Bundesfachplanung wird regelmäßig ein eher **geringes Überschneidungs- und Abschichtungspotenzial** bestehen. Der Grund liegt darin, dass der Bundesbedarfsplan nur in sehr eingeschränktem Maße raumbezogene Aussagen enthält. Trassenkorridore werden in ihn nicht – auch nicht in Form von Grobkorridoren – aufge- 77

---

85 *Lell/Sangenstedt*, UVP-report 2001, 123, 125 f.; Hendler/Marburger/Reinhardt/*Sangenstedt*, S. 37, 47 f.; Erbguth/*Sangenstedt*, S. 77, 94; *Schink*, in: Dokumentation zur 28. wissenschaftlichen Fachtagung der Gesellschaft für Umweltrecht e.V. Leipzig 2004, 2005, S. 93, 139; *Schink*, NuR 2005, 143, 144.

86 Dazu näher § 12e EnWG Rn 6.

87 *Durner*, NuR 2012, 369, 371.

88 Dazu näher § 12e EnWG Rn 6.

nommen. Räumlich fixiert sind lediglich die Anfangs- und Endpunkte der Ausbauvorhaben[89] sowie mögliche dazwischen liegende Stützpunkte. Wegen des offenen Raumbezugs und der mangelnden Konkretisierung muss sich der Umweltbericht zum Bundesbedarfsplan auf noch relativ unbestimmte Umweltaussagen beschränken. In Betracht kommen vor allem Ausführungen allgemeiner Art zu umweltseitigen Empfindlichkeiten und großflächig relevanten Raumwiderständen, auf die die Ausbauvorhaben treffen können. Insoweit kann eine hier durchgeführte SUP allerdings bereits Anhaltspunkte für mögliche Prüferfordernisse liefern, die auf dieser hochstufigen Planungsebene noch nicht abgearbeitet werden können, denen aber – im Wege einer „Abschichtung nach unten" – in nachfolgenden Verfahren nachgegangen werden muss. Solche Hinweise kann die Umweltprüfung im Bundesfachplanungsverfahren später aufgreifen und bei ihren Untersuchungen dann ggf. auch an Raumwiderstandsanalysen anknüpfen, die schon im Bedarfsplanverfahren eingeholt worden sind. Größere Entlastungseffekte dürften damit für die SUP auf fachplanerischer Ebene jedoch kaum verbunden sein.

78 Die **eigentliche Domäne der Abschichtung** liegt bei der Bundesfachplanung in der **Abgrenzung von der Planfeststellung**. Beide Verfahrenstypen haben vielfältige Berührungspunkte, weil sie – anders als die Bedarfsplanung – einen konkreten Raumbezug aufweisen. Allerdings ist der Untersuchungsraum bei der Bundesfachplanung, die auf die Ausweisung eines **Flächen**korridors[90] ausgerichtet ist, breiter gefasst als in der Planfeststellung, die darauf abzielt, innerhalb des zuvor markierten Korridors eine bestimmte Trassen**linie** parzellenscharf festzulegen. Mit der unterschiedlichen Weite des Blickwinkels ist zugleich eine unterschiedliche Untersuchungstiefe verbunden. Während die Entscheidung im Planfeststellungsverfahren (Feintrassierung der Stromleitung) nur auf der Grundlage exakter Aussagen über die Lage, die konkrete technische Ausgestaltung und sonstige Einzelheiten des Vorhabens getroffen werden kann, soll die Entscheidung über die Grobtrassierung (Korridor der Stromleitung) bereits in einem vorgelagerten Planungsstadium erfolgen, in dem eine Detailplanung, wie sie die Planfeststellung verlangt, noch nicht gefordert ist.

79 Die differenzierten planungsrechtlichen Prüfanforderungen im Drei-Stufen-System der Netzausbauplanung müssen konsequenterweise auch bei der Umweltprüfung ihren Niederschlag finden. So wird es **im Allgemeinen nicht sinnvoll** sein, **in der SUP zur Bundesfachplanung detailtiefe Umweltbetrachtungen zu Sachverhalten anzustellen, die planungsrechtlich erst auf der Ebene der Planfeststellung zu behandeln sind.** Beispiele hierfür sind **kleinräumige Umweltauswirkungen, die in der Bau- oder Betriebsphase im unmittelbaren Umfeld der Leitungstrasse**, etwa an einzelnen Maststandorten oder Zuwegungen, **auftreten können** (z.B. Lärm, Schädigungen von Kleinbiotopen, elektromagnetische Strahlung). Da der genaue Trassenverlauf in diesem Planungs- und Verfahrensstadium noch gar nicht feststeht, müsste zu solchen Umweltauswirkungen in der SUP auf Fachplanungsebene u.U. der gesamte Korridor (als potenzieller Aufnahmeraum der Leitung) einer entsprechenden Detailprüfung unterzogen werden. Der damit verbundene Untersuchungsaufwand wäre beträchtlich. Er wird verfahrensökonomisch in der Regel nicht zu rechtfertigen sein, weil solche kleinräumigen Umweltuntersuchungen in der UVP des anschließenden Planfeststellungsverfahrens meist einfacher, zielgenauer und effektiver durchgeführt werden können. Denn auf dieser Verfahrensstufe kann die Umweltprüfung an eine zwischenzeitlich vorliegende Detailplanung anknüpfen, die es ermöglicht, den Untersuchungsraum auf die Umgebung der tatsächlich vorgesehenen Trasse zu beschränken – wodurch der Aufwand erheblich niedriger gehalten werden kann.

80 **Für die SUP in der Bundesfachplanung** bieten sich vor allem **zwei Schwerpunktfelder** an: Zum einen geht es um die Ermittlung und Bewertung solcher **Umweltauswirkungen, de-**

89 § 12e EnWG Rn 17.
90 Begr. RegE, BT-Drucks. 17/6249 S. 9 i.V.m. BT-Drucks. 17/6073, S. 23.

ren Auftreten in jedem Falle mit Konflikten verbunden ist, unabhängig davon, wo innerhalb des betrachteten Korridors die künftige Trasse konkret verlaufen wird. Ein Beispiel für diese Fallgruppe sind Beeinträchtigungen des Landschaftsbildes durch Masten einer Freileitung, für die es unerheblich ist, ob die Standorte der Leitungsmasten eher im Zentrum oder eher am Rande des Korridors platziert werden. Zum anderen eröffnet die SUP die Möglichkeit, im Rahmen einer **perspektivischen Prüfung** bereits auf der Fachplanungsebene Aussagen dazu zu treffen, **welche Teilräume innerhalb des Korridors unter Umweltgesichtspunkten voraussichtlich konfliktträchtig sein werden** und auf **welchen Gebieten** demgegenüber **keine oder nur geringe – überwindbare – Umweltwiderstände zu erwarten** sind. Durch solche umweltbezogenen Sensitivitätsanalysen können wichtige Erkenntnisse für den weiteren Planungsprozess gewonnen werden. Die Feintrassierung wird sich dann im Zweifel auf Korridorbereiche konzentrieren, in denen das Umweltkonfliktpotenzial nach den Ergebnissen der SUP niedrig und überwindbar erscheint. Im Planfeststellungsverfahren ist diesen Umweltaspekten im Rahmen der dort durchzuführenden detailschärferen UVP vertieft nachzugehen, wobei die Ergebnisse der vorangegangenen SUP einzubeziehen sind (vgl. § 14f Abs. 3 S. 3 UVPG).

Neben den Fragen der ebenenspezifischen Abschichtung des Prüfprogramms ist bei der Festlegung des Untersuchungsrahmens der SUP und in der Antragskonferenz auch auf **sonstige Anforderungen** einzugehen, die **bei der Erarbeitung des Umweltberichts** in der Bundesfachplanung **zu beachten** sind. Diskussions- und Klärungsbedarf kann es hier zunächst darüber geben, welcher **Prüfaufwand** betrieben werden muss und welche **Prüfungsmethoden** dabei jeweils heranzuziehen sind. 81

Für den Bereich der UVP hat das BVerwG die Anforderungen an den Ermittlungsaufwand und die Untersuchungstiefe in prägnante Worte gekleidet, die für die SUP gleichermaßen Gültigkeit beanspruchen können. Danach ist die Umweltprüfung *„kein ‚Suchverfahren‘, in dem alle nur erdenklichen Auswirkungen eines Vorhabens auf Umweltgüter und deren Wertigkeit bis in alle Einzelheiten und feinsten Verästelungen zu untersuchen wären oder gar Antworten auf in der Wissenschaft bisher noch ungeklärte Fragen gefunden werden müssten.“*[91] 82

§ 14f Abs. 2 S. 2 UVPG enthält eine Reihe von Aussagen und Hinweisen, die in dieselbe Richtung gehen. Danach sind in den Umweltbericht die Angaben aufzunehmen, die mit **zumutbarem Aufwand** ermittelt werden können, d.h., der Untersuchungsaufwand für den Bericht muss im Sinne des Verhältnismäßigkeitsgrundsatzes angemessen sein.[92] Unzumutbar wäre beispielsweise die Forderung an den Vorhabenträger, zur Ermittlung möglicher Beeinträchtigungen von Tierlebensräumen im Bereich eines 100 km langen Trassenkorridors eine originäre flächendeckende Datenerhebung für einzelne Tiergruppen durchzuführen.[93] Zur Gewinnung entsprechender Erkenntnisse wird in der Regel eine Abfrage bei den zuständigen Naturschutzbehörden genügen, auch wenn auf diesem Wege insgesamt weniger oder weniger detaillierte Informationen anfallen. Unterbleiben weiterführende Untersuchungen, weil sie für den Vorhabenträger wegen des damit verbundenen Aufwands unzumutbar sind, sind die daraus resultierenden Kenntnislücken hinzunehmen; jedoch muss nach § 14g Abs. 2 S. 1 Nr. 7 UVPG im Umweltbericht ausdrücklich auf diesen Sachverhalt hingewiesen werden. 83

Weitere Kriterien, die dem Prüfaufwand Grenzen setzen, sind nach § 14f Abs. 2 S. 2 UVPG die Ausrichtung am **gegenwärtigen Wissensstand** und die Beschränkung auf **allgemein aner-** 84

91 Urt. v. 21.3.1996 – 4 C 19/94 –; ähnlich BVerwG, Urt. v. 25.1.1996 – 4 C 5/95 – Rn 26 f.; zustimmend Landmann/Rohmer/*Wulfhorst*, § 14g UVPG, Rn 30: SUP ist kein Anwendungsfeld für Grundlagenforschung; vgl. auch die eingehende Darstellung bei *Peters/Balla*, § 14f Rn 7 ff.

92 Hoppe/Beckmann/*Kment*, § 14g Rn 23.

93 Beispiel in Anlehnung an UBA/BMU, Leitfaden zur SUP (Langfassung), März 2010, S. 15. Dort finden sich noch weitere Beispiele.

kannte Prüfungsmethoden.[94] Damit hat der Gesetzgeber u.a. die Möglichkeit eröffnet, auf geeignete Methodenstandards zurückzugreifen, die sich aus Rechtsvorschriften (z.B. 26. BImSchV), Verwaltungsvorschriften (z.B. TA Lärm), technischen Regelwerken (z.B. VDI-Richtlinien) oder Fachveröffentlichungen (z.B. Leitfäden kompetenter Fachgremien) ergeben.[95]

85 Als „Faustformel" kann im Übrigen festgehalten werden, dass die **Untersuchungs- und Darstellungstiefe** im Umweltbericht **umso größer** ist, **je nachteiliger Umweltauswirkungen** sein können.[96] Von Bedeutung ist ferner, welches **Interesse** die **Öffentlichkeit** bestimmten Umweltfolgen des Vorhabens entgegenbringt. Bei der Festlegung des Ermittlungsaufwands sind nach § 14f Abs. 2 S. 2 UVPG auch der Behörde bekannte Äußerungen der Öffentlichkeit zu berücksichtigen. Die Regelung dient der Umsetzung von Art. 6 Abs. 1 i.V.m. Art. 7 Abs. 2 Buchstabe c des sog. SEA-Protokolls (UNECE-Protokoll vom 21.5.2003 über die SUP zum Übereinkommen über die UVP im grenzüberschreitenden Rahmen).[97] Danach hat der Umweltbericht neben anderen Gesichtspunkten die „Interessen der Öffentlichkeit" zu berücksichtigen. Vor diesem Hintergrund kann es gerechtfertigt sein, Umweltgesichtspunkte, die in besonderem Maße im Fokus der Öffentlichkeit stehen (etwa die Frage möglicher gesundheitlicher Effekte, die durch elektromagnetische Strahlung im Bereich des vorgesehenen Trassenkorridors auftreten können) im Umweltbericht breiter abzuhandeln als andere, die Öffentlichkeit weniger interessierende Aspekte.

86 Von hoher praktischer Bedeutung ist schließlich die Frage, **ob bei Behörden oder anderen in die Bundesfachplanung einbezogenen Stellen Unterlagen oder Erkenntnisse vorhanden sind, die bei der Erarbeitung des Umweltberichts Verwendung finden** können. In Scoping-Terminen zum Untersuchungsrahmen der SUP nimmt die Bestimmung der Informationsquellen, auf die der Umweltbericht gestützt werden kann, regelmäßig breiten Raum ein. Dies ist in der Bundesfachplanung ebenso zu erwarten. Zwar ist in diesen Verfahren grds. der Vorhabenträger für den Entwurf des Berichts zuständig,[98] jedoch hat dies nicht zwangsläufig zur Folge, dass ausschließlich er selbst sich um die Beschaffung des dafür notwendigen Datenmaterials kümmern muss. § 14f Abs. 4 S. 4 UVPG sieht hier vielmehr ausdrücklich eine **Mitwirkung der beteiligten Behörden** vor. Verfügen die Behörden über Angaben, die für den Umweltbericht zweckdienlich sind, so sind sie verpflichtet, diese zu übermitteln.[99] Für andere Verfahrensbeteiligte (z.B. Kommunen oder anerkannte Umweltvereinigungen) hat der Gesetzgeber keine entsprechende Mitwirkungspflicht fixiert; daher wird in solchen Fällen meist nur eine Herausgabe auf freiwilliger Grundlage in Betracht kommen. Ob und unter welchen Voraussetzungen die betreffenden Akteure dazu bereit sind, muss in der Antragskonferenz abgeklärt werden.

87 Aus dem Umstand, dass auf Erkenntnisse und Datenbestände anderer Stellen zurückgegriffen werden kann, folgt zugleich, dass für den Umweltbericht nicht jeweils völlig neue Unterlagen erstellt werden müssen. Die einschlägigen Vorschriften des UVPG sehen beim Umweltbericht aus verfahrensökonomischen Gründen vielmehr eine **Mehrfachnutzung von Informationen** vor. Nach § 14g Abs. 4 UVPG können Angaben, die der zuständigen Behörde aus anderen Verfahren oder Tätigkeiten bekannt sind, in den Umweltbericht aufgenommen werden, wenn sie für den

---

94 Näher hierzu Hoppe/Beckmann/*Kment*, § 14g Rn 24 ff.

95 UBA/BMU, Leitfaden zur SUP (Langfassung), März 2010, S. 14 f.

96 UBA/BMU, Leitfaden zur SUP (Langfassung), März 2010, S. 12.

97 Vgl. Begr. RegE des Gesetzes zur Einführung einer Strategischen Umweltprüfung und zur Umsetzung der RL 2001/42/EG (SUPG), BR-Drucks. 588/04 v. 13.8.2004, S. 76; Hoppe/Beckmann/*Kment*, § 14g Rn 27. Der Text des SEA-Protokolls ist abgedruckt in BGBl. II 2006 S. 497.

98 Siehe oben Rn 68 ff.

99 § 14f Abs. 4 S. 4 UVPG sieht eine Übermittlung an die zuständige Behörde vor. Im Verfahren der Bundesfachplanung wäre dies die BNetzA, die die Informationen dann ihrerseits an den für den Entwurf des Umweltberichts zuständigen Vorhabenträger weiterzuleiten hätte. Zur Vereinfachung dieser Prozedur sollte die BNetzA darauf hinwirken, dass die herausgabepflichtige Behörde die Daten dem Vorhabenträger „auf kurzem Wege" unmittelbar zur Verfügung stellt.

vorgesehenen Zweck geeignet und hinreichend aktuell sind. Diese Vorschrift gilt entsprechend für Informationen, die mitwirkungspflichtige Behörden nach § 14f Abs. 4 S. 4 UVPG zur Verfügung stellen oder nicht mitwirkungspflichtige sonstige Beteiligte auf freiwilliger Basis beisteuern. Gleiches gilt nach § 8 S. 2 für Daten, die beim Vorhabenträger selbst aus parallelen oder früheren Verfahren vorhanden sind.[100] Entscheidend für eine „Zweitverwertung" im Umweltbericht ist allein die sachliche Eignung und Aktualität der Angaben. Damit ergibt sich für die Mehrfachnutzung ein breites Anwendungsfeld. Eine besonders ergiebige Erkenntnisquelle, von der auch Umweltberichte in der Bundesfachplanung profitieren können, sind die Inhalte von Landschaftsplanungen.[101] Angeknüpft werden kann ggf. aber auch an Umweltuntersuchungen, die bereits zuvor auf der Ebene der Bundesbedarfsplanung[102] oder in landesbehördlichen Raum- oder Fachplanungsverfahren des gleichen Bezugsraums durchgeführt worden sind. Erneute oder ergänzende Prüfungen sind dagegen erforderlich, soweit für die Bundesfachplanung vertiefende Betrachtungen oder eine andere Maßstäblichkeit notwendig sind oder wenn das vorgefundene Material überholt ist.[103]

Gewisse Verfahrensvereinfachungen können sich schließlich daraus ergeben, dass die **SUP** nach § 14n UVPG **mit anderen Prüfungen zur Ermittlung oder Bewertung von Umweltauswirkungen verbunden** werden kann. Entsprechende Koppelungen bieten sich in der Bundesfachplanung vor allem im Verhältnis zur Natura 2000-Verträglichkeitsprüfung[104] und zur speziellen artenschutzrechtlichen Prüfung[105] an. Da diese Prüfverfahren – trotz einiger Gemeinsamkeiten – unterschiedlich strukturiert sind, stößt eine vollständige Zusammenführung allerdings an rechtliche und praktische Grenzen; es geht vielmehr eher um eine pragmatische Verbindung einzelner Verfahrensschritte.[106] In Betracht kommt beispielsweise die gemeinsame Verwendung des Umweltberichts. Zwischen den Angaben, die nach § 14g Abs. 2 UVPG in den Umweltbericht zur SUP aufzunehmen sind, und den Informationen, die für die Natura 2000-Verträglichkeitsprüfung benötigt werden, bestehen vielfältige Bezüge und Überschneidungen. Deshalb kann es sich empfehlen, in einen gesonderten Abschnitt des Umweltberichts die Angaben aufzunehmen, die zugleich für die Natura 2000-Prüfung herangezogen werden sollen.[107] Die Nutzung solcher Verknüpfungsmöglichkeiten ist in der Antragskonferenz jeweils mit den zuständigen Fachbehörden zu erörtern und abstimmen. 88

Der Vorhabenträger hat den **Umweltbericht** unter Beachtung der Festlegungen, die die BNetzA nach den vorstehenden Grundsätzen zum Untersuchungsrahmen trifft (Abs. 4), zu entwerfen und ihn **nach § 8 S. 1 als zentrale Unterlage für die SUP vorzulegen.** In der Behörden- und Öffentlichkeitsbeteiligung sollten grds. nur Umweltberichte Verwendung finden, die zuvor **von der BNetzA auf Vollständigkeit, inhaltliche Plausibilität und Einhaltung der beim Scoping festgelegten Anforderungen überprüft** worden sind. In besonderem Maße gilt dies für den **bewertenden Teil des Umweltberichts** (§ 14g Abs. 3 UVPG). Die Bewertung der Umweltauswirkungen ist das wichtigste Element der Umweltprüfung. Ist der Umweltbericht das Herzstück der SUP,[108] so ist die Umweltbewertung das Herzstück des Umweltberichts. In diesem Verfahrensabschnitt ist anhand spezifisch umweltrechtlicher Maßstäbe zu beurteilen, ob die im 89

---

100 Nach dieser Vorschrift ist § 14g Abs. 4 UVPG für die Unterlagen des Vorhabenträgers entsprechend anzuwenden.
101 UBA/BMU, Leitfaden zur SUP (Langfassung), März 2010, S. 15.
102 Dazu bereits oben Rn 77; *Schmitz/Jornitz*, NVwZ 2012, 332, 335.
103 UBA/BMU, Leitfaden zur SUP (Langfassung), März 2010, S. 17.
104 Hierzu sogleich näher Rn 90 ff.
105 Näher dazu Rn 96 ff.
106 Hendler/Marburger/Reinhardt/*Sangenstedt*, S. 37, 48 f.; UBA/BMU, Leitfaden zur SUP (Langfassung), März 2010, S. 17.
107 UBA/BMU, Leitfaden zur SUP (Langfassung), März 2010, S. 30 f.
108 Siehe oben Rn 66.

darstellenden Teil des Umweltberichts (§ 14g Abs. 2 UVPG) beschriebenen Umweltauswirkungen des geprüften Trassenkorridors im Lichte des Ziels der Umweltprüfung, eine wirksame Umweltvorsorge zu gewährleisten (§§ 1 und 14d Abs. 3 UVPG), erheblich sind. Ausschlaggebend für die Erheblichkeit ist, ob die Umweltauswirkungen nach den umweltbezogenen Schutz- und Vorsorgeanforderungen des einschlägigen Fachplanungsrechts hinzunehmen sind.[109] Das Ergebnis der Umweltbewertung ist nach § 14k Abs. 2 UVPG bei der Entscheidung über die Bundesfachplanung (§ 12) zu berücksichtigen, d.h., es geht in die dort vorzunehmende Abwägung mit anderen Belangen ein.[110] Wegen seiner zentralen Bedeutung stellt die Umweltbewertung bei allen Spielarten der Umweltprüfung (UVP und SUP) eine originäre Aufgabe der zuständigen Behörde dar (vgl. §§ 12 und 14g Abs. 3 UVPG). Deshalb sollte auch in der Bundesfachplanung nur mit Umweltberichten gearbeitet werden, deren bewertender Teil durch die BNetzA autorisiert ist.[111]

c) Der Untersuchungsrahmen der Natura 2000-Verträglichkeitsprüfung

90 Neben der allgemeinen Umweltverträglichkeit der Korridorplanung, die im Rahmen der SUP zu untersuchen ist, gehören auch mögliche Schädigungen von Natura 2000-Gebieten zu den Prüfgegenständen, denen in der Bundesfachplanung nachzugehen ist und die damit Thema der Antragskonferenz und des Untersuchungsrahmens nach § 7 sein können.[112] Die Ausweisung von Trassenkorridoren, durch deren Nutzung die Erhaltungsziele und Schutzzwecke eines FFH- oder EU-Vogelschutzgebiets erheblich beeinträchtigt werden können, ist nach § 36 S. 1 i.V.m. § 34 Abs. 2 BNatSchG grds. unzulässig. In der Bundesfachplanung stellt der **Schutz von Natura 2000-Gebieten** einen **überwiegenden öffentlichen Umweltbelang im Sinne von § 5 Abs. 1 S. 2 dar, der der Verwirklichung des Vorhabens entgegensteht.** Der Schutzstatus, den der europäische Richtliniengeber diesen Gebieten zuerkannt hat, kann **auch in der Abwägung mit anderen gewichtigen Belangen** – etwa dem überragenden öffentlichen Interesse am Ausbau der länderübergreifenden und grenzüberschreitenden Höchstspannungsleitungen (§ 1 S. 3) – **regelmäßig nicht überwunden werden**. Etwas anderes gilt nur, wenn im Einzelfall einer der eng begrenzten Ausnahmetatbestände nach § 34 Abs. 3 bis 5 BNatSchG in Anspruch genommen wird.

91 Nach § 36 S. 1 Nr. 2 i.V.m. § 34 Abs. 1 S. 1 BNatSchG sind Pläne, die bei späteren behördlichen Entscheidungen zu beachten oder zu berücksichtigen sind, einer Prüfung auf ihre Verträglichkeit mit den Erhaltungszielen eines Natura 2000-Gebiets zu unterziehen, wenn das Vorhaben, das Gegenstand der Planung ist, als solches oder im Zusammenwirken mit anderen Projekten oder Plänen geeignet ist, das fragliche Schutzgebiet erheblich zu beeinträchtigen. Die erste Voraussetzung ist bei der Bundesfachplanung unzweifelhaft gegeben. Nach § 15 Abs. 1 S. 2 ist die Entscheidung der BNetzA über den Verlauf eines bestimmten Trassenkorridors (§ 12) für die nachfolgenden Planfeststellungsverfahren verbindlich und stellt damit eine **„zu beachtende Planung“ im Sinne des § 36 S. 1 Nr. 2 BNatSchG** dar.

92 Zur Beantwortung der zweiten Frage (mögliche Eignung des Trassenkorridors zur Beeinträchtigung eines Natura 2000-Gebiets) ist eine **FFH-Vorprüfung** durchzuführen. Dabei ist auf der Grundlage verfügbarer Daten und Erkenntnisse abzuschätzen, ob Beeinträchtigungen von

---

109 Näher hierzu Landmann/Rohmer/*Sangenstedt*, § 1 UVPG Rn 43; Landmann/Rohmer/*Wulfhorst*, § 14g UVPG Rn 44; *Peters/Balla*, § 14g Rn 28 ff.

110 Landmann/Rohmer/*Sangenstedt*, § 1 UVPG Rn 55 ff.; Landmann/Rohmer/*Wulfhorst*, § 14k UVPG Rn 21; *Peters/Balla*, § 14k Rn 5 f.

111 Zur Notwendigkeit einer behördlichen Überprüfung von Umweltbewertungen, die vom Vorhabenträger selbst erarbeitet worden sind, Landmann/Rohmer/*Sangenstedt*, § 1 UVPG, Rn 44; Landmann/Rohmer/*Wulfhorst*, § 12 UVPG Rn 21 m.w.N.

112 Siehe bereits oben Rn 65.

FFH- oder EU-Vogelschutzgebieten, die sich innerhalb oder im Umfeld des fraglichen Trassenkorridors befinden, ernsthaft zu besorgen sind. Wesentliche Faktoren für diese überschlägige Beurteilung ist, welche Wirkungen des geplanten Korridorverlaufs für das potenziell betroffene Natura 2000-Gebiet relevant und welche Lebensraumtypen, Arten und Habitate berührt sein können. Zu betrachten sind dabei nicht nur die unmittelbaren Effekte, die von der Errichtung und dem Betrieb der Stromleitung selbst ausgehen, sondern auch das Zusammenwirken mit anderen Vorhaben im Bereich des Korridors. Ergibt die Vorprüfung, dass eine Beeinträchtigung der Erhaltungsziele oder Schutzzwecke, die mit der Einrichtung des Natura 2000-Gebiets verfolgt werden, – auch unter Ausnutzung planerischer und technischer Minimierungsmöglichkeiten – nicht offensichtlich ausgeschlossen werden kann,[113] bedarf es einer Verträglichkeitsprüfung.

Bei der **Natura 2000-Verträglichkeitsprüfung** stellen sich ähnliche Abschichtungsprobleme wie bei anderen Prüfmaterien der Bundesfachplanung. Da diese Prüfung sowohl auf bundesfachplanerischer Ebene (§ 36 S. 1 Nr. 2 BNatSchG) als auch im anschließenden Planfeststellungsverfahren durchzuführen ist (§ 34 Abs. 1 BNatSchG), bedarf es einer sinnvollen Aufteilung auf die beiden Verfahrensstufen. Hierfür kann an die Grundsätze angeknüpft werden, nach denen bei der Umweltprüfung abzuschichten ist.[114] **Ziel der Verträglichkeitsprüfung in der Bundesfachplanung ist die begründete Erwartung, dass der fragliche Korridor bei der späteren Feinplanung der Stromleitung eine Trassenführung ermöglichen wird, die nicht mit den Erhaltungszielen und Schutzzwecken potenziell betroffener Natura 2000-Gebiete kollidiert.** Dazu wird es im Allgemeinen nicht notwendig sein, den gesamten Korridorraum bereits einer FFH-rechtlichen Detailprüfung zu unterziehen. Entscheidend ist, ob innerhalb des Korridors – mit einer dem Planungsstand und Konkretisierungsgrad der Bundesfachplanung entsprechenden Prüftiefe[115] – Teilräume bestimmt werden können, in denen die Stromleitung voraussichtlich ohne Gebietsbeeinträchtigung realisiert werden kann. Bestehen hieran substantielle Zweifel, ist eine Einschätzung vorzunehmen, ob nach Lage der Dinge Ausnahmemöglichkeiten nach § 34 Abs. 3 bis 5 BNatSchG in Anspruch genommen werden können. Wenn auch dieser Weg erkennbar nicht beschritten werden kann, besteht für den Trassenkorridor keine sichere Perspektive – er wird damit als Planungsoption regelmäßig ausscheiden. Dagegen braucht auf dieser Planungsebene nicht schon abschließend geklärt zu werden, wo genau innerhalb der in Betracht kommenden Trassenräume die Stromleitung verlaufen soll. Die abschließende „parzellenscharfe" Feintrassierung ist vielmehr eine Frage des nachfolgenden Planfeststellungsverfahrens. 93

Für die Erwartung, dass innerhalb des fraglichen Korridors eine mit dem Schutzanspruch von Natura 2000-Gebieten kompatible Trassenfindung möglich sein wird, ist ein möglichst hoher Grad an Gewissheit anzustreben. Nur wenn die in der Bundesfachplanung vorgenommene **Einschätzung „planfeststellungsfest"** ist, kann vermieden werden, dass bei der FFH-Verträglichkeitsprüfung, die anschließend im Planfeststellungsverfahren für die konkrete Leitungstrasse durchgeführt wird, unvorhergesehene Konflikte mit Natura 2000-Gebieten zutage treten, die eine Nutzung des Trassenkorridors ausschließen. Da die Entscheidung über den Verlauf des Trassenkorridors, die die BNetzA im Verfahren der Bundesfachplanung nach § 12 trifft, nach § 15 Abs. 1 S. 1 für die nachfolgenden Planfeststellungsverfahren verbindlich ist, kann sie dort nicht mehr korrigiert werden. Abhilfe kann dann nur noch ein nachträgliches Änderungs- 94

113 Zu diesem Maßstab BVerwG, Beschl. v. 26.11.2007 – 4 BN 46.07 –; Landmann/Rohmer/*Gellermann*, § 34 BNatSchG Rn 7 f. m.w.N.

114 Siehe oben Rn 73 ff.

115 Zur geringeren Untersuchungstiefe von FFH-Verträglichkeitsprüfungen für Pläne im Vergleich zur Projektebene Lütkes/Ewer/*Ewer*, § 36 Rn 11; Schumacher/Fischer-Hüftle/*Schumacher*, § 36 Rn 5; ebenso für das Verhältnis zwischen Raumordnungsverfahren und Planfeststellungsverfahren *Hennig*/*Lühmann*, UPR 2012, 81, 82.

verfahren zur Bundesfachplanung schaffen,[116] das jedoch mit erheblichem zusätzlichem Planungs- und Verfahrensaufwand verbunden sein und den Ausbauprozess beträchtlich verlängern kann. Im Zweifel sollte die FFH-Verträglichkeitsprüfung deshalb bereits in der Bundesfachplanung mit einem Detaillierungsgrad durchgeführt werden, der der Entscheidung Rechts- und Planungssicherheit verleiht.

95 Der konkrete Ablauf der Prüfungen zur Verträglichkeit der Trassenkorridore mit Natura 2000-Gebieten und die Anforderungen an die dafür vorzulegenden Antragsunterlagen dürfte in den Verfahren etliche Fragen aufwerfen, die in der Antragskonferenz zu behandeln sind. Die BNetzA hat hierzu bei Bedarf Festlegungen nach Abs. 4 zu treffen. Von großer praktischer Bedeutung ist insbesondere, welche Daten, Informationen und fachlichen Erkenntnisse die Umwelt- und Naturschutzbehörden zur Vorbereitung einer notwendigen FFH-Vorprüfung und einer anschließenden FFH-Verträglichkeitsprüfung zur Verfügung stellen können. Soweit die vorhandenen Datengrundlagen lückenhaft sind, muss zusammen mit den zuständigen Behörden ferner geklärt und abgestimmt werden, welche zusätzlichen Untersuchungen und flankierenden Arbeiten (z.B. Erstellung von Karten, Tabellen oder Übersichten) vom Vorhabenträger vorzunehmen sind.

d) Der Untersuchungsrahmen der speziellen artenschutzrechtlichen Prüfung

96 Die Errichtung und der Betrieb von Stromleitungen kann zu Konflikten mit störungsempfindlichen oder anfluggefährdeten Arten führen, für die nach §§ 44ff. BNatSchG besondere Schutzanforderungen gelten. Verstößt das Vorhaben gegen eines der in § 44 Abs. 1 BNatSchG genannten artenschutzrechtlichen Zugriffsverbote, insbesondere gegen das in Nr. 1 dieser Vorschrift enthaltene Störungsverbot, ist es grds. unzulässig. Dementsprechend muss bereits auf der Ebene der Bundesfachplanung sichergestellt werden, dass **nur solche Korridore geplant und zugelassen werden, innerhalb derer eine artenschutzverträgliche Trasse festgelegt werden kann.** Die Einhaltung der besonderen artenschutzrechtlichen Anforderungen bildet in der Bundesfachplanung nach § 5 Abs. 1 S. 2 einen überwiegenden – abwägungsfesten – öffentlichen Belang, der konkurrierenden Belangen regelmäßig vorgeht.

97 Verfahrensmäßig bestehen wesentliche Unterschiede zwischen der Natura 2000-Verträglichkeitsprüfung und der speziellen artenschutzrechtlichen Prüfung. Bei der artenschutzrechtlichen Prüfung handelt es sich um kein formalisiertes Prüfverfahren. Die Behörde muss hier keine erschöpfenden Ermittlungen (z.B. durch Erstellung eines lückenlosen Arteninventars) durchführen und sich keine Gewissheit darüber verschaffen, dass Beeinträchtigungen nicht auftreten können. Gefordert ist vielmehr eine am Maßstab der praktischen Vernunft ausgerichtete Betroffenheitsprüfung. Aufzuklären sind dafür sämtliche Tatsachen und Umstände, derer es bedarf, um die Einschlägigkeit des Zugriffsverbots und die dafür vorausgesetzte Intensität und Tragweite der Beeinträchtigung sachgerecht beurteilen zu können.[117]

98 Die Prüfung erfolgt in zwei Schritten: Erforderlich ist zunächst eine **Bestandsaufnahme der im Bereich des Korridors vorhandenen Arten**, die in den Anwendungsbereich des Verbots fallen, **und ihrer Lebensräume**. Diese Bestandsaufnahme speist sich regelmäßig aus zwei Quellen – einer Auswertung vorhandener Daten, Unterlagen und Erkenntnisse sowie einer Bestandserfassung vor Ort.[118] An die Bestandsaufnahme schließt sich im zweiten Schritt die **Beurteilung an, ob und inwieweit eine naturschutzrechtlich relevante Betroffenheit vor-**

116 Näher dazu § 15 Rn 20.
117 BVerwG, Urt. v. 9.7.2008 – 9 A 14/07 – Rn 54ff.; Frenz/Müggenborg/*Lau*, § 44 Rn 4f.; Landmann/Rohmer/*Gellermann*, § 44 BNatSchG Rn 22; Lütkes/Ewer/*Heugel*, § 44 Rn 53.
118 BVerwG, Urt. v. 9.7.2008 – 9 A 14/07 – Rn 59ff.; BVerwG, Urt. v. 12.8.2009 – 9 A 64/07 – Rn 37f.; Frenz/Müggenborg/*Lau*, § 44 Rn 4f.

liegt.[119] Maßgebend hierfür sind die Anforderungen des einschlägigen Verbotstatbestands. So ist ein Verstoß gegen das Störungsverbot des § 44 Abs. 1 Nr. 2 BNatSchG nur im Falle einer erheblichen Störung gegeben, durch die sich der Erhaltungszustand der lokalen Population der betroffenen Art verschlechtert. Einer solchen drohenden Verschlechterung kann der Vorhabenträger jedoch dadurch entgegenwirken, dass er in seiner Planung geeignete konfliktvermeidende oder -vermindernde Maßnahmen vorsieht.[120] Weitere Optionen sind das Ergreifen vorgezogener Ausgleichsmaßnahmen nach § 44 Abs. 5 S. 3 BNatSchG[121] sowie als ultima ratio die Inanspruchnahme artenschutzrechtlicher Ausnahmetatbestände nach § 45 Abs. 7 BNatSchG.

Auch die artenschutzrechtliche Prüfung ist in der Bundesfachplanung grds. **ebenengerecht,** d.h. mit einer Prüftiefe durchzuführen, die dem Planungsstand und Konkretisierungsgrad dieser Verfahrensstufe entspricht. Dabei ist perspektivisch zu untersuchen, ob das Ausbauvorhaben in dem betrachteten Grobtrassenraum auf nicht ausräumbare artenschutzrechtliche Restriktionen stoßen wird oder ob es voraussichtlich konfliktfrei realisiert werden kann. Letzteres ist dann zu erwarten, wenn innerhalb des Korridors Teilflächen identifiziert werden können, auf denen die vorgesehene Höchstspannungsleitung – ggf. mit Hilfe flankierender Maßnahmen – ohne Verstoß gegen artenschutzrechtliche Verbote errichtet und betrieben werden kann. Eine artenschutzrechtliche Detailprüfung kann dann im nachfolgenden Planfeststellungsverfahren erfolgen. Wie bei der FFH-Verträglichkeitsprüfung sollte aber bereits bei der Artenschutzprüfung auf Fachplanungsebene **„Planfeststellungsfestigkeit“** angestrebt werden.[122] Im Einzelfall kann dies bedeuten, dass ggf. schon hier relativ aufwendige Untersuchungen anzustellen sind. Besteht danach keine begründete Aussicht, dass das Vorhaben in Einklang mit den Erfordernissen des Artenschutzes verwirklicht werden kann, wird der betrachtete Trassenkorridor nicht mehr als realistische Planungsoption in Betracht kommen. 99

In der Antragskonferenz sind die artenschutzrechtlichen Prüferfordernisse sowie die vorhandene Daten- und Erkenntnislage, an die für die notwendigen Untersuchungen angeknüpft werden kann, mit den Naturschutzbehörden und anderen kompetenten Beteiligten[123] zu erörtern und das Vorgehen im Einzelnen abzustimmen. Auf dieser Grundlage hat die BNetzA sodann nach Abs. 4 geeignete Festlegungen zum Untersuchungsrahmen zu treffen. 100

4. Private Belange

Nach § 5 Abs. 1 S. 2 sind in der Bundesfachplanung nicht nur öffentliche, sondern auch private Belange, die dem Vorhaben entgegenstehen können, zu ermitteln und in die Abwägung einzustellen. Dabei handelt es sich um Rechte oder Nutzungsansprüche Dritter in Bezug auf ein Gebiet, durch dessen Ausweisung als Trassenkorridor geschützte Positionen des Rechtsinhabers beeinträchtigt werden können. Diese privaten Belange können ihre Grundlage in subjektiv-dinglichen Rechten oder behördlichen Gestattungsakten (z.B. einer Genehmigung) finden, die einer Person oder einem Unternehmen die Befugnis verleihen, sich innerhalb des vorgesehenen Korridorraums in bestimmter Weise zu betätigen (z.B. Bodenschätze abzubauen oder eine Industrieanlage zu betreiben) und einer anderweitigen Inanspruchnahme zu widersprechen. Die Geltendmachung solcher Interessen kann die Korridorfindung erheblich einschränken oder erschweren. Deshalb hat der Vorhabenträger seinen Unterlagen nach § 8 eine **Übersicht über die** 101

119 BVerwG, Urt. v. 12.8.2009 – 9 A 64/07 – Rn 38; Frenz/Müggenborg/*Lau*, § 44 Rn 4.

120 BVerwG, Urt. v. 9.7.2008 – 9 A 14/07 – Rn 91; BVerwG, Beschl. v. 13.3.2008 – 9 VR 9/07 –; Frenz/Müggenborg/*Lau*, § 44 Rn 3, 12; Schumacher/Fischer-Hüftle/*Kratsch*, § 44 Rn 27.

121 Näher dazu Lütkes/Ewer/*Heugel*, § 44 Rn 50; Schumacher/Fischer-Hüftle/*Kratsch*, § 44 Rn 72ff.

122 Siehe oben Rn 94.

123 Auch die Vertreter des ehrenamtlichen Naturschutzes und der Umweltvereinigungen können hierzu wichtige Beiträge leisten (so zutreffend Landmann/Rohmer/*Gellermann*, § 44 BNatSchG Rn 22).

privaten Belange beizufügen, die eine Realisierung der Ausbaumaßnahme ausschließen oder gefährden können. Dabei ist jeweils anzugeben, wie das Konfliktpotenzial zu bewerten und wie mit ihm umzugehen ist.

102 Diese Darstellung hat **ebenengerecht** zu erfolgen, d.h., sie muss dem Planungsstand und Konkretisierungsgrad der Bundesfachplanung Rechnung tragen. Insoweit ist die Ausgangslage ähnlich wie bei der Abstimmung mit „anderen raumbedeutsamen Planungen und Maßnahmen" nach § 5 Abs. 1 S. 3 Hs. 2:[124] Weder ist es planungsrechtlich erforderlich noch verfahrensökonomisch vernünftig, bereits auf dieser Planungsstufe für den gesamten Korridorraum eine flächendeckende und parzellengenaue Ermittlung aller privaten Belange vorzunehmen, die mit Unverträglichkeiten für das Vorhaben verbunden sein könnten. Die Konflikte beschränken sich hier meist auf einzelne Grundstücke, auf denen die Stromleitung später errichtet und betrieben werden soll. Sie betreffen somit in erster Linie die Feintrassierung und sind dementsprechend vorrangig in den nachfolgenden Planfeststellungsverfahren abzuarbeiten. In der Bundesfachplanung bewegt sich die Planung dagegen im Stadium der Grobtrassierung. Eine Individualisierung privater Betroffenheiten wird hier meist nicht möglich sein, weil die genaue Trassenführung auf dieser Planungs- und Verfahrensebene noch nicht feststeht.[125] Anders stellt sich die Situation dort dar, wo private Belange den Korridorraum in seiner gesamten Breite beanspruchen, so etwa bei großräumigen Abgrabungen (z.B. Braunkohletagebau) oder großflächigen industriellen Nutzungen. In diesen Fällen sollte die Auseinandersetzung bereits auf fachplanerischer Ebene stattfinden, weil solche Vorhaben die Eignung des Trassenkorridors insgesamt in Frage stellen. Im Übrigen genügt jedoch eine perspektivische Einschätzung, dass private Interessen dem Ausbauvorhaben voraussichtlich nicht entgegenstehen werden, weil der Korridor konfliktfrei nutzbare Teilflächen umfasst oder bestehende Unverträglichkeiten überwunden werden können.

103 Die Ermittlung der berührten privaten Belange kann in der Praxis erhebliche Schwierigkeiten bereiten. Umso wichtiger ist es, dass diesem Fragenkreis in der Antragskonferenz die gebotene Aufmerksamkeit geschenkt wird. Hinweise, Informationen und Erkenntnisse sind hier nicht nur von den beteiligten Behörden oder anderen Trägern öffentlicher Belange zu erwarten. Da die Konferenz öffentlich durchgeführt wird, haben auch die Betroffenen selbst die Möglichkeit, ihre Belange frühzeitig „anzumelden" und in das Verfahren einzubringen.

5. Weitere Gegenstände des Untersuchungsrahmens und der Antragskonferenz

104 Für die Themen, die nach § 7 Gegenstand der Antragskonferenz und des Untersuchungsrahmens sein können, besteht kein Numerus clausus. Die in den vorstehenden Abschnitten behandelten Materien decken zwar wichtige Bestandteile des Prüfprogramms der Bundesfachplanung ab; die Zusammenstellung hat jedoch keinen abschließenden Charakter. Nach dem Sinn und Zweck der Vorschrift soll der Fachplanungsprozess durch die Festlegung des Untersuchungsrahmens und die vorlaufende Antragskonferenz umfassend vorbereitet und gesteuert werden. Ziel ist es, die Erarbeitung der Antragsunterlagen und die nachfolgenden Schritte bereits im Vorfeld mit allen Beteiligten so abzuklären und vorzustrukturieren, dass das Verfahren reibungslos, zügig und konzentriert verläuft und vermeidbare Verzögerungen unterbleiben. Dieser Intention entsprechend sind die Antragskonferenz und die Bestimmung des Untersuchungsrahmens prinzipiell offen für alle Sach- und Verfahrensfragen, deren Klärung zur Ausräumung von Fehlvorstellungen beiträgt und die Wirksamkeit und Effizienz der Bundesfachplanung fördert. Hierzu gehören beispielsweise auch die Voraussetzungen und Konsequenzen einer möglichen **Abschnittsbil-**

124 Siehe oben Rn 59 ff.

125 So im Hinblick auf die fehlende selbstständige Anfechtbarkeit der Fachplanungsentscheidung auch *Sellner/Fellenberg*, NVwZ 2011, 1025, 1031.

dung nach § 5 Abs. 3 sowie **„ungewöhnliche Fallgestaltungen"**, die besonderer Abstimmung bedürfen.

Abzustellen ist in dieser Verfahrensstation im Übrigen nicht allein auf die Bedürfnisse des Vorhabenträgers und der mitwirkenden Behörden. Auch dem **Informationsinteresse der Öffentlichkeit ist angemessen Rechnung zu tragen**. Nur auf diese Weise kann die Antragskonferenz die ihr vom Gesetzgeber beigemessene akzeptanzfördernde, befriedende und beschleunigende Wirkung entfalten. Angesichts der komplizierten mehrstufigen Planungshierarchie beim Ausbau der Stromnetze[126] sollte der Öffentlichkeit insbesondere der **Prüf- und Entscheidungsgegenstand der Bundesfachplanung vermittelt und erläutert werden, welche Sachfragen demgegenüber in anderen Verfahren behandelt werden**. So legt der Bundesbedarfsplan nach § 12e Abs. 4 EnWG für die in ihm enthaltenen Höchstspannungsleitungen abschließend die energiewirtschaftliche Notwendigkeit und den vordringlichen Bedarf fest. Ohne entsprechende Aufklärung in der Antragskonferenz muss damit gerechnet werden, dass die Bedarfsfrage in der Bundesfachplanung bei der Beteiligung der Öffentlichkeit nach § 9 erneut aufgeworfen wird und damit Diskussionen über hier nicht mehr entscheidungsrelevante Fragen ausgelöst werden, die das Verfahren unnötig erschweren und belasten.[127] 105

IV. Die Antragskonferenz (Abs. 1 S. 1, Abs. 2)

1. Bedeutung der Antragskonferenz

a) Wesentliche Merkmale

Nach Abs. 4 sollen die Ergebnisse die Antragskonferenz eine Grundlage für die Festlegung des Untersuchungsrahmens schaffen. Für die SUP, die nach § 5 Abs. 2 sowie nach § 14b Abs. 1 Nr. 1 i.V.m. Anlage 3 Nr. 1.11 UVPG im Verfahren der Bundesfachplanung durchzuführen ist, dient die Antragskonferenz nach Abs. 1 S. 4 zugleich als Besprechung im Sinne des § 14f Abs. 4 S. 2 UVPG. Jedoch gehen der Zuschnitt und der sachliche Gehalt dieses Instruments in vierfacher Hinsicht über die Reichweite und Bedeutung des herkömmlichen Scoping-Termins bei der UVP und SUP hinaus: 106

(1) Die Antragskonferenz ist in der Bundesfachplanung als **verbindlicher Verfahrensschritt** ausgestaltet; unterbleiben kann sie (Ermessen der Behörde) nach Abs. 7 nur im vereinfachten Verfahren des § 11. In anderen Planungsverfahren mit SUP ist die zuständige Behörde dagegen nicht zwingend verpflichtet, zu einer mündlichen Erörterung einzuladen; nach § 14f Abs. 4 S. 2 UVPG genügt es hier vielmehr, dass den Mitwirkenden Gelegenheit zur schriftlichen Stellungnahme gegeben wird.[128] (2) **Gegenstand** der Antragskonferenz ist **das gesamte Prüfprogramm der Bundesfachplanung**, nicht nur der Untersuchungsrahmen der SUP.[129] (3) Während am Scoping-Termin bei der Umweltprüfung regelmäßig nur der Vorhaben- oder Planungsträger sowie andere zu beteiligende Behörden teilnehmen und Dritte lediglich im Einzelfall hinzugezogen werden können, ist die Antragskonferenz nach Abs. 2 S. 3 **generell öffentlich.**[130] (4) Anders als bei der Umweltprüfung, bei der das Scoping auf ein bestimmtes Projekt des Vorhabenträgers (§ 5 S. 1 UVPG) oder bestimmte Planungs- oder Programmvorstellungen des Planungsträgers (§ 14f Abs. 4 S. 2 UVPG) fokussiert ist, ist die Antragskonferenz in der Bundes- 107

126 Hierzu bereits oben Rn 74 sowie den Überblick bei *Durner*, NuR 2012, 369, 370 ff.

127 *Becker*, in: Forum für Zukunftsenergien, Akzeptanz von Großprojekten und Infrastruktureinrichtungen – Wie kann sie verbessert werden?, Schriftenreihe des Kuratoriums, Band 4, 2011, S. 11, 13.

128 Vgl. Hoppe/Beckmann/*Kment*, § 14f Rn 44. Bei der UVP ist der Verfahrensschritt des *Scopings* – und damit auch ein *Scoping*-Termin – nach § 5 S. 1 UVPG nur durchzuführen, wenn der Vorhabenträger darum ersucht oder die Behörde es für erforderlich hält (vgl. *Kment*, RdE 2011, 341, 346 sowie Hoppe/Beckmann/*Kment*, § 5 Rn 4, 13).

129 Dazu bereits näher oben Rn 15 ff.

130 Dazu bereits oben Rn 12 sowie *Kment*, RdE 2011, 341, 346.

fachplanung **gegenständlich nicht auf den Korridorvorschlag aus dem Antrag des Vorhabenträgers** nach § 6 S. 6 Nr. 1 **beschränkt**. Damit ist diese Verfahrensstation hier wesentlich offener angelegt als in der Umweltprüfung; insbesondere werden den Beteiligten Möglichkeiten zur Einbringung eigener Alternativvorschläge in den fachplanerischen Prüf- und Entscheidungsprozess eröffnet.[131]

b) Ziele

108 In der Sache handelt es sich bei der Antragskonferenz um eine **frühe Behörden- und Öffentlichkeitsbeteiligung**. Für die Entscheidung des Gesetzgebers, bereits unmittelbar zu Beginn des Bundesfachplanungsverfahrens eine Besprechung mit dem Vorhabenträger unter Hinzuziehung der betroffenen Träger öffentlicher Belange, anerkannter Umweltvereinigungen sowie der allgemeinen Öffentlichkeit durchzuführen, lassen sich verschiedene Gründe nennen.

109 Zum einen geht es um die **Beratung und Unterstützung der BNetzA bei der Festlegung des Untersuchungsrahmens nach Abs. 4**. Zur inhaltlichen Eingrenzung und Konkretisierung des Untersuchungsrahmes müssen die **Sachfragen geklärt werden, die in der Bundesfachplanung abzuarbeiten sind**. Wie oben dargestellt,[132] umfasst der Untersuchungsrahmen eine breite Palette von Prüfthemen und Prüfgesichtspunkten, die unterschiedliche Materien und Fachgebiete betreffen. Insoweit stellt die Vorschrift sicher, dass die BNetzA bei der Bestimmung der relevanten Prüfaspekte nicht auf ihre eigenen fachlichen Fähigkeiten und Erkenntnismöglichkeiten beschränkt ist, sondern das Wissen und den Sachverstand von Fachbehörden und anderen Akteuren einbeziehen kann, von denen weiterführende Beiträge erwartet werden können. Dazu zählen auch Äußerungen der allgemeinen Öffentlichkeit. Zwar werden die meisten Bürgerinnen und Bürger, die an der Antragskonferenz teilnehmen, nicht über die Expertise der anwesenden Behörden oder Vereinigungen verfügen. Gleichwohl können sie – vor allem wenn es sich um Anwohner eines ins Auge gefassten Korridorraums handelt – aufgrund ihrer Kenntnisse über die Situation „vor Ort" entscheidungserhebliche Tatsachen in das Verfahren einbringen, auf die die Planung Rücksicht zu nehmen hat. Durch die Möglichkeit, entsprechende Hinweise schon zu Beginn des Verfahrens zu artikulieren, kann vermieden werden, dass z.B. dem Vorhaben entgegenstehende private Belange[133] oder andere relevante Gesichtspunkte erst im Einwendungsverfahren nach § 9 vorgetragen werden, wo sie dann ggf. zeitaufwendige zusätzliche Untersuchungen oder Umplanungen erforderlich machen.[134]

110 Zum zweiten bietet die Antragskonferenz dem **Vorhabenträger** wichtige **Hilfestellungen im Hinblick auf die nach § 8 vorzulegenden Unterlagen**. Nach Abs. 4 hat die BNetzA zusammen mit dem Untersuchungsrahmen Festlegungen zu den einzureichenden Antragsunterlagen zu treffen. Um diese sachgerecht und zielführend erarbeiten zu können, muss dem Vorhabenträger zunächst vermittelt werden, welche **Themen und Prüfaspekte** in der Bundesfachplanung zu behandeln sind. Insoweit besteht auf Antragstellerseite ein ähnlich gelagertes Aufklärungsinteresse wie bei der verfahrensführenden BNetzA. Zu diesem Fragenkomplex gehört auch die Bestimmung der Materien und Prüfpunkte, die **von der Bundesfachplanung abzuschichten und einer anderen Planungs- und Verfahrensebene zuzuordnen** sind.[135] Weiterhin muss der Vorhabenträger darüber unterrichtet werden, welche **Anforderungen in formaler wie qualitativer Hinsicht** an die Antragsunterlagen zu stellen sind. Dabei geht es um Gesichtspunkte

---

131 Eingehend dazu oben Rn 10 f., 13 f.
132 Siehe Abschnitt III.
133 Dazu näher oben unter Rn 101 ff.
134 So zur vergleichbaren Situation beim Scoping-Termin in der UVP auch Landmann/Rohmer/*Beckmann*, § 5 UVPG Rn 16 sowie *Führ u.a.*, S. 63 f.
135 Zu den dafür geltenden Grundsätzen eingehend oben Rn 73 ff.

wie den Prüfaufwand, die Prüftiefe, den Detaillierungsgrad und die anzuwendende Methodik, mit der Untersuchungen durchgeführt werden müssen, sowie um die Art und Weise der Darstellung (z.B. Anfertigung von Kartierungen, Aufbereitung des Materials in tabellarischer oder elektronischer Form).[136] Maßgebend hierfür sind – neben verfahrenspraktischen Überlegungen und rechtlichen Erfordernissen – vielfach auch fachliche Vorgaben und Bedürfnisse. Deshalb ist es sinnvoll, dass der Inhalt und die Ausgestaltung der Unterlagen in der Antragskonferenz mit den Fachbehörden und anderen kompetenten Wissens- und Erfahrungsträgern besprochen und abgeklärt werden.

Erörterungsbedarf wird in den meisten Verfahren vor allem zur **Datenlage und Informationsbeschaffung** bestehen. Geklärt werden muss, welche Angaben, die der Vorhabenträger zur Erarbeitung der nach § 8 vorzulegenden Unterlagen benötigt, allgemein zugänglichen Informationsquellen (z.B. Datenbanken und Fachinformationssystemen, deren Nutzung jedermann offen steht) entnommen werden und welche von Behörden oder anderen Institutionen zur Verfügung gestellt werden können. Für Erkenntnisse, die bei den beteiligten Behörden vorhanden sind und für den Umweltbericht zur SUP Verwendung finden können (z.B. Karten- und Datenmaterial, Pläne, Gutachten oder Ergebnisse von Monitoringaktivitäten),[137] hat der Gesetzgeber in § 14f Abs. 4 S. 4 UVPG eine ausdrückliche **Herausgabepflicht** verankert.[138] Eine Verpflichtung zur Durchführung eigener Ermittlungen oder zur Datenbeschaffung von dritter Seite ist damit nicht verbunden, wohl jedoch eine **Hinweispflicht,** wenn der Behörde bekannt ist, wo entsprechende Informationen bei anderen Stellen abgefragt werden können.[139] Für Angaben, die nicht für den Umweltbericht, sondern zur raumordnerischen Beurteilung oder unter anderen Prüfaspekten beigebracht werden müssen, sieht das NABEG hingegen keine ausdrücklichen Mitwirkungspflichten vor, und zwar weder für Behörden noch für andere Akteure. In diesen Fällen hängt die Übermittlung der Informationen daher letztlich von der **Kooperationsbereitschaft der Beteiligten** ab. Diese sollten allerdings im Hinblick auf die von ihnen vertretenen Belange ein Interesse daran haben, sich durch sachgerechte Beiträge konstruktiv in die Bundesfachplanung einzubringen. Soweit die BNetzA zur Wahrnehmung ihrer Aufgaben als verantwortliche Fachplanungsbehörde ihrerseits auf den Dateninput von Fachbehörden angewiesen ist, kann deren Inanspruchnahme ggf. auch nach den Grundsätzen der **Amtshilfe** erfolgen. Bei der Nutzung der Informationen, die Behörden oder Dritte zur Verfügung stellen, muss im Übrigen nach Abs. 6 dafür gesorgt werden, dass die Rechtsvorschriften über Geheimhaltung und Datenschutz eingehalten werden.[140] 111

Neben die Beratung und Unterstützung der BNetzA und des Vorhabenträgers tritt als weiterer eigenständiger Zweck[141] der Antragskonferenz die **Stärkung der Akzeptanz und Legitimation der Bundesfachplanung und ihrer Ergebnisse.** Dieser Effekt soll durch die Ausgestaltung als öffentlicher Termin und die damit verbundene frühe Einbeziehung der Öffentlichkeit bewirkt werden. Die Berechtigung jeder Person, an der Antragskonferenz teilzunehmen, wird in der Be- 112

136 Hierzu näher oben Rn 81ff. Die dort genannten Grundsätze beziehen sich zwar unmittelbar lediglich auf den Umweltbericht zur SUP. Sie sind jedoch Ausdruck allgemeiner planungsrechtlicher Überlegungen, die für andere Materien des Untersuchungsrahmens gleichermaßen Geltung beanspruchen können.

137 Hoppe/Beckmann/*Kment*, § 14f Rn 49; *Peters/Balla*, § 14f Rn 27.

138 Siehe dazu bereits oben Rn 86. Entsprechendes gilt nach § 5 S. 5 UVPG für Informationen beteiligter Behörden, die für die Beibringung der Unterlagen des Vorhabenträgers zur UVP zweckdienlich sind.

139 Hoppe/Beckmann/*Kment*, § 14f Rn 49.

140 Näher dazu unter Rn 148.

141 Durch diesen zusätzlichen Zweck unterscheiden sich die Ziele der Antragskonferenz in der Bundesfachplanung vom Scoping-Termin in der UVP. Das UVP-rechtliche Scoping dient allein der Unterrichtung des Vorhabenträgers über Inhalt und Umfang der von ihm beizubringenden Unterlagen und der Unterstützung der zuständigen Behörde bei der Festlegung des Untersuchungsrahmens; so z.B. BVerwG, Urt. v. 9.11.2006 – 4 A 2001/06 – (Flughafen Halle/Leipzig), Rn 26; Hoppe/Beckmann/*Kment*, § 5 Rn 3; Landmann/Rohmer/*Beckmann*, § 5 UVPG Rn 16.

gründung des Regierungsentwurfs als *„vertrauensbildende Maßnahme“* bezeichnet, die zur Verfahrenstransparenz, Akzeptanz und Befriedung beitrage.[142] In der Tat werden durch die Offenheit des Verfahrens (fehlende Antragsbindung nach Abs. 3 S. 2, Möglichkeit zur Einbringung von Planungsalternativen nach Abs. 3 S. 1) Schwächen der traditionellen Öffentlichkeitsbeteiligung beseitigt, die sich bei umstrittenen Großvorhaben in der Vergangenheit z.T. als Akzeptanzbarrieren erwiesen haben.[143]

2. Teilnehmer der Antragskonferenz (Abs. 2 S. 1 und 3)

a) Individuell zu benachrichtigende Teilnehmer (S. 1)

113 Bei der Berechtigung zur Teilnahme an der Antragskonferenz unterscheidet Abs. 2 zwischen solchen Teilnehmern, die von der BNetzA individuell geladen werden (S. 1), und der allgemeinen Öffentlichkeit, die qua Internet und örtlicher Tageszeitung über den Termin unterrichtet wird (S. 3).

114 Zu den geladenen Teilnehmern der Antragskonferenz gehört zunächst der **Vorhabenträger.** Seine Mitwirkung ist unerlässlich, wenn die Konferenz ihren Sinn und Zweck optimal erfüllen soll. Zum einen bilden der Antrag des Vorhabenträgers und die darin nach § 6 S. 6 enthaltenen Angaben die zentrale Beratungsgrundlage der Konferenz. Deshalb sollte der Vorhabenträger selbst an Ort und Stelle anwesend sein, um für Fragen und Erläuterungen zur Verfügung zu stehen. Zum zweiten ist es ein wesentliches Ziel der Antragskonferenz, dem Vorhabenträger Hilfestellung bei der Vorbereitung der nach § 8 einzureichenden Unterlagen zu geben.[144] Diese Funktion kann die Konferenz nur dann effektiv erfüllen, wenn der Vorhabenträger als Adressat der Unterstützung dem Termin nicht fernbleibt.

115 Zu ladende Teilnehmer sind ferner die **Träger öffentlicher Belange**, deren Aufgabenbereich berührt ist. Durch ihre Mitwirkung wird sichergestellt, dass Informationen über die tatsächlichen Verhältnisse im Bereich der zu prüfenden Korridore, fachliche und rechtliche Einschätzungen sowie sonstige Sach- und Fachgesichtspunkte, die für die Festlegung des Untersuchungsrahmens sowie für Inhalt und Zuschnitt der Antragsunterlagen Bedeutung haben können, in die Antragskonferenz eingebracht werden.[145] Als Träger öffentlicher Belange nennt die Vorschrift selbst beispielhaft *„die für die Landesplanung zuständigen Landesbehörden“*, womit in der Sache die **Raumordnungsbehörden** gemeint sind.[146] Regelmäßig einzubeziehen sind auch die **Umweltbehörden**, deren Teilnahme im Hinblick auf die zu prüfenden Umweltbelange und die Funktion der Antragskonferenz als SUP-rechtlicher Scoping-Termin (Abs. 1 S. 4) geboten ist.[147] Entsprechendes gilt für **andere Fach- oder Planungsbehörden**, die für Materien zuständig sind, mit denen sich die Bundesfachplanung auseinanderzusetzen hat.

116 Weitere nach S. 1 zu benachrichtigende Träger öffentlicher Belange sind die **kommunalen Gebietskörperschaften.**[148] Städte, Gemeinden und Landkreise, auf deren Gebiet ein vorgeschlagener Trassenkorridor verlaufen soll, sind daher ebenfalls zur Antragskonferenz zu laden.

142 BT-Drucks. 17/6249, S. 9 i.V.m. BT-Drucks. 17/6073, S. 25.
143 Dazu bereits oben Rn 13 f.
144 Siehe oben Rn 110 f.
145 Vgl. oben Rn 110 ff.
146 *Wagner*, DVBl. 2011, 1453, 1455. In § 6 S. 3 werden dieselben Behörden als *„die für die Raumordnung zuständigen Behörden der Länder“* bezeichnet. Kritisch zur uneinheitlichen Terminologie *Erbguth*, NVwZ 2012, 326, 327, Fn 22. Die Verwendung unterschiedlicher Begriffe dürfte vor allem dem Zeitdruck geschuldet sein, unter dem das NABEG seinerzeit erarbeitet worden ist.
147 Soweit eine Korridorplanung im Ausnahmefall grenzüberschreitende Umweltauswirkungen im Sinne des § 14j UVPG haben kann, kann es sinnvoll sein, auch Behörden des betroffenen Staates Gelegenheit zur Teilnahme an der Antragskonferenz zu geben.
148 So Gegenäußerung der Bundesregierung, BT-Drucks. 17/6249, S. 17.

Sie sind von dem Vorhaben betroffen, weil Gestaltungsmöglichkeiten, die den Gemeinden im Rahmen der kommunalen Planungshoheit zustehen, durch die Festlegung des Korridors in der Bundesfachplanung eingeschränkt werden.

Inwieweit sonstige potenziell betroffene **öffentliche oder private Stellen, die öffentliche** 117 **Aufgaben erfüllen** (z.B. die Deutsche Bahn AG oder ein anderes Verkehrsunternehmen, dessen Streckennetz von der Korridorplanung berührt wird), als Träger öffentlicher Belange anzusehen sind, geht aus der Regelung nicht klar hervor. Der Begriff „Träger öffentlicher Belange" und die jeweilige Handhabung dieser Kategorie im Beteiligungsverfahren werden im deutschen Planungs- und Zulassungsrecht unterschiedlich verstanden und praktiziert.[149] Das NABEG enthält für seinen Anwendungsbereich keine Definition der Bezeichnung „Träger öffentlicher Belange". Auch die Gesetzesmaterialien lassen offen, ob Einrichtungen, Unternehmen oder Verbände, denen die Wahrnehmung öffentlicher Aufgaben obliegt und deren Aufgabenbereich durch den ins Auge gefassten Korridor tangiert wird, in der Antragskonferenz den Behörden und Kommunen gleichgestellt werden sollen. Das Schweigen des Gesetzgebers zu dieser Frage lässt den Schluss zu, dass der Fachplanungsbehörde hier – wie auch sonst bei der Organisation und Durchführung der Antragskonferenz[150] – **Handlungsspielräume** eröffnet werden sollten. Für die Zwecke der Antragskonferenz kommt es vor allem darauf an, dass Vertreter solcher öffentlichen Belange im Termin vertreten sind, die sich nach dem Kenntnisstand und dem Erfahrungswissen der Behörde als Planungshindernis für den vorgeschlagenen Trassenkorridor erweisen könnten. Da die Bestimmung entsprechender Unverträglichkeiten in diesem frühen Verfahrensstadium naturgemäß mit Unsicherheiten verbunden ist, sollte der Kreis der einzuladenden Träger öffentlicher Belange im Zweifel eher weiter als eng gefasst werden, um eine vollständige Abklärung des bestehenden Konfliktpotenzials zu ermöglichen. Andererseits ist ein gewisser Pragmatismus bei der Auswahl unschädlich, weil die Antragskonferenz nach S. 3 zusätzlich im Internet und in örtlichen Tageszeitungen angekündigt wird. Deshalb kann damit gerechnet werden, dass interessierte Träger öffentlicher Belange, die sich von dem Vorhaben betroffen fühlen, die Konferenz auch dann aufsuchen werden, wenn sie nicht individuell benachrichtigt werden. Ebenso wie die Träger privater Belange sind sie Mitglieder der Öffentlichkeit und als solche nach S. 3 teilnahme- und äußerungsberechtigt.[151]

Eine dritte zur Antragskonferenz einzuladende Gruppierung sind die **Vereinigungen**. Nach 118 der Legaldefinition des § 3 Abs. 2 gehören hierzu nur die nach § 3 UmwRG anerkannten Umweltvereinigungen, deren satzungsgemäßer Aufgabenbereich von der Korridorplanung berührt wird.[152] Diese Regelung ist nicht dahingehend zu verstehen, dass nichtanerkannte Umweltvereinigungen sowie andere Organisationen, Verbände und Personenzusammenschlüsse (z.B. Bürgerinitiativen) von der Antragskonferenz ausgeschlossen sind. Solche Formationen und ihre Mitglieder sind vielmehr Teil der Öffentlichkeit nach S. 3 und können damit ebenfalls am Termin teilnehmen.

---

149 Für die Beteiligung an der Bauleitplanung nach § 4 Abs. 1 BauGB wird der Begriff „Träger öffentlicher Belange" weit ausgelegt; danach sind auch private Rechtssubjekte, die Aufgaben der Daseinsvorsorge erfüllen (z.B. Verkehrsunternehmen und Anbieter von Telekommunikationsdienstleistungen), im Verfahren wie Behörden einzubeziehen (*Battis/Krautzberger/Löhr*, § 4 Rn 3). Bei der Planfeststellung sind „private" Träger öffentlicher Belange den Behörden dagegen nicht gleichgestellt, sondern können sich als sonstige Betroffene nach § 72 Abs. 4 VwVfG im Rahmen der Öffentlichkeitsbeteiligung in das Verfahren einbringen. Wieder anders im Raumordnungsverfahren, wo nach § 15 Abs. 3 S. 1 ROG grds. nur öffentliche Stellen zu beteiligen sind; jedoch bestehen auf landesrechtlicher Ebene z.T. abweichende Regelungen, nach denen privatrechtlich organisierte Verbände (z.B. der Bauernverband) bei der Beteiligung den Behörden gleichgestellt sind (*Spannowsky/Runkel/Goppel*, § 13 Rn 53).

150 Siehe dazu unter Rn 122.

151 Näher zur Äußerungsberechtigung unter Rn 121.

152 Näher hierzu § 3 NABEG Rn 7ff.

119 Der Kreis der Teilnehmer, die individuell benachrichtigt werden, wird in Abs. 2 S. 1 **nicht abschließend** festgelegt. Die BNetzA ist nicht gehindert, weitere Personen oder Funktionsträger zur Antragskonferenz zu laden, durch deren Mitwirkung das Verfahren gefördert werden kann. Für die Besprechung zum Untersuchungsrahmen der SUP, die nach Abs. 1 S. 4 Bestandteil der Antragskonferenz ist, hat der Gesetzgeber in § 14f Abs. 4 S. 3 UVPG ausdrücklich bestimmt, dass die zuständige Behörde bei Bedarf **Sachverständige** hinzuziehen kann. Für die Behandlung der nicht umweltbezogenen Teile des Untersuchungsrahmens kann nichts anderes gelten. Sinnvoll kann es im Einzelfall auch sein, der Behörde bekannte **Träger privater Belange**, die dem vorgeschlagenen Trassenkorridor entgegenstehen können, zum Termin zu laden.

b) Mitglieder der Öffentlichkeit (S. 3)

120 Nach S. 3 Hs. 1 ist die **Antragskonferenz öffentlich**. An dem Termin kann somit **jedermann teilnehmen**. Anders als die in S. 1 genannten Teilnehmer, die individuell benachrichtigt werden, ist die Öffentlichkeit nach S. 3 Hs. 2 auf der Internetseite der BNetzA und über eine Veröffentlichung in der örtlichen Tagespresse über den Termin zu unterrichten. Der Begriff der „Öffentlichkeit“ umfasst hier sowohl die **allgemeine Öffentlichkeit** als auch die **Vertreter von Belangen, die von der Korridorplanung berührt sein können** und nicht zu dem nach S. 1 geladenen Teilnehmerkreis gehören.

121 Von der Berechtigung zur Teilnahme zu unterscheiden ist die Frage, ob die interessierte Öffentlichkeit dem Termin **lediglich passiv beiwohnt** (d.h. bloße Anwesenheit als Zuhörer)[153] **oder** ob sie **aktiv** (z.B. durch eigene Vorschläge oder Diskussionsbeiträge) **an den Beratungen mitwirken** darf. Der Regelungstext selbst gibt hierauf keine eindeutige Antwort. Dagegen lassen sich der Begründung des Regierungsentwurfs deutliche Hinweise darauf entnehmen, dass der Gesetzgeber in der Antragskonferenz eine aktive Beteiligung der Öffentlichkeit ermöglichen wollte. Zum einen heißt es dort, dass über den Wortlaut des Abs. 3 S. 1 hinaus nicht nur die Länder, sondern auch andere Beteiligte der Antragskonferenz Vorschläge zu alternativen Trassenkorridoren machen könnten.[154] Dies setzt voraus, dass sie in der Antragskonferenz auftreten, ihre Überlegungen dort präsentieren und zur Diskussion stellen dürfen. Zum anderen wird in der Gesetzesbegründung ausgeführt, dass bereits in diesem frühen Verfahrensstadium widerstreitende öffentliche und private Belange zutage träten, die eine Einbeziehung der breiten Öffentlichkeit erforderlich machten.[155] Wenn dem so ist, dann ist es konsequent, dass sich Vertreter solcher Belange in der Antragskonferenz zu Wort melden und ihre Anliegen artikulieren dürfen. Solche Interventionen sind nach dem Zweck der Antragskonferenz auch sinnvoll. Sie leisten einen Beitrag zur effektiven Vorbereitung und Beschleunigung des Verfahrens, weil sie die Aufmerksamkeit frühzeitig auf mögliche Konfliktpunkte lenken, die in der Planung ggf. aufgegriffen und abgearbeitet werden müssen. Inwieweit sich Mitglieder der allgemeinen Öffentlichkeit, die weder eigene Korridorvorschläge einbringen noch eigene Belange geltend machen, aktiv an der Diskussion beteiligen können, ist eine im Ermessen der BNetzA stehende Frage.[156] Dabei sollte im Zweifel großzügig verfahren werden – denn mit einer restriktiven Linie dürfte der akzeptanzstärkende und vertrauensbildende Effekt, den sich der Gesetzgeber von der öffentlichen Durchführung der Konferenz verspricht, nur schwer zu erzielen sein. Andererseits muss es der BNetzA

153 So offenbar *Moench/Ruttloff*, NVwZ 2011, 1040, 1042: die öffentliche Antragskonferenz finde ohne Öffentlichkeitsbeteiligung statt.
154 BT-Drucks. 17/6249, S. 9 i.V.m. BT-Drucks. 17/6073, S. 25.
155 BT-Drucks. 17/6249, S. 9 i.V.m. BT-Drucks. 17/6073, S. 25.
156 Die Situation stellt sich hier in gewisser Weise ähnlich dar wie beim öffentlichen Erörterungstermin im immissionsschutzrechtlichen Genehmigungsverfahren nach § 18 der 9. BImSchV. Auch dort steht es im Ermessen der Verhandlungsleitung, ob Personen das Wort ergreifen können, die keine oder nicht rechtzeitig Einwendungen erhoben haben (vgl. *Jarass*, § 10 Rn 86; Landmann/Rohmer/*Dietlein*, § 10 BImSchG Rn 227).

natürlich möglich sein, sachwidrige Wortbeiträge und solche, die erkennbar der Verschleppung des Verfahrens dienen, zu unterbinden.[157] Um hier insgesamt die richtige Balance zu finden, bedarf es auf Seiten der Verhandlungsleitung eines hohen Maßes an Fingerspitzengefühl und verfahrenspraktischer Sensibilität.

3. Vorbereitung, Organisation und Durchführung

a) Gestaltungsspielraum der BNetzA

Die Antragskonferenz kann ihre verfahrenssteuernde Funktion nur dann effektiv erfüllen, wenn sie ihrerseits gründlich vorbereitet, zweckmäßig organisiert sowie sachgerecht und zielführend durchgeführt wird. Zu diesen vollzugspraktischen Aspekten finden sich in den Vorschriften über die Antragskonferenz – mit Ausnahme der Anforderungen an die Ladung bestimmter Teilnehmer und die Unterrichtung der Öffentlichkeit – nahezu keine Vorgaben. Der Begründung des Regierungsentwurfs lässt sich hierzu die Aussage entnehmen, dass die BNetzA die Beteiligung der Öffentlichkeit *„ausgestalten“* müsse, um die Antragskonferenz *„praktisch handhabbar zu machen“*.[158] Daran wird deutlich, dass die Fachplanungsbehörde nach dem Willen des Gesetzgebers bei der Vorbereitung, Organisation und Durchführung der Antragskonferenz über Handlungs- und Gestaltungsspielräume verfügen soll. Die eigene Zurückhaltung des Gesetzgebers in dieser Frage lässt sich damit erklären, dass mit der Einführung einer öffentlichen Antragskonferenz Neuland beschritten wird. Zumindest in der ersten Phase der Umsetzung dürfte die Anwendung dieses neuen – innovativen – Instruments[159] noch einen gewissen experimentellen Charakter haben. Da es hierzu in Deutschland an Erfahrungen fehlt, an die hätte angeknüpft werden können, sollte der BNetzA die Freiheit gegeben werden, sich mit Pragmatismus und verfahrenspraktischer Vernunft ihren eigenen Weg zur Bewältigung der Herausforderung „Antragskonferenz“ zu erschließen. 122

b) Individuelle Ladung und Unterrichtung der Öffentlichkeit

Der **Vorhabenträger**, die betroffenen **Träger öffentlicher Belange**, deren Aufgabenbereich berührt ist, und die **Vereinigungen** werden nach Abs. 2 S. 1 von der BNetzA individuell zur Antragskonferenz **geladen**. Dabei ist es der Fachplanungsbehörde freigestellt, ob die Übersendung auf dem traditionellen Postweg **per Brief oder formlos elektronisch**, d.h. per Mail, erfolgt. Die Formerfordernisse des § 3a Abs. 2 VwVfG (elektronische Form mit qualifizierter elektronischer Signatur) gelten hier nicht. 123

Bei den Vereinigungen und den Trägern öffentlicher Belange erfolgt die Ladung unter **Beifügung des Antrags**, den der Vorhabenträger zuvor nach § 6 bei der BNetzA gestellt hat. Die Übermittlung des Antrags ist für den Erfolg der Antragskonferenz **essentiell**. Der Antrag bildet die wichtigste Beratungsgrundlage für die Antragskonferenz. Nur auf der Basis aussagefähiger Informationen über den vorgesehenen Korridorverlauf ist es den Beteiligten möglich, sich auf die Antragskonferenz zielgerichtet vorzubereiten und sich dort substantiiert zu äußern. Aus diesem Grunde hat der Gesetzgeber in § 6 S. 5 bestimmte **Qualitätsanforderungen für den Antrag** vorgegeben: dieser soll die Angaben enthalten, die die Festlegung des Untersuchungsrahmens ermöglichen, und das Vorhaben in allgemein verständlicher Form darstellen. Die Einhaltung dieser Vorgaben ist von der BNetzA zu prüfen, bevor der Antrag den Vereinigungen und Trägern öffentlicher Belange nach Abs. 2 S. 2 und 3 übersandt wird. Wird der Antrag den Anforderungen 124

157 Vgl. *Kment*, RdE 2011, 341, 346. Zur Befugnis der Verhandlungsleitung, Maßnahmen zur Gewährleistung eines ordnungsgemäßen Sitzungsablaufs zu ergreifen, näher unter Rn 138.
158 BT-Drucks. 17/6249, S. 9 i.V.m. BT-Drucks. 17/6073, S. 25.
159 Siehe oben Rn 12.

nicht gerecht, ist er für den vorgesehenen Zweck unbrauchbar und muss entsprechend nachgebessert werden.

125 Bei der Beifügung des Antrags handelt es sich um eine gesetzliche Mindestvoraussetzung für die Durchführung der Antragskonferenz. Darüber hinaus dürfte es indessen generell sinnvoll sein, den Beteiligten **weitere zweckdienliche Unterlagen zugänglich** zu **machen**, z.B. den Entwurf der Tagesordnung, eine Aufstellung relevanter Fragen oder Hinweise auf besonderen fachlichen Klärungsbedarf. Da solche ergänzenden Angaben häufig erst nach Versendung der Ladung verfügbar sein werden, empfiehlt es sich, dass die BNetzA für das Verfahren eine eigene **Website** einrichtet – und diese jeweils fortlaufend aktualisiert –, auf der der Antrag und alle Begleitinformationen zur Antragskonferenz eingestellt werden. Sie können dann von interessierten Teilnehmern zur Vorbereitung auf die Konferenz abgerufen werden.

126 Da es praktisch ausgeschlossen ist, alle **Mitglieder der Öffentlichkeit** individuell zu benachrichtigen, wird die Öffentlichkeit mittels allgemein zugänglicher Informationsquellen über die Antragskonferenz unterrichtet. Abs. 2 S. 3 schreibt hierfür eine Veröffentlichung sowohl auf der **Internetseite der BNetzA** als auch in der **örtlichen Tagespresse** vor. Dabei muss es sich um Zeitungen handeln, die innerhalb des Gebiets verbreitet sind, auf das sich der beantragte Trassenkorridor voraussichtlich auswirken wird. Die Auswahl der Zeitungen liegt im Ermessen der BNetzA. Angestrebt werden sollte, einen möglichst breiten Leserkreis zu erreichen. Stehen mehrere Presseorgane zur Verfügung, sollte im Interesse größtmöglicher Transparenz eine Parallelveröffentlichung oder zumindest eine Veröffentlichung in der auflagenstärkeren Zeitung erfolgen.

127 Anders als bei den individuell geladenen Teilnehmern ist bei der Unterrichtung der Öffentlichkeit **nicht vorgesehen**, mit der Bekanntmachung des Termins auch **den Antrag des Vorhabenträgers zu veröffentlichen**. Diese Entscheidung des Gesetzgebers erscheint im Hinblick auf den Zweck der Antragskonferenz **verfehlt**. Schon die Tatsache, dass der Antrag nach § 6 S. 5 eine Darstellung des Vorhabens in allgemeinverständlicher Form umfassen soll, spricht dafür, dass er auch der Öffentlichkeit zugänglich gemacht werden soll. Würde anders verfahren, hätte dies zur Folge, dass sich betroffene Mitglieder der Öffentlichkeit nicht adäquat mit dem Vorhaben auseinandersetzen und auf die Antragskonferenz vorbereiten könnten. Um bei der Festlegung des Untersuchungsrahmens Defizite zu vermeiden, sollten der Vorhabenträger und die BNetzA ein Interesse daran haben, dass z.B. Träger gewichtiger privater Belange, denen in der Bundesfachplanung Rechnung zu tragen ist, an der Antragskonferenz teilnehmen und sich dort qualifiziert einbringen. Voraussetzung dafür ist, dass die Unterrichtung bei den Betroffenen eine entsprechende Anstoßfunktion erfüllt. Insoweit gibt es keinen Grund, die Träger privater Belange anders zu behandeln als Träger öffentlicher Belange, denen der Antrag nach Abs. 2 S. 1 übermittelt wird. Dies kann auf einfache Weise dadurch geschehen, dass die BNetzA die Unterrichtung der Öffentlichkeit mit einem Hinweis auf ihre o.g. Website[160] verbindet, wo der Antrag dann nebst ergänzenden Informationen eingesehen werden kann.

128 **In zeitlicher Hinsicht** haben die Benachrichtigung der nach Abs. 1 S. 1 zu ladenden Teilnehmer und die Unterrichtung der Öffentlichkeit **unverzüglich nach Eingang des Antrags** zu erfolgen. Da auch die Antragskonferenz nach Abs. 1 S. 1 unverzüglich nach Einreichung des Antrags stattfinden soll, kann für die Ladung und Bekanntgabe des Termins kein anderer Maßstab gelten. Dies kann allerdings nicht bedeuten, dass die BNetzA die Antragskonferenz einleitet, ohne den Antrag zuvor geprüft zu haben. Die Prüfung ist aus zwei Gründen unerlässlich: Zum einen muss sichergestellt sein, dass der Antrag den Anforderungen des § 6 S. 5 entspricht.[161] Zum anderen lässt erst der Korridorvorschlag des Vorhabenträgers (§ 6 S. 6 Nr. 1) erkennen, welche

160 Siehe Rn 125.
161 Siehe oben Rn 124.

Träger öffentlicher Belange in ihrem Aufgabenbereich berührt sein können und damit zur Konferenz zu laden sind. Entsprechendes gilt für die Bestimmung der zu benachrichtigenden Vereinigungen[162] sowie für die Frage, in welchen örtlichen Tageszeitungen die Antragskonferenz anzukündigen ist. Diese Prüfungen sind möglichst zügig durchzuführen. Verkürzt werden kann der Prüfprozess dadurch, dass der Vorhabenträger der Behörde nach Absprache bereits im Vorfeld einen Antragsentwurf zur „Vorprüfung" übermittelt.

c) Inhaltliche Vorbereitung und Nachbereitung

Der Ertrag, den die Antragskonferenz für die anschließende Festlegung des Untersuchungsrahmens liefert, wird umso größer ausfallen, je gründlicher der Termin inhaltlich vorbereitet wird. Die **inhaltliche Vorbereitung** ist keineswegs allein Sache der BNetzA – **alle Verfahrensbeteiligten sind hier gefordert, ihren Beitrag zu leisten**. 129

Der **Vorhabenträger** kommt dieser Aufgabe dadurch nach, dass er durch Vorlage des Antrags nach § 6 die **zentrale Beratungsgrundlage** für die Antragskonferenz **liefert.** Darüber hinaus sollte er präpariert sein, im Termin ergänzende Erläuterungen abzugeben und Fragen der beteiligten Behörden und Vereinigungen oder aus dem Publikum zu beantworten. 130

Die **BNetzA** hat bei der Planung der Antragskonferenz für eine **sachgerechte inhaltliche Vorstrukturierung der Beratungen** zu sorgen. Anzuknüpfen ist dabei an den Antrag des Vorhabenträgers, aber auch Alternativvorschläge der Länder oder anderer Beteiligter nach Abs. 3, wenn solche noch vor der Antragskonferenz vorgelegt werden. Diese Unterlagen sind im Hinblick auf die in der Konferenz zu erörternden Sachfragen und Prüfgesichtspunkte auszuwerten. Auf dieser Grundlage ist sodann eine geeignete Tagesordnung zu entwerfen. Weitere Mittel zur inhaltlichen Vorbereitung des Termins sind thematische Übersichten oder Fragenkataloge, die den aus Sicht der BNetzA abzuarbeitenden Klärungsbedarf umreißen. Dabei sollte jedoch darauf hingewiesen werden, dass diese Aufstellungen keinen abschließenden Charakter haben, sondern offen für die Einbringung zusätzlicher Aspekte sind. 131

Ein wesentlicher Faktor für die Effektivität und den Erfolg der Antragskonferenz sind die Beiträge der einbezogenen **Fachbehörden**. Diese sollten sich daher im Vorfeld des Termins eingehend mit dem Antrag und den Begleitunterlagen auseinandersetzen und prüfen, ob und in welcher Weise sie die BNetzA und den Vorhabenträger durch fachlichen Input und die Bereitstellung von Daten, Unterlagen und Informationen unterstützen können. Entsprechendes gilt für andere beteiligte **Träger öffentlicher Belange** und für die **Vereinigungen**. Nur bei adäquater inhaltlicher Vorbereitung können sie in der Konferenz Einfluss darauf nehmen, dass der Stellenwert, der den von ihnen vertretenen Belangen bei der Planung des Korridors zukommt, zutreffend erkannt und bei der Festlegung des Untersuchungsrahmens angemessen berücksichtigt wird. 132

Ein bei der Vorbereitung der Konferenz nur schwer zu bewältigendes Thema ist der **Umgang mit alternativen Korridorvorschlägen** der Länder oder anderer Beteiligter nach Abs. 3. Um auch hier eine angemessene inhaltliche Vorbefassung zu ermöglichen, wäre es **wünschenswert**, dass solche Vorschläge bereits **im Vorfeld der Antragskonferenz eingebracht** werden. Die BNetzA kann sie dann auf die Website[163] stellen, so dass sich interessierte Beteiligte noch vor dem Termin damit auseinandersetzen können. Ein solches Vorgehen wird vielfach jedoch aus zeitlichen und praktischen Gründen nicht realisierbar sein. Vielmehr muss damit 133

162 Nach § 3 Abs. 2 sind nur solche Vereinigungen einzubeziehen, deren satzungsgemäßer Aufgabenbereich berührt ist. Nach der Satzung kann der Tätigkeitsbereich der Vereinigung räumlich beschränkt sein. Daher ist zu prüfen, ob das Gebiet, auf dessen Umwelt sich der beantragte Korridor auswirken kann, im räumlichen Tätigkeitsbereich der Vereinigung liegt.

163 Siehe oben Rn 125.

gerechnet werden, dass Alternativvorschläge erst in der Konferenz selbst vorgestellt und erläutert werden. Da die übrigen Verfahrensbeteiligten in diesem Falle unvorbereitet mit ihnen bis dato unbekannten Planungsvorstellungen konfrontiert werden, muss ihnen die Möglichkeit eröffnet werden, binnen einer angemessenen Frist noch nachträglich zu dem Vorschlag Stellung zu nehmen.

134 Eine entsprechende **Nachbereitung** wird häufig auch bei anderen Fragen, die Gegenstand der Konferenz sind, erforderlich sein. Selbst bei vertiefter Vorbereitung wird es den Teilnehmern nicht immer möglich sein, sich zu allen relevanten Aspekten schon im Termin selbst abschließend zu äußern. Die BNetzA sollte daher in solchen Fällen Gelegenheit geben, das Vorbringen nach Beendigung der Antragskonferenz noch um Beiträge zu ergänzen, die für eine vollständige Aufklärung der Materie benötigt werden. Hierdurch kann sichergestellt werden, dass die Festlegung des Untersuchungsrahmens auf sachlich und fachlich ausreichend untersetzter Grundlage erfolgt.

d) Organisation und praktische Durchführung

135 Für die Antragskonferenz muss ein **geeigneter Termin** bestimmt werden. Bei der Terminierung ist einerseits zu berücksichtigen, dass den Teilnehmern eine ausreichende Vorbereitung ermöglicht werden muss. Andererseits muss der BNetzA anschließend genügend Zeit verbleiben, um die Ergebnisse der Antragskonferenz – einschließlich später noch hinzukommender Informationen aus der Nachbereitung – innerhalb der Regelfrist von zwei Monaten (Abs. 5) auszuwerten und auf dieser Grundlage die Festlegungen zum Untersuchungsrahmen zu treffen.

136 Die **anzusetzende Dauer** der Antragskonferenz richtet sich nach dem zu erwartenden Beratungsbedarf. Dieser ist von der BNetzA anhand des Antrags und anderer zeitbestimmender Faktoren abzuschätzen. Gesichtspunkte, die in diesem Zusammenhang von Bedeutung sein können, sind beispielsweise die Länge des beantragten Trassenkorridors, vorliegende oder angekündigte Alternativvorschläge, Art und Umfang voraussichtlicher Konfliktpotenziale sowie die Haltung der betroffenen Öffentlichkeit gegenüber dem Vorhaben. Die Antragskonferenz muss **nicht zwingend eintägig** durchgeführt werden; denkbar ist auch eine zwei- oder mehrtägige Veranstaltung mit jeweils unterschiedlichen Themenschwerpunkten.[164]

137 Auch die **Auswahl des Konferenzorts** liegt grds. im Ermessen der BNetzA. Generell sollten jedoch nur Örtlichkeiten in Betracht gezogen werden, die für die Beteiligten, insbesondere die betroffene Öffentlichkeit, **verkehrstechnisch** (auch mit öffentlichen Verkehrsmitteln) **gut erreichbar** sind, und zwar zu den Zeiten, in denen die Konferenz stattfindet. Bei sehr langen Trassenkorridoren kann die Antragskonferenz ggf. auch **regionalisiert** werden, d.h., die Beratungsmaterie kann auf mehrere Teilkonferenzen aufgeteilt werden, die sich dann jeweils schwerpunktmäßig mit bestimmten Korridorabschnitten befassen. Ein solches Vorgehen kann insbesondere bei länderübergreifenden Vorhaben Vorteile bieten, weil die Behördenbeteiligung hierdurch – bei entsprechender Abschnittbildung – auf Behörden eines Landes beschränkt werden kann.

138 Über erhebliche Gestaltungsspielräume verfügt die BNetzA schließlich auch bei der **praktischen Durchführung der Antragskonferenz**. Hier kann sie alle **Maßnahmen** ergreifen, die nach ihrer Einschätzung geeignet und sinnvoll sind, um den **Zweck der Veranstaltung zu fördern**, den **Termin handhabbar zu machen** und die **Ordnung in der Sitzung zu gewährleisten**. Zulässig wäre beispielsweise, eine Teilnahme an der Konferenz nur nach vorheriger Anmeldung zuzulassen,[165] für die Behandlung einzelner Tagesordnungspunkte einen Zeitrahmen

164 So auch zum Scoping-Termin bei der UVP Hoppe/Beckmann/*Kment*, § 5 Rn 21.
165 Beispiel aus Begr. RegE BT-Drucks. 17/6249, S. 9 i.V.m. BT-Drucks. 17/6073, S. 25.

vorzugeben oder eine Redezeitbegrenzung einzuführen. Denkbar wäre ferner, die organisatorische Vorbereitung der Antragskonferenz oder sogar die Sitzungsleitung selbst nach § 29 mit Zustimmung des Vorhabenträgers ganz oder teilweise einem **Projektmanager** zu übertragen.[166] Wegen der Komplexität der Materien, die in der Antragskonferenz zu behandeln sind, dürfte es sich überdies in besonderem Maße empfehlen, die **Ergebnisse des Termins in einem Protokoll festzuhalten.** Bei der Bestimmung der Handlungsmöglichkeiten und Befugnisse, die dem Verhandlungsleiter zur Sicherung eines **ordnungsgemäßen Ablaufs** der Konferenz und zum **Umgang mit Störungen** zur Verfügung stehen, können als Orientierungsmaßstab die einschlägigen Vorschriften für Erörterungstermine (§ 73 Abs. 6 S. 6 i.V.m. § 68 Abs. 3 VwVfG; § 18 Abs. 3 bis 5 der 9. BImSchV) dienen.

V. Alternativvorschläge der Länder und anderer Beteiligter (Abs. 3)

Neben der öffentlichen Antragskonferenz hat der Gesetzgeber in Abs. 3 in einem weiteren Punkt rechtliches Neuland beschritten und das Planungsrecht um einen **innovativen Ansatz** bereichert. In dieser Bestimmung ist er – soweit ersichtlich – erstmalig von einer traditionell „heiligen Kuh" des deutschen Verwaltungsrechts im Bereich der Antragsverfahren abgerückt, nämlich der Bindung der Behörde an den Antrag des Vorhabenträgers. Nach S. 1 der Vorschrift können Länder, auf deren Gebiet ein vom Vorhabenträger nach § 6 beantragter Trassenkorridor voraussichtlich verlaufen wird, eigene abweichende Vorschläge über den Verlauf des Trassenkorridors machen. Nach S. 2 ist die BNetzA weder an den Antrag des Vorhabenträgers noch an die Vorschläge der Länder gebunden. Konkret bedeutet dies, dass der Prüf- und Entscheidungsgegenstand der Bundesfachplanung nicht zwingend durch den Antrag des Vorhabenträgers determiniert wird. Vielmehr hat die BNetzA bei der Festlegung des Untersuchungsrahmens zu bestimmen, ob es sich bei dem abweichenden Vorschlag des Landes um eine „ernsthaft in Betracht kommende" Alternative handelt, die in das Prüfprogramm der Bundesfachplanung einzubeziehen ist. Hierdurch erhalten die Länder die Möglichkeit, Einfluss auf Gegenstand und Inhalt der Bundesfachplanung zu nehmen. Ob sich der Alternativvorschlag des Landes dann im Ergebnis durchsetzt, ist eine Frage der Abwägung – immerhin bietet das Verfahren hierfür Chancen. Wegen der Einzelheiten und der Konsequenzen für die Ausgestaltung der Bundesfachplanung wird auf die eingehende Darstellung im Abschnitt III.1, Rn 18 ff. verwiesen. 139

Die Öffnung für alternative Planungsvorstellungen der Länder wird man wohl als **Kompensation** dafür verstehen können, dass die **Länder** durch die Einführung der Bundesfachplanung **eigene Planungszuständigkeiten verloren** haben. Ein Raumordnungsverfahren findet für Höchstspannungsleitungen, für die im Verfahren der Bundesfachplanung Trassenkorridore festgelegt werden, nach § 28 nicht statt. Allerdings macht die Begründung des Regierungsentwurfs deutlich, dass der Gesetzgeber die Möglichkeiten des Abs. 3 **nicht exklusiv auf die Länder beschränkt** wissen wollte. Denn bei der Festlegung des Untersuchungsrahmens, so heißt es dort, soll die BNetzA nicht nur die Vorstellungen der Länder, **sondern auch Vorschläge anderer Beteiligter der Antragskonferenz zu alternativen Trassenkorridoren** berücksichtigen.[167] Damit ist der Anwendungsbereich des Abs. 3 weiter zu fassen, als der Wortlaut der Vorschrift erkennen lässt. 140

---

166 In der Liste der Aufgaben, die der Projektträger nach § 29 übernehmen kann, finden sich zwar die Vorbereitung und Leitung des Erörterungstermins, nicht aber die Übertragung entsprechender Aufgaben bei der Antragskonferenz. Die dortige Aufzählung ist jedoch nicht abschließend; daher können die Möglichkeiten des § 29 auch im vorliegenden Zusammenhang nutzbar gemacht werden.

167 BT-Drucks. 17/6249, S. 9 i.V.m. BT-Drucks. 17/6073, S. 25.

141 Um Eingang in die Bundesfachplanung zu finden, müssen die Alternativvorschläge der Länder und anderer Beteiligter **prüffähig**, d.h. **hinreichend bestimmt** und mit einer **Begründung** versehen sein, die verdeutlicht, weshalb der vorgeschlagene Korridor aus der Sicht seines Protagonisten eine ernsthaft in Betracht zu ziehende Alternative darstellt.[168] Vorschläge, die diese Voraussetzungen erfüllen, sind in der Antragskonferenz zu erörtern.[169] Ob der Vorhabenträger die Alternative aufzugreifen und seine Unterlagen entsprechend anzupassen hat, entscheidet die BNetzA mit der Festlegung des Untersuchungsrahmens nach Abs. 4.[170]

VI. Die Festlegung des Untersuchungsrahmens (Abs. 4 und 5)

142 Nach Abs. 4 legt die BNetzA einen Untersuchungsrahmen fest und bestimmt den erforderlichen Inhalt der nach § 8 einzureichenden Unterlagen. In der Sache handelt es sich dabei um **verfahrensleitende Entscheidungen**, mit denen der nachfolgende Prüf- und Entscheidungsprozess inhaltlich konkretisiert und vorstrukturiert wird. Rechtlich ist die Entscheidung **kein Verwaltungsakt**; vielmehr hat sie den Charakter eines nach § 44a VwGO nicht selbstständig anfechtbaren **Verfahrensrealakts.**[171] Der **Untersuchungsrahmen** umfasst das gesamte Prüfprogramm, das zur Vorbereitung der Entscheidung nach § 12 über die Bundesfachplanung zu durchlaufen ist.[172] Einzureichen hat der Vorhabenträger nach § 8 die **Unterlagen**, die dem Nachweis dienen, dass dem beantragten Trassenkorridor nach dem im Untersuchungsrahmen bestimmten Prüfprogramm keine im Sinne des § 5 Abs. 1 S. 2 überwiegenden öffentlichen oder privaten Belange entgegenstehen.

143 Nach Abs. 4 Hs. 1 legt die BNetzA den Untersuchungsrahmen **nach pflichtgemäßem Ermessen** fest. Entgegen der missverständlichen Formulierung des Gesetzes gilt dasselbe für die Bestimmung der einzureichenden Unterlagen; auch dabei handelt es sich um eine Ermessensentscheidung der zuständigen Behörde. Für die Ausübung des Ermessens sind vor allem die **Ergebnisse der Antragskonferenz** von Bedeutung; sie sind nach dem Wortlaut der Vorschrift (*„aufgrund der Ergebnisse der Antragskonferenz“*) Grundlage der verfahrensleitenden Entscheidungen. Eine strikte Bindung der BNetzA an die Ergebnisse der Antragskonferenz besteht jedoch nicht. Die Antragskonferenz dient der Vorbereitung der nach Abs. 4 zu treffenden Entscheidungen zum Untersuchungsrahmen und zu den Unterlagen; sie trifft dazu aber selbst keine verbindlichen Festlegungen. Ihre Resultate haben vorläufigen Charakter und stehen unter dem Vorbehalt einer Nachprüfung durch die BNetzA. Diese agiert hier also nicht lediglich als Notar der Antragskonferenz; sie hat vielmehr nach Abs. 4 eine eigene Entscheidung zu treffen, bei der sie die Ergebnisse der Antragskonferenz **berücksichtigt.**[173] Soweit sie von den Ergebnissen abweicht, ist dies in der Entscheidung zu begründen.

144 Der Gesetzgeber hat für die Bestimmung des Untersuchungsrahmens und der vorzulegenden Unterlagen keine bestimmte **Form** vorgegeben. Angesichts der Fülle und Komplexität der zu treffenden Festlegungen kommt jedoch nur eine **schriftliche Unterrichtung** des Vorhabenträ-

168 Näher dazu oben Rn 32 f.
169 Vgl. Rn 133.
170 Dazu bereits näher oben Rn 19 f., 36 f.
171 Ebenso zur Festlegung des Untersuchungsrahmens bei der UVP Hoppe/Beckmann/*Kment*, § 5 Rn 25; Landmann/Rohmer/*Beckmann*, § 5 UVPG Rn 23.
172 Zum Begriff sowie zu den Gegenständen und Inhalten des Untersuchungsrahmens eingehend oben Abschnitte II. und III.
173 Ebenso zur Festlegung des Untersuchungsrahmens bei der UVP Nr. 0.4.7 der Allgemeinen Verwaltungsvorschrift zur Ausführung des Gesetzes über die Umweltverträglichkeitsprüfung (UVPVwV) vom 18.9.1995, GMBl. S. 671.

gers in Betracht.[174] Dabei wird es sich regelmäßig um ein **umfangreiches Dokument** mit diversen Vorgaben handeln. Eine Unterrichtung in schriftlicher Form ist in der Bundesfachplanung nicht zuletzt aus Gründen der Rechtssicherheit geboten. Denn der **Vorhabenträger** ist nach § 8 S. 1 **an die Festlegungen gebunden**. Bleiben seine Unterlagen hinter diesen Vorgaben zurück, so kann dieses Versäumnis bei vorsätzlichem oder leichtfertigem Handeln nach § 33 Abs. 1 Nr. 1 als Ordnungswidrigkeit geahndet werden.[175] Deshalb muss Klarheit darüber bestehen, welche Festlegungen die BNetzA nach Abs. 4 im Einzelnen getroffen hat.

Während der Vorhabenträger an die Entscheidungen nach Abs. 4 gebunden ist, besteht **für die BNetzA keine rechtliche Bindungswirkung**. Die Unterrichtung des Vorhabenträgers erfolgt auf der Basis des zu diesem Zeitpunkt erkennbaren Planungsstandes. Sie erfolgt vorbehaltlich neuer Erkenntnisse als vorläufige Entscheidung und ist deshalb nicht geeignet, dem Vorhabenträger Vertrauensschutz zu vermitteln.[176] Die Fachplanungsbehörde ist nicht gehindert, dem Vorhabenträger in einem späteren Verfahrensstadium aufzugeben, zu bestimmten Prüfgesichtspunkten andere oder ergänzende Unterlagen vorzulegen, wenn sich die Sach- oder Rechtslage nach Konkretisierung der Planung oder bei vertiefter Prüfung der zunächst eingereichten Unterlagen anders darstellt als bei der Festlegung des Untersuchungsrahmens angenommen. 145

Abs. 5 bestimmt eine **Regelfrist von zwei Monaten**, innerhalb derer die nach Abs. 4 zu treffenden Festlegungen abgeschlossen sein sollen. Die Frist beginnt mit der Antragstellung nach § 6. Dies setzt allerdings voraus, dass der Antrag den in § 6 S. 5 und 6 genannten Anforderungen entspricht. Wenn dies nicht der Fall ist, verschiebt sich der Fristbeginn bis zur Vorlage des überarbeiteten Antrags.[177] Angesichts der Vielzahl und Vielschichtigkeit der Sachfragen und Prüfaspekte, die zur Festlegung des Untersuchungsrahmens geklärt werden müssen, ist die Frist für die BNetzA eine Herausforderung. Sie dürfte in komplizierten und anspruchsvollen Fällen nicht ohne weiteres einzuhalten sein. Im Hinblick auf solche Ausnahmekonstellationen ist Abs. 5 als „Soll-Vorschrift" angelegt. Von dieser Möglichkeit sollte allerdings im Interesse der gebotenen Beschleunigung des Netzausbaus (§ 1) nur sehr sparsam Gebrauch gemacht werden. 146

VII. Geheimhaltung und Datenschutz (Abs. 6)

Nach Abs. 6 bleiben die Rechtsvorschriften über Geheimhaltung und Datenschutz unberührt. Danach haben sowohl die BNetzA als auch andere beteiligte Behörden im Verfahren zur Bestimmung des Untersuchungsrahmens und bei der Vorbereitung und Durchführung der Antragskonferenz dafür zu sorgen, dass die rechtlichen Anforderungen an den **Schutz personenbezogener Angaben** und zum **Schutz von Betriebs- und Geschäftsgeheimnissen** beachtet werden. Da das NABEG hierzu keine eigenen Regelungen enthält, kommen neben einschlägigen spezialgesetzlichen Vorschriften, insbesondere den Datenschutzgesetzen von Bund und Ländern, die allgemeine Geheimhaltungsvorschrift des § 30 VwVfG zur Anwendung.[178] 147

---

174 Ebenso für die Unterrichtung des Vorhabenträgers über voraussichtlich beizubringende Unterlagen bei der UVP Hoppe/Beckmann/*Kment*, § 5 Rn 24; Landmann/Rohmer/*Beckmann*, § 5 UVPG Rn 26; vgl. auch Nr. 0.4.7 der UVPVwV.

175 Näher dazu § 33 NABEG Rn 4.

176 So auch die einhellige Auffassung zur Parallelregelung in § 5 UVPG (Unterrichtung des Vorhabenträgers über voraussichtlich beizubringende Unterlagen); vgl. Hoppe/Beckmann/*Kment*, § 5 Rn 25; Landmann/Rohmer/*Beckmann*, § 5 UVPG Rn 23; *Peters*/*Balla*, § 5 Rn 18.

177 Siehe oben Rn 124.

178 Entgegen seiner systematischen Stellung gilt § 30 VwVfG nicht nur in Verwaltungsverfahren nach § 9 VwVfG. Die Vorschrift ist als Ausdruck eines allgemeinen Rechtsgrundsatzes vielmehr bei allen öffentlich-rechtlichen Verwaltungstätigkeiten anzuwenden (Stelkens/Bonk/Sachs/*Bonk*/*Kallerhoff*, § 30 Rn 5 f.) und daher auch in der Bundesfachplanung zu beachten.

148 In der Praxis dürften sich in der Verfahrensstation des § 7 allerdings nur **wenige Anknüpfungspunkte für Verstöße gegen Geheimhaltungserfordernisse** finden lassen. Bei den Angaben im Antrag des Vorhabenträgers nach § 6 erscheint dies jedenfalls kaum vorstellbar. Daher wird es hier unter dem Gesichtspunkt des Geheimnisschutzes regelmäßig unproblematisch sein, wenn die BNetzA den Antrag auf ihrer Website veröffentlicht.[179] Schutzbedürftige persönliche Angaben oder Betriebs- und Geschäftsgeheimnisse können aber betroffen sein, wenn beteiligte Behörden im Rahmen der Informationsbeschaffung für den Vorhabenträger[180] Unterlagen aus anderen Verfahren zur Verfügung stellen, die personenbezogene Daten (z.B. Name, Anschrift, Einkommens- und Vermögensverhältnisse, gesundheitliche Angaben)[181] oder Darstellungen betrieblicher oder geschäftlicher Verhältnisse (z.B. kaufmännische oder wirtschaftliche Situation eines Unternehmens, technische Konstruktionszeichnungen, chemische Rezepturen, Entwicklungs- und Forschungsaktivitäten)[182] enthalten, an deren Geheimhaltung der betroffene Rechtsinhaber ein berechtigtes Interesse hat. Dabei ist jeweils zu prüfen, ob die fraglichen Angaben tatsächlich geheim – oder nicht etwa bereits allgemein zugänglich – sind[183] und ob das Geheimhaltungsinteresse bei einer Abwägung mit dem Offenbarungsinteresse tatsächlich schutzwürdig ist.[184]

---

179 Siehe oben Rn 125.
180 Siehe oben Rn 111.
181 Weitere Beispiele bei Stelkens/Bonk/Sachs/*Bonk*/*Kallerhoff*, § 30 Rn 10 ff.
182 Weitere Beispiele für Betriebs- und Geschäftsgeheimnisse bei Stelkens/Bonk/Sachs/*Bonk*/*Kallerhoff*, § 30 Rn 13.
183 Dazu näher § 8 NABEG Rn 29.
184 Dazu näher § 8 NABEG Rn 22, 30.

§ 8 Unterlagen

Der Vorhabenträger legt der Bundesnetzagentur auf Grundlage der Ergebnisse der Antragskonferenz in einer von der Bundesnetzagentur festzusetzenden angemessenen Frist die für die raumordnerische Beurteilung und die Strategische Umweltprüfung der Trassenkorridore erforderlichen Unterlagen vor. § 14g Absatz 3 und 4 des Gesetzes über die Umweltverträglichkeitsprüfung ist entsprechend anzuwenden. Soweit Unterlagen Betriebs- oder Geschäftsgeheimnisse enthalten, sind sie zu kennzeichnen. Die Regelungen zum Schutz personenbezogener Daten sind zu beachten. Den Unterlagen ist eine Erläuterung beizufügen, die unter Wahrung der in Satz 4 genannten Aspekte so ausführlich sein muss, dass Dritte abschätzen können, ob und in welchem Umfang sie von den raumbedeutsamen Auswirkungen des Vorhabens betroffen sein können. Die Bundesnetzagentur prüft die Vollständigkeit der Unterlagen.

Überblick

I. Allgemeines

1. Überblick über die Norm

Die Vorschrift umreißt – in verkürzter und z.T. nur schwer durchschaubarer Weise – den der Festlegung des Untersuchungsrahmens nachfolgenden Verfahrensschritt. S. 1 bestimmt, dass der Vorhabenträger der BNetzA binnen einer angemessenen Frist die für die raumordnerische Beurteilung und die SUP erforderlichen Unterlagen einzureichen hat. Mit Blick auf die SUP verweist S. 2 auf zwei Vorschriften des UVPG, die sich mit dem bewertenden Teil des Umweltberichts und der Mehrfachnutzung von Unterlagen befassen. Die S. 3 bis 5 beschreiben, wie dem Schutz von Betriebs- und Geschäftsgeheimnissen sowie von personenbezogenen Daten Rechnung zu tragen ist. S. 6 legt fest, dass die BNetzA die Vollständigkeit der vom Vorhabenträger vorgelegten Unterlagen zu prüfen hat. 1

2. Regelungszweck

Die Regelung ist gewissermaßen das Gegenstück zu § 7. Geht es bei der letztgenannten Vorschrift darum, das Prüfprogramm der Bundesfachplanung zu konkretisieren und – darauf auf- 2 bauend – den Inhalt der einzureichenden Antragsunterlagen zu fixieren, soll § 8 dafür sorgen, dass die verfahrensleitenden Festlegungen der BNetzA anschließend vom Vorhabenträger korrekt umgesetzt werden. Gleichzeitig werden erneut die Aspekte der Geheimhaltung und des Datenschutzes aufgegriffen. Während diese Thematik in § 7 Abs. 6 nur in sehr allgemeiner Form angesprochen wird, gibt § 8 für die Erstellung der Unterlagen des Vorhabenträgers eine bestimmte Vorgehensweise vor, mit der die Belange des Geheimnisschutzes und das Informationsinteresse der Öffentlichkeit miteinander in Einklang gebracht werden sollen.

3. Entstehungsgeschichte

3 Die Vorschrift entspricht der Fassung des Regierungsentwurfs. Sie hat im Gesetzgebungsverfahren keine Änderungen erfahren.

II. Verpflichtung des Vorhabenträgers zur Vorlage der Unterlagen (S. 1 und 2)

1. Ausgestaltung als Rechtspflicht

4 Die Formulierung des S. 1 („*Vorhabenträger legt* [...] *vor*“) sowie die Entscheidung des Gesetzgebers, dass vorsätzlich oder leichtfertig begangene Verstöße gegen diese Vorschrift nach § 33 Abs. 1 Nr. 1 als Ordnungswidrigkeit geahndet werden können, machen deutlich, dass die Einreichung der erforderlichen Unterlagen **keine bloße Obliegenheit, sondern** eine **Rechtspflicht des Vorhabenträgers** darstellt. Es soll dem Antragsteller also nicht selbst überlassen bleiben, inwieweit er den Fortgang des Verfahrens durch Übermittlung von Unterlagen fördert oder nicht. Hierdurch unterscheidet sich die Rechtslage bei der Bundesfachplanung wesentlich von der Situation in anderen Antragsverfahren. So ist dem Träger eines UVP-pflichtigen Vorhabens, wenn er eine Ablehnung seines Antrags vermeiden möchte, zwar **anzuraten**, alle Unterlagen vorzulegen, deren Beibringung die Behörde nach Durchführung eines **Scopings** für geboten hält; jedoch sieht § 5 UVPG keine entsprechende Verpflichtung vor.[1]

5 Die Ausweisung „echter“ Verpflichtungen sowohl zur Antragstellung (vgl. § 6 Abs. 1 S. 2, § 12 Abs. 2 S. 3) als auch zur Vorlage der Antragsunterlagen (§ 8 S. 1, § 21 Abs. 1) wird z.T. als unangemessene Verengung der Befugnis des privaten Netzbetreibers zur autarken Investitionsentscheidung betrachtet.[2] Dabei wird indessen ausgeblendet, dass der Eingriff in die Gestaltungsfreiheit des Vorhabenträgers hier der **Erfüllung einer im gesamtstaatlichen Interesse liegenden Aufgabe** dient,[3] nämlich der **Beschleunigung des Stromnetzausbaus**. Die länderübergreifenden und grenzüberschreitenden Höchstspannungsleitungen, für die nach § 4 durch die Bundesfachplanung Trassenkorridore zu bestimmen sind, werden nach § 12e Abs. 2 EnWG im Bundesbedarfsplan ausgewiesen. Nach § 12e Abs. 4 EnWG stellt der Bundesbedarfsplan für die in ihm enthaltenen Vorhaben die energiewirtschaftliche Notwendigkeit und den vordringlichen Bedarf fest; diese Feststellungen sind auch für die ÜNB verbindlich. Nach § 11 EnWG sind die ÜNB zum bedarfsgerechten Ausbau des Netzes verpflichtet. Diese Verantwortung schließt eine fristgerechte Antragstellung ein.[4] An sie muss sich konsequenterweise eine zeitgerechte und vollständige Übermittlung der benötigten Antragsunterlagen anschließen, wenn das Verfahren nach Antragstellung nicht gleich wieder ins Stocken geraten soll. Nur wenn die Bun-

1 Landmann/Rohmer/*Beckmann*, § 5 UVPG Rn 24; zustimmend Hoppe/Beckmann/*Kment*, § 5 Rn 25.
2 *Kment*, RdE 2011, 344 f.
3 Begr. RegE, BT-Drucks. 17/6249, S. 9 i.V.m. BT-Drucks. 17/6073, S. 32 f.
4 Vgl. Begr. RegE, BT-Drucks. 17/6249, S. 9 i.V.m. BT-Drucks. 17/6073, S. 24, wo darauf hingewiesen wird, dass eine fristgerechte Antragstellung zu den Maßnahmen gehöre, die von der Regulierungsbehörde nach § 65 Abs. 2a EnWG durchgesetzt werden können.

desfachplanung vom Vorhabenträger in allen Phasen aktiv unterstützt und vorangetrieben wird, kann das in § 1 genannte Ziel eines beschleunigten Stromnetzausbaus erreicht werden. Diesem Zweck dient die Ausgestaltung der Unterlagenregelung als verpflichtender Tatbestand. Es geht dabei nicht um irgendein „wohlverstandenes" Eigeninteresse der ÜNB, sondern um das **öffentliche Interesse an einer zügigen und zielführenden Durchführung der Verfahren.**[5]

Für die Vorlage der Unterlagen hat die BNetzA nach S. 1 eine **angemessene Frist** zu setzen. 6
Welche Frist angemessen ist, hängt davon ab, welche Unterlagen der Vorhabenträger nach Maßgabe der Festlegungen, die die BNetzA im Lichte der Ergebnisse der Antragskonferenz nach § 7 Abs. 4 trifft, zu erarbeiten und einzureichen hat. Dies ist eine Frage des Einzelfalls. Ein wesentlicher Zeitfaktor wird dabei sein, inwieweit die bisherigen Planungsüberlegungen des Vorhabenträgers auf der Antragskonferenz bestätigt worden sind oder Alternativvorschläge nach § 7 Abs. 3, die im ursprünglichen Antrag nach § 6 noch nicht enthalten waren, neu in die Planung einbezogen werden müssen. Nach Vorlage der Unterlagen sollte die Behörde dem Antragsteller aus Gründen der Verfahrenstransparenz entsprechend § 6 der 9. BImSchV eine **schriftliche Eingangsbestätigung** übermitteln.

2. Abgrenzung von der Antragstellung nach § 6

Nach § 6 S. 1 beginnt das Verfahren der Bundesfachplanung mit dem Antrag des Vorhabenträ- 7
gers, dem nach S. 5 und 6 einige ergänzende Unterlagen beizufügen sind. Das Verhältnis dieser Bestimmung zur Regelung über die vorzulegenden Unterlagen (§ 8) wird in der Begründung des Regierungsentwurfs erläutert. Es handele sich, so heißt es dort, um eine **zweistufige Antragstellung:** Zunächst habe der Vorhabenträger lediglich die Unterlagen vorzulegen, die erforderlich seien, um die Durchführung einer Antragskonferenz zu ermöglichen (§ 6 S. 5 und 6). Anschließend seien nach Maßgabe des Untersuchungsrahmens die Unterlagen einzureichen, die für die weiteren Prüfungen im Verfahren benötigt würden (§ 8).[6]

Diese Darstellung beschreibt das Verhältnis der beiden genannten Vorschriften völlig zu- 8
treffend, bringt die Dinge aber noch nicht vollständig auf den Punkt. Der Unterschied zwischen den nach § 6 und den nach § 8 vorzulegenden Unterlagen besteht nicht allein darin, dass nach behördlicher Festlegung des Untersuchungsrahmens die **zur Untersetzung und Begründung des ursprünglichen Antrags dienenden Unterlagen vervollständigt** werden müssen. Vielmehr kann es im Einzelfall geboten sein, auch **den Antrag selbst – d.h. seinen Tenor – zu verändern**. Die Antragstellung nach § 6 hat lediglich vorläufigen Charakter. Sie steht unter dem Vorbehalt der verfahrensleitenden Entscheidungen, die die BNetzA nach § 7 Abs. 4 zu treffen hat. Hierzu gehört u.a. die **Bestimmung der Trassenkorridore**, die im weiteren Verfahren zu betrachten sind. Zwar enthält der Antrag des Vorhabenträgers nach § 6 S. 6 Nr. 1 bereits einen Vorschlag für den beabsichtigten Verlauf des Trassenkorridors (Vorzugslösung) sowie eine Darlegung der aus Antragstellersicht in Frage kommenden Alternativen. Jedoch ist die BNetzA an diesen Antrag nicht gebunden (§ 7 Abs. 4 S. 2). Vielmehr kann sie bei der Festlegung des Untersuchungsrahmens bestimmen, dass andere ernsthaft in Betracht kommende Korridorverläufe, die ein Land oder ein sonstiger Beteiligter nach § 7 Abs. 4 S. 1 vorschlägt, in die Planung einzubeziehen sind.[7] Entscheidet die BNetzA in dieser Weise, hat der Vorhabenträger seine Planung

---

5 Weniger überzeugend erscheint das weitere Argument aus der Begründung des Regierungsentwurfs, wonach die Verpflichtung zur Vorlage der Unterlagen Ausdruck des Verursacherprinzips sei: Wer ein umweltrelevantes Vorhaben verwirklichen wolle, müsse auch die Informationen liefern, die notwendig seien, um die Raum- und Umweltwirkungen überprüfen zu können (BT-Drucks. 17/6249, S. 9 i.V.m. BT-Drucks. 17/6073, S. 25). Kritisch dazu *Kment*, RdE 2011, 345.

6 BT-Drucks. 17/6249, S. 9 i.V.m. BT-Drucks. 17/6073, S. 25.

7 Eingehend dazu § 7 Rn 18 ff.

entsprechend anzupassen. Die nach § 8 vorzulegenden Unterlagen sind dann um den neuen Vorschlag zu ergänzen. Betroffen ist davon insbesondere der **Alternativenvergleich**, der im Rahmen der Abwägung der von der Planung berührten Belange vorzunehmen ist. Er muss um die hinzukommende Variante erweitert werden. Dabei kann sich herausstellen, dass **frühere Planungsergebnisse revidiert** werden müssen, weil sich ein zuvor nicht berücksichtigter Korridor als überlegen erweist.[8] Die Neubewertung kann zur Folge haben, dass an die Stelle der bisherigen Vorzugslösung des Vorhabenträgers eine bislang nicht bedachte Alternativlösung tritt.

3. Bezugsgegenstände der Unterlagen

9 Nach S. 1 hat der Vorhabenträger die Unterlagen vorzulegen, die für die **raumordnerische Beurteilung und die SUP** der Trassenkorridore erforderlich sind. Damit hat der Gesetzgeber zwei besonders wichtige Prüfkomplexe der Bundesfachplanung in den Mittelpunkt der Betrachtung gerückt. Jedoch wäre eine Beschränkung der Vorlagepflicht auf diese beiden Materien **zu eng**. Die Vorschrift ist vielmehr dahingehend auszulegen, dass es sich um **keine abschließende, sondern eine beispielhafte Aufzählung** handelt. Beizubringen hat der Vorhabenträger – über den Wortlaut der Bestimmung hinaus – **Unterlagen zu allen Sachfragen und Prüfgesichtspunkten, die zum Untersuchungsprogramm der Bundesfachplanung** gehören und für die Korridorplanung im konkreten Fall relevant sind. Maßgebend hierfür sind die verfahrensleitenden Entscheidungen der BNetzA nach § 7 Abs. 4.

10 Eine Fokussierung der Unterlagen auf die Aspekte der Raumordnung und der SUP, wie sie der Wortlaut der Vorschrift auf den ersten Blick zu fordern scheint, könnte dagegen zu nicht hinnehmbaren Prüf- und Planungsdefiziten führen. § 8 steht in einem engen Bezug zur Regelung über die Festlegung des Untersuchungsrahmens. Der Untersuchungsrahmen umfasst das gesamte Prüfprogramm, das für die Entscheidung nach § 12 über die Bundesfachplanung zu absolvieren ist. Inhalt und Zuschnitt dieses Prüfprogramms richten sich wiederum nach den materiellen Anforderungen, die für die Bestimmung des Trassenkorridors maßgebend sind. Hierfür kommt es nach § 5 Abs. 1 S. 2 darauf an, dass dem Vorhaben keine überwiegenden öffentlichen oder privaten Belange entgegenstehen dürfen. Das Vorliegen dieser Voraussetzung ist durch geeignete Unterlagen nachzuweisen. **Einzureichen sind demzufolge die Unterlagen, die nach dem Prüfprogramm der Bundesfachplanung, das die BNetzA mit der Festlegung des Untersuchungsrahmens konkretisiert, den Nachweis dafür liefern, dass dem beantragten Trassenkorridor keine überwiegenden Belange entgegenstehen.** Der Untersuchungsrahmen umfasst jedoch nicht nur die raumordnerische Beurteilung und die SUP, sondern bezieht darüber hinaus diverse andere Belange und Materien ein, mit denen sich die Bundesfachplanung ebenfalls auseinanderzusetzen hat. Aus dem Umweltbereich zu nennen sind die Natura 2000-Verträglichkeitsprüfung[9] und die spezielle artenschutzrechtliche Prüfung.[10] Ein weiterer, in § 5 Abs. 1 S. 2 ausdrücklich genannter Prüfgegenstand ist der Umgang mit korridorunverträglichen privaten Belangen.[11] Auch auf diesen Gebieten ist es nach der üblichen Rollenverteilung in Planungsverfahren Sache des Vorhaben- und Planungsträgers – und nicht Aufgabe der Behörde –, die erforderlichen Nachweise zur Einhaltung der Planungsanforderungen beizubringen. Es gibt keinen Grund zu der Annahme, dass bei der Bundesfachplanung im Hinblick auf die Formulierung in S. 1 eine andere Verteilung der Verantwortlichkeiten angezeigt wäre.

11 Eine weitere Unschärfe der Vorschrift liegt darin, dass nach dem Wortlaut des S. 1 die **Ergebnisse der Antragskonferenz** maßgebend dafür sein sollen, welche Unterlagen der Vorha-

8 § 7 Rn 36 f.
9 Dazu näher § 7 Rn 90 ff.
10 Dazu näher § 7 Rn 96 ff.
11 Dazu näher § 7 Rn 101 ff.

benträger vorzulegen hat. Dagegen besteht nach § 7 Abs. 4 in dieser Frage kein direkter Bezug zur Antragskonferenz. **Ausschlaggebend für Inhalt und Umfang der Antragsunterlagen sind allein die entsprechenden Festlegungen der BNetzA.** Diese trifft zu den benötigten Unterlagen nach pflichtgemäßem Ermessen eine eigene Entscheidung. Dabei hat sie zwar die Empfehlungen und Einschätzungen, die hierzu auf der Antragskonferenz geäußert worden sind, zu berücksichtigen. Sie ist daran jedoch nicht gebunden und kann im Einzelfall auch abweichende Festlegungen treffen.[12]

4. Verweis auf Vorschriften des UVPG zum Umweltbericht (S. 2)

a) Entsprechende Anwendung des §14g Abs. 3 UVPG

Erhebliche Verständnisprobleme bereitet S. 2, soweit diese Vorschrift eine „entsprechende Anwendung" des § 14g Abs. 3 UVPG vorsieht. Die genannte Bezugsregelung des UVPG befasst sich mit der Erarbeitung des Umweltberichts in der SUP. Sie gibt hierzu vor, dass die zuständige Behörde die Umweltauswirkungen des zu prüfenden Plans im Umweltbericht vorläufig zu bewerten hat. Es ist unerfindlich, welche Botschaft der Gesetzgeber mit der Anordnung einer entsprechenden Anwendung dieser Regelung im Kontext des § 8 transportieren wollte. Auch die Begründung des Regierungsentwurfs bietet dazu keinerlei Hilfestellung. 12

Denkbar sind völlig unterschiedliche Lesarten. So könnte aus § 14g Abs. 3 UVPG abgeleitet werden, dass die SUP-rechtliche Bewertung in der Bundesfachplanung nicht vom Vorhabenträger, sondern ausschließlich von der BNetzA vorzunehmen ist. Für eine solche Auslegung könnte sprechen, dass die BNetzA ihrer Entscheidung über den Trassenkorridor nach § 12 Abs. 2 S. 1 Nr. 2 eine abschließende Bewertung der Umweltauswirkungen gem. § 14k UVPG beizufügen hat, die an die vorläufige Bewertung im Umweltbericht anknüpft. Da die abschließende Bewertung von der BNetzA selbst vorzunehmen ist, könnte argumentiert werden, dass die Behörde auch für die vorläufige Bewertung im Umweltbericht zuständig ist. Zwingend ist dieser Schluss freilich nicht. Ebensogut lässt sich die Auffassung vertreten, dass der Gesetzgeber zur Vereinfachung des Verfahrens gerade umgekehrt die Möglichkeit schaffen wollte, dass der Vorhabenträger nicht nur Input zum beschreibenden Teil des Umweltberichts leistet, sondern auch die Bewertung entsprechend § 14g Abs. 3 UVPG vornimmt. Da sich **nicht eindeutig feststellen** lässt, **welche Intention** mit der Regelung verfolgt wird, sollte sich die **Auslegung daran orientieren, welches Verständnis sachgerecht und verfahrenspraktisch vernünftig** erscheint. Danach spricht nichts dagegen, dass die **BNetzA dem Vorhabenträger nach § 7 Abs. 4 aufgibt, den Umweltbericht einschließlich des bewertenden Teils nach Maßgabe des § 14g Abs. 3 UVPG zu entwerfen.**[13] Wegen der zentralen Bedeutung der Bewertungsstation in der SUP ist es in diesem Falle jedoch geboten, dass die Umweltbewertung, die der Vorhabenträger in seinen Berichtsentwurf aufnimmt, einer **gründlichen Überprüfung durch die BNetzA** unterzogen wird. In der Behörden- und Öffentlichkeitsbeteiligung nach § 9 sollten nur Umweltberichte Verwendung finden, die von der BNetzA autorisiert worden sind.[14] 13

b) Entsprechende Anwendung des § 14g Abs. 4 UVPG

Vergleichweise unproblematisch und transparent stellt sich hingegen der Hinweis des S. 2 auf § 14g Abs. 4 UVPG dar. Diese Vorschrift regelt die **Mehrfachnutzung von Informationen bei der SUP**. Angaben, die der zuständigen Behörde aus anderen Verfahren oder Tätigkeiten vorlie- 14

12 § 7 Rn 143.
13 Hierzu eingehend § 7 Rn 68 ff.
14 Näher dazu § 7 Rn 89.

gen, können nach § 14g Abs. 4 UVPG in den Umweltbericht aufgenommen werden, wenn sie für den vorgesehen Zweck geeignet und hinreichend aktuell sind.[15] Durch die Erwähnung dieser Bestimmung im Rahmen des § 8 wird klargestellt, dass auch der Vorhabenträger das „Rad nicht neu erfinden" muss, wenn er im Rahmen seiner Antragsunterlagen Beiträge für den Umweltbericht oder einen kompletten Berichtsentwurf vorlegt. Ebenso wie die Behörde kann er sich hierfür bereits vorhandener Informationen bedienen.

15 Zu erinnern ist allerdings daran, dass das UVPG noch **weitere Bestimmungen** enthält, **mit denen der Aufwand bei der Erarbeitung des Umweltberichts** angemessen **begrenzt** werden kann, so insbesondere § 14f Abs. 2 S. 2 UVPG.[16] Es gehört zu den Rätseln, die § 8 aufgibt, wieso die einschlägigen Regelungen des UVPG in S. 2 nur selektiv aufgegriffen werden. Jedenfalls kann es keinem Zweifel unterliegen, dass der Vorhabenträger beim Entwurf des Umweltberichts alle Bestimmungen des UVPG, die sich mit den Anforderungen an den Umweltbericht befassen, heranziehen und für sich nutzbar machen kann. Auch insoweit hat § 8 **keinen abschließenden Charakter**; die in S. 2 aufgeführten Bezugsvorschriften des UVPG sind lediglich als Beispiele zu verstehen.

III. Schutz von personenbezogenen Daten und von Betriebs- und Geschäftsgeheimnissen (S. 3 bis 5)

1. Regelungsbedarf und Regelungsstruktur

16 Die S. 3 bis 5 enthalten verschiedene Bestimmungen, mit denen sichergestellt werden soll, dass schon bei der Erarbeitung der Antragsunterlagen den Belangen des Geheimnisschutzes angemessen Rechnung getragen wird. Geschützt werden sowohl personenbezogene Daten (S. 4) als auch Betriebs- und Geschäftsgeheimnisse (S. 3 und 5). Es handelt sich um **„vorgezogene Maßnahmen" im Hinblick auf die spätere Verwendung der Unterlagen**. Die Erforderlichkeit frühzeitiger Schutzvorkehrungen bereits bei Erstellung der Unterlagen ergibt sich daraus, dass die Inhalte anschließend nicht nur der BNetzA zur Verfügung stehen, sondern nach § 9 auch den Trägern öffentlicher Belange sowie der Öffentlichkeit zugänglich zu machen sind. Vor allem mit der vorgesehenen Veröffentlichung im Internet (§ 9 Abs. 4) können sensible Angaben erhebliche, ggf. weltweite Verbreitung finden, wodurch das Schutzbedürfnis der Betroffenen hier eine besondere Qualität gewinnt.

17 Das Verständnis der genannten Vorschriften wird durch eine verunglückte Regelungsstrukur erschwert, die erkennbar auf einem Redaktionsversehen beruht. Offenbar sind die **S. 3 und 4 vertauscht** worden. Deutlich zeigt sich dieser Lapsus in der Begründung des Regierungsentwurfs, in der es heißt, dass S. 4 dem Schutz von Geschäfts- und Betriebsgeheimnissen diene.[17] Tatsächlich dient S. 4 in der verabschiedeten Fassung dem Schutz personenbezogener Daten. Verwirrenderweise befindet sich diese Schutznorm jetzt zwischen zwei Bestimmungen, die dem Schutz von Geschäfts- und Betriebsgeheimnissen gelten und inhaltlich wie regelungstechnisch eng aufeinander bezogen sind. Dieser Zusammenhang ist durch den Verweis des S. 5 auf die nunmehr „falsche" Bezugsnorm (S. 4) nicht mehr ohne weiteres durchschaubar. **Richtigerweise geht es in S. 5** in der Sache nicht um die *„Wahrung der in Satz 4 genannten Aspekte"* (Schutz personenbezogener Daten), sondern um die Wahrung der in **S. 3** genannten Aspekte, d.h. **um den Schutz von Betriebs- und Geschäftsgeheimnissen.** Nur wenn die Vorschrift in diesem Sinne ausgelegt wird, führt ihre Anwendung zu sinnvollen Ergebnissen.

15 Näher dazu § 7 Rn 87.
16 Eingehend dazu § 7 Rn 81ff.
17 BT-Drucks. 17/6249, S. 9 i.V.m. BT-Drucks. 17/6073, S. 25.

2. Schutz personenbezogener Daten (S. 4)

18 Nach S. 4 sind die Regelungen zum Schutz personenbezogener Daten zu beachten. Da das NABEG keine eigenen Regelungen zum Schutz personenbezogener Daten enthält, geht es hier um die Einhaltung außerhalb dieses Gesetzes bestehender Schutzvorschriften. Angesprochen sind damit in erster Linie die **Bestimmungen des Bundesdatenschutzgesetzes (BDSG)**.

19 **Personenbezogene Daten** sind nach der Legaldefinition des § 3 Abs. 1 BDSG Einzelangaben über persönliche oder sachliche Verhältnisse einer bestimmten oder bestimmbaren natürlichen Person. Angaben über persönliche Verhältnisse sind Informationen über die betroffene Person selbst wie z.B. Name, Anschrift, Telefonnummer, Geburtsdatum etc.[18] Angaben über sachliche Verhältnisse sind Informationen über einen auf den Betroffenen beziehbaren Sachverhalt, z.B. seinen Grundbesitz oder seine rechtlichen oder wirtschaftlichen Beziehungen zu Dritten.[19] Solche personenbezogenen Daten können auch Eingang in Unterlagen finden, die der Vorhabenträger nach § 8 für die Bundesfachplanung erarbeitet, z.B. in Dokumente, die im Hinblick auf planungsrelevante private Belange (§ 5 Abs. 1 S. 2)[20] vorgelegt werden.

20 Für die datenschutzrechtliche Beurteilung ist zunächst bedeutsam, dass sich S. 4 nicht an die BNetzA, sondern an den Vorhabenträger, also ein Privatrechtssubjekt, richtet. Daher ist es hier ohne Belang, welche Schutzanforderungen öffentliche Stellen, zu denen die ÜNB nach § 2 Abs. 1 bis 3 BDSG nicht gehören, beim Umgang mit personenbezogenen Daten einzuhalten haben. Entscheidend ist vielmehr, inwieweit der **Vorhabenträger als nicht-öffentliche Stelle im Sinne des § 2 Abs. 4 BDSG** bei der Erstellung der Antragsunterlagen den Vorschriften des Bundesdatenschutzgesetzes unterliegt.

21 Nach § 1 Abs. 2 Nr. 3 BDSG gilt das Bundesdatenschutzgesetz für nicht-öffentliche Stellen dort, wo personenbezogene Daten automatisiert, d.h. unter Einsatz von Datenverarbeitungsanlagen, oder personenbezogene Daten aus nichtautomatisierten Dateien genutzt werden. Dies dürfte bei der Erstellung von Antragsunterlagen durch den Vorhabenträger eher selten vorkommen. Für personenbezogene Daten, die dem Vorhabenträger in dateiungebundener Form, z.B. in Gestalt von Akten oder Aktenauszügen, vorliegen, kommt eine Anwendung des Bundesdatenschutzgesetzes unter den Voraussetzungen des § 27 Abs. 2 BDSG in Betracht. Wesentlich hierfür ist, ob die fraglichen Daten offensichtlich aus einer automatisierten Verarbeitung entnommen worden sind. Derartige Fälle kann es in der Praxis der Bundesfachplanung geben, z.B. wenn den Unterlagen Grundbuchauszüge oder Daten aus elektronisch geführten amtlichen Registern beigefügt werden.

22 Für die datenschutzrechtliche Zulässigkeit eines solchen Vorgehens ist nach § 28 Abs. 1 S. 1 Nr. 2 BDSG das Ergebnis einer **Interessenabwägung** maßgebend. Dabei ist das Interesse des Vorhabenträgers an der Aufnahme der Daten in die Antragunterlagen mit einer daraus resultierenden Beeinträchtigung des Persönlichkeitsrechts der Betroffenen abzuwägen.[21] Mit Blick auf die **Belange des Vorhabenträgers** muss die Verwendung der personenbezogenen Daten **zur Wahrung eines berechtigten Interesses erforderlich** sein. Hierfür wird es insbesondere darauf ankommen, ob diese Angaben zum Nachweis bestimmter planungsrechtlicher Anforderun-

---

18 *Gola/Schomerus*, § 3 Rn 6.
19 *Gola/Schomerus*, § 3 Rn 7.
20 Näher dazu § 7 Abschnitt III.4, Rn 101ff.
21 Sehr instruktiv hierzu BGH, Urt. v. 17.12.1985 – VI ZR 244/84 (Köln) – : *„Der wertausfüllungsbedürftige Begriff der ‚schutzwürdigen' Belange verlangt eine Abwägung des Persönlichkeitsrechts des Betroffenen und des Stellenwertes, den die Offenlegung und Verwendung der Daten für ihn hat, gegen die Interessen der speichernden Stelle und der Dritten, für deren Zwecke die Speicherung erfolgt. Dabei sind Art, Inhalt und Aussagekraft der beanstandeten Daten an den Aufgaben und Zwecken zu messen, denen ihre Speicherung dient. Nur wenn diese am Verhältnismäßigkeitsgrundsatz ausgerichtete Abwägung, die die datenverarbeitende Stelle vorzunehmen hat, keinen Grund zu der Annahme bietet, daß die Speicherung der in Frage stehenden Daten zu dem damit verfolgten Zweck schutzwürdige Belange des Betroffenen beeinträchtigt, ist die Speicherung zulässig.“*

gen tatsächlich zwingend notwendig, lediglich „verfahrensdienlich" oder überflüssig sind.[22] Mit Blick auf die **Belange des Betroffenen** darf bei der Abwägung kein Grund zu der Annahme bestehen, dass die Datennutzung zur **Verletzung überwiegender schutzwürdiger Interessen** führen wird. Für die Einschätzung der Schutzwürdigkeit des Betroffenen ist vor allem die Sensibilität der Daten von Bedeutung, die durch Faktoren wie Art, Inhalt und Aussagekraft der Angaben indiziert wird. Darüber hinaus wird hier aber auch zu berücksichtigen sein, dass die Herausgabe an die BNetzA lediglich ein **Zwischenschritt auf dem Weg zur öffentlichen Auslegung und Veröffentlichung im Internet** ist, wodurch die Informationen jedermann global abrufbar zur Verfügung stehen und losgelöst vom Zweck ihrer ursprünglichen Veröffentlichung verwendet werden können.[23]

23 Führt die Interessenabwägung zu dem Ergebnis, dass das Geheimhaltungsinteresse des Betroffenen das Nutzungsinteresse des Vorhabenträgers überwiegt, dürfen die fraglichen Daten in den Antragsunterlagen nicht verwendet werden. Aus Schriftstücken oder anderen Datenträgern sind die Angaben dann zu entfernen oder unkenntlich zu machen. Wenn dabei Inhalte verloren gehen, die für die Beurteilung des Trassenkorridors wesentlich sind, kann die BNetzA in entsprechender Anwendung des S. 5 zulassen, dass den Unterlagen eine geeignete Erläuterung beigefügt wird.

3. Schutz von Betriebs- oder Geschäftsgeheimnissen (S. 3 und 5)

a) Verfahren

24 S. 3 und 5 sehen ein spezielles Verfahren zum Umgang mit Unterlagen vor, die Betriebs- oder Geschäftsgeheimnisse enthalten. Auch diese Regelung ist knapp und wenig präzise ausgefallen. Da sich die Begründung des Regierungsentwurfs ebenfalls ausschweigt, erschließt sich der Sinn der Vorschrift nur mühsam. Aufschluss über das Gemeinte bieten jedoch die ähnlich strukturierten, aber wesentlich klarer gefassten Bestimmungen über den Schutz von Geschäfts- und Betriebsgeheimnissen im immissionsschutzrechtlichen Genehmigungsverfahren (§ 10 Abs. 2 BImSchG, § 10 Abs. 3 der 9. BImSchV), an denen sich die Regelung in S. 3 und 5 augenscheinlich orientiert. Deshalb bietet es sich an, bei Zweifelsfragen die entsprechenden Grundsätze des Immissionsschutzrechts zur Auslegung heranzuziehen, soweit sie sich sinnvoll auf die Bundesfachplanung übertragen lassen.

25 Nach **S. 3** hat der Vorhabenträger **Unterlagen, die Betriebs- oder Geschäftsgeheimnisse enthalten**, zu **kennzeichnen**. Den Unterlagen ist nach **S. 5** eine **Erläuterung** beizufügen, die unter Wahrung des jeweils betroffenen Betriebs- oder Geschäftsgeheimnisses so ausführlich sein muss, dass Dritte abschätzen können, ob und in welchem Umfang sie von den raumbezogenen Auswirkungen des Vorhabens betroffen sein können. Diese Ausführungen lassen allenfalls erahnen, worum es hier genau geht und was im Einzelnen zu tun ist. Hinter den rudimentären Vorgaben steckt die Überlegung, dass Unterlagen, in denen sich schutzwürdige **Betriebs- oder Geschäftsgeheimnisse** befinden, **der Öffentlichkeit**[24] **nach § 9 nicht zugänglich gemacht werden dürfen.**[25] **An ihrer Stelle soll die den Unterlagen beizufügende „Erläuterung" ausgelegt werden.**[26] Erst vor diesem Hintergrund wird deutlich, welche **inhaltlichen Anforderungen** an die **Erläuterung** zu stellen sind. Es soll nicht etwa begründet werden, weshalb bestimmte, in

---

22 Vgl. *Gola/Schomerus*, § 28 Rn 25.

23 Vgl. *Gola/Schomerus*, § 28 Rn 21.

24 Ein ähnliches Geheimhaltungsbedürfnis dürfte wohl auch gegenüber den nach § 9 Abs. 2 zu beteiligenden Trägern öffentlicher Belange bestehen, bei denen es sich ja ebenfalls um Privatrechtssubjekte handeln kann; siehe dazu § 7 Rn 117.

25 Ebenso zur Rechtslage im immissionsschutzrechtlichen Genehmigungsverfahren *Jarass*, § 10 Rn 37, 67.

26 So mit der gebotenen Klarheit § 10 Abs. 3 der 9. BImSchV.

den Unterlagen enthaltene Informationen den Charakter von Betriebs- oder Geschäftsgeheimnissen haben. Vielmehr soll der **Inhalt der gekennzeichneten Unterlage, die in der Behörden- und Öffentlichkeitsbeteiligung nach § 9 keine Verwendung finden soll, so dargestellt werden, dass die Erläuterung die Funktion einer „Ersatzunterlage" übernehmen kann.**[27] Dabei sind die geheimhaltungsbedürftigen Tatsachen so zu umschreiben, dass der notwendige Geheimnisschutz gewährleistet ist.

Für die **Art der Inhaltsdarstellung** stellt die Vorschrift zutreffend auf den **„Empfängerhorizont" der beteiligten Öffentlichkeit** ab. Entscheidend ist, dass Dritten die Einschätzung ermöglicht wird, ob und inwieweit sie von den Auswirkungen des Vorhabens – also der Errichtung und des Betriebs einer Höchstspannungsleitung innerhalb des vorgesehenen Trassenkorridors – betroffen sein können. In den Blick zu nehmen sind dabei freilich nur die **raumbedeutsamen Auswirkungen.** Mit dieser Einschränkung trägt das Gesetz dem Umstand Rechnung, dass die Prüfungen in der Bundesfachplanung **ebenengerecht** durchzuführen sind.[28] Kleinräumig auftretende Effekte sind regelmäßig erst im nachfolgenden Planfeststellungsverfahren zu betrachten und brauchen daher in die nach S. 5 zu erstellende „Ersatzunterlage" nicht einbezogen zu werden. Die vom Gesetzgeber hierfür gewählte **Formulierung** ist allerdings in einem Punkt **zu eng** ausgefallen. Es geht nicht allein darum, dass Mitglieder der Öffentlichkeit ihre **eigene** Betroffenheit erkennen können. Vielmehr muss die Erläuterung so gefasst werden, dass auch die beteiligten **Vereinigungen mögliche Beeinträchtigungen der von ihnen vertretenen Umweltbelange einschätzen** können. 26

Für die Beurteilung, ob Angaben in den Unterlagen als schutzwürdige Betriebs- oder Geschäftsgeheimnisse zu betrachten sind, ist nicht die Auffassung des Vorhabenträgers maßgebend. **Die BNetzA ist an die Einschätzung des Vorhabenträgers nicht gebunden**, sondern **hat selbst zu prüfen und zu entscheiden, ob es aus Gründen des Geheimnisschutzes gerechtfertigt ist, die fragliche Antragsunterlage zurückzuhalten und an ihrer Stelle die Erläuterung nach S. 5 auszulegen.**[29] Gelangt sie dabei zu dem Schluss, dass es sich um schutzwürdige Betriebs- oder Geschäftsgeheimnisse handelt, ist in der beschriebenen Weise zu verfahren. Kommt sie dagegen zu dem Ergebnis, dass die Voraussetzungen nicht erfüllt sind, kann sie die Unterlagen – allerdings erst nach vorheriger **Anhörung des Vorhabenträgers**[30] – nach § 9 Abs. 3 S. 1 und Abs. 4 auslegen und im Internet veröffentlichen.[31] Die in der immissionsschutzrechtlichen Literatur vereinzelt vertretene Gegenauffassung (keine Auslegung gegen den Willen des Antragstellers, stattdessen Ablehnung des Genehmigungsantrags)[32] kann für die Bundesfachplanung keine Geltung beanspruchen. Begründet wird die genannte Position damit, dass der Antragsteller Art und Umfang seines Antrags und damit zugleich bestimme, in welchem Umfang Unterlagen zur Auslegung freigegeben würden.[33] Diese Gestaltungsfreiheit besitzt der Vorhabenträger im Verfahren der Bundesfachplanung jedoch gerade nicht. Im Interesse der Beschleunigung des Netzausbaus (§ 1) kann die Behörde hier sowohl die Antragstellung als auch die Vorlage von Antragsunterlagen erzwingen.[34] Dem würde es widersprechen, wenn der Vorha- 27

27 Auch hier wieder wesentlich klarer § 10 Abs. 3 S. 1 der 9. BImSchV: „Inhaltsdarstellung"; ähnlich § 10 Abs. 2 S. 2 BImSchG.

28 Eingehend dazu § 7 Rn 73 ff.

29 Vgl. Landmann/Rohmer/*Dietlein*, § 10 BImSchG Rn 63. Zu den materiellen Gesichtspunkten, unter denen die Behörde diese Prüfung vorzunehmen hat, näher im nachfolgenden Abschnitt b).

30 Zur vergleichbaren Rechtslage beim immissionsschutzrechtlichen Genehmigungsverfahren VG München, Urt. v. 26.9.1995 – M 16 K 93.4444 –; *Jarass*, § 10 Rn 37a; Landmann/Rohmer/*Dietlein*, § 10 BImSchG Rn 63.

31 So die h.M. bei der immissionsschutzrechtlichen Parallelregelung, vgl. *Jarass*, § 10 Rn 37a m.w.N.

32 Landmann/Rohmer/*Dietlein*, § 10 BImSchG Rn 63 f.

33 Landmann/Rohmer/*Dietlein*, § 10 BImSchG Rn 63.

34 Siehe oben Rn 5.

benträger die Möglichkeit hätte, durch die Berufung auf angebliche Betriebs- oder Geschäftsgeheimnisse eine Einstellung des Verfahrens zu erzwingen.

b) Materielle Voraussetzungen

28 Der **Begriff des Betriebsgeheimnisses** bezeichnet Tatsachen, die die **technische Seite des Vorhabens** oder **technisches Know-how des Vorhabenträgers** betreffen.[35] Im Bereich des Stromnetzausbaus können hierzu beispielsweise Informationen zu neuen, innovativen Technologien bei Pilotprojekten nach § 12b Abs. 1 S. 3 Nr. 3 EnWG (verlustarme Übertragung hoher Leistungen über große Entfernungen, Einsatz von Hochtemperaturleiterseilen),[36] Angaben über technische Sicherungsmaßnahmen zum Sabotageschutz[37] oder sonstige technische Erkenntnisse gehören, die in Form von Konstruktionszeichnungen, Gutachten oder Berichten Eingang in die Antragsunterlagen finden. Der **Begriff des Geschäftsgeheimnisses** bezieht sich demgegenüber auf Umstände, die die kaufmännische Seite eines Unternehmens kennzeichnen, z.B. Angaben zur wirtschaftlichen Situation und Ertragslage, zum Personalbestand oder zu Kalkulationsgrundlagen des Geschäftsbetriebs.

29 Sowohl Betriebs- als auch Geschäftsgeheimnisse setzen voraus, dass die fraglichen Tatsachen **geheim** sind. Dies ist dann der Fall, wenn sie nur dem Vorhabenträger und den von ihm eingeschalteten Personen bekannt oder zugänglich sind.[38] Erkenntnisse, die jedermann zugänglich sind, sind nicht geheim. Darunter fallen beispielsweise auch von Außenstehenden messbare Umwelteinwirkungen (z.B. Immissionsdaten zur elektromagnetischen Strahlung im Einwirkungsbereich einer vorhandenen Stromleitung) sowie Emissionsdaten, auf deren Herausgabe Dritte nach § 3 i.V.m. § 9 Abs. 1 S. 2 UIG einen Rechtsanspruch haben.[39]

30 Neben dem Umstand, dass die Tatsachen geheim sind, muss ein **schutzwürdiges Interesse des Antragstellers an ihrer weiteren Geheimhaltung** bestehen. Ob dies der Fall ist, muss durch eine Abwägung zwischen den Belangen des Vorhabenträgers und den Informationsbedürfnissen der Öffentlichkeit ermittelt werden.[40] Dabei ist einerseits zu bedenken, welche Nachteile (z.B. wirtschaftlicher Art) dem Vorhabenträger erwachsen können, wenn die betreffenden Angaben im Rahmen der nachfolgenden Öffentlichkeitsbeteiligung nach § 9 ausgelegt und ins Internet gestellt werden.[41] Dieser Schaden kann beispielsweise bei einer Verbreitung innovativer technischer Konzepte und Verfahren beträchtlich sein, so dass es gerechtfertigt sein kann, dass das Interesse der Öffentlichkeit an möglichst vollständiger Einsicht in die Unterlagen in solchen Fällen zurücktritt. Dagegen kann das Informationsinteresse der Öffentlichkeit überwiegen, wenn es sich um Tatsachen handelt, deren Kenntnis für die Einschätzung der Auswirkungen des Trassenkorridors unentbehrlich ist.[42]

IV. Vollständigkeitsprüfung (S. 6)

1. Bedeutung der Vollständigkeitsprüfung

31 Nach S. 6 prüft die BNetzA die Vollständigkeit der vom Vorhabenträger vorgelegten Unterlagen. Dabei geht es um **Vollständigkeit nach Maßgabe der Festlegungen**, die die Behörde **nach § 7**

---

35 *Jarass*, § 10 Rn 34; Landmann/Rohmer/*Dietlein*, § 10 BImSchG Rn 60.
36 Dazu näher § 12b EnWG Rn 27 f.; § 7 Rn 46.
37 Landmann/Rohmer/*Dietlein*, § 10 BImSchG Rn 60 m.w.N.
38 *Jarass*, § 10 Rn 35; Landmann/Rohmer/*Dietlein*, § 10 BImSchG Rn 61.
39 Vgl. *Jarass*, § 10 Rn 35 m.w.N.
40 *Jarass*, § 10 Rn 36; Landmann/Rohmer/*Dietlein*, § 10 BImSchG Rn 62.
41 Vgl. oben Rn 22.
42 Landmann/Rohmer/*Dietlein*, § 10 BImSchG Rn 62.

Abs. 4 zu den einzureichenden Unterlagen getroffen hat.[43] **In inhaltlicher Hinsicht** findet auf dieser Verfahrensstufe aber **noch keine vertiefte planungsrechtliche Prüfung** des Vorhabens statt.[44] Jedoch muss sich die BNetzA versichern, dass die **Unterlagen auslegungsfähig** sind. Dafür müssen die Unterlagen so beschaffen sein, dass die Öffentlichkeit ausreichend über Risiken und Unverträglichkeiten, die mit dem Vorhaben verbunden sein können und in der Bundesfachplanung abzuarbeiten sind, sowie vorgesehene Maßnahmen zum Umgang mit dem Konfliktpotenzial unterrichtet wird.[45] Zu prüfen hat die BNetzA neben der Vollständigkeit der Unterlagen auch die Einhaltung der datenschutzrechtlichen Erfordernisse und die vom Vorhabenträger reklamierten Betriebs- und Geschäftsgeheimnisse.[46]

Bedeutung kommt der Feststellung der Vollständigkeit vor allem für die Bestimmung **der** 32
Frist zu, **innerhalb derer die Bundesfachplanung abzuschließen** ist. Der Gesetzgeber hat hierfür in **§ 12 Abs. 1** eine **Sechs-Monats-Frist** vorgesehen, die mit Vorlage der vollständigen Unterlagen bei der BNetzA beginnt. Sobald die Behörde festgestellt hat, dass ihr die Unterlagen vollständig vorliegen, beginnt also gewissermaßen „die Verfahrensuhr zu ticken".

Die Entscheidung über die Vollständigkeit der Unterlagen steht im **Ermessen der BNetzA.**[47] 33
Eine positive Feststellung schließt nicht aus, dass bei den nachfolgenden vertieften planungsrechtlichen Prüfungen von der BNetzA noch Unterlagenänderungen oder die Beibringung zusätzlicher Unterlagen gefordert werden. Insoweit kommt dem Ergebnis der Vollständigkeitsprüfung nach S. 6 für die Behörde ebensowenig eine Bindungswirkung zu wie ihren verfahrensleitenden Entscheidungen nach § 7 Abs. 4.[48]

2. Verfahren

S. 6 enthält keine Bestimmungen zum Verfahren der Vollständigkeitsprüfung. Tatsächlich 34
stellen sich hier jedoch einige verfahrenspraktische Fragen, auf die Antworten gegeben werden müssen. Insoweit empfiehlt es sich auch an dieser Stelle, **Anleihen bei den entsprechenden Regelungen des immissionsschutzrechtlichen Genehmigungsverfahrens (§ 7 der 9. BImSchV)** zu nehmen.

In einem wesentlichen Punkt unterscheidet sich die Vollständigkeitsprüfung in der Bun- 35
desfachplanung allerdings vom Vorgehen im immissionsschutzrechtlichen Genehmigungsverfahren. Während § 7 Abs. 1 S. 1 und 2 der 9. BImSchV für den **Abschluss der Vollständigkeitsprüfung** einen festen Zeitrahmen (ein Monat mit Verlängerungsmöglichkeit um zwei Wochen) bestimmt, ist in S. 6 **keine Frist** vorgesehen. Dies dürfte seinen Grund darin haben, dass es sich bei der Bundesfachplanung um einen neuen, sehr komplexen Planungstyp handelt. Eine belastbare Abschätzung des Zeitbedarfs, der für eine Vollständigkeitsprüfung typischerweise zu veranschlagen ist, schien dem Gesetzgeber hier mangels Erfahrung noch nicht möglich. Immerhin findet sich in der Begründung des Regierungsentwurfs aber die Aussage, dass die Vollständigkeitsprüfung zum Zwecke der Verfahrensbeschleunigung **unverzüglich nach Eingang der Unterlagen des Vorhabenträgers zu erfolgen** habe.[49] Insoweit besteht wieder Übereinstimmung mit dem Wortlaut des § 7 Abs. 1 S. 1 der 9. BImSchV.

---

43 Begr. RegE, BT-Drucks. 17/6249, S. 9 i.V.m. BT-Drucks. 17/6073, S. 25.
44 Vgl. Begr. RegE, BT-Drucks. 17/6249, S. 9 i.V.m. BT-Drucks. 17/6073, S. 25: zu prüfen sei die formelle Vollständigkeit und Plausibilität der Unterlagen.
45 Ebenso zur Vollständigkeitsprüfung im immissionsschutzrechtlichen Genehmigungsverfahren Landmann/Rohmer/*Dietlein*, § 10 BImSchG Rn 56.
46 Siehe oben Abschnitt III, Rn 16 ff.
47 So für die Vollständigkeitsprüfung im immissionsschutzrechtlichen Genehmigungsverfahren Landmann/Rohmer/*Kutscheidt*/*Dietlein*, § 7 9. BImSchV Rn 9.
48 Siehe dazu § 7 Rn 145.
49 BT-Drucks. 17/6249, S. 9 i.V.m. BT-Drucks. 17/6073, S. 25.

36 Die immissionsschutzrechtliche Regelung sieht darüber hinaus verschiedene **Beschleunigungsinstrumente** vor, deren Nutzung sich auch bei der Bundesfachplanung als Gewinn erweisen könnte. Es ist kein rechtlicher Grund ersichtlich, der ein entsprechendes Vorgehen hier ausschließen würde. Zum einen geht es um den Umgang mit **Nachforderungen bei Unvollständigkeit der Unterlagen**. Nach § 7 Abs. 1 S. 3 der 9. BImSchV hat die Behörde den Antragsteller unverzüglich aufzufordern, fehlende Unterlagen innerhalb einer angemessenen Frist zu ergänzen. Solche Nachforderungen können je nach Fortschritt der Vollständigkeitsprüfung auch in **Teilschritten** erfolgen[50] – womit die Abarbeitung des Nachforderungskatalogs auch für den Vorhabenträger leichter zu bewältigen sein dürfte. Ferner sollen nach § 7 Abs. 1 S. 4 der 9. BImSchV bereits vor Übermittlung der vollständigen Unterlagen **Teilprüfungen bereits vorliegender Unterlagen** vorgenommen werden. Für bestimmte Teilkomplexe, die im Verfahren behandelt werden müssen, soll die Behörde also schon vor Abschluss der Vollständigkeitsprüfung in eine materiell-inhaltliche Prüfung einsteigen, soweit die vorhandenen Unterlagen hierfür zugänglich sind.[51] Dieser Ansatz könnte für die BNetzA auch deshalb interessant sein, weil solche vorgezogenen Prüfungen bei der Berechnung der Sechs-Monats-Frist nach § 12 Abs. 1 nicht mitzählen; der Lauf dieser Frist beginnt erst mit Vorlage der vollständigen Antragsunterlagen.

37 Um Unsicherheiten über den Beginn der Frist, innerhalb derer die Bundesfachplanung nach § 12 Abs. 1 abgeschlossen werden muss, zu vermeiden und Verfahrenstransparenz herzustellen, sollte die **Entscheidung der BNetzA über die Vollständigkeit der Unterlagen in formal klarer und nachprüfbarer Weise fixiert** werden. Zum einen müssen die Feststellung und der maßgebliche Zeitpunkt in den Verfahrensakten der Behörde vermerkt werden. Zum anderen ist der **Vorhabenträger** über die Entscheidung **schriftlich zu unterrichten**. Sinnvoll wäre ferner, die Benachrichtigung des Vorhabenträgers entsprechend § 7 Abs. 2 der 9. BImSchV mit einer Unterrichtung über die voraussichtlich zu beteiligenden Behörden und den geplanten zeitlichen Ablauf des Verfahrens zu verbinden.

50 Landmann/Rohmer/*Kutscheidt*/*Dietlein*, § 7 9. BImSchV Rn 10.
51 Landmann/Rohmer/*Kutscheidt*/*Dietlein*, § 7 9. BImSchV Rn 7.

§ 9 Behörden- und Öffentlichkeitsbeteiligung

(1) Spätestens zwei Wochen nach Vorlage der vollständigen Unterlagen beteiligt die Bundesnetzagentur die anderen Behörden nach § 14h des Gesetzes über die Umweltverträglichkeitsprüfung nach Maßgabe der folgenden Absätze.
(2) Die Bundesnetzagentur fordert die Träger öffentlicher Belange innerhalb einer von ihr zu setzenden Frist, die drei Monate nicht überschreiten darf, zur Stellungnahme auf. Die Abgabe der Stellungnahmen kann schriftlich oder elektronisch erfolgen. Nach Ablauf der Frist nach Satz 1 eingehende Stellungnahmen werden nicht mehr berücksichtigt, es sei denn, die vorgebrachten Belange sind für die Rechtmäßigkeit der Bundesfachplanung von Bedeutung.
(3) Spätestens zwei Wochen nach Zugang der vollständigen Unterlagen führt die Bundesnetzagentur eine Beteiligung der Öffentlichkeit nach § 14i des Gesetzes über die Umweltverträglichkeitsprüfung mit der Maßgabe durch, dass die nach § 14i Absatz 2 des Gesetzes über die Umweltverträglichkeitsprüfung auszulegenden Unterlagen für die Dauer von einem Monat am Sitz der Bundesnetzagentur und in den Außenstellen der Bundesnetzagentur, die den Trassenkorridoren nächstgelegen sind, ausgelegt werden. Finden sich keine Außenstellen in einer für die Betroffenen zumutbaren Nähe, so soll die Auslegung bei weiteren geeigneten Stellen erfolgen. Die Auslegung ist auf der Internetseite und im Amtsblatt der Bundesnetzagentur und den örtlichen Tageszeitungen, die in dem Gebiet verbreitet sind, auf das sich das Vorhaben voraussichtlich auswirken wird, bekannt zu machen. Die Bekanntmachung soll spätestens eine Woche vor Beginn der Auslegung erfolgen und muss dem Planungsstand entsprechende Angaben über den Verlauf der Trassenkorridore und den Vorhabenträger enthalten sowie Informationen, wo und wann die Unterlagen zur Einsicht ausgelegt sind, und Hinweise auf die Einwendungsfrist unter Angabe des jeweils ersten und letzten Tages.
(4) Die Unterlagen sind zeitgleich mit der Auslegung für die Dauer von einem Monat im Internet zu veröffentlichen. Die Veröffentlichung im Internet ist entsprechend dem Absatz 3 Satz 3 und 4 bekannt zu machen.
(5) Die Rechtsvorschriften über Geheimhaltung und Datenschutz bleiben unberührt.
(6) Jede Person, einschließlich Vereinigungen, kann sich innerhalb von einem Monat nach Ablauf der Veröffentlichungsfrist schriftlich oder zur Niederschrift bei einer Auslegungsstelle nach Absatz 3 Satz 1 und 2 zu den beabsichtigten Trassenkorridoren äußern. Absatz 2 Satz 3 gilt entsprechend. Rechtsansprüche werden durch die Einbeziehung der Öffentlichkeit nicht begründet; die Verfolgung von Rechten im nachfolgenden Zulassungsverfahren bleibt unberührt.
(7) Ein Verfahren nach den Absätzen 1 bis 6 kann unterbleiben, wenn die Voraussetzungen für ein vereinfachtes Verfahren nach § 11 vorliegen.

Überblick

I. Allgemeines

1. Überblick über die Norm

1 **Abs. 1** ordnet an, dass die BNetzA die **Behördenbeteiligung** in der Bundesfachplanung nach Maßgabe des § 14h UVPG und nach Maßgabe der folgenden Absätze **durchführt.**

2 **Abs. 2** enthält Vorgaben hinsichtlich der **Abgabe von Stellungnahmen** in der Behördenbeteiligung.

3 Die **Abs. 3 bis 6** regeln die Öffentlichkeitsbeteiligung.

4 **Abs. 3** und **Abs. 4** regeln die **Auslegung der Unterlagen**. Nach **S. 1** hat die BNetzA die Unterlagen innerhalb von zwei Wochen nach Zugang des vollständigen Plans für die **Dauer von einem Monat an ihrem Sitz** und in den dem Vorhaben am nächstgelegenen **Außenstellen** auszulegen. **S. 2** ordnet die Auslegung bei **weiteren Auslegungsstellen** an, soweit dies erforderlich ist. **Abs. 3 S. 3 und S. 4** und **Abs. 4 S. 2** regeln die Bekanntmachung der Auslegung. Nach **Abs. 4 S. 1** sind die Unterlagen zeitgleich mit der Auslegung für die Dauer von einem Monat im **Internet** zu **veröffentlichen.**

5 Nach **Abs. 5** bleiben die Rechtsvorschriften über **Geheimhaltung** und **Datenschutz** unberührt.

6 **Abs. 6** enthält Vorgaben für die Abgabe von **Einwendungen** im Rahmen des Öffentlichkeitsbeteiligungsverfahrens.

7 Nach **Abs. 7** kann die Behördenöffentlichkeitsbeteiligung in der Bundesfachplanung **unterbleiben**, wenn die Voraussetzungen für ein **vereinfachtes Verfahren** nach § 11 vorliegen.

2. Regelungszweck

8 § 9 ist eine verfahrenslenkende Vorschrift und enthält Vorgaben für die Beteiligung der Behörden und der Öffentlichkeit in der Bundesfachplanung. Die Offenlegung erfüllt einen doppelten Zweck. Sie dient dem **Schutz der Betroffenen und der Informationsgewinnung.**

9 Die Behörden- und Öffentlichkeitsbeteiligung soll Behörden, Betroffenen und Vereinigungen die **Beteiligung am Verfahren** ermöglichen. Das Offenlegungsverfahren dient nicht zuletzt der **Grundrechtsverwirklichung**. Da Verfahrensrechte auch der Sicherung materieller Rechte dienen, ist der Einhaltung der in § 9 normierten Verfahrensvorschriften besondere Aufmerksamkeit zu widmen.

10 Die Planauslegung hat in einer Weise zu erfolgen, die geeignet ist, dem interessierten Bürger den von dem Vorhaben in ihrem Aufgabenbereich betroffenen Behörden über ihr Interesse an Information und Beteiligung durch Stellungnahme geltend zu machen (**Anstoßfunktion**).[1] Das Abwägungsmaterial wird durch weitere Erkenntnisse über betroffene Belange erweitert und konkretisiert.

1 BVerwG, Urt. v. 27.5.1983 – 4 C 40, 44 und 45/81; BVerwG, Urt. v. 6.7.1984 – 4 C 22/08 –. BVerwG, Beschl. v. 19.5.2005 – 4 VR 2000/05 –.

Die Beteiligung der Behörden und sonstiger Träger öffentlicher Belange dient der Sammlung relevanten Materials und des jeweiligen Trägern öffentlicher Belange zukommenden Sachverstands. 11

Für die anerkannten Umweltverbände gilt eine Besonderheit: Sie belegen eine Stellung zwischen der beteiligten Öffentlichkeit und den Trägern öffentlicher Belange. Die Rechtsprechung verlangt von ihnen ein höheres Maß an Kompetenz. Dies zeigt sich darin, dass anerkannte Umweltverbände konkret materiell-rechtlich Einwendungen darlegen und begründen müssen. 12

§ 9 lehnt sich an die Behörden- und Öffentlichkeitsbeteiligung in der energierechtlichen Planfeststellung nach § 43a EnWG i.V.m. § 73 VwVfG an, enthält aber für die Bundesfachplanung notwendige Modifikationen. Insbesondere die Abs. 3 und 4 enthalten Besonderheiten für die Bekanntmachung und der Auslegung der Unterlagen im Rahmen der Öffentlichkeitsbeteiligung. Diese Vorschriften sind auf die besonderen Anforderungen der Bundesfachplanung und die Zuständigkeit der BNetzA zurückzuführen. Wesentliche Intention der Modifikation ist eine starke **Transparenz** sowie eine **Beschleunigung der Verfahren**. 13

Soweit die Voraussetzungen für ein **vereinfachtes Verfahren** nach § 11 vorliegen, kann die Behörden- und Öffentlichkeitsbeteiligung unterbleiben. 14

3. Entstehungsgeschichte

Die Vorschrift wurde durch Art. 1 des Gesetzes über Maßnahmen zur Beschleunigung des Netzausbaus Elektrizitätsnetze[2] vom 28.7.2011 mit Wirkung zum 5.8.2011 als § 9 erlassen. Die Regelung erfuhr keine Änderungen im Gesetzgebungsverfahren und ist wortgleich mit dem ursprünglichen Entwurf. 15

II. Behördenbeteiligung (Abs. 1 und Abs. 2)

1. Allgemeines

Die Behördenbeteiligung bzw. die Beteiligung der Träger öffentlicher Belange ist in den Abs. 1 und 2 geregelt. Missverständlich ist, dass Abs. 1 von *„anderen Behörden nach § 14h des Gesetzes über die Umweltverträglichkeitsprüfung“* spricht, in Abs. 2 hingegen von *„Trägern öffentlicher Belange“*. Während im VwVfG, in den Regelungen über die energierechtliche Planfeststellung in den §§ 43ff. EnWG und im BImschG ausschließlich von Behörden gesprochen wird, verwenden §§ 4f. BauGB sowie die §§ 12ff. EnWG den Begriff der Träger öffentlicher Belange. Nach der Intention des Gesetzgebers und dem Sinn und Zweck der Vorschrift dürften die Begriffspaare „andere Behörden“ sowie „Träger öffentlicher Belange“ keinen inhaltlichen Unterschied aufweisen. Der Begriff der Behörde in Abs. 1 ist daher wie der Begriff der Träger öffentlicher Belange in Abs. 2 aufzufassen. 16

Abs. 1 ist zudem missverständlich, weil er darauf verweist, dass sich die Beteiligung anderer Behörden nach den folgenden Absätzen richtet. Tatsächlich regeln die nachfolgenden Abschnitte aber auch den Datenschutz, die Beteiligung Privater und der Umweltverbände sowie Besonderheiten zum vereinfachten Verfahren. Lediglich Abs. 2 regelt die Beteiligung der Träger öffentlicher Belange. 17

2 BGBl. I 2011 S. 1690.

2. Versand und Inhalt der Unterlagen

18 Nach Abs. 1 beteiligt die BNetzA spätestens zwei Wochen nach Vorlage der vollständigen Unterlagen die anderen Behörden. Die **Zwei-Wochen-Frist** ist ein weiteres **Beschleunigungselement** des Gesetzes.[3]

19 Abs. 1 ordnet an, dass die Behördenbeteiligung nach § 14h UVPG nach Maßgabe des Abs. 2 erfolgt. § 14h S. 2 UVPG, wonach die zuständige Behörde für die Abgabe der Stellungnahme eine angemessene Frist von mindestens einem Monat setzt, wird durch die Anordnung in Abs. 2 S. 1, wonach die BNetzA eine Frist für die abzugebenden Stellungnahmen setzt, modifiziert. Die von der BNetzA gesetzte Frist darf drei Monate nicht überschreiten.

20 Nach § 14h S. 1 UVPG übermittelt die zuständige Behörde den Behörden den Entwurf des Plans sowie den Umweltbericht. Nach § 73 Abs. 1 S. 2 VwVfG – der in der Bundesfachplanung nicht direkt, in diesem Zusammenhang aber entsprechend anzuwenden ist – besteht der Plan aus den Zeichnungen und Erläuterungen, die das Vorhaben und seinen Anlass und die von dem Vorhaben betroffenen Grundstücke und Anlagen erkennen lassen. Die Anforderungen an den Umweltbericht sind in § 14g UVPG normiert.

21 Nach der Rechtsprechung sind der zu beteiligenden Behörde nur die ihren jeweiligen Aufgabenbereich betreffenden Unterlagen zuzuleiten.[4] Dessen ungeachtet empfiehlt es sich, den zu beteiligenden Behörden die vollständigen Unterlagen zu übersenden.

a) Behörden und Träger öffentlicher Belange

22 Nach Abs. 1 sind die Behörden nach § 14h UVPG zu beteiligen. Eine Behörde ist nach § 1 Abs. 4 VwVfG jede Stelle, die öffentliche Aufgaben wahrnimmt, gleichgültig, ob dies in hoheitlicher Form, in schlicht hoheitlicher Weise oder in privat-rechtlicher Gestattungsform geschieht.[5] Eine Beteiligung der jeweiligen Behörde ist erforderlich, wenn der öffentlich-rechtliche Aufgabenbereich dieser Behörde betroffen ist. Werden lediglich privat-rechtliche Interessen, wie etwa das Eigentum, berührt, ist eine Beteiligung nicht als Behörde, sondern als Träger privater Rechte geboten.[6]

23 **Träger öffentlicher Belange** sind neben den Behörden, deren Aufgabenbereich durch die Planung der BNetzA betroffen sein kann, die juristischen Personen oder sonstige Vereinigungen des Privatrechts, die aufgrund der Art und Weise ihrer Tätigkeit oder aufgrund der von ihnen übernommenen Aufgaben öffentliche Interessen wahrnehmen. Dazu gehören beispielsweise die sonstigen Netzbetreiber, die Deutsche Bahn, Infrastrukturunternehmen, Versorgungsunternehmen etc.

24 In der Bundesfachplanung sind die Raumordnungs- und Landesplanungsbehörden, die Flurbereinigungs-, Wasserwirtschafts-, Straßenbau- und Bergbehörden, die Kreisverwaltungsbehörden in ihrer Funktion als allgemeine Ordnungs-, Straßenverkehrs- und Landschaftsschutzbehörde und als Baubehörde, die Forstbehörde, die Landwirtschaftskammer oder andere nach Landesrecht für die Förderung der Landwirtschaft zuständige Stellen sowie die Wehrbereichsverwaltung und die Bundesvermögensverwaltung zu beteiligen.

25 Die **Standortgemeinden**, auf deren Gebiet das Vorhaben verwirklicht werden soll, sind als Träger öffentlicher Belange zu beteiligen. Das nach Art. 28 Abs. 2 S. 1 GG verfassungsrechtlich gewährleistete Selbstverwaltungsrecht gewährt ihnen bei überörtlichen oder ortsrelevanten Planungen der Bundesfachplanung unabhängig von einer ausdrücklichen gesetzlichen Zuerken-

3 BT-Drucks. 17/6073, S. 25.
4 BVerwG, Beschl. v. 11.4.1995 – 4 B 61/95 –.
5 BVerwG, Urt. v. 24.1.1991 – 2 C 16/88 –.
6 *Stüer*, Rn 4203; *Kopp/Ramsauer*, § 73 Rn 23.

nung ein Recht auf Beteiligung, das sich in Informations- und Anhörungsrechte gliedert.[7] Eigene subjektiv-öffentliche Rechte müssen die Gemeinden im Rahmen der Öffentlichkeitsbeteiligung geltend machen.[8]

Auch die Kreise sind – unabhängig von der ihnen durch Landesrecht übertragenen Aufgabe des Trägers der allgemeinen inneren Staatsverwaltung – in ihrer Eigenschaft als Selbstverwaltungskörperschaften zu beteiligen (Art. 28 Abs. 2 S. 2 GG). Die Kreise können von Gemeinden übergreifenden Vorhaben sowohl als Träger kreiseigener Einrichtungen als auch als Träger einer das Kreisgebiet erfassenden Planungshoheit betroffen werden.[9] 26

b) Anerkannte Naturschutzverbände

Nicht zu den Trägern öffentlicher Belange gehören die **anerkannten Umweltverbände.**[10] Diese haben eine besondere Stellung, die zwischen denen der konkret Betroffenen und den Trägern öffentlicher Belange anzusiedeln sind. Sie nehmen nicht wie die Träger öffentlicher Belange ausschließlich öffentliche Interessen wahr. Von ihnen wir ein substantiierter Sachvortrag erwartet. Die anerkannten Umweltverbände unterliegen daher den Präklusionsvorschriften. Das BVerwG formuliert die besondere Rolle der anerkannten Naturschutzverbände wie folgt: 27

> *„Einwendungen sind sachliches, auf Verhinderung oder Modifizierung des Planvorhabens abzielendes Gegenvorbringen. [...] Welche Anforderungen an ihre Substantiierung zu stellen sind, hat das Bundesverwaltungsgericht mit Blick auf die unterschiedlichen Funktionen der Betroffenen – unter Verbändebeteiligung – für Einwendungen Privater und solcher von Verbänden differenziert bestimmt. Während die Anhörung Planbetroffener diesen Gelegenheit bieten soll, ihre individuellen Betroffenheiten zu artikulieren, dient die Beteiligung der Naturschutzvereinigung der Mobilisierung naturschutzfachlichen Sachverstandes. Mit der Präklusionsregelung sollen die Vereinigungen angehalten werden, bereits im Verwaltungsverfahren ihre Sachkunde einzubringen; zugleich soll der von der Verwaltungsentscheidung Begünstigte vor einem überraschenden Prozessvortrag geschützt werden.“*[11]

3. Stellungnahmen der Behörden (Abs. 2)

a) Aufforderung zur Stellungnahme

Gemäß Abs. 2 fordert die BNetzA die Träger öffentlicher Belange innerhalb einer von ihr zu setzenden Frist, die drei Monate nicht überschreiten darf, zur Stellungnahme auf. 28

Die Stellungnahme ist eine fachliche Auseinandersetzung mit dem Vorhaben mit den in den Zuständigkeitsbereich der Behörde fallenden Themen. Die Stellungnahme ist schriftlich gegenüber der BNetzA abzugeben. Eine mündliche Darlegung ist nicht ausreichend; der Gesetzgeber verlangt, dass die Stellungnahme aktenkundig ist. Für die Transparenz des Verfahrens ist dies ebenso erforderlich, wie für die Abwägungsentscheidung, die die Behörde zu treffen hat. Eine Stellungnahme per Fax oder Email ist ausreichend. Die Träger öffentlicher Belange haben ihre Stellungnahmen hinreichend zu substantiieren. Aus ihr muss erkennbar werden, ob und welche öffentlichen Belange aufgrund welchen – vornehmlich materiellen – Rechts zu berücksichtigen sind. Die Äußerung soll sich auf alle für die Entscheidung wesentli- 29

7 BVerwG, Urt. v. 7.7.1978 – 4 C 79/76 –.
8 BVerwG, Urt. v. 17.3.2005 – 4 A 18/04 –.
9 *Stüer*, Rn 4203.
10 Stelkens/Bonk/Sachs/*Bonk/Neumann*, § 73 Rn 36.
11 BVerwG, Urt. v. 14.7.2011 – 9 A 12/10 – m.w.N.

chen tatsächlichen und rechtlichen Aspekte beziehen, die sich innerhalb des Aufgabenbereichs der Behörde halten.[12]

30 Zwar ist im Gesetz nicht ausdrücklich die Verpflichtung zur Abgabe einer Stellungnahme angesprochen. Das ist unschädlich. Es ergibt sich aus der Natur der Sache sowie aus der Zuständigkeit des jeweiligen Trägers öffentlicher Belange, dass dieser eine Stellungnahme abgeben muss. Diese Feststellung ist wichtig, denn sollte die BNetzA aufgrund fehlender oder fehlerhafter Stellungnahmen eine falsche Entscheidung treffen, können damit Amtshaftungsansprüche verbunden sein, die auf die BNetzA zukommen.

31 Die Abgabe der Stellungnahme kann schriftlich oder elektronisch erfolgen. Dies ist unproblematisch, da der Adressat der Stellungnahme unschwer festzustellen ist. Eine nur mündlich abgegebene Stellungnahme ist nicht ausreichend. Die Möglichkeit, nach Abs. 2 S. 2 die Stellungnahmen elektronisch zu übermitteln, dient sowohl der Verfahrensbeschleunigung als auch der Kosteneffizienz.[13]

b) Fristsetzung

32 Die BNetzA hat den Trägern öffentlicher Belange, die sie zur Stellungnahme auffordert, eine Frist zu setzen, die drei Monate nicht überschreiten darf. Die Fristenregelung ist keine Besonderheit des NABEG, sondern entspricht § 73 Abs. 3a S. 1 VwVfG. Die Fristenregelung dient der Verfahrensbeschleunigung[14] und soll verhindern, dass erst spät abgegebene Stellungnahmen ein Planungsverfahren verzögern können.[15]

33 Für die Berechnung der Frist muss nach § 31 Abs. 1 VwVfG i.V.m. § 188 Abs. 1 BGB der Tag der Bekanntgabe mitgerechnet werden.[16] Es ist zulässig, dass die Planfeststellungsbehörde eine zunächst gesetzte Frist verlängert, allerdings nicht über die Höchstfrist von drei Monaten hinaus. Dies würde dem Zweck der Verfahrensbeschleunigung widersprechen.[17]

34 Die Fristsetzung hat die BNetzA nach **pflichtgemäßem Ermessen** vorzunehmen. Die Frist muss angemessen sein. Angemessenheit richtet sich nach dem Umfang und der Bedeutung der Angelegenheit. Weil der Gesetzgeber von einer Höchstfrist von drei Monaten ausgeht, ist davon auszugehen, dass diese Drei-Monats-Frist für komplexe, aufwändige und schwierige Projekte gilt. Ein normales Verfahren muss entsprechend kürzer bearbeitet werden. Die Stellungnahme muss in entsprechend kürzerer Frist der BNetzA zugehen. Ein zentraler Aspekt für die Ermessensausübung ist dabei der Umfang der Unterlagen und die Konfliktträchtigkeit des jeweils in dem Anhörungsverfahren betroffenen Trassenabschnitts.

c) Präklusion

35 Gemäß Abs. 2 S. 3 sind nach Ablauf der Frist nach S. 1 eingehende Stellungnahmen nicht mehr zu berücksichtigen. Die Nichtberücksichtigung wird zwingend angeordnet.[18] Die Präklusionsregelung ist ein weiteres Element der Verfahrensbeschleunigung.[19] Die Versäumung der Einwendungsfrist nach § 73 Abs. 5 S. 3 VwVfG bewirkt eine materiell-rechtliche Präklusion in dem Sinne, dass die nicht rechtzeitig vorgetragenen Belange auch im späteren Gerichtsverfahren

12 Stelkens/Bonk/Sachs/*Bonk/Neumann*, § 73 Rn 37.
13 BT-Drucks. 17/6073, S. 25.
14 BT-Drucks. 17/6073, S. 25.
15 Stelkens/Bonk/Sachs/*Bonk/Neumann*, § 73 Rn 39.
16 BVerwGE 40, 363.
17 A.A. Stelkens/Bonk/Sachs/*Bonk/Neumann*, § 73 Rn 39 (auch über die Drei-Monats-Frist hinaus).
18 *Kopp/Ramsauer*, § 74 Rn 33; Stelkens/Bonk/Sachs/*Bonk/Neumann*, § 73 Rn 41.
19 BT-Drucks. 17/6073, S. 25.

nicht mehr geltend gemacht werden können.[20] Werden zuvor erhobene Einwendungen vor Abschluss des Anhörungsverfahrens zurückgezogen, hat dieser Verzicht die Wirkung nicht erhobener oder verspäteter Einwendungen.[21]

Etwas anderes gilt, wenn die vorgebrachten Belange für die Rechtmäßigkeit der Bundesfachplanung von Bedeutung sind. Dieser Ausnahmetatbestand formuliert eine Selbstverständlichkeit. Zugleich zeigt sie ein Dilemma auf: Selbstverständlich ist die Vorschrift deshalb, weil für die Rechtmäßigkeit der Bundesfachplanung entscheidende Argumente, auch wenn sie verspätet vorgetragen werden, nicht unberücksichtigt bleiben können. Dies verbietet der Grundsatz der Rechtmäßigkeit staatlichen Handelns. Vor allem aber kann die Nichtberücksichtigung abwägungserheblicher Belange in der Abwägung zu einem Abwägungsfehler führen. Aus diesem Grund ist eine verfassungskonforme Auslegung des Ausnahmetatbestands nötig, um verfassungswidrige Ergebnisse zu vermeiden.[22] Das Dilemma besteht darin, dass die Fristsetzung der BNetzA ins Leere laufen kann, wenn ein Träger öffentlicher Belange wesentliche Argumente vorzutragen hat, dies aber nicht in der angemessenen Frist erledigt. Hier bleibt nur der Hinweis auf die Verpflichtung, rechtstreu zu handeln und auf die Risiken, die auch mit etwaigen Amtshaftungsansprüchen zusammenhängen könnten. 36

III. Öffentlichkeitsbeteiligung (Abs. 3 bis Abs. 6)

1. Bekanntmachung

Die Auslegung ist auf der **Internetseite** und im **Amtsblatt der BNetzA** und den **örtlichen Tageszeitungen**, die in dem Gebiet verbreitet sind, auf das sich das Vorhaben voraussichtlich auswirken wird, bekanntzumachen. 37

Die Bekanntmachung soll spätestens eine Woche vor Beginn der Auslegung erfolgen und muss den Planungsstand entsprechende Angaben über den Verlauf der Trassenkorridore und den Vorhabenträger enthalten sowie Informationen, wo und wann die Unterlagen zur Einsicht ausgelegt sind und Hinweise auf die Einwendungsfrist unter Angabe des jeweils ersten und letzten Tages. 38

Die Bekanntmachung im Amtsblatt und den örtlichen Tageszeitungen ist geübte Praxis und bedarf keiner näheren Erläuterung. Wichtig ist, dass für jeden Bürger erkennbar ist, dass es eine Bekanntmachung gibt, was Gegenstand der Bekanntmachung ist und wo die Unterlagen ausgelegt sind. Die diesbezüglichen Informationen sind klar und unmissverständlich zu formulieren. Ungeachtet dessen ist der Bürger verpflichtet, sich aktiv um die mögliche Bekanntmachung zu kümmern. Wer keine Tageszeitung liest, darf sich nicht wundern, wenn er von einem bestimmten Verfahren keine Kenntnis erlangt. 39

Die Auslegung soll an den Orten erfolgen, an denen voraussichtlich Auswirkungen des Vorhabens festzustellen sind. Notwendig ist also, dass die BNetzA eine Prognose anstellt, auf welche Gebiete Auswirkungen nicht auszuschließen sind. Es empfiehlt sich, im Zweifel den Bereich potenziell betroffener Gebiete großzügig zu ziehen, um zu vermeiden, dass in bestimmten Gebieten eine Bekanntmachung nicht erfolgt. Dabei ist zu bedenken, dass die großräumige Trassenplanung auch aufgrund raumordnerischer oder landesplanerischer Effekte Auswirkungen auch auf solche Gebiete haben kann, die nicht unmittelbar von dem Vorhaben betroffen sind. 40

20 BVerwG, Beschl. v. 18.9.1995 – 11 VR 7/95 –; BVerwG, Urt. v. 24.5.1996 – 4 A 38/95 –; BVerwG, Urt. v. 6.11.1997 – 4 A 16/97 –; BVerwG, Beschl. v. 5.6.1998 – 11 B 27/98 –; BVerfG, Beschl. v. 18.8.1998 – 1 BvR 1364/98 –; BVerwG, Gerichtsbescheid v. 6.11.1998 – 11 A 28/97 –.
21 *Stüer*, Rn 4207.
22 *Kopp/Ramsauer*, § 74 Rn 34.

41 Die Bekanntmachung soll eine Woche vor Beginn der Auslegung erfolgen. Es handelt sich um eine Sollvorschrift. Die BNetzA ist grds. verpflichtet, die Frist von einer Woche zwischen Bekanntgabe und Beginn der Auslegung einzuhalten. Sollten besondere Gründe vorliegen, kann diese Frist verkürzt werden.

2. Veröffentlichung der Unterlagen im Internet (Abs. 4)

42 Nach Abs. 4 sind die Unterlagen zeitgleich mit der Auslegung für die Dauer von einem Monat im Internet zu veröffentlichen. Die Veröffentlichung im Internet ist entsprechend Abs. 3 S. 3 und S. 4 bekanntzumachen.

43 Die Veröffentlichung der Unterlagen im Internet findet sich bisher in keinen Fachplanungsgesetzen, wird aber von der überwiegenden Praxis der Planfeststellungsbehörden bzw. der Vorhabenträger derzeit schon praktiziert. Eine derartige Regelung ist im heutigen Kommunikationszeitalter unerlässlich.

44 Die nunmehr gesetzliche Verpflichtung zur Veröffentlichung im Internet bedeutet für die Behörden, dass die BNetzA an geeigneter Stelle und gut sichtbar deutlich macht, dass ein Verfahren zur Öffentlichkeitsbeteiligung anhängig ist. Zweck der Regelung ist es auch, ohne großen Aufwand erkennen zu lassen, dass ein Vorhaben geplant ist. Dieses Ziel würde konterkariert werden, wenn die Bekanntmachung an einer nicht ohne weiteres sichtbaren Stelle der Homepage der BNetzA „versteckt" werden würde.

45 Die Veröffentlichung der Unterlagen im Internet verlangt nicht, dass die Unterlagen ausdruckbar zur Verfügung stehen. Es ist ausreichend, wenn die BNetzA sämtliche Unterlagen, die Gegenstand des Antragsverfahrens sind, elektronisch zugänglich macht. Ebenso ist es nicht erforderlich, dass die BNetzA die Möglichkeit einräumt, die Unterlagen herunterzuladen und zu speichern. Das Dateiformat muss einem üblichen Format entsprechen, damit ein interessierter Bürger nicht gezwungen ist, sich unübliche Programme zu verschaffen, um die Dokumente lesen zu können. Dies kann in der Regel das „pdf-Format" sein. Bereitgestellte Dokumente sollten nicht durch Zugriffssperren wie Passwörter gesperrt sein. Es empfiehlt sich, auf der Internetseite einen Link anzubieten, unter dem ein kostenloses Leseprogramm, wie etwa der Acrobat Reader für pdf-Dokumente, heruntergeladen werden kann.

3. Auslegung

46 Die Unterlagen sind für die Dauer von einem Monat bei der BNetzA auszulegen sowie in den Außenstellen der BNetzA, die den Trassenkorridoren am nächsten gelegen sind.

47 Da die BNetzA nicht flächendeckend in der Bundesrepublik Deutschland über Außenstellen verfügt, sieht der Gesetzgeber in Abs. 3 S. 2 vor, dass die Auslegung an weiteren geeigneten Stellen in zumutbarer Nähe erfolgen soll. Geeignete Stellen sind solche, die es dem Bürger ermöglichen, mit zumutbarem Aufwand Kenntnis von den Antragsunterlagen zu erlangen. Bei dem Begriff der zumutbaren Nähe handelt es sich um einen unbestimmten Rechtsbegriff, der der vollen gerichtlichen Kontrolle unterliegt. Wichtig ist dabei, auf die konkreten Bedürfnisse der Beteiligten abzustellen.

48 Durch die auch in Abs. 4 eröffnete Möglichkeit, im Internet Zugriff zu nehmen, bleibt die Vorschrift des unmittelbaren Einblicks vor Ort von besonderer Bedeutung für solche Personen, die über kein Internet verfügen oder aus sonstigen Gründen unmittelbar Einsicht nehmen wollen oder nehmen müssen. Weitere geeignete Stellen können etwa Bürgerämter, Bürgermeisterämter oder sonstige Verwaltungseinrichtungen sein.

4. Inhalt der Auslegung

Gegenstand der Auslegung sind sämtliche Unterlagen, die Gegenstand des Antragsverfahrens sind. An jeder Auslegungsstelle müssen die vollständigen Unterlagen ausgelegt werden. Es ist nicht zulässig, die Unterlagen auf diejenigen zu beschränken, die aus Sicht der BNetzA für ein bestimmtes Gebiet relevant sein könnten. 49

Für das Internet bedeutet dies, dass sämtliche Unterlagen bereitgestellt werden müssen. Das gewählte Dateiformat muss einem üblichen und leicht zugänglichen Format entsprechen, damit der betroffene Bürger keine besonderen Programme installieren muss, um Zugang zu den Dokumenten zu haben. Dies kann in der Regel das „pdf-Format" sein. Bereitgestellte Dokumente sollten nicht durch Zugriffssperren wie Passwörter gesperrt sein. Es empfiehlt sich, auf der Internetseite einen Link anzubieten, unter dem ein kostenloses Leseprogramm, wie etwa der Acrobat Reader für pdf-Dokumente, heruntergeladen werden kann. 50

5. Beginn und Dauer der Auslegung

Die BNetzA hat die Unterlagen spätestens zwei Wochen nach Zugang der vollständigen Unterlagen auszulegen. Damit rekurriert § 9 Abs. 3 S. 1 auf § 8. Nach § 8 S. 6 hat die BNetzA die Vollständigkeit der eingereichten Unterlagen zu prüfen. 51

Die BNetzA hat die Unterlagen für die Dauer von einem Monat auszulegen. Die Frist darf weder verkürzt noch verlängert werden. Beides widerspräche dem Wortlaut des Gesetzes. Es würde zudem zwangsläufig zu einer Ungleichbehandlung und Verunsicherung führen, da die betroffenen Bürger von der in der ursprünglichen Bekanntmachung genannten Frist ausgehen dürfen. Aus diesem Grund ist darauf zu achten, dass die Unterlagen von der Internetseite nach einem Monat wieder entfernt werden. 52

IV. Geheimhaltung und Datenschutz (Abs. 5)

1. Geschäfts- bzw. Betriebsgeheimnisse

Nach Abs. 4 bleiben die Rechtsvorschriften über Geheimhaltung und Datenschutz unberührt. Während der **Datenschutz** den **Schutz von personenbezogenen Daten** betrifft, zielt der Begriff der **Geheimhaltung** auf **Geschäfts-** bzw. **Betriebsgeheimnisse** ab. 53

Das NABEG enthält keine eigenen Regelungen zur Geheimhaltung oder zum Datenschutz, sondern nimmt stattdessen an vielen Stellen auf die bestehenden Schutzvorschriften Bezug.[23] Zu beachten ist vor allem die allgemeine Geheimhaltungsvorschrift des **§ 30 VwVfG** sowie das **Bundesdatenschutzgesetz** bzw. die Datenschutzgesetze der Länder. 54

Nach § 30 VwVfG haben die Beteiligten Anspruch darauf, dass ihre Geheimnisse, insbesondere die zum persönlichen Lebensbereich gehörenden sowie die Betriebs- und Geschäftsgeheimnisse, von der Behörde nicht unbefugt offenbart werden. Weder das NABEG noch die amtliche Begründung geben Anhaltspunkte zur näheren Bestimmung der Geschäfts- und Betriebsgeheimnisse. Abs. 5 orientiert sich an den parallelen Vorschriften des Immissionsschutzrechtes (§ 10 Abs. 2 BImSchG; § 10 Abs. 3 9. BImSchV). Danach sind **Betriebs-** bzw. **Geschäftsgeheimnisse** Tatsachen, die im Zusammenhang mit einem Geschäftsbetrieb stehen, nur einem eng begrenzten Personenkreis bekannt, also nicht offenkundig sind und nach dem bekundeten Willen des Betriebsinhabers geheimgehalten werden sollen.[24] **Geschäftsgeheimnisse** sind solche Tatsachen, die im Zusammenhang mit der kaufmännischen Seite des Betriebes stehen. Als 55

---

23 Vgl. etwa § 8; § 21 Abs. 3 S. 2.
24 Landmann/Rohmer/*Dietlein*, § 10 BImSchG Rn 60.

Betriebsgeheimnisse sind solche Tatsachen anzusehen, die sich auf technische Gesichtspunkte der geplanten Anlage beziehen.[25] Eine trennscharfe Abgrenzung ist letztendlich schwierig und zumeist auch nicht erforderlich.

56 Die Betriebs- bzw. Geschäftsgeheimnisse müssen nach objektiven und subjektiven Kriterien geheim zu halten sein; es muss **ein schutzwürdiges Interesse des Antragstellers** an der weiteren Geheimhaltung bestehen. Objektiv muss daher die Tatsache geheim, also nicht offenkundig und allein dem Antragsteller und den von ihm eingeschalteten Personen bekannt und zugänglich sein. Subjektiv soll sie nach dem Willen des Antragstellers weiterhin geheim gehalten werden, wobei dieser Wille nach außen hin erkennbar bekundet werden muss.[26] Schutzwürdig sind geheime Tatsachen, wenn bei ihrer Offenlegung der Antragsteller oder Dritte unzumutbare Nachteile zu erwarten hätten.[27]

57 Grundsätzlich hat die BNetzA zu prüfen, ob Angaben in den Unterlagen als schutzwürdige Betriebs- und Geschäftsgeheimnisse zu betrachten sind. Ist die Behörde der Auffassung, dass es sich um keine (schutzwürdigen) Geschäfts- oder Betriebsgeheimnisse handelt, kann sie die Unterlagen nach Abs. 3 und Abs. 4 auslegen bzw. im Internet veröffentlichen.

58 Die BNetzA hat eine nur eingeschränkte Verpflichtung, eine eigene Prüfung vorzunehmen, sofern sie nicht konkrete Hinweise vom Vorhabenträger auf Betriebs- und Geschäftsgeheimnisse hat. Nach § 21 Abs. 3 S. 2 Hs. 1 muss der **Vorhabenträger kennzeichnen**, inwieweit die **Unterlagen** Betriebs- und Geschäftsgeheimnissen enthalten. Fehlt eine entsprechende Kennzeichnung durch den Vorhabenträger, kann die Behörde davon ausgehen, dass Betriebs- und Geschäftsgeheimnisse nicht berührt sind; insoweit erübrigt sich eine eigenständige Prüfung.

59 Sofern der Vorhabenträger keinerlei Kennzeichnung als **Betriebs- oder Geschäftsgeheimnis** vorgenommen hat und dabei Unterlagen eines Dritten verwendet, die möglicherweise tatsächlich oder zumindest aus Sicht des Dritten ein Betriebs- oder Geschäftsgeheimnis darstellen, kann die Behörde davon ausgehen, dass insoweit eine Freigabe erfolgt ist.

2. Datenschutz

60 Der **Schutz von personenbezogenen Daten** erfolgt grds. nach dem **Bundesdatenschutzgesetz**. Durch die Öffentlichkeitsbeteiligungen und Auslegungen von Unterlagen kommen Dritte in die Position, umfangreich Einsicht in Daten gewährt zu bekommen. Daher muss ein Ausgleich zwischen Recht auf informationelle Selbstbestimmung und Informationsinteresse der Öffentlichkeit hergestellt werden.[28] Das Spannungsverhältnis zwischen Bürgerbeteiligung und Datenschutz ist nach dem Grad der grundrechtlichen Betroffenheit differenziert und im Sinne der praktischen Konkordanz zu lösen. Weder vermag das Grundrecht auf informationelle Selbstbestimmung die Öffentlichkeitsbeteiligung auszuschließen noch die Öffentlichkeitsbeteiligung den Datenschutz.[29]

61 **Personenbezogene Daten** sind nach der Legaldefinition des § 3 Abs. 1 BDSG Einzelangaben über persönliche oder sachliche Verhältnisse einer bestimmten oder bestimmbaren natürlichen Person. Angaben über persönliche Verhältnisse sind Informationen über die betroffene Person selbst wie z.B. Name, Anschrift, Telefonnummer, Geburtsdatum etc.[30] Angaben über sachliche Verhältnisse sind Informationen über einen auf den Betroffenen beziehbaren Sachverhalt, z.B. seinen Grundbesitz oder seine rechtlichen oder wirtschaftlichen Beziehungen zu Dritten.[31]

---

25 Landmann/Rohmer/*Dietlein*, § 10 BImSchG Rn 60.
26 Landmann/Rohmer/*Dietlein*, § 10 BImSchG Rn 61f.
27 *Jarass*, § 10 Rn 36.
28 Grundlegend BVerfG, Urt. v. 15.12.1983 – 1 BVR 209/83 –.
29 Battis/Krautzberger/Löhr/*Battis*, § 3 Rn 5.
30 *Gola/Schomerus*, § 3 Rn 6.
31 *Gola/Schomerus*, § 3 Rn 7.

Die Auslegung **personenbezogener Daten** ist nach § 28 Abs. 1 S. 1 Nr. 2 BDSG zulässig, wenn das Interesse des Vorhabenträgers an der Aufnahme der Daten in die Antragsunterlagen die daraus resultierende Beeinträchtigung des Persönlichkeitsrechts der Betroffenen überwiegt. Führt die Interessenabwägung zu dem Ergebnis, dass das Geheimhaltungsinteresse des Betroffenen das Nutzungsinteresse des Vorhabenträgers überwiegt, dürfen die fraglichen Daten in den Antragsunterlagen nicht verwendet werden. Aus Schriftstücken oder anderen Datenträgern sind die Angaben in diesem Fall zu entfernen oder unkenntlich zu machen. 62

Zusätzliche Vorsorge- und Rücksichtnahmepflichten treffen die Behörde im Falle des Einsatzes eines Projektmanagers. Hier muss im Innenverhältnis zwischen Behörde und Projektmanager sichergestellt sein, dass die Geheimhaltung und der Datenschutz nach Abs. 5 ausreichend Rechnung getragen wird. 63

Sollte ein Dritter auf Grundlage des allgemeinen verwaltungs- und verfahrensrechtlichen Akteneinsichtsrechts (§§ 28 ff. VwVfG), des Informationsfreiheitsgesetzes oder des Umweltinformationsgesetzes Akteneinsicht beantragen, so sind die Regeln dieser Gesetze zu beachten. Insbesondere sind bei einer Zugänglichmachung an Dritte die Beteiligungsrechte des möglicherweise Betroffenen zu berücksichtigen. Die fehlerhafte Behandlung von Umweltinformationsansprüchen hat keinen Einfluss auf die Rechtmäßigkeit des Planfeststellungsverfahrens.[32] 64

V. Einwendungen (Abs. 6)

Abs. 6 regelt die Abgabe von Stellungnahmen, die jedermann, einschließlich Vereinigungen, erheben kann. Die Regelung entspricht § 73 Abs. 4 VwVfG in angepasster Form. 65

Das Einwendungsverfahren soll sicherstellen, dass jedermann, dessen Belange durch das Vorhaben berührt werden, von dem Plan Kenntnis erhält und sich hierzu äußern kann. 66

„Jedermann" ist jede natürliche oder juristische Person wie Bürger oder juristische Personen des privaten oder öffentlichen Rechts. § 9 gewährt ein Einwendungsrecht allerdings nur den in ihren Interessen Betroffenen. Die Betroffenheit in eigenen Belangen ist allerdings weiter als die Verletzung rechtlich geschützter Interessen, die eine Klagebefugnis nach § 42 Abs. 2 VwGO gewährt. Es ist vielmehr ausreichend, dass die Belange betroffen sind, die zum Abwägungsmaterial gehören.[33] Auch rechtlich nicht geschützte wirtschaftliche, ideelle, soziale und sonstige Interessen gehören dazu.[34] Schuldrechtliche Positionen sind ggf. ausreichend, so etwa bei Mietern oder Pächtern. Das Interesse, auf das sich der Betroffene bei Erhebung der Einwendung stützt, muss nicht dinglich gesichert sein. 67

Anerkannte Naturschutzverbände fallen unter den Anwendungsbereich des Abs. 6; sie unterliegen den Präklusionsvorschriften.[35] 68

Die Einwendungen sind schriftlich oder zur Niederschrift geltend zu machen und bei einer der Auslegungsstellen anzubringen. 69

Von zentraler Bedeutung ist S. 2, wonach Rechtsansprüche durch die Einbeziehung der Öffentlichkeit nicht begründet werden. Dieser Moment ist zwar ungewöhnlich für ein Einwendungsverfahren, aber der Besonderheit der Bundesfachplanung geschuldet. Nach § 15 Abs. 1 S. 1 hat die Bundesfachplanung keine Außenwirkung und greift nicht in die Rechte der Betroffenen ein. Daher ist es nur konsequent, auch im Anhörungsverfahren die Rechte der Betroffenen auszuschließen. Zu beachten ist allerdings, dass in dem Anhörungsverfahren nach § 22 solche Einwendungen präkludiert sind, die in der Bundesfachplanung hätten geltend gemacht werden 70

32 BVerwG, Beschl. v. 12.6.2007 – 7 VR 1/07 –.
33 BVerwG, Beschl. v. 9.11.1979 – 4 N 1/78 –.
34 *Kopp/Ramsauer*, § 73 Rn 32a.
35 BVerwG, Urt. v. 14.7.2011 – 9 A 12/10 – m.w.N.

können. Der Gesetzgeber will auf diese Weise verhindern, dass strittige Aspekte in mehreren Behörden- und Öffentlichkeitsverfahren diskutiert werden und mit dieser Regelung einen Beschleunigungseffekt erzielen.

VI. Vereinfachtes Verfahren (Abs. 7)

71 Nach Abs. 7 kann ein Anhörungsverfahren unterbleiben, wenn ein vereinfachtes Verfahren nach § 11 beantragt worden ist. Der Verzicht auf die Durchführung der Behörden- und Öffentlichkeitsbeteiligung steht im pflichtgemäßen Ermessen der BNetzA. In der Regel kann das Anhörungsverfahren im Fall des § 11 unterbleiben.[36]

36 BT-Drucks. 17/6073, S. 26.

§ 10 Erörterungstermin

Die Bundesnetzagentur erörtert mündlich die rechtzeitig erhobenen Einwendungen mit dem Vorhabenträger und denjenigen, die Einwendungen erhoben haben. Ein Erörterungstermin findet nicht statt, wenn
1. **Einwendungen gegen das Vorhaben nicht oder nicht rechtzeitig erhoben worden sind oder**
2. **die rechtzeitig erhobenen Einwendungen zurückgenommen worden sind oder**
3. **ausschließlich Einwendungen erhoben worden sind, die auf privatrechtlichen Titeln beruhen, oder**
4. **alle Einwender auf einen Erörterungstermin verzichten.**

Überblick

I. Allgemeines

1. Überblick über die Norm

§ 10 schreibt **verbindlich** die **Durchführung eines Erörterungstermins** vor. Der Erörterungstermin ist verfahrensrechtlich und verfahrenstechnisch ein zentraler Bestandteil der **Bundesfachplanung.** § 10 stellt den Grundsatz auf, dass ein Erörterungstermin durchzuführen ist. Die Erörterung findet lediglich nicht statt, wenn 1
- Einwendungen nicht oder nicht rechtzeitig erhoben worden sind,
- rechtzeitig erhobene Einwendungen zurückgenommen worden sind,
- die erhobenen Einwendungen ausschließlich auf privaten Titeln beruhen oder
- alle Einwender auf einen Erörterungstermin verzichten.

Die Vorschrift enthält keine weiteren Ausführungen zum Erörterungstermin, weder zum **Ablauf** noch zum **Inhalt** oder **sonstigen technischen** und **rechtlichen Rahmenbedingungen**. Ein Verweis auf eine andere Norm fehlt. 2

2. Regelungszweck

Der Regelungszweck des § 10 beschränkt sich auf den ersten Blick darauf, die Voraussetzungen zu definieren, unter denen die Erörterung nicht stattfindet. Die besondere Bedeutung der Vorschrift ergibt sich indes daraus, dass diesen Ausnahmen der Grundsatz gegenübersteht, dass ein Erörterungstermin stattzufinden hat. 3

Der Gesetzgeber räumt der BNetzA in S. 1 **keinen Ermessensspielraum** ein. Der Erörterungstermin ist **obligatorisch.** 4

5 Auch die in S. 2 aufgelisteten Ausnahmen erlauben **keine Ermessensausübung**. Nur wenn die diesbezüglichen **Tatbestandsvoraussetzungen** vorliegen, entfällt der Erörterungstermin.

3. Entstehungsgeschichte

6 Die Vorschrift wurde durch Art. 1 des Gesetzes über Maßnahmen zur Beschleunigung des Netzausbaus Elektrizitätsnetze[1] vom 28.7.2011 mit Wirkung zum 5.8.2011 als § 10 erlassen. Die Regelung erfuhr **keine Änderungen im Gesetzgebungsverfahren** und ist **wortgleich** mit dem ursprünglichen Entwurf.[2]

II. Grundsatz, obligatorischer Erörterungstermin

7 Nach **S. 1** erörtert die BNetzA mündlich die rechtzeitig erhobenen Einwendungen mit dem Vorhabenträger und den Einwendern. Der **Erörterungstermin** ist **obligatorisch**. Der BNetzA steht kein Ermessensspielraum zu, auch dann nicht, wenn die Einwendungen geringfügiges Gewicht haben mögen oder es nur wenige Einwendungen gibt. Dies entspricht den **Vorhaben für das Planfeststellungsverfahren** nach § 73 VwVfG.

8 Hingegen entfällt der Erörterungstermin in der Bundesfachplanung, wenn die Tatbestandsvoraussetzungen nach S. 2 Nr. 1–4. vorliegen. S. 2 entspricht weitestgehend § 16 der 9. BImSchV, allerdings besteht insoweit ein **Unterschied zum immissionsschutzrechtlichen Verfahren** als das § 10 Abs. 6 BImSchG es in das Ermessen der Genehmigungsbehörde stellt, eine Erörterung durchzuführen. Anders als nach 16 Abs. 2 9. BImSchV ist der Vorhabenträger nach § 10 nicht verpflichtend vom Wegfall des Termins zu unterrichten. Dessen ungeachtet bietet sich dies aber an.

9 § 10 trifft keine weiteren Aussagen zum Ablauf des Erörterungstermins, zur Verhandlungsführung und zu sonstigen Verfahrensschritten. Der Erörterungstermin hat in seinem **Ablauf im Planfeststellungsverfahren verschiedener Fachgesetze** sowie im **immissionsschutzrechtlichen Verfahren** eine ausreichende Ausprägung erhalten.[3] Daher sind die Vorschriften des § 10 BImSchG, §§ 14 ff. 9. BImSchV sowie § 73 Abs. 6 VwVfG i.V.m. §§ 67, 68 VwVfG entsprechend für das Planfeststellungsverfahren nach NABEG heranzuziehen.

III. Erörterungstermin

1. Erörterung

10 **Mündliche Erörterung** bedeutet, dass die Beteiligten – BNetzA, Vorhabenträger und Einwender – über die in den Einwendungen geltend gemachten Bedenken diskutieren. Eine **schriftliche Auseinandersetzung** zwischen den vorgenannten Beteiligten ist grds. nicht ausreichend.

11 Die **Öffentlichkeit ist berechtigt**, an der Erörterung **teilzunehmen**; ein **Rederecht besteht nicht**. Zwar enthält § 10 diesbezüglich keine ausdrückliche Regelung. Der Gesetzgeber wollte sich nichtsdestoweniger offenkundig bei der Durchführung des Erörterungstermins an den entsprechenden Verfahrensschritten im Planfeststellungsverfahren und im immissionsschutzrechtlichen Verfahren orientieren. Diskussionsbeiträge solcher Personen, die keine Einwendungen erhoben haben und die nicht Träger öffentlicher Belange sind, sind nicht statthaft. Nur derjenige, der durch die Einwendung Bedenken gegen das Vorhaben geltend gemacht hat, darf sich

1 BGBl. I S. 1690.
2 Vgl. BT-Drucks. 17/6073, S. 9.
3 Vgl. die Kritik am Erörterungstermin von *Riese/Dieckmann*, DVBl. 2010, 1343 ff.

an der weiteren Diskussion beteiligen. Freilich ist es ohne weiteres möglich, auch solche Personen in die Diskussion einzubinden, die selbst keine Einwendungen erhoben haben; nämlich dann, wenn der **Einwender entsprechende Redevollmachten** erteilt.

Alle Beteiligten müssen zu einem gemeinsamen Termin an einem Ort zusammenkommen, da ansonsten eine mündliche Erörterung nicht möglich ist. **Nicht ausreichend** für die Durchführung eines Erörterungstermins ist es daher, dass die BNetzA mit **Vorhabenträger und Einwendern separat** über die erhobenen Einwendungen **diskutiert** und die **Ergebnisse zusammenfasst.** Sollten alle Beteiligten zustimmen, kann eine andere Art der Erörterung gewählt werden, beispielsweise eine bilaterale. Denn wenn ein Einwender grds. auf einen Erörterungstermin verzichten kann, muss es auch möglich sein, mit seinem Einverständnis eine andere Art der Erörterung der geltend gemachten Einwendungen zu wählen. 12

Die Einwendungen zu erörtern bedeutet, dass ein fachlicher Austausch über die Einwendungen stattfindet. Es ist grds. nicht ausreichend, dass Behörden und Vorhabenträger die erhobenen Einwendungen zur Kenntnis nehmen, ohne darauf zu reagieren. Zur Erörterung kann eine Erläuterung des von der Einwendung betroffenen Themas oder eine Erwiderung ausreichend sein. Zwar ist es grds. wünschenswert, dass in Abhängigkeit von der objektiven Bedeutung eines Themas ein fachlicher Austausch erfolgt. Allerdings dürfte es kaum sachgerecht und justiziabel sein, diesbezüglich bestimmte Rederechte und Antwortpflichten herzuleiten. Die **Pflicht zur Erörterung beschränkt** sich auf den **Meinungsaustausch.** Sie bedeutet nicht, dass 13

- Vorhabenträger oder BNetzA eine Lösung für das angesprochene Problem anbieten müssen oder
- in sonstiger Weise ein Konsens zwischen den Beteiligten herbeigeführt werden muss.

Es ist insbesondere **zulässig**, dass die Entscheidung über das erörterte Thema auf einen **späteren Zeitpunkt** verschoben wird. Weder Vorhabenträger noch Genehmigungsbehörde müssen eine Lösung anbieten; es ist legitim, dass der **Erörterungstermin insgesamt abgewartet** und die dort gefundenen **Erkenntnisse abschließend bewertet** werden. Es ist zulässig, dass eine Erörterung mit dem Hinweis darauf abschließt, dass noch die Behörde weitere Fakten zusammentragen muss, um eine **endgültige Bewertung** vornehmen zu können. 14

2. Ablauf

Die **Leitung** des Erörterungstermins obliegt dem **Versammlungsleiter.** Der Versammlungsleiter bestimmt den Ablauf; er besitzt das **Hausrecht.** 15

Die Erörterung darf und muss dem Umfang der Einwendung und der Bedeutung des Vorhabens angemessen sein. Der Versammlungsleiter ist in der Pflicht, diesbezüglich eine Verhandlungsführung vorzunehmen. Je **detaillierter** und **genauer eine Einwendung formuliert ist**, desto **detaillierter** muss die **Erörterung** sein. Etwas anderes gilt dann, wenn von vornherein erkennbar ist, dass die Beteiligten sich über ein bestimmtes Thema nicht werden einigen können oder eine vernünftige Diskussionsbasis erlangen. Die Erörterung ist **kein Selbstzweck** sondern **zielgerichtet.** 16

Dem Versammlungsleiter steht insbesondere das Recht zu, die **Einwendungen** in verschiedener Weise zu **gliedern**, um eine sachgerechte und gleichzeitig effiziente Durchführung des Erörterungstermins zu ermöglichen. Ihm stehen insoweit verschiedene Möglichkeiten zur Verfügung: 17

- Erörterung jeder einzelnen Einwendung,
- Erörterung von Themen, die sich aus der Zusammenschau mehrerer Einwendungen ergeben.

Die **Gestaltungsfreiheit** des Versammlungsleiters umfasst das Recht, bestimmte **Einwendungen zu interpretieren und zusammenzufassen.** Es muss nicht jede Einwendung wörtlich oder in jedem der vorgetragenen Aspekte erörtert werden, wenn das Thema an sich **Gegenstand der Fachdiskussion** ist.

18 Bei **mehrtägigen Erörterungsterminen** bietet es sich an, eine **Tagesordnung** zu erstellen und zu Beginn des Erörterungstermins bekanntzumachen. So wird ermöglicht, dass die Einwender nach Möglichkeit zielgerichtet dann am Erörterungstermin teilnehmen können, an dem voraussichtlich das für sie relevante Thema angesprochen wird. Da indes der genaue zeitliche Ablauf eines Erörterungstermins nicht vorhergesagt werden kann, ist die festgelegte Tagesordnung nicht zwingend. Es ist das Recht des Versammlungsleiters, auf die Einhaltung der Tagesordnung hinzuwirken, zugleich aber auch Abweichungen vorzunehmen, sofern das sachlich gerechtfertigt ist. Das **Risiko des Einwenders**, „sein Thema" zu verpassen, weil er nicht dauerhaft am Erörterungstermin teilnimmt, **muss hingenommen werden.**

19 Alle Beteiligten sind berechtigt, **Hilfsmittel** im Zusammenhang mit der Erörterung zu verwenden. Dies betrifft etwa die Vorlage von **Unterlagen, PowerPoint-Präsentationen, Karten** oder **sonstigen Dokumenten.**

20 Erörtert wird auch dann, wenn **Vorhabenträger oder Einwender nicht anwesend sind,** obwohl die Ladung zu dem Erörterungstermin ordnungsgemäß erfolgt ist.

IV. Befangenheit

21 Die **Befangenheit** etwaiger Beteiligter an dem **Genehmigungsverfahren** richtet sich nach **§ 21 VwVfG.** Danach liegt eine Befangenheit vor, wenn eine Person Anlass dafür bietet, dass **Misstrauen gegen eine unparteiische Amtsausführung gerechtfertigt** ist. **Sonderfälle**, die auf dem besonderen persönlichen Verhältnis untereinander zurückzuführen sind, sind in **§ 20 VwVfG** geregelt.

22 Die Befangenheit muss auf ein **Verhalten zurückzuführen** sein, das **objektiv den Anlass gibt**, an der **ordnungsgemäßen Amtsausübung Zweifel zu erheben.** Dafür reicht es nicht aus, dass bestimmte Handlungen oder Maßnahmen einer Person kritisch bewertet werden können und nicht von allen Beteiligten unterstützt werden. Dem Vorwurf der Befangenheit müssen Versammlungsleiter und Behördenvertreter nicht dadurch umgehen, dass versucht wird, einen Konsens zu erzielen. Im Mittelpunkt steht allein die Frage, ob das **Verhalten** derjenigen Person, die dem Vorwurf der Befangenheit ausgesetzt ist, **tatsächlich ihr Amt nicht mehr objektiv ausübt.** Für eine derartige Bewertung ist es nicht ausreichend, dass in der einen oder anderen Hinsicht ein Dissens zum Vorhabenträger oder zu Einwendern oder zu sonstigen Personen besteht. Es darf nicht außer Acht gelassen werden, dass der Versammlungsleiter die Aufgabe hat, effektiv einen Erörterungstermin durchzuführen. Maßnahmen, die diesem Ziel dienen, können kritisiert werden. Allein der Umstand, dass auch **andere Alternativen möglich sind, rechtfertigt nicht** den Vorwurf der **Befangenheit.**

23 Gleiches gilt für **inhaltliche Fragen**, die von Trägern öffentlicher Belange bewertet worden sind. Allein der Umstand, dass bestimmte fachliche Bewertungen nicht konsensfähig sind, begründet nicht den Vorwurf der Befangenheit. Nur dann, wenn die **Grundlage gutachterlichen Tätigwerdens erlassen** wird und offenkundig **einseitig Partei ergriffen wird**, ist der Vorwurf der Befangenheit begründet.

24 Vom Vorhabenträger oder von den Behörden beauftragte **Gutachter** können **nicht befangen im Rechtssinne** sein. Befangenheit bedeutet immer auch ein Zweifel an der ordnungsgemäßen Amtsausführung. Die Gutachter bekleiden kein Amt in diesem Sinne.

V. Einwendungen

Einwendungen sind **alle Bedenken, die im Zuge der Öffentlichkeitsbeteiligung von einem betroffenen Bürger geltend gemacht worden sind.** Der Betroffene muss zu erkennen geben, an welcher Stelle und aus welchen Gründen er Bedenken gegen das Vorhaben hat. Eine genaue fachliche oder rechtliche Darlegung ist nicht erforderlich. Dies gilt insbesondere für den Fall, dass der Betroffene fachlich nicht mit einem Thema bewandert ist. 25

Eine Einwendung, die sich auf eine bestimmte Frage an den Vorhabenträger oder die Behörde beschränkt, ist grds. keine Einwendung, die erörtert werden muss. 26

Etwas anderes gilt dann, wenn erkennbar ist, dass die **Zielrichtung** der eigentlichen Frage tatsächlich eine Einwendung ist, die der Betroffene erhebt. 27

Von **anerkannten Umweltverbänden** ist ein höheres Maß an Detaillierungsgrad und Fachwissen zu verlangen. Zu Recht weist das BVerwG darauf hin, dass die **Betroffenen- und Verbändebeteiligung differenziert** zu beurteilen sind: 28

> *„Während die Anhörung Planbetroffener diesen Gelegenheit bieten soll, ihre individuellen Betroffenheiten zu artikulieren, dient die Beteiligung der Vereinigungen der Mobilisierung natur- oder umweltschutzfachlichen Sachverstandes. Mit der Präklusionsregelung sollen die Vereinigungen angehalten werden, bereits im Verwaltungsverfahren ihre Sachkunde einzubringen und mit dem Ziel nutzbar zu machen, dass für Konflikte zwischen Infrastrukturplanung bzw. industriellen Großvorhaben einerseits und Natur- und Umweltschutz andererseits eine Problembewältigung erzielt wird, bei der die Belange des Natur- und Umweltschutzes nicht vernachlässigt werden."*[4]

Die besonderen Anforderungen an die Qualität der Einwendungen haben unmittelbar Einfluss auf die besonderen Anforderungen an die Erörterung. Diese muss, sofern es sich um von **Vereinigungen/Umweltverbände eingebrachte Themen** handelt, entsprechend **sachgerecht und zielorientiert** geführt werden. Die genannten Anforderungen an eine Einwendung durch anerkannte Umweltverbände haben auch Bedeutung für die **Frage der Präklusion.** Denn anders als der Bürger muss der anerkannte Umweltverband umfassend vortragen, wenn er umfassend Einwendungen erheben will. Eine **pauschale Bezeichnung** seiner Bedenken **reicht nicht aus**; es droht die Präklusion, wenn er im weiteren Verlauf eine Konkretisierung der Einwendungen vorzunehmen beabsichtigt. 29

VI. Ausnahmen

§ 10 S. 2 enthält die **Ausnahmen von der Verpflichtung**, einen Erörterungstermin durchzuführen. Die Ausnahmevorschriften sind zwingend anzuwenden. Der BNetzA steht **kein Ermessen** zu. Liegen die im Gesetz genannten Ausnahmen vor, findet ein Erörterungstermin nicht statt. Sollte eine bestimmte Konstellation nicht unter die genannten Ausnahmen fallen, findet er statt. 30

1. Keine oder keine rechtzeitige Einwendung

Die Erörterung findet nicht statt, wenn eine **Einwendung nicht** oder **nicht rechtzeitig** erhoben worden ist. 31

4 BVerwG, Urt. v. 29.9.2011 – 7 C 21/09 – unter Hinweis auf die weitere aktuelle Rechtsprechung des BVerwG.

32 Eine Einwendung ist nicht erhoben, wenn der Behörde grds. eine **Stellungnahme nicht zugeht.** Es liegt auch dann keine Einwendung vor, wenn diese nicht schriftlich vorgetragen ist, sondern **nur mündlich oder in einem Telefonat.** Ebenso liegt eine Einwendung nicht vor, wenn diese den **Absender nicht erkennen lässt.**

33 Eine diesbezüglich **konkretisierende Vorschrift** gibt es im **NABEG nicht.** Nichtsdestoweniger müssen diese Restriktionen angenommen werden. Die Erörterung eines Themas setzt voraus, dass die **Genehmigungsbehörde** ebenso wie der **Vorhabenträger** sowie die für beide tätigen **Gutachter** Kenntnis von der Anwendung haben. Anders ist es nicht möglich, sich auf einen Erörterungstermin vorzubereiten und die vom Gesetzgeber vorgesehene Erörterung sachgerecht vorzunehmen. Der Adressat muss – für die Behörde, nicht für den Vorhabenträger – erkennbar sein, damit die Behörde auf die Einwendung reagieren kann und ggf. einen späteren Bescheid zuzustellen in der Lage ist.

34 Eine **Erhebung** der Einwendung **per Email ist zulässig,** wenn der Absender der Email unzweifelhaft zu erkennen ist. Der Absender der Email muss allerdings bedenken, dass der Zugang der Email bei der richtigen Behörde zweifelsfrei nicht ohne weiteres nachgewiesen werden kann. So etwa bei technischen Problemen, die zu einer verzögerten Zustellung oder gar zu einem Verlust der Email führen.

35 Die Einwendung ist nicht rechtzeitig erhoben, wenn die Einwendung **nicht innerhalb der genannten und bekanntgemachten Frist** bei einer der **zuständigen Stellen** eingeht. Aus Gründen der **Gleichbehandlung** ist ein strenger Maßstab anzulegen. Auch eine **Verfristung um wenige Minuten** führt zum **Ausschluss** einer sonst rechtswirksam eingereichten Einwendung. Bei einer Einreichung einer Einwendung per **Fax** ist maßgeblich, dass die **Zeile mit der Unterschrift des Einwenders** innerhalb der gesetzlich vorgegebenen Frist bei Gericht eingeht.

36 Der Eingang einer Einwendung bei einer **falschen Behörde** führt zur **Verfristung.** Die **Darlegungs- und Nachweislast** für die Rechtzeitigkeit der Einwendung trägt der Einwender.

2. Rücknahme einer Einwendung

37 Werden alle rechtzeitig erhobenen Einwendungen zurückgenommen, findet eine Erörterung nicht statt. Die **Einwendungen gelten als nicht eingelegt.** Dies ist verfahrensrechtlich und verfahrenstechnisch **sachgerecht** und **zulässig.** Denn mit der Rücknahme der Einwendung macht der Einwender deutlich, dass er seine Verfahrensrechte nicht mehr geltend machen will und auch auf einen künftigen gerichtlichen Rechtsschutz verzichtet.

38 Die Rücknahme der Einwendung bedeutet für die BNetzA als zuständige Behörde indes nicht, dass der vorgetragene Einwand **nicht möglicherweise relevant sein kann.** Der Grundsatz rechtsstaatlichen Handelns verpflichtet die BNetzA selbstverständlich, auch solche Aspekte zu betrachten, die nicht von vornherein von der Hand zu weisen sind, auch wenn diese nicht oder nicht rechtzeitig vorgetragen wurden oder der Vortrag durch Rücknahme der Einwendung zurückgezogen wird. Enthielt die Einwendung, die später zurückgenommen worden ist, daher ein **Thema, das objektiv von Relevanz für das Verfahren ist,** muss das Thema trotz der Rücknahme von der **BNetzA berücksichtigt werden.** Geht es ausschließlich um private Interessen des Einwenders, ist eine Berücksichtigung nicht oder nur noch eingeschränkt erforderlich, weil der Einwender mit der Rücknahme deutlich gemacht hat, dass er eine weitere Beachtung im Genehmigungsverfahren nicht für erforderlich erachtet.

3. Privatrechtliche Titel

39 Sollten **ausschließlich Einwendungen** eingegangen sein, die auf **privatrechtlichen Titel** beruhen, **findet ein Erörterungstermin nicht statt.** Derartige Einwendungen können in einem **Gespräch** zwischen Vorhabenträger und Einwender oder zwischen BNetzA und Einwender ge-

regelt werden. Möglicherweise bietet es sich an, eine Vereinbarung über den weiteren Umgang mit den privatrechtlichen Titeln zu treffen, sofern diese reale Auswirkungen auf das Vorhaben haben können. Insbesondere der Vorhabenträger kann u.U. daran ein Interesse haben.

4. Verzicht auf einen Erörterungstermin

Sollten **alle Einwender auf den Erörterungstermin verzichten**, findet dieser nicht statt. Hier 40
zeigt sich die besondere verfahrensrechtliche Stellung der Einwendung. Die Einwendung dient in erster Linie der Wahrung der Rechtsposition möglicherweise Betroffener. Die Erörterung der erhobenen Einwendungen ist indes **kein Selbstzweck**. Verzichten die Einwender auf ihre Rechtsposition, muss ein zu deren Schutz vorgesehener Verfahrensschritt nicht durchgeführt werden.

Dies bedeutet nicht, dass die erhobene Einwendung nicht auch berücksichtigt werden 41
müsste. Ein Verzicht auf die Durchführung des Erörterungstermins bedeutet lediglich, dass dieser Verfahrensschritt nicht durchgeführt werden muss. Ein **Verzicht auf die materiell-rechtliche Einwendung** ist damit **nicht verbunden**. Ungeachtet dessen ist die Behörde ohnedies verpflichtet, materielle Bedenken gegen ein Vorhaben zu betrachten und zu bewerten, sofern diese **objektiv relevant und von vornherein substanzlos** sind.

§ 11 Vereinfachtes Verfahren

(1) Die Bundesfachplanung kann in einem vereinfachten Verfahren durchgeführt werden, soweit nach § 14d Satz 1 des Gesetzes über die Umweltverträglichkeitsprüfung eine Strategische Umweltprüfung nicht erforderlich ist und die Ausbaumaßnahme
1. **in der Trasse einer bestehenden Hoch- oder Höchstspannungsleitung erfolgt und die Bestandsleitung ersetzt oder ausgebaut werden soll oder**
2. **unmittelbar neben der Trasse einer bestehenden Hoch- oder Höchstspannungsleitung errichtet werden soll oder**
3. **innerhalb eines Trassenkorridors verlaufen soll, der in einem Raumordnungsplan im Sinne von § 3 Absatz 1 Nummer 7 des Raumordnungsgesetzes oder im Bundesnetzplan ausgewiesen ist.**

Das vereinfachte Verfahren kann auf einzelne Trassenabschnitte beschränkt werden.
(2) In dem vereinfachten Verfahren stellt die Bundesnetzagentur im Benehmen mit den zuständigen Landesbehörden fest, ob die Ausbaumaßnahme raumverträglich ist.
(3) Das vereinfachte Verfahren ist binnen drei Monaten nach Vorliegen der vollständigen Unterlagen bei der Bundesnetzagentur abzuschließen. Hat eine Behörden- und Öffentlichkeitsbeteiligung nach § 9 stattgefunden, beträgt die Frist nach Satz 1 vier Monate.

Überblick

I. Allgemeines

1. Überblick über die Norm

Abs. 1 regelt das vereinfachte Verfahren. Dieses kann anstelle einer vollständigen Bundesfachplanung durchgeführt werden, wenn **keine SUP erforderlich** ist und das Vorhaben: 1

- nach **Abs. 1 S. 1 Nr. 1** in der Trasse einer bestehenden Hoch- oder Höchstspannungsleitung erfolgt und die Bestandsleitung ersetzt oder ausgebaut werden soll oder
- nach **Abs. 1 S. 1 Nr. 2** unmittelbar neben der Trasse einer bestehenden Hoch- oder Höchstspannungsleitung errichtet werden soll oder
- nach **Abs. 1 S. 1 Nr. 3** innerhalb eines Trassenkorridors verlaufen soll, der in einem Raumordnungsplan im Sinne von § 3 Abs. 1 Nr. 7 ROG oder im Bundesnetzplan ausgewiesen ist.

Nach **Abs. 1 S. 2** darf eine **Abschnittsbildung** in dem Sinne vorgenommen werden, dass **nur für einzelne sachlich gerechtfertigte Abschnitte eines Vorhabens ein vereinfachtes Verfahren**, für die sonstigen Abschnitte des Ausbauvorhabens jedoch ein förmliches Verfahren durchgeführt wird. 2

Abs. 2 definiert den **materiell-rechtlichen Prüfrahmen** im vereinfachten Verfahren. Danach soll im Benehmen mit den Landesbehörden die Raumverträglichkeit des Vorhabens festgestellt werden. 3

Abs. 3 regelt die Frist, binnen derer das vereinfachte Verfahren abzuschließen ist. Diese beträgt nach Abs. 3 S. 1 drei Monate und gem. Abs. 3 S. 2 im Falle einer Behörden- und Öffentlichkeitsbeteiligung nach § 9 vier Monate. 4

2. Regelungszweck

Die Vorschrift lässt ein vereinfachtes Verfahren mit gewissen (Verfahrens-) Erleichterungen zu. Die Entscheidung über die Durchführung des vereinfachten Verfahrens liegt im Ermessen der BNetzA. Der Gesetzgeber hat dies zu Recht für notwendig erachtet, da in manchen Fällen die Durchführung des zeitlich und inhaltlich komplexen förmlichen Bundesfachplanungsverfahrens den gewünschten Beschleunigungseffekt beim Netzausbau konterkarieren würde. Zudem sind vom vereinfachten Verfahren regelmäßig solche Maßnahmen erfasst, bei denen – wenn das Vorhaben innerhalb eines bestehenden Trassenkorridors verwirklicht wird – wegen der Vorbelastung durch Bestandsleitungen nicht mit erheblichen zusätzlichen nachteiligen Auswirkungen zu rechnen ist oder in früheren Untersuchungen die Raumverträglichkeit des Vorhabens bereits festgestellt wurde. 5

Die Norm **enthält mehrere Beschleunigungselemente**: Die mutmaßlich größte Beschleunigungswirkung geht davon aus, dass das vereinfachte Anzeigeverfahren von vielen Anforderungen eines förmlichen Bundesfachplanungsverfahrens – insbesondere von der Durchführung einer Öffentlichkeitsbeteiligung – befreit ist. Darüber hinaus ergeben sich Beschleunigungseffekte aus der Möglichkeit der frühen Festlegung auf die durchzuführende Verfahrensart sowie der Fristsetzung für die Entscheidung der BNetzA. 6

Das vereinfachte Verfahren dient ferner der **Vorhabenbündelung**. Es setzt Anreize, bei der Planung der Trassenkorridore möglichst vorhandene Trassen oder **bereits ausgewiesene Trassenkorridore auszuwählen.**[1] Das Gebot des Vorrangs der Vorhabenbündelung vor dem Neubau von Leitungen auf neuen Trassen wird damit – so die Auffassung des Gesetzgebers – gesetzlich normiert.[2] Die Leitungsbündelung führt zu geringeren Eingriffen in Natur- und Landschaft, 7

1 BT-Drucks. 17/6073, S. 26.
2 BT-Drucks. 17/6073, S. 26.

schont das Landschaftsbild und dient damit dem Umwelt- und Naturschutz.[3] Zwar ist erkennbar, dass der Gesetzgeber hier einen Vorrang der Leitungsbündelung definieren wollte, für eine echte gesetzliche Normierung ist die Vorschrift jedoch zu vage gefasst.

8 Es soll nicht unerwähnt bleiben, dass in besonderer Konstellation die Leitungsbündelung zu einer Überforderung des betroffenen Raums und der betroffenen Bevölkerung führen kann. Denn gerade der Grundsatz der Leitungsbündelung führt dazu, dass bestimmte Belastungen an bestimmten Orten kumuliert werden: Orte, an denen gerade wegen des Grundsatzes der Leitungsbündelung bereits verschiedene Leitungssysteme errichtet oder verlegt worden sind. Es ist nicht ausgeschlossen, dass es gerade an diesen Örtlichkeiten zu unzumutbaren Verhältnissen kommt.

3. Entstehungsgeschichte

9 Die Vorschrift wurde durch Art. 1 des **Gesetzes über Maßnahmen zur Beschleunigung des Netzausbaus Elektrizitätsnetze**[4] vom 28.7.2011 mit Wirkung zum 5.8.2011 als § 11 erlassen.

10 Die Norm erfuhr **im Gesetzgebungsverfahren keine Änderungen** und ist wortgleich mit dem ursprünglichen Entwurf.[5] In seiner Stellungnahme[6] zu dem Gesetzentwurf der Bundesregierung[7] bat der Bundesrat darum, die Voraussetzungen für das **vereinfachte Verfahren zu konkretisieren und enger zu fassen.** Er begründet dies mit den erheblichen Umweltauswirkungen, die zusätzlich oder erstmalig bei Aus- und Neubauvorhaben zu befürchten sein können. Zusätzlich sollte nach der Stellungnahme des Bundesrates in Abs. 2 die Formulierung „im Benehmen" durch „im Einvernehmen" ersetzt werden. Die Bundesregierung lehnte die Änderungsvorschläge des Bundesrates in ihrer Gegenäußerung[8] ab. Die Voraussetzungen für das vereinfachte Verfahren seien ausreichend restriktiv formuliert, indem das vereinfachte Verfahren auf solche Fälle beschränkt sei, bei denen nach einer Vorprüfung keine SUP nach § 14d S. 1 UVPG erforderlich sei. Ferner verstoße eine Einvernehmenslösung gegen das grundgesetzliche Verbot der Mischverwaltung. Die Interessen der betroffenen Länder seien gesichert.

11 Die Vorschrift findet ihr **Vorbild in § 16 ROG** über das vereinfachte Raumordnungsverfahren und ihr **Pendant in § 25** über unwesentliche Änderungen im Planfeststellungsverfahren.[9]

II. Anwendungsbereich (Abs. 1 S. 1)

12 Die Durchführung des vereinfachten Verfahrens anstelle eines förmlichen Bundesfachplanungsverfahrens setzt voraus, dass eine SUP nicht erforderlich ist. Abs. 1 S. 1 enthält einen missverständlich formulierten Verweis auf § 14d S. 1 UVPG. Auf den ersten Blick erscheint der Anwendungsbereich des vereinfachten Verfahrens aufgrund dieses Verweises gering. Das vereinfachte Verfahren ist aber nicht nur unter der Voraussetzung anwendbar, dass die Bundesfachplanung nur geringfügig geändert oder nur die Nutzung kleiner Gebiete auf lokaler Ebene festgelegt wird. Vielmehr ist der Anwendungsbereich des vereinfachten Verfahrens eröffnet, wenn eine Vorprüfung des Einzelfalls im Sinne von § 14b Abs. 4 UVPG ergibt, dass **keine Pflicht zur Durchführung einer SUP** besteht.

---

3 BT-Drucks. 17/6073, S. 26.
4 BGBl. I 2011 S. 1690.
5 BT-Drucks. 17/6073.
6 BT-Drucks. 17/6249, S. 13 f.
7 BT-Drucks. 17/6249.
8 BT-Drucks. 17/6249, S. 18.
9 BT-Drucks. 17/6073, S. 26.

Erforderlich ist weiterhin, dass das Vorhaben in Verbindung mit einer bestehenden Trasse nach Abs. 1 S. 1 Nr. 1–2 oder nach Abs. 1 S. 1 Nr. 3 auf Grundlage eines bereits in einem Raumordnungsplan ausgewiesenen Trassenkorridors verwirklicht werden soll. Die Alternativen aus Abs. 1 S. 1 Nr. 1 und Nr. 2 bedürfen im Grunde kaum einer Aufteilung. Die in der Praxis relevanten Sachverhalte dürften regelmäßig sowohl unter Nr. 1 wie auch unter Nr. 2 zu subsumieren sein. 13

Da die Bundesfachplanung keine Regelung zu **Fehlerfolgen** enthält, ist zur Fehlerkorrektur in verfahrensrechtlicher Sicht das vereinfachte Verfahren nach Abs. 1 Nr. 3 in **direkter oder entsprechender Anwendung** durchführen.[10] 14

1. Kein Erfordernis einer Strategischen Umweltprüfung

Grundvoraussetzung für die Eröffnung des Anwendungsbereichs des vereinfachten Verfahrens ist, dass nach § 14d S. 1 UVPG eine **SUP nicht erforderlich** ist. 15

Der Verweis auf § 14d S. 1 UVPG ist nicht gelungen. Gemäß § 14d S. 1 UVPG ist, wenn Pläne und Programme nach § 14b Abs. 1 und § 14c UVPG nur geringfügig geändert oder sie die Nutzung kleiner Gebiete auf lokaler Ebene festlegen, eine SUP nur dann durchzuführen, wenn eine Vorprüfung des Einzelfalls im Sinne von § 14b Abs. 4 ergibt, dass der Plan oder das Programm voraussichtlich erhebliche Umweltauswirkungen hat. Zwar ist die Entscheidung über die Bundesfachplanung ein Plan im Sinne von § 14b Abs. 1 Nr. 1 UVPG i.V.m. Anlage 3 Nr. 1.11. Es geht beim vereinfachten Verfahren indes regelmäßig nicht um eine Änderung eines Plans. Eine Änderung setzt voraus, dass bereits ein Plan besteht. Dies ist bei der Bundesfachplanung in der Regel gerade nicht der Fall. Es wäre indes falsch, wollte man den Schluss daraus ziehen, dass die Regeln zur SUP im Rahmen des § 11 vollständig entfallen. Allerdings wird für die zu bestimmenden Trassenkorridore – so zumindest im Regelfall – die Bundesfachplanung nicht geringfügig geändert, sondern erstmals durchgeführt. Die Bundesfachplanung legt auch nicht die Nutzung kleiner Gebiete auf lokaler Ebene fest. Auf den ersten Blick ist der Anwendungsbereich des vereinfachten Verfahrens daher gering, wenn nicht gar ausgeschlossen. Der missverständlich formulierte **Verweis** in Abs. 1 S. 1 auf § 14d S. 1 UVPG ist daher **einschränkend auszulegen**. Es ist nicht davon auszugehen, dass der Gesetzgeber dem vereinfachten Verfahren keinen tatsächlichen Anwendungsbereich zuweisen wollte. Zudem wird die in § 14d S. 1 UVPG zusätzlich genannte Voraussetzung, wonach Pläne und Programme nur geringfügig geändert werden, bereits von Abs. 1 S. 1 Nr. 3 erfasst und abgegolten, wonach die Anwendbarkeit des vereinfachten Verfahrens voraussetzt, dass die Ausbaumaßnahme innerhalb eines Trassenkorridors verlaufen soll, der in einem Raumordnungsplan oder im Bundesnetzplan ausgewiesen ist. Die Anwendbarkeit des vereinfachten Verfahrens setzt daher lediglich voraus, dass eine Vorprüfung des Einzelfalls im Sinne von § 14b Abs. 4 UVPG ergibt, dass die Bundesfachplanung **voraussichtlich keine erheblichen Umweltauswirkungen** hat. Diese gesetzgeberische Intention wird auch aus der Gesetzesbegründung deutlich, wonach mit dem vereinfachten Verfahren für Vorhaben, bei denen eine Vorprüfung nach § 14d S. 1 UVPG ergibt, dass keine Pflicht zur Durchführung einer SUP besteht, ein weiteres Beschleunigungselement in das Gesetz eingefügt.[11] Auch das EU-Recht schreibt eine Öffentlichkeitsbeteiligung bei derartigen Verfahren vor. 16

Es bleibt vor diesem Hintergrund allein die Möglichkeit, entweder das vereinfachte Verfahren wegen eines fehlerhaften Verweises auf § 14d UVPG insgesamt für ausgeschlossen zu erachten oder eine angemessene, rechtskonforme Auslegung der Vorschrift vorzunehmen. Letzteres erscheint vorzugswürdig. Gemeint ist mit dem Hinweis in § 11 Abs. 1 S. 1, dass eine Umweltver- 17

10 Vgl. Rn 55 ff. und § 5 Rn 87 ff.
11 BT-Drucks. 17/6073, S. 26.

träglichkeitsuntersuchung wegen offensichtlichen Fehlens von umweltrelevanten Konflikten nicht durchgeführt werden muss und die übrigen in § 11 Abs. 1 genannten Voraussetzungen vorliegen. Eine derartige Interpretation ist mit Sinn und Zweck sowie gesetzgeberischem Willen vereinbar und akzeptabel.

18 Im Rahmen einer Vorprüfung des Einzelfalls muss sich also ergeben, dass die geringfügige Änderung der bereits getroffenen Entscheidung der Bundesfachplanung voraussichtlich keine erheblichen Umweltauswirkungen haben wird. Gemeint sind faktisch keine erheblich nachteiligen Auswirkungen. Eine Verbesserung der Umweltsituation mit dem vereinfachten Verfahren steht demnach nicht entgegen, auch wenn diese Verbesserung mit erheblichen positiven Auswirkungen verbunden ist. Dies ist etwa möglich in Konstellationen, bei denen große Netzleitungen durch Leitungen mit geringeren Ausmaßen ersetzt werden. Dies erscheint auf den ersten Blick überraschend, ist aber nicht ausgeschlossen. Denn der Einsatz moderner Technologien – wärmegeführte Leitungen etc. – erlaubt es, Masten mit geringen Ausmaßen und Leitungen mit geringeren Leistungen zu errichten.

19 Nicht zulässig ist indes eine Saldierung der Vor- und Nachteile kombinierter Maßnahmen. So kann etwa bei einer Bündelung einer vorhandenen Leitung mit einer neu zu errichtenden Leitung die Erheblichkeitsschwelle nicht dadurch umgangen werden, dass erhebliche Beeinträchtigungen einer neuen Leitung mit den ersparten Umweltauswirkungen – etwa durch einen Rückbau – saldiert werden. Maßgeblich ist allein der neue Eingriff. Etwaige Verbesserungen durch Leitungsbündelungen müssen im Rahmen der Gesamtabwägung auf die Zulässigkeit und Rechtmäßigkeit überprüft werden.

2. Bündelung mit einer bestehenden Trasse

20 Das Vorhaben muss einen Bezug zu einer bestehenden Trasse aufweisen. Hierzu muss einer der Tatbestände aus Abs. 1 S. 1 Nr. 1–3 erfüllt sein.

a) Ersetzung oder Ausbau einer Bestandsleitung in der Trasse einer bestehenden Hoch- oder Höchstspannungsleitung (Abs. 1 S. 1 Nr. 1)

21 Nach **Abs. 1 S. 1 Nr. 1** erfordert ein vereinfachtes Verfahren, dass eine Leitung in der Trasse einer bestehenden Hoch- oder Höchstspannungsleitung errichtet wird und dabei die Bestandsleitung ersetzt oder ausgebaut wird.

aa) Trasse

22 Eine Trasse im Sinne der Vorschrift ist die konkrete bestehende Trasse, also die bestehende Hochspannungsfreileitung. Die Vorschrift privilegiert nur solche Vorhaben, die sich exakt in dieser Trasse befinden.

23 Der **Begriff der Trasse** ist weder im EnWG noch im NABEG definiert, auch wenn der Begriff in beiden Gesetzen zur Anwendung kommt.[12] Die Legaldefinition in § 3 Abs. 15 KWKG, wonach eine Trasse die Gesamtheit aller Komponenten ist, die zur Übertragung von Wärme vom Standort der einspeisenden KWK-Anlagen bis zum Verbraucherabgang notwendig sind, hilft für die Verwendung des Begriffes in der Bundesfachplanung nicht weiter; es handelt sich um eine spezifische Begriffsdefinition des KWKG.

24 Der Gesetzgeber hat den Begriff der Trassenkorridore in § 2 Abs. 3 NABEG legal definiert: Demnach sind Trassenkorridore die als Entscheidung der Bundesfachplanung auszuweisenden

12 Vgl. § 11 Abs. 1 Nr. 1 und 2; §§ 17 Abs. 2a S. 4 und 43h EnWG; § 23 Abs. 1 Nr. 6 ARegV.

Gebietsstreifen, innerhalb derer die Trasse einer Stromleitung verläuft und für die die Raumverträglichkeit festgestellt werden soll oder festgestellt ist. Die Unterschiede von Trasse und Trassenkorridor werden insbesondere in Abs. 1 deutlich, der beide Begrifflichkeiten in unmittelbaren Zusammenhang verwendet. Nr. 1 und 2 NABEG sprechen von Trasse in Zusammenhang mit der Ersatz oder Ausbau einer bestehenden (und planfestgesellten) Hochspannungsleitung. Nr. 3 spricht von Trassenkorridor dagegen in Zusammenhang mit der Ausweisung einer Fläche in Raumordnungsplänen. Will man Trasse und Trassenkorridor voneinander abgrenzen, so bleibt bei einer Gesamtschau folgende Grenzziehung: Der Trassenkorridor ist ein Raum, innerhalb dessen die Trasse errichtet wird. Die Trasse selbst ist konkret; sie gibt den genauen Verlauf der Streckenplanung wieder.

Mit einer **Trasse** im Sinne der energierechtlichen Planfeststellung ist der **konkrete, parzellenscharfe Verlauf einer Streckenplanung** gemeint, der von der zuständigen **Behörde im Planfeststellungs- oder Plangenehmigungsverfahren festgelegt** wird. Soweit der tatsächliche Trassenverlauf von den dem Planfeststellungs- oder Plangenehmigungsverfahren zu Grunde gelegten Planunterlagen abweicht, ist der tatsächliche Trassenverlauf heranzuziehen. 25

Die Errichtung einer provisorischen Leitung im Zuge der Umbaumaßnahmen steht einem vereinfachten Verfahren nicht entgegen. Wenn ein Provisorium errichtet wird, um auf diesem die alte Leitung für den Zeitraum aufzuhängen, in dem die neue, ggf. größere Leitung in der alten Trasse errichtet wird, ist ein vereinfachtes Verfahren nach Abs. 1 Nr. 1 und Nr. 2 zulässig. 26

bb) Ersetzung

Unter der Ersetzung einer bestehenden Hoch- oder Höchstspannungsleitung ist die Errichtung der neuen Leitung an der gleichen Stelle bei gleichzeitigem Rückbau der alten Leitung zu verstehen. 27

cc) Ausbau

Unter dem Ausbau einer bestehenden Hoch- oder Höchstspannungsleitung ist sowohl das Hinzufügen weiterer Leitungen als auch der Austausch von Leitungen unter Veränderung der Spannungsebene und unter Beibehaltung oder Änderung der Maststruktur zu verstehen. Darunter fallen etwa folgende Fälle: 28

- Zubeseilung, ergänzende Leiterseile auf der gleichen Spannungsebene durch einen zusätzlichen Querträger bei gleichzeitiger Erhöhung des Mastes;
- Erhöhung der Spannungsebene von Teilen der Leitungsseile, etwa in den Fällen, in denen auf einen Mast sowohl 110 kV-Leitungen als auch 380 kV-Leitungen angebracht sind;
- Anhebung aller Leitungsseile von einer Spannungsebene auf eine höhere Ebene, etwa beim Austausch von 110 kV- oder 220 kV-Leitungen auf 380 kV-Leitungen – diese Maßnahme ist regelmäßig verbunden mit einer Masterhöhung.

Auch der Ausbau muss an der Stelle erfolgen, an der die alte Leitung steht. Eine vollständige parallele Errichtung anstelle der bestehenden Leitung ist kein Ausbau im Sinne von Abs. 1 Nr. 1. Etwas anderes gilt für den Fall, in dem ein Provisorium errichtet wird und die alte Leitung vorübergehend umgehängt wird, um in der alten Trasse eine neue zu errichten. 29

b) Errichtung unmittelbar neben einer bestehenden Hoch- oder Höchstspannungsleitung (Abs. 1 S. 1 Nr. 2)

Nach Abs. 1 S. 1 Nr. 2 ist ein vereinfachtes Verfahren zulässig, wenn eine Leitung unmittelbar neben der Trasse einer bestehenden Hoch- oder Höchstspannungsleitung errichtet wird. Abs. 1 30

S. 2 Nr. 2 erfasst damit all jene Fälle, bei denen eine Leitung vollständig parallel zu einer bestehenden Trasse errichtet werden soll.

31 Hintergrund für die Maßnahme ist, dass der Gesetzgeber unterstellt, dass das Vorhandensein einer Vorbelastung durch die bereits bestehende Leitung die Raumverträglichkeit einer neuen Leitung indiziert. Eine Überprüfung der Umweltauswirkungen ist nichtsdestoweniger erforderlich und kann das Gegenteil belegen.

32 In welchen Fällen eine neue Leitung unmittelbar neben einer bestehenden Hoch- oder Höchstspannungsleitung errichtet wird, hat der Gesetzgeber nicht definiert. Bei dem Begriff der Unmittelbarkeit handelt es sich um einen unbestimmten Rechtsbegriff. Die Unmittelbarkeit hängt von den Besonderheiten des Einzelfalls ab, auch die Konfliktträchtigkeit der Umgebung kann bei dieser Beurteilung eine Rolle spielen.

33 Es muss sich um eine eigenständige Ausbaumaßnahme handeln. Der Ausbau in dem Sinne ist zu verstehen als der Ausbau des Netzes. Abs. 1 S. 2 Nr. 2 erfasst nicht den Ausbau einer bestehenden Leitung. Eine parallel geführte Leitung kann aber in Teilen auch auf eine Gemeinschaftsleitung aufgeseilt werden. Grund dafür kann etwa ein besonders enger Korridor sein, der keine zwei parallel laufenden Leitungen zulässt. In diesen Fällen lässt sich kaum zwischen Abs. 1 S. 2 Nr. 1 und 2 unterscheiden.

34 Den Rückbau der bestehenden Leitung verlangt Abs. 1 Nr. 2 nicht. Es ist vielmehr zulässig, dass die neue, parallel zu führende Leitung zusätzlich zu der bestehenden Leitung errichtet wird. Kann die Parallelführung nicht über den kompletten Leitungsabschnitt eingehalten werden, so ist eine Abschnittsbildung erforderlich.

35 Wird die parallele Führung der Leitung nur über einen unwesentlichen Teilabschnitt verlassen, bleibt die Vorschrift und die privilegierende Wirkung anwendbar. Bei einer mehr als nur unwesentlichen Abweichung scheidet ein vereinfachtes Verfahren aus. Der Vorhabenträger und die Genehmigungsbehörde müssen ggf. die geplanten Abschnitte weiter unterteilen, um für die verbleibenden Abschnitte ein vereinfachtes Verfahren durchzuführen.

c) Verlauf innerhalb eines ausgewiesenen Trassenkorridors (Abs. 1 S. 1 Nr. 3)

36 Nach **Abs. 1 S. 1 Nr. 3** muss eine Leitung innerhalb eines Trassenkorridors, der in einem Raumordnungsplan im Sinne von § 3 Abs. 1 Nr. 7 ROG oder im Bundesnetzplan ausgewiesen ist, verlaufen. In diesen Fällen hat eine raumordnerische Koordinierung bereits stattgefunden. Um eine erneute Prüfung zu vermeiden, kann darauf aufgesetzt werden, indem im vereinfachten Verfahren überprüft wird, welche neuen Belange durch das Vorhaben berührt werden.

37 Erfasst werden auch solche Fälle, in denen eine neue Leitung teilweise in einen bereits bestehenden Korridor einschwenken soll. In diesen Fällen ist eine Abschnittsbildung erforderlich.

38 Der Gesetzgeber hat in die Bundesfachplanung keine Regelungen über die **Folgen von Fehler**, die in der Bundesfachplanung unterlaufen sind, aufgenommen. Werden materielle oder formelle Fehler der Bundesfachplanung nach Abschluss der Bundesfachplanung aber vor Beginn des Planfeststellungsverfahrens erkannt, so hat die BNetzA diese Fehler durch Wiederaufgreifen des Bundesfachplanungsverfahrens zu korrigieren. In diesen Fällen muss die BNetzA aber kein förmliches Bundesfachplanungsverfahren durchführen, sondern kann zur Fehlerkorrektur das vereinfachte Verfahren in direkter oder **entsprechender Anwendung von Abs. 1 Nr. 3** durchführen.[13]

39 Hier gilt Ähnliches wie in der Alternative des Abs. 1 S. 1 Nr. 2. Die bereits vorgenommene Raumverträglichkeitsprüfung macht ein erneutes Verfahren wegen der, relativ gesehen, nur geringfügigen Eingriffe nicht erforderlich.

---

13 Vgl. § 5 Rn 100.

3. Abschnittsbildung im vereinfachten Verfahren (Abs. 1 S. 2)

Das vereinfachte Verfahren kann nach Abs. 1 S. 2 auf einzelne Trassenabschnitte beschränkt werden. Mit dem Instrument der Abschnittsbildung im Planfeststellungsverfahren vergleichbar kann aus einem Gesamtvorhaben ein Abschnitt herausgegriffen und selbstständig beurteilt werden. Die Abschnittsbildung ermöglicht es, auf Besonderheiten wie bestehende Trassenkorridore Rücksicht zu nehmen und das Verfahren möglichst schlank zu halten. 40

Die Abschnittsbildung im vereinfachten Verfahren unterscheidet sich nicht von der Abschnittsbildung im förmlichen Verfahren. Die Abschnittsbildung ist sowohl auf Antrag des Vorhabenträgers wie auch von Amts wegen möglich.[14] Gebildete Abschnitte sind vor dem Hintergrund des Gesamtvorhabens und seiner Anforderungen in diese **Gesamtkonzeption** einzustellen. Die Bildung der einzelnen Trassenkorridorabschnitte bedarf der gesonderten Rechtfertigung. Eine vorausschauende Analyse des zu erwartenden **Problempensums** muss die einzelnen **Abschnittsgrenzen** sachlich rechtfertigen können. Die **Einteilung der Abschnitte** darf nicht willkürlich sein.[15] Die Aufspaltung des im Bundesbedarfsplan aufgeführten Vorhabens in einzeln zu betrachtende Abschnitte darf nicht dazu führen, dass das vom **Gesamtvorhaben aufgeworfene Problemspektrum** nicht in dem Umfang abgearbeitet wird, wie dies bei einer einheitlichen Verwaltungsentscheidung der Fall wäre. Wird die Bundesfachplanung für einen Abschnitt durchgeführt, bleibt dieser in das Gesamtvorhaben eingebettet. Der **Trassenkorridor muss für das Gesamtvorhaben auch ausweisbar sein**, sodass die Entscheidung über einen Abschnitt nicht getroffen werden darf, wenn sich im nächsten Abschnitt unüberwindbare Hindernisse zeigen.[16] 41

Erfasst werden von Abs. 1 S. 2 Abschnitte, bei denen im Grunde die Voraussetzungen des Abs. 1 vorliegen, aus bestimmten Gründen ein vereinfachtes Verfahren nichtsdestoweniger unzulässig oder zumindest nicht sachgerecht ist. Denkbar sind etwa Fälle, in denen die Leitung direkt neben einer bereits bestehenden Trasse verlaufen soll, diese Trasse mittlerweile – nach Errichtung der Bestandsleitung – in oder unmittelbar in der Nähe eines FFH-Gebietes oder eines Vogelschutzgebietes liegt. In diesen Fällen kann bereits die Erhöhung der Masten zur Notwendigkeit einer Überprüfung der FFH-Verträglichkeit und sonstiger naturschutzrechtlicher Belange führen. Trotz Vorliegens der Voraussetzungen des Abs. 1 scheidet daher für die relevanten Bereiche ein vereinfachtes Verfahren aus. Für den herausgegriffenen Teil ergeht ebenfalls eine Entscheidung der Bundesfachplanung. 42

III. Materiell-rechtliche Prüfung im vereinfachten Verfahren (Abs. 2)

Das Vorhaben muss als Ausbaumaßnahme raumverträglich sein. Die Raumverträglichkeit muss von der zuständigen Behörde positiv festgestellt werden. Hinsichtlich des Prüfungsmaßstabs ist zwischen Abs. 1 S. 1 Nr. 1–2 und Abs. 1 S. 1 Nr. 3 zu unterscheiden. Ist der Trassenkorridor bereits in einem Raumordnungsplan oder in dem Bundesnetzplan ausgewiesen, kann sich die Prüfung der Raumverträglichkeit auf die Prüfung der raumbedeutsamen Auswirkungen der Höchstspannungsleitung unter überörtlichen Gesichtspunkten beschränken. Der Prüfungsmaßstab in den Fällen des Abs. 1 S. 1 Nr. 1–2 entspricht dem Maßstab, der bei der Bundesfachplanung anzusetzen ist.[17] In diesen Fällen ist auch zu prüfen, ob der Realisierung der Höchstspannungsleitung in einem Trassenkorridor überwiegende öffentliche oder private Belange entgegenstehen. 43

---

14 Vgl. § 12 Rn 61 ff.
15 Vgl. § 12 Rn 70 ff.
16 Vgl. § 12 Rn 73 ff.
17 Vgl. hierzu § 5 Rn 66 ff.; § 12 Rn 13 ff.

44 Die Fälle, bei denen eine Raumverträglichkeit im Sinne von Abs. 2 abgelehnt oder zumindest in Zweifel gezogen werden muss, dürften angesichts der Voraussetzungen, nach denen nach Abs. 1 die Durchführung eines vereinfachten Verfahrens zulässig ist, selten sein. Zudem ist eine Bündelung von Leitungsvorhaben grds. raumverträglich. Gerade diese Bündelung ist Voraussetzung für die Anwendung des vereinfachten Verfahrens, sei es die Bündelung auf einem Gestänge oder die Bündelung durch die Parallelführung mehrerer Trassen. Drei Konstellationen sind denkbar, bei denen die Raumverträglichkeit in Frage gestellt werden kann:

45 Der Ersatz oder der Ausbau im Sinne von Abs. 1 Nr. 1 geschieht in einem mittlerweile konfliktbeladenen Raum; entgegen der Situation bei der ursprünglichen Errichtung der Leitung hat die Zahl der Konfliktpunkte deutlich zugenommen.

46 Gerade der Grundsatz der Leitungsbündelung führt dazu, dass in Engstellen eine Bündelung von leitungsgebundenen Vorhaben – Freileitung, Gasleitung, Straßen etc. – zu einer Raumunverträglichkeit führen kann.

47 Die parallele Führung einer erneuten Trasse im Sinne von Abs. 1 Nr. 2 verursacht Zusatzkonflikte, die die Raumverträglichkeit in Frage stellen.

48 Bei Ausbaumaßnahmen in einer vorhandenen Trasse ist zu berücksichtigen, dass je nach Ausbau der Trasse (geänderte Höhe sowie Breite der Strommasten, technische Ausstattung, Zusatzbauten neben bestehenden Masten) militärische Belange, z.B. durch Störungen von Radaranlagen sowie Tiefflugstrecken, beeinträchtigt werden könnten.[18]

IV. Herstellen des Benehmens mit den zuständigen Landesbehörden (Abs. 2)

49 Gemäß Abs. 2 stellt die BNetzA in dem vereinfachten Verfahren im Benehmen mit den zuständigen Landesbehörden anhand der vom Vorhabenträger eingereichten Unterlagen fest, ob die Ausbaumaßnahme raumverträglich ist.[19] Da im vereinfachten Verfahren gem. § 9 Abs. 7 die Durchführung eines Anhörungsverfahrens unterbleiben kann, soll auf Grundlage der eingereichten Unterlagen die Prüfung der Raumverträglichkeit jedenfalls im Benehmen mit den zuständigen Landesbehörden hergestellt werden.[20]

1. Benehmen

50 Die Raumverträglichkeit soll im Benehmen mit den zuständigen Landesbehörden festgestellt werden. Bei einer Entscheidung „im Benehmen“ besteht anders als beim „Einvernehmen“, wie beispielsweise in § 36 BauGB, kein verbindliches Mitspracherecht, sodass die Genehmigungsbehörde auch gegen die durch eine Landesbehörde vorgebrachte Meinung entscheiden kann.[21] Selbst in einem solchen Fall steht der Landesbehörde kein Widerspruchsrecht zu.

51 Das Benehmen schreibt der BNetzA lediglich vor, dass sie den Landesbehörden die Möglichkeit zur Stellungnahme einräumen muss.[22] Materiell-rechtliche Anforderungen an den Umgang mit eingereichten Stellungnahmen bestehen nicht. Im Gesetzgebungsverfahren hatte der Bundesrat darauf gedrängt, dass das Benehmen durch ein Einvernehmen ersetzt wird. Die Bundesregierung hatte dem mit Erfolg entgegentreten können. Ziel war es, die Kompetenzen zu bündeln und eine Entscheidung gerade nicht von dem Einvernehmen auch von Landesbehörden abhängig zu machen.

18 BT-Drucks. 17/6073, S. 26.
19 BT-Drucks. 17/6073, S. 26.
20 BT-Drucks. 17/6073, S. 26.
21 BVerwG, Urt. v. 29.4.1993 – 7 A 2/92 –; VGH Mannheim, Beschl. v. 8.5.2012 – 8 S 217/11 –.
22 BVerwG, Urt. v. 29.4.1993 – 7 A 2/92 –.

2. Zuständigkeit der Landesbehörden

Mit zuständigen Landesbehörden sind die Behörden des § 7 Abs. 2 S. 1 gemeint, also die für Landesplanung zuständigen Behörden. Im förmlichen Verfahren der Bundesfachplanung werden diese im Rahmen der Antragskonferenz bei der Bestimmung des Untersuchungsrahmens nach § 7 beteiligt. 52

Die Zuständigkeit der Landesbehörde für die Landesplanung richtet sich nach Landesrecht. Welche Länder einbezogen werden müssen, richtet sich nach der Betroffenheit des Landes durch das Vorhaben. Es ist nicht ausgeschlossen, dass für einen Teilabschnitt zwei Länder und deren Behörden zuständig sind, da die Frage der Raumverträglichkeit nicht an der Landesgrenze endet. Ggf. ist von mehreren Landesbehörden das Benehmen einzuholen. 53

Die Antragskonferenz kann nach § 7 Abs. 7 unterbleiben, wenn die Voraussetzungen für das vereinfachte Verfahren nach § 11 vorliegen. Entscheidet sich die BNetzA dazu, nicht wie nach § 7 Abs. 7 möglich, auf die Antragskonferenz zu verzichten – *„kann"* – wird die Feststellung der Raumverträglichkeit im Benehmen mit den zuständigen Landesbehörden nicht beeinflusst. Die zuständigen Landesbehörden werden in einem solchen Fall zweimal beteiligt, zunächst in der Antragskonferenz nach § 7 und ferner bei der Feststellung der Raumverträglichkeit nach § 11 Abs. 2. 54

V. Durchführung des vereinfachten Verfahrens (Abs. 3)

1. Einleitung des Verfahrens

Das vereinfachte Verfahren setzt einen Antrag des Vorhabenträgers voraus. 55

Ein Antrag auf Einleitung der Bundesfachplanung ist **unabhängig davon erforderlich**, ob sie **im förmlichen oder im vereinfachten Verfahren** durchgeführt werden soll. Das vereinfachte Verfahren selbst wird entweder durch einen entsprechenden Antrag des Vorhabenträgers gem. § 6 S. 1 i.V.m. S. 6 Nr. 3 oder durch die nach außen bekannt gegebene Entscheidung der BNetzA eingeleitet. Während die BNetzA die Bundesfachplanung auf Antrag des Vorhabenträgers einleiten muss und ohne einen Antrag nicht tätig werden darf, kann sie die Entscheidung über **die Verfahrenswahl von Amts wegen** treffen. 56

Strebt der Vorhabenträger von sich aus das vereinfachte Verfahren an, sind von ihm nach § 6 S. 6 Nr. 3 die dafür erforderlichen Voraussetzungen mit den Antragsunterlagen darzulegen. 57

2. Entscheidung über das vereinfachte Verfahren

Nach Abs. 1 S. 1 entscheidet die BNetzA bei Vorliegen aller Voraussetzungen nach pflichtgemäßem Ermessen, ob die Bundesfachplanung im Wege des vereinfachten Verfahrens durchgeführt werden kann. 58

Die Durchführung des vereinfachten Verfahrens ist – wenn die tatbestandlichen Voraussetzungen vorliegen – im Sinne der Beschleunigung der Ausbauverfahren auch **gegen den Willen des Antragstellers** zulässig. Die BNetzA muss nicht das Einvernehmen mit dem Antragsteller herstellen. Sie kann auch dann die Bundesfachplanung im Wege des **vereinfachten Verfahrens** durchführen, wenn **der Vorhabenträger die Durchführung eines förmlichen Verfahrens beantragt hat.** Von dieser Möglichkeit kann die Behörde indes nur Gebrauch machen, wenn sie nach Eingang der Antragsunterlagen des Vorhabenträgers zu dem Entschluss kommt, dass die tatbestandlichen Voraussetzungen für ein vereinfachtes Verfahren vorliegen 59

Im Vordergrund steht bei der Ausübung des Ermessens, dass in sachgerechter Weise die verschiedenen Verfahrensmöglichkeiten genutzt werden. Ziel ist es, rechtskonform und möglichst effektiv das Vorhaben realisieren zu können. Gründe der Praktikabilität können daher für die Ermessensausübung ausschlaggebend sein. 60

61 Für die Entscheidung über die Verfahrenswahl hat der Gesetzgeber **keine Verfahrensfrist** gesetzt. Diesbezüglich unterscheidet sich die Regelung von § 3 S. 1, wonach binnen drei Monaten nach Vorliegen der vollständigen Unterlagen bei der BNetzA eine Entscheidung über die Raumverträglichkeit der Maßnahme zu treffen ist.

62 Ein vereinfachtes Verfahren kann von der BNetzA auch von Amts wegen durchgeführt werden, d.h., die BNetzA kann auch dann ein vereinfachtes Verfahren durchführen, wenn der verantwortliche Vorhabenträger die Einleitung eines förmlichen Verfahrens der Bundesfachplanung beantragt hat.

63 Die Entscheidung über die Durchführung des vereinfachten Verfahrens ist keine Sachentscheidung. Sie hat vorbereitenden Charakter und schließt die Entscheidung über die Bundesfachplanung nicht ab. Sie ist eine behördliche Verfahrenshandlung im Sinne des § 44a VwGO und kein Verwaltungsakt im Sinne von § 35 VwVfG.

3. Durchführung einer Behörden- und Öffentlichkeitsbeteiligung

64 Das Anhörungsverfahren in der Bundesfachplanung wird in § 9 unter der Überschrift „Behörden- und Öffentlichkeitsbeteiligung" geregelt. Nach § 9 Abs. 7 kann ein solches Verfahren unterbleiben, wenn die Voraussetzungen für das vereinfachte Verfahren des § 11 vorliegen. Im Regelfall findet im vereinfachten Verfahren keine Behörden- und Öffentlichkeitsbeteiligung statt. Die Entscheidung darüber liegt im Ermessen der planenden Behörde, sie *„kann"* von der Durchführung absehen.

4. Verfahrensfristen

a) Frist nach Abs. 3 S. 1

65 Nach Abs. 3 S. 1 ist das vereinfachte Verfahren binnen drei Monaten nach Vorliegen der vollständigen Unterlagen bei der BNetzA abzuschließen. Die Frist beginnt mit der Erklärung der BNetzA, dass die eingereichten Unterlagen vollständig sind. Das Verfahren wird, wie die vollständige Bundesfachplanung, durch Entscheidung der Bundesfachplanung abgeschlossen.

b) Frist nach Abs. 3 S. 2

66 Nach Abs. 3 S. 2 ist das vereinfachte Verfahren im Falle der Durchführung eines Anhörungsverfahrens binnen vier Monaten abzuschließen. Auch in diesem Fall ist das Vorliegen der vollständigen Unterlagen bei der BNetzA erforderlich. Die Frist beginnt mit der Erklärung der BNetzA, dass die eingereichten Unterlagen vollständig sind.

VI. Rechtsschutz

1. Entscheidung über die Raumverträglichkeit

67 Das vereinfachte Verfahren ist ein spezielles Verfahren der Bundesfachplanung. Gemäß § 12 Abs. 3 ist das Ergebnis des vereinfachten Verfahrens Teil der Entscheidung über die Bundesfachplanung. Die Bindungswirkung des vereinfachten Verfahrens folgt aus § 15 und entspricht der Rechtwirkung der im förmlichen Verfahren durchgeführten Bundesfachplanung.[23]

68 Gemäß § 15 Abs. 3 S. 1 hat die Entscheidung über den Abschluss der Bundesfachplanung **keine unmittelbare Außenwirkung** und ersetzt nicht die Entscheidung über die Zulässigkeit

23 Vgl. dazu auch § 5 Rn 74 ff.

der Ausbaumaßnahme. Der Vorhabenträger kann bzw. Dritte können gegenüber der im Wege des vereinfachten Verfahrens durchgeführten Bundesfachplanung **keinen Rechtsschutz** geltend machen. Die Entscheidung über den Abschluss der Bundesfachplanung im Wege des vereinfachten Verfahrens nach § 12 Abs. 3 kann gem. § 15 Abs. 3 S. 1 nur im Rahmen des **Rechtsbehelfsverfahrens** gegen den Planfeststellungsbeschluss als **Zulassungsentscheidung** für die jeweilige Ausbaumaßnahme geprüft werden.

2. Entscheidung über das vereinfachte Verfahren

Die Durchführung eines vereinfachten Verfahrens steht nach Abs. 1 S. 1 im Ermessen der BNetzA, 69
sofern die tatbestandlichen Voraussetzungen vorliegen. Die Entscheidung über die Durchführung des vereinfachten Verfahrens ist kein Verwaltungsakt im Sinne des § 35 VwVfG. Gemäß § 44a VwGO können Rechtsbehelfe gegen behördliche Verfahrenshandlungen nur gleichzeitig mit den gegen die Sachentscheidung zulässigen Rechtsbehelfen geltend gemacht werden. Der Vorhabenträger kann nicht bei der von seinem Antrag auf Durchführung des förmlichen oder des vereinfachten Bundesfachplanungsverfahrens abweichenden Entscheidung auf ermessensfehlerfreie Bescheidung klagen. Eine derartige Klage wäre kontraproduktiv, denn der Wunsch nach einem vereinfachten Verfahren würde durch eine Klage unnötig verkompliziert werden.

Bei einer Klage gegen die Sachentscheidung selbst kann die Entscheidung über das ver- 70
einfachte Verfahren überprüft werden. Unproblematisch ist der Fall, in dem ein förmliches Verfahren trotz Vorliegens der Tatbestandsvoraussetzungen für ein vereinfachtes Verfahren durchgeführt wurde. Sollte die Behörde irrtümlicherweise annehmen, die tatbestandlichen Voraussetzungen für ein vereinfachtes Verfahren lägen vor, wird die Rechtslage für den Vorhabenträger und die Behörde unangenehm. Das vereinfachte Verfahren weist gegenüber dem förmlichen Defizite auf, die zu einer Rechtswidrigkeit führen würden, wenn die tatbestandlichen Voraussetzungen für ein vereinfachtes Verfahren tatsächlich nicht vorlägen.

§ 12 Abschluss der Bundesfachplanung

(1) Die Bundesfachplanung ist binnen sechs Monaten nach Vorliegen der vollständigen Unterlagen bei der Bundesnetzagentur abzuschließen.
(2) Die Entscheidung der Bundesnetzagentur über die Bundesfachplanung enthält
1. **den Verlauf eines raumverträglichen Trassenkorridors, der Teil des Bundesnetzplans wird, sowie die an Landesgrenzen gelegenen Länderübergangspunkte; der Trassenkorridor und die Länderübergangspunkte sind in geeigneter Weise kartografisch auszuweisen;**
2. **eine Bewertung sowie eine zusammenfassende Erklärung der Umweltauswirkungen gemäß den §§ 14k und 14l des Gesetzes über die Umweltverträglichkeitsprüfung des in den Bundesnetzplan aufzunehmenden Trassenkorridors;**
3. **das Ergebnis der Prüfung von alternativen Trassenkorridoren.**

Der Entscheidung ist eine Begründung beizufügen, in der die Raumverträglichkeit im Einzelnen darzustellen ist. Die Bundesnetzagentur ist berechtigt, nach Abschluss der Bundesfachplanung den nach den §§ 11 und 12 des Energiewirtschaftsgesetzes verpflichteten Vorhabenträger durch Bescheid aufzufordern, innerhalb einer zu bestimmenden angemessenen Frist den erforderlichen Antrag auf Planfeststellung zu stellen. Die zuständigen obersten Landesbehörden der Länder, auf deren Gebiet ein Trassenkorridor verläuft, sind von der Frist zu benachrichtigen.
(3) Abweichend von Absatz 2 sind bei der Durchführung eines vereinfachten Verfahrens keine Trassenkorridore aufzunehmen, sondern nur die bestehenden Trassen im Sinne des § 11 Absatz 1 Satz 1 Nummer 1 oder 2 oder das Ergebnis eines Raumordnungsplans oder der Bundesfachplanung im Sinne von § 11 Absatz 1 Satz 1 Nummer 3.

Überblick

I. Allgemeines

1. Überblick über die Norm

Die Norm ist **heterogen in ihrer Zusammensetzung.** Sie enthält Bestimmungen zum Verfahren der Bundesfachplanung (Abs. 1), zu Inhalt und Form der Entscheidung der Bundesfachplanung (Abs. 2 S. 1, 2), zur Entscheidung der Bundesfachplanung im vereinfachten Verfahren nach § 11 (Abs. 3) sowie zum Planfeststellungsverfahren (Abs. 2 S. 3 und 4). 1

Abs. 1 setzt eine Frist von sechs Monaten fest, innerhalb der die Bundesfachplanung nach Vorliegen der vollständigen Unterlagen bei der BNetzA abzuschließen ist. 2

Die **Entscheidung** über die **Bundesfachplanung** nach Abs. 2 S. 1 beinhaltet: 3

- den Verlauf eines raumverträglichen Trassenkorridors sowie die an Landesgrenzen gelegenen Länderübergangspunkte (Abs. 2 S. 1 Nr. 1),
- eine Bewertung sowie eine zusammenfassende Erklärung der Umweltauswirkungen der Trassenkorridore (Abs. 2 S. 1 Nr. 2),
- das Ergebnis der Prüfung von alternativen Trassenkorridoren (Abs. 2 S. 1 Nr. 3) und
- eine Begründung, in der die Raumverträglichkeit im Einzelnen darzustellen ist (Abs. 2 S. 2).

Der Trassenkorridor und die Länderübergangspunkte sind in geeigneter Weise kartographisch auszuweisen (Abs. 2 S. 1 Nr. 1 Hs. 2).

Abs. 2 S. 3 räumt der **BNetzA** die Berechtigung ein, nach Abschluss der Bundesfachplanung dem nach den §§ 11, 12 EnWG verantwortlichen **Vorhabenträger durch Bescheid zu verpflichten**, innerhalb einer angemessenen Frist den erforderlichen **Antrag auf Planfeststellung zu stellen.** Nach **Abs. 2 S. 4** sind die zuständigen obersten Landesbehörden, auf deren Gebiet ein Trassenkorridor verläuft, von der gesetzten Frist zu benachrichtigen. 4

Abs. 3 setzt den Inhalt der Entscheidung im Falle der Durchführung des **vereinfachten Verfahrens** nach § 11 fest. Abweichend von Abs. 2 sind keine Trassenkorridore in die Entscheidung aufzunehmen, sondern nur die bestehenden Trassen im Sinne des § 11 Abs. 1 S. 1 Nr. 1 oder 2 oder das Ergebnis eines Raumordnungsplans oder der Bundesfachplanung im Sinne von § 11 Abs. 1 S. 1 Nr. 3. 5

Die Norm steht in enger Wechselwirkung mit den Regelungen über den Inhalt der Bundesfachplanung (§ 5) und über die Bindungswirkung der Bundesfachplanung (§ 15). 6

2. Regelungszweck

Die Regelung über den Abschluss der Bundesfachplanung ist eine der zentralen Normen des NABEG. Der Schwerpunkt der Norm liegt in den in Abs. 1 und 2 genannten **Inhalten der Entscheidung über die Bundesfachplanung.** In der Bundesfachplanung erfolgt eine verbindliche Grobtrassenplanung für die nachfolgenden Planfeststellungsverfahren. In der abschließenden Entscheidung über die Bundesfachplanung sind der **Verlauf des raumverträglichen Trassenkorridors** sowie die an Landesgrenzen gelegenen Länderübergangspunkte festzulegen (§ 12 Abs. 2 S. 1 Nr. 1). Die Entscheidung über die Bundesfachplanung bestimmt denjenigen Trassenkorridor, der die wenigsten Konflikte im Hinblick auf die Raum- und Umweltverträglichkeit aufwirft; dieser Trassenkorridor findet anschließend **Aufnahme in den Bundesnetzplan (§ 17).** Der BNetzA kommt damit die komplexe Aufgabe zu, einen Trassenkorridor zu definieren, der der Planfeststellungsbehörde und dem Vorhabenträger die notwendige Planungssicherheit gibt, gleichzeitig aber auch ausreichende Flexibilität für die Festlegung des konkreten Trassenverlaufs im Planfeststellungsverfahren einräumt. Der Trassenkorridor muss so gewählt werden, dass alle auf der Ebene der Bundesfachplanung zu berücksichtigenden Interessen angemessen abgewogen sind. Absehbare Konflikte sind bereits auf der Ebene der Bundesfachplanung zu vermeiden, zumindest zu minimieren. 7

8 Der Verlauf des Trassenkorridors und die Länderübergangspunkte sind in der Entscheidung **kartographisch auszuweisen.** Grundlage, Abbildungsprozess und die Gründe für die konkrete Festlegung des Trassenkorridors müssen sich in der **Begründung** wiederfinden.

9 Die das vereinfachte Verfahren nach § 11 flankierende Regelung in Abs. 3 **erweitert die Vereinfachung auf die das Verfahren abschließende Entscheidung** in den in § 11 Abs. 1 S. 1 Nr. 1–3 enumerativ aufgezählten Fällen. Im vereinfachten Verfahren ist lediglich die Übernahme bereits vorhandener Trassenkorridore bzw. Trassen geboten. Eine Darstellung eines Trassenkorridors erübrigt sich, da das vereinfachte Verfahren gerade dann Anwendung findet, wenn die Leitung in oder in der Nähe bereits bestehender Leitungen errichtet werden soll. Dementsprechend weicht der Inhalt der Entscheidung über die Bundesfachplanung von Abs. 2 S. 1, 2 ab.

10 Die Ermächtigung der BNetzA zur Verpflichtung des nach §§ 11, 12 EnWG verpflichteten Vorhabenträgers zur Stellung des Antrags auf Planfeststellung **sichert die Verfahrenshoheit der BNetzA** ab. Die Vorschrift setzt auf die in § 6 S. 2 vorgesehene Möglichkeit zur Verpflichtung auf Antragstellung in der Bundesfachplanung auf. Die Zusammenschau mit der korrespondierenden Möglichkeit zur Verhängung von Zwangsgeldern und den Bußgeldvorschriften ergibt, dass die BNetzA alle wesentlichen Verfahrenshandlungen des Vorhabenträgers durchsetzen kann, bis die Behörde in die Lage versetzt ist, den Plan festzustellen. Bei der Bundesfachplanung handelt es sich insofern nicht um ein klassisches Antragsverfahren.

3. Entstehungsgeschichte

11 Die Vorschrift wurde durch Art. 1 des **Gesetzes über Maßnahmen zur Beschleunigung des Netzausbaus Elektrizitätsnetze**[1] vom 28.7.2011 mit Wirkung zum 5.8.2011 als § 12 erlassen.

12 Die Norm erhielt im Gesetzgebungsverfahren eine klarstellende Änderung in Abs. 2 S. 3 durch die Einfügung von „auf Planfeststellung" nach Antrag. Ferner wurde Abs. 2 S. 4 angefügt, wonach die zuständigen obersten Landesbehörden eines von einem Trassenkorridor betroffenen Landes über die einem Vorhabenträger zur Antragstellung auf Planfeststellung gesetzte Frist zu informieren sind. Die Zuständigkeit der Landesbehörde bezieht sich auf die **Verantwortlichkeit als Planfeststellungsbehörde**, sodass die Änderung eine Folge der Zuständigkeitsänderung für die Planfeststellung im Laufe des Gesetzgebungsverfahrens ist.

II. Entscheidung über die Bundesfachplanung (Abs. 2)

1. Verlauf des Trassenkorridors (Abs. 2 S. 1 Nr. 1)

a) Allgemeines

13 Die Aufgabe der Bundesfachplanung ist die verbindliche Grobplanung durch die Festlegung eines Trassenkorridors. Die BNetzA hat dazu alle von dem Verlauf des Trassenkorridors berührten öffentlichen und privaten Belange zu ermitteln, zu gewichten und hiernach eine Abwägungsentscheidung vorzunehmen. Sie prüft in der Entscheidung über die Bundesfachplanung, ob der Trassenkorridor **mit den Erfordernissen der Raumordnung übereinstimmt** und **stimmt ihn mit anderen raumbedeutsamen Planungen und Maßnahmen** ab (Abs. 1 S. 3). Die Feststellung bzw. Herstellung der **Raumverträglichkeit** eines Trassenkorridors ist erforderlich, um die Trassensicherung für die späteren Planfeststellungsverfahren zu ermöglichen.[2]

14 Die Entscheidung über den Verlauf des Trassenkorridors ergeht auf der Ebene der Raumordnung. Die konkrete Trassenführung erfolgt im Planfeststellungsverfahren.

1 BGBl. I 2011 S. 1690.
2 BT-Drucks. 17/6073, S. 24.

Der Bundesbedarfsplan ist nicht insgesamt auf konkrete **raumbezogene Aussagen** ausgelegt. Räumlich konkretisiert sind aber die Anfangs- und Endpunkte der neu zu errichtenden Höchstspannungsleitungen, an denen diese mit dem bestehenden Netz verbunden werden. 15

Die Prüfung örtlicher Einzelheiten und die Erfüllung der spezifisch energierechtlichen Anforderungen bleiben der Entscheidung über die Planfeststellung vorbehalten. Aus diesem Grund können die Aussagen zu den detaillierten Auswirkungen erst im Planfeststellungsverfahren prognostiziert werden. Die Auswirkungen des Trassenkorridors sind auf der Ebene der Bundesfachplanung in erster Linie unter überörtlichen Gesichtspunkten zu prüfen. Ziel der Untersuchung ist die Bereitstellung aller Informationen, die zur Ermittlung und Beurteilung der Auswirkungen des Trassenkorridors auf raumstrukturelle Aspekte und für die bei fehlender Übereinstimmung mit den Erfordernissen, insbesondere mit den Zielen der Raumordnung, vorzunehmende Abwägungsentscheidung notwendig sind. Nichtsdestoweniger müssen bereits auf Ebene der Bundesfachplanung erkennbare Konflikte, die im späteren Planfeststellungsverfahren auftauchen könnten, bewältigt werden. Denn nur wenn der Trassenkorridor so gewählt wird, dass eine Realisierung im späteren Planfeststellungsverfahren möglich ist, ist die Bundesfachplanung sachgerecht und rechtmäßig. 16

b) Prüfung entgegenstehender öffentlicher oder privater Belange

Die Entscheidung über die Übereinstimmung des zur Prüfung stehenden Trassenkorridors mit den Erfordernissen der Raumordnung bildet den zentralen Prüfungsgegenstand der Bundesfachplanung. Sie geht aber darüber hinaus. In der vorzunehmenden **Abwägungsentscheidung** sind (auch) alle sonstigen **öffentlichen oder privaten Belange** einzubeziehen, wenn diese bereits **auf der Ebene der Bundesfachplanung erkennbar** der Realisierung einer Höchstspannungsleitung innerhalb der für den Trassenkorridor ausgewählten Fläche entgegenstehen können. 17

c) Übereinstimmung mit den Erfordernissen der Raumordnung

In der Entscheidung über die Bundesfachplanung ist der Trassenkorridor insbesondere mit den Erfordernissen der Raumordnung und anderen raumbedeutsamen Planungen und Maßnahmen abzustimmen bzw. eine entsprechende Übereinstimmung ist im Wege der Abwägung herzustellen. 18

Zu den Erfordernissen der Raumordnung gehören nach § 3 Abs. 1 Nr. 1 ROG die Ziele, die Grundsätze der Raumordnung und die sonstigen Erfordernisse der Raumordnung. 19

Um die für den Trassenkorridor notwendigen Flächen zu ermitteln, sind in der Bundesfachplanung einerseits **großräumige Raumwiderstände** und anderseits **relativ konfliktarme Bereiche zu identifizieren.** 20

Hierbei sind etwa Landesentwicklungsprogramme bzw. Landesentwicklungsgesetze, Landesentwicklungsplan bzw. Landesraumordnungspläne, Regionalplan, Bauleitpläne oder landesplanerische Stellungnahmen zu berücksichtigen. 21

Räume sind **konfliktbelastet**, wenn ihnen in raumordnerischen Ausweisungen der Länder mit einem Trassenkorridor nicht zu vereinbarende Nutzungen zugewiesen, diese Flächen besonders schutzbedürftig sind oder in private Rechte in unverhältnismäßiger Weise durch die spätere Trassenführung eingegriffen würde. Sind die bekannten Konflikte so schwerwiegend, dass absehbar ist, dass diese durch die Bundesfachplanung oder das spätere Planfeststellungsverfahren nicht überwunden oder ausgeräumt werden können, scheiden diese konfliktbeladenen Räume aus der weiteren Betrachtung aus. 22

Bei einer **Abwägung** zwischen dem öffentlichen Interesse an der Realisierung der Höchstspannungsleitungen und entgegenstehenden Erfordernissen der Raumordnung sind – entspre- 23 chend der gesetzlichen Wertung in den §§ 3 und 4 ROG – die unterschiedliche Intensität von Zielen, Grundsätzen und sonstigen Erfordernissen der Raumordnung zu berücksichtigen und diese mit dem ihnen jeweils eigenem Gewicht in die nach § 5 Abs. 1 S. 2 durchzuführende Abwägung einzustellen.[3]

aa) Vereinbarkeit mit den Zielen der Raumordnung

24 Nach § 3 Abs. 1 Nr. 2 ROG sind **Ziele der Raumordnung** verbindliche Vorgaben in Form von räumlich und sachlich bestimmten, vom Träger der Raumordnung abschließend abgewogenen Festlegungen in Raumordnungsplänen.

25 Im Rahmen einer **Raumverträglichkeitsstudie** sind von den Vorhabenträgern die Ziele der in Frage kommenden Pläne und Programme einer sachlichen Relevanz- und räumlichen Betroffenheitsprüfung zu unterziehen. Weiterhin sind textliche Ausweisungen und graphische Festlegungen darzustellen und mit Blick auf das Vorhaben zu bewerten.

26 In Raumordnungsplänen festgelegten Zielen der Raumordnung kommt zwar auch in der Bundesfachplanung eine starke Bindungswirkung zu. **Ziele der Raumordnung** sind bei der in der Bundesfachplanung vorzunehmenden Abwägung **zu berücksichtigen**, jedoch **nicht zu beachten** im Sinne von § 4 Abs. 1 S. 1 ROG.[4]

27 Die Entscheidung über die **Bundesfachplanung ist eine „sonstige Entscheidung" im Sinne des § 4 Abs. 2 ROG.** Bei der Bundesfachplanung handelt es sich um eine raumbedeutsame Planung von Personen des Privatrechts, denn nicht die BNetzA, sondern die verpflichteten ÜNB planen die Trassenkorridore. In der Bundesfachplanung trifft die BNetzA eine Entscheidung über die Zulässigkeit raumbedeutsamer Planungen der ÜNB. Die Erfordernisse der Raumordnung sind daher nach § 4 Abs. 2 ROG nach den für diese Entscheidungen geltenden Vorschriften zu berücksichtigen.

28 Nach § 15 Abs. 1 S. 2 hat die Bundesfachplanung grds. Vorrang vor Planungen der Länder und Gemeinden. Dieser Vorrang gilt nicht nur für zukünftige Planungen der Länder und Gemeinden, sondern auch für bereits abgeschlossene Planungen. Grds. Vorrang bedeutet, dass der Vorrang zumindest dann gilt, wenn die bestehenden Planungen der Länder und Gemeinden das öffentliche Interesse an der Realisierung der Höchstspannungsleitungen nicht überwiegen. Die Festlegung des grds. Vorrangs der Bundesfachplanung vor Planungen der Länder und Gemeinden korrespondiert mit der in § 5 S. 2 vorgeschriebenen **gewichteten Abwägungsentscheidung**, wonach die BNetzA prüft, ob der Verwirklichung des Vorhabens in einem Trassenkorridor überwiegende öffentliche oder private Belange entgegenstehen.

29 Die Raumverträglichkeit muss auf Grundlage einer Analyse der vorgefundenen Konfliktpotenziale geprüft werden. Diese können beispielsweise in einem dreistufigen System erfasst werden, das die Konflikte als gering, mittel oder schwer kennzeichnet. Die verschiedenen Trassen können anhand dieser Kriterien verglichen werden. Diejenige Trasse, die die geringsten schweren Konfliktfelder aufweist, ist die Vorzugsvariante.

30 Die Analyse der vorhandenen Konflikte kann auch aufgrund einer Konfliktmatrix erfasst werden, die sich an der Raumempfindlichkeit orientiert. Beispielhaft werden in der nachfolgenden – von der BNetzA erarbeiteten – Konfliktmatrix Raumempfindlichkeitseinstufungen vorgeschlagen, vgl. den Leitfaden zur Bundesfachplanung, Stand 1. Juni 2012.

---

3 Vgl. dazu § 5 Rn 66 ff.

4 A.A. *Sellner/Fellenberg*, NVwZ 2011, 1025, 1031, wonach Ziele der Raumordnung durch die in der Bundesfachplanung vorzunehmende Abwägung nicht überwunden werden könnten.

Kategorie	Bereiche	Bewertung	
		Freileitung	Erdkabel
Vorrangfläche mit Auswirkungen auf die Baugenehmigung	Sperrgebiete des Bundes	Sehr hoch	Sehr hoch
	Innerer Bauschutzbereich nach § 12 Abs. 2 und 3 Nr. 1a und 2a LuftVG	Sehr hoch	Mittel
	Bauschutzbereich nach § 17 LuftVG	Sehr hoch	Mittel
Vorrangflächen von besonderer Bedeutung	Äußerer Bauschutzbereich nach § 12 Abs. 3 Nr. 1b und 2b LuftVG	Hoch	Mittel
	Vorrang- und Eignungsgebiete für Windenergie-/Freiflächen für Photovoltaikanlagen	Hoch	Mittel
	Vorranggebiet Rohstoffabbau	Hoch	Hoch
	Standorte für größere Deponien und Halden	Hoch	Hoch
	Vorranggebiet für Hochwasserschutz	Hoch	Hoch
	Vorranggebiet für Natur- und Landschaftsschutz	Hoch	Hoch
	Vorranggebiet für Kultur- und Denkmalschutz oberirdisch	Hoch	Mittel
	Vorranggebiet für Kultur- und Denkmalschutz unterirdisch	Mittel	Mittel
Vorrangflächen von Bedeutung	Vorranggebiet für den Freiraumschutz	Mittel	Mittel
	Vorranggebiet für Grünzüge und Kulturlandschaften	Mittel	Mittel
	Vorranggebiet für Forstwirtschaft	Mittel	Hoch
	Vorranggebiet für Tourismus und Erholung	Hoch	Mittel
	Siedlungserweiterung laut Regionalplan	Mittel	Mittel
Sonstige Vorrangflächen	Vorranggebiet für Logistik	Gering	Gering
	Vorranggebiet für Industrie und Gewerbe	Gering	Gering
	Vorranggebiet für die Landwirtschaft	Gering	Mittel

bb) Prüfung der Übereinstimmung mit den Grundsätzen der Raumordnung

Nach § 3 Abs. 1 Nr. 3 ROG sind Grundsätze der Raumordnung Aussagen zur Entwicklung, Ordnung und Sicherung des Raums als Vorgaben für nachfolgende Abwägungs- oder Ermessens- 31 entscheidungen. Sie sind ebenfalls bei der Bestimmung von Trassenkorridoren und in der die Bundesfachplanung abschließenden Abwägungsentscheidung zu berücksichtigen.

cc) Prüfung der Übereinstimmung mit den sonstigen Erfordernissen der Raumordnung

32 Sonstige Erfordernisse der Raumordnung nach § 3 Abs. 1 Nr. 4 ROG sind in Aufstellung befindliche Ziele der Raumordnung, Ergebnisse förmlicher landesplanerischer Verfahren wie des Raumordnungsverfahrens und landesplanerische Stellungnahmen. Sie sind wie die Grundsätze der Raumordnung bei der Bestimmung von Trassenkorridoren und in der die Bundesfachplanung abschließenden Abwägungsentscheidung zu berücksichtigen.

dd) Trassenkorridor

33 Die Entscheidung über die Bundesfachplanung enthält den Verlauf eines raumverträglichen Trassenkorridors sowie die an Landesgrenzen gelegenen Länderübergangspunkte.

34 Der Gesetzgeber hat den **Begriff des Trassenkorridors** in § 3 Abs. 1 legal definiert. Demnach ist ein Trassenkorridor im Sinne der Bundesfachplanung der Gebietsstreifen, innerhalb dessen die Trasse einer Stromleitung verläuft und für die die Raumverträglichkeit festgestellt werden soll oder festgestellt ist.[5]

35 Der Gesetzgeber hat die Breite der Trassenkorridore nicht gesetzlich definiert; sie sollen ausweislich der Gesetzesbegründung eine Breite von 500 m nicht unterschreiten und 1.000 m nicht überschreiten.[6] In der Gesetzesbegründung heißt es, dass bei bestehenden Konfliktlagen der Trassenkorridor verändert werden kann.[7] Dies ist missverständlich formuliert. Der Gesetzgeber wollte damit zum Ausdruck bringen, dass die Breite des Trassenkorridors variieren kann und dass sie nicht zuletzt von jeweiligen Konfliktlagen abhängt, nicht jedoch, dass bei Konfliktlagen von einem durch die Entscheidung über die Bundesfachplanung festgestellten Trassenkorridor abgewichen werden kann.[8] Die BNetzA kann daher je nach den rechtlichen und örtlichen Gegebenheiten den Trassenkorridor breit oder weniger breit wählen. Die Breite des Trassenkorridors muss sich angesichts der mit der Festlegung verbundenen Rechtsfolgen an dem Grundsatz der Verhältnismäßigkeit orientieren. Verschiedene Aspekte sind für die angemessene Breite des Korridors maßgeblich:

36 Zu berücksichtigen ist zunächst, dass von der Breite des Trassenkorridors auch der räumliche Untersuchungsbereich abhängt. Je breiter der Korridor gewählt wird, umso mehr Zeit können möglicherweise die Bestandsaufnahmen und Untersuchungen in den Zusammenhang mit der Erarbeitung der Antragsunterlagen in Anspruch nehmen. Die Festlegung des Gesetzgebers, wonach die Bundesfachplanung binnen sechs Monaten nach Vorliegen der vollständigen Unterlagen bei der BNetzA abzuschließen ist, spricht dafür, die Breite des Trassenkorridors so gering wie möglich zu halten.

37 Hingegen kann die Festlegung eines möglichst breiten Korridors sachgerecht sein, wenn ein Gebiet mit wenigen Konfliktpunkten gequert wird, um dem späteren Planfeststellungsverfahren eine möglichst große Flexibilität einzuräumen.

38 Ein möglichst breiter Korridor kann geboten sein, um dem späteren Planfeststellungsverfahren eine hohe Flexibilität einzuräumen, gerade weil es in einem Gebiet viele Konfliktpunkte gibt.

---

5 Vgl. dazu § 3 Rn 1ff.
6 BR-Drucks. 342/11, S. 37.
7 BT-Drucks. 16/6073, S. 19, 23.
8 So etwa *Grigoleit/Weisensee*, UPR 2011, 405. Bei bestehenden Konfliktlagen könne der festgelegte Korridor über die vorgesehene Breite hinaus verlängert werden, mit Bezug auf die missverständliche Formulierung in BT-Drucks. 17/6073, S. 23. Die Gesetzesbegründung gilt aber ausschließlich auf die Auswahl der Trassenbreite vor der Entscheidung über die Bundesfachplanung.

Bei intensiven Konfliktlagen besteht die Gefahr, dass sich im Rahmen des Planfeststellungsverfahrens ergibt, dass ausschließlich eine Trassenführung außerhalb des festgestellten Trassenkorridors möglich ist. Selbst wenn der Trassenkorridor nur in einem kleinen, unwesentlichen Bereich verlassen werden muss, ist die erfolgte Entscheidung über die Bundesfachplanung fehlerhaft und muss korrigiert werden. Dies kann zu erheblichen Verfahrensverzögerungen führen. Insofern sprechen Gründe der Verfahrensbeschleunigung auch dafür, den Gebietsstreifen, der den Trassenkorridor bildet, nicht zu eng zu bemessen.

Ein Trassenkorridor ist hingegen eng zu fassen, wenn die örtlichen Gegebenheiten es erfor- 39 dern, den Korridor möglichst exakt festzulegen, um die notwendige Planungssicherheit herzustellen; dies kann etwa dann der Fall sein, wenn ein Gebiet mit sehr vielen Konfliktpunkten in einem räumlich eingegrenzten Bereich festgesetzt werden soll.

Die Ausweisung des Trassenkorridors wird Bestandteil der Entscheidung der Bundesfach- 40 planung und nimmt an ihren Rechtswirkungen teil. Sie hat Verbindlichkeit gegenüber der Planfeststellungsbehörde. Der Entscheidung ist eine Begründung beizufügen, in der die Raumverträglichkeit im Einzelnen darzustellen ist (Abs. 2 S. 2).

Der Verlauf des Trassenkorridors und die Länderübergangspunkte sind gem. Abs. 2 S. 1 Nr. 1 41 in geeigneter Weise kartographisch nachzuweisen. Die geeignete kartographische Ausweisung ist ein unbestimmter Rechtsbegriff, der der rechtlichen Überprüfung durch Gerichte unterliegt. Die Geeignetheit hängt von den Besonderheiten des Einzelfalls ab. Der Maßstab wird sich voraussichtlich im Bereich der heutigen Raumordnung (in der Regel 1:50.000) oder der Linienbestimmung nach FStrG (1:25.000) bewegen. Die Sicherung der Trassenkorridore erfordert nicht ihre grundstücksscharfe Ausweisung. Dies folgt bereits daraus, dass auf der Ebene der Bundesfachplanung keine Festlegung der Trasse, sondern die Bestimmung eines bis zu 1.000 m breiten Trassenkorridors erfolgt.

2. Umweltauswirkungen (Abs. 2 S. 1 Nr. 2)

Nach § 12 Abs. 2 S. 1 Nr. 2 NABEG i.V.m. § 14k und § 14l UVPG sind im Rahmen einer SUP die 42 Umweltauswirkungen des ausgewiesenen Trassenkorridors zu bewerten und die Entscheidungsfindung unter Berücksichtigung der Ergebnisse der Behörden- und Öffentlichkeitsbeteiligung zu erläutern.

In der SUP werden die umweltrelevanten Vorgaben und Ziele der Raumordnung entspre- 43 chend der Prüfungstiefe der Bundesfachplanung betrachtet. Untersuchungsgegenstand ist die Prüfung der Auswirkungen des Vorhabens auf die Schutzgüter:
- Mensch (einschließlich menschlicher Gesundheit),
- Tiere, Pflanzen und biologische Vielfalt,
- Boden, Wasser, Luft, Klima,
- Landschaft und Erholung,
- Kultur- und sonstige Sachgüter sowie
- die Wechselwirkung zwischen den o.g. Faktoren.

Die Auswirkungen sollen frühzeitig und umfassend ermittelt werden, damit das Ergebnis so früh 44 wie möglich bei allen nachfolgenden Entscheidungen berücksichtigt wird.

Ziel der SUP ist die Bereitstellung aller Informationen, die zur Ermittlung und Beurteilung 45 der Umweltauswirkungen des Trassenkorridors notwendig sind. Dabei bewegt sich die Studie auf dem Konkretisierungsgrad der Bundefachplanung (keine Kenntnis der konkreten Leitungsachsenlage). Weiterführende Untersuchungen bzw. Kartierungen werden im Rahmen des nachfolgenden Planfeststellungsverfahrens durchgeführt. Dort kann auf die Erkenntnisse der SUP zurückgegriffen werden, sofern diese noch aktuell sind.

3. FFH-Recht

46 Die Bundesfachplanung ist ein Plan im Sinne von Art. 6 Abs. 3 der FFH-Richtlinie.

47 Der Trassenkorridor muss so gewählt werden, dass erhebliche **Beeinträchtigungen von Natura 2000-Gebieten** ausgeschlossen werden können. Falls erhebliche Beeinträchtigungen nicht auszuschließen sind, muss sich bereits auf der Ebene der Bundesfachplanung mit der FFH-Verträglichkeit der Ausbauvorhaben auseinandergesetzt werden.

48 Soweit Beeinträchtigungen auch unter Berücksichtigung von möglichen Vermeidungsmaßnahmen nicht sicher ausgeschlossen werden können, muss eine FFH-Verträglichkeitsprüfung durchgeführt werden. Die FFH-Vorprüfung ist dann ausreichend, wenn eine erhebliche Beeinträchtigung eines Erhaltungsziels eines FFH-Gebiets offensichtlich ausgeschlossen ist. Die Beurteilung der Erheblichkeit der prognostizierten Beeinträchtigungen muss in Abhängigkeit von ihrer Art und ihrem Ausmaß sowie den für das Gebiet festgelegten Erhaltungszielen erfolgen.

49 Falls erhebliche Beeinträchtigungen nicht auszuschließen sind, sollen bereits auf der Ebene der Bundesfachplanung die Voraussetzungen dargelegt werden, unter denen im nachfolgenden Planfeststellungsverfahren eine Ausnahme im Sinne des § 34 Abs. 3, 4 BNatSchG zulässig ist. Dabei wird auch aufgezeigt, wie durch entsprechende Kompensationsmaßnahmen die Kohärenz des Netzes Natura 2000 sichergestellt wird. Voraussetzung für eine Ausnahme ist darüber hinaus die Prüfung zumutbarer Alternativen. Gerade dieser Aspekt muss im Rahmen der Bundesfachplanung beachtet werden. Denn nach Festlegung des Trassenkorridors ist die Alternativenprüfung nur noch eingeschränkt möglich. Es gilt zu vermeiden, dass einer möglichen Abweichungsentscheidung im Planfeststellungsverfahren mangelnde Erwägungen in der Bundesfachplanung zu nachteiligen Folgen führen. Das zwingende öffentliche Interesse an der Bestimmung des Trassenkorridors ergibt sich in der Regel aus § 1 S. 3, wonach die Realisierung der Stromleitungen, die in den Geltungsbereich des NABEG fallen, aus Gründen eines überragenden öffentlichen Interesses erforderlich ist.

50 Die im Einzelnen zu berücksichtigenden Gebiete und deren Erhaltungsziele werden im Rahmen der Antragskonferenz nach § 8 mit den zuständigen Naturschutzbehörden abgestimmt. Diese Abstimmung erfolgt unter dem Gesichtspunkt der spezifischen Konfliktsituation für die einzelnen Schutzgebiete.

4. Artenschutzrecht

51 Der Trassenkorridor soll so bestimmt werden, dass das Eintreten von Verbotstatbeständen nach **Artenschutzrecht** ausgeschlossen werden kann. Zu der im anschließenden Planfeststellungsverfahren erforderlichen artenschutzrechtlichen Prüfung wird in einer artenschutzrechtlichen Vorprüfung (Artenschutz-Screening) die Festlegung des potenziellen Untersuchungsrahmens ermittelt.

III. Prüfung alternativer Trassenkorridore (Abs. 2 S. 1 Nr. 3)

52 Die Entscheidung über die Bundesfachplanung enthält nach Abs. 2 S. 1 Nr. 3 ferner das Ergebnis der Prüfung von alternativen Trassenkorridoren. Diese Alternativenprüfung unterliegt den Besonderheiten der Bundesfachplanung und weicht von den in den Raumordnungs- und Planfeststellungsverfahren etablierten Alternativenprüfungen ab.

53 Gegenstand der Raumverträglichkeitsprüfung im **Raumordnungsverfahren** sind **nur die vom Vorhabenträger eingeführten Trassenalternativen** (§ 15 Abs. 1 S. 3 ROG). Im Raumordnungsverfahren konnte der Vorhabenträger nicht zur Prüfung von Standort- oder Trassenalternativen verpflichtet werden, auch wenn in der Praxis in Raumordnungsverfahren Standort- oder Trassenalternativen geprüft werden.

In der Bundesfachplanung können hingegen Länder, auf deren Gebiet ein Trassenkorridor voraussichtlich verlaufen wird, Vorschläge für einen alternativen Verlauf eines Trassenkorridors in die Antragskonferenz einbringen (§ 7 Abs. 3 S. 1). Vor allem ist die BNetzA bei der Festlegung des Untersuchungsrahmens nicht an den Antrag des Vorhabenträgers gebunden (§ 7 Abs. 3 S. 2). Die **BNetzA** kann daher den **Vorhabenträger** aufgrund der Ergebnisse der Antragskonferenz **verpflichten**, sowohl **andere als auch zusätzliche als die von ihm bei der Antragstellung eingebrachten Trassenkorridore zu untersuchen** und in den einzureichenden Antragsunterlagen darzustellen. Daher bestimmt im Ergebnis die BNetzA und nicht der Vorhabenträger, welche Trassenkorridore in der Bundesfachplanung geprüft werden. 54

Im Planfeststellungsverfahren betrachtet die Rechtsprechung die Variantenprüfung als Teil der planerischen Abwägung. Die Standort- oder Trassenalternativen müssen untersucht und im Verhältnis zueinander gewichtet werden.[9] In der Abwägung sind die im Einzelfall in Betracht kommenden Möglichkeiten von im Hinblick auf die betroffenen Belange zum beantragten Vorhaben günstigeren Alternativen zu berücksichtigen, sofern sie sich nach Lage der Dinge anbieten oder sogar aufdrängen.[10] Stehen mehrere Trassenalternativen in engerer Auswahl, dann können eine unterschiedliche Eingriffsintensität und ein unterschiedlicher Grad der Kompensation bei einer sachgerechten Auswahl grds. nicht außer Betracht bleiben.[11] Die Planfeststellungsbehörde ist nicht verpflichtet, Varianten in jeder Beziehung gleich intensiv zu prüfen, sondern darf eine Variante, die aufgrund einer Grobanalyse weniger geeignet erscheint, in einem frühen Verfahrensstadium ausscheiden.[12] Allerdings leidet die Planung eines Vorhabens, das einen wertvollen und schutzwürdigen Naturraum durchschneidet, an einem Abwägungsfehler, wenn Alternativen, die in diesen Raum nicht eingreifen, nicht ausreichend untersucht worden sind.[13] 55

In der Bundesfachplanung sind hingegen nach § 5 Abs. 1 S. 4 alle ernsthaft in Betracht kommende Alternativen von Trassenkorridoren Gegenstand der Prüfung. 56

Neben dem seitens des Vorhabenträgers bevorzugten Trassenkorridor sind gem. § 6 S. 6 Nr. 1 auch die in Frage kommenden Alternativen darzulegen. Die Auswahl zwischen den in Frage kommenden Alternativen ist neben der Darstellung in der Karte zu erläutern (§ 6 S. 6 Nr. 2). Hierzu sind die Methode der Variantenauswahl, die gewählten Kriterien und ggf. deren Gewichtung offen zu legen. 57

IV. Abschnittsbildung

Nach § 5 Abs. 3 S. 1 darf die BNetzA die **Bundesfachplanung in einzelnen Abschnitten** der Trassenkorridore durchführen. Dies ist nach § 5 Abs. 3 S. 2 auch **abweichend vom Antrag** des Vorhabenträgers möglich. 58

Mit der ausdrücklichen Aufnahme der Regelung, die Bundesfachplanung in einzelnen Abschnitten der Trassenkorridore durchführen zu können, verdeutlicht der Gesetzgeber, dass der **Bundesnetzplan** nach der verwaltungspolitischen Leitvorstellung **Schritt für Schritt entsprechend dem jeweils vordringlichen Bedarf** entwickelt und erarbeitet werden soll.[14] Der jeweils auf einen Abschnitt begrenzte Entscheidungsumfang **reduziert Komplexität** im Verfahren und 59

---

9 BVerwG, Urt. v. 14.11.2002 – 4 A 15/02 –.
10 Vgl. dazu die zahlreichen Nachweise auf die Rspr. bei *Kopp/Schenke*, § 74 Rn 76; Knack/Hennecke/*Dürr*, § 74 Rn 124 ff.
11 BVerwG, Urt. v. 14.11.2002 – 4 A 15/02 –.
12 BVerwG, Urt. v. 24.9.1997– 4 VR 21/96 –.
13 BVerwG, Urt. v. 14.11.2002 – 4 A 15/02 –.
14 BT-Drucks. 17/6073, S. 24.

lässt eine **schnellere Entscheidung** zu. Die Abschnittbildung dient damit unmittelbar dem übergeordneten Ziel der **Verfahrensbeschleunigung.**

60 Die Regelung nach S. 2, die die **Behörde ermächtigt vom Antrag des Vorhabenträgers abzuweichen,** hat besonderes Gewicht, weil sie so nur für die Bundesfachplanung und nicht für das Planfeststellungsverfahren besteht.

1. Abschnittsbildung auf Antrag des Vorhabenträgers

61 Das Verfahren der Bundesfachplanung ist als mitwirkungsbedürftiges Verwaltungsverfahren im Sinne von § 22 Nr. 2 VwVfG ausgestaltet und wird mit dem Antrag des Vorhabenträgers auf Bundesfachplanung eingeleitet. Nach § 6 S. 4 kann der Antrag auf **einzelne angemessene Abschnitte** von Trassenkorridoren beschränkt werden. Dabei obliegt es zunächst dem **Vorhabenträger, wie und wann** er seinen **Antrag stellt.**

62 Die Antragstellung hat zwei Rechtswirkungen: Sie ist **Rechtmäßigkeitsvoraussetzung** für die **Einleitung** des Verwaltungsverfahrens und zugleich auch **materiell-rechtliche Begrenzung** der Entscheidung über die Bundesfachplanung.

63 Durch die ausdrückliche Bezugnahme auf **einzelne angemessene Abschnitte** wird nicht nur die Bildung von Abschnitten für zulässig erklärt, sondern auch mit der Anforderung einer inhaltlichen Rechtfertigung verbunden.

64 Die Voraussetzung der **Angemessenheit** aus § 6 S. 4 findet sich in der Vorschrift über den Inhalt der Bundesfachplanung in § 12 Abs. 2 nicht wieder. Daraus folgt, dass auf die Angemessenheit des Abschnitts in der Begründung der Entscheidung der Bundesfachplanung nicht gesondert einzugehen ist. Das Kriterium findet sich hingegen in § 19 S. 2, ist aber mit diesem nicht vergleichbar, weil in der Bundesfachplanung im Gegensatz zur Planfeststellung eine Entscheidung ohne Außen- und Gestattungswirkung getroffen wird.

65 Der Vorhabenträger kann auch einen **vollständigen Antrag** auf Bundesfachplanung stellen, der das gesamte im Bundesbedarfsplan ausgewiesene Vorhaben umfasst. Den Verzicht auf die Abschnittsbildung muss er nicht besonders rechtfertigen.

2. Abschnittsbildung von Amts wegen

66 Die Bundesfachplanung kann **abschnittsweise nach Abs. 3 S. 2 auf Initiative der Behörde** abweichend vom Antrag des Vorhabenträgers zunächst nur für einen einzelnen Abschnitt erfolgen. Der Gesetzgeber hat der zuständigen Behörde damit eine **im sonstigen Fachplanungsrecht unbekannte Befugnis** zur eigenmächtigen Abschnittsbildung verliehen.[15] Reicht der Vorhabenträger einen vollständigen Antrag ein, muss das Verwaltungsverfahren nicht einheitlich durchgeführt werden.

67 Dadurch wird der Charakter als mitwirkungsbedürftiges Verwaltungsverfahren nicht berührt: Der Antrag des Vorhabenträgers begrenzt als Rechtmäßigkeitsvoraussetzung für die Einleitung der Bundesfachplanung den Gegenstand des Verfahrens in materiell-rechtlicher Hinsicht. Darüber darf die zuständige Behörde nicht hinausgehen. Durch die Ermächtigung in Abs. 3 S. 2 darf sie aber dahinter zurückbleiben und nur einen **Teil des beantragten Verfahrens durchführen.**

68 Will die Behörde **über den Inhalt des Antrags hinausgehen,** kann sie den Vorhabenträger gem. § 6 S. 2 **zur entsprechenden Antragstellung verpflichten.** In diesem Fall obliegt es der zuständigen Behörde, in wie weit sie diese Verpflichtung räumlich begrenzt. Die Verpflichtung zur Antragstellung auf Bundesfachplanung für einen Abschnitt des Trassenkorridors ist als minus zur Verpflichtung für den gesamten Trassenkorridor erst Recht zulässig.

15 Vgl. *Ziekow*, § 74 Rn 30; in diesem Sinne auch: BVerwG, Urt. v. 11.7.2001 – 11 C 14/00 –.

Die **Aufforderung** zur Antragstellung muss selbstständig rechtmäßig sein. Bei der Aufforderung handelt es sich um einen **Verwaltungsakt im Sinne des § 35 S. 1 VwVfG**. Dieser ist nach § 34 mit Verwaltungszwang durchsetzbar. Vorhabenträger können **Anfechtungsklage** gegen die Verpflichtung zur Antragstellung erheben. Der einstweilige Rechtsschutz richtet sich nach § 80 Abs. 5 S. 1 VwGO. 69

3. Rechtfertigung der Trassenabschnitte

Nach § 5 Abs. 3 S. 1 ist die **Bildung „einzelner" Abschnitte** zulässig. Dadurch wird die Eigenständigkeit der Abschnitte in Bezug auf das Gesamtvorhaben verdeutlicht. Die Betonung der Eigenständigkeit des für einen Abschnitt durchzuführenden Verfahrens ist überhaupt nur erforderlich, weil bei der Abschnittsbildung eine für die Gesamtplanung maßgebliche Gesamtkonzeption existiert. 70

Gebildete Abschnitte sind vor dem Hintergrund des Gesamtvorhabens und seiner Anforderungen in diese **Gesamtkonzeption** einzustellen. Die Einbettung des Abschnitts in das Gesamtvorhaben hat zur Folge, dass Schwächen des Abschnitts durch das Gesamtvorhaben gerechtfertigt werden können. Allerdings muss der Abschnitt in Vorausschau auf die Planung der folgenden Abschnitte stattfinden. 71

Die Bildung der einzelnen Trassenkorridorabschnitte bedarf vor diesem Hintergrund der gesonderten Rechtfertigung. Sie darf nicht willkürlich sein. Eine vorausschauende Analyse des zu erwartenden **Problempensums** muss die einzelnen **Abschnittsgrenzen** sachlich rechtfertigen können. 72

4. Vorläufige positive Gesamtprognose

Die Aufspaltung des im Bundesbedarfsplan aufgeführten Vorhabens in einzeln zu betrachtende Abschnitte darf nicht dazu führen, dass das vom **Gesamtvorhaben aufgeworfene Problempensum** nicht in dem Umfang abgearbeitet wird, wie das bei einer einheitlichen Entscheidung der Fall wäre. 73

Wird die Bundesfachplanung für einen Abschnitt durchgeführt, bleibt dieser in das Gesamtvorhaben eingebettet. Der **Trassenkorridor muss für das Gesamtvorhaben auch ausweisbar sein**, sodass die Entscheidung über einen Abschnitt nicht getroffen werden darf, wenn sich im nächsten Abschnitt unüberwindbare Hindernisse zeigen. Um die Vorteile der Abschnittsbildung nicht aufzuheben, schwächen sich die Untersuchungsanforderungen nach den Abschnittsgrenzen deshalb ab. Für das Vorhaben muss über den jeweiligen Abschnitt hinaus eine vorläufig positive Gesamtprognose ergehen. 74

Eine solche **Gesamtprognose** muss positiv ausfallen, wenn der Führung des Trassenkorridors über den konkret zu behandelnden Abschnitt hinaus keine erkennbaren Hindernisse entgegenstehen, die dazu führen, dass der Trassenkorridor für das Gesamtvorhaben nicht ausweisbar ist. 75

V. Begründung der Entscheidung (Abs. 2 S. 2)

Nach Abs. 2 S. 1 Nr. 1 Hs. 2 sind der Trassenkorridor und die Länderübergangspunkte in geeigneter Weise **kartographisch auszuweisen**. Nach Abs. 2 S. 2 ist der Entscheidung eine Begründung beizufügen, in der die **Raumverträglichkeit im Einzelnen darzustellen** ist.[16] Der Prüfungsvorgang und die Entscheidung über die Raumverträglichkeit der Trassenkorridore sind zu dokumentieren.[17] 76

---

16 BT-Drucks. 17/6073, S. 27.
17 BT-Drucks. 17/6073, S. 27.

77 Die **Begründung der Entscheidung** in der Bundesfachplanung ist für die spätere Entscheidung im Planfeststellungsverfahren **nicht zu unterschätzen**. In der Begründung finden sich die zentralen Argumente für die Auswahl des Trassenkorridors, der maßgeblich sein soll für das spätere Planfeststellungsverfahren. Die Begründung muss daher (zumindest) folgende Erläuterungen enthalten:
- Zielrichtung und Zielstellung des Vorhabens,
- private und öffentlich-rechtliche Belange, die zu berücksichtigen waren (Abwägungsmaterial),
- Abwägungsvorgang und Abwägungsinhalte,
- Abwägungsergebnis und
- Hinweis auf Trassenalternativen, die in Betracht gezogen, aber verworfen worden sind.

VI. Entscheidungsfrist (Abs. 1)

78 Das Verfahren der Bundesfachplanung ist binnen sechs Monaten nach Vorliegen der vollständigen Unterlagen bei der BNetzA abzuschließen. Die Frist soll zu einer **Verfahrensbeschleunigung** beitragen.[18]

79 Im Falle der Verzögerung des Abschlusses der Bundesfachplanung über die Frist hinaus ist **im NABEG keine Sanktion** bestimmt. Nichtsdestoweniger ist die Anordnung *„ist binnen sechs Monaten [...] abzuschließen"* eindeutig und von den Behörden zu beachten. Ob es sich um eine Amtspflicht im Sinne des § 839 BGB handelt, ist fraglich; dies wäre nur dann der Fall, wenn die Pflicht, innerhalb von sechs Monaten zu entscheiden, eine drittgerichtete Amtspflicht ist. Der Dritte könnte der Vorhabenträger sein. Tatsächlich wird man wohl davon ausgehen müssen, dass der Gesetzgeber indes vor allem die BNetzA in die Pflicht nehmen wollte, ohne gleichzeitig eine Amtspflicht zu begründen. Anders als in anderen Fachgesetzen – etwa im Bundesimmissionsrecht – sieht das Gesetz keine Ausnahme vor. Auch **fehlt eine Öffnungsklausel**, wonach ein **Verfahren mit besonderem Umfang** eine Verlängerung der Frist rechtfertigt. Dies ist im vorliegenden Fall auch sachgerecht. Denn das im NABEG geregelte Verfahren ist naturgemäß aufwendig und komplex; eine **Berufung auf eine besondere Komplexität** und einen besonderen Aufwand soll gerade **ausgeschlossen** werden. Es ist nicht möglich, dass eine nicht rechtzeitige Entscheidung der Bundesfachplanungsbehörde dazu führt, dass es dieser Entscheidung nicht bedarf. Dies ist keine taugliche Sanktion. Die Länder können für die Verzögerung des in Bundeszuständigkeit befindlichen Verfahrens der Bundesfachplanung keine eigenen Sanktionen vorsehen.

80 Da die **Bundesfachplanung notwendige Voraussetzung für die Planfeststellung** ist, würde dies im Falle einer eintretenden Verzögerung die Einleitung eines Planfeststellungsverfahrens zur **Zulassung der Verwirklichung unmöglich machen**. Dies würde der Beschleunigungsintention des NABEG zuwiderlaufen.

81 Lediglich mittelbar ist der Verstoß gegen die Vorlagepflichten nach § 8 S. 1 als Ordnungswidrigkeit sanktioniert. Reicht der Vorhabenträger die auf Grundlage der **Ergebnisse der Antragskonferenz geforderten Unterlagen** nicht oder nicht vollständig ein, so wird dies unabhängig von einer tatsächlich daraus resultierenden Verzögerung sanktioniert. Die fehlerhafte, unvollständige oder verzögerte Einreichung von Unterlagen durch den Vorhabenträger wird der Behörde die Möglichkeit geben, darauf hinzuweisen, dass sie nicht in der Lage war, die gesetzlich angeordnete Frist einzuhalten. Dieser Hinweis wird allerdings nur dann durchgreifen können, wenn die Behörde im Vorfeld alles unternommen hat, damit gerade dies nicht geschieht. Es

18 BT-Drucks. 17/6073, S. 26.

ist definitiv nicht Sinne des NABEG und der dort enthaltenen Verfahrensregeln, dass sich Vorhabenträger und Behörde gegenseitig die Verantwortung für etwaige Verzögerungen zuschieben. Das Gesetz basiert auf einer effektiven und schnellen Arbeit sowie Zusammenarbeit.

VII. Entscheidung im vereinfachten Verfahren (Abs. 3)

Abs. 3 trägt damit den Besonderheiten des vereinfachten Verfahrens gem. § 11 Rechnung. Im vereinfachten Verfahren nach § 11 sind abweichend von Abs. 2 **keine neuen Trassenkorridore aufzunehmen**, sondern nur die bestehenden Trassen im Sinne des § 11 Abs. 1 S. 1 Nr. 1 oder 2 oder das Ergebnis eines Raumordnungsplans oder der Bundesfachplanung im Sinne von § 11 Abs. 1 S. 1 Nr. 3. 82

Durch das Abstellen auf bestehende Trassen nach § 11 Abs. 1 S. 1 Nr. 1 oder 2 oder das Ergebnis eines Raumordnungsplans oder der Bundesfachplanung im Sinne von § 11 Abs. 1 S. 1 Nr. 3 ergeben sich **unterschiedlich breite Räume**, in denen die Entscheidung im vereinfachten Verfahren wirkt: Die Trasse nach § 11 Abs. 1 S. 1 Nr. 1 oder 2 meint die konkrete Trasse, während der Trassenkorridor im Sinne von § 11 Abs. 1 S. 1 Nr. 3 wie in § 3 Abs. 1 zu verstehen ist, also einen Gebietsstreifen meint, innerhalb dessen die Trasse verläuft. 83

Da in dem vereinfachten Verfahren die Raumverträglichkeit einer Ausbaumaßnahme gem. § 11 Abs. 1 S. 1 Nr. 1 und 2 auf einer konkreten Trasse geprüft wird oder ein Raumordnungsverfahren oder eine Bundesfachplanung gem. § 11 Abs. 1 S. 1 Nr. 3 bereits durchgeführt wurde, ist die **Aufnahme der Trasse** bzw. des **Ergebnisses des Raumordnungsverfahrens oder der Bundesfachplanung erforderlich und ausreichend.**[19] 84

Abs. 3 impliziert, dass das vereinfachte Verfahren mit einer Entscheidung über die Bundesfachplanung abgeschlossen wird. Eine **einheitliche Entscheidung in der Bundesfachplanung** ist bei Durchführung des vereinfachten Verfahrens **nicht mehr möglich**. Die abschnittsweise Durchführung des vereinfachten Verfahrens **zwingt zur planungsrechtlichen Abschnittsbildung**. 85

VIII. Verpflichtung zum Antrag auf Planfeststellung (Abs. 2 S. 3, 4)

Systematisch verunglückt im zweiten Abschnitt „Bundesfachplanung", aber doch durch die systematische Nähe zum Abschluss der Bundesfachplanung gerechtfertigt, findet sich in Abs. 2 S. 3 die **Ermächtigung der BNetzA zur Verpflichtung** eines Vorhabenträgers auf **Stellung des Antrags auf Planfeststellung.** 86

Die Möglichkeit der Verpflichtung zur Antragstellung auf **Planfeststellung** läuft parallel zur Möglichkeit der Verpflichtung zur Antragstellung auf **Bundesfachplanung**. Beide Ermächtigungen sind über § 34 mittels **Zwangsgeld** durchsetzbar. 87

Nach Abs. 2 S. 3 ist bei der Verpflichtung zur Antragstellung durch die BNetzA eine angemessene Frist zu bestimmen. Der Gesetzgeber hat zu Recht darauf verzichtet, zu definieren, wann eine Frist angemessen ist. Daher obliegt es der **Einschätzung der BNetzA,** zu bestimmen, wann eine Frist angemessen ist. Die BNetzA muss die Dauer der Frist so **sachlich rechtfertigen** können, dass sie als angemessen erscheint. Hierbei kommt der Behörde ein Entscheidungsspielraum zu. Hintergrund der Regelung ist, dass dem Vorhabenträger ausreichend Zeit bleiben muss, um den Anforderungen an den Antrag gerecht zu werden.[20] Die Frist ist abhängig von dem 88

19 BT-Drucks. 17/6073, S. 27.
20 BT-Drucks. 17/6073, S. 27.

Umfang der **Schwierigkeit und der Komplexität des Ausbauvorhabens**. Denn der Vorhabenträger muss zunächst die Antragsunterlagen in den Grobzügen erstellen. Vergleichbare Fristenregelungen für ähnliche Interessenlagen finden sich bei den städtebaulichen Geboten in §§ 176 Abs. 1, 178 BauGB.

89 Nach § 19 S. 2 kann der Antrag auf Planfeststellung auf einen einzelnen angemessenen Abschnitt der Trasse beschränkt werden. Damit korrespondiert die **Befugnis der BNetzA** zunächst nur für einen solchen **Abschnitt zur Antragstellung zu verpflichten**.

90 In **zeitlicher Hinsicht** muss gem. Abs. 2 S. 3 die Entscheidung über die Bundesfachplanung ergangen sein, bevor eine Verpflichtung des Vorhabenträgers zulässig ist. Dadurch ist gleichzeitig in räumlicher Hinsicht festgelegt, dass die BNetzA nur insoweit zu einer Antragstellung verpflichten kann, wie die **Entscheidung über die Bundesfachplanung reicht**.

91 Nach Abs. 2 S. 4 sind die zuständigen obersten Landesbehörden der Länder, auf deren Gebiet ein Trassenkorridor verläuft, von der Frist zur Antragstellung auf Planfeststellung zu benachrichtigen. Die Zuständigkeit der obersten Landesbehörden stellt auf deren **Verantwortlichkeit als Planfeststellungsbehörde** ab. Sofern eine Rechtsverordnung auf Grundlage von § 2 Abs. 2 erlassen wird, sodass die BNetzA bundesweit einheitlich zuständige Planfeststellungsbehörde ist, ist S. 4 in seiner Wirkung obsolet. Ob dennoch die **Informationspflicht** greift, ist fraglich, weil es in diesem Fall keine „zuständige Landesbehörde" gibt.

§ 13 Bekanntgabe und Veröffentlichung der Entscheidung

(1) Die Entscheidung nach § 12 Absatz 2 und 3 ist den Beteiligten nach § 9 Absatz 1 schriftlich oder elektronisch zu übermitteln.
(2) Die Entscheidung ist an den Auslegungsorten gemäß § 9 Absatz 3 sechs Wochen zur Einsicht auszulegen und auf der Internetseite der Bundesnetzagentur zu veröffentlichen. Für die Veröffentlichung gilt § 9 Absatz 4 entsprechend. Die Bundesnetzagentur macht die Auslegung und Veröffentlichung nach Satz 1 mindestens eine Woche vorher in örtlichen Tageszeitungen, die in dem Gebiet verbreitet sind, auf das sich die Ausbaumaßnahme voraussichtlich auswirken wird, im Amtsblatt der Bundesnetzagentur und auf ihrer Internetseite bekannt.
(3) Die Rechtsvorschriften über Geheimhaltung und Datenschutz bleiben unberührt.

Überblick

I. Allgemeines

1. Überblick

Abs. 1 regelt, wem und in welcher Form die Entscheidung der Bundesfachplanung individuell zu übermitteln ist. Anders als in § 19 Abs. 1 S. 1 ROG enthält die vorliegende Vorschrift nicht die Regelung, dass erst mit Bekanntgabe die Entscheidung in Kraft tritt. Dies ist demnach schon mit Entscheidung der Behörde geschehen. Die Bindungswirkung gegenüber Beteiligten und nach § 15 insbesondere gegenüber den beteiligten Landesbehörden kann allerdings erst eintreten, wenn diese Kenntnis von der Entscheidung erlangt hat. 1

Abs. 2 trifft Regelungen zur öffentlichen Bekanntmachung. Diese erfolgt im Internet und durch Auslegung an den Orten, an denen die Anhörungsunterlagen **nach § 9** durchgeführt wurden. Die Veröffentlichung im Internet und die Auslegung sind breit anzukündigen. 2

Abs. 3 stellt klar, dass im Rahmen der Veröffentlichung die Vorschriften über den Schutz personenbezogener Daten und des Geheimnisschutz gewahrt bleiben müssen. 3

2. Zweck der Regelung

Das Bundesfachplanungsverfahren ist, wie die Raumordnung heute, ein zwischenbehördliches Verfahren.[1] Dennoch ist es ein Antragsverfahren. 4

Im Vergleich: für die Veröffentlichung des Ergebnisses eines Raumordnungsverfahrens nach § 15 ROG gibt es keine gesonderten Vorschriften. Die Regelungen über die Bekanntgabe eines Verwaltungsaktes nach VwVfG sind auch nicht anwendbar, da eine raumordnerische Be- 5

1 Siehe § 7 Rn 12.

urteilung nicht die Qualität eines Verwaltungsaktes hat.[2] Regelungen finden sich allerdings in den landesgesetzlichen Raumordnungsregelungen, z.B.

- § 32 Raumordnungsverfahren des Landesplanungsgesetz NRW[3]

  „(3) Das Raumordnungsverfahren ist nach Abschluss des Beteiligungsverfahrens mit einer Raumordnerischen Beurteilung abzuschließen. Die Regionalplanungsbehörde leitet die Raumordnerische Beurteilung einschließlich Begründung umgehend dem Träger des Vorhabens zu und unterrichtet den Regionalrat.
  (4) Die Raumordnerische Beurteilung wird ohne Begründung im Amtsblatt der Bezirksregierung bekannt gegeben. Die Raumordnerische Beurteilung wird mit Begründung bei der zuständigen Regionalplanungsbehörde und bei den Kreisen und Gemeinden, auf deren Gebiet sich das Vorhaben erstreckt, für die Dauer von fünf Jahren zur Einsicht für jedermann bereit gehalten und kann in das Internet eingestellt werden; in der Bekanntmachung wird darauf hingewiesen. Die Gemeinden haben ortsüblich bekannt zu machen, bei welcher Stelle die Raumordnerische Beurteilung während der Dienststunden eingesehen werden kann.“

6 Die Regelung des § 13 geht somit über bekannte Veröffentlichungspflichten vergleichbarer Entscheidungen hinaus und dient der **Transparenz** des Verfahrens. Aufgrund der im Rahmen der Bundesfachplanung durchzuführenden SUP ist § 14l UVPG[4] zu beachten. Dieser lautet:

- „§ 14l Bekanntgabe der Entscheidung über die Annahme des Plans oder Programms

  (1) Die Annahme eines Plans oder Programms ist öffentlich bekannt zu machen. Die Ablehnung eines Plans oder Programms kann öffentlich bekannt gemacht werden.
  (2) Bei Annahme des Plans oder Programms sind folgende Informationen zur Einsicht auszulegen:
  1. *der angenommene Plan oder das angenommene Programm*
  2. *eine zusammenfassende Erklärung, wie Umwelterwägungen in den Plan oder das Programm einbezogen wurden, wie der Umweltbericht nach § 14g sowie die Stellungnahmen und Äußerungen nach den Paragrahpen 14h bis 14j berücksichtigt wurden und aus welchen Gründen der angenommene Plan oder das angenommene Programm nach Abwägung mit den geprüften Alternativen gewählt wurde, sowie*
  3. *eine Aufstellung der Überwachungsmaßnahmen nach § 14m.“*

II. Bekanntgabe an Beteiligte

7 Eine individuelle Zustellung der Entscheidung in der Bundesfachplanung ist verpflichtend nur gegenüber dem Vorhabenträger und den Behörden, die im Rahmen der Anhörung des Verfahrens nach § 9 zu beteiligen waren. Es handelt sich bei der Entscheidung nach § 12 nicht um einen Verwaltungsakt, da diese nach § 15 Abs. 3 keine unmittelbare Außenwirkung entfaltet. § 41 VwVfG findet daher jedenfalls keine unmittelbare Anwendung.[5]

8 Weitere Beteiligte am Verfahren, die im Rahmen der Öffentlichkeitsbeteiligung Einwendungen oder Anregungen vorgetragen haben, haben **keinen individuellen Übermittlungsanspruch**. Dies trägt dem Bundesfachplanungsverfahren als zwar öffentlichem, aber **zwischenbehördlichen Verfahren** Rechnung. Jedermann kann sich am Verfahren beteiligen, mangels

---

2 ARL Grundriss der Raumordnung und Raumentwicklung, Kap. 7.4.2., S. 509.
3 Gesetz zur Neufassung des Landesplanungsgesetzes NRW vom 3.5.2005.
4 In der Fassung der Bekanntmachung vom 24.12.2010, BGBl. I S. 94.
5 A.A. Storm/*Bunge*, Kap. 0540, S. 44.

der Berührung eigener Rechte in diesem Verfahrensstadium bedarf es aber keiner förmlichen Zustellung. Mangels Rechtsschutzmöglichkeit in diesem Verfahrensstadium ist dies auch nicht erforderlich.

III. Gegenstand der Übermittlung

Im Falle des Regelverfahrens nach § 12 Abs. 2 ist den beteiligten Behörden und dem Vorhabenträger die jeweilige Entscheidung mit Begründung, Anlagen und Alternativenprüfung zu übermitteln. Die Entscheidung über die Bundesfachplanung enthält: 9

1. eine kartographische Darstellung des Verlaufs des Trassenkorridors und der Länderübergangspunkte, mit der Darlegung und Begründung der festgestellten Raumverträglichkeit bzw. des Umgangs mit Nutzungskonflikten;
2. die Erklärung zu den Umweltauswirkungen sowie der Bewertung der Ergebnisse des Umweltberichts im Lichte der Stellungnahmen; der Umweltbericht der SUP ist ebenfalls mit zu übermitteln;
3. das Ergebnis der Prüfung von alternativen Trassenkorridoren.

§ 14l UVPG ist zu beachten.[6] Daher umfasst die Übermittlungspflicht auch den Katalog von Überwachungsmaßnahmen. 10

IV. Form der Übermittlung

Die Übermittlung hat schriftlich oder elektronisch zu erfolgen. **Schriftlichkeit** verlangt die verkörperte Gedankenerklärung mit Schriftzeichen auf einem Datenträger in einer lesbaren Form.[7] **Elektronisch** bekanntgemacht ist die Entscheidung, wenn sie unter den Bedingungen des **§ 3a Abs. 1 VwVfG** dem Empfänger übermittelt worden ist. Die gleichwertige Regelung der elektronischen zur schriftlichen Übermittlung stellt klar, dass diese auch dann erfolgt ist, wenn die Übermittlung nicht über eine qualifizierte Signatur verfügt.[8] Demnach kann die elektronische Übermittlung auch dann erfolgen, wenn auf eine qualifizierte elektronische Signatur verzichtet wurde, solange hierfür der **Zugang eröffnet** wurde.[9] Dies ist bei Behörden und den hier betroffenen Trägern öffentlicher Belange schon dann der Fall, wenn diese über die Angabe einer Email-Adresse auf Briefköpfen oder im Internetauftritt eine Zugangseröffnung für den Emailverkehr herstellen.[10] 11

V. Frist der Übermittlung

Eine besondere Frist zur Übermittlung ist nicht genannt. Diese hat **unverzüglich** zu erfolgen. An die Übermittlung knüpfen sich hinsichtlich des Einwendungsrechts der Bundesländer nach § 14 und der Verbindlichkeit gegenüber den Planfeststellungsbehörden nach § 15 weitere Fristen. Allerdings ist aufgrund der fehlenden Drittwirkung an eine verzögerte Übermittlung **keine unmittelbare Rechtsfolge** geknüpft. Die Entscheidung ist in Kraft, wenn sie getroffen worden ist. 12

6 Siehe Rn 6.
7 *Kopp/Ramsauer*, § 37 Rn 28.
8 *Kopp/Ramsauer*, § 37 Rn 28a; *Rosenbach*, DVBl. 2001, 332, 335.
9 *Kopp/Ramsauer*, § 3a Rn 16.
10 *Kopp/Ramsauer*, § 3a Rn 12.

VI. Veröffentlichung

1. Überblick

13 Die Entscheidung ist mit den **Inhalten der Übermittlung** (Rn 9) auszulegen. Eine Einschränkung der Auslegung auf bestimmte Teile der Entscheidung ist nicht erkennbar. Die Auslegung hat an den Orten zu erfolgen, an denen die Antragsunterlagen **gem. § 9** ausgelegt waren.[11] Die Auslegung wie auch die Veröffentlichung im Internet sind ihrerseits in verschiedenen Formen anzukündigen, die eine öffentliche Wahrnehmung sicherstellen.

2. Fristberechnung

14 Die Entscheidung ist den zur Auslegung verpflichteten Stellen zu übermitteln; die Frist beginnt mit Auslegung durch die Auslegungsstellen.

3. Internetveröffentlichung

15 Die Entscheidung ist mit den Inhalten der Übermittlung (Rn 9) auf der Internetseite der BNetzA zu veröffentlichen. Eine Einschränkung der Veröffentlichung auf bestimmte Teile der Entscheidung ist nicht erkennbar mit Ausnahme der Beschränkungen durch Vorschriften der Geheimhaltung und des Datenschutzes.[12]

4. Ankündigung der Veröffentlichung

16 Die Veröffentlichung an den Auslegungsorten und im Internet auf der Seite der BNetzA ist ihrerseits mindestens eine Woche vorher im Internet, im Amtsblatt der BNetzA und in örtlichen Tageszeitungen anzukündigen. Dabei ist die Ankündigung in den **örtlichen Tageszeitungen** ggf. auf diejenigen begrenzt, die dort verbreitet sind, in denen sich die Ausbaumaßnahme angesichts des festgelegten Trassenkorridors auswirken wird. **Fallen im Zuge der Alternativenprüfung potenzielle Betroffenheiten weg**, da die Entscheidung im Ergebnis eine andere Alternative auswählt, entfällt in diesen Fällen die verpflichtende Ankündigung der Auslegung in der Tageszeitung. Die Ankündigung in lokalen oder regionalen Tageszeitungen kann also auf die Regionen begrenzt werden, die von dem festgelegten Trassenkorridor betroffen sind. Hier sind dann allerdings alle Tageszeitungen zu nutzen.[13]

17 Ursprünglich potenziell Betroffene in den verworfenen, alternativen Trassenkorridoren sind auch auf die Veröffentlichung im Internet und im Amtsblatt angewiesen. Auch werden die Träger öffentlicher Belange entlang aller Trassenkorridoralternativen individuell informiert, so dass eine Kenntnisnahme in jedem Fall gewährleistet ist.

5. Geheimnisschutz und Datenschutz

18 Soweit durch die Bekanntmachung durch Auslegen oder Veröffentlichung der Entscheidung **personenbezogene Daten** offenbart und dadurch Interessen der Betroffenen erheblich beeinträchtigt würden, Rechte am **geistigen Eigentum**, insbesondere Urheberrechte verletzt, **Betriebs- oder Geschäftsgeheimnisse** zugänglich gemacht würden oder die Informationen dem **Steuergeheimnis** oder dem **Statistikgeheimnis** unterliegen, dürfen diese nur ausgelegt oder

---

11 Siehe § 9 Rn 46.
12 Dazu im Folgenden unter Rn 18.
13 Storm/*Bunge*, Kap. 0540, S. 43.

im Internet veröffentlicht werden, wenn die Betroffenen zugestimmt haben oder eine gesetzliche Erlaubnisnorm besteht. § 13 selbst stellt keine solche Erlaubnisnorm dar.

Personenbezogene Daten sind nach § 3 Abs. 1 BDSG Einzelangaben über persönliche oder sachliche Verhältnisse einer bestimmten oder bestimmbaren natürlichen Person. Dies können Informationen über Eigentumsverhältnisse o.ä. sein, sofern diese in den Plänen dargestellt sind. 19

Im Stromübertragungsnetz ist auch noch auf die Bedürfnisse der Geheimhaltung aufgrund von § 12g EnWG hinzuweisen. Diese Vorschrift dient auch der Umsetzung der Richtlinie über die Ermittlung und Ausweisung **europäischer kritischer Infrastrukturen** (RL 2008/114/EG) vom 8.12.2008. Aus einer Festlegung einer Infrastruktur als Europäisch kritische Anlage nach § 12g Abs. 1 EnWG folgt eine Einstufung nach § 4 Sicherheitsüberprüfungsgesetz (§12 Abs. 4 EnWG). **Es ist nicht erkennbar**, dass im Rahmen der Bundesfachplanung Informationen veröffentlicht werden, die zur Bestimmung nach § 12g Abs. 1 EnWG erforderlich sind. Aber auch diese Aspekte könnten mit dem Begriff der „Geheimhaltung" gemeint sein. 20

§ 14 Einwendungen der Länder

Jedes Land, das von der Entscheidung nach § 12 Absatz 2 und 3 betroffen ist, ist berechtigt, innerhalb einer Frist von einem Monat nach Übermittlung der Entscheidung Einwendungen zu erheben. Die Einwendungen sind zu begründen. Die Bundesnetzagentur hat innerhalb einer Frist von einem Monat nach Eingang der Einwendungen dazu Stellung zu nehmen.

Überblick

I. Allgemeines

1. Überblick

1 Nach Abschluss des Bundesfachplanungsverfahrens haben die betroffenen Bundesländer die Möglichkeit, gegenüber der BNetzA Einwendungen zu erheben. Das Verfahren ist fristgebunden.

2. Zweck der Regelung

2 Gesetzesbegründung zu § 14 aus BT-Drucks. 17/6073, S. 29:

> *„Die Einwendungsbefugnis der Länder trägt den besonderen Interessen der Länder und ihrer Planungshoheit Rechnung angesichts der durch § 15 Absatz 1 Satz 1 angeordneten Bindungswirkung. Die Bundesnetzagentur muss ihre Entscheidung im Lichte etwaiger Einwendungen erneut prüfen und rechtfertigen.“*

3 Die Vorschrift dient der formellen **Sicherung der Interessen der Bundesländer** im Fachplanungsverfahren nach dem NABEG. Das Bundesfachplanungsverfahren hat u.a. das Ziel, die Raumverträglichkeit der Trassenkorridore sicherzustellen. Im Ergebnis geht die Bundesfachplanung den Landesplanungen, mithin auch der Raumordnung, der Länder vor (§ 15 S. 2). Dieses Verhältnis war im Gesetzgebungsverfahren hoch umstritten. Die **Änderungsanträge des Bundesrates** enthielten zu § 14 den Antrag, diese Vorschrift zu einer Einvernehmensregelung mit dem betroffenen Bundesland zu machen.[1] Dem ist der Gesetzgeber aus verfassungsrechtlichen Gründen nicht gefolgt. Die Stellungnahme der Bundesregierung führt u.a. aus: *„Eine Einvernehmensregelung verstößt als Mitentscheidungsbefugnis gegen das grundgesetzliche Verbot der Mischverwaltung.“*[2]

4 Die Rechte und Interessen der Länder sind durch die materiellen Anforderungen an das Bundesfachplanungsverfahren und die Beteiligungsmöglichkeiten der Länder bis hin zum Bundesfachplanungsbeirat verfahrensmäßig gesichert.

1 BT-Drucks. 17/6249, S. 14.
2 BT-Drucks. 17/6249, S. 18 li. Sp.

II. Betroffenheit

Das Einwendungsrecht haben die Länder, die von einer Bundesfachplanungsentscheidung betroffen sind. Die Entscheidung erfasst das Regelverfahren nach § 12 Abs. 1 und das vereinfachte Verfahren nach § 12 Abs. 3. Unterteilt die BNetzA das Bundesfachplanungsverfahren nach § 5 Abs. 3 in Verfahrensabschnitte und betrifft die **Einzelentscheidung zu einem Abschnitt** ein Bundesland noch nicht unmittelbar, so ist zu prüfen, ob durch den dadurch zwingend vorgegebenen **weiteren Verlauf des Trassenkorridors** eine Betroffenheit durch die Entscheidung gegeben ist. Es sind angesichts der flächenmäßigen Ausdehnung und der Raumwirksamkeit von Trassenkorridoren Entscheidungen denkbar, die eine Betroffenheit eines Landes in der zwingend sich ergebenden Fortführung des Trassenkorridors auslösen. Dann ist ein Einwendungsrecht gegeben. 5

Betroffen können nur Länder sein, d.h. § 14 gewährt anderen Gebietskörperschafen wie Städten und Gemeinden kein Einwendungsrecht bei Betroffenheit in ihren städtebaulichen Planungen o.ä.[3] 6

III. Verfahren

Das besondere Einwendungsrecht besteht innerhalb eines Monats nach Bekanntgabe der Entscheidung nach § 13 Abs. 1 (siehe dort zur Fristberechnung Rn 11). Die Einwendung ist zu begründen. Allerdings ist hier § 9 Abs. 2 S. 3 zu beachten. Dieser enthält eine der wenigen Präklusionsvorschriften des NABEG. Danach sind Stellungnahmen von Trägern öffentlicher Belange nicht zu berücksichtigen, die verspätet eingehen. In diesem Umfang präkludierte Stellungnahmen können auch nicht im Rahmen des Einwendungsrechts nach § 14 wieder aufleben. Diese Einwendung kann demnach mit Hinweis auf § 9 Abs. 2 S. 3 in der Stellungnahme der BNetzA zurückgewiesen werden, es sei denn, die vorgebrachten Belange sind für die Rechtmäßigkeit der Bundesfachplanung von Bedeutung. Dann ist die Auseinandersetzung mit der Stellungnahme eine erneute Möglichkeit für die BNetzA, sich mit dem Belang auseinander zu setzen. 7

Im Wesentlichen sind Betroffenheiten in bestehenden oder geplanten Raumordnungsverfahren und Konflikte mit festgelegten Zielen der Raumordnung eines Landes vorstellbar. Diese sollte in der Regel natürlich schon im Rahmen der Behörden und Öffentlichkeitsbeteiligung vorgetragen und nach Möglichkeit gelöst worden sein. Doch gerade hinsichtlich neuer und geplanter Entwicklungen bietet sich hier den Ländern noch einmal die Möglichkeit, Einwendungen zu erheben. Auch andere Betroffenheiten eines Landes können in diesem Verfahren geltend gemacht werden. 8

Die BNetzA muss die Einwendungen ernsthaft prüfen und dazu Stellung nehmen. Eine besondere Form der Stellungnahme ist nicht vorgeschrieben. Die Stellungnahme geschieht gegenüber dem einwendenden Land. 9

IV. Rechtswirkungen

Ob und ggf. in welchem Umfang die BNetzA die Einwendungen der Bundesländer aufgreift, steht in ihrem Ermessen.[4] Die Einwendung eines Landes hat **keine aufschiebende Wirkung** und kann von Dritten im Rahmen einer Inzidentprüfung der Bundesfachplanung nicht geltend 10

3 Zum möglichen Rechtsschutz von Gemeinden in der Bundessfachplanung siehe *Appel*, ER 2012, 3, 8.
4 Vgl. *Appel*, ER 2012, 3, 7.

gemacht werden. Die Einwendungsmöglichkeit dient der Beteiligung der Länder und der Herstellung materieller Konkordanz der Bundesfachplanung mit den Zielen der Raumordnung der Länder, angesichts der Vorrangregelung in den Vorschriften der § 5 Abs. 1 und § 15. Die Einwendungsmöglichkeit in § 14 eröffnet auch keine materiellen Rechte, die die Möglichkeit des Rechtsschutzes eröffnen würden.[5]

11 § 14 macht auch deutlich, dass bei Abweichung der Bundesfachplanung von den Zielen der Raumordnung bei grundsätzlicher raumordnerischer Verträglichkeit der Bundesfachplanung **kein Zielabweichungsverfahren durch die BNetzA beantragt werden muss**. Vielmehr kann festgehalten werden, dass nach Abschluss des Einwendungsverfahrens bei entsprechender Stellungnahme der BNetzA ein **Zieländerungs- oder Anpassungsverfahren** für die nachgelagerten Landes- und Regionalpläne von Amts wegen durchgeführt werden muss.[6]

---

5 A.A. *Moench/Ruttloff*, NVwZ 2011, 1040, 1043, auch *Kment*, RdE 2011, 341, 344; wie hier: *Appel*, ER 2012, 3, 7 oder *Grigoleit/Weißensee*, UPR 2011, 401, 405.
6 Siehe zum Verhältnis Bundesfachplanung zur Raumordnung § 5 Rn 75 und § 15 Rn 30.

§ 15 Bindungswirkung der Bundesfachplanung

(1) Die Entscheidung nach § 12 ist für die Planfeststellungsverfahren nach §§ 18 ff. verbindlich. Bundesfachplanungen haben grundsätzlich Vorrang vor Landesplanungen.
(2) Die Geltungsdauer der Entscheidung nach § 12 Absatz 2 ist auf zehn Jahre befristet. Die Frist kann durch die Bundesnetzagentur um weitere fünf Jahre verlängert werden. Die Fristverlängerung soll erfolgen, wenn sich die für die Beurteilung maßgeblichen rechtlichen und tatsächlichen Verhältnisse nicht verändert haben.
(3) Die Entscheidung nach § 12 hat keine unmittelbare Außenwirkung und ersetzt nicht die Entscheidung über die Zulässigkeit der Ausbaumaßnahme. Sie kann nur im Rahmen des Rechtsbehelfsverfahrens gegen die Zulassungsentscheidung für die jeweilige Ausbaumaßnahme überprüft werden.

Überblick

I. Allgemeines

1. Überblick über die Norm

Die Vorschrift bestimmt, welche Rechts- und Bindungswirkungen die Bundesfachplanung gegenüber anderen das Vorhaben betreffenden Planungen und Zulassungen entfaltet und wie Entscheidungen nach § 12 gerichtlich überprüft werden können. 1

Abs. 1 S. 1 und Abs. 3 S. 1 regeln das **Verhältnis der Bundesfachplanung zur nachfolgenden Planfeststellung**. Nach Abs. 1 S. 1 ist die in der Bundesfachplanung getroffene Entscheidung der BNetzA über den Trassenkorridor (§ 12) für anschließende Planfeststellungsverfahren, in denen über die Ausbaumaßnahme (Errichtung und Betrieb oder Änderung einer Stromleitung) entschieden wird, verbindlich. Sie hat nach Abs. 3 S. 1 aber keine unmittelbare Außenwirkung und ersetzt nicht die Entscheidung über die Zulässigkeit der Ausbaumaßnahme. 2

Im **Verhältnis zu Landesplanungen kommt der Bundesfachplanung nach Abs. 1 S. 2** grds. Vorrang zu. 3

Nach **Abs. 3 S. 2** kann gegen die Entscheidung nach § 12 unmittelbar kein **Rechtsbehelf** eingelegt werden. Eine Überprüfung dieser Entscheidung kann nur im Rahmen eines Rechts- 4 behelfsverfahrens erfolgen, das gegen den Planfeststellungbeschluss für eine nachfolgende Ausbaumaßnahme gerichtet ist.

5 **Abs. 2** sieht für Entscheidungen nach § 12 eine **befristete Geltungsdauer von zehn Jahren** mit Verlängerungsmöglichkeit um weitere fünf Jahre vor.

2. Regelungszweck

6 Die Vorschrift ist eine der zentralen und wichtigsten Bestimmungen des NABEG. Mit ihr hat der Gesetzgeber den **Verbindlichkeitsanspruch** unterstrichen, den die Bundesfachplanung sowohl gegenüber den nachfolgenden Planfeststellungsverfahren als auch mit Blick auf entgegenstehende landeseigene Planungen, inklusive solche raumordnerischer Art, erhebt. So wie die Bundesbedarfsplanung nach § 12e Abs. 4 S. 1 EnWG die energiewirtschaftliche Notwendigkeit und den vordringlichen Bedarf des Vorhabens verbindlich feststellt, soll mit der Entscheidung nach § 12 im Bundesfachplanungsverfahren der Trassenkorridor verbindlich festgelegt werden.[1]

7 Die Regelung ist erkennbar von der Intention getragen, die **neue Bundesfachplanung als „starkes", leistungs- und durchsetzungsfähiges Planungsinstrument zu etablieren.** Davon zeugt zum einen der Anspruch, die Trassenkorridore mit verbindlicher Wirkung für das Planfeststellungsverfahren festzulegen, zum anderen die Ausstattung der Bundesfachplanung mit einem grundsätzlichen Vorrang vor Landesplanungen. Ziel dieser Maßnahmen ist die **Beschleunigung des Netzausbaus sowie der Planungs- und Zulassungsverfahren**[2] – ein Anliegen, dem der Gesetzgeber in § 1 den Rang eines überragenden öffentlichen Interesses zuerkannt hat.

8 Die Beschleunigung der Verfahren soll auf dreifache Weise bewirkt werden: Zum ersten soll durch die verbindliche Festlegung von Trassenkorridoren auf vorgelagerter Planungsstufe eine entsprechende **Entlastung der Planfeststellungsverfahren** erfolgen, zu deren Entscheidungsprogramm diese Materie dann nicht mehr gehören soll.[3] Im Verhältnis zum Planungsgeschehen auf Landesebene wird zum zweiten durch die Vorrangregelung des Abs. 1 S. 2 sichergestellt, dass die **Ergebnisse der Bundesfachplanung nicht durch Planungsaktivitäten einzelner Länder nachträglich wieder in Frage gestellt werden**; überdies wird dafür gesorgt, dass **Konflikte mit bestehenden landesplanerischen Festlegungen im Verfahren der Bundesfachplanung selbst bewältigt** werden, ohne dass hierfür mit entsprechendem Mehraufwand zunächst Widerspruchs- oder Zielabweichungsverfahren durchzuführen wären. Zum dritten schließlich soll auch die **Konzentration des Rechtsschutzes auf die Zulassungsentscheidung** zur Verfahrensbeschleunigung beitragen.

3. Entstehungsgeschichte

9 **Abs. 1 S. 2** hat im Laufe des Gesetzgebungsverfahrens eine formal kleine, aber **inhaltlich gewichtige Änderung** erfahren. Während es im Regierungsentwurf noch hieß, dass Bundesfachplanungen grds. Vorrang vor Landes**fach**planungen hätten,[4] wurde auf Vorschlag des federführenden Bundestagsausschusses für Wirtschaft und Technologie das Wort „Landesfachplanungen" durch „Landesplanungen" ersetzt.[5] Nach der Beschlussempfehlung des Ausschusses sollte mit dieser Änderung klargestellt werden, dass die Bundesfachplanung auch **Vorrang vor Raumordnungsplänen der Länder** habe. So könnten die Länder in späteren Raumord-

1 Begr. RegE, BT-Drucks. 17/6249, S. 9 i.V.m. BT-Drucks. 17/6073, S. 27.
2 Begr. RegE, BT-Drucks. 17/6249, S. 9 i.V.m. BT-Drucks. 17/6073, S. 18 f. und 27.
3 Vgl. Begr. RegE, BT-Drucks. 17/6249, S. 9 i.V.m. BT-Drucks. 17/6073, S. 27.
4 BT-Drucks. 17/6249, S. 9 i.V.m. BT-Drucks. 17/6073, S. 10.
5 BT-Drucks. 17/6366, S. 7.

nungsplänen keine Festlegungen treffen, die der Bundesfachplanung widersprächen. Entscheidungen in der Bundesfachplanung sollten nicht durch entgegenstehende Planungen ausgehebelt werden.[6]

Der Bundesrat hatte in seiner Stellungnahme vom 17.6.2011 darüber hinaus vorgeschlagen, die **Geltungsdauer bundesfachplanerischer Entscheidungen stärker zu begrenzen**, konnte sich damit jedoch nicht durchsetzen. Nach der Vorstellung des Bundesrates sollte die Regelfrist in Abs. 2 S. 1 auf fünf Jahre und die Möglichkeit zur Verlängerung der Frist in Abs. 2 S. 2 auf drei Jahre verkürzt werden.[7] Diesen Vorschlag lehnte die Bundesregierung in ihrer Gegenäußerung vom 22.6.2011 mit der Begründung ab, dass eine zu kurze Bindungswirkung angesichts durchschnittlicher Planungszeiträume von bis zu zehn Jahren unzweckmäßig sei. Insbesondere bei Leitungsprojekten mit mehreren hundert Kilometern Länge, für die die Planfeststellung abschnittweise durchgeführt werde, sei nicht auszuschließen, dass sich eine Geltungsdauer von nur fünf Jahren als nicht ausreichend erweisen werde.[8] 10

II. Verhältnis der Bundesfachplanung zur nachfolgenden Planfeststellung (Abs. 1 S. 1, Abs. 3 S. 1)

1. Bedeutung der Verbindlichkeit der Entscheidung

Nach Abs. 1 S. 1 ist die Entscheidung nach § 12, mit der die BNetzA einen bestimmten Trassen- 11
korridor festlegt, für nachfolgende Planfeststellungsverfahren, in denen nach § 18 Abs. 1 über die Zulässigkeit der Errichtung und des Betriebs oder der Änderung einer länderübergreifenden oder grenzüberschreitenden Höchstspannungsleitung im Sinne des § 2 Abs. 1 (Ausbaumaßnahme) entschieden wird, verbindlich. „Verbindlichkeit" bedeutet, dass die **Trasse der Stromleitung innerhalb des Korridors zu verlaufen hat**, der zuvor im Verfahren der Bundesfachplanung bestimmt worden ist. Eine **Trassierung der Ausbaumaßnahme außerhalb dieses Korridors ist** damit **ausgeschlossen**. Die Stromleitung, einschließlich des Sicherheitsabstands, darf den ausgewiesenen Korridorraum nicht verlassen. Sie darf außerhalb des Korridors weder per Planfeststellung zugelassen noch real verwirklicht werden.[9]

Durch diesen Verbindlichkeitsanspruch **unterscheidet sich die Bundesfachplanung** 12
grundlegend **von raumordnerischen Beurteilungen**, die **im Rahmen eines Raumordnungsverfahrens** getroffen werden. Ergebnisse eines Raumordnungsverfahrens haben den Charakter eines **Gutachtens**. Sie sind für Entscheidungen im Planfeststellungsverfahren **nicht verbindlich** und gehen dort lediglich als „sonstige Erfordernisse der Raumordnung" in die Abwägung ein (vgl. § 3 Abs. 1 Nr. 4 und § 4 Abs. 1 S. 1 ROG).[10] Damit können sie in der Auseinandersetzung mit anderen Belangen ggf. überwunden werden. Dieses Regelungsmodell liegt der Bundesfachplanung ersichtlich nicht zugrunde. Nach dem Willen des Gesetzgebers soll die fachplanerische Entscheidung nach § 12 auf der nachfolgenden Zulassungsebene nicht mehr zur Disposition der Planfeststellungsbehörde stehen. Der Trassenkorridor soll vielmehr abschließend von der BNetzA festgelegt werden.[11]

---

6 BT-Drucks. 17/6366, S. 19.
7 BR-Drucks. 342/11 (Beschl.), S. 10.
8 BT-Drucks. 17/6249, S. 18.
9 So auch § 5 Rn 76.
10 BVerwG, Urt. v. 16.3.2006 – 4 A 1075/04 (Flughafen Berlin-Schönefeld) – Rn 137; BVerwG, Beschl. v. 30.8.1995 – 4 B 86/95 –; BVerwG, Urt. v. 3.12.1992 – 4 C 53/89 –; *Hoppe/Schlarmann/Buchner/Deutsch*, Rn 367 ff.; *Spannowsky/Runkel/Goppel*, § 15 Rn 78 ff.
11 Verfehlt daher die Behauptung von *Erbguth* (NVwZ 2011, 326, 328 ff. und DVBl. 2011, 325 f.), die Bundesfachplanung sei ein verkapptes Raumordnungsverfahren. Zutreffend dagegen *Appel*, UPR 2011, 406, 410 und ER 2012, 3, 4 f.; *Schmitz/Jornitz*, NVwZ 2012, 332, 334.

13 Ähnliches gilt für einen **Vergleich mit der Linienbestimmung in der Verkehrswegeplanung** (§ 16 FStrG, § 13 WaStrG). Zweifellos weist die Linienbestimmung mehr Berührungspunkte zur Bundesfachplanung auf als das Raumordnungsverfahren. Auch durch sie wird eine die spätere Planfeststellung vorbereitende Grundentscheidung getroffen, die die Planfeststellungsbehörde binden soll.[12] Eine weitere Parallele besteht darin, dass die Fixierung der Linie durch das BMVBS – ebenso wie nach Abs. 3 S. 1 die Bestimmung des Trassenkorridors durch die BNetzA – keine Außenwirkung hat, sondern lediglich verwaltungsinterne Bindungen auslöst.[13] Ein wesentlicher Unterschied liegt jedoch darin, dass die **Verbindlichkeit der Linienbestimmungsentscheidung nicht absolut gilt**. Bei begründeten Zweifeln ist die Planfeststellungsbehörde vielmehr berechtigt und wohl sogar verpflichtet, die festgelegte Linie zu hinterfragen und ggf. von ihr abzuweichen.[14] Diesen Spielraum wollte der Gesetzgeber den Planfeststellungsbehörden bei der Bundesfachplanung ersichtlich nicht einräumen. Ihm ging es vielmehr darum, die Entscheidung nach § 12 mit strikter Verbindlichkeit auszustatten.[15] Insoweit lehnt sich die Bundesfachplanung an keines der etablierten Planungsmodelle vollständig an, sondern ist als Planungstyp „sui generis" einzustufen.[16]

2. Absolute oder eingeschränkte Verbindlichkeit?

14 In der Literatur fehlt es allerdings nicht an Stimmen, die lediglich von einer **grundsätzlichen** Bindung der Planfeststellung an das Ergebnis der Bundesfachplanung sprechen und der Planfeststellungsbehörde im Einzelfall das Recht zuerkennen möchten, den nach § 12 festgelegten Korridor zu modifizieren, wenn entgegenstehende überwiegende Belange dies in der planfeststellungsrechtlichen Abwägungsentscheidung erforderten.[17] Begründet wird dies zum einen mit einem Verweis auf die Begründung des Regierungsentwurfs,[18] in der es heißt, dass Trassenkorridore Breiten zwischen 500 bis höchstens 1.000 m aufweisen sollten, bei bestehenden Konfliktlagen aber verändert werden könnten.[19] Zum anderen wird unter Rückgriff auf die Rechtsprechung zur verkehrswegerechtlichen Linienbestimmung argumentiert, dass die Behörde nach dem planfeststellungsrechtlichen Abwägungsgebot verpflichtet sei, eine umfassende **eigene** Abwägungsentscheidung zu treffen, die die Eignung des Trassenkorridors einschließe.[20]

15 Beide Argumente überzeugen nicht. Der Sinn der fraglichen Passage in der **Begründung des Regierungsentwurfs (Möglichkeit zur Veränderung der Breite des Trassenkorridors bei bestehenden Konfliktlagen)** wird von den Protagonisten einer eingeschränkten Bindungswirkung der Bundesfachplanung **missverstanden**. Diese – zugegebenermaßen nicht ganz

---

12 Vgl. BVerwG, Urt. v. 14.4.2010 – 9 A 13/08 – und BVerwG, Urt. v. 10.4.1997 – 4 C 5/96 –: Planfeststellungsbehörde ist im Innenverhältnis an die mit der Linienbestimmung getroffene Planungsentscheidung gebunden; ebenso Kodal/*Leue*, Kap. 35 Rn 19; *Wagner*, NVwZ 1992, 232, 233.
13 BVerwG, Urt. v. 26.6.1981 – 4 C 5/78 –; BVerwG, Beschl. v. 29.1.2001 – 4 B 87/00 – und BVerwG, Urt. v. 28.2.1996 – 4 A 27/95 –: *„behördeninterner Vorgang"*; Kodal/*Leue*, Kap. 35 Rn 18.1.
14 BVerwG, Urt. v. 9.6.2004 – 9 A 11/03 –; BVerwG, Urt. v. 10.4.1997 – 4 C 5/96 –; *Wagner*, DVBl. 2011, 1453, 1458 und NVwZ 1992, 232, 233.
15 Zutreffend *Appel*, ER 2012, 3, 5; *Durner*, NuR 2012, 369, 373; *Erbguth*, DVBl. 2012, 325, 327; *Schmitz/Jornitz*, NVwZ 2012, 332, 335; nicht ganz eindeutig *Sellner/Fellenberg*, NVwZ 2011, 1025, 1031 f.: einerseits *„strikte Bindung"*, andererseits Möglichkeit eigener Abwägung der Planfeststellungsbehörde.
16 So auch Begr. RegE, BT-Drucks. 17/6249, S. 9 i.V.m. BT-Drucks. 17/6073, S. 19; zustimmend *Appel*, UPR 2011, 406, 410, 413 und ER 2012, 3, 5; *Sellner/Fellenberg*, NVwZ 2011, 1025, 1031: „Planungsentscheidung eigener Art". Zu früheren, bis in die 1970er Jahre zurückreichenden Überlegungen, der Planfeststellung eine verbindliche Standort- oder Trassenplanung vorzuschalten, *Durner*, DVBl. 2011, 853, 860 und NuR 2012, 369, 372.
17 *Appel*, UPR 406, 409 (anders aber nunmehr in ER 2012, 3, 5); *Grigoleit/Weisensee*, UPR 2011, 401, 405; *Moench/Ruttloff*, NVwZ 2011, 1040, 1043; *Wagner*, DVBl. 2011, 1453, 1459.
18 *Appel*, UPR 406, 409 Fn 37; *Grigoleit/Weisensee*, UPR 2011, 401, 405.
19 BT-Drucks. 17/6249, S. 9 i.V.m. BT-Drucks. 17/6073, S. 19, 23.
20 *Wagner*, DVBl. 2011, 1453, 1458.

eindeutige – Formulierung findet sich in dem Teil der Begründung, der sich allgemein mit der Bundesfachplanung sowie mit den Begriffsbestimmungen (§ 3 Abs. 1: „Trassenkorridore“) befasst. Sie **bezieht sich allein auf die Bestimmung des Trassenkorridors im Verfahren der Bundesfachplanung nach § 12**. Die Aussage soll zum Ausdruck bringen, dass der Korridorraum regelmäßig eine Breite zwischen 500 und 1.000 m haben soll, im Einzelfall aber variieren und vorsorglich breiter angelegt werden kann, wenn hierdurch potenzielle Unverträglichkeiten mit anderen Belangen ausgeschlossen werden können.[21] Nicht gemeint ist dagegen, dass die Planfeststellungsbehörde befugt sein soll, den Verlauf des Trassenkorridors, den die BNetzA in der Bundesfachplanung festgelegt hat, ihrerseits wieder zu ändern, wenn entsprechende Konfliktlagen erst im Planfeststellungsverfahren sichtbar werden. Ein solches Verständnis wäre weder mit dem Wortlaut des Abs. 1 S. 1 noch mit der Begründung des Regierungsentwurfs zu § 15 vereinbar,[22] die beide eine uneingeschränkte Verbindlichkeit der Entscheidung nach § 12 reklamieren.

Der **Vergleich mit der Rechtslage bei der Linienbestimmung** verfängt ebenfalls nicht. 16
Richtig ist allerdings, dass die Planfeststellungsbehörde bei der Verkehrswegeplanung nach der Rechtsprechung des BVerwG den Anforderungen des Abwägungsgebots nur genügt, wenn sie das Ergebnis der Linienbestimmung in ihre Abwägungsentscheidung einbezieht.[23] Konkret bedeutet dies, dass die Behörde im Rahmen der Abwägung auch die Rechtmäßigkeit der Linienbestimmung zu überprüfen hat, wenn dazu Anlass besteht.[24] Daraus kann indessen nicht geschlossen werden, dass eine Orientierung am Modell der Linienbestimmung der einzige rechtlich gangbare Weg wäre, die Verantwortlichkeiten und Prüfkompetenzen in mehrstufigen Planungs- und Zulassungsverfahren zwischen den zuständigen Behörden zu verteilen. Vielmehr steht es dem Gesetzgeber frei, die Abwägung unterschiedlich auszugestalten. Dabei kann auch eine Aufspaltung erfolgen, bei der die Entscheidung über die Grobtrassierung abschließend auf vorgelagerter Planungsebene getroffen wird und von der Planfeststellungsbehörde anschließend nicht mehr korrigiert werden kann. Ein solches Vorgehen ist jedenfalls dann nicht zu beanstanden, wenn der gestufte Abwägungsprozess rechtlich so organisiert ist, dass keine Abwägungsdefizite vorprogrammiert sind, d.h. relevante Belange durch die Aufteilung im Mehrebenensystem nicht „verloren gehen“. Im Verhältnis zwischen der Bundesfachplanung und der nachfolgenden Planfeststellung besteht diese Gefahr nicht, weil in beiden Planungsverfahren – mit ebenenspezifischer Ermittlungs- und Untersuchungstiefe[25] – jeweils eine Abwägung aller von dem Vorhaben berührten öffentlichen und privaten Belange stattfindet (vgl. § 5 Abs. 1 S. 2, § 18 Abs. 3).[26]

Eine nachträgliche Korrektur der Korridorentscheidung im nachfolgenden Planfeststel- 17
lungsverfahren würde schließlich auch dem **Sinn der Bundesfachplanung zuwiderlaufen**. Dieser neue Planungstyp befindet sich auf der mittleren Ebene einer dreistufigen Planungshierarchie bestehend aus Bundesbedarfsplanung, Bundesfachplanung und Planfeststellung. Ziel des gestuften Systems ist es, die komplexe Prüfmaterie schrittweise zu bewältigen und die dafür zu klärenden Sachfragen in abgeschichteter Weise abzuarbeiten. Dieser Zweck würde verfehlt, wenn die Festlegung der Trassenkorridore, für die der Gesetzgeber aus Beschleunigungs- und Effektivitätsgründen eigens ein spezielles Verfahren geschaffen hat, auf der nächsten Planungsebene erneut aufgerufen und thematisiert werden könnte. Denn damit würden Auseinandersetzungen, die mit der Entscheidung der BNetzA nach § 12 erledigt werden sollen, perpetuiert und

---

21 Zutreffend § 5 Rn 80.
22 BT-Drucks. 17/6249, S. 9 i.V.m. BT-Drucks. 17/6073, S. 27.
23 BVerwG, Urt. v. 14.4.2010 – 9 A 13/08 –; BVerwG, Urt. v. 12.8.2009 – 9 A 64/07 – Rn 26.
24 BVerwG, Urt. v. 9.6.2004 – 9 A 11/03 –; BVerwG, Urt. v. 10.4.1997 – 4 C 5/96 –.
25 Eingehend hierzu § 7 Rn 73 ff.
26 Ebenso mit überzeugenden Argumenten *Appel*, ER 2012, 3, 6.

in ein Verfahren hineingezogen, das auf einen anderen Prüfgegenstand – die Feintrassierung der Stromleitung – fokussiert ist.[27] Überdies würde der Wille des Gesetzgebers konterkariert, die Korridorfindung bei den länderübergreifenden und grenzüberschreitenden Höchstspannungsleitungen exklusiv einer Bundesbehörde zuzuweisen, um hier ein bundesweit einheitliches Vorgehen zu gewährleisten.[28]

18 Verschwiegen werden sollen an dieser Stelle allerdings auch nicht die **Risiken und Schwächen**, die mit dieser Verfahrensstruktur (absolute Verbindlichkeit der Korridorentscheidung, keine Korrekturmöglichkeit im Planfeststellungsverfahren) verbunden sein können.[29] Der Prüfmaßstab ist auf der Ebene der Bundesfachplanung mit Blick auf die Korridore im Allgemeinen gröber gestrickt und weniger detailtief als in der Planfeststellung, in der eine parzellenscharfe Betrachtung stattfindet. Da eine Feinplanung der Stromleitung im Planungsstadium der Bundesfachplanung meist noch nicht vorliegt, werden die Untersuchungen hier eher überschläger und perspektivischer Natur sein.[30] Die Ermittlung zu erwartender Unverträglichkeiten und Konfliktpotenziale kann daher auf dieser Verfahrensstufe mit gewissen Unsicherheiten verbunden sein. Deshalb wird sich nicht völlig ausschließen lassen, dass erst bei der Detailprüfung im anschließenden Planfeststellungsverfahren Umstände hervortreten, die die Eignung des Trassenkorridors entgegen der Einschätzung in der Bundesfachplanung wieder in Frage stellen können. Bei der Natura 2000-Verträglichkeitsprüfung und bei der besonderen artenschutzrechtlichen Prüfung können solche „Entdeckungen" leicht zum unüberwindlichen Planungshindernis geraten.[31]

19 Wenn der Trassenkorridor in diesen Fällen im Planfeststellungsverfahren nicht mehr verändert werden kann, bleiben nur zwei Möglichkeiten des Umgangs mit solchen immanenten Planungsrisiken: Zum einen müssen **Unsicherheiten bereits bei der Durchführung der Bundesfachplanung soweit wie möglich minimiert** werden. Insbesondere bei den genannten naturschutzrechtlichen Prüfverfahren sollte ein hoher Grad an Gewissheit angestrebt werden, der die potenzielle Fehleranfällgkeit der Ergebnisse reduziert und eine möglichst „planfeststellungsfeste" Beurteilung erlaubt. Konkret kann dies bedeuten, dass Untersuchungen hier u.U. mit höherem Aufwand und größerer Prüftiefe durchgeführt werden müssen als sonst auf dieser vorgelagerten Planungsebene üblich.[32] Auf den Vorhabenträger und die BNetzA kommen damit große Herausforderungen und eine beträchtliche Verantwortung zu.

20 Weisen Entscheidungen nach § 12 trotz aller Anstrengungen der Beteiligten Defizite auf, dann muss der **Fehler**, weil die notwendigen Korrekturen im Planfeststellungsverfahren nicht vorgenommen werden können, **durch ein Wiederaufgreifen des Bundesfachplanungsverfahrens behoben** werden. Die BNetzA hat dann hierzu ein **Planergänzungs- oder Planänderungsverfahren** durchzuführen.[33] **Wird der Mangel erst im Planfeststellungsverfahren entdeckt, hat die Planfeststellungsbehörde das Verfahren auszusetzen und bei der BNetzA auf eine Änderung hinzuwirken.**[34] Das NABEG enthält zur Behandlung solcher Planungsfehler zwar keine besonderen Regelungen, dies schließt jedoch eine Fehlerkorrektur nicht aus. Einer spezialgesetzlichen Ermächtigungsgrundlage bedarf es dafür nicht; vielmehr ergibt sich die Berechtigung der BNetzA zur Ausräumung von Planungsdefiziten aus dem allgemeinen pla-

---

27 Ähnlich *Appel*, ER 2012, 3, 5.
28 § 5 Rn 83, 86.
29 Eingehend hierzu vor allem *Durner*, DVBl. 2011, 853, 860 und NuR 2012, 369, 372f.
30 Näher dazu § 7 Rn 78ff.
31 *Durner*, NuR 2012, 369, 372f.
32 Vgl. § 7 Rn 94, 99; ebenso *Appel*, ER 2012, 3, 6.
33 § 5 Rn 86, 102.
34 *Durner*, NuR 2012, 369, 373; § 5 Rn 102. Eine Ablehnung des Antrags, die nach Auffassung von *Durner* ebenfalls in Betracht käme, wäre nach hiesiger Auffassung nicht sachgerecht, weil sie den Planungsprozess verlängern und erschweren würde.

nungsrechtlichen Grundsatz, dass die Ermächtigung zum Erlass einer Planungsentscheidung die Befugnis zur Fehlerbeseitigung einschließt.[35] Exemplarisch für ein solches, gesetzlich nicht ausdrücklich geregeltes Vorgehen ist die Praxis bei der Linienbestimmung. Hier kommt es nicht selten vor, dass das Bundesministerium seine Planung noch während eines laufenden Planfeststellungsverfahrens ändert, um die Linienbestimmung an einen neuen, erst dort sichtbar gewordenen Erkenntnisstand anzupassen.[36] Obwohl rechtlich nicht zwingend erforderlich, wäre es dennoch wünschenswert, dass im NABEG spezielle Vorschriften zu solchen nachträglichen Planänderungen und -ergänzungen geschaffen werden, damit Rechtsunsicherheiten – z.B. im Hinblick auf die Notwendigkeit einer erneuten Öffentlichkeitsbeteiligung – vermieden und die Änderungs- oder Ergänzungsverfahren auf klarer Grundlage durchgeführt werden können. Solange es hieran fehlt, kann die Lücke nur durch einen Rückgriff auf entsprechende Bestimmungen anderer Gesetze (z.B. § 43d EnWG) gefüllt werden.

3. Keine unmittelbare Außen- und Gestattungswirkung (Abs. 3 S. 1)

Nach Abs. 3 S. 1 hat die Entscheidung nach § 12, mit der die BNetzA den Verlauf des Trassen- 21 korridors bestimmt, keine unmittelbare Außenwirkung. Ihre unmittelbaren **Rechtswirkungen** sind **verwaltungsinterner Natur** und beschränken sich auf die Verbindlichkeit des festgelegten Korridors gegenüber der Planfeststellungsbehörde. **Rechtliche Außenwirksamkeit entfaltet allein der spätere Planfeststellungsbeschluss (§ 24)**, mit dem auf der nachfolgenden Verfahrensebene **im Außenverhältnis insgesamt über die Zulässigkeit der Ausbaumaßnahme (Errichtung und Betrieb oder Änderung der Stromleitung) entschieden wird**. Durch die Ausgestaltung als nicht unmittelbar außenwirksame Maßnahme hat der Gesetzgeber deutlich gemacht, dass die Entscheidungen der BNetzA über die Bundesfachplanung nicht die Merkmale eines Verwaltungsakts (§ 35 VwVfG) erfüllen. Sie sind aber auch keine Rechtsnormen oder sonstige außenwirksame Verfügungen und damit, wie Abs. 3 S. 2 unterstreicht,[37] keiner direkten Rechtskontrolle zugänglich.[38]

Auf der gleichen Linie bewegt sich der zweite Regelungsteil der Vorschrift, nämlich die Aus- 22 sage, dass die **Bestimmung des Trassenkorridors die Entscheidung über die Zulässigkeit der Ausbaumaßnahme nicht ersetzt**. Gemeint ist damit, dass der **Vorhabenträger aus der Entscheidung nach § 12, mit der der Trassenkorridor festgelegt wird, noch keine unmittelbaren Rechte oder Ansprüche zur Verwirklichung des Vorhabens herleiten kann**. Eine gesicherte Rechtsposition wächst ihm erst mit dem Planfeststellungsbeschluss nach § 24 zu. **Entsprechendes gilt für die rechtliche Betroffenheit Dritter, die erst durch die Zulassungsentscheidung im anschließenden Planfeststellungsverfahren ausgelöst wird**. Auch deshalb ist es konsequent, dass gegen die vorgelagerte Korridorentscheidung nach Abs. 3 S. 2 keine unmittelbaren Rechtsbehelfsmöglichkeiten eröffnet sind.

Diesem Ansatz steht nicht entgegen, dass sich die Aussichten des Antragstellers, das Vor- 23 haben realisieren zu können, durch den positiven Abschluss der Bundesfachplanung faktisch deutlich verbessern. Tatsächlich dient die Verbindlichkeit der Entscheidung über den Trassenkorridor ja auch dem Zweck, dem Vorhabenträger bereits auf dieser Verfahrensstufe ein Stück Rechts- und Investitionssicherheit zu vermitteln.[39] Die BNetzA legt den Trassenkorridor nach § 12 in der Erwartung fest, dass die Ausbaumaßnahme dort möglich sein wird. Mit dem Abschluss

35 § 5 Rn 98. Ähnlich *Durner* (NuR 2012, 369, 373), der die Befugnis der Behörde zur Fehlerkorrektur auf den Grundsatz der Planerhaltung stützen möchte.
36 *Durner*, DVBl. 2011, 853, 861; Kodal/*Leue*, Kap. 35 Rn 19.
37 Näher dazu unter Abschnitt IV, Rn 33 ff.
38 § 5 Rn 88; *Sellner/Fellenberg*, NVwZ 2011, 1025, 1031.
39 § 5 Rn 82.

der Bundesfachplanung können für einzelne Korridorabschnitte nach § 16 schon Veränderungssperren verhängt werden. Es tritt also bereits eine gewisse Verfestigung ein. Gleichwohl sind die Würfel über die Zulässigkeit des Projekts noch nicht endgültig gefallen. Seine Gestattung kann immer noch an kleinräumigen oder technischen Hindernissen scheitern, die erst im nachfolgenden Planfeststellungsverfahren zu prüfen sind.[40] Auch die Frage, ob und inwieweit Schutzgüter Dritter oder überindividuelle Belange von dem Vorhaben betroffen sein werden, kann vor Erlass des Planfeststellungsbeschlusses nicht abschließend beantwortet werden.[41] Deshalb erscheint die rechtliche Einordnung, die der Gesetzgeber in Abs. 3 S. 1 vorgenommen hat (keine unmittelbare Außenwirkung, keine Gestattungswirkung der Bundesfachplanung), sachgerecht und der Planungssituation angemessen.

III. Vorrang der Bundesfachplanung vor Landesplanungen (Abs. 1 S. 2)

1. Überblick

24 Nach Abs. 1 S. 2 haben Bundesfachplanungen grds. Vorrang vor Landesplanungen. Nachdem die Regelung im Regierungsentwurf zunächst enger gefasst war („Vorrang vor Landes**fach**planungen"), im Gesetzgebungsverfahren dann aber die Beschränkung auf Fachplanungen fallen gelassen wurde,[42] kann kein Zweifel daran bestehen, dass Bundesfachplanungen nicht nur Fachplanungen der Länder vorgehen sollen, sondern grds. **auch Vorrang vor Raumordnungsplänen der Länder** genießen.[43]

25 Eine davon zu trennende Frage ist, ob der Bundesfachplanung hier ein **uneingeschränkter oder** nur ein **eingeschränkter Vorrang** zukommen soll. Soweit ersichtlich, wird in der Literatur ganz überwiegend ein uneingeschränkter Vorrang der Bundesfachplanung vor Raumordnungsplänen der Länder vertreten.[44] Danach wäre es unerheblich, ob es sich bei den landesplanerischen Vorgaben um Ziele, Grundsätze oder sonstige Erfordernisse der Raumordnung handelt, und es käme auch nicht darauf an, ob der fragliche Raumordnungsplan bei Durchführung der Bundesfachplanung bereits bestand oder erst nachfolgend erlassen worden ist. Vereinzelt finden sich allerdings auch Stimmen, die unter den genannten Gesichtspunkten differenzieren möchten.

2. Vorrang vor landesplanerischen Zielen der Raumordnung

26 Vor allem für die Parallelregelung in § 16 Abs. 2 S. 2 FStrG, der Abs. 1 S. 2 nachgebildet ist, wird in der Literatur – anders als in der Rechtsprechung[45] – die Auffassung vertreten, dass sich der Vorrang der Bundesplanung nicht auf Ziele der Raumordnung erstrecke; Raumordnungsziele der Länder seien nach § 4 Abs. 1 ROG auch bei Bundesplanungen zu beachten.[46] Für den neuen Planungstyp der Bundesfachplanung kann diese Auffassung indessen aus verschiedenen Gründen keine Gültigkeit beanspruchen. Der **Vorrang der Bundesfachplanung gilt nach Abs. 1 S. 2** vielmehr **auch gegenüber landesplanerischen Zielen der Raumordnung.**

---

40 So auch *Erbguth*, DVBl. 2012, 325, 328.
41 Verkannt von *Moench/Ruttloff*, NVwZ 2011, 1040, 1043.
42 Siehe oben Rn 9.
43 Verkannt von *Kment*, RdE 2011, 341, 344.
44 *de Witt/Durinke/Kause*, Rn 186; *Durner*, NuR 2012., 369, 373 f.; *Erbguth*, DVBl. 2012, 326, 328 und NVwZ 2012, 326, 327; *Grigoleit/Weisensee*, UPR 2011, 401, 402; *Moench/Ruttloff*, NVwZ 2011, 1040, 1043.
45 So u.a. BVerwG, Urt. v. 20.10.1989 – 4 C 12/87 –; VGH München, Beschl. v. 19.4.2005 – 8 AS 02.40041 –; ebenso *Durner*, RuR 2010, 271, 274 f.
46 Kodal/*Leue*, Kap. 34 Rn 16.4 und Kap. 35, Rn 20.1; für die Bundesfachplanung im Hinblick auf bereits bestehende landesplanerische Ziele der Raumordnung auch *Sellner/Fellenberg*, NVwZ 2011, 1025, 1031.

Für § 16 Abs. 2 S. 2 FStrG wird die Gegenauffassung damit begründet, dass die verkehrswegerechtliche Vorrangregelung durch das „jüngere" ROG modifiziert worden sei.[47] Dieses Argument trägt für die Parallelvorschrift im NABEG erkennbar nicht, die ihrerseits jünger als das ROG ist. Selbst wenn es anders wäre, wäre zweifelhaft, ob die Ziele der Raumordnung nach § 4 ROG tatsächlich in der Bundesfachplanung zu beachten wären. Denn eine solche strikte Verbindlichkeit gilt nur für die in § 4 Abs. 1 S. 1 genannten Planungen, Maßnahmen und Entscheidungen. Hierunter fällt die Bundesfachplanung nach hiesigem Verständnis nicht. Bei ihr handelt es sich um eine „sonstige Entscheidung" im Sinne des § 4 Abs. 2 ROG, bei der sich der Umgang mit den Zielen der Raumordnung nach den einschlägigen fachrechtlichen Vorschriften bestimmt.[48] Abzustellen ist bei der Bundesfachplanung somit unmittelbar auf die Regelung des Abs. 1 S. 2. Dieser Regelung sind jedoch weder nach ihrem Wortlaut noch nach ihrer Entstehungsgeschichte Einschränkungen im Hinblick auf landesplanerische Ziele der Raumordnung zu entnehmen. In der maßgeblichen Beschlussempfehlung des federführenden Bundestags-Wirtschaftsausschusses heißt es vielmehr ganz allgemein, die Regelung solle dem Bedürfnis Rechnung tragen, dass Entscheidungen in der Bundesfachplanung von den Ländern nicht durch entgegenstehende Planungen ausgehebelt werden könnten.[49] Dieses Bedürfnis dürfte bei Raumordnungszielen der Länder, die strikte Verbindlichkeit reklamieren, eher noch größer sein als bei den in der Abwägung lediglich zu berücksichtigenden Grundsätzen oder sonstigen Erfordernissen der Raumordnung. 27

In der Rechtsprechung und im Schrifttum[50] ist überdies anerkannt, dass der **Bund im Fachplanungsrecht Ermächtigungen zur Überwindung von Raumordnungszielen der Länder schaffen kann.** Angenommen worden ist dies von den Gerichten beispielsweise für die bereits erwähnte Vorrangregelung in § 16 Abs. 2 S. 2 FStrG[51] sowie für die Planfeststellung von Flughäfen nach § 8 Abs. 1 LuftVG.[52] In den Kreis dieser Vorschriften fügt sich Abs. 1 S. 2 passgenau ein – die Interessenlage ist hier völlig vergleichbar. So hat das BVerwG in seinem Urteil zum Flughafen Berlin-Schönefeld aus dem Jahr 2006 mit Blick auf die luftverkehrsrechtliche Planfeststellung ausgeführt, dass sich im Rahmen der Abwägung nach § 8 Abs. 1 S. 2 LuftVG insbesondere solche Belange gegen Raumordnungsziele der Länder durchsetzen könnten, die beim Erlass des Raumordnungsplans in dieser Ausprägung und Detailschärfe noch nicht erkennbar oder nicht von Bedeutung gewesen seien. Das luftverkehrsrechtliche Abwägungsverbot schließe die Ermächtigung ein, die raumordnerischen Gründe, die die landesplanerische Ausweisung eines Standortes als Ziel der Raumordnung trügen, zugunsten höher gewichteter gegenläufiger Belange zurückzustellen.[53] Dieser Gedanke lässt sich eins zu eins auf die Situation beim Ausbau der Stromnetze übertragen. Auch dabei handelt es sich um eine völlig neue, erst durch die „Energiewende" ausgelöste Herausforderung, an deren Bewältigung nach § 1 ein überragendes öffentliches Interesse besteht. Deshalb liegt eine Auslegung des Abs. 1 S. 2 nahe, die den Vorrang der Bundesfachplanung als Mittel begreift, um die Belange des Stromnetzausbaus in nicht anders auflösbaren Konfliktfällen auch gegen widerstreitende Raumordnungsziele der Länder durchsetzen zu können. 28

47 Kodal/*Leue*, Kap. 34 Rn 16.4 und Kap. 35, Rn 20.1.
48 So bereits oben § 7 Rn 53.
49 BT-Drucks. 17/6366, S. 19.
50 Grundlegend *Durner*, RuR 2010, 271, 274 ff. und NuR 2012, 369, 373 f.; *Hoppe/Schlarmann/Buchner/Deutsch*, Rn 810 ff., 816 ff.
51 BVerwG, Urt. v. 20.10.1989 – 4 C 12/87–; VGH München, Beschl. v. 19.4.2005 – 8 AS 02.40041 –.
52 BVerwG, Urt. v. 16.3.2006 – 4 A 1075/04 (Flughafen Berlin-Schönefeld) – Rn 76 ff.; kritisch zum Ansatz des Gerichts *Kment*, NuR 2010, 392, 394 f. und *Schink*, DÖV 2011, 905, 910 mit dem Argument, es handele sich lediglich um eine „Hilfserwägung" des Gerichts. Allerdings ändert auch die Einstufung als „Hilfserwägung" nichts daran, dass fachplanerische Vorschriften nach Auffassung des BVerwG im Einzelfall geeignet sein können, Raumordnungsziele der Länder zu überwinden.
53 BVerwG, Urt. v. 16.3.2006 – 4 A 1075/04 – Rn 77, 79.

3. Vorrang nur bei nachfolgenden Raumordnungsplänen der Länder?

29 In der Auseinandsersetzung mit der Vorrangregelung wird z.T. auch der Standpunkt vertreten, dass Abs. 1 S. 2 nur für der Bundesfachplanung zeitlich nachfolgende Raumordnungspläne der Länder gelte. Die verbindliche Wirkung bereits bestehender landesplanerischer Raumordnungsziele könne dagegen nicht überwunden werden.[54] Möglicherweise geht diese Auffassung auf Ausführungen in der Begründung des Regierungsentwurfs zurück, die in der Tat entsprechend verstanden werden können.[55] Die fragliche Darstellung ist jedoch aufgrund der Änderungen, die die Vorschrift im Gesetzgebungsverfahren erfahren hat, überholt. Sie bezieht sich noch auf einen Entwurfstext, der den Vorrang der Bundesfachplanung nur gegenüber Fachplanungen der Länder vorsah. Die Erläuterungen in der Beschlussempfehlung des Bundestags-Wirtschaftsausschusses zur aktuellen Fassung der Vorrangregelung erscheinen demgegenüber offener.[56] Dem Wortlaut der Vorschrift selbst lässt sich ohnehin keine Differenzierung zwischen bestehenden und neuen Raumordnungsplänen entnehmen.[57]

30 Nach den bereits oben angestellten Überlegungen[58] sprechen in der Sache die besseren Gründe dafür, dass **neue und bestehende Raumordnungspläne nach Abs. 1 S. 2 gleich zu behandeln** sind. **Der Vorrang der Bundesfachplanung gilt für beide Kategorien gleichermaßen.** Bei Raumordnungsplänen der Länder, die noch vor der „Energiewende" erlassen worden sind, konnte die energiewirtschaftliche Notwendigkeit eines beschleunigten Stromnetzausbaus seinerzeit noch nicht oder nicht mit dem Gewicht berücksichtigt werden, das diesem Interesse inzwischen zukommt. Deshalb besteht gerade gegenüber den älteren Raumordnungsplanungen ein besonderes Bedürfnis für eine Regelung, die den Vorrang der Bundesfachplanung wirksam sichert. Käme Abs. 1 S. 2 hier nicht zur Anwendung, hätte dies zur Konsequenz, dass auf Antrag der BNetzA und mit ungewissem Ausgang zunächst jeweils landesbehördliche Widerspruchs- oder Zielabweichungsverfahren nach §§ 5 und 6 ROG durchgeführt werden müssten, bevor die Bundesfachplanung zum Zuge käme. Eine solche Prozedur wäre umständlich und ineffektiv. Sie wäre weder mit dem Beschleunigungsanspruch des NABEG noch mit der Entscheidung des Gesetzgebers in Einklang zu bringen, die Verfahrensverantwortung für die Korridorplanung länderübergreifender und grenzüberschreitender Höchstspannungsleitungen beim Bund anzusiedeln. Benötigt wird vielmehr eine Vorschrift, die bei **Konflikten mit Raumordnungszielen der Länder eine Lösung in einem Verfahren,** nämlich **„unter dem Dach" der Bundesfachplanung**, ermöglicht. Nur bei diesem Verständnis wird die Vorrangregelung den Zielen des Gesetzes gerecht.

4. Das Merkmal „grundsätzlich"

31 Der Vorrang der Bundesfachplanung gilt nach Abs. 1 S. 2 nur „grundsätzlich". Die **Bundesfachplanung geht Landesplanungen** also **nicht generell vor.** Mit dem einschränkenden Merkmal „grundsätzlich" wird vielmehr zum Ausdruck gebracht, dass der Vorrang nur dann besteht, wenn sich bei einer **Abwägung im Einzelfall** ergibt, dass die für den vorgesehenen Korridorverlauf sprechenden Gründe gegenüber den Belangen, denen die widerstreitenden landesplanerischen Vorgaben dienen, höher zu gewichten sind.

32 Allgemein ist der BNetzA zu empfehlen, von dem Mittel des Abs. 1 S. 2 nur einen **sparsamen, zurückhaltenden und sensiblen Gebrauch** zu machen. Zu bedenken ist, dass es sich dabei um erhebliche Eingriffe in Planungskompetenzen der Länder handelt. Die Überwindung

54 *Sellner/Fellenberg*, NVwZ 2011, 1025, 1031.
55 BT-Drucks. 17/6249, S. 9 i.V.m. BT-Drucks. 17/6073, S. 27.
56 BT-Drucks. 17/6366, S. 19.
57 *de Witt/Durinke/Kause*, Rn 186.
58 Rn 27 f.

landesplanerischer Raumordnungsziele kann immer nur **ultima ratio** sein, wenn andere Möglichkeiten, die gegenläufigen Interessen planerisch miteinander in Einklang zu bringen, ohne Erfolg bleiben. Deshalb darf der Einsatz dieses Instruments nicht zum Alltagsrepertoire der BNetzA gehören, sondern sollte nur in seltenen, besonders zu begründenden Ausnahmefällen zum Einsatz kommen.

IV. Rechtsbehelfe (Abs. 3 S. 2)

1. Gerichtliche Inzidenzkontrolle

Nach Abs. 3 S. 2 gibt es gegen Entscheidungen der BNetzA nach § 12, mit denen im Verfahren der 33
Bundesfachplanung ein Trassenkorridor festgelegt wird, keine direkten Rechtsschutzmöglichkeiten. Die Überprüfung der Entscheidung kann nur in Form einer **Inzidenzkontrolle im Rahmen eines Rechtsbehelfsverfahrens** erfolgen, das sich **gegen die Zulassungsentscheidung für die jeweilige Ausbaumaßnahme** richtet. Konkret bedeutet dies, dass die Ergebnisse der Bundesfachplanung nicht selbstständig angefochten werden können. Angefochten werden kann allein der Planfeststellungsbeschluss, mit dem dem Vorhabenträger nach § 24 die Errichtung und der Betrieb oder die Änderung einer Stromleitung innerhalb des auf der vorgelagerten Planungsstufe bestimmten Trassenkorridors gestattet werden.[59] In diesem Rechtsbehelfsverfahren kann dann zugleich die Entscheidung nach § 12 – auch im Hinblick auf etwaige entscheidungserhebliche Verfahrensfehler der Bundesfachplanung[60] – überprüft werden. Diese Ausgestaltung des Rechtsschutzes ergibt sich folgerichtig aus dem Umstand, dass die Entscheidung über die Bundesfachplanung keine unmittelbare Außenwirkung und keinen Zulassungscharakter hat.[61] Sie löst damit für sich noch keine rechtlich relevanten Betroffenheiten aus, gegen die schon auf dieser Verfahrensebene zwingend Rechtsbehelfsmöglichkeiten geschaffen werden müssten.[62]

Bei mehrstufigen Planungs- und Zulassungsverfahren ist es im deutschen Recht nicht un- 34
gewöhnlich, dass der Rechtsschutz nicht phasenspezifisch ausgestaltet wird; stattdessen wird die gerichtliche Überprüfung – bei gleichzeitiger Eröffnung einer Inzidenzkontrolle für Ergebnisse vorgelagerter Ebenen – auf die Entscheidung konzentriert, die auf der letzten Verfahrensstufe getroffen wird. Beispiele solcher Formen des Rechtsschutzes finden sich für die Linienbestimmung in § 15 Abs. 5 UVPG und für das Raumordnungsverfahren in § 16 Abs. 3 UVPG. An dieses Modell lehnt sich auch Abs. 3 S. 2 an. Rechtliche Bedenken bestehen hiergegen – auch im Hinblick auf die **verfassungsrechtlichen Anforderungen an die Gewährleistung effektiven Rechtsschutzes (Art. 19 Abs. 4 GG)** – nicht. Ein Verstoß gegen diesen Grundsatz wäre nur anzunehmen, wenn das Fehlen unmittelbarer Rechtsbehelfsmöglichkeiten gegen Korridorentscheidungen der BNetzA dazu führen würde, dass Rechtsverstöße der Bundesfachplanung im Rahmen des Rechtsbehelfsverfahrens gegen die nachfolgende Zulassungsentscheidung nicht mehr oder nur noch in begrenztem Maße geltend gemacht werden könnten.[63] Dies ist aber nicht der Fall. Abs. 3 S. 2 sieht vielmehr ausdrücklich vor, dass die Entscheidung nach § 12 uneingeschränkt in die Überprüfung des Planfeststellungsbeschlusses nach § 24 einbezogen werden kann. Deshalb besteht im Schrifttum weitgehend Einigkeit darüber, dass die Vorschrift im Sinne des Art. 19 Abs. 4 GG einen hinreichend effektiven Rechtsschutz bietet.[64]

59 Vgl. Begr. RegE, BT-Drucks. 17/6249, S. 9 i.V.m. BT-Drucks. 17/6073, S. 27.
60 Zur Beachtlichkeit von Verfahrensfehlern siehe Rn 45.
61 Vgl. Begr. RegE, BT-Drucks. 17/6249, S. 9 i.V.m. BT-Drucks. 17/6073, S. 27.
62 Siehe hierzu bereits oben Rn 21ff.
63 Eingehend dazu *Appel*, ER 2012, 3, 6; *Erbguth*, DVBl. 2012, 325, 327 f.; *Schmidt*, ZUR 2012, 2010, 2014 f. jeweils m.w.N.
64 *Appel*, UPR 2011, 406, 413 und ER 2012, 3, 6; *de Witt/Durinke/Kause*, Rn 177; *Durner*, DVBl. 2011, 853, 861 und NuR 2012, 369, 372; *Erbguth*, DVBl. 2012, 325, 327 f.; *Schmidt*, ZUR 2012, 2010, 2015; *Schmitz/Jornitz*, NVwZ 2012,

2. Vorverlagerung des Rechtsschutzes?

35 Trotz Vereinbarkeit der Regelung mit den verfassungsrechtlichen Anforderungen effektiver Justizgewährung sprechen sich einige Autoren für eine Vorverlagerung des Rechsschutzes aus: Rechtsbehelfsmöglichkeiten sollten bereits gegen die Entscheidung nach § 12 über die Bundesfachplanung eröffnet werden.[65] Hierfür werden unterschiedliche Gründe genannt. Zum einen werden Aspekte wie die Stärkung der Partizipation und des Rechtsschutzes planungsbetroffener Bürger angeführt.[66] Vor allem aber *Durner* verspricht sich von Abschichtungen im Rechtsschutz auch **mehr Sicherheit für den weiteren Planungsprozess.** Dabei verweist er darauf, dass Mängel in der Bundesfachplanung auf den nachfolgenden Fachplanungsprozess *„durchschlagen“* und diesen *„bis zum letzten Moment vollständig entwerten“*[67] könnten. Gemeint ist damit, dass die Ergebnisse der Bundesfachplanung keine Rechts- und Planungssicherheit vermitteln, solange sie im Rahmen von Rechtsbehelfen gegen die Zulassung nachfolgender Ausbaumaßnahmen noch einer Inzidenzkontrolle nach Abs. 3 S. 2 unterzogen werden können. Stellt sich bei der verwaltungsgerichtlichen Überpüfung eines Planfeststellungsbeschlusses nach § 24 heraus, dass der maßgebliche Trassenkorridor in der Bundesfachplanung rechtsfehlerhaft festgelegt worden ist, entfällt damit zugleich die Planungsgrundlage für alle weiteren Ausbaumaßnahmen, die auf der fehlerhaften Korridorentscheidung aufbauen. Konkret bedeutet dies, dass das gesamte Fachplanungsgefüge im Kontext eines Trassenkorridors quasi „in der Luft hängt“, bis die Bundesfachplanung in sämtlichen Klageverfahren, die gegen Ausbaumaßnahmen innerhalb des Korridors angestrengt werden können, letztinstanzlich bestätigt worden ist.[68]

36 Diese Einwände haben Gewicht und müssen ernst genommen werden. Jedoch ist zweifelhaft, ob das beschriebene Problem durch eine Vorverlagerung des Rechtsschutzes gelöst werden kann. Vieles spricht dafür, dass abgeschichtete Rechtsbehelfe die Schwierigkeiten sogar noch verschärfen und dem Anliegen eines zügigen Stromnetzausbaus damit eher einen Bärendienst erweisen könnten.

37 Fraglich erscheint zunächst schon, ob die Einführung früher Rechtsbehelfsmöglichkeiten nicht weitgehend ins Leere ginge, weil der Planungsstand der Bundesfachplanung meist noch keine Individualisierung einzelner Betroffener zulässt. Deshalb dürfte es hier für potenzielle Kläger auch schwierig sein, ihre Klagebefugnis darzulegen. Bei der Bundesfachplanung geht es um die Grobtrassierung eines regelmäßig bis zu 1.000 m breiten Korridors. Wo genau innerhalb dieses Korridors die Stromleitung später verlaufen wird, ist Gegenstand der Feintrassierung, die erst im nachfolgenden Planfeststellungsverfahren auf der Tagesordnung steht. Daher wird es auf bundesfachplanerischer Ebene nur in Ausnahmefällen möglich sein, Art und Umfang individueller Betroffenheiten zu erkennen.[69] Solche Ausnahmen rechtfertigen jedoch keine gesonderte Gerichtszugangsregelung.[70]

38 Würde man hingegen für die Einlegung eines Rechtsbehelfs gegen die Ergebnisse der Korridorplanung bereits die entfernte Möglichkeit einer Betroffenheit genügen lassen, hätte dies ver-

---

332, 335; im Ergebnis auch *Sellner/Fellenberg*, NVwZ 2011, 1025, 1031; a.A. mit unhaltbarer rechtlicher Argumentation *Moench/Ruttloff*, NVwZ 2011, 1040, 1043; kritisch auch *Wagner*, DVBl. 2011, 1453, 1458.

65 *Durner*, DVBl. 2011, 853, 861; *Grigoleit/Janßen/Weisensee*, RaumPlanung 2011, 145, 148; *Grigoleit/Weisensee*, UPR 2011, 401, 403; *Moench/Ruttloff*, NVwZ 2011, 1040, 1043.

66 *Grigoleit/Janßen/Weisensee*, RaumPlanung 2011, 145, 148; *Grigoleit/Weisensee*, UPR 2011, 401, 403; *Moench/Ruttloff*, NVwZ 2011, 1040, 1043.

67 DVBl. 2011, 853, 861.

68 Befürchtungen dieser Art auch bei *Beckmann*, VR 2011, 365, 366.

69 So auch *Appel*, UPR 2011, 406, 409 und ER 2012, 3, 6 f.; *Sellner/Fellenberg*, NVwZ 2011, 1025, 1031; wohl auch *Erbguth*, DVBl. 2012, 325, 328. Ein solcher Ausnahmefall liegt beispielsweise dann vor, wenn ein Unternehmen oder eine Person den Korridorraum in seiner gesamten Breite beansprucht, so z.B. bei großräumigen Abgrabungen oder großflächiger industrieller Nutzung; vgl. dazu § 7 Rn 102.

70 A.A. *Moench/Ruttloff*, NVwZ 2011, 1040, 1043.

mutlich zur Konsequenz, dass sich Anwohner, die dem Vorhaben kritisch gegenüberstehen, bereits in diesem frühen Planungsstadium zur Anfechtung „gezwungen“ sehen würden, um zu vermeiden, in einem späteren Rechtsbehelfsverfahren gegen den nachfolgenden Planstellungsbeschluss mit ihrem Anliegen präkludiert zu sein.[71] Zu rechnen wäre mit einer Vielzahl sachlich „überflüssiger“ Klageverfahren. Denn es würden sich auch Personen beteiligen, bei denen die spätere Detailplanung ergeben würde, dass aufgrund der konkreten Trassenführung tatsächlich keine Betroffenheit gegeben ist.

Insgesamt dürfte eine Vorverlagerung des Rechtsschutzes letztlich mehr Schaden als Nutzen stiften und gegenüber dem Ansatz, dem der Gesetzgeber in Abs. 3 S. 2 gefolgt ist, keine Vorteile bieten. Den Risiken, die sich aus dem Verzicht auf abgeschichtete Rechtsbehelfe ergeben, muss auf andere Weise begegnet werden. Zu erinnern ist zum einen an die Befugnis der BNetzA, erkannte Defizite der Bundesfachplanung durch nachträgliche Änderung oder Ergänzung des Plans auszuräumen.[72] Zum anderen gibt es im Anwendungsbereich des NABEG Planerhaltungsvorschriften, die entgegen verbreiteter Auffassung auch für die Bundesfachplanung gelten.[73] Bei sachgerechter Nutzung dieser Instrumente stellt sich das Unsicherheitspotenzial, das mit einer Konzentration des Rechtsschutzes auf letztstufiger Entscheidungsebene für den Fachplanungsprozess verbunden sein mag, weniger dramatisch dar, als von den Skeptikern angenommen. 39

3. Planerhaltung

Bei der Auseinandersetzung mit den Rechtsbehelfsmöglichkeiten, die Abs. 3 S. 2 bietet, wird z.T. das Fehlen von Planerhaltungsvorschriften beklagt. Deshalb führe buchstäblich „jeder Fehler“,[74] der den Verantwortlichen bei der Durchführung der Bundesfachplanung unterlaufe, dazu, dass nachfolgende Planfeststellungsbeschlüsse rechtswidrig und aufzuheben seien.[75] Als Ausweg wird gefordert, spezielle Planerhaltungsregelungen zu schaffen;[76] einige empfehlen auch, Kernaussagen aus den Planerhaltungsvorschriften anderer Gesetze bei den §§ 4 bis 17 NABEG analog heranzuziehen.[77] 40

Tatsächlich besteht weder für die Aufnahme neuer Planerhaltungsregeln noch für eine analoge Übernahme der Fehlerfolgenlösungen anderer Rechtsbereiche ein zwingendes Bedürfnis. Das **NABEG enthält** an versteckter Stelle – **in Form eines Verweises auf § 43e Abs. 4 EnWG** – vielmehr bereits selbst **Planerhaltungsvorschriften. Diese Bestimmungen sind auch auf Fehler in der Bundesfachplanung anzuwenden**. 41

Ausgangspunkt dieses Verständnisses ist § 18 Abs. 3 S. 2. Danach gelten für das Planfeststellungsverfahren, sofern das NABEG hierfür selbst keine abweichenden Regelungen enthält, die Bestimmungen in Teil 5 des Energiewirtschaftsgesetzes entsprechend. Zu den Vorschriften, die das NABEG durch diesen Verweis „mit an Bord nimmt“, gehören auch die Planerhaltungsregeln des § 43e Abs. 4 EnWG. Die Anwendung dieser Bestimmung ist zwar im Bereich des NABEG auf den Abschnitt 3 „Planfeststellung“ beschränkt. Dies bedeutet jedoch nicht, dass die Regelung Bedeutung nur für den Umgang mit Fehlern hat, die bei der Durchführung des Planfeststellungsverfahrens selbst auftreten.[78] Sie kann vielmehr für alle Fehler nutzbar gemacht werden, die den Gegenstand der Planfeststellung betreffen. 42

71 So wohl auch *Appel*, ER 2012, 3, 7: mit dem Anfechtungsrecht gehe zugleich eine Anfechtungslast einher.
72 Hierzu bereits oben Rn 20.
73 Hierzu sogleich näher Abschnitt 3.
74 *Durner*, DVBl. 2011, 853, 861; ähnlich *Beckmann*, VR 2011, 365, 366: *„Nichteinhaltung vorgebener Verfahrensschritte“*.
75 *Beckmann*, VR 2011, 365, 366; *Durner*, DVBl. 2011, 853, 861.
76 *Beckmann*, VR 2011, 365, 366.
77 *Appel*, ER 2012, 3, 11 f.
78 So aber das Verständnis von *Appel*, ER 2012, 3, 11 f.

43 Der Planfeststellungsbeschluss schließt die Entscheidung über den Trassenkorridor ein, innerhalb dessen die Ausbaumaßnahme durchgeführt wird. Diese Entscheidung wird nach § 12 zwar bereits in der Bundesfachplanung getroffen; ihr kommt dort aber, wie Abs. 3 S. 1 klarstellt, weder unmittelbare Außenwirkung noch Gestattungswirkung zu.[79] Im Außenverhältnis gegenüber möglichen Betroffenen, die nach Abs. 3 S. 2 Rechtsschutz gegen das Vorhaben suchen, enfaltet die Festlegung des Trassenkorridors erst durch den Planfeststellungsbeschluss Wirksamkeit. Sie ist damit materiell Bestandteil der Zulassungsentscheidung für die Ausbaumaßnahme. Beide Komponenten – Bestimmung des Trassenkorridors und Bestimmug der konkreten Leitungstrasse innerhalb dieses Korridors – bilden im Außenverhältnis eine einheitliche Entscheidung.

44 **§ 43e Abs. 4 EnwG gibt Maßstäbe dafür vor, welche Fehler, die beim Zustandekommen eines Planfeststellungsbeschlusses nach § 24 aufgetreten sind, beachtlich sind und wie mit diesen Fehlern umzugehen ist.** Da der Planfeststellungsbeschluss im Außenverhältnis die Entscheidung über den Trassenkorridor einschließt (einheitliche Entscheidung), ist es konsequent, die Regeln, die § 43e Abs. 4 EnWG für die Behandlung von Fehlern aufstellt, hier ebenfalls einheitlich anzuwenden, d.h. sie **auch für die Beurteilung von Mängeln heranzuziehen, zu denen es bei der Korridorfindung im Verfahren der Bundesfachplanung gekommen ist.**[80] Dieses Vorgehen ist sachlich auch deshalb gerechtfertigt, weil beide Verfahren (Bundesfachplanung und nachfolgende Planfeststellung) ähnlich strukturiert sind. Es gibt daher keinen Grund, die Fehlerfolgen unterschiedlich zu behandeln.

45 Im Einzelnen enthält § 43e Abs. 4 EnWG verschiedene Regeln und Grundsätze, mit denen das Spannungsverhältnis zwischen dem Geltungsanspruch der verletzten Rechtsvorschriften und dem Anliegen der Planerhaltung aufgelöst werden soll. § 43e Abs. 4 S. 1 EnWG enthält zum einen Vorgaben für den Umgang mit **Abwägungsmängeln**; solche Mängel sind nur erheblich, wenn sie offensichtlich und für das Abwägungsergebnis von Einfluss gewesen sind. Auch erhebliche Abwägungsfehler führen nach § 43e Abs. 4 S. 2 EnWG nur dann zur Aufhebung der Entscheidung nach § 12, wenn sie nicht im Wege der Planergänzung oder durch ein ergänzendes Verfahren behoben werden können. Wichtige Vorgaben enthält die Vorschrift zum anderen für den **Umgang mit Verfahrens- und Formfehlern**. Hier gilt nach § 43 Abs. 4 S. 2 Hs. 2 EnWG i.V.m. § 46 VwVfG zunächst das **Kausalitätserfordernis**, d.h. der Fehler ist unbeachtlich, wenn er die Sachentscheidung offensichtlich nicht beeinflust hat. Wenn eine solche Beeinflussung anzunehmen ist, ist zunächst zu prüfen, ob eine Korrektur mit dem Mittel der Planergänzung oder durch ein ergänzendes Verfahren in Betracht kommt. Erst wenn diese Möglichkeiten ausscheiden, muss die fragliche Entscheidung aufgehoben werden. Für die Heilung von Form- und Verfahrensfehlern gelten nach § 43 Abs. 4 S. 2 Hs. 2 EnWG im Übrigen die Grundsätze des § 45 VwVfG entsprechend.[81]

46 Für eine entsprechende Anwendung der Planerhaltungsvorschriften, die § 12 ROG für Raumordnungspläne und §§ 214f BauGB für Bauleitpläne vorsehen, besteht daneben kein Raum.[82] Bei ihnen handelt es sich um bereichsspezifische Bestimmungen, die sich auf die Bundesfachplanung nicht ohne weiteres übertragen lassen. Wegen ihrer Bedeutung und Tragweite für den Rechtsschutz bedürfen Fehlerfolgenregelungen einer hinreichenden Legitimation durch den Gesetzgeber. Bei den Grundsätzen des § 43a EnWG ist die notwendige Verbindung durch die aufgezeigte Verweisungskette im NABEG gegeben. Ein hinreichender Bezug zu den Sonderregungen des ROG und BauGB besteht dagegen nicht.

---

79 Siehe oben Rn 21ff.
80 Ebenso § 5 Rn 103.
81 Ebenso § 5 Rn 103f. Zu den gleichen Ergebnissen gelangt *Appel* (ER 2012, 3, 11f.) auf dem umständlichen Weg einer analogen Anwendung allgemeiner Planerhaltungsgrundsätze.
82 I. Erg. Lief. ebenso § 5 Rn 93; *Appel*, ER 2012, 3, 12.

Stellt sich bei der Überprüfung nach Abs. 3 S. 2 heraus, dass der Trassenkorridor in der Bundesfachplanung rechtsfehlerhaft festgelegt worden ist, und kann die Entscheidung nach § 12 auch mit Hilfe der Planerhaltungsregeln nach § 43e EnWG nicht aufrecht erhalten werden, so steht damit zugleich fest, dass der angefochtene Planfeststellungsbeschluss rechtswidrig ist. Der Zulassungsentscheidung für die Ausbaumaßnahme fehlt es dann an einer rechtlich tragfähigen Grundlage. Da die Entscheidung der BNetzA über die Bundesfachplanung (§ 12) in den Planfeststellungsbeschluss nach § 24 eingeht und im Außenverhältnis Teil einer einheitlichen Zulassungsentscheidung wird, **„infizieren" beachtliche Rechtsfehler, die bei der Bestimmung des Korridorverlaufs aufgetreten sind, auch das Ergebnis der Planfeststellung.**[83] 47

V. Geltungsdauer der Entscheidung (Abs. 2)

1. Bedeutung und Bestimmung der Geltungsdauer (S. 1)

Nach S. 1 ist die Geltungsdauer der Entscheidung über die Bundesfachplanung (§ 12 Abs. 2) grds. auf zehn Jahre befristet. Der Begriff „Geltungsdauer" bezeichnet die Zeitspanne, innerhalb derer Ausbaumaßnahmen, die in dem Trassenkorridor verwirklicht werden sollen, nach § 24 zugelassen werden können. **Hat die BNetzA nach § 12 Abs. 2 den Verlauf des Trassenkorridors bestimmt, dann steht** somit **nach Abs. 2 S. 1 für die Feintrassenplanung und die Durchführung der notwendigen Planfeststellungsverfahren ein Regelzeitraum von zehn Jahren zur Verfügung.** 48

Maßgebend für die **Einhaltung dieser Frist** ist der **Zeitpunkt, in dem der Planfeststellungsbeschluss erlassen wird**; nicht entscheidend ist dagegen, wann er bestandskräftig wird. Wie sich aus der Entstehungsgeschichte der Vorschrift ergibt, kam es dem Gesetzgeber darauf an, den fraglichen Zeitraum realitätsnah festzulegen.[84] Daher kann nicht davon ausgegangen werden, dass in die Frist auch Zeiten einzurechnen sind, in denen die Zulassungsentscheidung aufgrund von Rechtsbehelfen Dritter nicht in Bestandskraft erwachsen kann. Da solche verwaltungsgerichtlichen Auseinandersetzungen Jahre in Anspruch nehmen können, würde ihre Einbeziehung die Frist überstrapazieren. 49

Die Frist bezieht sich nur auf den Zeitraum, in dem die Ausbaumaßnahme, für die in der Bundesfachplanung ein Korridor bestimmt worden ist, nach § 24 zugelassen werden kann. Dagegen **besagt die Regelung nicht, dass solche Ausbaumaßnahmen innerhalb des Zehn-Jahres-Zeitraums auch tatsächlich realisiert werden müssen**. Da die Bundesfachplanung nach Abs. 3 S. 1 lediglich verwaltungsinterne Bindungswirkungen entfaltet, kann die in S. 1 bestimmte Frist nur die Planfeststellungsbehörde binden. **Ist die Frist abgelaufen,** dann besteht für das Vorhaben, das innerhalb des Korridors verwirklicht werden soll (Errichtung einer neuen oder Änderung einer bestehenden Stromleitung), ein **Zulassungshindernis.** Die Entscheidung der BNetzA über die Bundesfachplanung entfaltet dann keine Wirksamkeit mehr und steht als Grundlage für die Gestattung der geplanten Ausbaumaßnahme nicht mehr zur Verfügung. Ohne die Basisentscheidung nach § 12 kann ein Planfeststellungsbeschluss nach § 24 nicht ergehen. Dieses Zulassungshindernis kann nur dadurch überwunden werden, dass erneut ein Bundesfachplanungsverfahren durchgeführt und darin ein Trassenkorridor festgelegt wird. 50

Im Außenverhältnis **gegenüber dem Vorhabenträger entfaltet nur der Planfeststellungsbeschluss Wirksamkeit.** Mit ihm wird dem Vorhabenträger gestattet, die geplante Ausbaumaßnahme durchzuführen. **Für die Ausnutzung dieser Zulassung ist die Fristenregelung des Abs. 2** wegen ihrer ausschließlich verwaltungsinternen Wirkung **ohne Bedeutung.** Maßge- 51

83 Ebenso § 5 Rn 89; *Appel*, UPR 2011, 406, 409.
84 Siehe oben Rn 10.

bend für den Zeitraum, in dem der Planfeststellungsbeschluss umgesetzt werden muss, sind andere Vorschriften. Nach § 43c Nr. 1 EnWG treten Planfeststellungsbeschlüsse außer Kraft, wenn der Vorhabenträger nicht innerhalb von zehn Jahren nach Eintritt der Unanfechtbarkeit mit der Durchführung der Ausbaumaßnahme begonnen und auch von der Möglichkeit einer Verlängerung keinen Gebrauch gemacht hat. Diese Regelung gilt über den Verweis in § 18 Abs. 3 S. 2 auch für Planfeststellungsbeschlüsse im Anwendungsbereich des NABEG. Allerdings erscheint die recht großzügig bemessene Frist des § 43c Nr. 1 EnWG kaum geeignet, das Ziel eines beschleunigten Stromnetzausbaus (§ 1) zu fördern. Die BNetzA verfügt im Rahmen ihrer Aufsichtsbefugnisse nach § 65 Abs. 2a EnWG jedoch über Möglichkeiten, mit denen sie eine zügige Umsetzung genehmigter Ausbaumaßnahmen durchsetzen kann.

2. Verlängerung der Frist (S. 2 und 3)

52 Die zehnjährige Regelfrist kann nach S. 2 um weitere fünf Jahre verlängert werden. Diese Formulierung dürfte so zu verstehen sein, dass nur eine **einmalige Verlängerung** in Betracht kommt. Die Verlängerung wird im Regelfall auf **Antrag des Vorhabenträgers** erfolgen. Ein Antragserfordernis besteht jedoch nicht. In Ausnahmefällen kann die BNetzA die Frist auch **von Amts wegen** verlängern, wenn ihr dies zur Sicherung eines zügigen Stromnetzausbaus geboten erscheint.[85]

53 Voraussetzung für eine Verlängerung der Geltungsdauer von Entscheidungen nach § 12 ist nach S. 3, dass sich die **rechtlichen und tatsächlichen Verhältnisse** gegenüber der Situation zur Zeit der Bundesfachplanung **nicht geändert** haben. Diese Regelung ist in hohem Maße sachgerecht. Mit ihr soll verhindert werden, dass eine überholte Planung Grundlage von Zulassungsentscheidungen wird, aus denen – wegen eines veränderten rechtlichen oder tatsächlichen Umfeldes – Beeinträchtigungen privater oder öffentlicher Belange erwachsen können. Erfahrungsgemäß geben der fortschreitende technische und soziale Wandel sowie Entwicklungen in der Umwelt Anlass, bisherige Erkenntnisse und Entscheidungsgrundlagen in angemessenen Zeitabständen zu hinterfragen und zu aktualisieren. Dem trägt die Vorschrift Rechnung. Ob entsprechende Änderungen im konkreten Fall festzustellen sind, ist von der BNetzA zu gegebener Zeit jeweils zu prüfen.

54 Das Gesetz lässt offen, was zu geschehen hat, wenn sich die rechtlichen oder tatsächlichen Verhältnisse zwischenzeitlich so verändert haben, dass eine bloße Fortschreibung der Entscheidung nach § 12 ausscheidet. Vieles spricht dafür, dass in solchen Fällen nach den Grundsätzen der Planerhaltung nicht zwingend eine komplett neue Bundesfachplanung in Angriff genommen werden muss, wenn die notwendigen Anpassungen auch mit den Mitteln der Planergänzung oder mit Hilfe eines ergänzenden Verfahrens bewerkstelligt werden können.[86] Es wäre wünschenswert, dass der Gesetzgeber in dieser Frage für Klarheit sorgt. Solange es hieran fehlt, sollte aus Gründen der Rechtssicherheit im Zweifel ein neues Bundesfachplanungsverfahren durchgeführt werden.

85 Vgl. zur eingeschränkten Verfahrensautonomie des Vorhabenträgers in der Bundesfachplanung auch § 8 Rn 5.
86 Vgl. dazu oben Rn 45.

§ 16 Veränderungssperren

(1) Die Bundesnetzagentur kann mit dem Abschluss der Bundesfachplanung oder nachträglich für einzelne Abschnitte der Trassenkorridore Veränderungssperren erlassen, soweit für diese Leitungen ein vordringlicher Bedarf im Sinne des Bundesbedarfs festgestellt wird. Die Veränderungssperre bewirkt,

1. **dass keine Vorhaben oder baulichen Anlagen verwirklicht werden dürfen, die einer Verwirklichung der jeweiligen Stromleitung entgegenstehen, und**
2. **dass keine sonstigen erheblichen oder wesentlich wertsteigernden Veränderungen am Grundstück oder an baulichen Anlagen auf dem Grundstück durchgeführt werden dürfen.**

Die Veränderungssperre ist auf einen Zeitraum von fünf Jahren zu befristen. Die Bundesnetzagentur kann die Frist um weitere fünf Jahre verlängern, wenn besondere Umstände dies erfordern.
(2) Die Veränderungssperre ist aufzuheben, wenn die auf dem Trassenkorridor vorgesehene Ausbaumaßnahme anderweitig verwirklicht oder endgültig nicht mehr verwirklicht wird. Die Veränderungssperre ist auf Antrag aufzuheben, wenn überwiegende Belange von Betroffenen entgegenstehen.

Überblick

I. Allgemeines

1. Überblick über die Norm

Die BNetzA hat nach **Abs. 1 S. 1** die Möglichkeit, nach Abschluss der Bundesfachplanung für **einzelne Abschnitte** von **Trassenkorridoren Veränderungssperren** zu erlassen, soweit für diese Leitung ein vordringlicher Bedarf im Bundesbedarfsplangesetz nach § 12e Abs. 4 EnWG festgestellt worden ist. 1

2 Die **Wirkungen** im Einzelnen sind **in Abs. 1 S. 2** festgelegt. Die Veränderungssperre ist auf einen **Zeitraum von fünf Jahren befristet** und kann bei Vorliegen besonderer Umstände um bis zu fünf Jahre verlängert werden, **Abs. 1 S. 3, S. 4.**

3 **Abs. 2 S. 1** gebietet in den Fällen der Funktionslosigkeit eine **Aufhebung** der **Veränderungssperre. Abs. 2 S. 2** verlangt die Aufhebung der Veränderungssperre auf Antrag, wenn überwiegende Belange von Betroffenen entgegenstehen.

2. Regelungszweck

4 Die Veränderungssperre dient dem öffentlichen Zweck, die als **Ergebnisse der Bundesfachplanung ausgewiesenen Trassenkorridore für die späteren Planfeststellungsverfahren** zu sichern. Im Vordergrund steht dabei nicht das private oder unternehmerische Interesse an einem möglichst profitablen Projekt. Eine Veränderungssperre nach § 16 begründet für den gesamten in der Veränderungssperre festgesetzten Abschnitt der Trassenkorridore eine **Sperrwirkung**, um die in der Bundesfachplanung ausgewiesenen **Trassenkorridore** für die spätere Planfeststellung der Energieleitungen nach den §§ 18 ff. zu sichern.[1]

5 Der **beschleunigte Netzausbau** der **Höchstspannungs-Übertragungsnetze** kann dadurch behindert oder ggf. sogar vereitelt werden, dass nach Abschluss der Bundesfachplanung auf den Flächen der Trassenkorridore **Veränderungen** vorgenommen werden, die den **Aussagen** des **Bundesnetzplans** nach § 17 **widersprechen**. Um dies zu verhindern, ist die BNetzA berechtigt, nach Abschluss der Bundesfachplanung für einzelne Abschnitte der Trassenkorridore Veränderungssperren zu erlassen. In diesem Fall dürfen solche Vorhaben oder baulichen Anlagen nicht realisiert werden, die einer Verwirklichung der jeweiligen Stromleitung entgegenstehen (§ 16 Abs. 1 S. 2 Nr. 1). Sonstige erhebliche oder wesentlich wertsteigernde Veränderungen an betroffenen Grundstücken oder baulichen Anlagen sind untersagt (§ 16 Abs. 1 S. 2 Nr. 2).

6 § 16 entsprechende Regelungen finden sich in **§ 44a EnWG** und in den einschlägigen Fachplanungsgesetzen, u.a. § 9a FStrG, § 15 WaStrG, § 8a LuftVG, § 19 AEG und § 4 MBPlG. § 16 hat innerhalb der fachplanungsrechtlichen Regelungen eine Sonderstellung. Anders als in anderen Regelungen zu Veränderungssperren:
- tritt die Veränderungssperre nach § 16 nicht ipso iure, sondern nur bei einer entsprechenden (Ermessens-) Entscheidung der BNetzA in Kraft,
- wird die Veränderungssperre nach § 16 in der Handlungsform einer Allgemeinverfügung nach § 35 S. 2 VwVfG erlassen,[2]
- setzt die Veränderungssperre nach § 16 nicht auf das Öffentlichkeitsbeteiligungsverfahren (Auslegung des Plans) auf, sondern auf die getroffene Entscheidung über die Bundesfachplanung,
- enthält § 16 keine Entschädigungsregelungen[3] und
- enthält § 16 kein Vorkaufsrecht für den Vorhabenträger.

7 Aus Gründen der **Verhältnismäßigkeit** werden mit der Ausweisung der Energieleitungen im Bedarfsplangesetz nach § 12e EnWG an die **Voraussetzungen der Veränderungssperre nach § 16 höhere Anforderungen**[4] gestellt als nach der parallelen Regelung in § 44a EnWG[5] und nach den Regelungen über Veränderungssperren in den einschlägigen Fachplanungsgesetzen.

1 Vgl. dazu § 18 NABEG Rn 17 ff.
2 Vgl. Rn 18 ff.
3 Vgl. Rn 56 ff.
4 Vgl. Rn 22 ff.
5 Vgl. § 44a EnWG Rn 15 ff.

Die **Eingriffsintensität der Veränderungssperren** ist identisch. Hingegen ist der räumliche Geltungsbereich der Veränderungssperre nach § 16 ggf. enger, da die Veränderungssperre auf einzelne Abschnitte von Trassenkorridoren zu beschränken ist.[6]

3. Entstehungsgeschichte

Die Vorschrift wurde durch Art. 1 des **Gesetzes über Maßnahmen zur Beschleunigung des Netzausbaus Elektrizitätsnetze**[7] vom 28.7.2011 mit Wirkung zum 5.8.2011 erlassen. Sie erfuhr im **Gesetzgebungsverfahren keine Änderungen** und ist wortgleich mit dem ursprünglichen Entwurf.[8] 8

Der Bundesrat forderte die Bundesregierung auf, zu erklären, ob eine **Entschädigungsregelung** für von der Veränderungssperre betroffene, aber bereits genehmigte Vorhaben notwendig sei.[9] Ferner sollte geprüft werden, wer diese Entschädigung zu zahlen hat. Diese, den Bestandsschutz betreffende Frage war zurückzuführen auf den Umstand, dass sich die Veränderungssperre des § 16 Abs. 1 S. 1 Nr. 1 auch auf bereits genehmigte Vorhaben bezieht, die noch nicht realisiert sind, sodass diese nicht mehr verwirklicht werden dürfen. Die Bundesregierung sagte in ihrer Gegenäußerung eine Prüfung zu.[10] Im parlamentarischen Prozess wurden allerdings keine weiteren Änderungen vorgenommen. 9

II. Inhalt einer Veränderungssperre

Der Gesetzgeber normiert in § 16 Abs. 1 S. 2 den **Inhalt** einer Veränderungssperre und deren **Rechtswirkungen.** 10

Veränderungssperren dürfen für **einzelne Abschnitte eines Trassenkorridors** erlassen werden. Inhalt einer Veränderungssperre kann nur ein einzelner Abschnitt eines Trassenkorridors für eine Höchstspannungsleitung sein. Unzulässig ist es, eine Veränderungssperre für den gesamten Trassenkorridor anzuordnen. 11

Ein Abschnitt im Sinne des § 16 darf nicht mit der planungsrechtlichen Abschnittsbildung gleichgesetzt werden.[11] Es handelt sich um jeweils unterschiedliche Rechtsinstitute. Ein Abschnitt im Sinne des § 16 kann aus einem Streckenabschnitt eines Trassenkorridors bestehen, wobei der Abschnitt die gesamte Breite des Trassenkorridors erfasst. Ein Abschnitt kann ebenso aus einem Ausschnitt eines Trassenkorridors bestehen. Dies ist etwa dann der Fall, wenn die Veränderungssperre sich nicht auf den Trassenkorridor in seiner gesamten Breite bezieht, sondern nur einen Teil des Korridors erfasst. 12

Zulässig ist es, Veränderungssperren für mehrere Abschnitte eines Trassenkorridors zu erlassen. 13

Aus dem Vorbehalt des Gesetzes folgt, dass Veränderungssperren für das gesamte Vorhaben nicht zulässig sind. 14

Die Rechtsfolgen der Veränderungssperre treten mit Erlass der Veränderungssperre ein: 15

- Nach § 16 Abs. 1 S. 2 Nr. 2 kann Inhalt von Veränderungssperren das Verbot sein, keine sonstigen erheblichen oder wesentlich wertsteigernden Veränderungen am Grundstück oder an baulichen Anlagen auf dem Grundstück durchzuführen.

6 Vgl. Rn 34 ff.
7 BGBl. I 2011 S. 1690.
8 BT-Drucks. 17/6073.
9 BT-Drucks. 17/6249, S. 14.
10 BT-Drucks. 17/6249, S. 18.
11 Zur planungsrechtlichen Abschnittsbildung vgl. § 18 EnWG Rn 119 ff.

- Nach § 16 Abs. 1 S. 2 Nr. 1 dürfen keine Vorhaben oder baulichen Anlagen verwirklicht werden, die einer Verwirklichung der jeweiligen Stromleitung entgegenstehen.

16 Die in der **Nr. 1 aufgezählten Inhalte** sind **gegenüber** der **Nr. 2 lex specialis**, die Inhalte der Nr. 2 lex generalis.[12]

17 Im Zweifel wird für den von der Veränderungssperre betroffenen Grundstückseigentümer die Rechtsfolge der Veränderungssperre sichtbar, wenn er die Realisierung seines Vorhabens beantragt. Im Rahmen dieses Antrages wird geprüft, ob:
- inzident die Veränderungssperre zulässig ist und
- ob die Möglichkeit besteht, dass ausnahmsweise trotz Bestehens der Veränderungssperre ein Vorhaben realisiert werden kann.

III. Handlungsform der Veränderungssperre

18 Welchen Rechtscharakter eine Veränderungssperre im Sinne von § 16 hat, ist im Gesetzestext nicht klar angelegt. Der Gesetzgeber hat, anders als in § 16 Abs. 1 BauGB oder in § 22 Abs. 5 S. 1 LAbfG NW[13] darauf verzichtet, zu normieren, in welcher Handlungsform die Veränderungssperre erlassen wird. Grds. ist in solchen Fällen auf die bereits entwickelten Handlungsformen zurückzugreifen, da für diese Rechtmäßigkeitsvoraussetzungen und Rechtsschutz bereits ausgearbeitet sind.[14] Die Veränderungssperre ist danach als Verwaltungsakt in Form einer Allgemeinverfügung nach § 35 S. 2 VwVfG zu erlassen.[15] Die BNetzA regelt als zuständige Behörde für die Durchführung der Bundesfachplanung (§ 31 Abs. 1) mit der Nutzungsbeschränkung durch die entsprechende Veränderungssperre des privaten Eigentums die öffentlich-rechtliche Eigenschaft des betroffenen Grundstücks (§ 35 S. 2 Alt. 2 VwVfG). Eine entsprechende Zuordnung ist bei der vorläufigen Sicherung von nicht festgesetzten Überschwemmungsgebieten nach § 76 Abs. 3 WHG anerkannt. Auch eine derartige Anordnung ergeht als Allgemeinverfügung.[16] Für die Einordnung als Verwaltungsakt streitet auch der Wortlaut, der eindeutig von *„erlassen"* spricht.

19 Die Veränderungssperre nach § 16 ist eine **sachbezogene Allgemeinverfügung** gem. § 35 S. 2 Alt. 2 VwVfG.[17] Anknüpfungspunkt der Verfügung ist das einzelne betroffene Grundstück. Sie ist von jedem am Grundstück Berechtigten, also von Eigentümern sowie von dinglich und schuldrechtlich Berechtigten, zu beachten.[18] Sie richtet sich an einen unbestimmten Personenkreis. Wenn die BNetzA „eine" Veränderungssperre für mehrere oder sämtliche Grundstücke des Trassenabschnitts erlässt, handelt es sich um ein **„Bündel"** sachbezogener Allgemeinverfügungen.[19]

20 In formeller Hinsicht gelten die Formvorschriften des § 37 Abs. 3, 5 VwVfG; das Bestimmtheitsgebot nach § 37 Abs. 1 VwVfG und die Rechtsbehelfsbelehrung gem. §§ 58, 59 VwGO sind zu beachten. Einer Begründung bedarf es wegen § 39 Abs. 2 Nr. 5 VwVfG nicht. Ein Anhörungsverfahren nach § 28 Abs. 1 VwVfG wird regelmäßig aufgrund des Charakters der einzelnen Veränderungssperren als Allgemeinverfügung gem. § 28 Abs. 2 Nr. 4 Alt. 1 VwVfG – jedenfalls aber wegen des gleichzeitigen Erlasses einer Vielzahl gleichlautender Veränderungssperren – für das gesamte Plangebiet gem. § 28 Abs. 2 Nr. 4 Alt. 2 VwVfG entbehrlich sein.

---

12 Vgl. Rn 47.
13 Abfallgesetz für das Land Nordrhein-Westfalen v. 21.6.1988 (GV. NW. S. 250).
14 *Schmidt-Aßmann*, S. 298 ff.; *Schuppert*, S. 148 ff.
15 So auch *Sellner/Fellenberg*, NvWZ 2011, 1025, Fn 62.
16 Landmann/Rohmer/*Hünnekens*, WHG, § 76 Rn 37 m.w.N.
17 Stelkens/Bonk/Sachs/*Stelkens*, § 35 Rn 319.
18 BVerwG, Urt. v. 7.9.1984 – 4 C 16/81 –.
19 Stelkens/Bonk/Sachs/*Stelkens*, § 35 Rn 315.

Wirksamkeitsvoraussetzung für die Veränderungssperre ist gem. §§ 41 Abs. 1, 43 VwVfG ihre Bekanntgabe. § 41 Abs. 1 S. 1 VwVfG sieht als Grundanwendungsfall die individuelle Bekanntgabe des Verwaltungsaktes an denjenigen vor, für den dieser bestimmt ist (1. Alt.) oder an den Betroffenen (2. Alt.). Ausnahmsweise darf nach § 41 Abs. 3 S. 2 VwVfG eine Allgemeinverfügung **öffentlich bekannt** gegeben werden, wenn eine Bekanntgabe an die Beteiligten untunlich ist. Dabei kommt es auf die Unmöglichkeit oder Schwierigkeit im Sinne eines **unvertretbaren Aufwandes** einer individuellen Bekanntgabe an. Im Fall der Veränderungssperre ist dabei jede einzelne Allgemeinverfügung isoliert zu betrachten. Jede einzelne Verfügung richtet sich wegen der Anknüpfung an das Grundstück an einen **unbestimmten** Personenkreis. Dieser Kreis der **betroffenen** Personen (vgl. den Wortlaut von § 41 Abs. 1 S. 1 VwVfG) wie Eigentümer, dinglich Berechtigte oder schuldrechtlich Berechtigte wie beispielsweise Pächter kann, je nach Größe des Grundstückes, schnell unüberschaubar werden und die Ermittlung der betroffenen Personen die ordnungsgemäße Durchführung des Verwaltungsverfahrens beeinträchtigen. Daher wird in der Regel eine individuelle Bekanntgabe „untunlich" und eine öffentliche Bekanntgabe zulässig sein.[20] Die öffentliche Bekanntgabe der Veränderungssperre erfolgt nach § 41 Abs. 4 VwVfG durch ortsübliche Bekanntmachung; die ortsübliche Bekanntmachung erfolgt dadurch, dass die BNetzA die Veränderungssperre in örtlichen Tageszeitungen, die in dem von der Veränderungssperre betroffenen Gebiet verbreitet sind, im Amtsblatt der BNetzA und auf ihrer Internetseite bekannt gibt.[21] 21

IV. Voraussetzungen für den Erlass einer Änderungssperre (Abs. 1 S. 1)

1. Anordnung, Antrag

Anders als in § 44a EnWG[22] tritt die Veränderungssperre nach § 16 nicht ipso iure ein. Sie muss vielmehr von der BNetzA erlassen werden. Ausweislich des Gesetzestextes liegt es im **Ermessen** der BNetzA („*kann*"), ob und wann sie eine Veränderungssperre erlässt und die Inhalte einer Veränderungssperre in § 16 Abs. 1 S. 2 benennt. 22

Ein **Antrag des Vorhabenträgers** auf Erlass einer Veränderungssperre ist – ausweislich des Gesetzestextes – **keine Rechtmäßigkeitsvoraussetzung** für den Erlass einer Veränderungssperre. Die Planfeststellungsbehörde ist befugt, eine Veränderungssperre **von Amts wegen** zu erlassen. Stellt der Vorhabenträger einen Antrag auf Erlass einer Veränderungssperre, hat er einen **Anspruch auf ermessensfehlerfreie Entscheidung** über seinen Antrag.[23] 23

§ 16 Abs. 1 S. 1 nennt als Voraussetzungen für den Erlass einer Veränderungssperre die Feststellung des vordringlichen Bedarfs für die Leitung und den Abschluss der Bundesfachplanung. Weitere materielle Voraussetzungen sind nicht normiert. Insbesondere muss vor Erlass der Veränderungssperre keine Abwägung der Belange Betroffener stattfinden. 24

Die Rechtmäßigkeit der Bundesfachplanung ist keine Voraussetzung für den Erlass der Veränderungssperre. Eine antizipierte bzw. inzidente Rechtmäßigkeitskontrolle der Bundesfachplanung findet im Rahmen der Rechtmäßigkeitsprüfung einer Veränderungssperre grds. nicht statt, ausgenommen, die beabsichtigte Planung ist offensichtlich rechtswidrig. 25

Eine Veränderungssperre kann erlassen werden, ohne dass konkrete Veränderungen der Bauabsichten von Eigentümern vorliegen. Aus Art. 14 Abs. 1 GG sowie dem allgemeinen rechtlichen Grundsatz der Verhältnismäßigkeit folgt, dass eine Veränderungssperre nur dann zur 26

20 A.A. (mindestens 50 Personen) Stelkens/Bonk/Sachs/*Stelkens*, § 41 Rn 154.
21 Vgl. zur ortsüblichen Bekanntmachung auch § 13 Abs. 2 S. 3.
22 Vgl. § 44a EnWG Rn 22 ff.
23 Vgl. Rn 69.

Sicherung der Bundesfachplanung erforderlich ist, wenn planungsgefährdende Maßnahmen nicht auszuschließen sind.[24]

27 Es muss nicht abgewartet werden, ob die Länder innerhalb der nach § 14 vorgeschriebenen Frist Einwendungen gegen die Veränderungssperre oder Stellungnahmen erheben. Es ist vielmehr der Sinn der Veränderungssperre, abweichende Landesplanungen von den Trassenkorridoren abzuwehren.

28 Die Fehlerfolgen einer Veränderungssperre sind an den §§ 44, 45 und 46 VwVfG zu messen.

2. Abschluss der Bundesfachplanung

29 Der Erlass von Veränderungssperren ist frühestens nach Abschluss der Bundesfachplanung zulässig. Den Abschluss der Bundesfachplanung bildet nach § 12 die Entscheidung der BNetzA über die Bundesfachplanung. Diese enthält den Verlauf des raumverträglichen Trassenkorridors, die an den Landesgrenzen gelegenen Länderübergangspunkte, Ergebnisse der SUP und das Ergebnis der Prüfung von alternativen Trassenkorridoren.

30 Durch den Gesetzeswortlaut und den eindeutigen Bezug auf § 12 macht der Gesetzgeber deutlich, dass er die Voraussetzungen der Veränderungssperre nicht an die Bekanntgabe und Veröffentlichung der Entscheidung der Bundesfachplanung nach § 13 knüpft. Auch der Zeitpunkt, zu dem die durch die Bundesfachplanung bestimmten Trassenkorridore nach § 17 nachrichtlich bereits in den Bundesnetzplan aufgenommen worden sind, ist nicht maßgeblich. Dass die Veränderungssperren vor der Aufnahme der Trassenkorridore in den Bundesnetzplan erlassen werden können, wird auch aus der systematischen Stellung der Paragraphenfolge deutlich.

3. Feststellung des vordringlichen Bedarfs

31 Der Erlass von Veränderungssperren ist ausschließlich zulässig für Abschnitte von Trassenkorridoren, bezüglich derer ein vordringlicher Bedarf festgestellt worden ist. Der vordringliche Bedarf von Ausbaumaßnahmen für Höchstspannungs-Übertragungsnetze wird gem. § 12e Abs. 4 EnWG vom Bundestag mit Erlass des Bundesbedarfsplans festgestellt. Für die in dem Bundesbedarfsplan enthaltenen Vorhaben steht die energiewirtschaftliche Notwendigkeit und der vordringliche Bedarf für die Betreiber von Übertragungsnetzen sowie für die Planfeststellung und die Plangenehmigung nach den §§ 43 bis 43d EnWG und den §§ 18 bis 24 fest. Die Bedarfsfeststellung ist ferner für den Erlass von Veränderungssperren verbindlich.

32 Die gesetzliche Bedarfsfeststellung verleiht diesen Vorhaben eine besondere Legitimität; aufgrund dieser erhöhten Legitimität ist der mit den Veränderungssperren verbundene Eingriff in die kommunale Planungshoheit und die privaten Rechte gerechtfertigt.[25]

33 Die vom Gesetzgeber an den Erlass von Veränderungssperren gestellte Voraussetzung, dass für die entsprechenden Leitungen ein vordringlicher Bedarf festgestellt worden sein muss, ist keine Anforderung, die nicht bereits an die Eröffnung des Anwendungsbereichs gestellt wird. Der Anwendungsbereich der Bundesfachplanung ist nach § 2 Abs. 1 nur für die Errichtung oder Änderung von länderübergreifenden oder grenzüberschreitenden Höchstspannungsleitungen, die in einem Gesetz über den Bundesbedarfsplan nach § 12e Abs. 4 S. 1 EnWG als solche gekennzeichnet sind, eröffnet. Der Anwendungsbereich des NABEG ist nach § 2 Abs. 3 auch für den Neubau von Hochspannungsleitungen mit einer Nennspannung von mindestens 110 kV sowie für Bahnstromfernleitungen eröffnet, sofern diese Leitungen zusammen mit einer Höchstspan-

24 OVG Lüneburg, Urt. v. 16.6.1982 – 1 A 194/80 –.
25 Vgl. BT-Drucks. 17/6073, S. 27.

nungsleitung nach Abs. 1 auf einem Mehrfachgestänge geführt werden können. Diese Vorhaben müssen zwangsläufig in einem Trassenkorridor liegen, für den der Anwendungsbereich nach § 2 Abs. 1 eröffnet ist. Aus diesem Grund kommt dem Tatbestandsmerkmal der Feststellung des vordringlichen Bedarfs vor allem eine klarstellende Funktion zu.

V. Geltungsbereich

1. Räumlicher Geltungsbereich

Der Geltungsbereich der Veränderungssperren umfasst diejenigen Abschnitte der Trassenkorridore, die die Bundesnetzplanung in der Entscheidung über die Veränderungssperre ausweist. Es ist – ausweislich des Gesetzestextes – nicht zulässig, für ein gesamtes Ausbauvorhaben Veränderungssperren zu erlassen. 34

Ein Abschnitt ist ein Ausschnitt aus dem Trassenkorridor. Dieser Abschnitt umfasst einen bestimmten Längsschnitt des Trassenkorridors in der gesamten Breite. Ein Abschnitt muss aber nicht die gesamte Breite des Trassenkorridors umfassen. Der Gesetzgeber gibt der BNetzA die Gestaltungsfreiheit, die notwendige Fläche so exakt wie möglich zu identifizieren und zu kennzeichnen. Die Rechte der betroffenen Eigentümer sowie der Verhältnismäßigkeitsgrundsatz verpflichten darüber hinaus die BNetzA, den Abschnitt so genau wie möglich festzulegen. 35

Maßstab für den Umfang der Veränderungssperre ist die Zielsetzung des Gesetzes, nämlich eine Trasse zu sichern. Die BNetzA ist berechtigt, solche Trassen mit einer Veränderungssperre zu sichern, bei denen die Gefahr besteht, dass Veränderungen auf den betroffenen Flächen dem künftigen Leitungsbauvorhaben entgegenstehen oder dieses erheblich erschweren. Angesichts der überragenden Bedeutung des Leistungsausbaus in den Fällen, in denen die BNetzA zuständig ist, ist es ausreichend, dass bereits die nicht völlig fernliegende Möglichkeit besteht, dass eine Veränderung an der Fläche eine solche Erschwernis verursachen könnte. Betroffene Grundstückseigentümer können für Vorhaben, die sie trotz der Veränderungssperre verwirklichen wollen, im Rahmen des Antrages auf Zulassung die Prüfung verlangen, ob ein Veränderungsverbot tatsächlich besteht oder nicht. 36

Es kommt nicht darauf an, ob die Flächen für das Vorhaben selbst, für Folgemaßnahmen an Anlagen Dritter (§ 75 Abs. 1 S. VwVfG) oder für Maßnahmen der landschaftspflegerischen Begleitplanung (§ 20 IV BNatSchG) benötigt werden.[26] 37

Die BNetzA hat in ihrer Entscheidung die Flächen, für die die Veränderungssperre gelten soll, aus Gründen der Rechtssicherheit **parzellenscharf darzustellen.** Dabei bleibt es der BNetzA überlassen, ob sie dafür auf die vom Vorhabenträger eingereichten Unterlagen zurückgreift. 38

Notwendige bauliche Maßnahmen an Bahnstromfernleitungen zur Sicherung und Wahrung des Eisenbahnbetriebes bleiben unberührt.[27] § 16 ist auf diese Leitungen nicht anwendbar. 39

2. Zeitlicher Geltungsbereich (Abs. 1 S. 3 und S. 4)

Nach Abs. 1 S. 1 kann die Veränderungssperre frühestens mit dem Abschluss der Bundesfachplanung oder nachträglich erlassen werden. Es steht im Ermessen der BNetzA, zu welchem Zeitpunkt sie eine Veränderungssperre erlässt.[28] 40

Die Veränderungssperre ist ab dem Zeitpunkt wirksam, an dem den Betroffenen die Entscheidung der BNetzA über den Erlass einer Veränderungssperre bekannt gegeben worden ist. 41

26 Britz/Hellermann/Hermes/*Hermes*, § 44a Rn 13.
27 BT-Drucks. 17/6073, S.27.
28 BVerwG, Beschl. v. 26.6.2002 – 4 NB 19/92 –.

42 Nach **Abs. 1 S. 3** ist eine Veränderungssperre für einen **Zeitraum von fünf Jahren auflösend zu befristen.** Vergleichbare Regelungen über Veränderungssperren in anderen Fachplanungsgesetzen in § 9a FStrG, § 15 WaStrG, § 8a LuftVG, § 18 BauGB oder § 19 AEG weisen allesamt eine Veränderungssperre von vier Jahren auf. Konsequenterweise orientiert sich § 16 aber an der fünfjährigen Frist der Regelung des § 44a EnWG über Veränderungssperren bei Hochspannungsleitungen.

43 Mit der Befristung der Veränderungssperre wird der Grundsatz der Verhältnismäßigkeit gewahrt, dem die Veränderungssperre als Inhalts- und Schrankenbestimmung des Grundeigentums gem. Art. 14 Abs. 1 GG unterliegt.[29] Die Veränderungssperre kann für einen Zeitraum von weniger als fünf Jahren angeordnet werden. Der insoweit etwas apodiktische Wortlaut in § 16 Abs. 1 S. 2 bringt die Entscheidungsbefugnis der Behörde, auch eine kürzere Geltungsdauer einzusetzen, nicht ein.

44 Die BNetzA kann die Frist nach **Abs. 1 S. 4** um weitere fünf Jahre verlängern, wenn besondere Umstände dies erfordern. Auch die Verlängerung der Frist bzw. die Feststellung besonderer Umstände muss vom Grundsatz der Verhältnismäßigkeit gedeckt sein.[30] Solche Umstände liegen beispielsweise vor, wenn sich der Beginn des nachfolgenden Planfeststellungsverfahrens aus Gründen verzögert, die der Vorhabenträger nicht zu vertreten hat. Auch die Verlängerung der Veränderungssperre kann auf eine kürzere Frist als fünf Jahre angeordnet werden.

45 Nach Ablauf dieser Frist endet die Wirkung der Veränderungssperre, ohne dass es einer weiteren behördlichen Feststellung bedarf.

46 Die Veränderungssperre nach § 16 tritt ferner – und ohne dass hierzu eine Entscheidung der BNetzA notwendig wäre – ab dem Beginn der Auslegung im Planfeststellungsverfahren oder ab dem Zeitpunkt, ab dem den Betroffenen Gelegenheit gegeben wurde, den Plan einzusehen, „automatisch" außer Kraft. Denn gem. § 18 Abs. 3 S. 2 i.V.m. § 44a EnWG tritt zu diesem Zeitpunkt eine Veränderungssperre kraft Gesetz ein. Zu diesem Zeitpunkt treten die aus der Bundesfachplanung resultierende Veränderungssperre außer Kraft und die Veränderungssperre des Planfeststellungsverfahrens in Kraft.

3. Wirkungen

47 Nach § 16 Abs. 1 S. 2 Nr. 2 bewirkt die Veränderungssperre, dass keine sonstigen erheblichen oder wesentlich wertsteigernden Veränderungen am Grundstück oder an baulichen Anlagen auf dem Grundstück durchgeführt werden dürfen. Nach § 16 Abs. 1 S. 2 Nr. 1 bewirkt die Veränderungssperre zudem, dass keine Vorhaben oder baulichen Anlagen verwirklicht werden dürfen, die einer Verwirklichung der jeweiligen Stromleitung entgegenstehen. Beide Wirkungen bestehen nebeneinander. Da die Verwirklichung eines Vorhabens oder einer baulichen Anlage regelmäßig mit einer erheblichen Veränderung am Grundstück oder an baulichen Anlagen auf dem Grundstück einhergeht, sind die in der der **Nr. 1 aufgezählten Gegenstände gegenüber** der **Nr. 2 lex specialis**, die Gegenstände der Nr. 2 also lex generalis; sie dienen als Auffangtatbestand.

48 § 16 Abs. 1 S. 2 Nr. 2 enthält **vier Verbote,** die aus der Veränderungssperre resultieren, und zwar:
- erhebliche Veränderungen am Grundstück,
- wesentliche wertsteigernde Veränderungen am Grundstück,
- erhebliche Veränderungen an den baulichen Anlagen auf dem Grundstück und/oder
- erhebliche wertsteigernde Veränderungen an den baulichen Anlagen auf dem Grundstück.

---

29 Vgl. BT-Drucks. 17/6073, S. 27.
30 Vgl. BT-Drucks. 17/6073, S. 27.

Wesentliche wertsteigernde Veränderungen am Grundstück oder an baulichen Anlagen sind alle tatsächlichen Maßnahmen, die den Grundstückswert des von der Veränderungssperre erfassten Grundstücks nicht nur unwesentlich erhöhen. Dies kann z.B. bei der Anlegung von Stellplätzen[31] oder etwa bei einer Intensivierung der land- oder forstwirtschaftlichen Nutzung der Fall sein.[32] Rechtliche Veränderungen, etwa die Verlängerung eines Pachtvertrages, sind hingegen nicht von der Sperrwirkung der Veränderungssperre erfasst.[33] 49

Der Begriff der sonstigen erheblichen Veränderungen ist weit auszulegen und zielorientiert zu interpretieren. Ziel der Veränderungssperre ist es, zu verhindern, dass die geplante Stromleitung unmöglich oder deren Realisierung zumindest erheblich erschwert wird. 50

Sonstige erhebliche Veränderungen am Grundstück oder an einer baulichen Anlage können etwa Ablagerungen, Aufschüttungen oder Abgrabungen sein, die zur Errichtung der planfestgestellten Leitungsanlage wieder beseitigt werden müssen, aber auch die Verlegung von Leitungen.[34] 51

Nach § 16 Abs. 1 S. 2 Nr. 1 bewirkt die Veränderungssperre zudem, dass keine Vorhaben oder baulichen Anlagen verwirklicht werden dürfen, die einer Verwirklichung der jeweiligen Stromleitung entgegenstehen. Regelmäßig wird die Verwirklichung von § 16 Abs. 1 S. 2 Nr. 1 auch in einer erheblichen oder wesentlich wertsteigernden Veränderung am Grundstück (Nr. 2 Var. 1) oder an baulichen Anlagen auf dem Grundstück (Nr. 2 Var. 2) bestehen. Insofern dient Nr. 1 weniger der tatsächlichen Festlegung der Rechtswirkung der Veränderungssperre, sondern vielmehr der Verdeutlichung der Intention des Gesetzgebers beim Erlass von § 16. 52

4. Sonstige Rechtsfolgen

§ 16 ist als Verbotsnorm ausgestaltet. Veränderungen im Sinne des Tatbestandes sind daher rechtswidrig, die zuständigen Behörden können gegen solche Veränderungen mit den Mitteln der Eingriffsverwaltung (etwa bauordnungsrechtliche Einstellungsverfügung, Nutzungsuntersagung oder Abrissverfügung) vorgehen.[35] 53

Durch die Veränderungssperre wird kein gesetzliches Schuldverhältnis begründet, die Rechtsbeziehungen zwischen dem Vorhabenträger und den von der Veränderungssperre Betroffenen sind grds. öffentlich-rechtlicher Natur. Werden von einem Betroffenen entgegen einer Veränderungssperre Veränderungen vorgenommen, hat der Vorhabenträger keinen zivilrechtlichen Ersatzanspruch, wenn er die Veränderungen selbstständig beseitigt.[36] 54

Eine von einer Gemeinde nach Eintritt der Rechtwirkung einer Veränderungssperre erlassene Bauleitplanung ist nicht erforderlich im Sinne von § 1 Abs. 3 BauGB und daher rechtswidrig.[37] 55

5. Entschädigungsregelungen

Es fehlen – überraschenderweise – ausdrücklich Entschädigungsregelungen. Vergleichbare Regelungen über Veränderungssperren anderer Fachplanungen wie etwa § 9a FStrG, § 15 WaStrG, § 8a LuftVG, § 18 BauGB oder § 19 AEG weisen allesamt eine Entschädigungsregelung auf. Dies gilt auch für die Veränderungssperre in der energierechtlichen Planfeststellung nach § 44a EnWG, wonach bei einer mehr als fünfjährigen Dauer, die Eigentümer der betroffenen 56

31 BVerwG, Urt. v. 11.11.1998 – 11 A 13/97 –.
32 Vgl. Britz/Hellermann/Hermes/*Hermes*, § 44a Rn 5.
33 OLG Sachsen-Anhalt, Urt. v. 26.8.2010 – 2 U 14/10 –.
34 Britz/Hellermann/Hermes/*Hermes*, § 44a Rn 6.
35 Britz/Hellermann/Hermes/*Hermes*, § 44a Rn 10.
36 BGH, Urt. v. 15.10.1974 – VI ZR 181/73 –.
37 BVerwG, Beschl. v. 21.1.1993 – 4 B 206/92 –.

Grundstücke für die durch die Veränderungssperre entstandenen Vermögensnachteile eine Entschädigung verlangen können.

57 Nach Abs. 2 S. 2 können betroffene Dritte, insbesondere Grundstückseigentümer, im Unterschied zu den Regelungen in § 44a EnWG und in den einschlägigen Fachplanungsgesetzen, die **Aufhebung der Veränderungssperre** beantragen, wenn **überwiegende Belange entgegenstehen.** Auf der Kehrseite sieht § 16 weder Ausnahmen von der Veränderungssperre aus Gründen des Bestandschutzes noch eine **Regelung über die Entschädigung der Betroffenen** vor. Der Gesetzgeber ersetzt den Anspruch auf Schadenersatz durch den Anspruch auf Aufhebung der Veränderungssperre, sofern diese den ursprünglich beabsichtigten Zweck zu erreichen nicht geeignet ist. Weil damit das Prinzip „dulde und liquidiere" für § 16 aufgehoben ist, verbietet sich die **analoge Anwendung der Entschädigungsregelung** und des **Vorkaufsrechts** paralleler Regelungen auf § 16. Anderenfalls würde man ignorieren, dass es sich bei dem Fehlen der Entschädigungsregelungen nicht um eine planwidrige Regelungslücke, sondern um eine bewusste Entscheidung des Gesetzgebers handelt. Aus dem gleichen Grund kann auch das Rechtsinstitut des enteignenden Eingriffs nicht herangezogen werden.

58 Dem steht auch nicht der allgemeine Gleichbehandlungsgrundsatz aus Art. 3 Abs. 1 GG entgegen, da der Gesetzgeber, anders als in den übrigen Fachplanungsgesetzen, in § 1 S. 3 normiert hat, dass die Realisierung der Ausbauvorhaben aus Gründen eines überragenden öffentlichen Interesses erforderlich ist.

59 Welche rechtlichen Auswirkungen das Fehlen der Entschädigungsregelungen hat, lässt sich aber noch nicht abschließend einschätzen.

6. Aufhebung der Veränderungssperre (Abs. 2)

60 Veränderungssperren müssen sich jederzeit durch das Vorhaben rechtfertigen, dessen Verwirklichung sie dienen. Wird die auf dem Trassenkorridor vorgesehene Ausbaumaßnahme anderweitig verwirklicht oder endgültig nicht mehr verwirklicht, steht die beabsichtigte Geländeinanspruchnahme in keinerlei Zusammenhang (mehr) mit dem betreffenden Ausbauvorhaben. Abs. 2 gebietet in den Fällen ihrer Funktionslosigkeit eine Aufhebung der Veränderungssperre.[38]

a) Anderweitige Verwirklichung des Vorhabens (Abs. 2 S. 1 Alt. 1)

61 Nach Abs. 2 S. 2 Alt. 1 ist eine Veränderungssperre aufzuheben, wenn die auf dem Trassenkorridor vorgesehene Ausbaumaßnahme anderweitig verwirklicht wird. Die Veränderungssperre tritt in dieser Variante nicht ex lege zu dem Zeitpunkt, an dem das Vorhaben an einer anderen Stelle verwirklicht wird, außer Kraft. Sie muss durch Bescheid von der BNetzA aufgehoben werden. Der Aufhebungsbescheid ist von Amts wegen zu erlassen, eines entsprechenden Antrags des Betroffenen bedarf es nicht.

b) Aufgabe des Vorhabens (Abs. 2 S. 1 Alt. 2)

62 Die Veränderungssperre ist nach Abs. 2 S. 1 Alt. 2. aufzuheben, wenn das Vorhaben endgültig nicht verwirklicht wird. Die Veränderungssperre tritt auch in dieser Variante nicht ex lege außer Kraft. Sie muss durch einen von Amts wegen zu erlassenden Bescheid von der BNetzA aufgehoben werden.

---

38 Vgl. BT-Drucks. 17/6073, S. 27 sowie *Finkelnburg/Ortloff/Kment*, Band I, § 14 Rn 32.

c) Entgegenstehen von Belangen Betroffener (Abs. 2 S. 2)

Nach Abs. 2 S. 2 ist die Veränderungssperre auf Antrag aufzuheben, wenn überwiegende Belange von Betroffenen entgegenstehen. Der Antrag ist nicht vom Vorhabenträger, sondern von betroffenen Dritten zu stellen. Aus der Gesetzesformulierung („*ist*") wird deutlich, dass die BNetzA die Veränderungssperre aufzuheben hat, soweit feststeht, dass überwiegende Belange von Betroffenen der Veränderungssperre entgegenstehen. Die Regelung ist Ausdruck des allgemeinen Grundsatzes der Verhältnismäßigkeit und der Rechtfertigungsbedürftigkeit des § 16 als Inhalts- und Schrankenbestimmung im Sinne des Art. 14 GG. Die mit einer Veränderungssperre bezweckte, u.U. schwerwiegende Beschränkung der Nutzungsmöglichkeit eines Grundstücks ist nur hinzunehmen, wenn dem Betroffenen ein Ausgleich eingeräumt wird. Bei der Fassung von § 16 hat sich der Gesetzgeber für die Lösung entschieden, dem Betroffenen die Möglichkeit zu geben, durch Antrag die Rechtmäßigkeit der Veränderungssperre überprüfen zu lassen und eine Aufhebung zu bewirken. Dies weicht von dem Regelungsmodell der parallelen Vorschriften der § 44a EnWG, § 9a FStrG, § 15 WaStrG, § 8a LuftVG, § 19 AEG und § 4 MBPlG ab. In diesen Vorschriften ist ein solcher Antrag nicht vorgesehen, dafür bestehen jedoch Entschädigungs- und Bestandschutzregelungen. 63

Vor diesem Hintergrund ist das Merkmal der überwiegenden Belange von Betroffenen im Sinne des Abs. 2 S. 2 zu verstehen. Abs. 2 S. 2 ist eine Öffnungsklausel, die Ausnahmeregelungen oder -entscheidungen zulässt. Hierbei muss es sich keineswegs um atypische Fälle handeln. Vielmehr kann auf die bei den parallelen Vorschriften der § 44a EnWG, § 9a FStrG, § 15 WaStrG, § 8a LuftVG, § 19 AEG und § 4 MBPlG anerkannten Wertungen zurückgegriffen werden. Die Tatbestände, in denen die Parallelnormen Bestandsschutz gewähren, etwa Veränderungen, die in rechtlich zulässiger Weise vorher begonnen worden sind, Unterhaltungsarbeiten und die Fortführung einer bisher ausgeübten Nutzung, sind von der Wirkung der Veränderungssperre ausgenommen (z.B. § 44a Abs. 1 S. 2 EnWG). Aber auch die Normen, in denen den Betroffenen Sekundäransprüche wie z.B. Entschädigungsansprüche zustehen (z.B. § 44a Abs. 2 EnWG), können bei der Auslegung des Merkmals herangezogen werden. 64

Demgegenüber ist zu bedenken, dass über die Veränderungssperre die Ergebnisse der Bundesfachplanung gesichert werden sollen und daher die Veränderungssperren nur in Ausnahmefällen aufgehoben werden sollen. Die Auslegung des Begriffs des überwiegenden Entgegenstehens von Belangen Betroffener darf nicht im Widerspruch zur Intention des Gesetzes – dem beschleunigten Netzausbau – stehen. 65

7. Ausnahmen Einzelgenehmigung

§ 16 enthält keine ausdrückliche Regelung über Ausnahmen von der Veränderungssperre. Mögliche Ausnahmen ergeben sich nichtsdestoweniger mittelbar. Denn jeder Grundstückseigentümer, dessen Grundstück innerhalb des Gebiets einer Veränderungssperre liegt, kann einen Antrag darauf stellen, dass er sein Vorhaben oder seine bauliche Anlage realisieren darf. Im Rahmen dieses Antrages ist zu prüfen, ob das Vorhaben der Errichtung der Stromleitung entgegensteht. Diese Prüfung eines etwaigen Antrages umfasst vor allem die Frage, ob einer der Verbotstatbestände des § 16 vorliegt oder nicht. Sollte die beantragte Maßnahme keine Beeinträchtigung des Leitungsbauvorhabens bedeuten, ist das beantragte Vorhaben zulässig. Im Rahmen dieser Antragsbearbeitung wird auch zu prüfen sein, ob die Voraussetzungen für eine Veränderungssperre nach wie vor vorliegen, wenngleich eine inzidente Prüfung der Veränderungssperre unzulässig sein dürfte, da diese durch die Zustellung an die Bekanntmachung gegenüber dem betroffenen Grundstückseigentümer bestandskräftig geworden sein müsste. 66

Die Behörde, die mit dem Antrag befasst ist, muss die BNetzA als zuständige Behörde für das Leitungsbauvorhaben und die Veränderungssperre anhören. 67

VI. Rechtsschutz

68 Zu unterscheiden sind die Rechtsschutzmöglichkeiten des Vorhabenträgers, die Rechtsschutzmöglichkeiten der von der Veränderungssperre betroffenen Gemeinden sowie die Rechtsschutzmöglichkeiten betroffener Dritter.

1. Rechtsschutz des Vorhabenträgers

a) Verpflichtung zum Erlass einer Veränderungssperre

69 Da der Erlass einer Veränderungssperre ausweislich des Gesetzestextes („*kann*") im Ermessen der BNetzA liegt, hat der Vorhabenträger, soweit er einen Antrag auf Erlass einer Veränderungssperre stellt, einen Anspruch auf ermessensfehlerfreie Entscheidung, den er mit der Verpflichtungsklage (§ 42 Abs. 1 Hs. 2 VwGO) in Form der Bescheidungsklage (vgl. § 113 Abs. 5 S. 2 VwGO) geltend machen kann. Die Veränderungssperre dient auch dem Schutz des Vorhabenträgers.

b) Anspruch auf Verlängerung der Befristung der Veränderungssperre

70 Auch die Entscheidung über die Verlängerung der Veränderungssperre um weitere fünf Jahre liegt ausweislich des Gesetzestextes („*kann*") im Ermessen der BNetzA. Auch diesbezüglich hat der Vorhabenträger einen Anspruch auf ermessensfehlerfreie Entscheidung, den er mit der Verpflichtungsklage in der Form der Bescheidungsklage (§ 113 Abs. 5 S. 2 VwGO) geltend machen kann. Die Möglichkeit der Verlängerung der Veränderungssperre dient auch dem Schutz des Vorhabenträgers.

2. Rechtsschutz betroffener Dritter

71 Aus Sicht der betroffenen Dritten, wie z.B. Grundstückseigentümern, stellt die Veränderungssperre einen belastenden Verwaltungsakt dar, der in die in Art. 14 Abs. 1 GG garantierte Baufreiheit eingreift.[39] Hieraus folgt ein Aufhebungsanspruch für den Fall der Verletzung von subjektiven Rechten (§ 113 Abs. 1 S. 1 VwGO), der mit der Anfechtungsklage gem. § 42 Abs. 1 Hs. 1 VwGO durchsetzbar ist. Bei Allgemeinverfügungen nach § 35 S. 2 VwVfG ist insbesondere zu beachten, dass diese nur aufgehoben werden, soweit der Kläger in seinen Rechten verletzt ist. Da die für ein bestimmtes Grundstück erlassene Veränderungssperre nicht hinsichtlich der am Grundstück Berechtigten teilbar ist, kann sie nur allen an dem Grundstück Berechtigten gegenüber aufgehoben werden. Die Aufhebung einer für ein Grundstück erlassenen Veränderungssperre lässt jedoch die für die weiteren Grundstücke des Trassenabschnitts erlassenen Veränderungssperren unberührt.

72 Sachentscheidungsvoraussetzung einer Anfechtungsklage gegen eine Veränderungssperre ist sowohl nach S. 1 als nach S. 2 ein Antrag auf Aufhebung der Veränderungssperre.

3. Rechtsschutz der betroffenen Gemeinden

73 Aus der gemeindlichen Planungshoheit gem. Art. 28 Abs. 2 S. 1 GG folgt kein Klagerecht der Gemeinden gegen die Veränderungssperren.

39 Maunz/Düring/*Papier*, Art. 14 Rn 436; *Finkelnburg/Ortloff/Kment*, Band I, § 14 Rn 26.

§ 17 Bundesnetzplan

Die durch die Bundesfachplanung bestimmten Trassenkorridore werden nachrichtlich in den Bundesnetzplan aufgenommen. Der Bundesnetzplan wird bei der Bundesnetzagentur geführt. Der Bundesnetzplan ist von der Bundesnetzagentur einmal pro Kalenderjahr im Bundesanzeiger zu veröffentlichen.

Gesetzesbegründung aus BT-Drucks. 17/6073, S. 28: 1

> *„Der in Satz 1 geregelte Bundesnetzplan dokumentiert die durch die Bundesfachplanung festgelegten Trassenkorridore. Indem er einmal jährlich im Bundesanzeiger zu veröffentlichen ist (Satz 3), dient er insbesondere zu Informationszwecken.“*

Der Bundesnetzplan hat keine eigene Regelungswirkung. Er dient der Information der Öffent- 2
lichkeit über den Stand der geplanten Trassenkorridore. Aufzunehmen sind nicht etwa das bestehende Stromnetz echter Stromtrassen, sondern die bundesfachgeplanten Trassenkorridore.

Diese Übersicht veröffentlicht die BNetzA einmal jährlich im Bundesanzeiger. 3

Abschnitt 3
Planfeststellung

§ 18 Erfordernis einer Planfeststellung

(1) Die Errichtung und der Betrieb sowie die Änderung von Leitungen im Sinne von § 2 Absatz 1 bedürfen der Planfeststellung durch die zuständige Behörde.
(2) Auf Antrag des Vorhabenträgers können die für den Betrieb von Energieleitungen notwendigen Anlagen, insbesondere die Umspannanlagen und Netzverknüpfungspunkte, in das Planfeststellungsverfahren integriert und durch Planfeststellung zugelassen werden.
(3) Bei der Planfeststellung sind die von dem Vorhaben berührten öffentlichen und privaten Belange im Rahmen der Abwägung zu berücksichtigen. Sofern dieses Gesetz keine abweichenden Regelungen enthält, gelten für das Planfeststellungsverfahren und daran anknüpfende Verfahren die Bestimmungen in Teil 5 des Energiewirtschaftsgesetzes entsprechend.

Überblick

I. Allgemeines

1. Überblick über die Norm

Abs. 1 setzt für die Errichtung, den Betrieb und die Änderung von länderübergreifenden oder grenzüberschreitenden Höchstspannungsleitungen, die in einem Gesetz über den Bundesbedarfsplan nach § 12e Abs. 4 S. 1 EnWG als solche gekennzeichnet sind, einen **Planfeststellungsvorbehalt**. 1

Abs. 2 ermöglicht auf Antrag des Vorhabenträgers die für den Betrieb von Energieleitungen notwendigen Anlagen, insbesondere Umspannanlagen und Netzverknüpfungspunkte, in das Planfeststellungsverfahren zu integrieren und diese **Nebenanlagen** ebenfalls durch Planfeststellung zuzulassen. 2

Abs. 3 S. 1 nimmt auf das allgemeine planungsrechtliche **Abwägungsgebot** Bezug. Die Regelung entspricht der in § 43 S. 3 EnWG. 3

Abs. 3 S. 2 enthält eine **Verweiskaskade**: Die Regelung verweist auf die allgemeinen Regelungen des energierechtlichen Planfeststellungsrechts in den §§ 43ff. EnWG und durch den in § 43 S. 6 EnWG enthaltenen Verweis auch auf die allgemeinen Regelungen des Planfeststellungsrechts in den §§ 72ff. VwVfG. 4

2. Regelungszweck

§ 18 statuiert für die Errichtung, den Betrieb und die Änderung von länderübergreifenden oder grenzüberschreitenden Höchstspannungsleitungen einen **Planfeststellungsvorbehalt**. Die Vorschriften der §§ 18ff. über die Planfeststellung sind gegenüber den allgemeinen Regelungen der energierechtlichen Planfeststellung nach den §§ 43ff. EnWG **lex specialis**.[1] 5

Da die Zulassung des Gros der Energieleitungen bereits aufgrund der Regelungen der §§ 43ff. EnWG über die vorhabenbezogene Fachplanung erfolgt, wird aus dem Umstand, dass der Gesetzgeber für die Errichtung, den Betrieb und die Änderung von länderübergreifenden oder grenzüberschreitenden Höchstspannungsleitungen (§ 2 Abs. 1) besondere Regelungen für die Planfeststellungsverfahren eingeführt hat, auch die besondere energiewirtschaftliche Bedeutung dieser Energieleitung deutlich. 6

§§ 43ff. EnWG enthalten bereits einen Planfeststellungsvorbehalt für Energieleitungen. Die §§ 18ff. enthalten spezifische Beschleunigungselemente für den Transport von Elektrizität mit europäischer oder überregionaler Bedeutung. Ausdruck dieser Beschleunigung ist auch die nach Abs. 2 mögliche Integration von Nebenanlagen in die Planfeststellung nach den §§ 18ff. 7

Über die Verweiskaskade in Abs. 3 S. 2 wird Bezug auf die allgemeinen Regelungen der energierechtlichen Planfeststellung in den §§ 43ff. EnWG und hierdurch auch auf die allgemeinen Regelungen des Planfeststellungsrechts in den §§ 72 VwVfG genommen. 8

Mit der spezialgesetzlichen Regelung des Erfordernisses einer Planfeststellung nach den §§ 18ff. wird der Notwendigkeit eines beschleunigten Ausbaus des Übertragungsnetzes mit überregionaler oder europäischer Bedeutung Rechnung getragen. 9

1 *Erbguth*, NvWZ 2012, 326; vgl. auch § 43 EnWG Rn 11f.

3. Anwendbare Rechtsvorschriften

10 Abs. 3 S. 2 enthält eine **Verweiskaskade:** Demnach gelten für das Planfeststellungsverfahren von länderübergreifenden oder grenzüberschreitenden Höchstspannungsleitungen, die in einem Gesetz über den Bundesbedarfsplan nach § 12e Abs. 4 S. 1 EnWG als solche gekennzeichnet sind (§ 2 Abs. 1) und für die daran anknüpfenden Verfahren (Enteignung, frühzeitige Besitzeinweisung etc.) die Bestimmungen in Teil 5 des EnWG (§§ 43–48 EnWG) entsprechend, sofern die §§ 18 ff. keine abweichenden Regelungen enthalten. Die Vorschriften des EnWG sind daher nur anzuwenden, soweit dieses keine Modifikationen gegenüber den allgemeinen Regelungen der energierechtlichen Planfeststellung enthält. Die Vorschriften der §§ 18 ff. sind daher gegenüber den allgemeinen Regelungen der energierechtlichen Planfeststellung nach den §§ 43 ff. EnWG **lex specialis.** Soweit nach den Vorschriften des Teils 5 des EnWG die Vorschriften des VwVfG anwendbar sind, gilt dies auch für die Planfeststellung nach diesem Gesetz. Die allgemeinen Regelungen der energierechtlichen Planfeststellung nach den §§ 43 ff. sind wiederum **lex specialis** gegenüber den allgemeinen Regelungen des Planfeststellungsrechts nach den §§ 72 ff. VwVfG. Für das Planfeststellungsverfahren nach den §§ 18 ff. gilt somit grds. das für Stromleitungen bereits entwickelte und in Rechtsprechung und Literatur **anerkannte Regelungsinstrumentarium.**[2]

11 Abs. 3 S. 2 nimmt auch Bezug auf § 43 S. 8 EnWG, wonach die Maßgaben der §§ 43 ff. EnWG entsprechend gelten, soweit das Verfahren landesrechtlich durch ein Verwaltungsverfahrensgesetz geregelt ist. Im Anwendungsbereich dieses Gesetzes kommen die **Verwaltungsverfahrensgesetze der Länder** aber nur zur Anwendung, wenn die Länder für die Planfeststellungsverfahren zuständig sind. Soweit die Planfeststellungsverfahren von der BNetzA durchgeführt werden (Vgl. § 2 Abs. 2), bleibt für die Verwaltungsverfahrensgesetze der Länder kein Raum.

4. Verhältnis zum EnLAG

12 Der Anwendungsbereich des Gesetzes gilt nach § 2 Abs. 4 nicht für Vorhaben, die im EnLAG aufgeführt sind. Die Vorhaben des **EnLAG** werden nach den allgemeinen Regelungen des energierechtlichen Planfeststellungsrechts gem. den §§ 43 ff. EnWG zugelassen. Insofern bleiben alle Ausbaumaßnahmen von Höchstspannungsleitungen, die im EnLAG aufgeführt sind, von den Vorschriften über die Planfeststellung nach den §§ 18 ff. unberührt. Der Gesetzgeber wollte mit der Einschränkung des Anwendungsbereichs dieses Gesetzes in § 2 Abs. 4 erreichen, dass die überwiegend laufenden Planfeststellungsverfahren der im EnLAG aufgeführten Vorhaben durch die nach Landesrecht zuständigen Behörden zügig zu Ende geführt werden und etwaige **Verzögerungen** durch den Wechsel der Rechtsgrundlagen und der zuständigen Behörden vermieden werden.[3]

5. Entstehungsgeschichte

a) Allgemeines

13 Die Vorschrift wurde durch Art. 1 des **Gesetzes über Maßnahmen zur Beschleunigung des Netzausbaus Elektrizitätsnetze**[4] vom 28.7.2011 mit Wirkung zum 5.8.2011 als § 18 erlassen.

14 Der Paragraph erfuhr in seiner Entwurfsfassung Änderungen im Gesetzgebungsverfahren, die mit der Änderung der Zuständigkeit für die Planfeststellung im Zusammenhang stehen: So wurde infolge der Beschlussempfehlung des Ausschusses für Wirtschaft und Technologie[5] in

2 BT-Drucks. 17/6073, S. 23.
3 BT-Drucks. 17/6073, S. 23; vgl. auch *Schirmer*, DVBl. 2010, 1349, 1351.
4 BGBl. I 2011 S. 1690.
5 BT-Drucks. 17/6366, S. 6 f.

Abs. 1 „Bundesnetzagentur" durch „zuständige Behörde" ersetzt. Dem Formulierungsvorschlag des Bundesrates[6] „zuständigen Planfeststellungsbehörden der Länder" wurde nicht gefolgt, um die spätere Übertragung der Planfeststellungskompetenz auf die BNetzA offen zu halten. Der Paragraph erfuhr keine eigenen Änderungen im Gesetzgebungsverfahren, die sich auf das Erfordernis der Planfeststellung bezogen.

Vergleichbare Normen ordnen Fachplanungsvorbehalte für Energieleitungen an, wie beispielsweise § 43 EnWG oder für Bahnfernstromleitungen § 18 AEG. 15

b) Beschleunigungsgesetzgebung

Die §§ 18 ff. stehen im Zusammenhang mit einer Reihe von Gesetzen zur Beschleunigung von Planfeststellungs- und Genehmigungsverfahren. Das **Dritte Rechtsbereinigungsgesetz** vom 26.6.1990 reduzierte zur Rechtsvereinheitlichung die Zahl der Spezialvorschriften in einzelnen Fachplanungsgesetzen.[7] Das **Verkehrswegeplanungsbeschleunigungsgesetz** vom 16.12.1991 – am 31.12.2006 außer Kraft getreten[8] – war auf die neuen Bundesländer sowie auf Verkehrswege und Verkehrsanlagen begrenzt.[9] Zu den Änderungen des Verfahrens- und Prozessrechts gehörten insbesondere Fristregelungen im Anhörungsverfahren, die Einführung der Plangenehmigung sowie die erstinstanzliche Zuständigkeit des BVerwG für die „Verkehrsvorhaben deutsche Einheit". Das **Planungsvereinfachungsgesetz** vom 17.12.1993 übertrug die Grundsätze des Verkehrswegeplanungsbeschleunigungsgesetzes auf alle Verkehrsanlagen.[10] Es beinhaltete insbesondere Präklusionsvorschriften für Einwendungen sowie die Instrumente der Planergänzung und des ergänzenden Verfahrens. Durch das **Genehmigungsverfahrensbeschleunigungsgesetz** vom 12.9.1996 wurden die Regelungen der Fachgesetze in das VwVfG übernommen.[11] Im **Investitionsmaßnahmengesetz** trat in den neuen Bundesländern die Planung per Gesetz bei bestimmten Großprojekten an die Stelle des Planfeststellungsverfahrens.[12] Durch das **Gesetz zur Beschleunigung von Planungsverfahren für Infrastrukturvorhaben** vom 9.12.2006 wurden neben der Eingrenzung des obligatorischen Erörterungstermins Natur- und Umweltschutzvereinigungen Informations- und Beteiligungsrechte eingeräumt. Die erstinstanzlichen Zuständigkeiten der OVG wurden ausgeweitet (§ 48 VwGO); für enumerativ aufgezählte Vorhaben wurde die erstinstanzliche Zuständigkeit des BVerwG begründet (§ 50 Abs. 1 Nr. 6 VwGO).[13] Die Beteiligung der Natur- und Umweltschutzvereinigungen wurde durch das **Öffentlichkeitsbeteiligungsgesetz** vom 9.12.2006[14] und das **Umwelt-Rechtsbehelfsgesetz**[15] vom 7.12.2006 ausgestaltet. Durch das **Gesetz zur Beschleunigung des Ausbaus der Höchstspannungsnetze** vom 26.9.2009 erfolgte erstmals in der energierechtlichen Planfeststellung eine gesetzliche Bedarfsfestlegung; ermöglicht wurde zudem die Planfeststellung von Erdkabel-Pilotprojekten.[16] 16

6 BT-Drucks. 17/6249, S. 12.
7 RBG, BGBl. I 1990 S. 1221.
8 InfrPBG, BGBl. I 1991 S. 2833.
9 VerkPBG, BGBl. I 1991 S. 2174.
10 PVG, BGBl. I 1996 S. 2123.
11 GenBeschlG, BGBl. I S. 1354.
12 Vgl. das Gesetz über den Bau der Südumfahrung Stendal der Eisenbahnstrecke Berlin-Öbisfelde vom 29.10.1993, BGBl. I S. 1906 sowie das Gesetz über den Bau des Abschnitts Wismar/West-Wismar/Ost der Bundesautobahnen A 20 Lübeck-Bundesgrenze (A11) vom 2.3.1994, BGBl. I 734. Vgl. auch BVerwG, Beschl. v. 17.7.1996 – 2 BvF 2/93 –.
13 InfrPBG, BGBl. I 2006 S. 2833.
14 BGBl. I 2006 S. 2819.
15 UmwRG, BGBl. I 2006 S. 2816.
16 EnLAG, BGBl. I 2009 S. 2870. Vgl. dazu Vorgeschichte zum EnLAG.

II. Erfordernis der Planfeststellung (Abs. 1)

1. Planfeststellungsfähige Vorhaben

17 Nach Abs. 1 wird der Anwendungsbereich der §§ 18 ff. für länderübergreifende oder grenzüberschreitende Höchstspannungsleitungen, die in einem Gesetz über den Bundesbedarfsplan nach § 12e Abs. 4 S. 1 EnWG als solche gekennzeichnet sind (§ 2 Abs. 1), eröffnet. Für diese Leitungen werden von der BNetzA die Bundesfachplanung nach den §§ 5 ff. durchgeführt. Gemäß § 17 S. 1 werden die durch die Bundesfachplanung bestimmten Trassenkorridore nachhaltig in den Bundesnetzplan aufgenommen. Insofern gelten die Vorschriften über die Planfeststellung nach den §§ 18 ff. für die Trassenkorridore, die in den Bundesnetzplan aufgenommen worden sind.[17]

18 Anders als in den §§ 43 ff. EnWG oder als im EnLAG hat der Gesetzgeber in den §§ 18 ff. keine spezifischen Vorhaben enumerativ aufgezählt, für deren Errichtung, Betrieb sowie Änderung ein Planfeststellungsverfahren zwingend vorgeschrieben ist und insbesondere nicht zwischen Freileitung und Erdverkabelung unterschieden. Die Errichtung, der Betrieb und die Änderung von Energieleitungen im Anwendungsbereich der §§ 18 ff. können daher sowohl als **Freileitung** wie auch als **Erdkabel** beantragt und zugelassen werden. Auch Gleichstrom-Hochspannungsleitungen (**HGÜ-Leitungen**) können nach den §§ 18 ff. zugelassen werden.[17a]

19 Die **Entscheidung** darüber liegt alleine beim **Vorhabenträger**, der, weil es sich bei den §§ 18 ff. um eine gegenüber den §§ 43 ff. EnWG spezialgesetzliche Regelung handelt, insbesondere nicht an die Voraussetzungen des §§ 43h EnWG für die Errichtung von Freileitungen gebunden ist.

2. Errichtung von Leitungen

20 Nach Abs. 1 muss für die Errichtung von Leitungen im Sinne von § 2 Abs. 1 ein Planfeststellungsverfahren durch die zuständige Behörde durchgeführt werden.

21 Der Gesetzgeber hat den Begriff der Errichtung weder im EnWG, im NABEG oder in sonstigen Regelungen des Planungs- und Umweltrechts definiert; auch die Gesetzesbegründungen des NABEG und des EnWG enthalten keine Hinweise.[18]

22 Für Beginn und Abschluss der Errichtung von Energieleitungsvorhaben kann auf die auskonturierte Begrifflichkeit der Errichtung nach § 4 Abs. 1 S. 1 BImSchG zurückgegriffen werden.[19] Grds. umfasst der Begriff der Errichtung den gesamten Vorgang des Aufbaus und der Einrichtung der Anlage.[20]

23 Abzugrenzen ist die Errichtungsphase von den in § 44 EnWG geregelten **Vorarbeiten**. Vermessungen, Boden- und Grundwasseruntersuchungen einschließlich der vorübergehenden Anbringung von Markierungszeichen bedürfen nicht der Zulassung durch die Planfeststellung, sondern sind unter den Voraussetzungen des § 44 EnWG zulässig.

24 Die **Errichtungsphase** beginnt mit dem Aufstellen und Errichten von Geräten zur Durchführung der erforderlichen Baumaßnahmen, spätestens mit dem Beginn der Baumaßnahmen an diesem Ort, etwa mit der Aufbereitung des Grundstücks.[21] Zu ihr gehört auch die Überprüfung der Funktionsfähigkeit. Diese erfasst alle Maßnahmen, die erforderlich sind, um die grds. ordnungsgemäße Herstellung zu Überprüfung und den Probebetrieb vorzubereiten – auch die zeitweise Durchleitung von Strom.

---

17 So auch noch die ursprüngliche Gesetzesbegründung, vgl. BT-Drucks. 17/6073, S. 23.
17a *Spieler*, NVwZ 2012, 1139, 1141.
18 Anders jedoch das BImSchG, vgl. Landmann/Rohmer/*Dietlein*, BImSchG, § 4 Rn 69.
19 Danner/Theobald/*Missling*, EnWG, § 43 Rn 18.
20 Danner/Theobald/*Missling*, EnWG, § 43 Rn 19; BayObLG, Beschl. v. 30.12.1985 – 3 Ob OWi 150/85 –; *Jarass*, BImSchG, § 4 Rn 54.
21 Vgl. Danner/Theobald/*Missling*, EnWG, § 43 Rn 19.

Der **Probebetrieb** eines Energieleitungsvorhabens selbst fällt nicht unter die Errichtungsphase.[22] Dieser dient der Prüfung der dauerhaften Systemsicherheit und Funktionsfähigkeit des Energieleitungsvorhabens und beginnt nach Abschluss der Errichtungsphase. 25

Errichter ist, wer die Errichtung der Anlage in eigener wirtschaftlicher Verantwortung veranlasst.[23] Das ist nicht das Leitungsbauunternehmen, sondern der in einer Regelzone verantwortliche Netzbetreiber. 26

3. Betrieb von Leitungen

Der Betrieb einer Anlage beginnt spätestens mit der Verwendung der Energieleitung zur Versorgung der Allgemeinheit mit Elektrizität, erfasst auch die Wartung und Unterhaltung und endet mit der endgültigen Stilllegung.[24] Sie umfasst auch den Probebetrieb, der nach der Überprüfung der Funktionstüchtigkeit aufgenommen wird. 27

Der Beginn des Betriebs ist vor allem von Bedeutung, wenn existierende Anlagen nach einer bestimmten Zeit der Nichtnutzung wieder in Betrieb genommen werden sollen („Wiederertüchtigung"). Solche Wiederaufnahmen eines unterbrochenen Betriebes stellen keine erneute Inbetriebnahme im Rechtssinne dar. Eine erneute Inbetriebnahme oder Aufnahme des Betriebes im Rechtssinne ist nur dann anzunehmen, wenn es zuvor keinen Betrieb gab. Und zwar entweder weil die Leitung nicht existierte oder weil der Betrieb der ursprünglichen Leitung aufgegeben worden war. Der Probebetrieb dient der Prüfung der dauerhaften Funktionsfähigkeit des Energieleitungsvorhabens, nicht aber dem regulären Betrieb. Der Probebetrieb von wiederertüchtigten Anlagen bedarf daher nicht der Zulassung durch Planfeststellungsbeschluss. 28

Der Abbruch der Anlage gehört nicht zum Betrieb der Anlage.[25] Der Abbruch der Anlage selbst ist daher nicht planfeststellungs- oder plangenehmigungspflichtig. Ggf. können landesrechtliche Vorschriften eine Genehmigung erforderlich machen; auch kann ein Abbruch einen naturschutzrechtlich relevanten Eingriff darstellen, der ggf. genehmigt werden muss. 29

Der Abbruch einer Anlage, der unmittelbar verknüpft ist mit der Errichtung einer neuen Anlage, kann Gegenstand des Planfeststellungsverfahrens für die Neuerrichtung sein, wenn es sich um das gleiche Vorhaben handelt. 30

4. Änderung von Leitungen

Nur die **wesentliche Änderung** von Energieleitungsvorhaben unterfällt der Planfeststellung. Unwesentliche Änderungen von Energieleitungsvorhaben können im Anzeigeverfahren nach § 25 zugelassen werden. 31

Zunächst ist durch Auslegung des der Energieleitung zu Grunde liegenden Planfeststellungsbeschlusses unter Berücksichtigung aller Nebenbestimmungen, der Antragsunterlagen und des Verfahrens zu ermitteln, ob die Änderung von dem erteilten Planfeststellungsbeschluss gedeckt ist.[26] Ist das nicht der Fall, ist zu entscheiden, ob die vorzunehmenden Änderungen als unwesentlich einzustufen sind. Änderungen sind unwesentlich, wenn die Änderung eine UVP nicht erforderlich macht, öffentliche Belange nicht berührt werden und Rechte anderer nicht beeinträchtigt oder vertraglich geregelt sind.[27] 32

---

22 Strittig, vgl. Danner/Theobald/*Missling*, EnWG, § 43 Rn 20; *Jarass*, BImSchG, § 4 Rn 5; differenziert Landmann/Rohmer/*Dietlein*, BImSchG, § 4 Rn 77.
23 OVG Koblenz, Urt. v. 20.7.1987 – 7 A II 3/82 –.
24 Danner/Theobald/*Missling*, EnWG, § 43 Rn 19.
25 *Jarass*, BImSchG, § 4 Rn 57.
26 Danner/Theobald/*Missling*, EnWG, § 43 Rn 21.
27 Vgl. § 25 Rn 22 ff.

33 Der Abbruch einer Anlage dürfte regelmäßig keine wesentliche Änderung sein. Es würde den Wortsinn einer Änderung überspannen, wollte man den Abbruch einer Leitung oder einer sonstigen, dem § 18 unterfallenden Anlage als Änderung ansehen. Nichtsdestoweniger wäre die Erlaubnispflicht des Abbruchs einer Anlage sachgerecht. Denn mit dem Abbruch oder Rückbau können erhebliche Beeinträchtigungen insbesondere der Umwelt verbunden sein. Das Planfeststellungsverfahren dient dazu, diese Auswirkungen entsprechend zu bewerten. Anders ist es im Fall eines Abbruches, der sachlich im Zusammenhang steht mit der Errichtung oder Änderung einer Anlage. Derartige Abbruchmaßnahmen können Gegenstand des Planungsfeststellungsverfahrens sein.

34 Ebenso bedarf es zur Änderung von Leitungen im Sinne von § 2 Abs. 1 der Durchführung eines Planfeststellungsverfahrens durch die zuständige Behörde. Damit wird die UVP-RL der EG umgesetzt, wonach Errichtung und jede Änderung eines UVP-pflichtigen Vorhabens der Durchführung eines Planfeststellungsverfahrens bedürfen.

5. Integration der Nebenanlagen (Abs. 2)

35 Nach Abs. 2 können auf Antrag des Vorhabenträgers die für den Betrieb von Energieleitungen notwendigen Anlagen, insbesondere die Umspannanlagen und Netzverknüpfungspunkte, in das Planfeststellungsverfahren integriert und durch Planfeststellung zugelassen werden.

36 Die Regelung findet ihr Pendant im wortgleichen § 43 S. 2 EnWG und ist wie dieser durch das Gesetz über Maßnahmen zur Beschleunigung des Netzausbaus Elektrizitätsnetze in das EnWG aufgenommen worden. Zuvor mussten die notwendigen Nebenanlagen zumeist nach dem BImSchG gesondert zugelassen werden, soweit sie nicht bereits als Folgemaßnahmen in das Planfeststellungsverfahren integriert werden konnten. Die Regelung dient der **Beschleunigung des Verfahrens**.[28] Aus dem Wortlaut („*insbesondere*") und der Intention des Gesetzgebers folgt, dass die Aufzählung nicht abschließend ist; neben den benannten Umspannanlagen und Netzverknüpfungspunkten ist die Vorschrift einschlägig bei Schaltanlagen, Muffenbauwerken, Konverterstationen, Betriebsgebäuden, Zufahrten und sonstigen Anlagen sowie Nebeneinrichtungen. Hierunter fallen auch die Konverterstationen für HGÜ-Leitungen.[29]

37 Die Integration von Nebenanlagen in das Planfeststellungsverfahren erfolgt auf Antrag des Vorhabenträgers. Es steht ihm frei, einen solchen Antrag zu stellen oder die Nebenanlage in einem eigenen Verfahren genehmigen zu lassen. Für die Einzelmaßnahme ist das dann geltende Fachrecht einschlägig. Bisweilen kann eine Baugenehmigung nach der einschlägigen Landesbauordnung zulässig sein; oder ein immissionsschutzrechtliches Verfahren ist durchzuführen oder die Maßnahme ist möglicherweise genehmigungsfrei. Aus dem abweichenden Verfahren kann auch eine andere Zuständigkeit resultieren.

38 Eine Integration in ein Planfeststellungsverfahren ist nicht möglich, wenn der Vorhabenträger der Nebenanlage nicht identisch ist mit dem Vorhabenträger des Leitungsbauvorhabens, etwa wenn eine Umspannanlage von einem anderen Unternehmen betrieben wird, als die Leitung, die an diese Anlage angeschlossen werden soll. In derartigen Konstellationen ist zu überlegen, ob über eine vertragliche Vereinbarung die Eigenschaft als Vorhabenträger in einer Person benötigt wird und nach Erteilung des entsprechenden Planfeststellungsbeschlusses eine vertragliche Regelung über den Betrieb, die Betreiberstellung oder die Inhaberschaftgenehmigung getroffen wird.

---

28 BT-Drucks. 17/6073, S. 43.
29 *Spieler*, NVwZ 2012, 1139, 1141.

III. Materiell-rechtliche Anforderungen

1. Planrechtfertigung

a) Grundsätze

Die Eingriffswirkung der begehrten Verwaltungsentscheidung macht es erforderlich, dass das geplante Vorhaben gerechtfertigt ist.[30] Hoheitliche Planung trägt ihre Rechtfertigung nicht schon in sich selbst.[31] Die Verwirklichung einer Hochspannungsleitung in Übereinstimmung mit den Zielen des § 1 Abs. 1 EnWG muss einer möglichst sicheren, preisgünstigen, verbraucherfreundlichen, effizienten und umweltverträglichen leitungsgebundenen Versorgung der Allgemeinheit mit Elektrizität dienen und **objektiv erforderlich**, d.h. **vernünftigerweise geboten** sein.[32] Anforderung der Planrechtfertigung hat ihren Ursprung im Tatbestandsmerkmal der Erforderlichkeit in § 1 Abs. 3 BauGB und ist dann unter dem Begriff der Planrechtfertigung in das Planfeststellungsrecht übernommen worden. Im Rahmen der Planrechtfertigung ist nur die generelle Vollzugsfähigkeit der Planung zu prüfen, es handelt sich um eine erste Planungsschranke; die Erforderlichkeit stellt in diesem Zusammenhang nur ein grobes Raster dar.[33] Die Einzelheiten einer konkreten planerischen Lösung sind nach den Maßstäben des Abwägungsgebots zu bewerten.[34] Zwar darf die Planrechtfertigung nicht mit den Anforderungen an eine ordnungsgemäße Abwägung und einer etwaigen Alternativen- oder Variantenprüfung verwechselt werden. Einzelheiten des Trassenverlaufs und der Ausgestaltung der Trasse sind Gegenstand der planfeststellungsrechtlichen Entscheidung, können aber nicht die Planrechtfertigung als Ganzes in Frage stellen Der praktische Nutzen der dogmatischen Abgrenzung zwischen Anforderung der Planrechtfertigung und der Abwägungskontrolle sollte nicht überwertet werden. Gerade in der Praxis der energierechtlichen Planfeststellung spielt die Planrechtfertigung eine nur untergeordnete Rolle.[35] Dies hängt damit zusammen, dass der Bau einer Leitung in der Regel auf objektiv vorliegende Rahmenbedingungen zurückzuführen ist, etwa den Ausbau einer bestimmten Leitung oder den Anschluss eines Kraftwerkes. Die vernünftigen Gründe resultieren beinahe zwangsläufig aus diesen Rahmenbedingungen. 39

Die Planrechtfertigung hat in erheblichem Maße ein **prognostizierendes Element.** Denn zum Zeitpunkt der Beantragung und auch zum Zeitpunkt des Erlasses des Planfeststellungsbeschlusses ist nicht absehbar, ob die Leitung tatsächlich errichtet wird. Der Gesetzgeber hat vor diesem Hintergrund in § 43c Nr. 1 EnWG ausdrücklich eine zehnjährige Wirksamkeit des Planfeststellungsbeschlusses mit Verlängerungsmöglichkeit angeordnet. Aus dem langen Zeitraum wird deutlich, dass der Gesetzgeber selbst davon ausgeht, dass die Notwendigkeit einer gesicherten Planung ein Planfeststellungsverfahren erforderlich macht, ohne dass mit Sicherheit von einer Realisierung des Vorhabens ausgegangen werden muss. 40

Die Planrechtfertigung muss der Vorhabenträger in seinem Antrag auf Planfeststellung oder Plangenehmigung belegen. Hierzu werden im Regelfall Netzstudien beizubringen sein, aus denen hervorgeht, dass weitere Leitungskapazitäten notwendig sind oder beispielsweise Dienste für die Netzstabilität geleistet werden. 41

---

30 BVerwG, Urt. v. 16.3.2006 – 4 A 1075/04 –; vgl. auch *Ramsauer/Bieback*, NVwZ 2002, 277, 280.
31 VGH Kassel, Beschl. v. 19.4.1984 – 2 TH 91/83 –.
32 BVerwG, Urt. v. 22.3.1985 – 4 C 15/83 –; BVerwG, Beschl. v. 9.9.1988 – 4 B 37/88 –; BVerwG, Beschl. v. 22.7.2010 – 7 VR 4/10 –.
33 Vgl. OVG Koblenz, Urt. v. 16.9.2011 – 1 C 11114/09 –.
34 BVerwG, Beschl. v. 16.3.2006 – 4 BN 38/05 –; BVerwG, Urt. v. 18.3.2004 – 4 CN 4/03 –; BVerwG, Urt. v. 17.12.2002 – 4 C 15/01 –; BVerwG, Urt. v. 21.3.2002 – 4 CN 14/00 –.
35 Vgl. *Schiller*, UPR 2009, 245 ff.

b) Planrechtfertigung bei gesetzlicher Bedarfsplanung

42 Die Feststellung der energiewirtschaftlichen Notwendigkeit kann auch in einem vorgelagerten Verfahren erfolgen.[36] Dieser Aufgabe hat sich der Gesetzgeber im Rahmen einer gesetzlichen Bedarfsplanung angenommen. Ein gesetzlicher Bedarfsplan ist die Anlage des EnLAG sowie der Bundesbedarfsplan.[37] Für die Sicherstellung der Energieversorgung als eine Aufgabe der Daseinsversorgung größter Bedeutung[38] müssen bei leitungsgebundenen Vorhaben nach EnWG und/oder NABEG umfassend energiepolitische und energiewirtschaftliche Ziele, Prognosen und Zweckvorstellungen geprüft werden.[39] Die vorgelagerte Bedarfsprüfung bietet ein gewisses Beschleunigungspotenzial – vor allem aber Planungs- und Investitionssicherheit.

43 Im Falle der legislativen Bedarfsfeststellung ersetzt diese die exekutive Prüfung der Planrechtfertigung im Planfeststellungsverfahren.[40] EnLAG (§ 1 Abs. 1 S. 1 und S. 2) und Bundesbedarfsplan statuieren, dass die enthaltenen Vorhaben den Zielsetzungen des § 1 EnWG entsprechen und dass für sie die energiewirtschaftliche Notwendigkeit und der vordringliche Bedarf feststehen. Die Feststellung ist für die Planfeststellung und die Plangenehmigung verbindlich.[41] Eine Prüfung der Planrechtfertigung im Rahmen des Planfeststellungs- oder Plangenehmigungsverfahrens und der gerichtlichen Kontrolle ist weder erforderlich noch zulässig.[42]

44 Die fachgerechte Prüfung beschränkt sich in diesen Fällen auf die Frage, ob der Gesetzgeber mit der Bedarfsfeststellung die Grenzen seines gesetzgeberischen Ermessens überschritten hat.[43] Davon kann nur ausgegangen werden, wenn die Feststellung des Bedarfs offensichtlich unsachlich ist und wenn es für das Vorhaben offenkundig keinerlei Bedarf gibt, der die Annahmen des Gesetzgebers rechtfertigen könnte.[44] Bei Zweifeln an der Verfassungsmäßigkeit des Bedarfsplangesetzes muss ein gerichtliches Verfahren ausgesetzt und das Gesetz dem BVerfG nach Art. 100 Abs. 1 GG vorgelegt werden.

2. Beachtung zwingenden Rechts

45 Das Planfeststellungsverfahren ist inhaltlich umfassend. Der Planfeststellungsbeschluss muss im Ergebnis alle relevanten Gesichtspunkte, die für und gegen die Errichtung der Leitung gerade in der vom Vorhabenträger vorgeschlagenen Trasse sprechen, berücksichtigen. Die Konzentrationswirkung des Planfeststellungsbeschlusses umfasst die materiell-rechtlichen Anforderungen aller einschlägigen Gesetzte.

a) Bindungswirkung der Bundesfachplanung

46 In der Bundesfachplanung erfolgt eine **verbindliche Grobtrassenplanung** für die nachfolgenden Planfeststellungsverfahren (§ 15 Abs. 1 S. 1). Die BNetzA **bestimmt** dazu **in der Bundesfachplanung die Trassenkorridore** der im Bundesbedarfsplan als länderübergreifend oder

---

36 Mit einem Vorschlag für ein Bedarfserörterungsverfahren, *Burgi*, NVwZ 2012, 277 ff.
37 Vgl. dazu § 12e EnWG.
38 OVG NRW, Urt. v. 21.12.2007 – 11 A 1194/02 –.
39 A.A. *Schneller*, DVBl. 2007, 529, 536.
40 Vgl. BVerwG, Urt. v. 12.12.1996 – 4 C 29/94 –, vgl. BVerwG, Urt. v. 27.10.2000 – 4 A 18/99 –; vgl. BVerwG, Beschl. v. 16.1.2007 – 9 B 14/06 –; BVerwG, Urt. v. 14.7.2011 – 9 A 14.10 –; BVerwG, Beschl. v. 24.5.2012 – 7 VR 4/12 –; vgl. OVG Koblenz, Urt. v. 20.1.2010 – 8 C 10350/09 –; *Schirmer*, DVBl. 2010, 1349, 1351.
41 BVerwG, Urt. v. 27.10.2000 – 4 A 18/99 –; zur Überwindung der gesetzlichen Bedarfsfeststellung in der Abwägung BVerwG, Urt. v. 21.3.1996 – 4 C 26/94 –; *Steinberg*, ZuR 2011, 340, 341.
42 Britz/Hellermann/Hermes/*Hermes*, § 43 Rn 17a.
43 Vgl. BVerwG, Urt. v. 26.10.2005 – 9 A 33/04 –; Urt. v. 27.10.2000 – 4 A 18/99 –.
44 Vgl. BVerwG, Urt. v. 21.05.2008 – 9 A 68/07 –; Beschl. v. 16.1.2007 – 9 B 14/06 –.

grenzüberschreitend gekennzeichneten Höchstspannungsleitungen (§ 4 S. 1 und Abs. 1 S. 1). Sie prüft insbesondere die Raumverträglichkeit des Trassenkorridors (§ 5 Abs. 1 S. 3). Der Schwerpunkt der Bundesfachplanung liegt in der Prüfung, ob der Trassenkorridor **mit den Erfordernissen der Raumordnung übereinstimmt und in der Abstimmung** des Trassenkorridors **mit anderen raumbedeutsamen Planungen und Maßnahmen.**

Die Feststellung bzw. Herstellung der **Raumverträglichkeit** eines Trassenkorridors dient der Trassensicherung für die späteren Planfeststellungsverfahren.[45] Abweichend von § 15 Abs. 1 S. 1 ROG i.V.m. § 1 Abs. 1 S. 1 und S. 3 Nr. 14 RoV findet daher gem. § 28 ein Raumordnungsverfahren für die Errichtung oder die Änderung von Höchstspannungsleitungen, für die im Bundesnetzplan Trassenkorridore oder Trassen ausgewiesen sind, nicht statt.[46] 47

b) Umweltverträglichkeitsprüfung

aa) Allgemeines

Die UVP ist ein **unselbstständiger Teil verwaltungsbehördlicher Verfahren**, die der Entscheidung über die Zulässigkeit von Vorhaben dienen (§ 2 Abs. 1 S. 1 UVPG). Die UVP wird unter **Beteiligung der Öffentlichkeit** durchgeführt (§ 2 Abs. 1 S. 3 UVPG). 48

Tatsächlich ist die UVP mittlerweile der zentrale Bestandteil eines Planfeststellungsverfahrens. Denn die Umweltverträglichkeit steht im Mittelpunkt der rechtlichen Erwägungen und Abwägungen ebenso wie im Mittelpunkt der öffentlichen Erörterung. 49

Der Zweck der UVP eines Hochspannungsleitungsvorhabens ist es, sicherzustellen, dass zur wirksamen Umweltvorsorge nach einheitlichen Grundsätzen, die Auswirkungen auf die Umwelt frühzeitig und umfassend ermittelt, beschrieben und bewertet und die Ergebnisse der durchgeführten Umweltprüfungen so früh wie möglich berücksichtigt werden (§ 1 UVPG). 50

Die UVP umfasst die Ermittlung, Beschreibung und Bewertung der unmittelbaren und mittelbaren Auswirkungen eines Vorhabens auf Menschen, einschließlich der menschlichen Gesundheit, Tiere, Pflanzen und die biologische Vielfalt (§ 2 Abs. 1 S. 2 Nr. 1 UVPG), Boden, Wasser, Luft, Klima und Landschaft (§ 2 Abs. 1 S. 2 Nr. 2 UVPG), Kulturgüter und sonstige Sachgüter (§ 2 Abs. 1 S. 2 Nr. 3 UVPG) sowie die Wechselwirkung zwischen den vorgenannten Schutzgütern (§ 2 Abs. 1 S. 2 Nr. 4 UVPG). 51

Grds. ist, um Verwirrungen bei den Begrifflichkeiten zu vermeiden, klarzustellen, dass generell zwischen einer Umweltverträglichkeitsuntersuchung und der UVP zu unterscheiden ist. Die Umweltverträglichkeitsuntersuchung ist Bestandteil der Antragsunterlagen und wird vom Antragsteller (Vorhabenträger) und den Gutachtern, die der Vorhabenträger beauftragt hat, erarbeitet. Die insoweit vom Vorhabenträger anzufertigende Umweltverträglichkeitsuntersuchung ist Bestandteil der Antragsunterlagen. Die UVP selbst obliegt der Behörde. Die Behörde muss die eingereichten Unterlagen einschließlich der jeweiligen Gutachten und Fachbeiträge daraufhin untersuchen, ob die Umweltverträglichkeit des Vorhabens gegeben ist. 52

In Teilen wird anstelle der Umweltverträglichkeitsuntersuchung der Begriff der Umweltstudie verwendet, ohne das damit ein inhaltlicher Unterschied verbunden wäre. 53

bb) UVP-Pflicht

Nach § 3b i.V.m. Anlage 1 Nr. 19.1.1 des UVPG besteht eine **unbedingte Verpflichtung zur Durchführung** einer UVP für die Errichtung und den Betrieb einer Hochspannungsfreileitung 54

45 BT-Drucks. 17/6073, S. 24.
46 Vgl. § 28.

im Sinne des EnWG mit einer **Länge von mehr als 15 km und mit einer Nennspannung von 220 kV oder mehr.**

55 Nach § 3c S. 1 i.V.m. Anlage 1 Nr. 19.1.2 und Nr. 19.1.3 des UVPG ist eine **allgemeine Vorprüfung des Einzelfalls** für die Errichtung und den Betrieb einer Hochspannungsfreileitung im Sinne des EnWG mit einer **Länge von mehr als 15 km und mit einer Nennspannung von 110 kV bis zu 220 kV** und mit einer **Länge von 5 km bis zu 15 km und mit einer Nennspannung von 110 kV oder mehr** durchzuführen. Eine UVP-Pflicht im Einzelfall besteht dann, wenn das Vorhaben nach überschlägiger Prüfung durch die Planfeststellungsbehörde erhebliche nachteilige Umweltauswirkungen haben kann, die bei der Bewertung der Umweltauswirkungen (§ 12 UVPG) zu berücksichtigen wären. Kriterien für die Erheblichkeit nachteiliger Umweltauswirkungen ergeben sich aus der Anlage 2 UVPG.

56 Nach § 3c S. 2 i.V.m. Anlage 1 Nr. 19.1.4 des UVPG ist eine **standortbezogene Vorprüfung des Einzelfalls** für die Errichtung und den Betrieb einer Hochspannungsfreileitung im Sinne des EnWG mit einer **Länge von weniger als 5 km und einer Nennspannung von 110 kV oder mehr** durchzuführen.

57 Wenn eine UVP bereits im Rahmen des Raumordnungsverfahrens durchgeführt worden ist, kann sie im Planfeststellungsverfahren auf zusätzliche oder andere erhebliche Umweltauswirkungen des Vorhabens beschränkt werden (§ 16 Abs. 2 UVPG). Es ist jedoch darauf zu achten, dass die Untersuchungstiefe der UVP auf den jeweiligen Planungsstand abgestimmt wird und keine einseitige Verlagerung der UVP in die eine oder andere Planungsstufe erfolgt. Auch ist es wichtig, dass Unterlagen, auf die sich der Vorhabenträger oder die Planfeststellungsbehörde berufen, nicht veraltet sind. Eine Aussage darüber, ab welchem Zeitraum Unterlagen überarbeitet werden müssen, kann nicht getroffen werden. Dies hängt von dem jeweiligen fachlichen Gegenstand ab.

cc) Verfahren

58 Die UVP beginnt damit, dass die zuständige Planfeststellungsbehörde auf Antrag des Vorhabenträgers eines Vorhabens oder auf dessen Ersuchen um Unterrichtung über den Untersuchungsumfang nach § 5 UVPG oder von Amts wegen nach Beginn des Verfahrens feststellt, ob nach den §§ 3b bis 3f UVPG für das Energieleitungsvorhaben eine Verpflichtung zur Durchführung einer UVP besteht (§ 3a Abs. 1 S. 1 UVPG).

59 Ist dies der Fall, ist eine entsprechende UVP mit vorgeschalteter Umweltverträglichkeitsuntersuchung durchzuführen.

dd) Variantenprüfung

60 Die Vorschrift zur Umweltverträglichkeitsuntersuchung verlangt vom Vorhabenträger u.a. die Prüfung etwaiger technischer Varianten. Dabei geht es um Varianten innerhalb des gleichen Vorhabens. Nicht erforderlich ist eine Prüfung eines vollständig neuen Vorhabens als Alternative zu dem angestrebten Vorhaben. Im Rahmen der Umweltverträglichkeitsuntersuchung geht es also nicht darum, die Planrechtfertigung erneut zu hinterfragen. Auch ist eine sog. Null-Variante – also der Verzicht auf das Vorhaben insgesamt – nicht Gegenstand einer Variantenprüfung.

c) Naturschutzrecht

61 Innerhalb der Umweltverträglichkeitsuntersuchung ist die naturschutzfachliche Bewertung des Vorhabens von zentraler Bedeutung. Das Naturschutzrecht basiert auf einer Vielzahl von Rechtsgrundlagen. Oftmals geregelt auf europarechtlicher Grundlage finden sich bundesrecht-

liche und landesrechtliche Vorschriften. Insbesondere gilt es, folgende Schutzbereiche oder Schutzgebiete im Rahmen eines Planfeststellungsverfahrens zu betrachten:
- FFH-Gebiete,
- Vogelschutzgebiete (SAP),
- Naturschutzgebiete,
- Landschaftsschutzgebiete,
- Biotope.

aa) Europäischer Gebietsschutz – FFH-Gebiete

Die **rechtlichen Grundlagen des europäischen Gebietsschutzes** beruhen auf der RL 92/43/ 62
EWG des Rates vom 21.5.1992 zur Erhaltung der natürlichen Lebensräume sowie der wildlebenden Tiere und Pflanzen (**FFH-Richtlinie**) sowie der RL 79/409/EWG des Rates vom 2.4.1979 über die Erhaltung der wildlebenden Vogelarten (**VS-Richtlinie**). In diesen Richtlinien hat die Europäische Union ein gestuftes Schutzregime für zahlreiche Tier- und Pflanzenarten vorgeschrieben.

Zentrale Normen des **europäischen Gebietsschutzes** sind **Art. 6 Abs. 3 und Abs. 4 FFH-** 63
Richtlinie. Sie stecken den Rechtsrahmen für die Vereinbarkeit der Zulassung von Vorhaben und Projekten mit den Zielvorgaben des europäischen Gebietsschutzes ab. Die Vorgaben des Art. 6 Abs. 3, 4 der FFH-Richtlinie werden auf nationaler Ebene in der Vorschrift des **§ 34 BNatSchG** umgesetzt. Darüber hinaus finden sich in den Naturschutzgesetzen der Länder Bestimmungen, die im Wesentlichen inhaltlich der Vorschrift des § 34 BNatSchG entsprechen, auch wenn sie vom Wortlaut des § 34 BNatSchG teilweise leicht abweichen.[47] Alle nationalen Normen sind im Lichte des Art. 6 Abs. 3 und 4 FFH-Richtlinie auszulegen.

(1) Schutzsystematik des europäischen Gebietsschutzes

Gemäß **§ 34 Abs. 1 S. 1 und 2 BNatSchG** sind **Hoch- und Höchstspannungsleitungen vor Er-** 64
lass des Planfeststellungsbeschlusses auf ihre **Verträglichkeit** mit den **Erhaltungszielen** oder dem **Schutzzweck eines Natura 2000-Gebiets** zu überprüfen, wenn sie einzeln oder im Zusammenwirken mit anderen Projekten oder Plänen geeignet sind, das Gebiet erheblich zu beeinträchtigen. Die Trassen der planfestzustellenden **Hoch- und Höchstspannungsleitungen** sind **möglichst frühzeitig** auf ihre FFH-Verträglichkeit gem. § 34 Abs. 1 bis Abs. 5 BNatSchG zu untersuchen.

§ 34 BNatSchG erfordert eine **mehrstufige Prüfungsfolge.** In einem ersten Schritt findet 65
eine **Vorprüfung** – das sog. **Screening** – statt. Dies dient der Feststellung, ob eine erhebliche Beeinträchtigung von Erhaltungszielen eines geschützten Natura 2000-Gebietes möglich und damit eine FFH-Verträglichkeitsprüfung notwendig ist (§ 34 Abs. 1 S. 1 BNatSchG).[48] Ergibt die Vorprüfung, dass es anhand objektiver Umstände offensichtlich ausgeschlossen ist, dass das Vorhaben ein FFH-Gebiet erheblich beeinträchtigt, bedarf es keiner weiteren Prüfungsschritte mehr. Anderenfalls ist die zweite Prüfungsstufe, die **FFH-Verträglichkeitsprüfung,** einzuleiten. Zeigt die Verträglichkeitsprüfung, dass die Errichtung, der Betrieb oder die Änderung der **Hoch- und Höchstspannungsleitungen** nicht geeignet ist, **ein Natura 2000-Gebiet** im Hinblick auf dessen Erhaltungsziele **erheblich zu beeinträchtigen,** ist das Vorhaben FFH-rechtlich zulässig. Kommt die FFH-Verträglichkeit zu dem Ergebnis, dass erhebliche Beeinträchtigungen nicht auszuschließen sind, ist das Vorhaben **vorbehaltlich einer Abweichungsprüfung unzulässig** (§ 34 Abs. 2 BNatSchG).

---

47 Vgl. z.B. § 48d Landschaftsgesetz NRW.
48 Vgl. etwa Sächsisches OVG, Urt. v. 15.12.2011 – 5 A 195/09 –.

66 Die **Abweichungsprüfung** gestattet unter engen Voraussetzungen – auf der letzten Prüfstufe – die ausnahmsweise Zulassung der Errichtung, des Betriebs oder der Änderung der **Hoch- und Höchstspannungsleitungen** trotz der Möglichkeit einer erheblichen Beeinträchtigung eines Natura 2000-Gebietes (§ 34 Abs. 3 bis 5 BNatSchG).

(2) Vorprüfung

67 Nach § 34 Abs. 1 S. 1 BNatSchG müssen Vorhabenträger von Plänen und Projekten in einer Vorprüfung zunächst untersuchen, ob erhebliche Beeinträchtigungen eines Natura 2000-Gebietes überhaupt in Betracht kommen.

68 Ergibt die Vorprüfung, dass die erhebliche Beeinträchtigung eines Schutzgebiets offensichtlich ausgeschlossen ist, ist die FFH-Verträglichkeit des Planes oder Projektes nachgewiesen. Kommt die Vorprüfung dagegen zu dem Ergebnis, dass eine erhebliche Beeinträchtigung **nicht offensichtlich ausgeschlossen ist** und kann das beantragte Vorhaben ggf. gemeinsam mit anderen Plänen und Projekten die Erhaltungsziele des Natura 2000-Gebietes beeinträchtigen, ist die FFH-Verträglichkeitsprüfung durchzuführen.[49]

69 Soweit aufgrund der Vorprüfung **nachteilige Auswirkungen** auf ein Natura 2000-Gebiet wegen der Errichtung, der Änderung oder des Betriebs einer Hoch- und Höchstspannungsleitungen **zu befürchten sind**, sind diese Befürchtungen durch eine schlüssige naturschutzfachliche Argumentation auszuräumen.[50] Das **Fehlen erheblicher Beeinträchtigungen muss positiv festgestellt** werden. Dabei ist unbeachtlich, ob es sich bei den untersuchten Wirkfaktoren um direkte oder indirekte, kurzfristige oder längerfristige Einwirkungen handelt.

70 Bei Hoch- und Höchstspannungsleitungen zeigt sich in der Praxis, dass sich die FFH-Unverträglichkeit oftmals aus folgenden Umständen ergibt:

- Die Leitung greift unmittelbar in FFH-Gebiete ein und verursacht Flächenverluste und damit erhebliche Beeinträchtigungen von Lebensraumtypen und geschützten Arten.
- Die Hochspannungsfreileitung liegt in unmittelbarer Nähe eines FFH-Gebiets und wirkt sich mittelbar auf prägende Lebensraumtypen und Arten des FFH-Gebiets aus. So besteht etwa die Gefahr, dass Vögel, die innerhalb eines FFH-Gebiets ihren Lebensraum oder ihre Brutplätze haben, durch die Hochspannungsfreileitung gefährdet werden.

71 Die Auswirkungen auf ein Natura 2000-Gebiet sind folglich auch dann zu berücksichtigen, wenn die Hochspannungsfreileitung nicht direkt durch ein Natura 2000-Gebiet verläuft.

(3) FFH-Verträglichkeitsprüfung

72 Schutzgebiete im Sinne des § 34 Abs. 1 S. 1 BNatSchG sind sowohl FFH-Gebiete als auch Vogelschutzgebiete. Beide Gebietstypen sind Bestandteil des Gebietsnetzes Natura 2000. Während **FFH-Gebiete** solche Gebiete sind, die in der **Liste der Gebiete von gemeinschaftlicher Bedeutung** geführt werden (Art. 4 Abs. 2 UA 3, Abs. 5 FFH-Richtlinie), sind **Vogelschutzgebiete** solche Gebiete, die durch **die EU-Mitgliedsstaaten als Schutzgebiete gemeldet und ausgewiesen werden** (Art. 4 Abs. 1, Abs. 2 VS-Richtlinie).[51]

73 Im Rahmen der FFH-Verträglichkeitsprüfung wird untersucht, ob das Vorhaben die Erhaltungsziele eines Natura 2000-Gebietes beeinträchtigt. Die Darlegungs- und Beweislast obliegt dem Vorhabenträger bzw. der Planfeststellungsbehörde.[52] Es ist darzulegen, dass aus wissen-

49 BVerwG, Urt. v. 17.1.2007 – 9 A 20/05 –.
50 BVerwG, Urt. v. 17.1.2007 – 9 A 20/05 –.
51 Landmann/Rohmer/*Gellermann*, BNatSchG, § 32 Rn 1f.
52 BVerwG, Urt. v. 17.1.2007 – 9 A 20/05 –.

schaftlicher Sicht keine vernünftigen Zweifel bestehen und es zu keinen erheblichen Beschränkungen kommt.[53]

74 Untersucht wird nicht, ob das betroffene Natura 2000-Gebiet an sich beeinträchtigt wird, sondern ob es zu einer erheblichen Beeinträchtigung der spezifischen Erhaltungsziele des Natura 2000-Gebietes kommt.[54] Als Erhaltungsziele gelten diejenigen Ziele, die im Hinblick auf die Erhaltung oder Wiederherstellung eines günstigen Erhaltungszustands eines in Anhang I der FFH-Richtlinie aufgeführten natürlichen Lebensraumtyps oder einer in Anhang II der FFH-Richtlinie aufgeführten Art für ein Natura 2000-Gebiet festgelegt sind. Der Erhaltungszustand eines natürlichen Lebensraumes wird in Art. 1 Buchstabe e FFH-Richtlinie, der Erhaltungszustand einer Art in Art. 1 Buchstabe i FFH-Richtlinie legal definiert. Ein günstiger Erhaltungszustand muss trotz Durchführung des Vorhabens stabil bleiben.[55]

75 Das Vorhaben ist unzulässig, wenn nicht nachgewiesen werden kann, dass eine **erhebliche** Beeinträchtigung ausgeschlossen ist. Grundsätzlich kann jede Beeinträchtigung, die ein Erhaltungsziel nachteilig berührt, erheblich sein.[56] Dabei ist das Vorhaben nicht allein, sondern in Zusammenschau mit anderen Projekten und Plänen zu betrachten (sog. **Summationsbetrachtung**). Da die Erhaltungsziele der Schutzgebiete im Mittelpunkt der Prüfung stehen, müssen neben den vorhabenbedingten Einwirkungen auch Einwirkungen in den Blick genommen werden, denen der geschützte Lebensraum oder die geschützte Art von anderer Seite ausgesetzt sind.[57] Eine Summationsbetrachtung ist allerdings nur insoweit möglich, als die Auswirkungen der anderen Pläne oder Projekte und damit das Ausmaß der Summationswirkung **verlässlich absehbar** sind. Das ist grds. erst dann der Fall, wenn die hierfür erforderliche Zulassung erteilt ist.[58] An der gebotenen Gewissheit fehlt es, wenn bei Erlass des Planfeststellungsbeschlusses noch nicht absehbar ist, ob und wann das weitere Projekt realisiert werden wird.[59]

76 Allerdings ist eine erhebliche Beeinträchtigung eines Natura 2000-Gebietes dann nicht zu unterstellen, wenn **Schadensminderungs- und Schadensvermeidungsmaßnahmen** den Eintritt einer Beeinträchtigung eines Natura 2000-Gebietes von Anfang an verhindern oder ihre negativen Auswirkungen jedenfalls so begrenzen, dass sie in Ansehung des Erhaltungsziels bzw. des Schutzzwecks als unerheblich zu bewerten sind.[60]

77 Weiterhin ist eine erhebliche Beeinträchtigung eines Natura 2000-Gebietes nach der Rechtsprechung des BVerwG auszuschließen, wenn der Beeinträchtigung lediglich ein Bagatellcharakter zukommt.[61] Die Anerkennung der **Bagatellschwelle** findet ihre Rechtfertigung in dem Bagatellvorbehalt, der auf den gemeinschaftsrechtlichen Verhältnismäßigkeitsgrundsatz des Art. 5 Abs. 1 S. 2 EUV zurückzuführen ist und unter dem jede Unverträglichkeit mit den Erhaltungszielen eines FFH-Gebiestes steht.[62] Sind die vorhabenbedingten Zusatzbelastungen danach aufgrund ihrer Geringfügigkeit nicht geeignet, eine **erhebliche** Beeinträchtigung auszulösen, ist das Vorhaben zuzulassen.[63] Höchstrichterlich noch nicht endgültig geklärt ist bislang, ob auch

---

53 EuGH, Urt. v. 7.9.2004 – C-127/02 –; BVerwG, Urt. v. 17.1.2007 – 9 A 20/05 –; BVerwG, Urt. v. 12.3.2008 – 9 A 3/06 –.
54 BVerwG, Urt. v. 17.1.2007 – 9 A 20/05 –.
55 Vgl. BVerwG, Urt. v. 12.3.2008 – 9 A 3/06 –; BVerwG, Urt. v. 14.4.2010 – 9 A 5/08 –; OVG Münster, Urt. v. 1.12.2011 – 8 D 58/08 –.
56 BVerwG, Urt. v. 17.1.2007 – 9 A 20/05 –; BVerwG, Urt. v. 14.4.2010 – 9 A 5/08 –.
57 BVerwG, Urt. v. 14.4.2010 – 9 A 5/08 –.
58 BVerwG, Urt. v. 9.12.2011 – 9 B 44/11 –; Urt. v. 21.5.2008 – 9 A 68/07 –.
59 BVerwG, Urt. v. 9.12.2011 – 9 B 44/11 –.
60 Siehe BVerwG, Urt. v. 14.4.2010 – 9 A 5/08 –; Erbs/Kohlhaas/*Stöckel*/*Müller*, BNatSchG, § 34 Rn 13; Landmann/Rohmer/*Gellermann*, BNatSchG, § 34 Rn 26.
61 BVerwG, Urt. v. 12.3.2008 – 9 A 3/06 – Rn 124; BVerwG, Urt. v. 14.4.2010 – 9 A 5/08 –.
62 BVerwG, Urt. v. 14.4.2010 – 9 A 5/08 –.
63 BVerwG, Urt. v. 12.3.2008 – 9 A 3/06 –; BVerwG, Urt. v. 14.4.2010 – 9 A 5/08 –.

im Rahmen der Prüfung von Bagatellschwellen das Vorhaben gemeinsam mit anderen Projekten und Plänen[64] oder für sich allein[65] zu betrachten ist.

78 Für Hoch- und Höchstspannungsleitungen ist somit zu beachten, dass mit ihnen einhergehende Flächenverluste, die lediglich einen Bagatellcharakter aufweisen, nicht als erhebliche Beeinträchtigung eines FFH-Gebietes zu werten sind.[66] Eine Überbauung eines FFH-Gebietes ist also nicht vollkommen ausgeschlossen.

(4) Abweichungsverfahren

79 Kann eine erhebliche Beeinträchtigung eines FFH-Gebietes nicht ausgeschlossen werden, auch nicht durch vorhabenintegrierte Maßnahmen zur Schadenvermeidung oder Schadensminderung, muss – wenn ein positiver Planfeststellungsbeschluss ergehen soll – ein Abweichungsverfahren durchgeführt werden.

80 Auf der Grundlage eines **Abweichungsverfahrens** darf ein Planfeststellungsbeschluss für eine Hoch- und Höchstspannungsleitung nur erlassen werden, soweit das Projekt oder Vorhaben aus zwingenden Gründen des überwiegenden öffentlichen Interesses, einschließlich solcher sozialer oder wirtschaftlicher Art, notwendig ist (§ 34 Abs. 3 Nr. 1 BNatSchG) und zumutbare Alternativen, den mit dem Projekt oder Vorhaben verfolgten Zweck an anderer Stelle ohne oder mit geringeren Beeinträchtigungen zu erreichen, nicht gegeben sind (§ 34 Abs. 3 Nr. 2 BNatSchG).

81 Verschärfte Zulassungsvoraussetzungen gelten, wenn das betroffene Natura 2000-Gebiet **prioritäre natürliche Lebensraumtypen oder prioritäre Arten** einschließt (§ 34 Abs. 4 BNatSchG).[67] Als zwingende Gründe des überwiegenden öffentlichen Interesses können dann nur solche im Zusammenhang mit der Gesundheit des Menschen, der öffentlichen Sicherheit, einschließlich der Verteidigung und des Schutzes der Zivilbevölkerung, oder den maßgeblich günstigen Auswirkungen des Projekts auf die Umwelt geltend gemacht werden. Sonstige zwingende Gründe des überwiegenden öffentlichen Interesses können dagegen erst nach Einholung einer Stellungnahme der EU-Kommission berücksichtigt werden. Weiterhin kann ein Planfeststellungsbeschluss für eine Hoch- und Höchstspannungsleitung auf der Grundlage eines Abweichungsverfahrens nur erlassen werden, wenn die zur Sicherung des Zusammenhangs des Netzes Natura 2000 notwendigen Kohärenzmaßnahmen vorgenommen werden (§ 34 Abs. 5 BNatSchG).

82 Die Abweichungsprüfung umfasst damit insgesamt drei Schritte:
- die abwägende Beurteilung von Abweichungsgründen,
- die Prüfung weniger beeinträchtigender Alternativen und
- die Ermittlung notwendiger Kohärenzmaßnahmen.[68]

bb) Zwingende Gründe des überwiegenden öffentlichen Interesses

83 Für die Durchführung eines erfolgreichen Abweichungsverfahrens müssen zwingende Gründe des überwiegenden öffentlichen Interesses sprechen.

84 Neben den ausdrücklich in § 34 Abs. 3 Nr. 2, Abs. 4 BNatSchG benannten öffentlichen Interessen können auch sonstige, im Gesetz nicht benannte öffentliche Interessen zur Rechtfertigung der Planung von Hoch- und Höchstspannungsleitungen herangezogen werden.

---

64 OVG Münster, Urt. v. 1.12.2011 – 8 D 58/08 –.
65 So BVerwG, Urt. v. 14.4.2010 – 9 A 5/08 –; OVG Bautzen, Urt. v. 15.12.2011 – 5 A 195/09 –; VGH Kassel, Urt. v. 19.3.2012 – 9 B 1916/11 –.
66 BVerwG, Urt. v. 12.3.2008 – 9 A 3/06 –.
67 OVG Bautzen, Urt. v. 15.12.2011 – 5 A 195/09 –.
68 BVerwG, Urt. v. 12.3.2008 – 9 A 3/06 –.

Als zwingende Gründe des überwiegenden öffentlichen Interesses werden nach der Rechtsprechung des BVerwG solche Gründe anerkannt, die in ihrer Gewichtigkeit mit den in § 34 Abs. 4 BNatSchG genannten Gemeinwohlgütern vergleichbar sind.[69] Rein private Interessen vermögen, wenn ihre Realisierung nicht zugleich auch öffentlichen Interessen dient, eine positive Abweichungsentscheidung nicht zu stützen.[70] In Literatur und Rechtsprechung werden u.a. die wirtschaftliche Entwicklung einer Region und die Schaffung von Arbeitsplätzen als wirtschaftlicher Grund im Sinne des § 34 Abs. 3 BNatSchG anerkannt.[71] Erforderlich ist insoweit, dass das wirtschaftliche Interesse einen konkreten Bezug zum Vorhaben haben muss.[72] Auch hat die Rechtsprechung bestätigt, dass für **Energieerzeugungsanlagen** zwingende Gründe des öffentlichen Interesses sprechen können. Die Gewährleistung der Energieversorgung ist ein Gemeinschaftsinteresse hohen Ranges und darf vorrangig gefördert werden. Die Sicherung der Strom- und Fernwärmeversorgung ist ein öffentlicher Belang von erheblichem Gewicht, der die zu erwartenden Beeinträchtigungen eines FFH-Gebiets überwiegt, wenn plausibel dargelegt wird, dass das Vorhaben die Strom- und Fernwärmeversorgung sicherstelle, weil es angesichts des gesetzlich vorgesehenen Ausstiegs aus der Kernenergie und der Überalterung einiger fossiler Kraftwerke zu erheblichen Ausfällen an Kraftwerksleistung kommen werde.[73] 85

Bei der Planung von Hoch- und Höchstspannungsleitungen gilt es folglich zu bedenken, dass die öffentlichen Interessen an der Errichtung der Leitungen schwerer als das Integritätsinteresse des habitatrechtlichen Gebietsschutzes wiegen müssen. Voraussetzung für eine **fehlerfreie Abwägung** der gegenläufigen Interessen ist, dass das zwingende öffentliche Interesse umso gewichtiger sein muss, je schwerer die Beeinträchtigung der betroffenen Naturschutzbelange ist.[74] Die Gewichtung des öffentlichen Interesses muss den Ausnahmecharakter einer Abweichungsentscheidung berücksichtigen.[75] 86

Gemäß **§ 1 S. 3 NABEG** ist die **Realisierung der Stromleitungen, die in den Geltungsbereich des NABEG fallen, aus Gründen eines überragenden öffentlichen Interesses erforderlich**. Eine entsprechende Regelung kennt das EnWG nicht. Die Planfeststellungsbehörde muss daher im **Einzelfall** feststellen, ob die Errichtung, der Betrieb oder die Änderung der Hoch- und Höchstspannungsleitungen aus zwingenden Gründen des überwiegenden öffentlichen Interesses, einschließlich solcher sozialer oder wirtschaftlicher Art, notwendig ist. 87

Doch auch wenn eine dem § 1 S. 3 NABEG entsprechende Regelung im EnWG nicht enthalten ist, so verdeutlicht § 1 dennoch, dass die Herstellung einer sicheren und umweltfreundlichen Energieversorgung im öffentlichen Interesse steht, sowohl im Hinblick auf die wirtschaftliche Entwicklung der Bundesrepublik Deutschland und als auch im Hinblick auf ein künftiges europäisches Stromnetz. 88

cc) Alternativenprüfung

Für ein erfolgreiches Abweichungsverfahren ist es erforderlich, dass der Vorhabenträger bzw. die Planfeststellungsbehörde nachweisen, dass zumutbare Alternativen zu dem gewählten Vorhaben oder Projekt nicht bestehen. 89

69 BVerwG, Urt. v. 17.1.2007 – 9 A 20/05 –.
70 *Schumacher/Fischer-Hüftle*, § 34 Rn 84; Landmann/Rohmer/*Gellermann*, BNatSchG, § 34 Rn 31; *Jarass*, NUR 2007, 371, 376.
71 BVerwG, Urt. v. 9.7.2009 – 4 C 12/07 –; *Schuhmacher/Fischer-Hüftle*, § 34 Rn 845.
72 BVerwG, Urt. v. 9.7.2009 – 4 C 12/07 –.
73 VGH Mannheim, Urt. v. 20.7.2011 – 10 S 2102/09 –; OVG Berlin-Brandenburg, Beschl. v. 5.7.2007 – OVG 2 S 25/07 –.
74 BVerwG, Urt. v. 12.3.2008 – 9 A 3/06 –; *Schuhmacher/Fischer-Hüftle*, § 34 Rn 85.
75 Sächsisches OVG, Urt. v. 15.12.2011 – 5 A 195/09 –.

90 Anders als die fachplanerische Alternativenprüfung ist die FFH-rechtliche Alternativenprüfung nicht Teil einer planerischen Abwägung.[76] Die behördliche Alternativenprüfung steht nicht im Ermessen, sie unterliegt uneingeschränkt der gerichtlichen Kontrolle.[77]

91 Das Bestehen einer Alternative setzt voraus, dass sich die zulässigerweise verfolgten Planungsziele trotz ggf. hinnehmbarer Abstriche mit ihr erreichen lassen.[78] Die Alternative orientiert sich stets an dem tatsächlich beabsichtigen Vorhaben. Der Vorhabenträger muss **sowohl Standort- als auch Ausführungsalternativen** prüfen. Die sog. Null-Variante scheidet als Alternative aus: Denn sprechen für das Vorhaben zwingende Gründe des überwiegenden öffentlichen Interesses, dann stellt sich nicht mehr die Frage, ob auf das Vorhaben insgesamt verzichtet werden kann.[79] Die Realisierung eines anderen Vorhabens stellt ebenfalls keine Alternative zum geplanten Vorhaben dar. Von einer Alternative kann nicht mehr gesprochen werden, wenn sie auf ein anderes Projekt hinausläuft.[80] Eine planerische Variante, die nicht verwirklicht werden kann, ohne dass selbstständige Teilziele, die mit dem Vorhaben verfolgt werden, aufgegeben werden müssen, braucht nicht berücksichtigt zu werden.[81]

92 Die Alternativen zu dem geplanten Vorhaben müssen **zumutbar** sein. Das ist gem. § 34 Abs. 3 Nr. 2 BNatSchG n.F. dann der Fall, wenn der mit dem Vorhaben verfolgte Zweck an anderer Stelle ohne oder mit geringeren Beeinträchtigungen eines Gebietes von gemeinschaftlicher Bedeutung oder eines Europäischen Vogelschutzgebietes erreicht werden kann und der Grundsatz der Verhältnismäßigkeit beachtet ist. Der europarechtliche Grundsatz der Verhältnismäßigkeit kann es rechtfertigen, dass naturschutzfachlich vorzugswürdige Alternativen aus gewichtigen naturschutzexternen Gründen ausscheiden: Das dem Vorhabenträger zugemutete Maß an Vermeidungsanstrengungen darf nicht außerhalb jedes vernünftigen Verhältnisses zu dem damit erzielbaren Gewinn für die betroffenen gemeinschaftsrechtlichen Schutzgüter stehen. In diesem Zusammenhang können auch finanzielle Erwägungen den Ausschlag geben.

93 Weil eine ausführliche Alternativenprüfung bereits in der Bundesfachplanung durchgeführt worden ist, stellt sich die Frage, ob eine Alternativenprüfung überhaupt noch erforderlich ist.

94 Sofern die Anhörungs- und Planfeststellungsbehörde insoweit Vermerke und Handlungsempfehlungen veröffentlich hat, sind diese gem. Art. 3 GG i.V.m. der Verwaltungspraxis zu beachten.

dd) Kohärenzmaßnahmen

95 Führt die Errichtung, die Änderung oder der Betrieb einer Hoch- und Höchstspannungsleitung zu einer erheblichen Beeinträchtigung FFH-geschützter Gebietsbestandteile mit der Folge, dass das Schutzgebiet diese Funktion nicht mehr voll wahrnehmen kann, so kann dies nicht ohne einen Ausgleich in Kauf genommen werden.[82] Der Vorhabenträger muss die Durchführung von Kohärenzsicherungsmaßnahmen anbieten.

96 Die Ausgestaltung der Kohärenzsicherungsmaßnahmen muss sich **funktionsbezogen** an der jeweiligen verursachten erheblichen Beeinträchtigung ausrichten, derentwegen sie ergriffen wird.[83] Die notwendigen Kohärenzsicherungsmaßnahmen können folglich nur in Abhängigkeit von der Beeinträchtigung des jeweiligen Schutzgebiets identifiziert werden.[84] Als Ausgleichs-

76 BVerwG, Urt. v. 12.3.2008 – 9 A 3/06 –.
77 BVerwG, Urt. v. 12.3.2008 – 9 A 3/06 –.
78 BVerwG, Urt. v. 17.1.2007 – 9 A 20/05 –.
79 BVerwG, Urt. v. 17.1.2007 – 9 A 20/05 –.
80 BVerwG, Urt. v. 17.1.2007 – 9 A 20/05 –.
81 BVerwG, Urt. v. 17.1.2007 – 9 A 20/05 –.
82 BVerwG, Urt. v. 12.3.2008 – 9 A 3/06 –.
83 BVerwG, Urt. v. 12.3.2008 – 9 A 3/06 –.
84 BVerwG, Urt. v. 17.1.2007 – 9 A 20/05 –.

maßnahmen anerkannt sind beispielsweise die Wiederherstellung oder Verbesserung bestehender Schutzgebiete oder die Neuanlage von Lebensräumen.[85]

Die Eignung einer Kohärenzsicherungsmaßnahme ist ausschließlich nach naturschutzfachlichen Maßstäben zu beurteilen.[86] Nach der Rechtsprechung des BVerwG sind Kohärenzsicherungsmaßnahmen dann geeignete Maßnahmen, wenn nach aktuellem wissenschaftlichen Erkenntnisstand eine hohe Wahrscheinlichkeit ihrer Wirksamkeit besteht.[87] 97

ee) Vermeidungsmaßnahmen, CEF-Maßnahmen

(1) Vogelschutz

Hochspannungsfreileitungen haben eine besondere Sensibilität im Hinblick auf den Vogelschutz. Der Schutzstatus ergibt sich aus der Ausweisung als Vogelschutzgebiet. Vogelschutzgebiete können faktische oder ausgewiesene Vogelschutzgebiete sein. 98

Bei faktischen Vogelschutzgebieten gilt eine unbedingte Veränderungssperre. Die Realisierung eines Vorhabens dürfte in diesem Fall grds. schwierig sein. 99

Bei einem ausgewiesenen Vogelschutzgebiet kommt es auf die Festsetzungen im Einzelnen an. 100

Unabhängig davon ist dem Vogelschutz besondere Bedeutung und Beachtung zuzumessen. 101

(2) Artenschutz

Im Bereich des Artenschutzes ist zu prüfen, ob durch das Vorhaben im Hinblick auf die europäisch geschützten Arten (Arten nach Anhang IV FFH-Richtlinie und die Vogelarten gem. Art. 1 der VS-Richtlinie) Verbotstatbestände des § 44 Abs. 1 BNatSchG n.F. (§ 42 Abs. 1 BNatSchG a.F.) unter Berücksichtigung der Maßgabe nach § 44 Abs. 5 und 6 BNatSchG n.F. (§ 42 Abs. 5 BNatSchG a.F.) verwirklicht werden. Dazu ist ein artenschutzrechtlicher Fachbeitrag mit den Planunterlagen einzureichen. Sind Verbotstatbestände erfüllt, ist eine Überwindung der Verbote durch eine Ausnahme nach § 45 Abs. 7 BNatSchG n.F. (§ 43 Abs. 8 BNatSchG a.F.) erforderlich. Die Voraussetzungen für die Ausnahme sind in dem artenschutzrechtlichen Fachbeitrag darzulegen. Andere besonders geschützte Arten unterliegen im Rahmen der Planfeststellung nicht den Zugriffs-, Besitz- und Vermarktungsverboten des § 44 BNatSchG n.F. (§ 42 BNatSchG a.F.); diese werden ausschließlich im Rahmen der Eingriffsregelung nach § 13ff. BNatSchG n.F. (§§ 18ff. BNatSchG a.F.) behandelt. 102

Nach § 41 BNatSchG sind zum Schutz von Vogelarten neu zu errichtende Masten und technische Bauteile von Mittelspannungsleitungen konstruktiv so auszuführen, dass Vögel gegen Stromschlag geschützt sind. An bestehenden Masten und technischen Bauteilen von Mittelspannungsleitungen mit hoher Gefährdung von Vögeln sind bis zum 31.12.2012 die notwendigen Maßnahmen zur Sicherung gegen Stromschlag durchzuführen.[88] 103

ff) Naturschutzrechtliche Eingriffsregelungen

(1) Allgemein

Unabhängig von der Festsetzung der Ausweisung etwaiger Schutzgebiete gilt das naturschutzrechtliche Vermeidungsgebot. 104

85 EU-Auslegungsleitfaden zu Art. 6 Abs. 4 der Habitat-Richtlinie 92/43/EWG, Stand: Januar 2007, S. 16 mit weiterführenden Anmerkungen zur Realisierung von Kohärenzsicherungsmaßnahmen.
86 BVerwG, Urt. v. 12.3.2008 – 9 A 3/06 –.
87 BVerwG, Urt. v. 12.3.2008 – 9 A 3/06 –.
88 BVerwG, Urt. v. 9.7.2008 – 9 A 14/07 –.

105 Erhebliche Beeinträchtigungen von Natur und Landschaft sind vom Verursacher zu vermeiden. Nicht vermeidbare erhebliche Beeinträchtigungen sind durch Ausgleichs- oder Ersatzmaßnahmen oder, soweit dies nicht möglich ist, durch einen Ersatz in Geld zu kompensieren (§ 13 BNatSchG).

106 Eingriffe in Natur und Landschaft im Sinne des BNatSchG sind Veränderungen der Gestalt oder Nutzung von Grundflächen oder Veränderungen des mit der belebten Bodenschicht in Verbindung stehenden Grundwasserspiegels, die die Leistungs- und Funktionsfähigkeit des Naturhaushalts oder das Landschaftsbild erheblich beeinträchtigen können (§ 14 BNatSchG).

107 Die Errichtung, Änderung oder der Betrieb der Hochspannungsleitung, ob Erdkabel oder Freileitung, sind grds. Eingriffe im Sinne des § 14 BNatSchG.

108 Der Verursacher eines Eingriffs ist verpflichtet, vermeidbare Beeinträchtigungen von Natur und Landschaft zu unterlassen. Beeinträchtigungen sind vermeidbar, wenn zumutbare Alternativen, den mit dem Eingriff verfolgten Zweck am gleichen Ort ohne oder mit geringeren Beeinträchtigungen von Natur und Landschaft zu erreichen, gegeben sind. Soweit Beeinträchtigungen nicht vermieden werden können, ist dies zu begründen (§ 15 Abs. 1 BNatSchG).

109 Der Vorhabenträger ist verpflichtet, solche Beeinträchtigungen zu unterlassen, die durch eine schonendere Ausführungsvariante am gleichen Standort vermieden werden können.

110 Unvermeidbare Beeinträchtigungen sind durch Maßnahmen des Naturschutzes und der Landschaftspflege auszugleichen (Ausgleichsmaßnahmen) oder zu ersetzen (Ersatzmaßnahmen). Ausgeglichen ist eine Beeinträchtigung, wenn und sobald die beeinträchtigten Funktionen des Naturhaushalts in gleichartiger Weise wiederhergestellt sind und das Landschaftsbild landschaftsgerecht wiederhergestellt oder neu gestaltet ist. Ersetzt ist eine Beeinträchtigung, wenn und sobald die beeinträchtigten Funktionen des Naturhaushalts in dem betroffenen Naturraum in gleichwertiger Weise hergestellt sind und das Landschaftsbild landschaftsgerecht neu gestaltet ist (§ 15 Abs. 2 BNatSchG).

111 Werden die mit der Errichtung von Leitungstrassen verbundenen Eingriffe im Einzelfall nicht vollständig ausgeglichen oder kompensiert, sind sie nur zulässig, wenn die Abwägung aller Anforderungen an Natur und Landschaft gem. § 15 Abs. 5 BNatSchG ergibt, dass andere Belange im Range vorgehen. Wenn diese Belange vorgehen, sind Ersatzzahlungen gem. § 15 Abs. 6 BNatSchG zu leisten.

(2) Ersatzgeld

112 Die Zahlung von Ersatzgeld wird nach § 15 Abs. 6 BNatSchG zulässig, wenn ein Eingriff zulässigerweise durchgeführt wird, obwohl die Beeinträchtigung nicht zu vermeiden, nicht in angemessener Frist auszugleichen oder zu ersetzen ist. Die Höhe der Ersatzzahlung richtet sich nach der Schwere und der Dauer des Eingriffs. Sie ist nach Möglichkeit vor dem eigentlichen Eingriff zu leisten. Sie umfasst die Kosten der nicht durchgeführten Ausgleich- und Ersatzmaßnahmen einschließlich der Kosten für deren Planung und Erhaltung sowie die Flächenbereitstellung unter Einbeziehung des Personals und der Verwaltungskosten. Zusammengefasst handelt es sich hier um eine vollständige Kompensation zur Durchführung der Ausgleichs- oder Ersatzmaßnahme durch die Behörde, die eigentlich durch den Vorhabenträger hätte erfolgen sollen.

d) Immissionsschutzrecht

113 Die Planfeststellungsbehörde hat zu prüfen, ob das Vorhaben den immissionsschutzrechtlichen Vorgaben entspricht. Immissionsschutzrechtlich sind vor allem die 26. BImSchV-Verordnung über elektromagnetische Felder sowie die Regeln der TA Lärm von Bedeutung.

aa) Elektromagnetische Felder

Die von den Hochspannungsleitungen ausgehenden elektromagnetischen Felder sind gem. § 3 Abs. 2 BImSchG Immissionen. Konkrete Vorgaben zum Schutz vor elektromagnetischen Feldern ergeben sich aus § 22 Abs. 1 BImSchG i.V.m. der 26. BImSchV.[89] Dort werden Grenzwerte hinsichtlich der elektrischen Feldstärke und der magnetischen Flussdichte von Niederfrequenzanlagen festgelegt, die im Einwirkungsbereich der Anlage in den Gebäuden oder auf Grundstücken, die nicht nur zum vorübergehenden Aufenthalt von Menschen bestimmt sind, einzuhalten sind. Die Rechtsprechung erachtet diese Grenzwerte als ausreichend und dem Stand der Wissenschaft entsprechend.[90] Der Nachweis über die Einhaltung der magnetischen und elektrischen Feldstärkewerte gem. der 26. BImSchV muss durch den Vorhabenträger nachgewiesen werden. 114

bb) TA Lärm

Von zunehmend größerer Bedeutung ist angesichts verdichteter Räume – Wohn- und Gewerbenutzung – der Schallschutz. Von Hochspannungsfreileitungen gehen Koronaeffekte aus, die knistern oder brummen. Koronaeffekte entstehen durch Entladungen an Hochspannungsleitungen; dieser Effekt tritt auf, wenn ein elektrisches Potenzialgefälle eine Ionisierung bewirkt, die für eine Funkenentladung nicht ausreicht, aber stark genug ist, Geräusche zu verursachen. 115

Maßstab für die Bewertung der Zulässigkeit des Vorhabens ist im Hinblick auf die Schallemissionen und die Schallimmissionen die TA Lärm. Sie schreibt an den relevanten Immissionsorten (Nr. 2.3 TA-Lärm) die höchstzulässigen Immissionsrichtwerte tags und nachts vor (Nr. 6 TA-Lärm). 116

Der Vorhabenträger hat systematisch wie folgt vorzugehen: In einem ersten Schritt werden die Gebiete identifiziert, die einer bestimmten Art der Nutzung im Sinne der Baunutzungsverordnung zuzuordnen sind. In der Regel unproblematisch ist dies bei entsprechenden Festsetzungen in Bebauungsplänen. Fehlt eine entsprechende Festsetzung, muss anhand der tatsächlichen Gegebenheiten eine Einordnung vorgenommen werden. Im Einzelfall kann das jeweilige Schutzniveau an die tatsächlichen Umstände angepasst werden, wenn die tatsächliche oder im Bebauungsplan festgesetzte Nutzung die tatsächlichen Gegebenheiten nicht ausreichend berücksichtigt. Eine derartige Anpassung des Schutzniveaus – abweichend von den in den Bebauungsplan festgesetzten Nutzungsarten – muss die Ausnahme bleiben und daher sorgfältig erfolgen. Maßgeblich ist, ob das Schutzniveau insgesamt tatsächlich heruntergestuft und die zulässige Schallemission hochgesetzt werden kann. Lassen die tatsächlichen Nutzungen ein derartiges Vorgehen zu, ohne dass die Interessen der Betroffenen angemessen beeinträchtigt werden, so ist dieses methodische Vorgehen grds. zulässig. 117

Zu unterscheiden ist diese Korrektur von der Gemengelage, also wenn gewerblich, industriell oder hinsichtlich ihrer Geräuschauswirkungen vergleichbar genutzte und zum Wohnen dienende Gebiete aneinandergrenzen (Nr. 6.7 TA-Lärm). Dieses Aufeinandertreffen hat zur Folge, dass sich das regelhaft vorgegebene Zumutbarkeitsmaß in dem einen Gebiet erhöht und in dem anderen vermindert.[91] Ein unmittelbares räumliches Aneinandergrenzen der unterschiedlichen Gebiete ist für die Annahme einer Gemengelage nicht erforderlich.[92] 118

Es müssen zur Bestimmung der Zumutbarkeit des Zwischenwertes die Ortsüblichkeit und die Umstände des Einzelfalls berücksichtigt werden, wobei insbesondere auch die Priorität der 119

89 Vgl. allgemein zur 26. BImSchV *Kutscheidt*, NJW 1997, 2481. Laut 10-Punkte-Plan des BMU zur Energiewende soll die 26. BImSchV alsbald überarbeitet werden.
90 Vgl. BVerwG, Beschl. v. 9.2.1996 – 11 VR 46/95 –; VGH Kassel, Urt. v. 22.3.1993 – 2 A 3300 –, – 2 A 3316/89 –.
91 BVerwG, Beschl. v. 12.9.2007 – 7 B 24/07 –; BVerwG, Beschl. v. 6.2.2003 – 4 BN 5/03 –; VGH München, Beschl. v. 5.6.2009 – 10 CS 09/1313 –.
92 OVG Lüneburg, Urt. v. 14.2.2007 – 12 LC 37/07 –; VGH Mannheim, Beschl. v. 26.2.2004 – 10 S 951/03 –.

entgegenstehenden Nutzungen von Bedeutung ist. Die Obergrenze für Gemengelagen darf die Immissionsrichtwerte für Kern-, Dorf- und Mischgebiete nicht überschreiten (Nr. 6.7 Abs. 1, S. 2 TA Lärm). Der Stand der Lärmminderungstechnik ist einzuhalten (Nr. 6.7 Abs. 1, S. 3 TA Lärm).

3. Abschnittsbildung

120 Vorhaben können in selbstständigen Abschnitten untergliedert verwirklicht werden.[93] Die planungsrechtliche Abschnittsbildung ist als richterrechtliche Ausprägung des Abwägungsgebotes[94] nicht voraussetzungslos zulässig,[95] weil sie ein gewisses Erschwerungspotenzial für den Rechtsschutz Betroffener bietet. Während die Abschnittsbildung im EnWG gesetzlich nicht geregelt ist, wird sie im NABEG in § 19 S. 2 als Instrument der Verfahrensbeschleunigung erwähnt.

121 Die Streckenbildung entscheidet über den Umfang des planfestzustellenden Verfahrensgegenstandes. Als solche wird ihre Rechtmäßigkeit als Bestandteil des Planfeststellungsbeschlusses kontrolliert. Zulässig ist die Abschnittsbildung, wenn sachliche Gründe für die Aufteilung des Gesamtvorhabens sprechen, sodass sie vernünftigerweise geboten ist. Es ist nicht erforderlich, dass zwingende Gründe eine Abschnittsbildung erfordern. Die Grenze für eine zulässige Abschnittsbildung liegt vielmehr darin, dass die Abschnittsbildung nicht dazu dienen darf, bestehenden oder befürchteten Konflikten ohne sachlichen Grund aus dem Weg zu gehen und einer Lösung zu entziehen. Die Bildung von Abschnitten bietet sich besonders bei umfangreichen Vorhaben an sowie in den Fällen, in denen die Verwirklichung bestimmter Abschnitte besonders dringlich oder besonders konfliktbelastet ist.

a) Rechtfertigung der Bildung von Trassenabschnitten

122 Die Bildung von Trassenabschnitten muss gerechtfertigt und insbesondere mit den Anforderungen des Abwägungsgebotes und dem Gebot der Problembewältigung vereinbar sein.[96] Dies gilt sowohl, wenn die Abschnittsbildung auf Antrag des Vorhabenträgers oder von Amts wegen vorgenommen wird. Die Erforderlichkeit der Abschnittsbildung unter den vorangegangenen Voraussetzungen erstreckt sich sowohl auf die eigentliche Raumverträglichkeitsprüfung als auch auf die SUP. Da die Abschnittsbildung der Rechtfertigung bedarf, ist auf die Notwendigkeit der Abschnittsbildung gesondert in den Antragsunterlagen einzugehen.

123 Zur Rechtfertigung muss vorgetragen werden, dass sich in den unterschiedlichen Abschnitten verschiedene Konflikte erwarten lassen, deren Bewältigung gerade durch die Abschnittsbildung erleichtert wird.[97] Dabei geht es nicht darum, Abschnitte zu bilden, um Konflikten zu entgehen, sondern um die Konfliktbewältigung zu optimieren. Die Komplexität des Konfliktpensums kann sich in der Gruppe der Betroffenen oder den besonderen fachrechtlichen Anforderungen abzeichnen.

124 Der dem Fachplanungsrecht innewohnende Grundsatz der umfassenden Problembewältigung erfordert, dass Abschnitte nur in Vorschau auf nachfolgende Teile genehmigt und umgesetzt werden dürfen. Die Abschnittbildung muss demnach auf einer bereits fortgeschrittenen Gesamtplanung basieren und sich durch diese begründen lassen.[98] Im Hinblick auf diese muss

93 BVerwG, Beschl. v. 1.9.1965 – IV C 180.65 –; BVerwG, Beschl. v. 22.3.1973 – IV B 158.72 –; BVerwG, Urt. v. 26.6.1981 – 4 C 5.78 –; BVerwG, Beschl. v. 5.6.1992 – 4 NB 21/91 –; BVerwG, Beschl. v. 26.6.1992 – 4 B 1 11/92 –.
94 Zum EnLAG BVerwG, Beschl. v. 22.6.2010 – 7 VR 4.10 –; vgl. auch BVerwG, Beschl. v. 5.6.1992 – 4 NB 21/91 –; BVerwG, Beschl. v. 23.3.1973 – IV B 158.72 –.
95 *Kopp/Ramsauer*, § 74 Rn 29.
96 *Kopp/Schenke*, § 72 Rn 30.
97 Vgl. BVerwG, Beschl. v. 22.7.2010 – 7 VR 4/10 –; BVerwG, Beschl. v. 24.5.2012 – 7 VR 4/12 –.
98 Vgl. BVerwG, Beschl. v. 26.6. 1992 – 4 B 1 11/92 –; BVerwG, Beschl. v. 21.12.1995 – 11 VR 6/95 –.

die Bildung von Abschnitten aus sich selbst heraus inhaltlich gerechtfertigt erscheinen.[99] Das ist der Fall, wenn anzunehmen ist, dass sie die Verwirklichung des Vorhabens praktikabler und das Verwaltungsverfahren insgesamt durch die Reduktion von Komplexität in den Abschnitten effizienter macht.

b) Vorläufige positive Gesamtprognose

125 Die Zulassung des Vorhabens in einzelnen, selbstständigen Abschnitten ist nur zulässig, wenn hinsichtlich des Gesamtvorhabens eine positive Prognose abgegeben werden kann. Das ist der Fall, wenn der Realisierung des Gesamtvorhabens keine unüberwindlichen Hindernisse entgegenstehen. Es ist zu vermeiden, dass einzelne Abschnitte genehmigt oder gar realisiert werden, ohne dass die Gesamtkonzeption genehmigungsfähig oder realisierbar ist.

126 Abschnitte des Gesamtvorhabens sind in der Regel konzeptionell in eine Gesamtplanung eingebunden,[100] sodass sie bei isolierter Betrachtung[101] Schwächen aufweisen, die durch das Gesamtvorhaben gerechtfertigt werden.[102] Die Verbundenheit der Teilabschnitte muss sich in einem *„planerischen und insbesondere konzeptionellen Zusammenhang"* zeigen.[103]

127 Hintergrund der Betrachtung der Gesamtkonzeption ist die Gewährleistung der effektiven Problembewältigung in dem in Abschnitten untergliederten Verfahren wie in einem einheitlichen Verfahren. Der Untersuchungsrahmen, beispielsweise für Alternativen, darf durch die Aufteilung des Vorhabens in Abschnitte nicht durch zwischenzeitliche Schaffung vollendeter Tatsachen derart eingeengt werden, dass sich durch das Gesamtvorhaben stellende Probleme unbewältigt bleiben.[104]

128 Für die Betrachtung der Gesamtkonzeption erforderlich und ausreichend ist eine Gesamtschau,[105] die mit einem *„vorläufig positiven Gesamturteil"* abgeschlossen wird und in das Verfahren des jeweiligen Abschnitts Eingang findet.[106] Die Gesamtschau ist mit einer gröberen Prüfungsintensität vorzunehmen; die Vorteile der Abschnittsbildung sollen dadurch freilich nicht aufgehoben werden. Diese Einschätzung wird besonders schwer fallen, wenn bereits feststeht, dass künftig Abschnitte durch besondere Schutzgebiete führen werden. Doch ist auch die Einschränkung ausgewiesener Schutzgebiete grds. nicht undenkbar. So ist es möglich, dass auch bereits im Rahmen der Gesamtschau Abweichungsverfahren oder Ausgleichsmaßnahmen vorausschauend in Betracht gezogen werden, um nicht zur Unüberwindbarkeit eines Hindernisses zu gelangen.[107]

129 Im Verfahren für einen selbstständigen Abschnitt müssen daher auch die nachfolgenden Abschnitte betrachtet werden.[108] Mit Blick auf die nachfolgenden Abschnitte darf die Verwirklichung der nachfolgenden Abschnitte nicht von vornherein unüberwindbaren Hindernissen ausgesetzt sein.[109] Nachfolgende Abschnitte müssen jedoch noch nicht Gegenstand eines konkreten Planungsverfahrens sein.[110]

---

99 Vgl. BVerwG, Beschl. v. 5.12.2008 – 9 B 28/08 –.
100 Vgl. BVerwG, Beschl. v. 5.6.1992 – 4 NB 21/92 –.
101 Vgl. BVerwG, Urt. v. 28.2.1996 – 4 A 27/95 –.
102 BVerwG, Beschl. v. 5.6.1992 – 4 NB 21/92 –.
103 BVerwG, Urt. v. 21.1.1998 – 4 VR 3.97 –.
104 BVerwG, Beschl. v. 2.11.1992 – 4 B 205/92 –.
105 BVerwG, Beschl. v. 23.11.2007 – 9 B 38/07 –; BVerwG, Urt. v. 12.8.2009 – 9 A 64/07 –; VGH München, Urt. v. 24.11.2010 – 8 A 10.40007 –.
106 VGH München, Urt. v. 24.11.2010 – 8 A 10.40007 –.
107 BVerwG, Urt. v. 12.3.2008 – 9 A 3/06 –; BVerwG, Urt. v. 12.8.2009 – 9 A 64/07 –.
108 Vgl. BVerwG, Urt. v. 23.2.2005 – 4 A 4/04 –.
109 BVerwG, Urt. v. 23.2.2005 – 4 A 4/04 –.
110 BVerwG, Urt. v. 26.2.1999 – 4 A 47/96 –.

c) Antrag

130 Der Vorhabenträger ist durch die Abschnittsbildung berechtigt, die Anträge und Antragsunterlagen für das Planfeststellungsverfahren sukzessive einzureichen. Ob es darüber hinaus zulässig ist, einen Planfeststellungsbeschluss über einen Abschnitt zu erlassen, bevor ein weiterer Abschnitt überhaupt beantragt ist, ist höchstrichterlich noch nicht geklärt. Man wird dies auf der einen Seite nicht strikt verlangen können. Auf der anderen Seite ist eine positive Prognose des Gesamtvorhabens nur dann möglich, wenn eine gewisse Verfestigung der Planung auf die übrigen Abschnitte eingetreten ist. Diese Verfestigung dürfte regelmäßig dann erreicht sein, wenn die Antragsunterlagen für die weiteren Abschnitte fertiggestellt sind. Einer formellen Beantragung bedarf es nicht; die Behörde muss aber diese weiteren Planungen kennen, um die von ihr vorzunehmende Abwägung und Prognose durchführen zu können.

131 Die Abschnittsbildung ist auf Antrag des Vorhabenträgers zu prüfen. Die Antragstellung hat im Grundsatz zwei Rechtswirkungen: Sie ist Rechtmäßigkeitsvoraussetzung für die Einleitung des Verwaltungsverfahrens und gleichzeitig auch materiell-rechtlich die Voraussetzung für die Feststellung des Plans; im Antrag wird die Reichweite des Abschnitts bestimmt. Die Behörde hat dabei ihre Ermessenspflicht auszuüben. Maßstab für die Ermessensausübung ist die Sachdienlichkeit der Abschnittsbildung unter Beachtung des notwendigen positiven Gesamturteils für das Vorhaben insgesamt.

132 Eine Abschnittsbildung ohne entsprechenden Antrag des Vorhabenträgers ist nicht zulässig. Dies wird im NABEG besonders deutlich, wo nach § 5 Abs. 3 S. 2 die Bundesfachplanung auch ohne entsprechenden Antrag des Vorhabenträgers in einzelnen Abschnitten erfolgen darf, und eine entsprechende Regelung für die Planfeststellung nicht vorhanden ist.

d) Planrechtfertigung

133 Für das Gesamtvorhaben muss eine Planrechtfertigung nachgewiesen sein.[111] Bislang ungeklärt ist, welche Anforderungen an die Planrechtfertigung der Abschnitte zu stellen sind. Auf der einen Seite soll die Abschnittsbildung zulässig sein, um bestimmte Konfliktfelder optimiert zu lösen, das Verfahren zu beschleunigen und dem Vorhabenträger sukzessive Planungssicherheit zu verschaffen. Auf der anderen Seite muss verhindert werden, dass die Abschnittsbildung zu einem Torso führt oder bestehende Konflikte integriert werden.

134 Besonders bei langstreckigen, planfeststellungsfähigen Energieleitungen werden Abschnitte in der Regel nicht selbstständig über eine ausreichende Planrechtfertigung verfügen, sondern auf die des Gesamtvorhabens zurückgreifen. Im Fernstraßenrecht ordnet die Rechtsprechung dies als nicht hinreichende materiell-rechtliche Voraussetzung ein und fordert für jeden Abschnitt eine selbstständige Verkehrsfunktion.[112] Danach muss also aus ex ante-Sicht gewährleistet sein, dass bereits die Verwirklichung eines Abschnitts in der Weise sinnvoll ist, dass der Abschnitt eine eigene Funktion wahrnehmen kann. Das Kriterium gilt nicht generell als Grundsatz des Fachplanungsrechts und wurde im Eisenbahnrecht nicht implementiert.[113] Offengeblieben ist, ob die Rechtsprechung diese Anforderungen auch an energiewirtschaftliche Vorhaben stellt.[114]

135 Abschnitte planfeststellungsfähiger Energieleitungen erfordern keine jeweils selbstständige Verkehrsfunktion. Das ergibt sich bereits aus praktischen Überlegungen. Ein Straßenabschnitt kann – sofern er in sich fertiggestellt ist – benutzt werden. Solche Abschnitte werden genutzt,

111 Vgl. oben Rn 42ff.
112 BVerwG, Beschl. v. 2.11.1992 – 4 B 205/92 –; BVerwG, Urt. v. 8.6.1995 – 4 C 4/94 –.
113 BVerwG, Beschl. v. 21.12.1995 – 11 VR 6/95 –; im Anschluss daran: BVerwG, Beschl. v. 30.12.1996 – 11 VR 25/95 –.
114 BVerwG, Beschl. v. 22.7.2010 – 7 VR 4.10 –.

wie die sukzessive Realisierung von Bundesautobahnen oder Bundesstraßen zeigt. Eine nicht fertiggestellte Hochspannungsleitung – sei es als Erdkabel oder als Freileitung – ist indes nicht nutzbar. Eine Energieleitung benötigt am Anfang und am Ende einen Anschluss an das Netz, einen Abschnitt oder einen Erzeuger. Nur wenn ein Stück Leitung zu einem Anschlusspunkt oder einem Erzeuger oder einem Abnehmer führt, ist eine Nutzung überhaupt denkbar. Dies bestätigt die Zieldefinition des EnWG: Während in § 1 Abs. 1 S. 1 FStrG auf die Bildung eines *„zusammenhängenden Verkehrsnetzes"* abgestellt wird, ist eine entsprechende Formulierung in § 1 Abs. 1 EnWG nicht enthalten.

Der Konflikt zwischen Verfahrensbeschleunigung und Vermeidung halbfertiger Projekte kann im Zweifelsfall dadurch abgemildert werden, dass die Erteilung eines Planfeststellungsbeschlusses für einen Abschnitt mit der Bedingung versehen wird, dass mit dem Bau erst begonnen werden kann, wenn die gesamte Leitung genehmigt ist. Dieses auf den ersten Blick verlockende Vorgehen stößt allerdings dann auf Bedenken, wenn die Verfahrensbeschleunigung auch dadurch erreicht werden soll, dass der Vorhabenträger gerade abschnittsweise mit dem Bau beginnen kann, und zwar auch dann, wenn ein weiterer Abschnitt noch nicht planfestgestellt ist. Im Ergebnis wird man wohl abwägen müssen, ab wann ein positives Gesamturteil für die Realisierung des Gesamtvorhabens gefällt werden kann. Besteht eine ausreichende Sicherheit, bedarf es einer wie zuvor beschriebenen Bedingung nicht. 136

e) Rechtsschutz

Die Planfeststellung von Abschnitten eines gesamten Vorhabens und die Vorbehaltsentscheidung haben Konsequenzen für den Rechtschutz: 137

- Jeder Planfeststellungsbeschluss und jede Plangenehmigung – auch sofern diese nur einzelne Abschnitte umfassen – ist rechtsmittelfähig.
- Jede Abschnittsbildung ist am eigenen Verfahren mit eigener Öffentlichkeitsbeteiligung – soweit gesetzlich gefordert – durchzuführen.
- Private und Umweltverbände haben in jedem einzelnen Verfahren ggf. Einwendungen zu erheben.
- Sind verschiedene Plangenehmigungen oder Planfeststellungsbeschlüsse über Abschnitte über Bedingungen oder Auflagen miteinander verbunden, kann sowohl der eigentliche Beschluss bzw. die Genehmigung rechtsmittelfähig sein und darüber hinaus der – spätere – Eintritt der Bedingung oder das Wirksamwerden einer etwaigen Auflage.
- Vorbehaltsentscheidungen sind in der Regel zweistufig. Beide Stufen – Erlass der Vorbehaltsentscheidung und Aufhebung des Vorbehalts – sind rechtsmittelfähig.

4. Abwägungsentscheidung (S. 3)

a) Allgemeines

Bei der Planfeststellung sind gem. S. 3 die vom Vorhaben berührten öffentlichen und privaten Belange abzuwägen. Dieses Gebot umfasst den **Abwägungsvorgang** und das **Abwägungsergebnis.**[115] 138

Das rechtsstaatliche Gebot gerechter Abwägung ist verletzt, wenn eine Abwägung nicht stattgefunden hat, wenn in die Abwägung an Belangen nicht eingestellt wurde, was nach Lage der Dinge einzustellen war, wenn die Bedeutung der betroffenen öffentlichen und privaten Belange verkannt oder wenn der Ausgleich zwischen den von der Planung berührten öffentlichen 139

115 BVerwG, Urt. v. 5.7.1974 – IV C 50/72 –. Vgl. auch *Hoppe/Schlarmann/Buchner/Deutsch*, S. 300 ff.; *Hoppe/Bönker/Grotefels*, S. 166 ff.

und privaten Belangen in einer Weise vorgenommen wurde, der zum objektiven Gewicht einzelner Belange außer Verhältnis steht.[116]

140 Planung ist der komplexe Prozess der Gewinnung, Auswahl und Verarbeitung von Informationen, der Zielsetzung und der Auswahl einzusetzender Mittel.[117] Hieraus folgt auch der planerische **Grundsatz der Konfliktbewältigung**, wonach durch eine Planung keine neuen Problemlagen geschaffen werden dürfen und bei der Planaufstellung bereits alle möglichen Konflikte vorausschauend betrachtet werden müssen.[118]

141 Ein optimales Abwägungsergebnis zu erreichen, ist eine Aufgabe, die den Vorhabenträger und auch die Behörde vor erhebliche Herausforderungen stellt. Diese Herausforderung bedingt, dass Planungsnormen der Verwaltung zwangsläufig **große Freiräume und Gestaltungsmöglichkeiten** einräumen, Planung ohne Gestaltungsfreiheit wäre ein Widerspruch in sich.[119] Die Gestaltungsfreiheit der Planungsbehörden folgt bereits daraus, dass die Normen des Planungsrechts **final programmiert** sind und eine **ziel- und zweckgerichtete Festlegung von verbindlichen Handlungs- und Entscheidungsrahmen** enthalten.[120] Die zur Überprüfung der Planfeststellungen aufgerufenen Gerichte räumen den Behörden eine gewisse **planerische Gestaltungsfreiheit** ein, die letztlich einer gerichtlichen Überprüfung entzogen ist, wenn das Abwicklungsmaterial vollständig erfasst und in sich richtig gewichtet ist.[121] Dies ist maßgeblich für die notwendige Planung und Rechtssicherheit, die erreicht werden muss. Denn im Grunde ist jedes Abwägungsergebnis diskutierbar.

b) Alternativenprüfung

142 Nach den zum Abwägungsgebot entwickelten Grundsätzen müssen grds. alle ernsthaft in Betracht kommenden **Planungsalternativen** ermittelt, bewertet und untereinander abgewogen werden.[122] In praktischer Hinsicht werden Alternativen und Varianten vornehmlich betrachtet und bewertet, um nachzuweisen, dass die festgestellte Trasse die vorzugswürdigste ist.

143 Planungsalternativen von Energieleitungen können sich sowohl auf die **Führung der Trassen** als auch auf die **Ausführung des Vorhabens** beziehen.

144 Der Begriff der **Alternative** ist von einem anderen **Vorhaben** zu unterscheiden. Die Alternativenprüfung verlangt nicht, dass der Vorhabenträger oder die beteiligte Behörde ein völlig anderes Vorhaben prüfen muss, um deren Realisierung mit dem beantragten Vorhaben zu vergleichen. Dies hätte zur Konsequenz, dass eine unbegrenzte Zahl von Alternativen betrachtet werden müsste. Eine solche Alternativenprüfung ist unrealistisch; sie wird von den überkommenen Grundsätzen der Alternativenprüfung nicht gefordert. Geht man von dieser Differenzierung zwischen Alternative und anderen Vorhaben aus, so stellt sich die Frage, welches das Vorhaben ist, innerhalb dessen die Alternativen geprüft werden müssen. Im Ergebnis ist festzuhalten, dass ein Vorhaben definiert wird durch den **Ausgangspunkt A** und dem **Endpunkt B.** Verschiedene Trassenverläufe innerhalb des Bereichs zwischen Endpunkt und Anfangspunkt können als Alternativen angesehen werden. Einwendungen, ob die Trassenführung vom Aus-

116 Vgl. BVerwG, Urt. v 12.12.1969 – IV C 105/66 –; BVerwG, Urt. v. 14.2.1975 – IV C 21/74 –; BVerwG, Beschl. v. 20.12.1988 – 4 B 211/88 –; BVerwG, Beschl. v. 24.11.2010 – 4 BN 40/10 –; *Hoppe/Schlarmann/Buchner/Deutsch*, S. 336 ff.

117 BVerfG, Beschl. v. 17.7.1996 – 2 BvF 2/93 –.

118 Vgl. BVerwG, Urt. v. 1.11.1974 – IV C 38/71 -: BVerwG, Urt. v. 9.3.1979 – 4 C 41/75 –; BVerwG, Beschl. v. 25.8.1997 – 4 BN 4/97 –; BVerwG, Urt. v. 16.3.2006 – 4 A 1075/04 –.

119 BVerwG, Urt. v. 14.2.1975 – IV C 21/74 –.

120 BVerwG, Urt. v. 12.12.1969 – IV C 105/66 –. Vgl. auch *Hoppe/Bönker/Grotefels*, S. 175 ff.

121 BVerwG, Urt. v. 7.7.1978 – 4 C 79/76 –; BVerwG, Urt. v. 29.1.1991 – 4 C 51/89 –.

122 Vgl. BVerwG, Beschl. v. 24.4.2009 – 9 B 10/09 –; BVerwG, Beschl. v. 11.8.2006 – 9 VR 5/06 –; BVerwG, Beschl. v. 9.4.2003 – 9 A 37/02 –; BVerwG, Urt. v. 14.11.2002 – 4 A 15/02 – jeweils m.w.N.

gangspunkt A zum Endpunkt B überhaupt zulässig ist, ist hingegen eine Frage der Planrechtfertigung, nicht der Alternativenprüfung.

Gegenstand des Verfahrens ist die **vom Vorhabenträger beantragte Trasse**. Das Planfeststellungsverfahren wird als Antragsverfahren auf Grundlage des vom Vorhabenträger eingereichten Plans durchgeführt. Die Planfeststellungsbehörde kann von sich nur eine Planalternative feststellen, die den eingereichten Plan lediglich modifiziert. Es ist ihr nicht erlaubt, über eine Modifikation hinaus vom Antrag abzuweichen. Drängt sich ihr eine Planungsalternative auf, die mehr als eine Modifizierung des eingereichten Plans ist, muss sie bei dem Vorhabenträger auf eine Planänderung hinwirken, oder, wenn dieser sich darauf nicht einlässt, die Planfeststellung in der beantragten Form ablehnen, wenn die Feststellung des eingereichten Plans aufgrund der vorziehenden Planungsalternative rechtswidrig wäre. Ebenso ist es ist grds. Teil der planerischen Gestaltungsfreiheit des Vorhabenträgers, die Vergleichsmaßstäbe für die Bewertung einer Alternativtrasse zu bestimmen.[123] 145

Innerhalb dieses Rahmens erfolgt die **Zusammenstellung des Abwägungsmaterials.** Diese ist als offener Vorgang der Informationsgewinnung und -verarbeitung angelegt, der ziel- und ergebnisorientiert und so konkret sein muss, dass eine sachgerechte Entscheidung möglich ist. Die Planfeststellungsbehörde hat bei der vergleichenden Betrachtung von Trassenalternativen den Sachverhalt soweit aufzuklären, wie dies nach ihren Zielvorstellungen für eine sachgerechte Entscheidung und eine zweckmäßige Gestaltung des Planungsverfahrens erforderlich ist.[124] Zwar ist der Abwägungsvorgang fehlerhaft, wenn die Planfeststellungsbehörde bestimmte Planungsvarianten bei der Zusammenstellung des Abwägungsmaterials nicht beachtet. Dies setzt jedoch voraus, dass eine bestimmte Alternativlösung nach Lage der Dinge **ernsthaft in Betracht kommt**, sie sich **anbietet** oder gar **aufdrängt,** zumindest aber **naheliegt.**[125] Ob dies der Fall ist, kann sich ggf. erst aufgrund einer gerichtlichen Beweisaufnahme klären lassen.[126] Die Planung eines Vorhabens, das einen wertvollen und schutzwürdigen Naturraum durchschneidet, kann etwa an einem Abwägungsfehler leiden, wenn Alternativen, die in diesen Raum nicht eingreifen, nicht ausreichend untersucht worden sind.[127] 146

Zu den einzubeziehenden und zu untersuchenden Alternativen gehören neben denen vom Vorhabenträger eingebrachten und denen von Amts wegen ermittelten auch solche, die von dritter Seite im Laufe des Planfeststellungsverfahrens vorgeschlagen werden.[128] Andererseits ist im gerichtlichen Verfahren eine Behauptung, eine bestimmte Trassenalternative wäre ernsthaft in Betracht gekommen und hätte sich aufdrängen müssen, nicht schlüssig, wenn diese Trasse trotz einer ausgedehnten Variantendiskussion im Planfeststellungsverfahren von niemandem, auch nicht von dem mit entsprechendem Sachverstand ausgestatteten anerkannten Naturschutzverein, ins Gespräch gebracht worden ist.[129] 147

Die Planfeststellungsbehörde ist aber nicht verpflichtet, die Prüfung von Standortalternativen bis zuletzt offen zu halten. Sie braucht den Sachverhalt nur soweit aufzuklären, wie dies für eine sachgerechte Wahl der Trasse und eine zweckmäßige Gestaltung des Verfahrens erforderlich ist. Die Behörde ist nicht verpflichtet, Varianten in jeder Beziehung gleich intensiv zu prüfen, sondern darf eine Variante, die aufgrund einer Grobanalyse weniger geeignet erscheint, in 148

123 BVerwG, Urt. v. 9.6.2004 – 9 A 11/03 –.
124 BVerwG, Urt. v. 16.3.2006 – 4 A 1075/04 –.
125 BVerwG, Urt. v. 9.7.2008 – 9 A 14/07 –; BVerwG, Urt. v. 9.6.2004 – 9 A 11/03 –; BVerwG, Beschl. v. 20.12.1988 – 4 B 211/88 –; BVerwG, Urt. v. 30.5.1984 – 4 C 58/81 –.
126 BVerwG, Beschl. v. 20.12.1988 – 4 B 211/88 –.
127 BVerwG, Urt. v. 14.11.2002 – 4 A 15/02 –.
128 BVerwG, Beschl. v. 24.4.2009 – 9 B 10/09 –.
129 BVerwG, Urt. v. 9.6.2004 – 9 A 11/03 –.

einem früheren Verfahrensstadium ausscheiden.[130] Wird in dieser Weise verfahren, ist die Planung nicht abwägungsfehlerhaft, wenn sich später herausstellt, dass eine von ihr verworfene Alternative ebenfalls mit guten Gründen vertretbar gewesen wäre, sondern erst dann, wenn sich die ausgeschiedene Lösung als die vorzugswürdigere hätte aufdrängen müssen.[131]

149 Im Rahmen der **Abwägung** ist zu prüfen, ob die mit der Planung verfolgten Ziele an einem anderen Standort unter geringeren Opfern an entgegenstehenden öffentlichen und privaten Belangen verwirklicht werden können.[132] Stehen mehrere (vom Vorhabenträger eingebrachte) Trassenalternativen in engerer Auswahl, können eine unterschiedliche Eingriffsintensität und ein unterschiedlicher Grad der Kompensation bei gleicher Zielsetzung bei einer sachgerechten Auswahl grds. nicht außer Betracht bleiben.[133] Die Bestätigung einer bestimmten Lösung darf nicht auf einer Bewertung beruhen, die zur objektiven Gewichtigkeit der von den möglichen Alternativen betroffenen Belange außer Verhältnis steht.[134] Dabei steht es der Planfeststellungsbehörde im Rahmen ihrer allgemein bestehenden rechtlichen und fachgesetzlichen Bindungen grds. frei, die Bewertungskriterien festzulegen.[135]

150 In der **gerichtlichen Kontrolle** ist zu prüfen, ob es überhaupt objektiv eine sachgerechte Alternative zu der angegriffenen Planung gab, die im Planfeststellungsbeschluss nicht erörtert wurde. Kommt das Gericht hierbei zu dem Ergebnis, dass eine Planungsalternative gegeben sei, so hat es zu prüfen, ob diese Alternative auch im Abwägungsvorgang hätte ermittelt und gewertet werden müssen.[136] Eine bestimmte Trassenwahl ist nicht schon dann abwägungsfehlerhaft, wenn sich später herausstellt, dass eine zurückgestellte Alternative ebenfalls mit guten Gründen vertretbar gewesen wäre. Es ist nicht Aufgabe der Judikative, durch eigene Ermittlungen und Wertungen ersatzweise zu planen und sich dabei von den Erwägungen einer „besseren" Planung leiten zu lassen. Die Grenze der planerischen Gestaltungsfreiheit bei der Auswahl zwischen verschiedenen Trassenvarianten ist erst dann überschritten, wenn sich eine alternative Trassenführung unter Berücksichtigung aller abwägungserheblichen Belange eindeutig als die bessere, weil öffentliche und private Belange insgesamt schonendere, darstellen würde, wenn sich diese Lösung hätte aufdrängen müssen oder wenn der Planfeststellungsbehörde in Folge einer fehlerhaften Ermittlung, Bewertung oder Gewichtung einzelner Belange ein rechtserheblicher Fehler unterlaufen ist.[137] Die Bewertung der privaten und öffentlichen Belange und ihre Gewichtung im Verhältnis untereinander macht das Wesen der Planung als einer im Kern politischen Entscheidung aus, die gerichtlich nur auf die Einhaltung rechtlicher Schranken hin überprüfbar ist.[138]

c) Alternativenprüfung nach FFH und Artenschutz

151 Die Alternativenprüfung im Rahmen der Abwägungsentscheidung innerhalb eines Planfeststellungsverfahrens ist abzugrenzen von der naturschutzfachlichen Alternativenprüfung, die sich aus folgenden Gesichtspunkten ergeben kann:

---

130 BVerwG, Beschl. v. 24.4.2009 – 9 B 10/09 –; BVerwG, Urt. v. 9.7.2008 – 9 A 14/07 –; BVerwG, Urt. v. 9.6.2004 – 9 A 11/03 –; BVerwG, Urt. v. 24.9.1997 – 4 VR 21/96 –; OVG Koblenz, Urt. v. 20.1.2010 – 8 C 10350/09 –.
131 BVerwG, Urt. v. 25.1.1996 – 4 C 5/95 –.
132 BVerwG, Urt. v. 22.3.1985 – 4 C 15/83 –.
133 BVerwG, Urt. v. 14.11.2002 – 4 A 15/02 –; BVerwG, Beschl. v. 20.12.1988 – 4 B 211/88 –.
134 BVerwG, Beschl. v. 9.4.2003 – 9 A 37/02 –.
135 BVerwG, Beschl. v. 15.5.1996 – 11 VR 3/96 –.
136 BVerwG, Beschl. v. 20.12.1988 – 4 B 211/88 –.
137 BVerwG, Urt. v. 13.5.2009 – 9 A 72/07 –; BVerwG, Urt. v. 9.7.2008 – 9 A 14/07 –; BVerwG, Urt. v. 21.5.2008 – 9 A 68/07 –; BVerwG, Urt. v. 9.6.2004 – 9 A 11/03 –; BVerwG, Beschl. v. 20.12.1988 – 4 B 211/88 –; OVG Koblenz, Urt. v. 20.1.2010 – 8 C 10350/09 –.
138 BVerwG, Urt. v. 16.3.2006 – 4 A 1075/04 –; BVerwG, Urt. v. 14.11.2002 – 4 A 15/02 –.

- Prüfung zumutbarer Alternativen im Rahmen eines Abweichungsverfahrens nach FFH-Recht,
- Überprüfung zumutbarer Alternativen nach Artenschutz und
- mittelbare Alternativenprüfung aufgrund des naturschutzrechtlich allgemein geltenden Grundsatzes des Vermeidungsgebotes.

Im Falle der erheblichen Beeinträchtigung eines FFH-Gebietes ist – will der Vorhabenträger eine positive Entscheidung über seinen Antrag erhalten – ein Abweichungsverfahren erforderlich. Dieses richtet sich nach Art. 6 Abs. 4 der FFH-Richtlinie, § 34 BNatSchG und den einschlägigen Landschaftsschutzgesetzen der Bundesländer. Eine Voraussetzung für die Durchführung eines Abweichungsverfahrens ist die Prüfung, ob zumutbare Alternativen bestehen. Eine zumutbare Alternative ist in diesem Fall weiter zu verstehen, als die Alternativenprüfung bei der Abwägungsentscheidung im Planfeststellungsverfahren. Eine Alternative kann auch eine völlig neue Trassenführung sein, auch unter Abänderung von Anfangspunkt und Endpunkt. Diese Alternative muss indes zumutbar sein. Die Zumutbarkeit orientiert sich an einer Gesamtbelastung, die mit einer anderen Trasse oder einer anderen Trassenführung verbunden wäre. Dabei kann nicht allein darauf abgestellt werden, ob für den Vorhabenträger selbst die Alternative zumutbar ist oder nicht. Vielmehr umfasst die Zumutbarkeitsprüfung auch das Interesse an der Herstellung eines konsistenten Umleitungsnetzes, das der sicheren Energieversorgung dienen soll. Dieses öffentliche Interesse wird im Einzelfall für den Vorhabenträger und die Planfeststellungsbehörde sprechen und Einfluss auf die Bewertung der Zumutbarkeit haben. 152

Die artenschutzrechtliche Abweichungsprüfung sieht ebenfalls für den Fall einer erheblichen Beeinträchtigung geschützter Arten eine Alternativenprüfung vor. Diese orientiert sich grds. an den gleichen Maßstäben wie im FFH-Recht. Auch hier gilt der Verhältnismäßigkeitsgrundsatz, der sich vor allem an der Frage kristallisiert, welche Maßnahme noch eine Alternative ist und welche Alternative zumutbar ist. 153

Mittelbar kann es zu einer Alternativenprüfung kommen im Hinblick auf das naturschutzfachlich generell geltende Vermeidungsgebot. Die Frage, ob ein Eingriff vermieden werden kann oder nicht, führt unmittelbar zu der Frage, welche Maßnahmen getroffen und umgesetzt werden können, um den beantragten Eingriff zu vermeiden. Dies führt letztlich mittelbar zu einer Alternativenprüfung. Der allgemeine Vermeidungsgrundsatz und die damit verbundene Alternativenprüfung müssen sich allerdings in dem Rahmen bewegen, der durch das vom Vorhabenträger gekennzeichnete Vorhaben betrifft. Im Naturschutzrecht bleibt es daher bei dem beantragten Vorhaben. Der Vorhabenträger muss im Rahmen des Vermeidungsgebotes nicht neue oder andere Vorhaben betrachten. Maßgeblich sind allein etwaige Alternativen innerhalb der antragsgegenständlichen Trasse. 154

Die engere Auswahl mehrerer Trassenvarianten erfordern nicht stets die Entwicklung ausgearbeiteter Konzepte für naturschutzrechtliche Ausgleichs- und Ersatzmaßnahmen und deren ausschließender Vergleich.[139] 155

Die Pflicht zur UVP bezieht sich nur auf das konkrete, vom Vorhabenträger zur Prüfung gestellte Projekt, nicht jedoch auf die von der Planfeststellungsbehörde behandelten Trassenvarianten. Die Planfeststellungsbehörde darf Planungsalternativen, die nach einer Art Grobanalyse in einem frühen Planungsstadium nicht in Betracht kommen, für die weitere Detailprüfung und damit auch (im Detail) für die förmliche UVP ausscheiden.[140] Ob und inwieweit eine Alternativenprüfung zu erfolgen hat, ist eine materiell-rechtliche Frage, deren Beantwortung sich nach 156

139 BVerwG, Urt. v. 12.12.1996 – 4 C 29/94 –.
140 BVerwG, Urt. v. 12.12.1996 – 4 C 29/94 –; BVerwG, Urt. v. 16.8.1995 – 4 B 92/95 –.

dem planungsrechtlichen Abwägungsgebot richtet; dem UVP-Recht selbst lässt sich hierzu keine Aussage entnehmen.[141]

IV. Rechtswirkungen

1. Genehmigungswirkung

157 Der Planfeststellungsbeschluss entfaltet gem. § 75 Abs. 1 S. 1 Hs. 1 VwVfG Genehmigungswirkung. Das geplante Vorhaben, einschließlich der notwendigen Folgemaßnahmen an einbezogenen Anlagen, ist im Hinblick auf alle von ihm berührten öffentlichen Belange zulässig. § 43b EnWG modifiziert diese Rechtswirkung nicht.

158 Die Errichtung, der Betrieb sowie die Änderung der in § 18 Abs. 1 genannten **planfeststellungspflichtigen Vorhaben** stehen unter einem **präventiven Verbot mit Erlaubnisvorbehalt.** Dies gilt nicht für die in § 18 Abs. 2 genannten **Nebenanlangen**, die (nur) **planfeststellungsfähig** sind.[142] Planfeststellungsfähig bedeutet, dass die genannten Vorhaben auf Antrag einem Planfeststellungsverfahren unterzogen werden können. Eine Verpflichtung dazu besteht nicht; wird kein Planfeststellungsverfahren durchgeführt, müssen alle notwendigen Einzelgenehmigungen eingeholt werden. Die Wirkung des präventiven Verbots mit Erlaubnisvorbehalt für die Errichtung, den Betrieb sowie die **wesentliche Änderung** der in § 18 Abs. 1, 2 genannten Vorhaben, besteht darin, dass der Vorhabenträger mit der Erwirkung eines Planfeststellungsbeschlusses die den in § 18 Abs. 1, 2 genannten Vorhaben präventiv entgegenstehende Sperre im konkreten Fall durch eine öffentlich-rechtliche Zulassung beseitigt.[143]

159 Auch **unwesentliche Änderungen** im Sinne von § 25 unterliegen dem **präventiven Verbot mit Erlaubnisvorbehalt.** In diesen Fällen wird das Verbot nicht durch Zulassung, sondern durch die Entscheidung über die förmliche Freistellung von der Durchführung eines Planfeststellungsverfahrens aufgehoben.[144]

2. Konzentrationswirkung

160 Gemäß § 75 Abs. 1 S. 1 Hs. 2 VwVfG sind neben der Planfeststellung andere behördliche Entscheidungen, insbesondere öffentlich-rechtliche Genehmigungen, Verleihungen, Erlaubnisse, Bewilligungen, Zustimmungen und Planfeststellungen, nicht erforderlich. Dem Planfeststellungsbeschluss kommt eine **Konzentrationswirkung** zu. Diese geht über die immissionsschutzrechtliche Konzentrationswirkung des § 13 BImSchG hinaus. Der Planfeststellungsbeschluss nach § 75 Abs. 1 VwVfG umfasst auch alle wasserrechtlichen Erlaubnisse.

161 In **formeller** Hinsicht bedeutet dies zunächst, dass sich die Zuständigkeiten und Entscheidungsbefugnisse der jeweiligen Fachbehörden bei der Planfeststellungsbehörde als einziger, zentraler Behörde konzentrieren.[145] Die Fachbehörden verlieren ihre Zuständigkeiten, sind aber gem. § 73 Abs. 2 VwVfG zu beteiligen.[146] Ferner ersetzt das Planfeststellungsverfahren mit seinen besonderen Vorschriften alle Fachplanungsverfahren als solche und damit insbesondere die fachgesetzlich vorgesehenen Verfahrensvorschriften.[147]

141 BVerwG, Beschl. v. 11.8.2006 – 9 VR 5/06 –.
142 Vgl. zur Unterscheidung von planfeststellungspflichtigen und planfeststellungsfähigen Vorhaben § 43 EnWG Rn 29 ff.
143 BVerwG, Urt. v. 22.2.1980 – IV C 24.77 –; BVerwG, Urt. v. 15.1.1982 – 4 C 26/78 –.
144 Vgl. § 43 EnWG Rn 27 und § 25 Rn 59 ff.
145 BVerwG, Urt. v. 30.7.1998 – 4 A 1/98 –.
146 *Kopp/Ramsauer*, § 75 Rn 7c).
147 BVerwG, Beschl. v. 26.6.1992 – 4 B 1 – 11/92 –.

In materieller Hinsicht sind alle Anforderungen, die die jeweiligen Fachplanungsgesetze an das Vorhaben stellen, zu beachten. Eine **materielle Konzentrationswirkung**, nach der zwingende Vorgaben des Fachrechts durch die Abwägungsentscheidung im Planfeststellungsverfahren ersetzt werden, geht vom Planfeststellungsbeschluss nicht aus.[148] 162

Die Konzentrationswirkung bedeutet indes nicht, dass notwendigerweise alle **mit einem Vorhaben zusammenhängenden Maßnahmen** über den Planfeststellungsbeschluss genehmigt werden können. Es geht vielmehr darum, das Vorhaben zu definieren und abzugrenzen sowie die materiell-rechtliche Reichweite eines Planfeststellungsbeschlusses festzusetzen. Das Tatbestandsmerkmal des „Vorhabens" ist weder rein „tatsächlich" noch „funktional", sondern in Übereinstimmung mit § 1 Abs. 1 VwVfG „ermächtigungsgrundlagenbezogen" auszulegen.[149] Die Rechtsprechung prüft im Einzelfall, wie weit die Kompetenz der Planfeststellungsbehörde geht, planfeststellend tätig zu werden.[150] 163

Es gibt etwa die Rechtsprechung zur Errichtung von Häfen nach § 68 WHG mittels eines Planfeststellungsbeschlusses. Es stellt sich die Frage, wo die Planfeststellung eines Hafens aufhört. Wo fangen Einrichtungen an, die nicht mehr typischerweise zu einem Hafen gehören? In gleicher Weise ist bei Energieleitungen zu prüfen, **wie weit die Regelung eines Planfeststellungsbeschlusses gehen kann und muss**. In Anlehnung an den neuen **§ 18 Abs. 2** wird man ohne Weiteres annehmen können, dass die Hochspannungsleitung selbst, alle dafür notwendigen Gebäude soweit sie für den Betrieb erforderlich sind, Umspannanlagen und Netzverknüpfungspunkte als **Nebenanlagen** in das Planfeststellungsverfahren integriert werden. Problematisch wird es bei Infrastrukturmaßnahmen, etwa zu einer Umspannanlage führende Straßen, bei Betriebsgebäuden, die nicht oder nicht ausschließlich der Netzleitung dienen, auch wenn sie auf dem Gelände einer Umspannanlage errichtet werden.[151] 164

3. Gestaltungswirkung

Der Planfeststellungsbeschluss regelt gem. § 75 Abs. 1 S. 2 VwVfG alle öffentlich-rechtlichen Beziehungen zwischen dem Vorhabenträger und den durch den Plan Betroffenen. Der Planfeststellungsbeschluss gestaltet die Rechtslage im Verhältnis zwischen den Formträgern und Betroffenen, indem er subjektiv öffentliche Rechte begründet, ändert oder beseitigt. Die öffentlich-rechtlichen Rechtsbeziehungen werden durch den Planfeststellungbeschluss, im Gegensatz zur Duldungswirkung gem. § 75 Abs. 1 S. 2 VwVfG, bereits mit der Zustellung an den Vorhabenträger nach § 74 Abs. 4 VwVfG abschließend gestaltet. 165

Der Vorhabenträger ist im Rahmen der Befolgungspflichten an den Inhalt des festgestellten Plans gebunden. Das Bauwerkverzeichnis nimmt als Teil des Planfeststellungsbeschlusses an dessen rechtsgestaltender Wirkung nach § 75 Abs. 1 S. 2 VwVfG teil.[152] Der Vorhabenträger ist insoweit zur Planverfolgung verpflichtet, als das Vorhaben nur mit den auferlegten Vorgaben zu verwirklichen ist. Er ist insbesondere an die ihm aufgegebenen Schutzauflagen gebunden.[153] Der Vorhabenträger ist zur Durchführung des Vorhabens berechtigt. Das Bauwerkverzeichnis setzt fest, welche baulichen Anlagen der Vorhabenträger errichten, betreiben oder ändern darf.[154] Der Planfeststellungsbeschluss verpflichtet den Vorhabenträger aber nicht zur Durchführung des beantragten Vorhabens. Wenn er mit der Realisierung des planfestgestellten Vorhabens beginnt, 166

148 BVerwG, Urt. v. 16.3.2006 – 4 A 1001/04 –; Urt. v. 18.5.1990 – 7 C 3/90 –.
149 VG Köln, Urt. v. 11.8.2009 – 14 K 4720/06 –.
150 OVG Münster, Beschl. v. 29.7.2010 – 20 B 1320/09 –.
151 OVG Münster, Beschl. v. 29.7.2010 – 20 B 1320/09 –.
152 BVerwG, Urt. v. 5.3.1997 – 11 A 5/96 –.
153 BVerwG, Urt. v. 19.12.2007 – 9 a 22/06 –.
154 BVerwG, Urt. v. 5.3.1997 – 11 A 5/96 –.

ist er jedoch verpflichtet, sämtliche Maßnahmen umzusetzen. Eine nur teilweise Realisierung – etwa Errichtung der Masten ohne Schutzstreifen, keine Durchführung von Ausgleichs- und Ersatzmaßnahmen – ist in der Regel unzulässig.

4. Ausschluss- und Duldungswirkungen

167 Außerdem wird durch § 75 Abs. 2 S. 1 VwVfG gewährleistet, dass mit der Unanfechtbarkeit des Planfeststellungsbeschlusses Ansprüche auf Unterlassung des Vorhabens, auf Beseitigung oder Änderung der Anlagen oder auf Unterlassung der Nutzung ausgeschlossen sind.[155] Die Duldungswirkung des Abs. 2 S. 1 umfasst öffentlich-rechtliche Ansprüche sowohl der Betroffenen als auch der Behörden.[156] Sie umfasst außerdem privatrechtliche Unterlassungs- und Beseitigungsansprüche nach den §§ 861 ff., 903 ff., 1004 BGB. Der Planfeststellungsbeschluss hat insoweit privatrechtsgestaltende Wirkung.[157] Die Betroffenen können infolge des – bestandskräftigen – Planfeststellungsbeschlusses ausschließlich Ansprüche nach § 75 Abs. 2 S. 2ff. VwVfG auf Schutzmaßnahmen oder Entschädigung geltend machen.

5. Enteignungsrechtliche Vorwirkung

168 § 45 EnWG ordnet die sog. enteignungsrechtliche Vorwirkung des Planfeststellungsbeschlusses an.[158] Die Zulässigkeit der Enteignung steht mit dem Erlass des Planbeschlusses bzw. der Plangenehmigung fest und die Enteignungsbehörde ist an den festgestellten Plan gebunden. In dem Enteignungsverfahren ist dann nur noch zu prüfen, ob die Enteignung hinsichtlich der konkret in Anspruch zu nehmenden Rechte zur Verwirklichung des Vorhabens erforderlich ist, in welcher Höhe eine Enteignungsschädigung zu zahlen ist und ob die verfahrensrechtlichen Voraussetzungen für eine Enteignung vorliegen.

V. Rechtsschutz

1. Rechtsschutz des Vorhabenträgers

169 Der Vorhabenträger hat keinen Anspruch auf Erlass eines Planfeststellungsbeschlusses, in dem Sinne, dass bei Erfüllung bestimmter tatbestandlicher Voraussetzungen dem Antrag zwingend stattgegeben werden muss.[159] Dies folgt aus der besonderen Struktur des planungsrechtlichen Abwägungsgebots.[160]

170 Allerdings steht dem Vorhabenträger ein Anspruch auf fehlerfreie Ausübung der planerischen Gestaltungsfreiheit zu. Stehen einem Vorhaben unter dem Blickwinkel der planerischen Abwägung keine rechtlichen Hindernisse entgegen, steht der Planfeststellungsbehörde kein eigenständiges Versagungsermessen zu.[161]

---

155 BVerwG, Urt. v. 19.12.2007 – 9 a 22/06 –; BVerwG, Urt. v. 14.9.1992 – 4 C 34-38/89 –.
156 Stelkens/Bonk/Sachs/*Bonk/Neumann*, § 75 Rn 61.
157 BGH, Urt. v. 10.12.2004 – V ZR 72/04 –.
158 Vgl. dazu § 45 EnWG Rn 16 f.
159 VGH München, Urt. v. 30.3.2006 – 22 A 1/40059 –.
160 Vgl. Rn 138 ff.
161 BVerwG, Urt. v. 24.11.1994 – 7 C 25/93 –.

2. Rechtsschutz Dritter

171 Zulässiger Rechtsbehelf gegen Planfeststellungsbeschluss und Plangenehmigung im Hauptsacheverfahren ist die Anfechtungsklage nach § 42 Abs. 1 Var. 1 VwGO. § 43e Abs. 1 S. 2 EnWG i.V.m. § 18 Abs. 2 S. 2 NABEG sieht eine Begründungsfrist von sechs Wochen vor.[162] **Umweltverbände** müssen keine **Verletzung von subjektiven Rechten** geltend machen.

172 Soweit die BNetzA nicht zuständig ist, sodass nach § 68 Abs. 1 S. 2 Nr. 2 VwGO das **Widerspruchsverfahren entfällt**, entfällt auch das Vorverfahren nach § 74 Abs. 1 S. 2 i.V.m. § 70 VwVfG.[163]

173 § 43e Abs. 1 S. 1 EnWG i.V.m. § 18 Abs. 2 S. 2 NABEG schließt die aus § 80 Abs. 1 S. 1 VwGO folgende aufschiebende Wirkung von Widerspruch und Anfechtungsklage gegen Planfeststellungsbeschlüsse und Plangenehmigungen nach §§ 18 ff. aus. Der Betroffene hat die Möglichkeit, einen Antrag nach § 80 Abs. 5 S. 1 VwGO auf Anordnung der aufschiebenden Wirkung zu stellen.[164]

---

162 Vgl. § 43e EnWG Rn 19 ff.; vgl. *Beckmann*, VR 2011, 365, 366.
163 Vgl. § 43e EnWG Rn 12.
164 Vgl. § 43e EnWG Rn 24 ff.

§ 19 Antrag auf Planfeststellungsbeschluss

Die Planfeststellung beginnt mit dem Antrag des Vorhabenträgers. Der Antrag kann zunächst auf einzelne angemessene Abschnitte der Trasse beschränkt werden. Der Antrag soll auch Angaben enthalten, die die Festlegung des Untersuchungsrahmens nach § 20 ermöglichen, und hat daher in allgemein verständlicher Form das geplante Vorhaben darzustellen. Der Antrag muss enthalten
1. **einen Vorschlag für den beabsichtigten Verlauf der Trasse sowie eine Darlegung zu in Frage kommenden Alternativen und**
2. **Erläuterungen zur Auswahl zwischen den in Frage kommenden Alternativen unter Berücksichtigung der erkennbaren Umweltauswirkungen und,**
3. **soweit es sich bei der gesamten Ausbaumaßnahme oder für einzelne Streckenabschnitte nur um unwesentliche Änderungen nach § 25 handelt, die Darlegung der dafür erforderlichen Voraussetzungen.**

Überblick

I. Allgemeines

1. Überblick über die Norm

1 **S. 1** zufolge beginnt die Planfeststellung mit dem Antrag des Vorhabenträgers.

2 Der Antrag kann gem. **S. 2** zunächst auf einzelne angemessene Abschnitte der Trasse beschränkt werden.

3 Der Inhalt des Antrags bestimmt sich nach **S. 3**. Der Antrag muss das Vorhaben so **allgemeinverständlich darstellen**, dass die Festlegung des Untersuchungsrahmens nach § 20 ermöglicht wird.

4 Der Antrag muss nach **S. 4 Nr. 1** einen Vorschlag für den beabsichtigten Verlauf der Trasse sowie eine Darlegung zu den in Frage kommenden **Alternativen**, nach **S. 4 Nr. 2** Erläuterungen zur Auswahl zwischen den in Frage kommenden **Alternativen** unter Berücksichtigung der **erkennbaren Umweltauswirkungen** und nach **S. 4 Nr. 3**, soweit es sich bei der gesamten Ausbaumaßnahme oder für einzelne Streckenabschnitte um **unwesentliche Änderungen** nach § 25 handelt, die Darlegung der dafür erforderlichen Voraussetzungen enthalten.

2. Regelungszweck

5 § 19 regelt mit der Antragsstellung durch den Vorhabenträger die Einleitung des Planfeststellungsverfahrens. Durch die Regelung wird verhindert, dass der Netzausbau durch unvollständige Anträge des Vorhabenträgers verzögert werden kann. Insofern richtet sich die Verpflichtung

des Vorhabenträgers nach § 12 Abs. 2 S. 3, einen Antrag auf Einleitung des Planfeststellungverfahrens zu stellen, immer auch darauf, die **Mindestinhalte** nach S. 4 einzuhalten. Prinzipiell sind die in S. 4 genannten **Inhalte notwendig**, um den **Untersuchungsrahmen** nach § 20 im Rahmen der Antragskonferenz festlegen zu können.

Wie auch in der Bundesfachplanung nach den §§ 6, 7 und 8 ist der Antrag **Ausgangspunkt** 6
eines **dreistufigen iterativen Prozesses**, an den sich eine Antragskonferenz nach § 20 anschließt.

Die detaillierte Regelung der Form der Antragstellung und des Mindestinhalts soll dem 7
Vorhabenträger Klarheit über den erforderlichen Antragsumfang verschaffen und Unsicherheiten vermeiden. Damit soll letztlich dem übergeordneten Interesse der **Verfahrensbeschleunigung** gedient werden.

3. Entstehungsgeschichte

Die Vorschrift wurde durch Art. 1 des **Gesetzes über Maßnahmen zur Beschleunigung des** 8
Netzausbaus Elektrizitätsnetze[1] vom 28.7.2011 mit Wirkung zum 5.8.2011 als § 19 erlassen.

Die Norm erfuhr im Gesetzgebungsverfahren keine Änderungen und ist wortgleich mit dem 9
ursprünglichen Entwurf.[2]

II. Inhalt des Antrags

1. Allgemeines (S. 3)

Der Inhalt der für die Durchführung des Planfeststellungsverfahrens notwendigen Unterlagen 10
wird in einem **dreistufigen iterativen Prozess** zwischen Vorhabenträger und Behörde erarbeitet.

Der Vorhabenträger hat nach § 21 Abs. 1 den auf Grundlage der Ergebnisse der Antragskon- 11
ferenz nach § 20 Abs. 3 bearbeiteten Plan bei der Planfeststellungsbehörde zur Durchführung des Anhörungsverfahrens einzureichen (Stufe 3). Den **erforderlichen Inhalt** der nach § 21 vorzulegenden Unterlagen bestimmt die Behörde aufgrund der Ergebnisse der Antragskonferenz nach § 20 (Stufe 2). Die vor Durchführung der Antragskonferenz einzureichenden Antragsunterlagen hat der Gesetzgeber in S. 3 festgelegt (Stufe 1).

Die Festlegung der Mindestinhalte des Antrages nach S. 3 soll bereits auf der ersten Stufe 12
des Prozess zwischen Vorhabenträger und BNetzA **Klarheit und Rechtssicherheit über Art, Inhalt und Umfang** der durch den Vorhabenträger in der Bundesfachplanung **einzureichenden Unterlagen schaffen**. Ziel ist die **Flexibilisierung und Effektivierung des Antragsverfahrens**, um die **Entscheidung über die Bundesfachplanung zu beschleunigen.**

Mit einem Bußgeld gem. § 33 wird die unvollständige Antragstellung jedoch nicht belegt. 13
Der **Bußgeldtatbestand** nach § 33 Abs. 1 Nr. 3 knüpft bei der Planfeststellung erst an die Einreichung des Plans auf Grundlage der Ergebnisse der Antragskonferenz nach § 20 an.

Die BNetzA kann den Vorhabenträger nach § 12 Abs. 2 S. 3 **zur Antragstellung** verpflichten. 14
Dies steht ihr auch für den Fall offen, dass der Vorhabenträger einen unvollständigen Antrag nach § 19 eingereicht hat. Der Verpflichtung zur Antragstellung kommt der Vorhabenträger nur nach, wenn er den Antrag im gesetzlich geforderten Umfang stellt. Dies kann die BNetzA mittels Zwangsgeld gem. § 34 S. 1 durchsetzen.

1 BGBl. I 2011 S. 1690.
2 BT-Drucks. 17/6073.

2. Notwendige Unterlagen für die Einleitung der Planfeststellung

15 Maßstab für den **Umfang der einzureichenden Unterlagen** ist der Sinn und Zweck des Antragsverfahrens. Der Vorhabenträger soll die Beteiligten der Antragskonferenz nach § 20 in die Lage versetzen, ihre Hinweise und Anforderungen an die Antragsunterlagen zu formulieren. Dazu ist es erforderlich, dass der Vorhabenträger alle Informationen mitteilt, die für diese Festlegung erforderlich sind. Der Vorhabenträger muss keine Lösung für etwaige Konfliktfälle bieten, wohl aber auf etwaige **Konfliktpotenziale** hinweisen.

16 Die Darstellung des Vorhabens im Antrag soll in **allgemein verständlicher Form erfolgen**. Anders ist nicht zu gewährleisten, dass auch die Öffentlichkeit ihre entsprechenden Hinweise und Anforderungen formuliert. § 19 enthält Hinweise auf den Inhalt des Antrages, ohne diese im Einzelnen zu konkretisieren. Die Auflistung in S. 3 scheint zu kurz. Grundsätzlich – ohne dass die nachfolgend genannten Aspekte abschließend vollständig genannt sind – dürfte dem Antrag auf Einleitung der Planfeststellung in der Regel folgende Unterlagen beizufügen sein:

- allgemeine Beschreibung des Vorhabens,
- allgemeine Beschreibung und Begründung des Vorhabens,
- allgemeine technische Beschreibung der Maßnahmen,
- allgemeine typisierende Beschreibung der baulichen Maßnahmen,
- Eckpunkte der künftigen Umweltverträglichkeitsstudie,
- Eckpunkte der Raumverträglichkeitsstudie,
- Darstellung der für den Verlauf der Trasse sowie eine Darlegung zu in Frage kommenden Alternativen,
- Erläuterungen über die Grundsätze der Auswahl der in Frage kommenden Alternativen unter Berücksichtigung der erkennbaren Umweltauswirkungen,
- Übersichtsplan im Maßstab,
- Lagepläne (eingenordet oder mit Nordpfeil) im Maßstab,
- Unterlagen über die Grundlagen der UVP, soweit möglich ist der Bezug auf die Ergebnisse der Bundesfachplanung herzustellen,
- Unterlagen über die Grundlagen der FFH-Verträglichkeitsprüfung, soweit erforderlich, soweit möglich ist der Bezug auf die Ergebnisse der Bundesfachplanung herzustellen.

3. Gesetzliche Mindestinhalte der Unterlagen für die Bundesfachplanung (S. 3)

17 Der Umstand, dass der Gesetzgeber in S. 3 Mindestinhalte der Antragsunterlagen festgelegt hat, sowie der Umstand, dass die Planfeststellungsbehörde den erforderlichen Inhalt der nach § 21 vorzulegenden Unterlagen aufgrund der Ergebnisse der Antragskonferenz nach § 20 bestimmt, darf nicht dahingehend verstanden werden, dass der Vorhabenträger dem Antrag nach § 19 nur eine Auswahl der notwendigen Antragsunterlagen beizufügen bräuchte. Vielmehr hat der Vorhabenträger bereits bei Stellung des Antrags nach § 19 **alle zu diesem Zeitpunkt notwendigen Unterlagen einzureichen**, um die Beteiligten der Antragskonferenz in die Lage zu versetzen, Hinweise und Anforderung zu formulieren.

a) Verlauf der Trassen und Alternativen (S. 4 Nr. 1)

18 Gemäß S. 4 Nr. 1 muss der Antrag einen Vorschlag für den beabsichtigten Verlauf der Trassen sowie eine Darlegung der in Frage kommenden Alternativen enthalten. Aufgrund dieser Unterlagen wird die Behörde in die Lage versetzt, die Antragskonferenz vorzubereiten und die von den Ausbauvorhaben berührten Träger öffentlicher Belange zu identifizieren.

b) Erläuterung der Alternativen (S. 4 Nr. 2)

Die Alternativendarstellung nach S. 4 Nr. 2 soll sich nur auf **punktuelle Alternativen der konkreten Trassenführung** beziehen, soweit der Vorhabenträger diese für seinen Antrag in Erwägung gezogen hat.[3] 19

c) Sonstige Unterlagen

Zur Vorbereitung des Scoping-Termins hat der Vorhabenträger alle sonstigen Unterlagen einzureichen, die erforderlich sind, um die Beteiligten der Antragskonferenz in die Lage zu versetzen, Hinweise und Anforderungen zu formulieren. Im Vordergrund steht in jedem Fall Sinn und Zweck der Antragskonferenz. Es muss sichergestellt sein, dass die Antragskonferenz abschließend formuliert, welche Inhalte die Antragsunterlagen haben. Natürlich kann es aufgrund neuer Erkenntnisse dazu kommen, dass die Festlegung der Antragskonferenz modifiziert und aktualisiert wird. Dies darf indes nicht deshalb geschehen, weil die eingereichten Unterlagen nicht ausreichend aussagekräftig sind. 20

Der besondere Mechanismus des dreistufigen iterativen Prozesses der Einleitung des Planfeststellungsverfahrens erhält nur dann seinen Sinn, wenn sowohl Vorhabenträger als auch die Beteiligten der Antragskonferenz ihren jeweiligen Verpflichtungen zur ordnungsgemäßen Teilhabe am Verfahren gerecht werden. 21

4. Vereinfachtes Verfahren (S. 4 Nr. 3)

S. 4 Nr. 3 bestimmt den Inhalt und Umfang der einzureichenden Unterlagen, soweit ein Anzeigeverfahren nach § 25 für die gesamte Ausbaumaßnahme oder vereinzelte Streckenabschnitte durchgeführt werden soll. Nach S. 6 Nr. 3 muss der Antrag in diesem Fall die Darlegung der für die Durchführung des vereinfachten Verfahrens erforderlichen Voraussetzungen enthalten. 22

Dem Antrag auf Durchführung des Anzeigeverfahrens muss sich entnehmen lassen, auf welche Höchstspannungsleitung bzw. auf welchen Abschnitt einer Höchstspannungsleitung sich die Anzeige bezieht. Nach S. 4 sind der Anzeige in ausreichender Weise Erläuterungen beizufügen, aus denen sich ergibt, welche konkreten Änderungen geplant sind und dass diese Änderungen unwesentlich sind. Ohne diese Unterlagen ist es der Planfeststellungsbehörde nicht möglich, über eine Freistellung nach § 25 zu entscheiden. 23

III. Abschnittsbildung (S. 2)

Die Möglichkeit der Bildung von Abschnitten in der Planfeststellung nach S. 2 wirkt zusammen mit der Möglichkeit der Verpflichtung des Vorhabenträgers zur Antragstellung nach S. 2. Die BNetzA kann die Verpflichtung des Vorhabenträgers zur Antragstellung auf einzelne Abschnitte beschränken. Ebenso ist es denkbar, dass der Vorhabenträger nur für einzelne Abschnitte einen Antrag auf Durchführung der Bundesfachplanung stellt, die BNetzA ihn aber dann verpflichtet, für weitere Abschnitte des Vorhabens einen Antrag auf Durchführung der Bundesfachplanung zu stellen. 24

Die Abschnittsbildung ermöglicht es, die Bundesfachplanung für Trassenkorridore auf verschiedene Verfahren aufzuteilen, sofern dies sachlich gerechtfertigt ist.[4] Dies bietet sich bei besonders umfangreichen Vorhaben an, sowie in den Fällen, in denen die Verwirklichung be- 25

3 BT-Drucks. 17/6073, S. 28.
4 BT-Drucks. 17/6073, S. 24.

stimmter Abschnitte besonders dringlich oder konfliktbelastet ist.[5] Die Abschnittsbildung dient primär der Beschleunigung des Netzausbaus. Größere Ausbauvorhaben sollen nicht daran scheitern, dass es an einzelnen Punkten des Vorhabens Konflikte gibt. Die Abschnittsbildung ermöglicht es zudem, den späteren Bundesnetzplan Schritt für Schritt entsprechend dem jeweils vordringlichen Bedarf zu erarbeiten.

26 Die Bildung von Abschnitten als solche bedarf aufgrund der gesetzlichen Erwähnung in S. 4 keiner eigenen sachlichen Rechtfertigung. Nichtsdestoweniger müssen gebildete Abschnitte angemessen sein. Die Einteilung muss demnach im Hinblick auf das abzuarbeitende Problempensum sachlich gerechtfertigt sein.[6]

5 BT-Drucks. 17/6073, S. 24.
6 Vgl. § 18 Rn 121 ff.

§ 20 Antragskonferenz, Festlegung des Untersuchungsrahmens

(1) Die Planfeststellungsbehörde führt unverzüglich nach Einreichung des Antrags eine Antragskonferenz mit dem Vorhabenträger sowie den betroffenen Trägern öffentlicher Belange und Vereinigungen durch. Die Antragskonferenz soll sich auf Gegenstand, Umfang und Methoden der Unterlagen nach § 6 des Gesetzes über die Umweltverträglichkeitsprüfung sowie sonstige für die Planfeststellung erhebliche Fragen erstrecken.
(2) Der Vorhabenträger, Vereinigungen sowie die Träger öffentlicher Belange werden zur Antragskonferenz geladen, die Vereinigungen und Träger öffentlicher Belange mittels Zusendung des Antrags. Ladung und Übersendung des Antrags können elektronisch erfolgen. Die Antragskonferenz ist öffentlich; die Unterrichtung der Öffentlichkeit erfolgt im amtlichen Verkündungsblatt und über die Internetseite der Planfeststellungsbehörde und in örtlichen Tageszeitungen, die in dem Gebiet verbreitet sind, auf das sich das Vorhaben voraussichtlich auswirken wird.
(3) Die Planfeststellungsbehörde legt auf Grund der Ergebnisse der Antragskonferenz einen Untersuchungsrahmen für die Planfeststellung fest und bestimmt den erforderlichen Inhalt der nach § 21 einzureichenden Unterlagen. Die Festlegungen sollen innerhalb einer Frist von zwei Monaten nach Antragstellung abgeschlossen sein.
(4) Die Rechtsvorschriften über Geheimhaltung und Datenschutz bleiben unberührt.
(5) Eine Antragskonferenz kann unterbleiben, wenn die Voraussetzungen des § 25 vorliegen.

Überblick

I. Allgemeines

1. Überblick über die Norm

1 Die Vorschrift regelt die **Festlegung des Untersuchungsrahmens der Planfeststellung** sowie die dieser Verfahrensstation **vorgeschaltete Antragskonferenz.**

2 **Abs. 1 S. 2** bezeichnet die **Prüfmaterien**, für die die Planfeststellungsbehörde nach Abs. 3 den Untersuchungsrahmen abzustecken und den erforderlichen Inhalt der nach § 21 einzureichenden Unterlagen zu bestimmen hat. Der Themenkreis umfasst zum einen **Gegenstand, Umfang und Methoden der UVP**, darüber hinaus aber auch **sonstige für die Planfeststellung erhebliche Fragen.**

3 Die Festlegung des Untersuchungsrahmens wird nach **Abs. 1 und 2** durch eine **öffentliche Antragskonferenz** vorbereitet, die unverzüglich nach Antragstellung (§ 19) durchzuführen ist. Zu dieser Konferenz lädt die Planfeststellungsbehörde nach Abs. 2 S. 1 und 2 den Vorhabenträger, die betroffenen Träger öffentlicher Belange sowie die anerkannten Umweltvereinigungen, die in ihrem satzungsgemäßen Aufgabenbereich berührt sind (§ 3 Abs. 2), ein. Die Unterrichtung der Öffentlichkeit erfolgt nach Abs. 2 S. 3 durch Veröffentlichung im amtlichen Verkündungsblatt im Internet sowie über örtliche Tageszeitungen im voraussichtlichen Auswirkungsbereich des Vorhabens. Unterbleiben kann eine Antragskonferenz nach Abs. 5 bei unwesentlichen Änderungen einer Stromleitung, die nach § 25 im Anzeigeverfahren zugelassen werden.

4 Nach **Abs. 3 S. 1** legt die Planfeststellungsbehörde aufgrund der Ergebnisse der Antragskonferenz einen **Untersuchungsrahmen** für die Planfeststellung fest und bestimmt den **Inhalt der Unterlagen**, die der Vorhabenträger im nachfolgenden Verfahrensschritt nach § 21 einzureichen hat. Diese Festlegungen sollen nach **Abs. 3 S. 2 innerhalb von zwei Monaten nach Antragstellung** abgeschlossen sein.

5 **Abs. 4** enthält den klarstellenden Hinweis, dass die Rechtsvorschriften über **Geheimhaltung und Datenschutz** einzuhalten sind.

2. Regelungszweck

6 Die Festlegung des Untersuchungsrahmens **ist eine der wichtigsten Maßnahmen zur effektiven Vorbereitung und Steuerung des Planfeststellungsverfahrens.** Ziel ist es, dem Vorhabenträger bereits in einem sehr frühen Stadium des Verfahrens Gewissheit darüber zu verschaffen, welche konkreten Prüfmaterien und Sachfragen für die Zulassungsentscheidung über den Ausbau einer bestimmten Stromleitung von Bedeutung sind und mit welcher Prüftiefe und Methodik diese Gesichtspunkte in der Planfeststellung abzuarbeiten sind. Auf dieser Grundlage sind sodann Inhalt und Umfang der Unterlagen zu bestimmen, die der Vorhabenträger nach § 21 vorzulegen hat, und es ist zu klären, welche Mitwirkungsbeiträge andere Verfahrensbeteiligte, insbesondere die nach § 22 Abs. 1 Nr. 1 einbezogenen Behörden, dazu leisten werden.

7 Durch die verfahrensleitenden Entscheidungen, die die Planfeststellungsbehörde nach Abs. 3 trifft (Festlegung des Untersuchungsrahmens, Bestimmung der einzureichenden Planunterlagen) und die durch die Antragskonferenz vorbereitet werden, wird der weitere **Ablauf des Planfeststellungsverfahrens maßgeblich vorstrukturiert.** Hierdurch bietet die Vorschrift zugleich ein beträchtliches **Beschleunigungspotenzial.** Das Prüfprogramm und die Mitwirkung der Beteiligten können zielführend auf die entscheidungserheblichen Gesichtspunkte fokussiert, inhaltliche und methodische Anforderungen an die beizubringenden Unterlagen und Nachweise frühzeitig geklärt, Missverständnisse und Fehlvorstellungen ausgeräumt werden. Bei sachgerechter und vorausschauender Nutzung dieses Instrumentariums kann die Regelung wesentlich dazu beitragen, dass der Zulassungsprozess reibungslos, zügig und konzentriert verläuft und

Verzögerungen im Verfahren vermieden werden.[1] Hieran hat auch die Einführung einer öffentlichen Antragskonferenz ihren Anteil. Diese **Erweiterung der traditionellen Beteiligungsmöglichkeiten** führt zu **größerer Verfahrenstransparenz** und kann hierdurch nach den Vorstellungen des Gesetzgebers einen akzeptanzstärkenden und befriedenden Effekt haben, der sich verfahrensbeschleunigend auswirkt.[2]

3. Entstehungsgeschichte

Die Vorschrift hat im Verlauf des Gesetzgebungsverfahrens nur wenige Änderungen erfahren. 8
Zum einen hatte der Regierungsentwurf noch vorgesehen, dass die BNetzA neben der Bundesfachplanung auch für die Durchführung der nachfolgenden Planfeststellungsverfahren zuständig sein sollte. Nachdem sich der Bund mit dieser Auffassung im Gesetzgebungsverfahren nicht durchsetzen konnte, wurde das Wort „Bundesnetzagentur" auf Vorschlag des Bundesrates[3] in der Vorschrift jeweils durch die neutrale Bezeichnung „Planfeststellungsbehörde" ersetzt.[4] Ferner wurden – ebenfalls auf Vorschlag des Bundesrates[5] – in Abs. 2 die Worte „im Amtsblatt" durch die offenere Formulierung „im amtlichen Verkündungsblatt" ersetzt.[6]

Darüber hinaus hatte der Bundesrat in allgemeiner Form darum gebeten, die Beteiligung 9
der Kommunen im Planfeststellungsverfahren zu stärken.[7] Ausweislich der Begründung bezog sich diese Forderung wohl auch auf die Mitwirkung der Kommunen an der Festlegung des Untersuchungsrahmens nach § 20. Mit seinem Anliegen konnte sich der Bundesrat jedoch nicht durchsetzen. In ihrer Gegenäußerung vom 22.6.2011 lehnte die Bundesregierung den Vorschlag mit dem Hinweis ab, dass die Beteiligungsrechte der Kommunen in künftigen Verfahren nach dem NABEG gegenüber den bestehenden Planfeststellungsverfahren nicht eingeschränkt würden; vielmehr würden die Kommunen weiter im bisherigen Maße als Träger öffentlicher Belange beteiligt.[8]

II. Der Untersuchungsrahmen der Planfeststellung (Abs. 1 S. 2)

1. Das Themenspektrum des Untersuchungsrahmens

Der **Untersuchungsrahmen** der Planfeststellung **umfasst** dieselben **Prüfmaterien und Sach-** 10
fragen, auf die sich nach Abs. 1 S. 2 die **Antragskonferenz** erstrecken soll. Der enge Sachzusammenhang zwischen Antragskonferenz und Untersuchungsrahmen folgt daraus, dass die Antragskonferenz die verfahrensleitenden Entscheidungen, die die Planfeststellungsbehörde nach Abs. 3 zum Untersuchungsrahmen und zum Inhalt der Planunterlagen zu treffen hat, vorbereiten soll.

Abs. 1 S. 2 nennt als Themen der Antragskonferenz – und damit auch des Untersuchungs- 11
rahmens – zum einen *„Gegenstand, Umfang und Methoden der Unterlagen nach § 6 UVPG"*, zum

1 Begr. RegE, BT-Drucks 17/6249, S. 9 i.V.m. BT-Drucks. 17/6073, S. 28; ähnlich zur Festlegung des Untersuchungsrahmens bei der UVP *Führ u.a.*, S. 63 ff.; Hoppe/Beckmann/*Kment*, § 5 Rn 3.
2 Begr. RegE, BT-Drucks. 17/6249, S. 9 i.V.m. BT-Drucks. 17/6073, S. 28; vgl. auch *Appel*, UPR 2011, 406, 409.
3 BR-Drucks. 342/11 (Beschl.), S. 5.
4 Vgl. Beschlussempfehlung und Bericht des Ausschusses für Wirtschaft und Technologie vom 29.6.2011, BT-Drucks. 17/6366, S. 8. In ihrer Gegenäußerung vom 22.6.2011 hatte die Bundesregierung diesem Änderungsvorschlag noch widersprochen; vgl. BT-Drucks. 17/6249, S. 17.
5 BR-Drucks. 342/11 (Beschl.), S. 5.
6 Vgl. Beschlussempfehlung und Bericht des Ausschusses für Wirtschaft und Technologie vom 29.6.2011, BT-Drucks. 17/6366, S. 8.
7 BR-Drucks. 342/11 (Beschl.), S. 3 f.
8 BT-Drucks. 17/6249, S. 17.

anderen *„sonstige für die Planfeststellung erhebliche Fragen"*. Diese Fomulierung ist unglücklich gefasst und zeichnet ein schiefes Bild des tatsächlichen Spektrums der im Untersuchungsrahmen abzubildenden Materien. Es könnte der Eindruck entstehen, dass der Schwerpunkt des Untersuchungsrahmens auf der UVP liege, während den „sonstigen Fragen" eine eher untergeordnete Rolle zukomme. Dies kann zwar im Einzelfall, muss aber keineswegs immer so sein. Richtig ist vielmehr, dass der **Untersuchungsrahmen alle für das Planfeststellungsverfahren erheblichen Fragen einschließt.**[9] Es geht mit anderen Worten um das **gesamte Prüfprogramm, das zur Vorbereitung eines Planfeststellungsbeschlusses nach § 24 zu absolvieren ist.** Die Prüfgesichtspunkte und Prüfanforderungen der UVP – wenn eine solche im konkreten Fall überhaupt durchzuführen ist[10] – sind lediglich ein Element des Untersuchungsrahmens der Planfeststellung. Dieser umfasst die **Prüfung und Bewertung aller öffentlichen und privaten Belange, die dem Vorhaben entgegenstehen können und nach § 18 Abs. 3 S. 2 im Rahmen der Abwägung zu berücksichtigen sind.**

2. Unterschiede zum Untersuchungsrahmen der Bundesfachplanung

a) Bindung an den Trassenvorschlag des Vorhabenträgers

12 Auch bei der Bundesfachplanung schließt der Untersuchungsrahmen die Prüfung aller abwägungsrelevanten öffentlichen und privaten Belange ein, die der Ausbaumaßnahme innerhalb des betrachteten Trassenkorridors entgegenstehen können.[11] Es gibt somit deutliche Parallelen zwischen beiden Verfahren. Dennoch weist der Untersuchungsrahmen der Planfeststellung gegenüber dem Prüfprogramm der Bundesfachplanung einige bedeutsame Unterschiede auf.

13 In der Bundesfachplanung wird der Prüf- und Entscheidungsgegenstand des Verfahrens nicht abschließend durch den Antrag des Vorhabenträgers bestimmt. Zwar schlägt der Vorhabenträger in seinem Antrag nach § 6 S. 6 Nr. 1 einen Trassenkorridor vor. Eine Bindung der Behörde an den Antrag besteht nach § 7 Abs. 3 S. 2 aber nicht. Die betroffenen Länder und andere Beteiligte können nach § 7 Abs. 3 S. 1 eigene Korridorvorschläge in das Verfahren einbringen. Die Entscheidung, welche der Vorschläge in der Bundesfachplanung zu prüfen sind, trifft die BNetzA bei der Festlegung des Untersuchungsrahmens.[12]

14 Diesem Modell ist der Gesetzgeber bei der Ausgestaltung der der Bundesfachplanung nachfolgenden Planfeststellung nicht gefolgt. **Gegenstand des Planfeststellungsverfahrens ist die Leitungstrasse, die der Vorhabenträger in seinem Antrag nach § 19 S. 4 Nr. 1 vorschlägt.** Weder den Ländern, auf deren Gebiet die beantragte Stromleitung verlaufen soll, noch anderen verfahrensbeteiligten Akteuren ist ein eigenes Vorschlagsrecht eingeräumt. Vielmehr ist davon auszugehen, dass eine **Bindung der Behörde an den Antrag** besteht, wie sie auch sonst für den Verfahrenstyp der Planfeststellung kennzeichnend ist. Danach hat sich die Behörde bei ihren Prüfungen darauf zu beschränken, den eingereichten Plan einer nachvollziehenden Kontrolle zu unterwerfen. Dagegen ist sie grds. nicht befugt, die Planungsvorstellungen des Vorhabenträgers durch eine Alternativplanung zu ersetzen.[13] Der Prüf- und Entscheidungsgegenstand ist somit in den Verfahren nach §§ 18 ff. durch den Antrag des Vorhabenträgers (§ 19) determiniert. Darin unterscheidet sich die Situation hier wesentlich von der Rechtslage in der Bundesfachplanung.

---

9 So zutreffend Begr. RegE, BT-Drucks. 17/6249, S. 9 i.V.m. BT-Drucks. 17/6073, S. 28.

10 Beispielsweise sieht Anlage 1 Nr. 19 UVPG – in Übereinstimmung mit der UVP-RL der EU – für Höchstspannungsleitungen, die als Erdkabel ausgeführt werden, generell keine UVP-Pflicht vor. Dennoch hat die Planfeststellungsbehörde auch in diesen Fällen nach § 20 eine Antragskonferenz durchzuführen, in der auch auf die Umweltanforderungen einzugehen ist.

11 Vgl. § 7 Rn 16.

12 Eingehend dazu § 7 Abschnitt III.1, insbesondere Rn 19 f. und 30 ff.

13 Die Behörde darf lediglich Modifikationen vornehmen, die die Grundzüge der Planung unberührt lassen; eingehend dazu Hoppe/Schlarmann/Buchner/*Deutsch*, Rn 782 ff.; siehe auch § 18 Rn 144.

Die Planfeststellungsbehörde hat rechtlich nicht die Möglichkeit, dem Vorhabenträger aufzugeben, über die Trassenalternativen hinaus, die er in seinem Antrag nach § 19 S. 4 Nr. 1 und 2 selbst aufgezeigt hat, weitere Planungsoptionen in den Blick zu nehmen[14] und dazu Unterlagen einzureichen. Deshalb besteht im Planfestellungsverfahren kein Anlass, diese Frage in der Antragskonferenz zu thematisieren. Auch bei der Festlegung des Untersuchungsrahmens nach Abs. 3 ist auf Trassenalternativen nicht einzugehen.

b) Keine Raumverträglichkeitsprüfung

15 Entsprechendes gilt für die Prüfung der **Raumverträglichkeit des Vorhabens unter überörtlichen Gesichtspunkten.** Nach der Regelungskonzeption des NABEG gehört die Vereinbarkeit der Ausbaumaßnahme mit den Erfordernissen der Raumordnung nicht zu den Prüfmaterien der Planfeststellung. Sie ist nach § 7 Abs. 1 S. 3 vielmehr Gegenstand der Bundesfachplanung.[15] Nach § 28 soll die Bundesfachplanung das Raumordnungsverfahren ersetzen. Konflikte mit den Zielen, Grundsätzen und sonstigen Erfordernissen der Raumordnung sollen bereits auf vorgelagerter Ebene bei der Korridorplanung bewältigt werden.[16] In der Antragskonferenz und bei der Festlegung des Untersuchungsrahmens für die Planfeststellung ist dieser Fragenkreis daher nicht mehr zu behandeln.

16 Etwas anderes kann sich für die **Abstimmung mit anderen raumbedeutsamen Planungen und Maßnahmen im Sinne von § 3 Abs. 1 Nr. 6 ROG** ergeben. Diese Thematik ist nach § 5 Abs. 1 S. 3 Hs. 2 zwar ebenfalls schon in der Bundesfachplanung zu prüfen. Sie wird dort jedoch meist noch nicht abschließend abgearbeitet werden können, soweit es um Unverträglichkeiten geht, die eine parzellengenaue, auf vorgelagerter Planungsebene nicht sinnvoll zu leistende Betrachtung erfordern.[17] Die Auseinandersetzung mit solchen kleinräumigen Aspekten muss dann im Planfeststellungsverfahren geführt werden. Die Einzelheiten sind in der Antragskonferenz zu erörtern und anschließend nach Abs. 3 im Untersuchungsrahmen zu fixieren.

c) Abschichtung vom Prüfprogramm der Bundesfachplanung

17 Ähnlich stellt sich die Situation beim Umgang mit anderen öffentlichen und privaten Belangen dar, die nicht nur für die Planfeststellung von Bedeutung sind, sondern bereits zum Prüfprogramm der vorlaufenden Bundesfachplanung gehören. Zu nennen sind beispielsweise Anforderungen des Umwelt-, Natur- und Artenschutzes oder Nutzungsansprüche Dritter,[18] die einer Realisierung der Stromleitung in dem fraglichen Gebiet entgegenstehen können. Aus verfahrensökonomischen Gründen – Vermeidung überflüssiger Mehrfachprüfungen – bedarf es in diesen Fällen einer **ebenengerechten Abschichtung**, bei der die verschiedenen Prüfaspekte, unter denen die Ausbaumaßnahme in den Blick zu nehmen ist, der jeweils „passenden" Verfahrensebene zugeordnet werden. Für den Untersuchungsrahmen der – auf der letzten Stufe der Planungshierarchie angesiedelten – **Planfeststellung** hat dies zur Folge, dass sich die **Prüfungen auf Gesichtspunkte konzentrieren** können, die **in der Bundesfachplanung nicht oder noch nicht ausreichend betrachtet** worden sind.[19]

18 Für das Verhältnis zwischen der UVP im Zulassungsverfahren und der SUP in einem vorgelagerten Planungsverfahren ist der Abschichtungsgrundsatz schon seit etlichen Jahren in § 14f

---

14 Vgl. demgegenüber zur Situation in der Bundesfachplanung § 7 Rn 37.
15 Vgl. Begr. RegE, BT-Drucks. 17/6249, S. 9 i.V.m. BT-Drucks. 17/6073, S. 19, 24, 31.
16 Näher dazu § 7 Abschnitt III.2.b), Rn 51 ff.
17 Dazu § 7 Abschnitt III.2.c), Rn 59 f.
18 Zur Behandlung privater Belange in der Bundesfachplanung § 7 Rn 101 f.
19 Näher hierzu § 23 Rn 4 ff.

Abs. 3 S. 3 UVPG geregelt. Danach kann sich die UVP auf zusätzliche und andere Umweltauswirkungen sowie auf erforderliche Aktualisierungen und Vertiefungen beschränken. Eine inhaltlich gleichartige Bestimmung findet sich mit § 23 nunmehr auch im NABEG. Diese Regelung ist ebenfalls nur auf die UVP fokussiert. Hilfreicher wäre es angesichts der bereits bestehenden Parallelvorschrift im UVPG gewesen, wenn der Gesetzgeber den **Abschichtungsgedanken** im NABEG **in allgemeiner Form verankert** hätte, d.h. wenn er ihn neben der Umweltprüfung auch auf alle anderen Materien erstreckt hätte, die beim Stromleitungsausbau auf mehreren Planungsebenen zu prüfen sind. Auch wenn es hierfür an einer ausdrücklichen Bestimmung im Gesetz fehlt, kann letztlich kein Zweifel daran bestehen, dass das **Prinzip der Abschichtung im Verhältnis zwischen Bundesfachplanung und Planfeststellung übergreifend gilt.** § 23 bringt einen allgemeinen Rechtsgedanken zum Ausdruck, der im Mehrebenensystem der Netzausbauplanung auch auf den Umgang mit anderen öffentlichen und privaten Belangen entsprechend angewandt werden kann.[20]

19 Die Abschichtung von der Bundesfachplanung könnte sich in der Planfeststellung als eine der größeren Herausforderungen der Antragskonferenz erweisen. Um den Untersuchungsrahmen der Planfeststellung auf „zusätzliche oder andere" Gesichtspunkte sowie auf „erforderliche Aktualisierungen und Vertiefungen" zu konzentrieren, muss ein **Abgleich mit dem Prüfprogramm der Bundesfachplanung und den dort gewonnenen Erkenntnissen** erfolgen. Relativ einfach dürfte die notwendige Verzahnung zwischen Planfeststellung und Bundesfachplanung[21] zu bewerkstelligen sein, wenn die Zuständigkeit für beide Verfahren in der Hand einer Behörde, nämlich der BNetzA liegt. Solange es an der dafür vorgesehenen Verordnung nach § 2 Abs. 2 fehlt, sind die Verantwortlichkeiten nach § 31 jedoch zwischen Bundes- und Landesbehörden verteilt. In dieser Konstellation wird eine sachgerechte Eingrenzung des Untersuchungsrahmens nur im intensiven Austausch und in enger Abstimmung zwischen den zuständigen Planfeststellungsbehörden der Länder und der BNetzA gelingen.

3. Umweltbelange

a) Bedeutung der Umweltbelange in der Planfeststellung

20 Die Einhaltung der Anforderungen zum Schutz der Umwelt bildet einen gewichtigen Belang, der bei der Planfeststellung nach § 18 Abs. 3 in der Abwägung zu berücksichtigen ist. Für die UVP heißt es in § 12 UVPG inhaltlich gleichlautend, dass die in der UVP ermittelten und bewerteten Umweltauswirkungen bei der Entscheidung über die Zulässigkeit des Vorhabens nach Maßgabe der geltenden Gesetze „zu berücksichtigen" sind. Konkret bedeutet dies, dass Umweltgesichtspunkte jeweils mit dem Gewicht, das ihnen nach den einschlägigen fachgesetzlichen Maßstäben zukommt, in die Abwägung eingehen und dort in Konkurrenz mit anderen öffentlichen und privaten Interessen treten. Dabei hat der Umstand, dass der Gesetzgeber den Schutz der Umwelt zusätzlich durch eine UVP untersetzt hat, nicht zwangsläufig zur Folge, dass der Umwelt per se ein höherer Stellenwert oder ein Vorrang vor anderen Gütern oder Belangen beizumessen wäre.[22] Bei der Abwägung im Planfeststellungsverfahren braucht sich daher nicht unbedingt immer die „umweltfreundlichste" Lösung durchzusetzen.

21 Welches Gewicht dem Schutz der Umwelt gegenüber anderen bedeutsamen Interessen zukommt, lässt sich nicht allgemein, sondern nur umweltgutspezifisch bestimmen. So ist der Ausbau einer Stromleitung, durch die die Erhaltungsziele und Schutzzwecke eines FFH- oder EU-Vogelschutzgebiets erheblich beeinträchtigt werden können, nach § 34 Abs. 2 BNatSchG

---

20 § 23 Rn 13.
21 Begr. RegE, BT-Drucks 17/6249, S. 9 i.V.m. BT-Drucks. 17/6073, S. 29 (zu § 21).
22 BVerwG, Urt. v. 21.3.1996 – 4 C 19/94 –; Hoppe/Beckmann/*Beckmann*, § 12 Rn 67; Landmann/Rohmer/*Wulfhorst*, § 12 UVPG Rn 29, 41.

grds. unzulässig. In der Abwägung mit anderen gewichtigen Belangen – etwa dem überragenden öffentlichen Interesse am Ausbau der länderübergreifenden und grenzüberschreitenden Höchstspannungsleitungen (§ 1 S. 3) – kann der Schutz eines betroffenen Natura 2000-Gebiets daher nur überwunden werden, wenn im Einzelfall einer der Ausnahmetatbestände nach § 34 Abs. 3 bis 5 BNatSchG zum Tragen kommt.[23] Eine ähnlich starke Stellung kommt den artenschutzrechtlichen Zugriffsverboten nach § 44 Abs. 1 BNatSchG zu. Deshalb ist es eine verkürzte und missverständliche Darstellung, wenn in Abs. 1 S. 2 mit Blick auf die Umwelt nur auf die UVP rekurriert wird. Der umweltbezogene Untersuchungsrahmen der Planfeststellung wäre zu knapp geschneidert, würde er sich allein auf die UVP nach dem UVPG beschränken. Einzubeziehen sind daneben – ebenso wie in der Bundesfachplanung – auch spezielle Umweltprüfinstrumente wie die Natura 2000-Verträglichkeitsprüfung und die artenschutzrechtliche Prüfung.[24]

b) Umweltverträglichkeitsprüfung (UVP)

Nach Abs. 1 S. 2 soll sich die Antragskonferenz – und damit auch der Untersuchungsrahmen der Planfeststellung – auf Gegenstand, Umfang und Methoden der Unterlagen nach § 6 UVPG beziehen. Hinter dieser knappen Aussage verbirgt sich ein komplexes Bündel unterschiedlicher Gesichtspunkte. 22

Zum einen geht es um die **gegenständliche Eingrenzung des Untersuchungsrahmens der UVP und seine Abschichtung vom Untersuchungsrahmen der SUP in der vorlaufenden Bundesfachplanung**. Die Abschichtungskriterien für die Bestimmung des Prüfprogramms der UVP liefert § 23 i.V.m. § 14f Abs. 3 S. 3 UVPG. Danach soll sich die UVP auf zusätzliche oder andere erhebliche Umweltauswirkungen sowie auf notwendige Aktualisierungen und Vertiefungen solcher Erkenntnisse beschränken, die bereits zuvor in der SUP gewonnen worden sind. Wegen der Einzelheiten wird auf die Kommentierung zu § 23 verwiesen. In der Praxis dürfte der Abgleich mit dem Prüfprogramm der SUP meist keine größeren Schwierigkeiten bereiten, weil die Umweltauswirkungen, die auf der vorgelagerten Planungsebene ermittelt und bewertet worden sind, im Umweltbericht im Einzelnen dokumentiert sind. Damit werden die Ergebnisse der SUP regelmäßig in gut aufbereiteter Form zur Verfügung stehen. 23

Zum zweiten geht es um die Frage, welcher **Prüfaufwand** für die UVP betrieben werden muss und welche **Methoden** dabei zugrunde zu legen sind. Nach der Rechtsprechung des BVerwG ist die UVP *„kein ‚Suchverfahren', in dem alle nur erdenklichen Auswirkungen eines Vorhabens auf Umweltgüter und deren Wertigkeit bis in alle Einzelheiten und feinsten Verästelungen zu untersuchen wären oder gar Antworten auf in der Wissenschaft bisher noch ungeklärte Fragen gefunden werden müssten"*.[25] Ganz in diesem Sinne sind die Anforderungen, die bei der UVP an die Darstellungs- und Prüftiefe und an den Untersuchungsaufwand zu stellen sind, auch in § 6 Abs. 3 UVPG formatiert. So sind für die Beschreibung der erheblichen nachteiligen Umweltauswirkungen, die von dem Vorhaben ausgehen können, sowie für die Darstellung der Umwelt und ihrer Bestandteile im Einwirkungsbereich des Vorhabens nach § 6 Abs. 3 S. 1 Nr. 3 und 4 UVPG der **allgemeine Kenntnisstand** und die **allgemein anerkannten Prüfungsmethoden** maßgebend.[26] Angaben zum bestehenden Umweltzustand sind nach § 6 Abs. 3 S. 1 Nr. 4 UVPG überdies nur soweit erforderlich, wie ihre Beibringung für den Vorhabenträger **zumutbar** ist.[27] Wie beim Umweltbericht der SUP wird im Übrigen auch bei der UVP als „Faustformel" gelten können, 24

23 Eingehend dazu § 18 Rn 60 ff.
24 Dazu näher § 7 Rn 90 ff., 96 ff.
25 Urt. v. 21.3.1996 – 4 C 19/94 –; ähnl. BVerwG, Urt. v. 25.1.1996 – 4 C 5/95 – Rn 26 f.
26 Ähnliche Maßstäbe gelten für den Umweltbericht zur SUP; vgl. dazu § 7 Rn 84.
27 Vgl. zum Zumutbarkeitskriterium beim Umweltbericht der SUP § 7 Rn 83.

dass die **Untersuchungs- und Darstellungstiefe umso größer** ist, **je nachteiliger die Umwelteffekte** des Vorhabens im konkreten Fall sein können.[28] Auch das **Interesse, das** die **Öffentlichkeit** bestimmten Umweltfolgen entgegenbringt, ist ein zu berücksichtigender Faktor.[29]

25 Ein dritter Punkt, für den in der Antragskonferenz meist größerer Diskussionsbedarf bestehen wird, ist die **Mehrfachnutzung von Unterlagen in der UVP.** Hierfür hat der Gesetzgeber in **§ 21 Abs. 4** – in konsequenter Anwendung des Abschichtungsgedankens – eine Sonderregelung getroffen. Soweit der Vorhabenträger bei der UVP im Planfeststellungsverfahren **Kredit von bestimmten Erkenntnissen der vorlaufenden SUP nehmen** möchte, **reicht es aus**, dass er sich in den Unterlagen, die er nach § 6 UVPG für die UVP vorlegt, **auf die hierzu in der Bundesfachplanung eingereichten Unterlagen bezieht.** Dabei dürfte sich als Bezugsdokument in erster Linie der Umweltbericht anbieten;[30] ggf. kann aber auch auf ergänzende Berichte, Gutachten oder andere Begleitunterlagen verwiesen werden, die seinerzeit für die SUP erstellt worden sind.

26 Von erheblicher praktischer Bedeutung für die Frage der Mehrfachnutzung von Unterlagen in der UVP ist die **Bereitstellung von Informationen durch die Planfeststellungsbehörde und andere beteiligte Behörden.** Zwar ist nach § 6 Abs. 1 UVPG in erster Linie der Vorhabenträger für die Erarbeitung der Unterlagen verantwortlich, die für die UVP benötigt werden. Dies bedeutet jedoch nicht, dass ausschließlich er selbst sich um die Beschaffung der dafür notwendigen Inputs kümmern muss. § 5 S. 5 UVPG sieht vielmehr ausdrücklich eine **Mitwirkungspflicht** der beteiligten Behörden vor. Verfügen diese über Umweltdaten oder andere Erkenntnisse, die für die Beibringung der Unterlagen nach § 6 UVPG zweckdienlich sind, so sind sie verpflichtet, dem Vorhabenträger die Informationen zur Verfügung zu stellen.[31] Übermittelt werden können beispielsweise Inhalte von Landschafts- oder sonstigen Umweltfachplänen, Biotopkartierungen, Daten aus Altlastenkatastern, Umwelt- und Fachinformationssystemen sowie Gutachten, Berichte oder Umweltverträglichkeitsstudien aus anderen Verfahren.[32] Die konsequente Nutzung dieser Quellen kann für den Vorhabenträger eine beträchtliche Entlastung bedeuten und erheblich zur Beschleunigung des Verfahrens beitragen, weil damit zeitlicher und materieller Aufwand für eigene Ermittlungen oder die Erstellung neuer Unterlagen eingespart werden kann. Allerdings können auf diesem Weg entsprechend § 14g Abs. 4 UVPG nur Angaben Eingang in die Planunterlagen des Vorhabenträgers finden, die für diesen Zweck geeignet und noch hinreichend aktuell sind.[33] In der Antragskonferenz ist jeweils abzuklären, inwieweit bei den beteiligten Behörden entsprechendes Material vorhanden ist, das dem Vorhabenträger bei Bedarf zugänglich gemacht werden kann. Für andere Verfahrensbeteiligte (z.B. Kommunen oder anerkannte Umweltvereinigungen) hat der Gesetzgeber keine entsprechende Mitwirkungspflicht vorgesehen; daher wird hier nur eine Herausgabe auf freiwilliger Grundlage in Betracht kommen. Auch diese Möglichkeit kann in der Antragskonferenz erörtert werden.

c) Natura 2000-Verträglichkeitsprüfung

27 Nach § 34 Abs. 1 S. 1 BNatSchG ist die Ausbaumaßnahme vor ihrer Zulassung einer Prüfung auf ihre Verträglichkeit mit den Erhaltungszielen eines Natura 2000-Gebiets zu unterziehen, wenn sie als solche oder im Zusammenwirken mit anderen Projekten oder Plänen geeignet ist, das fragliche Schutzgebiet erheblich zu beeinträchtigen. Unverträglichkeiten mit den Anforderun-

28 Vgl. § 7 Rn 85.
29 Vgl. § 7 Rn 85.
30 Zur Erarbeitung des Umweltberichts durch den Vorhabenträger eingehend § 7 Rn 68 ff.
31 Zu den Grenzen der Mitwirkungspflicht unter Rn 37.
32 Landmann/Rohmer/*Beckmann*, § 5 UVPG Rn 29; *Peters/Balla*, § 5 Rn 19.
33 Zu den Anfforderungen an die Aktualität der Unterlagen näher § 23 Rn 9.

gen der FFH- und der Vogelschutzrichtlinie können sich bei der Errichtung und beim Betrieb von Höchstpannungsleitungen zum einen daraus ergeben, dass die Leitung unmittelbar in Natura 2000-Gebiete eingreift und dort beispielsweise Flächenverluste verursacht, die mit erheblichen Beeinträchtigungen von Lebensraumtypen und geschützten Arten verbunden sind. Ähnliche Effekte können aber auch durch Hochspannungsfreileitungen hervorgerufen werden, die in der Nähe eines Natura 2000-Gebiets verlaufen und sich lediglich mittelbar auf prägende Lebensraumtypen und Arten des Gebiets auswirken, etwa auf Vögel, die dort ihren Lebensraum oder ihre Brutplätze haben und durch die Ausbaumaßnahme geschädigt oder gefährdet werden.[34]

Die Notwendigkeit einer Natura 2000-Verträglichkeitsprüfung entfällt nicht schon deswegen, weil eine solche bereits in der Bundesfachplanung stattgefunden hat. §§ 34 und 36 BNatSchG sehen vielmehr für mehrstufige Planungsverfahren der vorliegenden Art vor, dass eine Verträglichkeitsprüfung erforderlichenfalls sowohl auf der vorgelagerten Planungsebene als auch nachfolgend im Planfeststellungsverfahren durchgeführt wird.[35] Dabei handelt es sich bei konsequenter Beachtung des Abschichtungsgrundsatzes um **keine Doppelprüfung**;[36] vielmehr geht es (im Sinne des hier entsprechend anwendbaren § 14f Abs. 3 S. 3 UVPG[37]) um eine **Vertiefung der bereits in der Bundesfachplanung gewonnenen Erkenntnisse**. Ziel der Verträglichkeitsprüfung in der Bundesfachplanung ist es, einen Trassenkorridor zu bestimmen, in dem die Stromleitung voraussichtlich ohne Gebietsbeeinträchtigung realisiert werden kann. Die Erwartung, dass der fragliche Korridor bei der späteren Feinplanung der Stromleitung eine Trassenführung ermöglichen wird, die mit den Erhaltungszielen und Schutzzwecken potenziell betroffener Natura 2000-Gebiete verträglich ist, wird sich hier allerdings meist nur auf eine eher „grobkörnige", dem Planungsstand und Konkretisierungsgrad der Bundesfachplanung entsprechende Betrachtung stützen können.[38] Deshalb stehen die Ergebnisse dieser Prüfung unter dem Vorbehalt der späteren Detailplanung und müssen im nachfolgenden Planfeststellungsverfahren verifiziert werden. Dieser „zweite Durchgang" der Verträglichkeitsprüfung wird sich dann jedoch in der Regel auf Gesichtspunkte konzentrieren können, die in der Bundesfachplanung noch nicht abschließend geklärt worden sind und zu denen vertiefte Aussagen erst im Zuge der Verdichtung der Planung getroffen werden können.[39] Im Übrigen können die habitatschutzbezogenen Erkenntnisse der Bundesfachplanung für die Planfeststellung übernommen werden, soweit sie noch aktuell sind und auch sonst kein Grund besteht, ihre Belastbarkeit anzuzweifeln.[40] Insbesondere wenn die Natura 2000-Verträglichkeitsprüfung schon auf der Ebene der Bundesfachplanung mit größerer Untersuchungstiefe durchgeführt worden ist, um die „Planfeststellungsfestigkeit" ihrer Ergebisse zu gewährleisten,[41] können daraus erhebliche Entlastungen für die ergänzende Prüfung in der Planfeststellung resultieren. 28

34 § 18 Rn 69.
35 Vgl. § 7 Rn 91, 93.
36 So zutr. auch Landmann/Rohmer/*Gellermann*, § 36 BNatSchG Rn 11.
37 Siehe oben Rn 18.
38 Dazu näher § 7 Rn 93. Zur geringeren Untersuchungstiefe von FFH-Verträglichkeitsprüfungen für Pläne im Vergleich zur Projektebene auch Lütkes/Ewer/*Ewer*, § 36 Rn 11; Schumacher/Fischer-Hüftle/*Schumacher*, § 36 Rn 5; ebenso für das Verhältnis zwischen Raumordnungsverfahren und Planfeststellungsverfahren *Hennig/Lühmann*, UPR 2012, 81, 82.
39 In diesem Sinne auch Landmann/Rohmer/*Gellermann*, § 36 BNatSchG Rn 11; ähnlich Lütkes/Ewer/*Ewer*, § 36 Rn 11: wenn sich aus der Konkretisierung der Planung Möglichkeiten der Beeinträchtigung ergeben, die in der Verträglichkeitsprüfung der vorgelagerten Planung noch nicht erkennbar waren; im Ergebnis ebenso Schumacher/Fischer-Hüftle/*Schumacher*, § 36 Rn 6: Vorliegen neuer Erkenntnisse.
40 Landmann/Rohmer/*Gellermann*, § 36 BNatSchG Rn 11.
41 Siehe dazu § 7 Rn 94.

Beispiel
Ist bei der Verträglichkeitsprüfung auf vorgelagerter Ebene auf der Basis einer überschlägigen Einschätzung angenommen worden, dass erhebliche Beeinträchtigungen eines Natura 2000-Gebiets durch Schadensvermeidungs- oder Schadensverminderungsmaßnahmen verhindert oder Flächenverluste durch eine gebietsangepasse Trassenführung so minimiert werden können, dass die Beeinträchtigung lediglich Bagatellcharakter hat,[42] muss im anschließenden Planfeststellungsverfahren im Lichte der dann vorliegenden Feinplanung aus kleinräumiger Perspektive geprüft werden, ob diese Erwartung gerechtfertigt war. Kann die positive Beurteilung der Bundesfachplanung aufgrund neuer Erkenntnisse der Detailprüfung nicht bestätigt werden, kann also eine erhebliche Beeinträchtigung des Natura 2000-Gebiets – auch durch zusätzliche Vermeidungs- oder Verminderungsmaßnahmen – nicht ausgeschlossen werden, so kann das Vorhaben nur zugelassen werden, wenn ein Abweichungsverfahren ergibt, dass für die geplante Stromleitung ein Ausnahmetatbestand nach § 34 Abs. 3 bis 5 BNatSchG genutzt werden kann.[43]

29 In der Antragskonferenz ist jeweils zu erörtern und fachlich abzustimmen, welche Untersuchungen zur Beurteilung der Natura 2000-Verträglichkeit – ergänzend zum „ersten Durchgang" in der Bundesfachplanung – in der Planfeststellung noch erforderlich sind. Zu klären ist dabei auch, inwieweit bei den Umwelt- und Naturschutzbehörden hierzu bereits aussagefähiges Datenmaterial oder fachliche Erkenntnisse vorhanden sind, die zur Erleichterung der Prüfungen zur Verfügung gestellt werden können. Auf dieser Grundlage hat die Planfeststellungsbehörde nach Abs. 3 einen Teiluntersuchungsrahmen für die Natura 2000-Verträglichkeitsprüfung festzulegen und zu bestimmen, welche Unterlagen der Vorhabenträger dafür vorzulegen hat.

d) Spezielle artenschutzrechtliche Prüfung

30 Ähnlich wie bei der Untersuchung der Natura 2000-Verträglichkeit ist in der Frage vorzugehen, ob der Ausbau der Stromleitung zu unerlaubten Beeinträchtigungen geschützter Arten führen kann. Ein möglicher Verstoß gegen die artenschutzrechtlichen Zugriffsverbote, insbesondere das Störungsverbot nach § 44 Abs. 1 Nr. 1 BNatSchG, wird zwar bereits in der Bundesfachplanung geprüft. Der Planungsstand, den das Vorhaben auf dieser Verfahrensstufe erreicht hat (Grobtrassierung), wird im Allgemeinen aber noch keine detailtiefe Betrachtung ermöglichen. Gefordert ist hier vielmehr ein eher grob-perspektivischer Maßstab, mit dem abgeschätzt wird, ob die Stromleitung in dem fraglichen Korridor im Hinblick auf die Anforderungen des Artenschutzes voraussichtlich konfliktfrei realisiert werden kann.[44] In der nachfolgenden Planfeststellung kann sich der artenschutzrechtliche Fachbeitrag, den der Vorhabenträger mit den Planunterlagen nach § 21 einzureichen hat,[45] dann regelmäßig auf ergänzende oder vertiefende Ausführungen beschränken. Dabei ist auf der Grundlage des inzwischen fortgeschrittenen Planungsstandes (Feintrassierung) darzulegen, ob das positive Ergebnis, zu dem die artenschutzrechtliche Prüfung in der Bundesfachplanung geführt hat, durch eine Detailprüfung bestätigt wird. Führt der parzellenscharfe Blickwinkel der Planfeststellung zu neuen Erkenntnissen, die die frühere artenschutzrechtliche Beurteilung in Frage stellen, ist zu erläutern, mit welchen Mitteln einer drohenden Beeinträchtigung geschützter Arten begegnet werden soll. In Betracht kommen Schadensvermeidungs- oder Schadensverminderungsmaßnahmen, vorgezogene Ausgleichsmaßnahmen nach § 44 Abs. 5 S. 3 BNatSchG oder die Inanspruchnahme von Ausnahmetatbeständen nach § 45 Abs. 7 BNatSchG. Das gebotene artenschutzrechtliche Vorgehen ist in der Antragskonferenz mit den Beteiligten zu erörtern. Die Planfeststellungsbehörde sollte das Prüf-

42 Siehe hierzu § 5 Rn 75 ff.
43 Zum Abweichungsverfahren näher § 5 Rn 78 ff.
44 Vgl. § 7 Rn 99.
45 Vgl. § 18 Rn 101.

programm und die Unterlagen, die der Vorhabenträger hierfür zu erarbeiten hat, nur nach eingehender Beratung mit den zuständigen Naturschutzbehörden festlegen. Dabei ist auch abzustimmen, inwieweit die Prüfungen behördlicherseits durch weiteren fachlichen Input (z.B. durch Übermittlung vorhandener Daten, Karten oder Gutachten) unterstützt werden können.

4. Sonstige für die Planfeststellung erhebliche Fragen (Abs. 1 S. 2 Hs. 2)

Nach Abs. 1 S. 2 Hs. 2 erstreckt sich die Antragskonferenz neben der Umweltverträglichkeit auch 31 auf sonstige für die Planfeststellung erhebliche Fragen. Nach dem Sinn und Zweck dieser Vorschrift soll das Zulassungsverfahren durch die Festlegung des Untersuchungsrahmens und die vorlaufende Antragskonferenz umfassend vorbereitet und gesteuert werden. Ziel ist es, den Inhalt der Planunterlagen, die der Vorhabenträger zu erarbeiten hat, und die anschließenden Verfahrensschritte frühzeitig mit allen Beteiligten zu besprechen, damit die Planfeststellung möglichst reibungslos, zügig und konzentriert verlaufen kann.[46] Deshalb können in der Antragskonferenz prinzipiell **alle Sach- und Verfahrensaspekte behandelt werden, durch deren Klärung der nachfolgende Prüfprozess erleichtert und beschleunigt werden kann.** Thematische Beschränkungen gibt es dabei nicht.

Ein wichtiger Merkposten auf der Liste möglicher Beratungspunkte der Antragskonferenz ist 32 die **Auseinandersetzung mit privaten Belangen**. Nach § 18 Abs. 3 sind private Belange, die dem Vorhaben entgegenstehen können, im Rahmen der Abwägung zu berücksichtigen. Dabei handelt es sich um geschützte Rechtspositionen oder Nutzungsansprüche Dritter, die sich auf Flächen oder Grundstücke beziehen, auf denen die Stromleitung verlaufen soll oder auf die sich die Ausbaumaßnahme auswirken kann. Der Vorhabenträger hat seinen Unterlagen nach § 21 eine **Übersicht der Rechtsbeeinträchtigungen Dritter** beizufügen, die mit der Realisierung des Vorhabens verbunden sein können. Anzugeben ist jeweils auch, wie mit dem Konfliktpotenzial umgegangen werden soll, insbesondere, ob sich die Betroffenen mit der Beeinträchtigung ihrer Rechte einverstanden erklärt haben.[47] Soweit diese Fragen bereits in der Bundesfachplanung geklärt worden sind,[48] kann auf die dort erzielten Ergebnisse verwiesen werden. Da die Ermittlung der berührten privaten Belange in der Praxis erhebliche Schwierigkeiten bereiten kann, ist es von Vorteil, dass die Antragskonferenz bei den Planfeststellungsverfahren nach NABEG öffentlich durchgeführt wird. Die betroffenen Rechtsinhaber haben damit die Möglichkeit, ihre Belange frühzeitig „anzumelden" und in das Verfahren einzubringen.[49]

Auch im Übrigen sollte sich das auf der Antragskonferenz zu erörternde Themenfeld nicht 33 allein an den Bedürfnissen des Vorhabenträgers und der beteiligten Behörden orientieren. Soll die Antragskonferenz die ihr vom Gesetzgeber beigemessene akzeptanzfördernde, befriedende und beschleunigende Wirkung[50] erfüllen, muss auch den **Informationsinteressen der Öffentlichkeit angemessen Rechnung getragen** werden. Angesichts des mehrstufigen, für Außenstehende nur schwer durchschaubaren Planungssystems beim Ausbau der Stromnetze[51] sollte der Öffentlichkeit in der Antragskonferenz vor allem verdeutlicht werden, was genau **Prüf- und Entscheidungsgegenstand der Planfeststellung** ist **und welche Sachfragen demgegenüber in anderen Verfahren behandelt werden**. Ohne entsprechende Aufklärung muss damit gerechnet werden, dass im Anhörungsverfahren nach § 22 von der Öffentlichkeit erneut Gesichtspunkte problematisiert werden, die schon auf vorgelagerten Planungsebenen „erledigt" worden

46 Begr. RegE, BT-Drucks. 17/6249, S. 9 i.V.m. BT-Drucks. 17/6073, S. 28.
47 Vgl. § 21 Rn 23.
48 Vgl. zur Behandlung der privaten Belange in der Bundesfachplanung § 7 Rn 101 f.
49 Siehe dazu auch unter Rn 36 u. 45.
50 Begr. RegE, BT-Drucks. 17/6249, S. 9 i.V.m. BT-Drucks. 17/6073, S. 28.
51 Siehe hierzu den Überblick bei *Durner*, NuR 2012, 369, 370 ff.

sind. Zu nennen sind zum einen die energiewirtschaftliche Notwendigkeit der Stromleitung und ihr vordringlicher Bedarf, die nach § 12e Abs. 4 EnWG durch den jeweils aktuellen Bundesbedarfsplan festgestellt werden; zum anderen die Auswahl des Trassenkorridors, der nach § 15 Abs. 1 S. 1 bereits in der vorlaufenden Bundesfachplanung mit verbindlicher Wirkung für das Planfeststellungsverfahren bestimmt worden ist.[52] Durch ein Wiederaufgreifen dieser Fragen würde die Planfeststellung mit Diskussionen belastet, die auf dieser Ebene nicht mehr entscheidungsrelevant sind und das Verfahren unnötig erschweren.[53]

III. Die Antragskonferenz (Abs. 1 S. 1, Abs. 2)

1. Bedeutung der Antragskonferenz

a) Wesentliche Merkmale

34 Die Antragskonferenz hat **vorbereitende Funktion** für die verfahrensleitenden Entscheidungen, die die Planfeststellungsbehörde nach Abs. 3 zu treffen hat. Sie soll die Grundlage **für die Festlegung des Untersuchungsrahmens und die Bestimmung des** erforderlichen **Inhalts der** nach § 21 einzureichenden **Unterlagen** schaffen. Es handelt sich um einen **verbindlichen Verfahrensschritt**, dessen Durchführung nicht im Ermessen der Planfeststellungsbehörde steht.[54] Nur bei unwesentlichen Änderungen oder Erweiterungen einer Stromleitung, die nach § 25 durch ein Anzeigeverfahren zugelassen werden können, kann eine Antragskonferenz nach Abs. 5 unterbleiben (in diesem Fall Ermessen der Behörde).

35 Soweit im Rahmen des Planfeststellungsverfahrens nach Maßgabe der §§ 3a ff. i.V.m. Nr. 19.1 UVPG für das Vorhaben eine UVP durchzuführen ist, dient die Antragskonferenz **zugleich** als **Besprechung im Sinne des § 5 S. 2 bis 5 UVPG**. Aus unerfindlichen Gründen hat der Gesetzgeber für die Planfeststellung – anders als für die Bundesfachplanung in § 7 Abs. 1 S. 4 – nicht ausdrücklich geregelt, dass die Antragskonferenz den UVP-rechtlichen **Scoping**-Termin einschließen soll. Aus der Begründung des Regierungsentwurfs, die im Zusammenhang mit der Antragskonferenz mehrfach auf § 5 UVPG Bezug nimmt, ergibt sich jedoch eindeutig, dass dies so gewollt war.[55] Eine andere Auslegung (Notwendigkeit von zwei getrennten Terminen) würde zu erkennbar unvernünftigen, mit dem Beschleunigungszweck des Gesetzes (§ 1) unvereinbaren Ergebnissen führen.

b) Ziele

36 Ebenso wie bei der Bundesfachplanung[56] werden mit der Antragskonferenz im Planfeststellungsverfahren im Wesentlichen drei Zwecke verfolgt: Zum einen geht es um die **Beratung und Unterstützung der Planfeststellungsbehörde bei der Festlegung des Untersuchungsrahmens nach Abs. 3.** Da der Untersuchungsrahmen ein mehr oder weniger breites Themenspektrum unterschiedlicher Sachgebiete und Fachmaterien umfassen kann,[57] soll die zuständige Behörde bei der Bestimmung des Prüfprogramms der Planfeststellung den Sachverstand und das Wissen anderer kompetenter Behörden und Akteure zurate ziehen, von denen sachdienliche

52 Zum Verbindlichkeitsanspruch der Bundesfachplanung eingehend § 15 Rn 11 ff.
53 *J. Becker*, in: Forum für Zukunftsenergien, Akzeptanz von Großprojekten und Infrastruktureinrichtungen – Wie kann sie verbessert werden?, Schriftenreihe des Kuratoriums, Band 4, 2011, S. 11, 13.
54 Hierdurch unterscheidet sich die Antragskonferenz vom UVP-rechtlichen Scoping-Termin. Nach § 5 S. 1 UVPG ist ein Scoping bei der UVP nur durchzuführen, wenn der Vorhabenträger darum ersucht oder die Behörde es für erforderlich hält (vgl. *Kment*, RdE 2011, 341, 346 sowie Hoppe/Beckmann/*Kment*, § 5 Rn 4, 13).
55 BT-Drucks. 17/6249, S. 9 i.V.m. BT-Drucks. 17/6073, S. 28 f. (zu § 21).
56 Eingehend § 7 Rn 108 ff.
57 Siehe oben Rn 11.

Beiträge und Informationen zu erwarten sind. Hierzu zählen auch Äußerungen der allgemeinen Öffentlichkeit. So können beispielsweise Anwohner des betroffenen Gebiets aufgrund ihrer besonderen Ortskenntnis Hinweise zu Sachverhalten geben, auf die die Planung Rücksicht zu nehmen hat. Werden solche Gesichtspunkte über die Antragskonferenz frühzeitig in das Verfahren eingebracht, kann der Vorhabenträger sie schon bei der Erarbeitung der nach § 21 einzureichenden Planunterlagen berücksichtigen. Dadurch wird vermieden, dass private Belange[58] oder andere entscheidungserhebliche Tatsachen erst später im Anhörungsverfahren nach § 22 geltend gemacht werden, wo sie dann ggf. zeitaufwendige zusätzliche Untersuchungen oder Umplanungen erforderlich machen können.[59]

Zum zweiten soll der **Vorhabenträger** in der Antragskonferenz **Hinweise und Hilfestellungen für die Erarbeitung des Plans und der übrigen nach § 21 vorzulegenden Unterlagen** erhalten. Hierfür muss ihm zunächst vermittelt werden, welche **Sachfragen** in der Planfeststellung im konkreten Fall zu klären und unter welchen **Prüfaspekten** sie abzuarbeiten sind. Einzugehen ist dabei insbesondere auf die Abschichtung vom Prüfprogramm der Bundesfachplanung (Konzentration auf zusätzliche oder andere Gesichtspunkte sowie auf Aktualisierungen und Vertiefungen).[60] Weiterhin ist in der Antragskonferenz zu besprechen, welche **Anforderungen in qualitativer und formaler Hinsicht** an die Unterlagen zu stellen sind (Prüfaufwand, Prüftiefe, Detaillierungsgrad und Methodik der Untersuchungen sowie Art und Weise der Darstellung, z.B. Anfertigung von Kartierungen, Aufbereitung des Materials in tabellarischer oder elektronischer Form etc). Von zentraler Bedeutung für die Erstellung der Unterlagen – und damit für den Vorhabenträger eines der wichtigsten Themen der Antragskonferenz – sind die vorhandene **Datenlage** und die Möglichkeiten der **Informationsbeschaffung.** In diesem Zusammenhang ist u.a. zu erörtern, welche Angaben allgemein zugänglichen Informationsquellen (z.B. Datenbanken und Fachinformationssystemen) entnommen werden und welche von Behörden oder Dritten übermittelt werden können. Soweit die beteiligten Behörden über Informationen verfügen, die für die UVP „zweckdienlich“ sind (z.B. Karten- und Datenmaterial, Pläne, Gutachten oder Ergebnisse von Monitoringaktivitäten),[61] hat der Gesetzgeber in § 5 S. 5 UVPG eine ausdrückliche **Herausgabepflicht** verankert. Eine Verpflichtung zur Durchführung eigener Ermittlungen oder zur Datenbeschaffung von dritter Seite ist damit nicht verbunden,[62] wohl jedoch eine **Hinweispflicht,** wenn der Behörde bekannt ist, wo entsprechende Informationen bei anderen Stellen abgefragt werden können.[63] Für Angaben, die nicht für die Prüfung der Umweltauswirkungen, sondern für die Auseinandersetzung mit anderen Belangen benötigt werden, sieht das Gesetz keine entsprechenden Mitwirkungspflichten vor. In diesen Fällen hängt die Übermittlung der Informationen daher im Wesentlichen von der **Kooperationsbereitschaft der Beteiligten** ab.[64] 37

Neben Beratung und Unterstützung der Planfeststellungsbehörde und des Vorhabenträgers tritt als weiterer eigenständiger Zweck der Antragskonferenz die **Stärkung der Akzeptanz und Legitimation der Zulassungsentscheidung**, d.h. des nach § 24 zu treffenden Planfeststellungsbeschlusses. Bewirkt werden soll dieser Effekt durch die Ausgestaltung der Antragskonferenz als öffentlicher Termin und die damit verbundene frühe Einbeziehung der Öffentlichkeit. Diese Fortentwicklung der Beteiligungsrechte wird in der Begründung des Regierungsentwurfs als *„vertrauensbildende und Akzeptanz steigernde Maßnahme“* bezeichnet; die Antragskonferenz 38

58 Vgl. oben Rn 32.
59 So zur vergleichbaren Situation beim Scoping-Termin in der UVP auch Landmann/Rohmer/*Beckmann*, § 5 UVPG Rn 16 sowie *Führ u.a.*, S. 63 f.
60 Dazu oben Rn 17 ff.
61 Hoppe/Beckmann/*Kment*, § 5 Rn 26; Landmann/Rohmer/*Beckmann*, § 5 UVPG Rn 29; *Peters/Balla*, § 5 Rn 19.
62 Hoppe/Beckmann/*Kment*, § 5 Rn 26; Landmann/Rohmer/*Beckmann*, § 5 UVPG Rn 29; *Peters/Balla*, § 5 Rn 19.
63 Hoppe/Beckmann/*Kment*, § 5 Rn 26.
64 Vgl. zum Parallelproblem bei der Bundesfachplanung § 7 Rn 111.

soll damit *„zur Verfahrenstransparenz, Akzeptanz und Befriedung“* beitragen.[65] Hierdurch unterscheiden sich die Ziele der Antragskonferenz vom Scoping-Termin in der UVP, der allein der Unterrichtung des Vorhabenträgers über Inhalt und Umfang der beizubringenden Unterlagen und der Unterstützung der zuständigen Behörde bei der Festlegung des Untersuchungsrahmens dient.[66]

2. Teilnehmerkreis (Abs. 2 S. 1 und 3)

a) Struktur der Regelung

39 Bei der Berechtigung zur Teilnahme an der Antragskonferenz unterscheidet Abs. 2 zwischen solchen Teilnehmern, die von der BNetzA individuell geladen werden (S. 1), und der allgemeinen Öffentlichkeit, die qua Verkündungsblatt, Internet und örtlicher Tageszeitung über den Termin unterrichtet wird (S. 3). Damit hat der Gesetzgeber für den Bereich der Planfeststellung dieselbe Regelung getroffen, die für Antragkonferenzen in der Bundesfachplanung gilt. Die nachfolgenden Erläuterungen können sich deshalb auf die wichtigsten Punkte beschränken; eine ausführlichere Darstellung enthält die Kommentierung zu § 7, auf die ergänzend verwiesen wird.[67]

b) Individuell zu benachrichtigende Teilnehmer (S. 1)

40 Zu den zu ladenden Teilnehmern der Antragskonferenz gehört zunächst der **Vorhabenträger.** Seine Mitwirkung ist zwingend notwendig, damit die Konferenz ihren Sinn und Zweck optimal erfüllen kann. Der Antrag des Vorhabenträgers nach § 19 und die darin enthaltenen Angaben bilden die zentrale Beratungsgrundlage der Konferenz. Deshalb sollte der Antragsteller selbst anwesend sein und für Fragen und Erläuterungen zur Verfügung stehen. Auch das Ziel, dem Vorhabenträger Hinweise und Hilfestellung für die nach § 21 einzureichenden Unterlagen zu geben,[68] kann nur erreicht werden, wenn er dem Termin nicht fernbleibt.

41 Zu ladende Teilnehmer sind ferner die **Träger öffentlicher Belange**. Durch ihre Mitwirkung wird sichergestellt, dass Daten, Informationen und Erkenntnisse, die für die Festlegung des Untersuchungsrahmens und für den Inhalt der Antragsunterlagen Bedeutung haben können, in die Antragskonferenz eingebracht werden.[69] Träger öffentlicher Belange sind zum einen **Behörden**, deren Aufgabenbereich durch die Ausbaumaßnahme berührt ist. Zu nennen sind hier vor allem die **Umweltbehörden**, deren Teilnahme mit Blick auf die zu prüfenden Umweltbelange[70] und die Funktion der Antragskonferenz als UVP-rechtlicher Scoping-Termin[71] unverzichtbar ist. Hinzuzuziehen sind aber auch **andere betroffene Fachbehörden**. Weitere nach S. 1 zu benachrichtigende Träger öffentlicher Belange sind die **kommunalen Gebietskörperschaften,**[72] also Städte, Gemeinden und Landkreise, auf deren Gebiet die Leitungstrasse nach dem Vorschlag des Vorhabenträgers (§ 19 S. 4 Nr.1) verlaufen soll. Inwieweit sonstige öffentliche oder private **Stellen, die öffentliche Aufgaben erfüllen** und deren Belange von dem Vorhaben tangiert sein können, als Träger öffentlicher Belange zu betrachten und individuell zur Antragskonferenz zu laden sind, geht aus der Regelung nicht klar hervor. Das Schweigen des Gesetzgebers dürfte dafür sprechen, dass der Planfeststellungsbehörde in dieser Frage Spielräume eröffnet werden

---

65 BT-Drucks. 17/6249, S. 9 i.V.m. BT-Drucks. 17/6073, S. 25.
66 BVerwG, Urt. v. 9.11.2006 – 4 A 2001/06 – (Flughafen Halle/Leipzig), Rn 26; Hoppe/Beckmann/*Kment*, § 5 Rn 3; Landmann/Rohmer/*Beckmann*, § 5 UVPG Rn 16.
67 Abschnitt IV.2, Rn 113 ff.
68 Siehe oben Rn 37.
69 Vgl. oben Rn 36 f.
70 Siehe oben Abschnitt II.3, Rn 20 ff.
71 Siehe Rn 35.
72 So Gegenäußerung der Bundesregierung, BT-Drucks. 17/6249, S. 17.

sollten. Im Zweifel sollte der Kreis der zu benachrichtigenden Träger öffentlicher Belange eher weiter als zu eng gefasst werden, um in der Antragskonferenz bereits ein möglichst vollständiges Bild der Konfliktpotenziale zu gewinnen, mit denen sich die Planfeststellung befassen muss.[73]

Eine dritte zur Antragskonferenz einzuladende Gruppierung sind die **Vereinigungen**. Nach 42
der Legaldefinition des § 3 Abs. 2 gehören hierzu nur die nach § 3 UmwRG anerkannten Umweltvereinigungen, deren satzungsgemäßer Aufgabenbereich von der Korridorplanung berührt wird.[74] Nicht anerkannte Umweltvereinigungen sowie andere Organisationen, Verbände, Personenzusammenschlüsse (z.B. Bürgerinitiativen) und ihre Mitglieder sind damit nicht ausgeschlossen, sondern können als Teil der Öffentlichkeit nach S. 3 ebenfalls an der Antragskonferenz teilnehmen.

Der Kreis der Teilnehmer, die individuell benachrichtigt werden, wird in Abs. 2 S. 1 **nicht** 43
abschließend festgelegt. Vielmehr kann die Planfeststellungsbehörde weitere Personen zur Antragskonferenz laden, wenn sie sich davon eine Förderung des Verfahrens verspricht. Für die Besprechung zum Untersuchungsrahmen der UVP, die Bestandteil der Antragskonferenz ist,[75] sieht § 5 S. 4 UVPG ausdrücklich vor, dass **Sachverständige** und Dritte nach Ermessen der zuständigen Behörde hinzugezogen werden können. Für die Behandlung der nicht umweltbezogenen Teile des Untersuchungsrahmens kann, trotz des Fehlens einer ausdrücklichen Regelung, nichts anderes gelten. So kann es z.B. sinnvoll sein, dass der Behörde bekannte **Träger privater Belange**, mit denen das Ausbauvorhaben kollidieren könnte,[76] zum Termin geladen werden, um eine Sachverhaltsklärung zu ermöglichen.

c) Mitglieder der Öffentlichkeit (S. 3)

Nach S. 3 Hs. 1 ist die **Antragskonferenz öffentlich**. An dem Termin kann somit **jedermann** 44
teilnehmen. Der Begriff der „Öffentlichkeit" umfasst sowohl die **allgemeine Öffentlichkeit** als auch die **Vertreter von Belangen, die nicht zu dem nach S. 1 individuell zu ladenden Teilnehmerkreis gehören**. Nach S. 3 Hs. 2 ist die Öffentlichkeit durch Veröffentlichung in allgemein zugänglichen Medien über den Termin zu unterrichten.

Von der Teilnahmeberechtigung zu unterscheiden ist die Frage, ob die interessierte Öffent- 45
lichkeit dem Termin **lediglich passiv beiwohnen** (d.h. bloße Anwesenheit als Zuhörer)[77] **oder** ob sie **aktiv** (d.h. durch eigene Diskussionsbeiträge) **an den Beratungen mitwirken** darf. Der Regelungstext selbst gibt hierauf keine eindeutige Antwort. Jedoch lassen sich der Begründung des Regierungsentwurfs Hinweise darauf entnehmen, dass der Gesetzgeber in der Antragskonferenz eine aktive Beteiligung der Öffentlichkeit ermöglichen wollte. Dort heißt es, dass bereits im frühzeitigen Verfahrensstadium widerstreitende öffentliche und private Belange zutage träten, die eine Einbeziehung der breiten Öffentlichkeit erforderlich machten.[78] Konsequenterweise sollten sich Vertreter betroffener Belange dann auch in der Antragskonferenz zu Wort melden und ihre Anliegen artikulieren dürfen. Ein solches Vorgehen ist nach dem Zweck der Antragskonferenz auch sinnvoll. Hierdurch kann die Aufmerksamkeit auf mögliche Konfliktpunkte gelenkt werden, die der Vorhabenträger dann bei der Erarbeitung seiner Planunterlagen nach § 21 ggf. noch aufgreifen und ausräumen kann. Damit kann die aktive Beteiligung der Öffentlichkeit einen Beitrag zur Effektivität und Beschleunigung des Verfahrens leisten. Inwieweit dem Publi-

73 Näher dazu § 7 Rn 117.
74 Näher hierzu § 3 Rn 7 ff.
75 Siehe oben Rn 35.
76 Vgl. oben Rn 32.
77 So offenbar *Moench/Ruttloff*, NVwZ 2011, 1040, 1042: die öffentliche Antragskonferenz finde ohne Öffentlichkeitsbeteiligung statt.
78 BT-Drucks. 17/6249, S. 9 i.V.m. BT-Drucks. 17/6073, S. 28.

kum in der Antragskonferenz im Einzelnen Gelegenheit zur Äußerung gegeben wird, ist eine im **Ermessen der Planfeststellungsbehörde** stehende Frage.[79] Im Zweifel sollte eher großzügig verfahren werden, weil der akzeptanzstärkende und vertrauensbildende Effekt, den sich der Gesetzgeber von der öffentlichen Durchführung der Konferenz verspricht,[80] bei einer restriktiven Handhabung nur schwer zu erzielen sein dürfte. Dies schließt nicht aus, dass die Behörde sachwidrige Wortmeldungen und Interventionen, die erkennbar nur der Verschleppung des Verfahrens dienen, unterbinden kann.[81]

3. Vorbereitung, Organisation und Durchführung

a) Gestaltungsspielraum der Planfeststellungsbehörde

46 Das NABEG enthält selbst nur wenige Bestimmungen, die sich mit der vollzugspraktischen Seite der Antragskonferenz befassen. Mit Blick auf die Bundesfachplanung heißt es in der Begründung des Regierungsentwurfs, dass die BNetzA die Beteiligung der Öffentlichkeit *„ausgestalten"* müsse, um die Antragskonferenz *„praktisch handhabbar zu machen"*.[82] Daran wird deutlich, dass die Fachplanungsbehörde nach dem Willen des Gesetzgebers bei der Vorbereitung, Organisation und Durchführung der Antragskonferenz über Handlungs- und Gestaltungsspielräume verfügen soll. Für das Planfestellungsverfahren fehlt es in der Gesetzesbegründung an einer entsprechenden Aussage; jedoch dürfte hier nichts anderes gelten. Der Grund für die Zurückhaltung des Gesetzgebers bei der Regelung der Materie lässt sich damit erklären, dass mit der Einführung einer öffentlichen Antragskonferenz verfahrensrechtliches Neuland beschritten wird. Zumindest in der Anfangsphase dürfte die Nutzung dieses Instruments noch einen gewissen experimentellen Charakter haben. Da es hierzu in Deutschland an Erfahrungen fehlt, an die hätte angeknüpft werden können, sollte den zuständigen Behörden die Möglichkeit eröffnet werden, Antragskonferenzen ohne Einbindung in starre gesetzliche Vorgaben mit Pragmatismus, Flexibilität und verfahrenspraktischer Vernunft zu bewältigen.

b) Individuelle Ladung und Unterrichtung der Öffentlichkeit

47 Der **Vorhabenträger**, die betroffenen **Träger öffentlicher Belange** und die **Vereinigungen** werden nach Abs. 2 S. 1 individuell zur Antragskonferenz **geladen**. Dabei ist es der Planfeststellungsbehörde freigestellt, ob die Ladung auf dem traditionellen Postweg **per Brief oder formlos elektronisch**, d.h. per Mail erfolgt. Die Formerfordernisse des § 3a Abs. 2 VwVfG (elektronische Form mit qualifizierter elektronischer Signatur) gelten hier nicht.

48 Bei den Vereinigungen und den Trägern öffentlicher Belange erfolgt die Ladung unter **Beifügung des Antrags** nach § 19. Die Übermittlung des Antrags ist für den Erfolg der Antragskonferenz **unverzichtbar**. Der Antrag bildet die wichtigste Beratungsgrundlage der Konferenz. Nur auf der Basis aussagefähiger Informationen über den beabsichtigten Verlauf der Stromleitungstrasse ist es den Beteiligten möglich, sich auf die Antragskonferenz zielgerichtet vorzubereiten und sich dort substantiiert zu äußern. Deshalb muss der Antrag nach § 19 S. 3 bestimmte **Qualitätsanforderungen** erfüllen: er soll Angaben enthalten, die die Festlegung des Untersuchungs-

79 Die Situation stellt sich hier ähnlich dar wie beim öffentlichen Erörterungstermin im immissionsschutzrechtlichen Genehmigungsverfahren nach § 18 der 9. BImSchV. Dort steht es im Ermessen der Verhandlungsleitung, ob Personen das Wort ergreifen können, die keine oder nicht rechtzeitig Einwendungen erhoben haben (vgl. *Jarass*, BImSchG, § 10 Rn 86; Landmann/Rohmer/*Dietlein*, § 10 BImSchG Rn 227).

80 Begr. RegE, BT-Drucks. 17/6249, S. 9 i.V.m. BT-Drucks. 17/6073, S. 28.

81 Vgl. *Kment*, RdE 2011, 341, 346. Zur Befugnis der Verhandlungsleitung, Maßnahmen zur Gewährleistung eines ordnungsgemäßen Sitzungsablaufs zu ergreifen, näher unter Rn 60.

82 BT-Drucks. 17/6249, S. 9 i.V.m. BT-Drucks. 17/6073, S. 25.

rahmens ermöglichen und das Vorhaben in allgemein verständlicher Form darstellen.[83] Die Einhaltung dieser Vorgaben ist von der Behörde zu prüfen, bevor der Antrag den Vereinigungen und Trägern öffentlicher Belange nach Abs. 2 S. 2 übersandt wird. Wird der Antrag den Anforderungen nicht gerecht, ist er für den vorgesehenen Zweck unbrauchbar und muss nachgebessert werden. Die Vorlage eines ausreichend untersetzten Antrags ist eine gesetzliche Mindestvoraussetzung für die Durchführung der Antragskonferenz. Unter verfahrenspraktischen Gesichtspunkten dürfte es darüber hinaus sinnvoll sein, den Beteiligten **weitere Unterlagen** zugänglich zu machen, z.B. den Entwurf der Tagesordnung, eine Aufstellung relevanter Fragen oder Hinweise auf besonderen fachlichen Klärungsbedarf. Da solche ergänzenden Angaben häufig erst nach Versendung der Ladung verfügbar sein werden, empfiehlt es sich, dass die Planfeststellungsbehörde zur Vorbereitung der Beteiligten auf die Antragskonferenz eine **Website** einrichtet, auf der der Antrag und die jeweils aktuellen Begleitinformationen eingestellt werden.

Die **Mitglieder der Öffentlichkeit** werden mittels allgemein zugänglicher Informationsquellen über die Antragskonferenz unterrichtet. Abs. 2 S. 3 schreibt hierfür eine Veröffentlichung im **amtlichen Verkündungsblatt** und auf der **Internetseite der Planfeststellungsbehörde** sowie in der **örtlichen Tagespresse** vor. Dabei muss es sich um Zeitungen handeln, die innerhalb des Gebiets verbreitet sind, auf das sich die Ausbaumaßnahme voraussichtlich auswirken wird. Die Auswahl der Zeitungen liegt im Ermessen der Behörde. Stehen mehrere Presseorgane zur Verfügung, sollte im Interesse größtmöglicher Transparenz eine Parallelveröffentlichung oder zumindest eine Veröffentlichung in der auflagenstärkeren Zeitung erfolgen. 49

Nicht vorgesehen ist, mit der Bekanntmachung des Termins auch **den Antrag des Vorhabenträgers zu veröffentlichen.** Diese Entscheidung des Gesetzgebers ist im Hinblick auf den Zweck der Antragskonferenz **verfehlt.** Schon die Tatsache, dass der Antrag nach § 19 S. 3 eine Darstellung des Vorhabens in allgemeinverständlicher Form umfassen soll, spricht dafür, dass er auch der Öffentlichkeit zugänglich gemacht werden soll. Würde anders verfahren, hätte dies zur Folge, dass sich betroffene Mitglieder der Öffentlichkeit nicht ausreichend mit dem Vorhaben auseinandersetzen und auf die Antragskonferenz vorbereiten könnten. Tatsächlich sollten jedoch sowohl der Vorhabenträger als auch die Planfeststellungsbehörde ein Interesse daran haben, dass z.B. Träger gewichtiger privater Belange, die nach § 18 Abs. 3 S. 1 in der Abwägung zu berücksichtigen sind, an der Antragskonferenz teilnehmen, um ihre Anliegen frühzeitig geltend zu machen.[84] Voraussetzung dafür ist, dass die Unterrichtung bei den Betroffenen eine entsprechende Anstoßfunktion erfüllt. Deshalb sollten die Träger privater Belange nicht anders behandelt werden als Träger öffentlicher Belange, denen der Antrag nach Abs. 2 S. 1 übermittelt wird. Der Öffentlichkeit zugänglich gemacht werden kann der Antrag auf einfache Weise dadurch, dass die Planfeststellungsbehörde die Unterrichtung der Öffentlichkeit mit einem Hinweis auf ihre Website[85] verbindet, wo die relevanten Dokumente dann eingesehen werden können. 50

In zeitlicher Hinsicht haben die Benachrichtigung der nach Abs. 1 S. 1 zu ladenden Teilnehmer und die Unterrichtung der Öffentlichkeit **unverzüglich nach Eingang des Antrags** zu erfolgen. Dies darf allerdings nicht ohne vorherige Prüfung des Antrags durch die Planfeststellungsbehörde geschehen. Es muss sichergestellt sein, dass der Antrag den Anforderungen des § 19 S. 3 und 4 entspricht.[86] Überdies lässt erst der konkrete Trassenvorschlag des Vorhabenträgers (§ 19 S. 4 Nr. 1) abschließend erkennen, welche Träger öffentlicher Belange in ihrem Aufgabenbereich berührt sein können und damit zur Konferenz zu laden sind.[87] Um die Prüfung zu 51

---

83 Eingehend dazu § 19 Rn 15 ff.
84 Vgl. oben Rn 32; ebenso für die Einbringung öffentlicher Belange in die Antragskonferenz Rn 41.
85 Rn 48.
86 Siehe Rn 48.
87 Entsprechendes gilt für die Bestimmung der zu benachrichtigenden Vereinigungen. Nach § 3 Abs. 2 sind nur solche Vereinigungen einzubeziehen, deren satzungsgemäßer Aufgabenbereich berührt ist. Nach der Satzung kann

verkürzen, kann es sinnvoll sein, dass der Vorhabenträger der Behörde nach Absprache bereits im Vorfeld einen Antragsentwurf zur „Vorprüfung" übermittelt.

c) Inhaltliche Vorbereitung und Nachbereitung

52 Der Ertrag der Antragskonferenz für die anschließende Festlegung des Untersuchungsrahmens wird umso größer ausfallen, je gründlicher der Termin inhaltlich vorbereitet wird. Dabei ist nicht nur die Planfeststellungsbehörde gefordert – alle Verfahrensbeteiligten sollten ihren Beitrag zum Gelingen der Konferenz leisten.

53 Der **Vorhabenträger** kommt dieser Aufgabe dadurch nach, dass er mit dem Antrag nach § 19 die **zentrale Beratungsgrundlage** für die Antragskonferenz **liefert.** Darüber hinaus sollte er präpariert sein, im Termin ergänzende Erläuterungen abzugeben und Fragen der Teilnehmer zu beantworten.

54 Die **Planfeststellungsbehörde** hat für eine **sachgerechte Vorstrukturierung des Beratungsprogramms** zu sorgen. Zur Ermittlung des voraussichtlichen Besprechungsbedarfs hat sie den Antrag des Vorhabenträgers (§ 19) auszuwerten. Auf dieser Grundlage ist sodann die Tagesordnung zu entwerfen. Wesentlich erleichtert werden kann der Diskussionsprozess auf der Antragskonferenz durch die Erstellung von Übersichten oder Fragenkatalogen, die das Themenfeld und die Prüfgesichtspunkte, die aus Behördensicht zu erörtern sind, in geordneter und systematischer Form aufbereiten. Dabei sollte deutlich gemacht werden, dass die Darstellungen und Verfahrensvorschläge der Behörde keinen abschließenden Charakter haben, sondern Offenheit für die Einbringung zusätzlicher Aspekte durch die Teilnehmer der Konferenz besteht.

55 Wichtiger Input für das Verfahren wird von den mitwirkenden **Fachbehörden** erwartet. Auch sie sollten sich daher im Vorfeld des Termins eingehend mit dem Antrag und den Begleitunterlagen auseinandersetzen und prüfen, ob und in welcher Weise sie die Planfeststellungsbehörde und den Vorhabenträger durch fachliche Beiträge und die Bereitstellung von Daten, Unterlagen und Informationen unterstützen können. Andere beteiligte **Träger öffentlicher Belange** sowie die **Vereinigungen** sind ebenfalls gut beraten, sich für die Antragskonferenz adäquat zu präparieren. Nur bei ausreichender inhaltlicher Vorbereitung können sie im Termin wirksam Einfluss darauf nehmen, dass die von ihnen vertretenen Interessen in ihrer Bedeutung zutreffend erkannt und bei der Festlegung des Untersuchungsrahmens angemessen berücksichtigt werden. Entsprechendes gilt für **Vertreter privater Belange**, die sich auf der Antragskonferenz zu Wort melden möchten.

56 Selbst bei vertiefter Vorbereitung wird es den Teilnehmern nicht immer möglich sein, sich zu allen relevanten Fragen schon im Termin selbst abschließend zu äußern. Deshalb sollte die Planfeststellungsbehörde Gelegenheit geben, das Vorbringen nach Beendigung der Antragskonferenz inerhalb einer angemessenen Frist noch zu ergänzen und Beiträge nachzuliefern. Durch eine entsprechende **Nachbereitung des Termins** kann sichergestellt werden, dass die verfahrensleitenden Entscheidungen, die die Behörde nach Abs. 3 zu treffen hat (Festlegung des Untersuchungsrahmens, Bestimmung des Inhalts der einzureichenden Planunterlagen), auf sachlich und fachlich ausreichend untersetzter Basis erfolgen.

d) Organisation und praktische Durchführung

57 Bei der **Terminierung** der Antragskonferenz ist einerseits darauf zu achten, dass den Teilnehmern eine ausreichende Vorbereitung ermöglicht wird. Andererseits muss der Planfeststellungsbehörde anschließend genügend Zeit verbleiben, um die Ergebnisse der Antragskonferenz – einschließlich

der Tätigkeitsbereich der Vereinigung räumlich beschränkt sein. Daher ist zu prüfen, ob das Gebiet, auf dessen Umwelt sich die Stromleitung auswirken kann, im räumlichen Tätigkeitsbereich der Vereinigung liegt.

späterer Beiträge aus der Nachbereitung – innerhalb der Regelfrist von zwei Monaten (Abs. 3 S. 2) auszuwerten und auf dieser Grundlage die Festlegungen zum Untersuchungsrahmen zu treffen.

Die **Dauer** der Antragskonferenz richtet sich nach dem Beratungsbedarf. Dieser ist von der Planfeststellungsbehörde anhand des Antrags und anderer zeitbestimmender Faktoren abzuschätzen. Von Bedeutung können beispielsweise die Länge der Stromleitung, Art und Umfang voraussichtlicher Konfliktpotenziale sowie die Haltung der betroffenen Öffentlichkeit zu dem Vorhaben sein. Die Antragskonferenz muss **nicht zwingend eintägig** durchgeführt werden; denkbar ist auch eine zwei- oder mehrtägige Veranstaltung mit jeweils unterschiedlichen Themenschwerpunkten.[88] 58

Auch die **Auswahl des Konferenzorts** liegt grds. im Ermessen der Planfeststellungsbehörde. 59
Generell sollten nur Örtlichkeiten gewählt werden, die für die Beteiligten, insbesondere die betroffene Öffentlichkeit, **verkehrstechnisch** (auch mit öffentlichen Verkehrsmitteln) **gut erreichbar** sind, und zwar zu den Zeiten, in denen die Konferenz stattfindet. Bei längeren Stromleitungen kann die Antragskonferenz ggf. auch **regionalisiert**, d.h. auf mehrere Teilkonferenzen aufgeteilt werden, die an unterschiedlichen Orten durchgeführt werden und sich jeweils schwerpunktmäßig mit einem bestimmten Korridorabschnitt befassen. Ein solches Vorgehen ist auch dann möglich, wenn der Vorhabenträger seinerseits keine Abschnittbildung nach § 19 S. 2 beantragt hat, eine regionalisierte Durchführung der Antragskonferenz nach Einschätzung der Planfeststellungsbehörde aber aus verfahrenspraktischen Gründen besser geeignet ist, um die Materie zu bewältigen. So ist es beispielsweise bei länderübergreifenden Vorhaben denkbar, dass jeweils Teilkonferenzen für die Teile der Trasse durchgeführt werden, die auf das Gebiet eines Landes entfallen.

Über erhebliche Gestaltungsspielräume verfügt die Planfeststellungsbehörde schließlich 60
auch bei der **praktischen Durchführung der Antragskonferenz**. Sie kann alle Maßnahmen ergreifen, die nach ihrer Beurteilung geeignet und sinnvoll sind, um den **Zweck der Veranstaltung zu fördern**, den **Termin technisch und organisatorisch handhabbar zu machen** und die **Ordnung in der Sitzung zu gewährleisten**. Zulässig wäre beispielsweise, eine Teilnahme an der Konferenz nur nach vorheriger Anmeldung zuzulassen,[89] für die Behandlung einzelner Tagesordnungspunkte einen Zeitrahmen vorzugeben oder eine Redezeitbegrenzung einzuführen. Denkbar wäre ferner, die Vorbereitung der Antragskonferenz oder sogar die Sitzungsleitung selbst nach § 29 mit Zustimmung des Vorhabenträgers ganz oder teilweise einem **Projektmanager** zu übertragen.[90] Wegen der Komplexität der Materien, die in der Antragskonferenz zu behandeln sind, dürfte es sich überdies empfehlen, die **Ergebnisse in einem Protokoll festzuhalten.** Als Orientierungsmaßstab für die Befugnisse, die dem Verhandlungsleiter zur Sicherung eines **ordnungsgemäßen Ablaufs** der Konferenz und zum **Umgang mit Störungen** zur Verfügung stehen, können die hierfür einschlägigen Vorschriften für Erörterungstermine (§ 73 Abs. 6 S. 6 i.V.m. § 68 Abs. 3 VwVfG; § 18 Abs. 3 bis 5 der 9. BImSchV) herangezogen werden.

IV. Die Festlegung des Untersuchungsrahmens (Abs. 3)

Nach Abs. 3 S. 1 trifft die Planfeststellungsbehörde im Anschluss an die Antragskonferenz zwei 61
wesentliche **verfahrensleitende Entscheidungen**: sie legt einen Untersuchungsrahmen für die Planfeststellung fest und bestimmt den erforderlichen Inhalt der nach § 21 einzureichenden Un-

88 So auch zum Scoping-Termin bei der UVP Hoppe/Beckmann/*Kment*, § 5 Rn 21.
89 Beispiel aus Begr. RegE BT-Drucks. 17/6249, S. 9 i.V.m. BT-Drucks. 17/6073, S. 25.
90 In der Liste der Aufgaben, die der Projektträger nach § 29 übernehmen kann, finden sich zwar die Vorbereitung und Leitung des Erörterungstermins, nicht aber die Übertragung entsprechender Aufgaben bei der Antragskonferenz. Die Aufzählung ist jedoch nicht abschließend; daher können die Möglichkeiten des § 29 auch im vorliegenden Zusammenhang genutzt werden.

terlagen. Rechtlich kommt diesen Entscheidungen **keine Verwaltungsaktqualität** zu; es handelt sich vielmehr im Sinne des § 44a VwGO um einen nicht selbstständig anfechtbaren **Verfahrensrealakt.**[91] Der **Untersuchungsrahmen** umfasst das gesamte Prüfprogramm, das zur Vorbereitung eines Planfeststellungsbeschlusses nach § 24 zu durchlaufen ist.[92] **Unterlagen**, die der Vorhabenträger nach § 21 einzureichen hat, sind der Plan (§ 21 Abs. 2) einschließlich der erforderlichen Nachweise, dass die Ausbaumaßnahme den rechtlichen Anforderungen entspricht und ihr nach § 18 Abs. 3 S. 1 keine überwiegenden öffentlichen oder privaten Belange entgegenstehen.[93]

62 Obwohl – anders als in der Parallelvorschrift des § 7 Abs. 4 Hs. 1 – nicht ausdrücklich erwähnt, bestimmt die Planfeststellungsbehörde den Untersuchungsrahmen und den Inhalt der Planunterlagen **nach pflichtgemäßem Ermessen**. Für die Ausübung des Ermessens sind vor allem die **Ergebnisse der Antragskonferenz** von Bedeutung; sie sind nach dem Wortlaut der Vorschrift Grundlage der verfahrensleitenden Entscheidungen der Planfeststellungsbehörde. Eine strikte Bindung der Behörde an die Resultate der Antragskonferenz besteht jedoch nicht. Die Antragskonferenz dient der Vorbereitung der Festlegungen zum Untersuchungsrahmen und zum Inhalt der Planunterlagen; sie trifft hierzu jedoch selbst keine Entscheidungen. Die Teilnehmer der Konferenz können Hinweise geben oder Empfehlungen aussprechen. Die Entscheidung selbst obliegt nach Abs. 3 allein der Planfeststellungsbehörde, die dabei die Ergebnisse der Antragskonferenz **berücksichtigt.**[94] Soweit sie von Hinweisen und Empfehlungen aus der Antragskonferenz abweicht, ist dies zu begründen.

63 Bei den Entscheidungen der Planfeststellungsbehörde zum Untersuchungsrahmen und zum Inhalt der Antragsunterlagen wird es sich regelmäßig um einen **umfangreichen und inhaltlich komplexen Katalog unterschiedlicher Anforderungen** handeln. Obwohl keine bestimmte Form vorgeschrieben ist, sollten die Festlegungen stets in **schriftlicher Form** ergehen.[95] Eine schriftliche Unterrichtung des Vorhabenträgers ist schon aus Gründen der Rechtssicherheit geboten. Nach § 21 Abs. 1 ist der **Vorhabenträger an die Vorgaben der Behörde** nach Abs. 3 **gebunden**. Bleibt der eingereichte Plan hinter den Anforderungen zurück, kann dieses Versäumnis bei vorsätzlichem oder leichtfertigem Handeln nach § 33 Abs. 1 Nr. 3 als Ordnungswidrigkeit geahndet werden.[96] Deshalb muss Klarheit darüber bestehen, welche konkreten Bestimmungen die Behörde im Einzelnen getroffen hat.

64 **Für die Planfeststellungsbehörde** entfalten ihre eigenen Festlegungen nach Abs. 3 dagegen **keine rechtlichen Bindungswirkungen**. Die Unterrichtung des Vorhabenträgers erfolgt auf der Basis des zu diesem Zeitpunkt erkennbaren Sach- und Planungsstandes. Sie steht unter dem Vorbehalt neuer Erkenntnisse und hat somit vorläufigen Charakter. Deshalb sind die Entscheidungen nicht geeignet, dem Vorhabenträger Vertrauensschutz zu vermitteln.[97] Stellt sich die Sach- oder Rechtslage nach Konkretisierung der Planung oder bei späterer vertiefter Prüfung der eingereichten Unterlagen anders dar, als bei der Festlegung des Untersuchungsrahmens

---

91 Ebenso zur Festlegung des Untersuchungsrahmens bei der UVP Hoppe/Beckmann/*Kment*, § 5 Rn 25; Landmann/Rohmer/*Beckmann*, § 5 UVPG Rn 23.
92 Siehe oben Rn 11.
93 Vgl. dazu im Einzelnen § 21 Rn 23 ff.
94 Ebenso zur Festlegung des Untersuchungsrahmens bei der UVP Nr. 0.4.7 der Allgemeinen Verwaltungsvorschrift zur Ausführung des Gesetzes über die Umweltverträglichkeitsprüfung (UVPVwV) vom 18.9.1995 (GMBl. S. 671).
95 Ebenso für die Unterrichtung des Vorhabenträgers über voraussichtlich beizubringende Unterlagen bei der UVP Hoppe/Beckmann/*Kment*, § 5 Rn 24; Landmann/Rohmer/*Beckmann*, § 5 UVPG Rn 26; vgl. auch Nr. 0.4.7 der UVPVwV.
96 Näher dazu § 33 Rn 6 i.V.m. Rn 4.
97 So auch einhellige Auffassung zur Parallelregelung des § 5 UVPG (Unterrichtung des Vorhabenträgers über voraussichtlich beizubringenden Unterlagen) Hoppe/Beckmann/*Kment*, § 5 Rn 25; Landmann/Rohmer/*Beckmann*, § 5 UVPG Rn 23; *Peters*/*Balla*, § 5 Rn 18.

angenommen, ist die Planfeststellungsbehörde nicht gehindert, dem Vorhabenträger aufzugeben, zu bestimmten Prüfgesichtspunkten andere oder zusätzliche Unterlagen vorzulegen oder nach § 21 Abs. 3 ein ergänzendes Gutachten beizubringen.[98]

Abs. 3 S. 2 bestimmt eine **Regelfrist von zwei Monaten**, innerhalb derer die nach S. 1 zu treffenden Festlegungen abgeschlossen sein sollen. Die Frist beginnt mit der Antragstellung nach § 19. Dies setzt allerdings voraus, dass der Antrag den in § 19 S. 3 und 4 genannten Anforderungen entspricht. Wenn dies nicht der Fall ist, verschiebt sich der Fristbeginn bis zur Vorlage des überarbeiteten Antrags. Bei komplizierten oder besonders konfliktträchtigen Vorhaben kann es für die Behörde u.U. schwierig sein, die Frist einzuhalten. Im Hinblick auf solche Ausnahmekonstellationen ist die Regelung als „Soll-Vorschrift" angelegt. Von dieser Option sollte allerdings mit Rücksicht auf das Beschleunigungsgebot des § 1 nur als ultima ratio Gebrauch gemacht werden. 65

V. Geheimhaltung und Datenschutz (Abs. 4)

Nach Abs. 4 bleiben die Rechtsvorschriften über Geheimhaltung und Datenschutz unberührt. 66
Danach haben sowohl die Planfeststellungsbehörde als auch andere beteiligte Behörden im Verfahren zur Bestimmung des Untersuchungsrahmens darauf zu achten, dass die rechtlichen Anforderungen an den **Schutz personenbezogener Angaben** und zum **Schutz von Betriebs- und Geschäftsgeheimnissen** eingehalten werden. Da das NABEG keine eigenen Geheimschutzregelungen enthält, kommt neben den einschlägigen spezialgesetzlichen Vorschriften, insbesondere den Datenschutzgesetzen von Bund und Ländern, die allgemeine Geheimhaltungsvorschrift des § 30 VwVfG zur Anwendung.

In der Praxis dürften sich in der Verfahrensstation des § 20 (Antragskonferenz, Festlegung des 67
Untersuchungsrahmens) allerdings nur **wenige Anknüpfungspunkte für Verstöße gegen Geheimhaltungserfordernisse** finden lassen. Die Angaben, die der Vorhabenträger in seinem Antrag nach § 19 zu machen hat, sind solche allgemeiner oder typisierender Art.[99] Eine Offenbarung personenbezogener Daten (z.B. Name, Anschrift, Einkommens- und Vermögensverhältnisse, gesundheitliche Angaben)[100] oder betrieblicher oder geschäftlicher Verhältnisse (z.B. kaufmännische oder wirtschaftliche Situation eines Unternehmens, technische Konstruktionszeichnungen, chemische Rezepturen, Entwicklungs- und Forschungsaktivitäten)[101] dürfte damit kaum verbunden sein. Deshalb wird es unter dem Gesichtspunkt des Geheimnisschutzes hier in aller Regel auch unproblematisch sein, wenn die Planfeststellungsbehörde den Antrag auf ihrer Website veröffentlicht.[102] Schutzbedürftige persönliche Angaben oder Betriebs- und Geschäftsgeheimnisse können aber betroffen sein, wenn beteiligte Behörden im Rahmen der Informationsbeschaffung für den Vorhabenträger[103] Unterlagen aus anderen Verfahren zur Verfügung stellen, die personenbezogene Daten oder Darstellungen betrieblicher oder geschäftlicher Beziehungen enthalten, an deren Geheimhaltung der Betroffene ein berechtigtes Interesse hat. Dabei ist jeweils zu prüfen, ob die fraglichen Angaben tatsächlich geheim – oder nicht etwa bereits allgemein zugänglich – sind[104] und ob das Geheimhaltungsinteresse bei einer Abwägung mit dem Offenbarungsinteresse tatsächlich schutzwürdig ist.[105]

---

98 Dazu näher § 21 Rn 24 ff.
99 Vgl. § 19 Rn 16.
100 Weitere Beispiele bei Stelkens/Bonk/Sachs/*Bonk*/*Kallerhoff*, § 30 Rn 10 ff.
101 Weitere Beispiele für Betriebs- und Geschäftsgeheimnisse bei Stelkens/Bonk/Sachs/*Bonk*/*Kallerhoff*, § 30 Rn 13.
102 Siehe oben Rn 48.
103 Siehe oben Rn 37.
104 Dazu näher § 8 Rn 29.
105 Dazu näher § 8 Rn 22, 30.

§ 21 Einreichung des Plans und der Unterlagen

(1) Der Vorhabenträger reicht den auf Grundlage der Ergebnisse der Antragskonferenz nach § 20 Absatz 3 bearbeiteten Plan bei der Planfeststellungsbehörde zur Durchführung des Anhörungsverfahrens ein.
(2) Der Plan besteht aus den Zeichnungen und Erläuterungen, die das Vorhaben, seinen Anlass und die von dem Vorhaben betroffenen Grundstücke und Anlagen erkennen lassen.
(3) Die Planfeststellungsbehörde kann vom Vorhabenträger die Vorlage von Gutachten verlangen oder Gutachten einholen. Soweit Unterlagen Betriebs- oder Geschäftsgeheimnisse enthalten, sind sie zu kennzeichnen; die Regelungen des Datenschutzes sind zu beachten.
(4) Für die nach § 6 des Gesetzes über die Umweltverträglichkeitsprüfung vorzulegenden Unterlagen soll nach Maßgabe der §§ 5 und 14f Absatz 3 des Gesetzes über die Umweltverträglichkeitsprüfung auf die in der Bundesfachplanung eingereichten Unterlagen Bezug genommen werden.
(5) Die Planfeststellungsbehörde hat die eingereichten Unterlagen innerhalb eines Monats nach Eingang auf ihre Vollständigkeit hin zu überprüfen. Die Vollständigkeitsprüfung beinhaltet die Prüfung der formellen Vollständigkeit sowie eine Plausibilitätskontrolle der Unterlagen. Sind die Unterlagen nicht vollständig, hat die Planfeststellungsbehörde den Vorhabenträger unverzüglich aufzufordern, die Unterlagen innerhalb einer angemessenen Frist zu ergänzen. Nach Abschluss der Vollständigkeitsprüfung hat die Planfeststellungsbehörde dem Vorhabenträger die Vollständigkeit der Unterlagen schriftlich zu bestätigen.

Überblick

I. Allgemeines

1. Überblick über die Norm

1 Mit der Einreichung des Planes nach **Abs. 1** wird der **dreistufige iterative Prozess** der Erarbeitung der für das Planfeststellungsverfahren benötigten Unterlagen zwischen Vorhabenträger und Behörde abgeschlossen.

2 Ausgangspunkt ist die Forderung in **Abs. 2**, wonach der Plan aus **Zeichnungen** sowie aus **Erläuterungen** besteht, die das Vorhaben und seinen Anlass näher erkennen lassen. Die betroffenen Grundstücke und Anlagen sind zu kennzeichnen; dies vor allem im Hinblick auf eine effektive Rechtsschutzeinräumung für betroffene Eigentümer und Nutzer.

Die Planfeststellungsbehörde kann nach **Abs. 3** vom Vorhabenträger die Vorlage **weiterer Gutachten** verlangen oder selber einholen. **Betriebs- und Geschäftsgeheimnisse** sind gem. **Abs. 3 S. 2** zu wahren. Dies gilt gleichermaßen und selbstverständlich für den Datenschutz; insoweit wiederholt die Vorschrift üblicher- oder zwingender Weise geltende Regelungen. 3

Da zentraler Bestandteil der Antragsunterlagen eine **Umweltverträglichkeitsuntersuchung** nebst etwaigen Fachbeiträgen sein wird, ist der Verweis in **Abs. 4** auf die Regeln des Gesetzes über die UVP sachgerecht. 4

Abs. 5 verpflichtet die Behörde zu einer Vollständigkeitsprüfung und Bestätigung der Vollständigkeit gegenüber dem Vorhabenträger 5

2. Regelungszweck

§ 21 bestimmt den **Umfang der einzureichenden Unterlagen** und sorgt für die Aufgabenverteilung und Abstimmung zwischen Vorhabenträger und Behörde durch Anordnung von Vollständigkeitsprüfungen und Plausibilitätskontrollen. 6

Der Inhalt der für die Durchführung des Planfeststellungsverfahrens notwendigen Unterlagen wird in einem **dreistufigen iterativen Prozess** zwischen Vorhabenträger und Behörde erarbeitet. Der Vorhabenträger hat nach Abs. 1 den auf Grundlage der Ergebnisse der Antragskonferenz nach § 20 Abs. 3 bearbeiteten Plan bei der Planfeststellungsbehörde zur Durchführung des Anhörungsverfahrens einzureichen (Stufe 3). Den **erforderlichen Inhalt** der nach § 21 vorzulegenden Unterlagen bestimmt die Behörde aufgrund der Ergebnisse der Antragskonferenz nach § 20 (Stufe 2). Die vor Durchführung der Antragskonferenz einzureichenden Antragsunterlagen hat der Gesetzgeber in S. 3 festgelegt (Stufe 1). 7

Die Vorschrift soll **Klarheit und Rechtssicherheit über Art, Inhalt und Umfang** der durch den Vorhabenträger **einzureichenden Unterlagen schaffen**. Weiteres Ziel ist die **Flexibilisierung und Effektivierung des Verwaltungsverfahrens** mit dem Ziel der **Beschleunigung der Zulassungsentscheidung**. 8

Schließlich sorgt § 21 für die zur Erreichung der angestrebten Beschleunigungswirkung notwendige Abstimmung zwischen der vorgelagerten Planung der Bundesfachplanung und der verbindlichen Planung des Planfeststellungsverfahrens bezüglich der jeweiligen Unterlagen. Es soll sichergestellt sein, dass die Antragsunterlagen für die Bundesfachplanung zielgerichtet auf das spätere Planfeststellungsverfahren zuarbeiten, der Öffentlichkeitsbeteiligung zugänglich gemacht und von der Behörde bewertet werden. Inwieweit sich der erhoffte Effekt in der Praxis tatsächlich einstellt, bleibt abzuwarten. 9

Der Gesetzgeber hat die **Unvollständigkeit von Planunterlagen** als eine der Ursachen für die Verzögerung des **Netzausbaus** identifiziert. Die Vorschrift konkretisiert die Pflichten des Vorhabenträgers in Zusammenhang mit den einzureichenden Unterlagen. Die Bedeutung, die der Gesetzgeber der vollständigen und rechtzeitigen Einreichung von Unterlagen beigemessen hat, wird darin deutlich, dass die Behörde die Anordnung nach Abs. 5 S. 3 nach den für die **Vollstreckung** von Verwaltungsmaßnahmen geltenden Vorschriften mit einem **Zwangsgeld** in Höhe von bis zu 250.000 € durchsetzen kann und dass, wer vorsätzlich oder leichtfertig entgegen § 21 Abs. 1 S. 1 Unterlagen nicht richtig vorlegt, eine **Ordnungswidrigkeit** begeht, welche mit einer Geldbuße bis zu 100.000 € geahndet werden kann. 10

Die Genehmigungsbehörde ist im Gegenzug verpflichtet, die Planungsunterlagen innerhalb einer bestimmten Frist auf **Vollständigkeit zu prüfen** und dem Vorhabenträger **Nachforderungen** konkret zu benennen, damit dieser zielgerichtet reagieren kann. 11

3. Entstehungsgeschichte

12 Die Vorschrift wurde durch Art. 1 des **Gesetzes über Maßnahmen zur Beschleunigung des Netzausbaus Elektrizitätsnetze**[1] vom 28.7.2011 mit Wirkung zum 5.8.2011 als § 21 erlassen.

13 § 21 erfuhr Änderungen im Gesetzgebungsverfahren, die mit der **Änderung der Zuständigkeit für die Planfeststellung im Zusammenhang** stehen. So wurde infolge der Beschlussempfehlung des Ausschusses für Wirtschaft und Technologie[2] in Abs. 1 „Bundesnetzagentur" durch „Planfeststellungsbehörde" ersetzt. Gleiches gilt für Abs. 3 S. 1 und Abs. 5 S. 1, 3, 4. Der Paragraph erfuhr keine inhaltlichen Änderungen im Gesetzgebungsverfahren, die sich auf die Einreichung des Plans und der Unterlagen bezogen.

14 Eine **parallele Vorschrift** für die **Bundesfachplanung** findet sich in § 8, eine vergleichbare Vorschrift für das Planfeststellungsrecht besteht hingegen weder im EnWG noch im VwVfG.

II. Einreichung von Plan und Unterlagen (Abs. 1)

15 Abs. 1 S. 1 entspricht § 73 Abs. 1 S. 1 VwVfG mit der Maßgabe, dass Inhalt und Umfang des Plans und der einzureichenden Unterlagen auf Grundlage der **Ergebnisse der Antragskonferenz** nach § 20 Abs. 3 NABEG einzureichen sind. Der so eingereichte **Plan** wird **Grundlage des Anhörungsverfahrens.**

16 Hier zeigt sich die besondere Bedeutung, die die Festlegung der Ergebnisse der Antragskonferenz hat. Je genauer Umfang und Inhalt konkretisiert sind, desto größer ist die Wahrscheinlichkeit, dass der Vorhabenträger für das Verfahren geeignete Unterlagen einreicht. Der Gesetzgeber appelliert an die Disziplin:

- des Vorhabenträgers, alle Unterlagen in der Antragskonferenz vorzulegen, damit die Behörde angemessen reagieren kann und
- der Behörde, die den Vorhabenträger ausreichend über die Anforderungen an die Antragsunterlagen informiert,

um zu ermöglichen, dass geeignete Antragsunterlagen vorgelegt werden.

17 Abs. 1 S. 1 setzt auf § 20 Abs. 3 auf und bestimmt, dass die Ergebnisse der Antragskonferenz in die Unterlagen des Vorhabenträgers übernommen werden. Die Unterlagen dienen als Grundlage für die Vorbereitung und Durchführung des Anhörungsverfahrens.

1. Zuständige Behörde

18 Den für den bestimmten Untersuchungsrahmen erarbeiteten Plan reicht der Vorhabenträger bei der zuständigen Planfeststellungsbehörde ein. Die zuständige Behörde richtet sich nach dem jeweils einschlägigen Landesrecht, sofern die Zuständigkeit für ein Vorhaben nicht der BNetzA übertragen worden ist.

2. Adressaten

19 Adressat der Verpflichtung nach Abs. 1 ist der Vorhabenträger, der das Vorhaben umsetzt und der Adressat des späteren Planfeststellungsbeschlusses sein soll.

20 Adressat der Verpflichtung in Abs. 5 ist die Planfeststellungsbehörde, die ihren Aufgaben gegenüber dem Vorhabenträger gerecht werden muss.

---

1 BGBl. I 2011 S. 1690.
2 BT-Drucks. 17/6366, S. 6 f.

3. Inhalt und Umfang (Abs. 2)

Der Plan besteht aus den Zeichnungen und Erläuterungen, die das Vorhaben, seinen Anlass und die von dem Vorhaben betroffenen Grundstücke und Anlagen erkennen lassen. Die Erläuterungen und Zeichnungen können textlicher oder graphischer Natur sein. Die eingereichten Unterlagen müssen die Behörde in die Lage versetzen, das **Planfeststellungsverfahren durchzuführen**. Gleichzeitig müssen die von dem Vorhaben **Betroffenen** den Unterlagen **entnehmen können**, ob sie von dem Vorhaben betroffen sind, so dass sie ggf. **Einwendungen erheben** können. 21

In den Planunterlagen müssen daher das **Vorhaben selbst** sowie die durch es **betroffenen Grundstücke erkennbar** sein. Die Unterlagen müssen kopierbar sein, um sie auch auslegen oder elektronisch verbreiten zu können. Daher sind beispielsweise **Modellbauten** nicht geeignet, das Vorhaben zur Genüge des Abs. 2 zu beschreiben. 22

Dem Antrag auf Einleitung des Planfeststellungsverfahrens hat der Vorhabenträger in der Regel folgende Unterlagen beizufügen: 23

- Erläuterungsbericht (Zur Prüfung der **Planrechtfertigung** sind Ausführungen zur Erforderlichkeit des Vorhabens notwendig.)
- Übersichtsplan im Maßstab von mindestens 1:25.000,
- Schemazeichnung der Masten,
- Masttabelle mit Masthöhen (oder Höhen- oder Profilplan),
- Prinzipzeichnung der Fundamente,
- Fundamenttabelle mit Angabe der Fundamentgröße,
- Lagepläne (eingenordet oder mit Nordpfeil) im Maßstab 1:2.000 oder 1:2.500,
- Bauwerksverzeichnis/Kreuzungsverzeichnis,
- Rechtserwerbsplan und -verzeichnis bzw. Grunderwerbsplan und -verzeichnis (auch für Ausgleich, Ersatz und temporäre Beanspruchung),
- Grunderwerbsplan und -verzeichnis (für Anlagenflächen oder Ausgleichsflächen), soweit erforderlich,
- Darstellung der Rechtsbeeinträchtigung Dritter und – wenn bereits vorhanden – die Vorlage von Erklärungen der in ihren Rechten betroffenen Dritten über ihr Einverständnis mit der Beeinträchtigung ihrer Rechte,
- Zuwegungsregister mit Lageplänen,
- Nachweis über die Einhaltung der magnetischen und elektrischen Feldstärkewerte gem. 26. BImSchV,
- Stellungnahme zur Einhaltung der Anforderungen der TA Lärm,
- landschaftspflegerischer Begleitplan mit artenschutzrechtlichem Fachbeitrag,
- Umweltverträglichkeitsuntersuchung oder geeignete Angaben nach § 3a UVPG über das Nichtvorliegen einer Verpflichtung zur Durchführung einer UVP,
- FFH-Verträglichkeitsprüfung, soweit erforderlich,
- Erklärung zu den technischen Anforderungen der Anlage (Einhaltung der einschlägigen DIN etc. entsprechend § 49 EnWG).

4. Gutachten (Abs. 3)

Nach § 20 Abs. 3 S. 1 legt die Planfeststellungsbehörde aufgrund der Ergebnisse der Antragskonferenz einen Untersuchungsrahmen für die Planfeststellung fest und bestimmt den erforderlichen Inhalt der nach § 21 einzureichenden Unterlagen. Auf diese Vorschrift setzt Abs. 3 auf und stellt klar, dass die zuständige Behörde vom Vorhabenträger ergänzende **Gutachten einfordern** oder selbstständig entsprechende **Gutachten in Auftrag geben** kann, wenn die vom Vorhabenträger vorgelegten Unterlagen nicht ausreichen, um die Planfeststellungsverfahren ordnungsgemäß durchzuführen. Lässt die Planfeststellungsbehörde Gutachten anfertigen, so hat der Vorhabenträger die entsprechenden Kosten zu tragen. 24

25 Das in **Abs. 3** vom Gesetzgeber vorgesehene **Vorgehen bei nicht ausreichenden Antragsunterlagen** wird vor allem dann relevant, wenn entweder die Antragskonferenz auf Seiten des Vorhabenträgers oder auf Seiten der Behörden nicht ausreichend sorgfältig durchgeführt wurde, der Vorhabenträger sich an die Ergebnisse der Antragskonferenz nicht gehalten hat oder seit der Antragskonferenz **neue Erkenntnisse** aufgetreten sind, die in der Antragskonferenz selbst noch nicht behandelt werden konnten. Schließlich ist es auch möglich, dass die eine oder andere Seite nachlässig gehandelt hat. Wem auch immer die **Verantwortung** oder gar das **Verschulden** für die mangelnde Vollständigkeit der Antragsunterlagen zuzurechnen ist, hat dies keine Außenwirkung auf die Verpflichtung, vollständige Unterlagen einzureichen. Auch die Pflicht des Vorhabenträgers zur Kostentragung bleibt hiervon unberührt. Die **Vollständigkeit** ist ein **rein objektiver Tatbestand**, der sich an dem Gegenstand des Planfeststellungsverfahrens zu orientieren hat.

26 Die Befugnis der Behörde, vom Vorhabenträger die **Vorlage von Gutachten** zu **verlangen**, bedeutet zweierlei:

- die Behörde verlangt die Bearbeitung eines Themas, das bislang nicht Gegenstand der Antragsunterlagen war,
- die Behörde verlangt eine tiefergehende Betrachtung eines Themas, das bereits Gegenstand der Antragsunterlagen ist, aber aus Sicht der Behörde noch nicht ausreichend untersucht worden ist.

27 Das Gesetz lässt beides zu. Die Formulierung in Abs. 3, die Behörde könne die Vorlagen von Gutachten behandeln, beschränkt diese Befugnisse nicht auf die Vorlage von Gutachten, die sich ausschließlich mit neuen Themen beschäftigen. Auch die Forderung, ergänzende Gutachten vorzulegen, ist zulässig.

28 Zentrale Frage ist, welcher Maßstab herangezogen wird, wenn es um Inhalt und Umfang der gutachterlichen Betrachtung geht. Die Behörde hat bei allen Forderungen nach einer gutachterlichen Betrachtung das Ziel und den Inhalt des Antrages zu berücksichtigen. Die Behörde darf ausschließlich gutachterliche Bewertungen verlangen, die für ihre Entscheidung über den Planfeststellungsantrag erforderlich sind. Je schwerwiegender ein Eingriff ist, desto intensiver darf und muss die gutachterliche Auseinandersetzung mit einem Thema sein. Der Vorhabenträger darf sich darauf beschränken, sich nur auf solche Bewertungsmethoden zu stützen, die wissenschaftlich anerkannt sind. Dazu gehören auch Regelwerke, die der Gesetzgeber oder anerkannte Fachinstitutionen erarbeitet haben oder die in der Fachwissenschaft oder in der Rechtsprechung Anerkenntnis gefunden haben. Die Grenze für den Vorhabenträger liegt da, wo er zur Rechtfertigung des eigenen Antrages wissenschaftliche Arbeiten vorlegen muss. Es ist **nicht Aufgabe eines Genehmigungsverfahrens**, eine wissenschaftlich noch **nicht aufgearbeitete und fachwissenschaftlich noch nicht anerkannte Problemlösung** zu finden.

29 Der Gesetzgeber stellt – gemessen am Wortlaut des Abs. 3 S. 1 – die Forderung an den Vorhabenträger, ein Gutachten vorzulegen und die Möglichkeit der Behörde, selbst ein Gutachten in Auftrag zu geben, gleichberechtigt nebeneinander. Die Behörde ist in dieser Entscheidung, wie sie vorgehen soll, nicht frei. Sie wird bei der Entscheidung über neue Gutachten nach den Grundsätzen des pflichtgemäßen Ermessens vorgehen müssen. Im Vordergrund steht die Sachdienlichkeit des gewählten Vorgehens. Sollte beispielsweise allein eine anerkannte Lücke in den Antragsunterlagen gefüllt werden, so spricht einiges dafür, dass der Vorhabenträger selbst diese Lücke durch ein neues oder ein ergänzendes Gutachten schließt.

30 Geht es um fachliche Bewertungen, die bereits Eingang in die Antragsunterlagen gefunden haben, aber einer vertieften Betrachtung zugeführt werden sollen, kommt eine Beauftragung eines Gutachters durch die Behörde selbst in Betracht. Dies vor allem dann, wenn sich nach Einreichung eines bis dahin vollständigen Antrages die Rechtslage ändert oder neue Sachverhalte auftreten, die Berücksichtigung finden müssen. Auf diese Weise kann der von der Behörde be-

auftragte Gutachter tätig werden. Entsprechendes gilt für den Fall eines Dissenses in der fachlichen Bewertung zwischen Vorhabenträger und Behörde.

5. Bindung an die Bundesfachplanung

Gemäß § 15 Abs. 1 S. 1 ist das Ergebnis der Bundesfachplanung verpflichtend. Dies bedeutet für den Vorhabenträger wie für die Behörde, dass von dem in der Bundesfachplanung festgesetzten Trassenkorridor nicht abgewichen kann. Problematisch ist diese Regelung dann, wenn sich im Planfeststellungsverfahren herausstellt, dass das Planfeststellungsverfahren nicht in dem vorgesehenen Trassenkorridor realisiert werden kann. In diesen Fällen ist die Planfeststellungsbehörde mangels Kompetenz nicht befugt, von den Festsetzungen der Bundesfachplanung abzuweichen. Vielmehr muss die BNetzA als Bundesfachplanungsbehörde die Bundesfachplanung ergänzen und korrigieren.[3] 31

III. Datenschutz und Geheimhaltung

Grds. gilt das Bundesdatenschutzgesetz. Der Schwerpunkt der Geltung des BDSG liegt vor allem im **Schutz von Betriebs- und Geschäftsgeheimnissen und von personenbezogenen Daten**. Durch die Öffentlichkeitsbeteiligungen und Auslegungen von Unterlagen kommen Dritte in die Position, umfangreich Einsicht in Daten gewährt zu bekommen. Daher muss ein Ausgleich zwischen notwendigem Daten- sowie Geheimnisschutz und Informationsinteresse der Öffentlichkeit hergestellt werden. Es finden die jeweils einschlägigen landesrechtlichen Datenschutzbestimmungen Anwendungen. Sind sowohl Bundes- als auch Landesbehörden in einem gemeinsamen Verfahren tätig, sind sowohl die landesgesetzlichen als auch die bundesgesetzlichen Regelungen anzuwenden. 32

Abs. 3 S. 2 Hs. 1 enthält die Verpflichtung für den Vorhabenträger, **Unterlagen** mit Betriebs- und Geschäftsgeheimnissen als solche zu **kennzeichnen**. Das soll der Behörde die besondere Behandlung dieser Unterlagen erleichtern. Die Kennzeichnung des Vorhabenträgers ist für die Behörde nicht verbindlich. Sie ist berechtigt und ihr obliegt eine **eigenständige Prüfung**, ob die eingereichten Unterlagen tatsächlich dem besonderen **Schutz von Betriebs- und Geschäftsgeheimnissen** unterliegen müssen. Fehlt eine entsprechende Kennzeichnung durch den Vorhabenträger, kann die Behörde indes davon ausgehen, dass Betriebs- und Geschäftsgeheimnisse nicht berührt sind; insoweit erübrigt sich eine eigenständige Prüfung. Denn in diesem Fall kann sie davon ausgehen, dass der Vorhabenträger durch den Verzicht auf die Kennzeichnung als Betriebs- oder Geschäftsgeheimnis die vollständige Zugänglichmachung für die Öffentlichkeit eingeräumt hat. 33

Sofern der Vorhabenträger keinerlei Kennzeichnung als **Betriebs- oder Geschäftsgeheimnis** vorgenommen hat und dabei Unterlagen eines Dritten verwendet, die möglicherweise tatsächlich oder zumindest aus Sicht des Dritten ein Betriebs- oder Geschäftsgeheimnis darstellen, kann die Behörde davon ausgehen, dass insoweit eine Freigabe erfolgt ist. 34

Im **Datenschutz** ist die Sach- und Rechtslage abweichend zu bewerten. Die Behörde hat in jedem Fall eigenständig zu prüfen, ob datenschutzrechtliche Regeln eingehalten werden, die einer Veröffentlichung der Unterlagen entgegenstehen. 35

Abs. 3 S. 2 Hs. 2 enthält die Verpflichtung für die Behörde, den Datenschutz und die Geheimhaltung zu beachten. Hierbei ist insbesondere die Entscheidung für die Auslegung und Bekanntmachung eingereichter Unterlagen wichtig. Durch die **Kennzeichnungspflicht** nach 36

3 Vgl. dazu § 5 Rn 97 ff.

Abs. 3 S. 2 Hs. 1 für den Vorhabenträger wird der Behörde die Einhaltung erleichtert, aber nicht abgenommen. Sie muss selbstständig entscheiden, welche Handlungen durch Datenschutz und Geheimhaltung untersagt sind.

37 Zusätzliche Vorsorge- und Rücksichtnahmepflichten treffen die Behörde im Falle des Einsatzes eines Projektmanagers: Hier muss im Innenverhältnis zwischen Behörde und **Projektmanager** sichergestellt sein, dass Abs. 3 S. 2 Hs. 2 ausreichend Rechnung getragen wird.

38 Sollte ein Dritter auf Grundlage des allgemeinen verwaltungs- und verfahrensrechtlichen Akteneinsichtsrechts (§§ 28 ff. VwVfG), dem IFG oder dem UIG Akteneinsicht beantragen, so sind die Regeln dieser Gesetze zu beachten. Insbesondere sind bei einer Zugänglichmachung an Dritte die Beteiligungsrechte des möglicherweise Betroffenen zu berücksichtigen.

IV. Bezugnahme auf Unterlagen der Bundesfachplanung (Abs. 4)

1. Allgemein

39 Abs. 4 betrifft die Unterlagen, die für die UVP nach § 6 UVPG einzureichen sind.

40 Abs. 4 ist Ausdruck der **entlastenden Wirkung der vorlaufenden Bundesfachplanung** mit durchgeführter Untersuchung der Umweltauswirkungen in der SUP auf das nachfolgende Zulassungsverfahren. Die gesetzgeberische Intention, durch die enge Verzahnung der Bundesfachplanung mit den nachfolgenden Planfeststellungsverfahren **Doppelprüfungen** zu vermeiden und auf diesem Wege eine **Verfahrensbeschleunigung** zu erreichen, beginnt bereits bei der Einreichung der Unterlagen.[4]

41 § 21 Abs. 4 verweist auf zwei Regelungstatbestände, die nicht unmittelbar etwas miteinander zu tun haben:

42 Gemäß § 5 UVPG hat die **Behörde** bei der Antragskonferenz nach § 20 darüber zu informieren, welche Unterlagen er für die Durchführung der UVP nach § 6 UVPG beizubringen hat. Den Umfang der für die UVP vorzulegenden Unterlagen bestimmt § 6 UVPG. Der Verweis auf § 5 UVPG gehört inhaltlich und systematisch vor dem geschilderten Hintergrund in die Bestimmung über die Antragskonferenz nach § 20. Die Integration in § 21 ist in der Sache aber unschädlich.

43 Etwas anderes gilt für den Verweis auf § 14f Abs. 3 UVPG. Hier geht es um eine tatsächliche Erleichterung bei der Erstellung der Antragsunterlagen.

44 Die Planfeststellungsbehörde soll nach § 14f Abs. 3 UVPG Doppelprüfungen vermeiden. Die Entscheidung über die Bundesfachplanung ist als Plan Bestandteil eines mehrstufigen Planungs- und Zulassungsprozesses im Sinne der Norm. Die Planfeststellungsbehörde hat darauf zu achten, dass sich die Unterlagen, die für die UVP im Rahmen der Planfeststellung für die beantragte Stromleitung vorzulegen sind, gegenüber der im Rahmen der Bundesfachplanung durchgeführten SUP auf zusätzliche oder andere erhebliche Umweltauswirkungen sowie auf erforderliche Aktualisierungen und Vertiefungen beschränken. Der einzureichende Plan soll daher Bezug auf die vorangegangene UVP nehmen.

45 Vorbehaltlich einer Prüfung im Einzelfall kann – so die Gesetzesbegründung – widerlegbar vermutet werden, dass die Unterlagen weiterhin hinreichend aktuell sind, wenn seit Fertigstellung der in Bezug genommenen Unterlagen aus der Bundesfachplanung, insbesondere des Umweltberichts, ein Zeitraum von weniger als fünf Jahren vergangen ist. Zweifel daran, dass die in der Bundesfachplanung eingereichten Unterlagen, insbesondere der Umweltbericht, nicht mehr hinreichend aktuell sind, sollen möglichst in der Antragskonferenz nach § 20 geklärt werden.[5]

4 BT-Drucks. 17/6073, S. 29.
5 BT-Drucks. 17/6073, S. 29.

Klassische Fälle, bei deren Vorliegen die Vermutung widerlegt wird, sind: 46
- neue Sachlagen nach Vorlage der Unterlagen für die Bundesfachplanung,
- neue Rechtslage seit Vorlage der Antragsunterlagen für die Bundesfachplanung,
- neue fachliche – naturschutzfachliche oder technische – Erkenntnisse seit Vorlage der Unterlagen für die Bundesfachplanung.

Sollten die zuvor geschilderten neuen Umstände zu einer eher nachteiligen Einschätzung der befürchteten Auswirkungen führen, bietet sich in jedem Fall eine neue Betrachtung an. Aber auch die Gewinnung neuer Erkenntnisse, die zu einer Entschärfung der Situation bei unveränderter Sachlage führen, kann den Vorhabenträger veranlassen, Unterlagen zu überarbeiten. Der Abwägungsprozess erfordert nämlich in jedem Fall nach Möglichkeit das richtige und belastbare Abwägungsmaterial. 47

2. Sonderfall: FFH-Verträglichkeit

Der Verweis auf die Unterlagen der Bundesfachplanung stößt im Zusammenhang mit der FFH-Verträglichkeitsuntersuchung an seine Grenzen. Jedenfalls dann, wenn eine FFH-Unverträglichkeit im Planfeststellungsverfahren nicht von vornherein ausgeschlossen ist. 48

Art. 6 Abs. 3 der FFH-Richtlinie fordert, dass alle Pläne und Projekte einer FFH-Verträglichkeit unterworfen werden. Die Bundesfachplanung ist ein Plan in diesem Sinne. Das Planfeststellungsverfahren ist ein Projekt im Sinne von Art. 6 Abs. 3 der FFH-Richtlinie. 49

Daraus folgt, dass bereits im Rahmen der Bundesfachplanung eine FFH-Verträglichkeitsuntersuchung durchgeführt werden muss. Ist dies nicht geschehen oder hat sich die zuständige Behörde auf eine SUP beschränkt, ist im Rahmen des Planfeststellungsverfahrens eine Bezugnahme auf diese FFH-Verträglichkeit von vornherein ausgeschlossen. Zudem erfolgt die FFH-Verträglichkeitsprüfung auf der Ebene der Bundesfachplanung in einer Prüfungstiefe, die den Anforderungen an die FFH-Prüfung im Planfeststellungsverfahren nicht entspricht.[6] 50

Es muss in jedem Fall eine eigene FFH-Verträglichkeitsuntersuchung im Rahmen der Planfeststellung vorgenommen werden. 51

V. Obligatorische Eingangsprüfung (Abs. 5)

Wesentliches **Beschleunigungselement** des § 21 ist die Verpflichtung der Behörde zur **frühen Prüfung** der **Vollständigkeit der Unterlagen**. Die Überprüfung der eingereichten Unterlagen auf Vollständigkeit ist obligatorisch. Damit soll bereits in einem frühen Verfahrensstadium sichergestellt werden, dass die Unterlagen tatsächlich vollständig sind und sich im späteren Verfahren weder der Vorhabenträger noch die Behörde auf die Unvollständigkeit von Unterlagen berufen kann. 52

Der **Mechanismus bei der Vollständigkeitsprüfung** entspricht in groben Zügen dem bereits **bekannten Vorgehen** im **immissionsschutzrechtlichen Verfahren** oder bei sonstigen Planfeststellungsverfahren. Der Gesetzgeber hat nichtsdestoweniger gewisse Konkretisierungen vorgenommen, die die Aufgaben sowohl für Vorhabenträger als auch für die zuständige Behörde näher konkretisieren. 53

Der Regelungsmechanismus in **Abs. 5** ist neu, jedenfalls im Hinblick auf die klare Beschreibung eines **iterativen Prozesses** zwischen Behörde und Vorhabenträger: Die Behörde ist verpflichtet, innerhalb eines Monats die **Vollständigkeit** zu prüfen. Bei nicht vollständigen Unter- 54

6 Vgl. dazu § 12 Rn 42ff.

lagen hat sie den Vorhabenträger aufzufordern, Unterlagen in einer angemessenen Frist zu ergänzen. Der Vorhabenträger muss unmittelbar reagieren. Die Behörde ist bei vollständigen Unterlagen verpflichtet, dies zu bestätigen.

55 Dieses Beschleunigungselement darf nicht dadurch unterlaufen werden, dass die Behörde angesichts der aus Ihrer Sicht möglicherweise zu kurz bemessenen Frist die Plausibilitätskontrolle vernachlässigt. Die Behörde muss die sachlichen und personellen Mittel zur Verfügung stellen, um innerhalb der gesetzten Frist die vom Gesetzgeber geforderte Vollständigkeitsprüfung nach dem vom Gesetzgeber vorgegebenen Maßstab vorzunehmen. Andernfalls liefe Abs. 5 ins Leere.

56 Der mit der Bestimmung erfolgte Beschleunigungszweck ist allerdings gegenüber der Behörde nicht sanktioniert. Sollte die Behörde ihre Verpflichtung zur Überprüfung der Vollständigkeit nicht oder nicht fristgerecht oder nicht ausreichend fundiert durchprüfen, führt dies zu einem rechtswidrigem Ergebnis, das allerdings die Verpflichtung des Vorhabenträgers, vollständige Unterlagen einzureichen, nicht schmälert. Dieser Verfahrensfehler wird in der Regel auch keine Auswirkung auf das Abwägungsergebnis haben. Es bleibt allenfalls ein möglicher Amtshaftungsanspruch, falls die Behörde durch ein schuldhaftes Verhalten ihrerseits beim Vorhabenträger einen Schaden verursacht.

1. Frist (Abs. 5 S. 1)

57 Die zuständige Behörde hat nach Einreichung der Unterlagen einen Monat Zeit, die empfangenen Unterlagen auf **Vollständigkeit** zu überprüfen. Erst nach dieser Feststellung der Vollständigkeit beginnt die zweiwöchige Frist nach § 22 Abs. 1 zur weiteren Übermittlung der empfangenen Unterlagen.

2. Umfang (Abs. 5 S. 2)

58 Abs. 5 S. 2 beschreibt den Umfang der vorzunehmenden Vollständigkeitsprüfung. Ausgangspunkt der Vollständigkeitsprüfung ist der von der Behörde nach § 20 Abs. 3 bestimmte erforderliche Inhalt der einzureichenden Unterlagen. Unstreitig dürfte sein, dass die Behörde verpflichtet ist, im Rahmen der Plausibilitätskontrolle nachzuprüfen, ob sämtliche, üblicherweise für ein Planfeststellungsverfahren erforderlichen Unterlagen vorliegen. Neben diesen formalen Aspekten ist auch eine inhaltliche Plausibilitätskontrolle durchzuführen.

59 Der Maßstab für eine inhaltliche **Plausibilitätskontrolle** ist nicht gesetzlich festgelegt. Die Grenzziehung hier ist deutlich schwieriger. Es geht darum, die Behörde zu veranlassen, die Gutachten und die sonstigen Unterlagen so weit zu sichten, als dass sie erkennen kann, dass alle wichtigen, üblicherweise oder im Einzelfall zu behandelnden Themen angesprochen und abschließend bewertet sind. Eine inhaltliche Auseinandersetzung mit den einzelnen fachlichen Aspekten, dessen Darstellung oder Bewertungsmethodik sowie mit etwaigen Abwägungsvorgängen und Abwägungsergebnissen ist nicht erforderlich. Die Behörde muss nach überschlägiger Sichtung aller Unterlagen zu dem Schluss kommen, dass die inhaltliche Vollständigkeit überwiegend wahrscheinlich ist; die empfangenen Dokumente also einleuchtend und nachvollziehbar sind.

3. Folgen der Unvollständigkeit (Abs. 5 S. 3)

a) Allgemein

60 Stellt die zuständige Behörde fest, dass die Unterlagen nicht vollständig sind, d.h., dass sie formell oder inhaltlich nicht ausreichen, um als Grundlage für das Anhörungsverfahren und das sonstige weitere Verfahren zu dienen, hat sie den Vorhabenträger **unverzüglich** aufzufordern, die Unterlagen innerhalb einer angemessenen Frist zu **ergänzen**.

Die Ermächtigung zur Anordnung nach Abs. 5 S. 3 korrespondiert mit dem Recht zur Aufforderung der Stellung des Antrags auf Planfeststellung nach § 12 Abs. 2 S. 2. Die Ermächtigung der Planfeststellungsbehörde, zur Vervollständigung der Antragsunterlagen zu verpflichten, komplettiert die Möglichkeit der BNetzA, zur Antragstellung zu verpflichten. Der für den Netzausbau in einer Regelzone verantwortliche Betreiber kann dadurch ausgehend von der Netzplanung durchgehend bis zur Einreichung genehmigungsfähiger Unterlagen im Planfeststellungsverfahren durch Behörden verpflichtet werden. 61

Die Frist muss angemessen sein. Was angemessen ist, lässt sich nicht abstrakt definieren und hängt vor allem von der Art der nachzuliefernden Unterlagen ab. Die **Fristen** sind aber möglichst **knapp zu bemessen**; die Behörde hat sich bei der Fristsetzung an der gesetzgeberischen Intention der Verfahrensbeschleunigung zu orientieren. Letztlich hängt die Angemessenheit vom Inhalt und Umfang der geforderten gutachterlichen Bewertung ab. Die Behörde hat eine **Prognoseentscheidung** zu treffen, die auf Grundlage ihrer Erfahrungen die Angemessenheit der Frist rechtfertigt. Die Behörde darf dabei vom Vorhabenträger verlangen, dass dieser besondere Bemühungen an den Tag legen wird, seine Pflicht zu erfüllen. 62

Die Behörde selbst muss unverzüglich auffordern. Unverzüglich bedeutet eine Aufforderung ohne schuldhaftes Zögern (§ 121 Abs. 1 S. 1 BGB). Die Pflicht zu unverzüglichem Handeln setzt an zwei Punkten an: Die Behörde muss unverzüglich beginnen, die eingereichten Unterlagen auf Vollständigkeit zu überprüfen und unverzüglich, nachdem sie einen Mangel erkannt hat, den Vorhabenträger auffordern, diesen Mangel aufzuheben. 63

b) Rechtscharakter der Anordnung – Verwaltungsakt

Bei der Anordnung nach Abs. 5 S. 3 handelt es sich um einen **Verwaltungsakt**, der den Anforderungen von § 37 VwVfG an die **Bestimmtheit** entsprechen muss und nach § 39 VwVfG zu **begründen** und mit einer **Rechtsmittelbelehrung** nach § 58 VwGO zu versehen ist. Die **Bekanntgabe** erfolgt nach Maßgabe von § 41 VwVfG. 64

Besondere Bedeutung kommt der Bestimmtheit der Anforderung weiterer Gutachten nach Abs. 3 S. 1 zu. Die Behörde muss den Gutachtenauftrag so konkret wie möglich beschreiben, damit auf Seiten des Vorhabenträgers kein Zweifel verbleibt, welche Unterlagen notwendig sind, dass die von der Behörde erkannte Lücke in den Antragsunterlagen geschlossen werden kann. Im Zweifel hat die Behörde den Gutachtenauftrag konkret zu betiteln. Nur so kann der tatsächliche Effekt, den der Gesetzgeber verfolgt, erzielt werden. Anderenfalls ist zudem eine Vollstreckung der Maßnahmen, wie vom Gesetzgeber gewünscht, kaum möglich. 65

In der Regel kann indes offen bleiben, welcher Gutachter vom Vorhabenträger beauftragt wird, die gutachterliche Bewertung vorzunehmen. Etwas anderes gilt nur dann, wenn gerade die Person des Gutachters von besonderer Bedeutung auch für den Inhalt und die Untersuchungsmethodik des Gutachtens ist. 66

Die Behörde kann die Anordnung nach Abs. 5 S. 3 gem. § 34 nach den für die **Vollstreckung** von Verwaltungsmaßnahmen geltenden Vorschriften durchsetzen. Die Höhe des **Zwangsgeldes** beträgt mindestens 1.000 € und höchstens 250.000 €. Gemäß § 33 Abs. 1 Nr. 3 begeht, wer vorsätzlich oder leichtfertig entgegen § 21 Abs. 1 S. 1 Unterlagen nicht richtig vorlegt, eine **Ordnungswidrigkeit**, welche mit einer Geldbuße bis zu 100.000 € geahndet werden kann. Mit § 34 und § 33 wollte der Gesetzgeber eine weitere Beschleunigung der Verfahren erreichen. Beide Regelungen sind vor dem Hintergrund der Vorgabe von Art. 22 Abs. 7 der RL 2009/72/EG in das Gesetz aufgenommen worden.[7] 67

7 BT-Drucks. 17/6073, S. 32.

68 Bei den Entscheidungen über die Festsetzung eines Zwangsgeldes oder eines Bußgeldes muss sich die Behörde aber an ihrer Entscheidung nach § 20 Abs. 3 über den erforderlichen Inhalt der einzureichenden Unterlagen festhalten lassen.

c) Rechtsmittel

69 Gegen die Anordnung weiterer Gutachten sind die üblichen Rechtsmittel zulässig. Ein Vorverfahren ist durchzuführen (§ 68 ff. VwGO). Dies führt im Ergebnis dazu, dass die Anordnung, innerhalb einer angemessenen Frist ein Gutachten zu erstellen, ins Leere läuft oder zumindest nicht den Wünschen gerecht wird. Denn die Rechtsmittelfähigkeit führt zwangsläufig zu einer im Einzelfall erheblichen Verzögerung. Der Verzicht auf ein Vorverfahren wäre an dieser Stelle sinnvoll gewesen.

70 Vor diesem Hintergrund scheint es aus Sicht der Behörde grds. ratsam, die Anordnung einer Nachlieferung von Gutachten innerhalb einer angemessenen Frist für sofort vollziehbar zu erklären, um eine schnelle Reaktion herbeizuführen und ggf. eine schnellere Überprüfung zu ermöglichen. Gründe für die sofortige Vollziehung dürfen regelmäßig vorliegen. Die besondere Eilbedürftigkeit ergibt sich aus § 1.

4. Abschluss der Prüfung (Abs. 5 S. 4)

71 Kommt die Behörde bei der Vollständigkeitsprüfung nach dem Eingang der Unterlagen zu dem Ergebnis, dass diese **vollständig** sind, muss sie dies gem. Abs. 5 S. 4 dem Vorhabenträger **schriftlich bestätigen**. Die Bestätigung ist in § 22 Abs. 1 Anknüpfungspunkt für die schriftliche oder elektronische Übermittelung der Unterlagen durch die Planfeststellungsbehörde an die Träger öffentlicher Belange, die von dem beantragten Vorhaben berührt sind, und die Vereinigungen. Zudem scheidet nach der Vollständigkeitsbestätigung die Einleitung eines Ordnungswidrigkeitenverfahrens gegen den Vorhabenträger nach § 33 Abs. 1 Nr. 1 wegen nicht richtigen Einreichens eines Plans nach § 21 Abs. 1 aus. Im besonders strukturierten Verfahren nach NABEG kommt der Bestätigung der Vollständigkeit als Zwischenfeststellung eine besondere Bedeutung zu. Der Vollständigkeitsbestätigung fehlt es daher nicht an Regelungswirkung.[8] Daher handelt es sich dabei um einen **Verwaltungsakt** im Sinne von § 35 S. 1 VwVfG, der dem für Verwaltungsakte geltenden Rechtsschutzsystem unterliegt.

72 Die Pflicht der Behörde, schriftlich die Vollständigkeit der Unterlagen zu bestätigen, ist das Gegenstück zur Pflicht des Vorhabenträgers zur vollständigen Einreichung der Unterlagen und insbesondere zur Bußgeldvorschrift § 33 Abs. 1 Nr. 3.

73 Hat die Behörde den Vorhabenträger zur Nachreichung von Unterlagen aufgefordert, muss sie eine erneute Vollständigkeitsprüfung durchführen. Diese schließt entweder mit der schriftlichen Mitteilung der Vollständigkeit oder einer Aufforderung zur Vervollständigung nach Abs. 5 S. 3 ab.

8 Vgl. zur Bestätigung nach § 10 BImSchG *Jarass*, § 10 Rn 40 ff.

§ 22 Anhörungsverfahren

(1) Innerhalb von zwei Wochen nach Vorlage der vollständigen Unterlagen nach § 21 übermittelt die Planfeststellungsbehörde die Unterlagen schriftlich oder elektronisch an
1. die Träger öffentlicher Belange, die von dem beantragten Vorhaben berührt sind, und
2. die Vereinigungen.

(2) Die Planfeststellungsbehörde fordert die Träger öffentlicher Belange, einschließlich der Raumordnungsbehörden der Länder, die von dem Vorhaben berührt sind, zur Stellungnahme innerhalb einer von ihr zu setzenden Frist auf, die drei Monate nicht überschreiten darf. Die Möglichkeit, Stellungnahmen nach Satz 1 abzugeben, erstreckt sich nicht auf die Gegenstände, welche die Bundesfachplanung betreffen und zu denen bereits in der Bundesfachplanung Stellung genommen werden konnte. Die Stellungnahmen können schriftlich oder elektronisch abgegeben werden. Nach Ablauf der Frist nach Satz 1 eingehende Stellungnahmen werden nicht mehr berücksichtigt, es sei denn, die vorgebrachten Belange sind für die Rechtmäßigkeit der Entscheidung von Bedeutung.

(3) Innerhalb von zwei Wochen nach Vorlage der vollständigen Unterlagen nach § 21 veranlasst die Planfeststellungsbehörde für die Dauer von einem Monat zum Zwecke der Öffentlichkeitsbeteiligung die Auslegung der Unterlagen gemäß § 43a Nummer 1 des Energiewirtschaftsgesetzes. Die Auslegung ist im amtlichen Verkündungsblatt und über die Internetseite der Planfeststellungsbehörde sowie den örtlichen Tageszeitungen, die in dem Gebiet verbreitet sind, auf das sich das Vorhaben voraussichtlich auswirken wird, bekannt zu machen. Die Bekanntmachung soll eine Woche vor Beginn der Auslegung erfolgen und muss dem Planungsstand entsprechende Angaben über den Verlauf der Trassenkorridore und den Vorhabenträger enthalten, Informationen darüber, wo und wann die Unterlagen zur Einsicht ausgelegt werden, sowie Hinweise auf die Einwendungsfrist unter Angabe des jeweils ersten und letzten Tages.

(4) Der Plan ist zeitgleich mit der Auslegung für die Dauer von einem Monat im Internet zu veröffentlichen. Die Veröffentlichung ist entsprechend Absatz 3 Satz 2 und 3 bekannt zu machen.

(5) Die Rechtsvorschriften über Geheimhaltung und Datenschutz bleiben unberührt.

(6) Jede Person, deren Belange durch das Vorhaben berührt werden, kann innerhalb von zwei Wochen nach Ablauf der Auslegungsfrist nach Absatz 3 Satz 1 schriftlich bei der Planfeststellungsbehörde oder zur Niederschrift bei einer Auslegungsstelle Einwendungen gegen den Plan erheben. Satz 1 gilt entsprechend für Vereinigungen.

(7) Die Planfeststellungsbehörde führt einen Erörterungstermin durch. Insoweit gelten die Bestimmungen des § 73 Absatz 6 Satz 1 bis 5 des Verwaltungsverfahrensgesetzes entsprechend.

(8) Anhörungsverfahren und Erörterungstermin können unterbleiben, wenn die Voraussetzungen des § 25 vorliegen.

Überblick

I. Allgemeines

1. Überblick über die Norm

1 **Abs. 1** regelt den **Versand der Unterlagen** nach § 21.

2 **Abs. 2** regelt die Möglichkeit der **Träger öffentlicher Belange** zur **Abgabe von Stellungnahmen.**

3 Die **Abs. 3 bis 7** regeln die Öffentlichkeitsbeteiligung.

4 **Abs. 3 S. 1** sieht vor, dass die Planfeststellungsbehörde die Unterlagen innerhalb von zwei Wochen nach Zugang des vollständigen Plans für die Dauer von einem Monat gem. § 43a EnWG **auslegt. Abs. 3 S. 2 bis S. 4** und **Abs. 4 S. 2** regeln die Bekanntmachung der Auslegung.

5 Nach **Abs. 4 S. 1** ist der **Plan** zeitgleich mit der Auslegung für die Dauer von einem Monat **im Internet zu veröffentlichen.**

6 **Abs. 5** dient dem Schutz von schützenswerten Informationen und grundrechtlichen Positionen im Verfahren der Öffentlichkeitsbeteiligung.

7 **Abs. 6** regelt die Möglichkeit von durch das Vorhaben Betroffenen und Vereinigungen, **Einwendungen** gegen den Plan zu erheben.

8 **Abs. 7** ordnet abweichend von § 43a EnWG die Durchführung eines **Erörterungstermins** an.

9 Nach **Abs. 8** können Anhörungsverfahren und Erörterungstermin unterbleiben, wenn das Vorhaben im Anzeigeverfahren nach § 25 (**unwesentliche Änderungen**) zugelassen werden kann.

2. Regelungszweck

10 § 22 ist eine verfahrenslenkende Vorschrift und enthält Vorgaben für die Beteiligung der Behörden und der Öffentlichkeit in der Planfeststellung für die Höchstspannungsleitungen im Sinne von § 2 Abs. 1. Die Offenlegung erfüllt einen doppelten Zweck. Sie dient dem **Schutz der Betroffenen** und **der Informationsgewinnung.**

11 Die Behörden- und Öffentlichkeitsbeteiligung soll Behörden, Betroffenen und Vereinigungen die **Beteiligung am Verfahren** ermöglichen. Das Offenlegungsverfahren dient nicht zuletzt der **Grundrechtsverwirklichung.** Da Verfahrensrechte insofern der Sicherung materieller Rechte dienen, ist der Einhaltung der in § 22 normierten Verfahrensvorschriften besondere Aufmerksamkeit zu widmen. Die Planauslegung hat in einer Weise zu erfolgen, die geeignet ist, dem interessierten Bürger und den von dem Vorhaben in ihrem Aufgabenbereich betroffenen Behörden zu ermöglichen, ihr Interesse an Information und Beteiligung durch Stellungnahme geltend zu machen (**Anstoßfunktion**).[1]

12 Die **Einbeziehung von fremdem Sachverstand** soll zudem den Planfeststellungsbeschluss auf ein breiteres Tatsachenfundament stellen. Das Abwägungsmaterial wird durch weitere Erkenntnisse über betroffene Belange verbreitert.

1 BVerwG, Urt. v. 27.5.1983 – 4 C 40, 44 und 45/81 –; BVerwG, Urt. v. 6.7.1984 – 4 C 22/08 –; BVerwG, Beschl. v. 19.5.2005 – 4 VR 2000/05 –.

§ 22 lehnt sich an die Behörden- und Öffentlichkeitsbeteiligung in der energierechtlichen Planfeststellung nach § 43a EnWG i.V.m. § 73 VwVfG an, enthält aber die für das NABEG notwendigen Modifikationen. Insbesondere die Abs. 3 und 4 enthalten Besonderheiten für die Bekanntmachung und die Auslegung der Unterlagen im Rahmen der Öffentlichkeitsbeteiligung. Diese Vorschriften sind auf die besonderen Anforderungen der Bundesfachplanung und die Zuständigkeit der BNetzA zurückzuführen. Wesentliche Intention der Modifikationen ist eine starke **Transparenz** sowie eine **Beschleunigung der Verfahren**. 13

Soweit die Voraussetzungen für eine Zulassung im **Anzeigeverfahren** nach § 25 vorliegen, kann die Behörden- und Öffentlichkeitsbeteiligung unterbleiben. 14

3. Entstehungsgeschichte

Die Vorschrift wurde durch Art. 1 des **Gesetzes über Maßnahmen zur Beschleunigung des Netzausbaus Elektrizitätsnetze**[2] vom 28.7.2011 mit Wirkung zum 5.8.2011 als § 22 erlassen. 15

Die Regelung erfuhr in ihrer Entwurfsfassung Änderungen im Gesetzgebungsverfahren, die mit der Änderung der Zuständigkeit für die Planfeststellung im Zusammenhang stehen: So wurde infolge der Beschlussempfehlung des Ausschusses für Wirtschaft und Technologie[3] in Abs. 1, Abs. 2 S. 1, Abs. 3 S. 1, 2, Abs. 6 S. 1, Abs. 7 S. 1 „Bundesnetzagentur" durch „Planfeststellungsbehörde" ersetzt. Die Bundesregierung lehnte die Vorschläge in ihrer Gegenäußerung ab.[4] Die Änderungen wurden dennoch Gesetz. Darüber hinaus erfuhr der Paragraph keine eigenen Änderungen im Gesetzgebungsverfahren, die sich auf das Anhörungsverfahren bezogen. 16

II. Beteiligung der Träger öffentlicher Belange

1. Beteiligung von Behörden und Trägern öffentlicher Belange

Die Beteiligung einer Behörde ist erforderlich, wenn der öffentlich-rechtliche Aufgabenbereich der Behörde betroffen ist. Werden lediglich privat-rechtliche Interessen, wie etwa das Eigentum, berührt, ist eine Beteiligung nicht als Behörde, sondern als Träger privater Rechte geboten.[5] Eine Behörde ist nach § 1 Abs. 4 VwVfG jede Stelle, die öffentliche Aufgaben wahrnimmt, gleichgültig, ob dies in hoheitlicher Form, in schlicht hoheitlicher Weise oder in privat-rechtlicher Gestattungsform geschieht.[6] 17

Aufgrund der expliziten Anordnung in Nr. 2 sind auch die **anerkannten Umweltverbände (Vereinigungen) zu beteiligen**. Damit werden die Rechte der anerkannten Umweltverbände im Gegensatz zu den allgemeinen Regeln der Planfeststellung erweitert. Diese haben eine besondere Stellung, die zwischen denen der konkret Betroffenen und den Trägern öffentlicher Belange anzusiedeln sind. Diese Unterscheidung ist wichtig, da die anerkannten Umweltverbände den Präklusionsvorschriften unterliegen und nicht wie die Träger öffentlicher Belange ausschließlich öffentliche Interessen wahrnehmen. 18

In der Planfeststellung sind die Raumordnungs- und Landesplanungsbehörden, die Flurbereinigungs-, Wasserwirtschafts-, Straßenbau- und Bergbehörden, die Kreisverwaltungsbehörden in ihrer Funktion als allgemeine Ordnungs-, Straßenverkehrs- und Landschaftsschutzbehörde, als Baubehörde, die Forstbehörde, die Landwirtschaftskammer oder andere nach Landesrecht 19

2 BGBl. I 2011 S. 1690.
3 BT-Drucks. 17/6366, S. 8.
4 BT-Drucks. 17/6249, S. 17.
5 *Stüer*, Rn 4203; *Kopp/Ramsauer*, § 73 Rn 23.
6 BVerwG, Urt. v. 24.1.1991 – 2 C 16/88 –.

für die Förderung der Landwirtschaft zuständige Stellen, die Wehrbereichsverwaltung und die Bundesvermögensverwaltung zu beteiligen.

20 **Träger öffentlicher Belange** sind neben den Behörden, deren Aufgabenbereich durch die Planung der Planfeststellungsbehörde betroffen sein kann, die juristischen Personen oder sonstige Vereinigungen des Privatrechts, die aufgrund der Art und Weise ihrer Tätigkeit oder aufgrund der von ihnen übernommenen Aufgaben öffentliche Interessen wahrnehmen. Dabei kommen sonstige Netzbetreiber, die Deutsche Bahn AG mit ihren Tochtergesellschaften, Infrastrukturunternehmen, Versorgungsunternehmen etc. in Betracht.

21 Auch die **Standortgemeinden**, auf deren Gebiet das Vorhaben verwirklicht werden soll, sind als Träger öffentlicher Belange zu beteiligen. Das nach Art. 28 Abs. 2 S. 1 GG verfassungsrechtlich gewährleistete Selbstverwaltungsrecht gewährt ihnen bei überörtlichen oder ortsrelevanten Planungen unabhängig von einer ausdrücklichen gesetzlichen Zuerkennung ein Recht auf Beteiligung, das sich in Informations- und Anhörungsrechte gliedert.[7] Eigene subjektiv-öffentliche Rechte müssen die Gemeinden im Rahmen der Öffentlichkeitsbeteiligung geltend machen.[8]

22 Die Kreise sind – unabhängig von der ihnen durch Landesrecht übertragenen Aufgabe des Trägers der allgemeinen inneren Staatsverwaltung – in ihrer Eigenschaft als Selbstverwaltungskörperschaften zu beteiligen (Art. 28 Abs. 2 S. 2 GG). Die Kreise können von Gemeinden übergreifenden Vorhaben sowohl als Träger kreiseigener Einrichtungen als auch als Träger einer das Kreisgebiet erfassenden Planungshoheit betroffen werden.[9]

2. Inhalt der Unterlagen

23 Die Träger öffentlicher Belange sowie die anerkannten Umweltverbände (Vereinigungen) erhalten die vollständigen Antragsunterlagen.

24 Nach einer nicht mehr ganz aktuellen Rechtsprechung sind der zu beteiligenden Behörde nur die ihren jeweiligen Aufgabenbereich betreffenden Unterlagen zuzuleiten.[10] Dessen ungeachtet empfiehlt es sich, den zu beteiligenden Behörden die vollständigen Unterlagen zu übersenden.

3. Fristsetzung

25 Die Planfeststellungsbehörde hat den Trägern öffentlicher Belange, die sie zur Stellungnahme auffordert, eine Frist zu setzen, die drei Monate nicht überschreiten darf. Die Fristenregelung ist keine Besonderheit des NABEG, sondern entspricht § 73 Abs. 3a S. 1 VwVfG. Die Fristenregelung dient der Verfahrensbeschleunigung[11] und zielt auf säumige Behörden, die durch ihre erst spät abgegebenen Stellungnahmen ein Planungsverfahren verzögern können.[12] Die Vorschriften für die Fristsetzung gelten nur für die Träger öffentlicher Belange, nicht für die anerkannten Umweltverbände; diese müssen die Frist nach § 22 Abs. 6 beachten.

26 Für die Berechnung der Frist muss nach § 31 Abs. 1 VwVfG i.V.m. § 188 Abs. 1 BGB der Tag der Bekanntgabe mitgerechnet werden.[13] Es ist zulässig, dass die Planfeststellungsbehörde eine zunächst gesetzte Frist verlängert, allerdings nicht über die Höchstfrist von drei Monaten hinaus. Dies würde dem Zweck der Verfahrensbeschleunigung widersprechen.[14]

---

7 BVerwG, Urt. v. 7.7.1978 – 4 C 79/76 –.
8 BVerwG, Urt. v. 17.3.2005 – 4 A 18/04 –.
9 *Stüer*, Rn 4203.
10 BVerwG, Beschl. v. 11.4.1995 – 4 B 61/95 –.
11 BT-Drucks. 17/6073, S. 25.
12 Stelkens/Bonk/Sachs/*Bonk/Neumann*, § 73 Rn 39.
13 GemSOGB, Beschl. v. 6.7.1972 – GmS-OGB 2/71 –.
14 A.A. Stelkens/Bonk/Sachs/*Bonk/Neumann*, § 73 Rn 39 (auch über die Drei-Monats-Frist hinaus).

Die Fristsetzung hat die Planfeststellungsbehörde nach **pflichtgemäßem Ermessen** vorzunehmen. Die Frist muss angemessen sein. Die Angemessenheit richtet sich nach dem Umfang und der Bedeutung der Angelegenheit. Weil der Gesetzgeber von einer Höchstfrist von drei Monaten ausgeht, ist davon auszugehen, dass diese Drei-Monats-Frist bereits sehr komplexe, aufwändige und schwierige Projekte zum Gegenstand hat. Ein normales Verfahren muss daher in entsprechend kürzerer Frist bearbeitet werden. Die Stellungnahme muss folglich in knapperer Frist der Planfeststellungsbehörde zugehen. Ein zentraler Aspekt für die Ermessensausübung ist der Umfang der Unterlagen und die Konfliktträchtigkeit des jeweils in dem Anhörungsverfahren betroffenen Trassenabschnitts. 27

4. Stellungnahmen der Träger öffentlicher Belange

Die Pflicht zur Stellungnahme bezieht sich auf eine fachliche Stellungnahme, die die Träger öffentlicher Belange schriftlich gegenüber der Planfeststellungsbehörde abzugeben haben. Die Träger öffentlicher Belange haben ihre Stellungnahmen hinreichend zu substantiieren. Aus einer Stellungnahme muss erkennbar sein, ob und welche öffentlichen Belange aufgrund welchen – vornehmlich materiellen – Rechts zu berücksichtigen sind. Die Äußerung soll sich auf alle für die Entscheidung wesentlichen tatsächlichen und rechtlichen Aspekte beziehen, die sich innerhalb des Aufgabenbereichs der Behörde halten.[15] 28

Zwar ist im Gesetz nicht ausdrücklich die Verpflichtung zur Abgabe einer Stellungnahme angesprochen. Vielmehr kann die Planfeststellungsbehörde, gemäß Wortlaut der Vorschrift, die Abgabe einer Stellungnahme verlangen. Es ergibt sich aus der Natur der Sache, aus der Zuständigkeit des jeweiligen Trägers öffentlicher Belange, dass dieser eine Stellungnahme abgeben muss. Diese Feststellung ist wichtig, denn sollte die Planfeststellungsbehörde aufgrund fehlender Stellungnahmen oder fehlerhafter Stellungnahmen eine falsche Entscheidung treffen, können damit Amtshaftungsansprüche verbunden sein, die auf die Planfeststellungsbehörde zukommen. 29

Die Stellungnahme erstreckt sich gem. Abs. 2 S. 2 nicht auf solche Gegenstände, die bereits Gegenstand der Bundesfachplanung waren und auf die zudem im Rahmen der Bundesfachplanung Stellung genommen werden konnte. Der Gesetzgeber beabsichtigt damit eine auch inhaltliche Abschichtung mit dem Ziel der weiteren Verfahrensbeschleunigung. Ob und inwieweit sich die Planfeststellungsbehörde an einer Stellungnahme orientieren kann, die unter Verstoß von Abs. 2 S. 2 bei ihr eingeht, hängt vom Inhalt der Stellungnahme ab. 30

Die Abgabe der Stellungnahme kann schriftlich oder elektronisch erfolgen. Dabei sind die Vorgaben des Signaturgesetzes einzuhalten. Die Möglichkeit, nach Abs. 2 S. 2 die Stellungnahmen elektronisch zu übermitteln, dient der Verfahrensbeschleunigung und der Kosteneffizienz.[16] 31

Nach Ablauf der gesetzten Frist eingehende Stellungnahmen werden nicht mehr berücksichtigt, es sei denn, die vorgebrachten Belange sind für die Rechtmäßigkeit der Entscheidung von Bedeutung. Der Gesetzgeber formuliert damit eine Selbstverständlichkeit. Richtig ist, dass eine verfristete Stellungnahme der Behörden sanktioniert werden muss. Es ist kaum akzeptabel, dass ein Verfahren insgesamt verzögert wird, weil ein Träger öffentlicher Belange nicht rechtzeitig fachliche Position bezieht. Dies gilt allerdings regelmäßig nur dann, wenn es tatsächlich zu einer Verzögerung kommt. Die Sanktionierung ist nicht möglich, wenn die Stellungnahme rechtlich relevante Hinweise enthält, die für die Rechtmäßigkeit des späteren Planfeststellungsbeschlusses maßgeblich sein können. 32

---

15 Stelkens/Bonk/Sachs/*Bonk*/*Neumann*, § 73 Rn 37.
16 BT-Drucks. 17/6073, S. 25.

III. Öffentlichkeitsbeteiligung

1. Bekanntmachung

33 Die Auslegung ist im **amtlichen Verkündungsblatt**, auf der **Internetseite** der Planfeststellungsbehörde und den **örtlichen Tageszeitungen**, die in dem Gebiet verbreitet sind, auf das sich das Vorhaben voraussichtlich auswirken wird, bekanntzumachen.

34 Die Bekanntmachung im Amtsblatt und den örtlichen Tageszeitungen ist geübte Praxis und bedarf keiner näheren Erläuterung. Wichtig ist, dass für jeden Bürger erkennbar ist, dass es eine Bekanntmachung gibt und was Gegenstand der Bekanntmachung ist und wo die Unterlagen ausgelegt sind. Ungeachtet dessen ist der Bürger verpflichtet, sich aktiv um die Wahrnehmung möglicher Bekanntmachungen zu kümmern. Wer keine Tageszeitung liest, darf sich nicht wundern, wenn er von einem bestimmten Verfahren keine Kenntnis erlangt.

35 Die Bekanntmachung soll spätestens eine Woche vor Beginn der Auslegung erfolgen und muss dem Planungsstand entsprechende Angaben über den Verlauf der Trassenkorridore und den Vorhabenträger enthalten sowie Informationen, wo und wann die Unterlagen zur Einsicht ausgelegt sind und Hinweise auf die Einwendungsfrist unter Angabe des jeweils ersten und letzten Tages. Der Begriff der Trassenkorridore ist irreführend. Denn § 22 beschäftigt sich mit der Öffentlichkeits- und Behördenbeteiligung im Rahmen des Planfeststellungsverfahrens. Gegenstand des Planfeststellungsverfahrens sind bereits die konkreten Trassen. Eine Korrektur des Wortlautes der Vorschrift ist daher wünschenswert.

36 Durch die Bekanntmachung im amtlichen Verkündungsblatt und in den örtlichen Tageszeitungen ist gewährleistet, dass auch Betroffene, die über keinen Internetzugang verfügen, informiert werden.

37 Die Bekanntmachung soll eine Woche vor Beginn der Auslegung erfolgen. Es handelt sich um eine Sollvorschrift. Die Planfeststellungsbehörde ist daher grds. verpflichtet, die Frist von einer Woche zwischen Bekanntgabe und Beginn der Auslegung einzuhalten. Sollten besondere Gründe vorliegen, kann diese Frist verkürzt werden.

2. Auslegung, Internet

38 § 22 enthält nur wenige Ausführungen zur Auslegung. Die Vorschrift verweist im Wesentlichen auf § 43a Nr. 1 EnWG, das seinerseits Bezug nimmt auf die Vorschriften in § 73 Abs. 2 VwVfG. Die Auslegung hat in den Gemeinden zu erfolgen, in denen sich das Vorhaben voraussichtlich auswirkt.

39 Nach Abs. 4 sind die Unterlagen zeitgleich mit der Auslegung für die Dauer von einem Monat im Internet zu veröffentlichen. Aus diesem Grund ist darauf zu achten, dass die Unterlagen von der Internetseite nach einem Monat wieder entfernt werden. Die Veröffentlichung im Internet ist entsprechend Abs. 3 S. 3 und S. 4 bekanntzumachen.

40 Die Veröffentlichung der Unterlagen im Internet findet sich bisher in keinen Fachplanungsgesetzen, wird aber von der überwiegenden Praxis der Planfeststellungsbehörden bzw. der Vorhabenträger derzeit schon praktiziert. Eine derartige Regelung ist im heutigen Kommunikationszeitalter unerlässlich.

41 Die nunmehr gesetzliche Verpflichtung zur Veröffentlichung im Internet bedeutet für die Behörden, dass die BNetzA an geeigneter Stelle und gut sichtbar deutlich macht, dass ein Verfahren zur Öffentlichkeitsbeteiligung anhängig ist. Zweck der Regelung ist es auch, ohne großen Aufwand erkennen zu lassen, dass ein Vorhaben geplant ist. Dieses Ziel würde konterkariert werden, wenn die Bekanntmachung an einer nicht ohne weiteres sichtbaren Stelle der Homepage der BNetzA „versteckt" werden würde.

42 Die Veröffentlichung der Unterlagen im Internet verlangt nicht, dass die Unterlagen ausdruckbar zur Verfügung stehen. Es ist ausreichend, wenn die BNetzA sämtliche Unterlagen,

die Gegenstand des Antragsverfahrens sind, elektronisch zugänglich macht. Ebenso ist es nicht erforderlich, dass die BNetzA die Möglichkeit einräumt, die Unterlagen herunterzuladen und zu speichern. Das Dateiformat muss einem üblichen Format entsprechen, damit ein interessierter Bürger nicht gezwungen ist, sich unübliche Programme zu verschaffen, um die Dokumente lesen zu können. Dies kann in der Regel das „pdf-Format" sein. Bereitgestellte Dokumente sollten nicht durch Zugriffssperren wie Passwörter gesperrt sein. Es empfiehlt sich, auf der Internetseite einen Link anzubieten, unter dem ein kostenloses Leseprogramm, wie etwa der Acrobat Reader für pdf-Dokumente, heruntergeladen werden kann.

IV. Geheimhaltung und Datenschutz (Abs. 5)

Nach Abs. 5 bleiben die Rechtsvorschriften über Geheimhaltung und Datenschutz unberührt. **43**
Während der **Datenschutz** den **Schutz von personenbezogenen Daten** betrifft, zielt der Begriff der **Geheimhaltung** auf **Geschäfts-** bzw. **Betriebsgeheimnisse**.

Das NABEG enthält keine eigenen Regelungen zur Geheimhaltung oder zum Datenschutz, **44**
sondern nimmt stattdessen an vielen Stellen auf die bestehenden Schutzvorschriften Bezug.[17] Zu beachten ist vor allem die allgemeine Geheimhaltungsvorschrift des **§ 30 VwVfG** sowie das **Bundesdatenschutzgesetz** bzw. die Datenschutzgesetze der Länder.

1. Geschäfts- und Betriebsgeheimnisse

Nach Abs. 4 bleiben die Rechtsvorschriften über Geheimhaltung und Datenschutz unberührt. **45**
Während der **Datenschutz** den **Schutz von personenbezogenen Daten** betrifft, zielt der Begriff der **Geheimhaltung** auf **Geschäfts-** bzw. **Betriebsgeheimnisse** ab.

Das NABEG enthält keine eigenen Regelungen zur Geheimhaltung oder zum Datenschutz, **46**
sondern nimmt stattdessen an vielen Stellen auf die bestehenden Schutzvorschriften Bezug.[18] Zu beachten ist vor allem die allgemeine Geheimhaltungsvorschrift des **§ 30 VwVfG** sowie das **Bundesdatenschutzgesetz** bzw. die Datenschutzgesetze der Länder.

Nach § 30 VwVfG haben die Beteiligten Anspruch darauf, dass ihre Geheimnisse, insbeson- **47**
dere die zum persönlichen Lebensbereich gehörenden Geheimnisse sowie die Betriebs- und Geschäftsgeheimnisse, von der Behörde nicht unbefugt offenbart werden. Weder das NABEG noch die amtliche Begründung geben Anhaltspunkte zur näheren Bestimmung der Geschäfts- und Betriebsgeheimnisse. Abs. 5 orientiert sich an den parallelen Vorschriften des Immissionsschutzrechtes (§ 10 Abs. 2 BImSchG; § 10 Abs. 3 9. BImSchV). Danach sind **Betriebs-** bzw. **Geschäftsgeheimnisse** Tatsachen, die im Zusammenhang mit einem Geschäftsbetrieb stehen, nur einem eng begrenzten Personenkreis bekannt, also nicht offenkundig sind, und nach dem bekundeten Willen des Betriebsinhabers geheim gehalten werden sollen.[19] **Geschäftsgeheimnisse** sind solche Tatsachen, die im Zusammenhang mit der kaufmännischen Seite des Betriebes stehen. Als **Betriebsgeheimnisse** sind solche Tatsachen anzusehen, die sich auf technische Gesichtspunkte der geplanten Anlage beziehen.[20] Eine trennscharfe Abgrenzung ist letztendlich schwierig und zumeist auch nicht erforderlich.

Die Betriebs- bzw. Geschäftsgeheimnisse müssen nach objektiven und subjektiven Kriterien **48**
geheim zu halten sein; es muss **ein schutzwürdiges Interesse des Antragstellers** an der weiteren Geheimhaltung bestehen. Objektiv muss daher die Tatsache geheim, also nicht offenkundig

17 Vgl. etwa § 8; § 21 Abs. 3 S. 2.
18 Vgl. etwa § 8; § 21 Abs. 3 S. 2.
19 Landmann/Rohmer/*Dietlein*, § 10 BImSchG Rn 60.
20 Landmann/Rohmer/*Dietlein*, § 10 BImSchG Rn 60.

und allein dem Antragsteller und den von ihm eingeschalteten Personen bekannt und zugänglich sein. Subjektiv soll sie nach dem Willen des Antragstellers weiterhin geheim gehalten werden, wobei dieser Wille nach außen hin erkennbar bekundet werden muss.[21] Schutzwürdig sind geheime Tatsachen, wenn bei ihrer Offenlegung der Antragsteller oder Dritte unzumutbare Nachteile zu erwarten hätten.[22]

49 Grundsätzlich hat die Planfeststellungsbehörde zu prüfen, ob Angaben in den Unterlagen als schutzwürdige Betriebs- und Geschäftsgeheimnisse zu betrachten sind. Ist die Behörde der Auffassung, dass es sich um keine (schutzwürdigen) Geschäfts- oder Betriebsgeheimnisse handelt, kann sie die Unterlagen nach Abs. 3 und Abs. 4 auslegen bzw. im Internet veröffentlichen.

50 Die Planfeststellungsbehörde hat eine nur eingeschränkte Verpflichtung, eine eigene Prüfung vorzunehmen, sofern sie nicht konkrete Hinweise vom Vorhabenträger auf Betriebs- und Geschäftsgeheimnisse hat. Nach § 21 Abs. 3 S. 2 Hs. 1 muss der **Vorhabenträger kennzeichnen**, inwieweit die **Unterlagen** Betriebs- und Geschäftsgeheimnisse enthalten. Fehlt eine entsprechende Kennzeichnung durch den Vorhabenträger, kann die Behörde davon ausgehen, dass Betriebs- und Geschäftsgeheimnisse nicht berührt sind; insoweit erübrigt sich eine eigenständige Prüfung.

51 Sofern der Vorhabenträger keinerlei Kennzeichnung als **Betriebs- oder Geschäftsgeheimnis** vorgenommen hat und dabei Unterlagen eines Dritten verwendet, die möglicherweise tatsächlich oder zumindest aus Sicht des Dritten ein Betriebs- oder Geschäftsgeheimnis darstellen, kann die Behörde davon ausgehen, dass insoweit eine Freigabe erfolgt ist.

2. Datenschutz

52 Der **Schutz von personenbezogenen Daten** erfolgt grds. nach dem **Bundesdatenschutzgesetz.** Durch die Öffentlichkeitsbeteiligungen und Auslegungen von Unterlagen kommen Dritte in die Position, umfangreich Einsicht in Daten gewährt zu bekommen. Daher muss ein Ausgleich zwischen Recht auf informationelle Selbstbestimmung und Informationsinteresse der Öffentlichkeit hergestellt werden.[23] Das Spannungsverhältnis zwischen Bürgerbeteiligung und Datenschutz ist nach dem Grad der grundrechtlichen Betroffenheit differenziert und im Sinne der praktischen Konkordanz zu lösen.[24] Weder vermag das Grundrecht auf informationelle Selbstbestimmung die Öffentlichkeitsbeteiligung auszuschließen noch die Öffentlichkeitsbeteiligung den Datenschutz.[25]

53 **Personenbezogene Daten** sind nach der Legaldefinition des § 3 Abs. 1 BDSG Einzelangaben über persönliche oder sachliche Verhältnisse einer bestimmten oder bestimmbaren natürlichen Person. Angaben über persönliche Verhältnisse sind Informationen über die betroffene Person selbst wie z.B. Name, Anschrift, Telefonnummer, Geburtsdatum etc.[26] Angaben über sachliche Verhältnisse sind Informationen über einen auf den Betroffenen beziehbaren Sachverhalt, z.B. seinen Grundbesitz oder seine rechtlichen oder wirtschaftlichen Beziehungen zu Dritten.[27]

54 Die Auslegung **personenbezogener Daten** ist nach § 28 Abs. 1 S. 1 Nr. 2 BDSG zulässig, wenn das Interesse des Vorhabenträgers an der Aufnahme der Daten in die Antragunterlagen die daraus resultierende Beeinträchtigung des Persönlichkeitsrechts der Betroffenen überwiegt. In der Abwägung sind zugunsten des Schutzes die hohe Intensität des Eingriffs durch die öffentliche Bekanntmachung und die besondere Zweckbindung von den im Planfeststellungsverfah-

21 Landmann/Rohmer/*Dietlein*, § 10 BImSchG Rn 61f.
22 *Jarass*, § 10 Rn 36.
23 Grundlegend BVerfG, Urt. v. 15.12.1983 – 1 BVR 209/83 –; BVerfG, Beschl. v. 24.7.1990 – 1 BvR 1244/87 –.
24 Stelkens/Bonk/Sachs/*Bonk/Kallerhoff*, § 30 Rn 20.
25 Battis/Krautzberger/Löhr/*Battis*, § 3 Rn 5.
26 *Gola/Schomerus*, § 3 Rn 6.
27 *Gola/Schomerus*, § 3 Rn 7.

ren übermittelten Daten zu berücksichtigen.[28] Führt die Interessenabwägung zu dem Ergebnis, dass das Geheimhaltungsinteresse des Betroffenen das Nutzungsinteresse des Vorhabenträgers überwiegt, dürfen die fraglichen Daten in den Antragsunterlagen nicht verwendet werden. Aus Schriftstücken oder anderen Datenträgern sind die Angaben in diesem Fall zu entfernen oder unkenntlich zu machen.

Zusätzliche Vorsorge- und Rücksichtnahmepflichten treffen die Behörde im Falle des Ein- 55
satzes eines Projektmanagers. Hier muss im Innenverhältnis zwischen Behörde und Projektmanager sichergestellt sein, dass der Geheimhaltung und dem Datenschutz nach Abs. 5 ausreichend Rechnung getragen wird.

Sollte ein Dritter auf Grundlage des allgemeinen verwaltungs- und verfahrensrechtlichen 56
Akteneinsichtsrechts (§§ 28 ff. VwVfG), dem Informationsfreiheitsgesetz oder dem Umweltinformationsgesetz Akteneinsicht beantragen, so sind die Regeln dieser Gesetze zu beachten. Insbesondere sind bei einer Zugänglichmachung an Dritte die Beteiligungsrechte des möglicherweise Betroffenen zu berücksichtigen. Die fehlerhafte Behandlung von Umweltinformationsansprüchen hat keinen Einfluss auf die Rechtmäßigkeit des Planfeststellungsverfahrens.[29]

V. Einwendungen (Abs. 6)

Abs. 6 regelt die Abgabe von Stellungnahmen, die jeder, einschließlich Vereinigungen, erheben 57
kann. Die Regelung entspricht § 73 Abs. 4 VwVfG in angepasster Form.

Das Einwendungsverfahren soll sicherstellen, dass jedermann, dessen Belange durch das 58
Vorhaben berührt werden, von dem Plan Kenntnis erhält und sich hierzu äußern kann.

„Jedermann" ist jede natürliche oder juristische Person wie Bürger oder juristische Personen 59
des privaten oder öffentlichen Rechts. Die anerkannten Umweltverbände unterliegen ebenfalls den Vorschriften über die Einlegung von Einwendungen, insbesondere auch den Präklusionsvorschriften. § 9 gewährt ein Einwendungsrecht allerdings nur den in ihren Interessen Betroffenen. Die Betroffenheit in eigenen Belangen ist allerdings weiter als die Verletzung rechtlich geschützter Interessen, die eine Klagebefugnis nach § 42 Abs. 2 VwGO gewährt. Es ist vielmehr ausreichend, dass die Belange betroffen sind, die zum Abwägungsmaterial gehören.[30] Auch rechtlich nicht geschützte wirtschaftliche, ideelle, soziale und sonstige Interessen gehören dazu.[31] So ist ein Mieter einwendungsberechtigt. Er ist bei Abweisung seiner Einwendung klagebefugt, wenn er geltend machen kann, dass seine Rechte etwa durch eine vorgesehene Grundstücksinanspruchnahme beeinträchtigt werden.[32]

Die Einwendungen sind schriftlich oder zur Niederschrift geltend zu machen und sind bei 60
einer der Auslegungsstellen anzubringen. Es reicht aus, wenn die Einwendungen in groben Zügen erkennen lassen, welche Rechtsgüter der Einwender als gefährdet ansieht und welche Beeinträchtigungen er befürchtet.[33] Dabei darf von ihm nicht mehr gefordert werden als das durchschnittliche Wissen eines nicht sachverständigen Bürgers in Bezug auf mögliche Beeinträchtigungen von Leben, Gesundheit und sonstigen geschützten Rechtspositionen durch das Vorhaben.[34] Die Wahrung der Schriftform setzt grds. voraus, dass die Einwendung schriftlich verfasst und von dem Ein-

28 BVerfG, Beschl. v. 24.7.1990 – 1 BvR 1244/87 –.
29 BVerwG, Beschl. v. 12.6.2007 – 7 VR 1/07 –.
30 BVerwG, Beschl. v. 9.11.1979 – 4 N 1/78 –.
31 *Kopp/Ramsauer*, § 73 Rn 32a.
32 BVerwG, Urt. v. 1.9.1997 – 4 A 36/96 –.
33 VGH Mannheim, Urt. v. 20.7.2011 – 10 S 2102/09 –; OVG Münster, Urt. v. 9.12.2009 – 8 D 10/08.AK, 8 D 10/08 –; Vgl. BVerfG, Beschl. v. 8.7.1982 – 2 BvR 1187/80 – (zu Einwendungen einer Gemeinde im atomrechtlichen Zulassungsverfahren); BVerwG, Beschl. v. 29.6.2004 – 4 B 34.04 –.
34 OVG Münster, Urt. v. 9.12.2009 – 8 D 10/08 – m.w.N.

wender oder einem Vertretungsberechtigten eigenhändig unterschrieben ist.[35] Nach den in der Rechtsprechung anerkannten Grundsätzen genügt fernschriftliche oder telegraphische, nicht aber telefonische Übermittlung der Einwendung, um die Schriftform einzuhalten.[36]

VI. Erörterungstermin (Abs. 7)

1. Erörterung

61 Mündliche Erörterung bedeutet, dass die Beteiligten – Planfeststellungsbehörde, Vorhabenträger und Einwender – über die in den Einwendungen geltend gemachten Bedenken diskutieren. Eine schriftliche Auseinandersetzung zwischen den vorgenannten Beteiligten ist grds. nicht ausreichend.

62 Die Öffentlichkeit ist berechtigt, an der Erörterung teilzunehmen; ein Rederecht besteht nicht. Zwar enthält § 10 diesbezüglich keine ausdrückliche Regelung. Der Gesetzgeber wollte sich nichtsdestoweniger offenkundig bei der Durchführung des Erörterungstermins an den entsprechenden Verfahrensschritten im Planfeststellungsverfahren und im immissionsschutzrechtlichen Verfahren orientieren. Diskussionsbeiträge solcher Personen, die keine Einwendungen erhoben haben und die nicht Träger öffentlicher Belange sind, sind nicht statthaft. Nur derjenige, der durch die Einwendung Bedenken gegen das Vorhaben geltend gemacht hat, soll sich an der weiteren Diskussion beteiligen. Freilich ist es ohne weiteres möglich, auch solche Personen in die Diskussion einzubinden, die selbst keine Einwendungen erhoben haben; nämlich dann, wenn der Einwender entsprechende Redevollmachten erteilt.

63 Alle Beteiligten müssen zu einem gemeinsamen Termin an einem Ort zusammenkommen, da ansonsten eine mündliche Erörterung nicht möglich ist. Nicht ausreichend für die Durchführung eines Erörterungstermins ist es daher, dass die Planfeststellungsbehörde mit Vorhabenträger und Einwendern separat über die erhobenen Einwendungen diskutiert und die Ergebnisse zusammenfasst. Sollten alle Beteiligten zustimmen, kann eine andere Art der Erörterung gewählt werden, beispielsweise eine bilaterale. Denn wenn ein Einwender grds. auf einen Erörterungstermin verzichten kann, muss es auch möglich sein, mit seinem Einverständnis eine andere Art der Erörterung der geltend gemachten Einwendungen zu wählen.

64 Die Einwendungen zu erörtern bedeutet, dass ein fachlicher Austausch über die Einwendungen stattfindet. Es ist grds. nicht ausreichend, dass Behörden und Vorhabenträger die erhobenen Einwendungen zur Kenntnis nehmen, ohne darauf zu reagieren. Zur Erörterung kann eine Erläuterung des von der Einwendung betroffenen Themas oder eine Erwiderung ausreichend sein. Zwar ist es grds. wünschenswert, dass in Abhängigkeit von der objektiven Bedeutung eines Themas ein fachlicher Austausch erfolgt. Allerdings dürfte es kaum sachgerecht und justiziabel sein, diesbezüglich bestimmte Rederechte und Antwortpflichten herzuleiten. Die Pflicht zur Erörterung beschränkt sich auf den Meinungsaustausch. Die Pflicht zur Erörterung bedeutet nicht, dass

- Vorhabenträger oder Planfeststellungsbehörde eine Lösung für das angesprochene Problem anbieten müssen oder
- in sonstiger Weise ein Konsens zwischen den Beteiligten herbeigeführt werden muss.

65 Es ist insbesondere zulässig, dass die Entscheidung über das erörterte Thema auf einen späteren Zeitpunkt verschoben wird. Weder Vorhabenträger noch Genehmigungsbehörde müssen eine Lösung anbieten; es ist legitim, dass der Erörterungstermin insgesamt abgewartet und die dort gefundenen Erkenntnisse abschließend bewertet werden. Es ist zulässig, dass eine Erörterung

35 OVG Münster, Urt. v. 9.12.2009 – 8 D 10/08 – m.w.N.
36 OVG Münster, Urt. v. 9.12.2009 – 8 D 10/08 – m.w.N.

abschließt mit dem Hinweis darauf, dass noch die Behörde weitere Fakten zusammentragen muss, um eine endgültige Bewertung vornehmen zu können.

2. Ablauf

Die Leitung des Erörterungstermins obliegt dem Versammlungsleiter. Der Versammlungsleiter bestimmt den Ablauf; er besitzt das Hausrecht. 66

Die Erörterung darf und muss dem Umfang der Einwendung und der Bedeutung des Vorhabens angemessen sein. Der Versammlungsleiter steht in der Pflicht, diesbezüglich eine Verhandlungsführung vorzunehmen. Je detaillierter und genauer eine Einwendung formuliert ist, desto detaillierter muss die Erörterung sein. Etwas anderes gilt dann, wenn von vornherein erkennbar ist, dass die Beteiligten sich über ein bestimmtes Thema nicht werden einigen können oder eine vernünftige Diskussionsbasis erlangen. Die Erörterung ist kein Selbstzweck sondern zielgerichtet. Sie dient der Information und Sammlung von Material, das für die spätere Entscheidung von Bedeutung ist. Sie dient nicht politischen Auseinandersetzungen, nicht der Erforschung der Motive des Vorhabenträgers, nicht der Verfahrensverzögerung und nicht der politischen Diskussion. 67

Dem Versammlungsleiter steht insbesondere das Recht zu, die Einwendungen in verschiedener Weise zu gliedern, um eine sachgerechte und gleichzeitig effiziente Durchführung des Erörterungstermins zu ermöglichen. Dem Versammlungsleiter stehen insoweit verschiedene Möglichkeiten zur Verfügung: 68

- Erörterung jeder einzelnen Einwendung,
- Erörterung von Themen, die sich aus der Zusammenschau mehrerer Einwendungen ergeben.

Die Gestaltungsfreiheit des Versammlungsleiters umfasst das Recht, bestimmte Einwendungen zu interpretieren und zusammenzufassen. Es muss nicht jede Einwendung wörtlich oder in jedem der vorgetragenen Aspekte erörtert werden, wenn das Thema an sich Gegenstand der Fachdiskussion ist. 69

Bei mehrtägigen Erörterungsterminen bietet es sich an, eine Tagesordnung zu erstellen und zu Beginn des Erörterungstermins bekanntzumachen. So wird ermöglicht, dass die Einwender nach Möglichkeit zielgerichtet dann am Erörterungstermin teilnehmen können, an dem voraussichtlich das für sie relevante Thema angesprochen wird. Da indes der genaue zeitliche Ablauf eines Erörterungstermins nicht vorhergesagt werden kann, ist die festgelegte Tagesordnung nicht zwingend. Es ist das Recht des Versammlungsleiters, auf die Einhaltung der Tagesordnung hinzuwirken, zugleich aber auch Abweichungen vorzunehmen, sofern das sachlich gerechtfertigt ist. Das Risiko des Einwenders, „sein Thema" zu verpassen, weil er nicht dauerhaft am Erörterungstermin teilnimmt, muss hingenommen werden. 70

Alle Beteiligten sind berechtigt, Hilfsmittel im Zusammenhang mit der Erörterung zu verwenden. Dies betrifft etwa die Vorlage von Unterlagen, PowerPoint-Präsentationen, Karten oder sonstigen Dokumenten. 71

Erörtert wird auch dann, wenn Vorhabenträger oder Einwender nicht anwesend sind, obwohl die Ladung zu dem Erörterungstermin ordnungsgemäß erfolgt ist. 72

VII. Unwesentliche Änderungen (Abs. 8)

Nach Abs. 8 können ein Anhörungsverfahren sowie der Erörterungstermin unterbleiben, wenn die Voraussetzungen für ein Anzeigeverfahren nach § 25 vorliegen. Der Verzicht auf die Durchführung der Behörden- und Öffentlichkeitsbeteiligung steht im pflichtgemäßen Ermessen der Planfeststellungsbehörde. 73

§ 23 Umweltverträglichkeitsprüfung

Die Prüfung der Umweltverträglichkeit nach den Bestimmungen des Gesetzes über die Umweltverträglichkeitsprüfung kann aufgrund der in der Bundesfachplanung bereits durchgeführten Strategischen Umweltprüfung auf zusätzliche oder andere erhebliche Umweltauswirkungen der beantragten Stromleitung beschränkt werden.

Überblick

I. Allgemeines

1. Überblick über die Norm

1 Die Vorschrift ermöglicht eine **Konzentration** der UVP **auf Umweltauswirkungen, die auf vorgelagerter Verfahrensebene noch nicht Gegenstand einer Umweltprüfung waren.** Da bereits bei der Bestimmung des Trassenkorridors im Verfahren der Bundesfachplanung nach § 5 Abs. 2 eine SUP durchzuführen ist, in der die voraussichtlichen erheblichen Umweltauswirkungen des Vorhabens ermittelt, beschrieben und bewertet werden, kann die UVP im nachfolgenden Zulassungsverfahren auf zusätzliche oder andere erhebliche Umweltauswirkungen der beantragten Stromleitung beschränkt werden.

2. Regelungszweck

2 Die Regelung ist Ausdruck des UVP-rechtlichen **Abschichtungsprinzips.** Für Umweltprüfungen in gestuften Planungs- und Zulassungsverfahren gilt im deutschen UVP-Recht seit jeher der Grundsatz, dass Umweltauswirkungen, die schon auf vorgelagerter Verfahrensstufe einer qualifizierten Umweltprüfung unterzogen worden sind, im anschließenden Zulassungsverfahren allgemein keiner erneuten Umweltprüfung bedürfen. Obwohl dieser Grundsatz bereits in diversen Vorschriften des UVPG verankert ist,[1] hat der Gesetzgeber Wert darauf gelegt, ihn zusätzlich auch noch in das NABEG aufzunehmen. Dort soll er zum einen die **enge Verzahnung zwischen der Bundesfachplanung und der nachfolgenden Planfeststellung** zum Ausdruck bringen; zum anderen soll er die **Entlastungswirkung** unterstreichen, die die vorlaufende **SUP** im anschließenden Zulassungsverfahren **für die UVP** hat.[2] In der Tat ist die Vermeidung unnötiger Doppelprüfungen bei der UVP ein Beitrag zur Effektivität und zur Beschleunigung des Planfeststellungsverfahrens.[3]

---

1 §§ 13 Abs. 2, 14f Abs. 3 S. 3, 15 Abs. 4 und 16 Abs. 2 UVPG.
2 Vgl. Begr. RegE, BT-Drucks. 17/6249, S. 9 i.V.m. BT-Drucks. 17/6073, S. 29 (zu § 21) und 30.
3 Vgl. Hoppe/Beckmann/*Kment*, § 14f Rn 31.

3. Entstehungsgeschichte

Die Regelung entspricht der Fassung des Regierungsentwurfs. Im Gesetzgebungsverfahren wurden weder von Seiten des Bundesrates Änderungen gefordert, noch solche vom Deutschen Bundestag vorgenommen. 3

II. Prüfprogramm der UVP

1. Abschichtung von der vorlaufenden SUP

Die Vorschrift bringt das Prinzip der Abschichtung in sehr knappen Worten zum Ausdruck und hat damit eher den Charakter eines **Programmsatzes**. Inhaltlich etwas ausführlicher findet sich der Abschichtungsgedanke in **§ 14f Abs. 3 S. 3 UVP**. Diese UVP-rechtliche Grundsatzregelung wird durch § 23 nicht verdrängt; sie ist vielmehr **bei der Auslegung und Anwendung des § 23 jeweils „mitzulesen“.**[4] 4

Ziel der Vorschrift ist es, die **UVP im Planfeststellungsverfahren auf Gesichtspunkte zu konzentrieren, die im Rahmen der SUP in der Bundesfachplanung nicht oder noch nicht ausreichend geprüft worden sind.** Dabei knüpft die Regelung an den Grundsatz an, dass das Untersuchungsprogramm bei Umweltprüfungen, die auf verschiedenen Stufen einer Planungs- und Zulassungshierarchie durchgeführt werden, sinnvoll aufgeteilt und ebenenspezifisch zugeordnet werden muss (**ebenengerechte Abschichtung**). Ein solches Stufenverhältnis besteht auch zwischen der Bundesfachplanung für einen Trassenkorridor und der anschließenden Planfeststellung, mit der die Stromleitung innerhalb dieses Korridors auf einer bestimmten Trasse zugelassen wird. Auf beiden Verfahrensebenen ist jeweils eine Umweltprüfung gefordert – in der Bundesfachplanung in Form der SUP, in der Planfeststellung in Form der UVP –, bei der die Umweltauswirkungen des Vorhabens ermittelt, beschrieben und bewertet werden (vgl. § 1 Nr. 1 UVPG). Der **Untersuchungsmaßstab** ist jedoch **unterschiedlich** und **dem jeweiligen Planungsstand angepasst.** Die Bundesfachplanung dient der Bestimmung eines Flächenkorridors (Grobtrassierung) und findet in einem vorgelagerten Planungsstadium statt, in dem regelmäßig noch keine Detailplanung (Feintrassierung) vorhanden ist. Dementsprechend zeichnet sich die Prüfung der Umweltauswirkungen hier grds. durch eine geringere Detailtiefe, ein höheres Abstraktionsniveau und eine überschlägig-perspektivische Ausrichtung aus. Kleinräumige Umwelteffekte, die in der Bau- und Betriebsphase in der direkten Umgebung der Leitungstrasse selbst auftreten können, können auf dieser Planungsebene nicht sinnvoll betrachtet werden, weil der genaue Trassenverlauf der Stromleitung und die technischen Einzelheiten des Vorhabens meist noch gar nicht feststehen. Diese Aspekte sind typischerweise erst Gegenstand der UVP im Planfeststellungsverfahren, wo die Detailplanung zur parzellenscharfen Feintrassierung der Stromleitung im Fokus steht.[5] 5

Vor diesem Hintergrund kann die SUP in der Bundesfachplanung nicht den Anspruch erheben, die erheblichen Umweltauswirkungen der Ausbaumaßnahme vollständig zu erfassen.[6] Sie kann auch keine Gewähr dafür bieten, dass ihre Erkenntnisse, Feststellungen und Bewertungen bei einer späteren detailtieferen Prüfung oder beim Auftreten neuer Entwicklungen nicht ergänzt oder modifiziert werden müssen.[7] **Wesentliche Funktion der UVP im Planfeststel-** 6

---

4 In der Begründung des Regierungsentwurfs heißt es ausdrücklich, dass die BNetzA bei der Bestimmung der Unterlagen, die der Vorhabenträger nach § 21 für die UVP einzureichen hat, nach den Grundsätzen des § 14f Abs. 3 UVPG verfahren soll; BT-Drucks. 17/6249, S. 9 i.V.m. BT-Drucks. 17/6073, S. 29 (zu § 21).

5 Eingehend dazu § 7 Rn 78 ff. sowie allgemein zu den Unterschieden zwischen einer Umweltprüfung auf hochstufiger Ebene im Vergleich zu nachfolgenden Ebenen Hoppe/Beckmann/*Kment*, § 14f Rn 37; *Peters/Balla*, § 14f Rn 18.

6 *Peters/Balla*, § 14f Rn 19.

7 Landmann/Rohmer/*Gärditz*, § 14f Rn 13; *Peters/Balla*, § 14f Rn 20.

lungsverfahren ist deshalb die **Komplettierung der vorlaufenden SUP**. Prüflücken und Unsicherheiten der SUP bei der Ermittlung und Bewertung der Umweltauswirkungen des Vorhabens sollen durch die UVP ausgeräumt werden, **um eine abschließende Umweltbewertung zu ermöglichen. Umweltgesichtspunkte, die bereits in der SUP umfassend abgearbeitet worden sind und für deren Wiederaufgreifen kein Grund ersichtlich ist, sollen in der UVP dagegen grds. nicht erneut untersucht werden.**

7 Im Einzelnen soll sich die UVP im Planfeststellungsverfahren auf **zusätzliche oder andere erhebliche Umweltauswirkungen** (§ 23 NABEG, § 14f Abs. 3 S. 3 UVPG) sowie auf **erforderliche Aktualisierungen und Vertiefungen** (§ 14f Abs. 3 S. 3 UVPG) beschränken. Diese Begriffe bezeichnen keine streng voneinander abgegrenzten Tatbestände, sondern offene, sich vielfältig überlappende und ineinander verschränkte Kategorien. Ob Umwelteffekte, die erst in der UVP ermittelt werden, als „zusätzliche" oder „andere" Umweltauswirkungen zu betrachten sind, dürfte in den meisten Fällen Anschauungssache sein.[8] Überdies dient die UVP, die solche „zusätzlichen" oder „anderen" Umweltauswirkungen zutage fördert, der „Vertiefung" einer vorlaufenden SUP. Ähnliche Überschneidungen gelten für das Merkmal der „Aktualisierung". Sind die Ergebnisse einer in der Bundesfachplanung durchgeführten SUP überholt und werden sie deshalb in der UVP des anschließenden Planfeststellungsverfahrens erneut auf den Prüfstand gestellt, so geschieht dies in der Annahme, mit der Aktualisierung der Prüfung „zusätzliche oder andere Umweltauswirkungen" ausfindig zu machen, die zuvor noch nicht zu erwarten oder erkennbar waren. Gleichzeitig sollen bisherige Erkenntnisse im Lichte neuer Entwicklungen „vertieft" werden. Entscheidend für das Verständnis der Vorschrift ist nicht die jeweilige begriffliche Zuordnung, sondern der hinter der Begrifflichkeit steckende Gedanke, dass die **UVP im gestuften Planungssystem des Stromnetzausbaus keine Mehrfachprüfung, sondern eine ergänzende Prüfung** darstellt, die **zur Vervollständigung des Bildes unerlässlich** ist.

2. Festlegung des Prüfprogramms der UVP

8 Mit der **Festlegung des Untersuchungsrahmens der Planfeststellung nach § 20 Abs. 3** bestimmt die Planfeststellungsbehörde auch das **Prüfprogramm der UVP** sowie die Unterlagen, die der Vorhabenträger zur Durchführung der UVP vorzulegen hat. Grundlage ihrer Entscheidung sind die Ergebnisse der **Antragskonferenz**, auf der Gegenstand und Umfang der UVP nach § 20 Abs. 1 S. 2 zu den wichtigsten Beratungsthemen gehören.[9] Maßgebend für den Zuschnitt der UVP und den Inhalt der UVP-Unterlagen sind die Vorgaben des § 23. Danach hat die Behörde in einem Abgleich mit dem vorlaufenden Umweltprüfprogramm der Bundesfachplanung zunächst festzustellen, welche Prüfmaterien und Prüfgesichtspunkte bereits durch die SUP erledigt worden sind. Soweit erhebliche Umweltauswirkungen, die durch die Ausbaumaßnahme hervorgerufen werden können, in der SUP auf vorgelagerter Planungsebene nicht oder nicht mit ausreichendem Tiefgang betrachtet worden sind, müssen sie im Planfeststellungsverfahren einer UVP unterzogen werden.

9 Einbezogen und überprüft werden müssen dabei auch Erkenntnisse aus der SUP der Bundesfachplanung, deren Validität zweifelhaft ist, weil angesichts neuer Entwicklungen **Aktualisierungsbedarf** bestehen kann. Der Hinweis des Gesetzes auf erforderliche Aktualisierungen (§ 14f Abs. 3 S. 3 UVPG) darf allerdings nicht in der Weise verstanden werden, dass die Resultate der SUP in der anschließenden UVP quasi „prophylaktisch" stets nochmals auf den Prüfstand genommen werden müssen. Die Notwendigkeit einer Überprüfung besteht nur, soweit

8 Vgl. aber Landmann/Rohmer/*Wulfhorst*, § 16 Rn 45: „Zusätzlich" sollen Umweltauswirkungen dann sein, wenn sie gegenüber den im vorgelagerten Verfahren untersuchten Effekten ein größeres Ausmaß erreichen. „Andere" Umweltauswirkungen sollen solche sein, die im vorangegangenen Verfahren noch keine Rolle gespielt haben.
9 Vgl. Begr. RegE, BT-Drucks. 17/6249, S. 9 i.V.m. BT-Drucks. 17/6073, S. 29 (zu § 21).

Anhaltspunkte dafür vorliegen oder nach der Erfahrung zu erwarten ist, dass Ergebnisse der SUP wegen Änderungen der tatsächlichen oder rechtlichen Verhältnisse zwischenzeitlich überholt sein können. Dies kann nur anhand der Umstände des Einzelfalls beurteilt werden. Mit abstrakten „Vermutungen", wonach der Umweltbericht oder andere Unterlagen, die für die Umweltprüfung in der Bundesfachplanung erarbeitet worden sind, als hinreichend aktuell gelten können, solange seit ihrer Erstellung nicht mehr als fünf Jahre vergangen sind, kann in der UVP nicht sinnvoll operiert werden.[10] Ein entsprechender Erfahrungssatz besteht nicht und wäre mangels empirischer Belege auch nicht zu begründen. Maßgebend ist vielmehr die unterschiedliche Veränderungsdynamik der einzelnen Umweltfaktoren.[11] Soll die Stromleitung beispielsweise durch ein Gebiet verlaufen, das durch eine starke bauliche oder wirtschaftliche Entwicklung geprägt ist, müssen Erkenntnisse früherer Umweltprüfungen ggf. schon früher an neue Gegebenheiten angepasst werden. Umgekehrt können je nach Sachlage auch ältere Unterlagen noch in der UVP verwendungsfähig sein. So können Bodenkartierungen u.U. über Jahrzehnte Gültigkeit behalten, weil die Bodenentwicklung nur sehr langsam abläuft.[12]

Die Entscheidung, ob und inwieweit die UVP auf erhebliche andere oder zusätzliche Um- 10
weltauswirkungen sowie auf Aktualisierungen und Vertiefungen früherer Erkenntnisse zu beschränken ist, liegt im **Ermessen der Planfeststellungsbehörde**. Angesichts des Beschleunigungsziels des § 1 sind allerdings kaum Gründe vorstellbar, die die Behörde dazu veranlassen könnten, von den Möglichkeiten zur Konzentration und Straffung des Verfahrens, die § 23 bietet, keinen Gebrauch zu machen. Es ist deshalb zu erwarten, dass die Vorschrift regelmäßig in diesem Sinne genutzt werden wird.

3. Gesamtbewertung aller Umweltauswirkungen (§ 2 Abs. 1 S. 4 UVPG)

Wird die UVP im Planfeststellungsverfahren auf zusätzliche oder andere Umweltauswirkungen 11
konzentriert, so ist für die Bewertung der Umwelteffekte, die nicht in das Prüfprogramm der UVP fallen, auf die Ergebnisse der SUP im Bundesfachplanungsverfahren zurückzugreifen. Die Resultate der SUP und ihre Bewertung sind im Umweltbericht dokumentiert und stehen damit in gut aufbereiteter Form zur Verfügung. Da eine isolierte Bewertung der Erkenntnisse aus der UVP lediglich eine Teilmenge der Gesamtauswirkungen des Vorhabens abbilden würde (nämlich zusätzliche oder andere Umwelteffekte), ist es sinnvoll, dass die **Planfeststellungsbehörde im bewertenden Teil der UVP** (§ 12 UVPG) die **Ergebnisse der UVP und die Ergebnisse der vorlaufenden SUP zu einer Gesamtbewertung aller Umweltauswirkungen zusammenfasst**. Erst auf diesem Wege lässt sich ein Gesamtbild der Umweltrelevanz des Vorhabens zeichnen, das dem integrierten Ansatz der Umweltprüfung gerecht wird.[13] Eine solche Gesamtbewertung sieht § 2 Abs. 1 S. 4 UVPG u.a. vor, wenn der UVP im Zulassungsverfahren eine UVP im Raumordnungsverfahren vorgeschaltet ist.[14] Da das Verhältnis zwischen der UVP im Planfeststellungsverfahren und der SUP in der Bundesfachplanung ganz ähnlich strukturiert ist, liegt es nahe, hier ebenso zu verfahren. Damit kann die Transparenz der Umweltprüfung wesentlich erhöht und die Einbeziehung der Prüfergebnisse in die Entscheidungsfindung erheblich erleichtert werden.

---

10 So zutreffend Hoppe/Beckmann/*Kment*, § 14g Rn 92; Landmann/Rohmer/*Wulfhorst*, § 14g UVPG Rn 79; a.A. Begr. RegE, BT-Drucks. 17/6249, S. 9 i.V.m. BT-Drucks. 17/6073, S. 29 (zu § 21); *Peters/Balla*, § 14g Rn 34.

11 Hoppe/Beckmann/*Kment*, § 14g Rn 92; Landmann/Rohmer/*Wulfhorst*, § 14g UVPG Rn 79; *Peters/Balla*, § 14g Rn 34.

12 *Peters/Balla*, § 14g Rn 34.

13 Ähnlich Landmann/Rohmer/*Wulfhorst*, § 16 UVPG Rn 47.

14 *Hennig/Lühmann*, UPR 2012, 81, 82; Hoppe/Beckmann/*Wagner*, § 16 Rn 97; Landmann/Rohmer/*Wulfhorst*, § 16 UVPG Rn 47; so auch Nr. 0.2 der UVPVwV v. 18.9.1995 (GMBl. S. 671).

12 Aus ähnlichen Gründen (Herstellung von Transparenz) sollten auch im Anhörungsverfahren nach § 22 Abs. 3 nicht lediglich Unterlagen zu den (zusätzlichen oder anderen) Umweltfolgen ausgelegt werden, die bei der UVP im Planfeststellungsverfahren zu ermitteln sind. Ein vollständiges Bild aller erheblichen Umweltauswirkungen, die von der Stromleitung ausgehen können, erhält die Öffentlichkeit erst in einer Zusammenschau der UVP-Dokumente mit dem Umweltbericht, der zuvor für die SUP in der Bundesfachplanung erstellt worden ist. Daher sollte der Umweltbericht „nachrichtlich" ebenfalls mit ausgelegt werden.

III. Anwendung auf andere Prüfmaterien

13 Obwohl § 23 unmittelbar nur für die UVP gilt, kann der in der Vorschrift enthaltene **Abschichtungsgedanke** auch **auf andere Prüfmaterien des Planfeststellungsverfahrens übertragen** werden, in denen ein vergleichbares Stufenverhältnis zur Bundesfachplanung besteht. Zu nennen sind hier etwa die Natura 2000-Verträglichkeitsprüfung,[15] die spezielle artenschutzrechtliche Prüfung[16] und die Prüfung privater Belange.[17] Sie alle zeichnen sich dadurch aus, dass bereits in der Bundesfachplanung mit einer dem Planungsstand entsprechenden Untersuchungstiefe Konfliktpotenziale und mögliche Unverträglichkeiten ermittelt werden, die der Verwirklichung des Vorhabens entgegenstehen können. Damit besteht hier eine ähnliche Konstellation wie in der gestuften Umweltprüfung (SUP mit nachfolgender UVP). Es wäre verfahrensökonomisch unsinnig, die auf vorgelagerter Ebene gewonnenen Erkenntnisse bei der anschließenden Zulassung der Stromleitung zu ignorieren und in eine Wiederholungsprüfung einzusteigen. Deshalb gilt hier das gleiche wie bei der UVP: Die Untersuchungen im Planfeststellungsverfahren haben sich auf zusätzliche oder andere, in der Bundesfachplanung nicht oder noch nicht ausreichend geprüfte Gesichtspunkte sowie auf Vertiefungen und Aktualisierungen früherer Ergebnisse zu beschränken.

15 Näher dazu § 7 Rn 90 ff.
16 Näher dazu § 7 Rn 96 ff.
17 Näher dazu § 7 Rn 101 ff.

§ 24 Planfeststellungsbeschluss

(1) Die Planfeststellungsbehörde stellt den Plan fest (Planfeststellungsbeschluss).
(2) Der Planfeststellungsbeschluss wird dem Vorhabenträger, den bekannten Betroffenen sowie denjenigen, über deren Einwendungen entschieden worden ist, zugestellt. Es findet § 74 Absatz 5 des Verwaltungsverfahrensgesetzes Anwendung.
(3) Eine Ausfertigung des Beschlusses ist mit einer Rechtsbehelfsbelehrung am Sitz der Planfeststellungsbehörde sowie an den Auslegungsorten zwei Wochen zur Einsicht auszulegen. Der Ort und die Zeit der Auslegung sind in örtlichen Tageszeitungen, die in dem Gebiet verbreitet sind, auf das sich das Vorhaben voraussichtlich auswirken wird, im amtlichen Verkündungsblatt und auf der Internetseite der Planfeststellungsbehörde bekannt zu machen. Der Planfeststellungsbeschluss ist zeitgleich mit der Auslegung im Internet zu veröffentlichen. Für die Veröffentlichung gilt § 22 Absatz 3 entsprechend.
(4) Die Rechtsvorschriften über Geheimhaltung und Datenschutz bleiben unberührt.

Überblick

I. Allgemeines

1. Überblick über die Norm

Abs. 1 ist identisch mit § 74 Abs. 1 S. 1 VwVfG, wonach die Planfeststellungsbehörde den Plan als **1**
Planfeststellungsbeschluss feststellt.

Abs. 2 S. 1 enthält eine Regelung über die Bekanntgabe des Planfeststellungsbeschlusses, **2**
die als lex specialis § 74 Abs. 4 S. 1 VwVfG vorgeht. **Abs. 2 S. 2** ordnet die Anwendung der Vorschriften zur öffentlichen Bekanntmachung aus § 74 Abs. 5 VwVfG an.

Abs. 3 S. 1–3 enthalten Regelungen über die Auslegung des Planfeststellungsbeschlusses. **3**
Diese sind spezieller als § 74 Abs. 4 S. 2 VwVfG. Nach **Abs. 3 S. 4** gilt § 22 Abs. 3 entsprechend. Hierbei handelt es sich um eine redaktionelle Ungenauigkeit. Richtigerweise müsste auf § 22 Abs. 3 S. 3 verwiesen werden.

Abs. 4 ordnet an, dass die Rechtsvorschriften über die Geheimhaltung und den Datenschutz **4**
von den Regelungen über den Planfeststellungsbeschluss unberührt bleiben.

2. Regelungszweck

Die Bestimmung ist eine der zentralen Regelungen des Energiewirtschaftsrechtes. Der **Planfest- 5**
stellungsbeschluss erteilt **als Abschluss des Planfeststellungsverfahrens** die für die Realisierung des Vorhabens notwendigen Zulassungen und ist Anknüpfungspunkt für etwaige Rechtsmittel, die von Seiten Dritter eingelegt werden können.

6 § 24 und der dort geregelte Planfeststellungsbeschluss stehen daher gewissermaßen im **Fokus des Verfahrens.** § 24 enthält dazu **spezielle Vorschriften** gegenüber § 74 VwVfG sowie gegenüber § 43b EnWG.

7 **Kleinere Modifikationen der Bekanntgabe** und Bekanntmachung der getroffenen Planentscheidung, die das Gesetz enthält, führen zu einer Entlastung der Behörde. Da die Bekanntmachung dem Planfeststellungsbeschluss nachgelagert ist, ergeben sich daraus keine direkten Beschleunigungseffekte.

3. Anwendung von § 43b EnWG und § 74 VwVfG

8 Die Abgrenzung der Anwendungsbereiche von § 43b EnWG und § 74 VwVfG ist nicht ohne weiteres erkennbar. Eine genaue Betrachtung der jeweiligen Regelungstatbestände ist notwendig. Im Einzelnen gilt Folgendes:

9 Gemäß § 18 Abs. 3 S. 2 gelten für das Planfeststellungsverfahren und daran anknüpfende Verfahren die Bestimmungen des **5. Teils des EnWG entsprechend**, sofern das NABEG keine abweichenden Regelungen enthält. § 43b EnWG ist im Planfeststellungsverfahren nach den Regelungen des NABEG daher grds. anwendbar, sofern nichts abweichendes geregelt ist.

10 **Für § 43b Nr. 1 EnWG** trifft das NABEG **Sonderregelungen,** sodass § 43b Nr. 1 EnWG durch die Vorschriften des NABEG verdrängt wird. § 43 Nr. 2 und 3 EnWG wird nicht durch Vorschriften des NABEG überlagert und führt das Instrument der Plangenehmigung in das NABEG ein. § 43b Nr. 4 EnWG hat keinen Anwendungsbereich, wenn die BNetzA die Planfeststellungsbehörde ist. Eine Abstimmung zwischen mehreren Behörden verschiedener Länder ist in diesem Fall nicht erforderlich. Hierzu ist eine die Zuständigkeit begründende Rechtsverordnung auf der Grundlage von § 2 Abs. 2 NABEG zu erlassen. § 43b Nr. 5 EnWG schließlich wird durch die Regelungen zur Bekanntgabe aus § 24 Abs. 2 S. 1 NABEG verdrängt.

11 **§ 43b EnWG** erklärt zunächst **§ 74 VwVfG** für **anwendbar** und trifft sodann für diese Vorschrift Sonderregelungen. Ein vergleichbarer Anwendungsbefehl für das VwVfG fehlt im NABEG. Lediglich durch einzelne Anwendungsbefehle werden Vorschriften des VwVfG für anwendbar erklärt. So geschieht dies in § 24 Abs. 2 S. 2, der § 74 Abs. 5 VwVfG für anwendbar erklärt. § 74 VwVfG kommt daher – mit Ausnahme von Abs. 5 – nicht unmittelbar, sondern nur in Form der Modifikation durch § 43b EnWG zur Anwendung. Auch ohne ausdrückliche Verweisung bleibt das VwVfG anhängig, wo das NABEG selbst Lücken aufweist.

12 § 74 Abs. 1 VwVfG wird durch § 24 Abs. 1, § 74 Abs. 2 VwVfG wird durch § 18 Abs. 3 verdrängt. § 74 Abs. 3 VwVfG ist nach der Intention des NABEG ebenfalls nicht anwendbar:

13 Der Vorhabenträger muss vollständige Unterlagen einreichen. Verfehlt er dies, kann er nach § 33 Abs. 1 Nr. 3 mit einem **Bußgeld** belegt werden. § 74 Abs. 4 VwVfG wird wie § 43b Nr. 5 EnWG durch § 24 Abs. 2 verdrängt. § 74 Abs. 5 VwVfG wird von § 24 Abs. 2 S. 2 für anwendbar erklärt. § 74 Abs. 6, 7 VwVfG kommt in Form der Modifikation des § 43b Nr. 2, 3 EnWG zur Anwendung.

4. Entstehungsgeschichte

14 Die Vorschrift wurde durch Art. 1 des **Gesetzes über Maßnahmen zur Beschleunigung des Netzausbaus Elektrizitätsnetze**[1] vom 28.7.2011 mit Wirkung zum 5.8.2011 als § 24 erlassen.

15 Der ursprüngliche Entwurf der Bestimmung wurde im **Gesetzgebungsverfahren** in Zusammenhang mit der **Änderung der Zuständigkeiten für die Planfeststellung** geändert. Die

1 BGBl. I 2011 S. 1690.

Beschlussempfehlung des Ausschusses für Wirtschaft und Technologie[2] **ersetzte** in Abs. 1 **„Bundesnetzagentur“** durch **„Planfeststellungsbehörde“**. Die Regelung über die Zuständigkeit der BNetzA in S. 1 und 2 ist dem im Gesetzgebungsverfahren zwischen Bund und Ländern gefundenen Kompromiss geschuldet. Die Zuständigkeit der BNetzA ist nicht bereits im NABEG, sondern mittels Rechtsverordnung auf Grundlage von § 2 Abs. 2 festzulegen. Eine entsprechende Anpassung der Formulierung „Planfeststellungsbehörde“ fand in Abs. 3 S. 1 und 2 statt.

Die Ersetzung von „Amtsblatt“ durch „amtliches Verkündungsblatt“ in Abs. 3 S. 2 hat ausschließlich klarstellende Wirkung. Infolge der Beschlussempfehlung des Ausschusses für Wirtschaft und Technologie[3] wurde ferner Abs. 4 zum Datenschutz und zur Geheimhaltung angefügt. Eine Begründung hierzu enthält die Beschlussempfehlung nicht. Ziel war es voraussichtlich, die besondere Bedeutung des Datenschutzes auch textlich zum Ausdruck zu bringen. 16

Eine vergleichbar aufgebaute Norm **ist in anderen Fachplanungsgesetzen nicht** zu finden. Inhaltlich sind Bekanntgabe und Bekanntmachung des Planfeststellungsbeschlusses gleichwohl in anderen Fachplanungsgesetzen ähnlich geregelt. 17

II. Planfeststellungsbeschluss (Abs. 1)

Das Zulassungsverfahren wird mit einem Planfeststellungsbeschluss abgeschlossen. Dieser Beschluss unterscheidet sich in seinen Rechtswirkungen nicht von den auf der Grundlage des § 43 EnWG erlassenen Planfeststellungsbeschlüssen.[4] 18

III. Bekanntgabe des Planfeststellungsbeschlusses (Abs. 2)

Abs. 2 S. 1 regelt als besondere Form der Bekanntgabe des Planfeststellungsbeschlusses dessen **Zustellung**. Die Regelung geht dem § 43b Nr. 5 EnWG vor. Dadurch wird die Plangenehmigung von der Zustellung ausgenommen. So wird eine **dem allgemeinen Planfeststellungsrecht in § 74 Abs. 4 VwVfG vergleichbare Rechtslage** geschaffen. 19

Die **Zustellung** ist eine **förmliche Form** der sonst üblichen Bekanntgabe nach § 41 VwVfG. Die Zustellung muss an den Vorhabenträger, die bekannten Betroffenen und die Personen, über deren Einwendungen entschieden worden ist, erfolgen. Der Kreis der **Zustellungsadressaten** ist in Abs. 2 weiter gefasst als in § 43b Nr. 5 EnWG, der eine Zustellung an alle bekannten Betroffenen nicht vorsieht. 20

Da aufgrund des länderübergreifenden bzw. grenzüberschreitenden Charakters der Leitungsprojekte eine Vielzahl an bekannten Betroffenen zu erwarten ist, verweist Abs. 2 S. 2 auf § 74 Abs. 5 VwVfG. Die Vorschrift regelt die Zustellung im Falle von mehr als 50 Zustellungsadressaten. In diesem Fall **ersetzt die öffentliche Bekanntgabe** die Zustellung als **individuelle Bekanntgabe.** Die Rechtswirkungen sind die gleichen. 21

Die **öffentliche Bekanntmachung** wird gem. § 74 Abs. 5 S. 2 VwVfG dadurch bewirkt, dass der verfügende Teil des Planfeststellungsbeschlusses, die Rechtsbehelfsbelehrung und ein Hinweis auf die Auslegung nach Abs. 4 S. 2 im amtlichen Veröffentlichungsblatt der zuständigen Behörde und außerdem in örtlichen Tageszeitungen bekannt gemacht werden, die in dem Bereich verbreitet sind, in dem sich das Vorhaben voraussichtlich auswirken wird. Der verfügende Teil ist oftmals gerade für Betroffene nicht ausreichend aussagefähig. Gerade die relevanten 22

---

2 BT-Drucks. 17/6366, S. 6 f.
3 BT-Drucks. 17/6366, S. 6 f.
4 Zu den Rechtswirkungen vgl. § 18 Rn 156 ff. Zur Plangenehmigung in der energierechtlichen Planfeststellung vgl. § 43b EnWG Rn 23 ff.

Themen werden erst in der Begründung des Planfeststellungsbeschlusses näher beleuchtet. Die Bekanntgabe hat daher eine nur anstoßende Funktion, die dem Ziel dient, alle möglicherweise Betroffenen aufzufordern, Akteneinsicht zu nehmen, um den vollständigen Inhalt des Beschlusses zu erfahren. Insoweit besteht auf Seiten des Betroffenen eine Obliegenheit: Er muss Akteneinsicht nehmen und sich über den Inhalt des Planfeststellungsbeschlusses erkundigen und sich insoweit Kenntnis verschaffen. Eine nachträgliche Berufung darauf, dass er den Inhalt des Beschlusses nicht gekannt habe, ist nicht möglich.

23 Gemäß § 74 Abs. 5 S. 3 VwVfG **gilt** der Beschluss mit dem Ende der Auslegungsfrist allen Zustellungsadressaten **als zugestellt**; darauf ist in der Bekanntmachung hinzuweisen. Nach § 74 Abs. 5 S. 4 VwVfG kann nach der öffentlichen Bekanntmachung der Planfeststellungsbeschluss bis zum Ablauf der Rechtsbehelfsfrist von den **Zustellungsadressaten schriftlich angefordert werden**; auch darauf ist in der Bekanntmachung hinzuweisen. Mit dem Zeitpunkt, zu dem der Beschluss als zugestellt gilt, beginnt der Lauf der Rechtsmittelfrist.

24 Niemand ist berechtigt, sich auf die fehlende Kenntnis des Inhalts des Planfeststellungsbeschlusses zu berufen. Die öffentliche Zustellung, die damit verbundene Bekanntgabe und der damit verbundene Beginn der Rechtsmittelfrist, bewirkt die Rechtsfolgen unabhängig von einer konkreten Kenntnis eines etwaigen Betroffenen und unabhängig von der Möglichkeit oder der fehlenden Möglichkeit, von der Bekanntgabe Kenntnis zu erlangen.

IV. Bekanntmachung des Planfeststellungsbeschlusses (Abs. 3)

25 Die Bekanntmachung des Planfeststellungsbeschlusses nach Abs. 3 ist ein im EnWG bislang nicht vorgesehenes, der Planfeststellung nachgeschaltetes Verfahren. Dadurch wird allen Betroffenen Zugang zur Genehmigungsentscheidung gewährt, was im Rahmen einer verbesserten Öffentlichkeitsbeteiligung zur Steigerung der Akzeptanz der Vorhaben beitragen soll.[5]

1. Auslegung des Planfeststellungsbeschlusses (Abs. 3 S. 1)

26 Nach Abs. 3 S. 1 ist eine Ausfertigung des Beschlusses mit einer Rechtsbehelfsbelehrung am Sitz der Planfeststellungsbehörde sowie an den Auslegungsorten zwei Wochen zur Einsicht auszulegen.

27 Planfeststellungsbehörde ist entweder die zuständige Landesbehörde vor Ort oder, wenn eine entsprechende Rechtsverordnung auf Grundlage von § 2 Abs. 2 NABEG erlassen wird, die BNetzA. Sofern die BNetzA zuständig ist, kommt eine Auslegung an ihrem Dienstsitz in Bonn in Betracht. Eine Auslegung in den Dienstgebäuden in Mainz, Saarbrücken und Berlin ist vom Wortlaut der Norm nicht gedeckt. Gleichwohl wäre dies einer bürgerfreundlichen Kommunikation dienlich.

28 Jedenfalls vor Ort findet die Auslegung an den Auslegungsorten des Planfeststellungsverfahrens statt. Auslegungsorte sind die nach § 22 Abs. 3 bestimmten Orte zur Auslegung von Unterlagen im Planfeststellungsverfahren. Das sind nach § 43a Nr. 1 EnWG die Gemeinden, in denen sich das Vorhaben voraussichtlich auswirkt. Die Auslegung der fertigen Planentscheidung ist Teil der besonderen Öffentlichkeitsbeteiligung im NABEG. Eine Auslegung der getroffenen Planentscheidung ist im EnWG nicht vorgesehen.

2. Bekanntmachung der Auslegung (Abs. 3 S. 2)

29 Nach Abs. 3 S. 2 sind der Ort und die Zeit der Auslegung in örtlichen Tageszeitungen, die in dem Gebiet verbreitet sind, auf das sich das Vorhaben voraussichtlich auswirken wird, im amtli-

5 BT-Drucks. 17/6073, S. 18.

chen Verkündungsblatt und auf der Internetseite der Planfeststellungsbehörde bekanntzumachen.

3. Veröffentlichung des Planfeststellungsbeschlusses im Internet (Abs. 3 S. 3, 4)

Nach Abs. 3 S. 3 ist der Planfeststellungsbeschluss zeitgleich mit der Auslegung im Internet zu veröffentlichen. Die Veröffentlichung soll auf der gleichen Seite wie nach Abs. 3 S. 2, also auf der Seite der zuständigen Planfeststellungsbehörde, erfolgen. 30

Für die Veröffentlichung gilt gem. Abs. 3 S. 4 der § 22 Abs. 3 entsprechend. Diese Vorschrift regelt die Auslegung der Unterlagen nach Vorlage der vollständigen Unterlagen nach § 21 im Verfahren der Öffentlichkeitsbeteiligung. Der Regelungsgehalt der Verweisung erschöpft sich in der Anwendung von § 22 Abs. 3 S. 3, nach dem die Veröffentlichung Angaben über den Verlauf der Trassenkorridore und den Vorhabenträger enthalten muss, Informationen darüber, wo und wann die Unterlagen zur Einsicht ausgelegt werden, sowie Hinweise auf die Einwendungsfrist unter Angabe des jeweils ersten und letzten Tages. 31

V. Geheimhaltung und Datenschutz (Abs. 4)

Grds. gilt das Bundesdatenschutzgesetz. Der Schwerpunkt der Geltung des BDSG liegt vor allem im **Schutz von Betriebs- und Geschäftsgeheimnissen und von personenbezogenen Daten**. Durch die Öffentlichkeitsbeteiligungen und Auslegungen von Unterlagen kommen Dritte in die Position, umfangreich Einsicht in Daten gewährt zu bekommen. Daher muss ein Ausgleich zwischen notwendigem Daten- und Geheimnisschutz sowie Informationsinteresse der Öffentlichkeit hergestellt werden. Es finden die jeweils einschlägigen landesrechtlichen Datenschutzbestimmungen Anwendung. Sind sowohl Bundes- als auch Landesbehörden in einem gemeinsamen Verfahren tätig, sind sowohl die landesgesetzlichen als auch die bundesgesetzlichen Regelungen anzuwenden. 32

Sollte ein Dritter auf Grundlage des allgemeinen verwaltungs- und verfahrensrechtlichen Akteneinsichtsrechts (§§ 28 ff. VwVfG), dem IFG oder dem UIG Akteneinsicht beantragen, so sind die Regeln dieser Gesetze zu beachten. Insbesondere sind bei einer Zugänglichmachung an Dritte die Beteiligungsrechte des möglicherweise Betroffenen zu berücksichtigen. 33

§ 25 Unwesentliche Änderungen

Unwesentliche Änderungen oder Erweiterungen können ohne Planfeststellungsverfahren durch ein Anzeigeverfahren zugelassen werden. Eine Änderung oder Erweiterung ist nur dann unwesentlich, wenn
1. **es sich nicht um eine Änderung oder Erweiterung handelt, für die nach dem Gesetz über die Umweltverträglichkeitsprüfung eine Umweltverträglichkeitsprüfung durchzuführen ist, und**
2. **andere öffentliche Belange nicht berührt sind oder die erforderlichen behördlichen Entscheidungen vorliegen und diese dem Plan nicht entgegenstehen und**
3. **Rechte anderer nicht beeinträchtigt werden oder mit den vom Plan Betroffenen entsprechende Vereinbarungen getroffen werden.**

Der Vorhabenträger zeigt gegenüber der Planfeststellungsbehörde die von ihm geplante Maßnahme an. Der Anzeige sind in ausreichender Weise Erläuterungen beizufügen, aus denen sich ergibt, dass die geplante Änderung unwesentlich ist. Insbesondere bedarf es einer Darstellung der zu erwartenden Umweltauswirkungen. Die Planfeststellungsbehörde entscheidet innerhalb eines Monats, ob anstelle der Anzeige ein Plangenehmigungs- oder Planfeststellungsverfahren durchzuführen ist oder die Maßnahme von einem förmlichen Verfahren freigestellt ist. Die Entscheidung ist dem Vorhabenträger bekannt zu machen.

Überblick

I. Allgemeines

1. Überblick über die Norm

1 **S. 1–2** regeln die **Voraussetzungen des Anzeigeverfahrens**. Nach **S. 1** können **unwesentliche Änderungen** oder **Erweiterungen** eines Vorhabens von der Planfeststellungspflicht befreit und durch ein **Anzeigeverfahren** zugelassen werden.

2 Nach der **Legaldefinition** in **S. 2** liegt die Unwesentlichkeit einer Änderung oder Erweiterung vor, wenn die Voraussetzungen der Nr. 1–3 kumulativ vorliegen. Nach **S. 2 Nr. 1** darf keine **UVP** durchzuführen sein, nach **S. 2 Nr. 2** dürfen andere **öffentliche Belange nicht berührt** sein

oder die erforderlichen behördlichen Entscheidungen liegen vor und stehen dem Plan nicht entgegen und nach **S. 2 Nr. 3** dürfen **Rechte anderer nicht beeinträchtigt** werden oder mit den vom Plan Betroffenen werden entsprechende Vereinbarungen getroffen.

Die **S. 3–7** regeln die **Durchführung des Anzeigeverfahrens.** Der Vorhabenträger muss die 3
von ihm geplante Maßnahme gem. **S. 3** gegenüber der Planfeststellungsbehörde **anzeigen.** Der Anzeige sind nach **S. 4** in ausreichender Weise **Erläuterungen** beizufügen, aus denen sich die Unwesentlichkeit der geplanten Änderung ergibt. Insbesondere sind nach **S. 5** die zu erwartenden **Umweltauswirkungen** darzustellen.

Nach **S. 6 entscheidet** die Planfeststellungsbehörde **innerhalb eines Monats,** ob anstelle 4
der Anzeige ein Plangenehmigungs- oder Planfeststellungsverfahren durchzuführen ist oder die Maßnahme von einem förmlichen Verfahren freigestellt ist.

Die Entscheidung über das durchzuführende Verfahren ist dem **Vorhabenträger** gem. **S. 7** 5
bekanntzumachen.

2. Regelungszweck

Das Anzeigeverfahren ist ein Antragsverfahren, d.h., es wird nicht von Amts wegen eingeleitet. 6
Mit ihm verfolgt der Gesetzgeber zwei Intentionen: Zunächst soll eine **Verfahrensvereinfachung** eine **Verfahrensbeschleunigung** bewirken. In Fällen von unwesentlicher Bedeutung, in denen öffentliche Belange nicht berührt und Rechte anderer nicht beeinträchtigt werden, soll der Verwaltungs-, Zeit- und Kostenaufwand eines Plangenehmigungs- oder Planfeststellungsverfahrens vermieden werden. Eine unwesentliche Änderung oder Erweiterung ist – nach einer entsprechenden Entscheidung der Behörde – von einem förmlichen Verfahren freigestellt, weil in diesen Fällen die Durchführung eines aufwendigen und komplexen Verwaltungsverfahrens nicht gerechtfertigt ist.

Vor allem aber soll das Anzeigeverfahren die **Verfahrenshoheit der Planfeststellungsbe-** 7
hörde absichern.[1] Alleine aus den Gründen der Verfahrensbeschleunigung wäre es nicht notwendig gewesen, eine neue Regelung zur Zulassung von unwesentlichen Änderungen durch ein Anzeigeverfahren in das NABEG aufzunehmen. Bereits vor Einfügung des Anzeigeverfahrens durch das Gesetz über Maßnahmen zur Beschleunigung des Netzausbaus Elektrizitätsnetze[2] konnten in Fällen unwesentlicher Bedeutung die Durchführung einer Planfeststellung und Plangenehmigung nach § 74 Abs. 7 VwVfG entfallen.[3]

Infolge der neuen Regelung nach § 25 hat nun nicht mehr wie in § 74 Abs. 7 VwVfG vor- 8
gesehen der Vorhabenträger rechtlich zu bewerten, ob er von dem Erfordernis einer Planfeststellung oder einer Plangenehmigung freigestellt ist.[4] Die Planfeststellungsbehörde ist verpflichtet zu entscheiden, ob eine Änderung einer Plangenehmigung oder einer Planfeststellung bedarf. Durch das Anzeigeverfahren soll – im Interesse des Vorhabenträgers wie der Planfeststellungsbehörde – vor Baubeginn und vor Einleitung eines Zulassungsverfahrens durch eine behördliche Entscheidung **rechtssicher** geklärt werden, ob ein förmliches Verfahren notwendig und ggf. welche Verfahrensart einschlägig ist. Der Vorhabenträger wird dadurch davor geschützt, dass die Planfeststellungsbehörde nach der Änderung oder Erweiterung erklärt, die spezifische Änderung oder Erweiterung hätte eines Planfeststellungsbeschlusses oder einer Plangenehmigung bedurft. Der Vorhabenträger wie die Planfeststellungsbehörde erhalten hierdurch zu einem frühen Zeitpunkt auch Klarheit darüber, welche Unterlagen einzureichen sind.

---

1 BT-Drucks. 17/6073, S. 30.
2 Vgl. zur Entstehungsgeschichte Rn 11f.
3 Zur Abgrenzung von § 74 Abs. 7 VwVfG und § 25 vgl. Rn 14 ff.
4 BT-Drucks. 17/6073, S. 30.

9 Die Vornahme einer unwesentlichen Änderung oder Erweiterung ohne Erfüllung der Anzeigepflicht ist gem. § 33 Abs. 1 Nr. 4 **bußgeldbewehrt.**

10 Die Vorschrift findet ihr **Pendant** in **§ 11** über das **vereinfachte Verfahren** in der Bundesfachplanung. Eine inhalts- und weitgehend wortgleiche **Parallelvorschrift** für das Planfeststellungsverfahren ist mit **§ 43f EnWG** in die allgemeinen energierechtlichen Planfeststellungsvorschriften eingefügt worden. Im Immissionsschutzrecht können unwesentliche Änderungen ebenfalls nach § 15 BImSchG im Anzeigeverfahren zugelassen werden.

3. Entstehungsgeschichte

11 Die Vorschrift wurde durch Art. 1 des **Gesetzes über Maßnahmen zur Beschleunigung des Netzausbaus Elektrizitätsnetze**[5] vom 28.7.2011 mit Wirkung zum 5.8.2011 als § 25 erlassen.

12 Der ursprüngliche Entwurf der Norm wurde im Gesetzgebungsverfahren in Zusammenhang mit der Änderung der Zuständigkeiten für die Planfeststellung geändert. Die Beschlussempfehlung des Ausschusses für Wirtschaft und Technologie[6] **ersetzte** in S. 3 und 6 **„Bundesnetzagentur" durch „Planfeststellungsbehörde".** Die Streichung der Bestimmung der Zuständigkeit der BNetzA in S. 3 und 6 ist dem im Gesetzgebungsverfahren zwischen Bund und Ländern gefundenen Kompromiss geschuldet, die Zuständigkeit der BNetzA nicht bereits im NABEG, sondern später gemeinsam mit dem Bundesrat mittels Rechtsverordnung auf Grundlage von § 2 Abs. 2 festzulegen. Sachlich-inhaltliche Änderungen an dem ursprünglichen Entwurf des Paragraphen wurden im Gesetzgebungsverfahren nicht vorgenommen.

4. Unionsrechtliche Bezüge

13 Aufgrund der **Vorgaben der RL 85/337/EWG** vom 27.6.1985 über die UVP bei bestimmten öffentlichen und privaten Projekten (UVP-RL) können unwesentliche Änderungen oder Erweiterungen von Leitungsvorhaben nur dann durch ein Anzeigeverfahren zugelassen werden, wenn für diese keine UVP durchzuführen ist.[7]

5. Anwendungsausschluss von § 74 Abs. 7 VwVfG

14 Zwar wird über die **Verweiskaskade** in § 18 Abs. 3 S. 2 auf die Bestimmungen in Teil 5 des EnWG und über den dort in § 43 S. 6 EnWG enthaltenen Verweis auf die allgemeinen Regelungen des Planfeststellungsrechts in den §§ 72ff. VwVfG verwiesen.[8] Allerdings wird bereits durch das in § 43f EnWG geregelte mit § 25 identische Anzeigeverfahren die allgemeine Regelung in § 74 Abs. 7 VwVfG gesperrt.[9]

15 Im Anwendungsbereich des NABEG sperrt zudem die im Verhältnis zu § 43f EnWG speziellere Regelung des § 25 die allgemeine Regelung in § 74 Abs. 7 VwVfG. Denn mit der Einführung des Anzeigeverfahrens in § 25 und § 43f EnWG als Sonderregelungen für die energierechtliche Planfeststellung ist die **Anwendung von § 74 Abs. 7 VwVfG im Bereich der energierechtlichen Planfeststellung ausgeschlossen.**

16 Nach der Gesetzesbegründung greift das Anzeigeverfahren die Regelung des § 74 Abs. 7 VwVfG auf, modifiziert diese aber im Sinne des NABEG. Abweichend von § 74 Abs. 7 VwVfG wird die Durchführung eines Anzeigeverfahrens bei unwesentlichen Änderungen angeordnet. Die

---

5 BGBl. I 2011 S. 1690.
6 BT-Drucks. 17/6366, S. 6 f.
7 Vgl. dazu Rn 27 ff.
8 Vgl. § 43 EnWG Rn 11 f, 17, 197 und § 18 Rn 10 f.
9 Vgl. dazu § 43f EnWG Rn 14 ff.

Freistellung von einem förmlichen Verfahren erfolgt im energierechtlichen Planfeststellungsrecht daher ausschließlich über das Anzeigeverfahren.

Der Gesetzgeber wollte mit der Einführung des Anzeigeverfahrens erreichen, dass der Vorhabenträger nicht unter Berufung auf § 74 Abs. 7 VwVfG mit den Bauarbeiten beginnt, bevor eine entsprechende Entscheidung der BNetzA darüber getroffen worden ist, ob die entsprechenden Voraussetzungen vorliegen. Planfeststellung und Plangenehmigung entfallen gerade nicht ausschließlich kraft gesetzlicher Anordnung. Vor diesem Hintergrund ist die Anzeigepflicht auch gem. § 33 Abs. 1 Nr. 4 **bußgeldbewehrt.** 17

Zwar ist der **Wortlaut der Freistellungstatbestände von § 74 Abs. 7 VwVfG nicht** vollkommen **identisch mit dem Wortlaut der Freistellungstatbestände in § 25**, auch die **Anwendungsbereiche sind nicht völlig kongruent**; diese Unterschiede sind jedoch zu vernachlässigen. 18

Der Wortlaut von § 25 S. 2 Nr. 2 und von § 74 Abs. 7 Nr. 1 VwVfG ist identisch, demnach dürfen öffentliche Belange von dem Vorhaben nicht berührt sein oder die erforderlichen behördlichen Entscheidungen müssen vorliegen und dürfen dem Plan nicht entgegenstehen. Nach § 25 S. 2 Nr. 3 dürfen Rechte anderer nicht beeinträchtigt werden oder mit den vom Plan Betroffenen müssen entsprechende Vereinbarungen getroffen werden. Nach § 74 Abs. 7 Nr. 1 VwVfG dürfen Rechte anderer nicht beeinflusst werden oder mit den vom Plan Betroffenen müssen entsprechende Vereinbarungen getroffen worden sein. Während nach **§ 25 S. 2 Nr. 3 Rechte anderer nicht beeinträchtigt** werden dürfen, dürfen nach **§ 74 Abs. 7 Nr. 2 VwVfG Rechte anderer nicht beeinflusst** werden. Rechte anderer werden beeinflusst, wenn sie in einer mehr als nur geringfügigen Weise negativ berührt werden. Eine Beeinträchtigung von Rechten Dritter meint den direkten Zugriff auf fremde Rechte (insbesondere Eigentumsrechte). Eine „Beeinflussung" von Rechten anderer erfordert hingegen nur die vernünftigerweise in Betracht kommende Möglichkeit einer indirekt relevanten nachteiligen Auswirkung auf ein abwägungsbeachtliches Recht eines anderen.[10] Eine Beeinflussung nach § 74 Abs. 7 Nr. 2 VwVfG ist insofern eine geringere Einwirkung als eine Beeinträchtigung im Sinne von § 25 S. 2 Nr. 3. Allerdings würde die gesetzgeberische Intention des Anzeigeverfahrens – nämlich die Verfahrenshoheit der Behörden zu sichern und zu verhindern, dass der Vorhabenträger die Entscheidung darüber trifft, ob ein Vorhaben einer Planfeststellung oder einer Plangenehmigung bedarf oder ob es von einem förmlichen Verfahren freigestellt ist – unterlaufen, wenn sich der Vorhabenträger unter Berufung darauf, dass Rechte anderer im Sinne von § 74 Abs. 7 Nr. 2 VwVfG nicht beeinflusst würden, ohne behördliche Entscheidung mit dem Bau beginnen würde. Ob im Einzelfall Rechte nur berührt oder schon beeinflusst werden, ist eine schwierige Rechtsfrage. Würde § 74 Abs. 7 VwVfG neben § 25 zur Anwendung kommen, könnte auch diese rechtliche Bewertung erst nach Baubeginn von der Behörde getroffen werden. Die Verfahrenshoheit der Planfeststellungsbehörde wäre damit ausgehebelt. 19

§ 74 Abs. 7 VwVfG umfasst zwar auch die Errichtung einer Höchstspannungsleitung des Übertragungsnetzes, § 25 aber lediglich die Änderung oder Erweiterung einer solchen Leitung. Die Anwendungsbereiche von § 74 Abs. 7 VwVfG und § 25 sind insofern nicht völlig kongruent. Tatsächlich besteht jedoch kein eigenständiger Anwendungsbereich für § 74 Abs. 7 VwVfG bei der Errichtung einer Höchstspannungsleitung des Übertragungsnetzes, da in einem solchen Fall immer ein Planfeststellungs- oder eine Plangenehmigungsverfahren erforderlich ist. 20

Insofern besteht im Anwendungsbereich des NABEG ein dreistufiges Verfahrenssystem, um die Errichtung, den Betrieb sowie die Änderung einer Leitung im Sinne von § 2 Abs. 1 zuzulassen: 21

10 Vgl. dazu VGH Mannheim, Urt. v. 13.4.2000 – 5 S 1136/98 –; VGH München, Beschl. v. 20.10.2003 – 8 AE 03/40047 –.

- Unwesentliche Änderungen oder Erweiterungen können durch ein Anzeigeverfahren nach § 25 zugelassen werden.
- Die Errichtung, Änderung oder Erweiterung einer Höchstspannungsleitung können nach § 74 Abs. 6 VwVfG i.V.m. § 43b EnWG durch die Erteilung einer Plangenehmigung zugelassen werden, wenn eine UVP nicht durchzuführen ist, Rechte anderer nur unwesentlich beeinträchtigt werden oder die Betroffenen sich schriftlich einverstanden erklärt haben und mit den Trägern öffentlicher Belange das Benehmen hergestellt worden ist.
- In allen anderen Fällen erfolgt die Zulassung der Errichtung, unwesentliche Änderung oder Erweiterung einer Höchstspannungsleitung im förmlichen Planfeststellungsverfahren nach den §§ 18ff. i.V.m. §§ 43ff. EnWG i.V.m. §§ 72ff. VwVfG.

II. Unwesentliche Änderung oder Erweiterung (S. 2)

22 Das Anzeigeverfahren gilt nur für eine unwesentliche Änderung oder Erweiterung, **nicht** aber **für die erstmalige Errichtung von Höchstspannungsleitungen.**

23 S. 2 liefert eine **Legaldefinition** der **unwesentlichen Änderung** oder **Erweiterung** und **regelt abschließend**, wann eine Änderung oder Erweiterung unwesentlich ist; die Regelung ist nicht analogiefähig. Die in den Nr. 1–3 enthaltenen Voraussetzungen müssen ausweislich des Wortlauts („*und*") kumulativ vorliegen.

24 Eine Änderung im Sinne der Regelungen sind Änderungen der Lage, der Beschaffenheit oder des Betriebs einer Höchstspannungsleitung. Insofern umfasst der Begriff der Änderung auch Erweiterung der Anlage. Die Abgrenzung beider Begriffe hat wenig praktische Relevanz.

25 Beispiele für eine unwesentliche Änderung oder Erweiterung sind etwa:
- ergänzende Leiterseile auf der gleichen Spannungsebene durch einen zusätzlichen Querträger bei gleichzeitiger Erhöhung des Mastes,
- Masterhöhungen aus sonstigen Gründen,
- Änderungen des Mastbildes,
- Verkleinerungen und Rückbauten,
- Verschiebungen der Maststandorte,
- Änderungen der Beseilung und
- Zubeseilung.

26 Die Voraussetzungen des S. 2 unterliegen **voller verwaltungsgerichtlicher Kontrolle.** Maßgebend ist nicht die ex ante-Betrachtung der zuständigen Planfeststellungsbehörde, sondern die objektive ex post-Würdigung der tatsächlichen Verhältnisse.[11]

1. Keine Pflicht zur Durchführung einer Umweltverträglichkeitsprüfung (S. 2 Nr. 1)

27 Unwesentliche Änderungen oder Erweiterungen können nach S. 2 Nr. 1 nur durch ein Anzeigeverfahren zugelassen werden, wenn für das Leitungsvorhaben keine UVP durchzuführen ist.

28 Aufgrund der **Vorgaben der RL 85/337/EWG** vom 27.6.1985 über die UVP bei bestimmten öffentlichen und privaten Projekten (UVP-RL) ist bei bestimmten Leitungsvorhaben eine UVP durchzuführen. Eine UVP muss gem. Art. 6 UVP-RL unter Beteiligung der Öffentlichkeit durchgeführt werden. Die UVP-RL wird durch § 2 Abs. 1 S. 3, Abs. 6 und § 9 UVPG in nationales Recht umgesetzt. Da bei unwesentlichen Änderungen kein förmliches Zulassungsverfahren – und folg-

11 So Stelkens/Bonk/Sachs/*Bonk/Neumann*, § 74 Rn 261 zur Prüfung des Entfallens von Planfeststellungs- und Plangenehmigungsverfahren.

lich auch keine Öffentlichkeitsbeteiligung – durchgeführt wird, ist das Anzeigeverfahren kein geeignetes Trägerverfahren zur Umsetzung der Vorgaben der RL 85/337/EWG.[12]

Nach § 3b i.V.m. Anlage 1 Nr. 19.1.1 des UVPG besteht eine **unbedingte Verpflichtung zur Durchführung** einer UVP für die Errichtung und den Betrieb einer Hochspannungsfreileitung im Sinne des EnWG mit einer **Länge von mehr als 15 km und mit einer Nennspannung von 220 kV oder mehr**. 29

Nach § 3c S. 1 i.V.m. Anlage 1 Nr. 19.1.2 und Nr. 19.1.3 des UVPG ist eine **allgemeine Vorprüfung des Einzelfalls (Screening)** für die Errichtung und den Betrieb einer Hochspannungsfreileitung im Sinne des EnWG mit einer **Länge von mehr als 15 km und mit einer Nennspannung von 110 kV bis zu 220 kV** und mit einer **Länge von 5 km bis zu 15 km und mit einer Nennspannung von 110 kV oder mehr** durchzuführen. Eine UVP-Pflicht im Einzelfall besteht dann, wenn das Vorhaben nach überschlägiger Prüfung durch die Planfeststellungsbehörde erhebliche nachteilige Umweltauswirkungen haben kann, die bei der Bewertung der Umweltauswirkungen (§ 12 UVPG) zu berücksichtigen wären. Kriterien für die Erheblichkeit nachteiliger Umweltauswirkungen ergeben sich aus der Anlage 2 UVPG. 30

Nach § 3c S. 2 i.V.m. Anlage 1 Nr. 19.1.4 des UVPG ist eine **standortbezogene Vorprüfung des Einzelfalls** für die Errichtung und den Betrieb einer Hochspannungsfreileitung im Sinne des EnWG mit einer **Länge von weniger als 5 km und einer Nennspannung von 110 kV oder mehr** durchzuführen. 31

2. Keine Berührung öffentlicher Belange (S. 2 Nr. 2)

Neben der Entbehrlichkeit einer UVP dürfen auch andere öffentliche Belange durch die Änderungen oder Erweiterungen nicht (negativ) berührt werden. 32

Höchstspannungsleitungen im Anwendungsbereich des NABEG dienen einer möglichst sicheren, preisgünstigen, verbraucherfreundlichen, effizienten und umweltverträglichen leitungsgebundenen Versorgung der Allgemeinheit mit Elektrizität (§ 1 Abs. 1 EnWG). Mit dem Erlass des Bundesbedarfsplans wird für die darin enthaltenen Vorhaben die energiewirtschaftliche Notwendigkeit und der vordringliche Bedarf festgestellt (§ 12e Abs. 4 S. 1 EnWG). Der Ausbau der als länderübergreifend und grenzüberschreitend im Bundesbedarfsplan gekennzeichneten Höchstspannungsleitungen im Sinne des § 12e Abs. 2 S. 1 EnWG ist aus Gründen eines überragenden öffentlichen Interesses erforderlich (§ 1 S. 3). Diese öffentlichen Belange werden durch Änderungen oder Erweiterungen von Leitungsvorhaben zweifellos (positiv) berührt. Die Berührung dieser öffentlichen Belange führt aber nicht dazu, dass der Freistellungstatbestand des S. 2 Nr. 2 nicht erfüllt wäre. 33

S. 2 Nr. 2 ist vielmehr so zu verstehen, dass den Änderungen oder Erweiterungen von Leitungsvorhaben keine öffentlichen Belange entgegenstehen dürfen. Öffentliche Belange stehen dem Vorhaben bereits dann entgegen, wenn sie von dem Vorhaben (negativ) berührt werden. Unter dem Begriff der Berührung ist jegliche negative Einwirkung auf einen öffentlichen Belang zu verstehen.[13] 34

Als mögliche öffentliche Belange kommen neben dem Recht auf körperliche Unversehrtheit insbesondere die Ziele, Zwecke und Schutzgüter der Wasserwirtschaft, des Emissionsrechts, des Schutzes von Natur und Landschaft, des Bodenschutzes, des Denkmalschutzes und der Denkmalpflege in Betracht. 35

Sofern von dem Leitungsvorhaben öffentliche Belange berührt werden, ist nach Abs. 1 Nr. 2 Alt. 2 die Zulassung durch ein Anzeigeverfahren gleichwohl zulässig, wenn eine positive Ent- 36

12 Vgl. zur UVP im energierechtlichen Plangenehmigungsverfahren § 43b EnWG Rn 33 ff.
13 Vgl. auch Knack/Henneke/*Dürr*, § 74 Rn 81 und *Kopp/Ramsauer*, § 74 Rn 177.

scheidung der zuständigen Fachbehörde vorliegt. Die Zulassung des Leitungsvorhabens durch ein Anzeigeverfahren ist in solchen Fällen gerechtfertigt, weil die zuständige Fachbehörde das Vorhaben geprüft und nicht beanstandet hat und etwa eine Baugenehmigung oder eine Befreiung von einer Landschaftsschutzverordnung, die den Vorhaben entgegensteht, erteilt hat.[14]

3. Keine Beeinträchtigung der Rechte anderer (S. 2 Nr. 3)

37 Unwesentliche Änderungen oder Erweiterungen können nach S. 2 Nr. 3 durch ein Anzeigeverfahren nur zugelassen werden, wenn Rechte anderer nicht beeinträchtigt werden oder mit den vom Plan Betroffenen entsprechende Vereinbarungen getroffen werden.

38 Die Voraussetzung nach S. 2 Nr. 3 Alt. 1, wonach Rechte anderer nicht beeinträchtigt werden, entspricht wörtlich der Voraussetzung zur Erteilung einer Plangenehmigung im allgemeinen Planfeststellungsverfahren nach § 74 Abs. 6 Alt. 1 VwVfG. Die Voraussetzung nach S. 2 Nr. 3 Alt. 2, wonach alternativ eine Zulassung auch dann durch ein Anzeigeverfahren erfolgen kann, wenn mit vom Plan Betroffenen entsprechende Vereinbarungen getroffen werden, entspricht zwar nicht dem Wortlaut, aber dem Sinn und Zweck von § 74 Abs. 6 Alt. 2 VwVfG.

39 Der **Kreis der** in ihren Rechten **Betroffenen** muss der Behörde **bekannt** und klar **abgrenzbar** sein.

40 Der Begriff der Rechte im Sinne von S. 2 Nr. 3 ist enger als der Begriff der abwägungserheblichen Belange im Sinne von § 73 Abs. 4 VwVfG. Der Begriff der Rechte im Sinne von S. 2 Nr. 3 stimmt mit dem Begriff der Rechte in § 74 Abs. 2 S. 2 VwVfG und § 75 Abs. 2 VwVfG überein.[15] Mit einer Rechtsbeeinträchtigung ist nur der **direkte Zugriff** auf fremde Rechte gemeint, **nicht** aber die bei jeder Planung gebotene wertende **Einbeziehung der Belange Dritter in die Abwägungsentscheidung.**[16] Der Begriff der Rechte umfasst alle subjektiven öffentlichen Rechte. Dies sind etwa die Eigentumsrechte von Dritten einschließlich ihrer betrieblichen Existenz oder die Betroffenheit eines Grundstücks, auf das zur Verwirklichung des geplanten Vorhabens zugegriffen wird, auch wenn dieses nicht unmittelbar in Anspruch genommen, jedoch die gegebene Grundstückssituation nachhaltig verändert wird oder die Maßnahme das Grundstück schwer und unerträglich betrifft. Zu den subjektiven öffentlichen Rechten zählen auch die Schutzgüter des Art. 2 Abs. 2 GG,[17] das Recht auf Vermeidung von Lärmbeeinträchtigungen und andere rechtlich erhebliche Nachteile, sofern sie wesentlich sind, d.h. über das jedermann nach Lage der Dinge zumutbare Maß hinausgehen.[18]

41 Zu den Rechten anderer zählt **nicht das Mitwirkungsrecht der Naturschutzverbände** nach § 63 Abs. 1 Nr. 3 und Nr. 2 und Abs. 2 Nr. 6 BNatSchG.[19] Die Voraussetzung, dass das Recht anderer nicht beeinträchtigt werden darf, ist auch keine die anerkannten Naturschutzverbände schützende Norm.[20] Durch die Verletzung des Beteiligungsrechts eines anerkannten Naturschutzverbandes wegen der Nichtdurchführung eines an sich gebotenen Planfeststellungsverfahrens ist der Naturschutzverband allerdings klagebefugt.[21]

14 Knack/Henneke/*Dürr*, § 74 Rn 181.
15 *Kopp/Ramsauer*, § 74 Rn 163 m.w.N.
16 BVerwG, Urt. v. 28.3.2007 – 9 A 17/06 –; BVerwG, Urt. v. 10.12.2003 – 9 A 73/02 –; BVerwG, Urt. v. 24.2.1998 – 4 VR 13/97 –; BVerwG, Urt. v. 27.11.1996 – 11 A 100/95 – zur Plangenehmigung im AEG; BVerwG, Beschl. v. 29.12.1994 – 7 VR 12/94 –; VGH München, Urt. v. 11.3.2005 – 22 A 4/40063 –; OVG Lüneburg, Beschl. v. 24.9.2002 – 7 MS 180/02 –.
17 Vgl. Begründung der Bundesregierung zum Planvereinfachungsgesetz, BT-Drucks. 12/4328, S. 19.
18 VGH Mannheim, Beschl. v. 7.5.1998 – 5 S 1060/98 –.
19 BVerwG, Urt. v. 22.3.1995 – 11 A 1/95 –.
20 BVerwG, Urt. v. 14.5.1997 – 11 A 43/96 –.
21 BVerwG, Urt. v. 7.12.2006 – 4 C 16/04 –; BVerwG, Urt. v. 14.5.1997 – 11 A 43/96 –.

Auf Gewicht und Bedeutung der voraussichtlichen Rechtsbeeinträchtigungen kommt es nicht an. Eine Bagatellgrenze, nach der geringfügige Rechtsbeeinträchtigungen der Teilung einer Freistellung im Anzeigeverfahren nicht entgegenstehen, bestehen grds. nicht. 42

Ob durch die Realisierung der Höchstspannungsleitung bei einer Freistellung von einem förmlichen Verfahren durch das Anzeigeverfahren Rechte Dritter beeinträchtigt werden, setzt eine **Prognose** voraus. Da das Planfeststellungsverfahren gerade der Prüfung dient, ob und inwieweit Rechte Dritter beeinträchtigt sein können, kommt ein Anzeigeverfahren nur in Betracht, wenn eine hinreichend sichere Beurteilung der Frage möglich ist, ob Rechte Dritter beeinträchtigt werden können.[22] 43

Konkrete Vereinbarungen mit den Betroffenen über die Hinnahme bzw. die Duldung der Auswirkung eines Vorhabens haben zur Folge, dass von dem Vorhaben ausgehende Rechtsbeeinträchtigungen bei der Beurteilung der Voraussetzung nach S. 2 Nr. 3 außer Betracht bleiben. Gelingt es mit allen Personen, die durch das Vorhaben in ihren Rechten beeinflusst werden können, eine entsprechende **schriftliche Vereinbarung** zu treffen, in der sich die Betroffenen mit der Inanspruchnahme ihres Eigentums oder eines anderen Rechts **einverstanden** erklären, so kann eine Freistellung von einem förmlichen Verfahren erfolgen, sofern auch die anderen Voraussetzungen vorliegen. 44

Notwendig ist grds. die eigenhändige Unterschrift des Betroffenen oder der vertretungsberechtigten Personen. Eine Erklärung zur Niederschrift der Behörde reicht aber aus, wenn der Betroffene eine von der Behörde aufgenommene Erklärung eigenhändig unterzeichnet. Verpflichtet sich ein Betroffener zu Rechtsübertragungen im Sinne des §§ 311 b, 925 BGB, ist notarielle Beurkundung notwendig und ausreichend.[23] 45

Vereinbarungen im Sinne des § 25 sind etwa Verträge mit Eigentümern über die Inanspruchnahme ihrer Grundstücke für das Vorhaben, über Bauhöhenbeschränkungen, über die Änderung von Zufahrten, sowie vorliegende grundbuchlich gesicherte beschränkte persönliche Dienstbarkeiten oder Einwilligungen des Eigentümers zur Eintragung solcher Dienstbarkeiten zum Bau und Betrieb der Leitung. 46

Schriftliche Vereinbarungen und Einverständniserklärungen der Betroffenen, mit denen sie sich mit der Inanspruchnahme ihres Eigentums oder eines anderen Rechts schriftlich einverstanden erklärt haben, wirken auch gegen den **Rechtsnachfolger** und sind für diesen **verbindlich.** 47

III. Durchführung des Anzeigeverfahrens (S. 3–5)

Die S. 3–5 regeln die Durchführung des Anzeigeverfahrens. 48

1. Anzeige durch den Vorhabenträger (S. 3)

Gemäß S. 3 zeigt der Vorhabenträger gegenüber der nach Landesrecht zuständigen Behörde die von ihm geplanten Maßnahmen an. Die Anzeige hat schriftlich zu erfolgen und muss vom Vertretungsberechtigten des Vorhabenträgers unterzeichnet sein. 49

Zwar liegt es ausweislich der Gesetzbegründung im Ermessen der zuständigen Behörde, ob anstelle eines Planfeststellungsverfahrens oder eines Plangenehmigungsverfahrens eine unwesentliche Änderung oder Erweiterung durch ein Anzeigeverfahren zugelassen wird. Es liegt aber in der Hand des Vorhabenträgers, dieses Entscheidungsverfahren durch eine entsprechende 50

---

22 *Kopp/Ramsauer*, § 74 Rn 164 m.w.N.
23 Stelkens/Bonk/Sachs/*Bonk/Neumann*, § 74 Rn 240.

Anzeige einzuleiten. Hält der Vorhabenträger es für sinnvoller, ein Planfeststellungsverfahren durchzuführen, kann er entsprechenden Antrag bei der zuständigen Behörde stellen. Die Anzeige ist insofern als **Antrag im Sinne von § 30 S. 2** zu qualifizieren.

2. Notwendige Unterlagen (S. 4 und 5)

51 Der Anzeige muss sich entnehmen lassen, auf welche Höchstspannungsleitung bzw. auf welchen Abschnitt einer Höchstspannungsleitung sich die Anzeige bezieht. Nach S. 4 sind der Anzeige in ausreichender Weise Erläuterungen beizufügen, aus denen sich ergibt, welche konkreten Änderungen geplant und diese Änderungen unwesentlich sind. Ohne diese Unterlagen ist es der Planfeststellungsbehörde nicht möglich, über eine Freistellung zu entscheiden.

3. Entscheidung über die Zulassung eines Vorhabens im Anzeigeverfahren (S. 6)

52 Nach S. 6 entscheidet die für die Planfeststellung zuständige Behörde, ob ein Plangenehmigungs- oder Planfeststellungsverfahren durchzuführen ist. Andernfalls erfolgt die Freistellung des Vorhabens von einem förmlichen Verfahren und kann durch Anzeige zugelassen werden.

53 Die Entscheidung muss innerhalb eines Monats erfolgen. Der Beginn dieser Frist ist nicht näher bestimmt. Anzunehmen ist, dass die Frist als Entscheidungsfrist zu laufen beginnt, wenn der Behörde alle erforderlichen Unterlagen vollständig vorliegen. Die Frist dient der Verfahrensbeschleunigung.[24]

54 Beim Vorliegen aller Voraussetzungen ist es in das **Ermessen der zuständigen Planfeststellungsbehörde** gestellt, ob anstelle eine Planfeststellungsverfahrens oder eines Plangenehmigungsverfahrens die Änderung oder Erweiterung einer Hochspannungsleitung durch ein Anzeigeverfahren zugelassen wird. Die Abweichung von den allgemeinen Regelungen des Planfeststellungsrechts entspricht vergleichbaren Normen des Fachplanungsrechts, etwa § 8 Abs. 3 S. 1 LuftVG.

55 Bei der Entscheidung handelt es sich um einen dem Planfeststellungsbeschluss entsprechenden, mit Außenwirkung versehenen und von betroffenen Dritten anfechtbaren Verwaltungsakt im Sinne des § 35 VwVfG und des § 42 VwGO.[25]

56 Anders als in § 16 Abs. 2 S. 2 BImSchG kennt das energierechtliche Anzeigeverfahren **keine Genehmigungsfiktion**. Der Vorhabenträger darf die Änderungen oder Erweiterungen eines Vorhabens daher nicht etwa dann vornehmen, wenn sich die BNetzA nicht innerhalb der in S. 6 bestimmten Monatsfrist geäußert hat. Andernfalls hätte der Gesetzgeber eine § 16 Abs. 2 S. 2 BImSchG entsprechende Formulierung aufnehmen müssen. Hingegen hat der Gesetzgeber die Vornahme einer unwesentlichen Änderung oder Erweiterung ohne erfolgte Entscheidung der BNetzA nach § 25 S. 6 bußgeldbewehrt. Eine Genehmigungsfiktion würde zudem die vom Gesetzgeber intendierte Verfahrenshoheit der BNetzA konterkarieren. Der Gesetzgeber wollte mit der Einführung des Anzeigeverfahrens gerade erreichen, dass der Vorhabenträger nicht mit den Bauarbeiten beginnt, bevor eine entsprechende Entscheidung der BNetzA getroffen wurde.

4. Bekanntgabe (S. 7)

57 Nach S. 7 muss die Entscheidung, ob eine Freistellung erfolgt oder doch ein förmliches Verfahren durchgeführt wird, dem Vorhabenträger bekannt gemacht werden. Dass die Bekanntgabe

24 BT-Drucks. 17/6073, S. 34.
25 Vgl. dazu BVerwG, Urt. v. 15.1.1982 – 4 C 26/78 –.

nur gegenüber dem Vorhabenträger erfolgen muss, ist sachgerecht, weil anzunehmen ist, dass sich das Informationsinteresse Dritter in engen Grenzen hält. Rechte Dritter dürfen schließlich nicht beeinträchtigt werden oder mit den vom Plan Betroffenen müssen entsprechende Vereinbarungen getroffen worden sein.

Weitere Vorgaben für die Art der Bekanntgabe enthält S. 7 nicht, sodass auf § 41 VwVfG zurückzugreifen ist. Die Regelung enthält keine Erweiterung des geltenden Rechts, sondern entspricht den Regelungen des VwVfG. 58

IV. Rechtswirkungen

Die Entscheidung der zuständigen Behörde ist ein Verwaltungsakt im Sinne von § 35 S. 1 VwVfG und hat sowohl Regelungs- als auch Außenwirkung.[26] Die Außenwirkung besteht schon in der Maßgeblichkeit der Entscheidung für den außerhalb der Behörde stehenden Vorhabenträger. Das verdeutlicht S. 7, wonach die Entscheidung dem Vorhabenträger bekanntzugeben ist. 59

Die Regelungswirkung ergibt sich zunächst aus der zulassenden Wirkung der Entscheidung. Die Entscheidung, dass kein förmliches Verfahren durchgeführt werden muss, hat zugleich zur Folge, dass die Änderung oder Erweiterung öffentlich-rechtlich zugelassen ist.[27] 60

Mangels Planfeststellung oder Plangenehmigung tritt die Konzentrationswirkung des § 75 Abs. 1 S. 1 Hs. 2 VwVfG nicht ein. Soweit für das Vorhaben andere behördliche Entscheidungen erforderlich sind, müssen sie eingeholt werden. 61

Ebenso wenig kann mangels durchgeführter Öffentlichkeitsbeteiligung eine Präklusionswirkung eintreten. 62

V. Rechtsschutz

1. Rechtsschutz des Vorhabenträgers

Der Verzicht auf die Durchführung eines förmlichen Verfahrens steht nach S. 1 („*können*") ausdrücklich im Ermessen der Behörde. Das Ermessen der Behörde hat sich nach dem dem NABEG insgesamt zu Grunde liegenden Beschleunigungsgrundsatz zu richten. 63

Der Vorhabenträger kann bei ablehnender Entscheidung über die Gestattung eines Vorhabens über das Anzeigeverfahren auf ermessensfehlerfreie Bescheidung klagen.[28] Sowohl Widerspruch wie Anfechtungsklage haben grds. aufschiebende Wirkung. Einen Anspruch auf Erteilung der Freistellung im Anzeigeverfahren hat der Vorhabenträger aufgrund des Ermessensspielraums der Behörde indes nicht.[29] 64

Ebenso kann der Vorhabenträger gegen die Entscheidung, unwesentliche Änderungen oder Erweiterungen ohne Planfeststellungs- oder Plangenehmigungsverfahren durch ein Anzeigeverfahren zuzulassen, Klage erheben. Der Vorhabenträger wird durch eine solche Entscheidung nicht in seinen Rechten verletzt, weil durch einen bestandskräftigen Planfeststellungsbeschluss oder durch eine bestandskräftige Plangenehmigung eine gesicherte Rechtsstellung erlangt, die ihn vor immissionsschutzrechtlichen Abwehransprüchen der Nachbarn schützen.[30] 65

---

26 Vgl. dazu BVerwG, Urt. v. 15.1.1982 – 4 C 26/78 –.
27 Vgl. dazu OVG Münster, Urt. v. 29.9.2011 – 11 D 93/09 –.
28 Knaak/Hennecke/*Dürr*, § 74 Rn 167; a.A. Stelkens/Bonk/Sachs/*Bonk/Neumann*, § 74 Rn 254; *Kopp/Ramsauer*, § 74 Rn 174.
29 Vgl. dazu Danner/Theobald/*Missling*, EnWG, § 43b Rn 23. Wohl auch Britz/Hellermann/Hermes/*Hermes*, § 43b Rn 10.
30 Knack/Henneke/*Dürr*, § 74 Rn 185.

2. Rechtsschutz des Dritten

66 Ein Dritter kann keinen Rechtsschutz dagegen geltend machen, dass die Behörde die Änderung oder Erweiterung eines Vorhabens zulässt, ohne dass die Freistellungstatbestände erfüllt sind. Unterbleibt eine an sich notwendige Planfeststellung, hat ein betroffener **Dritter** grds. **keinen Anspruch auf Durchführung eines bestimmten Verfahrens**, sondern nur Abwehr-, Unterlassungs- oder Beseitigungsansprüche.[31] Der **Dritte kann** aber **beanspruchen**, dass ihm daraus, dass ein Planfeststellungs- oder Plangenehmigungsverfahren rechtswidrig unterblieben ist, **keine Beeinträchtigung seiner materiellen Rechtsposition erwächst**. Eine derartige Beeinträchtigung liegt vor, wenn einem Drittbetroffenen die planerische Abwägung seiner dem Vorhaben entgegenstehenden Belange wegen der fehlerhaften Wahl der Verfahrensart versagt geblieben ist.[32]

67 Hingegen wird das **Recht eines anerkannten Naturschutzvereins** auf **Beteiligung in Planfeststellungsverfahren verletzt**, wenn die Behörde die Änderung oder Erweiterung eines Vorhabens nicht im Wege der Planfeststellung, sondern in Form des – nicht beteiligungspflichtigen – Anzeigeverfahrens zulässt, weil sie die rechtlichen und naturschutzfachlichen Voraussetzungen, unter denen nach einer Vorprüfung des Einzelfalls von einer UVP und damit von einem Planfeststellungsverfahren abgesehen werden darf, verkannt hat. Gegen eine solche Entscheidung ist dem übergangenen Naturschutzverein die Anfechtungsklage eröffnet. Die gerichtliche Kontrolle beschränkt sich auf die verfahrensmäßigen und inhaltlichen Anforderungen an die Vorprüfung der UVP-Pflicht im Einzelfall.[33]

---

31 BVerwG, Urt. v. 28.3.2007 – 9 A 17/06 –; BVerwG, Urt. v. 10.12.2003 – 9 A 73/02 –; BVerwG, Urt. v. 26.9.2001 – 9 A 3/01 –; BVerwG, Urt. v. 15.1.1982 – 4 C 26/78 –; BVerwG, Urt. v. 22.2.1980 – 4 C 24/77 –; VGH München, Beschl. v. 20.10.2003 – 8 AE 03/40047 –.

32 Vgl. dazu BVerwG, Urt. v. 26.9.2001 – 9 A 3/01 –; BVerwG, Beschl. v. 26.6.2000 – 11 VR 8/00 –; BVerwG, Urt. v. 14.12.1973 – 4 C 50.71 –; OVG Berlin-Brandenburg, Beschl. v. 29.1.2007 – 10 S 1/07 –.

33 Vgl. dazu BVerwG, Urt. v. 31.10.1990 – 4 C 7/88 –; BVerwG, Urt. v. 7.12.2006 – 4 C 16/04 –; OVG HH, Beschl. v. 24.2.2010 – 5 Bs 24/10 –.

§ 26 Zusammentreffen mehrerer Vorhaben

In Planfeststellungsverfahren für in den Bundesnetzplan aufgenommene Höchstspannungsleitungen kann eine einheitliche Entscheidung für die Errichtung, den Betrieb sowie die Änderung von Hochspannungsfreileitungen mit einer Nennspannung von 110 Kilovolt oder mehr, die nicht im Bundesnetzplan aufgeführt sind, sowie von Bahnstromfernleitungen beantragt werden, sofern diese Leitungen mit einer Leitung nach § 2 Absatz 2 auf einem Mehrfachgestänge geführt werden. § 78 des Verwaltungsverfahrensgesetzes bleibt unberührt. Die Planfeststellungsverfahren richten sich nach den Vorgaben dieses Gesetzes. Ist danach eine andere Behörde als die Bundesnetzagentur zuständig, wendet diese die Vorgaben des dritten Abschnitts an.

Überblick

I. Allgemeines

1. Überblick

Ein einheitliches Planfeststellungsverfahren nach NABEG soll auch dann möglich sein, wenn zwei Maßnahmen zusammentreffen, die üblicherweise in die Zuständigkeit: 1

- der BNetzA nach § 31 Abs. 1 i.V.m. der zu erlassenden ZuständigkeitsVO und des Eisenbahnbundesamts nach § 3 Abs. 1 S. 1 Ziff. 1 und Abs. 2 des BEVVG i.V.m. § 18 AEG für eine Bahnstromfernleitungstrasse fallen,
- der BNetzA nach § 31 Abs. 1 i.V.m. der zu erlassenden ZuständigkeitsVO sowie einer zuständigen Landesbehörde für eine 110 kV-Stromleitungstrasse nach § 43 S. 1 EnWG fallen,
- der zuständigen Landesbehörde nach § 31 Abs. 2 und des Eisenbahnbundesamts nach § 3 Abs. 1 S. 1 Ziff. 1 und Abs. 2 des BEVVG i.V.m. § 18 AEG für eine Bahnstromfernleitungstrasse fallen oder
- einer zuständigen Landesbehörde einmal nach § 31 Abs. 2 für eine NABEG-Maßnahme und einmal nach § 43 S. 1 EnWG für eine 110 kV-Stromleitungstrasse fallen.

Die Regelung adressiert einen technisch **existierenden Lebenssachverhalt**. Es ist technisch möglich und vereinzelt auch Praxis, Stromleitungen der Höchstspannung (220 oder 380 kV) und des 110 kV-Netzes auf einem gemeinsamen Gestänge zu führen. Auch kommt es vor, dass Leitungen anderer Spannungsebenen im Zuge der Neuerrichtung einer Trasse überflüssig werden oder im Zuge von Kompensationsmaßnahmen auf einem gemeinsamen Gestänge geführt werde. 2

Das gemeinsame Führen auf einem **Mehrfachgestänge** macht deutlich, dass diese Form von Infrastrukturbündelung **nur für Freileitungen** möglich ist. 3

Angesichts dieser neuen Regelung war das Verhältnis zu § 78 VwVfG klarzustellen. Materiell findet in allen genannten Anwendungsfällen nach S. 3 und 4 das NABEG Anwendung. 4

2. Zweck der Regelung

5 Die Vorschrift soll einem **öffentlichen Bedürfnis** dienen, gerade bei Belastung durch mehrere planfeststellungsbedürftige Trassenvorhaben unterschiedlicher Spannungsstufen ein einheitliches Verfahren und eine einheitliche Abwägung zu ermöglichen. Voraussetzung ist, dass eine Leitung aus dem Bundesbedarfsplangesetz, die den Regelungen des NABEG unterliegt, in der Planfeststellung mit selbstständigen Vorhaben für Hochspannungsleitungen (110 kV) der allgemeinen Versorgung oder zur Versorgung von Eisenbahnen zusammentrifft.

6 Dabei sind **nicht die Fälle** erfasst, in denen ein Planfeststellungsverfahren nach NABEG **planfeststellungsbedürftige Folgemaßnahmen** einer anderen Anlage auslöst. Dieser Fall ist in § 75 VwVfG geregelt. Ebensowenig regelt die Vorschrift den Fall, dass mehrere selbstständige Planfeststellungsverfahren zusammentreffen, z.B. sich kreuzen oder eine Straße und eine Höchstspannungstrasse gleichzeitig angelegt werden, und sich in einer Weise zueinander verhalten, dass diese **zwingend einheitlich entschieden** werden müssen.[1] Das sind die Fälle des § 78 VwVfG, der ausdrücklich unberührt bleibt.

7 Während in den unter Rn 11 genannten Fällen das Zusammentreffen planfeststellungsbedürftiger Vorhaben primär unter dem Gesichtspunkt der bestmöglichen Behördenkoordination – materiell getrieben von dem Gebot der Konfliktlösung – betrachtet wird, so greift § 26 das öffentliche Bedürfnis nach Trassenbündelung über den bisher rechtlich gebotenen Rahmen hinaus auf.

8 § 26 geht vom Betreiber von Übertragungsnetzen als **Vorhabenträger** aus. Dieser ist zum bedarfsgerechten Netzausbau und sicheren Netzbetrieb nach § 11 EnWG verpflichtet. Er hat ein eigenes Interesse am beschleunigten Netzausbau und sieht ggf. Möglichkeiten der Bündelung von Trassen oder Trassenabschnitten mit Infrastrukturen dritter Elektrizitätsnetzbetreiber.[2] Diese Infrastrukturen unterliegen allerdings anderen materiellen und verfahrensmäßigen Regelungen. Hier gibt § 26 dem ÜNB gegenüber dem Status quo **erweiterte Möglichkeiten** eines gemeinsamen Planfeststellungsverfahrens.[3] Ob diese Möglichkeit grds. und in ihrer konkreten Ausgestaltung einen nennenswerten Anwendungsbereich erfährt, muss beobachtet werden.

II. Abgrenzung zu § 78 VwVfG

9 § 78 VwVfG regelt schon bislang ein einheitliches Planfeststellungsverfahren, wenn mehrere selbstständige Vorhaben räumlich und zeitlich so zusammentreffen, dass das Vorhaben, oder wenigstens Teile der Vorhaben, **notwendig einheitlich** ergehen muss.[4] Das ist der Fall, wenn zwei Vorhaben sowohl zeitlich, als auch räumlich-funktional aufeinandertreffen.

10 Ein **zeitliches Aufeinandertreffen** in diesem Sinne liegt vor, wenn die Anträge für zwei Planfeststellungsverfahren nicht unbedingt zur gleichen Zeit, aber zeitlich doch so nah beieinander gestellt werden, dass ohne Wiederholung wesentlicher Verfahrensschritte ein gemeinsames Verfahren geführt werden kann. Das zeitliche Aufeinandertreffen wird spätestens dann nicht mehr angenommen, wenn für eines der beiden Verfahren schon das Anhörungsverfahren mit Auslegung nach § 73 Abs. 3 VwVfG bereits begonnen hat.[5] Da von der ersten Einreichung der

1 Knack/Henneke/*Dürr*, § 78 Rn 10.
2 Als Beispiel einer solchen Diskussion siehe: Leibnitz Universität Hannover/TU Dresden/TU Clausthal, Machbarkeitsstudie zur Verknüpfung von Bahn- und Energieleitungsinfrastrukturen vom 2.7.2012 unter www.bundesnetzagentur.de/stromnetzentwicklung.
3 Siehe Rn 19 f.
4 *Kopp/Ramsauer*, § 78 Rn 1.
5 *Kopp/Ramsauer*, § 78 Rn 6b.

Unterlagen bis zur Auslegung derzeit teilweise Monate verstreichen, ist hier jedoch ein nennenswertes Zeitfenster eröffnet. Der Maßstab des zeitlichen Zusammentreffens in § 78 VwVfG ist auf § 26 sicherlich grds. übertragbar.[6]

Der Anwendungsbereich von § 78 VwVfG ist allerdings nur eröffnet, wenn die Vorhaben räumlich-funktional so zusammentreffen, dass nur eine einheitliche Entscheidung ergehen **kann. Ein räumlich-funktionales** Zusammentreffen ist dann gegeben, wenn sich die in Anspruch genommenen Flächen **real überschneiden**[7] oder sich die Vorhaben in ihren Auswirkungen so nahe kommen, dass ein **substantieller Koordinierungsbedarf** ausgelöst wird.[8] Dies kann auch der Fall sein, wenn Trassen von Infrastrukturmaßnahmen **notwendig parallel** geführt werden.[9] 11

Eine weitere Voraussetzung des § 78 VwVfG ist, dass mindestens eines der Verfahren bundesrechtlich geregelt ist. 12

In allen Fällen, in denen selbstständige Planfeststellungsverfahren für Stromtrassen nach NABEG und von Stromtrassen mit einer Nennspannung von 110 kV oder mehr nach den konkreten Planungskonzepten[10] der Vorhabenträger zusammentreffen, insbesondere in Abschnitten räumlich nah beieinander parallel geführt würden, kann § 78 VwVfG mit der Notwendigkeit einer einheitlichen Entscheidung zur Anwendung kommen. Dies können auch Nicht-Ländergrenzen übergreifende Höchstspannungstrassen sein. **Die Vorhabenträger können aber dieses einheitliche Verfahren im Rahmen des § 78 nicht selbst herbeiführen.** Vielmehr bleiben die sich aus den jeweiligen Rechtsvorschriften ergebenden Zuständigkeiten solange erhalten, bis eine Entscheidung über die Zuständigkeit nach § 78 Abs. 2 gefallen ist.[11] Die Entscheidung für ein einheitliches Verfahren nach § 78 VwVfG liegt im pflichtgemäßen Ermessen der Behörden. Das bloße Interesse der Vorhabenträgers, z.B. aus Gründen der öffentlichen Akzeptanz zur Planungsbeschleunigung, an der planerischen Koordinierung reicht nach § 78 VwVfG noch nicht aus.[12] Insbesondere wird die Errichtung einer neuen 380 kV-Trasse neben einer bestehenden Hoch- oder Höchstspannungstrasse für diese nicht zu einem neuen Planfeststellungsverfahren führen. Bestehende Vorbelastungen des Raumes gehen in die Abwägung der neuen Planfeststellung schlicht ein. 13

Daran wird die **weitergehende Zielsetzung des § 26** deutlich: § 26 S. 1 erweitert den **Planungsspielraum der Vorhabenträger**. Diese sollen sich im Vorfeld erkennbar räumlich zusammenhängender Vorhaben mit Dritten koordinieren können. Dazu müssen sie zivilrechtliche und **regulatorische Vorfragen** klären (siehe § 2 Rn 23). Wenn im Ergebnis dann verschiedene Elektrizitätsinfrastrukturen zusammengelegt und auf einem Mast geführt werden können, dann steht dem Vorhabenträger unmittelbar **ein einheitliches Verfahren** auf Planfeststellung bei einer einheitlichen Behörde zur Verfügung. Den ÜNB wird ermöglicht, selbst die zeitgleiche Erneuerung anderer Stromtrassen mit anzustoßen – quasi als **vorweggenommene Kompensationsmaßnahme** – und dann für ein gemeinsames Vorhaben **ein einheitliches Verfahren** an die Hand zu bekommen. 14

Die Vorschrift ist auch eine Konsequenz des sich durch das NABEG weiter ausdifferenzierenden Fachrechts für die immer gleiche Rechtsmaterie – die Genehmigung von Stromtrassen. War in der Vergangenheit das Zusammentreffen von planfeststellungsbedürftigen Vorhaben in 15

6 Siehe unten Rn 18.
7 *Franke*, ZFW 1979, 1, 15.
8 BVerwG, Urt.v. 26.4.2007 – 4 C 12/05 – „Mühlenberger Loch".
9 Stelkens/Bonk/Sachs/*Neumann*, § 78 Rn 16.
10 *Kopp*/*Ramsauer*, § 78 Rn 6b.
11 Knack/Henneke/*Dürr*, § 78 Rn 29.
12 BVerwG, Beschl.v. 23.12.1992 – 4 B 188.92 = DÖV 1993, 433; VGH Mannheim, Beschl. v. 14.2.2000 – 8 S 2852/99 = NuR 2000, 638, 639.

der Regel ein solches von **unterschiedlichen Rechtsmaterien,**[13] so gibt es mit dem NABEG für die Errichtungsgenehmigung von Stromtrassen das dritte Planfeststellungsrecht neben dem AEG und dem EnWG.

16 § 26 S. 3 führt dann, anders als § 78 VwVfG, zu einem **einheitlich anzuwendenden Recht**. Im Rahmen des § 78 wendet die einheitlich zuständige Behörde das jeweils einschlägige materielle Fachplanungsrecht an.[14] Bei Zusammentreffen von Höchst- und Hochspannungsleitungen ist materiell in jedem Fall der 3. Abschnitt des NABEG anzuwenden. Hier werden materiellrechtliche Anforderungen verdrängt. Allerdings ist festzuhalten, dass für Stromtrassen der allgemeinen Versorgung die materiell sehr ähnlichen Vorschriften der §§ 43 ff. EnWG und für das Eisenbahnrecht die nach NABEG auch subsidiär anzuwendenden Vorschriften des VwVfG in Rede stehen.

III. Verfassungsmäßigkeit

17 Die kompetenzrechtlichen Verfassungsfragen sind im Zusammenhang mit dem VwVfG und speziell § 78 VwVfG intensiv diskutiert worden.[15] Die vorliegende Regelung begegnet **keinen durchgreifenden verfassungsrechtlichen Zweifeln**. Bei dieser Bewertung kann man sich an den Bewertungen zu § 78 VwVfG orientieren.[16]

18 Die Zusammenführung der Vorhaben und die Konzentration auf ein Planfeststellungsverfahren erreicht § 26 durch bundesgesetzliche Anordnung. Die sich gegenseitig verdrängenden Verfahrensvorschriften sind allesamt bundesgesetzlich geregelt, im NABEG, im EnWG und ggf. im AEG. Daher kann der Gesetzgeber die Konzentration der Verfahren auch für den Fall regeln, in dem ausschließlich Landesbehörden beteiligt sind. Dies wäre der Fall, wenn ein Planfeststellungsverfahren für eine 110 kV-Trasse nach § 43 ff. EnWG mit einem nach § 31 Abs. 2 NABEG durch eine Landesbehörde durchgeführten Planfeststellungsverfahren einer 380 kV-Trasse zusammengeführt würden.

IV. Gemeinsames Verfahren

1. Zusammentreffen

19 Die Vorhaben müssen für den einheitlichen Antrag gemeinsam auf einem **Mehrfachgestänge** geführt sein. Der Begriff des „Mehrfachgestänges“ findet sich nicht als Standard in der elektrotechnischen Literatur. Erkennbar sind Mastkonstruktionen gemeint, auf denen Höchstspannungssysteme mit Systemen der anderen genannten Arten gemeinsam geführt werden.[17] Hierfür bedarf es mindestens mehrerer Traversen und die Erfüllung der einschlägigen VDE-Normen. Ein besonderer Masttypus ist damit nicht verbunden.

20 Die Leitungssysteme, die hier gemeinsam auf einem Mast geführt werden, gehören aufgrund der Regelungen der **Entflechtung** und der **Eigentümerstruktur** der Netzbetreiberlandschaft in Deutschland immer zu unterschiedlichen Vorhabenträgern.[18] Sie sind nicht funktional voneinander abhängig.

---

13 Z.B. BVerwG, Urt. v. 26.4.2007 – 4 C 12/05 – „Mühlenberger Loch“ das Luftverkehrsrecht und das Wassserhaushaltsrecht; oder: *Franke*, ZFW 1979, 1, 15 das WaStrG mit dem allgemeinen Planfeststellungsrecht nach VwVfG; vgl. *Knöpfle* in: FS Maunz, S. 194.

14 *Kopp/Ramsauer*, § 78 Rn 10.

15 *Knöpfle* in: FS Maunz, S. 190 f.

16 *Kopp/Ramsauer*, § 78 Rn 3, Stelkens/Bonk/Sachs/*Neumann* § 78 Rn. 4.

17 Vgl. Machbarkeitsstudie zur Verknüpfung von Bahn- und Energieleitungsinfrastrukturen, Los 1 zur Technischen Machbarkeit, Abschnitt 5, www.bundesnetzagentur.de/stromnetzentwicklung.

18 Siehe § 2 Rn 21 f.

Die Besonderheit des Verfahrens besteht also darin, dass die grds. selbstständigen Vorhaben hier in einer Weise zusammentreffen, dass es sich um räumlich identische Betroffenheiten handelt. Eine darüber hinausgehende **funktionale Verbundenheit** der Vorhaben ist nicht erforderlich. 21

Das **zeitliche Zusammentreffen** wird ebenfalls durch die Vorhabenträger herbeigeführt. Dabei ist nicht erforderlich, dass die Vorhaben von Anfang gemeinsam beantragt werden. Bei einem entsprechenden Antrag im Laufe eines begonnenen Planfeststellungsverfahrens nach NABEG stellt sich die Frage nach Verzögerungen. § 2 Abs. 3 geht davon aus, dass durch die Einbeziehung eines zweiten Vorhabens **keine *„wesentlichen Verfahrensverzögerungen“*** für die Planfeststellung eintreten. Dies ist ausgeschlossen, wenn es dem Vorhabenträger der Höchstspannungsleitung gelingt, von Anfang an einen gemeinsamen Antrag zu stellen. 22

Spätere Antragstellungen sind wie Planänderungen zu behandeln und können die Wiederholung bestimmter Teile des Verfahrens (Auslegung und Anhörung) auslösen. Führt eine Zusammenführung von Vorhaben jedoch zu einer höheren Akzeptanz des regionalen Netzausbaus insgesamt, so kann diese Beschleunigung einen Zeitverlust durch erneute Auslegung durchaus wettmachen. Es ist im Einzelfall zu beurteilen, ob es sich um eine wesentliche Verzögerung handelt. In diesem Fall ist die Planfeststellungsbehörde nach pflichtgemäßem Ermessen nicht verpflichtet, die Verfahren zusammenzuführen. 23

2. Antragserfordernis

Wie dargelegt, ist die Zusammenführung von Verfahren nach §78 VwVfG gesetzlich angeordnet.[19] Für das einheitliche Verfahren nach § 26 bedarf es des Antrags des Vorhabenträgers. Der Wortlaut geht von einem Planfeststellungsverfahren für eine im Bundesnetzplan aufgenommene Höchstspannungsstrasse als **Leitverfahren** aus. 24

3. Anwendbares Recht

Das gemeinsame Verfahren nach den Vorschriften des NABEG erstreckt sich dann nicht nur auf den Bereich der vollständigen Überschneidung auf den Mehrfachgestängemasten, sondern auf den gesamten Trassenabschnitt. Hier gelten die Grundsätze der Abschnittsbildung.[20] 25

V. Zuständigkeit

Die Zuständigkeitszuordnung der einheitlichen Entscheidung in § 26 erscheint nicht ganz geglückt. Der Wortlaut des S. 4 („*ist* ***danach*** *eine andere Behörde...zuständig*“) sowie auch die Gesetzesbegründung[21] weisen darauf hin, dass der Gesetzgeber davon ausgeht, dass es eine andere Zuständigkeit als die nach § 31 Abs. 2 NABEG geben kann. In der Begründung wird ausgeführt: *„Dies ist auch der Fall, wenn sich nach § 78 des Verwaltungsverfahrensgesetzes eine andere Behördenzuständigkeit ergibt.“* 26

Daraus lässt sich schließen, der Gesetzgeber habe nicht nur regeln wollen, dass § 78 VwVfG **unberührt** bleibt, sondern für die Feststellung der Zuständigkeit auch § 78 VwVfG **entsprechend** angewendet wird. Wie in § 78 VwVfG gälte dann auch in § 26 zur Feststellung der Behördenzuständigkeit das **Schwerpunktprinzip**. Zuständig wäre demnach für das einheitliche Verfahren die Behörde, deren Verfahren den Schwerpunkt der zu treffenden Entscheidung bildet. 27

19 Vgl. Rn 7.
20 Vgl. § 43 EnWG Rn 161 und § 18 Rn 119.
21 BT-Drucks. 17/6073 S. 30.

Die Größe des Einzelvorhabens und sein Raumbedarf wären dabei noch nicht allein ausschlaggebend. Vielmehr wäre das Ausmaß der durch das jeweilige Vorhaben berührten öffentlichen Belange zur Beurteilung des Schwerpunkts maßgeblich.[22] Daher bedürfe es der Entscheidung im Einzelfall, auch wenn bei dem Zusammentreffen einer 110 kV- und 380 kV-Stromleitung in gleicher Trasse in der Regel der größere Kreis öffentlich-rechtlicher Beziehungen durch die 380 kV-Leitung betroffen sein wird.

28 Es ist allerdings fraglich, ob dieser mutmaßliche Wille des Gesetzgebers sich ausreichend niedergeschlagen hat. Eine entsprechende Anwendung des § 78 VwVfG ist im Wesentlichen aus der Begründung abzulesen, der Wortlaut der Vorschrift gibt das nicht her. Auch wäre es **für den Vorhabenträger schwierig**, die in § 78 VwVfG behördlicherseits und mit einem aufwändigen Konfliktlösungsmechanismus versehene **Zuständigkeitsentscheidung nach dem Schwerpunktprinzip zu antizipieren** und den Planfeststellungsantrag an die richtige Behörde zu stellen.

29 Es spricht daher mehr dafür, dass der einheitliche Planfeststellungsantrag bei der für das Planfeststellungsverfahren nach NABEG zuständigen Planfeststellungsbehörde einzureichen ist und diese die Vorschriften des 3. Abschnitts auf alle Vorhabenteile des Antrags anzuwenden hat. Der Verweis, dass auch eine andere Planfeststellungsbehörde als die BNetzA diese Vorschriften anwendet, ist angesichts § 31 Abs. 2 zwar redundant, aber nicht sinnlos. Mithin **bündelt sich die Zuständigkeit** auch für die mit der NABEG-Leitung verbundenen Vorhaben aus dem Bereich 110 kV-Verteilernetz oder 110 kV-Bahnstromfernleitungsnetz **bei der nach § 31 Abs. 1 oder Abs. 2 zuständigen Behörde**. Die verdrängte Planfeststellungsbehörde tritt in die Rolle eines zu beteiligenden Trägers öffentlicher Belange.

VI. Rechtsschutz

30 Von Dritten kann die einheitliche Zuständigkeit nicht selbstständig angefochten werden.

---

22 VGH Mannheim, Beschl. v. 14.2.2000 – 8 S 2852/99 = NuR 2000, 638, 639.

§ 27 Vorzeitige Besitzeinweisung und Enteignungsverfahren

(1) Der Vorhabenträger kann verlangen, dass nach Abschluss des Anhörungsverfahrens gemäß § 22 eine vorzeitige Besitzeinweisung durchgeführt wird. § 44b des Energiewirtschaftsgesetzes findet mit der Maßgabe Anwendung, dass der nach dem Verfahrensstand zu erwartende Planfeststellungsbeschluss dem vorzeitigen Besitzeinweisungsverfahren zugrunde zu legen ist. Der Besitzeinweisungsbeschluss ist mit der aufschiebenden Bedingung zu erlassen, dass sein Ergebnis durch den Planfeststellungsbeschluss bestätigt wird. Anderenfalls ist das vorzeitige Besitzeinweisungsverfahren auf der Grundlage des ergangenen Planfeststellungsbeschlusses zu ergänzen.
(2) Der Vorhabenträger kann verlangen, dass nach Abschluss des Anhörungsverfahrens gemäß § 22 ein vorzeitiges Enteignungsverfahren durchgeführt wird. § 45 des Energiewirtschaftsgesetzes findet mit der Maßgabe Anwendung, dass der nach dem Verfahrensstand zu erwartende Planfeststellungsbeschluss dem Enteignungsverfahren zugrunde zu legen ist. Der Enteignungsbeschluss ist mit der aufschiebenden Bedingung zu erlassen, dass sein Ergebnis durch den Planfeststellungsbeschluss bestätigt wird. Anderenfalls ist das Enteignungsverfahren auf der Grundlage des ergangenen Planfeststellungsbeschlusses zu ergänzen.

Überblick

I. Allgemeines

1. Überblick über die Norm

Der Vorhabenträger hat nach **Abs. 1 S. 1** einen **Anspruch auf Durchführung eines vorzeitigen Besitzeinweisungsverfahrens,** sobald das **Anhörungsverfahren** gem. § 22 **abgeschlossen** ist und er einen entsprechenden Antrag bei der Behörde stellt. 1

Abs. 1 S. 2 erklärt § 44b EnWG für anwendbar und modifiziert ihn dahingehend, dass nicht die Vollziehbarkeit von Planfeststellungsbeschluss und Plangenehmigung wie in § 44b Abs. 1 S. 2 EnWG erforderlich ist, sondern der **zu erwartende Planfeststellungsbeschluss** zugrunde zu legen ist. Die Behörde muss also wie beim vorzeitigen Enteignungsverfahren eine Prognose treffen. 2

3 Nach **Abs. 1 S. 3** ist der Erlass des vorzeitigen Besitzeinweisungsbeschlusses mit einer **aufschiebenden Bedingung** als Nebenbestimmung obligatorisch, sodass der Beschluss erst dann Rechtswirkungen entfaltet, wenn der Planfeststellungsbeschluss tatsächlich erlassen wird. Nach **Abs. 1 S. 4** ist für den Fall, dass der Planfeststellungsbeschluss nicht wie im vorzeitigen Besitzeinweisungsverfahren prognostiziert erlassen wird, der vorzeitige Besitzeinweisungsbeschluss zu **ergänzen.**

4 Der Vorhabenträger hat nach **Abs. 2 S. 1** einen **Anspruch auf Durchführung eines vorzeitigen Enteignungsverfahrens,** sobald das **Anhörungsverfahren** gem. § 22 **abgeschlossen** ist und er ein entsprechendes Verlangen gegenüber der Behörde ausspricht.

5 **Abs. 2 S. 2** erklärt § 45 EnWG für anwendbar und modifiziert ihn dahingehend, dass der zu erwartende Planfeststellungsbeschluss zugrunde zu legen ist. Die Behörde muss wie auch beim vorzeitigen Besitzeinweisungsverfahren eine **Prognose** treffen.

6 Nach **Abs. 2 S. 3** ist der Erlass des vorzeitigen Enteignungsbeschlusses mit einer **aufschiebenden Bedingung** als Nebenbestimmung obligatorisch, sodass der Beschluss erst dann Rechtswirkungen entfaltet, wenn der Planfeststellungsbeschluss tatsächlich erlassen wird. Nach **Abs. 2 S. 4** ist für den Fall, dass der Planfeststellungsbeschluss nicht wie im vorzeitigen Enteignungsbeschluss prognostiziert erlassen wird, der vorzeitige Enteignungsbeschluss zu ergänzen.

2. Regelungszweck

7 Die Regelung verlagert das eigentliche Besitzeinweisungs- und Enteignungsverfahren vor, beschleunigt es jedoch nicht. Der vorzeitige Besitzeinweisungs- bzw. Enteignungsbeschluss ist jedoch **aufschiebend bedingt** durch den **Erlass des Planfeststellungsbeschlusses.**

8 Das Planfeststellungsverfahren, mit dessen Abschluss die Verwirklichung eines Vorhabens für zulässig erklärt wird, **belässt** die **Rechte privater Dritter** grds. **unberührt.**[1] Die Verwirklichung der planfestgestellten Vorhaben macht nichtsdestoweniger in der Regel den Zugriff auf fremden Grund und Boden erforderlich. Kommt eine gütliche Einigung mit den dinglich Berechtigten nicht zustande, ist ein Enteignungsverfahren durchzuführen. Zur Beschleunigung der Realisierung des Vorhabens ermöglicht § 27 den Erlass eines vorzeitigen Besitzeinweisungsbeschlusses (Abs. 1) bzw. eines vorzeitigen Enteignungsbeschlusses (Abs. 2), der nach Erlass des Planfeststellungsbeschlusses Zugriff auf Grundstücke ermöglicht, bereits vor Abschluss des Zulassungsverfahrens. Zulassungsverfahren und Besitzeinweisungs- bzw. Enteignungsverfahren finden in diesem Fall parallel statt. Unter Beachtung der **Grundrechte der Betroffenen** kann der Vorhabenträger allerdings erst mit Erlass des Planfeststellungsbeschlusses von der Besitzeinweisung (Abs. 1) oder Enteignung (Abs. 2) Gebrauch machen.

9 Bei dem vorzeitigen Besitzeinweisungs- und Enteignungsbeschluss handelt es sich um ein **spezielles enteignungsrechtliches Institut,** dass als Teil der Beschleunigungsgesetzgebung der besonderen Dringlichkeit der Vorhaben Rechnung tragen kann.[2] Es erfüllt eine vergleichbare Funktion wie die **sofortige Vollziehung** nach § 80 Abs. 2 Nr. 4 VwGO.[3]

10 In **§ 44b Abs. 1a EnWG** ist eine mit § 27 Abs. 1 NABEG identische Regelung zum vorzeitigen Besitzeinweisungsverfahren aufgenommen worden. Gleichzeitig wurde mit **§ 45b EnWG** unter der Überschrift „Parallelführung von Planfeststellungs- und Enteignungsverfahren" eine Parallelregelung über das vorzeitige Enteignungsverfahren in das EnWG eingefügt.[4]

---

1 Vgl. die Kommentierung zu § 45 EnWG Rn 4 ff.
2 Vgl. zur Bauleitplanung Battis/Krautzberger/Löhr/*Battis*, § 116 Rn 1.
3 Zur Bauleitplanung Battis/Krautzberger/Löhr/*Battis*, § 116 Rn 1.
4 Art. 2 Nr. 8 des Gesetzes über Maßnahmen zur Beschleunigung des Netzausbaus Elektrizitätsnetze v. 28.7.2011.

Den vorzeitigen Besitzeinweisungs- und Enteignungsverfahren **vergleichbare Regelungen** sind auch in **anderen Fachplanungsgesetzen**[5] und dem BauGB enthalten. So wurde mit Wirkung zum 1.1.1977 ein vorzeitiges Besitzeinweisungsverfahren in § 116 BauGB aufgenommen.[6] Der Besitzeinweisungsbeschluss kann nach § 116 Abs. 2 S. 1 BauGB von der Leistung einer Sicherheit abhängig gemacht werden. 11

In **§ 44b Abs. 1 EnWG** besteht eine Parallelregelung über das „vorzeitige Besitzeinweisungsverfahren". Diese wurde mit dem Gesetz zur Beschleunigung von Planungsverfahren für Infrastrukturvorhaben[7] (InfPBG) vom 9.12.2006 in das EnWG eingeführt. Bei § 44a Abs. 1 EnWG handelt es sich ausweislich des Wortlauts auch um ein **„vorzeitiges"** Verfahren. Trotz der gleichen Bezeichnung unterscheidet sich die Vorschrift aber insofern von § 27, als dass sie eine **bereits ergangene Planentscheidung voraussetzt.** 12

3. Entstehungsgeschichte

Die Vorschrift wurde durch Art. 1 des **Gesetzes über Maßnahmen zur Beschleunigung des Netzausbaus Elektrizitätsnetze**[8] vom 28.7.2011 mit Wirkung zum 5.8.2011 als § 27 erlassen. Im **Gesetzgebungsverfahren** erfuhr sie **keine Modifikationen** und ist wortgleich mit dem ursprünglichen Entwurf.[9] 13

Der Bundesrat hat die Einfügung des mit Abs. 1 identischen § 44b Abs. 1a EnWG und des mit Abs. 2 identischen § 45b EnWG in seiner Stellungnahme mit folgender Begründung **abgelehnt:**[10] 14

> *„Eine aufschiebend bedingte Besitzeinweisung vor dem förmlichen Abschluss des tragenden Genehmigungsverfahrens brächte allenfalls Zeitgewinne von wenigen Wochen [...] Auch die Einräumung eines Rechtsanspruchs auf ein paralleles Besitzeinweisungsverfahren des mit Verfahrensrecht und örtlichen Verhältnissen weniger vertrauten Vorhabenträgers ist verfehlt. Wenn es überhaupt ein Parallelverfahren geben kann, muss das im Ermessen der fachkundigen Behörde liegen, die das Verfahren auch gegenüber Betroffenen und Öffentlichkeit zu verantworten hat."*

Die Bundesregierung hat den Vorschlag abgelehnt und misst der Möglichkeit der vorzeitigen Enteignung unter Vorbehalt ein Beschleunigungspotenzial bei. Die Durchführung eines Besitzeinweisungs- bzw. Enteignungsverfahrens bereits vor dem Planerlass – wie sie auch Gegenstand von § 27 Abs. 1, Abs. 2 NABEG sind – ist **erstmals Gegenstand eines Fachplanungsgesetzes.** Die Neuregelungen in §§ 44b Abs. 1a, 45b EnWG und § 27 NABEG gehen somit über die bisher bestehenden Möglichkeiten hinaus. 15

II. Besitzeinweisungsbeschluss vor Planerlass – Vorvorzeitige Einweisung (Abs. 1)

1. Allgemeines

Gemäß Abs. 1 S. 1 kann der Vorhabenträger vor Erlass des Planfeststellungsbeschlusses **verlangen**, dass eine **vorzeitige Besitzeinweisung** durchgeführt wird. Auf den Erlass des vorzeitigen 16

5 Vgl. § 18f FStrG; § 20 WaStrG; § 21 AEG; § 27g LuftVG; § 29a PBefG; § 6 MBPlG.
6 Gesetz zur Änderung des BauGB v. 18.8.1976, BGBl. I S. 2221, 3617.
7 BGBl. I S. 2833, ber. 2007 I S. 691.
8 BGBl. I S. 1690.
9 BT-Drucks. 17/6073.
10 BT-Drucks. 17/6249, S. 15.

Besitzeinweisungsbeschlusses besteht ein **Anspruch**. Voraussetzung ist ein **Antrag** des Vorhabenträgers und ein **zu erwartender Planfeststellungsbeschluss**, der als spätere tragfähige Grundlage für die Einweisung dient. Sie darf daher nur ergehen, wenn mit hoher Wahrscheinlichkeit zu erwarten ist, dass einem späteren Enteignungsantrag entsprochen wird.[11] In dem Antrag sind das **Vorhaben** und die vom Besitzeinweisungsbeschluss in Anspruch zu nehmenden **Grundstücke** genau zu **bezeichnen**.

17 Dabei lässt sich von der **„Vorvorzeitigkeit"** der Besitzeinweisung sprechen, da die vorzeitige Besitzeinweisung – wie in § 44b Abs. 1 EnWG bereits vorgesehen gewesen – erst nach Planerlass, aber vor Abschluss des Enteignungsverfahrens stattfinden sollte. Die Besitzeinweisung nach Abs. 1 bzw. § 44b Abs. 1a EnWG findet hingegen zeitlich vor der bereits bekannten vorzeitigen Einweisung auf Basis einer Prognose statt, also wenn ein **Planfeststellungsbeschluss noch nicht ergangen** ist.

18 **Zuständig** für den Erlass des Beschlusses ist gem. § 31 Abs. 1, 2 die nach Landesrecht für das Planfeststellungsverfahren zuständige Behörde. Bei ihr muss der Vorhabenträger den Antrag einreichen. Soweit Aufgaben aus dem dritten Abschnitt über das Planfeststellungsverfahren per Rechtsverordnung nach § 2 Abs. 2 auf die **BNetzA** übertragen wurden, ist diese anstelle der Landesbehörden für die Wahrnehmung der Kompetenz zuständig. In diesem Fall ist der Antrag an die BNetzA zu richten.

2. Antrag und Anhörung

19 Der Vorhabenträger kann den **Antrag** nach Abs. 1 erstmals **nach Abschluss** des **Anhörungsverfahrens** nach § 22 stellen. Das Anhörungsverfahren wird mit Ende des Erörterungstermins abgeschlossen, sodass zu diesem Zeitpunkt der Antrag frühestens gestellt werden kann.

20 Im **Plangenehmigungsverfahren** und bei **Freistellung von Planfeststellung und -genehmigung** nach § 25 findet **keine Öffentlichkeitsbeteiligung** nach § 22 statt, sodass diese nicht als Anknüpfungspunkt für die Antragstellung dienen kann. Eine **Besitzeinweisung** ist jedoch auch im **Plangenehmigungsverfahren** möglich. Der Antrag kann in solchen Fällen **zusammen mit den eingereichten Unterlagen** für die Erteilung der Plangenehmigung **gestellt** werden. Dies folgt aus § 43b Nr. 3 EnWG, der über § 18 Abs. 3 S. 2 NABEG anwendbar ist und die Vorschrift des § 74 Abs. 6 S. 2 VwVfG als spezielle Norm verdrängt. Dadurch hat die Plangenehmigung sämtliche Rechtswirkungen des energiewirtschaftlichen Planfeststellungsbeschlusses, **einschließlich der enteignungsrechtlichen Vorwirkung**. Wenn der Plangenehmigung in Abweichung zu den allgemeinen Regelungen des Planfeststellungsrechts in § 74 Abs. 6 S. 2 VwVfG im Bereich der Energiewirtschaft ausdrücklich eine enteignungsrechtliche Vorwirkung zukommt, müssen auch besondere enteignungsrechtliche Institute wie die vorzeitige Besitzeinweisung im Plangenehmigungsverfahren anwendbar sein.

21 Auch im Anzeigeverfahren nach § 25 findet keine Öffentlichkeitsbeteiligung statt. Bei **unwesentlichen Änderungen** im Sinne von **§ 25** kann auf ein Planfeststellungs- und Plangenehmigungsverfahren verzichtet werden und stattdessen das Vorhaben in einem Anzeigeverfahren zugelassen werden. Der Entscheidung im Anzeigeverfahren werden keine enteignungsrechtlichen Wirkungen zugedacht, sodass auf ihrer Grundlage keine Enteignung vorgenommen werden kann. Eine Besitzeinweisung ist daher auf Grundlage von Abs. 1 nicht möglich. Nicht zuletzt ist **im Regelfall im Anzeigeverfahren die Anwendung enteignungsrechtlicher Institute** entbehrlich. Voraussetzung von § 25 Abs. 1 Nr. 3 ist, dass Rechte anderer nicht beeinträchtigt oder mit den vom Plan Betroffenen entsprechende Vereinbarungen getroffen werden.

11 OLG Jena, Urt. v. 3.3.2010 – BI U 687/08 –.

3. Parallelvorschrift § 44b (vorzeitige Besitzeinweisung)

Abs. 1 ist **inhaltsgleich mit § 44b Abs. 1a EnWG**. Indem Abs. 1 S. 2 hinsichtlich der materiellrechtlichen Voraussetzungen auf § 44b EnWG verweist, wird dieselbe Regelungswirkung erreicht, wie es § 44b EnWG vorsieht. 22

Anders als der Normtext – in Abweichung zu Abs. 2 – nahelegt, ist **nicht die Besitzeinweisung** selbst **vorzeitig** – diese ist so mit einer aufschiebenden Bedingung zu erlassen, dass sie erst bei Bestätigung durch den Planfeststellungsbeschluss die ihr zugedachte rechtliche Wirkung entfalten kann. **Vorzeitig ist** vielmehr – für die Enteignung ist das auch so benannt – das **Besitzeinweisungsverfahren.** 23

§ 44b EnWG stellt die **Voraussetzungen** auf, die für eine vorzeitige Besitzeinweisung vorliegen müssen. Nach § 44b Abs. 1 EnWG muss der **sofortige Beginn von Bauarbeiten geboten** sein und sich der Eigentümer oder **Besitzer weigern**, den **Besitz** eines für den Bau, die Änderung oder Betriebsänderung von Hochspannungsfreileitungen, Erdkabeln oder Gasversorgungsleitungen im Sinne des § 43 EnWG benötigten Grundstücks durch Vereinbarung unter Vorbehalt aller Entschädigungsansprüche **zu überlassen.** 24

Dazu müssen der Planfeststellungsbeschluss oder die Plangenehmigung vollziehbar sein. Dies wird dadurch modifiziert, als dass nach § 27 Abs. 1 S. 2 der **nach dem Verfahrensstand zu erwartende Planfeststellungsbeschluss** anstelle einer vollziehbaren Entscheidung zugrunde zu legen ist. 25

Nach § 44b Abs. 2 S. 1 EnWG hat die Enteignungsbehörde spätestens sechs Wochen nach Eingang des Antrags auf Besitzeinweisung mit den Beteiligten **mündlich zu verhandeln**. Nach S. 3 ist dabei den Betroffenen der Antrag auf Besitzeinweisung mitzuteilen. 26

§ 44b Abs. 4 EnWG regelt das Verfahren: Der **Beschluss** über die Besitzeinweisung ist dem Antragsteller und den Betroffenen spätestens zwei Wochen nach der mündlichen Verhandlung **zuzustellen.** Die Besitzeinweisung wird in dem von der Enteignungsbehörde bezeichneten Zeitpunkt wirksam. Dieser Zeitpunkt soll auf höchstens zwei Wochen nach Zustellung der Anordnung über die vorzeitige Besitzeinweisung an den unmittelbaren Besitzer festgesetzt werden. 27

Die **Wirkung der Besitzeinweisung** ergibt sich aus § 44b Abs. 4 EnWG. Danach wird der Besitz durch die Besitzeinweisung dem Besitzer entzogen und der Vorhabenträger neuer Besitzer. Der Besitzwechsel hat zur Folge, dass der Vorhabenträger auf dem Grundstück das im Antrag auf Besitzeinweisung bezeichnete Bauvorhaben durchführen und die dafür erforderlichen Maßnahmen treffen darf. 28

Nach § 44b Abs. 5 EnWG hat der Vorhabenträger für die durch die vorzeitige Besitzeinweisung entstehenden Vermögensnachteile **Entschädigung** zu leisten, soweit die Nachteile nicht durch die Verzinsung der Geldentschädigung für die Entziehung oder Beschränkung des Eigentums oder eines anderen Rechts ausgeglichen werden. **Art und Höhe der Entschädigung** sind von der Enteignungsbehörde in einem **Beschluss** festzusetzen. 29

4. Rechtscharakter, Rechtsmittel

Die vorzeitige Besitzeinweisung ist ein **Verwaltungsakt mit Doppelwirkung**. Sie begünstigt den Vorhabenträger und belastet den betroffenen Grundstückseigentümer. 30

Der vorzeitige Besitzeinweisungsbeschluss ist aufschiebend bedingt zu erlassen. Nichtsdestoweniger handelt es sich dabei um **einen wirksamen Verwaltungsakt.** § 44b EnWG stellt die Voraussetzungen auf, die für eine Besitzeinweisung vorliegen müssen. Die enteignungsrechtliche Vorwirkung des Planfeststellungsbeschlusses und der Plangenehmigung nach NABEG ergibt sich aus § 18 Abs. 3 S. 2 NABEG i.V.m. § 43b Nr. 3 EnWG (Plangenehmigung) bzw. aus § 18 Abs. 3 S. 2 NABEG i.V.m. § 45 Abs. 1 Nr. 1 EnWG. 31

Die vorzeitige Besitzeinweisung teilt das rechtliche Schicksal der Planentscheidung: Wird der festgestellte Plan oder die Plangenehmigung aufgehoben, so sind gem. § 44b Abs. 6 S. 1 32

EnWG auch die Besitzeinweisung aufzuheben und der vorherige Besitzer wieder in den Besitz einzuweisen. Gemäß § 44b Abs. 6 S. 2 EnWG hat der Vorhabenträger für alle durch die Besitzeinweisung entstandenen besonderen Nachteile **Entschädigung zu leisten**.

33 Nach § 44b Abs. 7 S. 1 EnWG haben Rechtsbehelfe gegen eine vorzeitige Besitzeinweisung keine aufschiebende Wirkung. Zusätzlich wird der einstweilige Rechtsschutz nach § 44b Abs. 7 S. 2 EnWG an eine **Frist** gebunden: Der **Antrag auf Anordnung der aufschiebenden Wirkung** nach § 80 Abs. 5 S. 1 VwGO kann nur innerhalb eines Monats nach der Zustellung des Besitzeinweisungsbeschlusses gestellt und begründet werden. Da die vorzeitige Besitzeinweisung ein belastender Verwaltungsakt mit Doppelwirkung ist, stehen Betroffenen die üblichen Rechtsmittel zur Verfügung: Widerspruch und Anfechtungsklage. Der jeweils andere Betroffene dürfte regelmäßig zu einem Verwaltungsverfahren und einem Verwaltungsprozess beigeladen werden.

5. Grundlage der vorzeitigen Besitzeinweisung (Prognoseentscheidung, Abs. 1 S. 2)

34 Abs. 1 enthält keine materiellen Voraussetzungen für den Erlass eines vorzeitigen Besitzeinweisungsbeschlusses, sondern verweist auf § 44b EnWG. Nach § 44b Abs. 1 EnWG kann ein vorzeitiger Besitzeinweisungsbeschluss ergehen. Voraussetzung ist die Vollziehbarkeit von Planfeststellungsbeschluss bzw. Plangenehmigung. Abs. 1 S. 2 modifiziert die Regelung, indem bei einem vorzeitigen Verfahren der nach dem Verfahrensstand zu erwartende Planfeststellungsbeschluss dem vorzeitigen Besitzeinweisungsverfahren zu Grunde zu legen ist. Auch ohne dass die Norm die tatbestandliche Voraussetzung ausdrücklich formuliert ist es notwendig, dass die zuständige Behörde eine Prognose über den zu erwartenden Planfeststellungsbeschluss trifft.

35 Die Prognoseentscheidung ist auf Grundlage des abgeschlossenen Anhörungsverfahren zu treffen. In diesem Zeitpunkt sind der Behörde die wesentlichen Einwendungen Betroffener und alle übrigen Aspekte des Vorhabens bekannt. Der Gesetzgeber geht davon aus, dass die Behörde zu diesem Zeitpunkt über ausreichende Kenntnisse über das Vorhaben verfügt, um eine derartige Prognoseentscheidung abgeben zu können. Vor diesem Hintergrund wird der Plangenehmigung z.T. die enteignungsrechtliche Vorwirkung abgesprochen. Dem steht der eindeutige Wortlaut von § 43b Nr. 3 EnWG entgegen.

36 In der Prognose muss keine Abwägung der Belange in der Weise durchgeführt werden, wie sie für den eigentlichen Planfeststellungsbeschluss erforderlich ist. Vielmehr kann die Behörde im Rahmen einer Abschätzung prognostizieren, ob mit dem Erlass eines Planfeststellungsbeschlusses zu rechnen ist; und in welcher Weise dieser zu erwarten ist. Besonderes Gewicht hat die Behörde dabei auf die Interessen der betroffenen Grundstückseigentümernutzer zu legen. An einer grds. Prognoseentscheidung ändert dies indes nichts.

6. Aufschiebende Bedingung (Abs. 1 S. 3)

37 Der vorzeitige Besitzeinweisungsbeschluss ist gem. Abs. 1 S. 3 mit einer aufschiebenden Bedingung erlassen. Abs. 1 S. 3 ist **Ermächtigungsgrundlage** für den Erlass einer **Nebenbestimmung** gem. § 36 Abs. 2 Nr. 2 Var. 1 VwVfG in Form einer aufschiebenden Bedingung. Aus diesem Grund ist die Vorschrift auch nicht verfassungswidrig.[12]

38 Bei einer aufschiebenden Bedingung treten die **Rechtswirkungen mit Eintritt** des – ungewissen – **Ereignisses** ein. Bei der Bestätigung des vorzeitigen Besitzeinweisungsbeschlusses durch den Plan handelt es sich um ein ungewisses Ereignis.

12 A.A. *Moench/Ruttloff*, NVwZ 2011, 1040, 1044 f.

Der Verwaltungsakt wird bei Erlass mit Bekanntgabe gem. § 43 Abs. 1 VwVfG wirksam.[13] Der Wirksamkeit steht nicht entgegen, dass der Besitzeinweisungsbeschluss mit einer aufschiebenden Bedingung verknüpft ist. Dies ist insbesondere für den jeweils Betroffenen wichtig, sofern er Rechtsmittel gegen den Besitzeinweisungsbeschluss einlegt. Weitergehende Rechtswirkungen entfaltet der Verwaltungsakt mit Eintritt der aufschiebenden Bedingung.[14] Das führt dazu, dass sich Rücknahme und Widerruf bereits vor Erlass des Planfeststellungsbeschlusses nach §§ 48, 49 VwVfG richten.[15] 39

7. Bestätigung durch Planfeststellungsbeschluss

Die Voraussetzung, wonach die Besitzeinweisung vom Vorliegen des Planfeststellungsbeschlusses abhängig zu machen ist, ist von zentraler Bedeutung. Abs. 1 S. 3 spricht von der Bestätigung durch den Planfeststellungsbeschluss; weitere Konkretisierungen fehlen. 40

Die Einzelheiten ergeben sich aus einem Vergleich mit § 44b Abs. 1 EnWG. Dort muss der Planfeststellungsbeschluss vollziehbar sein, § 44b Abs. 1 S. 1 EnWG. Die Einlegung von Rechtsmitteln gegen den Planfeststellungsbeschluss führt nicht zum Fortfall der Vollziehbarkeit, da die Rechtsmittel keine aufschiebende Wirkung haben, § 43e Abs. 1 S. 1. Der Rechtsmittelführer muss beim zuständigen Gericht beantragen, dass die sofortige Vollziehbarkeit aufgehoben wird, wenn er die Wirksamkeit des Besitzeinweisungsbeschlusses beseitigen will. 41

8. Ergänzung des Verfahrens (Abs. 1 S. 4)

Der Planfeststellungsbeschluss bestätigt den vorzeitigen Besitzeinweisungsbeschluss, wenn er mit dem ursprünglich beantragten Vorhaben vollständig identisch ist. Der Planfeststellungsbeschluss bestätigt hingegen den vorzeitigen Besitzeinweisungsbeschluss nicht, wenn dessen Inhalt erheblich vom Besitzeinweisungsbeschluss abweicht. Interessant wird vor diesem Hintergrund die Frage, wie mit unwesentlichen Abweichungen zwischen Besitzeinweisungsbeschluss und Planfeststellungsbeschluss umzugehen ist. Im Zweifel ist der Besitzeinweisungsbeschluss zu ergänzen. 42

Wird der im Besitzeinweisungsverfahren zugrunde gelegte Planungsstand nicht durch die Planungsentscheidung bestätigt, ist die Besitzeinweisung auf der Grundlage des ergangenen Planfeststellungsbeschlusses zu ergänzen. Die Formulierung im Gesetzestext ist widersprüchlich, da nicht das Besitzeinweisungsverfahren sondern der Besitzeinweisungsbeschluss zu ergänzen ist. Auf der Grundlage des – nunmehr ergangenen – Planfeststellungsbeschlusses ist ein neuer Besitzeinweisungsbeschluss zu erlassen. 43

III. Enteignungsbeschluss vor Planerlass – Vorzeitige Enteignung (Abs. 2)

1. Allgemeines

Gemäß Abs. 2 S. 1 kann der Vorhabenträger vor Erlass des Planfeststellungsbeschlusses **verlangen**, dass ein vorzeitiger Enteignungsbeschluss erlassen wird. Auf den Erlass besteht ein **Anspruch** des Vorhabenträgers. Voraussetzung ist ein Antrag des Vorhabenträgers und ein **zu erwartender Planfeststellungsbeschluss**, der als spätere tragfähige Grundlage für die Enteignung dient. In dem Antrag sind das **Vorhaben** und die vom Enteignungsbeschluss in Anspruch zu nehmenden **Grundstücke** genau zu **bezeichnen**. 44

13 Stelkens/Bonk/Sachs/*Stelkens*, § 36 Rn 75.
14 Stelkens/Bonk/Sachs/*Stelkens*, § 36 Rn 75.
15 Knack/Hennecke/*Meyer*, § 43 Rn 14.

45 Von der „**Vorzeitigkeit**" der Enteignung lässt sich sprechen, da die Durchführung des Enteignungsverfahrens nach § 45 EnWG einen festgestellten Plan voraussetzt, nach Abs. 2 jedoch auf Basis einer Prognose stattfindet, also **wenn ein Planfeststellungsbeschluss noch nicht ergangen** ist.

46 **Zuständig** für den Erlass des Beschlusses ist gem. § 31 Abs. 1, 2 die nach Landesrecht für das Planfeststellungsverfahren zuständige Behörde. Bei ihr muss der Vorhabenträger den Antrag einreichen. Soweit Aufgaben aus dem dritten Abschnitt über das Planfeststellungsverfahren per Rechtsverordnung nach § 2 Abs. 2 auf die **BNetzA** übertragen wurden, ist diese anstelle der Landesbehörden für die Wahrnehmung der Kompetenz zuständig. In diesem Fall ist der Antrag an die BNetzA zu richten.

2. Antrag und Anhörung

47 Der Vorhabenträger kann den **Antrag** nach Abs. 2 erstmals **nach Abschluss** des **Anhörungsverfahrens** nach § 22 stellen. Das Anhörungsverfahren wird mit Ende des Erörterungstermins abgeschlossen, sodass zu diesem Zeitpunkt der Antrag frühestens gestellt werden kann.

48 Im **Plangenehmigungsverfahren** und bei **Verzicht auf Planfeststellung und -genehmigung** nach § 25 findet jedoch **keine Öffentlichkeitsbeteiligung** nach § 22 statt, sodass diese nicht als Anknüpfungspunkt für die Antragstellung dienen kann. Eine vorzeitige **Enteignung** ist auch im **Plangenehmigungsverfahren** möglich. Der Antrag kann in solchen Fällen **zusammen mit den eingereichten Unterlagen** für die Erteilung der Plangenehmigung **gestellt** werden. Dies folgt aus § 43b Nr. 3 EnWG, der über § 18 Abs. 3 S. 2 NABEG anwendbar ist und die Vorschrift des § 74 Abs. 6 S. 2 VwVfG als spezielle Norm verdrängt. Dadurch hat die Plangenehmigung sämtliche Rechtswirkungen des energiewirtschaftlichen Planfeststellungsbeschlusses, **einschließlich der enteignungsrechtlichen Vorwirkung**. Wenn der Plangenehmigung in Abweichung zu den allgemeinen Regelungen des Planfeststellungsrechts in § 74 Abs. 6 S. 2 VwVfG im Bereich der Energiewirtschaft ausdrücklich eine enteignungsrechtliche Vorwirkung zugeschrieben wird, müssen auch besondere enteignungsrechtliche Institute, wie die vorzeitige Enteignung im Plangenehmigungsverfahren, anwendbar sein.

49 Auch im Anzeigeverfahren nach § 25 findet keine Öffentlichkeitsbeteiligung statt. Bei **unwesentlichen Änderungen** im Sinne von **§ 25** kann auf ein Planfeststellungs- und Plangenehmigungsverfahren verzichtet werden und stattdessen das Vorhaben in einem Anzeigeverfahren zugelassen werden. Der Entscheidung im Anzeigeverfahren werden keine enteignungsrechtlichen Wirkungen zugedacht, sodass auf ihrer Grundlage keine vorzeitige Enteignung vorgenommen werden kann. Eine vorzeitige Enteignung ist daher auf Grundlage von Abs. 2 nicht möglich. Nicht zuletzt ist **im Regelfall die Anwendung enteignungsrechtlicher Institute** im Anzeigeverfahren entbehrlich. Voraussetzung ist nach § 25 Abs. 1 Nr. 3, dass Rechte anderer nicht beeinträchtigt werden oder mit den vom Plan Betroffenen entsprechende Vereinbarungen getroffen werden.

3. Parallelvorschrift § 45b (vorzeitige Enteignung)

50 **Abs. 2 ist inhaltsgleich mit § 45b EnWG**. Indem Abs. 2 S. 2 hinsichtlich der materiellrechtlichen Voraussetzungen auf § 45 EnWG verweist, wird dieselbe Regelungswirkung erreicht, wie es § 45b EnWG aufgrund seiner systematischen Stellung nach § 45 EnWG vorsieht.

51 **Vorzeitig ist nicht die Enteignung selbst, sondern das Enteignungsverfahren**. Die Enteignungsentscheidung ist mit einer aufschiebenden Bedingung zu erlassen, dass sie bei Bestätigung durch den Planfeststellungsbeschluss die ihr zugedachte rechtliche Wirkung entfalten kann.

4. Rechtscharakter, Rechtsmittel

Die vorzeitige Enteignung ist ein Verwaltungsakt mit Doppelwirkung. Sie begünstigt den Vorhabenträger und belastet den betroffenen Grundstückseigentümer. 52

Der vorzeitige Enteignungsbeschluss ist aufschiebend bedingt zu erlassen. Nichtsdestoweniger handelt es sich dabei um einen wirksamen Verwaltungsakt. § 45 EnWG stellt die Voraussetzungen auf, die für eine Enteignung vorliegen müssen. Die enteignungsrechtliche Vorwirkung des Planfeststellungsbeschlusses und der Plangenehmigung nach NABEG ergibt sich aus § 18 Abs. 3 S. 2 NABEG i.V.m. § 43b Nr. 3 EnWG (Plangenehmigung) bzw. aus § 18 Abs. 3 S. 2 NABEG i.V.m. § 45 Abs. 1 Nr. 1 EnWG. 53

Der weitere Regelungsgehalt ergibt sich aus § 45 Abs. 3 EnWG. Danach finden für das Enteignungsverfahren die Regelungen der Landesenteignungsgesetze Anwendung.[16] Entsprechendes gilt für die Rechtsmittel. 54

5. Grundlage der vorzeitigen Enteignung (Prognoseentscheidung, Abs. 2 S. 2)

Abs. 2 enthält keine materiellen Voraussetzungen für den Erlass eines vorzeitigen Enteignungsbeschlusses, sondern verweist auf § 45 EnWG. Nach § 45 EnWG kann ein Enteignungsbeschluss ergehen. Diese Norm wird durch Abs. 2 S. 2 dahingehend modifiziert, dass eine Prognose über den zu erwartenden Planfeststellungsbeschluss zu treffen ist. Diese Prognoseentscheidung ist Grundlage für den vorzeitigen Enteignungsbeschluss. 55

Die Prognoseentscheidung ist auf Grundlage des abgeschlossenen Anhörungsverfahrens zu treffen. In diesem Zeitpunkt sind der Behörde die wesentlichen Einwendungen Betroffener und alle übrigen Aspekte des Vorhabens bekannt. Der Gesetzgeber geht davon aus, dass die Behörde zu diesem Zeitpunkt über ausreichende Kenntnisse über das Vorhaben verfügt, um eine derartige Prognoseentscheidung abgeben zu können. Vor diesem Hintergrund wird der Plangenehmigung z.T. die enteignungsrechtliche Vorwirkung abgesprochen. Dem steht der eindeutige Wortlaut von § 43b Nr. 3 EnWG entgegen. 56

In der Prognose muss keine Abwägung der Belange in dem Umfang durchgeführt werden, wie sie für den eigentlichen Planfeststellungsbeschluss erforderlich ist. Hinsichtlich der Beurteilungsgrundlage ist zwischen Tatbestand und Rechtsfolge zu unterscheiden. Der Tatbestand muss vollständig aufgeklärt sein. Anderenfalls ist eine Enteignung nicht zulässig. Die Entscheidungsgrundlage darf daher keine wesentlichen Lücken oder streitigen Themen enthalten. Zulässig ist eine Prognose hinsichtlich der letztendlich von der Planfeststellungsbehörde zu treffenden Entscheidung. Ist diese Prognose positiv in dem Sinne, dass mit einer Entscheidung zu rechnen ist, ist auch ein entsprechender Beschluss über die Zulässigkeit des Enteignungsverfahrens möglich. 57

Die Behörde kann im Rahmen einer Abschätzung prognostizieren, ob mit dem Erlass eines Planfeststellungsbeschlusses zu rechnen ist; und in welcher Weise dieser zu erwarten ist. Besonderes Gewicht hat die Behörde dabei auf die Interessen der betroffenen Grundstückseigentümernutzer zu legen. An einer grds. Prognoseentscheidung ändert dies indes nichts. 58

6. Aufschiebende Bedingung (Abs. 2 S. 3)

Der vorzeitige Enteignungsbeschluss ist gem. Abs. 2 S. 3 mit einer aufschiebenden Bedingung zu erlassen. Abs. 2 S. 3 ist **Ermächtigungsgrundlage** für den Erlass einer **Nebenbestimmung** gem. § 36 Abs. 2 Nr. 2 Var. 1 VwVfG in Form einer aufschiebenden Bedingung. Aus diesem Grund ist die Vorschrift auch nicht verfassungswidrig.[17] 59

---

16 Vgl. jeweils die Kommentierung dazu bei § 45 EnWG.

17 A.A. *Moench/Ruttloff*, NVwZ 2011, 1040, 1044 f.

60 Bei einer aufschiebenden Bedingung treten die **Rechtswirkungen mit Eintritt** des – ungewissen – **Ereignisses** ein. Bei der Bestätigung des vorzeitigen Besitzeinweisungsbeschlusses durch den Plan handelt es sich um ein solches ungewisses Ereignis.

61 Der Verwaltungsakt wird bei Erlass mit einer aufschiebenden Bedingung mit Bekanntgabe gem. § 43 Abs. 1 VwVfG wirksam.[18] Der Wirksamkeit steht es indes nicht entgegen, dass der Enteignungsbeschluss mit einer aufschiebenden Bedingung verknüpft ist. Dies ist insbesondere für den jeweils Betroffenen wichtig, sofern er Rechtsmittel gegen den Enteignungsbeschluss einlegt. Rechtswirkungen entfaltet der Verwaltungsakt mit Eintritt der aufschiebenden Bedingung.[19] Das führt dazu, dass sich Rücknahme und Widerruf bereits vor Erlass des Planfeststellungsbeschlusses nach §§ 48, 49 VwVfG richten.[20]

7. Bestätigung durch Planfeststellungsbeschluss

62 Die Voraussetzung, wonach die Enteignung vom Vorliegen des Planfeststellungsbeschlusses abhängig ist, ist von zentraler Bedeutung. Abs. 2 S. 3 spricht von der Bestätigung durch den Planfeststellungsbeschluss. Weitere Konkretisierungen fehlen.

63 Die Einzelheiten ergeben sich aus einem Vergleich mit § 45 EnWG. Dort muss der Plan festgestellt sein. Die Einlegung von Rechtsmitteln gegen den Planfeststellungsbeschluss führt nicht zum Fortfall der Vollziehbarkeit, da die Rechtsmittel keine aufschiebende Wirkung haben, § 43e Abs. 1 S. 1 EnWG. Der Rechtsmittelführer muss daher gerichtlich beantragen, dass die sofortige Vollziehbarkeit aufgehoben wird, wenn er auch die Wirksamkeit des Enteignungsbeschlusses beseitigen will.

8. Ergänzung des Verfahrens (Abs. 2 S. 4)

64 Der Planfeststellungsbeschluss bestätigt den vorzeitigen Enteignungsbeschluss, wenn er mit dem ursprünglich beantragten Vorhaben vollständig identisch ist. Der Planfeststellungsbeschluss bestätigt hingegen den vorzeitigen Enteignungsbeschluss nicht, wenn dessen Inhalt erheblich vom Enteignungsbeschluss abweicht. Interessant wird vor diesem Hintergrund die Frage, wie mit unwesentlichen Abweichungen zwischen Enteignungsbeschluss und Planfeststellungsbeschluss umzugehen ist. Im Zweifelsfall ist der vorzeitige Enteignungsbeschluss zu ergänzen.

65 Wird der im Enteignungsverfahren zugrunde gelegte Planungsstand nicht durch die Planungsentscheidung bestätigt, ist die Enteignung auf der Grundlage des ergangenen Planfeststellungsbeschlusses zu ergänzen. Die Formulierung im Gesetzestext ist widersprüchlich, da nicht das Enteignungsverfahren sondern der Enteignungsbeschluss zu ergänzen ist. Auf der Grundlage des – nunmehr ergangenen – Planfeststellungsbeschlusses ist ein neuer Enteignungsbeschluss zu erlassen.

IV. Rechtsschutz

66 Der vorzeitige Besitzeinweisungs- bzw. Enteignungsbeschluss ist aufschiebend bedingt zu erlassen. Der **äußeren Wirksamkeit** steht es indes nicht entgegen, dass der Beschluss mit einer aufschiebenden Bedingung verknüpft ist. Der Verwaltungsakt wird bei Erlass mit einer aufschie-

18 Stelkens/Bonk/Sachs/*Stelkens*, § 36 Rn 75.
19 Stelkens/Bonk/Sachs/*Stelkens*, § 36 Rn 75.
20 Knack/Hennecke/*Meyer*, § 43 Rn 14.

benden Bedingung bereits mit Bekanntgabe gem. § 43 Abs. 1 VwVfG wirksam.[21] Das führt dazu, dass sich Rücknahme und Widerruf bereits vor Eintritt der Bedingung mit Erlass des Planfeststellungsbeschlusses nach §§ 48, 49 VwVfG richten.[22] Der Vorhabenträger kann dadurch auf den Bestand des Enteignungsbeschlusses vertrauen.

Für den jeweils Betroffenen ist wichtig, sofern er gedenkt, Rechtsmittel gegen den Beschluss einzulegen, dass dieser seine **innere Wirksamkeit** erst mit Eintritt der aufschiebenden Bedingung entfaltet.[23] Ob die Rechtswirkungen des aufschiebend bedingten Beschlusses ausreichend sind, um eine Klagebefugnis gem. § 42 Abs. 2 VwGO zu begründen, ist zweifelhaft. Vor allem aufgrund der in einem Trassenkorridor möglichen Verschiebung von Maststandorten und der planerischen Gestaltungsfreiheit ist anzunehmen, dass eine gerichtliche Klärung der Besitzeinweisung bzw. Enteignung erst nach Vorliegen des letztendlich das Vorhaben zulassenden Planfeststellungsbeschlusses sinnvoll ist. 67

Nach Erlass des Planfeststellungsbeschlusses führt die Einlegung von Rechtsmitteln nicht zum Fortfall der Vollziehbarkeit, da die Rechtsmittel keine aufschiebende Wirkung haben, § 43e Abs. 1 S. 1 EnWG. Der Rechtsmittelführer muss daher gerichtlich beantragen, dass die **sofortige Vollziehbarkeit** aufgehoben wird, wenn er auch die Wirksamkeit des vorzeitigen Besitzeinweisungs- bzw. Enteignungsbeschlusses beseitigen will. 68

---

21 Stelkens/Bonk/Sachs/*Stelkens*, § 36 Rn 75.
22 Knack/Hennecke/*Meyer*, § 43 Rn 14.
23 Stelkens/Bonk/Sachs/*Stelkens*, § 36 Rn 75.

§ 28 Durchführung eines Raumordnungsverfahrens

Abweichend von § 15 Absatz 1 des Raumordnungsgesetzes in Verbindung mit § 1 Satz 2 Nummer 14 der Raumordnungsverordnung vom 13. Dezember 1990 (BGBl. I S. 2766), die zuletzt durch Artikel 21 des Gesetzes vom 31. Juli 2009 (BGBl. I S. 2585) geändert worden ist, findet ein Raumordnungsverfahren für die Errichtung oder die Änderung von Höchstspannungsleitungen, für die im Bundesnetzplan Trassenkorridore oder Trassen ausgewiesen sind, nicht statt. Dies gilt nicht nach Ablauf der Geltungsdauer gemäß § 15 Absatz 2.

Überblick

I. Allgemeines

1. Überblick über die Norm

1 **S. 1** ordnet als spezialgesetzliche Regelung zum ROG und zur RoV an, dass für die Errichtung oder die Änderung von Höchstspannungsleitungen, für die im **Bundesnetzplan Trassenkorridore** oder Trassen **ausgewiesen** sind, **kein Raumordnungsverfahren** stattfindet. Nach **S. 2** gilt dies nicht, wenn die **Geltungsdauer der** Entscheidung über die **Bundesfachplanung abgelaufen** ist.

2. Regelungszweck

2 In der Bundesfachplanung erfolgt eine verbindliche Grobtrassenplanung für die nachfolgenden Planfeststellungsverfahren (§ 15 Abs. 1 S. 1). Die BNetzA **bestimmt** dazu **in der Bundesfachplanung die Trassenkorridore** der im Bundesbedarfsplan als länderübergreifend oder grenzüberschreitend gekennzeichneten Höchstspannungsleitungen (§ 4 S. 1 und § 5 Abs. 1 S. 1). Sie prüft in der Entscheidung über die Bundesfachplanung, ob der **Verwirklichung einer Höchstspannungsleitung** in einem Trassenkorridor **überwiegende öffentliche oder private Belange** entgegenstehen (§ 5 Abs. 1 S. 2). Sie untersucht insbesondere die Raumverträglichkeit des Trassenkorridors (§ 5 Abs. 1 S. 3). Im Mittelpunkt der Bundesfachplanung steht die Frage, ob der Trassenkorridor **mit den Erfordernissen der Raumordnung übereinstimmt und wie die Abstimmung** des Trassenkorridors **mit anderen raumbedeutsamen Planungen und Maßnahmen** gelingt. Die Feststellung bzw. Herstellung der **Raumverträglichkeit** eines Trassenkorridors dient der Trassensicherung für die späteren Planfeststellungsverfahren.[1]

3 § 28 dient der **Vermeidung von Doppelprüfungen** und ist insofern Ausfluss des Beschleunigungsgedankens des NABEG.[2] Aus § 28 folgt, dass die Entscheidung über die Bundesfachplanung das ansonsten gem. § 15 Abs. 1 ROG i.V.m. § 1 S. 2 Nr. 14 RoV für die Planfeststellung von

1 BT-Drucks. 17/6073, S. 24.
2 BT-Drucks. 17/6073, S. 31.

Höchstspannungsleitungen durchzuführende Raumordnungsverfahren ersetzt. Dies ist nur konsequent. Die Prüfung der Raumverträglichkeit der im Bundesnetzplan aufgeführten Trassenkorridore ist ein bedeutender Teil der Bundesfachplanung. Die Entscheidung über die Bundesfachplanung ist zudem nach § 12 gem. § 15 Abs. 1 S. 1 für die Planfeststellungsverfahren nach den §§ 18 ff. verbindlich und nicht bloß wie das Ergebnis eines Raumordnungsverfahrens i.S.d. § 15 ROG zu berücksichtigen. Die Durchführung eines Raumordnungsverfahrens ist daher im Anwendungsbereich des NABEG überflüssig. Mit der Entbehrlichkeit des Raumordnungsverfahrens für die vom NABEG umfassten Vorhaben zugunsten der Bundesfachplanung geht gleichzeitig die raumordnerische Kompetenzverlagerung auf den Bund über.[3]

3. Entstehungsgeschichte

Die Vorschrift wurde durch Art. 1 des **Gesetzes über Maßnahmen zur Beschleunigung des Netzausbaus Elektrizitätsnetze**[4] vom 28.7.2011 mit Wirkung zum 5.8.2011 als § 28 erlassen. 4

Die Vorschrift erfuhr im Gesetzgebungsverfahren keine Änderungen und ist wortgleich mit dem ursprünglichen Entwurf. 5

II. Keine Durchführung eines Raumordnungsverfahrens

1. Durchführung eines Raumordnungsverfahrens

Gemäß § 15 Abs. 1 ROG i.V.m. § 1 S. 2 Nr. 14 1. Var. ROV soll für die Errichtung von Hochspannungsfreileitungen mit einer Nennspannung von 110 kV oder mehr ein Raumordnungsverfahren durchgeführt werden, wenn sie im Einzelfall raumbedeutsam sind und überörtliche Bedeutung haben. 6

Ein Vorhaben ist nach der Legaldefinition in § 3 Abs. 1 Nr. 6 ROG raumbedeutsam, wenn durch dieses Raum in Anspruch genommen oder die räumliche Entwicklung oder Funktion eines Gebietes beeinflusst wird. Höchstspannungsleitungen i.S.d. § 2 Abs. 1 NABEG sind grds. raumbedeutsam, wenn sie wegen ihrer Ausmaße das Landschaftsbild dominieren oder prägen, was von den tatsächlichen Umständen des Einzelfalles abhängt.[5] Bereits einzelne Maststandorte können aufgrund ihres Standorts oder wegen ihrer Auswirkungen auf bestimmte Ziele der Raumordnung (Schutz von Natur und Landschaft, Erholung und Fremdenverkehr) raumbedeutsam sein.[6] Wichtige Entscheidungskriterien sind das Geländeprofil der Umgebung sowie der Charakter und die Funktionen der Landschaft, in die die Anlage hineinwirkt.[7] Es gilt grds., dass mehrere Anlagen, die in einem engen zeitlichen und räumlichen Zusammenhang errichtet werden, zu einer raumbedeutsamen Einheit zusammenwachsen, auch wenn sie für sich genommen nicht raumbedeutsam sind.[8] 7

Ein Vorhaben hat überörtliche Bedeutung, wenn es das Gebiet von mehr als zwei Gemeinden berührt.[9] Dies ist bei einer Höchstspannungsleitung i.S.d. § 2 Abs. 1 NABEG grds. der Fall. 8

Für die Errichtung der Höchstspannungsfreileitungen i.S.d. NABEG wäre ohne die spezialgesetzliche Regelung in § 28 insofern stets ein RoV durchzuführen. 9

3 Kritisch *Erbguth*, NVwZ 2012, 326, 327.
4 BGBl. I 2011 S. 1690.
5 Vgl. BVerwG, Urt. v. 13.3.2003 – 4 C 4 /02 –.
6 Vgl. BVerwG, Urt. v. 13.3.2003 – 4 C 4 /02 –.
7 Vgl. OVG Münster, Urt. v. 19.9.2006 – 10 A 973/04 –.
8 Vgl. BVerwG, Urt. v. 13.3.2003 – 4 C 4 /02 –.
9 BVerwG, Urt. v. 4.5.1988 – 4 C 22/87 –.

2. Keine Durchführung eines Raumordnungsverfahrens (S. 1)

10 Da die Raumverträglichkeit der im Bundesnetzplan aufgeführten Trassenkorridore oder Trassen bereits in der Bundesfachplanung geprüft wurde und die Entscheidung über die Bundesfachplanung nach § 12 gem. § 15 Abs. 1 S. 1 für die Planfeststellungsverfahren nach den §§ 18 ff. verbindlich ist, bedarf es für diese Planfeststellungsverfahren keiner weiteren raumordnerischen Prüfung. Um **unnötige Doppelprüfungen** zu **vermeiden**, befreit S. 1 von der Pflicht zur Durchführung eines RoV.

3. Ablauf der Geltungsdauer der Bundesfachplanung (S. 2)

11 Nach S. 2 gilt S. 1 nicht, wenn die Geltungsdauer der Entscheidung über die Bundesfachplanung abgelaufen ist. Dies ist nach § 15 Abs. 2 S. 1 nach zehn Jahren der Fall. Die Frist kann gem. § 15 Abs. 2 S. 2 durch die BNetzA um weitere fünf Jahre verlängert werden. Eine Fristverlängerung soll nur erfolgen, wenn sich die für die Beurteilung maßgeblichen rechtlichen und tatsächlichen Verhältnisse nicht verändert haben. Die Befreiung von der Pflicht zur Durchführung eines Raumordnungsverfahrens ist insofern an die Geltungsdauer der Bundesfachplanung gekoppelt.[10] S. 2 ist ein etwas missglückter Versuch, festzustellen, dass das besondere Verhältnis zwischen Bundesfachplanung und Raumordnung dann nicht mehr besteht, wenn die Bundesfachplanung keine Wirkung hat. Daraus folgt nicht, dass mit Auslaufen der Bundesfachplanung ein Raumordnungsverfahren durchzuführen ist. Unterliegt der fragliche Trassenkorridor nach wie vor dem Anwendungsbereich des NABEG i.S.v. § 2, so ist die Durchführung der Bundesfachplanung erforderlich. Sie kann nicht durch ein Raumordnungsverfahren ersetzt werden. Etwas anderes gilt dann, wenn ein bestimmter Korridor nicht mehr Teil des Bundesbedarfsplans i.S.v. § 2 Abs. 1 ist.

10 BT-Drucks. 17/6073, S. 31.

Abschnitt 4
Gemeinsame Vorschriften

§ 29 Projektmanager

Die zuständige Behörde kann einen Dritten mit der Vorbereitung und Durchführung von Verfahrensschritten wie
1. **der Erstellung von Verfahrensleitplänen unter Bestimmung von Verfahrensabschnitten und Zwischenterminen,**
2. **der Fristenkontrolle,**
3. **der Koordinierung von erforderlichen Sachverständigengutachten,**
4. **dem Entwurf eines Anhörungsberichtes,**
5. **der ersten Auswertung der eingereichten Stellungnahmen,**
6. **der organisatorischen Vorbereitung eines Erörterungstermins und**
7. **der Leitung des Erörterungstermins**

auf Vorschlag oder mit Zustimmung des Vorhabenträgers und auf dessen Kosten beauftragen. Die Entscheidung der Bundesfachplanung nach § 12 Absatz 2 und über den Planfeststellungsantrag nach § 24 Absatz 1 liegt allein bei der zuständigen Behörde.

Überblick

I. Allgemeines

1. Überblick über die Norm

S. 1 regelt den **zeitlichen und inhaltlichen Anwendungsbereich** der Vorschrift, bestimmt das Verfahren über die Beauftragung und den Einsatz eines Projektmanagers[1] und führt in einer nicht abschließenden Aufzählung die Tätigkeiten auf, die von einem Projektmanager übernommen werden können. **S. 2** stellt klar, dass die Tätigkeiten des Dritten nicht den **Kern des Abwägungsvorgangs** betreffen dürfen. 1

2. Regelungszweck

Die Vorschrift dient der Verfahrensbeschleunigung und leitet eine partielle Verfahrensprivatisierung[2] in der **Bundesfachplanung** sowie im **Planfeststellungsverfahren** ein. Bei der Gut- 2

1 Zum synonymen Gebrauch des „Projektmanagers" und des „privaten Dritten" vgl. Rn 13.
2 Vgl. zur Einschaltung eines Dritten in der Bauleitplanung Battis/Krautzberger/Löhr/*Battis*, § 4b Rn 1; Ernst/Zinkahn/Bielenberg/Krautzberger/*Krautzberger*, § 4b Rn 1ff. jeweils m.w.N.

achtenbeauftragung und -erstellung vermutete der Gesetzgeber noch nicht ausgeschöpfte Verschlankungspotenziale.[3] Die Konfliktmittlung im Anhörungsverfahren soll Hemmnisse in der Verfahrensdurchführung und Einigung beseitigen.[4]

3 Die in § 29 normierten Aufgaben des Projektmanagers sind gegenständlich und verfahrenstechnisch **spezieller als** die seit jeher **übliche Beauftragung Dritter**, insbesondere von **Planungsbüros** zur technischen Erarbeitung des Planwerks.[5]

4 Nach S. 1 kann zur Vorbereitung und Durchführung bestimmter Verfahrensschritte (Nr. 1–7) im Rahmen der Bundesfachplanung und der Planfeststellung ein privater Dritter auf Vorschlag oder mit Zustimmung des Vorhabenträgers eingesetzt werden. Der Vorhabenträger trägt die Kosten dieses Einsatzes. Die **Einschaltung eines privaten Dritten soll die Genehmigungsbehörde** von den in den Nr. 1–7 genannten Tätigkeiten **entlasten.** Insbesondere sollen zeitintensive Abstimmungen zwischen Vorhabenträger und Genehmigungsbehörde durch den Projektmanager wahrgenommen werden.

5 Der Einsatz von Projektmanagern soll das Anliegen des Gesetzgebers befördern, die Planfeststellungsverfahren zu effektivieren, zu beschleunigen und zu vereinheitlichen.[6] Als Beleg für die Beschleunigungswirkung führt die Gesetzesbegründung die Verwaltungsverfahren für genehmigungsbedürftige Anlagen nach dem Immissionsschutzrecht an.[7] Die Einschaltung privater Dritter habe hier zu einer Straffung und Bündelung der Abläufe im Planungsverfahren geführt.[8]

6 Ob diese Hoffnung sich erfüllt, bleibt abzuwarten. Es dürfte nach den bisherigen Erfahrungen zu befürchten sein, dass – quasi als gegenteiliger Effekt – die Abstimmung erschwert und verzögert wird, da nunmehr drei Beteiligte maßgeblich am Verfahren beteiligt sind, nämlich Genehmigungsbehörde, Projektmanager und Vorhabenträger. Ob es einer Vorschrift wie § 29 wirklich bedurft hatte, ist daher unklar.[9]

7 Dessen ungeachtet entfaltet die Norm als hinreichende gesetzliche Grundlage ihre Beschleunigungswirkung im Rahmen einer **Anreizfunktion.** Sie weist die am Verfahren beteiligten Personen und Institutionen explizit auf den gesetzgeberischen Willen zum Einsatz von Projektmanagern hin. Ebenso wie § 4b BauGB soll die gesetzliche Erwähnung in § 29 den Einsatz des Rechtsinstituts in der Praxis fördern.[10] Die ausdrückliche gesetzliche Normierung soll Rechtssicherheit erzeugen und die Behörden dadurch zu *„stärkerem Gebrauch dieses verfahrensbeschleunigenden Instruments"* führen.[11]

3. Entstehungsgeschichte

8 Die Vorschrift wurde durch Art. 1 des **Gesetzes über Maßnahmen zur Beschleunigung des Netzausbaus Elektrizitätsnetze**[12] vom 28.7.2011 mit Wirkung zum 5.8.2011 als § 29 erlassen.

9 Eine **parallele und weitgehend wortgleiche Regelung** findet sich in **§ 43g EnWG.** Diese Norm wurde durch Art. 2 des Gesetzes über Maßnahmen zur Beschleunigung des Netzausbaus Elektrizitätsnetze für die allgemeine energierechtliche Planfeststellung eingefügt.[13] Die Einschal-

---

3 BT-Drucks. 17/6073, S. 31.
4 *Hadlich/Rennhack*, LKV 1999, 9.
5 Vgl. zu § 4b BauGB Battis/Krautzberger/Löhr/*Battis*, § 4b Rn 1.
6 BT-Drucks. 17/6073, S. 31.
7 BT-Drucks. 17/6073, S. 31.
8 BT-Drucks. 17/6073, S. 31.
9 Vgl. auch Hoffmann-Riem/Schmidt-Aßmann/*Schulze-Fielitz*, S. 55/64; *Kunig/Rublack*, Jura 1990, 1.
10 Vgl. dazu auch Battis/Krautzberger/Löhr/*Battis*, § 4b Rn 1.
11 Vgl. zur Einschaltung eines Dritten in der Bauleitplanung BR-Drucks. 635/96, S. 47.
12 BGBl. I 2011 S. 1690.
13 Eingefügt durch Art. 2 des Gesetzes über Maßnahmen zur Beschleunigung des Netzausbaus Elektrizitätsnetze vom 28.7.2011 mit Wirkung zum 5.8.2011, BGBl. I S. 1690.

tung eines privaten Dritten im energiewirtschaftlichen Zulassungsverfahren war zuvor nicht normiert.[14]

Der ursprüngliche Entwurf des Paragraphen wurde im Gesetzgebungsverfahren in Zusammenhang mit der Änderung der Zuständigkeiten für die Planfeststellung geändert. Die Beschlussempfehlung des Ausschusses für Wirtschaft und Technologie[15] ersetzte in S. 1 und 2 „Bundesnetzagentur" durch „zuständige Behörde". Die Streichung der Bestimmung der Zuständigkeit der BNetzA in S. 1 und 2 ist dem im Gesetzgebungsverfahren zwischen Bund und Ländern gefundenen Kompromiss geschuldet, die Zuständigkeit der BNetzA nicht bereits im NABEG, sondern später gemeinsam mit dem Bundesrat mittels Rechtsverordnung auf Grundlage von § 2 Abs. 2 festzulegen. Sachlich-inhaltliche Änderungen an dem ursprünglichen Entwurf des Paragraphen wurden im Gesetzgebungsverfahren nicht vorgenommen. Die Gesetzesbegründung nimmt Bezug auf bestehende Regelungen über den Einsatz von Dritten in anderen Planungs- und Genehmigungsverfahren und modifiziert diese im Sinne des NABEG. So können gem. § 4b BauGB Vorbereitung und Durchführung von Verfahrensschritten in der Bauleitplanung auf Dritte übertragen werden.[16] Die grundlegenden Überlegungen zur Stärkung der Kooperation von Privaten im Städtebaurecht gelten daher auch für § 29.[17] 10

Nach § 2 Abs. 2 S. 3 Nr. 5 9. BImSchV soll vor der eigentlichen Antragstellung zwischen Behörde und Vorhabenträger erörtert werden, ob eine Verfahrensbeschleunigung dadurch erreicht werden kann, dass der behördliche Verfahrensbevollmächtigte, der die Gestaltung des zeitlichen Verfahrensablaufs sowie die organisatorische und fachliche Bestimmung überwacht, sich auf Vorschlag oder mit Zustimmung und auf Kosten des Antragstellers eines Projektmanagers bedient. Ursprünglich verwendete § 2 Abs. 2 S. 3 Nr. 5 9. BImSchV den Begriff des Dritten; in der Sache war damit das gleiche gemeint wie mit einem Projektmanager.[18] Das Austauschen des Begriffes „Dritter" durch „Projektmanager" in § 2 Abs. 2 S. 3 Nr. 5 9. BImSchV hat keine Änderung in der Sache zur Folge gehabt.[19] 11

Die Vorschrift erfuhr im Gesetzgebungsverfahren keine Änderungen und ist wortgleich mit dem ursprünglichen Entwurf. Der **Nationale Normenkontrollrat** begrüßt die Einführung eines privaten Projektmanagers ausdrücklich. Dies trage zum **Bürokratieabbau** und zur **Entlastung der Genehmigungsbehörde** bei.[20] Ob dieser Effekt tatsächlich in dem gewünschten Umfang eintritt, wird die Praxis zeigen müssen. 12

II. Anforderungen an den Dritten und Kompetenzen des Dritten (S. 1 Nr. 1–7)

1. Projektmanager

Der **Dritte** und der **Projektmanager** unterscheiden sich nicht. Aus dem Umstand, dass in der Überschrift des § 29 von Projektmanager, im Normtext selbst hingegen von Dritten gesprochen wird, folgt, dass beide Begriffe **synonym** verwendet werden; inhaltliche Konsequenzen folgen hieraus nicht. 13

14 Vgl. BT-Drucks. 17/6073, S. 31.
15 BT-Drucks. 17/6366, S. 6 f.
16 Eingefügt mit dem Bau- und Raumordnungsgesetz 1998 (BauROG) vom 18.8.1997 mit Wirkung zum 1.1.1998, BGBl. I S. 2081.
17 Vgl. die zahlreichen Literaturnachweise bei Battis/Krautzberger/Löhr/*Battis*, § 4b Rn 1 ff.
18 Der Begriff des Projektmanagers in § 2 Abs. 2 S. 3 Nr. 5 9. BImSchV wurde durch Art. 3 des Gesetzes zur Beschleunigung und Vereinfachung immissionsschutzrechtlicher Genehmigungsverfahren vom 9.10.1996, BGBl. I S. 1498 eingeführt. Die Regelung selbst wurde zuvor durch Art. 1 Nr. 2 der Verordnung zur Änderung der Verordnung über das Genehmigungsverfahren vom 20.4.1993, BGBl. I S. 1498 eingefügt.
19 Landmann/Rohmer/*Kutscheidt*/*Dietlein*, 9. BImSchV, § 2 Rn 17.
20 BT-Drucks. 17/6366, S. 4 f.

14 Projektmanager im Sinne von § 29 kann jede rechtlich selbstständige natürliche oder juristische Person außerhalb der Planfeststellungsbehörde und des konkreten Verwaltungsverfahrens sein. Das Gesetz stellt **keine Anforderungen an die Qualifikation** oder etwa die **Neutralität des Dritten**. Dritter im Sinne von § 29 ist jeder am konkreten Verwaltungsverfahren Unbeteiligte.[21] Dessen ungeachtet sollte die Planfeststellungsbehörde die Tätigkeiten des Projektmanagers einer kritischen und eingehenden Prüfung unterziehen, soweit der Dritte Eigeninteressen an der Planung hat. Nach der vereinzelt gebliebenen und wenig überzeugenden Rechtsprechung ist bereits die Möglichkeit einer Befangenheit eines Planungsbüros nicht von der Hand zu weisen, wenn das Büro aufgrund seiner Beauftragung erhebliche wirtschaftliche Interessen an dem Fortgang des Projektes hat.[22]

2. Aufgabenübertragung

15 Der Dritte wird im Auftrag der zuständigen Behörde tätig. Das vertragliche **Innenverhältnis** besteht demnach **zwischen Behörde und Projektmanager**. Die Beauftragung des Dritten erfolgt in der Regel auf Grundlage eines Werkvertrags (§§ 631 ff. BGB). Wegen der Vertraulichkeit und der Wahrung des Datenschutzes muss im Innenverhältnis zwischen Behörde und Projektmanager sichergestellt werden, dass dieser wie die Behörde die einschlägigen rechtlichen Bestimmungen zum Umgang mit Daten einhält.[23]

16 Die Übertragung von Aufgaben auf private Dritte darf ausschließlich im Rahmen einer gesetzlichen Ermächtigung geschehen. Die in § 29 normierte **Aufgabenübertragung** ist eine Ausnahme des in § 24 VwVfG geregelten **Untersuchungsgrundsatzes**, wonach die Behörde von Amts wegen tätig wird und den Sachverhalt ausreichend ermittelt.

17 S. 1 enthält sieben Aufgaben, die von dem privaten Dritten übernommen werden können. Die **Aufzählung** ist ausweislich des Wortlauts **(„*wie*") nicht abschließend**. Der Gesetzgeber hat insofern eine Öffnungsklausel für die dem Projektmanager übertragbaren Aufgaben eingeführt.[24] Die Öffnungsklausel gilt aber nur für die Durchführung von Verfahrensvorschriften, alle darüber hinausgehenden materiell-rechtlichen Bewertungen oder **Einfluss auf** den Abwägungsinhalt und **das Abwägungsergebnis ist nicht zulässig**. Soll der private Dritte Aufgaben übernehmen und ausführen, die nicht Teil der Nr. 1–7 sind, ist im Einzelfall zu prüfen, ob die Aufgabenübertragung von § 29 gedeckt ist. Aufgrund des **Ausnahmecharakters** des § 29 ist bei der Frage, welche durch den privaten Dritten ausgeführten Tätigkeiten über die Aufzählung in S. 1 hinaus von dem Projektmanager durchgeführt werden dürfen, restriktiv zu behandeln. Die Tätigkeiten des Projektmanagers dürfen **keine hoheitlichen Aufgaben** sein bzw. *„nicht unmittelbar in den **Kern des Abwägungsvorgangs** vorstoßen"*.[25] Diese Schlussfolgerungen des Bundestages in der Gesetzesbegründung finden sich zwar nicht ausdrücklich im Gesetzeswortlaut (*„Die Entscheidung der Bundesfachplanung nach § 12 Absatz 2 und über den Planfeststellungsantrag nach § 24 Absatz 1 liegt allein bei der zuständigen Behörde"*), sind aber in der Sache richtig und wohl unstreitig. Denn die Beschränkung auf Verfahrensaufgaben bedeutet im Umkehrschluss, dass hoheitliche Maßnahmen vom Projektmanager nicht wahrgenommen werden dürfen. Die **Letztverantwortung der Planfeststellungsbehörde** muss gewahrt bleiben.

---

21 Vgl. dazu auch Rn 15 ff.
22 OVG Münster, Urt. v. 3.9.2009 – 10 D 121/07 –.
23 BT-Drucks. 17/6073, S. 31. Vgl. dazu auch § 117b EnWG Rn 12.
24 BT-Drucks. 17/6073, S. 31.
25 BT-Drucks. 17/6073, S. 31.

III. Entscheidung über den Einsatz

Die Beauftragung eines Projektmanagers erfordert ein Zusammenwirken von Genehmigungsbehörde und Vorhabenträger. Der **Vorhabenträger** kann den Einsatz eines Projektmanagers vorschlagen. Schlägt der **Vorhabenträger** keinen privaten Dritten als Projektmanager vor, ist seine **Zustimmung für den Einsatz des Projektmanagers** erforderlich. Ohne die Zustimmung des Vorhabenträgers kann ihm der Einsatz des privaten Dritten nicht in Rechnung gestellt werden. Gleichwohl liegt die letztendliche Entscheidung über die Beauftragung eines Projektmanagers im Ermessen der Behörde. Sie muss dem Vorschlag des Vorhabenträgers nicht folgen. Die Entscheidung über den Einsatz erfolgt auf Grundlage der Grundsätze über die Ausübung pflichtgemäßen Ermessens. Die Behörde wird sich bei dieser Entscheidung nicht leicht tun; jedenfalls dann nicht, wenn sie sich auf fehlende Sach- und Personalmittel beruft, die durch den Einsatz des Projektmanagers gedeckt werden sollen. Denn grds. hat eine Behörde die Sach- und Personalmittel vorzuhalten, die für die Erfüllung ihrer Aufgaben notwendig sind. Der Einsatz des Projektmanagers wird daher erheblich davon abhängen, ob die Behörde typischerweise Planfeststellungsverfahren über Energieleitungen begleitet oder nicht. So dürfte sich beispielsweise die BNetzA, sollte ihr die Kompetenz für eine Leitung übertragen werden, schwertun, fehlende Kapazitäten als Grund dafür anzuführen, einen Projektmanager einzuschalten. 18

Das Zustimmungserfordernis ist keine verwaltungsrechtliche Rechtmäßigkeitsvoraussetzung für den Einsatz des Dritten, sondern **Voraussetzung** dafür, dass die **Behörde die Kosten** des Projektmanagers gegenüber dem Vorhabenträger abrechnen kann. Hat er dem Einsatz des Projektmanagers nicht zugestimmt, können gegenüber dem Vorhabenträger keine Kosten geltend gemacht werden. 19

Der Einsatz eines Projektmanagers ohne Zustimmung des Vorhabenträgers ändert nichts an der **Wirksamkeit der Beauftragung des Managers**. Die Verfahrensschritte, die vom Projektmanager vorbereitet oder durchgeführt werden, bleiben wirksam. Die fehlende Zustimmung des Vorhabenträgers ist in der Regel nach § 46 VwVfG unbeachtlich und hat somit keine rechtlich nachteiligen Auswirkungen auf die Entscheidung über die Bundesfachplanung oder die Planfeststellungsentscheidung. Denn der Einsatz des Projektmanagers soll keinen **Einfluss auf** den Abwägungsinhalt und **das Abwägungsergebnis haben.** 20

Aus der Norm ergibt sich nicht, ob die Zustimmung des Vorhabenträgers jeweils zur Übertragung einzelner Aufgaben oder nur einmalig erforderlich ist. Nach dem Sinn und Zweck des Gesetzes ist zur Ausschöpfung der Beschleunigungspotenziale ein effektives Zusammenwirken von Vorhabenträger und Projektmanager angestrebt. Demnach ist die Abstimmung zwischen beiden dergestalt geboten, dass **einvernehmlich** über die **Übernahme von konkreten Aufgaben entschieden** wird. Eine einmalige „Blankoermächtigung" ist bereits abzulehnen, da diese zu unbestimmt sein dürfte. Unabhängig von der Anwendung des § 46 VwVfG wird die Behörde dessen ungeachtet nicht sehenden Auges rechtswidrig – also ohne Zustimmung des Vorhabenträgers – einen Projektmanager beauftragen. 21

IV. Anwendungsbereich

Der Projektmanager kann im Verfahren der **Bundesfachplanung** und im **Planfeststellungsverfahren unterstützend tätig** werden. Dies ergibt sich neben dem Wortlaut aus dem Umstand, dass die Regelung über den Projektmanager in den 4. Abschnitt „Gemeinsame Vorschriften" aufgenommen wurde. 22

23 Dem Einsatz des Dritten muss ein **Vorschlag oder die Zustimmung des Vorhabenträgers** vorausgehen. Andernfalls können ihm gegenüber keine Kosten geltend gemacht werden.[26] Der Einsatz eines Projektmanagers ist in jedem Punkt des Verfahrens zulässig. Ebenso ist es zulässig, dem Projektmanager im Laufe des Verfahrens weitere Tätigkeiten zu übertragen. Ihm müssen nicht bestimmte Tätigkeiten oder Tätigkeiten in bestimmtem Umfang bereits von Beginn an übertragen werden.

24 Die Aufzählung der übertragbaren Tätigkeiten endet in Nr. 7 mit der **Leitung des Erörterungstermins**. Dies könnte auch als zeitliche Grenze für die Beauftragung des Projektmanagers angesehen werden. Allerdings sind die in S. 1 Nr. 1, Nr. 2 und Nr. 3 der genannten Tätigkeiten nicht notwendigerweise dem Erörterungstermin vorgelagert oder gleichgelagert. Alle genannten Aufgaben können theoretisch auch nach Durchführung eines Erörterungstermins anfallen. Dies gilt insbesondere dann, wenn aufgrund des Erörterungstermins verschiedene Nacharbeiten erforderlich werden. Ein Tätigwerden nach dem Planfeststellungsbeschluss bei der Planverwirklichung ist jedenfalls nicht vorgesehen. Es steht dem Vorhabenträger offen, den mit dem Vorhaben vertrauten Projektmanager in eigener Verantwortung weiter im Rahmen der Verwirklichung des Vorhabens zu beteiligen. Dieser Einsatz fällt aber nicht unter den Anwendungsbereich von § 29.

25 Die Zustimmung bzw. der Vorschlag des Vorhabenträgers zum Einsatz des Projektmanagers **verliert seine Rechtswirkung mit Erlass des Planfeststellungsbeschlusses**. Im Verfahren der Planänderung muss der Vorhabenträger erneut zustimmen bzw. einen Vorschlag unterbreiten.

V. Wirkung auf die Entscheidung über die Bundesfachplanung und Planfeststellung

26 Der private Dritte ist von einem **unmittelbaren Mitwirken** an der Entscheidung über die Bundesfachplanung und den Planfeststellungsbeschluss **ausgeschlossen** (S. 2).[27]

27 Eine unmittelbare Wirkung auf den Planfeststellungsbeschluss und die Entscheidung über die Bundesfachplanung ist nach S. 2 unzulässig. **Planung ist eine genuin hoheitliche Aufgabe**, sodass bereits der Vorbehalt des Gesetzes ein Wirken des privaten Dritten im Verwaltungsverfahren untersagt. Konkret bedeutet dies, dass die Verantwortung für die Vollständigkeit des Abwägungsmaterials, die Gewichtung des Abwägungsmaterials sowie die Abwägung selbst den Befugnissen des Projektmanagers entzogen ist. Gleiches gilt für die inhaltliche Bewertung von Gutachten und Fachbeiträgen.

VI. Finanzierung

1. Kostentragung

28 Die Finanzierung des Einsatzes des privaten Dritten erfolgt auf **Kosten des Vorhabenträgers**. Da der Vorhabenträger die Kosten zu tragen hat, wird die Einsetzung eines Projektmanagers nur dann in seinem Interesse liegen, wenn sie voraussichtlich zu einer erheblichen Beschleunigung des Genehmigungsverfahrens führen wird.[28]

29 Soweit die von dem Dritten übernommenen Aufgaben vorher von der Planfeststellungsbehörde wahrgenommen wurden, ergeben sich für die Vorhabenträger zusätzliche **Kostenbelas-**

---

26 Vgl. dazu Rn 28 f.

27 Vgl. dazu Rn 17.

28 So Landmann/Rohmer/*Kutscheidt*/*Dietlein*, 9. BImSchV, § 2 Rn 17 zum Projektmanager im immissionsschutzrechtlichen Verfahren.

tungen. Eine Ermäßigung der Genehmigungsgebühren ist bislang als Ausgleich nicht vorgesehen, wäre allerdings nach dem Äquivalenzprinzip angemessen.

2. Auftragsvergabe

Sobald für den Einsatz des Projektmanagers ein **eigenes Vergabeverfahren** erforderlich ist, 30
dürfte der Beschleunigungseffekt ausbleiben.[29] Die Erforderlichkeit eines Vergabeverfahrens und dessen Umfang hängen vom Umfang der Beauftragung des Dritten ab. Nach § 3 Abs. 6 VOL/A ist grds. oberhalb von 500 € ein Vergabeverfahren durchzuführen und eine freihändige Vergabe ausgeschlossen. Nach § 3 Abs. 5 lit. i) VOL/A können Ausführungsbestimmungen von Bund und Ländern erlassen werden, in denen höhere **Wertgrenzen** bestimmt werden. Dies ist in den Ländern geschehen. In Nordrhein-Westfalen sind beispielsweise bis Ende 2012 freihändige Vergaben bis 100.000 € zulässig.[30] In anderen Ländern wie beispielsweise Berlin beträgt die Wertgrenze dafür nur 7.500 €.[31] Zu beachten gilt es außerdem die EU-Schwellenwerte. Die Leistungen des Projektmanagers sind als Anhang I Teil B Leistungen (Nr. 27) zu qualifizieren, sodass eine europaweite Ausschreibung in der Regel entbehrlich ist.

Zwar hat die Europäische Kommission mit Beschluss vom 24.4.2012 öffentliche Aufträge zur 31
Erzeugung und des Großhandels von Strom aus konventionellen Quellen von der Anwendung der RL 2004/17/EG des Europäischen Parlaments und des Rates zur Koordinierung der Zuschlagserteilung durch Auftraggeber im Bereich der Wasser-, Energie- und Verkehrsversorgung sowie der Postdienste (Sektorenrichtlinie) ausgenommen, so dass solche Aufträge auch von der Anwendung der deutschen Sektorenverordnung befreit sind.[32] Die BNetzA wie auch die Planfeststellungsbehörden der Länder sind aber keine Sektorenauftraggeber und daher von dem Freistellungsbeschluss nicht erfasst.

Soweit es um den Einsatz eines Projektmanagers in der Bundesfachplanung geht bzw. 32
die BNetzA auch mit der Durchführung der Planfeststellungsverfahren betraut wurde, bedarf es einer Erhöhung der **Wertgrenze für Aufträge des Bundes** durch den zuständigen Bundesminister. Dies ist bislang nicht geschehen, sodass eine freihändige Vergabe oberhalb von 500 € nicht zulässig ist.

Auch wenn die in den Nr. 1–7 aufgezählten Einsatzmöglichkeiten nicht abschließend sind, 33
ist der Umfang der Tätigkeiten doch begrenzt: Die Durchführung eines eigenen Vergabeverfahrens unter Beachtung der Formenstrenge des Vergaberechts würde das Wirken **der Beschleunigungsgesetzgebung wesentlich gefährden**.

3. Vertragsbeendigung

Auch nach Zustimmung des Vorhabenträgers bzw. dessen Vorschlag zur Einsetzung des Drit- 34
ten **behält die Behörde sämtliche Verwaltungskompetenzen**. Sie kann das Verfahren jederzeit an sich ziehen und (wieder) sämtliche Schritte in Eigenregie vorbereiten und durchführen. Das ergibt sich aus dem Wortlaut, wonach die Behörde einen Dritten „beauftragen" kann. Auch kann die Behörde jederzeit den privaten Dritten aus seiner Tätigkeit **entlassen**. Unter den gegebenen Umständen kann sich diese Pflicht zur Ermessensausübung zu einer Verpflichtung verdichten, den Projektmanager abzuberufen oder ihm bestimmte Aufgaben zu entziehen.

---

29 Vgl. BT-Drucks. 17/6073, S. 31.

30 Runderlass Vereinfachungen im Vergaberecht für Gemeinden (GV) des Ministeriums für Inneres und Kommunales vom 13.12.2011 – 34-48.07.01/99-1/11 –, MBl. NRW. 2011 S. 622.

31 Gemeinsames Rundschreiben II F Nr. 07/ 2011, S. 2.

32 Durchführungsbeschluss 2012/218/EU der Kommission vom 24.4.2012.

35 Ob der Vorhabenträger seine Zustimmung bzw. seinen Vorschlag zum Einsatz des Dritten später zurückziehen kann, ist ebenfalls nicht geregelt. Die auf ihm lastende Finanzierungsverantwortlichkeit spricht dafür, dass er die **Absetzung des Projektmanagers** in seiner Verantwortung hat. Zudem obliegt es dem Vorhabenträger, mit dem Projektmanager zusammenzuarbeiten und ihn in das Verfahren und seine Vorbereitung einzubeziehen. Der Vorhabenträger kann seine Zustimmung daher jederzeit zurückziehen, sofern dafür ein sachlicher Grund gegeben ist. Ein grundloser Entzug der Zustimmung ist nicht möglich, da das Verwaltungsverfahren dadurch unnötig verzögert würde. Es empfiehlt sich, entsprechende Regelungen in den Vertrag zur Beauftragung des Projektmanagers aufzunehmen.

36 Im Verhältnis zwischen Behörde und Dritten kann der Werkvertrag nach § 649 S. 1 BGB durch die Behörde **bis zur Vollendung des Werkes jederzeit** – auch ohne Angabe von Gründen – **gekündigt** werden. Die Kündigung nach § 649 S. 1 BGB ist an keinerlei Voraussetzungen gebunden.

37 Kündigt die Behörde den Werkvertrag, so ist der Projektmanager nach § 649 S. 2 BGB berechtigt, die **vereinbarte Vergütung zu verlangen**; er muss sich jedoch dasjenige anrechnen lassen, was er infolge der Aufhebung des Vertrags an Aufwendungen erspart oder durch anderweitige Verwendung seiner Arbeitskraft erwirbt oder zu erwerben böswillig unterlässt. Für die Vertragsgestaltung empfiehlt sich zur Erleichterung der Berechnung der Vergütung in einem solchen Fall die Aufnahme einer entsprechenden Klausel. Andernfalls wird nach § 649 S. 3 BGB **vermutet**, dass danach dem Unternehmer **5%** der auf den noch nicht erbrachten Teil der Werkleistung entfallenden vereinbarten Vergütung zustehen.

§ 30 Kostenpflichtige Amtshandlungen

(1) Die Bundesnetzagentur erhebt für folgende Amtshandlungen nach diesem Gesetz kostendeckende Gebühren und Auslagen:
1. Feststellung der Raumverträglichkeit im vereinfachten Verfahren nach § 11 Absatz 2,
2. Entscheidungen nach § 12 Absatz 2 Satz 1,
3. Planfeststellungen nach § 24 Absatz 1 und
4. Entscheidungen nach § 25 Satz 6.

Wird ein Antrag auf eine der in Absatz 1 genannten Amtshandlungen nach Beginn der sachlichen Bearbeitung zurückgenommen, ist derjenige Teil der für die gesamte Amtshandlung vorgesehenen Gebühr zu erheben, der dem Fortschritt der Bearbeitung entspricht. Für einen Antrag, der aus anderen Gründen als der Unzuständigkeit der Behörde abgelehnt wird, ist die volle Gebühr zu erheben. Die Gebühr kann ermäßigt werden oder es kann von der Erhebung abgesehen werden, wenn dies der Billigkeit entspricht.
(2) Die Höhe der Gebühr richtet sich nach der Länge der zu planenden Trasse. Bei der Durchführung der Bundesfachplanung ist die geographische Entfernung der durch eine Trasse zu verbindenden Orte (Luftlinie) maßgeblich. Die Gebühr für Amtshandlungen nach Absatz 1 Nummer 2 beträgt 30.000 Euro je angefangenem Kilometer. Für die Durchführung der Planfeststellung richtet sich die Gebühr nach der mittleren Länge des im Rahmen der Bundesfachplanung festgelegten Korridors. Für Amtshandlungen nach Absatz 1 Nummer 3 beträgt die Gebühr 50.000 Euro je angefangenem Kilometer. Bei Entscheidungen nach Absatz 1 Nummer 1 und 4 beträgt die Gebühr 10.000 Euro je angefangenem Kilometer.
(3) Die Gebühren für Amtshandlungen nach Absatz 1 Nummer 2 und 3 werden in mehreren Teilbeträgen erhoben. Von der Gebühr für die Amtshandlung nach Absatz 1 Nummer 2 sind ein Drittel innerhalb eines Monats ab Antragstellung zu entrichten, ein zweites Drittel innerhalb eines Jahres ab Antragstellung und das letzte Drittel mit Abschluss des Verfahrens. Von der Gebühr für die Amtshandlung nach Absatz 1 Nummer 3 sind ein Fünftel innerhalb eines Monats ab Antragstellung, das zweite, dritte und vierte Fünftel jeweils ein halbes Jahr später, spätestens jedoch zugleich mit dem fünften Fünftel bei Abschluss des Verfahrens zu entrichten.
(4) Die Gebühren für Amtshandlungen zuständiger Landesbehörden richten sich nach den Verwaltungskostengesetzen der Länder.

Überblick

I. Allgemeines

1 Teil der Problemanalyse zu Verzögerungen in Genehmigungsverfahren im Gesetzgebungsverfahren war das Fehlen einer angemessenen Ausstattung und **Finanzierung der Genehmigungsbehörden**. Diese erfolgt nach Landesrecht sowie den jeweiligen Gebührenordnungen und erschien überwiegend als nicht kostendeckend bei Genehmigungsverfahren für neue Stromübertragungsleitungen. Jedenfalls hatte das Gebührenaufkommen nicht zu einer angemessenen Ausstattung der Genehmigungsbehörden geführt. Das NABEG trifft auf Ebene des Bundesgesetzes eine klare Entscheidung, indem die Verfahren der Bundesfachplanung und der Planfeststellung durch die BNetzA einer pauschalen und **gesetzlich vorgegebenen Kostenerstattung** unterliegen.

2 Zu den Bürokratiekosten durch diese Gebühren führt der Gesetzentwurf aus:

> *„Die für die Übertragungsnetzbetreiber aufkommenden Gebühren fließen in die Preiskalkulation und damit in die Netzentgelte ein. Dies ist nicht anders als bei den heute ausschließlich in Ländern erhobenen Gebühren. Die Auswirkungen auf den Strompreis für Haushalte und Industrie werden sehr gering sein. Würden die ca. 850 km Ausbaumaßnahmen nach dem Energieleitungsausbaugesetz nach dem vorliegenden Verfahren durchgeführt und die Kosten über die Netzentgelte refinanziert, würden die Netzentgelte für einen durchschnittlichen Haushaltskunden bei einer insgesamt fünfjährigen Verfahrensdauer um 0,04 Prozent/a oder unter 0,01 Cent/kWh beeinflusst.“*[1]

3 Begründung des Gesetzentwurfs BT-Drucks. 17/6073 S. 31 und S. 32:

> *„Mit der Gebührenregelung in § 30 wird ein sehr einfaches und leicht verständliches System für die Refinanzierung der öffentlichen Planungskosten bereitgestellt. Wichtigste Gesichtspunkte dabei sind die abschließende Normierung im Gesetz und die völlig unkomplizierte Anwendbarkeit bei Vollzug.*
>
> *Die Gebührenhöhe orientiert sich an den voraussichtlich entstehenden Gesamtkosten für die jeweilige Amtshandlung im Rahmen der Bundesfachplanung und der Planfeststellung. Diese setzen sich zusammen aus:*
>
> - *Kosten für das unmittelbar bei der Trassenplanung einzusetzende Personal,*
> - *anteilige Personalkosten der Querschnittsbereiche,*
> - *voraussichtliche Kosten spezieller Investitionen (z.B. IT-Hard- und -Software).*
>
> *Die Gebührenhöhe orientiert sich am Verwaltungsaufwand, der primär durch die Größe bzw. Länge des Vorhabens bestimmt wird. Dabei ist aber aus Vereinfachungsgründen nicht darauf abzustellen, welcher Aufwand konkret mit einzelnen Plantrassen verbunden ist, sondern in stark pauschalierender Weise eine Durchschnittsbetrachtung pro Trassenlänge über sämtliche Vorhaben zu ermitteln.*
>
> *Für die getrennte Kalkulation der Gebühren für die unterschiedlichen Planungsverfahren wird unterstellt, dass durchschnittlich drei Achtel der Kosten auf die Bundesfachplanung und fünf Achtel auf die Planfeststellung entfallen. Daraus ergäben sich Gebühren von 30 000 bzw. 50 000 Euro je Plankilometer. Der Anknüpfungspunkt Luftlinie wird deshalb gewählt, weil damit die Gebührenhöhe sofort bei Beantragung des Verfahrens feststeht, und die anhand anderer Kriterien zu treffenden Entscheidungen über den Trassenverlauf nicht durch sachfremde Erwägungen im Hinblick auf die Planungskosten beeinflusst werden.“*

1 BT-Drucks. 17/6073, S. 4.

Die Länge von Trassenkorridoren und Zeiträumen werden sich künftig aus den Netzentwicklungsplänen nach §§ 12a ff. EnWG ergeben. Es wird der Wille des Gesetzgebers dokumentiert, die zuständige Behörde mit einer angemessenen und möglichst situationsunabhängigen Ausstattung mit Personal- und Sachmitteln zu versehen. Es ist zu berücksichtigen, dass der Haushalt der BNetzA **Teil des Einzeletats** des Bundesministeriums für Wirtschaft und Technologie ist. Gebühreneinnahmen der nachgeordneten Behörden fließen mithin in den **Bundeshaushalt**. 4

Ebenfalls gleich mitgeregelt ist eine **Teilzahlungsverpflichtung** mit einer schrittweisen Festsetzungsmöglichkeit vor Bekanntgabe der Entscheidungen. 5

Im Übrigen gilt das **VwKostG des Bundes**. 6

II. Kostenbegriff

Abgedeckt durch die pauschalen Gebührensätze in Abs. 2 sind alle verwaltungseigenen Aufwendungen, insbesondere **Personal- und Sachkosten**.[2] Darüber hinaus sind die **Auslagen** gem. Abs. 1 S. 1 zu erstatten. Für den Auslagenbegriff ist § 10 VwKostG heranzuziehen. 7

Die Erhebung von Auslagen ist grds. nur vorgesehen, wenn diese Kosten nicht durch die festgesetzte Gebühr abgedeckt sind.[3] Die Berücksichtigung von Auslagen in Gebühren ist nur dann möglich, wenn die Gebühr als Rahmengebühr ausgestaltet ist. Dann kann die Festsetzung im Einzelfall die Auslagen mit erfassen. Dies ist angesichts der gesetzlichen Festgebühren des Abs. 2 nicht möglich. 8

Darüber hinaus sollen aus Gründen der Verwaltungsvereinfachung neben Gebühren Auslagen nur dann erhoben werden, wenn sie selten vorkommen oder **wertmäßig stark ins Gewicht** fallen.[4] In den Bundesfachplanungs- und Planfeststellungsverfahren wird dies insbesondere der Fall sein bei Kosten für die öffentliche Bekanntmachung (§ 10 Abs.1 Nr. 4 VwKostG), Kosten für Gutachten und Sachverständige (§ 10 Abs. 1 Nr. 5 VwKostG)[5] oder Reisekosten (§ 10 Abs. 1 Nr. 6 VwKostG). 9

III. Kostenpflichtige Amtshandlungen

1. Entscheidungen

Vier Amtshandlungen sind grds. gebührenfähig: 10

1. Die Entscheidung im vereinfachten Verfahren nach § 11 Abs. 2. Gegenstand der Entscheidung ist eine vereinfachte Raumverträglichkeitsprüfung mit betroffenen Trägern öffentlicher Belange. Eine SUP ist nicht erforderlich gewesen. Es handelt sich nach § 6 um ein **Antragsverfahren.**
2. Die Entscheidung im Regelverfahren der Bundesfachplanung nach § 12 Abs. 2 S. 1. Es handelt sich nach § 6 um ein **Antragsverfahren.**
3. Die Planfeststellung nach § 24 Abs. 1, soweit diese Entscheidung durch die BNetzA getroffen wird. Es handelt sich nach § 19 um ein **Antragsverfahren.**
4. Entscheidungen bei unwesentlichen Änderungen oder Erweiterungen nach § 25 S. 6. Hier handelt es sich um ein **Anzeigeverfahren**, in der konkreten Ausgestaltung aber auch um ein **Antragsverfahren**. Die Behörde ist verpflichtet, binnen einen Monats auf die Anzeige zu bescheiden.[6]

2 Siehe auch die Begründung in Rn 5.
3 *Schlabach*, VwKostG, § 10 Rn 2.
4 *Schlabach*, VwKostG, § 10 Rn 2.
5 Beschl. d. Bayer. VGH vom 18.11.2008 – 19 ZB 08 2240 –.
6 Siehe § 25 Rn 56.

11 Für Planfeststellungsentscheidungen nach Nr. 3 und Entscheidungen im vereinfachten Verfahren nach Nr. 4 durch eine **zuständige Landesbehörde** richten sich die Gebühren gem. Abs. 4 nach den jeweiligen Verwaltungskostengesetzen der Länder. Dieser Fall tritt immer dann ein, wenn keine Zuständigkeitsverordnung hinsichtlich der Planfeststellung nach § 31 Abs. 2 erlassen wird und die Zuständigkeit für die Planfeststellung der NABEG-Leitungen nicht auf die BNetzA überführt wird.

2. Antragsrücknahme

12 Wird ein Antrag nach Beginn der sachlichen Bearbeitung zurückgenommen, ist derjenige Teil, der für die gesamte Amtshandlung vorgesehenen Gebühr zu erheben, der dem Fortschritt der Bearbeitung entspricht. Eine Rücknahme **vor Beginn** der sachlichen Bearbeitung bleibt folgenlos. Der **Beginn der sachlichen Bearbeitung** ist in den Regelverfahren nach NABEG durch die Einladung zur **Antragskonferenz** nach § 7 Abs. 1 und 20 Abs. 1 sicher festzustellen. Eine Rücknahme vor der Einladung zur Antragskonferenz bleibt aber nicht in jedem Fall kostenfrei. Wenn sich gerade durch eine sachliche Befassung mit dem Antragsentwurf durch die Behörde, der Grundlage der Antragskonferenz werden soll, für den Antragsteller erkennbar eine sachliche Befassung ergibt, die ihn im Ergebnis vorläufig zur Rücknahme seines Antrags veranlasst, kann schon ein gebührenpflichtiger Aufwand entstanden sein.

13 Die Behörde ist dann veranlasst, den angefallenen Aufwand zu ermitteln, der dem Fortschritt der Bearbeitung entspricht. Der Gesetzgeber hat durch die **Teilzahlungsregelung** in Abs. 3 eine Annahme zur Aufteilung des Arbeitsaufwands der Verwaltung getroffen. Danach wird von einer zügigen Behandlung der Anträge ausgegangen und ein Monat nach Antragstellung ist das erste Drittel bzw. Fünftel festzusetzen. Daran kann sich die Behörde bei der Feststellung des sachlichen Aufwands orientieren und von Rückzahlungen der geleisteten Teilzahlungen absehen, wenn sie nicht über Erkenntnisse verfügt, die einen anderen Fortschritt der Bearbeitung darlegen.

14 Wird ein Antrag nicht vollständig zurückgenommen, sondern kommt es im Zuge des Verfahrens zu einer **Planänderung,** ist zu prüfen, ob es sich bei der Planänderung um eine **teilweise Rücknahme** des Antrags und einen (teilweise) neuen Antrag handelt.

3. Ablehnung

15 Wird ein Antrag aus anderen Gründen als der Unzuständigkeit der Behörde abgelehnt, wird die volle Gebühr fällig. Je nach Verfahrensstand zum Zeitpunkt der Ablehnung ist über eine Ermäßigung aus Billigkeitsgründen zu entscheiden. Die Ablehnung aufgrund von Unzuständigkeit der Behörde löst keine Kostenfolgen aus.

IV. Festsetzungsverfahren

1. Gebührenhöhe

a) Bundesfachplanung

16 Die Gebührenhöhe ist durch Gesetz und pauschal geregelt: in der Bundesfachplanung beträgt die Gebühr für jeden angefangenen Kilometer des Trassenkorridors 30.000 €. Dabei ist **nicht die tatsächliche Länge** des Trassenkorridors maßgeblich. Ebenso unberücksichtigt bleiben die Zahl und die Länge der im Rahmen des Bundesfachplanung zu prüfenden alternativen Trassenkorridore, obwohl sie den Aufwand des Verfahrens maßgeblich mitbestimmen. Die Gebühr bemisst sich ausschließlich an der geographischen Entfernung in Luftlinie zwischen dem Anfangs- und dem Endpunkt des Vorhabens.

Beispiel
Das EnLAG-Leitungsvorhaben zwischen Wahle (Nds.) und Mecklar (Hessen) überbrückt in Luftlinie 200 km. Dies wäre Maßstab für die Gebührenbemessung. Alleine in den Raumordnungsverfahren in Niedersachsen und Hessen gemeinsam wurden 650 km Trassenkorridore untersucht.[7]

---

b) Planfeststellung

Die Gebührenhöhe in der Planfeststellung richtet sich nach der mittleren Länge des durch die Bundesfachplanung festgestellten Trassenkorridors. Das Ergebnis der Bundesfachplanung ist ein Trassenkorridor. In diesem konkretisiert der Vorhabenträger den genauen Trassenverlauf und beantragt die Planfeststellung. Bei der Ermittlung der Gebührengrundlage wird, anders als in der Bundesfachplanung, der geographische Verlauf herangezogen. Ein Trassenkorridor hat erwartungsgemäß eine Breite von ca. 1000 m. Grundlage der Gebühr für die Planfeststellung ist eine fiktive, in diesem Trassenkorridor über die gesamte Länge geplante Trasse. 17

2. Kostenteilentscheidungen

Abs. 3 regelt die Verpflichtung zu Teilzahlungen. Die erste Teilzahlung ist in der Bundesfachplanung und der Planfeststellung jeweils *„innerhalb eines Monats nach Antragstellung“* zu erheben. Ab diesem Zeitpunkt kann die Behörde die erste Teilzahlung verlangen, d.h. festsetzen. 18

Offen bleibt, an welchen Antrag in dem **dreistufigen Antragsverfahren** anzuknüpfen ist. Das Verfahren sieht einen ersten Antragsentwurf vor (§ 6 Abs. 1 und § 19 Abs. 1), der Grundlage der Antragskonferenz zur Festlegung des Untersuchungsrahmens ist (§ 7 Abs. 1 bzw. § 20 Abs. 1).[8] In der Antragskonferenz werden der Untersuchungsrahmen und die erforderlichen Unterlagen jeweils festgelegt, die dem Vorhabenträger die Stellung eines **vollständigen Antrags** erst ermöglicht. § 6 Abs. 1 und § 19 Abs. 1 behandeln aber eindeutig schon die Grundlage der Antragskonferenz als den „Antrag“ auf Bundesfachplanung bzw. Planfeststellung. Dieser erste Verfahrensschritt ist ggf. sogar Gegenstand der Verpflichtung zur Antragstellung in § 6 Abs. 1 S. 2 bzw. § 12 Abs. 2 S. 3 des Vorhabenträgers durch die BNetzA. Daher ist schon dieser jeweils **erste Antrag Anknüpfungspunkt** der ersten Teilzahlung. 19

Die **Kostenschuld entsteht** in den Fällen des Abs. 1 Nr. 1 bis 3 mit Eingang des Antrags bei der zuständigen Behörde. Im Fall des Abs. 1 Nr. 4 entsteht die Kostenschuld mit der Anzeige nach § 25 S. 7. 20

3. Ermäßigung aus Billigkeitsgründen

Die Gebühr kann ermäßigt werden oder es kann ganz von ihrer Erhebung abgesehen werden, wenn es der Billigkeit entspricht. Diese Regelung tritt neben den § 6 VwKostG. Durch die spezielle Regelung der Ermäßigung **aus Billigkeitsgründen** wird die Ermäßigung **aus öffentlichem Interesse** ausgeschlossen. 21

Die Möglichkeit der Ermäßigung aus Gründen der Billigkeit leitet sich aus dem Grundsatz von Treu und Glauben ab, der auch im Abgabenrecht gilt. Eine Unbilligkeit, die zu einer Ermäßigung bis auf Null führt, kann sich vorliegend nur aus **objektiven Umständen** ergeben. Angesichts des konkreten Kreises von Vorhabenträgern (siehe Rn 27) kommen Umstände, die in der 22

---

7 Projektvorstellung des Vorhabenträgers im Erörterungstermin in Niedersachsen vom 30.3.2011, Folie 18, zu finden über das Niedersächsische Ministerium für Ernährung, Landwirtschaft, Verbraucherschutz und Landesentwicklung.
8 § 6 Rn 12 und § 19 Rn 10.

Person des Schuldners liegen, nicht in Frage. Sind aufgrund der gesetzlichen Regelung von Teilzahlungen durch zeitlichen Ablauf ab Antragstellung Teilzahlungen festzusetzen, ohne das Verwaltungsaufwand überhaupt entstanden ist, so steht der Behörde der Kanon der Billigkeitsmaßnahmen aus § 19 VwKostG (Stundung, Niederschlagung und Erlass) und im Ergebnis die Ermäßigung aus Billigkeitsgründen zur Verfügung. Allerdings führt nicht jedes Missverhältnis zwischen den gesetzlichen Pauschalgebühren und den Verwaltungskosten zu einer Ermäßigung aus Billigkeitsgründen. Vielmehr müssen Umstände hinzutreten, die den Einzelfall außergewöhnlich und außerhalb der ratio des Gesetzgebers erkennbar herausheben. Ein Festhalten an der gesetzlich vorgesehenen Gebührenhöhe muss bei dieser Betrachtung unverhältnismäßig erscheinen.

4. Kostenschuldner

23 Kostenschuldner ist in der Regel der **Vorhabenträger** (siehe § 3), der durch seinen Antrag die Amtshandlung veranlasst. Im Falle der Antragstellung durch den ÜNB für einen **Projektentwickler** (siehe § 3 Rn 8) bleibt der ÜNB Kostenschuldner, es sei denn, der Projektentwickler erklärt die Kostenübernahme. Wird ein Antrag durch **mehrere ÜNB gemeinsam** gestellt, haften diese für die Kostenschuld als **Gesamtschuldner**.

5. Fälligkeit

24 Fälligkeit ist der Zeitpunkt, zu dem der Kostenschuldner zur Zahlung verpflichtet ist. An die Fälligkeit der Kosten knüpfen sich weitere Folgen, so der Säumniszuschlag (§ 18 VwKostG) und die Vollstreckung.[9]

25 Voraussetzung der Zahlung ist trotz der eindeutigen gesetzlichen Regelungen noch die Bekanntgabe einer **Kosten(teil)entscheidung** der Behörde, aus der insbesondere die Höhe sowie das Wo, Wann und Wie der Teilzahlungen erkennbar werden. § 14 VwKostG findet insoweit Anwendung. Die Bekanntgabe der kostenpflichtigen Amtshandlung selbst ist für den Eintritt der Fälligkeit nicht erforderlich.[10]

6. Verjährung

26 Hinsichtlich der Verjährung und den allgemeinen Regeln zur Hemmung und Unterbrechung der Verjährung gilt § 20 VwKostG. Damit verjährt der Anspruch spätestens mit Ablauf des vierten Jahres nach der Entstehung (**Festsetzungsverjährung**). Die Kostenschuld entsteht in den vorliegenden Antragsverfahren mit der Antragstellung durch den Vorhabenträger.

27 Ist der Antrag allerdings **nicht vollständig**, verschiebt sich der Eingangszeitpunkt üblicherweise auf den Tag, an dem alle für die Entscheidung notwendigen und vom Antragsteller beizubringenden Unterlagen bei der Behörde eingetroffen sind.[11] Die Auswirkung dieser grundsätzlichen gebührenrechtlichen Regelung ist angesichts des **mehrstufigen Antragsverfahrens** neu zu interpretieren. Die Kostenschuld entsteht mit Eingang des Antrags bei der Behörde (Rn 19). Nach dem Wortlaut des Gesetzes ist auch der erste Antrag nach § 6 und § 19 ein Antrag, der die Einleitung eines Verfahrens auslöst. Das Gesetz beschreibt Mindestinhalte des Antrags, die die Einleitung der Antragskonferenz auslösen. Eine Vollständigkeitsprüfung des Antrags sieht das Gesetz allerdings erst im dritten Schritt nach Ergänzung der Unterlagen auf Basis der Festlegung des Untersuchungsrahmens in §§ 8 S. 6 und 21 Abs. 5 vor.

9 *Schlabach*, VwKostG, § 17 Rn 1.
10 *Schlabach*, VwKostG, § 17 Rn 2.
11 *Schlabach*, VwKostG, § 20 Rn 8.

Trotzdem erscheint es richtig, die Entstehung der Kostenschuld und den Beginn der Verjährung an den förmlichen Beginn des Verfahrens zu legen. Es ist Sinn und Zweck des NABEG, dass ab diesem Zeitpunkt alle beteiligten Parteien zügig an der Durchführung des Planungsverfahrens arbeiten. Gerade die informelle Diskussion um die Vollständigkeit des Antrags am Anfang komplexer Verfahren, die in der Vergangenheit z.T. mehrere Jahre gedauert haben, soll durch die Antragskonferenz vermieden werden. **Das Verfahren beginnt daher mit dem vollständigen Antrag zur jeweiligen Antragskonferenz.** 28

Die **Zahlungsverjährung** beginnt für jede Teilzahlung mit Ablauf des Kalenderjahres, in dem die Behörde die jeweilige Teilzahlung fällig gestellt hat. 29

V. Rechtsschutz

Wie immer im Gebührenrecht ist zu unterscheiden zwischen 30
1. dem Rechtsschutz gegen die Kostenentscheidung und
2. dem Rechtsschutz gegen die Hauptsacheentscheidung.

Gegen die Gebührenentscheidung ist **Widerspruch** und **Anfechtungsklage** möglich. Beides hat gem. § 80 Abs. 2 Nr. 1 VwGO keine aufschiebende Wirkung. Der Kostenschuldner muss trotz Rechtsbehelfsverfahrens bezahlen und die Behörde kann die Kostenentscheidung vollstrecken.[12] 31

Wird die Sachentscheidung eines Planfeststellungsbeschlusses durch einen Dritten angefochten, so teilt die Gebührenentscheidung das rechtliche Schicksal der Hauptsacheentscheidung. Geleistete Teilzahlungen sind ggf. erst nach rechtskräftiger Entscheidung in der Hauptsache zu erstatten. 32

12 *Schlabach*, VwKostG, § 17 Rn 6.

Abschnitt 5
Behörden und Gremien

§ 31 Zuständige Behörde

(1) Die Aufgaben nach diesem Gesetz nehmen die Bundesnetzagentur für Elektrizität, Gas, Telekommunikation, Post und Eisenbahnen (Bundesnetzagentur) und nach Maßgabe des Absatzes 2 die zuständigen Landesbehörden wahr.
(2) Den nach Landesrecht zuständigen Behörden obliegt die Durchführung des Planfeststellungsverfahrens nach den Regelungen des Abschnitts 3 für alle Vorhaben im Anwendungsbereich dieses Gesetzes, die nicht durch die Rechtsverordnung nach § 2 Absatz 2 auf die Bundesnetzagentur übertragen worden sind.
(3) Die Bundesnetzagentur ist verpflichtet, dem Bundesministerium für Wirtschaft und Technologie sowie dem Bundesministerium für Umwelt, Naturschutz und Reaktorsicherheit regelmäßig in nicht personenbezogener Form über den Verfahrensstand zur Bundesfachplanung und zur Planfeststellung zu berichten.

Überblick

I. Allgemeines

1. Überblick

1 Nach Abs. 1 ist die BNetzA für die Bundesfachplanung die zuständige Behörde. Für die Planfeststellung gibt es ein **Regel-Ausnahme-Verhältnis:** Grundsätzlich sind die Länder für die Planfeststellung auch nach NABEG zuständig (Abs. 2 Hs. 1). Die BNetzA wird für die Planfeststellung der Vorhaben zuständig, die auf Basis des Bundesbedarfsplangesetzes durch Verordnung mit Zustimmung des Bundesrates ihr zugewiesen werden (Abs. 2 Hs. 2). Abs. 3 enthält eine Monitoring- und Berichtspflicht der BNetzA über den Fortschritt der Bundesfachplanung und der Planfeststellungsverfahren für die Höchstspannungstrassen aus dem Bundesbedarfsplangesetz, unabhängig von der Durchführungsverantwortung.

2. Entstehungsgeschichte

2 Der Gesetzesentwurf der Bundesregierung[1] sowie der wortgleiche Gesetzesentwurf der Regierungsfraktionen[2] sahen in §§ 5 ff., 18 Abs. 1 und dann in 31 Abs. 1 die vollständige und ausschließliche Aufgabenwahrnehmung durch die BNetzA vor. Als Begründung ist zu lesen:

1 BR-Drucks. 342/11 v. 6.6.2011.
2 BT-Drucks. 17/6073 v. 6.6.2011.

„Die Zuständigkeit der Bundesnetzagentur auch für die Planfeststellungsverfahren stellt sicher, dass die Planfeststellung ohne Zeitverlust und Verlust von in der Bundesfachplanung gewonnenen Erkenntnissen unmittelbar an die Bundesfachplanung anknüpfen kann. Zudem ist auf diese Weise eine Prioriätensetzung bei verschiedenen Vorhaben möglich."[3]

Nach einer **mehrheitlich ablehnenden Stellungnahme** des Bundesrates zur sofortigen Übertragung der Planfeststellungszuständigkeit auf die BNetzA stellte die Bundesregierung fest: 3

„Die Bundesregierung nimmt zur Kenntnis, dass sich eine Mehrheit der Länder für die Beibehaltung der Vollzugsaufgaben der Planfeststellung bei den Ländern ausspricht. [...] Zwar ist die Bundesregierung der Auffassung, das eine Bundesfachplanung und Planfeststellung durch die Bundesnetzagentur die sachgerechte Lösung ist, um für Leitungen von gesamtstaatlichem Interesse zügige Genehmigungsverfahren und eine gebündelte Zuständigkeit zu gewährleisten. [...] Gleichwohl ist die Bundesregierung mit einer Regelung einverstanden, wonach die Trassen, die Gegenstand eines Planfeststellungsverfahrens durch die Bundesnetzagentur sein sollen, durch eine Verordnung festgelegt werden, die der Zustimmung des Bundesrates bedarf."[4]

Es oblag dem federführenden Ausschuss für Wirtschaft und Technologie in seiner Beschlussempfehlung, diesen Kompromiss in die vorliegenden Formulierungen des §§ 18 und 31 einzuarbeiten.[5] In dieser Form wurde das Gesetz vom Bundestag beschlossen.

Mit der Änderung wurde auch die gegenseitige Auskunftspflicht im Bundesfachplanungsbeirat in § 32 Abs. 2 S. 3 eingeführt.[6] 4

II. Verfassungsmäßigkeit

Zur Diskussion über die Verfassungsmäßigkeit der Aufgabenwahrnehmung durch den Bund sowie die Verordnungsermächtigung siehe Einleitung Rn 68 und § 2 Rn 5 ff. 5

III. Die Bundesnetzagentur

Als zuständige Behörde für die Bundesfachplanung und die Planfeststellung nach Maßgabe des Abs. 2 benennt das Gesetz die BNetzA. Die BNetzA für Elektrizität, Gas, Telekommunikation, Post und Eisenbahnen ist eine **selbstständige Bundesoberbehörde im Geschäftsbereich des Bundesministeriums für Wirtschaft und Technologie** mit Sitz in Bonn. Sie hat weitere Standorte in Berlin, Mainz und Saarbrücken. Seit dem 13.7.2005 ist die Regulierungsbehörde für Telekommunikation und Post, die aus dem Bundesministerium für Post und Telekommunikation (BMPT) und dem Bundesamt für Post und Telekommunikation (BAPT) hervorging, umbenannt in BNetzA. Darüber hinaus verfügt die BNetzA über 10 Außenstellen (Stand 2011) mit bundesweit mehr als 40 Standorten in allen Bundesländern. Durch die Veränderung von Aufgaben wird die Struktur regelmäßig überprüft und verändert. 6

3 BR-Drucks. 342/11, S. 45.
4 BT-Drucks. 17/6249, S. 17.
5 BT-Drucks. 17/6366, S. 7 und 9.
6 Siehe dazu § 32 Rn 13.

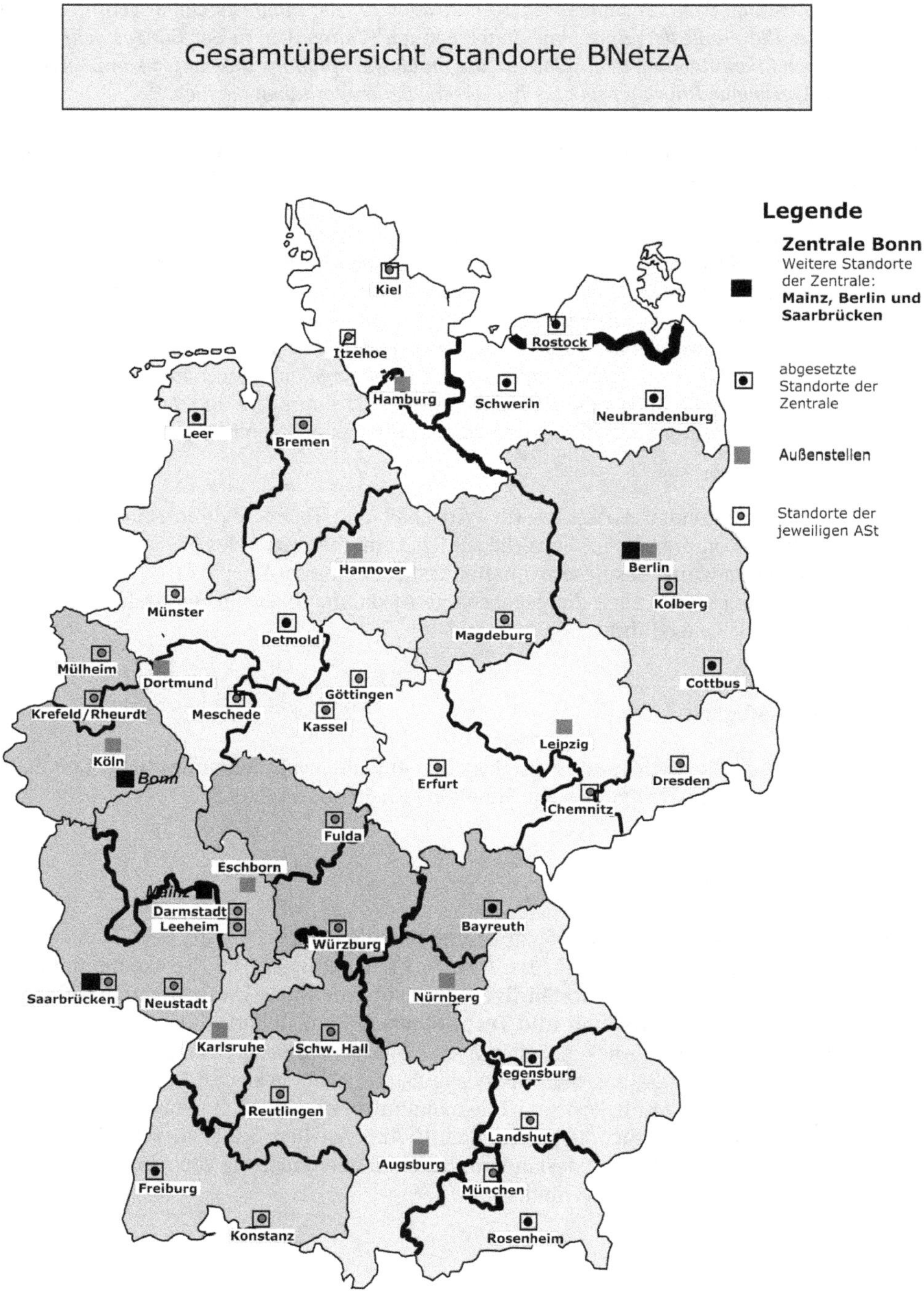
Gesamtübersicht Standorte BNetzA
Legende
Zentrale Bonn
Weitere Standorte der Zentrale:
Mainz, Berlin und Saarbrücken
abgesetzte Standorte der Zentrale
Außenstellen
Standorte der jeweiligen ASt
Kiel
Itzehoe
Rostock
Hamburg
Schwerin
Neubrandenburg
Leer
Bremen
Berlin
Hannover
Kolberg
Münster
Detmold
Magdeburg
Mülheim
Dortmund
Göttingen
Cottbus
Krefeld/Rheurdt
Meschede
Kassel
Leipzig
Köln
Bonn
Erfurt
Dresden
Chemnitz
Fulda
Eschborn
Mainz
Darmstadt
Leeheim
Würzburg
Bayreuth
Saarbrücken
Neustadt
Nürnberg
Karlsruhe
Schw. Hall
Regensburg
Reutlingen
Landshut
Augsburg
Freiburg
München
Konstanz
Rosenheim

Die BNetzA hat die Aufgabe, für die Einhaltung des Telekommunikationsgesetzes (TKG), Postgesetzes (PostG) und des Energiewirtschaftsgesetzes (EnWG) und ihrer Verordnungen zu sorgen. Damit gewährleistet sie die Liberalisierung und Deregulierung der Märkte Telekommunikation, Post und Energie durch einen diskriminierungsfreien Netzzugang und effiziente Netznutzungsentgelte. Ihre grundlegenden Strukturen werden durch das Gesetz über die BNetzA für Elektrizität, Gas, Telekommunikation, Post und Eisenbahnen (BEGTPG) geregelt. 7

Mit Wirkung zum 1.1.2006 wurden die Aufgaben der BNetzA um die Eisenbahnregulierung erweitert. Wie in den anderen Regulierungsbereichen wacht sie auch hier über die diskriminierungsfreie Erbringung des Netzzugangs unter transparenten Bedingungen und prüft die Zugangsentgelte. 8

Mit dem NABEG 2011 übertrug man der Behörde erstmals Aufgaben der Bedarfs- und Errichtungsplanung von Netzinfrastrukturen im Bereich der Elektrizitätshöchstspannungsnetze. Die BNetzA baut diese Kompetenzen in den Bereichen Netzmodellierung und -planung, Raumplanung und Planfeststellung, Umweltfragen und Beteiligungsverfahren derzeit auf. Die Aufgaben der Bundesfachplanung und Planfeststellung werden in einer neuen Abteilung (Abteilung 8) wahrgenommen. Durch die Verschränkung der Aufgaben mit der Energieregulierung (Abteilung 6) erfolgt eine Kompetenzbündelung. Die Aufgaben der Bedarfsplanung (vom „Szenariorahmen" bis zum „Netzentwicklungsplan" und zum Entwurf des Bundesbedarfsplan) werden von der Abteilung Energieregulierung wahrgenommen. 9

Praxistipp

Zu Fragen des Szenariorahmens, des Netzentwicklungsplans sowie zu dem Entwurf des Bundesbedarfsplans kann man sich an:

- Bundesnetzagentur, Referat 613, Tulpenfeld 4, 53113 Bonn,

bei Fragen der Bundesfachplanung an:

- Bundesnetzagentur, Abteilung 8, Tulpenfeld 4, 53113 Bonn

wenden.

Die Behörde hat eine zentrale Internetpräsenz zur Netzentwicklung Strom unter www.netzausbau.de und eine zentrale Emailadresse eingerichtet: energienetzausbau@bnetza.de. Unter 0800/638 9 638 ist ein telefonischer Bürgerservice zu Fragen der Stromnetzentwicklung erreichbar.

IV. Zuständigkeit für die Planfeststellung (Abs. 2)

Der Wortlaut der vorliegenden Regelung stellt ein **Regel-Ausnahmeverhältnis für die Planfeststellung durch die Länder** im Verhältnis zur Planfeststellung durch den Bund fest. Grundsätzlich sind weiterhin die nach Landesrecht zuständigen Behörden für die Planfeststellung zuständig, auch für die Vorhaben, die bundesfachgeplant sind. 10

Die Verordnung nach § 2 Abs. 2 kann allerdings **alle oder einzelne Maßnahmen** aus dem Bedarfsplangesetz in die Zuständigkeit der BNetzA überführen.[7] Es ist deutlich nach dem Wortlaut des Abs. 2 und aus der Begründung des Gesetzgebers,[8] dass der Verordnungsgeber aus den als länderübergreifende und grenzüberschreitende Leitungen gekennzeichneten Maßnahmen *„diejenigen"* identifizieren soll, die in die Bundeszuständigkeit fallen. Hierzu bedarf es der Zustimmung des Bundesrates. 11

Für die Auswahl sind angesichts der **erforderlichen Bestimmtheit** der gesetzlichen Regelung sachliche Kriterien zu finden. Das Kriterium „Ländergrenzen übergreifend" und die Krite- 12

---

7 *Appel/Eding*, NVwZ 2012, 343, 345 vertreten die These, duch die Ermächtigung sei über das „Ob" der Übertragung bereits entschieden.
8 BT-Drucks. 17/6366, S. 19 – Änderungsanträge des Wirtschaftsausschusses des Bundestages.

rien „vordringlichen Bedarfs“ oder „überragendes öffentliches Interesse“ scheiden aus, da diese für alle NABEG-Projekte gleichermaßen gelten.

13 Finden sich keine weiteren Abgrenzungskriterien – und die Verordnungsermächtigung legt keine Nahe – so ist die Ermächtigung nur dann in Inhalt und Umfang bestimmt, wenn **alle Vorhaben** aus dem Bundesbedarfsplan auch der Planfeststellung des Bundes zugeordnet werden.

14 S. 1 stellt klar, dass in jedem Fall auch die nach Landesrecht zuständigen Behörden **die Vorschriften des Abschnitts 3 des NABEG anzuwenden** haben. Die anzuwendenden Normen in den Planfeststellungsverfahren nach EnWG (§§ 43 ff.) und nach NABEG sind durch Art. 3 des Gesetzes über Maßnahmen zur Beschleunigung des Netzausbaus Elektrizitätsnetze weitgehend angeglichen worden.

V. Berichtspflichten

15 Nach Abs. 3 ist die BNetzA verpflichtet, den beiden für die Energiewende federführend zuständigen Ressorts – dem Bundesministerium für Wirtschaft und Technologie und dem Bundesministerium für Umwelt, Naturschutz und Reaktorsicherheit[9] – regelmäßig zum Stand der Verfahren der Bundesfachplanung und der Planfeststellung zu berichten. Dazu kann sie sich der **Berichtspflichten der Länder im Bundesfachplanungsbeirat**, ihrer Monitoringrechte nach § 35 EnwG, hier insbesondere Abs. 1 Nr. 8, und sonstiger Erkenntnisquellen bedienen.

16 Über **Form und Turnus** der Berichte macht das Gesetz keine Vorgabe. Dies ist nachvollziehbar, da beide Größen miteinander korrespondieren. Häufigere Berichte, wie sie möglicherweise in den ersten Jahren der neuen Regelungen erforderlich sind, können über die Sitzungsvorbereitungen des Bundesfachplanungsbeirats oder auch mündlich erfolgen. Ein geordnetes schriftliches Berichtswesen ist allenfalls jährlich vorstellbar.

17 Es ist jeweils an beide Ministerien gemeinsam zu berichten. Der Berichtsgegenstand ist eindeutig: Berichtet wird zum Stand der Verfahren, dies können einzelne, aber auch alle Verfahren sein. Es ist dem Wortlaut nach ausgeschlossen, individuelle Berichtsthemen nur einem der Ressorts übermitteln zu müssen. Die Berichte sind **nicht automatisch zu veröffentlichen**; sie dienen der Information der Bundesregierung. Auch die Sitzungen des Bundesfachplanungsbeirats sind nach § 32 Abs. 3 S. 2 nicht öffentlich, so dass die Berichte in diesem Rahmen vorgestellt und diskutiert werden können. Über den Zugang der Öffentlichkeit ist separat zu entscheiden.

18 Als Voraussetzung der Erfüllung einer Berichtspflicht ist die **Bestimmung des zentralen Zwecks** derselben erforderlich.[10] Vorliegend kann dies nur aus den Rahmenbedingungen des Berichtswesens abgeleitet werden. Die Vertraulichkeit und auch die Adressaten des Berichtswesens machen deutlich, dass einerseits die notwendige Information zum **Umsetzungsstand des Netzausbaus** ein ganz wesentlicher Zweck der Regelungen ist. Dies fließt ein in das seitens der Regierung erforderliche **Monitoring der Energiewende**. Darüber hinaus dient das Berichtswesen auch der **Wirkungskontrolle des rechtlichen Rahmens**. Mit dem NABEG sind Erwartungen an eine Verkürzung der Errichtungsgenehmigungsverfahren für neue Höchstspanungsleitungen von 10 auf durchschnittlich 5 Jahre verbunden.

9 Siehe dazu auch § 32 Rn 7.
10 Für § 35 EnWG und grds. dazu Britz/Hellermann/Hermes/*Herzmann*, § 35 Rn 6 ff.

§ 32 Bundesfachplanungsbeirat

(1) Bei der Bundesnetzagentur wird ein ständiger Bundesfachplanungsbeirat gebildet. Der Beirat besteht aus Vertretern der Bundesnetzagentur, Vertretern der Länder und Vertretern der Bundesregierung.
(2) Der Bundesfachplanungsbeirat hat die Aufgabe, die Bundesnetzagentur in Grundsatzfragen zur Bundesfachplanung und zur Aufstellung des Bundesnetzplans sowie zu den Grundsätzen der Planfeststellung zu beraten. Er ist gegenüber der Bundesnetzagentur berechtigt, allgemeine Auskünfte und Stellungnahmen einzuholen. Die Bundesnetzagentur und die zuständigen Landesbehörden sind insoweit in nicht personenbezogener Form gegenseitig auskunftspflichtig.
(3) Der Beirat soll regelmäßig zusammentreten. Sitzungen sind anzuberaumen, wenn die Bundesnetzagentur oder mindestens zwei Länder die Einberufung schriftlich verlangen. Die ordentlichen Sitzungen sind nicht öffentlich.
(4) Der Beirat gibt sich eine Geschäftsordnung.

Überblick

I. Allgemeines

1. Überblick

Rund um die BNetzA gibt es mit dem Bundesfachplanungsbeirat den vierten Beirat, neben: 1
1. dem Beirat mit Vertretern aus Bundes- und Landespolitik nach § 5 BEGTPG
2. dem Eisenbahninfrastrukturbeirat mit Vertretern aus Bundes- und Landespolitik nach § 35 AEG
3. dem Länderaussschuss Energieregulierung nach § 8 BEGTPG i.V.m. 60a EnWG.

Fachlich gab es bislang wenige institutionalisierte länderübergreifende Gremien zu Fragen des Raumordnungs- oder Planfeststellungsrechts. Hier ist einmal zu nennen die Ministerkonferenz Raumordnung im Rahmen der Fachministerkonferenzen der Bundesländer (MKRO). 2

Praxistipp
Die Ministerkonferenz für Raumordnung (MKRO) setzt sich aus dem für Raumordnung zuständigen Bundesminister und den für die Landesplanung zuständigen Ministerien und Senatoren zusammen. Aufgabe der MKRO – gestützt auf § 26 ROG – ist die gegenseitige Unterrichtung und Abstimmung über grundsätzliche Fragen und Positionen der Raumordnung und Raumentwicklung.
Zu finden unter www.bmvbs.de: Startseite →Stadt und Land →Raumentwicklung →Europäische Raumentwicklung →Ministerkonferenz für Raumordnung (MKRO)

Zum Planfeststellungsrecht gab es lange Zeit kein länderübergreifendes Gremium. Hier entstand auf Basis der sog. Meseberger Beschlüsse eine AG unter dem Dach des BMWi zur Erarbeitung sog. „Musterplanungsleitlinien“. 3

4 Ob auf diesem Gebiet und vor dem Hintergrund des neuen § 117b EnWG zum Erlass gemeinsamer Verwaltungsvorschriften für das Planfeststellungsrecht nach §§ 43ff. EnWG der Bundesfachplanungsbeirat eine Aufgabe finden wird, bleibt abzuwarten. Angesichts der Parallelität der Vorschriften zum NABEG wäre es naheliegend.

2. Entstehungsgeschichte

5 Der Bundesfachplanungsbeirat ist ein weiteres Element der Beteiligung und Einbindung der Bundesländer in die Verfahren und Prozesse nach NABEG.

6 Aus der Gesetzesbegründung, BT-Drucks. 17/6073 S. 32:

> *„Absatz 1 Satz 1 ordnet an, dass bei der Bundesnetzagentur ein ständiger Bundesfachplanungsbeirat gebildet wird und benennt in Satz 2 die Mitglieder dieses Beirats. Bereits aus der Besetzung des Beirats wird deutlich, dass dieses Gremium dem Meinungs- und Erfahrungsaustausch zwischen der Bundesnetzagentur und den Ländern und zwischen den Ländern untereinander dient. Das Gremium soll mitunter auch dazu beitragen, etwaige Konflikte zwischen den Mitgliedern des Beirats diskursiv aufzulösen.*
>
> *Absatz 2 Satz 1 weist dem Beirat die Aufgaben zu, die Bundesnetzagentur in Grundsatzfragen zur Bundesfachplanung und zur Aufstellung des Bundesnetzplans zu beraten, um den fortlaufenden Prozess des Ausbaus der Übertragungsnetze kontinuierlich zu begleiten und dabei auch raumordnerische Belange der Länder frühzeitig zu erkennen, so dass diese in der Bundesfachplanung berücksichtigt werden können. In dem Beirat sollen insofern grundsätzlich nicht die Schwierigkeiten der Bundesfachplanungs- und Planfeststellungsverfahren von einzelnen Ausbaumaßnahmen des Übertragungsnetzes diskutiert und problematisiert werden, intendiert ist eine über den Einzelfall hinausgehende Perspektive auf die Schwierigkeiten des Ausbaus der Übertragungsnetze.*
>
> *Nach Absatz 3 Satz 1 soll der Beirat regelmäßig zusammentreten, nach Satz 2 sind aber unabhängig von der Vorgabe des Satzes 1 immer dann Sitzungen anzuberaumen, wenn die Bundesnetzagentur oder mindestens zwei Mitglieder die Einberufung verlangen […].“*

II. Zusammensetzung

7 Die Zusammensetzung des Bundesfachplanungsbeirats ist verhältnismäßig unspezifisch geregelt. Es ist klar, dass hier die BNetzA mit Sitz und Stimme vertreten ist, ebenso Vertreter der Bundesregierung und der Bundesländer. Über Zahl und Stimmenverhältnis der jeweiligen Vertreter wird nichts ausgesagt. Die unmittelbare Mitgliedschaft der BNetzA in diesem Gremium ist dennoch bemerkenswert, da in den anderen drei genannten Beiräten bzw. dem Länderausschuss die BNetzA weder Sitz noch Stimme hat. Nähere Regelungen zur Zahl der Vertreter der BNetzA sowie deren Funktion trifft die Geschäftsordnung. Die erste GO des Bundesfachplanungsbeirats (siehe Rn 21) regelt die Mitgliedschaft von drei Vertreterinnen oder Vertretern der BNetzA.

8 **Bundesregierung**: Drei Ressorts der Bundesregierung sind durch die Bundesfachplanung inhaltlich betroffen.

- Das Bundesministerium für Wirtschaft und Technologie (**BMWi**) aufgrund seiner Zuständigkeit für die Energiewirtschaft. Zudem ist das BMWi der Geschäftsbereich der Bundesregierung, dem die BNetzA in der Fach- und Rechtsaufsicht zugeordnet ist.

- Das Ministerium für Umwelt, Naturschutz und Reaktorsicherheit (**BMU**) aufgrund seiner Zuständigkeit für Umwelt- und Naturschutz sowie die Aufgaben im Bereich der Erneuerbaren Energien.
- Außerdem das Bundesministerium für Verkehr, Bau und Stadtenwicklung (**BMVBS**) aufgrund seiner fachlichen Verantwortung für das Planungsrecht im Übrigen und die Bereiche der Bundesraumordnung.

Abs. 1 spezifiert nicht die Vertretung aller drei Ressorts im Bundesfachplanungsbeirat. Allerdings ist in der ersten Geschäftsordnung die Entsendung von je bis zu drei Vertretern in den Bundesfachplanungsbeirat vorgesehen.

Die Bundesländer: Jedes Bundesland hat nach Abs. 1 das Recht, mindestens einen Vertreter in den Bundesfachplanungsbeirat zu entsenden. So sieht es auch die erste Geschäftsordnung vor. Es ist nicht festgelegt, ob dies ein Vertreter der Landesregierung aus dem Ressort Umwelt, Wirtschaft oder Raumordnung oder ein Vertreter einer nachgeordneten Fachbehörde sein soll. Aus der Verpflichtung in Abs. 2 S. 3 (siehe Rn 13) kann gefolgert werden, dass tendenziell die obersten Planungsbehörden der Länder in diesem Gremium anwesend sein sollten. Letztlich ist die Regelung aber nicht eindeutig, die Entscheidung über die Vertretung im Bundesfachplanungsbeirat liegt im Ermessen des jeweiligen Landes. Je nach Entwicklung des Gremiums wird sich hier die Vertretung der Bundesländer auch in einer eher raumordnerische oder energiewirtschaftliche Richtung bewegen; dies ist jedenfalls durch das Gesetz nicht festgelegt. 9

III. Aufgaben

Der Gesetzeswortlaut des Abs. 2 und die Begründung machen deutlich, dass es sich bei dem Bundesfachplanungsbeirat um ein fachliches Beratungsgremium handeln soll. 10

Die Bundesländer und die Ministerien sollen die BNetzA in der Erfüllung der neuen Aufgabe der Bundesfachplanung für die Höchstspannungstrassen beraten. Angesichts der Vielgestaltigkeit der Raumordnungsverfahren in den 16 Bundesländern kann diese **Beratungsfunktion** tatsächlich zu einer Entwicklung von „Best Practice"-Ansätzen in der Bundesfachplanung führen. Möglicherweise strahlt das Gremium auch auf die Verwaltungspraxis in den einzelnen Bundesländern zurück. Die Formulierung in S. 1 stellt klar, dass die Mitwirkung und der Informationsaustausch im Bundesfachplanungsbeirat **nicht** die Beteiligung der zuständigen Landesbehörden in den **konkreten Trassenkorridor bezogenen Fachplanungsverfahren** ersetzt oder vorwegnimmt. Im Beirat geht es um die Diskussion grundsätzlicher Fragestellungen des Fachplanungs- und des Planfeststellungsverfahrens. 11

Eine zweite, ganz wichtige Funktion ist die **Informationsfunktion**. Die BNetzA ist verpflichtet, Auskünfte und Stellungnahmen zu Fragen der Bundesfachplanung zu erteilen. Aufgrund der dargestellten Zusammenhänge der energiewirtschaftlichen und genehmigungsrechtlichen Planungsverfahren[1] wird sich der Informationsaustausch nicht auf einen engen Bereich der Bundesfachplanung beschränken lassen. Fragen des Netzentwicklungsplans und der SUP im Rahmen der Erstellung des Bundesbedarfsplans werden voraussichtlich ebenfalls zur Sprache kommen. 12

Dabei ist der **Informationsaustausch nicht einseitig** angelegt. Nicht nur die BNetzA, sondern auch die zuständigen Landesbehörden sind dort **zur Auskunft verpflichtet**. Der Berichtspflicht der Länder über den Bundesfachplanungsbeirat kommt im Lichte der Berichtspflicht der 13

1 Siehe dazu Einleitung Rn 47 und 72 und § 1.

BNetzA nach § 31 Abs. 3 eine eigenständige Bedeutung zu. Dies hat der Gesetzgeber in der Begründung der Änderungsanträge ausdrücklich festgehalten:

> *„Im Hinblick auf die Berichtspflicht der Bundesnetzagentur nach § 31 Abs. 2 müssen auch die Länder über den Stand der Planfeststellungsverfahren zu den länderübergreifenden und grenzüberschreitenden Leitungen regelmäßig berichten. Dafür ist der Bundesfachplanungsbeirat das richtige Gremium.“*[2]

14 Verbleiben also die Planfeststellungsverfahren für länderübergreifende und grenzüberschreitende Projekte bei den Ländern, so kommt dieser Berichtspflicht besondere Bedeutung zu. Es soll mit der BNetzA an einer zentralen Stelle ein Überblick über den Stand des Ausbaus des nationalen Höchstspannungsnetzes geschaffen werden. Aber auch im Vorfeld, nämlich im Bereich des Monitoring der im Rahmen des **EnLAG** laufenden Ausbauprojekte, ist ein konkreter Austausch- und Berichtsprozess durchzuführen, der nach dem Willen des Gesetzgebers über den Bundesfachplanungsbeirat zu laufen hat. Der Bundesfachplanungsbeirat nimmt eine ganz zentrale Stellung bei der Informationsbeschaffung zum Stand des notwendigen Netzausbaus des Übertragungsnetzes ein und damit der netzseitigen Energiewende.

IV. Formalia

15 Im Vergleich zu den anderen genannten Beiräten bei der BNetzA sind für den Bundesfachplanungsbeirat nur wenige formale Fragen ausdrücklich geregelt. Das Gremium soll regelmäßig zusammenkommen, ist demnach kein ad-hoc Gremium. Sein Zusammentreten kann erzwungen werden, wenn die BNetzA oder aber zwei Länder die Einberufung **schriftlich** verlangen. Die Sitzungen sind nicht öffentlich.

V. Geschäftsordnung

16 Angesichts der Offenheit der gesetzlichen Regelungen kommt der Geschäftsordnung nach Abs. 4 hohes Gewicht zu. Der Bundesfachplanungsbeirat hat sich am 21.6.2012 konstituiert und sich folgende Geschäftsordnung gegeben:

Geschäftsordnung des Bundesfachplanungsbeirates bei der Bundesnetzagentur für Elektrizität, Gas, Telekommunikation, Post und Eisenbahnen in der Fassung vom 21. Juni 2012

Gemäß § 32 Abs. 4 des Netzausbaubeschleunigungsgesetzes Übertragungsnetz (NABEG) vom 26. Juli 2011 (BGBl. I S. 1690) gibt sich der Bundesfachplanungsbeirat folgende Geschäftsordnung:

Präambel

Der Bundesfachplanungsbeirat berät die Bundesnetzagentur in Grundsatzfragen zur Bundesfachplanung, zur Aufstellung des Bundesnetzplans sowie zu den Grundsätzen der Planfeststellung. Der Prozess des Ausbaus der Übertragungsnetze soll kontinuierlich begleitet werden,

2 BT-Drucks. 17/6366, S. 19 re. Sp. zu Nr. 1 Buchstabe r.

wobei insbesondere die raumordnerischen Belange der Länder frühzeitig erkannt werden sollen.

Der Meinungs- und Erfahrungsaustausch zwischen der Bundesnetzagentur und den Ländern sowie zwischen den Ländern untereinander soll durch diesen Beirat gefördert werden; etwaige Konflikte zwischen den Mitgliedern des Bundesfachplanungsbeirates sollen diskursiv aufgelöst werden.

§ 1 Sitz

Der Bundesfachplanungsbeirat hat seinen Sitz bei der Bundesnetzagentur für Elektrizität, Gas, Telekommunikation, Post und Eisenbahnen (Bundesnetzagentur) in Bonn.

§ 2 Aufgaben

(1) Der Bundesfachplanungsbeirat hat die ihm durch das NABEG zugewiesene Aufgabe, die Bundesnetzagentur in Grundsatzfragen der Bundesfachplanung und zur Aufstellung des Bundesnetzplans sowie zu den Grundsätzen der Planfeststellung zu beraten.
(2) Der Bundesfachplanungsbeirat ist gegenüber der Bundesnetzagentur berechtigt, allgemeine Auskünfte und Stellungnahmen einzuholen.
(3) Der Bundesfachplanungsbeirat dient darüber hinaus dem Meinungs- und Erfahrungsaustausch zwischen der Bundesregierung, der Bundesnetzagentur und den Ländern. Die Mitglieder des Bundesfachplanungsbeirates informieren sich gegenseitig und arbeiten vertrauensvoll bei der Erfüllung ihrer Aufgaben zusammen.
(4) Der Bundesfachplanungsbeirat begleitet fortlaufend den Prozess der Optimierung und des Ausbaus der Übertragungsnetze.

§ 3 Mitglieder

(1) Der Bundesfachplanungsbeirat besteht aus Vertretern der Bundesnetzagentur, Vertretern der Länder und Vertretern der Bundesregierung.

a) Die Bundesnetzagentur entsendet drei Vertreter.
b) Jedes Land kann einen Vertreter entsenden.
c) Das Bundesministerium für Wirtschaft und Technologie, das Bundesministerium für Umwelt, Naturschutz und Reaktorsicherheit sowie das Bundesministerium für Verkehr, Bau und Stadtentwicklung entsenden jeweils bis zu drei Vertreter.
d) Die vorgenannten Ministerien können neben den in c) genannten Vertretern weitere Vertreter aus den ihnen nachgeordneten Fachbehörden entsenden. Die Zahl der nach diesem Buchstaben entsandten Vertreter darf vier nicht übersteigen.

(2) Für jedes Mitglied wird ein stellvertretendes Mitglied benannt.
(3) Die Bundesnetzagentur, die Länder und die in Abs. 1 c) genannten Bundesministerien teilen der Geschäftsstelle des Bundesfachplanungsbeirates die von ihnen benannten Mitglieder und die stellvertretenden Mitglieder mit.

§ 4 Vorsitzendes und stellvertretendes vorsitzendes Mitglied

(1) Der Bundesfachplanungsbeirat wählt aus seiner Mitte ein vorsitzendes und ein stellvertretendes vorsitzendes Mitglied für die Dauer von zwei Jahren. Das vorsitzende und das stellvertretende vorsitzende Mitglied sollten nicht derselben Gruppe (Ländervertreter, Vertreter des Bundes) angehören. Nach Ablauf der zweijährigen Amtszeit findet ein Wechsel nach dem Rotationsprinzip statt.
(2) Das vorsitzende Mitglied beruft die Sitzungen ein, bereitet sie vor und leitet sie nach Maßgabe dieser Geschäftsordnung.

(3) Das stellvertretende vorsitzende Mitglied vertritt das vorsitzende Mitglied im Falle seiner Verhinderung oder bei vorzeitiger Beendigung seines Amtes.
(4) Sind vorsitzendes Mitglied und stellvertretendes vorsitzendes Mitglied gleichzeitig verhindert, eine Sitzung zu leiten, so übernimmt das dem Lebensalter nach älteste Mitglied die Leitung der Sitzung.

§ 5 Sitzungen
(1) Der Bundesfachplanungsbeirat soll mindestens einmal im halben Jahr zu einer Sitzung zusammentreten. Der Bundesfachplanungsbeirat stellt einen Sitzungsplan auf.
(2) Das vorsitzende Mitglied hat den Bundesfachplanungsbeirat unverzüglich einzuberufen, wenn ein Vertreter der Bundesregierung, der Bundesnetzagentur oder mindestens zwei Vertreter der Länder die Einberufung schriftlich verlangen.
(3) Die Sitzungen des Bundesfachplanungsbeirates sind nicht öffentlich.

§ 6 Teilnahme an Sitzungen
(1) Die von den Ländern, der Bundesregierung und der Bundesnetzagentur benannten Mitglieder, im Vertretungsfall ihre Stellvertreter oder sonstigen Beauftragten, sind berechtigt, an den Sitzungen teilzunehmen.
(2) Weitere Vertreter der Bundesregierung, der Präsident oder die Präsidentin der Bundesnetzagentur oder ihre Beauftragten können an den Sitzungen des Bundesfachplanungsbeirates teilnehmen. Sie müssen jederzeit gehört werden.
(3) Der Bundesfachplanungsbeirat kann sachverständige Personen, insbesondere von weiteren Bundes- und Landesbehörden, hinzuziehen.

§ 7 Tagesordnung, Sitzungsvorlagen
(1) Zur Vorbereitung der Sitzung erstellt das vorsitzende Mitglied den Entwurf einer Tagesordnung. Die Bundesnetzagentur stellt die erforderlichen Unterlagen zusammen und versendet diese.
(2) Die Mitglieder des Bundesfachplanungsbeirates können dem vorsitzenden Mitglied schriftlich Themenvorschläge für die Tagesordnung einreichen.
(3) Tagesordnungsentwurf und Vorlagen sollen den Mitgliedern mindestens zwei Wochen vor der Sitzung vorliegen.
(4) Vor Beginn der Beratungen stellt der Bundesfachplanungsbeirat die Tagesordnung fest.

§ 8 Abstimmungen
(1) Der Bundesfachplanungsbeirat entscheidet durch Beschluss.
(2) Der Bundesfachplanungsbeirat ist beschlussfähig, wenn mehr als die Hälfte seiner Mitglieder anwesend ist.
(3) Bei Abstimmungen hat jedes Land eine Stimme. Die unter § 3 Abs. 1c) genannten Ministerien sowie die Bundesnetzagentur haben jeweils 3 Stimmen. Außerdem benennen das Ministerium für Umwelt, Naturschutz und Reaktorsicherheit sowie das Ministerium für Verkehr, Bau und Stadtentwicklung jeweils zwei stimmberechtigte Mitglieder mit je einer Stimme aus den ihrem Geschäftsbereich nachgeordneten Fachbehörden.
(4) Die Beschlüsse des Bundesfachplanungsbeirates werden mit einfacher Mehrheit gefasst. Bei Stimmengleichheit ist ein Antrag abgelehnt.
(5) Abweichend von Absatz 4 ist für die Wahl des vorsitzenden Mitglieds und des stellvertretenden vorsitzenden Mitglieds im ersten Wahlgang die Mehrheit der Stimmen der Mitglieder erforderlich.
(6) Für einen Beschluss über die Geschäftsordnung des Bundesfachplanungsbeirates ist die Zwei-Drittel-Mehrheit seiner Mitglieder erforderlich.

§ 9 Sitzungsniederschrift

(1) Über jede Sitzung des Bundesfachplanungsbeirates ist eine Niederschrift zu fertigen. Die Fertigung der Niederschrift obliegt der Geschäftsstelle des Bundesfachplanungsbeirates.

(2) Die Niederschrift muss mindestens die Namen der Teilnehmer und die Ergebnisse der Sitzung enthalten.

(3) Die Niederschrift ist vertraulich.

(4) Die Niederschrift soll vom vorsitzenden Mitglied unterzeichnet und binnen zwei Wochen nach dem Ende der Sitzung allen Mitgliedern und stellvertretenden Mitgliedern des Bundesfachplanungsbeirates zugesandt werden.

(5) Die Niederschrift gilt als genehmigt, wenn nicht innerhalb von zwei Wochen nach ihrer Absendung schriftlich Einspruch beim vorsitzenden Mitglied eingelegt wird. Gibt das vorsitzende Mitglied dem Einspruch nicht statt, entscheidet der Bundesfachplanungsbeirat in seiner nächsten Sitzung.

§ 10 Geschäftsstelle

Die Geschäfte des Bundesfachplanungsbeirates werden durch eine Geschäftsstelle bei der Bundesnetzagentur geführt.

§ 11 Inkrafttreten

Diese Geschäftsordnung tritt am 21. Juni 2012 in Kraft.

Abschnitt 6
Sanktions- und Schlussvorschriften

§ 33 Bußgeldvorschriften

(1) Ordnungswidrig handelt, wer vorsätzlich oder leichtfertig
1. **entgegen § 8 Satz 1 eine Unterlage nicht richtig vorlegt,**
2. **ohne festgestellten Plan nach § 18 Absatz 1 eine Leitung errichtet, betreibt oder ändert,**
3. **entgegen § 21 Absatz 1 einen dort genannten Plan nicht richtig einreicht oder**
4. **ohne Zulassung nach § 25 Satz 6 eine unwesentliche Änderung oder Erweiterung vornimmt.**

(2) Die Ordnungswidrigkeit kann mit einer Geldbuße bis zu einhunderttausend Euro geahndet werden.
(3) Verwaltungsbehörden im Sinne des § 36 Absatz 1 Nummer 1 des Gesetzes über Ordnungswidrigkeiten sind die Bundesnetzagentur und die zuständigen Planfeststellungsbehörden der Länder.

Überblick

I. Allgemeines

1. Überblick

1 Den vergleichbaren Anlagengenehmigungsverfahren im VwVfG und EnWG sind **Bußgeldtatbestände fremd**. Der Gesetzgeber hielt es für nötig, im NABEG einen Katalog von bußgeldbewehrten Sanktionstatbeständen aufzunehmen, die einerseits das unrichtige Einreichen von Unterlagen durch den Vorhabenträger sanktionieren (Nr. 1 und 3) und andererseits das **Vertrauen darin stärken** sollen, dass keine genehmigungsbedürftige Anlage ohne die erforderlichen Verfahren (mit Öffentlichkeitsbeteiligung) betrieben oder geändert wird (Nr. 2 und 4). Die Regelung soll, auch ausweislich der Gesetzesbegründung, das Vertrauen in die Verfahren stärken.

2. Zweck der Vorschrift

2 Aus der Gesetzesbegründung BT-Drucks. 17/6073, S. 32:

> *„Die Vorschrift ergänzt die im NABEG vorgesehene Verpflichtung zur Errichtung, Änderung oder Betrieb einer Leitung um die Möglichkeit der bußgeldbewehrten Sanktion durch die jeweils verantwortlichen Übertragungsnetzbetreiber sowie zur Vorlage richtiger Unterlagen in*

den Verfahren. Der Begriff „richtig" beinhaltet dabei auch die vollständige Darstellung der zu bewertenden Sachverhalte.

Nummer 1 und Nummer 3 betrifft die Richtigkeit der Antragsunterlagen in Bundesfachplanung und Planfeststellung. Die Vorlage einer unrichtigen Unterlage wird häufig erst nach der Erteilung der Genehmigung entdeckt und eine verwaltungsrechtliche Reaktion, insbesondere die Rücknahme der Genehmigung, ist nicht in jedem Fall mehr möglich.

Nummer 4 hat besondere Bedeutung hinsichtlich des Anzeigeverfahrens gemäß § 25. Während die Errichtung eines wesentlichen Vorhabens ohne Genehmigung praktisch kaum vorstellbar ist, beurteilt im Anzeigeverfahren zunächst der Vorhabenträger, ob es sich um eine unwesentliche Änderung handelt. Dabei ist aber auszuschließen, dass diese Bewertung nicht angezeigt wird und damit der Überprüfung nicht zugänglich ist.

Im Übrigen findet das Gesetz über die Ordnungswidrigkeiten Anwendung."

II. Tatbestände

Nach § 1 OWiG ist eine Ordnungswidrigkeit eine rechtswidrige und vorwerfbare Handlung, die den Tatbestand eines Gesetzes verwirklicht, das die Ahndung mit einer Geldbuße zulässt. Sie dient der Durchsetzung einer bestimmten Ordnung und soll dazu anhalten, die gesetzte Ordnung zu beachten.[1] Nach § 10 OWiG kann als Ordnungswidrigkeit **nur vorsätzliches Handeln** geahndet werden, es sei denn, das Gesetz bedroht auch fahrlässiges Handeln ausdrücklich mit Geldbuße. Das ist in den Tatbeständen des § 33 nicht der Fall, so dass nur vorsätzliches Handeln bewehrt ist. 3

1. Nr. 1 Wer im Rahmen der vollständigen Antragstellung zur Bundesfachplanung nach § 8 eine unrichtige Unterlage vorlegt

Im Rahmen der Antragskonferenz nach § 7 Abs. 1 werden der Untersuchungsrahmen und die vorzulegenden Unterlagen bestimmt. Legt der Vorhabenträger die erforderlichen Unterlagen vorsätzlich unrichtig vor, so begeht er eine Ordnungswidrigkeit. Die Richtigkeit der Unterlagen bemisst sich **nach den Erkenntnissen zum Zeitpunkt der Antragstellung** – dann soll aber die inhaltlich richtige und die vollständige Darstellung der im Antragszeitpunkt erkannten Sachverhalte vorgelegt werden, die zu erkennen der Betroffene in der Lage war.[2] Das **Unterlassen von Angaben** steht der unrichtigen oder unvollständigen Angabe gleich, weil der Vorhabenträger damit gegen seine Mitwirkungspflichten im Verfahren verstößt. Auch eine vorsätzlich unvollständige Darstellung unter Weglassung dem Vorhabenträger bekannter Aspekte soll zur Unrichtigkeit führen. Diese Verpflichtung **dient der Beschleunigung des Verfahrens** und der Sanktion für eine häufig im Nachhinein nicht mehr wieder gut zu machende Folge der unrichtigen Darstellung. Dabei kommt es aber nicht darauf an, ob die Unrichtigkeit der Unterlagen für die positive Fachplanungsentscheidung **kausal** war. Vielmehr schützt § 33 das **Vertrauen der Öffentlichkeit** in das Verfahren. 4

2. Nr. 2 Wer ohne Planfeststellung eine Leitung errichtet, betreibt oder ändert

Die Regelung in § 18 Abs.1 knüpft an Leitungen im Sinne von § 2 Abs. 1 an. Die bußgeldbewehrte Sanktion der genehmigungslosen Errichtung, Betrieb und Änderung beginnt mithin erst mit 5

1 Britz/Hellermann/Hermes/*Hölscher*, § 95 Rn 4.
2 *Kopp/Ramsauer*, § 48 Rn 115.

dem ersten Bundesbedarfsplan. Davon unberührt sind sonstige Rechtsfolgen eines Handelns ohne Genehmigung, z.B. Beseitigungs- und Entschädigungsansprüche.

3. Nr. 3 Wer im Rahmen der Antragstellung zur Planfeststellung nach § 21 Abs. 1 eine unrichtige Unterlage vorlegt

6 Hier gilt das zu Nr. 1 Gesagte (siehe Rn 4).

4. Nr. 4 Wer ohne Anzeige nach § 25 S. 6 eine unwesentliche Änderung oder Erweiterung vornimmt

7 Dieser Tatbestand dient in besonderem Maße dem **Schutz des Vertrauens in die Verfahren**. Ob es sich um eine unwesentliche Änderung handelt und die Tatbestandsvoraussetzungen des § 25 vorliegen, beurteilt zunächst der Vorhabenträger selbst. Dieser kann die Voraussetzung **durch Vereinbarungen mit potenziell Betroffenen auch herstellen.**[3] Anders als bei § 74 Abs. 7 VwVfG steht es nicht im Ermessen des Vorhabenträgers, eine behördliche Freistellungsentscheidung zu beantragen.[4] Vielmehr hat der Vorhabenträger in jedem Fall das Anzeigeverfahren durchzuführen; diese Pflicht wird ausdrücklich mit einer Ordnungswidrigkeit durchgesetzt.[5]

III. Höhe der Geldbuße

8 Abs. 2 trifft eine zu § 17 Abs. 1 OWiG abweichende Regelung zur Höhe der Geldbuße. Damit ist eine Geldbuße bis zu 100.000 € möglich. Für die Bemessung der Geldbuße im Einzelfall ist auf die Vorschriften in § 17 Abs. 3 OWiG zurückzugreifen.

IV. Zuständige Behörde

9 Nach Abs. 3 ist die nach § 36 Abs. 1 OWiG durch Gesetz bestimmte Behörde die BNetzA oder in den Fällen des § 31 Abs. 2 (betrifft Nr. 2–4) die nach Landesrecht zuständige Planfeststellungsbehörde.

3 *Kopp/Ramsauer*, § 74 Rn 180.
4 Dies ist nach allgemeiner Meinung im Rahmen des § 74 Abs. 7 VwVfG möglich, siehe *Kopp/Ramsauer*, § 74 Rn 181.
5 Siehe zum Anzeigeverfahren § 25 Rn 52.

§ 34 Zwangsgeld

Die Bundesnetzagentur kann ihre Anordnungen, insbesondere Fristsetzungen zur Antragstellung nach § 6 Satz 2 und § 12 Absatz 2 Satz 2, nach den für die Vollstreckung von Verwaltungsmaßnahmen geltenden Vorschriften durchsetzen. Die Höhe des Zwangsgeldes beträgt mindestens 1 000 Euro und höchstens 250 000 Euro.

Überblick

I. Entstehungsgeschichte

1 In der Analyse der Gründe für den langwierigen Ausbau der Stromübertragungsnetze und insbesondere der EnLAG-Projekte wurde intensiv darum gestritten, ob die Vorhabenträger oder die zuständigen Behörden dafür die Verantwortung tragen. Für beide Begründungen lassen sich ggf. Beispiele finden, so dass der Gesetzgeber zu beiden Problemkreisen Regelungen getroffen hat. Gegenüber den Vorhabenträgern wurde neu und erstmals eine gesetzliche und sanktionierte Pflicht zur Antragstellung eingefügt.

2 Begründung des Gesetzentwurfes, BT-Drucks. 17/6073 S. 32 und S. 33:

> *„Die Vorschrift ergänzt die im NABEG vorgesehen Beschleunigungselemente durch Fristsetzung um die Möglichkeit der zwangsgeldbewehrten Sanktion bei Verzögerungen des Ausbaus des Übertragungsnetzes durch die jeweils verantwortlichen Übertragungsnetzbetreiber. Die Zwangsgeldvorschrift stellt einen wichtigen Baustein zur Durchsetzung der Ziele der Netzausbaubeschleunigung dar.*
>
> *Sie betrifft Verstöße gegen die Pflicht zur ordnungsgemäßen und rechtzeitigen Vorlage von Unterlagen, sofern die Bundesnetzagentur nach Abschluss der Antragskonferenz in der Bundesfachplanung nach § 7 und für das Planfeststellungsverfahren nach § 12 eine Frist gesetzt hat.*
>
> *Eine Durchsetzung von im Einzelfall angemessen festgesetzten Fristen ist notwendig und verhältnismäßig. Die Regelungen der Richtlinie 2009/72/EG, insbesondere in Artikel 22 Absatz 7, und die §§ 11 und 12a ff. i.V.m. 65 Absatz 2a des Energiewirtschaftsgesetzes machen deutlich, dass es insbesondere beim Bau der Stromleitungen von überregionaler und europäischer Bedeutung auf Grundlage des Bundesbedarfsplans nicht um Vorhaben geht, deren Realisierung im Belieben der Vorhabenträger steht. Es geht vielmehr auch um die Erfüllung einer im gesamtstaatlichen Interesse liegenden Aufgabe.“*

II. Überblick zum Verfahren

3 § 34 ist eine **Sonderregelung der Verwaltungsvollstreckung** zur Durchsetzung insbesondere der Fristsetzung zur Antragstellung nach § 6 S. 2 und § 12 Abs. 2 S. 2. Im Übrigen gelten zur Durchsetzung des Verwaltungshandelns der zuständigen Behörde die Verwaltungsvollstreckungsgesetze des Bundes und der Länder.

4 Der Rahmen für das Zwangsgeld liegt signifikant über dem Zwangsgeldrahmen im Verwaltungsvollstreckungsgesetz (1,53 € bis 1022,58 € nach § 11 Abs. 2 VwVG). Dies trägt der wirtschaftlichen Bedeutung der im NABEG geregelten Verfahrensbeiträge des Vorhabenträgers Rechnung.

Ein Zwangsgeld kann **wiederholt festgesetzt** werden, wenn der Pflichtige dem Handlungsgebot des Verwaltungsaktes nicht nachkommt.

5 Voraussetzung für die Verhängung des Zwangsgelds ist zunächst, dass ein **vollziehbarer Verwaltungsakt** vorliegt (§ 6 VwVG). Das ist der Fall, wenn er unanfechtbar geworden oder die sofortige Vollziehung angeordnet ist. Mangels abweichender Regelung hätte ein Rechtsbehelf eines verpflichteten Netzbetreibers gegen die Anordnung der Antragstellung nach NABEG zunächst aufschiebende Wirkung.

6 Ein Zwangsgeld ist nach § 13 VwVG anzudrohen. Dies kann mit der Verpflichtung zur Handlung verbunden werden. Es ist eine Frist zu setzen und ein Zwangsgeld in bestimmter Höhe anzudrohen.

III. Durchsetzung der Antragstellung im Verfahren

7 Eine **Pflicht zur Stellung eines verfahrensrechtlichen Antrages** gibt es im Verwaltungsrecht grundsätzlich nicht, denn eine solche Pflicht stünde dem Dispositionsgrundsatz des Verwaltungsverfahrens und damit letztlich dem Verbot des Staates, den Bürger als bloßes Objekt zu behandeln, entgegen. Nur wenn und soweit der Träger eines Vorhabens bei Vorliegen bestimmter Voraussetzungen **zur Antragstellung rechtlich verpflichtet** ist oder durch die zuständige Behörde dazu verpflichtet werden kann (vgl. dazu § 176 BauGB – Baugebot), kann die zuständige Behörde ihm die Stellung des Antrags aufgeben und erforderlichenfalls im Wege des Verwaltungszwangs durchsetzen.

8 Mit der **Verpflichtung zum Netzausbau** liegt hier für die Antragstellung im Bundesfachplanungs- und Planfeststellungsverfahren eine solche Rechtspflicht vor, die auch die **Durchsetzung der Antragstellung** mit Verwaltungszwang rechtfertigt.

9 Der Betreiber von Elektrizitätsversorgungsnetzen ist nach § 11 Abs. 1 EnWG zum **bedarfsgerechten Netzausbau verpflichtet**. Diese Verpflichtung ist auch nach EnWG behördlich durchsetzbar.[1] Diese Pflicht trifft gerade im Bereich des Übertragungsnetzes immer den für die Regelzone verantwortlichen Übertragungsnetzbetreiber.

10 Seine Betriebs- und Ausbaupflichten müssen auf verschiedenen Stufen durchsetzbar sein: zunächst auf Ebene der **Investitionsentscheidung**. Diese Entscheidung ist die wirtschaftliche Entscheidung zur Ausbaumaßnahme und wird seit dem EnWG 2011 gesondert sanktioniert. **§ 65 Abs. 2a EnWG** eröffnet der Regulierungsbehörde ein Ausschreibungsverfahren, wenn ein ÜNB einer Ausbauverpflichtung aus dem Netzentwicklungsplan nach §§ 12a ff. EnWG auch nach behördlicher Aufforderung nicht nachkommt. Die genaue Ausgestaltung eines solchen Verfahrens muss ggf. im Rahmen einer Festlegung konkretisiert werden (§ 65 Abs. 2a S. 3 EnWG). Es ist im Weiteren zwingend, dass eine Leitung, die im Wege der Ausschreibung finanziert wird, energiewirtschaftlich in den Netzbetrieb der Regelzone durch den ÜNB integriert wird.

11 Grund für eine solche Regelung, die europarechtlich vorgegeben ist,[2] sind denkbare Szenarien, in denen Netzbetreiberunternehmen die notwendigen Investitionsentscheidungen verschleppen, sei es im Rahmen eines Verkaufsprozesses, der Anreize für Investitionsattentismus in sich trägt, aus Gründen der Marktabschottung für bestimmte Erzeugungs- oder Handelsinteressen oder schlicht aus Gründen der wirtschaftlichen Optimierung des Netzbetreibers.

12 Neben der wirtschaftlichen Entscheidung zum Netzausbau kann ein Netzausbau auch durch Verfahrensverschleppung in den notwendigen Genehmigungsverfahren verzögert werden. Der als notwendig erkannte Ausbau muss durch **Anträge im Genehmigungsverfahren** betrieben

1 Britz/Hellermann/Hermes/*Bourwieg*, § 11 Rn 31, Danner/*Theobald*, § 11 Rn 38.
2 Art. 22 Abs. 7 der RL 2009/72/EG.

und unterstützt werden. Aus diesem Grund sehen § 6 S. 2 die Verpflichtung zur Antragstellung zur Bundesfachplanung und § 12 Abs. 2 S. 2 die Verpflichtung zur Antragstellung zur Planfeststellung als Möglichkeiten für die BNetzA vor. Dabei handelt es sich um eine **unvertretbare Handlung**, die der verpflichtete ÜNB im Rahmen seiner Betriebsgenehmigung nach § 4 EnWG und kraft seines höheren Wissens über Netztopologie und die vorhandenen Betriebsmittel ausführen muss. Somit ist eine Zwangsgeldbewehrung der Antragsverpflichtung möglich.

IV. Rechtsschutz

Gegen eine Vollstreckungsmaßnahme kann Rechtsschutz vor dem zuständigen Verwaltungsge- 13
richt gesucht werden, im Falle der BNetzA dem Verwaltungsgericht Köln.

§ 35 Übergangsvorschriften

Bestehende Genehmigungen und Planfeststellungsbeschlüsse sowie laufende Planfeststellungsverfahren bleiben unberührt.

Überblick

I. Allgemeines

1. Überblick

1 Das ganze Paket des Gesetzes über Maßnahmen zur Beschleunigung des Netzausbaus Elektrizitätsnetze verfolgt das Ziel, die Planung und Genehmigung von planfeststellungspflichtigen Elektrizitätsleitungen zu beschleunigen. Daher war das Verhältnis des NABEG zu anderen Genehmigungsverfahren und planerischen Instrumenten abzugrenzen.

2 Dazu dient in erster Linie die Regelung in § 2 Abs. 4, mit dem das **Verhältnis zum EnLAG** geklärt werden soll. Vorhaben, die im EnLAG bedarfsfestgestellt sind, bleiben von den Regelungen des NABEG unberührt.

3 Doch das EnLAG aus 2009 enthält nicht alle Maßnahmen des Übertragungsnetzes, die sich bis 2011 als erforderlich erwiesen haben. Beispielhaft sei hier die sog. Westküstenleitung in Schleswig-Holstein genannt. Und selbst mit in Kraft treten des NABEG zum 5.8.2011 gibt es für die Bundesfachplanung und Planfeststellung noch keinen Anwendungsbereich. Dieser eröffnet sich erst mit dem ersten **Gesetz zum Bundesbedarfsplan nach § 12e EnWG**, der die Vorhaben kennzeichnet, auf die die materiellen und formellen Regelungen des NABEG Anwendung finden können.

4 § 35 dient der Regelung des Verhältnisses zu diesen Vorhaben.

2. Entstehungsgeschichte

5 Im Gesetzgebungsverfahren gab es einen weitergehenden Änderungsantrag des Landes Schleswig-Holstein für die Übergangsvorschrift, der keine Mehrheit gefunden hat.[1]

II. Raumordnung und Bundesfachplanung

6 Im Verhältnis zu **laufenden Raumordnungsverfahren** wird durch die Regelung deutlich, dass es hier einen Vorrang der Bundesfachplanung und der Bundeszuständigkeit geben soll. Laufende Raumordnungsverfahren gehen der Bundesfachplanung nicht vor. Mit in Kraft treten **des ersten Bundesbedarfsplangesetzes** nach § 12e EnWG setzen die Regelungen des NABEG zur Bundesfachplanung ein.

7 Das Bundesfachplanungsverfahren **tritt somit an Stelle** nicht abgeschlossener Raumordnungsverfahren nach § 15 ROG.

8 Das Raumordnungsverfahren als bislang wichtigstes Instrument zur Abstimmung raumbedeutsamer Planungen und Maßnahmen untereinander und mit den Erfordernissen der Raum-

1 BR-Drucks. 342/11 v. 14.6.2011.

ordnung[2] wird durch die Bundesfachplanung abgelöst. Diese Verfahren[3] wurden für die Errichtung von Hochspannungsfreileitungen in der Regel durch Antrag des Vorhabenträgers eingeleitet und endeten mit einer raumordnerischen Beurteilung (Baden-Württemberg, Nordrhein-Westfalen, Saarland, Sachsen, Schleswig-Holstein), der landesplanerischen Feststellung (Niedersachsen) oder dem raumordnerischen Entscheid (Rheinland-Pfalz).[4] Es handelt sich bei diesem Ergebnis um eine Stellungnahme mit gutachterlichem Charakter mit Bindungswirkung im Innenverhältnis und nicht um einen förmlichen Verwaltungsakt mit Außenwirkung. Daher gibt es keine förmliche Zustellung. Allerdings wird das Ergebnis der **raumordnerischen Beurteilung** dem Vorhabenträger und auch den am Verfahren beteiligten Stellen zugestellt und ortsüblich bekannt gemacht, so dass der **Abschluss des Verfahrens objektiv** festzustellen ist.

Gibt es noch keinen Abschluss des Raumordnungsverfahrens, so ist dieses mit dem Bundesbedarfsplangesetz nach § 12e EnWG formal **gegenstandslos**, da § 28 anordnet, das für Vorhaben im Bundesbedarfsplan ein Raumordnungsverfahren nicht stattfindet. Ein Raumordnungsverfahren, welches begonnen und noch nicht abgeschlossen ist, endet. Ein Bundesfachplanungsverfahren muss begonnen werden. 9

Ein Raumordnungsverfahren, das abgeschlossen ist, bleibt Grundlage für ein begonnenes Planfeststellungsverfahren. 10

Der Änderungsantrag des Landes Schleswig-Holstein zum NABEG[5] zeigt den Fall auf, dass das Raumordnungsverfahren in das Planfeststellungsverfahren integriert ist. In Schleswig-Holstein haben das Land und die Vorhabenträger und weiterere Beteiligte im Rahmen einer Netzentwicklungsinitiative eine sog. „Beschleunigungsvereinbarung" getroffen. Diese enthält das Vorhaben, auf ein separates Raumordnungsverfahren für die neuen 380 kV- Trassen zu verzichten. Der Wortlaut der Übergangsvorschrift ist insoweit eindeutig, das nur laufende Planfeststellungsverfahren nach u.g. Maßstäben (siehe Rn 13) unberührt bleiben. Unterfällt ein Vorhaben der Bundesfachplanung und ist noch kein Planfeststellungsverfahren eingeleitet, so unterliegt das künftige Verfahren den Bestimmungen des NABEG. 11

Fraglich ist, wie ein Raumordnungsverfahren, das abgeschlossen ist, aber in dessen ausgewiesenem Trassenkorridor noch kein Planfeststellungsverfahren begonnen hat, zu behandeln ist; dazu Rn 17. 12

III. Planfeststellung nach EnWG und nach NABEG

Hinsichtlich der Planfeststellungsverfahren stellt § 35 fest, dass *„laufende Verfahren"* unberührt bleiben. D.h., diese können in bisheriger Zuständigkeit und nach den Regelungen der §§ 43ff. EnWG fortgeführt werden, auch wenn das Vorhaben Ländergrenzen überschreitend ist. 13

Wann ein Planfeststellungsverfahren begonnen hat, ist allerdings nur dann eindeutig festzustellen, wenn die zuständige Behörde den Antrag des Vorhabenträgers angenommen und auch **förmlich das Verfahren eingeleitet** hat. Ein Verfahren hat noch nicht begonnen, wenn die zuständige Behörde einen Antrag als **unvollständig zurückgewiesen** hat, sich in **informellen Vorgesprächen** über die Antragstellung befindet oder parallel zu einer erkennbaren Planungvorbereitung ein öffentlicher, aber **unverbindlicher Dialogprozess** stattfindet. Da bislang im Verfahrensrecht Regelungen entsprechend den § 8 S. 5 und § 9 Abs. 1 fehlten, können hier recht lange Zeiträume entstehen, in dem der Status des Verfahrens unklar ist. Bei der Bewertung des Verfahrens zu Zwecken der Feststellung der Übergangsregelung ist **ein strenger Maßstab** 14

2 *Borchard*, S. 501.
3 Übersicht in Abb. 7.1. in: *Borchard*, S. 507.
4 *Borchard*, S. 509.
5 BR-Drucks. 342/11 v. 14.6.2011.

anzulegen. Weder der Vorhabenträger noch die bislang zuständige Behörde sollen ein notwendiges Vorhaben aus dem Bundesbedarfsplan verschleppen können. Der Status des Planfeststellungsvorhabens ist festzustellen und im Zweifel hat die nach § 31 Abs. 1 zuständige Behörde nach den Regelungen des NABEG das Verfahren an sich zu ziehen und zu beginnen.

15 In jedem Fall begonnen und im Sinne des § 35 ein „laufendes" Verfahren ist ein Planfeststellungsverfahren, bei dem durch **Auslegung** die Öffentlichkeitsbeteiligung begonnen hat.

16 Bestehende Planfeststellungsbeschlüsse bleiben selbstverständlich unberührt.

IV. Planfeststellung nach NABEG ohne Raumordnung und Bundesfachplanung

17 Es ist in der **Übergangsphase** vor dem ersten Bundesbedarfsplan die Konstellation denkbar, dass für ein Vorhaben ein abgeschlossenes Raumordnungsverfahren vorliegt, aber ein Planfeststellungsverfahren noch nicht begonnen wurde. In diese Zwischenphase hinein tritt der erste Bundesbedarfsplan in Kraft, der das Vorhaben als eines im Sinne des § 2 Abs. 1 ausweist.

18 Die Regelung des § 28 führt dazu, dass für ein solches Vorhaben ein Raumordnungsverfahren nach § 15 ROG **nicht durchzuführen** ist. Gleichzeitig ergibt sich eine **Pflicht auf Bundesfachplanung aus § 4.** § 35 führt gerade nicht zur Geltungserhaltung der raumordnerischen Beurteilung, da diese weder eine Genehmigung noch einen Planfeststellungsbeschluss darstellt. Sofern kein Fall des § 11 Abs. 1 Nr. 1–3 vorliegt ist ein vollständiges Bundesfachplanungsverfahren durchzuführen.

19 Dieses Ergebnis würde dazu führen, dass ein durch ein Raumordnungsverfahren gefundener Trassenkorridor **noch einmal vollständig geprüft** werden muss. Es stellt sich die Frage, ob dies eine planwidrige Regelungslücke darstellt, der eine **analoge Anwendung** des § 35 erlaubt. Immerhin müsste die Interessenlage des Gesetzgebers zur Beschleunigung des Gesamtprozesses auch hinsichtlich der Beurteilung der raumordnerischen Wirkungen eines Vorhabens gleichgelagert sein.

20 Trotzdem ist hier von einer **bewussten Entscheidung des Gesetzgebers auszugehen**. In einem Gesetz, dass sich explizit und ausschließlich mit den Verfahren zur Raumordnung und Planfeststellung von Höchstspannungsleitungen auseinander setzt, kann dem Gesetzgeber kein Versehen unterstellt werden, wenn er die Fortwirkung der raumordnerischen Beurteilung im Einzelfall und im Übergang nicht anordnet. Das zentrale Ziel des NABEG ist es auch, zu **einheitlichen Maßstäben** bei der Prüfung – und damit der Prüfungstiefe – der Raumverträglichkeit zu kommen.[6] Der Gesetzgeber weist ausdrücklich darauf hin, dass die Regelungen zur Raumordnung in den Bundesländern sehr unterschiedlich ausgestaltet sind.[7] Unterschiedliche Maßstäbe in der Darlegungstiefe in der Raumordnung führen zu unterschiedlichen Ergebnissen bei der Korridorsuche. Es ist daher davon auszugehen, dass der Gesetzgeber die mögliche Doppelung des Verfahresschritts zur Korridorbestimmung für Ländergrenzenüberschreitende Vorhaben bewusst in Kauf genommen hat.

---

6 BT-Drucks. 17/6073, S. 1.
7 BT-Drucks. 17/6073, S. 4 a.E.

Stichwortverzeichnis

Die Zahlen und Buchstaben in Fettdruck beziehen sich auf die Teile bzw. die Kommentierungen des Werkes, die Ziffern beziehen sich auf die Randnummern innerhalb der Teile bzw. Kommentierungen.

C

D

F

S